热 处 理 手 册

第 1 卷

工 艺 基 础

第 4 版修订本

中国机械工程学会热处理学会　编

机 械 工 业 出 版 社

本手册是一部热处理专业的综合工具书，是第 4 版的修订本，共 4 卷。本卷是第 1 卷，共 11 章，内容包括基础资料、金属热处理的加热、金属热处理的冷却、钢铁件的整体热处理、表面加热热处理、化学热处理、形变热处理、非铁金属的热处理、铁基粉末冶金件及硬质合金的热处理、功能合金的热处理、其他热处理技术。本手册由中国机械工程学会热处理学会组织编写，具有一定的权威性；内容系统全面，具有科学性、实用性、可靠性和先进性。

本手册可供热处理工程技术人员、质量检验和生产管理人员使用，也可供科研人员、设计人员、相关专业的在校师生参考。

图书在版编目（CIP）数据

热处理手册. 第 1 卷，工艺基础/中国机械工程学会热处理学会编. —4版（修订本）. —北京：机械工业出版社，2013.7（2021.6 重印）
ISBN 978-7-111-42741-4

Ⅰ.①热…　Ⅱ.①中…　Ⅲ.①热处理—手册②热处理—工艺—手册
Ⅳ.①TG15-62

中国版本图书馆 CIP 数据核字（2013）第 117381 号

机械工业出版社（北京市百万庄大街 22 号　邮政编码 100037）
策划编辑：陈保华　责任编辑：陈保华　版式设计：霍永明
责任校对：丁丽丽　封面设计：姚　毅　责任印制：李　昂
三河市宏达印刷有限公司印刷
2021 年 6 月第 4 版第 4 次印刷
184mm×260mm·48.75 印张·2 插页·1680 千字
5001—6000 册
标准书号：ISBN 978-7-111-42741-4
定价：136.00 元

修订本出版说明

《热处理手册》自1984年出版以来，历经4次修订再版，凝聚了几代热处理人的集体智慧和技术成果。她承载着传承、指导和培育一代代中国热处理界科技工作者的使命和责任，并成为热处理行业的权威出版物和重要参考书。

《热处理手册》第4版于2008年1月出版，至今已有5年多了，这期间出现了一些新材料、新技术、新设备、新标准，广大读者也陆续提出了一些宝贵意见，给予了热情的鼓励和帮助，例如王金忠先生对四卷手册进行了全面审读，提出了许多有价值的修改意见。因此，为了保持《热处理手册》的先进性和权威性，满足读者的需求，中国机械工程学会热处理学会、机械工业出版社商定出版《热处理手册》第4版修订本，以便及时反映热处理技术新成果，并更正手册中的不当之处。鉴于总体上热处理技术没有大的变化，本次修订基本保持了第4版的章节结构。在广大读者所提宝贵意见的基础上，中国机械工程学会热处理学会组织各章作者对手册内容，包括文字、技术、数据、符号、单位、图、表等进行了全面审读修订。在修订过程中，全面贯彻了现行的最新技术标准，将手册中相应的名词术语、引用内容、图表和数据按新标准进行了改写；对陈旧、淘汰的技术内容进行了删改，增补了相关热处理新技术内容。

最后，向对手册修订提出宝贵意见的广大读者表示衷心的感谢！

第4版前言

按照中国机械工程学会热处理学会第二届三次理事扩大会议关于《热处理手册》将逐版修订下去的决议，为了适应热处理、材料和机械制造等行业发展的需要，应机械工业出版社的要求，热处理学会决定对2001年出版的《热处理手册》第3版进行修订。本次修订的原则是：去掉陈旧和过时的内容，补充新的科研成果、实践经验和先进成熟的生产技术等相关内容，保持其实用性、可靠性、科学性和先进性，使《热处理手册》这一大型工具书能对热处理行业的技术进步持续发挥推动作用。

根据近年来热处理技术进展和《热处理手册》第3版的使用情况，第4版仍保持第3版的体例。主要读者对象为热处理工程技术人员，也可供热处理质量检验和生产管理人员、科研人员、设计人员、相关专业的在校师生参考。《热处理手册》第4版仍为四卷，即第1卷工艺基础，第2卷典型零件热处理，第3卷热处理设备和工辅材料，第4卷热处理质量控制和检验。

《热处理手册》第4版与第3版相比，主要作了以下变动：

第1卷增加和修订了第1章中的热处理标准题录，由第3版的71个标准增加到了94个，并对热处理工艺术语等按新标准进行了修订。第2章增加了"金属和合金相变过程的元素扩散"；在"加热介质和加热计算"一节中，增加了"金属与介质的作用"与"钢铁材料在加热过程中的氧化、脱碳行为"；充实了加热节能措施的内容。第6章增加了近年来生产中得到广泛应用的"QPQ处理"一节；补充了"真空渗锌"的内容；"离子化学热处理"一节增加了"离子渗氮材料的选择及预处理"、"离子渗氮层的组织"、"离子渗氮层的性能"等内容；对"气相沉积技术"的内容进行了调整和补充，反映了该技术的快速发展；在"离子注入技术"中，增加了"非金属离子注入"、"金属离子注入"和"几种特殊的离子注入方法"。第8章增加了"高温合金的热处理"和"贵金属及其合金的热处理"两节，使其内容更加完整。第10章增加了"电性合金及其热处理"一节，对各种功能合金的概念和性能作了一定的补充。增加了"第11章其他热处理技术"，包括"磁场热处理"、"强烈淬火"和"微弧氧化"三节。这些热处理技术虽然早已有之，但从20世纪90年代以来，在国内外，特别在一些工业发达国家得到了快速发展，并受到日益广泛的重视，从这个意义上也可称为热处理新技术。

第2卷修订时增加了典型零件热处理新技术、新材料和新工艺。第3章增加了"齿轮的材料热处理质量控制与疲劳强度"一节。第5章增加了55CrMnA、60CrMnA、60CrMnMoA钢等新钢种的热处理。第6章全部采用最新标准，增加了不少新钢种的热处理。第8章增加了"如何得到高速钢工具的最佳使用寿命"一节。第11章补充了"涨断连杆生产新工艺"。第12章增加了数控机床零件热处理的内容。第13章重写了"凿岩用钎头"一节，增加了很多新钢种及其热处理工艺。第14章增加了"预防热处理缺陷的措施"一节。第16章增加了"天然气压缩机活塞杆的热处理"一节。第17章补充了柱塞泵热处理新工艺（真空热处理、稳定化热处理等）。第19章补充了飞机起落架新材料16Co14Ni10Cr2Mo热处理工艺、涡轮叶片定向合金和单晶合金热处理工艺。

第3卷的修订注意反映热处理设备相关领域的技术进展情况，增加了近几年开发的新技术和新设备方面的内容，增加了热处理节能、环保和安全方面的技术要求。各章增加的内容有：第5章增加了"活性屏离子渗氮炉"。第9章增加了"淬火冷却过程的控制装置"和"淬火槽冷却能力的测定"。第 10 章增加了"溶剂型真空清洗机"。第 11 章增加了"热处理过程真空控制"与"冷却过程控制"。第 12 章增加了"淬火冷却介质的选择"与"淬火冷却介质使用常见问题及原因"。

第 4 卷中对各章节内容进行了调整和充实,部分章节进行了重新编写。第 1 章充实了"计算机在质量管理中的应用"一节。第 3 章改写并充实了"光谱分析"与"微区化学成分分析"两节的内容。第 7 章重新编写了"内部缺陷检测"与"表层缺陷检测",更深入地介绍了常用无损检测方法的原理与技术。第 10 章充实了金属材料全面腐蚀的内容,增加了液态金属腐蚀。第 11 章调整了部分内容结构,增加了相关的实用数据。

近年来,我国的国家标准和行业标准更新速度加快。2001 年至今,与热处理技术相关的相当数量的标准被修订,并颁布了一些新标准,本版手册内容基本上按新标准进行了更新。对于个别标准,如 GB/T 228—2002《金属材料　室温拉伸试验方法》$^{\ominus}$,新旧标准指标、名称和符号差异较大,又考虑到手册中引用的资料、数据形成的历史跨度长,目前在手册中贯彻新标准,似乎尚不成熟。为了方便读者,我们采用了过渡方法,参照 GB/T 228—2002《金属材料　室温拉伸试验方法》$^{\ominus}$,在第 4 卷附录部分列出了拉伸性能指标名称和符号的对照表,供读者查阅参考。

本次参与修订工作的人员众多,从编写、审定到出版的时间较紧,手册不足之处在所难免,恳请读者指正。

中国机械工程学会热处理学会
《热处理手册》第 4 版编委会

$\ominus$ GB/T 228—2002《金属材料　室温拉伸试验方法》已被 GB/T 228.1—2010《金属材料　拉伸试验　第 1 部分:室温试验方法》替代,本次修订采用了最新标准。

目　　录

第1章 基础资料

西安交通大学　周敬恩

1.1 金属热处理工艺分类及代号

1.1.1 基础分类

按照工艺总称、工艺类型和工艺名称，将热处理　工艺按三个层次进行分类，见表1-1。

表1-1 热处理工艺分类及代号（GB/T 12603—2005）

工艺总称	代号	工艺类型	代号	工艺名称	代号
热处理	5	整体热处理	1	退火	1
				正火	2
				淬火	3
				淬火和回火	4
				调质	5
				稳定化处理	6
				固溶处理;水韧处理	7
				固溶处理 + 时效	8
		表面热处理	2	表面淬火和回火	1
				物理气相沉积	2
				化学气相沉积	3
				等离子体增强化学气相沉积	4
				离子注入	5
		化学热处理	3	渗碳	1
				碳氮共渗	2
				渗氮	3
				氮碳共渗	4
				渗其他非金属	5
				渗金属	6
				多元共渗	7

1.1.2 附加分类

附加分类是对基础分类中某些工艺的具体条件更细化的分类。热处理加热方式、退火工艺、淬火冷却介质和冷却方法及代号见表1-2。

1.1.3 常用热处理工艺及代号

表1-3列出常用热处理工艺及根据基础分类代号和附加分类代号编成的工艺代号。

表 1-2　热处理加热方式、退火工艺、淬火冷却介质和冷却方法及代号（GB/T 12603—2005）

加热方式	可控气氛（气体）	真空	盐浴（液体）	感应	火焰	激光	电子束	等离子体	固体装箱	流态床	电接触
代号	01	02	03	04	05	06	07	08	09	10	11

退火工艺	去应力退火	均匀化退火	再结晶退火	石墨化退火	脱氢处理	球化退火	等温退火	完全退火	不完全退火
代号	St	H	R	G	D	Sp	I	F	P

淬火冷却介质和冷却方法	空气	油	水	盐水	有机聚合物水溶液	热浴	加压淬火	双介质淬火	分级淬火	等温淬火	形变淬火	气冷淬火	冷处理
代号	A	O	W	B	Po	H	Pr	I	M	At	Af	G	C

表 1-3　常用热处理工艺及代号

工艺	代号	工艺	代号
热处理	500	淬火及冷处理	513-C
整体热处理	510	可控气氛加热淬火	513-01
可控气氛热处理	500-01	真空加热淬火	513-02
真空热处理	500-02	盐浴加热淬火	513-03
盐浴热处理	500-03	感应加热淬火	513-04
感应热处理	500-04	流态床加热淬火	513-10
火焰热处理	500-05	盐浴加热分级淬火	513-10M
激光热处理	500-06	盐浴加热盐浴分级淬火	513-10H + M
电子束热处理	500-07	淬火和回火	514
离子轰击热处理	500-08	调质	515
流态床热处理	500-10	稳定化处理	516
退火	511	固溶处理,水韧化处理	517
去应力退火	511-St	固溶处理 + 时效	518
均匀化退火	511-H	表面热处理	520
再结晶退火	511-R	表面淬火和回火	521
石墨化退火	511-G	感应淬火和回火	521-04
脱氢处理	511-D	火焰淬火和回火	521-05
球化退火	511-Sp	激光淬火和回火	521-06
等温退火	511-1	电子束淬火和回火	521-07
完全退火	511-F	电接触淬火和回火	521-11
不完全退火	511-P	物理气相沉积	522
正火	512	化学气相沉积	523
淬火	513	等离子体增强化学气相沉积	524
空冷淬火	513-A	离子注入	525
油冷淬火	513-O	化学热处理	530
水冷淬火	513-W	渗碳	531
盐水淬火	513-B	可控气氛渗碳	531-01
有机水溶液淬火	513-Po	真空渗碳	531-02
盐浴淬火	513-H	盐浴渗碳	531-03
加压淬火	513-Pr	固体渗碳	531-09
双介质淬火	513-1	流态床渗碳	531-10
分级淬火	513-M	离子渗碳	531-08
等温淬火	513-At	碳氮共渗	532
形变淬火	513-Af	渗氮	533
气冷淬火	513-G	气体渗氮	533-01

（续）

工　艺	代　号	工　艺	代　号
液体渗氮	533-03	渗铬	536(Cr)
离子渗氮	533-08	渗锌	536(Zn)
流态床渗氮	533-10	渗钒	536(V)
氮碳共渗	534	多元共渗	537
渗其他非金属	535	硫氮共渗	537(S-N)
渗硼	535(B)	氧氮共渗	537(O-N)
气体渗硼	535-01(B)	铬硼共渗	537(Cr-B)
液体渗硼	535-03(B)	钒硼共渗	537(V-B)
离子渗硼	535-08(B)	铬硅共渗	537(Cr-Si)
固体渗硼	535-09(B)	铬铝共渗	537(Cr-Al)
渗硅	535(Si)	硫氮碳共渗	537(S-N-C)
渗硫	535(S)	氧氮碳共渗	537(O-N-C)
渗金属	536	铬铝硅共渗	537(Cr-Al-Si)
渗铝	536(Al)		

1.2　合金相图

热处理的主要工艺过程是加热和冷却。对绝大多数热处理工艺而言，不论在加热和冷却过程中材料化学成分是否发生变化，都是通过改变材料的力学性能或物理、化学性能来改善坯料的加工工艺性能或工件的服役能力。不论最终获得何种组织，加热过程中材料的组织都将向平衡或稳定的状态变化，掌握热处理全过程中材料组织发生的变化，首先必须熟悉材料的化学成分、温度与其平衡组织间的关系。合金相图全面地表述了这种关系。

1.2.1　铁碳系合金相图

1.2.1.1　Fe-Fe₃C 及 Fe-C 二元合金相图

铁碳合金（钢和铸铁）碳含量超过它在铁中的溶解度后，在不同条件下将分别以 Fe_3C（渗碳体）或石墨两种形式存在。过剩的碳以前一种状态存在时，合金组织处于准平衡状态；以后一种状态存在时，合金组织处于平衡状态。Fe-Fe₃C 合金相图及 Fe-

C 合金相图分别表述铁碳合金的准平衡组织和平衡组织与碳含量和温度的关系（见图1-1）。

相区中标出的符号及各特性点、特性线和含义见表 1-4 ～表 1-6。

表 1-4　Fe-Fe₃C 及 Fe-C 合金
相图相区中的代号

代号	相的名称	结　构
F	铁素体	碳在 α-Fe 中的间隙固溶体，体心立方结构，有时以 α 为代号
A	奥氏体	碳在 γ-Fe 中的间隙固溶体，面心立方结构，有时以 γ 为代号
δ	δ固溶体	碳在 δ-Fe 中的间隙固溶体，体心立方结构
Fe₃C	渗碳体	以分子式 Fe₃C 表述的金属化合物，正交点阵
G	石墨	游离的碳晶体，密排六方结构
L	液相	铁碳合金的熔融液体

表 1-5　Fe-Fe₃C 及 Fe-C 合金相图中的特性点

点	温度/℃	$w(C)$(%)	说　明
A	1538	0	纯铁的熔点
B	1495	0.53	包晶线的端点
C	1148	4.3	共晶点（Fe-Fe₃C 系）
C′	1154	4.26	共晶点（Fe-C 系）
D	1227	6.69	渗碳体的熔点（在图外）
D′	3927	100	石墨的熔点（在图外）
E	1148	2.11	碳在 A 中的最大溶解度（Fe-Fe₃C 系）
E′	1154	2.08	碳在 A 中的最大溶解度（Fe-C 系）
F	1148	6.69	共晶线的端点（Fe-Fe₃C 系）
F′	1154	6.69	共晶线的端点（Fe-C 系）

（续）

点	温度/℃	$w(C)(\%)$	说　　明
G	912	0	$\alpha\text{-}Fe \rightleftharpoons \gamma\text{-}Fe$ 同素异构转变点
H	1495	0.09	包晶线的端点
J	1495	0.17	包晶点
K	727	6.69	共析线的端点（$Fe\text{-}Fe_3C$系）
K'	738	6.69	共析线的端点（$Fe\text{-}C$系）
M	770	0	$\alpha\text{-}Fe$ 的磁性转变点
N	1394	0	$\gamma\text{-}Fe \rightleftharpoons \delta\text{-}Fe$ 同素异构转变点
O	770	≈ 0.50	铁素体的磁性转变点
P	727	0.0218	$Fe\text{-}Fe_3C$ 系碳在 F 中的最大溶解度
P'	738	0.02	$Fe\text{-}C$ 系碳在 F 中的最大溶解度
Q		0.008	碳在 F 中的常温溶解度
S	727	0.77	$Fe\text{-}Fe_3C$ 系中的共析点
S'	738	0.68	$Fe\text{-}C$ 系中的共析点

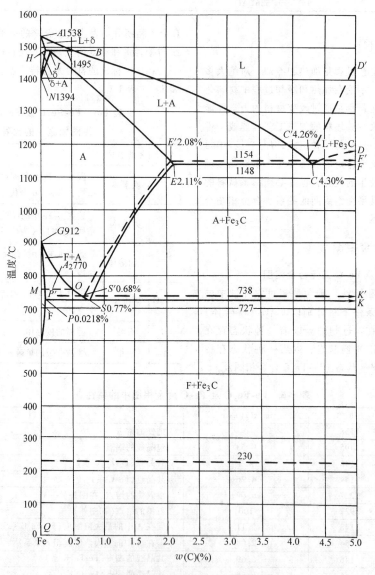

图 1-1　Fe-Fe₃C 及 Fe-C 合金相图

表1-6 Fe-Fe₃C 及 Fe-C 合金相图中的特性线

表1-6 Fe-Fe$_3$C 及 Fe-C 合金
相图中的特性线

特性线	说　明
AB	δ 相的液相线
BC	A 的液相线
CD	Fe$_3$C 的液相线
$C'D'$	G 的液相线(Fe-C 系)
AH	δ 的固相线
JE	A 的固相线
JE'	A 的固相线(Fe-C 系)
HN	δ→A 始温线
JN	δ→A 终温线
GS	A→F 始温线(A_3 线)
GS'	A→F 始温线(Fe-C 系)
230℃水平线	Fe$_3$C 的磁性转变线
GP	A→F 终温线
ES	A→Fe$_3$C 始温线(A_{cm} 线)
$E'S'$	A→G 始温线(Fe-C 系)
PQ	碳在 F 中的溶解度线
$P'Q$	碳在 F 中的溶解度线(Fe-C 系)
MO	F 的磁性转变线(A_2 线)
HJB	$L_B+\delta_H \rightleftharpoons A_J$ 包晶转变线
ECF	$L_C \rightleftharpoons A_E + Fe_3$C 共晶转变线
$E'C'F'$	$L \rightleftharpoons A_{E'} + $G 共晶转变线(Fe-C 系)
PSK	$A_S \rightleftharpoons F_P + Fe_3$C 共析转变线($A_1$ 线)
$P'S'K'$	$A_S \rightleftharpoons F_{P'} + $G 共析转变线(Fe-C 系)

1.2.1.2 主要合金元素对钢铁平衡组织及平衡相变温度的影响

1. 对共晶组织、共析组织碳含量及碳在奥氏体中溶解度的影响　钢铁中常用主要合金元素对共晶组织、共析组织碳含量及碳在奥氏体中的最大溶解度可用 C、

S、E 点成分坐标的偏移量粗略表示（见表1-7）。

表1-7 Si、Mn、Ni、Cr 对 C、S、E 点成分
（质量分数）坐标的影响

(ΔC%/1%Me)①

元素名称	C	S	E
Si	−0.3	−0.06	−0.11
Mn	+0.03	−0.05	+0.04
Ni	−0.07	−0.05	−0.09
Cr	−0.05	−0.05	−0.07

① 表示每增加1%的合金元素，C、S、E 点对应的碳含量变化。

2. 常用主要合金元素对 C、S、E 点温度坐标的影响　如表1-8 所示。

表1-8 Si、Mn、Ni、Cr 对 C、S、E 点温度
坐标的影响

(ΔT（℃）/1%Me)①

元素名称	C	S	E
Si	−(15~20)	−8	−(10~15)
Mn	+3	−9.5	+3.2
Ni	−6	−20	+4.8
Cr	+7	+15	+7.3

① 表示每增加1%的合金元素，C、S、E 点对应的温度变化。

3. 合金元素在钢铁中形成的碳化物　Cr、Mo、W、V、Nb、Ta、Zr、Ti 等在钢铁中均可能形成合金碳化物或溶入 Fe$_3$C。合金碳化物一般并非化学计量相而有一定成分范围，其中还可能溶入其他元素。WC 还能以分子形式溶入 VC、NbC、TaC、ZrC、TiC。钢中合金元素在碳化物中的可溶性见表1-9。

表1-9 钢中合金元素在碳化物中的可溶性

碳化物的分子式	Fe	Mn	Cr	Mo	W	V	Nb	Ta	Zr	Ti	常见其他分子式
Fe$_3$C	0	无限	16	≈16	1.3	0.6	≈0.1		0.1	0.15~0.25	(Fe,M)$_3$C、(Fe,Cr)$_3$C
Cr$_7$C$_3$	55	多									(Cr,Fe)$_7$C$_3$
Cr$_{23}$C$_6$	35	多	溶	溶	溶	溶					(Cr,Fe)$_{23}$C$_6$、Cr$_4$C
Fe$_{21}$W$_2$C$_6$	溶	溶	溶	溶	溶	溶					M$_{23}$C$_6$、(W,Fe)$_{23}$C$_6$
FeMo$_2$C$_6$	溶	溶	溶	溶	溶	溶					M$_{23}$C$_6$、(Mo,Fe)$_{23}$C$_6$
WC		无限			不溶	不溶	不溶	不溶	不溶		
MoC		60~70	无限								
	原子										
W$_2$C		≈50	无限								

（续）

碳化物的分子式	Fe	Mn	Cr	Mo	W	V	Nb	Ta	Zr	Ti	常见其他分子式
Mo₂C			≈50		无限						
VC				多	85~90	50~57	无限	无限	1原子	无限	V₄C₃
					分子	原子					
NbC				溶	75~80	无限	52~56	无限	无限	无限	Nb₄C₃
					分子	原子					
TaC				溶	75~80	无限	无限	50~55	无限	无限	
					分子			原子			
ZrC				溶	60~65	5原子	无限	无限	50~67	无限	
					分子				原子		
TiC			溶	溶	92分子	无限	无限	无限	无限	50~75	M₆C,Fe₃W₃C(W,Fe)₆C
										原子	
Fe₄W₂C	溶		溶	溶	溶	溶					M₆C,Fe₃Mo₃C
Fe₄Mo₂C	溶		溶	溶	溶	溶					(Mo,Fe)₆C

注：1. 只填数字者为质量分数。
　　2. 原子者为摩尔分数（原子）（%）。
　　3. 分子者为摩尔分数（分子）（%）。

1.2.1.3　Fe-C-Me 三元合金相图

铁碳合金中的第三组元（合金元素）使包晶、共晶、共析等三相平衡相变成为变温转变过程，不能在一定温度下完成相变，只能在一定温度范围内完成相变。与此同时，对合金元素添加量较多的 Fe-C-Me 三元合金还将发生三元包晶、三元共晶、三元共析、包共晶、包共析五相平衡转变。这些相平衡转变可在恒温下完成。图1-2～图1-5是作为示例展示的 Fe-Fe₃C-Si、Fe-C-Si、Fe-C-Cr、Fe-C-Cr 三元合金相图。

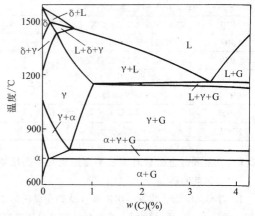

图1-3　Fe-C-Si[w(Si)=2.4%]三元合金相图

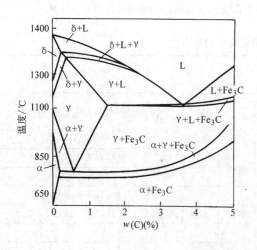

图1-2　Fe-Fe₃C-Si[w(Si)=2%]三元合金相图

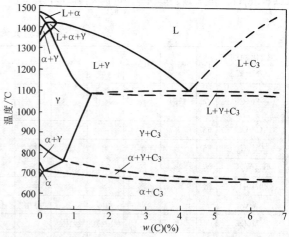

图1-4　Fe-Fe₃C-Cr[w(Cr)=1.6%]三元合金相图
C₃—(Fe,Cr)₃C

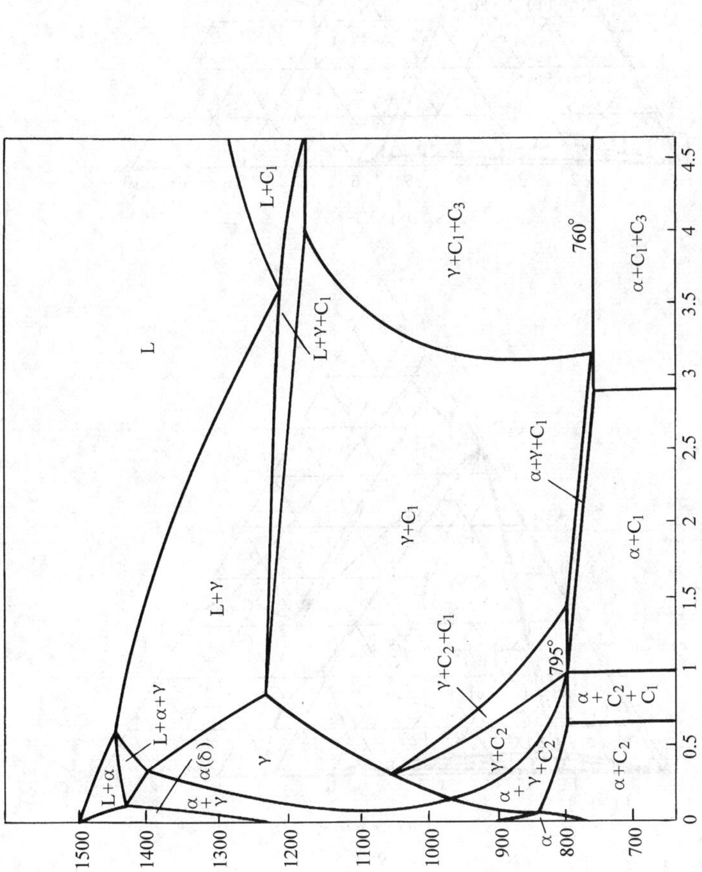

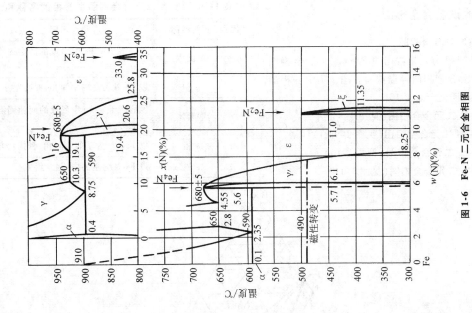

图 1-6 Fe-N 二元合金相图

图 1-5 Fe-Fe₃-C-Cr [w(Cr)=13%] 三元合金相图

C₁—(Cr, Fe)₇C₃ C₂—(Cr, Fe)₂₃C₆ C₃—(Fe, Cr)₃C

1.2.2　其他铁基合金相图

1.2.2.1　Fe-N 系合金相图

图 1-6、图 1-7 分别是常用的 Fe-N 二元合金相图及 Fe-N-C 三元合金相图等温截面。图 1-7 中各相的代号、名称和说明列于表 1-10。

1.2.2.2　Fe-B 二元合金相图（见图 1-8）

1.2.2.3　Fe-Al 二元合金相图（见图 1-9）

1.2.2.4　Fe-Si 二元合金相图（见图 1-10）

1.2.2.5　Fe-S 二元合金相图（见图 1-11）

表 1-10　Fe-N 二元合金相图中各相的名称和说明

代号	相的名称	说　　　明
γ	奥氏体	氮固溶于 γ-Fe 中形成的间隙固溶体，面心立方
γ'	γ'相	以 Fe_4N 为基的中间相，面心立方
α	铁素体	氮固溶于 α-Fe 中形成的间隙固溶体，体心立方
ε	ε 相	以 $Fe_{2.3}N$ 为基的中间相，密排六方
ζ	ζ 相	以 Fe_2N 为基的中间相，斜方

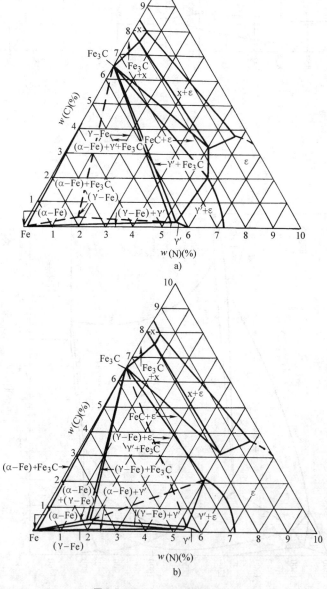

图 1-7　Fe-N-C 三元合金相图
a）565℃　b）575℃

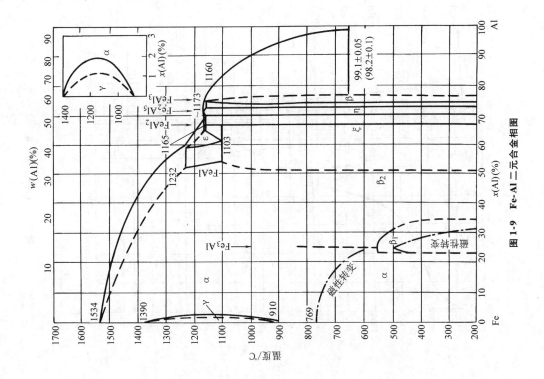

图 1-9　Fe-Al 二元合金相图

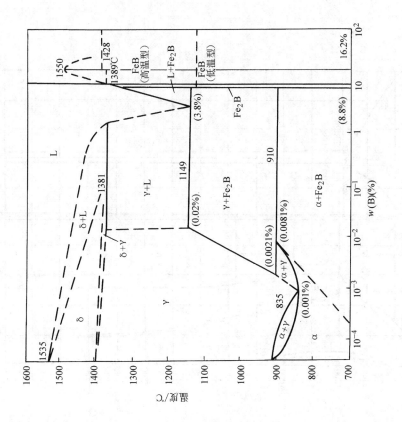

图 1-8　Fe-B 二元合金相图

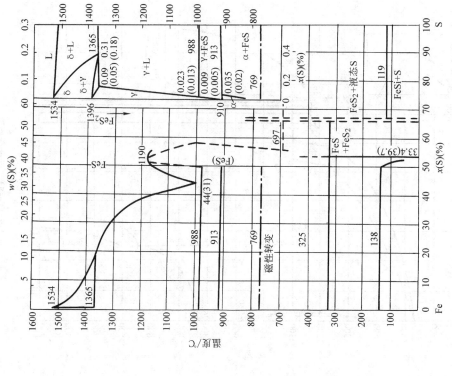

图 1-11　Fe-S 二元合金相图

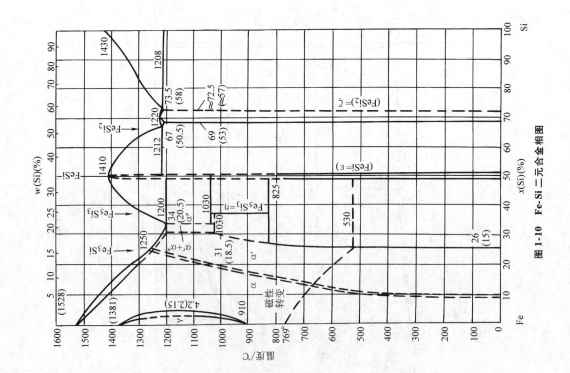

图 1-10　Fe-Si 二元合金相图

1.2.3 铝基、铜基及钛基合金相图

1.2.3.1 铝基二元合金相图

铝合金中的主要合金元素是 Cu、Mg、Zn、Si 和 Li。Al-Cu、Al-Mg、Al-Zn、Al-Si、Al-Li 二元合金相图，见图 1-12 ~ 图 1-16。

常用铝合金一般多为三元系或四元系，组织比较复杂，平衡态可能出现的金属化合物见表 1-11。

1.2.3.2 铜基二元合金相图

常用铜基合金中的主要元素有 Zn、Sn、Al、Be 等，Cu-Zn、Cu-Sn、Cu-Al、Cu-Be 二元合金相图，见图 1-17 ~ 图 1-20。

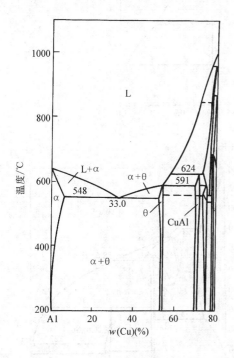

图 1-12 Al-Cu 二元合金相图（富铝侧）

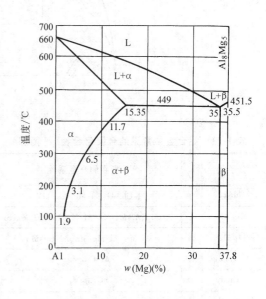

图 1-13 Al-Mg 二元合金相图

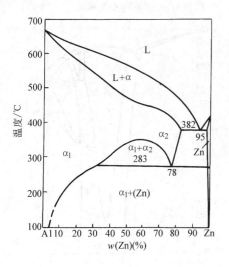

图 1-14 Al-Zn 二元合金相图

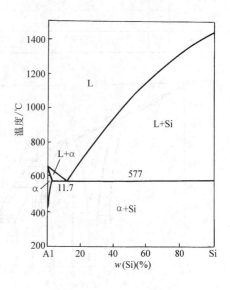

图 1-15 Al-Si 二元合金相图

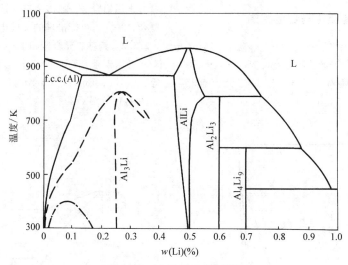

图 1-16　Al-Li 二元合金相图

表 1-11　铝合金中常见的金属化合物（平衡态）

分子式	代号	所在的合金系
$CuAl_2$	θ	Al-Cu、Al-Cu-Mg、Al-CuMn
Mg_5Al_8	β	Al-Mg、Al-Mg-Cu、Al-Mg-Mn、Al-Mg-Si
$MnAl_6$		Al-Mn、Al-Mg-Mn、Al-Cu-Mn
Al_2CuMg	S	Al-Cu-Mg
Al_6CuMg_4	T	Al-Cu-Mg
$Al_4Cu_5Mg_6$	X	Al-Cu-Mg
Mg_2Si		Al-Mg-Si
$FeAl_3$		
$Al_{12}Fe_3Si$	T_1	杂质
Al_9Fe_3Si	T_2	
Al_4FeSi_2	T_3	

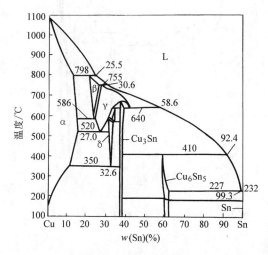

图 1-18　Cu-Sn 合金相图

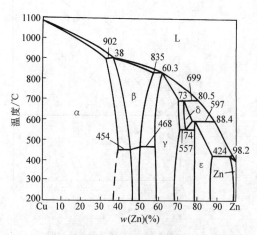

图 1-17　Cu-Zn 合金相图

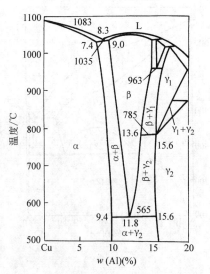

图 1-19　Cu-Al 合金相图

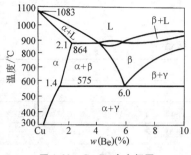

图 1-20　Cu-Be 合金相图

图中代号说明及三相平衡相变见表 1-12 及表
1-13。

表 1-12　Cu-Zn、Cu-Sn、Cu-Al、
Cu-Be 相图中的代号

合金系	代号	说　　明
Cu-Zn	β	CuZn 为基的中间相,体心立方
	γ	Cu_5Zn_8 为基的中间相,复杂立方
	ε	$CuZn_3$ 为基的中间相,密排六方
Cu-Al	β	Cu_3Al 为基的中间相,体心立方
	$γ_2$	$Cu_{32}Al_{19}$ 为基的中间相,复杂立方
Cu-Sn	β	Cu_5Sn 为基的中间相,体心立方
	γ	Cu_3Sn 为基的中间相,密排六方
	δ	$Cu_{31}Zn_8$ 为基的中间相,复杂立方
Cu-Be	γ	CuBe 为基的中间相,体心立方

表 1-13　Cu-Zn、Cu-Sn、Cu-Al、
Cu-Be 合金系中的三相平衡转变

合金系	三相平衡转变
Cu-Sn	包晶转变 $L_{25.5} + α_{13.5} \xrightarrow{798℃} β_{22.6}$
	共析转变 $β_{24.0} \xrightarrow{586℃} α_{15.8} + γ_{25.0}$
	共析转变 $γ_{27.0} \xrightarrow{520℃} α_{15.8} + δ_{32.0}$
	共析转变 $δ_{32.6} \xrightarrow{350℃} α_{11.0} + Cu_3Sn$
Cu-Zn	包晶转变 $L_{37.5} + α_{32.5} \xrightarrow{903℃} β_{36.8}$
Cu-Al	共晶转变 $L_{8.3} \xrightarrow{1030℃} α_{7.4} + β_{9.0}$
	共析转变 $β_{18.0} \xrightarrow{565℃} α_{15.6} + γ_{215.6}$
Cu-Be	共析转变 $β_{6.0} \xrightarrow{605℃} α_{1.65} + CuBe$

注:L 为溶液,α 为以 Cu 为基的固溶体。

1.2.3.3　钛基合金相图

Ti-Al、Ti-Mo、Ti-Cr 二元合金相图分别见图
1-21 ~ 图 1-23。

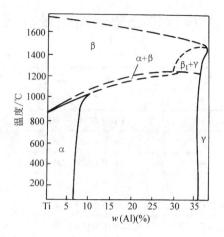

图 1-21　Ti-Al 合金相图

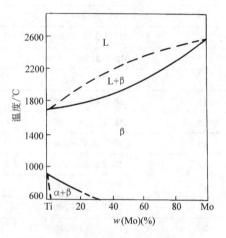

图 1-22　Ti-Mo 合金相图

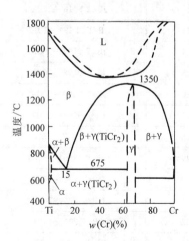

图 1-23　Ti-Cr 合金相图

图中 α 为以 α-Ti (密排六方) 为溶剂的固溶体,
β 为以 β-Ti (体心立方) 为溶剂的固溶体。

1.3 现行热处理标准题录（表1-14）

表1-14 现行热处理标准题录

序号	标 准 号	标 准 名 称
1	GB/T 7232—2012	金属热处理工艺 术语
2	GB/T 8121—2012	热处理工艺材料 术语
3	GB/T 12603—2005	金属热处理工艺分类及代号
4	GB/T 13324—2006	热处理设备术语
5	JB/T 8555—2008	热处理技术要求在零件图样上的表示方法
6	JB/T 9208—2008	可控气氛分类及代号
7	GB/T 16923—2008	钢件的正火与退火
8	GB/T 16924—2008	钢件的淬火与回火
9	GB/T 18177—2008	钢件的气体渗氮
10	GB/T 18683—2002	钢铁件的激光表面淬火
11	JB/T 3999—2007	钢件的渗碳与碳氮共渗淬火回火
12	GB/T 22560—2008	钢件的气体氮碳共渗
13	JB/T 4202—2008	钢的锻造余热淬火回火处理
14	JB/T 4215—2008	渗硼
15	JB/T 4218—2007	硼砂熔盐渗金属
16	JB/T 6048—2004	金属制件在盐浴中的加热和冷却
17	JB/T 6956—2007	钢铁件的离子渗氮
18	JB/T 7500—2007	低温化学热处理工艺方法选择通则
19	JB/T 7529—2007	可锻铸铁热处理
20	JB/T 7711—2007	灰铸铁件热处理
21	JB/T 7712—2007	高温合金热处理
22	JB/T 8418—2008	粉末渗金属
23	GB/T 28694—2012	深层渗碳 技术要求
24	JB/T 9197—2008	不锈钢和耐热钢热处理
25	JB/T 9198—2008	盐浴硫氮碳共渗
26	JB/T 9200—2008	钢铁件的火焰淬火回火处理
27	JB/T 9201—2007	钢铁件的感应淬火回火处理
28	JB/T 9207—2008	钢件在吸热式气氛中的热处理
29	GB/T 22561—2008	真空热处理
30	GB/T 224—2008	钢的脱碳层深度测定法
31	GB/T 225—2006	钢的淬透性末端淬火试验方法
32	GB/T 226—1991	钢的低倍组织及缺陷酸蚀检验法
33	GB/T 1979—2001	结构钢低倍组织缺陷评级图
34	GB/T 4335—1984	低碳钢冷轧薄板铁素体晶粒度测定法
35	GB/T 5617—2005	钢的感应淬火或火焰淬火后有效硬化层深度的测定

（续）

序号	标　准　号	标　准　名　称
36	GB/T 9450—2005	钢件渗碳淬火硬化层深度的测定和校核
37	GB/T 9451—2005	钢件薄表面总硬化层深度或有效硬化层深度的测定
38	GB/T 9452—2012	热处理炉有效加热区测定方法
39	GB/T 11354—2005	钢铁零件渗氮层深度测定和金相组织检验
40	GB/T 13298—1991	金属显微组织检验方法
41	GB/T 13299—1991	钢的显微组织评定方法
42	GB/T 13302—1991	钢中石墨碳显微评定方法
43	GB/T 13305—2008	不锈钢中 α-相面积含量金相测定法
44	GB/T 15749—2008	定量金相测定方法
45	JB/T 5069—2007	钢铁零件渗金属层金相检验方法
46	JB/T 5074—2007	低、中碳钢球化体评级
47	JB/T 6049—1992	热处理炉有效加热区测定
48	JB/T 6050—2006	钢铁热处理零件硬度测试通则
49	JB/T 6051—2007	球墨铸铁热处理工艺及质量检验
50	JB/T 6141.1—1992	重载齿轮　渗碳层球化处理后金相检验
51	JB/T 6141.2—1992	重载齿轮　渗碳质量检验
52	JB/T 6141.3—1992	重载齿轮　渗碳金相检验
53	JB/T 6141.4—1992	重载齿轮　渗碳表面碳含量金相判别法
54	JB/T 6954—2007	灰铸铁接触电阻加热淬火质量检验和评级
55	JB/T 7709—2007	渗硼层显微组织、硬度及层深检测方法
56	JB/T 7710—2007	薄层碳氮共渗或薄层渗碳钢件显微组织检测
57	JB/T 7713—2007	高碳高合金钢制冷作模具显微组织检验
58	JB/T 8420—2008	热作模具钢显微组织评级
59	JB/T 8881—2011	滚动轴承零件渗碳热处理技术条件
60	JB/T 9204—2008	钢件感应淬火金相检验
61	JB/T 9205—2008	珠光体球墨铸铁零件感应淬火金相检验
62	JB/T 9206—1999	钢铁热浸铝工艺及质量检验
63	JB/T 9211—2008	中碳钢与中碳合金结构钢马氏体等级
64	JB/T 10174—2008	钢铁零件强化喷丸的质量检验方法
65	JB/T 10175—2008	热处理质量控制要求
66	JB/T 10312—2011	钢箔测定碳势法
67	JB/T 4390—2008	高、中温热处理盐浴校正剂
68	JB/T 4392—2011	聚合物水溶性淬火介质性能测定方法
69	JB/T 4393—2011	聚乙烯醇合成淬火剂
70	JB/T 5072—2007	热处理保护涂料一般技术要求
71	JB/T 7530—2007	热处理用氩气、氮气、氢气一般技术条件
72	JB/T 7951—2004	测定工业淬火油冷却性能的镍合金探头实验方法

（续）

序　号	标　准　号	标　准　名　称
73	JB/T 8419—2008	热处理工艺材料分类及代号
74	JB/T 9199—2008	防渗涂料　技术要求
75	JB/T 9202—2004	热处理用盐
76	JB/T 9203—2008	固体渗碳剂
77	JB/T 9209—2008	化学热处理渗剂　技术条件
78	GB 15735—2012	金属热处理生产过程安全卫生要求
79	GB/T 17358—2008	热处理生产电耗计算和测定
80	GB/T 27946—2011	热处理车间空气中有害物质的限值
81	GB/T 27945.3—2011	热处理盐浴有害固体废物无害化处理方法
82	GB/T 27945.2—2011	热处理盐浴（钡盐、硝盐）有害固体废物分析方法
83	JB 8434—1996	热处理环境保护技术要求
84	GB/T 10201—2008	热处理合理用电导则
85	JB/T 10457—2004	液态淬火冷却设备技术条件
86	JB/T 6955—2008	热处理常用淬火介质技术要求
87	JB/T 7715—1995	冷锻模具用钢及热处理技术条件
88	JB/T 6058—1992	冲模用钢及其热处理技术条件
89	GB/T 27945.1—2011	热处理盐浴有害固体废物污染管理的一般规定
90	GB/T 27945.1—2011	热处理盐浴有害固体废物的管理　第1部分：一般规定
91	GB/T 27945.2—2011	热处理盐浴有害固体废物的管理　第2部分：浸出液检测方法
92	GB/T 27945.3—2011	热处理盐浴有害固体废物的管理　第3部分：无害化处理方法
93	GB/T 27946—2011	热处理工作场所空气中有害物质的限值
94	GB/T 25743—2010	钢件深冷处理
95	GB/T 25744—2010	钢件渗碳淬火回火金相检验
96	GB/T 25745—2010	铸造铝合金热处理
97	GB/T 15318—2010	热处理电炉节能监测
98	GB/T 19944—2005	热处理生产燃料消耗定额及其计算和测定方法
99	GB/T 21736—2008	节能热处理燃烧加热设备技术条件
100	JB/T 11077—2011	大型可控气氛井式渗碳炉生产线热处理　技术要求
101	JB/T 11078—2011	钢件真空渗碳淬火
102	JB/T 11232—2011	精密气体渗氮技术要求
103	JB/T 8491.1—2008	机床零件热处理技术条件　第1部分：退火、正火、调质
104	JB/T 8491.2—2008	机床零件热处理技术条件　第2部分：淬火、回火
105	JB/T 8491.3—2008	机床零件热处理技术条件　第3部分：感应淬火、回火
106	JB/T 8491.4—2008	机床零件热处理技术条件　第4部分：渗碳与碳氮共渗、淬火、回火
107	JB/T 8491.5—2008	机床零件热处理技术条件　第5部分：渗氮、氮碳共渗
108	JB/T 10895—2008	可控气氛密封多用炉生产线　热处理技术要求
109	JB/T 10896—2008	推杆式可控气氛渗碳线　热处理技术要求
110	JB/T 10897—2008	网带炉生产线热处理　技术要求

参 考 文 献

[1]　朱沅浦, 侯增寿. 热处理手册: 第 1 卷 [M]. 2 版. 北京: 机械工业出版社, 1991.

[2]　ASM. Metals Handbook: Vol 8 Metallography, Structures and Phase Diagrams [M]. 8th ed. Ohio: ASM International, 1973.

[3]　美国金属学会. 金属手册 (案头卷): 加工工艺与通用资料 [M]. 中国机械工程学会热处理分会组织, 译. 北京: 机械工业出版社, 1992.

[4]　侯增寿, 宋余九. 金属热加工实用手册 [M]. 北京: 机械工业出版社, 1996.

[5]　机械工业出版社, 热处理机械工业标准汇编 [S]. 北京: 机械工业出版社, 2012.

[6]　中国材料工程大典编委会. 中国材料工程大典: 第 15 卷材料热处理工程 [M]. 北京: 化学工业出版社, 2006.

第 2 章　金属热处理的加热

北京机电研究所　樊东黎

2.1　金属和合金相变过程中的元素扩散

2.1.1　扩散的一般规律

在金属和合金中发生的过程，例如再结晶、相变和组织转变、结晶、表层渗入其他元素等都具有扩散性质。合金和钢在加热过程中的转变除晶体结构的变化之外，自始至终都贯穿着合金元素的扩散。

扩散可以理解为原子在晶体中的移动超过该元素平均原子间距的距离。在一定体积内，如果原子的移动不会引起浓度（成分）的变化，此扩散过程称为自扩散。在合金或含有较多夹杂物的金属中的扩散伴随有元素浓度的变化，此扩散过程称为扩散或异扩散。

晶体中的扩散过程是原子机制，每个原子或多或少都完成一种偶然的游移，即在晶体点阵的平衡状态间形成一系列跳动。任何一种原子扩散理论都始于扩散机制的研讨，即首先要回答该原子是如何从一个位置移向另一位置的。

为了描述固态晶体（金属）的扩散过程，曾提出过若干可能的扩散机制：循环的、整体的、空位的和间隙的。

扩散速度是以单位时间通过单位界面扩散出的物质的质量来衡量的：单位时间内扩散出的物质的质量 m 取决于垂直于界面方向的元素浓度梯度 dc/dx，正比于元素的扩散系数 D，即

$$m = -D\frac{dc}{dx}$$

式中　dc——元素浓度的变化；

dx——已定方向的距离。

此关系式被称为费克（Fick）第一定律。式中的负号表示扩散方向是从浓度大的部分向浓度小的部分进行。如果浓度梯度依时间变化，则扩散过程可用费克第二定律来表示：

$$\frac{dc}{d\tau} = D(d^2c/dx^2)$$

推导此定律时曾假定扩散系数与浓度无关，但此仅适合于自扩散，故此方程只能在一定的扩散边界条件下求解。该方程可以用高斯误差函数积分。计算结果是一种抛物线规律，即 $x = a\sqrt{\tau}$，τ 是时间，a 是常数。

此方程也给扩散系数以直观的物理意义。如果 x 为原子平均扩散位移，则扩散系数就可以近似地表示为：$x^2 = 2D\tau$，即 $D = \dfrac{x^2}{2\tau}$。抛物线关系经常可以印证过程按扩散机制进行。

扩散系数 $D(cm^2/s)$ 也就是浓度降量等于 1 时，在单位时间（1s）通过单位面积（1cm^2）扩散的物质的质量，和合金的本质、晶粒度，特别是温度有密切关系。扩散系数和温度的关系遵从指数规律：

$$D = D_0\exp[-Q/RT]$$

式中　D_0——指数前置因子，其大小取决于晶体点阵类型；

R——摩尔气体常数，等于 8.31J/（K·mol）；

T——温度（K）；

Q——激活能（J/mol）。

为使原子完成一个最小的扩散步骤，它也必须克服能垒。原子具有的平均热能显著小于克服能量位垒、使从一个平衡位置转移到另一位置的激活能。这种转移所需要的富余能量取自相邻原子连续传递的动能。由于激活能存在于幂指数中，对于扩散系数有很大影响。

沿表面和晶界的扩散比较容易进行，因为这些地方集中有大量晶体缺陷（空位、位错等），因此在晶粒（晶块）边界的扩散激活能几乎是晶内扩散的一半。

2.1.2　碳在钢中的扩散

碳在 α-Fe 中的扩散系数比在 γ-Fe 中的扩散系数大好几个数量级（见图 2-1），这是因为 γ-Fe 具有很密的密排晶格。

碳在铁素体中的易扩散性促使退火钢的碳化物聚集和球化，促进淬火钢回火时形成碳化物以及石墨化等过程。但由于碳在铁素体中的溶解度很小、一般不在 α 状态下施行渗碳，而在 920～950℃ 的高温奥氏体状态下进行。

碳在奥氏体中的扩散系数与钢中的碳含量有如下关系：

$$D_C = [0.07 + 0.06w(C)]e^{-\frac{32000}{RT}}$$

即碳在奥氏体中的扩散系数随钢中碳含量的增加而增

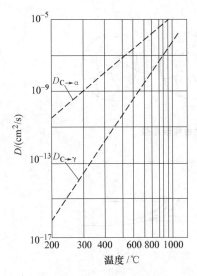

图 2-1　碳在铁素体和奥氏体中的
扩散系数与温度的关系

$$D_{C \rightarrow \alpha} = 29 \times 10^{-3} e^{-\frac{18100}{RT}} \quad D_{C \rightarrow \gamma} = 0.064 e^{-\frac{31350}{RT}}$$

大。这与奥氏体晶体畸变的增大和碳的热力学活性增
加有关。

2.2　钢的加热转变

2.2.1　珠光体—奥氏体转变

钢的退火、正火、淬火等热处理，都需将其加热
到奥氏体转变区的温度，即完成所谓的奥氏体化过程。

图 2-2 所示为 $w(C) = 0.8\%$ 共析钢的加热珠光
体—奥氏体转变过程。在钢被逐步加热到 A_1 温度的
过程中，部分渗碳体按极限溶解度线 PQ（见图 2-
2a）溶入铁素体。当温度高于 A_1（如达到 t_1 时），
铁素体局部区域的碳含量增加（见图 2-2a 中的 d
点）。此区域的铁素体不稳定，便转变成在此温度下
稳定的奥氏体。自图 2-2a 可知，在稍高于 A_1 温度，
在铁素体和渗碳体边界处靠渗碳体供碳，形成具有奥
氏体晶格的原子排列起伏，即临界尺寸的奥氏体晶
核。一些研究者认为，α—γ 重构的机制在有共格边
界时是切变型的。碳从 Fe_3C 向按切变机制形成的层
状奥氏体扩散，并使奥氏体晶粒长大。当晶粒长大
时，α—γ 晶格的共格性被破坏。切变机制被正常长
大机制所代替，奥氏体晶粒变成等轴形貌。

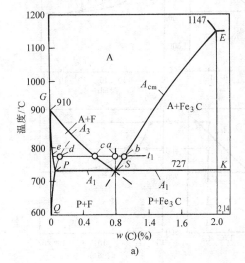

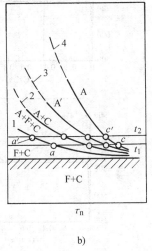

a)　　　　　　　　　　　b)

图 2-2　钢的铁素体、渗碳体组织加热时的相变
a）加热相变　b）奥氏体的等温形成
1—开始形成奥氏体　2—珠光体—奥氏体转变终止　3—碳化物完全溶解　4—奥氏体的均匀化

铁素体和渗碳体消失后，形成奥氏体晶粒的边界
也随之消失。此时只有奥氏体晶粒的长大，而无新晶
粒的产生。新产生的奥氏体晶粒内的碳含量是不均匀
的。在靠近原渗碳体区（见图 2-2a 中的 b 点）的碳
含量比靠近原铁素体区（见图 2-2a 中的 e 点）的高。
在此浓度梯度影响下，发生奥氏体中碳原子从原渗
体区向铁素体区的扩散。所以奥氏体晶粒区的扩大是

由于 α—γ 的多晶形转变和碳原子扩散的结果。在转
变过程中，奥氏体区的扩大比渗碳体溶解快。因此，
在完成 α—γ 转变后，在钢的奥氏体组织中尚存在一
定量的渗碳体（见图 2-3）。为使其充分溶于奥氏体，
还需要延长等温保持时间。最后按上述转变结果所形
成的奥氏体在化学成分上是不均匀的，为使其达到均
匀化，尚需更多的保持时间（见图 2-2b）。

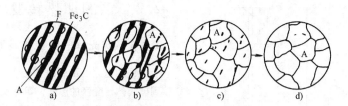

图 2-3　共析钢加热形成奥氏体过程示意图

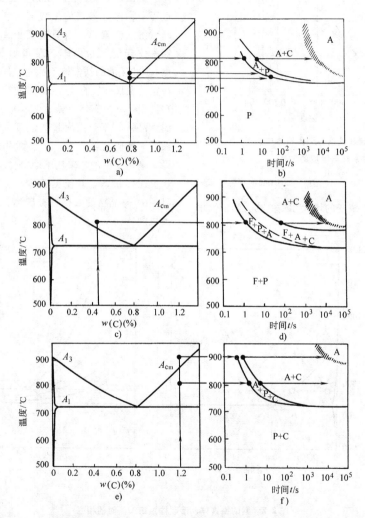

图 2-4　$w(C)=0.8\%$（a、b），$w(C)=0.45\%$（c、d）和
$w(C)=1.2\%$（e、f）钢的等温奥氏体化过程中的组织转变

图 2-4 所示为 $w(C)=0.8\%$ 钢、$w(C)=0.45\%$ 钢和 $w(C)=1.2\%$ 钢奥氏体化过程中的组织转变。

2.2.2　铁素体—珠光体向奥氏体的等温转变

为了描述钢的铁素体—珠光体组织向奥氏体转变过程，经常用奥氏体加热等温形成图。它可以给出在不同加热温度下的转变过程。为了测绘此等温形成图，可把试验钢种试样迅速加热到 A_1 以上规定温度，并在此温度下保持。在等温保持过程中把珠光体—奥氏体转变各阶段的起点和终点记录下来。如果把试验所得各点在温度-时间坐标上标出，并将其连成光滑曲线，就可以得到如图 2-2b 所示的奥氏体等温形成图。

图 2-5 所示为 $w(C) = 0.7\%$ 钢的加热奥氏体等温形成图,而 $w(C) = 0.83\%$ 的共析钢的加热奥氏体等温形成图如图 2-6 所示。

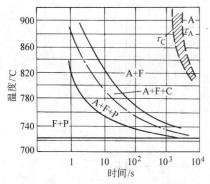

图 2-5　$w(C) = 0.7\%$ 钢加热奥氏体等温形成图

τ_C—残留渗碳体溶解终了线

τ_A—奥氏体均匀化完成线

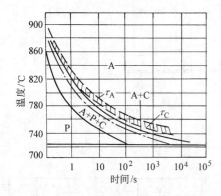

图 2-6　$w(C) = 0.83\%$ 钢加热奥氏体等温形成图

τ_C—残留渗碳体溶解终了线

τ_A—奥氏体均匀化完成线

从共析钢的奥氏体等温形成图可知,随着温度升高,珠光体转变为奥氏体的速度剧烈增大。这可解释为一方面是扩散过程的加速,另一方面是奥氏体内碳浓度梯度的增加。

铁素体—珠光体组织转变为奥氏体的速度除取决于加热保持温度(见表 2-1)外,尚取决于其原始组织状态(见图 2-7)。铁素体—珠光体组织越细,奥氏体形核量越大,奥氏体化过程越快。渗碳体的预先球化,特别是形成大块球状体后,奥氏体的形成速度就变慢。

加热亚共析钢和过共析钢时,由于自由铁素体转变为奥氏体或渗碳体的溶解使奥氏体化过程复杂化。加热亚共析钢时,奥氏体会在铁素体晶粒边界形核。此时碳在相界面上扩散使渗碳体在铁素体内溶解,铁素体最终转变为奥氏体。

钢中含碳越多,奥氏体化过程愈快(见图 2-8)。

这可以解释为渗碳体量增加使铁素体和渗碳体的边界总面积增大。

表 2-1　加热温度对奥氏体等温形成速度的影响

加热温度/℃	过热度/℃	形核率/[N[①]/(mm³·s)]	晶核成长速度/(mm/s)	转变50%(体积分数)的时间/s
740	17	2300	0.001	100
760	37	11000	0.010	9
780	57	52000	0.025	3
800	77	60000	0.040	1

① N 为晶核数。

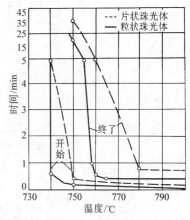

图 2-7　原始组织对 $w(C) = 0.9\%$ 钢奥氏体等温形成时间的影响

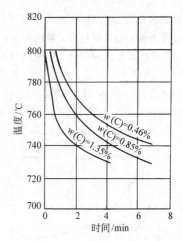

图 2-8　钢中碳含量对珠光体—奥氏体等温转变50%(体积分数)时间的影响

往钢中加入 Cr、Mo、W、V 等碳化物形成元素,由于形成的合金碳化物难溶入奥氏体,从而使奥氏体化过程变慢;因为合金元素在 γ 相晶格中的扩散活动性比碳要小得多,因而奥氏体的均匀化过程也需要较长时间。因合金元素在铁素体和碳化物中的分布不均匀,从而使奥氏体内的合金元素分布也极不均匀。图 2-9 为 DIN 50CrV4 钢的加热等温转变。

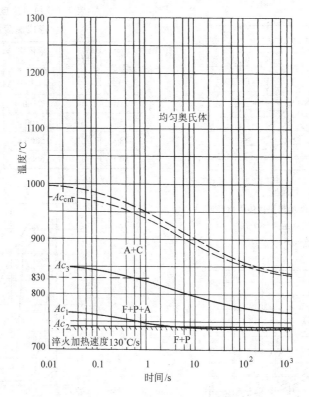

图 2-9　DIN 50CrV4 钢的加热等温转变

2.2.3　连续加热时的奥氏体形成过程

钢在连续加热时,珠光体—奥氏体转变是在某个温度区间进行的。加热速度越快,奥氏体开始形成的温度越高,形成的温度范围越宽,形成的时间也越短(见图 2-10)。加热速度越快,奥氏体内成分的均匀化也越困难(见图 2-11 和图 2-12)。在实际生产中,快速加热可能导致亚共析钢淬火后得到碳浓度低于平

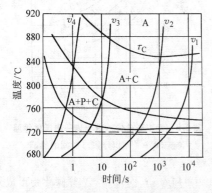

图 2-10　共析钢连续加热时的奥氏体形成图

注:加热速度 $v_1 < v_2 < v_3 < v_4$。

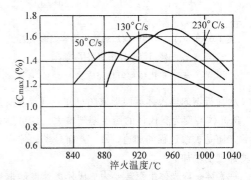

图 2-11　加热速度和温度对 $w(C) = 0.4\%$ 钢奥氏体中高碳区最高碳含量的影响

均成分的马氏体与碳化物,而在低碳钢中还可能发现来不及转变的铁素体。

图 2-13 所示为低合金过共析钢在不同加热速度下珠光体向奥氏体转变的温度特征。在图 2-13 的铁素体—碳化物组织转变为奥氏体的热动力学图上的开始转变对应的是稍高于 Ac_1 的温度,而 α—γ 的终止转变温度是 Ac_3,碳化物的完全溶解温度是 Ac_{cm}。加热速度越快,铁素体—渗碳体组织转变为奥氏体的温

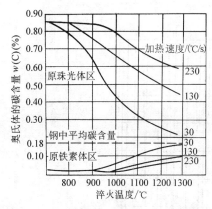

图 2-12　加热速度和温度对 $w(C)=0.18\%$ 钢奥氏体碳含量不均匀度的影响

度也越高,珠光体转变为奥氏体的温度范围也越大。因此,在快速加热时,如高频感应加热,钢的奥氏体化温度应高于炉中慢速加热的温度。

图 2-14 所示为 DIN Ck45 钢（相当于 45 钢）连续加热奥氏体化温度-时间曲线。连续加热是在 $0.05 \sim 2400℃/s$ 的固定加热速度下完成的。如果加热速度很慢（如 $0.22℃/s$）,则在稍过 Ac_3 的 775℃ 经过 1h 也不能使奥氏体达到均匀化。而以 $10℃/s$ 速度加热则在超过 Ac_3 的 800℃ 仅在 80s 后即可转变为不均匀的奥氏体。

从这些图可以看出,随着加热速度的增加,相变点 Ac_1 和 Ac_3 都会明显提高。此现象对于感应和激光表面加热特别重要,此时可以达到 $1000℃/s$ 以上的加

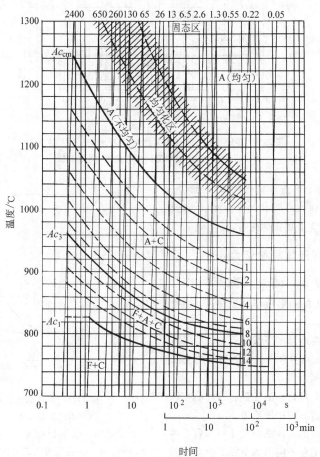

图 2-13　$w(C)=1.0\%$、$w(Cr)=1.0\%$ 钢加热时

珠光体—碳化物组织转变为奥氏体的热动力学曲线

Ac_1—α→γ 开始转变　Ac_3—α→γ 转变终止　Ac_{cm}—碳化物溶解终止

注：曲线上的数字表示未溶入奥氏体的碳化物数量。

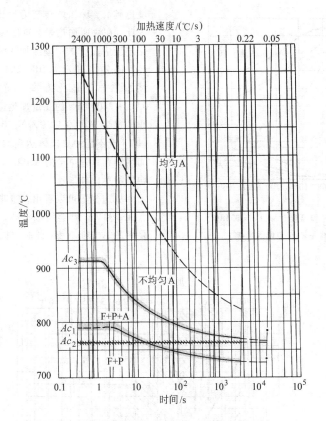

图 2-14　DIN Ck45 钢（质量分数：C0.49%、Si0.26%、
Mn0.74%）连续加热奥氏体化温度-时间曲线

热速度。在此加热速度下，可以在通常的淬火加热温
度从 830~850℃ 提高到 950~1000℃。在加热到
1000℃ 时仅需 1s 就可以完成奥氏体化过程。

2.2.4　钢加热时的奥氏体晶粒长大

　　钢加热到高于 A_1 温度，奥氏体在铁素体—碳化
物边界形核。此时，奥氏体的形核率总是很高，初始
形成的奥氏体晶粒很细。

　　进一步提高温度或在此温度下长期保持，奥氏体
晶粒会长大，与整个系统减少自由能的热力学趋向相
应的是减少晶粒的表面积。

　　晶粒长大的机制是大角边界的迁移。因此晶粒长
大受控于原子通过大角边界的扩散通道。

　　在一定温度下形成的奥氏体晶粒尺寸冷后当然
不会变化。同一牌号的钢在不同冶炼条件下会有不同
的晶粒长大倾向。钢的晶粒长大倾向有两种类型：本
质细晶粒和本质粗晶粒钢。本质细晶粒钢加热到 950
~1000℃ 时晶粒长大不明显，但在更高温度下会剧烈
长大（见图 2-15 中曲线 2）。而本质粗晶粒钢则相
反，在稍高于 Ac_1 温度，晶粒即迅速长大，如图 2-15

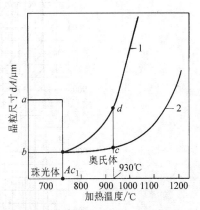

图 2-15　钢的晶粒长大与加热温度关系
1—本质粗晶粒钢　2—本质细晶粒钢
a—原奥氏体晶粒　b—奥氏体初始晶粒
c、d—在正常工艺试验中得到的晶粒尺寸

中曲线 1 所示。

　　钢的晶粒长大倾向从冶金学角度取决于钢的化学
成分和脱氧条件。铝脱氧钢属本质细晶粒钢。钢中形
成的 AlN 微粒阻碍奥氏体晶粒长大。但这些粒子被
溶解（>1000~1050℃）后，晶粒会迅速长大。在过

共析钢的 $Ac_1 \sim Ac_{cm}$ 温度区间,奥氏体晶粒的长大受制于未溶解的碳化物粒子。在亚共析钢中奥氏体在 $Ac_1 \sim Ac_3$ 温度区间的晶粒长大受铁素体的阻碍。

在亚共析钢中随碳含量增加,晶粒长大倾向增大。而在过共析钢中由于受残留渗碳体的阻碍,晶粒长大倾向反而减小(见图 2-16)。

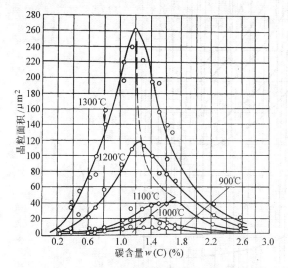

图 2-16 碳含量对奥氏体晶粒长大趋向的影响

注:在各温度保持 3h。

合金元素,尤其是碳化物形成元素(影响最大的是 Ti、V、Zr、Nb、W 和 Mo)会阻碍奥氏体晶粒长大。这是由于形成难溶于奥氏体的合金碳化物阻碍晶粒长大。影响最大的两种元素是 Ti 和 V。Mn、P、S 等元素溶入奥氏体后能加速铁原子扩散,促使奥氏体晶粒长大。

钢的原始组织和加热条件也会对奥氏体晶粒发生影响。片状珠光体的片间距越小,奥氏体形核率越大,起始晶粒越细。片状珠光体组织比球状组织形成的奥氏体起始晶粒粗。其原因是片状渗碳体表面形成具有同一取向的大量晶粒,在其长大时彼此容易结合成一个大的晶粒。加热温度明显高于临界温度时,晶粒逐步长大,原始组织的影响逐渐消失。

奥氏体晶粒尺寸随加热温度的升高或保温时间的延长而不断长大。在每一温度下均有一个晶粒加速长大的阶段,当达到一定尺寸后,长大趋向逐渐减弱(见图 2-17)。加热速度越快,奥氏体在高温下停留时间越短,晶粒越细(见图 2-18)。

图 2-19 所示为 DIN Ck45 钢以不同加热速度连续加热到各种奥氏体化温度时的晶粒度变化。

钢中的奥氏体晶粒度分为 8 级,1 级最粗,8 级最细。8 级以上称为超细晶粒。晶粒度级别(N)与晶粒尺寸间的关系为

$$n = 2^{N-1} \qquad (2\text{-}1)$$

或

$$n' = 2^{N+3} \qquad (2\text{-}2)$$

式中 n——在金相显微镜下放大 100 倍时,每 $6.45cm^2$ 视野中包含的平均晶粒数;

n'——每 $1mm^2$ 试样面积中的平均晶粒数。

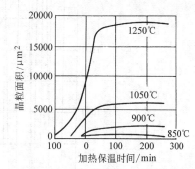

图 2-17 $w(C) = 0.48\%$、$w(Mn) = 0.82\%$ 钢奥氏体晶粒尺寸与加热温度及保温时间的关系

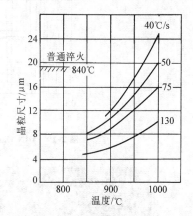

图 2-18 45 钢在不同加热温度下奥氏体晶粒尺寸与加热温度的关系

2.2.5 过热和过烧

亚共析(过共析)钢在远高于 Ac_3(或 Ac_{cm})温度长时间加热会导致实际晶粒度的粗大。过热钢呈石状断口,断口表面呈小丘状粗晶结构,晶粒无金属光泽,仿佛被熔化过。

在过热钢中经常发现按切变机制形成的铁素体。在高温碳扩散转移条件下,发生铁素体—魏氏体组织实际晶粒度的剧烈粗化(见图 2-20a)。这种过热可以靠均匀化退火来矫正。

进一步加热到高于过热的温度,在氧化气氛中会导致钢的过烧,在晶粒边界形成铁的氧化物(见图 2-20b)。过烧钢呈石板状断口。过烧是一种不可修复的缺陷。

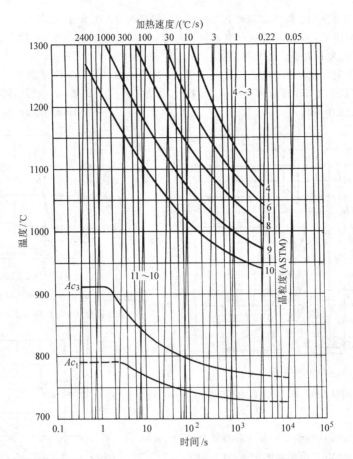

图 2-19　DIN Ck45 钢在不同加热速度下的奥氏体晶粒度

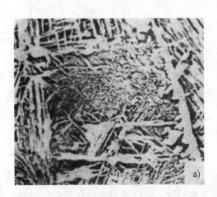
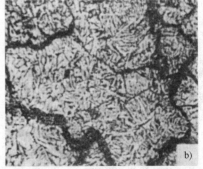

图 2-20　亚共析钢过热和过烧的显微组织　80×
a）过热　b）过烧

2.2.6　钢的晶粒度对性能的影响

　　钢的晶粒度对静拉伸性能（R_m、$R_{p0.2}$、A、Z）和硬度无明显影响，但粗大晶粒会降低冲击韧度，降低裂纹扩展功，提高冷脆区域。随晶粒长大、K_{IC} 值增高（晶界夹杂物净化）。晶粒越大，钢淬火开裂和畸变倾向越大。这些在优选热处理工艺时都必须注意。

混晶会剧烈降低钢的结构强度，使应力集中区域变脆。

2.2.7　奥氏体晶粒度的显示和测定

　　奥氏体晶粒可用渗碳法、氧化法、晶界腐蚀法以及用铁素体或渗碳体网法来显示。亚共析钢用渗碳法来显示时，可将试棒在 930℃ 渗碳 8h。此时碳进入奥氏体，使表面层达到过共析钢成分。随后缓慢冷却时，在奥氏体晶粒边界析出二次渗碳体连续网，冷却后按此网测定原奥氏体晶粒尺寸（见图2-21a）。

　　显示结构钢和工具钢晶粒尺寸时，可采用其他方法，如把试棒加热到淬火温度或高于此温度20~30℃，保持3h。

　　采用氧化法时，先把金相磨片在保护气氛中加热，完成保温后往炉中通入空气。在原奥氏体晶粒边界即显出氧化物网（见图2-21b）。铁素体网法用于亚共析钢，渗碳体网法用于过共析钢。试棒加热到规定温度，并以能形成铁素体网或渗碳体网的速度冷却

（见图2-21c）。还有一种经常用的方法是把经淬火和225~500℃回火的试棒磨成金相试片，在加入0.5%~1.0%（质量分数）洗涤剂的苦味酸中腐蚀。奥氏体晶粒度也可在抽真空的高温显微镜下直接观察（见图2-21d）。在光学显微镜下放大100倍测定奥氏体晶粒度。把磨片上的晶粒尺寸和图2-22所列的标准尺度加以比较，即可得出所测晶粒度等级。晶粒平均直径和磨片上每平方毫米的晶粒数之间存在直线关系（见图2-23）。

　　可以粗略地认为，1~5级晶粒度的钢属粗晶粒类型，而6-13级属细晶粒类型。

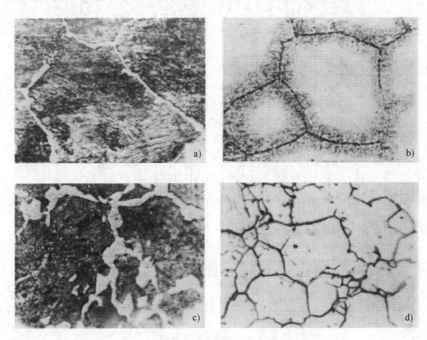

图 2-21　奥氏体晶粒的显示　100×
a）渗碳法　b）氧化法　c）铁素体网法　d）在高温于真空下直接观察

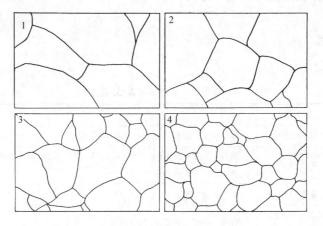

图 2-22　钢晶粒度等级（图中数字即等级）　100×

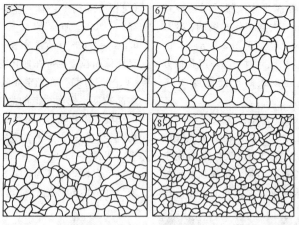

图 2-22 钢晶粒度等级（图中数字即等级）**100×**（续）

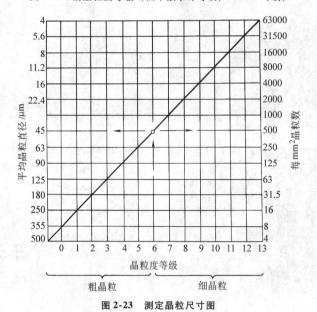

图 2-23 测定晶粒尺寸图

2.3 加热介质和金属与介质的作用

2.3.1 加热介质分类

加热介质的分类见表 2-2。

表 2-2 加热介质的分类

分类原则	类 别	举 例
按介质物态	固态介质	煤、焦炭、硅砂、铸铁屑、各种固态渗剂
	气态介质	空气、水蒸气、CO_2、CO、H_2、He、Ar、烃类和有机液体裂解气、CH_4、C_3H_8、C_4H_{10}加空气或水汽裂解气
	液态介质	油、熔盐、熔融金属
	流态介质（假液态沸腾层）	石墨、硅砂、刚玉粒子流态床

（续）

分类原则	类 别	举 例
按介质和金属表面反应	氧化介质	空气、水蒸气、CO_2、完全燃烧产物、脱氧不良盐浴
	还原介质	CO、H_2、CH_4 烃类和有机液体裂解气、不完全燃烧产物、氰盐浴、石墨流态床、通还原气氛的刚玉流态床
	中性介质	N_2
	惰性介质	He、Ar
	脱碳性介质	空气、水蒸气、CO_2、含水的 H_2、甲酸裂解气、含水甲醇裂解气、普通放热式气氛、脱氧不良盐浴
	增碳介质	CO、CH_4、丙烷、丁烷、丙酮、乙酸、乙醇、异丙醇、三乙醇胺、尿素、甲酰胺等有机液体裂解气、吸热式气氛、氰盐浴
按热处理工艺	一般加热介质	指无化学活性只用于传热的固、气、液态介质
	化学热处理介质	指具有化学活性、可提供各种活性原子、并渗入金属制件的气、固、液态介质
按介质的可控性	不可控介质	主要指单一成分气体，如 H_2、水蒸气、N_2、Ar、He、CO_2 等燃烧炉的燃烧产物、熔盐、熔融金属
按介质的可控性	可控介质	指 $CO_2 + CO$、$H_2 + H_2O$ 混合气氛、甲醇 + 乙酸乙酯，甲醇 + 丙酮、甲醇 + 异丙醇等有机液体裂解气，N_2 + 甲醇裂解气 + 天然气（或丙烷）合成气氛，天然气、丙烷、丁烷加空气或水汽裂解气（吸热式气）天然气和丙烷加空气的炉内直生式气氛

2.3.2　金属在各种介质中加热时的行为

1. 金属的氧化　金属在空气或氧中的氧化量与时间的关系曲线一般有两种类型：直线型和抛物线型。它取决于金属原子容积 U 和生成的氧化物分子容积 V 的比值 $\phi = V/U$。

$\phi < 1$ 时，氧化增重及氧化层厚度随时间的变化成直线关系，即

$$W = K_W t \qquad (2\text{-}3)$$

或

$$S = K_S t \qquad (2\text{-}4)$$

式中　W——氧化增重；
　　　S——氧化层厚度；
　　K_W、K_S——氧化速度常数；
　　　t——时间。

钠、钙、镁等金属的氧化属于这种类型。

$\phi > 1$ 时，上述变化成抛物线关系，即

$$W^2 = K_W t \qquad (2\text{-}5)$$

或

$$S^2 = K_S t \qquad (2\text{-}6)$$

金属氧化的速度取决于温度和炉气中氧的浓度。在一般情况下，速度常数 K 与热力学温度 T 之间有下列关系：

$$K = A e^{-Q/RT} \qquad (2\text{-}7)$$

或

$$\lg K = \lg A - Q/2.3RT \qquad (2\text{-}8)$$

式中　A——常数；
　　　R——摩尔气体常数；
　　　Q——氧化激活能。

表 2-3 所列为钢铁中氧化物的晶体结构和点阵常数。各种金属最低价稳定氧化物的性质列于表 2-4 中。

表 2-3　钢铁中氧化物的晶体结构和点阵常数

点阵类型	Fe	合 金 元 素				
		Al	Si	Ti	V	Cr
立方	FeO $a = 4.28$Å	—	—	TiO $a = 4.2$Å	VO $a = 4.081$Å	—
立方	Fe_3O_4 $a = 8.38$Å	—	—	—	—	—

（续）

点阵类型	Fe	合金元素				
		Al	Si	Ti	V	Cr
立方	γ-Fe₂O₃ a=8.32Å	γ-Al₂O₃	—	—	—	γ-Cr₂O₃
斜方	α-Fe₂O₃ a=5.42Å α=55°17′	α-Al₂O₃ a=5.12Å α=55°17′		Ti₂O₃ a=5.42Å α=56°50′	V₂O₃ a=5.45Å α=55°49′	α-Cr₂O₃ a=5.35Å α=55°
特殊类型的氧化物	—	—	SiO₂	TiO₇	VO₂，V₂O₅	CrO₃

点阵类型	Fe	合金元素				
		Mn	Co	Ni	Cu	Mo	Mg
立方	FeO a=4.28Å	MnO a=4.43Å	CoO a=4.25Å	NiO a=4.17Å	—	—	MgO a=4.205Å
立方	Fe₃O₄ a=8.38Å	Mn₃O₄	Co₃O₄ a=8.11Å				
立方	γ-Fe₂O₃ a=8.32Å	—	—	—	—	—	—
斜方	α-Fe₂O₃ a=5.42Å α=55°17′	Mn₂O₃	Co₂O₃			MoO₂	
特殊类型的氧化物	—	MnO₂	—	—	CuO	MoO₃	

注：1Å＝0.1nm。

表2-4　各种金属最低价稳定氧化物的性质

	金属	原子价	氧化物	色彩	相对密度 （室温）	熔点 /℃	电导率(1000℃) /(Ω·cm)	离子半径 /Å③	氧化物生成热④ /(kJ/g)	高价氧化物
I	铜 Cu		Cu₂O	红	6.00	1230	10⁺¹	0.96	+179.7	CuO
	银 Ag		Ag₂O	黑褐	7.14	(300)①	—	1.26	+29.3	
II	铍 Be		BeO	白	3.02	2530	10⁻⁹	0.31	+607.4	
	镁 Mg		MgO	白	3.65	2800	10⁻⁵	0.65	+609.4	
	锰 Mn		MnO	绿	5.40	1785	10⁻¹	0.80	+404.2	Mn₂O₄，Mn₂O₃
	铁 Fe		FeO	黑	5.70	1377	10⁺²	0.75	+270.0	Fe₃O₄，Fe₂O₃
	镍 Ni		NiO	绿黑	7.45	1960	10⁻²	0.70	+244.1	Ni₃O₄，Ni₂O₃
	锌 Zn		ZnO	白	5.47	2000	10⁻¹	0.74	+348.2	
III	铝 Al		Al₂O₃	白	3.99	2050	10⁻⁷	0.50	+530.4	
	铬 Cr		Cr₂O₃	绿	5.21	2275	10⁻³	0.64	+402.5	(CrO)
	硅 Si		SiO₂	白	2.32	1710	10⁻⁶	0.41	+429.7	(SiO)
IV	钛 Ti		TiO₂	白	4.16	1825	10⁻⁴	0.68	+455.6	(Ti₂O₃)
	锆 Zr		ZrO₂	白	5.73	2680		0.80	+539.2	
	钼 Mo		MoO₂	红紫	4.52	(800)②		0.66	+298.5	MoO₃
	钨 W		WO₂	褐	12.11	1277	—	0.66	+274.6	WO₃

① 分解温度。

② 升华的数值。

③ 1Å＝0.1nm。

④ 在0.1MPa条件下。

钢铁材料在空气中加热到 560℃ 以上, 表面开始生成 FeO。此后内层的亚铁离子 Fe^{2+} 开始向外层扩散。外层氧离子通过氧化层—金属界面向内扩散。随时间推移, 初始相氧化的线性规律逐步转变为抛物线规律。

氧化层的增长在很大程度上取决于钢的化学成分。具有不同扩散能力的各种合金元素对氧化过程和氧化膜的发展有不同的影响。原材料表面的化学成分支配着这种变化。

按照和氧亲和力的差异, 钢中合金元素从对形成氧化皮过程的影响可分为三种类型。第一类是比形成 FeO 的氧亲和力小的元素, 如镍和钴。基体金属被氧饱和后, 外层和铁的氧化物开始形成 FeO。合金元素在氧化皮—基体金属界面处富集。第二类包含比铁和氧亲和力大的元素, 如铬、硅、钒和铝。当基体金属被氧饱和后, 形成内氧化物。由于合金元素的内氧化物的形成, 对金属和氧的扩散形成位垒, 阻止氧化皮扩展。第三类包括和铁和氧亲和力接近的元素, 如钼、钨。此时不会形成内氧化物, 合金元素在基体金属和氧化皮界面上富集。

氧化是金属在活泼气体中加热热处理时不希望发生的现象。金属表面氧化反应的方程式通式为

$$\frac{2x}{y}Me + O_2 \rightleftharpoons \frac{2}{y}Me \times O_y \qquad (2\text{-}9)$$

式中　x、y——整数数字。

如果氧化物只包括一个单价化合物, 则金属表层氧化物由均匀化学成分构成。如果包括多价化合物, 则其氧化层由多层化合物构成, 其氧化合价由内向外逐步增加, 例如在钢铁表面从里到外形成 FeO、Fe_3O_4 和 Fe_2O_3。

钢中添加足够量的上述第二类合金元素, 就可以在很大程度上缓和高温表面氧化, 图 2-24 所示为钢中添加铬在不同温度下减轻表面氧化的情况。因此, 许多耐热不起皮钢中都含有铬、铝、硅、镍等元素。

2. 钢铁加热时的脱碳　钢的强度和耐磨性取决于组织中的碳化物。钢表层碳含量的减少会降低表面硬度和强度以及耐磨性, 影响机器零件寿命, 在许多情况下还会降低钢材的疲劳抗力。

钢铁加热时, 在铁氧化的同时, 碳也会氧化。钢的脱碳建立在表面晶格溶入碳的氧化。依赖于周围气氛的碳势, 钢的脱碳也可能和形成氧化皮无关。在热处理过程中, 铁和碳的氧化一般都是同时发生。碳氧化形成 CO 和 CO_2 的气体产物, 由于存在氧化皮、只有气体产物自氧化皮逸出, 才有可能形成脱碳, 也就是说, 当 CO、CO_2 的平衡压力足够大到冲破氧化皮

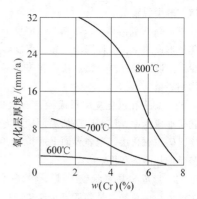

图 2-24　铬对钢在不同温度下对氧化程度的影响

或氧化皮具有多孔性时才可能发生脱碳。

钢表面碳的消耗要靠内部碳的扩散来补偿, 因此, 钢的脱碳过程由三个步骤组成: 加热介质中的氧输送到钢材表面, 碳在气体和钢界面上交换和碳在钢材内部的扩散。

碳在钢内部的扩散是控制脱碳速率的最重要因素。经过一个短暂的起始段, 脱碳层深度的变化便遵从一个对时间的抛物线规律。低碳钢加热到 910℃ 以下表面呈铁素体状态, 由于碳的溶解度极低, 造成对碳扩散的较大位垒。加热到 910℃ 以上, 全部转变为奥氏体, 会发生强烈脱碳。

当同时存在氧化脱碳时, 初始形成的氧化相能防止脱碳。当温度升高、CO—CO_2 平衡压力增大、氧化皮附着力变弱或变为多孔状时, 脱碳现象才会明显发生。

钢中的合金元素通过以下方式影响脱碳过程: 铁素体—奥氏体转变温度的变化、碳在固溶体中的活动性、碳的扩散系数、所形成氧化皮的性质。随着碳扩散系数的增大, 脱碳程度增加; 随碳活泼性的增大, 脱碳程度增加; 随铁素体—奥氏体转变温度的提高, 脱碳程度增加。

在钢的氧化过程中, 由于合金元素在氧化层—金属界面上具有趋向金属或趋向氧化层的不同表现, 便使脱碳过程复杂化。在含有碳化物形成元素时, 碳化物自固溶体的脱溶速度也会对脱碳程度有影响。当合金元素作用比铁小时, 内氧化的可能性增大。在铁被正常保护的条件下也会形成外氧化层。在形成外氧化层情况下, 如果合金元素使氧化速率增大, 在没有其他因素影响下, 脱碳层深度会减少。

几种合金元素对钢脱碳过程的影响表现为:

(1) 镍。在氧化层—金属界面集中, 对氧化速率无大影响, 但会减少碳在表面层中的溶解, 限制碳

向外扩散，减少脱碳层。

（2）锰。溶入固溶体、FeO 和 Fe_3O_4 层中，严重影响氧化层形成速率，少许影响脱碳，限制碳的活泼性，减少碳扩散系数。由于锰易从金属表面蒸发，对脱碳的影响轻微。

（3）硅。集中在氧化皮中形成橄榄石状化合物，减缓氧化层形成速率，使脱碳层加深。硅提高碳的活泼性，增大碳往氧化层—金属界面上的扩散。硅影响的总趋势是增加脱碳程度。

（4）铬。形成尖晶石状物或集中在氧化层，取决于其浓度大小。总趋势是降低氧化速率。形成稳定碳化物使碳化物分解变缓，在一般加热温度和时间，碳化铬可完全溶入固溶体。因此，铬的影响是降低碳在固溶体内的活泼性，降低碳往表面的迁移速率。存在两个相互矛盾的因素：低的氧化速率导致脱碳层的增加，而碳活泼性降低又导致脱碳层的减少。一般是后一因素占统治地位，最终使脱碳程度减缓。

为了避免机器零件的损坏或生产中出现次品件，必须在钢的各个加工步骤中避免或尽可能减少脱碳。这就要求对各种成品或半成品零件进行严格检验对脱碳要求的技术条件。

有几种关于脱碳层的定义。一种较严格的定义是：脱碳层厚度为碳含量低于心部的表层厚度，亦即从表面到达心部碳含量变化边界的距离。此边界相当于碳分布曲线的渐近线与表面的距离，数据易模糊，难以准确测量。故按此定义的测量结果重现性差。另一种功能性的定义是：脱碳层是失去的碳对成品零件功能有显著影响的层深。此层深的界限可以用碳浓度变化和硬度水准来表现。最后，脱碳层的实用（际）定义是组织明显有别于心部的厚度。此定义适合于使用金相检验方法。

有一个完全脱碳和部分脱碳的区别。完全脱碳层在金相显微镜下呈全部铁素体，也就是从表面直到出现第一个第二相的距离。而部分脱碳区的碳含量从铁素体层逐渐增加到心部含量、以渐近线方式接近心部成分。

脱碳层总厚度是从表面到心部内边界的距离，即完全脱碳层和部分脱碳层厚度的总和。还必须留意到脱碳层厚度和零件形状及截面厚度有关。

可采用的测量脱碳层的方法很多，但不论何种方法都必须满足以下技术要求：

1）可测出确切定义的脱碳，例如符合功能性脱碳层的具体定义。

2）测量结果的再现性。

3）方便易行。

常用的测量方法有光学显微法、显微硬度法和化学分析法。

（1）光学显微法。这是一种最常用和方便的方法。在零件或试样剖面外缘检测，从表面一直测到完全脱碳和部分脱碳层实际边界。此方法只适用于铁素体-珠光体组织的亚共析钢。高速钢金相检验用硝酸酒精腐蚀的彩色显示法。退火高速钢试样剖面磨光后用4%硝酸酒精腐蚀30s，试样表面由灰色逐步转变为红紫蓝（purplish-blue）色，60s 后变成蓝绿色。功能定义的脱碳层要求在全表层测量硬度。其实际边界是从总体心部组织的开端，即蓝绿区的边缘起始。

还有一种用延迟淬火后的组织测脱碳层的方法，被称为延迟淬火法。把一种很薄的钢试样在盐浴中奥氏体化，保持适当时间，然后在热浴中淬火。其原理是测出依碳含量变化的 Ms 点温度。对应于规定 Ms 点的碳含量位置就是脱碳层边界。试样在此温度保持5s，然后在水中淬火。在短时延迟过程中，脱碳层的 Ms 温度高于热浴温度将部分转变为马氏体，而心部仍保持为奥氏体。脱碳层中的马氏体一经形成，马氏体针就会被轻微回火。再经水淬后，心部将由新鲜的被轻度腐蚀的马氏体组成，而脱碳层则包含深度腐蚀（暗）的回火马氏体针。在脱碳层和心部边界造成明显的明暗反差。此边界相当准确地位于低于心部原始碳含量的预定碳含量位置。

（2）显微硬度法。从试样表面往内逐点打硬度测出硬度梯度而准确定量地测出脱碳层。试样磨光、抛光、腐蚀，预先用金相扫描，使硬度检测时更易找到有利位置。画出硬度-至表面距离的关系曲线。

（3）化学分析法。表面逐层取样分析是测量脱碳层的传统方法。试样尺寸要满足精确分析要求，还要每一剥层要足够薄，并保证在碳含量和自表面距离关系曲线图上有足够多的数据点。用此图不易确定完全脱碳层，因为铁素体碳含量太低、不足以精确的化学分析。

可用真空光谱定碳法代替一般的化学分析。其优点是快捷、方便，所用试样比其他任何方法都小。只是要把火花准确放置到与原始表面平行的区域，而且此区域直径至少要有15mm，还必须用磨削法逐层暴露，因为每次暴露的厚度测定要受到大约 $500\mu m$ 的限定。

3. 钢在空气中加热时的行为　空气的主要成分是 N_2 和 O_2。此外尚有少量水蒸气、CO_2、极微量的 Ar 和 He 等。分子态的 N_2 和 Ar、He 在高温下一般与钢表面不发生作用。O_2 在高温下是一种非常活泼的气体，会使钢表面强烈氧化，并伴随着脱碳。钢铁在空气中加热会发生如下氧化反应：

$$2Fe + O_2 \Longrightarrow 2FeO \qquad (2-10)$$

$$4Fe + 3O_2 \Longrightarrow 2Fe_2O_3 \qquad (2-11)$$

$$3Fe + 2O_2 \Longrightarrow Fe_3O_4 \qquad (2-12)$$

这些过程不可逆，因而不能控制。在可控气氛中一般不允许有氧的存在。根据氧化铁的结合能，要使钢完全避免氧化，必须使气体的氧含量降到 $1 \times 10^{-4}\%$（体积分数）以下。图 2-25 所示为铁-氧相图。铁氧化层内的氧浓度分布和氧化过程示于图 2-26。

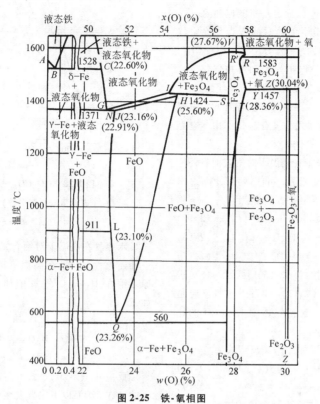

图 2-25　铁-氧相图

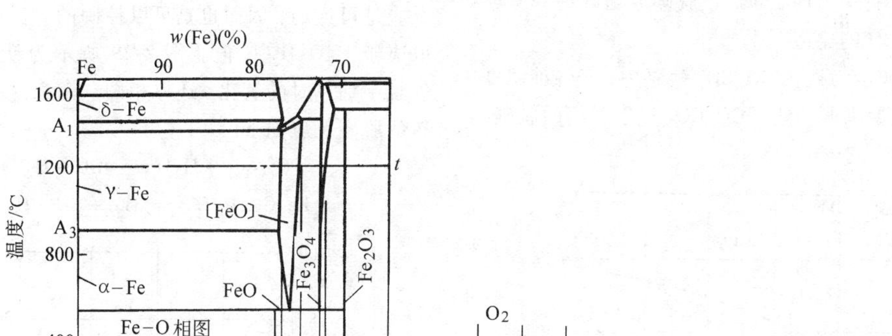

图 2-26　铁氧化层内的氧浓度分布和氧化过程

在高温下，溶解在钢铁奥氏体中的碳和碳化物中的化合碳被空气中的氧烧损，造成钢的脱碳，其反应为

$$C_{(\gamma\text{-}Fe)} + O_2 = CO_2 \qquad (2\text{-}13)$$

$$Fe_3C + O_2 = 3Fe + CO_2 \qquad (2\text{-}14)$$

这些反应是不可逆的，因而也是不能控制的。

4. 钢在其他气体介质中加热时的行为　除空气外，常用的炉内气体介质，尚有含 H_2、N_2、CO、CH_4、少量 CO_2 及水蒸气的各类保护气氛和可控气氛。这些气体组分在高温下对钢铁表面有不同的作用。

CO_2 是燃烧产物中的主要组分，在高温下会引起钢的氧化和脱碳，但对铜却几乎没有氧化作用。它是铜及铜合金退火时的优良保护气体。

CO 是不完全燃烧产物，在高温下对钢表面有还原作用，也是渗碳气体的主要组分，可使钢表面增碳。

CO_2 和 CO 对钢的氧化还原反应式为

$$Fe + CO_2 \rightleftharpoons FeO + CO \qquad (2\text{-}15)$$

$$3FeO + CO_2 \rightleftharpoons Fe_3O_4 + CO \qquad (2\text{-}16)$$

$$3Fe + 4CO_2 \rightleftharpoons Fe_3O_4 + 4CO \qquad (2\text{-}17)$$

在570℃以上，反应按式（2-15）、式（2-16）进行，在此温度以下按式（2-17）进行。这些反应是可逆的，反应方向取决于混合气体中 CO_2/CO 的比值，因而是可控的。

钢在 CO-CO_2 气氛中脱碳、增碳反应式为

$$C_{(\gamma\text{-}Fe)} + CO_2 \rightleftharpoons 2CO \qquad (2\text{-}18)$$

$$Fe_3C + CO_2 \rightleftharpoons 3Fe + 2CO \qquad (2\text{-}19)$$

该反应进行的方向，即产生脱碳或增碳的效果亦取决于 CO_2/CO 的比值。

图 2-27 所示为铁在 CO-CO_2 气氛中，于各种温度下的氧化、还原平衡曲线。CO-CO_2 气氛对钢的脱碳、增碳平衡曲线示于图 2-28。

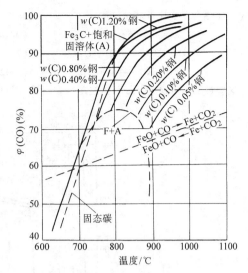

图 2-28　CO-CO_2 气氛和钢的不同

碳含量（质量分数）的平衡曲线

注：$p_{CO} + p_{CO_2} = 0.1\text{MPa}$。

水蒸气在高温下对钢有氧化和脱碳作用。而氢是一种还原性气体，在高温下可使钢表面的氧化物还原。钢在 H_2-H_2O 气氛中加热时的氧化还原反应如下：

$$Fe + H_2O \rightleftharpoons FeO + H_2 \qquad (2\text{-}20)$$

$$3FeO + H_2O \rightleftharpoons Fe_3O_4 + H_2 \qquad (2\text{-}21)$$

$$3Fe + 4H_2O \rightleftharpoons Fe_3O_4 + 4H_2 \qquad (2\text{-}22)$$

反应式（2-20）、式（2-21）是在570℃以上进行的。在570℃以下主要发生式（2-22）反应。这些反应是可逆的，因而也是可以控制的。反应发展方向取决于 H_2O/H_2 比值。图 2-29 所示为铁在 H_2-H_2O 气氛中加热时的氧化、还原相图。钢在这种气氛中加热的脱碳反应如下：

$$C_{(\gamma\text{-}Fe)} + H_2O \rightleftharpoons CO + H_2 \qquad (2\text{-}23)$$

$$Fe_3C + H_2O \rightleftharpoons 3Fe + CO + H_2 \qquad (2\text{-}24)$$

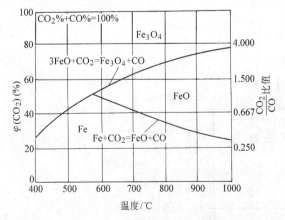

图 2-27　铁在 CO-CO_2 气氛中于

各种温度下生成氧化铁的平衡曲线

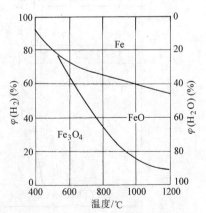

图 2-29　Fe-H_2-H_2O 和铁的平衡相图

水蒸气与钢的脱碳反应产物中有一氧化碳。这些反应又是可逆的，因此在 H_2-H_2O 气氛中添加 CO 可使反应向逆方向进行，即达到增碳效果。图 2-30 所示为钢在 H_2-H_2O-CO 气氛中加热时的脱碳与增碳相图。

纯氢对钢有脱碳作用。脱碳程度取决于炉温、水蒸气含量、在炉温下保持的时间以及钢中碳含量等因素。干燥氢的脱碳作用很小，因而脱碳反应速度很慢。随着氢中水蒸气的增加，脱碳作用剧烈增长（图 2-31）。低于 700℃ 时，氢的脱碳效应不显著，温度进一步升高，脱碳明显加剧（见图 2-32）。$w(C)$ 1.08% 的钢在 H_2-H_2O 气氛中于 1000℃ 加热 20h 的脱碳情况示于图 2-33。

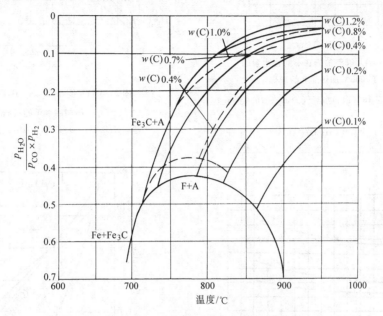

图 2-30　钢在 H_2-H_2O-CO 气氛中加热时的相图

注：实线为计算数据，虚线为实测数据。

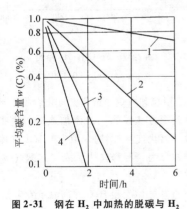

图 2-31　钢在 H_2 中加热的脱碳与 H_2 中含水蒸气量的关系

1—干燥 H_2　2—含水蒸气 133Pa

3—含水蒸气 665Pa　4—含水蒸气 2660Pa

注：钢片厚 1mm，在 1000℃ 加热。

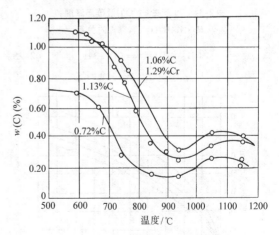

图 2-32　钢在 H_2 中加热 16h 的脱碳

2-35。$w(C) = 0.55\%$ 的钢在含水蒸气的 H_2 中加热时的表面层脱碳情况示于图 2-36。

· 甲烷是一种强烈增碳性气体。钢在甲烷裂解气中的相图列于图 2-37。在吸热式气氛中添加甲烷，可减少其中的 H_2O 和 CO_2 量，提高炉气碳势。其反应如下：

不完全干燥的氨分解气属于 H_2-N_2-H_2O 体系。图 2-34 所示为 40 钢在 850℃ 加热时的脱碳层深度和 H_2-N_2-H_2O 气氛露点的关系。40 钢在 H_2-N_2-H_2O 气氛中于 850℃ 加热时的脱碳层深度随时间的变化示于图

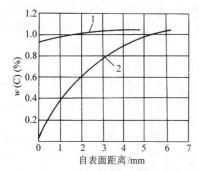

图 2-33　$w(C)1.08\%$ 的钢在不同含水量的
H_2 中于 1000℃ 加热 20h 的脱碳

1—干燥氢　2—在 18℃ 饱和水蒸气的 H_2（16.4g/m³）

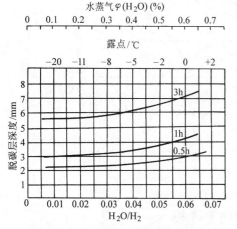

图 2-34　40 钢在 850℃ 的脱碳层深度和
H_2-N_2-H_2O 气氛露点的关系

$$CH_4 + H_2O \Longrightarrow CO + 3H_2 \qquad (2\text{-}25)$$
$$CH_4 + CO_2 \Longrightarrow 2CO + 2H_2 \qquad (2\text{-}26)$$

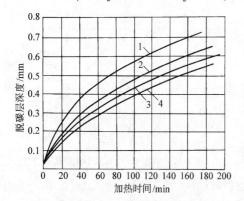

图 2-35　40 钢脱碳层厚度和加热时间的关系

1—$H_2O/H_2 = 0.065$　2—$H_2O/H_2 = 0.045$
3—$H_2O/H_2 = 0.033$　4—$H_2O/H_2 = 0.025$

注：加热温度 850℃，炉气 $\varphi(H_2)$ 8%～12%，
其余 N_2。

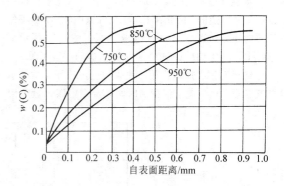

图 2-36　50 钢在 H_2-N_2-H_2O 气氛中于
不同温度下的脱碳

注：$H_2O/H_2 = 0.037 \sim 0.040$，加热时间 3h。

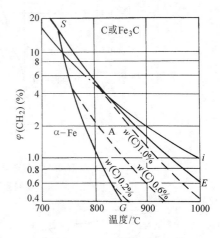

图 2-37　Fe-CH_4-H_2 相图

注：$p_{CH_4} + p_{H_2} = 0.1\text{MPa}$。

因此，甲烷和丙烷等饱和碳氢化合物常被用做提高炉气渗碳能力（碳势）的添加成分。这些添加成分被称做"富化气体"。通入炉内的基本气体（如吸热式气）被称为"稀释气体"或"运载气体"，或简称"载气"。

钢中的铬与 CO_2 和 H_2O 在高温下发生如下反应：

$$2Cr + 3CO_2 \Longrightarrow Cr_2O_3 + 3CO \qquad (2\text{-}27)$$
$$2Cr + 3H_2O \Longrightarrow Cr_2O_3 + 3H_2 \qquad (2\text{-}28)$$

图 2-38 和图 2-39 所示分别为 Fe、Cr 与 CO-CO_2 和 H_2-H_2O-N_2 气氛的平衡曲线。由图 2-38 和图 2-39 可知，使铬不氧化的条件比铁要严格得多。在 700℃ 于 CO-CO_2 气氛中铬的不氧化条件为 CO/$CO_2 > 10^5$。而实际上，CO/CO_2 在 700℃ 的平衡比值只有 2.3（见图 2-38 中的曲线 C）。因此铬、铬合金以及含铬钢在 CO-CO_2 气氛中从原理上讲不可能实现无氧化加热。

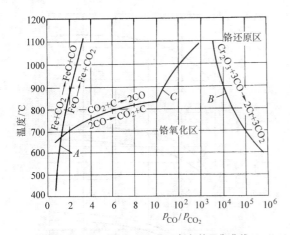

图 2-38　Fe，Cr 和 CO-CO$_2$ 气氛的平衡曲线

p_{CO}—CO 在气氛中的分压　p_{CO_2}—CO$_2$ 在气氛中的分压

而对于 H$_2$-H$_2$O 气氛，当 H$_2$/H$_2$O 比值足够大时便可以实现铬钢的无氧化加热。高铬钢（如 06Cr19Ni10）和铬合金（如 Cr20Ni80）在1000℃以上加热时，只

要分解氨中的 H$_2$/H$_2$O ≥ 1500，即炉气露点低于 −30℃，就能实现光亮热处理。$w(Cr) < 2.5\%$ 的钢，光亮加热的稳定条件是 H$_2$/H$_2$O ≥ 1000，$w(Cr) < 1\%$ 的钢，H$_2$/H$_2$O 的无氧化比值为 500。

5. 钢在盐浴中加热的行为　在熔融盐浴中持续加热，由于盐浴表面和空气的接触，部分盐会逐渐氧化变质，其反应为

$$2NaCl + 1/2\ O_2 = Na_2O + Cl_2 \qquad (2-29)$$
$$BaCl_2 + 1/2\ O_2 = BaO + Cl_2 \qquad (2-30)$$

熔盐中氧化物的逐渐增多，会引起被加热钢材氧化与脱碳的加剧。因此在生产过程中必须采取定时的脱氧除渣措施。图 2-40 所示为 $w(BaCl_2)$ 30% + $w(NaCl)$ 70% 盐浴在800℃保持，液面与常态空气接触时氧化物含量随时间变化以及不同碳含量的钢在其中加热时的氧化与脱碳情况。图 2-41 所示为 $w(BaCl_2)$ 100% 盐浴在1250℃保持，液面与常态空气接触时的氧化物增长量以及两种高速钢在其中长时间加热时的氧化脱碳程度。

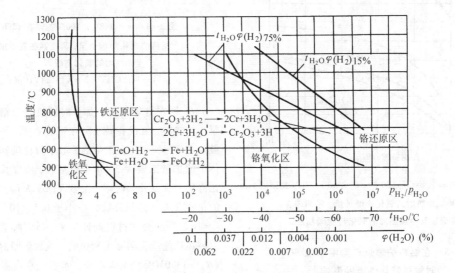

图 2-39　Fe、Cr 和 H$_2$-H$_2$O-N$_2$ 气氛的平衡曲线

t_{H_2O}—气体露点

盐浴中如含有硫酸盐、氟化物、氯化物等杂质会引起工件和铁坩埚的严重腐蚀、增大工件初期氧化和脱碳速度。但随着时间的推移，这种腐蚀、氧化和脱碳速度会逐渐降低。

6. 含硫气体对钢的作用　炉气中的硫化物大都是由燃料带入的。硫化物存在的形式有：H$_2$S、SO$_2$、C$_2$H$_2$SH（硫醇）、C$_4$H$_4$S（硫茂）以及金属硫化物等。在某些情况下，燃料中也会出现游离硫。在还原性气氛中的硫一般以硫化氢形式存在。它是通过以下

反应生成的：

$$SO_2 + 3H_2 = H_2S + 2H_2O \qquad (2-31)$$

在氧化性气氛中则发生以下反应：

$$C_4H_4S + 6O_2 = 4CO_2 + 2H_2O + SO_2 \qquad (2-32)$$
$$2SO_2 + 3Fe + 2Ni = Fe_2O_3 + NiS + NiO + FeS \qquad (2-33)$$

当高镍钢和镍合金在上述含硫气氛中加热时，会同时产生硫化镍和氧化镍，形成鳄鱼皮状表面。含硫气体会加速金属的氧化，并随着温度的升高而加剧。

此外，气体硫化物对人的健康极为有害，散入大气会造成污染，后果严重。因此在热处理炉中应采用低硫燃料或预先采取除硫措施。制备可控气氛的燃料含硫量必须控制在 200mg/m³ 以下。

表 2-5 所列为在各种燃料的燃烧产物中加入 SO₂ 气体对被加热钢材氧化性能的影响。

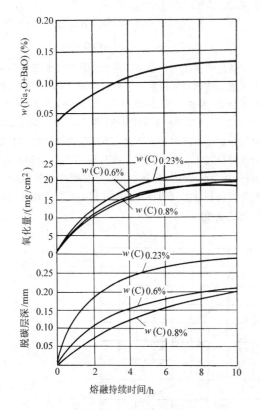

图 2-40　w（BaCl₂）30% + w（NaCl）70% 盐浴在 800℃加热时的氧化物增长量，不同碳含量钢在其中加热时的氧化与脱碳程度

表 2-5　在燃料炉燃烧产物中添加 SO₂ 对钢材氧化性能的影响

燃料	燃 烧 产 物			氧化增重/(mg/cm²)			
	体积分数(%)			w(SO₂)(%)			
	H₂O	CO₂	N₂	0	0.05	0.10	0.20
煤气	20	10	70	12.0	21.5	27.8	32.0
重油发生炉煤气	10	10	80	7.5	17.5	22.5	26.5
焦炭	2	10	80	4.4	9.2	14.6	18.6

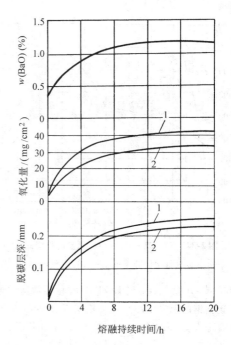

图 2-41　w（BaCl₂）100% 盐浴在 1250℃保持的氧化物增长量，高速钢在其中加热时的氧化与脱碳

1—W18Cr4V　2—W18Cr4V1Co4

7. 钢在富氢气氛中加热时的氢脆　钢在富氢气氛中加热时，氢很容易吸附在钢的表面，并向内部扩散。在高温下，氢在钢中的扩散系数比碳和氮在奥氏体中的扩散系数大 3~4 个数量级，所以其渗入深度比渗碳和碳氮共渗时碳、氮渗入深度大得多。钢中氢的正常含量（体积分数）应小于 0.5×10⁻⁴%，超过 1×10⁻⁴% 就会对材料的伸长率、断面收缩率以及延迟破坏性能产生明显不利影响。氢致脆断对高强度钢（R_m >1300MPa）尤为重要。水蒸气在高温下也可以成为金属产生氢脆的原因。尤其是在处理高强度不锈钢时，水蒸气更易造成氢脆。在钛和钛合金中氢能以固溶和化合物形式大量存在，对其力学性能产生致命的影响。

氢很易渗入钢中，但在一定条件下也很易从钢中逸出。在一定温度下回火即可使钢中的氢降到原始水平。吸氢的钢件在室温下放置 30 昼夜以上，可使氢降至相当低的程度。在真空中施行低温回火，可使氢迅速从钢中排出。

8. 金属加热缺陷的防止与减轻措施　金属及钢加热缺陷的防止与减轻措施列于表 2-6。

表 2-6　金属及钢加热缺陷的防止和减轻措施

缺陷	加热介质	防止与减轻措施
氧化	空气	1）工件埋入硅砂 + 铸铁屑装箱加热 2）采取感应加热，激光加热方式 3）涂防氧化涂料 4）用不锈钢箔密封加热 5）采用密封炉罐抽真空通保护气氛
	火焰炉燃烧产物	1）调节燃烧比使炉气略带还原性 2）将燃烧产物净化通入炉罐作保护气氛
	保护气氛	1）采用一定纯度的惰性气体 2）在制备气体中，调整到合理的 CO/CO_2、H_2/H_2O 比值
	盐浴	1）用优良脱氧剂定期脱氧除渣 2）采用含有脱氧成分的盐浴补充剂
脱碳	空气	1）工件埋入硅砂 + 铸铁屑 + 木炭粉装箱加热 2）工件表面涂防氧化脱碳涂料 3）用不锈钢箔包装密封加热 4）采用密封炉罐抽真空，通可控气氛 5）已脱碳件可在吸热式气氛中复碳
	火焰炉燃烧产物	1）调节燃烧比，使炉气带还原性可适当减轻脱碳 2）利用燃烧产物净化通入罐式炉作保护气
	保护气氛	深度净化惰性气体，使 $\varphi(O_2) < 10 \times 10^{-4}\%$，露点 $< -50℃$
	可控气氛	制备气体中的 CO_2、H_2O 要降到能保证所需要的碳势，要采取适当的炉气碳势控制措施
	盐浴	1）严格要求脱氧 2）中性盐浴要添加含碳的活性成分，如木炭粉、CaC、SiC 等 3）使用长效盐
氢脆	富氢保护气氛	1）高强度钢避免在富氢气氛中加热，可采用真空 2）采用低氢气氛，如氮基气氛、精净化放热气氛、放热—吸热式气氛和其他惰性气体 3）钢件渗碳和碳氮共渗后重新在盐浴中加热淬火 4）事后在室温下自然时效或回火

2.4　加热计算公式及常用图表

2.4.1　影响加热速度的因素

金属材料和制品加热所需时间包括从室温到炉温仪表指示达到所需温度的升温时间、炉料表面和心部温度均匀（透烧）所需的均热时间以及内外达到温度后为了完成相变（对钢而言是为了实现奥氏体均匀化和碳化物溶解）所需的保温时间三个部分，即

$$t_{加热} = t_{升温} + t_{均热} + t_{保温} \qquad (2-34)$$

金属制品在炉中加热所需时间取决于加热温度、

加热介质、材料本身的性质、制品的几何形状和尺寸、成批加热时物料在炉内的堆放方式以及冷热炉装料等因素。

热处理加热多采用热炉装料。铸锻件毛坯的退火、正火在大型窑炉中进行，采用冷炉装料。热炉装料时的炉温是影响加热时间的最重要因素。图 2-42 所示为 100mm 厚钢材在不同炉温下表面温度变化。炉温越高，加热越快。在不同介质中加热的加热速度有很大差异。铅浴、盐浴、火焰、静止空气中加热时的加热速度比值大致为 4:3:2:1。可控气氛炉中加热比空气炉要慢些，真空炉加热更慢。

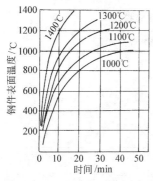

**图 2-42　100mm 厚钢材在空气介质中于
不同炉温下加热时的表面温度变化**

金属本身的导热性、钢的合金化程度及奥氏体状态下碳化物溶解的特性都会影响均热和保温时间。对碳素钢和一般合金结构钢而言，超过相变点的加热可使相变过程迅速完成，奥氏体的均匀化也易于进行，且无需考虑过剩合金碳化物的溶解，保温时间的长短将无关紧要。金属的表面状态（黑度和表面粗糙度）对加热时间长短有影响。表面黑度大，达到规定温度所需时间短。

利用传热学的数学模型来精确计算金属材料和制品的加热时间非常复杂。在工程上，为了计算上的方便，经常作若干简化或采取经验计算的方法。

2.4.2　钢件加热时间的经验计算法

加热时间通常按工件的有效厚度计算。工件有效厚度一般可按以下规定考虑：

1）圆柱形工件按直径计算。

2）对于管形（空心圆柱件）工件：当高度/壁厚≤1.5 时，以高度计算；当高度/壁厚 >1.5 时，以1.5 倍壁厚计算；当外径/内径 >7 时，按实心圆柱体计算。

3）空心内圆锥体工件以外径乘 0.8 计算。

加热时间的计算公式为

$$t = akD \qquad (2\text{-}35)$$

式中　t——加热时间（min 或 s）；

a——加热系数（min/mm 或 s/mm）；

D——工件有效厚度（mm）；

k——工件装炉条件修正系数，通常取 1.0 ~ 1.5。

碳钢和合金钢在空气电阻炉与盐浴炉中的加热系数见表 2-7。工模具钢在不同介质中的加热时间见表 2-8。

**表 2-7　碳钢和合金钢在空气电阻炉与
盐浴炉中的加热系数（a）**

钢材	a(空气电阻炉)/(min/mm)	a(盐浴炉)/(s/mm)
碳钢	0.9 ~ 1.1	25 ~ 30
合金钢	1.3 ~ 1.6	50 ~ 60
高速钢	—	15 ~ 20(一次预热) 8 ~ 15(二次预热)

表 2-8　工模具钢在不同介质中的加热时间

钢种	盐浴炉		空气炉、可控气氛炉
	直径 d/mm	加热时间/s	
高速钢	<8	96(850 ~ 900℃预热)	
	8 ~ 20	80 ~ 200	
	20 ~ 50	160 ~ 400	
	50 ~ 70	350 ~ 490	
	70 ~ 100	420 ~ 600	
	直径 d/mm	加热时间/min	
热锻模具钢	5	5 ~ 8	厚度 <100mm,20 ~ 30min/25mm;厚度 >100mm,10 ~ 20min/25mm(800 ~ 850℃预热)
	10	8 ~ 10(800 ~ 850℃预热)	
	20	10 ~ 15	
	30	15 ~ 20	
	50	20 ~ 25	
	100	30 ~ 40	

（续）

钢种	盐浴炉		空气炉、可控气氛炉
	直径 d/mm	加热时间/min	
冷变形模具钢	5	5 ~ 8	厚度 < 100mm, 20 ~ 30min/25mm; 厚度 > 100mm, 10 ~ 20min/25mm(800 ~ 850℃预热)
	10	8 ~ 10(800 ~ 850℃预热)	
	20	10 ~ 15	
	30	15 ~ 20	
	50	20 ~ 25	
	100	30 ~ 40	
碳素工具钢　合金工具钢	直径 d/mm	加热时间/min	厚度 < 100mm, 20 ~ 30min/25mm; 厚度 > 100mm, 10 ~ 20min/25mm(500 ~ 550℃预热)
	10	5 ~ 8	
	20	8 ~ 10(500 ~ 550℃预热)	
	30	10 ~ 15	
	50	20 ~ 25	
	100	30 ~ 40	

2.4.3　从节能角度考虑的加热时间计算法

进行加热时间计算时，常将金属制件按截面大小分为厚件和薄件。划分厚薄件的依据是毕氏准数 β_i，即

$$\beta_i = \frac{a}{\lambda} s \qquad (2-36)$$

式中　a——炉料表面的供热系数[W/(m²·℃)]；

λ——热导率[W/(m²·℃)]；

s——炉料的厚度(mm)。

一般认为 $\beta_i < 0.25$ 算薄件，也有认为 $\beta_i < 0.5$ 为薄件的。对钢而言，如 $\beta_i < 0.5$，薄件的厚度极限可达280mm。因此，绝大部分钢材和制件、制品都可以认为是薄件。对于薄件，可以认为表面到温后，表面和心部的温度基本一致，也就是说无需考虑均温时间。总加热时间的计算就变为

$$t_{加} = t_{升} + t_{保} \qquad (2-37)$$

薄件可以根据斯太尔基理论公式计算炉料升温时间 $t_{升}$。其简化式为

$$t_{升} = \frac{\rho c}{a_{\Sigma}} \ln \frac{T_{炉} - T_{始}}{T_{炉} - T_{终}} \times \frac{V}{S} \qquad (2-38)$$

式中　ρ——工件的密度；

c——工件的平均比热容；

a_{Σ}——平均总供热系数；

$T_{炉}$——炉温；

$T_{始}$——工件进炉时的温度；

$T_{终}$——工件出炉时的温度；

V——工件体积；

S——工件受热表面积。

如果设几何指数 $W = \frac{V}{S}$，综合物理因素

$K = \frac{\rho c}{a_{\Sigma}} \ln \frac{T_{炉} - T_{始}}{T_{炉} - T_{终}}$，则

$$t_{升} = KW \qquad (2-39)$$

对于考虑保温时间在内的总加热时间应为

$$t_{加} = KW + t_{保} \qquad (2-40)$$

综合物理因素（或称加热系数）K 与被加热工件的形状（K_s）、表面状态（K_h）、尺寸（K_d）、加热介质（K_g）、加热炉次（K_c）等因素有关。所以上式可写成

$$t_{加} = K_s K_g K_c K_h K_d W + t_{保}$$

这些系数的数值范围可参照表2-9。对于形状和尺寸不同的工件，W 值的计算也是一个较为繁琐的问题。表2-10所列为经过简化处理后的各种典型形状工件的 W 值。

表 2-9　影响加热时间的各物理因素系数

系数	K_s					K_g		K_c	K_h			K_d
条件	圆柱	板	管			盐浴炉(800 ~ 900℃)	空气炉(800 ~ 900℃)	在稳定加热状态下	空气	可控气氛	真空	薄件
			厚壁($\delta/D \geq 1/4$)	薄壁($l/D > 20$)	薄壁($\delta/D < 1/4$, $l/D < 20$)							
取值	1	1 ~ 1.2	1.4	1.4	1 ~ 1.2	1	3.5 ~ 4	1	1 ~ 1.2	1.1 ~ 1.3	1 ~ 5	1

注：δ 为管壁厚度，D 为外径，l 为长度，下同。

表 2-10　各种形状的工件 W 的简化处理值

工件形状	圆 柱	板	管
W 值	$D/8 \sim D/4$ 或 $0.167D \sim 0.25D$	$B/6 \sim B/2$ 或 $0.167B \sim 0.5B$	$\delta/4 \sim \delta/2$ 或 $0.25\delta \sim 0.5\delta$

注：B 为板厚，下同。

将上列系数综合整理，并通过试验和修正，可得出在空气炉和盐浴炉中加热时的 K 值范围（见表2-11）。

表 2-11　在空气炉和盐浴中加热钢件时的 K 值

炉　型		盐浴炉	空气炉
工件形状	圆柱	0.7	3.5
	板	0.7	4
	薄管($\delta/D < 1/4$，$l/D < 20$)	0.7	4
	厚管($\delta/D \geqslant 1/4$)	1.0	5

与 $t_升$ 比较，$t_保$ 是一个较短的时间，它取决于钢

的成分、组织状态和物理性质。对于碳素钢和一部分合金结构钢，$t_保$ 可以是零。对合金工具钢、高速钢、高铬模具钢和其他高合金钢可根据碳化物溶解和固溶体的均匀化要求来具体考虑。为了简化计算，也可采取适当增大 K 值的方式。

表 2-12 所列为综合上述 K 和 W 值范围而得出的加热时间计算表。

表 2-13 所列为几种典型形状工件在盐浴炉中计算加热时间和实际采用的加热时间对比。

表 2-14 所列为钢种和尺寸不同的工件在空气炉中加热时间的比较。

表 2-12　钢件加热时间计算表

炉型 ＼ 计算值 ＼ 工件形状		圆柱	板	薄管 ($\delta/D < 1/4$，$l/D < 20$)	厚管 ($\delta/D \geqslant 1/4$)
盐浴炉	$K/(\text{min/mm})$	0.7	0.7	0.7	1.0
	W/mm	$(0.167 \sim 0.25)D$	$(0.167 \sim 0.5)B$	$(0.25 \sim 0.5)\delta$	$(0.25 \sim 0.5)\delta$
	KW/min	$(0.117 \sim 0.175)D$	$(0.117 \sim 0.35)B$	$(0.175 \sim 0.35)\delta$	$(0.25 \sim 0.5)\delta$
空气炉	$K/(\text{min/mm})$	3.5	4	4	5
	W/mm	$(0.167 \sim 0.25)D$	$(0.167 \sim 0.5)B$	$(0.25 \sim 0.5)\delta$	$(0.25 \sim 0.5)\delta$
	KW/min	$(0.6 \sim 0.9)D$	$(0.6 \sim 2)B$	$(1 \sim 2)\delta$	$(1.25 \sim 2.5)\delta$
备　注		l/D 值大取上限，否则取下限	l/B 值大取上限，否则取下限	l/δ 值大取上限，否则取下限	l/D 值大取上限，否则取下限

表 2-13　典型钢件在盐浴中的计算和实用加热时间对比

工件形状尺寸 /mm	计算时间/min		实用时间/min：s		淬火后硬度 HRC	备　注
	KW	aD	到温	保温		
45钢　$\phi40$，270	6.51　$\left(\dfrac{D}{6.1}\right)$	12	6：15	0：15	58	
9SiCr钢　$\phi30$，$\phi18$，$\phi15$，12，10，35	2.66　$\left(\dfrac{D}{8}，D\text{—平均直径}\right)$	8	2：30	0	65	隐针 $M + A_R + C_R$
				5：0	64	隐针 $M + A_R + C_R$　M 针略明显

（续）

工件形状尺寸 /mm	计算时间/min		实用时间/min:s		淬火后硬度 HRC	备　　注
	KW	aD	到温	保温		
CrMn钢 	3.5 $\left(\dfrac{B}{3.5}\right)$	4.8	3:10	0:20	66	
45钢 	1.19 $\left(\dfrac{\delta}{5}\right)$	1.8	1:0	0	69	$\delta/D < 1/4$ 按板计算
20Cr钢 （渗碳淬火） 	3.25 $\left(\dfrac{\delta}{2}\right)$	2.8	3:0	0	64	$\delta/D < 1/4$，$l/\delta > 20$ 按管计算
				2:0	63.5	

注：1. M 为马氏体，A_R 为残留奥氏体；C_R 为残留碳化物。

　　2. 在 $t = aD$ 中，碳钢取 $a = 0.3$，合金钢取 $a = 0.4$，即取数值范围的下限。

表 2-14　典型钢件在空气炉中的加热时间比较

尺　寸 /mm	钢号	件数	按 aD 法计算的时间 /min	按 KW 法计算的时间（入炉始算）/min	工件实际到温时间（入炉始算）/min	按 KW 法工件实际保温时间 /min	按 KW 法时间与 aD 法时间比例 KW:aD
$\phi 20 \times 80$	45	1	$20(20+0)$	$16.5(0.825D)$	12	4.5	0.825
$\phi 40 \times 60$	45	1	$40(40+0)$	$26.2(0.66D)$	21	5.2	0.655
$\phi 50 \times 70$	45	1	$50(50+0)$	$32.8(0.66D)$	30	2.8	0.656
$\phi 80 \times 120$	45	1	$80(80+0)$	$52.5(0.66D)$	50	2.5	0.656
$\phi 100 \times 150$	45	1	$102(100+2)$	$65.6(0.66D)$	64	1.6	0.643
$\phi 30 \times 1130$	65Mn	1	$33(30+3)$	$25.9(0.66D)$	18	7.9	0.785
$\phi 12 \times 650$	45	4	$62(42+20)$	$35.6(0.85D)$	34	1.6	0.575
$\phi 80 \times 600$	40CrNiMo	1	$160(120+40)$	$66(0.83D)$	60	6	0.41
$\phi 85 \times 580$	40CrNiMo	3	$157.5(127.5+30)$	$69.5(0.81D)$	65	4.5	0.42
$\phi 95 \times 660$	40CrNiMo	2	$182.5(142.5+40)$	$76.3(0.8D)$	70	6.3	0.42
$\phi 100 \times 760$	40CrNiMo	1	$190(150+40)$	$81(0.81D)$	70	11	0.42

（续）

尺　寸 /mm	钢号	件数	按 aD 法计算 的时间 /min	按 KW 法计 算的时间 （入炉始算） /min	工件实际 到温时间 （入炉始算） /min	按 KW 法 工件实际 保温时间 /min	按 KW 法时 间与 aD 法 时间比例 KW: aD
250 × 310 × 27	CrWMn	2	47.5(40.5 + 7)	45.5(1.67B)	45	0.5	0.96
32 × 53 × 140	45	4	37(32 + 5)	30.6(0.95B) (K = 3.5)	23	7.6	0.82
190 × 190 × 100	45	4	182(100 + 82)	97.6 (0.976B)	95	2.6	0.52
外径 D = 190 内径 d = 60 高度 l = 45	45	10	79(45 + 34)	53(1.18B) （高 l < δ，按板计）	49	4	0.67

注：在 $t = aD$ 中，碳钢取 $a = 1$，合金钢 $a = 1.5$，即取数值范围的下限。

上述计算方法适用于单个工件或少量工件在炉内间隔（工件间距离 > 0.5D）排放加热。堆放加热时，超过一定的堆放量，用 KW 法计算会造成较大出入。堆放量较大时则必须按厚件计算，极为繁琐。在实际生产中，多按工件的单位重量的时间数计算。如在 45kW 的箱式电炉中，ϕ50mm 以下工件的单位重量加热系数，经过试验可定在 0.6 ~ 1.0min/kg 之间，通常取 0.6 ~ 0.8min/kg。表 2-15 所列为工具钢在火焰炉中的加热时间和单位重量工件的加热系数。

表 2-15　工具钢在火焰炉中的加热时间

最大截面尺寸 /mm	工件重量 /kg	加热总时间 /min	加热系数 /(min/kg)
25 ~ 50	45 ~ 138	115	0.85 ~ 2.56
50 ~ 75	138 ~ 227	150	0.66 ~ 1.10
75 ~ 100	227 ~ 454	195	0.43 ~ 0.86
100 ~ 125	454 ~ 680	225	0.33 ~ 0.50
125 ~ 200	680 ~ 908	300	0.33 ~ 0.44

2.5　加热节能措施

热处理加热的节能潜力很大。在实际生产中，车间工艺员和操作工人的节能意识是实现高效、优质、低能耗热处理的主要因素。热处理加热节能的主要途径有：①加热的工艺措施；②加热设备的节能；③生产组织的合理化。

2.5.1　加热设备的节能

2.5.1.1　能源的合理选择

热处理的加热炉使用固体燃料，从环保和综合利用角度已公认是不可取的。当前使用最多的是电能，其次是液体、气体燃料。用电能干净、对环境影响极小，温度容易控制。但电能是二次能源，虽电热效率最高可达 80%，但综合燃料利用率（计入发电效率）只有 30% ~ 35%。燃料是一次能源，加入预热空气、控制空/燃混合比等措施，燃料利用率达到 60% ~ 65% 是轻而易举的事。因此在天然气供应方便的地区，适当用气体燃料是有利的。在水电、核电供应充足、电价较低地区，用电也是一种合理选择。故热处理能源选择应因地、因时制宜。

2.5.1.2　炉型的选择和结构的优化

箱式、井式、输送带式和振底式炉在连续运转时的热效率各不相同（见表 2-16）。井式炉和振底式炉具有较高的热效率。井式炉的热效率高是由于密封性好、散热面积小，而振底式炉的热效率高是因为没有夹具、料盘等带走的热损失。

表 2-16　各种类型电阻炉连续运行时的热效率

炉型 规格和参数	箱式 周期炉	井式 周期炉	输送带 式炉	振底 式炉
生产量/(kg/h)	160 （装炉400kg）	220 （装炉500kg）	200	200
设备功率/kW	63	90	110	80
供热电能/kW·h	56	62	78	50
热效率 η/(%)	39	43	35	54
炉壁散热(%)	31	23	36	36
夹具等吸热(%)	19	29	18	0
热处理件吸热(%)	39	43	35	54
可控气带走热(%)	6	4	6	10
其他热损失(%)	5	1	4	—
处理温度/℃	850	850	850	850
全加热时间/min	90	90	40	40

从工艺运行的连续性出发，连续式炉比周期炉能源消耗少，但维持连续式生产要有足够大的产品批量。在加热温度为 900~950℃ 范围，连续式电炉的热效率约为 40%，其单位燃料消耗为 $158 \times 10^4 kJ/t$ (154kW·h/t)，而周期式炉的热效率只有 30%，单位燃料消耗约 $209 \times 10^4 kJ/t$ (204kW·h/t)。

从节能角度考虑，圆筒形炉比箱形炉有利。由于表面积减少近 14%，使炉壁散热减少约 20%，蓄热减少 2%，炉外壁温度降低 10%，单位燃料消耗降低 7%（见表 2-17）。因此，日本制造公司生产的大多数渗碳淬火多用炉热室都改成圆筒形。

表 2-17   箱形炉和筒形炉热性能比较

性 能 \ 炉 型	箱形	圆筒形
表面积（%）	100	86.1
炉壁散热/[kJ/(m²·h)]	18308	14839
炉壁蓄热/(kJ/m²)	233×10^3	229×10^3
炉外壁温度/℃	85	75
单位燃料消耗（%）	100	93.1

炉子密封不良会侵入空气，使炉温降低，为维持炉温会增加燃料消耗。一般在加热炉内底部有 20Pa（2mmH₂O）的正压。炉壁开有直孔时，孔内会形成负压，孔越大负压越大。例如炉壁上开 10cm²（3.2cm×3.2cm）的孔，在炉内近孔处的负压为 10Pa（1mm H₂O）时，侵入的空气量为 10m³/h。由此可以想象，在操作过程中如果炉门关不严，留有较大缝隙会形成多么严重的热损失（有额外增加 20% 用电的数据）。

连续式渗碳炉充分利用工艺废热具有非常显著的节能效果。把工件渗碳前的清洗改为燃烧脱脂，可利用工件切削油脂蒸发气体的燃烧热，将工件预热到 500~550℃，可显著缩短渗碳前的加热时间。轻微的预氧化可减轻钢件渗碳的表面内氧化，提高渗层的均匀性。从脱脂炉排出的废气和油烟可用于回火炉的加热，回收其近 50% 的热量。淬火油温度升高的热量可用来加热中间清洗碱液和漂洗用水，回收淬火油 40%~60% 的热量。通过废热的多次利用，使整个生产线的燃料消耗降低 40%。

把重质耐火砖改为陶瓷纤维炉衬的节能效果也非常明显。装炉量 400kg 的密封渗碳炉把轻质耐火砖改为陶瓷纤维炉衬后可节约 13% 的燃料。把一般可控气氛淬火加热炉炉衬改用陶瓷纤维，可使空气升温时间缩短 1/3，使气氛洗炉时间减少 3/4，综合节约燃

料 20%。输送带式淬火加热炉把重质砖改为陶瓷纤维炉衬的实际节约效果列于表 2-18。空气升温时间缩短 9/10，每日节约 50% 燃料。用煤气加热的实验炉把耐火砖改为陶瓷纤维炉衬，升温时间可减少 4/5，燃料消耗减少 80%。

表 2-18   输送带式炉改为陶纤炉衬后的节约效果

项 目	炉 衬	
	耐火砖	陶瓷纤维
到 1300℃ 升温时间/min	180	15
炉子实际负荷率（%）	63	97
每天所需燃料/(kg/d)	50	25
输送带速度/(m/min)	0.77	1
1 天处理的刀具数/(10⁴/d)	5	10

2.5.1.3 控制燃烧和空气预热

严密控制燃烧炉的燃烧过程对于节约燃料有非常重要作用。正常的燃烧过程主要是靠合理的空气/燃料混合比来实现。在这层意义上，燃烧器性能和质量又有举足轻重的作用。因此精确控制空燃比的方法、仪器和传感器是保证合理燃烧、降低燃料消耗的必要手段。

在燃烧炉的实际燃烧过程中，精确按完全燃烧的 α（空气过剩系数）理论值来控制很困难，所以经常要给以相当量的过量空气。过量空气太大，燃烧效率低，许多热量要消耗在加热多余的空气上。一般 α 值以选取 1.1~1.2 为宜。例如在 1000℃ 燃烧，使 α 值由 1.8 减少到 1.2，以 α=1.8 的燃料消耗作 100% 时，可节约 45% 的燃料。又例如在 980℃ 加热时，把 α=1.2 的过剩空气量重新调整到 α=1.0，还可节约 13.5% 的燃料。图 2-43 所示为燃料消耗与空气过剩系数的关系。

测定燃烧产物中的 CO_2、O_2 和 CO 的百分比含量可大致估计出空气过剩系数 α。CO_2、CO 的量与 α 值的关系因燃料不同而异，而废气中的氧含量与 α 值的关系对各种燃料都大致相同，因而可按测出废气中的氧求出过量空气值。不同炉型燃料炉废气氧含量有很大区别（见表 2-19）。用氧探头来测控烟道废气氧含量很有必要。

从燃烧加热炉中排出的废气（烟道气）温度比炉子指示温度至少要高 50℃。排出的废气温度越高，炉子的热损失越大。图 2-44 所示为各种燃料燃烧时的有效热量和废气温度的关系。燃烧需要大量空气，利用燃烧废气热预热空气是燃烧炉的最大节能措施。

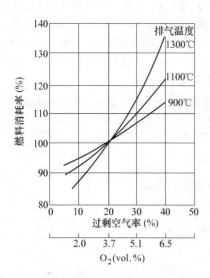

图 2-43　燃料消耗和空气过剩率的关系

注：以过剩空气率 20% 的燃料消耗为 100%。

例如，当废气温度为 900℃ 时，空气/燃料比 1.4 时，废气带走的热损失为 50%。如果用废气把空气预热到 250℃，可节约 15% 燃料，使 22% 的废热得到回收。空气预热温度和节约燃料的关系示于图 2-45。但必须注意，空气预热温度高于 500℃，对换热器要求和维护费用都会明显增加，废气中的 NO_x 量也会随空气预热温度的提高而明显增加（见图 2-46），必须另外采取改善措施。

表 2-19　各种燃烧炉燃烧产物含氧量

炉　型	O_2（体积分数,%）		α	
	通时	断时	通时	断时
箱式炉	3.5 ~ 15.0	14.0	1.2 ~ 1.3	2.8
台车炉	7.5 ~ 12.0	12.0	1.7 ~ 2.3	2.2
密封箱式渗碳炉	1.0 ~ 14.5	15.0 ~ 20.0	1.05 ~ 3.1	3.3 ~ 7.0
连续式炉	2.5 ~ 11.0	17.0 ~ 18.0	1.1 ~ 2.0	5.0 ~ 6.0

2.5.2　加热工艺措施节能

缩短加热时间和降低加热温度是重要的节能措施之一。

传统的观点认为，钢件的淬火加热必须由表及里地透烧，而且达到规定的奥氏体化温度后尚须保持相当时间，使碳化物和合金元素充分溶解，并在奥氏体

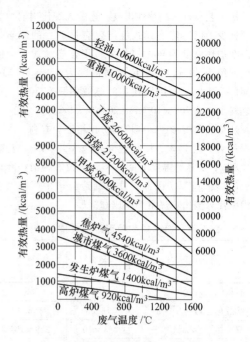

图 2-44　各种燃料有效热量与废气温度的关系

注：1kcal = 4.18kJ。

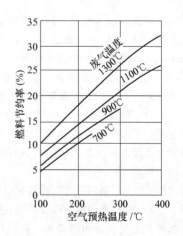

图 2-45　空气预热温度和节约燃料的关系

注：重油炉 α = 1.2。

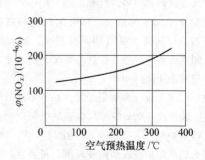

图 2-46　空气预热温度对 NO_x 含量的影响

均匀化后才能淬火冷却，获得理想的力学性能。但近代许多文献指出，碳素钢和低合金钢加热到奥氏体化温度时，其均匀化过程极为迅速（见图 2-47、图 2-48）。即使在奥氏体不均匀状态下淬火，也可得到满意的力学性能（见图 2-49 ~ 图 2-51、表 2-20）。

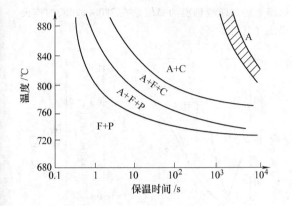

图 2-47　45 钢的奥氏体均匀化过程

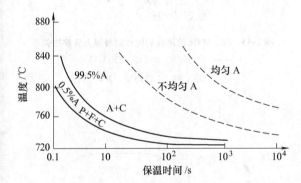

图 2-48　$w(C) = 0.78\%$ 钢的奥氏体均匀化过程

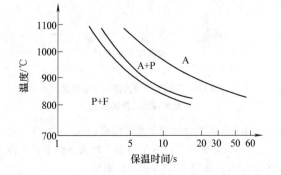

图 2-49　$w(C) = 0.24\%$、$w(Mn) = 1.2\%$ 钢的奥氏体均匀化过程

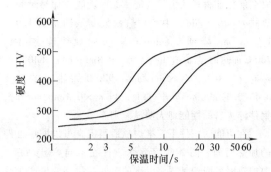

图 2-50　$w(C) = 0.24\%$、$w(Mn) = 1.2\%$ 钢淬火硬度和保温时间的关系

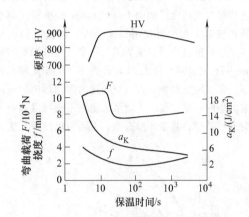

图 2-51　$w(C) = 0.57\%$ 钢加热保温时间和淬火后力学性能的关系

表 2-20　$\phi20mm45$ 钢棒在 830℃保持不同时间淬火和 550℃回火后的力学性能

加热时间/min	R_{eL}/MPa	R_m/MPa	A(%)	Z(%)	a_K/(MJ/m²)	备注
8	829	926	16.6	56.5	1.02	零保温
12	824	902	17.0	60.8	1.07	短时保温
20	831	920	17.2	59.1	0.90	传统工艺

对于高碳、高铬的合金工具钢、高速钢，由于其中有大量难溶于奥氏体的碳化物，奥氏体的均匀化需要较长时间。这些钢的热导率也小，为避免表面和心部产生较大温差，导致畸变和开裂，应适当延长加热保温时间。

从上述原理出发，一些工厂在批量生产条件下进行了缩短加热和保持时间的实践。如某工厂用 $\phi25mm$、$\phi100mm$、$\phi200mm$ 的 45 钢热轧棒进行了不同加热保温时间的试验。结果证实，当规定加热温度为 850℃，心部温度达到 840℃即可施行淬火冷却，完全能保证材料的力学性能。如此就能使加热时间计算式 $t = aD$ （min）中的加热系数 a 从通常的 1.0 ~ 1.2min/mm 降到 0.6min/mm。按此规律确定出在 700℃ 加热时的 a 值应为 0.6 ~ 0.8min/mm；840℃ 加热时 a = 0.5 ~ 0.65min/mm；920℃ 加热时的 a = 0.4 ~ 0.55min/mm。事实上，当 $a > 0.4$min/mm 时，钢件淬火后的性能即无明显差别。

　　在可能的条件下，把炉温适当提高可以缩短工件的加热时间。图 2-52 所示为钢件在不同炉温的炉子中加热时表面达到规定温度的时间。我国的生产实践证明，把炉温从 900℃ 提高到 925℃ 可使钢件加热时间从 2h 缩短到 0.5h。在某些情况下可以用高温快速回火代替常规回火。德国 Ipsen 公司用传感器控制或计算机模拟实现了可控制快速回火，即提高回火温度、采取短保温或零保温方式。例如，在 190℃ 回火 10min 可代替 160℃ 回火 2h，而在 300℃ 回火则无需保温。由于温度对钢回火组织变化的作用远超过时间因素的影响，提高温度所增加的能耗不仅可以被缩短的时间所补偿，甚至绰绰有余，因而可以显著节能。

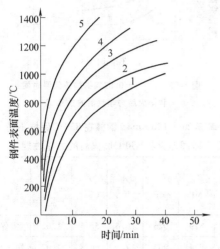

图 2-52　100mm 厚钢板在不同炉温下加热时的表面温度随时间的变化

1—1000℃　2—1100℃　3—1200℃
4—1300℃　5—1400℃

　　钢件采用较常规低的温度下加热处理，在许多情况下可达到高温处理同样的、有时甚至是更高的性能，并有较大的节能效果。这些方法有降低钢件奥氏体化温度，在奥氏体不均匀状态下淬火，在钢的 α + γ 两相区加热淬火和正火，用铁素体状态下的化学热处理代替奥氏体状态下的化学热处理等。

　　在较低温度下的不均匀奥氏体淬火和前面介绍的不均匀奥氏体淬火处理，调质钢加热到相变点以上在

较低的温度下淬火完全能达到规定性能。在某些情况下，经低温淬火的钢甚至具有较高的强度和韧性。实际上，45、40Cr 钢在 800℃ 加热淬火后的强韧性即已达到峰值，而非在通常的 840 ~ 860℃（见图 2-53）。40Cr 钢经 800℃ 淬火，随后回火的调质处理，其弯曲疲劳强度即已达到顶点（见图 2-54）。而 40Cr 钢淬火回火后的断裂韧度的峰值是在 780 ~ 820℃ 的淬火温度（见图 2-55）。

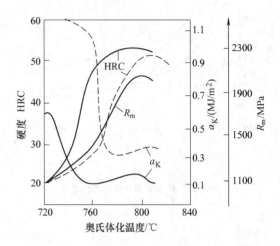

图 2-53　45、40Cr 钢淬火后的性能与淬火温度的关系
　　——45 钢，Ac_3 802℃，270℃ 回火
　　------40Cr 钢，Ac_3 815℃，300℃ 回火

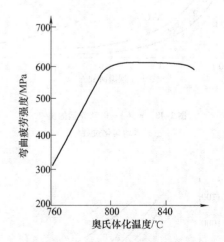

图 2-54　40Cr 钢淬火回火后的疲劳强度和淬火温度的关系

　　由此，可以得出两个重要结论：

　　1）碳素钢和低合金结构钢的淬火加热不需要传统要求 Ac_3 + (30 ~ 50)℃ 那样的温度。

　　2）上列钢的淬火加热保持时间也不需要像传统工艺规定的那么长。

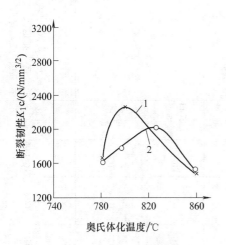

图 2-55 40Cr 钢淬火后的断裂韧度和奥氏体化温度的关系
1—原始状态：860℃，300℃回火
2—原始状态：860℃正火

钢在两相区加热淬火也称亚温淬火。传统上认为，亚共析钢欲获得淬火优良性能，必须加热到 Ac_3 以上，以避免在显微组织中有铁素体出现。实际上许多人的工作证实，亚共析钢在低于 Ac_3 的两相区加热淬火也经常获得优异的性能。低碳低合金钢经亚温淬火而获得的铁素体 + 马氏体混合组织，可使钢的强韧性得到理想配合。

实践证实，15SiMnVTi 钢在 770℃ + 50℃ 的亚温淬火组织具有良好的强韧性配合。表 2-21 中的数据表明，810 ~ 840℃ 正火的综合力学性能明显优于 890℃ 的完全正火的力学性能。

在奥氏体状态下的渗碳是一种用途广、效果好的工艺，但也是温度高（通常 900 ~ 950℃）、周期长（一般为 5 ~ 10h）的热处理。和渗碳相比，碳氮共渗可在较低温度（850 ~ 900℃）下进行。当渗层深度不超过 1mm 时，用碳氮共渗代替渗碳，既可以降低工艺温度，又可以缩短时间，从而可以节约能耗，而且使用得当还可以提高钢件性能。

在 650℃ 以下铁素体状态施行的化学热处理，如渗氮、氮碳共渗、硫氮共渗、硫氮碳共渗、低温电解渗硫等，和高温扩散处理比较，都有工艺温度低的节能效果。低温化学热处理还有减少畸变的优点。

表 2-21 15SiMnVTi 钢不同的温度正火后的力学性能

正火温度/℃	$R_{p0.2}$/MPa	R_m/MPa	$R_{p0.2}/R_m$	Z(%)	A(%)	a_K /(MJ/m²)	硬度 HBW
750	461.9	666.9	0.69	44.3	17.2	0.49	204
770	459.0	643.3	0.71	45.5	20.7	0.61	195
790	335.0	615.9	0.54	51.8	25.7	0.77	178
810	308.9	575.7	0.54	55.2	25.6	0.77	189
840	272.6	538.4	0.51	59.5	29.6	1.47	178
860	269.7	543.3	0.50	62.6	25.9	1.47	179
890	284.4	554.1	0.51	58.3	33.6	1.36	189

2.5.3 合理的生产管理

合理的生产管理是发挥节能技术措施潜力的前提保证。这里的管理是指生产批量的组织与安排。从管理角度首先应考虑的是保证加热设备的满负荷（达到额定装炉量）连续运转。为此，热处理的生产就必须有足够的批量，并根据批量合理地选用加热设备的类型、规格和大小，使之能实现均衡生产。例如批量足够大时应尽可能选用连续式加热设备（推杆炉、输送带式炉、振底炉、网带式炉等），而不用周期式炉。批量不足、设备选用不当会使设备负荷极低或经常临时性开炉，使大量的时间和热能浪费在炉子的升温过程。因此，当一个工厂的产品不固定，品种多，产量不稳定，批量又小，不能实现连续性均衡生产时，不宜自建热处理车间、工段或小组，宜将工件送专业厂协作。

2.6 可控气氛

2.6.1 分类及用途

各种可控气氛和保护气氛的分类和用途列于表 2-22。

表 2-22　各种可控气氛和保护气氛的分类及用途

类别	名称	反应类型	化学反应或制备原理	参考成分(体积分数)(%)									各种分类法					安全性	用途
				CO₂	O₂	CO	H₂	CH₄	H₂O	N₂	Ar	He	中国	美Surface Combustion Co.	美煤气协会(A.G.A.)	Hotchkiss和Webber	前苏联		
CO-CO₂-H₂-H₂O-N₂	用天然气制备的放热式气氛	贫气 放热式	贫气:CH₄+9.52空气→CO₂+2H₂O+7.42N₂(完全燃烧)	11.5	0.0	0.7	0.7	0.0	饱和	其余(87.1)	—	—	PFQ10	DX lean	101	G2b	ПC-09	不可燃,有毒	铜光亮退火、粉末冶金烧结
		富气 放热式	富气:CH₄+2.38空气→CO+2H₂+1.88N₂;H₂+0.5O₂→H₂O	5.0	0.0	10.0	15.0	1.0	饱和	其余(69.0)	—	—		DX rich	102	G1a	ПC-06	可燃,有毒	
	用丙烷制备的放热式气氛	贫气 放热式	贫气:C₃H₈+23.8空气→3CO₂+4H₂O+18.8N₂(完全燃烧)	12.5	0.0	1.5	0.8	0.0	0.8	其余(84.4)	—	—	PFQ10	DX lean	101	G2b	ПC-09	不可燃,有毒	低碳钢的光亮退火、正火、回火,冶金烧结
		富气 放热式	富气:C₃H₈+7.14空气→3CO+4H₂+5.64N₂;CO+0.5O₂→CO₂;H₂+0.5O₂→H₂O	7.0	0.0	10.2	8.2	0.5	0.8	其余(73.3)	—	—		DX rich	102	G1a	ПC-06	可燃,有毒	
	用丁烷制备的放热式气氛	贫气 放热式	贫气:C₄H₁₀+30.95空气→4CO₂+5H₂O+24.47N₂(完全燃烧)	12.8	0.0	1.5	0.8	0.0	0.8	其余(84.1)	—	—	PFQ10	DX lean	101	G2b	ПC-09	不可燃,有毒	
		富气 放热式	富气:C₄H₁₀+9.52空气→4CO+5H₂;CO+0.5O₂→CO₂;H₂+0.5O₂→H₂O	7.3	0.0	10.2	7.6	0.5	0.8	其余(73.6)	—	—		DX rich	102	G1a	ПC-06	可燃,有毒	
	用甲烷制备的放热式富气氛,除去CO₂,H₂O	放热式	反应同用天然气制备的放热式富气,用硅胶,冷冻,乙醇胺,分子筛等吸收CO₂,H₂O	微量	0.0	10.5	15.5	1.0	露量 −40℃	73.0	—	—	JFQ20	NX rich	202	G2a	ПCO-06	可燃,有毒	铜光亮退火、中碳、低碳钢光亮退火、中碳钢光亮淬火,高碳钢光洁淬火

（续）

类别	名称	反应类型	化学反应或制备原理	参考成分（体积分数）（%）									各种分类法					安全性	用途
				CO_2	O_2	CO	H_2	CH_4	H_2O	N_2	Ar	He	中国	美Surface Combustion Co.	美煤气协会（A. G. A.）	Hotchkiss 和 Webber	前苏联		
$CO-CO_2-H_2-H_2O-N_2$	木炭燃烧气氛	放热式	$C + 2.38$空气$\rightarrow CO + 1.88N_2$; $CO + 0.5O_2 \rightarrow CO_2$	1.0~2.0	0.0	30~32	1.5~7.0	0~0.5	露点 -30℃	其余	—	—	MQI10		402		ГГ	可燃 有毒	可锻铸铁退火, 渗碳
	用天然气制备的吸热式气氛	吸热式	$CH_4 + 2.38$空气$\rightarrow CO + 2H_2 + 1.88N_2$, 用Ni催化剂, 反应温度 $\geqslant 1000℃$	微量	0.0	20.7	38.7	0.8	露点 -4~-20℃	39.8	—	—	XQ20	RX	302	H	KГ-BO	可燃 有毒	
	用丙丁烷制备的吸热式气氛	吸热式	$C_3H_8 + 7.14$空气$\rightarrow 3CO + 1.88N_2$, 用Ni催化剂, 反应温度 $\geqslant 1000℃$	微量	0.0	23~25	32~33	0.4	微量	39.8	—	—	XQ20	RX	302	H	KГ-BO	可燃 有毒	渗碳, 碳氮共渗, 钎焊, 碳, 光亮淬火, 高速钢淬火
	用城市煤气的吸热式气氛	吸热式	$CH_4 + 0.5O_2 \rightarrow CO + 2H_2$; $CO_2 + CH_4 \rightarrow 2CO + 2H_2$	0.4~0.6	0.0	24~27	36~38	0.0	露点 +4℃	36~39	—	—	XQ20	RX	302	H	KГ-BO	可燃 有毒	
	木炭靠外部热源加热, 燃烧后通过以煤制城市煤气的气氛	吸热式	$C + CO_2 \rightarrow 2CO$; $C + H_2O \rightarrow CO + H_2$; $CO_2 + CH_4 \rightarrow 2CO + 2H_2$; $CH_4 \rightarrow C + 2H_2$; $H_2O + C \rightarrow CO + H_2$; $\rightarrow CO + 3H_2$	微量	0.0	22	46	9	露点 -5~-40℃	23	—	—	MQ20	—	—	—	—	可燃 有毒	高碳钢无脱碳退火, 火, 淬火, 转转钢件退火
	用工业氮制备的吸热式气氛	吸热式	在工业氮中添加少量气体燃料, 在Ni催化作用下, 约在1000℃进行吸热反应, 使其中的O_2转化为CO: $C_nH_{2n+2} + n/2O_2 \rightarrow nCO + (n+1)H_2$	微量	0.0	6.7~7.2	13.7~14.5	0.0	露点 -6~-18℃	78.3~79.5	—	—	XQ20	—	—	—	—	可燃 有毒	渗碳, 光亮淬火, 退火

（续）

类别	名称	反应类型	化学反应或制备原理	参考成分（体积分数）（%）									各种分类法					安全性	用途
				CO_2	O_2	CO	H_2	CH_4	H_2O	N_2	Ar	He	中国	美 Surface Combustion Co.	美煤气协会（A. G. A.）	Hotchkiss 和 Webber	前苏联		
$CO\text{-}CO_2\text{-}H_2\text{-}H_2O\text{-}N_2$	放热-吸热式气氛	放热 吸热	用甲烷制备时，首先以接近完全燃烧的空气-甲烷混合比例产生 11 个体积的燃烧产物，去除水分后得到 9.225 体积的气体。第二步吸热式反应以 7.3 体积的上列燃烧产物和 1 个体积的甲烷混合反应产生 10.5 体积的气体	0.0 ~ 0.2	0.0	17	20	0.0	露点 -10 ~ -20℃	其余	—	—	FXQ20	—	501, 502	—	—	可燃, 有毒	渗碳、碳氮共渗、光亮淬火、复碳
$H_2\text{-}H_2O\text{-}N_2$	氨分解燃烧气	吸热式	$2NH_3 \rightarrow N_2 + 3H_2$，用催化剂，分解反应温度 850 ~ 900℃	0.0	0.0	0.0	75	0.0	露点 -50℃	25	—	—	FAQ50	AX	601	F1	ПА	可燃, 无毒	钎焊、粉末冶金烧结、表面氧化物还原、不锈钢、硅钢光亮退火
	氨部分分解烧气（富氨气）	放热式	空气与氨比例约为 1.1:1	0.0	0.0	0.0	20	0.0	露点 +4.4 ~ -73℃	80	—	—	RAQ50	SAX rich	622	F2a	—	可燃, 无毒	硅钢光亮退火、不锈钢处理、钎焊、粉末冶金烧结
	精净化吸热式气氛	吸热式	丙、丁烷与空气或水蒸气混合，在催化剂作用下进行吸热式反应，使 CO 转化为 CO_2，然后用碱液、乙醇胺溶液或分子筛除去 CO_2	0.05 ~ 2.0	0.0	0.05 ~ 1.0	50.0 ~ 99.8	0.0	0.0 ~ 3.5	余量	—	—	JXQ50	HX	—	—	—	可燃, 无毒	低碳钢表面氧化物快速还原、不锈钢、硅钢光亮退火

（续）

类别	名称	反应类型	化学反应或制备原理	CO₂	O₂	CO	H₂	CH₄	H₂O	N₂	Ar	He	中国	美 Surface Combustion Co.	美煤气协会(A.G.A.)	Hotchkiss 和 Webber	前苏联	安全性	用途
H₂-H₂O-N₂	精净化放热式气氛	放热式	普通放热式气,在有催化剂作用下,通蒸汽使 CO 转化为 CO₂,然后再用碱液、乙醇胺溶液或分子筛除去 CO₂	0.05 / 0.05	0.0 / 0.0	0.05 / 0.05	3.0 / 10.0	0.0 / 0.0	露点 -40℃	97 / 90	—	—	JFQ50 / JFQ50	HNX lean / HNX rich	—	—	—	不可燃、可燃	铜和低碳钢,不锈钢,硅钢无氧化淬火
CO+CO₂+N₂	用木炭制备的吸热式气氛	吸热式	木炭在外部热源加热,然后通以空气生成的气氛 C+2.38 空气→CO+1.88N₂	0.5	0.0	32~34	微量	0.0	0.06	其余	—	—	MQ40	—	—	—	ГГ-BO	可燃,有毒	高碳钢光亮淬火、退火
N₂	用甲烷制备的净化式气氛	放热式	放热式气氛用硅胶、冷冻法、乙醇胺溶液分子筛等吸收 CO₂、H₂O	0.0	0.0	0.7	0.7	0.0	露点 -40℃	98.6	—	—	JFQ70	NX lean	201	G2c	ПCO-09	不可燃,无毒	铜和低碳钢光亮退火
	用丙、丁烷制备的净化放热式气氛	放热式	用甲、丙、丁等烷制备的放热式气氛,分子筛等吸收 CO₂、H₂O	0.05	0.0	1.8	1~2	0.0	0.0	其余	—	—	JFQ70	NX lean	201	G2c	ПCO-09	不可燃,无毒	铜、中碳和高碳钢光亮淬火、退火、淬火、回火,高碳钢光亮退火
	氨部分燃烧气氛(贫气)	放热式	4NH₃+15 空气→6H₂O+14N₂ 接近完全燃烧	0.0	0.0	0.0	1.0	0.0	露点 +4.4~ -73℃	99	—	—	JFQ70	SAX lean	621	F2b	—	不可燃,无毒	硅钢的光亮淬火、退火
	市售纯氨气	空气液化分馏	用添加氢或氨分解气方式在钯分子筛和一定温度下与其中的 O₂ 反应生成 H₂O,然后用分子筛除去 H₂O 未除 O₂	0.0 / 0.0	0.2 / 0.0	0.0 / 0.0	0.0 / 1.0	0.0 / 0.0	露点 -7 ~ -35℃ / -55℃	99.8 / 99.0	—	—	DQ70 / DQ70	—		B₁ / B₂	—	不可燃;净化者可用于钢的光亮淬火、退火、回火,燃、无毒	未净化者会引起氧化脱碳;净化者可用于钢的光亮淬火、退火、回火

（续）

类别	名称	反应类型	化学反应或制备原理	参考成分（体积分数）（%）									各种分类法					安全性	用途
				CO₂	O₂	CO	H₂	CH₄	H₂O	N₂	Ar	He	中国	美 Surface Combustion Co.	美煤气协会（A.G.A.）	Hotchkiss 和 Webber	前苏联		
N₂	液氮蒸发气	空气液化精馏	空气液化精馏除去 O₂（沸点至 -183℃），在常压下冷至 -195.8℃ 液化，转化为一个体积的液态 N₂ 转化为 696.5 个体积的气态 N₂，使用时通过蒸发器气化	0.0	25 ppm	0.0	0.0	0.0	露点 -57℃	其余	—	—	DQ70	—	—	—	—	不可燃，无毒	
	沸石分子筛空分制氮（MSC 法）	吸附分解析	利用 5×10⁻⁸ cm（5Å）分子筛对氮的优先选择吸附效应，把氮富集在分子筛的显微孔中，然后在通过真空解析获得一定纯度的氮	0.0	1.0	0.0	0.0	0.0	露点 < -40℃	99	—	—	DQ70	—	—	—	—	不可燃，无毒	
	碳分子筛空分制氮（MSZ 法）	选择吸附	利用氧在碳分子筛微孔中扩散速度比氮大的原理，分子筛优先吸附氧，剩余的氮即一定纯度的氮，碳分子筛吸附的氧，一般采取变压吸附法（P.S.A 法）再生	0.0	0.1~3.0	0.0	0.0	0.0	露点 < -40℃	97~99.9	—	—	DQ70	—	—	—	—	不可燃，无毒	添加少量甲醇，可用做无氧化加热保护，亦可做渗碳时的载气
	轻类油燃烧净化气	放热式	用可使油极度雾化的燃烧喷嘴，使其燃烧，燃烧产物用分子筛净化	0.0	0.1	0.0	0.0	0.0	露点 -55℃	99.9	—	—	DQ70	—	—	—	—	不可燃，无毒	
H₂	纯氢	电解水	未净化	0.0	0.2	0.0	99.8	0.0	露点 -50℃	0.0	—	—	QQ60	—	—	A₁	—	可燃，无毒	不锈钢、低碳钢、电工钢、有色冶金退火，硬质合金烧结，粉末冶金烧结，不锈钢钎焊
			净化	0.0	0.0	0.0	100	0.0		0.0	—	—	QQ60	—	—	A₂	—		

（续）

类别	名称	反应类型	化学反应或制备原理	参考成分（体积分数）（%）									各种分类法					安全性	用途
				CO_2	O_2	CO	H_2	CH_4	H_2O	N_2	Ar	He	中国	美 Surface Combustion Co.	美煤气协会（A.G.A.）	Hotchkiss 和 Webber	前苏联		
用于渗碳及碳氮共渗	甲醇热裂解气	吸热式	$CH_3OH \rightarrow CO + 2H_2$	微量	0.0	33	66	微量	微量	0.0	—	—	YLQ20 YLQ21	—	—	—	—	可燃，有毒	渗碳稀释气、一般加热保护、氮基气的添加气
	甲酸热裂解气	吸热式	$HCOOH \rightarrow CO + H_2 + [O]$	—	—	50	50	—	—	—	—	—	YLQ31	—	—	—	—	可燃，有毒	会引起氧化脱碳，可作为稀释气用于渗碳和裂解保护
	乙醇热裂解气	吸热式	$C_2H_5OH \rightarrow CO + 3H_2 + [C]$	—	—	25	75	—	—	—	—	—	YLQ30 YLQ31	—	—	—	—	可燃，有毒	渗碳
	丙酮热裂解气	吸热式	$CH_3COCH_3 \rightarrow CO + 3H_2 + 2[C]$	—	—	25	75	—	—	—	—	—	YLQ31	—	—	—	—	可燃，有毒	
	异丙醇热裂解气	吸热式	$C_3H_7OH \rightarrow CO + 4H_2 + 2[C]$	—	—	20	80	—	—	—	—	—	YLQ30 YLQ31	—	—	—	—	可燃，有毒	渗碳富化气
	乙酸乙酯热裂解气	吸热式	$CH_3COOC_2H_5 \rightarrow 2CO + 4H_2 + 2[C]$	—	—	33.3	66.7	—	—	—	—	—	YLQ30 YLQ31	—	—	—	—	可燃，有毒	
	丙胺热裂解气	吸热式	$2CH_3CH_2CH_2NH_2 \rightarrow 9H_2 + 6[C] + 2[N]$	—	—	—	100	—	—	—	—	—	YLQ61	—	—	—	—	可燃	
	甲酰胺裂解气	吸热式	$650 \sim 700℃\ HCONH_2 \rightarrow NH_3 + CO$；$400 \sim 600℃\ HCONH_2 \rightarrow HCN + H_2O$	—	—	50	NH_3 50	—	—	—	—	—	—	—	—	—	—	可燃，有毒	氮碳共渗
	三乙醇胺热裂解气	吸热式	$(C_2H_4OH)_3N \overset{>}{} 500℃ \rightarrow 2CH_4 + 3CO + HCN + 3H_2$	—	—	33	34	22	—	—	—	HCN 11	—	—	—	—	—	可燃，有毒	

（续）

类别	名称	反应类型	化学反应或制备原理	参考成分（体积分数）（%）									各种分类法					安全性	用途
				CO₂	O₂	CO	H₂	CH₄	H₂O	N₂	Ar	He	中国	美 Surface Combustion Co.	美煤气协会（A.G.A.）	Hotchkiss 和 Webber	前苏联		
固体渗碳剂分解的渗碳气氛	尿素热裂解气	吸热式	$(NH_2)_2CO \rightarrow CO + 2H_2 + 2[C] + 2[N]$	—	—	33	67	—	—	—	—	—	YLQ31	—	—	—	—	可燃，有毒	氮碳共渗
惰性气体类	氩		空气液化分馏净化后装瓶	0.001	0.0	0.0	0.001	0.0	露点 −50℃	0.098	99.9	—	—	—	—	—	—	不可燃，无毒	高强度不锈钢，钛合金等热处理，氩弧焊
	氦		将天然气液化可提取 He，净化后装瓶	0.0	0.0	0.0	0.001	0.0	露点 −50℃	0.0	—	99.99	—	—	—	—	—	不可燃，无毒	钛合金和特殊不锈钢的热处理，氩弧焊
其他	真空			0.0	0.0		0.0		0.09 ～ 92ppm	0.0			—	—	—	—	—	—	各种金属的热处理，钎焊，烧结
	二氧化碳		焦炭完全燃烧或其他工业副产品，液化后以瓶装供应	99.7	0.06				露点 −35 ～ −20℃	0.24			—	—	—	—	—	不可燃，无毒	铜及铜合金退火
	水蒸气		—						100				—	—	—	—	—	不可燃，无毒	蒸气发蓝处理

2.6.2　制备方法

2.6.2.1　制备可控气氛的燃料

可以用气体燃料，也可以用液体燃料。对燃料的要求是：价格低廉，硫含量低（＜180mg/m³），便于运输和储存，成分稳定。制备可控气氛的气体燃料成分见表2-23。

城市煤气、发生炉煤气、焦炉煤气等成分变化无常、硫含量高，热处理时难以准确控制碳势，以致影响热处理件质量；较高的硫含量又会使发生炉中的催化剂"中毒"，以及腐蚀炉衬、工件。所以这几种气体燃料逐渐被甲烷、丙烷及丁烷所代替。

丙烷一般有两种来源。一种是石油炼制时分离出来的气体，另一种是从油田气中经压缩分离而得到的气体。（正）丁烷则多是石油炼制分离的气体。来源于炼油厂的丙、丁烷通常呈混合状态。图2-56所示为按各种比例混合的丙、丁烷液化气的饱和蒸气压随温度的变化。

丙烷和丁烷的优点是在常温下易加压液化，运输和储存都很方便。制备可控气氛（尤其是吸热式气氛）用的丙、丁烷应有较高的纯度（体积分数＞90%）。一般厂炼气中丙、丁烷含量较低，常杂有较多的乙烯、丙烯和其他不饱和烃，在发生炉中易形成炭黑和结焦，使催化剂迅速失效。表2-24为制备可控气氛的气体燃料及其性质。表2-25为液化石油气中各

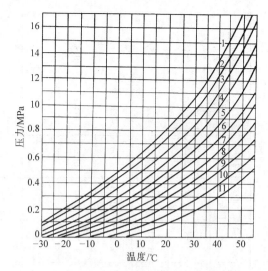

图 2-56　丙烷、丁烷混合气体在不同混合比
（体积分数）和不同温度下的饱和蒸气压

1—100% C_3H_8　2—90% C_3H_8 + 10% C_4H_{10}
3—80% C_3H_8 + 20% C_4H_{10}　4—70% C_3H_8
+ 30% C_4H_{10}　5—60% C_3H_8 + 40% C_4H_{10}
6—50% C_3H_8 + 50% C_4H_{10}　7—40% C_3H_8
+ 60% C_4H_{10}　8—30% C_3H_8 + 70% C_4H_{10}
9—20% C_3H_8 + 80% C_4H_{10}　10—10% C_3H_8
+ 90% C_4H_{10}　11—100% C_4H_{10}

组分的性质。表2-26为有机液体化合物的性质。

表 2-23　制备可控气氛的气体燃料成分

顺序	气体燃料	成分（体积分数）（%）											备注
		CO_2	O_2	N_2	CO	H_2	CH_4	C_2H_6	C_2H_4	C_6H_6	C_3H_8	C_4H_{10}	
1	工业丙烷							2.2			97.3	0.5	
2	工业丁烷										6.0	94.0	
3	天然气	1.5	—	其余	—	0.08	97.5	0.6	—	—	0.19	—	$\varphi(H_2S) \leqslant 0.016\%$（中国自贡）
4	天然气	0.7	—	0.5	—	—	84.0	14.8	—	—	—	—	美国南加里弗尼亚
5	天然气	0.1	—	其余	2.9	4.2	87.0	—	—	—	—	—	前苏联
6	发生炉煤气	4.5	0.6	50.9	27.0	14.0	3.0						
7	高炉煤气	11.5	—	60.0	27.5	1.0							参考成分
8	焦炉煤气	2.2	0.8	8.1	6.3	46.5	32.1		3.5	0.5			
9	水煤气	5.5	0.9	27.6	28.2	32.5	4.6		0.4	0.3			
10	城市煤气	3.4	1.8	22.9	12.1	44.0	14.1	—	—	—	—	—	C_nH_m 1.8%，$S < 130mg/m^3$（上海）
11	发生炉煤气	—	其余	26~30	11~12	1~4							除去 CO_2，第一汽车制造厂
12	煤油热分解分裂气	0.5	—	其余	12~18	66~70	10~20						$\varphi(C_nH_{2n})$ 2%~5%

表2-24　制备可控气氛的气体燃料及其性质

序号	气体燃料	相对密度(空气=1)	液态密度/(kg/L)	气态密度/(g/L)	常压下的沸点/℃	发热值/(kJ/m³)	气体发生量 /m³/L	气体发生量 m³/kg	蒸气压力①/atg -18℃	蒸气压力①/atg +21℃	蒸气压力①/atg +38℃	在高温下的爆炸范围(体积分数)(%) 下限	上限	范围	最低着火温度/℃	完全燃烧所需空气与天然气比例
1	甲烷	0.554	—	—	-162	37704	—	—	—	—	—	5.00	15.00	10.00	632	9.52
2	丙烷	1.520	0.510	—	-42	96976	0.278	0.583	1.68	7.85	13.72	2.10	10.10	8.00	481	23.82
3	丁烷	2.070	0.575	—	-11~7 ~0.5	125818	0.238	0.408	-0.28	1.89	3.85	1.86	8.41	6.55	441	30.47
4	工业丙烷	—	—	1.95	—	88616	—	—	—	—	—	—	—	—	—	—
5	工业丁烷	—	—	2.51	—	110352	—	—	—	—	—	—	—	—	—	—
6	天然气	—	—	0.82	—	39459	—	—	—	—	—	4.90	15.00	10.10	550~750	10.47
7	发生炉煤气	—	—	1.10	—	5246	—	—	—	—	—	6.50	36.00	29.50	—	1.23
8	高炉煤气	—	—	1.31	—	3428	—	—	—	—	—	35.00	74.00	39.00	—	0.68
9	焦炉煤气	—	—	0.57	—	20210	—	—	—	—	—	5.60	30.40	24.80	—	4.99
10	水煤气	—	—	0.90	—	9280	—	—	—	—	—	6.00	70.00	64.00	—	2.01
11	氨	0.590	0.610	—	—	16636	0.860	1.411	1.10	7.98	13.80	16.00	27.00	11.00	780	3.57
12	氢	0.069	—	—	-253	12456	—	—	—	—	—	4.00	74.20	70.20	574	2.38

① atg 为表压力，1atg=98.0665kPa。

表 2-25　液化石油气中各组分的性质

性　　质		气 体 组 分					
		丙烷	丙烯	正丁烷	异丁烷	正丁烯	异丁烯
分子式		C_3H_8	C_3H_6	C_4H_{10}	C_4H_{10}	C_4H_8	C_4H_8
化学结构式		C—C—C	C—C≡C	C—C—C—C	C—C—C（C）	C—C—C≡C	C—C—C（C）
相对分子质量		40.064	42.078	58.120	58.120	56.104	56.104
熔点/℃		-187.70	-185.25	-138.35	-159.60	-185.35	-140.35
沸点/℃		-42.07	-47.70	-0.50	-11.27	-6.26	-6.90
液态密度(15.6℃)/(g/cm³)		-0.5077	0.5218	0.5844	0.5631	0.6011	0.6002
气体相对密度(15.6℃,1MPa,空气=1)		1.543	1.453	2.071	2.067	1.9368	1.9366
气体发生量	m³/L	0.273	0.284	0.238	0.280	0.253	0.254
	m³/kg	0.542	0.537	0.407	0.407	0.420	0.352
发热值(低)	kJ/kg	46022	45466	45382	45382	44968	48563
	kJ/m³	88240	81176	115368	115075	107133	121404
蒸发潜热/(kJ/kg)		426	437	385	366	404	394
燃烧范围(在空气中)(体积分数)(%)	上限	9.50	11.10	8.41	8.44	9.00	—
	下限	2.37	2.00	1.86	1.80	1.70	—
完全燃烧需要空气量/(m³/m³)		23.85	21.84	31.03	31.03	28.58	28.58
燃烧产物/(m³/m³)	CO_2	3.0	3.0	4.5	4.0	4.0	4.0
	H_2O	4.0	3.0	5.0	5.0	4.0	4.0
	H_2	18.86	16.98	24.52	24.52	22.58	22.58
	合计	25.86	22.98	33.52	33.52	30.58	30.58
最高火焰温度/℃		1925	1935	1895	1900	1930	—
最大火焰速度(1in①管)/(m/s)		0.81	1.01	0.825	0.825	—	—

① 1in=25.4cm。

表 2-26　有机液体化合物的性质

有机液体	分子式	相对分子质量	相对密度	熔点/℃	沸点/℃	闪点/℃	自燃点/℃	燃烧范围(体积分数)(%)		发热值/(kJ/mol)
								下限	上限	
甲醇	CH_3OH	32	0.791	-97.8	64.7	~0	475	6.72	36.5	714
乙醇	C_2H_3OH	40	0.789	-117.0	78.3	12	404	3.28	18.95	1369
丙醇	$CH_3CH_2CH_2OH$	60	0.804	-126.0	97.2	15	432	2.15	13.50	2014
异丙醇	$(CH_3)_2CHOH$	60	0.786	-89.5	82.2	12	457	2.02	11.80	1985
乙酸乙酯	$CH_3CO_2C_2H_5$	88	0.901	-84.0	77.15	-5	484	2.18	11.40	2244
苯	C_6H_6	78	0.879	5.5	80.2	-16	580	1.40	7.10	3270
甲苯	$C_6H_5CH_3$	92	0.867	-95.0	110.6	5	553	1.27	6.75	3905
二甲苯	$C_6H_4(CH_3)_2$	106	0.861~0.880	-47.9~13.2	138~144	~20	500	1.00	6.00	4563
煤油	—	—	0.810~0.840	<-10	110~325	28	435	1.00	7.50	43054~45980

（续）

有机液体	分子式	相对分子质量	相对密度	熔点/℃	沸点/℃	闪点/℃	自燃点/℃	燃烧范围（体积分数）(%)		发热值/(kJ/mol)
								下限	上限	
甘油	$C_3H_5(OH)_3$	92	1.260	17.0	290	160	7200	—	—	1659
丙酮	CH_3COCH_3	58	0.791	−95.0	56	−20	500	2.55	1280	1784
甲酸（蚁酸）	HCOOH	46	1.220	8.4	100.7	—	—	—	—	262
甲酰胺	$HCONH_2$	45	1.133	2.5	193	—	—	—	—	564
丙胺	$CH_3CH_2CH_2NH_2$	59	0.719	−83.0	48~49	—	—	2.01	10.35	2334
三乙醇胺	$N(C_2H_4OH)_3$	149	1.124	21.2	277~279	—	—	—	—	3865

油田气主要含饱和烃类气体，经液化分离后可使丙烷达到很高的纯度。这种气体最适宜作为制备可控气氛的燃料。

常用来制备可控气氛或以直接滴注方式进行渗碳的液体原料为：醇类（甲醇、乙醇、丙醇、异丙醇等）、烃类（苯、甲苯、煤油等）、丙酮、醋酸酯类及乙醇胺类等。也可以将这些液体进行炉外燃烧（放热反应）或裂解（吸热反应）成一定成分的气体通入炉中施行保护加热或渗碳。

2.6.2.2 吸热式气氛

吸热式气氛是应用最多的一种可控气氛。其主要优点是易于实现碳势控制。吸热式气氛一般用来作为渗碳时的稀释气体或中、高碳钢加热时防止氧化脱碳的保护气体，亦可用来施行钢材和钢制件的复碳。

吸热式气氛的制备过程是将气体燃料（天然气、液化石油气、城市煤气等）与空气（完全燃烧程度20%~40%）混合，在有催化剂（一般用镍催化剂）作用的条件下，借外部加热反应而生成。反应温度高达1000~1050℃。图2-57所示为以不同空气/可燃气比例制备的气体各组分间的关系。

吸热式气氛分为一般吸热式和净化吸热式两类。净化吸热式气是将以上述方法制备的气体再次和水蒸气混合，在催化剂作用下使其中的CO转化CO_2，然后再经过吸收CO_2、冷冻、干燥后所得到的气体。图2-58所示为这两种吸热式气氛的制备过程。

普通吸热式气氛的缺点是容易引起铬的氧化，和空气混合时在低温易发生爆炸，在低温易形成炭黑。大多数不锈钢都不宜用它施行加热时的保护。

用主要含饱和烃的液化石油气、天然气为原料制备的吸热式气氛，其化学反应通式为

$$C_mH_n + m/2(O_2 + 3.76N_2)$$
$$= mCO + n/2H_2 + 1.88mN_2 \qquad (2-41)$$

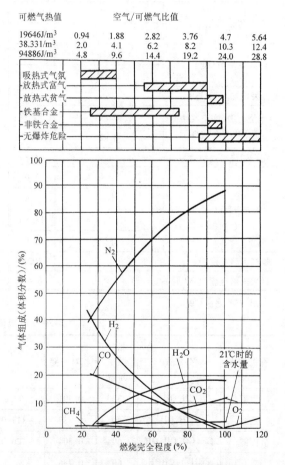

图 2-57 以不同空气/可燃气比例制备的气体各组分间的关系

天然气、丙烷、丁烷和空气混合后，在发生炉反应罐中的反应为

$$CH_4 + 2.38(0.21O_2 + 0.79N_2)$$
$$= CO + 2H_2 + 1.88N_2 + 31820J \qquad (2-42)$$
$$C_3H_8 + 7.14(0.21O_2 + 0.79N_2)$$
$$= 3CO + 4H_2 + 5.64N_2 + 227874J \qquad (2-43)$$

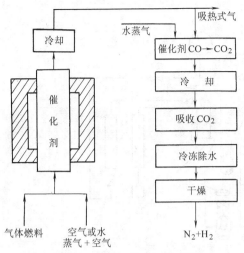

图 2-58　吸热式气氛的制备过程

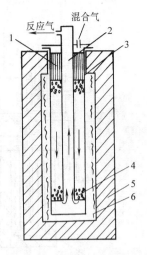

图 2-59　吸热式气氛发生炉结构示意图
1—耐火砖　2—内套管　3—反应罐
4—催化剂　5—加热炉　6—电热体

$$C_4H_{10} + 9.52(0.21O_2 + 0.79N_2)$$
$$= 4CO + 5H_2 + 7.52N_2 + 399894J \qquad (2-44)$$

图 2-59 所示为吸热式气氛发生炉结构示意图。制备吸热式气氛的流程示于图 2-60。表 2-27 所列为用各种原料气制备的吸热式气氛成分及气体发生量。

吸热式气体的反应并非完全的吸热，而是包含着放热。此反应分两个步骤进行。首先部分燃料气体和空气混合燃烧，这属于放热反应；第二步为剩余的燃料气体和最初形成的水分与二氧化碳反应得到氢和一氧化碳，这才是吸热反应，故使气体反应完全，获得尽可能低的甲烷、水蒸气和二氧化碳含量，就需要较高的反应温度和高效能的催化剂。图 2-61 所示为在直通式发生炉反应罐催化剂层内靠罐壁和中心的温度和气体成分的变化。

表 2-27　吸热式气氛成分及气体发生量

燃料	混合比（空气/燃料）	气体组成（体积分数）（%）						露点/℃	气体发生量	
		CO_2	O_2	CO	H_2	CH_4	N_2	H_2O		m^3/m^3	m^3/kg
天然气	2.5	0.3	0.0	20.9	40.7	0.4	其余	0.6	0	5	7
丙烷	7.2	0.3	0.0	24.0	33.4	0.4	其余	0.6	0	12.6	6.41
丁烷	9.6	0.3	0.0	24.2	30.3	0.4	其余	0.6	0	16.52	6.38
城市煤气[①]	0.4~0.6	2~0	0.0	27~25	48~41	3~2	其余	0.12	~20	—	—

① 该数字系根据化学反应粗略计算结果。计算采用的城市煤气成分（体积分数）（%）为 CO_2：2~4，O_2：0.5~1.0，C_mH_n：2~3，CO：15~20，H_2：45~55，CH_4：20~30。密度为 43~57mg/m^3。

由于气体中含有大量一氧化碳，在缓慢冷却过程（704→482℃）中会发生形成炭黑和二氧化碳的逆反应，即

$$2CO \rightarrow C + CO_2 \qquad (2-45)$$

这对于保证气氛的碳势和发生炉的正常工作都是不利的。因此从发生炉炉罐出来的气体应在水冷套冷却器中迅速冷却至 315℃ 以下。

维持催化剂的清洁和活性是保证气氛露点和碳势合乎要求的极为重要的问题。在实际生产过程中，发生炉罐内完全不产生炭黑是不可能的，尤其是使用品位较低的丙烷或丁烷时更是如此。所以通常在周末要对发生炉进行一次烧去炭黑的操作。为此可将发生炉温度降至 850~900℃，然后通入空气 1~2h，直至排出气体中的二氧化碳降到最低为止。

2.6.2.3　放热式气氛

放热式气氛是所有制备气氛中最便宜的一种，应用范围较广，设备维护简便。

放热式气氛可分为普通放热式和净化放热式两大类。普通放热式气又可依燃料气体和空气混合的多寡分为贫气和富气两种。净化放热式气也可分为以氮为基的气氛和以氮氢为基的气氛两种。

普通放热式富气具有强脱碳性。当制备气体的完

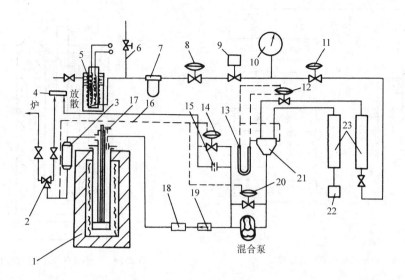

图2-60 制备吸热式气氛的流程

1—发生炉 2—三通转向阀 3—冷却器 4—点火棒 5—液化石油气蒸发器
6—放气管 7—过滤器 8——次减压阀 9—电磁阀 10—电接点压力表
11—二次减压阀 12—零压调节器 13—零压表 14—放散调节器
15—喉管 16—压力反馈管 17—防爆头 18—灭火器 19—逆止
阀 20—旁通调节器 21—混合器 22—空气滤清器 23—流量计

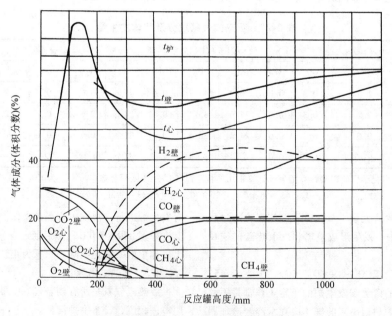

**图2-61 在直通式发生炉反应罐催化剂层内
靠罐壁和中心的温度和气体成分的变化**

注：气体发生量为$31m^3/h$，$t_炉$为发生炉的控制温度；

$t_壁$和$t_心$分别为罐壁和中心温度。

全燃烧系数为65%时，在870℃的炉膛内，碳势不超过0.02%（质量分数）。除去燃烧产物中的水分后，气氛中的组分并未达到平衡，通入炉内时，由于水煤气反应仍然会产生水分。这种气氛中的 CO 不稳定，在425~650℃范围内缓慢冷却时还会析出炭黑。

放热式气氛是用气体燃料和空气混合的部分燃烧方式制成（完全燃烧程度55%~98%）。未燃烧的碳氢化合物裂解成 H_2 和 CO，而燃烧部分形成 H_2O 和 CO_2。最后把气体通过用水冷却的冷凝器以降低露点（减少水分）。靠冷冻或吸收剂使露点进一步降低。例如，气体从1090~1430℃的燃烧温度冷却到20℃，可使水分从18%降到2.5%；冷却到-45℃时，水分可降到0.01%以下。放热式气氛的制备过程示于图2-62。

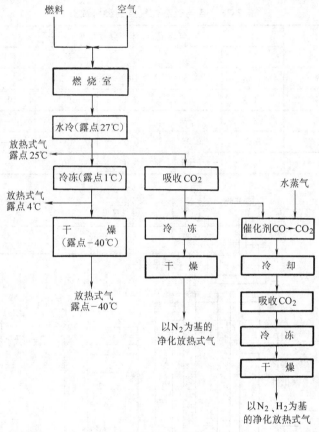

图 2-62　放热式气氛的制备过程

将放热式贫气用化学吸收剂（NaOH 水溶液或乙醇胺溶液）或分子筛除出 CO_2 和残存的水分，便可得到以氮为基的净化放热式气。

将以氮为基的净化放热式气中的 CO 在催化剂作用下和水蒸气反应，生成 CO_2 和 H_2，然后再以化学吸收剂或分子筛除去 CO_2，便可成为不含碳分、以氢和氮为基的气体。

天然气、丙烷、丁烷和空气混合完全燃烧的化学反应为

$$CH_4 + 9.52(0.21O_2 + 0.79N_2)$$
$$= CO_2 + 2H_2O + 7.52N_2 \qquad (2-46)$$
$$C_3H_8 + 23.81(0.21O_2 + 0.79N_2)$$
$$= 3CO_2 + 4H_2O + 18.8N_2 \qquad (2-47)$$

$$C_4H_{10} + 30.95(0.21O_2 + 0.79N_2)$$
$$= 4CO_2 + 5H_2O + 24.47N_2 \qquad (2-48)$$

以丙烷为例，当完全燃烧程度约为0.6时，则制备放热式富气的反应为

$$C_3H_8 + 14(0.21O_2 + 0.79N_2)$$
$$= 0.96CO_2 + 2.04CO + 1.92H_2O +$$
$$2.08H_2 + 11.06N_2 \qquad (2-49)$$

即一个体积的丙烷气体和14个体积的空气混合的不完全燃烧产物体积为18.06。除去水分后的放热式气体体积为16.14。

若丙烷的完全燃烧程度为90%时，则制备放热式贫气的反应为

$$C_3H_8 + 22 (0.21O_2 + 0.79N_2)$$

$$= 2.57CO_2 + 0.43CO + 3.67H_2O +$$
$$0.33H_2 + 17.38N_2 \qquad (2\text{-}50)$$

即一个体积的丙烷气体与 22 个体积的空气混合，其燃烧产物体积为 24.38。除去水分后的放热式气体体积为 20.71。

按照不同的燃烧程度，制备放热式气氛时空气与燃料的混合比（体积比）应为：甲烷（天然气）5 ~

10；丙烷 12 ~ 24；丁烷 15 ~ 31。

表 2-28 所列为用天然气和液化石油气制备的各类放热式气氛的实际成分。

2.6.2.4　放热-吸热式气氛

放热-吸热式气氛含氢较低，可在一定程度上减少被加热钢材的氢脆倾向，其制备成本介于吸热式和放热式气氛之间。

表 2-28　各类放热式气氛的参考成分

气体种类		气体成分(体积分数)(%)					露点/℃
		N_2	CO	CO_2	H_2	CH_4	
普通放热式	贫气	86.8	1.5	10.5	1.2	—	-4.5 ~ +4.4
	富气	71.5	10.5	5.0	12.5	0.5	-4.5 ~ +4.4
净化放热式贫气(氮基)		98.6	0.7	0.7	—	—	-40
净化放热式气(氮氢基)	贫气	其余	0.05	0.05	3	—	-40
	富气	其余	0.05	0.05	10	—	-40

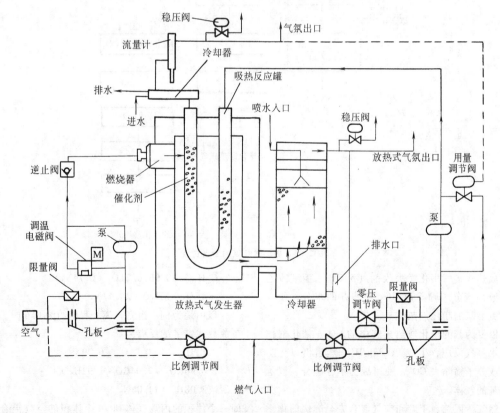

图 2-63　放热-吸热式气氛制备流程

放热-吸热式气氛制备流程示于图 2-63。这种气氛的制备分两个步骤来完成。首先将燃料和空气混合，在燃烧中进行放热式燃烧。生成的燃烧产物再次与少量燃料气混合，然后在盛有催化剂的反应罐内进

行吸热式反应。产生的气体冷却后便成为放热-吸热式气氛。利用同一发生器也可单独制备放热或吸热式气氛。

初次燃烧的空气/燃料混合比接近于完全燃烧，

在正常情况下产生 0.5% CO 或 O₂（体积分数）。如以天然气作为原料，可产生 11 倍体积的燃烧产物，除去水分减少到 9.2 倍的体积。在第二步反应中，以 7.3 个体积的燃烧产物和一个体积的天然气产生 10.5 个体积的气体，其成分（体积分数）（%）为：CO_2 0~0.2，CO 17，H_2 20，N_2 其余。

用这种发生器制备吸热式气氛时的反应温度约为 1100℃。制备放热式气氛时，最低工作温度为 925℃。当完全燃烧程度约 90% 时，产生的气体成分（体积分数）（%）为：CO_2 10，H_2 2.0~2.5，CO 1.5~2.0，N_2 36~87。

制备放热式气氛时，为了避免温度过度升高，需要把燃烧产物再次通入燃烧设备。相反，需要维持较高温度时，则必须将部分放热式气放空。

由制备放热式气转为制备吸热式气时，大约需要 0.5h，以达到平衡。

表 2-29 所列为放热-吸热式气氛的典型成分。

表 2-29　放热-吸热式气氛的典型成分

| 类别 | 气体成分（体积分数）（%） | | | | | 露点/℃ | 制备 100m³ 气体需要的天然气/m³ |
	N_2	CO	CO_2	H_2	CH_4		
贫气	63.0	17.0	0.0	20.0	0.0	-57	12
富气	60.0	19.0	0.0	21.0	0.0	-46	22

2.6.2.5　用氨制备的气氛

用氨制备的气氛可分为氨加热分解和燃烧制备两大类。后者又可分为近完全燃烧和部分燃烧两种。表 2-30 所列为这几种气体的成分。

表 2-30　氨制备气氛的成分

| 类别 | 成分（体积分数）（%） | | 露点/℃ | 制备 100m³ 气体需要的 HN_3 量/kg | 安全性 |
	N_2	H_2			
氨加热分解气	25	75	-51	36.4	可燃,易爆
氨近完全燃烧气	99	1	+4.4~73	22.2	中性,不可燃
氨部分燃烧气	80	20	+4.4~-73	24.2	可燃

氨制备气体在可控气氛中属于较贵的一种。其优点是质地纯洁、制备过程简单，比瓶装气体容易净化，对各种碳含量的钢都呈中性（在足够低的露点时）。其缺点是制备成本高，可燃范围广（完全燃烧气体除外），有残余分解氨，对炉子构件有轻微渗氮作用。

（1）氨加热分解气。制备氨分解气氛的原料是液态氨。液氨汽化后，在 800~900℃ 会发生如下的催化热分解反应：

$$2NH_3 + 91960J = N_2 + 3H_2 \qquad (2-51)$$

在 20℃、0.1MPa 下，1kg 的液氨可汽化成 1.39m³ 的气体。把这些气体通过氨分解装置可得到 2.78m³ 的分解气体。

氨在 320℃ 实际上即已开始分解。分解的速度随温度升高而增加。氨分解的最高温度可达 980~1000℃。这是根据分解速度要求和反应罐寿命而综合考虑的。分解温度越高，对氨的完全分解越有利。当分解温度为 900~1000℃ 时，残余氨可降到 0.025%（体积分数）以下。

图 2-64 所示为氨分解装置的流程。液态氨通过蒸发器转化为气体。当氨的温度低于 -12℃ 时，蒸发器也是维持气体压力的热源。在 -12℃，液氨密度为 0.66kg/L，汽化后的压力可达 1100kPa。把氨蒸气减压后通入热分解炉罐中（内盛镍或铁催化剂），于 900~980℃ 进行分解。分解出来的气体先通入蒸发器作为液氨蒸发的热源，气体本身也同时得到冷却。最后将气体再次冷却和干燥到所需露点后即可用管道通往用气点。

（2）氨燃烧制备气氛。氨燃烧气氛的制备可采取两种方式：氨预先分解和氨直接燃烧。

氨和 18℃ 的空气混合的燃烧范围（体积分数）下限为 16.1%，上限为 26.4%。混合气体的着火温度约为 780℃。由于燃烧范围小，着火温度又高，发热值又较低（14003kJ/m³），不能维持高的燃烧温度。这就给直接燃烧制备法带来困难。因此，在生产中多采用氨预先分解燃烧的方法。

分解氨中含有 $\varphi(H_2)$ 75% 和 $\varphi(N_2)$ 25%，具有很宽的燃烧范围：下限为 4.0%（体积分数），上限为 74.2%（体积分数）。因此，当空气和氨分解气的比例变动时仍会保持稳定的燃烧，在启动时也容易点火。

氨直接燃烧的完全燃烧反应为

$$NH_3 + 3.57(0.21O_2 + 0.79N_2)$$
$$= 1.5H_2O + 3.32N_2 \qquad (2-52)$$

即 1m³ NH_3 需 3.57m³ 空气。燃烧后产生 4.82m³ 的产物，其中含有 $\varphi(N_2)$ 69% 和 $\varphi(H_2O)$ 31%。

氨预先分解和空气混合完全燃烧的反应为

$$0.75H_2 + 0.25N_2 + 1.8(0.21O_2 + 0.79N_2)$$
$$= 0.75H_2O + 1.67N_2 \qquad (2-53)$$

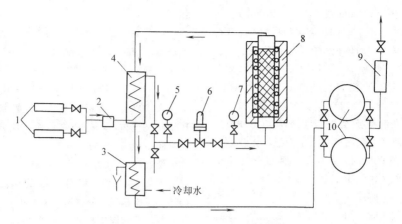

图 2-64　氨分解装置流程

1—液氨瓶　2—过滤器　3—冷却器　4—蒸发器　5、7—压力表
6—减压阀　8—分解炉　9—流量计　10—干燥器

即 $1m^3$ 的氨分解气和 $1.8m^3$ 空气混合,燃烧后产生 $2.42m^3$ 的产物。其中含有 $\varphi(N_2)69\%$ 和 $\varphi(H_2O)31\%$。如果以

$$K = \frac{混合的空气体积(m^3) \quad 与1m^3气体燃料}{完全燃烧时与1m^3气体燃料混合的空气体积(m^3)}$$

代表完全燃烧程度,则在部分燃烧时的反应可表达为

$$NH_3 + 3.57(0.21O_2 + 0.79N_2)$$
$$= 1.5KH_2O + 1.5(1-K)H_2 +$$
$$3.57 \times 0.79KN_2 + 0.5N_2 \qquad (2\text{-}54)$$
$$0.75H_2 + 0.25N_2 + 1.8K(0.21O_2 + 0.79N_2)$$
$$= 0.75KH_2O + 0.75(1-K)H_2 +$$
$$0.79 \times 1.8KN_2 + 0.25N_2 \qquad (2\text{-}55)$$

由此可以计算出各种燃烧程度的气体成分。

图 2-65 所示为在各种情况下的氨燃烧气氛的燃烧产物体积和气体成分。

图 2-66 所示为氨预先分解部分燃烧气氛的制备工艺流程。液氨蒸发后在分解炉中分解成 H_2 和 N_2,再与空气混合,在燃烧室中进行接近完全燃烧或部分燃烧,最后施行燃烧产物的冷却和干燥。由燃烧室出来的气体温度可达 $1200 \sim 1300℃$,经冷却水套冷至 $500 \sim 600℃$,再在管状冷却器中冷到 $20 \sim 25℃$。与 $20℃$ 露点相对应的水分含量为 0.7%(质量分数)。进一步干燥可使用硅胶、分子筛等吸收剂,使水分含量降至 0.01%(质量分数)以下,相应的露点为 $-40 \sim -50℃$。

图 2-67 所示为氨直接燃烧气氛的制备工艺流程。氨与一定量的空气混合,在有催化剂的燃烧炉中燃烧,燃烧温度约为820℃。

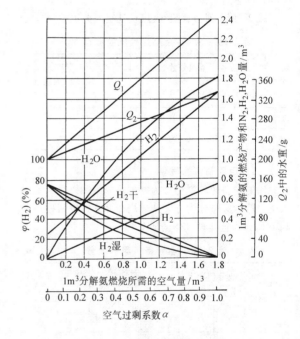

**图 2-65　氨燃烧气氛的燃烧产物
体积和气体成分**

Q_1—湿燃烧产物体积　Q_2—干燃烧产物体积

2.6.2.6　氮基气氛

通常,含氮在95%(体积分数)以上的制备气氛被称做氮基气氛。用甲烷、丙烷和丁烷以及轻柴油雾化燃烧净化,氨部分燃烧净化,空气液化分馏,氟石分子筛(MSC法)或碳分子筛(MSZ法)空气分离制氮法及空气薄膜分离法等都可以制备出氮基气氛。习惯上氮基气氛主要指空气液化分馏、分子筛空气分离和空气薄膜分离法制备的纯氮。

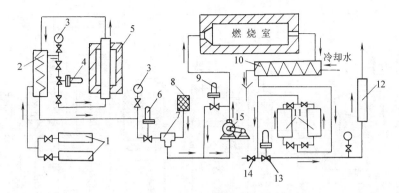

图 2-66　氨预先分解部分燃烧气氛的制备工艺流程
1—液氨瓶　2—蒸发器　3—压力表　4—减压阀　5—分解炉　6—零压调节器
7—混合器　8—空气滤清器　9—循环调节器　10—冷却器　11—干燥器
12—流量计　13—稳压器　14—取样阀　15—鼓风机

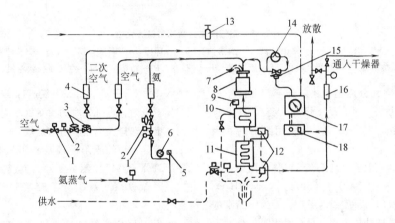

图 2-67　氨直接燃烧制备气氛的工艺流程
1—电磁阀　2—压力开关　3—压力调节器　4—流量计　5—高压释放阀　6—压力表　7—点火器
8—燃烧炉　9—压力释放阀　10—换热器　11—冷凝器　12—除水器　13—过滤器　14—旁通阀
15—自动控制阀　16—$H_2 + N_2$ 流量计　17—记录控制仪　18—气体分析仪

（1）空气液化分馏制氮法。制备气氛的流程示于图 2-68。用无油润滑空气压缩机 2 通过空气滤清器 1 自大气吸入空气，制备氮气时增压到 0.6MPa（表压），制备液氮时增压到 1MPa（表压）。压缩后的空气经冷却通入调压容器 4。用两个交替工作的热交换器，用排出的冲洗气体对空气施行连续冷却。其中的二氧化碳和水汽凝结在散热片式热交换器的通空气的管壁上，随后升华进入冲洗气流。随空气带入的乙烯和其他烃类气体杂质可在气相胶体吸收器中清除。

依靠部分空气在膨胀涡轮机 11 中的膨胀而制冷，以补偿向大气的热泄漏和热交换器中的热损失。从涡轮机排出的空气从底部通入精馏塔 10。

部分空气流自热交换冷端，流过单独的管道以保

持热平衡。空气在液化器中靠反向流动的冲洗气体冷却，在进入精馏塔 10 的底部之前形成氮气流。

富氧的液体自精馏塔 10 底部排出、通过膨胀阀进入冷凝器 9。从精馏塔顶流出的部分氮气产品在此冷凝，并回流到精馏塔。富氮液在冷凝器 9 中汽化，直接通入液化器 8。在此和通入精馏塔的纯净空气进行热交换而被加热。

从塔顶流出的氮气产品进入液化器，在最终离开制备系统前再次通过可逆式热交换器的不可逆管路。最后液氮产品可从精馏塔取出。

使用液氮时，运输和储存都比较便利。液氮通常由气体厂供应。在热处理车间厂房外设液氮储罐。使用时，液氮经蒸发器汽化后由管道通到用气设备。图 2-69 所示为液氮的两种储存蒸发系统。

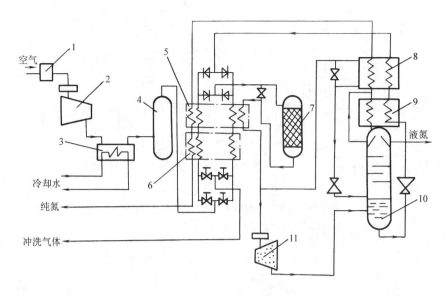

图 2-68　空气液化分馏制备氮流程图

1—空气滤清器　2—空气压缩机（无润滑油）　3—冷却器　4—调压容器　5、6—交替使用
换热器　7—气相吸收器　8—液化器　9—冷凝器　10—精馏塔　11—空气膨胀涡轮机

（2）分子筛空气分离制氮法。分子筛分离空气制氮有两种工业方法，即沸石分子筛（MSZ）法和碳分子筛（MSC）法。其主要差别是所用吸附剂和吸附原理不同。

沸石分子筛为高效能、高选择性晶体吸附剂。其分子通式为 $Mex/n - [(AlO_2)_x(SiO_2)_y] \cdot m - H_2O$。其中 x/n 为能置换原子价的阳离子数，m 为结晶水的分子数。这种铝硅酸盐体内含大量结晶水。加热到一定温度后，失去结晶水，晶体内便形成大量空穴。其尺寸和形状大致相同，相互间又有大小相当的孔道连接。按孔径大小，MSZ 可分为 3A 型、4A 型和 5A 型。制氮时多用 5A 型分子筛 [孔径为 5×10^{-8} cm (5Å)]。

MSC 亦为性能良好的晶体吸附剂，是以无烟煤为原料，粉碎后经 0.080mm（180 目）过筛的煤粉，加入碱性低浆废液作粘结剂，制成直径为 2～3mm 的小丸，置于风口处阴凉干燥，然后经加热氧化、通氮碳化、活化等干馏处理而成。

气体氧分子直径为 2.8×10^{-8} cm (2.8Å)，都可进入 5A 型分子筛孔道。但氧通过 5A 型分子筛孔穴，即使被吸附，也是暂时的，而氮却能牢固地吸附在孔穴内壁，选择性优先吸附的是氮。

碳分子筛的吸附原理是利用氧和氮的扩散速度差。氧分子直径比氮分子小，其扩散速度比氮分子快，因而较快地被碳分子筛吸附，达到富集氮的目的。

表 2-31 中所列为 MSZ 和 MSC 的物理性能。

和沸石分子筛相比，碳分子筛具有一定的优越性。碳分子筛优先吸附氧，真空再生时使氧解吸所消耗的能量比使氮解吸（沸石分子筛）所需的能量小。其次，碳分子筛制氮的工艺流程简单，设备投资少。MSZ-5A 分子筛为亲水性的极性吸附剂，对水和油等极性分子具有较大的亲合力，故需要庞大的脱水除油预处理系统。而碳分子筛是疏水性的非极性吸附剂，对水和油等极性分子没有特别的亲和力，不需要进行严格的预处理，可以大大简化工艺流程，节约设备投资。表 2-32 所列为 MSC 和 MSZ-5A 分子筛的特性比较。

表 2-31　MSZ 和 MSC 的物理性能

分子筛类型	真密度/(g/mL)	颗粒密度/(g/mL)	填充密度/(g/mL)	孔隙率	细孔容积/(mL/g)	表面积/(m²/g)	平均孔径/nm
MSZ-5A	2.0～2.5	0.92～1.30	0.06～0.75	0.30～0.40	0.40～0.60	400～750	—
MSC	1.9～2.1	0.90～1.10	0.55～0.65	0.35～0.42	0.50～0.60	450～550	0.5

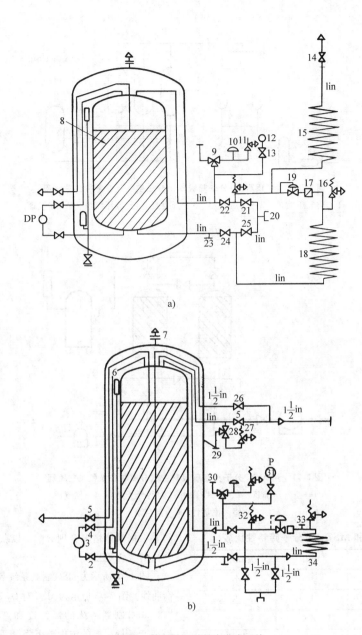

图 2-69　液氮的两种储存蒸发系统

a) 液氮容器容积小于 25m³ 的带过热器的蒸发系统　　b) 40～400m³ 容积的过热器分离的蒸发系统

1—真空阀　2—液位指示阀　3、4—液位指示器　5—节约隔离阀　6—真空过滤器　7—外容器放气阀

8—内罐　9、28—三通阀　10—防爆膜　11—内罐安全阀　12、31—压力表　13—压力表隔离阀

14—截阀　15—过热蒸发器　16、32—安全阀管路　17—丝网过滤器　18、34—升压蒸发器

19—压力控制阀　20—填充接头　21—满充阀　22、24—容器隔离阀　23—排液管

25—底充阀　26—排液隔离器　27—容器安全阀　29—临时安全阀接口

30—临时防爆膜接口　33—外壳旁路接头

图 2-70 所示为用 MSZ-5A 分子筛吸附、分离空气制备氮气工艺流程。用 MSC 分子筛变压吸附空气分离制备氮气工艺流程见图 2-71。

在图 2-71 所示的用 MSC 制氮的系统中，两个吸附塔分别在吸附解吸状态下轮流切换工作。其具体工作步骤如表 2-33 所示。

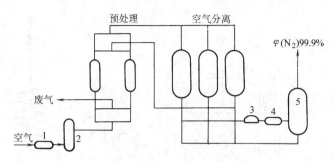

图 2-70　用 MSZ-5A 分子筛吸附、分离空气制备氮气工艺流程

1—空气压缩机　2—稳压容器　3—真空泵　4—氮压缩机　5—储气罐

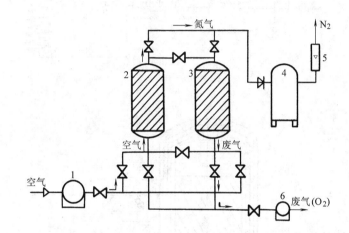

图 2-71　用 MSC 分子筛变压吸附空气分离制备氮气工艺流程

1—空气压缩机　2、3—吸附塔（内盛分子筛）　4—储气罐

5—流量计　6—真空泵

表 2-32　MSC 和 MSZ-5A 分子筛特性比较

特　性	MSC	MSZ-5A
耐碱性	大	小
耐酸性	大	小
耐燃烧性	小	大
粒子的机械强度	大	小
粒子的耐磨耗性	大	小
耐热性	大	小
催化活性	小	大
吸附分子的稳定性	大	小
吸附剂的老化	小	大
吸附脱附速度	大	小

在常温下，改变制氮系统的压力，使吸附过程在 400 ~ 800kPa 的压力下进行。解析再生时，用真空泵抽到 5300 ~ 10000Pa 的真空。充压、吸附与回流的时间要根据具体情况合理分配，以获得最大的产气量和合格的气体纯度。

图 2-72 所示为 MSC 制氮系统氧、氮等温吸附的平衡曲线。图 2-73 所示为 MSC 对 O_2 和 N_2 的吸附速率。

MSC 制氮系统的氮浓度和产气量有一定关系。提高产气量，氮的浓度要下降（见图 2-74）。氮的体积分数由 99.6% 提高至 99.9%，产气量会从 $50m^3/h$ 降至 $35m^3/h$。因此，用分子筛吸附空气分离制氮的氮浓度不可要求过高。一般以 98% ~ 99%（体积分数）为宜。

表 2-33　MSC 制氮系统工作步骤

	压力吸附（产气过程）			真空解析（再生过程）		
2塔	充压	吸附产气	回流	抽空	抽空	抽空
	真空解析（再生过程）			压力吸附（产气过程）		
3塔	抽空	抽空	抽空	充压	吸附产气	回流

表 2-34 所列为几种制氮方法价格的比较。

表 2-34　几种制氮方法的氮气价格比较

制氮方法	价　格　比		
	$\varphi(N_2)(\%)$		
	98	99.9	99.999
MSC 制 N_2	0.7 ~ 1.6		2.5（需补充净化）
深冷管道 N_2		1	4.0（市售价格）
深冷瓶装 N_2		8.8	119.3（市售价格）
液 N_2 汽化		17.5	125.0（市售价格）

用 MSZ-5A 和 MSC 制氮系统制备纯氮 [99.99% ~
99.999%（体积分数）] 时，需施行补充净化。为此需
往制备 N_2 中补充 H_2，并用钯分子筛作催化剂，产生
的水分用硅胶或 5A 分子筛除去。如此可获得
99.999%（体积分数）、露点低于 -50℃ 的高纯氮。
图 2-75 所示为这种补充净化系统装置。

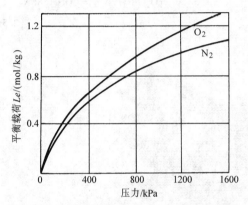

图 2-72　MSC 制氮系统氧、氮等温吸附的平衡曲线

（3）薄膜空气分离制氮法。美国陶氏化学公司
（Dow Chemical Co.）开发的薄膜空气分离制氮装置的

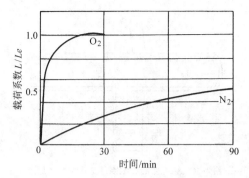

图 2-73　MSC 对 O_2 和 N_2 的吸附速率

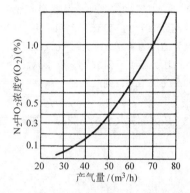

图 2-74　MSC 空分制氮浓度与产气量的关系

商品名称为 GENERON。其原理是利用一种比头发丝
还细的聚烯烃空心纤维吸收氧及水分，当空气通过这
种空心纤维时，由于氧和水汽的高渗透性，进入微孔
空心纤维管内，而渗透性较差的氮分子不能透过薄膜
（见图 2-76）。图 2-77 所示为微孔薄膜空气分离系统
分离模件的剖面结构。每个模件分离氮气的能力为
$8.5m^3/h$。因此设备的规格以 $8.5m^3/h$ 递增，直至
$425m^3/h$。图 2-78 所示为这种设备的工艺流程。

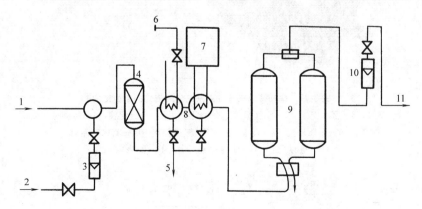

图 2-75　MSC 或 MSZ 制备氮的补充净化系统装置

1—MSC 或 MSZ 制备氮　2—氢气　3—流量计　4—钯分子筛催化塔　5、6—冷却水
7—气体冷却器　8—冷却器　9—氮气干燥塔　10—流量计　11—高纯氮

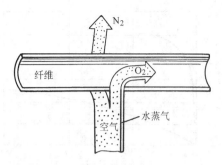

图 2-76　微孔空心纤维薄膜分离空气的原理

空气被压缩到 $6.38 \times 10^5 Pa$ 的压力后通入分离模件组，在 $15 \sim 25℃$ 的温度下，从模件组的一端产出含量（体积分数）为 $95\% \sim 99\%$ 的氮气。氮气含量随进入空气的压力和产气量而变化（见图 2-79）。若进入空气的压力不变，氮气含量要求越高，产气量就越少。若产气量不变，则空气压力越高。氮气含量就越大。

在空气压力和氮气含量不变的条件下，输入的空

气温度升高，则其流量必须增大（见图 2-80）。由于空气随温度升高而膨胀，为了保持一定的产气量，就需要提高空气的供应量。输入空气的温度过高也会缩短纤维膜寿命。因此允许的空气温度范围规定为 $10 \sim 40℃$，最好能控制在 $15 \sim 25℃$ 范围内。当空气温度过高时，应采用冷却器。冷却器消耗的能量比采用大容量压缩机小，且可延长纤维膜寿命。

2.6.2.7　用木炭制备的气氛

木炭制备气氛早期曾得到广泛应用。由于设备简单、碳势可在较广的范围内控制，曾用于高碳钢、低碳钢的光亮退火，铜、镍和铜镍合金的退火，以及工具钢淬火加热等。但由于木炭价格高，目前这种气体只在可锻铸铁退火和小型工具热处理中有应用。

图 2-81 为木炭气氛制备装置的示意图。将空气通过炽热的木炭（一般1000℃以上，如添加少量 $BaCO_3$ 可降至900℃），发生下列反应：

$$C + 2.38(0.21O_2 + 0.79N_2) = CO + 1.88N_2$$

$$(2-56)$$

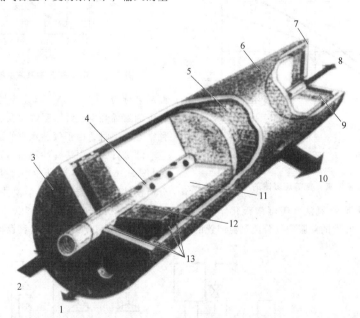

图 2-77　微孔薄膜空气分离系统分离模件的剖面结构

1、8—富氧空气　2—空气输入　3—端板　4—中心分配管　5—塑料网
6—耐压外壳　7—端板　9—环氧树脂管片　10—富氮产品
11—空心纤维　12—环氧树脂管片　13—O 形密封圈

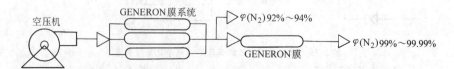

图 2-78　薄膜空气分离氮气发生器的工艺流程

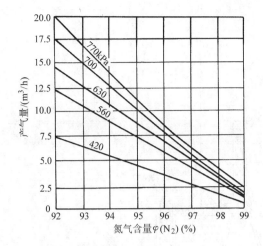

图 2-79　氮气含量与产气量、气体压力的关系

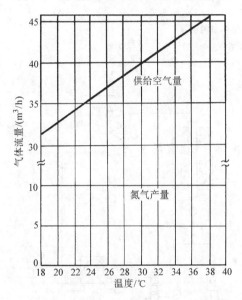

图 2-80　单个模件氮气产量和输入空气温度的关系
注：空气压力 630kPa，氮气含量 $\varphi(N_2)$ =95%。

空气中含有少量 CO_2 和水蒸气，二者在通过炽热木炭时也被转化为 CO 和 H_2。这种气体的大致组成为（体积分数）：CO 30%～32%，CO_2 1%～2%，H_2 1.5%～7%，CH_4 0～0.5%，其余为 N_2，气体露点 -23～-29℃。

在木炭气氛中加入大约 0.5%（体积分数）的天然气可用于高碳钢的淬火、正火和退火。但在高铬钢表面会形成一层浅绿色的氧化膜。

2.6.2.8　用工业氮制备的气氛

工业氮是制氧的副产品，一般含有 <5%（体积分数）的氧和较多的水分，不能直接用做保护气氛，必须施行除氧和脱水处理。

工业氮通常由制氧厂瓶装供应。有制氧站的机

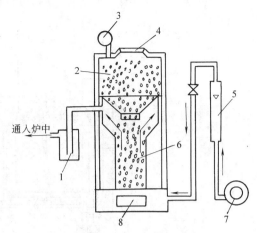

图 2-81　木炭气氛制备原理
1—除尘器　2—木炭　3—放散气体燃烧器
4—加炭口　5—流量计　6—燃烧室
7—鼓风机　8—除炭口

械、冶金厂可直接由管道供应，使用工业氮极为方便和便宜。

最简单的除氧方法是用加热到 700～750℃的铜屑或加热到 900～1000℃的锰铁、钛铁和硅铁作除氧剂。工业氮气通过这些炽热的金属时，其中的氧可形成这些金属的氧化物。这种方法只适于在小规模生产和实验室中使用。

在工业氮中添加少量氢，在催化剂（如钯分子筛）的作用下，使 O_2 和 H_2 结合成水，然后再用干燥法将其除去。用这种方法可使工业氮中的氧含量（体积分数）降至 100×10^{-4}% 以下。

经过净化的氮气无毒，不燃烧，可作为钢材低温加热时的保护气体。但是即使经过深度净化，达到很高的纯度，由于气体本身无还原作用，通入工作炉膛中后，会重新被炉衬材料吸附的氧和水汽污染，不能得到理想的保护效果。用带有还原成分的氮气可避免这种缺陷。

将制氧时分馏出来的、含有 0.04%～2%（体积分数）O_2 的工业氮通过加热到 650～800℃的木炭，用 KOH 和 P_2O_5 吸收掉气体中由此而产生的 CO_2 和 H_2O，即可制成还原性的、以氮为基的气体。当木炭温度高于800℃时，产生的气体可直接使用，无须除 CO_2 和 H_2O。用木炭除去工业氮中的氧的装置示于图 2-82。

将 $\varphi(O_2)$ 为 2% 的工业氮气送进充满木炭的炉罐中。炉温保持在约 1000℃，用煤气来加热木炭。制成的气体成分 $\varphi(N_2)$ 为 95%～96%，$\varphi(CO)$ 为 3%～4%，$\varphi(H_2)$ 和 $\varphi(CO_2)$ 总量约为1%。

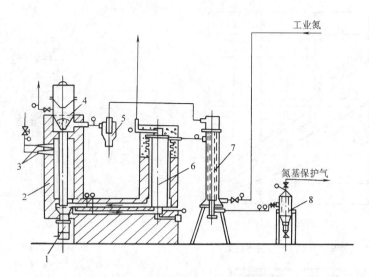

图 2-82　用木炭除去工业氮中氧的装置
1—集尘器　2—外热式木炭反应炉　3—燃烧器　4—加炭口　5—除尘器
6—补充预热器　7—换热器　8—补充除尘器

自反应罐出来的 N_2，通过除尘器后进入换热器。在此处将其热量供给新鲜的工业氮。制备好的气体经过滤器通入工业加热炉中。煤气烧嘴的燃烧产物将其热量供给补充预热器，以加热新进入的氮气，随即排入大气中。预热处燃烧产物的温度靠新鲜氮气的送给量调节。部分制成的气体（约10%）返回木炭填充室，以烘干加入炉罐的木炭。由于工业氮中的氧含量低，所以木炭的消耗量很小。

也可采取将工业氮和少量气体燃料混合后在反应炉中进行吸热反应的方法来制备以氮为基的吸热式气氛，其制备原理见图2-83。

工业氮中氧含量 $\varphi(O_2)$ 为 2%～5%。将一定量的天然气和工业氮混合，在反应罐中用镍催化剂于950℃进行的化学反应为：

$$CH_4 + 0.5(O_2 + xN_2) = CO + 2H_2 + 0.5xN_2 \tag{2-57}$$

用所制备的气体对 10、20、30、40、T8、T10、T12、30CrMnSi 和 GCr15 钢进行了保护加热试验，其结果列于表 2-35。由此表可看出，这种气体在 850～900℃ 范围内，除 T12 钢外，对其他试验钢种都可能有增碳作用。因此，这种气体除了可以用做加热保护气体之外，尚可用做渗碳时的稀释气体。

2.6.2.9　用有机液体制备的气氛

制备此类气体的原理是热分解。将有机液体直接滴入热处理炉，在高温下裂解成一定成分的气体，以进行保护加热、渗碳、碳氮共渗处理。也可以将液体滴入专门的裂解炉中，在催化剂作用下发生完全裂

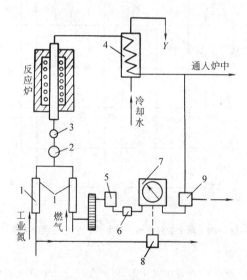

图 2-83　用工业氮添加少量燃料
制备吸热式气氛的流程
1—流量计　2—鼓风机　3—逆止阀　4—冷却器
5—执行机构　6—信号器　7—控制仪
8—氧分析仪　9—分析室

解，然后再把制备好的气体通入热处理炉。

用直接滴入法，避免了气氛发生器，简化了设备。由于碳势控制技术的发展，使得这种方法有可能在较广的范围内使用。

（1）甲醇裂解气。甲醇通常在800℃以上可发生下列裂解反应：

$$CH_3OH \longrightarrow CO + 2H_2 \tag{2-58}$$

表 2-35 用工业氮制备的吸热式气氛和各种钢的作用

工业氮中的氧含量 $\varphi(O_2)$(%)	炉温 /℃	露点 /℃	气体成分(体积分数)(%)						被处理钢种								
			CO_2	O_2	CO	H_2	CH_4	N_2	10	20	30	40	T8	T10	T12	30CrMnSi	GCr15
4.4	800 ± 10	-6	-	-	6.8	13.7	-	79.5	+	0	0	0	-	-	-	0	0
4.4	850 ± 10	-6	-	-	6.8	13.7	-	79.5	0	0	0	0	-	-	-	0	-
4.4	900 ± 10	-6	-	-	6.8	13.7	-	79.5	0	0	0	0	-	-	-	0	-
4.4	800 ± 10	-12	-	-	7.0	14.2	-	78.8	+	+	+	+	0	0	0	+	0
4.4	850 ± 10	-12	-	-	7.0	14.2	-	78.8	+	+	+	+	0	0	0	0	-
4.4	900 ± 10	-12	-	-	7.0	14.2	-	78.8	+	+	+	+	0	0	0	0	-
4.4	800 ± 10	-18	-	-	7.2	14.5	-	78.3	+	+	+	+	+	+	0	+	+
4.4	850 ± 10	-18	-	-	7.2	14.5	-	78.3	+	+	+	+	0	0	0	+	+
4.4	900 ± 10	-18	-	-	7.2	14.5	-	78.3	+	+	+	+	0	0	0	+	+

注:-表示试样脱碳,+表示试样增碳;0表示试样表面组织与心部组织无区别(试样表面重量变化±0.1μg/cm²)。

裂解气的组成为 1/3 CO 和 2/3 H_2,并有少量 CO_2、H_2O 和 CH_4。实际上甲醇在 875 ~ 1000℃ 裂解时产生的气体成分(体积分数)为:$H_2$58%,CO 31%,CO_2 6.5%,CH_4 3.0%,水蒸气微量。

这种气体可用于一般钢件的光亮热处理。但由于碳势低,会引起高碳钢的脱碳。一般作为渗碳时的稀释气体。

(2)以甲醇裂解气作为稀释气体的渗碳气氛。

(3)用有机液体催化裂解法制备的气氛。将有机液体或有机液体混合物滴入或蒸发后通入装有催化剂的裂解炉中,将发生以下裂解反应:

$$CH_3OH \longrightarrow CO + 2H_2 \qquad (2-59)$$
$$C_2H_5OH + CH_3OH \longrightarrow 2CO + CH_4 + 3H_2 \qquad (2-60)$$
$$C_3H_7OH + H_2O \longrightarrow 2CO + CH_4 + 3H_2 \qquad (2-61)$$
$$C_3H_7OH + 2H_2O \longrightarrow 3CO + 6H_2 \qquad (2-62)$$

可使用的催化剂为:10% CuO + Al_2O_3,10% NiO + Al_2O_3,氧化铝块及 Cr18Ni37 合金的氧化皮。

根据原料、催化剂和分解温度的不同,可得到的气体成分(体积分数)为:CO_2 6.4% ~ 0.1%,CO 19.8% ~ 32.4%,C_nH_m 11.1% ~ 0.4%,H_2 67.3% ~ 64.4%。随着反应温度的提高,CO_2 和 C_nH_m 减少,CO 增加,而 H_2 含量不变。

采用铜基催化剂和特殊的多列管式反应器可使甲醇在 200 ~ 300℃ 得到完全裂解。裂解后的气体成分(体积分数)为:H_2 66%,CO 30%,CH_2 1%,CH_4 0.1%,有微量甲醇蒸气。这种气体通入850℃的加热炉后的成分(体积分数)为:H_2 67%,CO 32%,CO_2 0.2%,CH_4 0.5%,露点约6℃。这种气氛在 800

~900℃ 有 1.0% ~ 1.2%(质量分数)的碳势,添加不同量的水分可实现在较广范围内的碳势调节(见图 2-84)。

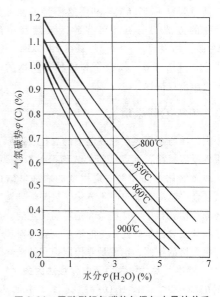

图 2-84 甲醇裂解气碳势与添加水量的关系

2.6.2.10 其他保护气体

(1)氢。工业氢的纯度(体积分数)一般为 98% ~ 99.9%,主要杂质是水分和氧,而其他成分如 CH_4、N_2、CO、CO_2 等含量极微。制备氢的方法有水电解、碳氢化合物的催化裂解、氨分解、甲烷加水转化等。用氢作保护气氛的缺点除易燃易爆外,氢在高温下可溶于大多数金属或与其化合,使力学性能发生变化。尤其是高碳、高强度合金钢吸收氢后易变脆，在应力低于强度极限时会发生延迟断裂。氢可使金属表面的氧化物在高温下转变为水汽，使其在相应温度和一定压力下造成晶间断裂。干燥的氢在高温下也会使钢脱碳。因此，氢在热处理中多用在低碳钢、不锈钢、硅钢和其他非铁合金的退火，在粉末冶金中多有应用。

氢一般为瓶装供应。装瓶压力约为 1400kPa。使用时需经脱氧和除水，使 $\varphi(O_2)$ 降至 $100 \times 10^{-4}\%$ 以下，露点达到 $-50 \sim -40℃$。

（2）氩。氩是一种惰性气体，在空气中的含量仅为 0.933%（体积分数）。制备的方法是液态空气分馏而出，价格昂贵。普通市售瓶装氩纯度很高，其典型成分（体积分数）为 Ar 99.9%、N_2 0.098%、H_2 0.001%、O_2 0.001%。

由于价格贵，氩在热处理中很少使用，主要用于易和一些气体发生反应、或吸收气体的不锈钢及某些金属的加热保护，例如 17—7 高强度不锈钢和钛合金的热处理。

（3）氦。氦也是一种惰性气体，在空气中的含量仅为 0.0005%（体积分数）。它是一种极难液化的气体，其沸点为 $-267.6℃$。利用这一特性，可用天然气液化的方法提取氦［某些矿区天然气中的氦（体积分数）可达 7%~8%］。氦在 1400kPa 压力下瓶装供应，可用于钛、钛合金和特种不锈钢的热处理，亦可用于焊接保护。

2.6.3　炉气控制原理

根据气体与金属表面在高温下的氧化、还原、增碳、脱碳反应规律，可以进行炉气组分的合理调节、达到金属无氧化加热和钢一定程度的表面增碳的目的。要使金属制品在加热时不氧化，只要炉气调节到具有还原作用就行了。这些条件是容易满足的。而要使钢不脱碳或表面增碳到一定的浓度，就要对炉气成分进行更严格的控制，也就是要控制炉气的碳势。

2.6.3.1　钢在放热式气氛中无氧化加热的条件

钢在 $CO\text{-}CO_2$、$H_2\text{-}H_2O$ 等二元气氛中加热时，调节二种组分的比例，使其在加热温度下保持还原性。即可实现无氧化加热。在多元气体（如放热式气氛的 $CO\text{-}CO_2\text{-}H_2O$ 体系）中加热情况比较复杂，必须考虑 $Fe + CO_2 \rightleftharpoons FeO + CO$ 和 $Fe + H_2O \rightleftharpoons FeO + H_2$ 两个反应的综合影响。图 2-85 所示为这两个反应的理论平衡曲线。

可以借助于图 2-85 的平衡曲线来说明钢在放热式气氛中无氧化加热的条件。例如，铁在露点为 20℃，即 $\varphi(H_2O)$ 为 2.5%、$\varphi(H_2)$ 为 14% 的气氛中

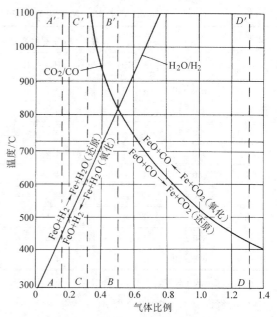

图 2-85　Fe-FeO-H_2-H_2O 和 Fe-FeO-CO-CO_2 体系的理论平衡曲线

于 1100℃ 加热，水分与氢的比值 $H_2O/H_2 = 0.18$。此数值相当于图 2-85 中的 A—A' 线。这时气氛是还原性的，不会发生表面氧化，某些氧化物甚至可能被还原。钢铁沿着 A—A' 线冷却时，和平衡曲线相交于 460℃。在此温度下，工件处于氧化区。因此，在慢速冷却时，钢铁会发生氧化。如果工件很薄、冷却较快，仅会发生轻微氧化。除 H_2-H_2O 的影响外，尚需考虑 CO_2-CO 的作用。图 2-85 的 CO_2-CO 平衡曲线左侧的 CO_2/CO 比值，可使氧化物转变为铁。亦即曲线的左侧是还原的，右侧是氧化的。

当 CO_2/CO 比值较小，例如气体中 $\varphi(CO_2)$ 为 5% 和 $\varphi(CO)$ 为 10%，即 $CO_2/CO = 0.5$ 时，在 1100℃ 的 B—B' 线上有轻微氧化，但是在 H_2O/H_2 比值也较小的条件下，还原趋向强烈，超过了 CO_2/CO 的氧化作用，因此气体表现为明显的还原。在冷却过程中，工件通过 CO_2-CO 曲线的温度约 830℃。在此温度以下是还原性的。在 460℃ 还原占优势，在此温度以下有比较强烈的还原倾向。因此，在冷却过程中，还原效应超过了 H_2O 的轻微氧化，出炉的工件应该是光亮的。

当制备放热式气氛的空气/燃料的比值较大时，气体属于明显的氧化性，不宜做钢铁热处理的保护气体。例如，空气/天然气比值为 8/1 时，气氛露点为 20℃。此时 $H_2O/H_2 = 0.5$（2.5/7）；$CO_2/CO = 1.33$（8/6），相当于 D—D' 线。在 1100℃，CO_2-CO 的氧化占优势，超过了 H_2O-H_2 的轻微还原。同时，氧化反应一直延续到 440℃，还要加上在 650℃ 以下（C—

C' 线）的 H_2O-H_2 的氧化作用。因此，除非将 CO_2 和 H_2O 完全除去，否则空气/天然气 = 8/1 的比值是不能实现钢的光亮热处理的。

2.6.3.2 炉气的碳势控制原理

在应用可控气氛的热处理炉内进行钢的热处理时，要达到无脱碳淬火、正火、退火、渗碳、碳氮共渗等预期目的，都需要精确控制炉气的碳势。控制炉气碳势实际上就是在工艺要求温度下把炉气成分调整到与某种钢的碳含量相平衡，或使工件表面碳含量达到工艺要求。

吸热式气氛中的主要成分为 CO、H_2、N_2。此外，由于反应不十分完全，还会有少量的 CH_4、CO_2、H_2O。其中 CO、H_2、CH_4 属于还原性气体，而 CO_2、H_2O 为氧化性气体，H_2、CO_2、H_2O 会引起钢的脱碳，N_2 可视为中性气体。这些气体和钢铁有如下反应：

氧化与还原　$Fe + H_2O \Longrightarrow FeO + H_2$ (2-63)

$Fe + CO_2 \Longrightarrow FeO + CO$ (2-64)

增碳与脱碳　$CO_2 + C_{(\gamma-Fe)} \Longrightarrow 2CO$ (2-65)

$H_2O + C_{(\gamma-Fe)} \Longrightarrow CO + H_2$ (2-66)

$2H_2 + C_{(\gamma-Fe)} \Longrightarrow CH_4$ (2-67)

这些反应是可逆的，它们究竟向哪个方向发展，取决于氧化性气体与还原气体、增碳性气体与脱碳性气体组分间的数量关系，亦即取决于两种性质不同的气体的比值 H_2/H_2O、CO/CO_2、CH_4/H_2、$(CO) \times (H_2)/H_2O$。所谓碳势控制，也就是控制这些炉气组分间的相对量。在吸热式气氛中，由于燃料气体和空气的比例实际上只在一个很小的范围内变化，所以 H_2、CO 的量可认为基本不变，要控制炉气的碳势只需改变其中的微量组分 CO_2、H_2O 和 CH_4 的含量。

此外，炉气中的 CO_2 和 H_2O 又有一定的制约关系。这可由水煤气反应来表示

$CO + H_2O \Longrightarrow CO_2 + H_2$ (2-68)

其反应平衡常数为

$$K_w = \frac{p_{CO} p_{H_2O}}{p_{CO_2} p_{H_2}} = \frac{\varphi(CO) \varphi(H_2O)}{\varphi(CO_2) \varphi(H_2)}$$ (2-69)

所以，

$$\varphi(CO_2) = \frac{\varphi(CO)}{K_w \varphi(H_2)} \times \varphi(H_2O)$$ (2-70)

平衡常数 K_w 只与热力学温度的倒数成指数关系，即

$$\lg K_w = \frac{-3175}{T} + 1.627$$ (2-71)

不同温度下的 K_w 值可自表 2-36 中查出。

表 2-36　水煤气反应的平衡常数

温度/℃	800	850	900	950	1000
K_w	0.952	1.122	1.307	1.497	1.698
温度/℃	1050	1100	1150	1200	
K_w	1.898	2.110	2.326	2.532	

在丙烷或丁烷制备的吸热式气氛中，$\varphi(CO)$ 约为 24%，$\varphi(H_2)$ 约为 32%。设加热炉的温度为 950℃，查表得 $K_w = 1.497$。根据式（2-70）可得出如下关系：

$$\varphi(CO_2) = \frac{24}{1.497 \times 32} \times \varphi(H_2O) = 0.501\varphi(H_2O)$$

(2-72)

或者　　　　　$\varphi(H_2O) \approx 2\varphi(CO_2)$ (2-73)

由此可见，在吸热式气氛中只要控制 H_2O 或 CO_2 二者之一的量，即可达到控制碳势目的。

图 2-86 所示为用天然气制备的吸热式气氛的露点与钢中碳含量的平衡曲线。在不同温度下，碳含量不同的钢与炉气中 CO_2 量的平衡曲线示于图 2-87 中。用丙烷制备的吸热式气氛的上述关系相应见图 2-88 和图 2-89。

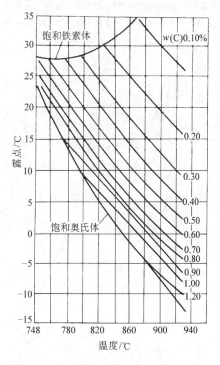

图 2-86　甲烷制备的吸热式气氛露点与钢表面
碳含量的平衡曲线

注：炉气氛（体积分数）：

H_2 40%，CO_2 + CO 20%。

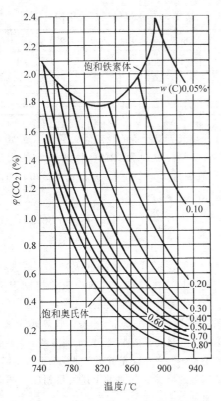

图 2-87　在用甲烷制备的吸热式气氛中，钢中不
同碳含量在不同温度下与 CO_2 的平衡关系

注：$\varphi(CO_2) + \varphi(CO) = 20\%$。

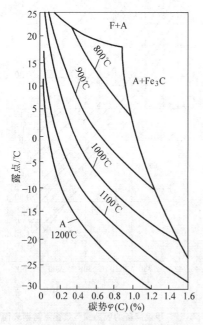

图 2-88　用丙烷制备的吸热式气氛露点
与碳势的对应关系

注：$\varphi(H_2)3\% + H_2O, \varphi(CO)23\% + CO_2$。

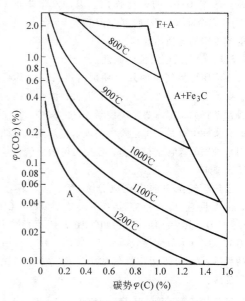

图 2-89　用丙烷制备的吸热式气氛中
CO_2 和碳势的关系

注：$\varphi(H_2)31\% + H_2O, \varphi(CO)23\% + CO_2$。

图 2-90、图 2-91 分别为碳钢和合金钢在吸热式
气氛中的实测露点-碳势平衡曲线。

上述碳势控制原理是根据炉气平衡的理论分析以
及假定吸热式气氛中的基本组分（H_2 和 CO）不变
的前提下提出的。但在实际生产中，钢和炉气间的反
应不完全是平衡过程，炉气中的 $\varphi(CH_4)$ 小于 1% 以
下可忽略的设定与实际有出入，添加富化气后吸热式
气氛中的基本组分和微量组分（H_2O 和 CO_2）都会
有变化。因此，要精确地控制碳势，必须考虑这些因
素的影响。

各种因素对炉气碳势的影响可用下式表示：

$$\ln f(C) = \ln(CO_2) + \frac{14900}{T} + 2\ln p + \ln r + K$$

$$(2-74)$$

式中　$f(C)$ ——炉气碳势；

　　　　T ——炉温（K）；

　　　　p ——炉内总压力（大气压与过压之和）；

　　　　r ——钢中合金元素的影响值；

　　　　K ——常数。

这些因素对碳势控制精确度的影响为：

（1）炉温波动 ±10℃ 造成的碳势波动约 ±0.07%。

（2）CO 量波动 ±0.5% 造成的碳势波动约
±0.03%。

（3）炉内压力波动 ±1.33kPa 造成的碳势波动
±0.02%。

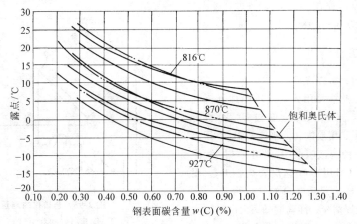

图 2-90 碳钢和吸热式气氛（用甲烷制备）的实测平衡曲线

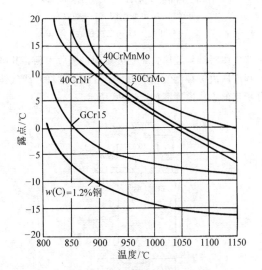

图 2-91 几种碳钢和合金钢在吸热式气氛
（用甲烷制备）中的实测平衡曲线

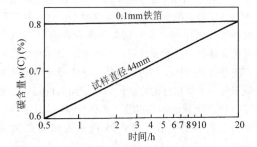

图 2-92 碳钢表面碳含量和
热处理时间的关系

注：用丙烷制备气氛，$\varphi(CO_2)$ 为
0.25%，温度为 925℃。

仅此三项，在最不利的情况下造成的总误差可达 ±0.12%。

其次，炉气碳势和 CO_2（或露点）的理论平衡关系没有建立平衡的时间概念。实际上，一定尺寸的钢试样，其表面碳含量达到与炉气平衡需要相当长的时间。例如，直径为 44mm 的低碳钢试样在碳势为 0.8% 的吸热式气氛中加热，要 20h 才能使试样表面与炉气达到平衡。经过 1~1.5h 的加热，试样表面碳含量只能达到 0.65%（质量分数）（见图 2-92）。而 0.1mm 厚的铁箔只需 18min 碳含量即可达到 0.8%（质量分数）。

图 2-93 所示为往 0.2m³ 炉膛中以 9.5m³/h 的流量通入吸热式气，在其中进行碳钢渗碳时的工件表面碳含量和 CO_2 量或氧探头输出（氧势）的实际关系。图中的点线一例说明，要求表面碳含量 $w(C)$ =

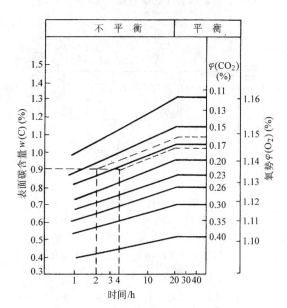

图 2-93 随着渗碳时间得到预定碳含量
的炉气 CO_2 量和氧势

注：用丙烷制备的吸热式气氛，温度为 925℃。

0.9%时，经 2h 处理需控制到 $\varphi(CO_2)=0.15\%$ ，4h 处理时要控制到 $\varphi(CO_2)=0.18\%$ 。

2.6.4　炉气检测方法

2.6.4.1　炉气成分的分析方法

1. 奥氏分析法　此法是用分别吸收原理分析气体中的 CO_2、CO、O_2、CH_4、C_nH_m 的含量。分析时用 KOH 溶液吸收 CO_2、用溴饱和液吸收 C_nH_m，用焦性没食子酸、邻苯三酚溶液吸收 O_2，用 $CuCl_2$ 溶液吸收 CO，在 320～340℃用 CuO 燃烧管烧去 H_2，用炽热的铂丝圈燃烧 CH_4，最后剩余的气体为 N_2。这种仪器的缺点是分析周期长，准确度低，但由于结构简单、便宜，目前仍不失为一种可用的全分析方法。

2. 气体色谱法　此法可对炉气成分进行快速全分析。其原理为把少量气样通入仪器中，在此处用稳定的载气（例如氢气流）将其带入色谱柱。当气样通过色谱柱时，依靠吸收或区分的方法把各个组分分开。测量自色谱柱出来的气体的热导率或电离特性即可测知每一气体组分的浓度。采用不同的色谱柱，就可以分析出所有的炉气组分。图 2-94 所示为这种色谱仪的色谱分析流程。图 2-95 所示为仪器的测量电桥。

应用色谱法分析含有 CO、CO_2、CH_4、H_2、H_2O 和 N_2 的气体时，除了水蒸气外，其他气体成分的分析时间仅需约 5min。分析水蒸气需另加 5～6min 的辅助时间。分析水蒸气的精确度是 ±2%，其他气体为 ±1%。

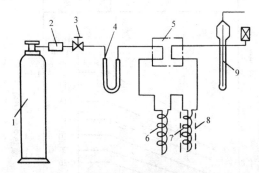

图 2-94　色谱分析流程

1—载气钢瓶　2—减压阀　3—针阀　4—干燥管
5—热导池　6—色谱柱，内装 13×分子筛
7—色谱柱，内装涂 $w(H_3PO_4)=3\%$ 的硅胶
8—加热套　9—锐孔流速计

用气体色谱法不能施行连续检测，用于炉气的自动调节，也只能调节炉气的一个组分。因此，色谱法多用于气体的分析检测。

3. 红外辐射吸收法　本方法的工作原理是基于

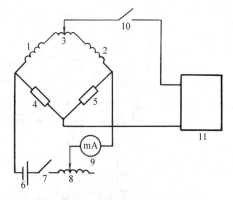

图 2-95　色谱仪的测量平衡电桥

1、2—配比电阻（100Ω）　3—调零电位器
4、5—热导池（45Ω）　6—工作电源
7—开关　8—可变电阻　9—毫安表
10—开关　11—二次仪表

某些气体对红外波段特定红外辐射的吸收本领，其吸收程度取决于被测气体的浓度。GS-04 型红外线气体分析仪的工作原理图如图 2-96 所示。

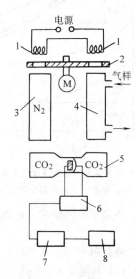

图 2-96　GS-04 型红外线气体
分析仪的工作原理

1—红外光源　2—切光片　3—参比室
4—分析室　5—检测室　6—前置放
大器　7—主放大器　8—记录仪

两个几何形状和物理参数相同的电阻发热体是能发射 2～7μm 波长红外辐射的光源。两部分红外辐射分别由两个抛物体聚光镜会聚成两束平行光束。在射向气室和检测器前，由同步电动机带动的切光片以 12.5Hz 的频率调制成断续的红外辐射。两束红外线的一路通过分析室到达检测室，另一路通过参比室到

达检测室。检测室内腔装有薄膜微声器。后者是以铝箔为动极，以铝合金圆柱体为定极的电容器。

检测器正面有两个几何形状完全相同的辐射接收室，其中充满待测气体。两个辐射接收室是用电容器的动极隔开的。当分析室没有待测气体时，两辐射接收室接收的红外辐射相等，待测气体吸收的辐射热能也相等。由于检测器内腔是密封的，因而薄膜两侧的压力脉冲也是相等的，薄膜微声器动极保持动平衡，电容量不发生变化，没有信号输出。

当分析室通过待测气体时，通过参比光路的辐射仍保持不变，通过分析光路的辐射则由于被分析气体吸收了部分红外辐射而减小。此时薄膜微声机动极失去平衡，使电容器的电容量发生变化。电容器又随着切光片的切光频率不断充电和放电，产生的交流信号经前置放大器和主放大器放大后，便由指示器和记录仪表指示和记录下来。

在热处理加热过程中，用红外线分析法可分析炉气中的 CO、CO_2 和 CH_4，可以进行单点连续测定或多点交替测定。通常多用红外仪测定 CO_2。

用红外分析法测定 CO_2 以控制炉气的碳势是比较准确可靠的，可分析出 φ（CO_2）低达 0.005% 的含量，分析周期大约 20s。

这种方法可用于渗碳和碳氮共渗时的炉气碳势控制。其缺点为仪器结构较复杂、价格也贵，用于炉气调节也有一定的惰性，调整与维护需要专人。

2.6.4.2 炉气的露点测定法

1. 露点杯法 这是一种最简单的测量气体露点（水分）的方法。其结构示于图 2-97。从热处理炉或气体发生炉出来的气体由进气口通入露点杯内，充满玻璃缸和表面镀铬抛光的铜杯间的空间。当气体达到露点温度时，水分即在抛光杯表面冷凝。往杯中缓慢加入干冰和丙酮，直到抛光杯表面呈现雾状物为止。

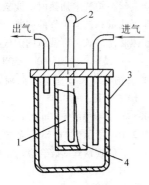

图 2-97 露点杯
1—液体和干冰 2—温度计 3—玻璃缸
4—表面镀铬抛光的铜杯

此时温度计表示的温度就是被测气体的露点。

在水的冰点以上用露点杯测露点是可以达到要求的。当气体露点低于 0℃ 时，就能产生过冷现象，出现低的露点读数。

2. 雾室法 这是一种简单可靠的露点测量方法。其原理是使气体发生急速的绝热膨胀、冷却，当其压力降、周围温度和水分含量满足一定条件时就会生雾。

图 2-98 所示为利用此原理测定气体露点的雾室测量露点仪示意图。将被测气体样品通入进气口，用小手泵把气体压入雾室。压力比例计此时表示出气样压力和大气压力的比值。插入雾室的水银温度计指示出雾室气体的温度。气样在雾室停置数秒，以使温度稳定。然后迅速打开排气阀，使压力突然下降。由于瞬间发生的绝热冷却，在雾室中形成肉眼可见的冷凝水或雾。将此过程重复数次，直到发现云雾消失为止。根据初始的温度读数和云雾开始消失时的温度比值和压力表读数查表便可得出欲求的气体露点。

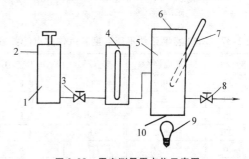

图 2-98 雾室测量露点仪示意图
1—手泵 2—进气口 3—截止阀 4—压力
比例计 5—雾室 6—观察窗 7—温度计
8—放气阀 9—照明灯 10—照明窗

由于设备轻便和可在很广的范围内给出准确稳定的读数，而且不需外部的冷却和搅拌，雾室法在工业中得到广泛应用。所用仪器称为阿诺（ALNOR）仪。这种仪器不能用于自动记录和控制。

3. 氯化锂元件测湿法 用这种元件测量露点的原理示于图 2-99。氯化锂是一种易吸收水分的盐。它的导电能力随吸湿程度而变化。把一块本身不吸水的玻璃布缠绕在不导电的细玻璃管上。然后在玻璃布上并排绕两根细金属丝（银或铂）。最后把氯化锂溶液涂敷在玻璃布上并用吸湿剂使其干燥。在金属丝两端施加 25～30V 的交流电压。当被测气体通过此元件时，氯化锂便吸收其中的水分而开始导电，金属丝有电流通过。潮湿的 LiCl 被通过金属丝的电流加热，直至其中的水分完全蒸发，使其失去导电能力，电流中断。此时，元件温度逐渐降低，LiCl 又重新吸收水分使电流通路。此过程反复进行，一直持续到 LiCl 吸收和失去的水分相等，建立相对平衡为止。当气体中水分含量一定时，达到这种平衡时的测温元件温度也是一定的。此温度被称为元件的平衡温度。平衡温度可用插入测量元件细玻璃管中的电阻温度计测出。然后根据平衡温度和露点的关系（见表 2-37）查出所对应的气体露点值。

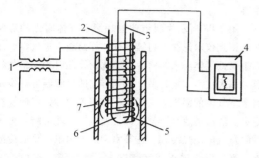

图 2-99　氯化锂感湿元件示意图

1—变压器　2—浸有 LiCl 的玻璃布　3—电阻
温度计　4—测量仪表　5—银丝
6—玻璃试管　7—玻璃管

表 2-37　LiCl 感湿元件平衡温度和气体露点的关系

露点/℃	平衡温度/℃	露点/℃	平衡温度/℃
-30	-9.7	-11	18.8
-29	-8.2	-10	20.3
-28	-6.7	-9	21.8
-27	-5.2	-8	23.3
-26	-3.7	-7	24.8
-25	-2.2	-6	26.3
-24	-0.7	-5	27.8
-23	0.8	-4	29.3
-22	2.3	-3	30.8
-21	3.8	-2	32.3
-20	5.3	-1	33.8
-19	6.8	0	35.3
-18	8.3	1	36.6
-17	9.8	2	37.8
-16	11.3	3	39.2
-15	12.8	4	40.4
-14	14.3	5	41.7
-13	15.8	6	43.0
-12	17.3	7	44.4
8	45.7	14	54.3
9	47.1	15	55.8
10	48.5	16	57.2
11	50.0	17	58.7
12	51.4	18	60.2
13	52.8	19	81.2

LiCl 感湿元件可用来作为自动记录和控制炉气水分的感受器，在可控气氛热处理中曾有过广泛的应用。由于灵敏度低，惰性大，低露点时需冷却，它逐渐被红外分析仪所代替。

用这种元件测量的露点不能低于 -40℃（LiCl 溶液的冰点），所测平衡温度不能低于环境温度，因之在夏季要采取冷却措施。由于氨对 LiCl 有化学反应，使其电特性发生变化，这种元件不能用于含氨的气氛，因而不能用于碳氮共渗时的炉气控制。

4. 镜面冷却露点测定法　气样中的湿气冷凝在加以冷却的镜面金属片上。镜面积雾的时刻，以反射光束强度的减弱用光敏电阻接收和用电表显示出来（见图 2-100）。这种方法可以连续记录气体露点的变化，但两次测量的时间间隔要长达数分钟，可用来测定低达 -80℃ 的露点。

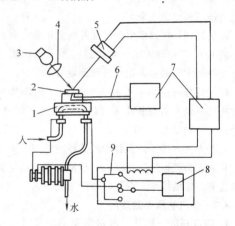

图 2-100　镜面冷却测定露点法

1—半导体制冷器　2—镜面金属块　3—光源
4—透镜　5—光敏电阻　6—热电偶　7—电
子电位计　8—整流器　9—继电器

2.6.4.3　热丝电阻法测炉气的碳势

利用铁合金丝在炉气中加热时的脱碳或增碳引起的电阻变化即可测量和调节炉气的碳势。一般多用于井式炉中的液体滴注渗碳。可调节的炉气碳势范围为 $w(C) = 0.15\% \sim 1.15\%$，炉温 $780 \sim 950℃$。可用 Fe-Ni 合金或低碳钢丝作为传感器。低碳钢丝的参考成分（质量分数）是：C 0.08%、Si 0.025%、Mn 0.5%、P 0.008%、S 0.015%、Cu 0.12%。钢丝直径为 0.1mm。图 2-101 所示为 Fe-Ni 合金丝的电阻值随其碳含量的变化。低碳钢丝的碳含量与电阻值变化率的关系示于图 2-102。

2.6.4.4　氧探头法

氧探头是一种可直接测出气体中微量氧的氧浓差固体电池。其构造原理见图 2-103。氧化锆管的内外

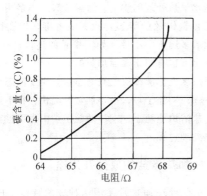

图 2-101　Fe-Ni 合金碳含量和
电阻值的关系

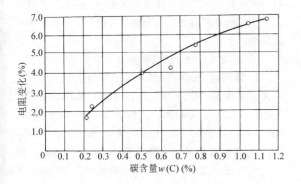

图 2-102　低碳钢丝增碳后电阻值的变化率

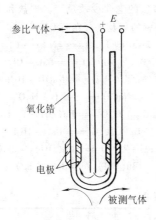

图 2-103　氧探头示意图

壁镀一层铂，作为内外电极，并焊上引出导线。当管内外介质的氧分压（含氧量）有差别时，在电极间便产生一定值的浓差电势 $E(V)$：

$$E = 2.303 \frac{RT}{4F} \lg \frac{p_{O_2}}{p_{参比}} \tag{2-75}$$

$$E = 4.96 \times 10^{-5} T \lg \frac{p_{O_2}}{p_{参比}} \tag{2-76}$$

式中　p_{O_2}、$p_{参比}$——两个电极介质的氧分压（参比气体为空气时，$p_{参比} = 0.209$）；

　　　　T——热力学温度（K）；

　　　　R——摩尔气体常数；

　　　　F——法拉第常数。

气氛中的氧势 μ_{O_2}（kJ）定义为

$$\mu_{O_2} = 4.184 RT \lg p_{O_2} \tag{2-77}$$

$$\mu_{O_2} = 0.0191 T \lg p_{O_2} \tag{2-78}$$

在 600 ~ 1200℃ 间，电势 $E(\text{mV})$ 和氧势 μ_{O_2} 间有如下关系：

$$E = 10.84 (\mu_{O_2} - \mu_{空气}) \tag{2-79}$$

或　　　　$$E = 10.84 \mu_{O_2} + 40\text{mV} \tag{2-80}$$

可以把常规方法测定的炉气中 CO_2、CO/CO_2 含量和露点等因素与氧势的关系（亦即氧势与碳势的关系）建立起来。这样就可以用氧探头进行炉气碳势的测量和控制。图 2-104 所示为放热式气、氨分解气的氧势和 CO/CO_2 比值、氧势和气氛露点间的关系。用丙烷制备吸热式气氛的氧势和碳势的关系示于图 2-105。

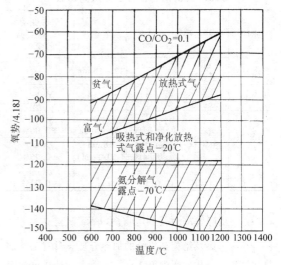

图 2-104　放热式气和氨分解气的
CO/CO_2 露点与氧势的关系

氧探头在一般工业气氛中于 1150℃ 可连续使用 12 ~ 18 个月。由于可直接放在炉中测量而无需取气样，灵敏度及准确性高。应答速度可达 0.1 ~ 0.0155s。它的结构简单，制造成本不高，有可能完全取代红外仪。

2.6.4.5　各种分析方法的比较

各种气体分析和炉气碳势、氧势控制方法的比较列于表 2-38 中。

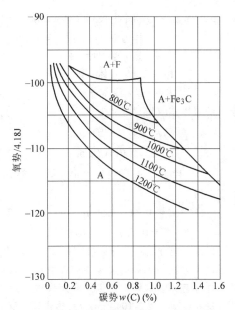

图 2-105　丙烷制备吸热式气氛的
氧势和碳势间的关系

表 2-38　在 925℃ 炉气碳势 $\varphi(C)$
为 0.8% 时的各种分析方法的比较

原理	仪器名称	灵敏度	应答速度	炉温变动 ±10℃ 时的变化
测定露点	LiCl 露点仪	$\varphi(C)$ ±0.05%	12~15min	$\varphi(C)$ ±0.04%
测定 CO_2	红外线分析仪	$\varphi(C)$ ±0.02%	10~20s	$\varphi(C)$ ±0.06%
电阻法	铁丝电阻仪	$\varphi(C)$ ±0.04%	7min (ϕ0.05mm)	$\varphi(C)$ ±0.06%
		$\varphi(C)$ ±0.04%	18min (ϕ0.1mm)	$\varphi(C)$ ±0.06%
氧势法	ZrO_2 氧探头	$\varphi(C)$ ± 0.015%	0s	$\varphi(C)$ ±0.04%

2.7　加热熔盐和流态床

熔融金属及熔盐是传统的加热介质,具有工件加热速度快,氧化脱碳少等优点。一些含活性成分的熔盐还是化学热处理的渗剂。熔融金属过去多用铅,主要用于弹簧钢丝的等温淬火,因有毒,现在很少使用。盐浴多用于中小件,如工模具的整体加热处理,个别情况下也有用于表面加热的。

流态床也称沸腾层或假液态层。用于流态床加热的设备称浮动粒子炉,由于加热升温快,在不连续生产时比盐浴炉能耗小,在浮动粒子炉中也可进行各种化学热处理过程。

2.7.1　加热熔盐的成分及用途

一般热处理加热常使用两种或两种以上的混合盐。热处理对熔盐的具体要求是:①成分稳定;②对工件、坩埚和炉衬耐火材料侵蚀性小;③对金属和钢材的氧化脱碳不严重;④蒸发损失小;⑤工件的带出损失小;⑥处理后的工件表面易清理;⑦无毒,不污染环境。

1. 金属及其化合物的熔点(见表 2-39)

2. 常用混合盐的相图　常用混合盐有二元、三元及多元体系。常用的二元体系有：$NaNO_3$-KNO_3、$NaNO_2$-$NaNO_3$、$NaCl$-KCl、$NaCl$-$BaCl_2$、KCl-$BaCl_2$、$BaCl_2$-$CaCl_2$、$NaCl$-Na_2CO_3、KCl-Na_2CO_3、$BaCl_2$-Na_2CO_3 等。常用的三元体系有 $BaCl_2$-KCl-$NaCl$。这些二元、三元混合盐体系的相图列于图 2-106~图 2-115。

3. 熔盐的化学反应及其与钢的作用

(1) 熔盐的老化变质反应。熔盐和大气中的氧以及内部溶解的氧及水分在高温下发生以下反应:

$$2NaCl + 1/2O_2 = Na_2O + Cl_2 \qquad (2\text{-}81)$$
$$BaCl_2 + 1/2O_2 = BaO + Cl_2 \qquad (2\text{-}82)$$
$$NaCl + H_2O = NaOH + HCl \qquad (2\text{-}83)$$
$$2NaOH = Na_2O + H_2O \qquad (2\text{-}84)$$
$$BaCl_2 + H_2O = Ba(OH)Cl + HCl \qquad (2\text{-}85)$$
$$Ba(OH)Cl = BaO + HCl \qquad (2\text{-}86)$$
$$BaCl + 2H_2O = Ba(OH)_2 + 2HCl \qquad (2\text{-}87)$$
$$Ba(OH)_2 = BaO + H_2O \qquad (2\text{-}88)$$

表 2-39　金属及其化合物的熔点　　　　　　(单位:℃)

酸根 \ 金属	一价金属盐					二价金属盐					三价盐	
	Li	Na	K	Rb	Cs	Ca	Sr	Ba	Be	Mg	Al	Ce
	179	97.7	63.5	3900	28.45	808	≈800	850	1278	650	660	635
F	846	992	857	790	684	1354	902	1280	—	1270	—	1324
Cl	609	801.3	773.2	714.5	638	776	872	961	425	714	190	848
Br	548	763	739	675.5	631.5	745	643	865	490	711	96	—
I	450	660.3	683.4	639.7	621.0	740	507	740	510	—	190	752
O	—	318.4	360.4	301	—	2574	2430	1923	2450	2800	2030	1692
S	445	445	471	420	460	—	—	—	—	—	1100	—
CO_3	618	851	891	837	—	1314	1497	1740	—	—	—	—
SO_4	856	884	1069.5	1062.5	1007.5	1450	1580	1580	—	1124	—	—
NO_3	264	308	—	369.5	110.5	≈560	570	592	—	—	—	—

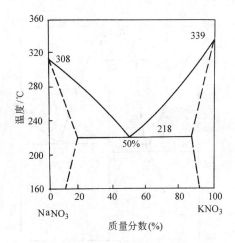

图 2-106　NaNO₃-KNO₃ 相图

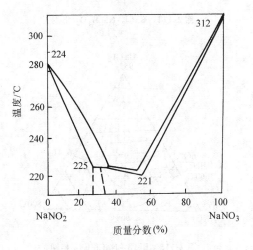

图 2-107　NaNO₂-NaNO₃ 相图

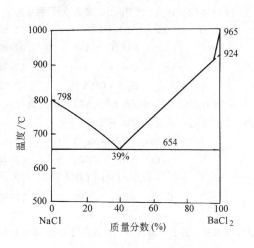

图 2-108　NaCl-BaCl₂ 相图

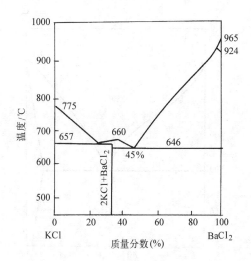

图 2-109　KCl-BaCl₂ 相图

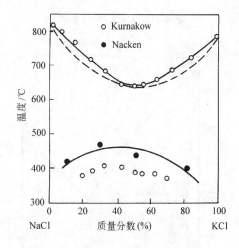

图 2-110　NaCl-KCl 相图

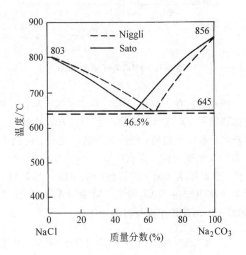

图 2-111　NaCl-Na₂CO₃ 相图

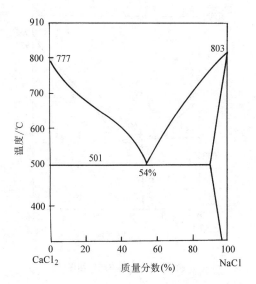

图 2-112　CaCl$_2$-NaCl 相图

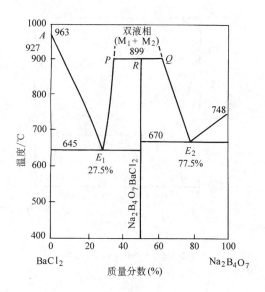

图 2-114　BaCl$_2$-Na$_2$B$_4$O$_7$ 相图

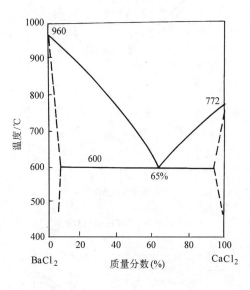

图 2-113　BaCl$_2$-CaCl$_2$ 相图

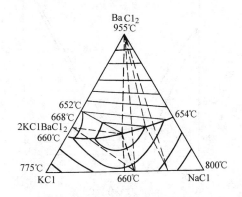

图 2-115　BaCl$_2$-NaCl-KCl 相图

随着熔盐在大气中暴露时间的延续，Na$_2$O、BaO
会逐渐增多，并连续不断地产生 Cl$_2$、HCl 和 H$_2$O，如
不及时采取脱氧措施，便会导致盐浴老化，使钢产生
严重的氧化和脱碳。反应生成物 Cl$_2$、HCl 也会引起
工件、金属坩埚和耐火炉衬的严重腐蚀。图 2-116 所
示为 NaCl70% + BaCl$_2$30%（质量分数）混合盐在
800℃ 于不同条件下保持时的老化情况$^{\ominus}$。

（2）熔盐和钢表面的作用，会发生下列反应：

$$Fe + 1/2O_2 = FeO \qquad (2-89)$$
$$C_{(\gamma\text{-}Fe)} + 1/2O_2 = CO \qquad (2-90)$$
$$Fe + H_2O = FeO + H_2 \qquad (2-91)$$
$$C_{(\gamma\text{-}Fe)} + H_2O = CO + H_2 \qquad (2-92)$$

熔盐中的硫酸盐和碳酸盐等杂质与钢表面反应引
起侵蚀、氧化与脱碳，有如下反应：

$$4Fe + Na_2SO_4 = 3Fe + Na_2O + FeS \qquad (2-93)$$
$$Na_2CO_3 = Na_2O + CO_2 \qquad (2-94)$$
$$Fe + CO_2 = FeO + CO \qquad (2-95)$$
$$C_{(\gamma\text{-}Fe)} + CO_2 = 2CO \qquad (2-96)$$

$\ominus$　老化情况以折算成的 Na$_2$O 百分比来衡量。具体测定方法是取 2g 盐样，溶于 40mL 水中，然后再用 0.02mol/L 的 LiCl
溶液进行滴定。

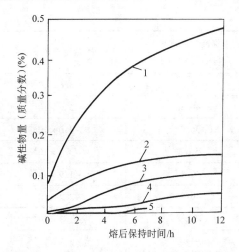

图 2-116　70%NaCl + 30%BaCl₂ 盐浴在800℃时的老化

1—盐浴表面饱和水蒸气　2—常温大气压下饱和水分

3—含水分的 N₂　4—干燥空气　5—干燥 N₂

盐浴反应生成的腐蚀性气体 Cl_2、HCl 与钢表面已形成的氧化膜发生反应

$$Fe_3O_4 + 3Cl_2 = 3FeCl_2 + 2O_2 \qquad (2-97)$$

$$Fe_3O_4 + 8HCl = 3FeCl_2 + 4H_2O + Cl_2 \qquad (2-98)$$

所产生的 $FeCl_2$ 挥发性强，使整个反应得以向右方进行。

4. 盐中的杂质对产品质量的影响（见表 2-40）

5. 熔盐在高温下的蒸发和工件带出损失　熔盐在高温下的蒸发速度和带出损失决定着盐的消耗和生产成本，也是加热用盐的两个重要指标。表 2-41 所列为各种盐浴蒸发速度的实测数据。图 2-117 ~ 图 2-121 所示为常用盐浴在不同温度下的粘附量（测试方法为：20mm × 20mm × 1mm 钢试片在 ϕ60mm × 70mm 坩埚盐浴中加热 3min，然后以 10mm/s 速度抽出称重）。

表 2-40　盐中杂质对热处理质量的影响

杂　质	对工件质量的影响	改　善　措　施
Na₂SO₄ CaSO₄ MgSO₄	工业 NaCl 中常含 0.5% ~1%（质量分数）的此类硫酸盐，后者在高温分解；$Na_2SO_4 \rightarrow Na_2O + SO_3$，$2SO_3 \rightarrow 2SO_2 + O_2$ 生成氧化物，助长钢的氧化、脱碳，并与钢中的 Fe 作用 $2Fe + 2Na_2SO_4 \rightarrow 2FeS + 3O_2 + 2Na_2O$，产生的 FeS 对工件有侵蚀，在钢件表面形成点蚀	1）新盐浴经 10 ~15h 时效后，侵蚀、氧化脱碳减轻 2）定期加脱氧剂 3）用石灰乳 Ca(OH)₂ 精制
BaSO₄	BaSO₄ 是高温用盐 BaCl₂ 中的杂质，在高温下分解 $BaSO_4 \rightarrow BaO + SO_2 + 1/2O_2$，对高速钢刀具有强烈腐蚀作用，并引起氧化脱碳，尤其是新盐浴，点蚀作用强烈	
CaCl₂ MgCl₂	极易吸湿，助长水分的不良影响，对钢有明显的侵蚀	1）用前干燥 2）停炉时要防止吸水 3）用石灰乳精制产生 Ca、Mg 盐沉淀，然后除去
Na₂CO₃ CaCO₃ MgCO₃	含碳酸盐盐浴本身显碱性，在熔化初期有较强的氧化脱碳作用，在 >800℃经 15 ~20h 碱性物挥发、氧化脱碳逐渐减小	新盐时效后使用
NaOH KOH	含苛性碱浴具有强碱性，在500℃以下易使钢表面产生氧化膜，不会引起点蚀，但由于 NaOH 的饱和蒸气压高，在800℃的蒸气压为506Pa（NaCl 和 BaCl₂ 相应为 133Pa 和 0.34Pa），因而极易蒸发。新盐经 15 ~20h 后氧化脱碳明显减轻	新盐时效后使用

表 2-41　各种盐浴蒸发速度的实测数据[①]

熔　　盐	温度/℃	标准蒸发速度 /[mg/(cm²·h)]	蒸发系数 a
NaCl	1000	51.0	-5.2×10^3

（续）

熔　盐	温度/℃	标准蒸发速度 /[mg/(cm²/h)]	蒸发系数 a
KCl	1000	85.1	-3.6×10^3
BaCl	1000	46.8	-5.5×10^3
CaCl₂	1000	36.2	-4.0×10^3
MgCl₂	700	297.8	-3.6×10^3
NaNO₃	700	40.4	-1.9×10^3
KNO₃	550	40.5	-2.7×10^3
KOH	550	182.9	-1.3×10^3
NaCl + BaCl₂(3:1)	1000	94.6	-5.7×10^3
NaCl + BaCl₂(1:1)	1000	40.4	-5.0×10^3
NaCl + BaCl₂(1:3)	1000	34.0	-6.0×10^3
NaCl + KCl(1:1)	900	57.4	-3.7×10^3
KCl + BaCl₂(1:1)	900	38.3	-3.5×10^3
NaCl + KCl + BaCl₂(1:1)	900	23.4	-4.2×10^3
KCl + CaCl₂(3:1)	1000	61.7	-4.4×10^3
CaCl₂ + BaCl₂(1:1)	1000	14.9	-4.7×10^3
NaNO₃ + KNO₃(3:1)	700	80.8	-2.2×10^3
NaCl + MgCl₂(3:1)	700	36.2	-3.2×10^3
NaCl + MgCl₂(1:1)	700	68.1	-3.0×10^3
NaCl + MgCl₂(1:3)	700	170.2	-2.2×10^3
KCl + MgCl₂(1:1)	700	96.6	-4.0×10^3
AlF₃ + NaF(63:37)	1000	76.6	-4.2×10^3
AlF₃ + NaF + Al₂O₃ (60% + 35% + 5%)	1000	85.1	-4.4×10^3

① 用本多式热天平测定。

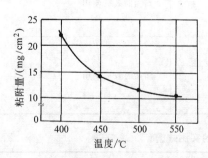

图 2-117　NaNO₃ 浴的粘附量
和温度的关系

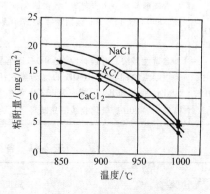

图 2-118　NaCl、KCl、CaCl₂ 单盐的
粘附量和温度的关系

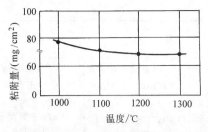

图 2-119 BaCl₂ 单盐的粘附量和温度的关系

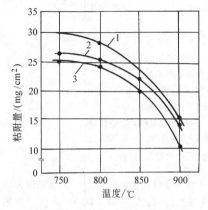

图 2-120 BaCl₂ + NaCl 混合浴的
粘附量和温度的关系
1—NaCl30% 2—NaCl50%
3—NaCl70%

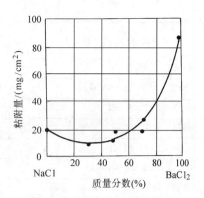

图 2-121 BaCl₂ + NaCl 混合浴的
粘附量随成分的变化 (900℃)

6. 加热用熔盐成分及用途 加热用盐浴的成分、配比、特点用途列于表2-42。

2.7.2 盐浴的脱氧及脱氧剂

由前述可知,引起钢表面受侵蚀、氧化和脱碳的原因是盐浴中的杂质,盐浴高温分解产物,盐浴中溶解的氧、水分,盐浴表面和大气中氧的反应产物。为了消除盐浴中氧和氧化物的不良影响,可采取定期脱氧措施,即定期往盐浴中加入脱氧物质。这些物质通过和盐中的氧与氧化物的还原作用,产生不溶解的沉淀,然后通过捞渣除去沉淀物而使盐浴再生。

表 2-42 盐浴成分、特点和用途

类别	盐浴成分(质量分数)(%)	熔点/℃	使用温度/℃	特 点	用 途
低温盐浴	20NaOH + 80KOH,另加 6H₂O	130	150 ~ 250	1)NaNO₃-KNO₃ 盐浴应用最为普遍,但易使钢件氧化侵蚀,高温易分解 2)NaNO₂-KNO₃ 盐浴以摩尔比 1:1 使用最多,熔点150~400℃,在425℃以上钢件易受氧化侵蚀 3)硝盐浴中混入油脂、氰化物、碳粉易爆炸,非常危险 4)含苛性碱 NaOH,KOH 的新浴在500℃以上引起工件严重氧化,随时间推移逐渐减弱	1)铝合金固溶及时效 2)结构钢、工模具钢回火 3)工模具钢等温及分级淬火
	35NaOH + 65KOH	156	170 ~ 250		
	45NaNO₃ + 27.5NaNO₂ + 27.5KNO₃	120	240 ~ 260		
	37NaOH + 63KOH	159	180 ~ 350		
	60NaOH + 15NaNO₃ + 15NaNO₂ + 10Na₃PO₄	280	380 ~ 500		
	95NaNO₃ + 5Na₂CO₃	304	380 ~ 520		
	25KNO₃ + 75NaNO₃	240	380 ~ 540		
	75NaOH + 25NaNO₃	280	420 ~ 540		
	50NaNO₃ + 50NaNO₂	143	160 ~ 550		
	50KNO₃ + 50NaNO₃	220	280 ~ 550		
	50NaNO₂ + 50KNO₃	225	280 ~ 550		
	100NaNO₃	271	300 ~ 550		
	100KNO₃	337	350 ~ 550		
	100NaNO₂	317	325 ~ 550		
	25NaNO₂ + 25NaNO₃ + 50KNO₃	175	205 ~ 600		
	50NaNO₂ + 50NaNO₃	205	260 ~ 600		
	100KOH	360	400 ~ 650		
	100NaOH	322	350 ~ 700		
	60NaOH + 40NaCl	450	500 ~ 700		

（续）

类别	盐浴成分(质量分数)(%)	熔点 /℃	使用温度 /℃	特　点	用　途
中温盐浴	44NaCl+56MgCl$_2$	430	480~780	1)BaCl$_2$-KCl 盐浴以摩尔比 2:3(67.2% BaCl$_2$+32.8% KCl)最稳定 2)BaCl$_2$-NaCl 盐浴很稳定,钢件易产生点蚀,油淬火后表面盐难清除,以摩尔比 2:3(70% BaCl+30NaCl)盐使用最广 3)BaCl$_2$-CaCl$_2$ 浴流动性好,在大气中放置会大量吸收水分,重新加热盐易劣化 4)CaCl$_2$-NaCl 浴流动性好,吸湿,工件易生锈 5)BaCl-NaCl-KCl 盐浴性质与 BaCl$_2$-NaCl 和 BaCl$_2$-KCl 无大差别,但可清除点蚀	1)结构钢、碳素工具钢、合金工具钢淬火加热 2)高速钢预热、回火、等温淬火 3)钢铁和非铁金属钎焊
	21NaCl+31BaCl$_2$+48CaCl$_2$	435	480~780		
	27.5NaCl+72.5CaCl$_2$	500	560~800		
	50KCl+50Na$_2$CO$_3$	560	590~820		
	33.7NaCl+66.3LiCl	552	570~850		
	20NaCl+30KCl+50BaCl$_2$	560	580~850		
	45KCl+45Na$_2$CO$_3$+10NaCl	590	630~850		
	10NaCl+45KCl+45Na$_2$CO$_3$	595	630~850		
	50BaCl$_2$+50CaCl$_2$	595	630~850		
	50KCl+20NaCl+30CaCl$_2$	530	560~870		
	34NaCl+33BaCl$_2$+33CaCl$_2$	570	600~870		
	73.5KCl$_2$+26.5CaCl$_2$	600	630~870		
	40.8BaCl$_2$+59.2Na$_2$CO$_3$	606	630~870		
	22.5NaCl+77.5BaCl$_2$	635	665~870		
	50BaCl$_2$+20NaCl+30KCl	560	580~880	1)BaCl$_2$-KCl 盐浴以摩尔比 2:3(67.2% BaCl$_2$+32.8% KCl)最稳定 2)BaCl$_2$-NaCl 盐浴很稳定,钢件易产生点蚀,油淬火后表面盐难清除,以摩尔比 2:3(70% BaCl+30NaCl)盐使用最广 3)BaCl$_2$-CaCl$_2$ 浴流动性好,在大气中放置会大量吸收水分,重新加热盐易劣化 4)CaCl$_2$-NaCl 盐浴流动性好,吸湿,工件易生锈 5)BaCl-NaCl-KCl 盐浴性质与 BaCl$_2$-NaCl 和 BaCl$_2$-KCl 无大差别,但可清除点蚀	1)结构钢、碳素工具钢、合金工具钢淬火加热 2)高速钢预热、回火、等温淬火 3)钢铁和非铁金属钎焊
	83.7BaCl$_2$+16.3Na$_2$CO$_3$	640	680~880		
	55NaCl+45BaCl$_2$	540	570~900		
	50NaCl+50Na$_2$CO$_3$(K$_2$CO$_3$)	560	690~900		
	35NaCl+65Na$_2$CO$_3$	620	650~900		
	67.2BaCl$_2$+32.8KCl	646	670~900		
	44NaCl+56KCl	607	720~900		
	50BaCl$_2$+50NaCl	600	650~1000		
	50BaCl$_2$+50KCl	640	670~1000		
	50NaCl+50KCl	670	720~1000		
	70~30BaCl$_2$+20~30NaCl	~700	750~1000		
	80~90BaCl$_2$+10~20NaCl	~760	820~1000		
	100Na$_2$CO$_3$	852	900~1000		
	100KCl	772	800~1000		
	100NaCl	810	850~1100		
	5NaCl+9KCl+86Na$_2$B$_4$O$_7$	640	900~1100		
	27.5KCl+72.5Na$_2$B$_4$O$_7$	660	900~1100		
	14NaCl+86Na$_2$B$_4$O$_7$	710	900~1100		
	90BaCl$_2$+10NaCl	~870	950~1100		
高温盐浴	100BaCl$_2$	960	1000~1350	1)BaCl$_2$盐高温易蒸发氧化变质快 2)添加高熔点氟盐可减少蒸发,但侵蚀金属和炉衬 3)硼砂盐浴防氧化、脱碳作用不明显,且难熔化,盐浴粘性大,附在工件上不易清除,故很少用于一般加热,主要用做渗硼、渗金属的基盐	1)高速钢淬火加热 2)高强度不锈钢固溶处理 3)高温钎焊
	95BoCl$_2$+5NaCl	850	1000~1350		
	70BaCl$_2$+30Na$_2$B$_4$O$_7$	940	1050~1350		
	95~97BaCl$_2$+3~5MgF$_2$	940~950	1050~1350		
	50BaCl$_2$+39NaCl+8Na$_2$B$_4$O$_7$+3MgO	—	780~1350		

常用的脱氧物质（脱氧剂）有：木炭、SiC、硅胶（SiO_2）、Ca-Si、Mg-Al、TiO_2、MgF_2、$Na_2B_4O_7$、$K_4Fe(CN)_6$、NaCN 等。这些脱氧剂的脱氧反应、效果和使用条件列于表 2-43。表 2-44 所列为于 900℃在 $w(BaCl_2)$ 30% + $w(NaCl)$ 70% 混合盐浴中加入不同量各种脱氧剂的效果。

表 2-43　常用脱氧剂的脱氧反应、使用条件及脱氧效果

脱氧剂	脱 氧 反 应	使 用 条 件	脱氧效果
木炭	$Na_2SO_4 + 4C \rightarrow 4CO + Na_2S$	用粒径约 15mm 的炭块，经清水冲洗干燥后插入盐浴中	可除去盐浴中的硫酸盐杂质
SiC	$2Na_2CO_3 + SiC \rightarrow Na_2SiO_3 + Na_2O + 2CO + C$	粒度 100 ~ 120 目	产生的 CO、C 可使氧化物还原，但脱氧效果不理想
硅胶 ($mSiO_2 \cdot nH_2O$)	$BaO + SiO_2 \rightarrow BaSiO_3$	与 TiO_2 配合使用	脱氧作用较弱，对电极有严重侵蚀
Ca-Si	$2Ca + O_2 \rightarrow 2CaO$ $Si + O_2 \rightarrow SiO_2$ $Ca + BaO \rightarrow CaO + Ba$ $2BaO + 5Si \rightarrow 2BaSi_2 + SiO_2$ $Ca + SiO_2 \rightarrow CaSiO_3$ $BaO + SiO_2 \rightarrow BaSiO_3$	Ca-Si 的成分（质量分数）为 Si60% ~ 70%, Ca20% ~ 30%，少量 Fe、Al 添加后具有迟效性，在高温保持 15 ~ 20min 后才能进行工件加热，在高温（>1200℃）不易捞渣	作用时间长，和 TiO_2 并用能弥补 TiO_2 的迟效性不佳
Mg-Al	$4Al + 3O_2 \rightarrow 2Al_2O_3$ $Al_2O_3 + NaO \rightarrow 2NaAlO_2$	粒度 0.5 ~ 1mm, Mg∶Al = 1∶1，具有速效性	具有强烈脱氧、脱硫作用，适合中温盐浴脱氧
TiO_2	$TiO_2 + BaO \rightarrow BaTiO_3$ $TiO_2 + FeO \rightarrow FeTiO_3$	不易捞渣，最好与硅胶配合使用	脱氧作用强，速效性好迟效性差，适用于 1000℃以上的高温浴，1000℃以下不宜单独使用
$Na_2B_4O_7 \cdot 10H_2O$	$Na_2B_4O_7 \rightarrow 2NaBO_2 + B_2O_3$ $B_2O_3 + BaO \rightarrow Ba(BO_2)_2$ $B_2O_3 + FeO \rightarrow Fe(BO_2)_2$	使用前先脱去结晶水，加入量大(2% ~ 5%)	不能完全防止脱碳，易侵蚀炉衬和电极
MgF_2	$MgF_2 + BaO \rightarrow BaF_2 + MgO$ $MgO + Fe_2O_5 \rightarrow MgO \cdot Fe_2O_3$	对工件、炉衬、电极有侵蚀，添加氟石可缓和	添加氟石用于高温盐浴脱氧效果好，腐蚀小
NaCN	$2NaCN + O_2 \rightarrow 2Na \rightarrow 2NaCNO$ $2NaCNO + O_2 \rightarrow Na_2CO_3 + CO + 2N$	剧毒，一般很少用	脱氧效果好，产生的碳酸盐会迅速使盐浴劣化
$K_4Fe(CN)_6$	$K_4Fe(CN)_6 \rightarrow 4KCN + Fe(CN)_2$ $K_4Fe(CN)_6 \rightarrow 4KCN + Fe + 2C + 2N$ $2KCN + O_2 \rightarrow 2KCNO$ $2KCNO + O_2 \rightarrow K_2CO_3 + CO + 2N$	反应产物有毒，已很少用	具有和 NaCN 相同的缺点

表 2-44　900℃在 $w(BaCl_2)$30% + $w(NaCl)$70%混合盐浴中加入不同量各种脱氧剂的效果

脱氧剂			脱碳层/mm			氧化量/(mg/cm²)		
名称	添加量[①]/g	粒度/目	$w(C) =$ 0.23%钢	$w(C) =$ 0.6%钢	$w(C) =$ 0.8%钢	$w(C) =$ 0.23%钢	$w(C) =$ 0.6%钢	$w(C) =$ 0.8%钢
Mg	2.4	30	0	0.09	轻微	6.57	6.84	23.60
Al	2.7	80	0	轻微	0	7.26	6.89	26.67
$w(C) = 3.2\%$铁粉	7.8	30	0.12	0.20	0.09	12.72	12.62	22.65

（续）

脱氧剂			脱碳层/mm			氧化量/(mg/cm²)		
名称	添加量①/g	粒度/目	$w(C) = 0.23\%$钢	$w(C) = 0.6\%$钢	$w(C) = 0.8\%$钢	$w(C) = 0.23\%$钢	$w(C) = 0.6\%$钢	$w(C) = 0.8\%$钢
Mg-AL(1:1)	3.1	30	0.04	0	0	9.20	7.79	14.00
Al-Fe(1:1)	5.3	30	0.02	0.06	0.08	20.61	10.11	17.62
Si	2.1	30	0	0.13	0.05	22.28	21.52	23.87
Fe-Si	4.95	30	0	0.07	0	23.81	15.60	22.83
Fe-Mn	3.0	30	0	0.09	0.10	17.49	16.09	17.06
CaSi₂ [$w(Si) = 55\%$, $w(Ca) = 45\%$]	3.0	30	0.02	0.08	0.07	19.54	17.08	17.71
CaC₇	3.0	30	0	0.11	0.13	11.23	10.46	14.53
木炭粉	3.0	30	0	轻微	轻微	11.62	16.48	9.8
Na₂B₄O₇	3.0	30	0.09	0.45	0.25	31.72	40.55	39.23
硅胶($mSiO_2 \cdot nH_2O$)	3.0	80	0.08	0.35	0.23 ~ 0（不均匀脱碳）	29.32	24.25	19.80
CaCN	3.0	80	0.05	0.14	0.14	17.59	24.24	35.85
骨炭 [$w(Ca_3(PO_4)_2) = 76\%$]	3.0	30	0.04	0.27	0.09 ~ 0.27（不均匀脱碳）	25.14	19.56	28.42
不加脱氧剂			0.18	0.14	0.09 ~ 0.11	12.80	20.21	18.00

注：盐浴表面和正常大气接触，时间为1h。
① 100g混合盐中的添加量。

2.7.3 长效盐

盐浴脱氧是一个复杂问题。目前尚无可以完全避免工件氧化脱碳，而又不腐蚀炉衬、电极的理想脱氧剂，而且生产中脱氧和捞渣的劳动强度很大。因此，研制可显著减轻工件的氧化脱碳、无需脱氧、仅在损耗后补充新盐的长效盐对方便生产和提高产品质量具有重要意义。表2-45所列为几种中温和高温长效盐举例。

表 2-45 不脱氧长效盐

使用温度/℃	盐浴成分（质量分数）(%)	使用条件	使用效果
700 ~ 940	67.9% BaCl₂ + 30% NaCl + 2% MgF₂ + 0.1% B	MgF₂ 在 900℃、BaCl 在 600℃、NaCl 在 400℃ 焙烧	用 $w(C)$ 为 1.4%、厚 0.08mm 钢片在900℃保持10min 测定盐浴活性，经 30 ~ 40h 后，钢片中 $w(C)$ 为 1.3% ~ 1.35%，用 9SiCr 钢检验无脱碳层
	66.8% BaCl₂ + 30% NaCl + 3% Na₂B₄O₇ + 0.2% B	硼砂预先经600℃焙烧，使用无晶形硼	用上述方法测试的钢片中 $w(C)$ 为 1.24% ~ 1.30%，经 60d 使用，处理 40 万件各种钢件脱碳质量合格
	52.8% KCl + 44% NaCl + 3% Na₂B₄O₇ + 0.2% B	硼砂经 500 ~ 600℃ 焙烧 3h	在 250kg 盐浴中，于 760 ~ 820℃ 进行了 T12 钢丝罐加热，然后在碱浴中淬火，使用两个月后钢片试验的碳含量 $w(C)$ 都保持在 1.28% ~ 1.30%
950 ~ 1050	87.9% BaCl₂ + 10% NaCl + 2% MgF₂ + 0.1% B	含 $w(MgF_2)$ 1.5% 效果不良	钢片试验结果，碳含量 $w(C)$ 保持在 1.05%，但在 1050℃ 使用时，在前 20 ~ 30h 盐浴面有薄膜和熔渣加热操作有困难

（续）

使用温度/℃	盐浴成分（质量分数）(%)	使用条件	使用效果
950 ~ 1050	85.8% BaCl$_2$ + 10% NaCl + 4% Na$_2$B$_4$O$_7$ + 0.2% B	硼砂经熔烧后盐浴稳定性好	钢片试验,碳含量 w(C) 保持在 1.30% 以上
	94.8% BaCl$_2$ + 5% MgF$_2$ + 0.2% B		
	96.9% BaCl$_2$ + 3% MgF$_2$ + 0.1% B		经 1d 后钢片试验结果碳含量 w(C) 保持在 1.30% ~ 1.40%,经 45h 可保持在 1.10%
	96.4% BaCl$_2$ + 3% Na$_2$B$_4$O$_7$ + 0.6% B	硼砂预先熔烧盐浴稳定性好	

2.7.4　流态床加热的特点

由于粒子的紊乱流动和强烈循环以及其热容量比气体约大两个数量级,流态床的传热性能很好[传热系数 α 达 1000W/(m^2·K) 以上],温度均匀度可达到 5 ~ 10℃,甚至更高。

在流态床中可实现少无氧化加热。当采取燃烧气体鼓风时,若燃烧系数小于 0.5,便可获得无氧化加热效果。随着流态化技术的进步和生产环境的改善,在流态床中的加热有逐步增长的趋势。

对理想炉床材料的主要性能要求是密度。合适的炉料密度为 1280 ~ 1600kg/m^3。选择炉料的依据是热导率和流态化程度。高密度材料适用于高传热要求,低密度材料易实现流态化。

常用的炉床材料为石墨和氧化铝颗粒。颗粒的直径决定着传热系数 a 的大小。颗粒越小,传热效果越好。氧化铝颗粒在 20 ~ 30μm 时,流态床的传热系数最大;小于 20μm 时,微粒易粘结,传热系数急剧减小。颗粒过细还会导致飞扬,恶化工作环境。

气体流态化速度是决定流态床稳定性的主要因素。对一定密度的材料和一定直径的颗粒,为获得最好传热效果和避免微粒飞扬,存在一个最佳流速。此流速为最低流态化速度的 2 ~ 8 倍。图 2-122 所示为正常状态下的流态压力降和气体流速的关系。

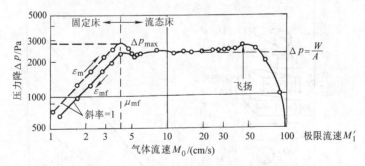

图 2-122　均匀粒子流态压力降和气体流速的关系

流态床介质的性能取决于其在 Geldart 图（见图 2-123）中的位置。Geldart 图可以表达一种固态介质形成气一固态流能力的性质。B 型介质具有最大的传热速度,其中就包括氧化铝。在各种介质中,氧化铝不仅具有最大的传热速率,还具有热稳定性和均匀性。

钢在流态床中的加热速度介于炉中加热和盐浴加热之间,非常接近于盐浴（见图 2-124）。往流态床中加入不同量的冷料时,炉温的降低并不显著,而且会很快得到恢复。图 2-125 所示为不同装炉量的 ϕ25mm 钢棒在 0.3m^3 流态床中加热时,炉温的变化

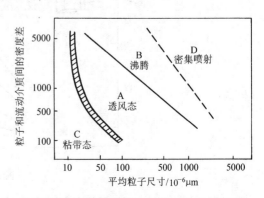

图 2-123　影响固态流态床介质性质的 Geldart 图

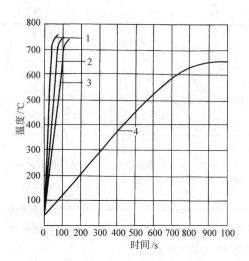

图 2-124　ϕ16mm 钢棒在铅浴、盐浴、流态床
和普通电阻炉中的加热速度

1—铅浴　2—盐浴　3—流态床　4—电阻炉

和恢复速度。

各种形状和尺寸工件在不同类型传热介质中的加
热时间示于图 2-126。用于淬火冷却的流态床，可以
获得宽广的冷却速度范围，从气冷淬火直到较慢速的

油淬。

不同气体介质对传热速率有明显影响，尤其是在
600℃ 以下辐射传热为非主导作用的温度。图 2-127
所示为 H_2、He 和 N_2 在不同流速情况下对流态床
600℃ 时的传热速度影响。可看出 H_2 和 He 具有最大
的传热速率，采用混合气体在化学热处理时有重要意
义，不仅是从传热速率角度而且也是考虑控制化学反
应的速度。

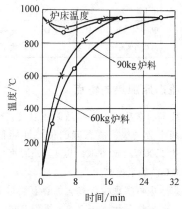

图 2-125　钢棒（ϕ25mm）在流态床
（0.3m³ 容积）中加热时的炉温恢复速度

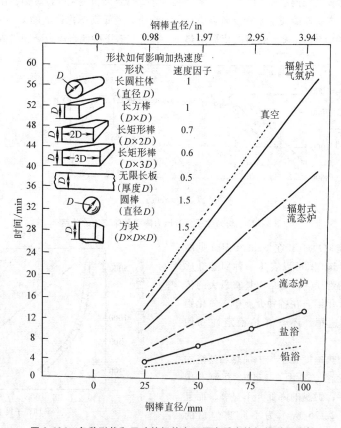

图 2-126　各种形状和尺寸的钢件在不同介质中的加热时间比较

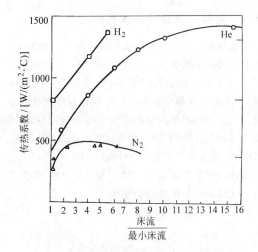

图 2-127　在600℃以下于不同气体介质的
流态床中加热时的传热速率

往流态床中通入含碳、氮气氛可以实现钢的渗碳、碳氮共渗、氮碳共渗，加入其他相应物质还可以实现渗硼、渗金属和复合渗。

2.8　真空中的加热

真正的真空是不存在的。可以说，真空也是一种气氛。事实上，比大气压力小的空间统称为真空。表2-46所列数据为真空中残留气体的量和相应的露点值。

表 2-46　不同真空度下的残存杂质量
和所对应的露点

真空压力/Torr[①]	100	10	1	10^{-1}
相应的杂质量(体积分数)(%)	13.4	1.34	1.34×10^{-1}	1.34×10^{-2}
相应的露点/℃		+11	-18	-40
真空压力/Torr[①]	10^{-2}	10^{-3}	10^{-4}	10^{-5}
相应的杂质量(体积分数)(%)	1.34×10^{-3}	1.34×10^{-4}	1.34×10^{-5}	1.34×10^{-6}
相应的露点/℃	-59	-74	-88	-101

① 1 Torr = 133.32Pa。

一些高纯度惰性气体通常含有 0.1% 的（体积分数）的活性气体杂质。此纯度相当于 133Pa 的真空。这种气体用于金属的加热保护，仍然会和金属表面发生反应，所以还需要进一步净化。从净化和保持纯度的（费用）角度考虑，使杂质达到 1×10^{-6} 以下的净化是非常困难的。从表 2-48 所列数据可知，1×10^{-6} 的残存气体相当于0.133Pa真空度。这种真空度用抽

真空的方法很容易达到，而且比气体净化到相同程度要便宜得多。

2.8.1　金属在真空中加热时的行为

金属在一定的真空度下加热时，除可避免氧化烧损，得到光亮的表面质量外，还有脱脂、除气、表面氧化物分解以及合金元素的蒸发等效应。

1. 脱脂　工件表面的切削液、润滑剂、防锈油等在真空下加热时都可分解成氢、二氧化碳和水蒸气，并在抽气过程中排出。如果工件表面事先未严重玷污或要求不过分严格，在真空加热前可以不进行清洗。

2. 脱气　真空对液态金属有明显的除气效果，对固态金属中溶解的气体也有很好的排除作用。金属中最有害的气体是氢。采用真空加热时，可使金属和合金中的氢迅速降至最低程度。

3. 氧化物的分解　金属和合金在真空中加热时，如果真空度低于相应氧化物的分解压力，这种氧化物就会发生分解，形成的游离氧立即被排出真空室，使金属表面质量进一步改善，甚至使表面达到活化状态。图 2-128 所示为各种金属氧化物的分解压力。

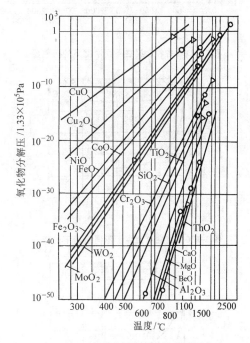

图 2-128　各种金属氧化物的分解压力

4. 合金元素的蒸发　合金在真空中加热时，表面的化学成分与状态经常会发生明显的变化。钢中的合金元素在一定温度下具有不同的蒸气压（见图 2-129）。在钢中的各种合金元素中，以锰、铬的蒸气

压最高，在真空中加热时它们最容易蒸发（见图
2-130 和图 2-131）。合金元素在钢表面的蒸发结果，
使表面的物理化学性质发生变化以致影响制品的质量
和耐用度。为避免合金元素的大量蒸发损失，应采取
适当措施。通常的方法是800℃以下的加热可在真空
中进行，800℃以上通以惰性气体。

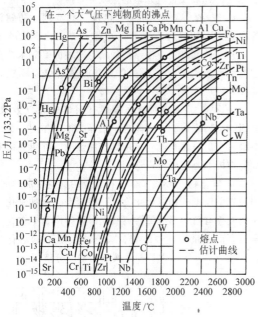

图 2-129　各种金属在不同温度下的蒸气压

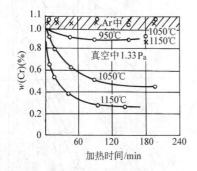

图 2-130　铬在真空中于不同温度下的蒸发

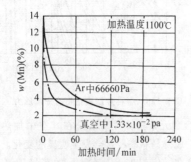

图 2-131　w(Mn)14%钢在真空中加热时
的锰的蒸发量

2.8.2　金属在真空中的加热速度

在真空中加热比在盐浴和气氛中慢。一般真空加
热的时间为盐浴的6倍。在周期式炉中，零件的温度
滞后于仪表指示的炉温。图 2-132 所示为用 ϕ20mm
和 ϕ50mm 钢棒在真空中加热时，试棒温度和指示炉
温的关系。可以看出，试棒表面温度一旦超过400℃
就发生滞后，在600℃以下心部温度的升高非常缓慢，
超过600℃升温速度增加。中间在800℃保持60min，
可使试棒温度和炉温指示一致。当炉温升到800℃以
上时，试棒温度与炉温趋于接近。

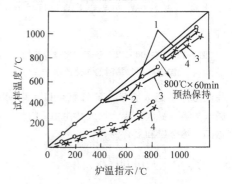

图 2-132　真空加热时，炉温与
试棒温度的关系

1—ϕ20mm 试棒表面　2—ϕ20mm 试棒心部
3—ϕ50mm 试棒表面　4—ϕ50mm 试棒心部

当工件尺寸更大时，工件温度滞后于炉温的现象
更为严重。为此必须预先测出滞后的时间数据，否则
就不能得到正确的加热温度和保持时间。图 2-133 表
示在真空炉中施行油淬火前的加热时，奥氏体化温度
和工件尺寸对炉温指示与工件温度滞后时间的影响。
图中的数据测定方法是采用从 ϕ25mm 到 ϕ164mm 的
试棒，中心插入热电偶，在880℃进行预热后，当炉

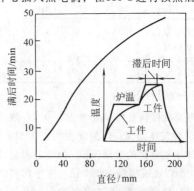

图 2-133　在油淬火真空炉中加热时钢的
奥氏体化温度、工件尺寸对炉温和
工件温度滞后时间的影响

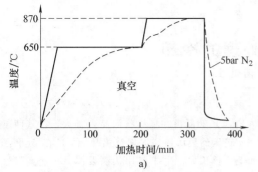

a)

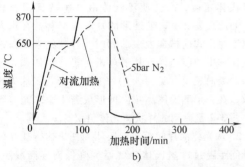

b)

图 2-134　56NiCrMoV7 钢在 Ipsen VTTCK-424-R 型
炉中于真空和 N₂ 对流加热时间比较

a) 真空　b) N₂

注：1.　56NiCrMoV7 钢质量分数：C 0.5% ~ 0.6%，
Si0.1% ~ 0.4%，Mn0.65% ~ 0.95%，P、S ≤
0.030%，Cr1.0% ~ 1.2%，Mo0.45% ~ 0.55%，
V0.07% ~ 0.12%，Ni1.5% ~ 1.8%；棒料
ϕ375mm × 120mm，重 90kg。

2.　1bar = 10⁵Pa。

温与试棒温度一致时，再继续升到淬火加热温度
（1020℃）。通过一系列试验，测出了炉温指示和工
件实际温度的差别。例如，把直径 ϕ40mm 工件从

880℃加热到1020℃时，当炉温达到1020℃后，要经过 15min，工件才能达到这个温度。把这个滞后时间和加热时间相加，才能得到所需的总加热时间。因此，一定尺寸和一定装炉量的钢件进行真空加热时，在升温过程中往往要设置两个以上的均温台阶。

为了提高生产效率缩短加热时间，可在真空炉抽真空后通入中性（N₂）或惰性气体（He、Ar）于低真空或大气压下施行对流加热。图 2-134 所示为 ϕ375mm × 120mm 重 90kg 的 56NiCrMoV7 钢棒在 Ipsen VTTCK-424-R 型真空炉中进行的真空加热和通气对流加热比较。可以看出，对流加热可缩短一半以上的加热时间。对流加热还可以减少钢材表面合金元素（Mn、Cr）的蒸发，维持钢热处理后的性能。

此外，由于真空加热主要依靠辐射，面对发热体的被处理件部分容易受热，升温速度也相对快些。所以真空加热时，工件在料盘上的放置要保持一定间隔，避免相互遮蔽。

参 考 文 献

[1]　机械工程手册编委会.机械工程手册：第 7 卷机械制造工艺（一）[M].北京：机械工业出版社，1982.

[2]　中国机械工程学会热处理学会.热处理节能的途径 [M].北京：机械工业出版社，1986.

[3]　George E，Totten，Maurice A H Howes.Steel Heat Teatment Handbook [M].New York：Marcel Dekker，lnc.1997.

[4]　中国热处理行业协会，机械工业技术交易中心.当代热处理技术与工艺装备精品集 [M].北京：机械工业出版社，2002.

[5]　中国热处理行业协会.中国热处理工作者信息手册 [M].北京：机械工业出版社，1994.

第3章 金属热处理的冷却

上海交通大学 潘健生

3.1 钢的过冷奥氏体转变

冷却到平衡的相变温度以下的奥氏体称为过冷奥氏体。过冷度不同，过冷奥氏体的转变方式、转变产物的组织结构和性能都不相同。当过冷度较小时，奥氏体在较高的温度范围内分解（简称奥氏体高温分解）；过冷度很大时，奥氏体转变为马氏体；在二者之间的温度范围内发生中温转变，形成贝氏体。

3.1.1 过冷奥氏体的高温分解

过冷奥氏体高温分解是典型的扩散型相变过程，其转变产物与奥氏体成分及过冷度有关。

3.1.1.1 共析转变

1. 珠光体转变及珠光体（共析体） 在接近于 A_1 的温度下，共析成分碳钢中的过冷奥氏体分解为由相互交替的渗碳体和铁素体片所组成的共析组织称珠光体。首先在奥氏体（A）的晶界上析出渗碳

体（Fe_3C）的晶核并呈片状向晶内长大，在其两侧出现了贫碳的奥氏体，促使铁素体（F）在 A/Fe_3C 界面上形核长大，生成层片状铁素体，并使其附近的奥氏体富碳，又促使渗碳体沿 A/F 界面形核长大。如此反复交替，最终形成片状珠光体。在珠光体以上述方式向横向发展的同时，片状铁素体前沿的奥氏体中的碳向渗碳体的前沿扩散，促使珠光体也沿着纵向长大（见图 3-1）。其结果形成了珠光体领域，在一个奥氏体晶粒内可形成若干个珠光体领域。图 3-2 是典型的片状珠光体组织。

2. 珠光体的片间距、索氏体和托氏体 珠光体的片间距随过冷奥氏体分解温度降低而逐渐减小，片间距小到在光学显微镜下较难辨别（放大到 800 倍才隐约可见片层状）的珠光体也称索氏体。在更低温度下形成极细的珠光体只有在电子显微镜下才能看到其中极细的片层状铁素体和渗碳体，称之为托氏体。

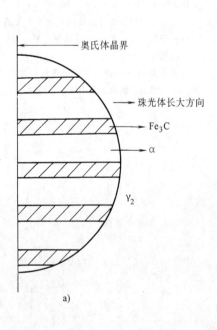

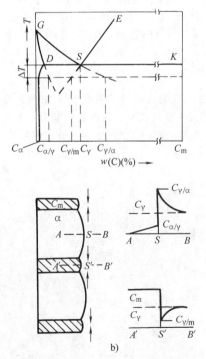

图 3-1 片状珠光体的横向生长和纵向生长
a）横向生长 b）纵向生长

图 3-2　典型的片状珠光体
组织（T8 钢退火）

3. 粒状珠光体　粒状珠光体的形成过程也是一个渗碳体和铁素体交替析出的共析过程。其中渗碳体的析出是以奥氏体晶粒内的未溶解碳化物或富碳区为非自发晶核，且各个方向的成长近似一致，最终成为在铁素体基体上均匀分布着球状（粒状）渗碳体的粒状珠光体。其形成条件是加热时奥氏体温度较低并且冷却时过冷度较小（等温温度较高或冷却速度慢）。图 3-3 所示为典型的粒状珠光体组织。

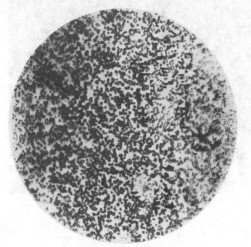

图 3-3　粒状珠光体组织

4. 珠光体的力学性能　片状珠光体的强度和硬度随片层间距减小而升高（见图 3-4），粒状珠光体与化学成分相同的片状珠光体相比，强度和硬度较低而塑性韧性较好。渗碳体颗粒越大，与片状珠光体性能的差别越明显。粒状珠光体有良好的切削性能。

3.1.1.2　先共析组织

1. 先共析铁素体　亚共析钢在慢冷的情况下，

先有铁素体从奥氏体中析出，然后奥氏体才发生共析分解。先共析铁素体量较少时，沿着原奥氏体晶界分布，其数量较多时（例如缓慢冷却的低碳钢）先共析铁素体呈等轴块状。

2. 网状渗碳体与球状渗碳体　过共析钢在珠光体转变前析出先共析渗碳体，若奥氏体化温度较高而冷却较慢，形成沿奥氏体晶界分布的网状渗碳体，此将恶化钢的切削性能以及淬火回火后的力学性能。在略高于 A_1 的温度奥氏体化，然后缓冷或在略低于 A_1 温度等温，则过共析钢中的先共析渗碳体呈球状与珠光体共存。

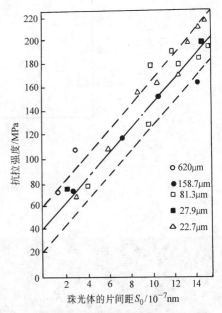

图 3-4　共析钢珠光体片间距
与抗拉强度关系

3. 伪共析组织　亚共析钢中的先共析铁素体或过共析钢的先共析渗碳体的数量都将随转变温度降低而减少。当奥氏体过冷到 ES 的延长线以下和 GS 线延长线以下的区域时，将不再析出先共析组织，而形成"伪共析组织"。图 3-5 表示先共析相与伪共析组织的形成范围。

4. 魏氏组织　$w(C) < 0.6\%$ 的碳钢或低合金钢，在奥氏体晶粒较粗和冷速适中的条件下，先共析铁素体呈片状或粗大羽毛状，与原奥氏体有一定位向关系（见图 3-6a），这种组织称为魏氏组织。在预先抛光的面上观察到魏氏组织的铁素体呈现表面浮凸，说明它在形成时与奥氏体具有共格切变的特征。

过共析钢魏氏组织中的渗碳体呈针状或杆状出现于原奥氏体晶粒内部（见图 3-6b）。

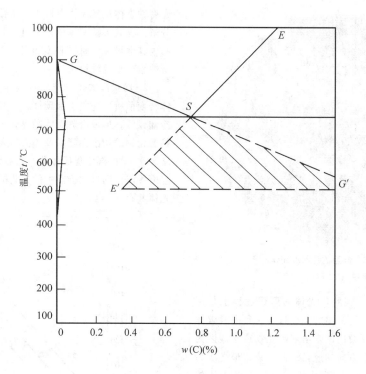

图 3-5　先共析相与伪共析组织形成范围

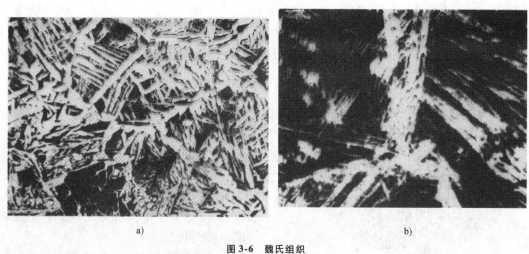

a)　　　　　　　　　　　　　　　　　　b)

图 3-6　魏氏组织
a）亚共析钢　b）过共析钢

3.1.1.3　相间沉淀

含有 Mo、V、Nb、Ti 的低碳合金钢,从奥氏体状态冷却时,在 500～800℃ 范围内,与析出铁素体的同时在 A/F 界面上沉淀出弥散的碳化物及氮化物,称相间沉淀。这些碳、氮化合物呈极细颗粒状分布在间隔不远的平行面上。相间沉淀使钢具有相当高的强度。

3.1.2　马氏体转变与马氏体

3.1.2.1　过冷奥氏体在低温范围内的无扩散转变——马氏体转变

以足够快的冷却速度使奥氏体过冷到低温范围内的一定温度以下,将转变为马氏体。马氏体相变是铁原子(和置换原子)无扩散切变(原子沿相界面作协作运动)、使其形状改变的相变。普遍认为马氏体相变时铁原子(和置换原子)作有规则的、保持其原子间相对关系的迁动或称原子的协作运动,这种切变位移可如图3-7所示。其中母相和马氏体相为共格或半共格界面。一般中、高碳钢马氏体相变时没有出现碳的扩散,但在低碳钢中马氏体转变时碳会有一定程度的扩散,使化学成分有些改变,但碳的扩散不是马氏体转变必须的和主要过程。

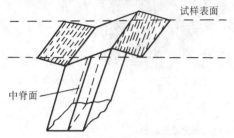

图 3-7 切变位移示意图

3.1.2.2 马氏体转变的温度范围

马氏体开始形成的温度称马氏体开始转变点,标以 Ms。母相的碳含量是影响 Ms(℃)温度的最强烈因素,可用下式表示:

$$Ms = 520 - 320w(C) \qquad (3-1)$$

各种合金元素对 Ms 的影响,当钢的成分(质量分数)在 C0.1% ~ 0.55%、Si0.1% ~ 0.35%、Mn0.2% ~ 1.7%、Ni 微量 ~ 5.6%、Cr 微量 ~ 3.5%、Mo 微量 ~ 1.0% 范围内且奥氏体化时碳化物完全溶解,则可用下式计算 Ms(℃)温度:

$$Ms = 561 - 474w(C) - 33w(Mn) - 17w(Ni) -$$
$$17w(Cr) - 21w(Mo) \qquad (3-2)$$

式(3-2)可靠性达90%,误差为20℃。

还需指出,合金钢的 Ms 点随着碳含量增加而降低的趋势比 Fe-C 合金更大些。另一方面,钢中合金元素对 Ms 的影响也因碳含量增多而加大。例如成分(质量分数)为 C0.11% ~ 0.6%、Mn0.04% ~ 4.87%、Si0.11% ~ 1.89%、S0 ~ 0.046%、P0 ~ 0.048%、Ni0 ~ 5.04%、Cr0 ~ 4.61%、Mo0 ~ 5.40% 的钢有下列经验公式:

$$Ms = 512 - 453w(C) - 16.9w(Ni) + 15w(Cr) -$$
$$9.5w(Mo) + 217[w(C)]^2 - 71.5w(C)w(Mn) -$$
$$67.6w(C)w(Cr) \qquad (3-3)$$

式(3-3)对较高合金元素含量 $w(Cr) > 2\%$ 的钢更为可靠,误差约10%。一般钢的马氏体转变量只随温度的下降而增多,在 Ms 点以下等温不能增加马氏体转变量,冷却到一定温度后马氏体转变停止。这一温度标以 Mf。实际上在 Mf 温度以下,往往还残留

相当数量的奥氏体,Mf 的温度也和奥氏体的成分有关,$w(C) > 0.5\%$ 的碳钢,Mf 已处于室温以下。

3.1.2.3 钢中马氏体的形态

1. 板条马氏体 典型的低碳钢淬火组织为板条马氏体(见图3-8),在马氏体条的内部可用高倍透射电镜观察到高密度位错的亚结构(见图3-9a),并存在条间奥氏体(见图3-9b)。其量虽甚微,却对韧性有不容忽视的作用。

图 3-8 $w(C)$ 为 0.2% 的马氏体组织 500×
注:亚硫酸氢钠液侵蚀。

2. 片状马氏体 高碳马氏体呈片状(针状,透镜状),片间成一定角度。多数马氏体片有一条(按立体应是一片)中脊。马氏体片内常有微裂纹,在马氏体周围伴有残留奥氏体(见图3-10)。片状马氏体的亚结构为孪晶(见图3-11)。

3. 条状马氏体与片状马氏体的混合组织 碳的质量分数在 0.4% ~ 1.0% 之间的淬火钢具有条状马氏体与片状马氏体的混合组织。图 3-12 所示为 $w(C) = 0.57\%$ 的马氏体的金相组织,其中同时存在条状马氏体和片状马氏体。把标以 P 的片状马氏体区域用透射电镜观察,它的亚结构为孪晶(以 T 标记),图3-13所示为碳含量对马氏体的亚结构、Ms 点和残留奥氏体的影响。图中 M 为马氏体中条状马氏体所占的体积分数(其余为片状马氏体)

4. 细针状马氏体和隐针状马氏体 条状或针状马氏体一般都不穿过原奥氏体晶界,因而随淬火温度降低,马氏体变细。图3-14所示为中碳钢细针状马氏体正常淬火组织。奥氏体晶粒细小和未溶碳化物都能使高碳钢获得细马氏体的正常淬火组织。这种组织在光学显微镜下无法分辨,被称为隐针马氏体(见图3-15)。中碳钢高频淬火也能得到隐针马氏体。

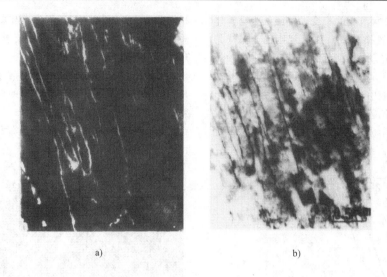

a)　　　　　　　　　　　　　b)

图 3-9　0.24C-4.1Cr-1.0Mn（质量分数）钢的淬火组织

a）明场　b）暗场

a)　　　　　　　　　　　　　b)

c)　　　　　　　　　　　　　d)

图 3-10　高碳马氏体组织

a）Fe33Ni　200×　b）Fe-1.39C　500×　c）Fe-1.86C　500×　d）Fe-1.86C　750×

注：其中图 c 是从两个垂直面拍摄的，并将同一片马氏体拼在一起。

图 3-11　片状马氏体的电镜照片

3.1.2.4　钢中马氏体的晶体结构

高碳马氏体的晶体结构是体心正方，其点阵常数接近 α-Fe。碳原子落入八面体间隙位置形成体心正方晶体结构。马氏体正方度 c/a 与碳含量的关系可以用下式表示：

$$c/a = 1.000 + 0.045w(C) \qquad (3-4)$$

$w(C) > 0.6\%$ 的马氏体在室温时的点阵常数 c、a 与碳含量呈线性关系，如图 3-16 所示。

在一些合金钢 $[w(C) < 0.2\%]$ 中马氏体为立方结构，在 Fe-C 合金中测定出 $w(C) < 0.6\%$ 的马氏体在室温时也是立方结构，但被认为这是马氏体中碳原子偏聚（自回火）所致。

由于面心立方原子排列比体心立方更紧密，因此奥氏体转变为马氏体时会出现体积膨胀。

a)

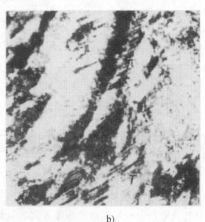

b)

图 3-12　$w(C) = 0.57\%$ 钢的马氏体组织

a）$100\times$　　b）$26000\times$

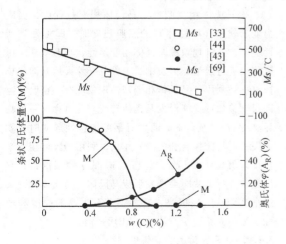

图 3-13　碳含量对马氏体的亚结构、Ms 点
及残留奥氏体量的影响

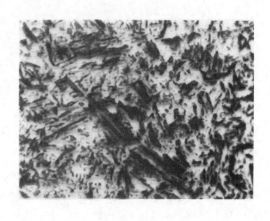

图 3-14　中碳钢正常淬火组织　$800\times$

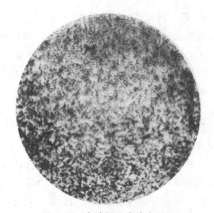

图 3-15　高碳钢正常淬火组织

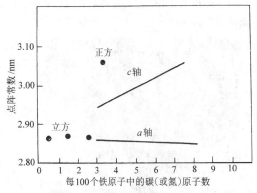

图 3-16　Fe-C 马氏体的点阵常数

3.1.2.5　马氏体转变的位向关系与惯习面

马氏体转变时新旧相的界面和晶体方向之间都保持一定的结晶学位向关系，如图 3-17 所示。

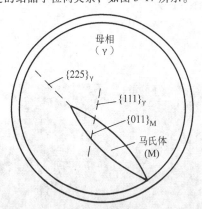

图 3-17　惯习面及位向关系

马氏体相变也是一个形核和长大过程，马氏体开始在母相的一定晶面上形成，这种晶面称"惯习面"。图 3-17 中表示出马氏体的惯习面，在马氏体长大时，惯习面就成为二相的交界面。

表 3-1 列出了一些铁基合金马氏体相变的位向关系和惯习面。

表 3-1　一些铁基合金马氏体相变的惯习面和位向关系

晶体结构的改变	合金	位向关系	惯习面
面心立方→体心立方	Fe-C (w(C) < 0.2%)	$(111)_\gamma /\!/ (011)_M$ $[01\bar{1}]_\gamma /\!/ [\bar{1}11]_M$ (K-S)	近 $\{111\}_\gamma$ (557)$_\gamma$
面心立方→体心正方	Fe-C(w(C) 0.5% ~ 1.4%)	K-S	$\{225\}_\gamma$
面心立方→体心正方	Fe-C(w(C) 1.5% ~ 1.8%)	K-S	$\{259\}_\gamma$
面心立方→体心正方	Fe-Ni	近 K-S(室温以上) $\{111\}_\gamma /\!/ \{110\}_M$ $\langle 211 \rangle_\gamma /\!/ \langle 110 \rangle_M$ 西山关系(N 关系)	

3.1.2.6　奥氏体稳定化

1. 热稳定化　淬火时冷却中断并等温停留，会使马氏体最终转变量减少，残留奥氏体增多。在略高于 Ms 点以上停留，可使 Ms 点下降。在 Ms 点以下停留，可使马氏体继续转变的温度降低。这种现象称奥氏体热稳定化。发生热稳定化的温度有一个上限，用 Mc 表示。Mc 主要取决于奥氏体的化学成分，可能高于 Ms，也可能低于 Ms。

2. 机械稳定化　在 Ms 点以上进行大变形量的塑性变形，可产生机械稳定化，使马氏体转变量减少。

3.1.2.7　马氏体等温转变及马氏体相变塑性

1. 马氏体的等温转变　某些高碳钢和高合金钢，在一定条件下能等温形成马氏体。马氏体等温转变的形核，需经过一定孕育期，但长大速度很快。马氏体等温转变的温度-时间-转变量曲线也呈 C 形，一般在等温条件下形成一定数量的马氏体后转变即行停止，并使残留奥氏体稳定化。等温马氏体转变有利于改善钢的韧性，并稳定工件尺寸。

2. 马氏体相变塑性　马氏体相变过程中，当应力低于软相（奥氏体）的屈服强度时，即可发生塑性变形，这种现象称马氏体相变塑性，盘形零件用压床淬火进行定型，以及细长工件分级淬火后立即趁热校直都是利用了马氏体相变塑性现象。在一定温度范围对钢施加形变能激发马氏体转变。此时存在一个临界温度 Md，在高于此温度对钢施加塑性形变时，就会失去对马氏体转变的激发作用。利用马氏体相变塑性设计出几种 Md 高于室温而 Ms 低于室温的钢，它们在常温下形变时会诱发形成马氏体。马氏体转变反过来又诱发塑性提高，这种钢兼有很高的强度和塑性，被称为相变诱发塑性（TRIP）钢。

3.1.2.8　马氏体的力学性能

马氏体的硬度随碳含量增加而单调上升（见图 3-18）。

条状马氏体的规定塑性延伸强度 $R_{p0.2}$（MPa）与碳含量（质量分数）的平方根呈线性关系，对于 $w(C)<0.2\%$ 的 Fe-C 马氏体可回归为下列经验式：

$$R_{p0.2} \approx 420 + 1750[w(C)]^{0.5} \qquad (3-5)$$

对于 $w(C)=0.2\%$ 的 Fe-C 马氏体的规定塑性延伸强度 $R_{p0.2}$（MPa）与原始奥氏体晶粒大小 d_r（mm）及马氏体领域大小 d_m（mm）之间的关系如下：

$$R_{p0.2} = 620 + 70d_r^{-0.5} \qquad (3-6)$$

$$R_{p0.2} = 458 + 6.1d_m^{-0.5} \qquad (3-7)$$

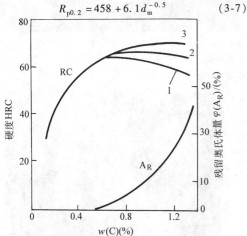

图 3-18　淬火钢的硬度及残留奥氏体与碳含量的关系

1—过共析钢高于 Ac_{cm} 淬火

2—过共析钢在高于 Ac_1 淬火　3—马氏体的硬度

马氏体的韧性随强度提高而下降，在强度相同时位错马氏体的韧性显著高于孪晶马氏体（见图 3-19）。高碳针状马氏体具有很高的硬度和耐磨性，但脆性很大，而钢中残留奥氏体可以降低淬火钢的脆性。

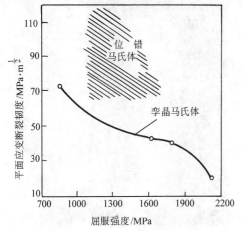

**图 3-19　$w(C)$ 为 0.17% 及 0.35%
的 Cr 钢的强度与断裂韧度的关系**

低碳马氏体具有高强度和良好韧性的配合，如屈服强度在 1000～1300MPa、抗拉强度在 1200～1600MPa 的水平上尚具有良好的塑性（$A \geqslant 10\%$, $Z \geqslant 40\%$）和韧性（$a_K \geqslant 60J/cm^2$）并具有较好的可加工性和焊接性。

3.1.3　贝氏体转变与贝氏体

过冷奥氏体在高温分解和马氏体转变之间的中间温度范围内所发生的转变称为贝氏体转变，其转变产物称为贝氏体。

由于具体的转变温度、钢的化学成分等因素的不同，钢中的贝氏体形貌呈现十分复杂的多样性。

3.1.3.1　贝氏体的组织形貌

1. 上贝氏体

（1）无碳贝氏体。无碳贝氏体形成于贝氏体相变温区的上部。它优先在奥氏体的晶界或晶界铁素体上形核，形成大致相互平行的条状铁素体束。铁素体内不含碳或近似不含碳，它的外表面不出现渗碳体粒子。通常钢中不能形成单一的无碳贝氏体，而是形成它与珠光体或马氏体共存的组织。无碳贝氏体在本质上与魏氏组织没有差异。

（2）典型的上贝氏体。钢中典型的上贝氏体形成温度大致在 250～350℃ 之间（低碳钢更高一些）。上贝氏体是成束平行排列的条状铁素体和条间渗碳体所组成的非层状组织，在光学显微镜中分辨不清条状的碳化物粒子（见图 3-20）转变温度愈低条束愈细。在电子显微镜中能清晰看出上贝氏体的 α-Fe 和 Fe_3C 两个相，α-Fe 相相互之间以几度到十几度的小位向差成条束状排列。渗碳体沿条的长轴方向排列成行。上贝氏体中 α-Fe 的亚结构是位错，碳的过饱和度很低，$w(C)<0.03\%$。惯习面为 $(111)_\gamma$。与母相的位向关系为 K-S 关系。

2. 下贝氏体　下贝氏体是片状铁素体内部有碳化物沉淀的组织，中、高碳钢的下贝氏体形成温度约在 350℃ 至 Ms 点（或稍低于 Ms 点）之间，其铁素体的碳过饱和度大于上贝氏体，当形成温度在 250℃ 以下可达 0.2%（质量分数）左右。当转变量不多时，在光学显微镜下可清晰观察到在浅色的马氏体和残留奥氏体背景上黑色针状的下贝氏体（见图 3-21）。若在转变结束后因众多的针纤紧挨在一起，而使针状特征不甚明显，只有在电镜下观察才能分辨下贝氏体中的碳化物，它呈粒状或短条状沿着与铁素体长轴夹角为 55°～60° 方向分布。

下贝氏体中铁素体的外形似高碳马氏体，但亚结构与惯习面均不同。下贝氏体铁素体与母相的 K-S 位向关系符合，用光镜和电镜发现下贝氏体的铁素体片由亚基元组成（见图 3-22）。用扫描隧道显微镜观察到贝氏体超精细结构，发现亚单元由超亚单元和超超亚单元组成（见图 3-23）。

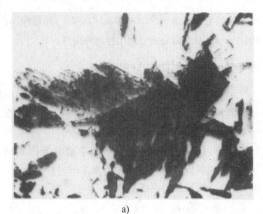

a)　　　　　　　　　　　　　　　　　b)

图 3-20　65Mn 上贝氏体

a）部分转变　1000×　　b）全部上贝氏体　400×

图 3-21　65Mn 钢下贝氏体组织　1000×

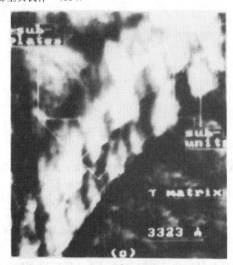

a)

0.2μm

图 3-22　Fe-0.6C-2.05Si-0.82Mn 钢

贝氏体铁素体板条及条中相变基元

注：900℃→350℃，2min。

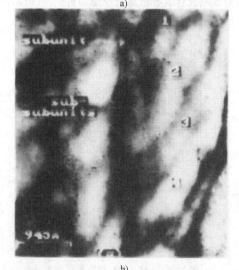

b)

图 3-23　贝氏体中的亚单元超亚单元和超超亚单元

（扫描隧道显微镜）

a）Fe-1.0C-4.0Cr-2.0Si 下贝氏体片条、亚片条及亚单元

b）图 a 中虚线对应的下贝氏体亚单元及超亚单元

3. 粒状贝氏体　低中碳合金钢中，连续冷却时往往出现粒状贝氏体（在等温冷却时也可能形成），其形成温度范围大致在上贝氏体转变温区的上部。

粒状贝氏体金相组织的特征是在较粗大的块状铁素体内部出现孤立的"小岛"。它们呈粒状或长条状多样形态，很不规则（见图3-24）。这些小岛是原先高碳奥氏体随后的转变产物。有三种可能：①分解为 α-Fe 和碳化物；②发生马氏体转变；③仍保持为高碳奥氏体。有时在一个组织中出现其中一种情况或同时出现多种情况，视奥氏体的化学成分和热处理工艺而异。

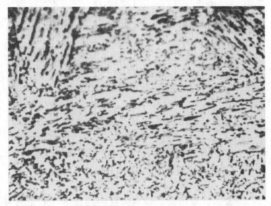

图 3-24　粒状贝氏体　400×

3.1.3.2　贝氏体的力学性能

1. 贝氏体的强度（硬度）　贝氏体铁素体的晶粒越小，其强度越高。贝氏体的碳化物颗粒越细、数量越多，对强度贡献越大。贝氏体铁素体中碳的过饱和度及位错密度越大，对增加强度的贡献越大，而且这些因素均随贝氏体形成温度降低而增强。由图3-25

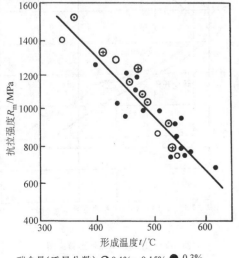

碳含量(质量分数)：⊗ 0.1%~0.15%　● 0.3%
○ 0.01%　　⊙ 0.4%

图 3-25　贝氏体抗拉强度与形成温度的关系

可见，贝氏体的抗拉强度随形成温度降低而提高。

碳化物的数量还决定于碳含量，碳含量增加使贝氏体强度提高。

上贝氏体的形成温度高，铁素体尺寸比较大，其碳化物呈较粗颗粒状不均匀分布在铁素体条间，所以上贝氏体的强度比下贝氏体的强度低得多。

2. 贝氏体的韧性　下贝氏体的韧性远远高于上贝氏体，下贝氏体能获得较高强度和较高韧性的配合（见图3-26）。

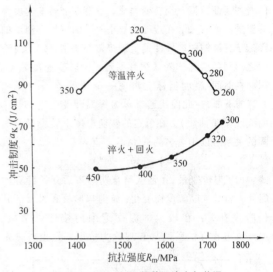

图 3-26　30CrMnSi 钢等温淬火与普通淬火回火的冲击值比较

30CrMnSi 钢在 1400～1750MPa 范围内，下贝氏体的冲击韧度明显高于同等强度的回火马氏体。

钢中碳含量不同时，贝氏体和回火马氏体组织断裂韧度的比较出现不同的结果。在等强度条件下低碳钢贝氏体断裂韧度不如回火后的低碳马氏体，而中、高碳钢的贝氏体断裂韧度高于回火马氏体。高碳的下贝氏体仍然具有良好的强度、塑性以及高的抗扭转屈服强度。

3. 贝氏体和马氏体混合组织的强度和韧性　组成比例适当的马氏体—贝氏体混合组织，可获得良好的强度与韧性的匹配，并具有最低的脆性转变温度。这种最佳的组成因钢种而异，可以由试验测定，并在实际生产中通过调节等温停留时间或通过调节贝氏体钢连续冷却的速度获得最低的脆性转变温度。

在马氏体转变之前形成少量下贝氏体起着分割奥氏体晶粒的作用，使马氏体细化，因而降低脆性转变温度，并有利于强度的提高，混合组织的强度降低比较缓慢，当出现少量下贝氏体时还能使强度升高，而上贝氏体的存在总是对强度有不利的影响。

3.1.4 过冷奥氏体等温分解转变动力学

图 3-27 是共析钢等温转变动力学曲线和等温转变图。在图的上方是在不同等温温度下奥氏体转变量与等温时间的曲线，由此可以明显看出扩散型相变动力学的典型特点。在一定温度下需要经过一定的时间才有可能检测到相变发生，这一段时间称为"孕育期"。此后相变量的增加明显加快，转变量为 50%（体积分数）左右时，曲线的斜率最大。此后相变量的增加逐渐减慢直至转变完成。孕育期和转变速度与等温的温度有关。在过冷度较小时，随着转变温度的降低孕育期缩短，转变速度加快，而达到一定的过冷度之后则随着温度降低孕育期延长，转变速度减慢。因此在时间-温度坐标上出现一个"鼻子"（见图 3-27 的下部）。此曲线通常称为等温转变图（亦称 C 曲线或 TTT 曲线）。在恒定的转变温度下转变量与时间的关系可以用著名的 Avrami 方程表示

$$f = 1 - \exp(-bt^n)$$

式中的 f 为转变量；t 是从孕育期结束后开始计算的时间；常数 b 随温度而变化；n 则与形核和长大的几何形式有关，在较大的温度范围内接近于常数。Avrami 方程有试验结果和理论为依据，但也有一定

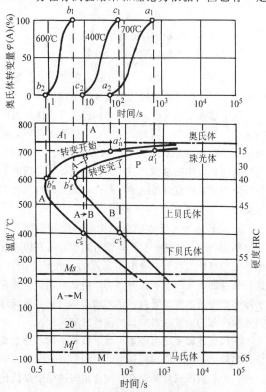

图 3-27　共析钢等温转变动力学
曲线和等温转变图

的适用条件，一般作为一种近似的经验公式加以应用。不同钢种在不同奥氏条件下，Avrami 方程的 b 和 n 值用试验方法测定。

在亚共析钢珠光体等温转变曲线的左上方，有一条先共析铁素体析出线（见图 3-28）。

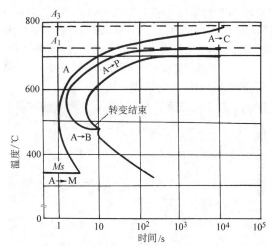

图 3-28　亚共析钢的等温转变图（45 钢）

随着碳含量增高，铁素体析出线逐渐向右下方移动（与珠光体转变开始曲线靠近），直至消失。

过共析钢在奥氏体化温度高于 A_1 时，在其珠光体转变曲线的左上方有一条先共析渗碳体析出曲线（见图 3-29）。

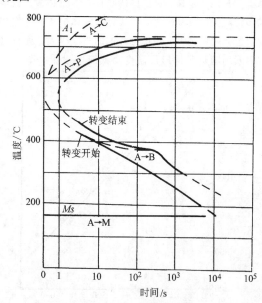

图 3-29　过共析钢的等温转变图

过冷奥氏体只有在一定温度以下才出现贝氏体转变，这一温度称 Bs 点。在 Bs 以下，随着转变温度降

低，贝氏体转变速度先增后减。贝氏体的等温转变同样呈等温转变图状。碳素钢的贝氏体转变与珠光体转变的等温转变图重叠在一起（见图 3-30a）合并成一个等温转变图。许多合金钢贝氏体的等温转变图与珠光体相分离，二者之间出现一个奥氏体稳定的温度区间（见图 3-30b）。

除铝、钴以外的合金元素都使奥氏体转变速度减慢，使贝氏体的等温转变图右移，并使贝氏体转变温度下降，尤其碳化物形成元素为甚。其他因素对贝氏体转变的影响列于表 3-2。

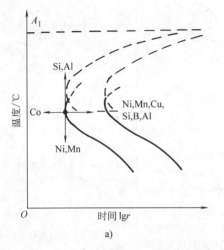

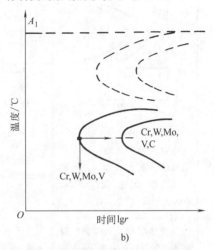

图 3-30　碳和合金元素对贝氏体等温转变图的影响

a）不形成碳化物合金元素　b）形成碳物合金元素

表 3-2　几种因素对贝氏体转变的影响

因　　素	对贝氏体转变的影响
奥氏体化温度 T_A	随 T_A 提高，贝氏体转变速度 v_B 先增后减
奥氏体化保温时间 t_A	随着 t_A 延长，v_B 先增后减
在珠光体和贝氏体过冷奥氏体稳定区等温停留	使 v_B 增大
在贝氏体转变温度范围的高温区保温	形成部分上贝氏体，使 v_B 减小
在贝氏体转变温度的低温区保温	形成部分贝氏体，重新升温后 v_B 增大
在 Ms 点以下保温	形成部分马氏体，重新升温后 v_B 增大
在较高温度塑性变形	v_B 减小
在较低温度塑性变形	v_B 增大
应力	v_B 增大

由于上贝氏体和下贝氏体实际上是两种不同类型的转变，采用比较灵敏的测试技术可以看出贝氏体转变的等温转变图是由二条独立的等温转变图合并而成。

贝氏体转变也有一定的孕育期，此后转变速度随时间的延长而先增后减，其等温转变动力学曲线同样呈 S 形。许多钢种的贝氏体转变可以进行完全，也有不少钢种的贝氏体转变不能进行到底。贝氏体等温转变有一个最大转变量。贝氏体等温转变动力学曲线也可以用与 Avrami 方程相似的经验公式表示

$$f = [1 - \exp(-bt^n)]f_{max}$$

式中的 f_{max} 是在该温度下贝氏体最大转变量，它是等温温度和奥氏体成分的函数。

奥氏体过冷到 Ms 点以下，发生马氏体转变。在连续冷却条件下，马氏体转变量是温度的函数。Koistinen 和 Marbuger 给出的表达式如下：

$$f = 1 - \exp[\alpha(Ms - T)]$$

式中的 f 是冷却到马氏体 Ms 点以下的温度 T 时的马氏体转变量，α 是常数，随成分而异，对于碳素钢一般取 $\alpha = 0.011$。

几种类型的等温转变图列于表 3-3。

连续冷却转变图和等温转变图有以下不同之处：

1）连续冷却转变图是在连续冷却条件下测定的，图 3-31 上附有表示试验时恒定冷却速度或奥氏体温度至 500℃ 的平均冷却速度的冷却曲线。由于连续冷却转变图的时间坐标是对数坐标，冷却曲线为一

组曲线，而且时间坐标不是以 O 为原点，因此冷却速度较大的曲线的起点也不在奥氏体化温度上。冷却曲线的终点的数字表示在该冷却速度下最终转变产物的硬度（HRC 或 HV）。

表 3-3　奥氏体等温转变图的主要类型

类　型			
化学成分及代表钢号	碳素钢属于此类。含有非形成碳化物元素，如硅、镍、硼等的低合金钢：65Mn、40Ni3、60Si	含有碳化物形成元素铬、钼、钨、钒等合金结构钢：18CrMn、20CrMo、35CrMo、35CrSi	含有碳化物形成元素铬、钼、钨、钒等的高碳合金钢：9CrSi、W18Cr4V
形成原因及特征	珠光体型和贝氏体型转变在相近的温度区发生，马氏体点以上只出现一个转变速度的极大值。在亚（过）共析钢的奥氏体分解时转变图上有一条先共析铁素体（渗碳体）的析出线	由于钢中存有形成碳化物元素，一方面增加过冷奥氏体的稳定性，同时使转变曲线出现双 C 形特征。在碳含量较低，且含有形成碳化物合金元素的合金结构钢中出现	由于钢中有形成碳化物的元素，一方面增加过冷奥氏体的稳定性，同时使转变曲线出现双 C 形特征。在碳含量较高，且含有形成碳化物合金元素的钢中出现。奥氏体到贝氏体转变时间较长
类　型			
化学成分及代表钢号	低碳 $[w(C) < 0.25\%]$、中碳和高含量的钼、钨、铬、锰。如 18Cr2Ni4WA、18Cr2Ni4MoA、25Cr2Ni4WA、35Cr2Ni4MoA	中碳高铬钢及高碳高铬钢，如 30Cr13、40Cr13	有碳化物析出倾向的奥氏体钢，如 45Cr14Ni14W2Mo
形成原因及特征	由于含有钼、钨、铬、镍等元素，强烈地提高了过冷奥氏体的稳定性，使珠光体转变曲线显著右移，又因碳含量较低，有利于生成贝氏体的 α 相晶核。因而，贝氏体的转变曲线相对地左移	钢中碳含量和合金元素含量较高，使贝氏体的长大速度显著降低，推迟贝氏体的转变	钢的 Ms 点低于室温，在马氏体点以上 A_1 之下不发生任何转变，仅在特殊试验测定时，才能发现过剩碳化物在高温析出

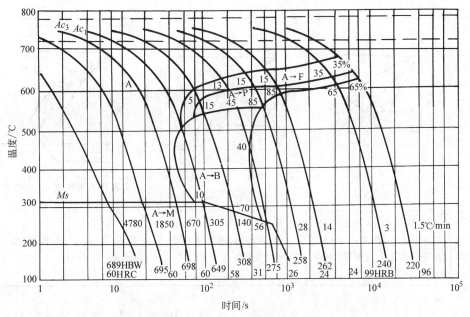

图 3-31　40MnB 钢的连续冷却转变图

2）除了冷却速度大于临界冷却速度获得马氏体和残留奥氏体之外，在连续冷却后所获得的组织是包含不同温度下的转变产物的混合组织。冷却曲线和某一种产物的转变终了线的交点处所注的数字为这种产物所占的体积分数。

3）如果在马氏体转变之前已发生其他类型的相变，则 Ms 线由水平线转为逐渐向下倾斜，这是由于高温扩散型转变或贝氏体转变改变了奥氏体的成分以及奥氏体稳定化等因素导致 Ms 点下降。连续冷却转变图的主要类型列于表 3-4。

在连续冷却条件下，有可能得到单一组织，也有可能出现混合组织。例如碳钢试样盐水淬火后为马氏体，而油淬则低于其临界冷却速度，得到混合组织（见图 3-32）。

表 3-4　奥氏体连续冷却转变图的主要类型

类　型			
转变曲线特征	只有珠光体转变区	有珠光体转变区,同时存在贝氏体转变区,两者相分离,贝氏体转变区超前(孕育期短些)于珠光体转变区	有珠光体转变区,同时存在贝氏体转变区,两者相分离;珠光体转变区超前(孕育期短些)于贝氏体转变区
代表性的成分或钢号	共析碳钢和亚共析碳钢,当碳含量在中碳以下时,可以存在贝氏体转变区	含碳较低的合金结构钢,例如 35CrMo、35CrSi、22CrMo 等	高碳的合金工具钢,例如 Cr12、Cr12Mo、4Cr5MoVSi

（续）

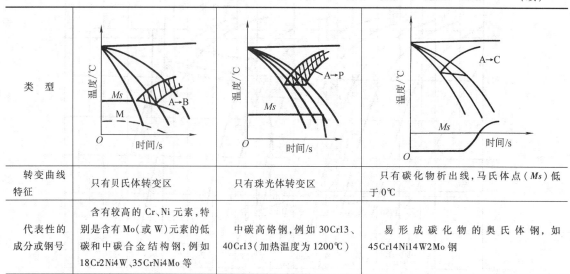

类　型			
转变曲线特征	只有贝氏体转变区	只有珠光体转变区	只有碳化物析出线，马氏体点（Ms）低于0℃
代表性的成分或钢号	含有较高的Cr、Ni元素，特别是含有Mo（或W）元素的低碳和中碳合金结构钢，例如18Cr2Ni4W、35CrNi4Mo等	中碳高铬钢，例如30Cr13、40Cr13（加热温度为1200℃）	易形成碳化物的奥氏体钢，如45Cr14Ni14W2Mo钢

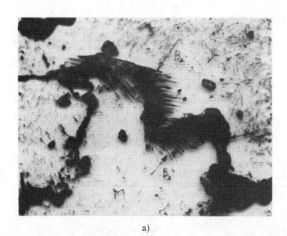

a)

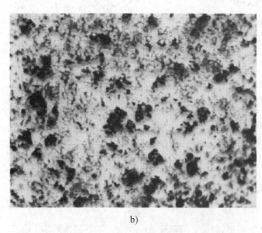

b)

图3-32　略低于临界冷速淬火后的混合组织
a）40钢，油冷，托氏体、上贝氏体和马氏体　800×
b）GCr15钢，未溶碳化物周围析出托氏体　500×

3.2　钢件热处理的冷却过程

3.2.1　热处理的各种冷却方式

图3-33所示为钢不同热处理工艺冷却曲线与等温转变图及连续冷却转变图之间的关系。

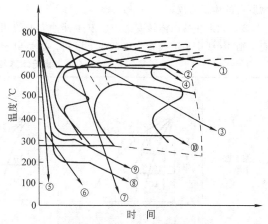

图3-33　不同热处理工艺的冷却曲线与等温转变图及连续冷却转变图的关系

（1）退火：在炉内以足够慢的速度冷却直至过冷奥氏体在高温分解温度范围内完成转变，见图3-33曲线①。

（2）等温退火：在炉内以较快的速度冷却到过冷奥氏体较不稳定的温度下等温停留，直至在该温度下等温转变结束之后出炉冷却，所需的工艺时间比较短，而且能获得在同一温度下转变的均一组织，见图3-33曲线②。

（3）正火：在空气中冷却，其冷却速度比退火快。正火后铁素体量减少，共析体变细，低合金钢正火后常常出现混合组织，见图 3-33 曲线③。

（4）等温正火：先用较快的速度冷却，然后等温停留直至奥氏体高温分解完成，使低合金钢得到均一的和硬度适度的预备组织，改善切削性能。亦称控冷等温正火，见图 3-33 曲线④。

（5）淬火：冷却速度大于临界速度，获得马氏体和部分残留奥氏体，见图 3-33 曲线⑤。

（6）双介质淬火：以大于临界冷却速度冷到过冷奥氏体不稳定的温度区间以下，在马氏体转变区间内转入较缓和的冷却介质中继续冷却，见图 3-33 曲线⑥。

（7）预冷淬火：先以缓慢速度冷却一段时间（以不发生奥氏体高温转变为限度）然后进行淬火冷却，见图 3-33 曲线⑦。

（8）马氏体点以下的分级淬火：淬入温度在 Ms 以下的盐浴或油浴中并停留一段时间，使已转变的马氏体回火，使截面上温度趋向均匀，然后在缓冷条件下继续进行马氏体转变，残留奥氏体量有所增大，见图 3-33 曲线⑧。

（9）马氏体点以上的分级淬火：分级停留的温度稍高于 Ms 点，然后取出空冷。减少马氏体转变时截面上的温度差，残留奥氏体量也有所增加，见图 3-33 曲线⑨。

（10）等温淬火：在下贝氏体转变的温度范围内等温停留，直至贝氏体转变结束，见图 3-33 曲线⑩。

3.2.2　钢冷却时的内应力

1. 热应力　工件快速冷却过程中表层先冷，中心后冷，始终存在表心温差。图 3-34a 为不发生相变情况下圆柱体表面和心部冷却曲线。在冷却初期表层温度的下降比心部快，表层的较大收缩受到心部的牵制，表层产生拉应力，心部产生压应力。在继续冷却时表心温差继续增大，使表面的拉应力和心部压应力继续增加。图 3-34b 给出了在完全弹性条件下的热应力曲线，在该图中同时标出钢的屈服强度变化曲线。当应力增大到该温度下的屈服强度时便造成表面伸长和心部压缩的塑性变形，使截面上的应力得到一定程度的松弛，如图 3-34c 所示。在进一步冷却过程中（超过 t_{max} 时刻之后），表层温度下降的速率已不如心部快，心部比表面有较大的收缩，使表层的拉应力和心部的压应力趋于降低，并在冷却最后阶段出现热应力反向，即表层为压应力，心部为拉应力。此时因温度已很低，屈服强度已显著升高，钢件内应力不能再引起塑性变形，所以这种应力状态被保留下来而成为残余应力。

2. 组织应力　钢件淬火时的组织应力主要是由于温差造成马氏体转变时间差而引发的。图 3-35a 表示在

全淬透的情况下假设不存在热应力时圆柱体的组织应力演变过程。在 t_1 至 t_2 之间，表面温度降至 Ms 点以下，心部温度尚处于 Ms 点以上，表层形成马氏体发生体积膨胀受到未转变的心部的牵制，在表面产生压应力，心部产生拉应力。图 3-35b 表示在弹性状态下组织应力的变化。图中同时表示出钢屈服强度的变化。此时心部尚处于强度较低和塑性较高的奥氏体状态，心部拉应力和表层压应力分别超过了该温度下的屈服强度时将产生塑性变形，使应力松弛（见图 3-35c）。继续冷却到 t_2 之后，心部温度降至 Ms 以下，心部发生马氏体转变引起体积膨胀。由于表层已转变成强度高塑性低的马氏体，不能产生塑性变形，以致最终造成表面为残余拉应力，心部为残余压应力。

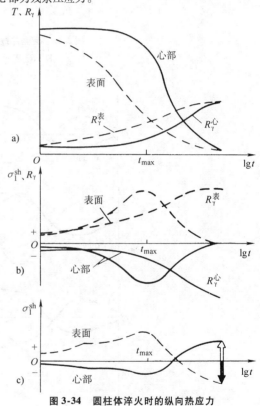

图 3-34　圆柱体淬火时的纵向热应力

注：R_γ 表示奥氏体的屈服强度。

3. 淬火钢中的残余应力　淬火钢件的残留应力场是残余热应力与残余组织应力互相叠加的结果，可能出现图 3-36 所示的几种情况。图 a 是冷却过程没有发生相变，出现热应力型的残余应力分布；图 b 是组织应力抵消了一部分热应力，成为以热应力为主的残余应力分布；图 c 是过渡状态；图 d 组织应力超过了热应力形成组织应力型的残余应力；图 e 为组织应力的作用远远超过热应力的情况，最后一类的残余应力状态常常是引起淬火钢中纵向裂纹的原因。

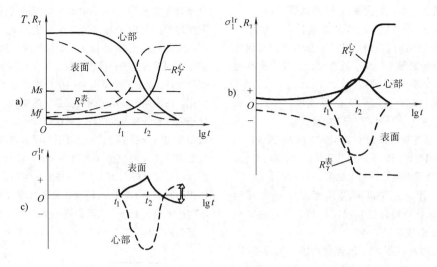

图 3-35　完全淬透的圆柱体的纵向组织应力

注：R_γ 表示奥氏体的屈服强度。

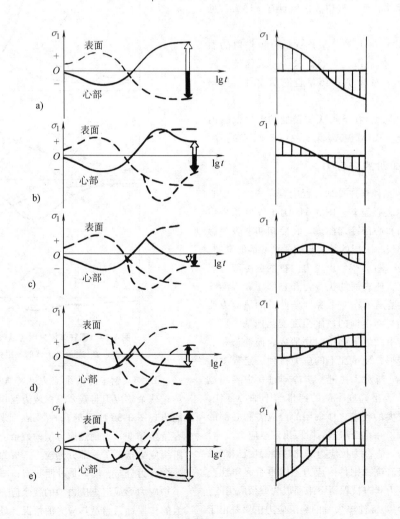

图 3-36　圆柱体淬火时残余应力变化的几种可能状况

当钢件未淬透时，还存在因淬硬层与未淬硬的心部之间的比体积差而引起的应力。二者的比体积差通常使淬硬部分趋向压应力状态，而未淬硬心部处于拉应力状态。由图 3-37 可知，在淬硬与未淬硬的过渡区，应力发生突变。当淬硬层较厚时，表面压应力减

小而心部拉应力增大。一些高碳钢淬火时，在淬硬与未淬硬过渡区中形成的横向弧形裂纹正是由于在过渡区中这种拉应力最大值而引起的。

4. 影响淬火钢件中应力分布的因素　影响淬火钢中应力分布因素大致如表 3-5 所示。

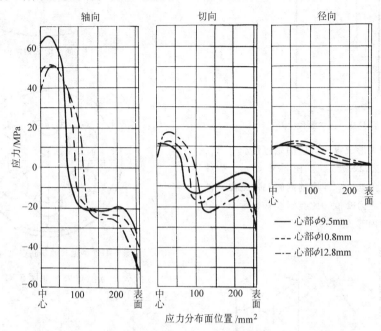

图 3-37　$w(\mathrm{C})=1\%$、$w(\mathrm{V})=0.2\%$钢的圆柱试样（$\phi18\mathrm{mm}$）自800℃
水淬后未淬透的心部大小对残余应力的影响

表 3-5　不同因素对淬火钢中内应力的影响

影响因素	引 起 的 变 化	造成的后果
奥氏体成分	碳和合金元素均降低钢的热导率,增加工件内的温差	增大热应力和组织应力
	合金元素提高奥氏体和马氏体的屈服强度	增大了热应力和组织应力
	碳含量越高,马氏体与奥氏体比体积差越大	增大组织应力
	改变 Ms 点	对组织应力有明显影响
	马氏体相变塑性	降低组织应力
	改变 Ac_1 温度	对热应力有一定影响
	改变钢的淬透性,影响淬硬与未淬硬区的范围	改变应力的分布
奥氏体化温度	改变奥氏体化成分和奥氏体均匀度	改变组织应力分布
	改变温度差	对热应力有较明显的影响
工件的形状与尺寸	影响冷却过程中工件内的温度差和相变的时间差,及淬硬区分布	改变热应力和组织应力
淬火冷却介质	影响冷却速度	
淬火冷却方法	改变工件内的温度场和相变的时间差	

3.2.3　淬火裂纹

1. 纵向裂纹　如图 3-38 所示，亦称轴向裂纹，

是典型的由组织应力（切向应力）引发的裂纹，由表面向内开裂，裂纹深而长。常发生于淬透的工件。钢中有严重的带状碳化物偏析或沿纵向排列的非金属

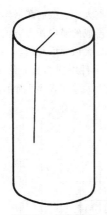

图 3-38　纵向裂纹

夹杂物等缺陷会增大形成纵向裂纹的敏感性。

2. 横向裂纹或弧状裂纹　如图 3-39 所示，裂纹经常发生于工件尖角处。未淬透的高碳钢件或渗碳件在过渡区易产生拉应力峰值，此类裂纹常萌生于一定深度的表层或工件内部。

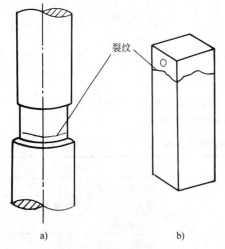

图 3-39　横向裂纹与弧形裂纹

a）横向裂纹　b）弧形裂纹

淬火钢件上有软点时，也易形成细小的弧形裂纹。

3. 内孔纵向裂纹　钢的淬透性足够大时内孔表面的内应力以组织应力为主，切向拉应力较大，易在内孔壁面上形成沿纵向分布的裂纹，从端面看呈放射状，如图 3-40 所示。

4. 截面厚薄悬殊引起的淬火裂纹　冷却时在厚薄相差悬殊的部位马氏体相变的时间差很大，形成很大的组织应力，以致产生裂纹，如图 3-41 所示。

5. 应力集中引起的裂纹　钢件上有尖角、缺口等存在的情况下，易在淬火时造成应力集中而产生裂纹，尤其是在应力集中和截面尺寸急剧变化的共同作

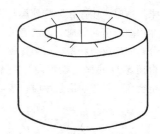

图 3-40　高淬透性钢件内孔裂纹

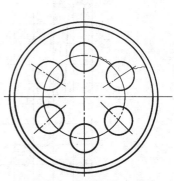

图 3-41　截面尺寸急剧变化引起的裂纹

用下，淬裂的危险更大，如图 3-42 中 3mm 厚的凸缘根部很易开裂。

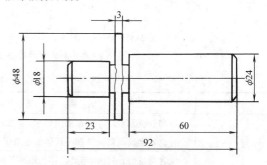

图 3-42　应力集中引起的淬火裂纹

6. 网状裂纹　这种裂纹具有任意方向性而与工件形状无关，如图 3-43 所示。网状裂纹的深度一般在 0.01 ~ 0.15mm 范围内，是一种表面裂纹。高碳工具钢和合金工具钢表面脱碳后淬火易形成网状裂纹。

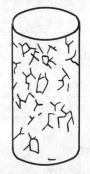

图 3-43　网状裂纹

7. 原材料缺陷引起的淬火裂纹　原材料中的夹渣、网状碳化物、塑性成形过程中的表面折叠、加热时的过热组织等都可能成为裂纹源。在淬火时会暴露出来或进一步的扩展，解决此类裂纹，应从控制淬火前的原材料质量着手。

3.2.4　淬火畸变

1. 淬火冷却过程产生畸变的原因　图3-44简要地说明了冷却过程工件畸变的原因，图中⊕号表示不同因素的共同作用。淬火工件最终形状应是各因素造成的畸变的相互叠加结果。

2. 热应力与组织应力的作用　淬火冷却过程中的热应力和组织应力在淬火畸变中起着重要作用。当初期热应力（表面为拉应力、心部为压应力）超过钢的屈服强度时（见图3-34）便产生塑性变形，使钢件的表面凸起棱角变圆，趋于球状，内孔两端呈喇叭形。早期的组织应力正好和热应力方向相反，表面为压应力，心部为拉应力。当超过钢的屈服强度时（见图3-35），便产生塑性变形使钢件表面下凹，棱角变锐，内孔两端则趋于收口形。

表3-6列出一些简单形状零件在冷却情况下因单

表 3-6　几种典型钢件淬火畸变的趋势

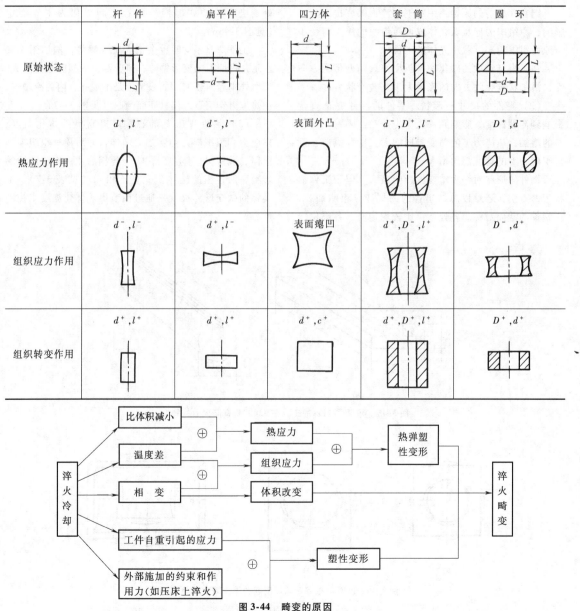

	杆 件	扁平件	四方体	套 筒	圆 环
原始状态					
热应力作用	d^+,l^-	d^-,l^-	表面外凸	d^-,D^+,l^-	D^+,d^-
组织应力作用	d^-,l^-	d^+,l^-	表面瘪凹	d^+,D^-,l^+	D^-,d^+
组织转变作用	d^+,l^+	d^+,l^+	d^+,c^+	d^+,D^+,l^+	D^+,d^+

图 3-44　畸变的原因

一因素而引发畸变的一般规律。在实际淬火过程中热应力和组织应力同时存在，两者作用的大小又因具体情况不同而此消彼长，有时以热应力型为主，有时则以组织应力型为主。工件的形状和尺寸、钢的成分、奥氏体化的条件、淬火冷却介质的冷却特性和淬火冷却方法等诸多因素都对淬火畸变有影响。

3. 影响淬火畸变的因素

（1）钢的成分和原始组织。如表3-5所示，钢的热导率、淬透性、Ms点温度、马氏体相变的体积增量及热弹塑性力学行为等都和奥氏体化学成分和奥氏体化温度有关，对钢的热应力和组织应力以及它们所引起的变形有明显的影响。

钢在淬火前的原始组织对钢的淬火畸变也有一定影响，原组织为球状珠光体或调质组织的淬火畸变小于原始组织为层片状珠光体的工件。

在工模具钢中的碳化物偏析使淬火畸变带有方向性，沿带状碳化物方向的胀量大于垂直带状方向。

（2）零件的尺寸和形状。零件的尺寸变化直接影响到淬硬深度，影响到淬火应力分布。随着工件壁厚的增加，热应力型的畸变趋向增大，壁厚减薄，则组织应力型的畸变趋向增大。

钢件的形状对淬火畸变的影响极大，但因工件形状千差万别，还难以总结出普遍的规律。粗略而言，在钢件的截面对称、各处壁厚比较均匀时，各部位冷却比较均匀，畸变比较有规律，如工件的形状复杂，壁厚相差大，形状不对称，使钢件上各部位冷却不均匀，淬硬层的厚度又不同，就会产生严重的畸变。

例如，图3-45中所示两侧不对称的零件在热应力作用下向快冷面方向凸起，而在组织应力作用下，则向慢冷方向凸起。

在实际生产中，不论什么钢种，非对称零件在完全淬硬的情况下，若采用盐水淬火，多数是冷却快的一面凸起，硝盐分级淬火则多数是慢冷面凸起，如图3-45中的45钢工件，垂直淬入盐水中产生如图所示的快冷面凸起（见图3-45a），轴上的键槽因宽度和深度方向不同，变形方向也不同，需视键槽两侧棱角处的快冷与槽底部慢冷两者之间以何为主导而定（见图3-45b）。

工件壁厚不均时也会增大畸变趋势，例如图3-46表示几种凹模的变形趋势，薄壁部位的型腔趋向胀大，壁厚处则趋向收缩。如果型腔是不通孔，内腔冷却慢，在热应力作用下，模具底面凸起（见图3-47）。

（3）热处理工艺的影响。提高奥氏体化温度，热应力和组织应力均随之而增加，并对淬火组织中马氏体、残留奥氏体、碳化物等各相的比例有决定性的影响，而各相的比体积又互不相同（见表3-7），工具钢的微变形淬火就是通过调节奥氏体化温度来控制畸变。

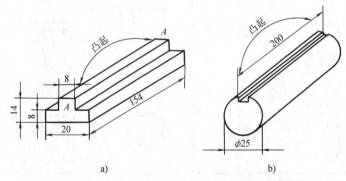

图3-45　45钢不对称的工件在820℃垂直淬火后的畸变

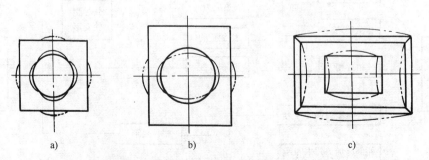

图3-46　凹模因壁厚不均而引起的淬火畸变的趋势
注：双点画线为淬火后形状。

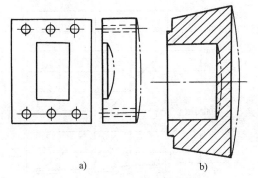

图 3-47　型腔为不通孔时的淬火畸变趋势

表 3-7　钢中各种相的比体积

相组成	$w(C)(\%)$	比体积/(cm^3/g)
奥氏体	$0 \sim 2$	$0.1212 + 0.033w(C)$
马氏体	$0 \sim 2$	$0.1271 + 0.0025w(C)$
铁素体	$0 \sim 0.02$	0.1271
渗碳体	6.7 ± 0.2	0.130 ± 0.001
ε 碳化物	8.6 ± 6.7	0.140 ± 0.002
珠光体		$0.1271 + 0.005w(C)$

　　冷却方式对淬火畸变的影响也比较大。降低马氏体点以上的冷速,可减少因热应力而引起的畸变。降低马氏体点以下的冷速,可减少因组织应力引起的畸变。分级淬火和等温淬火不仅使热应力和组织应力都减少,而且组织应力的减少更显著。分级淬火和等温淬火常常是减少淬火畸变的有效方法。在等温淬火时能得到比体积小于马氏体的下贝氏体组织,从而可以显著减小淬火畸变。

　　(4) 淬火前后各种因素的综合影响,除上面已提到的因素之外,淬火前机械加工、塑性成形、焊接及校直等都会在工件中造成残余内应力。如果未经去应力处理,会在淬火加热时因残余应力的松弛而引起畸变,此外淬火加热时因工件放置方法不当或夹具不良以及钢的自重的作用也会造成显著的畸变。

3.3　淬火冷却介质

3.3.1　淬火冷却介质应具备的特性及其分类

1. 淬火冷却介质的特性

　　(1) 合适的冷却特性。碳钢和低合金钢淬火冷却到 650℃ 之前,奥氏体还比较稳定,允许以较慢的速度冷却,以减少工件因内外温差而引起的热应力。在 $650 \sim 450$℃ 范围,要求有足够快的冷却速度 (超过临界冷却速度),低于 400℃ 特别是在 Ms 点以下应

缓慢冷却,以减少组织应力,防止过大的畸变和淬裂。理想的淬火冷却曲线如图 3-48 所示。不同钢种奥氏体最不稳定区的温度区间不同。因此理想的冷却曲线因不同钢种的奥氏体转变动力学曲线而异。想要得到能适合各种钢材及不同尺寸工件的淬火冷却介质实际上是不可能的。因此必须了解各种淬火冷却介质的冷却特性,以便根据不同钢种的具体零件选用合适的淬火冷却介质和合理的淬火操作方法。

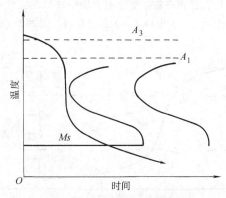

图 3-48　理想的淬火冷却曲线

　　(2) 良好的稳定性。介质在使用过程中性能稳定,不易分解、变质或老化。各种淬火油和有机物水溶液则存在不同程度的老化倾向,应尽可能选用老化缓慢、易于维护的品种。

　　(3) 冷却的均匀性。工件不同表面和部位的冷却不可能是均匀的。这种不均匀程度与淬火冷却介质的种类、品种以及搅拌方式有关。

　　(4) 能使工件淬火后保持清洁,不腐蚀工件。

　　(5) 淬火时不产生大量的烟雾,不产生有毒和刺激性气体,带出的废液对环境不构成污染,符合环境保护的要求。

　　(6) 不易燃、易爆,使用安全。

2. 淬火冷却介质的种类

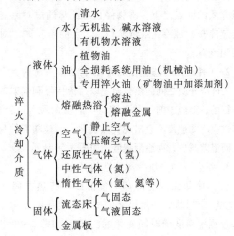

按工件淬火时介质是否发生物态变化可分为：

$$
\text{淬火冷却介质}
\begin{cases}
\text{有物态变化的介质}
\begin{cases}
\text{水及各种水溶液}\\
\text{各种淬火油}
\end{cases}\\
\text{无物态变化的介质}
\begin{cases}
\text{各种气体}\\
\text{融熔金属、熔盐}\\
\text{固体—铜板、铁板，气—固流态床}
\end{cases}
\end{cases}
$$

3.3.2　淬火冷却介质冷却特性的评价方法

1. 工件在有物态变化的介质中冷却　工件在有物态变化的介质中冷却分为三个阶段（见图 3-49）。

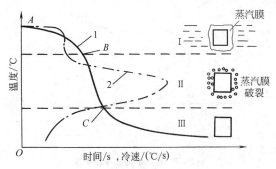

图 3-49　具有物态变化的介质的
冷却曲线和冷却速度曲线
1—冷却曲线　2—冷却速度曲线

（1）膜态沸腾阶段（图 3-49 Ⅰ）。赤热工件浸入介质中，立即在工件表面产生大量蒸汽，形成一层包围工件的蒸汽膜，将工件与液体介质隔开，只能通过蒸汽膜传递热量，冷速较慢。

（2）泡状沸腾阶段（图 3-49 Ⅱ）。工件表面温度降到一定值以下，表面所产生的蒸汽量少于蒸汽从表面逸出的量，工件表面的蒸汽膜破裂，进入泡状沸腾阶段。在此阶段液体介质直接与工件表面接触，冷却速度骤增。图 3-49 中 B 点的温度称为"特性温度"。

（3）对流阶段（图 3-49 Ⅲ）。一旦工件表面温度降至介质的沸点之下，沸腾停止。此后通过对流使工件继续冷却，是冷速最慢阶段。C 点的温度称"对流开始温度"。

2. 工件在无物态变化的介质中冷却　在这类介质中，工件与介质之间的热交换是以对流传导和辐射的形式进行的，类似于前一类介质的"对流阶段"。在整个冷却过程冷却速度不会出现突然变化，而是随工件与介质之间温差减少，而逐渐减慢，如图 3-50 所示。

3. 淬火冷却介质冷却特性的评定

（1）冷却曲线与冷却速度曲线。将热电偶的热端焊在一定形状、一定尺寸的试样指定部位上。记录冷却过程中温度随时间变化的曲线（如图 3-49 中的

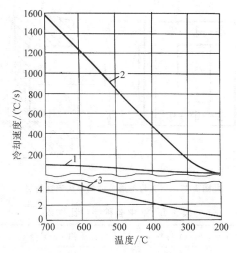

图 3-50　球形试样在几种介质中的冷却速度
1—φ4mm 的镍铬合金试样在铁板上
2—φ4mm 的镍铬合金试样在 180℃熔融的
金属中（70% Cd 和 30% Sn）内
3—φ20mm 的银质试样在静止空气中

曲线 1）。冷却曲线上各点的切线的斜率即为冷却速度，可绘出冷却速度和试棒心部温度的关系曲线，如图 3-49 曲线 2 所示。

显然只有用相同材料，同样结构、尺寸和相同热电偶的试样（探头）才能用冷却曲线和冷却速度曲线对不同介质冷却特性进行比较。遗憾的是在相当长一段时间内，各国所采用的试样各不相同。JB/T 7951—2004 规定，探头材料为 Inconel 600 合金，尺寸为 φ12.5mm×60mm，热电偶的热端固定在探头的中心，如图 3-51 所示。

有人对这种探头的设计提出异议，认为 Inconel 600 合金的热导率较低，热电偶热端置于中心，响应速度较慢。特别是用于冷却能力较强的水基淬火冷却介质，其缺点更显突出，因此国际上一部分学者主张采用将热电偶热端置于表面的银探头上，如图 3-52 所示。但另一些学者则指出探头的材料对冷却曲线测定结果也是敏感的。银探头的测试结果与工业用钢的实际情况有明显差异，加上"表面探头"制作困难，故未被大多数国家所采纳。

冷却曲线和冷却速度曲线直观地反映出不同冷却阶段冷却速度变化。可用于比较不同介质的冷却性能。用标准试样测定冷却曲线和冷却速度曲线是目前最为常用的评定淬火冷却介质特性的方法，也可用来衡量不同因素（例如介质温度、搅拌速度、老化程度和杂质等）对冷却特性的影响。但是这种方法有很大的局限性，例如：①无法反映实际零件淬火不

同部位的冷却速度，甚至采用冷却曲线或冷却速度曲线对淬火的效果作定性的判断时也应该十分小心；②无法为工件温度场的计算提供定量的边界条件。

（2）表面传热系数

1）表面传热系数的定义。热的工件表面和冷却介质存在温度差，二者之间会产生用以下数学方式表达的热交换：

$$q = h(t_s - t_a) \qquad (3\text{-}8)$$

式中　q——工件与介质之间热交换的热流密度（W/m²）；

　　　t_s——工件表面温度（℃）；

　　　t_a——工件周围介质温度（℃）；

　　　h——工件表面与介质间的传热系数［W/(m² · ℃)］。

由式（3-8）可得　　$h = \dfrac{q}{t_s - t_a} = \dfrac{q}{\Delta t} \qquad (3\text{-}9)$

2）测定传热系数的方法

① 温度梯度法（近表面双测点差分法）。根据界面传热的边界条件

$$h(t_s - t_a) = \lambda \frac{\partial t}{\partial x}\Big|_{x=0} \qquad (3\text{-}10)$$

可得　　　　$h = \dfrac{\lambda}{(t_s - t_a)} \dfrac{\partial t}{\partial x}\Big|_{x=0} \qquad (3\text{-}11)$

由式（3-11）可知，只要测定出近表面的温度梯度

$\dfrac{\partial t}{\partial x}\Big|_{x=0}$ 即可求出传热系数。

LISCIC 设计了一种探头（见图 3-53a）。此圆柱形（$\phi 50\text{mm} \times 200\text{mm}$）探头由奥氏体不锈钢制成，在中间有两个测量部位，一个紧靠表面（t_s），一个在表面下 1.5mm 处。图 3-53b 为表面温度测量用的 NANMAC 热电偶。热电偶热端由两根轧扁至 0.025mm 的镍铬/镍铝丝所组成，外面包有三层厚 0.005mm 的云母绝缘片。最后用厚 0.065mm 的两只半圆键固定。把整个组装件压入锥孔内，将接触端抛光，使在探头表面上形成热电偶的热结点。这样就可使热电偶的两根金属丝连接端的尺寸小至微米数量级。测定出每一瞬间的表面温度 t_s 和另一个热端距表面 1.5mm 的热电偶的温度 t_n，则表面温度梯度为

$$\frac{\partial t}{\partial x}\Big|_{x=0} = \frac{t_n - t_s}{1.5} \qquad (3\text{-}12)$$

从而可以计算出表面传热系数 $q \approx \lambda \dfrac{t_n - t_s}{t_s - t_a}$。

这种探头具有下列特性：

a. 热电偶的反应时间只有 10^{-5}s，可以最快地记录温度变化。

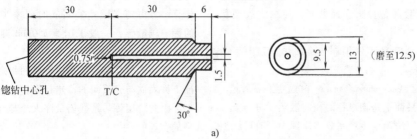

a)

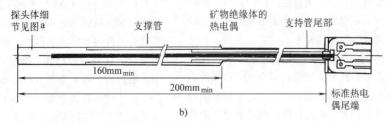

b)

图 3-51　用于测定淬火油的冷却曲线的 ISO 探头

a）探头结构和尺寸　b）总体装配图

图 3-52　JIS 银探头

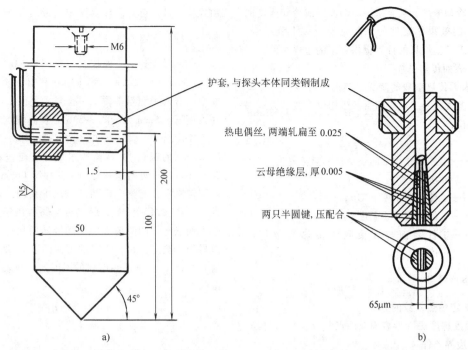

护套,与探头本体同类钢制成

热电偶丝,两端轧扁至 0.025

云母绝缘层,厚 0.005

两只半圆键,压配合

M6

1.5

200

100

50

N5

45°

65μm

a)　　　　　　　　　　　　　　　　　b)

图 3-53　用于测量表面温度梯度的 LISCIC-NANMAC 探头和用于测量表面温度的 NANMAC 热电偶
a) LISCIC-NANMAC 探头　b) NANMAC 热电偶

b. 内层热电偶(位于表面以下 1.5mm 处)的定位精度可至 ±0.05mm。

c. 每次试验前把探头表面抛光,使探头表面状态保持稳定。

d. 探头由奥氏体不锈钢制成,加热过程中不会吸收相变潜热。

e. 探头尺寸(φ50mm×200mm)保持适度的热容量。

f. 在测量平面上是轴对称的径向散热。

用温度梯度法测定传热系数的原理十分简单,但对探头制作的要求很高。热端的定位误差对测试结果会有显著的影响。不同的研究者采用不同的探头设计方法,至今仍未见有公认的标准。

② 直接测量表面温度法。如果测定出表面温度随时间变化的曲线,就可以根据表面温度为已知的边界条件用数值法求解导热偏微分方程。求出探头内瞬态温度场及每瞬间的表面温度梯度,便可求得表面换热系数。应用测量表面温度 JIS 试样得出了几种常用的淬火冷却介质的传热系数与工件表面温度间的关系曲线,其部分结果列于图 3-54。

③ 反传热法。用反向求解传热偏微分方程的方法(简称反传热法)测定传热系数有重要应用价值。其特点是利用试验手段测得探头内部某点或某几个点上的冷却曲线,通过求解导热偏微分方程,求得物体表面边界条件和传热系数。

用于反传热法测定传热系数的试样,表面粗糙度与实际工件相同,并应符合一维导热的状态。为简化计算,考虑到直径 <φ50mm 时曲率半径对传热系数的影响较敏感,一般采用 ≥φ50mm 圆柱形试样或平板状试样。

传热系数是传热计算中重要的物理参数,定量表征工件表面与介质间的传热行为,具有明确的物理意义。因此,用传热系数衡量淬火冷却介质的冷却特性是最合理的。

图 3-55 ~ 图 3-62 是不同文献中发表的一些常用淬火冷却介质的传热系数。从这些图中可以看出传热系数是工件表面温度的函数。介质的搅拌速度、工件表面状态(表面粗糙度、氧化等)都对传热系数有明显的影响。还应指出,在实际生产中即便在同一工件上,不同方向的表面和表面上不同位置的传热系数事实上也有差别。图 3-63 是用 φ60mm × φ30mm × 60mm 试样在油中测定的内外表面及不同高度传热系数的比较。

④ 热量—温度分析(QTA)法。设探头尺寸足够小,材料的热导率足够大,测量点的温度与平均温度及表面温度相差很小,则单位时间内介质从工件表面带走的热量为

$$\frac{\mathrm{d}Q}{\mathrm{d}\tau} = q = h(t_c - t_Q)A \qquad (3-13)$$

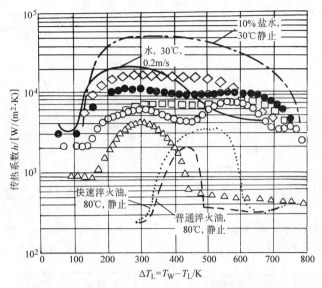

图 3-54　一些淬火冷却介质的传热系数

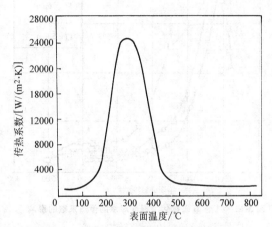

图 3-55　水的传热系数曲线（20℃，无搅拌）

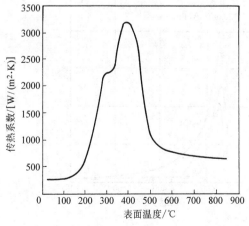

图 3-56　L-AN22 全损耗系统用油传热系数曲线

注：20℃，无搅拌。

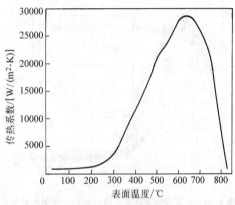

图 3-57　三硝水溶液传热系数曲线

注：溶液成分（质量分数）：25% NaNO₃，20% NaNO₂，20% KNO₃，35% H₂O 27℃，搅拌速度 0.2m/s。

单位时间内探头蓄热量变化为

$$\frac{\mathrm{d}Q}{\mathrm{d}\tau} = V\rho c_p \frac{\mathrm{d}t_c}{\mathrm{d}\tau} \tag{3-14}$$

按能量守恒原理二者应相同，所以

$$h(t_c - t_Q)F = V\rho c_p \frac{\mathrm{d}t_c}{\mathrm{d}\tau} \tag{3-15}$$

$$h = \frac{V}{A}\frac{\rho c_p}{(t_c - t_Q)}\frac{\mathrm{d}t_c}{\mathrm{d}\tau} \tag{3-16}$$

式中　V——探头的体积；

A——探头的表面积；

ρ、c_p——探头材料的密度和比定压热容；

t_c——探头内平均温度；

t_Q——介质温度。

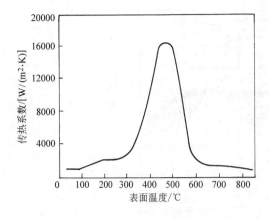

图 3-58　w(NQ-C)15% 水溶液传热系数曲线

注：25℃，搅拌速度 0.2m/s。

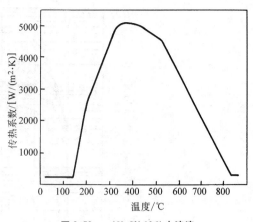

图 3-59　w(NaCl)10% 水溶液

传热系数（无搅拌）

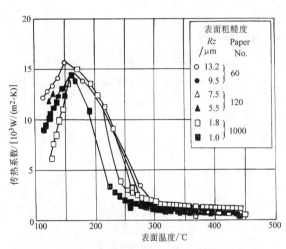

图 3-60　工件表面粗糙度对喷射冷却的传热系数的影响

注：水流量：0.6m³/(m²·min)。

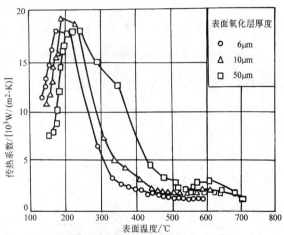

图 3-61　工件表面氧化层厚度对水的传热系数的影响

注：水流量：0.6m³/(m²·min)。

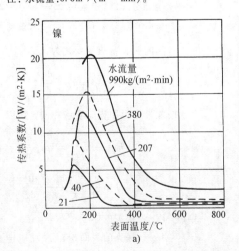

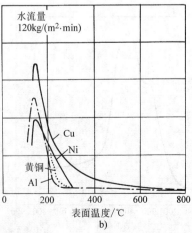

图 3-62　用水喷射淬火时的传热系数曲线

a）水流量的影响　b）工件材料的影响

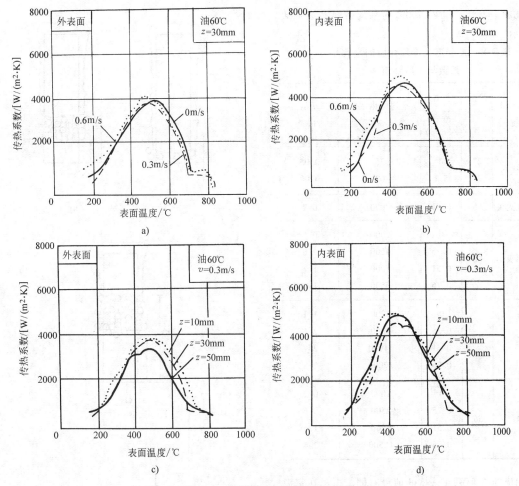

图 3-63　工件外壁和孔内壁传热系数

a) 不同流速下的外壁传热系数　b) 不同流速下的内孔壁传热系数

c) 不同轴向位置的外壁传热系数　d) 不同轴向位置的内孔壁传热系数

通过实测得到的探头冷却曲线按式（3-16）计算出传热系数 h 值。QTA 法是最简单的测定传热系数的方法，也曾是早年应用最广的方法。其缺点是只适用于小直径的银探头。但钢和银的表面传热系数有明显的差别，而且表面曲率半径的影响也很敏感。

（3）淬冷烈度亦称 Grossman 因子。其定义为 $H = h/2\lambda$，英制单位是 in^{-1}。当热导率 λ 值一定时，H 值与传热系数成正比，然而，钢的热导率取决于钢的成分、组织和温度，并不是常数，所以用 H 值替代传热系数，只能是一种近似的方法。更为明显的缺点在于，近半个多世纪的时间内，大量的冷却介质和淬透性的研究工作是围绕平均冷却速度和平均传热系数展开的，如图 3-64 所示。

由式（3-16）可改写为

$$h_{平均} = \frac{V}{F} \frac{\rho c_{\mathrm{p}}}{(t_{\mathrm{c}} - t_{\mathrm{Q}})} \frac{t_1 - t_2}{\tau_2 - \tau_1} \qquad (3\text{-}17)$$

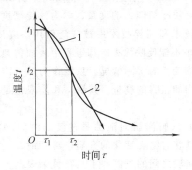

图 3-64　求平均传热系数的示意图

1—实际冷却曲线　2—按平均冷却
速度计算的冷却曲线

一般取　　　　　$t_{\mathrm{c}} = \dfrac{t_1 + t_2}{2}$

t_{c} 是该温度区间的平均温度，通常 t_{c} 取 700℃。

几种最常用介质在 700℃ 的平均传热系数如表 3-8 所示。

表 3-8　某些淬火冷却介质的平均传热
系数与淬冷烈度 H

淬火冷却介质	介质温度/℃	搅拌速度/(m/s)	平均传热系数/[W/(m²·K)]	H值/in⁻¹
空气	27	0	35	0.05
	27	5.1	62	0.08
普通淬火油	65	0.51	3000	0.7
快速淬火油	60	0	2000	0.5
		0.25	4500	1.0
		0.51	5000	1.1
		0.76	6500	1.5
水	32	0	5000	1.1
		0.25	9000	2.1
		0.51	11000	2.7
		0.76	12000	2.8
水	55	0	1000	0.2
		0.25	2500	0.6
		0.51	6500	1.5
		0.76	10500	2.4

相应的 H 值列于表 3-8 的最右侧。由于在室温静止水的 H 值十分接近于 1。因此 H 值接近于淬火冷却介质在 700℃ 的平均传热系数与室温下静止水 700℃ 的平均传热系数之比。长期以来将 H 视为淬火冷却介质冷却能力的度量,称为淬冷烈度,在淬火冷却技术和端淬技术中被广泛应用。应该指出:由于 H 值不能反映淬火冷却过程中表面传热系数随温度剧烈变化的实际情况,只能作为淬火冷却介质冷却能力的粗略的度量,其缺点和局限性是十分明显的。

(4) 从膜沸腾向泡沸腾过渡的时间和浸湿速度。工件在有物态变化的介质中冷却时,三个不同的冷却阶段之间的过渡并不是在整个表面上同时发生的。图 3-65 是一个 φ15mm × 45mm 的 40 钢试样在 30℃ 水中淬火的示意图。它说明不同冷却阶段的转换是一个由下向上发展的过程。在试棒的下端首先进入泡沸腾阶段,随后泡沸腾区的前沿向上移动,并且试棒的下端将最先进入对流阶段,以致在冷却过渡期间,试棒上部仍处在膜沸腾阶段。中间部分是泡沸腾阶段,而下部则是对流阶段。这样,在同

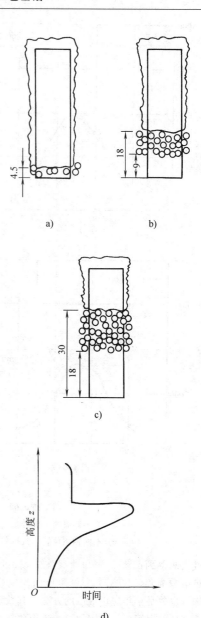

图 3-65　钢制圆柱试样在
水中冷却时三个阶段
过渡的示意图

a) 浸淬 4s 时　b) 浸淬 7s 时
c) 浸淬 10s 时　d) 浸淬 10s 时表面
换热系数随高度的变化

一时刻不同位置上的传热系数存在极大的差异。显然,冷却介质的这种行为将对工件的冷却均匀度及其淬火后的残余应力和畸变有强烈的影响。

泡状沸腾前沿向上推移的速度称为“浸湿速度”,用 W 表示。可用图 3-66 所示的方法测定。试样和预置在介质中的电极之间施加一定电压。在

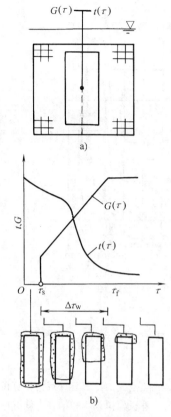

图 3-66　测定淬火冷却介质浸湿
速度的示意图

a) 装置　b) 测试曲线

$t(\tau)$—温度-时间变化曲线

$G(\tau)$—电流-时间变化曲线

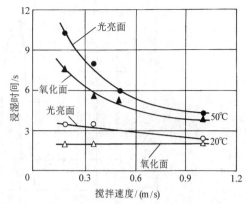

图 3-67　不同条件下清水的浸湿时间差

表 3-9　影响浸湿时间差的因素

影响因素	$\Delta\tau_w$ 变化趋势	换热系数变化
介质的搅动速度↑	↓	↑
喷射	↓↓	↑↑
液湿↑	↑	↓
试样的热扩散系数↑	↑	↓
试样的直径↑	↑	
试样表面粗糙度↑	↓	↑
试样表面氧化	↓	↓

膜沸腾阶段,蒸汽将液体与工件表面阻断,电流很小,进入泡沸腾阶段,液体与金属表面直接接触,电流增大。记录下电流 G 与时间的变化曲线即可反映出介质与工件表面直接接触的面积的增加过程,即泡沸腾前沿向上推移的过程。$\Delta\tau_w$ 是浸湿过程延续的时间。浸湿速度为 $W = L/\Delta\tau_w$,式中的 L 是试样的长度。

介质的种类、成分和搅拌速度对浸湿速度有很大影响。浸湿速度越大,工件冷却越均匀。因此浸湿速度也是衡量淬火冷却介质特性的重要指标之一。

图 3-67 表示水的温度、搅拌速度及表面氧化对 $\Delta\tau_w$ 的影响。可以看出,水温升高,$\Delta\tau_w$ 延长,搅动速度增大使 $\Delta\tau_w$ 缩短,而表面氧化也使 $\Delta\tau_w$ 缩短。在表 3-9 中总结了一些影响浸湿时间差的因素。此外,不同的淬火冷却介质的浸湿速度行为差别很大。水和油的 $\Delta\tau_w$ 较长,而聚二醇(PAG)淬火冷却介质的 $\Delta\tau_w$ 很短。

3.3.3　常用淬火冷却介质及冷却方式

3.3.3.1　水及其喷射、喷雾淬火

水是最古老的而迄今仍常用的淬火冷却介质。它取之方便,价格低廉,安全、清洁,对环境无污染。水的传热系数分别示于图 3-54 和图 3-55,其淬冷烈度如表 3-8 所示。水的冷却能力比较强,但其膜状沸腾阶段长,静止水的最大表面传热系数出现在 400℃以下,在马氏体转变区域的冷却速度较大。水温对水的冷却能力有强烈的影响,如图 3-68a 所示,因此淬火水槽的温度应保持在 40℃以下。此外,水的浸湿速度低,静止水的冷却特性不是很理想。循环、搅动和增加沿工件表面的水流动速度,能促使蒸汽膜提早破裂。提高水的冷却能力(见图 3-68b),特别是提高在一般钢的奥氏体不稳定区的冷却速度,可以提高浸湿速率,因此应重视淬火槽的循环与搅拌系统的合理设计。

用水进行喷射淬火,使蒸汽膜提早破裂,显著地提高了在较高温度区间内的传热系数和冷却速度,喷水的压力越高,流量越大,效果越显著,如图 3-69所示。

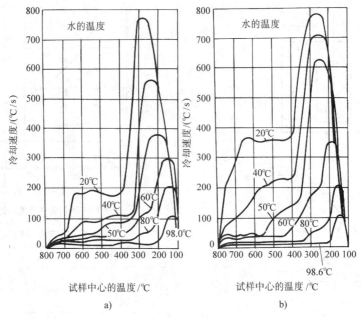

图 3-68　水的冷却速度曲线

a）静止的　b）循环的

注：采用 φ20mm 银球试样。

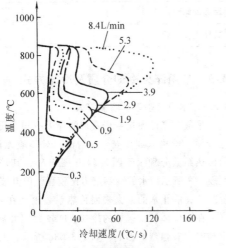

图 3-69　水的流量对喷射淬火
冷却速度的影响

在喷嘴的设计上，可以做到水和空气同时喷出。当水的压力 $p_水 > 0$ 时属喷水淬火，如图 3-70 中箭头 3 所示。随着水压的增加，工件表面被带走的热流密度增大，当水的压力 $p = 0$ 时，水被压缩空气带出，成为喷雾冷却状态。图 3-70 中箭头 2 表示喷雾状态下表面热流密度随空气压力的增加而增大。图中最下面的部分是无水的只喷出空气的区域，表面热流密度很小。在冷却过程中可以根据需要更换不同的冷却方式，并通过调节水压和空气压力调节冷却速度。这种

喷水—喷雾—喷空气的冷却装置可由计算机调节并与冷却过程的计算机模拟技术相结合，就有可能达到理想淬火冷却状态，获得最大的淬硬层深度，防止开裂和减少变形，并彻底克服了淬火冷却介质对环境的污染，是一种安全、清洁的智能淬火冷却技术。喷射和喷雾冷却过程中冷却速度的调节可以有两种不同的方式。其一是周期作业方式，采用不移动的冷却床，水压和气压则随着时间而变化。另一种是连续作业方式，工件以一定速度不断向前移动，不同的距离上喷嘴的水压和气压不同，适合于大批量的生产。

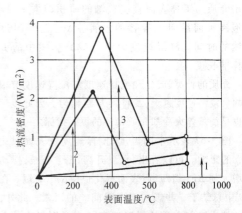

图 3-70　水和空气对表面热流密度的影响

1—无水，仅改变空气压力　2—喷雾　$p_水 = 0$

3—喷射淬火　改变水压 $p_气 = 4.5 \times 10^5 \text{Pa}$

喷射和喷雾淬火的浸湿速率很大，有利于均匀冷却；另一方面，不同位置上表面冷却的均匀度与喷嘴的布置有关；此外，工件的移动（或来回摆动）以及旋转均有助于提高冷却的均匀度。

3.3.3.2 无机物水溶液

水中加入某些无机盐或碱，可以加快蒸汽膜破裂，提前进入泡状沸腾阶段，提高在高温区的冷却速度，使钢件获得较厚的淬硬层。几种无机物水溶液的性质见表 3-10。

表 3-10　几种无机水溶液的性质

溶质	质量分数（％）	密度/（kg/m^3）	最大表面热流密度/（MW/m^2）
NaCl	10	1070	13
LiCl	23	1138	9.5
$MgCl_2$	14	1119	13
$CaCl_2$	10～12	1083.5～1101.5	14
NaOH	8～10	1087～1109	15

1. 盐水（氯化钠水溶液）　常用氯化钠溶液的浓度为 5%～10%（质量分数）。在此范围内随着浓度的增加，冷速迅速提高，最大冷却温度上移。静止的 10%（质量分数）氯化钠溶液换热系数如表 3-10 所示。浓度提高到 20%（质量分数），因粘度增大而使冷速趋于回落，不同浓度的氯化钠水溶液的冷却速度曲线见图 3-71，温度对其冷速的影响见图 3-72。盐水在低温区（＜20℃）的冷速和纯水接近，一般情况下不会增大淬火畸变。盐水淬火后工件应及时清洗防锈。

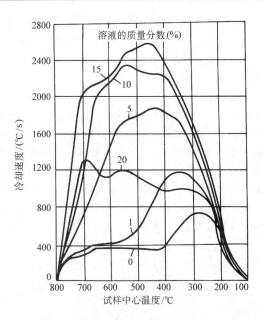

图 3-71　NaCl 水溶液冷却速度曲线

注：φ20mm 银球，液温 20℃，试样移动速度 0.25m/s。

2. 碳酸钠水溶液　与氯化钠的作用相似，水中加入碳酸钠可以显著改善水溶液的冷却特性。在 Na_2CO_3 水溶液中淬火工件表面光洁，但 Na_2CO_3 水溶液易造成环境污染，不宜推广。

3. 氢氧化钠水溶液　其传热系数比氯化钠水溶液更大。5%～15%（质量分数）氢氧化钠水溶液是目前冷却能力最强的淬火冷却介质，而在 200℃ 以下的冷却速度却低于水。其浓度超过 20%（质量分数）时，冷却速度随浓度增加而减慢。当浓度达到 50%（质量分数）时，在高温区仍可保持相当高的冷却速度。

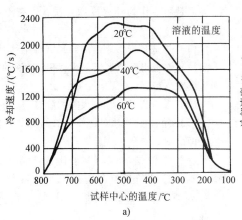

a)

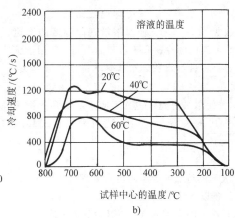

b)

图 3-72　液温对 10% 和 20%（质量分数）氯化钠水溶液冷却曲线的影响

a）10%（质量分数）氯化钠水溶液　b）20%（质量分数）氯化钠水溶液

注：φ20mm 银球，试样移动速度 0.25m/s。

而在300℃以下的冷却速度则比水低得多，对于易变形和淬裂的工件淬火特别有利。应着重指出，氢氧化钠水溶液虽有优良的冷却特性，但对环境污染严重不宜推广应用。

4. 氯化钙水溶液　其冷却速度曲线见图3-73，通常使用密度为1.40~1.46g/cm³的饱和氯化钙水溶液，在600℃冷却速度最大，在300℃以下，冷却速度较低，具有较好的冷却特性，可用于代替水淬油冷却处理碳钢和部分低合金钢工件。但氯化钙水溶液的蒸汽很容易使车间内的钢铁构件和机械装置生锈，并大幅度降低仪器仪表和电器设备的使用寿命，因而限制了它的应用。

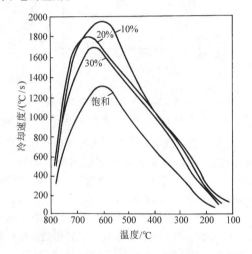

图3-73　氯化钙水溶液的冷却曲线
注：采用φ20mm×30mm银棒测试。

5. 过饱和硝盐水溶液　成分（质量分数）为25% NaNO₃ + 20% NaNO₂ + 20% KNO₃ + 35% H₂O的介质称为"三硝"水溶液。其冷却速度曲线及其与水和油的比较见图3-74。三硝水溶液在高温区的冷速很高，而在低温区的冷速介于水和油之间，适用于碳钢和低合金钢零件的淬火，可代替水—油双液淬火，使用温度在20~60℃之间，密度控制在1.45~1.50g/cm³，使用时应经常搅拌。应采取切实的措施防止工件带出的废液和随后清洗的废水造成环境污染。

3.3.3.3　淬火油

1. 淬火油的特点　为了满足热处理的工艺要求，淬火油应具备以下性质：

（1）较高的闪点和燃点，以减少火灾危险。

（2）较低的粘度，减少随工件带出的损失。

（3）不易氧化，老化缓慢。

（4）在珠光体（或贝氏体）转变温度区间有足

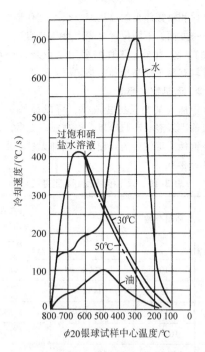

图3-74　过饱和硝盐水溶液、水和油的
冷却曲线的对比
注：采用φ20mm银球测试。

够的冷却速度。

油的特性温度高于450℃（清水约300℃），接近钢的奥氏体不稳定区，但油的传热系数和冷却速度比水小得多。油的沸点较高，对流阶段开始的温度比水高，因此油在低温阶段的冷却速度比较缓慢。油的冷却特性对各种合金钢的淬火和薄壁碳钢零件淬火是很合适的，是目前应用最广的淬火冷却介质之一。

但是用油作为淬火冷却介质，也有不可忽视的缺点：

（1）造成环境污染。例如我国每年约有5000t淬火油被工件带出污染水域，约有9000t油的蒸汽或油烟污染空气。

（2）安全性差，存在火灾的隐患。

（3）随着使用时间延长，油的冷却性能逐渐变差，即出现"老化"现象。

（4）对油槽的保养要求比较严格，例如微量水对油的冷却特性有显著影响，并常常因此而产生淬火废品。因此，人们力求寻找淬火油的代用品。

2. 淬火用油的种类

（1）全损耗系统用油。全损耗系统用油的技术性能指标见表3-11。

表 3-11　全损耗系统用油的技术性能指标

油品	粘度等级	40℃时的运动粘度/(mm²/s)	闪点(开口)/℃　≥	机械杂质(质量分数,%)≤	倾点/℃ ≤	水溶性酸和碱	水分
L-AN5	5	4.14~5.06	80	无			
L-AN7	7	6.12~7.48	110				
L-AN10	10	9.00~11.0	130				
L-AN15	15	13.5~16.5	150	0.005	≤-5	无	痕迹
L-AN22	22	19.8~24.2					
L-AN32	32	28.8~35.2					
L-AN46	46	41.4~50.6	160				
L-AN68	68	61.2~74.8		0.007			
L-AN100	100	90.0~110	180				
L-AN150	150	135~165					

考虑到本行业使用上的方便，在表 3-12 中列出新旧标准的对照。在常温下使用的油，应选用粘度较低的 10 号或 22 号全损耗系统用油，使用温度应低于 80℃，用于分级淬火时则应选用闪点较高的 100 号全损耗系统用油。

（2）普通淬火油。为了解决全损耗系统用油冷却能力较低、易氧化和老化等问题，可在全损耗系统用油中加入催冷剂、抗氧化剂、表面活性剂等添加物，调制成普通淬火油。有些厂商直接向用户供应调制好的淬火油，也有些厂商向用户供应添加剂，由用户在现场调制。

（3）快速淬火油。加入效果更高的催冷剂，可制成快速淬火油。快速淬火油与水的传热系数对比如图 3-75 所示。全损耗系统用油、普通淬火油（中速淬火油）、快速淬火油以及加入添加剂的全损耗系统用油的冷却曲线及冷却速度曲线见图 3-76。

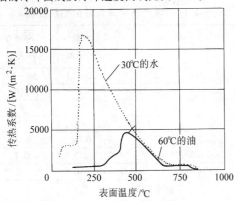

图 3-75　30℃水和 60℃快速淬火油的传热系数对比

注：φ25mm×100mm 钢圆柱体，流速为 0.3m/s。

表 3-12　全损耗系统用油与机械油名称和粘度等级对照表

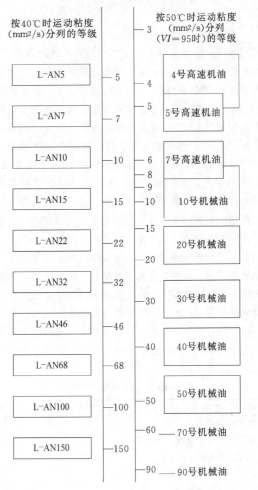

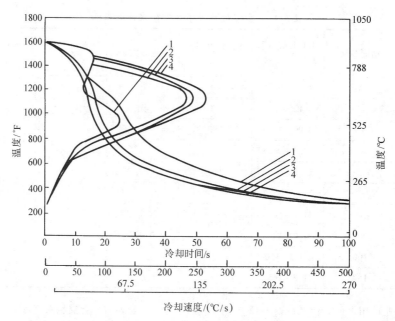

图 3-76　几种不同油品的冷却曲线和冷却速度曲线
1—全损耗系统用油　2—中速淬火油　3—全损耗系统用油 + 10% 添加剂　4—快速淬火油

普通淬火油和快速淬火油中的添加剂，随着使用时间的增加而逐渐被消耗，其冷却能力也随着降低。因此需要经常测定和记录其冷却速度变化情况，并加入新的添加剂进行校正。因而在选购时除了新油的冷却特性外，还应考虑其老化的快慢以及供货商售后服务的情况。此外由于添加剂很容易溶解于水，因而微量水（0.5%）带入油槽中会使快速淬火油在高温范围的冷却速度明显降低。因此应重视淬火油槽的保养。

（4）光亮淬火油。油受热"裂解"的树脂状物质和形成的灰分粘附在工件表面，将影响加热后淬火工件的表面光亮度。应尽可能用一定馏分切割的石油产品作为基础油，而不用全损耗系统用油。以石蜡质原油炼制的矿油作为基础油比苯酚质原油炼制的基础油性能稳定，工件淬火光亮效果好。一般认为低粘度油的光亮度比高粘度油好，用溶剂精炼法比硫酸精炼法精制的油光亮性好。生成聚合物和树脂越少，残碳越少，硫分越少，油的光亮性越好。往基础油中加入催化剂可制成光亮快速淬火油，常用的光亮添加剂见表 3-13。

表 3-13　常用光亮添加剂

添加剂名称	一般添加量(质量分数)(%)
咪唑啉油酸酯	0.5 ~ 1
聚异丁烯二酰亚胺	0.5 ~ 1
二硫磷酸有酯	1
2,6 二叔丁基对甲酚	0.3
二烷基二硫磷酸锌	—

（5）真空淬火油。真空淬火油是在低于大气压的条件下使用的。真空淬火油应具备饱和蒸汽压低、光亮性好和冷却能力强等特点，是以石蜡基润滑油分馏，经溶剂脱蜡、溶剂精制、白土处理和真空蒸馏、真空脱气后，加入催冷剂、光亮剂、抗氧化剂等添加剂配制而成。国产真空油的性能指标如表 3-14 所示。真空淬火油的冷却曲线随真空度而改变（见图 3-77）。真空度增大，蒸汽膜趋于稳定，泡状沸腾开始温度降低。

（6）分级淬火油和等温淬火油，分级淬火油和等温淬火油的使用温度在 100 ~ 250℃ 之间，应具有闪点高、挥发性小、氧化安定性好等特点。国产光亮分级、等温淬火油的性能指标举例如表 3-15 所示。

表 3-14　国产真空淬火油的性能指标

项　　目		1 号真空淬火油	2 号真空淬火油
运动粘度(50℃)/(mm²/s)		20 ~ 25	50 ~ 55
闪点(开口)/℃　　＞		170	210
水分		无	无
凝固点/℃		− 10	− 10
残碳(质量分数)(%)		0.08	0.10
酸值/(mgKOH/g)		0.5	0.7
饱和蒸汽压(20℃,133.3Pa)/Pa		5×10^{-5}	5×10^{-5}
热氧化安定性	粘度比 ＜	1.5	1.5
	残碳增值(质量分数)(%)	1.5	1.5

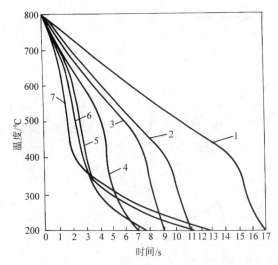

图 3-77　1 号真空淬火油的冷却曲线随真空度变化的情况

1—0.013kPa　2—5kPa　3—10kPa

4—26.6kPa　5—50kPa　6—66.6kPa　7—101kPa

注：采用 φ8mm × 24mm 银棒测试。

表 3-15　分级、等温淬火油的性能指标

项　目		DF₂—S	QF₂—A
运动粘度 /(mm²/s)	50℃	66 ~ 72	86 ~ 100
	100℃	11 ~ 14	14 ~ 17
闪点(开口)/℃		260	280
凝固点/℃		-10	-10
水分(质量分数)(%)		痕迹	痕迹
残碳(质量分数)(%)		0.15	0.15
酸值/(mgKOH/g)		—	—
热氧化 安定性	粘度比 <	1.5	1.5
	残碳增值(质量 分数)(%) <	1.5	1.5
使用温度/℃		100 ~ 150	150 ~ 200

表中运动粘度项中 DF₂—S 列 50℃ 为 66~72，100℃ 为 11~14；QF₂—A 列 50℃ 为 86~100，100℃ 为 14~17。

3.3.3.4　高分子聚合物淬火冷却介质

此类淬火冷却介质是含有各种高分子聚合物的水溶液，配以适量的防腐剂和防锈剂。使用时根据需要加水稀释成不同浓度的溶液，可以得到水、油之间或比油更慢的冷却能力（见图 3-78）。它不燃烧，没有烟雾，被认为是有发展前途的淬火油代用品。采用此类水溶液淬火时往往在工件表面形成一层聚合物薄膜，改变了冷却特性。浓度越高，膜层越厚，冷速越慢。液温升高冷速减慢，搅动则使冷速加快。一种 PAG 淬火剂的浓度、液温和搅动与其冷却烈度的关系如图 3-79 所示，常用的高分子聚合物淬火冷却介质见表 3-16。

1. 聚乙烯醇（PVA）　PVA 是应用最早的高分子聚合物淬火冷却介质，1952 年由德国人申报专利。我国于 20 世纪 60 年代开始研究试用，70 年代中期已有聚乙烯合成产品（见表 3-17），至今仍在我国感应热处理喷射淬火中广泛应用。PVA 的主要缺点是使用浓度低（质量分数约为 0.3%），管理困难，冷速波动大，易老化变质，糊状物和皮膜易堵塞喷水孔，以及排放对环境污染。

2. 聚二醇（PAG）　PAG 具有独特的逆溶性，即在水中的溶解度随温度升高而降低。一定浓度的 PAG 溶液被加热至一定温度后即出现 PAG 与水分离现象，该温度称为"浊点"。在淬火过程中利用 PAG 的逆溶性可在工件表面形成热阻层。通过改变浓度、温度、搅拌速度就可以对 PAG 水溶液的冷却能力进行调整（见图 3-80）。PAG 水溶液的 pH 值对其浊点有影响，因而对冷却特性也有影响（见图 3-81）。

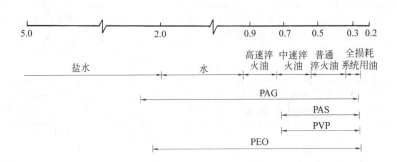

图 3-78　几种有机聚合物淬火冷却介质冷却烈度带的覆盖范围

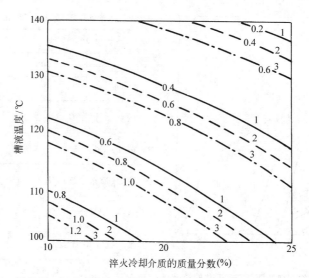

图 3-79　PAG 的浓度、液温、搅动与其冷却烈度 H 值的关系

搅动速度：1—15m/min、2—23m/min、3—30m/min

注：曲线上的数字表示 H 值

表 3-16　高分子聚合物名称和结构式

缩 略 词	名　　　　称	结　构　式
PEG	聚乙二醇 Poly ethylene glycol	$H(OCH_2CH_2)_nOH$
PAM	聚酰胺 Polyamide	$-\overset{O}{\overset{\|}{C}}N(CH_2CH_2N)_x\overset{O}{\overset{\|}{C}}-$ CH_3 $O(CH_2CH_2O)_n(CH_2CH)_m$ OH
PAG	聚二醇 Polyolkylene glycol	$-[(CH_2CH_2O)_n(CH_2CHO)_m]-$ CH_3
PMI	聚异丁烯顺烯二酸钠 Sodium Polyisobulylene Maleate	$CH_3 \quad COONa$ $-(C-CH_2 CHCH)_n-$ $CH_3 \quad COONa$
PVA	聚乙烯醇 Polyvinyl alcohol	$-(CH_2CH)_n-$ OH
PVP	聚乙烯吡咯烷酮 Polyvinyl pyrrolidone	$-(CH_3CH)_n-$ N O
PAS	聚丙烯酸钠 Polyacrylate sodium	$-(CH_2CH)_n-$ $COONa$
PEO(PEOX)	聚乙基噁唑啉 Polyethyl oxazoline	$-(NCH_2CH)_n$ $C=O$ C_2H_5

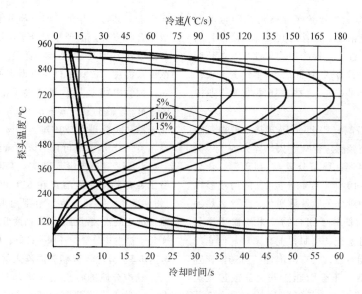

图 3-80　PAG 的浓度（质量分数）对其冷却特性的影响

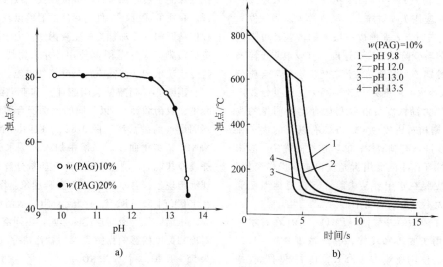

a)　　　　　　　　　　　　　　　b)

图 3-81　pH 值对 PAG 淬火冷却介质的浊点和冷却曲线的影响

a）对浊点的影响　　b）对冷却曲线的影响

表 3-17　聚乙烯醇合成淬火冷却介质配方

组　成　成　分	含量（质量分数）（%）
聚乙烯醇　聚合度 1750，醇解度 88%	10
防锈剂（三乙醇胺）	1
防腐剂（苯甲酸钠）	0.2
消泡剂（太古油）	0.02
水	余量

PAG 淬火冷却介质按其分子结构及聚合链长短可分为五种牌号，其冷却速度的范围如表 3-18 所示。

表 3-18　PAG 的牌号及其冷却速度范围

牌　　号	冷却速度范围
PAG-C	盐水—水
PAG-A	水—快速油
PAG-HT	快速油—中速油
PAG-RL	中速油
PAG-E	中速油—普通油

PAG 淬火系列的冷却能力覆盖了水—油之间全部领域，并可以通过控制浓度和搅拌对其冷却速度进行调整，有良好的浸湿特性，工件冷却均匀性好，在长期使用中性能比较稳定，自从 20 世纪 60 年代美国碳化物公司开始生产 PAG 以来，已在金属热处理行业中广泛应用。

3. 聚乙烯吡咯烷酮（PVP）　PVP 是一种白色粉状物，主要应用于高频感应淬火、火焰淬火等。中碳钢淬火用浓度小于 4%（质量分数），高碳钢、合金钢淬火用浓度 4% ~ 10%（质量分数）。使用液温在 25 ~ 35℃，使用中相对分子质量易变化，受淬火热冲击易分解。分解后的低分子聚合物要采用渗透膜分离，设备费用高，且检查、精制程度有困难。但它的使用浓度低，防裂能力强，具有消泡性、防锈性、容易管理；对人体无害，不会引起皮肤炎症或过敏斑疹；本身具有防腐能力；化学耗氧量低，不污染环境；浓度可用折光仪测定，操作简便。

4. 聚乙二醇（PEG）　PEG 在欧美等国家还没有应用，在日本应用于喷射淬火或浸入淬火。当工件冷却到 350℃ 左右时，表面形成一层浓缩薄膜，可降低钢材在马氏体转变阶段的冷却速度，有效地防止淬火开裂。喷射冷却淬火时使用浓度在 5% ~ 10%（质量分数），浸入淬火时浓度为 15% ~ 25%（质量分数）。PEG 的冷却能力随浓度与液温变化有比较明显的改变；而 PAG 则相对比较稳定。PEG 有以下的优点和特性：①对皮肤没有刺激性；②防锈性能优良，泡沫少；③耐蚀性好；④浓度用折光仪检查，操作简便；⑤工件表面皮膜在水中容易去除；⑥在搅拌烈度低时，冷却能力不发生大的变化。

5. 聚异丁烯顺烯二酸钠（PMI）　PMI 在日本有商品出售，用于喷淬和浸淬，喷淬浓度 4% ~ 10%（质量分数）。使用液温 25 ~ 35℃，其主要问题也是受热易分解。另外，水中的各种离子影响粘度，使浓度管理变得困难。PMI 的特点在于：①聚合物相对分子质量大于 6×10^4，在 500℃ 以下生成皮膜，能防止工件淬裂；②防锈性持久，泡沫少；③工件带出量少；④耐蚀性非常好；⑤淬火后零件表面的皮膜在水中可再溶解；⑥废液处理容易，加碱凝集处理后化学耗氧量低于 350×10^{-6}。

6. 聚酰胺（PAM）　PAM 是一种黄色液态高分子聚合物。用于锻件淬火的使用浓度为 15% ~ 20%（质量分数），喷射淬火的使用浓度为 5% ~ 8%（质量分数），工作温度 25 ~ 40℃。采用折光仪或粘度计测定浓度。化学耗氧量达 40 万 $\times 10^{-6}$，排放要严格控制。

7. 聚丙烯酸钠（PAS）　PAS 是阳离子型聚合物

淬火液。其特点是加热时不易分解，在工件表面不生成聚合物皮膜。由于相对分子质量及粘度原因，其冷却速度比其他几种聚合物要慢。调整 PAS 水溶液的浓度及温度，淬火工件可以得到贝氏体等非马氏体组织。因为 PAS 是具有 Na^+ 离子的有机盐，当水中有 Ca、Mg 等碱土金属离子及 Fe 离子时，粘度会发生变化，给质量管理造成困难。30% ~ 40%（质量分数）高浓度 PAS 水溶液可作为锻后余热处理的冷却剂。

8. 聚乙基噁唑啉（PEO）　PEO 是具有逆溶性的高分子聚合物，其逆溶点在 63℃ 以上。使用浓度可在 1% ~ 25%（质量分数）范围内调整，冷却性能覆盖水—油之间很大范围。因其粘度低，工件带出量少。由于易于被生物分解，环保条件好，所以很有发展前途。

3.3.3.5　分级淬火和等温淬火盐浴

这类介质的特点是在冷却过程中不发生物态变化，工件淬火主要靠对流冷却。通常在高温区冷速快，在低温区冷速慢。常用于形状复杂、截面尺寸变化悬殊的工模具和零件的分级淬火，以减少畸变和开裂。介质的成分、工件与热浴的温差以及热浴的流动程度是影响其冷却能力的主要因素。由于盐浴对环境造成污染，应尽量限制使用，并采用切实的防止废盐、清洗水和盐浴蒸汽污染环境的措施。

硝酸盐（硝酸钠、硝酸钾）和亚硝酸盐（亚硝酸钠、亚硝酸钾），以不同的比例配合即可得到具有不同熔点的硝盐浴。图 3-82 为 KNO_3-KNO_2-$NaNO_2$-$NaNO_3$ 系熔化曲线。在浴中加入少量水分可以显著提高冷却能力。含水量在 3%（质量分数）以上时出现沸腾现象，含水量少时无沸腾现象。图 3-83 表明在 170℃ 时 55% KNO_3 + 45% $NaNO_2$ 盐浴的含水量与通入压缩空气对冷却速度的影响。不同浴温下含水量对冷却速度的影响见图 3-84［盐浴成分（质量分数）为 55% KNO_3 + 45% $NaNO_2$］。

硝盐浴的缺点是易老化，对工件有氧化及腐蚀作用。淬火时带入氯化盐将使粘度增加，应定期捞渣和补充新盐。往硝盐中添加的水应在低于 150℃ 时通过插入盐浴的铁管送入，以防飞溅。加热应缓慢，禁止用石墨或铸铁坩埚作容器，以免发生爆炸。

氯化盐低温盐浴常用于高速钢分级淬火。其成分和使用温度见表 3-19。不同温度的冷却曲线见图 3-85。

表 3-19　常用氯化盐浴的成分及工作条件

成分（质量分数）	熔点/℃	使用温度/℃
$BaCl_2 50\%$ + $CaCl_2 30\%$ + $NaCl 20\%$	435	480 ~ 780
$BaCl_2 50\%$ + $KCl 30\%$ + $NaCl 20\%$	480	500 ~ 650

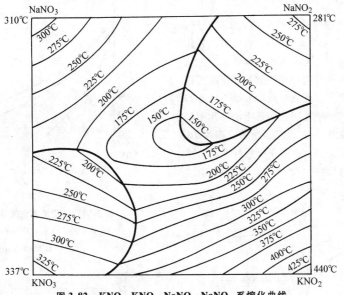

图 3-82 KNO₃ - KNO₂ - NaNO₂ - NaNO₃ 系熔化曲线

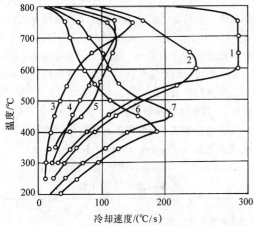

图 3-83 φ20mm 银球冷却速度的变化与水含量

（质量分数）的关系（浴温 170℃）

1—0.58% H₂O 2—0.93% H₂O 3—无水

4—无水通压缩空气 5—50℃油

6—3.93% H₂O 通压缩空气 7—4.26% H₂O

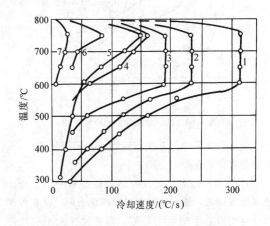

图 3-84 φ20mm 银球冷却速度特性与盐浴温度的关系

1—170℃，0.68% H₂O 2—210℃，1.04% H₂O

3—320℃，0.28% H₂O 4—440℃，0.16% H₂O

5—500℃，0.12% H₂O 6—270℃，无水

7—520℃，无水

注：其中水均为质量分数。

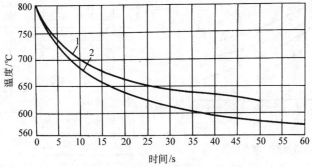

图 3-85 不同温度低温盐浴的冷却曲线

1—620℃ 2—560℃

3.3.3.6　流态床

流态床是在特制的淬火冷却槽中通入压缩空气，吹动金属或非金属的细小颗粒，如铝、氧化铝、氧化钛、锆砂或硅砂等，也可适量加入水。调整压缩空气的流量和流速，选用不同种类的固体微粒，控制其粒度、流态床深度和温度等，可调节其冷却能力。流态床的冷却能力介于空气和油之间，接近于油。几种常用介质冷却曲线对比见图3-86。流态床的冷却均匀，工件淬火变形小，表面光洁，适合于淬透性好、形状复杂和截面不大的合金钢件淬火。

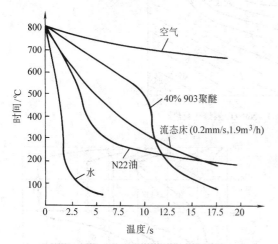

图 3-86　几种常用介质的冷却曲线

流态床淬火冷却介质腐蚀性小，不会老化变质，无引燃爆炸的危险，使用安全。

1. 气固流态床　在具有透气板的槽中盛有金属或非金属微粒，通入压缩空气形成流态床。微粒种类对冷却能力的影响见图3-87。固体粒径大小对冷却能力的影响见图3-88，由图可以看出微粒直径以

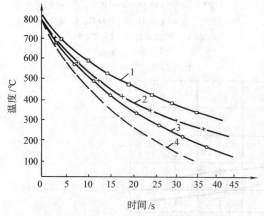

图 3-87　几种流态床的冷却曲线

（粒径 0.375mm　风量 0.5m³/h）

1—渗硼颗粒　2—氧化铝　3—石墨　4—刚玉砂

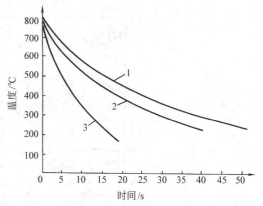

图 3-88　粒径对流态床冷却能力的影响

1—0.6mm　2—0.375mm　3—0.20mm

注：风量为 2.0m³/h。

0.20mm 为宜。

2. 气液固流态床　在槽中盛有固体微粒和水分，当压缩空气通过有透气板时产生小气泡，使固体微粒层湍动而形成流态。流态床中液体与固体微粒之比可以在 5:1 ~ 10:1 之间。改变液固比值及压缩空气流量可调节流态床的冷却能力。增加水含量可提高冷却速度，使工件淬火后获得较高的硬度，气液固流态床适合于工模具的淬火。

3.3.3.7　用气体作冷却介质

气体的冷却能力与气体的种类、气体的压力和气体流动速度有关（见图3-89和表3-20）。

表 3-20　不同条件下气体的传热系数
及其与水和油的比较

介质	淬火参数	传热系数 /[W/(m²·K)]
空气	自然对流	50 ~ 80
氮	0.6MPa，强制循环[1]	300 ~ 350
氮	1MPa，强制循环	300 ~ 400
氦	0.6MPa，强制循环	400 ~ 500
氦	1MPa，强制循环	400 ~ 500
氢	0.6MPa，强制循环	550 ~ 650
氢	1MPa，强制循环	450 ~ 600
氢	2MPa，强制循环	750[2]
氢	4MPa，强制循环	1300[2]
油	20 ~ 80℃，无搅拌	1000 ~ 1500
水	15 ~ 25℃，无搅拌	1800 ~ 2200

① 强制循环的风扇转速 3000r/min。

② 计算值。

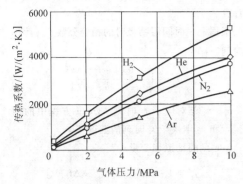

图 3-89　惰性气体的传热系数与气体压力的关系

1. 常压下的气淬　对于 Cr12 系列高淬透性合金工具钢，可以在空气中吹风淬硬。为了提高冷却速度，可将落料模放在平整的铁板或钢板上，并在上方置一风扇吹风冷却，使工作面达到高硬度且畸变很小。小于 50mm 厚度的凹模可以淬硬，厚度更大者需放在通水冷却的铜板上淬硬。特别是超薄板材落料模，要求凹模与凸模的间隙很小，可以先将凸模淬硬，然后凹模放在平板上冷却时将凸模放入模腔中（见图 3-90）。凹模冷却时收缩将凸模抱紧，一起回火后将凸模取出。这样处理后，凹凸模配合非常好（因高合金钢耐回火性好，预先淬火的凸模的硬度不会降低）。

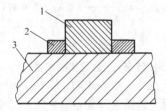

图 3-90　超薄板材落料凹模淬火冷却示意图
1—预先淬硬的凸模　2—正在
冷却中的凹模　3—平整的大铁板

2. 高压气淬　近年来，真空加热与高压气淬的热处理发展迅速。常用 0.6 ~ 4MPa 的氮或氢气作淬火冷却介质，现有商品化 0.4 ~ 2MPa 的高压气淬设备。

3. 热等静压后的高压气淬　气体介质的传热系数随压力的提高而不断增加。100 ~ 200MPa 惰性气体具有相当高的冷却能力。因此对于一些需要采用热等静压方法制备的工件，可以采用热等静压制备后在 100 ~ 200MPa 气体中淬火的方法。工件冷却均匀，淬火畸变很小，表面整洁，对环境无污染。

3.4　淬火冷却过程的计算机模拟

在冷却过程中工件内部发生温度场、组织场和应力场的变化，相变取决于冷却速度，而相变潜热又反过来影响冷却速度、温度和组织的变化引起应力与应变。应力对相变动力学有一定的影响，三者之间相互作用，如图 3-91 所示。因此需要经过反复迭代才能得到温度场、相变和应力场的计算结果。此即为温度场—相变—应力场耦合计算。

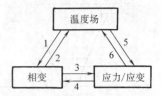

图 3-91　温度—相变—应力/应变耦合示意图
1—冷却速度对相变的影响　2—相变潜热
对冷却速度的影响　3—组织应力及应变
4—应力对相变影响　5—热应力与应变
6—形变功对温度的影响

3.4.1　导热计算

在绝大多数零件中存在三个方向上的热传导，需要采用三维瞬态温度场偏微方程来表述

$$\frac{\partial}{\partial x}\left(\lambda\frac{\partial T}{\partial x}\right) + \frac{\partial}{\partial y}\left(\lambda\frac{\partial T}{\partial y}\right) + \frac{\partial}{\partial z}\left(\lambda\frac{\partial T}{\partial z}\right) + Q$$
$$= \rho c_p \frac{\partial T}{\partial \tau}$$

式中　λ——热导率；

c_p——比定压热容；

Q——内热源强度（淬火过程中相变潜热）；

ρ——密度。

边界换热条件：　$Q_s = h_\Sigma (T_a - T_s)$

式中　T_a——介质温度；

T_s——钢件表面温度；

h_Σ——综合传热系数（在环境与工件表面的温度差为 1℃ 时单位面积上单位时间内交换的热量）。

3.4.2　相变量的计算

从相变动力学原理可知：在等温条件下，相变的速度与温度有关；在连续冷却的条件下，相变的进程与冷却速度有关。目前最常用的方法是应用叠加法，由等温转变图计算连续冷却过程的相变。也就是说把连续冷却过程看成是一系列等温过程的累加。

1. 用孕育期累加法则求连续冷却的转变开始时间

当时间为 τ_i 时，温度为 T_i，并在 $\Delta\tau_i$ 的微小时间间隔内视为一个等温过程（见图 3-92）。

对应于 T_i 的孕育期（$\tau_{孕}$）$_i$，在 $\Delta\tau_i$ 时间步长内

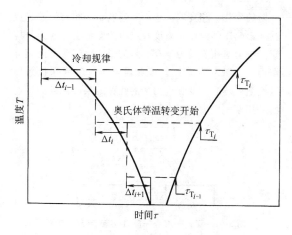

图 3-92　孕育期累加示意图

所消耗的孕育期分数为

$$\frac{\Delta\tau_i}{(\tau_{孕})_i}$$

相变开始的判据为

$$\sum_{i=1}^{n} \frac{\Delta\tau_i}{(\tau_{孕})_i} = 1$$

2. 相变开始之后的相变计算　图 3-93 是扩散型相变等温转变动力学曲线与等温转变图的示意图。每个温度下的相变动力学曲线可用 Avrami 方程描述，即

$$f = 1 - \exp(-b\tau^n)$$

b 和 n 是温度的函数，可用试验方法测定。如果已有现成的标明转变量的等温转变图，则可以根据每一温度下两个不同转变量对应的时间由上式求出 b 和 n，一般取 1% 和 99% 或 10% 和 90%。对于碳钢等淬透性很低的钢，在其奥氏体最不稳定的温度区间内很难准确测量转变开始时间。此时可按转变量比较大的二组数据计算 b 和 n，在获得 b 和 n 随温度而变化的函数关系 $b(T)$ 和 $n(T)$ 之后，用以下步骤进行相变量

的计算。

根据上一时间层结束时的相变分数 f_{i-1} 计算"虚拟时间" t^*：

$$t^* = \left[-\frac{\ln(1 - f_{i-1})}{b_i} \right]^{\frac{1}{n_i}}$$

b_i、n_i 是对应于 t_i 时刻 Avrami 方程中的两个常数，b_i 和 n_i 取决于 t_i 时刻的温度 T_i。

t_i 时刻的虚拟相变量：

$$f_i^* = 1 - \exp[-b_i(t_i^* + \Delta t_i)^{n_i}]$$

实际转变量为

$$f_i = f_i^* (f_{\gamma(i-1)} + f_{i-1}) f_{max}$$

式中　　f_{i-1}——($i-1$) 时间层结束时新相的百分数；

　　　$f_{\gamma(i-1)}$——($i-1$) 时间层未分解的 γ 相百分数；

　$f_{\gamma(i-1)} + f_{i-1}$——该类型相变开始时的 γ-Fe 的百分数；

　　　f_{max}——该温度下奥氏体最大转变量。

例如：先共析铁素体

$$f_{max} \begin{cases} = 0 & (T_i > A_3) \\ = \dfrac{T_{A_3} - T_i}{T_{A_3} - T_{A_1}} & (A_1 < T_i < A_3) \\ = f_{max} & (T_i < A_1) \end{cases}$$

对贝氏体转变 f_{max} 通过实测求得。

求得 f_i 之后，令 $i-1 = i$，$i = i+1$ 即可逐一时间层进行计算，如图 3-93 所示。

通常马氏体转变量只是温度的函数（与时间无关）可以用下列公式计算：

$$f_M = 1 - \exp[-\alpha(Ms - T)]$$

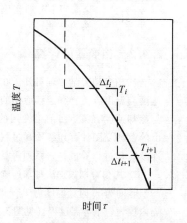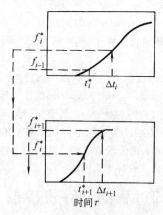

图 3-93　奥氏体等温转变动力学曲线与等温转变图示意

在计算每一时间步长内马氏体增量时

$$\Delta f_M^i = f_A \{ 1 - \exp[-\alpha(Ms - T_i)] \} - f_M^{i-1}$$

式中　T_i——当前时刻的温度；

　　　f_A——马氏体开始转变时的残留奥氏体量；

　　　f_M^{i-1}——上一时间步长终了时的马氏体转变量；

　　　α——常数，碳钢一般取 0.011。

考虑应力状态的影响进行修正。对扩散型相变修正系数 b 和 n 有

$$\left.\begin{array}{l} n_\sigma = n \\ b_\sigma = \dfrac{b}{(1-D)^n} \\ D = C\sigma_e \end{array}\right\}$$

用下述修正公式反映应力对马氏体转变量及 Ms 点的影响：

$$V = 1 - \exp[-\alpha(Ms - T) - \varphi(\sigma)]$$

$$\varphi(\sigma) = A\sigma_m + B\sigma_e^{1/2}$$

$$Ms = Ms_0 + \Delta Ms$$

$$\Delta Ms = E\sigma_m + F\sigma_e$$

以上各式中，V 为奥氏体分解的转变量；σ_m 为平均应力；σ_e 为等效应力；A、B、C、D、E、F 为常数；b、n 为系数；T 为温度；t 为时间；Ms 为马氏体点，Ms_0 为无应力作用时的 Ms 点。

3.4.3　应力场分析

淬火过程中应力、应变的模拟结果以及淬火后残余应力和变形预测的准确性与所采用的材料力学模型密切相关。目前的模拟已经从原来的弹性模型改进为弹塑性模型，其本构方程为

$$d\varepsilon_{ij} = \frac{1-2\mu}{E}d\sigma_m\delta_{ij} + \frac{1}{2G}dS_{ij} + \frac{3}{2H}\frac{S_{ij}d\sigma_i}{\sigma_i}$$

淬冷过程应力分析必须考虑相变的影响，因此塑性区的处理远较无相变条件下普通的应力分析复杂。总应变应该包括弹性应变、塑性应变、热应变、相变应变和相变塑性应变等多项。

总应变　$d\varepsilon_{ij}^T = d\varepsilon_{ij}^e + d\varepsilon_{ij}^p + d\varepsilon_{ij}^{th} + d\varepsilon_{ij}^{tr} + d\varepsilon_{ij}^{tp}$

弹性应变　$de_{ij}^e = \frac{1}{2G}dS_{ij}$，即 $d\varepsilon_{ij}^e = \frac{1}{2G}d\sigma_{ij}$

塑性应变　$de_{ij}^p = d\lambda S_{ij}$，即 $d\varepsilon_{ij}^p = \frac{3}{2H}\frac{\sigma_{ij}d\sigma_e}{\sigma_e}$

热应变　$d\varepsilon_{ij}^{th} = \sum_{k=1}^5 m_k\alpha_k(T)dT$

相变应变　$d\varepsilon_{ij}^{tr} = \sum_{k=2}^5 dV_k\beta_k^T$

$$\beta_k^T = \beta_k^0 + (\alpha_k - \alpha_A)T$$

相变塑性应变　$d\varepsilon_{ij}^{tp} = 3K\sigma_{ij}(1-V)dV$

以上各式中，G 为剪切模量；H 为加工硬化指数；K 为系数（实际上也是应力的函数）；ε_{ij} 为总的应变张量；ε_{ij}^p 为塑性应变张量；ε_{ij}^e 为弹性应力张量；σ_{ij} 为应力张量；S_{ij} 为应力偏张量；α_k 和 m_k 分别为不同组织的热膨胀系数和体积分数（$k=1$，2，3，4，5，依次代表奥氏体、铁素体、珠光体、贝氏体、马氏体），β_k^T（$k=1$，2，3，4，5）表示在温度 T 奥氏体分解为 k 组织时的体积膨胀系数，β_k^0 为 0°C 时的转变膨胀系数。

3.4.4　复杂淬火操作的模拟以及非线性处理

淬火过程的模拟涉及多因素和非线性问题，因为界面换热系数、钢的热物性参数和力学性能参数都是温度的函数。相变潜热的引入更使问题变成高度非线性。实际生产中常遇到一些复杂的淬火操作，例如预冷淬火、控时浸淬、双液淬火、间歇淬火以及淬火自回火等，都属于界面条件剧变的冷却过程。因此在温度—相变—应力应变三者耦合的模型中采用非线性算法，经过反复迭代进行求解，如图 3-94 所示。

3.4.5　借助于计算机模拟进行热处理虚拟生产

计算机模拟技术不仅有强大的计算功能，而且可以显示任意时刻工件内任意截面上的温度场、组织分布和应力场，能使操作者观察到各种等值面（温度值、应力值、组织分布值）、等值线随着时间推移的情况，也可以显示出用户所感兴趣的任何点上的温度-时间曲线、组织分布-时间曲线、应力-时间曲线和位移-时间曲线。这样就可为热处理研究工作者提供一个虚拟现实的环境，或者说进行虚拟生产试验的工具。虽然热处理过程的计算机模拟的精度还有待进一步提高，在应用于实际生产的时候必须充分考虑到模拟结果的误差，必须通过生产试验对模拟的结果进行验证以及对数学模型进行修正，并应注意到现有数学模型各自的局限性。尽管如此，热处理计算机模拟已开始进入实用化阶段并已显示出巨大的优越性。

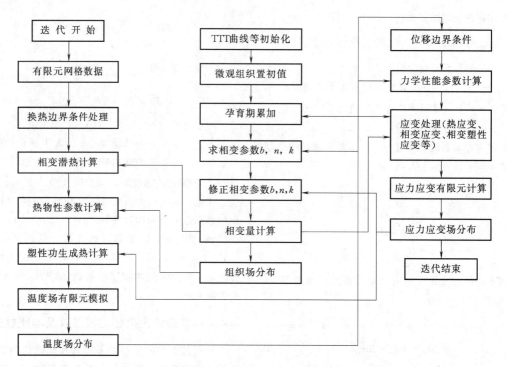

图 3-94　温度—相变—应力应变相互耦合的非线性计算示意图

参 考 文 献

[1]　热处理手册编委会. 热处理手册：第1卷工艺基础 [M]. 2版. 北京：机械工业出版社，1991：90-188.

[2]　戚正风. 金属热处理原理 [M]. 北京：机械工业出版社，1987.

[3]　徐祖耀. 马氏体和马氏体相变 [M]. 北京：科学出版社，1999.

[4]　徐祖耀. 相变原理 [M]. 北京：科学出版社，1988.

[5]　康沫狂. 钢中贝氏体 [M]. 上海：上海科学技术出版社，1990.

[6]　俞德刚，王世清. 贝氏体相变理论 [M]. 上海：上海交通大学出版社，1998.

[7]　方鸿生，王家军，等. 贝氏体相变 [M]. 北京：北京出版社，1999.

[8]　徐祖耀，刘世楷. 贝氏体相变与贝氏体 [M]. 北京：科学出版社，1991.

[9]　钢铁热处理编写组. 钢铁热处理原理与应用 [M]. 上海：上海科学技术出版社，1979.

[10]　戚正风，等. 固态金属中的扩散与相变 [M]. 北京：机械工业出版社，1997.

[11]　Totten G. M. Howe's Steel Heat Treatment Handbook [M]. New York：Marcel Decker, Inc. 1997.

[12]　Totten G，Bates C，Clinton N. Hand Book of Quenchants and Quenching [M]. Ohio：ASM International，1993.

[13]　朱培瑜. 常见零件热处理变形与控制 [M]. 北京：机械工业出版社，1990.

[14]　许大维. 细长零件的热处理 [M]. 北京：机械工业出版社，1990.

[15]　姚禄年. 钢铁热处理变形的控制 [M]. 北京：机械工业出版社，1987.

[16]　王运迪. 淬火介质 [M]. 上海：上海科学技术出版社，1981.

[17]　顾剑峰，等. 淬火冷却过程中表面综合换热系数的反传热分析 [J]. 上海交通大学学报，1998（2）：19-22.

[18]　刘庄，等. 热处理过程的数值模拟 [M]. 北京：科学出版社，1996.

第4章 钢铁件的整体热处理

西安理工大学　安运铮
北京机电研究所　徐跃明

4.1 钢的热处理

4.1.1 钢的退火与正火

正火与退火是为了消除冶金及冷热加工过程中产生的组织与性能缺陷，并为以后的机械加工及热处理准备良好的组织状态而进行的预备热处理工艺。

退火与正火是热处理的重要基础工艺方法，我国相关标准是 GB/T 16923—2008《钢件的正火与退火处理》。

4.1.1.1 正火与退火工艺分类代号及应用范围

正火与退火的工艺分类及代号应符合 GB/T 12603—2005 的规定。正火与退火工艺分类代号及应用范围见表 4-1。

表 4-1　正火与退火工艺分类代号及应用范围

序号	工艺名称	分类代号	应用范围
1	正火	512	用于低中碳钢和低合金结构钢铸、锻件消除应力和淬火前的预备热处理,也可用于某些低温化学热处理件的预处理及某些结构钢的最终热处理。消除网状碳化物,为球化退火作准备。细化组织,改善力学性能和可加工性
2	等温正火	512-I	用于某些碳素钢、低合金钢工件在淬火返修时消除应力和细化组织,以使重新淬火时减少畸变和防止开裂。也可用于某些结构件的最终热处理
3	二段正火	512-T	用于对控制正火畸变要求较严的工件
4	完全退火	511-F	用于中碳钢和中碳合金钢铸、焊、锻、轧制件等。也可用于高速钢、高合金钢淬火返修前的退火,细化组织、降低硬度、改善可加工性、消除内应力
5	不完全退火	511-P	用于晶粒并未粗化的中、高碳钢和低合金钢锻、轧件等。降低硬度,改善可加工性,消除内应力
6	等温退火	511-I	用于中碳合金钢和某些高合金钢的大型铸、锻件及冲压件。也可为低合金钢件在渗碳、碳氮共渗前的预处理。其目的与完全退火相同,但能够得到更为均匀的组织和硬度
7	球化退火	511-Sp	用于共析钢、过共析钢的锻、轧件以及结构钢的冷挤压件,其目的在于降低硬度,改善组织,提高塑性和改善可加工性和热处理工艺性能等
8	去应力退火	511-St	消除中碳钢和中碳合金钢由于冷、热加工形成的残余应力
9	预防白点退火	511-Hy*	降低中碳钢和中碳合金钢中的氢含量,避免形成白点
10	均匀化退火	511-H	减少中碳合金钢和高合金钢铸件或锻、轧件的化学成分和组织的偏析,达到均匀化
11	再结晶退火	511-R	使碳钢和低合金钢形变晶粒重新转变为均匀的等轴晶粒,以消除形变强化和残余应力
12	光亮退火	511-B*	用于碳钢和低合金钢件的表面无氧化退火
13	稳定化退火	511-Sa*	用于耐蚀钢,防止耐晶间腐蚀性能的降低

注：内容选自 GB/T 16923—2008，＊在 GB/T 12603—2005 中未列入。

4.1.1.2　退火

1. 完全退火　完全退火奥氏体化温度一般选为 $Ac_3 + (30 \sim 50)$℃（亚共析钢）。这既可使奥氏体晶粒细化，又便于奥氏体均匀化。某些高合金钢为使碳化物固溶应适当提高奥氏体化温度。为改善低碳钢的可加工性，可采用 $900 \sim 1000$℃高温退火，以获得 $4 \sim 6$ 级的粗奥氏体。为了消除亚共析钢锻件、铸件、焊接件的粗大魏氏组织，需将奥氏体化温度提高到 $1100 \sim 1200$℃，随后补充进行常规完全退火。

表4-2为推荐的碳钢完全退火温度。完全退火主要用于碳含量（质量分数）为 $0.3\% \sim 0.6\%$ 的中碳钢铸、锻件。

表4-2　碳钢完全退火温度

w(C)(%)	奥氏体化温度/℃	奥氏体分解温度范围/℃	硬度 HBW
0.20	860 ~ 900	860 ~ 700	111 ~ 149
0.25	860 ~ 900	860 ~ 700	111 ~ 187
0.30	840 ~ 880	840 ~ 650	126 ~ 197
0.40	840 ~ 880	840 ~ 650	137 ~ 207
0.45	790 ~ 870	790 ~ 650	137 ~ 207
0.50	790 ~ 870	790 ~ 650	156 ~ 217
0.60	790 ~ 870	790 ~ 650	156 ~ 217
0.70	790 ~ 840	790 ~ 650	156 ~ 217
0.80	790 ~ 840	790 ~ 650	167 ~ 229
0.90	790 ~ 830	790 ~ 650	167 ~ 229
0.95	790 ~ 830	790 ~ 650	167 ~ 229

表4-3为推荐的铸钢件完全退火规范。

2. 不完全退火　锻件终锻温度不高且无需细化晶粒时，可采用 $Ac_1 \sim Ac_3$ 之间部分奥氏体化或直接加热到 $Ac_1 \sim Ac_3$ 之间随之缓慢冷却的工艺，其主要目的是使材料软化并消除内应力。

3. 等温退火　等温退火的奥氏体化温度一般与完全退火相同，对于某些高合金钢大型铸锻件可适当提高加热温度。等温分解温度由钢件所需硬度决定，一般选择在 $Ac_1 - (30 \sim 100)$℃。等温温度越低，退火后硬度越高。等温退火的保温时间应包括完成组织转变所需的时间与钢材截面均温透冷到等温温度的时间。

等温退火工艺周期较短，退火后沿截面分布组织与硬度均匀一致，特别适合于大型合金钢铸锻件。

推荐的部分合金结构钢等温退火工艺规范见表4-4。

4. 球化退火　为了使钢中碳化物球状化而进行的退火谓之球化退火。球化退火主要用于 w(C) > 0.6% 的各种高碳工具钢、模具钢、轴承钢。低中碳钢为了改善冷变形工艺性，有时也进行球化退火。

根据具体情况可采用下列方式进行球化退火：

（1）在稍低于 Ar_1 温度长时间保温。

（2）在稍高于 Ac_1 和稍低于 Ar_1 温度区间循环加热和冷却。

（3）加热到高于 Ac_1 温度，然后以极慢的冷速（$10 \sim 20$℃/h）炉冷或在稍低于 Ar_1 温度保温较长时间再冷却到室温。

（4）对过共析钢，先进行奥氏体化使碳化物充分溶解（加热温度选择在保证碳化物溶解的下限），随即以较高速度冷却以防止网状碳化物析出，然后按（1）或（2）方式球化退火。

（5）工件在一定温度（或室温）下形变然后再于低于 Ac_1 温度长时间保温进行球化退火。

常用工具钢等球化退火的工艺规范见表4-5。几种冷挤压钢件的球化退火工艺规范见表4-6。球化退火的典型工艺曲线及参数见表4-7。

表4-3　铸钢完全退火工艺规范

钢　号		截面尺寸/mm	装炉温度/℃	650 ~ 700℃		700℃ ~ 退火温度			冷却速度/(℃/h)	出炉温度/℃
				保温时间/h	升温速度/(℃/h)	保温时间/h	升温速度/(℃/h)	保温时间/h		
铸造碳钢	ZG200-400	< 200	≤650	—	2	120	1 ~ 2	≥120		450
	ZG230-450 ZG270-500	201 ~ 500	400 ~ 500	2	70	3	100	2 ~ 5	≥120	400
	ZG200-400	510 ~ 800	300 ~ 350	3	60	4	80	5 ~ 8		350
	ZG230-450	801 ~ 1200	260 ~ 300	4	40	5	60	8 ~ 12	≥120	300
	ZG270-500	1201 ~ 1500	≤200	5	30	6	50	12 ~ 15		250
	ZG310-570	< 200	400 ~ 500	2	80	3	100	1 ~ 2		350

（续）

钢　号		截面尺寸 /mm	装炉		650~700℃		700℃~退火温度			冷却速度 /(℃/h)	出炉温度 /℃
			温度/℃	保温时间 /h	升温速度 /(℃/h)	保温时间 /h	升温速度 /(℃/h)	保温时间 /h		
铸造低合金钢	ZGD650-830 （ZG20SiMn） ZG35Cr1Mo （ZG35CrMo）	<200	400~500	2	80	3	100	1~2	≥80	350
	ZGD840-1030 （ZG35SiMn） ZG35SiMnMo	201~500	250~350	3	60	4	80	2~5	≥80	350
	ZG35CrMnSi	501~800	200~300	4	50	5	60	5~8	≥80	300
	ZG5CrMnMo	<500	250~300	2	40	2~4	70	2~5		200
	ZG55CrMnMo	501~1000	≤200	4	30	5~8	50	5~10		200

表 4-4　部分合金结构钢等温退火工艺规范（获得大部分珠光体组织）

钢　号	奥氏体化温度 /℃	等温分解温度 /℃	保温时间 /h	大致硬度 HBW
40Mn2	830	620	4.5	183
20CrNi	885	650	4	179
40CrNi	830	660	6	187
50CrNi	830	660	6	201
12Cr2Ni4	870	595	14	187
30CrMo	855	675	4	174
42CrMo	830~845	675	5~6	197~212
20CrNiMo	885	660	6	197
40CrNiMoA	830	650	8	223
20Cr	885	690	4	179
30Cr	845	675	6	183
40Cr	830	675	6	187
50Cr	830	675	6	201
50CrVA	830	675	6	201
20CrNiMo	885	660	4	187
40CrNiMoA	830	660	6	197

表 4-5 常用工具钢等温球化退火工艺规范

钢 号	临 界 点/℃			加热温度/℃	等温温度/℃	硬度 HBW
	Ac_1	Ac_m	Ar_1			
T7(T7A)	730	770	700	750~770	640~670	≤187
T8(T8A)	730	—	700	740~760	650~680	≤187
T10(T10A)	730	800	700	750~770	680~700	≤197
T12(T12A)	730	820	700	750~770	680~700	≤207
9Mn2V	736	765	652	760~780	670~690	≤229
9SiCr	770	870	730	790~810	700~720	197~241
CrMn	740	(980)	700	770~810	680~700	197~241
9CrWMn,CrWMn	750	940	710	770~790	680~700	207~255
GCr15	745	900	700	790~810	710~720	207~229
GCr15SiMn	770	870	708	790~810	690~710	207~229
Cr12MoV	810	855	760	850~870	720~750	207~255
Cr12	810	835	755	850~870	720~750	269~217
W18Cr4V	850	—	760	850~880	730~750	207~255
W9Cr4V2	830	—	760	850~880	730~750	207~255
W6Mo5Cr4V2	845~880	—	805~740	850~870	740~750	≤255
5CrMnMo	710	760	650	850~870	~680	197~241
5CrNiMo	710	770	680	850~870	~680	197~241
3Cr2W8V	820	1100	790	850~860	720~740	—

表 4-6 几种冷挤压钢件的球化退火工艺规范

钢 号	加热温度/℃	保温时间/h	等温温度/℃	保温时间/h	冷却速度/(℃/h)	出炉温度/℃	硬 度 HBW
15Cr,20Cr	860±10	3~4			<50	300	<130
15Cr,20Cr	780±10	2~3	700±10	6~8		500	125~131
15Cr,20Cr	720	5~6			<50	450	≤125
35,45,40MnB	720	6~7			<50	550	≤145
08,15,20	720	2~3			空冷		≤120
20MnV,40Cr,50	950~1000	1~1.5	700±10	2~2.5	60	500	140
40Cr	770±10	4~5	670±10	5~6	炉冷	500	≤160

表 4-7 球化退火的典型工艺曲线及参数

退火方法	工 艺 曲 线	工 艺 参 数	备 注
缓慢冷却球化退火	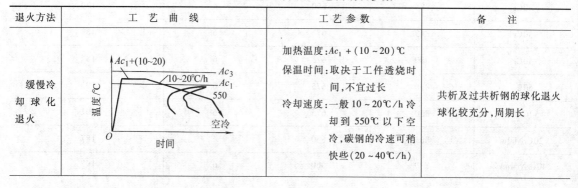	加热温度:Ac_1+(10~20)℃ 保温时间:取决于工件透烧时间,不宜过长 冷却速度:一般 10~20℃/h 冷却到 550℃ 以下空冷,碳钢的冷速可稍快些(20~40℃/h)	共析及过共析钢的球化退火球化较充分,周期长

（续）

退火方法	工艺曲线	工艺参数	备　注
等温球化退火	温度/℃；$Ac_1+(20\sim30)$、Ac_3、Ac_1、空冷、$Ar_1+(20\sim30)$；O—时间	加热温度：$Ac_1+(20\sim30)$℃ 等温温度：$Ar_1-(20\sim30)$℃ 等温时间：取决于等温转变图及工件截面尺寸。等温后空冷	过共析钢、合金工具钢的球化退火，球化充分，易控制。周期较短，适宜大件
周期（循环）球化退火	温度/℃；$Ac_1+(10\sim20)$、Ac_3、Ac_1、$Ar_1-(20\sim30)$、$10\sim20$℃/h、550、空冷；O—时间	加热温度：$Ac_1+(10\sim20)$℃ 等温温度：$Ar_1-(20\sim30)$℃ 保温时间：取决于工件截面均温时间 循环周期：视球化要求等级而定，以 $10\sim20$℃/h 缓冷到550℃空冷	过共析碳钢及合金工具钢，周期较短。球化较充分，但控制较繁，不宜大件退火
感应加热快速球化退火	温度/℃；820、Ac_3、Ac_1、170、680；O—时间	加热温度：$<Ac_{cm}$，接近淬火温度下限并短时保温，奥氏体中有大量未溶碳化物 加热速度：由单位功率决定 等温温度：视硬度要求而定 保温时间：根据感应加热后测定的等温转变图决定	截面不大的碳素钢、合金工具钢、轴承钢等的快速球化退火
快速球化退火	温度/℃；$Ac_{cm}+(20\sim30)$、$680\sim700$、Ac_3、Ac_1、淬火、空冷、P_L、M B、P_S；O—时间	加热温度：Ac_{cm}（或 Ac_3）$+(20\sim30)$℃ 冷却：淬油或等温淬火（获得马氏体或贝氏体） 高温回火：$680\sim700$℃，$1\sim2$h	共析、过共析碳钢及合金钢的锻件快速球化退火或淬火工件返修，重淬前的预处理畸变较大，工件尺寸不能太大（仅限于小件）

5. 去应力退火　为了去除塑性形变加工、切削加工或焊接造成的内应力及铸件内存在的残余内应力而进行的退火称为去应力退火。

去应力退火一般在稍高于再结晶温度下进行，钢铁材料一般在 550～650℃，热模具钢及高合金钢可适当升高到 650～750℃。去应力退火时间与退火温度有关，研究表明，在450℃退火只有 50% 应力得到消除，而要使内应力完全消除，在 600℃需 15h，在 650℃只需 1h。为了不致使去应力退火后冷却时再发生附加残余应力，应缓冷到 500℃以下出炉空冷。大

截面工件需缓冷到 300℃以下出炉空冷。

6. 预防白点退火　热形变加工钢件冷却过程中氢可能呈气态析出而形成发裂（白点），预防白点退火的目的和实质就是使钢中的氢扩散析出于工件之外。氢在 α-Fe 中的扩散系数较在 γ-Fe 中大得多，而氢在 α-Fe 中比在 γ-Fe 中的溶解度又低得多。为此，对大锻件一般是首先从奥氏体状态冷却到奥氏体等温转变图的"鼻端"温度范围以尽快获得铁素体＋碳化物组织，然后在该温度区或升高到稍低于 Ac_1 的温度长时间保温进行脱氢。预防白点退火工艺曲线见图4-1。

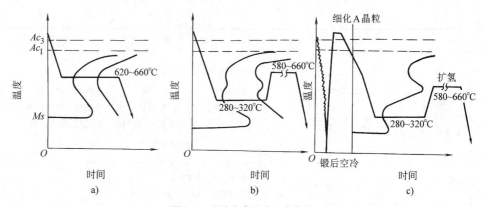

图 4-1　预防白点退火工艺曲线
a) 碳钢低合金钢　b) 中合金钢　c) 高合金钢

7. 均匀化退火　均匀化退火一般用于合金钢铸件，以减少工件化学成分和组织的不均匀程度。为使碳化物充分溶解，通常在1050～1250℃范围长时间保温。保温时间与钢中的溶质元素偏析程度、扩散温度及工件尺寸等有关。

均匀化退火出现的粗晶可通过补充完全退火或正火改善。

8. 再结晶退火　经冷变形后的钢加热到再结晶温度以上，保持适当时间，使形变晶粒重新结晶为均匀的等轴晶粒，以消除形变强化和残余应力的退火工艺称再结晶退火。

一般钢材再结晶退火温度在 600～700℃，保温 1～3h 冷却，对 $w(C) < 0.2\%$ 的普通碳钢，在冷变形时临界变形度若达 6%～15% 范围，则再结晶退火后易出现粗晶，因此应避免在该范围内形变。

9. 稳定化退火　为了防止晶间腐蚀，在奥氏体不锈钢中加入少量的钛或铌，当这种材料工件加热到 900℃，使大部分碳化铬溶解，而使溶解了的碳与钛、铌化合成稳定的碳化物（TiC 及 NbC），从而抑制了 $Cr_{23}C_6$ 型碳化物在晶界的析出，获得了最大的耐蚀性，称为稳定化处理或稳定化退火。

4.1.1.3　正火

将钢材或铸铁工件加热奥氏体化后在空气中冷却，得到含有珠光体的均匀组织的热处理工艺称为正火。

将工件加热到 Ac_3 或 Ac_{cm} 以上 30～50℃，保持适当时间后，在静止的空气中冷却到 Ar_1 附近即转入缓冷的正火工艺称为二段正火。

将工件加热到 Ac_3 或 Ac_{cm} 以上 30～50℃，保持适当时间后快冷到珠光体转变区的某一温度保温，以获得珠光体型组织，然后在空气中冷却的正火工艺称为等温正火。

正火所达到的效果与材料的成分及组织有关。过

共析钢正火后可消除网状碳化物，而低碳钢正火后将显著改善钢的可加工性。所有钢铁材料通过正火均可使铸锻件晶粒细化并消除内应力。正火后的钢铁件可获得优于退火态的综合力学性能。正火广泛用于淬火前的预备热处理，$w(C) = 0.4\% ～ 0.7\%$ 的钢件也在正火态直接使用，对 $w(C) < 0.4\%$ 的中低碳钢往往用正火代替完全退火。对中高碳钢及中高碳合金钢工件，为降低正火后的硬度及消除内应力还可在正火后进行附加的低温退火（550～600℃）。

由于工件表面与心部冷速的差异，当直径较大时正火后截面上的性能将很不均匀，由此而产生的差异称为"质量效应"。碳钢与合金钢正火后硬度与质量效应的关系见表4-8。

表 4-8　碳钢与合金钢正火后硬度与质量效应的关系

钢　号	正火温度 /℃	在下列直径(mm)时之正火后硬度 HBW			
		12.0	25.0	50	100
15	930	126	121	116	116
20	930	131	131	126	121
20Mn	930	143	143	137	131
30	930	156	149	137	137
40	900	183	170	167	167
50	900	223	217	212	201
60	900	229	229	223	223
70	900	293	293	285	269
12Cr2Ni4	890	269	262	252	248
40Mn2	870	269	248	235	235
30CrMo	870	217	197	167	163
42CrMo	870	302	302	285	241
40CrNiMoA	870	388	363	341	321
40Cr	870	235	229	223	217
50Cr	870	262	255	248	241

对铸锻件进行两次以上的重复正火称为多重正火 (Repeated normalizing)，第一次正火采用 $Ac_3 + 150 \sim 200℃$ 高温正火，第二次采用略高于 Ac_3 的较低温度 $[Ac_3 + (30 \sim 50℃)]$ 正火，通过第一次正火可消除热加工中形成的过热组织，并使难溶第二相充分溶入奥氏体中，第二次正火使奥氏体晶粒细化。低碳合金铸钢件（20Mn、15CrMo、20CrMoV）通过双重正火不仅细化了晶粒，均匀化了组织，还使冲击韧度，特别在低温下冲击韧度有明显提高。

4.1.1.4　退火、正火易产生的缺陷（见表 4-9）

表 4-9　退火与正火缺陷

缺陷类型	说　　明	补救措施
过烧	加热温度过高使晶界局部熔化	报废
过热	加热温度高使奥氏体晶粒粗大，冷却后形成魏氏组织或粗晶组织，钢的冲击韧度下降	完全退火或正火补救
黑斑	碳素工具钢由于终锻温度过高（>1000℃），冷却缓慢或退火加热温度过高，在石墨化温度范围长时间停留，或多次返修退火导致在钢中出现石墨碳，并在其周围形成大块铁素体，断口呈黑灰色	报废
反常组织	Ar_1 附近冷速过低或在 Ar_1 以下长期保温，会在先共析铁素体晶界上出现粗大渗碳体或在先共析渗碳体周围出现宽铁素体条	重新退火
网状组织	加热温度过高及冷速慢形成网状铁素或网状渗碳体	重新退火
球化不均匀	球化退火前未消除网状碳化物形成残存大块状碳化物或球化退火工艺控制不当出现片状碳化物	正火后重新球化退火
硬度偏高	退火冷速过快或球化不好	重新退火
脱碳	工件表面脱碳层严重超过技术条件要求	在保护气氛中退火或复碳处理

4.1.2　钢的淬火

4.1.2.1　淬火工艺分类及代号

根据 GB/T 16924—2008《钢件的淬火与回火》淬火工艺分类及代号见表 4-10。

表 4-10　淬火（回火）工艺分类及代号

工　　艺	代　　号
淬火	513
淬火与回火	514
空冷淬火	513-A
油冷淬火	513-O
水冷淬火	513-W
盐水淬火	513-B
有机水溶液淬火	513-Po
盐浴淬火	513-H
流态床加热淬火	513-10
加压淬火	513-Pr
双液淬火	513-I
分级淬火	513-M
等温淬火	513-At

4.1.2.2　钢的淬透性

钢的淬透性是钢材在淬火后能够被淬透的深度（或厚度、直径）大小的一种属性，它主要取决于钢材的化学成分。为了反映钢材的这种属性，国际上发展了许多针对不同材质的试验方法和评定方法（见表 4-11）。我国先后颁发了主要针对优质碳素结构钢、合金结构钢、弹簧钢、部分工模具钢、轴承钢及低淬透性结构钢等评价其淬透性的国家标准《钢的淬透性末端淬火试验方法》（GB/T 225）和《工具钢淬透性试验方法》（GB/T 227），后者主要适用于弱淬透性与中等淬透性的工具钢淬透性试验，但不适用于心部淬透的工具钢淬透性试验。该两项标准基本上覆盖了我国常用的钢铁材料，对试验原理、试样、试验方法、结果表示等均有详尽而具体的规定。

表 4-11　淬透性试验方法

方法类型	特　　点			适用范围	备　　注
	试　样	淬火冷却介质	判　据		
工具钢淬透性试验方法(断口法,P-F法)	圆棒($\phi20\pm0.5$)mm×(75 ± 0.5)mm	水	组织与晶粒度	碳素工具钢、合金工具钢	GB/T 227
末端淬火试验法(端淬法,或Jominy法)	$\phi25$mm×100mm标准试样	喷水	硬度曲线	结构钢、工具钢	GB/T 225(国标采用) ISO 642
U曲线法	圆棒$J=(3\sim4)D$	水油	断口,HRC	结构钢	1938年前后盛行
洛氏硬度-英寸法(SAC法)	圆棒($\phi25$mm×104mm)	水	表面硬度(S)中心硬度(C)U曲线下面积(A)	碳素结构钢、低合金钢	SAE J406 低淬透性钢用
L形端淬法	$\phi1$in端淬试样	喷水	硬度曲线	普通碳钢	
圆锥试验法	圆锥试样 $\phi_大$32mm, $\phi_小$6.5mm,长127mm	盐水	深度	普通碳钢,低淬透性工具钢	低淬透性能钢检测用
楔形试验法	楔形试样	喷水	硬度曲线		
P-V试验法	V形顶端圆棒试样	水	深度	低淬透性工具钢	
空气淬火法	$\phi1$in×7in圆棒试样,外加套筒	静止空气	硬度曲线	高合金工具钢	高淬透性能钢检测用
油冷端淬法	同标准端淬法	油	硬度曲线	未普遍应用	
延缓冷却端淬法	标准端淬试样加缓冷套	喷水	硬度曲线	未普遍采用	
韦氏炸弹形试验法	$\phi3$in金属丝放入炸弹形外套中	水	硬度曲线		小尺寸试样测淬透性方法
封套式端淬试验法	$\phi\leq1/4$in密于圆形筒中	喷水	硬度曲线		
全自动小型端淬试验法	$\phi8\sim\phi10$mm×75mm	喷水	硬度曲线		

注：1in=25.4mm。

关于淬透性的评价方式，主要是通过不同试验方法来决定的，现将常用的相关规定分叙如下：

1. 用端淬法测试的淬透性结果表达　端淬法试验结果通常采用端淬曲线表达，即以横坐标表示距淬火端面的距离d(mm)，以纵坐标表示相应距离处的硬度值（HRC值或HV值）。建议纵坐标10mm表示5个HRC值或50个HV值，横坐标每隔10mm（或15mm）对应于距淬火端面5mm的距离。在不同距离处测得的硬度值可用"淬透性指数"$J\times\times-d$表示，其中J是Jominy的大写字头，××表示洛氏硬度

（HRC）值，d 表示距淬火端面的距离，例如 J35-15 表示距淬火端面 15mm 处的硬度值为 35HRC。该硬度值也可用维氏硬度（HV）表达。

　　试样在冷却过程中温度和冷却速度沿试样长度的变化规律可近似地用图 4-2 及图 4-3 来描述。从这两条曲线可以看到，端淬法科学地反映了淬火温度、冷却速度对材料组织和硬度的影响规律，对于指导热处理实践具有重大意义。图 4-4 为 40MnB 钢的端淬曲线，由于成分的波动对淬透性有一定影响，同种钢的端淬曲线上都有一个硬度波动范围，称为淬透性带。图 4-5 指出了端淬试样离顶端不同距离处的冷却速度在连续冷却转变图上的对应关系。该图形象地指出，端淬试验所代表的在一定距离处不同冷却速度下可能获得的组织。

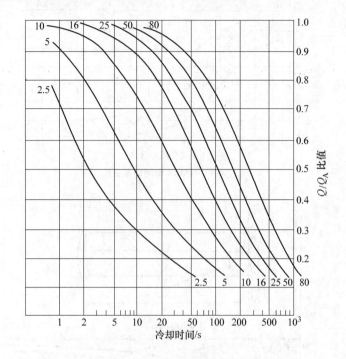

图 4-2　表示 Q/Q_A 比值与冷却时间变化规律的函数曲线

曲线上数字—距淬火端的距离（mm）　Q—距淬火端某一距离处的试样表面温度（℃）
Q_A—端淬试样淬火的奥氏体化温度（℃）

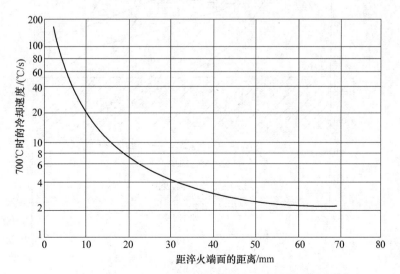

图 4-3　700℃时端淬试样表面距淬火端不同距离处的冷却速度

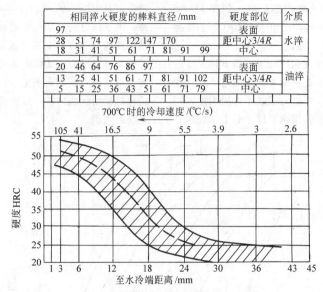

相同淬火硬度的棒料直径/mm									硬度部位	介质
97									表面	
28	51	74	97	122	147	170			距中心3/4R	水淬
18	31	41	51	61	71	81	91	99	中心	
20	46	64	76	86	97				表面	
13	25	41	51	61	71	81	91	102	距中心3/4R	油淬
5	15	25	36	43	51	61	71	79	中心	

图 4-4　40MnB 钢的端淬曲线

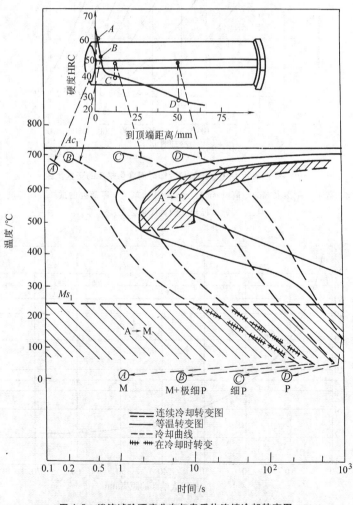

图 4-5　端淬试验硬度分布与奥氏体连续冷却转变图

2. 用 U 曲线法测试的结果表达　U 曲线法采用一系列不同直径的圆棒状试样,其长度为直径的 2 ~ 4 倍以保证棒中部横截面上的硬度分布不受两端散热的影响。将试样整体加热到规定的奥氏体化温度,奥氏体均匀化以后整体淬入预定的淬火冷却介质中,然后以半马氏体 (体积分数为 50%) 处的硬度值来界定淬火深度,半马氏体区的硬度主要与钢的碳含量有关,可参照图 4-6 来求得不同碳含量钢的半马氏体区的硬度值。再从试样的横截面上从表面到心部每隔 1 ~ 2mm 距离测定硬度值,然后将结果绘于沿截面的距离(横坐标)-硬度(纵坐标)的硬度分布曲线上。图 4-7 所示为 45 钢从 ϕ10 ~ ϕ50mm 不同直径的试样在强烈搅动水中淬火时的硬度分布曲线。半马氏体区恰在中心时圆棒的直径被定义为临界直径 (D_0)。临界直径也常被作为评价淬透性的定量值,它主要取决于钢的化学成分,而且与淬火的工艺参数 (加热与冷却条件) 有关。用 U 曲线法测定时,淬透性大小也可用 D_H/D 比值来表示,其中 D_H 为未淬硬心部直径,D 为试样直径。

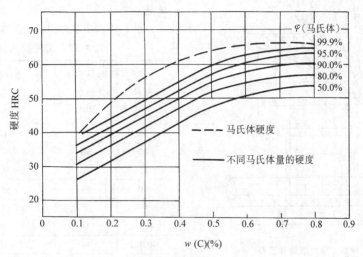

图 4-6　半马氏体硬度与钢的含碳量

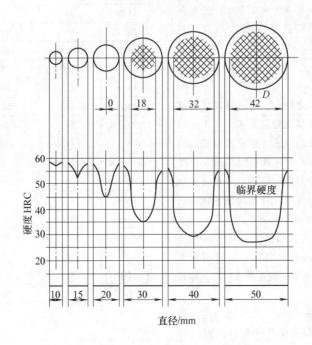

图 4-7　45 钢在强烈搅动水中淬火时的硬度分布曲线

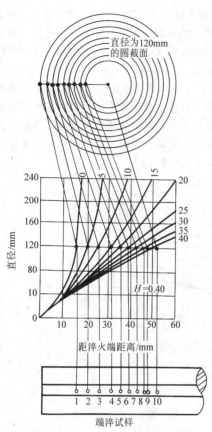

图 4-8　由端淬曲线求临界直径

如图 4-8 所示，利用端淬法获得的结果可以转换为临界直径。例如，已知某钢离淬火端 20mm 处具有临界硬度（半马氏体硬度）值，则从图中可查出其理想临界直径（D_0）为 100mm，在 $H=1$ 水中淬火时对应的临界直径为 80mm，在 $H=0.4$ 油中淬火时临界直径约为 57mm。

对于低淬透性钢及高淬透性钢，可对端淬试验试样及其冷却条件进行改进以满足特殊要求，其中在国内外已采用的方法有：L 形端淬法，圆锥试验法、楔形试验法、P-V 试验法。对高淬透性钢则采用空气冷却法、油冷端淬法及迟缓冷却端淬法等，对于要求用小试样检测的钢，有韦氏炸弹形试样端淬法、封套式端淬试验法及全自动小型端淬试验法等。

3. 工具钢淬透性试验方法的结果表达　采用淬透深度（mm，精确到 0.5mm）+ 由括号中指明淬火温度，比如 4.0（840℃）表示淬火温度为 840℃，淬透深度为 4.0mm。

4. 淬透性的计算法及其表达　利用钢的化学成分来计算钢的淬透性，必须排除各种外界因素（淬火温度、冷却速度等）的影响，因此早在 20 世纪格

罗斯曼（Grossmann）就提出了一个关于"理想临界直径 D_i"的概念，他假设淬火冷却介质的淬冷烈度值 H 为无穷大，试样淬冷所能淬透到 50% 马氏体（指心部）的最大直径称为理想直径（D_i），它只与钢的成分有关，此后进一步发展了一系列有关淬透性的数值计算预测方法，包括计算机模拟的应用。利用这种方法求得的某一种钢的理想临界直径不仅可以对不同钢材的淬透能力进行比较和评估，也可以利用格罗斯曼建立的相关曲线转换成在不同的淬火冷却介质（具有不同的淬冷烈度 H 值）中可淬透的临界直径 D_0 值。

表 4-12 列举了常用钢的临界直径。

表 4-12　常用钢的临界直径

钢号	半马氏体硬度 HRC	20～40℃水中冷却的临界直径 /mm	矿物油中冷却的临界直径 /mm
35	38	8～13	4～8
40	40	10～15	5～9.5
45	42	13～16.5	6～9.5
50	47	11～17	6～12
T10	55	10～15	<8
40Mn	44	12～18	7～12
40Mn2	44	25～100	15～90
45Mn2	45	25～100	15～90
65Mn	53	25～30	17～25
15Cr	35	10～18	5～11
20Cr	38	12～19	6～12
30Cr	41	14～25	7～14
40Cr	44	30～38	19～28
45Cr	45	30～38	19～28
40MnB	44	50～55	28～40
40Mn2B	44	47～52	27～40
40MnVB	44	60～76	40～58
20MnVB	38	55～62	32～46
20MnTiB	38	36～42	22～28
35SiMn	43	40～46	25～34
35CrMo	43	36～42	20～28
30CrMnSi	41	40～50	23～40
40CrMnMo	44	≥150	≥110
38CrMoAlA	43	100	80
60Si2Mn	52	55～62	32～46
50CrVA	48	55～62	32～40
18CrMnTi	37	22～35	15～24
30CrMnTi	41	40～50	23～40

4.1.2.3　淬火工艺

1. 淬火加热规范的确定

（1）加热温度。亚共析钢淬火加热温度为 Ac_3 +（30～50）℃，一般在空气炉中加热比在盐浴中加热高 10～30℃，采用油、硝盐淬火冷却介质时，淬火加热温度应比水淬提高 20℃左右。共析钢、过共析钢淬火加热温度为 Ac_1 +（30～50）℃，一般合金钢淬火加热温度为 Ac_1 或 Ac_3 +（30～50）℃。高速钢、高铬钢及不锈钢应根据要求合金碳化物溶入奥氏体的程度选

定。过热敏感性强（如锰钢）及脱碳敏感性强的钢（如含钼钢），不宜取上限温度。

低碳马氏体钢淬透性较低，应提高淬火温度以增大淬硬层；中碳钢及中碳合金钢应适当提高淬火温度来减少淬火后片状马氏体的相对含量，以提高钢的韧性；高碳钢采用低温淬火或快速加热可限制奥氏体固溶碳量，而增加淬火后板条马氏体的含量，减少淬火钢的脆性。另外，提高淬火温度还会增加合金钢淬火后的残留奥氏体量。常用钢的淬火加热温度与淬火冷却介质见表4-13。

表 4-13　常用钢的淬火加热温度与淬火冷却介质

	钢号	淬火加热温度/℃	淬火冷却介质		钢号	淬火加热温度/℃	淬火冷却介质
碳素及合金结构钢	35，40	850～880	水，盐水	碳素及合金工具钢	T7，T8	780～800	盐水
	50，55	820～830	水，油		T9	810～830	碱浴，硝盐
	30Mn2	840～880	油		T10，T12	770～810	盐水，油
	40Mn2	830±10	油		9Mn2V	780～800	油
	60Mn	800～820	油			790～810	碱浴，硝盐
	40B	820～860	油		9SiCr	850～870	油
	50B	840～860	油		9Mn2V	780～820	水，油
	40MnB	850～880	油		Cr12	960～980	油或硝盐分级
	40MnVB	860～880	油			1050～1000[①]	
	40Cr	850～870	油		Cr12MoV	1020～1050	油或硝盐分级
	38CrSi	900～920	油或水			1100～1150[①]	
	35CrMo	820～850	水，油		3Gr2W8V	1050～1100	油
	40CrV	860±20	油			1100～1150[①]	
	38CrMoAl	930～950	油		5CrMnMo	830～850	油
	20CrMnTiH	830～850	油		5CrNiMo	840～860	油
	40CrNiMoA	820～840	油	高速工具钢	W6Mo5Cr4V2	1000～1100	盐浴分级
	30CrMnSi	880～900	油			1180～1220[①]	
	12Cr2Ni4	840～860	油		W18Cr4V	1000～1100	盐浴分级
		780～820	水			1260～1280[①]	
					W2Mo9Cr4VCo8（M4-2）	1190±10	油
					M9Mo3Cr4V	1220～1250	油
					W6Mo5Cr4V2Al	1190～1250	油
				轴承钢	GCr15	830～850	油
						840～860	碱浴、硝盐

① 要求热硬性时的淬火温度。

（2）保温时间。加热与保温时间由零件入炉到达指定工艺温度所需升温时间（τ_1）、透热时间（τ_2）及组织转变所需时间（τ_3）组成。其中组织转变在升温到 > Ac_1 时便发生，因之与透热时间有交叉。

τ_1 + τ_2 由设备功率、加热介质及工件尺寸、装炉数量等因素决定，τ_3 则与钢材的成分、组织及热

处理技术要求等有关。普通碳素钢及低合金钢在透热后保温 5～15min 即可满足组织转变的要求，合金结构钢透热后应保温 15～25min。高合金工具钢、不锈钢等为了充分溶解原始组织中的碳化物，应在不使奥氏体晶粒过于粗化的前提下，适当提高奥氏体化温度，以缩短保温时间。

计算加热时间一般由工件"有效厚度"乘以加

热系数，即

$$\tau = \alpha kD$$

式中　τ——保温时间（min）；

　　　α——保温时间系数（min/mm）；

　　　k——工件装炉方式修正系数；

　　　D——工件有效厚度（mm）。

保温时间系数可从表4-14查出，装炉方式修正系数见表4-15，图4-9为工件有效厚度计算实例，形状复杂的工件可分别按工作部位几何尺寸的最大厚度确定D值。表4-16列出了工模具钢在盐浴及气体介质炉中的加热时间。生产实践表明，传统的加热时间计算偏于保守，可依具体情况适当缩短。

（3）加热速度。对于形状复杂，要求畸变小，或用合金钢制造的大型铸锻件，必须控制加热速度以保证减少淬火畸变及开裂倾向，一般以30～70℃/h限速升温到600～700℃，在均温一段时间后再以50～100℃/h速度升温。形状简单的中、低碳钢件，直径小于400mm的中碳合金结构钢件可直接到温入炉加热。

2. 淬火冷却方法　淬火冷却方法的分类及其适用范围见表4-17。

（1）延迟淬火法（预冷淬火法）。预冷的作用是减少淬火件各部分的温差，或在技术条件允许情况下，使其危险部位（棱角、薄缘、薄壁等）产生部分非马氏体组织，然后再整体淬火。采用这种工艺的技术要点是正确决定预冷时间（零件自炉中取出到淬冷之间停留的时间）。国内某些厂推荐按下式估算：

$$\tau = 12 + RS$$

式中　τ——零件预冷时间（s）；

　　　S——危险截面厚度（mm）（危险淬裂区截面）；

　　　R——与零件尺寸有关的系数，$R = 3 \sim 4$。

（2）双介质淬火法。此法多用于碳素工具钢及大截面合金工具钢要求淬硬层较深的零件。碳素工具钢，一般以每3mm有效厚度在水中停留1s估算。形状复杂的工件以每4～5mm在水中停留1s估算。大截面合金工具钢可按每毫米有效厚度1.5～3s计算。

表 4-14　保温时间系数　　　　　　　　（单位：min/mm）

工件材料	直径/mm	<600℃ 气体介质炉中预热	800～900℃ 气体介质炉中加热	750～850℃ 盐浴炉中加热或预热	1100～1300℃ 盐浴炉中加热
碳素钢	≤50		1.0～1.2	0.3～0.4	
	>50		1.2～1.5	0.4～0.5	
低合金钢	≤50		1.2～1.5	0.45～0.5	
	>50		1.5～1.8	0.5～0.55	
高合金钢		0.35～0.4		0.3～0.35	0.17～0.2
高速钢			0.65～0.85	0.3～0.35	0.16～0.18

表 4-15　工件装炉修正系数

工件装炉方式	修正系数	工件装炉方式	修正系数
	1.0		1.0
	1.0		1.4
	2.0		4.0
	1.4		2.2
	1.3		2.0
	1.7		1.8

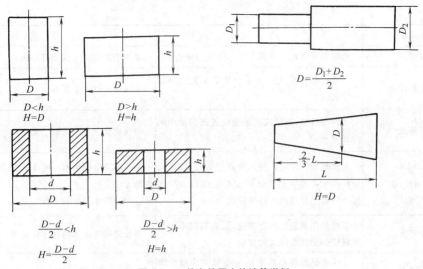

图 4-9　工件有效厚度的计算举例

表 4-16　工模具钢的淬火加热时间

钢　　种	盐　浴　炉		空气炉,可控气氛炉
	直径 d/mm	加热时间/min	
热锻模具钢	5	5 ~ 8	厚度小于100mm:20 ~ 30min/25mm 大于100mm:10 ~ 20min/25mm 800 ~ 850℃预热
	10	8 ~ 10	
	20	10 ~ 15	
	30	15 ~ 20	
	50	20 ~ 25	
	100	30 ~ 40	
冷变形模具钢	5	5 ~ 8	厚度小于100mm:20 ~ 30min/25mm 大于100mm:10 ~ 20min/25mm 800 ~ 850℃预热
	10	8 ~ 10	
	20	10 ~ 15	
	30	15 ~ 20	
	50	20 ~ 25	
	100	30 ~ 40	
碳素工具钢 合金工具钢	10	5 ~ 8	厚度小于100mm:20 ~ 30min/25mm 大于100mm:10 ~ 20min/25mm 500 ~ 550℃预热
	20	8 ~ 10	
	30	10 ~ 15	
	50	20 ~ 25	
	100	30 ~ 40	

表 4-17　淬火冷却方法的分类及其适用范围

淬火冷却方法		方　法　特　点	适　用　范　围
按淬火冷却介质分	水冷淬火	以水为淬火冷却介质的淬火冷却	低、中碳钢及低碳、低合金钢工件
	油冷淬火	以油为淬火冷却介质的淬火冷却	大多数合金结构钢及合金工具钢工件
	空冷淬火	以空气作为淬火冷却介质的淬火冷却	高速钢、马氏体不锈钢工件
	风冷淬火	以强迫流动的空气或压缩空气作为淬火冷却介质的淬火	中碳合金钢大型工件
	气冷淬火	以 N_2、H_2、He 等气体在负压、常压和高压下冷却的淬火	在真空炉内的淬火冷却
	盐水淬火	以盐类水溶液作为淬火冷却介质的淬火	碳钢及低合金工具钢
	水溶性聚合物水溶液淬火	以聚合物水溶液作为淬火冷却介质的淬火	冷速介于水、油之间或代替油冷

（续）

淬火冷却方法		方法特点	适用范围
按冷却方式分	喷液淬火	用喷射液体流作为淬火冷却介质的淬火	多用于表面淬火或局部淬火
	喷雾冷却淬火	工件在水和空气混合喷射的雾中淬火冷却的淬火	中碳合金钢大型工件
	热浴淬火	工件在熔盐、熔碱或熔融金属或高温油中的冷却淬火	中碳钢及合金钢为减小变形
按冷却方式分	双介质淬火	工件奥氏体化后先浸入冷却能力强的介质，在材料即将发生马氏体转变时立即转入冷却能力较弱的介质中冷却的淬火	中高碳合金钢为减小畸变并获得较高硬度时的冷却方法 适用于尺寸较大的工件
	自冷淬火	工件局部或表层奥氏体化后，依靠向未加热区域传热而自冷淬火的方法	高能量密度加热的自冷淬火等
	模压淬火	工件在奥氏体化后在特定夹具下为减少淬火畸变而进行的淬火	板状、片状及细长杆类工件淬火
	预冷淬火（延迟淬火）	将工件奥氏体化后先在空气中或其他缓冷淬火冷却介质中预冷到稍高于 Ar_1 或 Ar_3 温度，然后再用较快的淬火冷却介质进行淬冷的方法	截面变化较大，或形状较复杂易淬裂的工件
按加热冷却后组织	马氏体分级淬火	钢制工件奥氏体化后浸入温度稍高或稍低于 Ms 点的碱浴或盐浴中保持适当时间，在工件整体达到介质温度后取出空冷以获得马氏体组织为主的淬火	为减小淬火应力的高碳工具钢和合金工具钢的工具、模具
	贝氏体等温淬火	钢或铸铁工件加热奥氏体化后快冷到贝氏体转变温度区间等温，使奥氏体转变为主要是贝氏体组织的淬火工艺	对形状复杂的中高合金工具钢，可获得较高硬度与韧性，且畸变小
	亚温淬火	亚共析钢制工件在 $Ac_1 \sim Ac_3$ 温度区间奥氏体化后淬火冷却获得马氏体及铁素体组织的淬火工艺	低、中碳钢及低合金结构钢，抑制回火脆性，降低临界脆化温度（FATT）

与双介质淬火原理相同的淬火方法有水—空气、油—空气、油—水—油等淬火方法。其作用一般均希望在临界温度范围内冷却较快，而在马氏体开始转变点附近缓冷，以减小淬火应力引起的畸变及防止淬裂。

（3）马氏体分级淬火。分级淬火工艺的关键是分级盐浴的冷速一定要保证大于临界淬冷速度，并且使淬火零件保证获得足够的淬硬层深度。不同钢种在分级淬火时均有其相应的临界直径。表4-18列出了几种钢在不同介质中淬火时的临界直径。

从表4-18中可以看出，分级淬火时零件的临界直径比油淬、水淬都要小。因此，对大截面碳钢、低合金钢零件不适宜采用分级淬火。

为了降低临界淬冷速度，淬火加热温度可比普通淬火提高 $10 \sim 20$℃。

表4-18　几种钢材在不同介质中淬火时的临界直径

淬火方法	能淬透的临界直径/mm			
	45	30CrNiMo	45Mn	GCr15
分级淬火	2.25	7.25	7.25	12.50
油淬	6~9	12.50	10~12	19.75
水淬	13~16	19.75	18~19	32.25

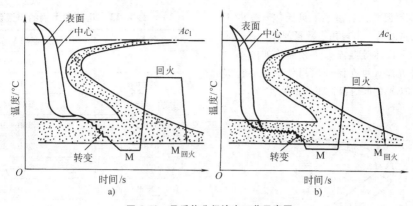

图 4-10　马氏体分级淬火工艺示意图

a) 分级温度大于 Ms　b) 分级温度小于 Ms

淬透性较好的钢可选择比 Ms 点稍高的分级温度［大于 $Ms + (10 \sim 30)$℃］。要求淬火后硬度较高、淬透层较深的工件应选择较低的分级温度，较大截面零件分级温度要取下限；形状复杂、畸变要求较严的小型零件，则应取分级温度的上限。图 4-10a 为分级温度大于 Ms 的分级淬火，图 4-10b 为分级温度小于 Ms 的分级淬火。

对于形状复杂、畸变控制严格的高合金工具钢，可以采用多次分级淬火。分级温度应当尽量选择在过冷奥氏体的稳定性较大的温度区域，以防止在分级中发生其他非马氏体转变。常用分级淬火的淬火冷却介质见表 4-19。

分级停留时间主要取决于零件尺寸。截面小的零件一般在分级盐浴内停留 1 ~ 5min 即可。经验上分级时间（以秒计）可按 $30 + 5d$ 估计。d 为零件有效厚度（单位为 mm）。

表 4-20 为几种常用钢材分级淬火后的硬度。

表 4-19　常用分级淬火的淬火冷却介质

热　浴	淬火冷却介质成分（质量分数）	熔化温度/℃	使用温度范围/℃
中性盐浴	$50\%\,BaCl_2 + 20\%\,NaCl + 30\%\,KCl$	560	580 ~ 800
硝盐浴	$55\%\,KNO_3 + 45\%\,NaNO_3$	218	230 ~ 550
硝盐浴	$53\%\,KNO_3 + 40\%\,NaNO_2 + 7\%\,NaNO_3$ （另加 $2\% \sim 3\%\,H_2O$）	100	110 ~ 130
硝盐浴	$55\%\,KNO_3 + 45\%\,NaNO_2$	137	150 ~ 500
碱　浴	$80\%\,KOH + 20\%\,NaOH$（另加 $6\%\,H_2O$）	130	140 ~ 250

表 4-20　几种常用钢材分级淬火后硬度

钢　号	加热温度/℃	冷却方式	硬度 HRC	备　注
45	820 ~ 830	水	>45	<12mm 可淬硝盐
	860 ~ 870	160℃硝盐或碱浴	>45	<30mm 可淬碱浴
40Cr	850 ~ 870	油或 160℃硝盐	>45	
65Mn	790 ~ 820	油或 160℃硝盐	>55	
T12A	770 ~ 790	水		<12mm 可淬硝盐
	780 ~ 820	180℃硝盐或碱浴	>60	<30mm 可淬碱浴
T7、T8	800 ~ 830	水	>60	<12mm 可淬硝盐
		160℃硝盐或碱浴		<25mm 可淬碱浴
GCr9	820 ~ 830	水	>60	约 >25mm 淬火
	840 ~ 850	160℃硝盐或油		<25mm 淬油或硝盐
3Cr2W8	1070 ~ 1130	油或 580 ~ 620℃分级	46 ~ 55	
W18Cr4V	1260 ~ 1280	油 600℃盐浴分级	>62	

（4）贝氏体等温淬火。由于下贝氏体转变的不完全性，空冷到室温后常出现相当数量的淬火马氏体与残留奥氏体。贝氏体等温淬火工艺曲线如图 4-11 所示。贝氏体等温淬火可在保证较高硬度（共析碳钢约为 56~58HRC）的同时保持很高的韧性。

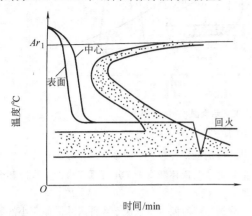

图 4-11　贝氏体等温淬火工艺曲线

等温淬火的加热温度与普通淬火相同，对于淬透性较差的碳钢及低合金钢可适当提高加热温度，对尺寸较大的零件也可适当提高加热温度。

尺寸较大的零件等温温度应取下限或采用分级-等温冷却，即先将零件淬入较低温度的分级盐浴中停留较短时间后，然后放入等温盐浴。表 4-21 列出了不同材料可等温淬火的最大尺寸及硬度。一般认为在 $Ms~Ms+30℃$ 等温可以获得满意的强度和韧性。几种常用钢的等温温度见表 4-22。

表 4-21　几种钢材可等温淬火最大尺寸及硬度

钢　　　号	最大直径或厚度 /mm	最高硬度 HRC
T10	4	57~60
T10Mn	5	57~60
65	5	53~56
65Mn	8	53~56
65Mn2	16	53~56
70MnMo	16	53~56
50CrMnMo	13	52
5CrNiMo	25	54

等温时间（τ）的计算公式

$$\tau = \tau_1 + \tau_2 + \tau_3$$

式中　τ_1——零件从淬火温度冷却到盐浴温度所需时间。该时间与零件尺寸及等温温度有关；

τ_2——均温时间，主要取决于零件尺寸；

τ_3——从等温转变图上查出的转变所需时间。

表 4-22　几种常用钢的等温温度

钢号	等温温度范围/℃
65	280~350
65Mn	270~350
30CrMnSi	320~400
55Si2	330~360
65Si2	270~340
T12	210~220
GCr9	210~230
9SiCr	260~280
W18CrV	260~280
Cr12MoV	260~280

等温后一般可以在空气中冷却以减少附加的淬火应力。零件尺寸较大、要求淬硬层较深时可考虑油冷或喷雾冷却。等温淬火后的回火温度应低于等温温度，高碳钢在等温淬火后适当回火，钢的韧性将进一步提高。

（5）喷液淬火。对于仅要求局部硬化的零件（如内部型腔），可在特制的喷液装置中淬火。如图 4-12 所示，内型腔表面需硬化的模具整体加热后放在喷液装置上使之在流动水中激冷，而模具其余部分在空气中冷却。待模具整体温度降到 600℃ 以下时，全部淬油。硬化层深度及硬度与水流速度、流量、压力、水温、喷水方式及喷水时间等有关。

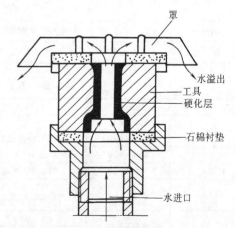

图 4-12　模具内腔喷射淬火装置

对于某些大型模具，为防止棱角边缘淬火开裂可实行局部顶喷淬火，即首先将棱角预喷冷却后停止片刻，再靠内部传导热量将预喷部位迅速回火成索氏体，然后整体淬冷。

（6）模压淬火。对于板状、片状零件及细长的杆状零件（如离合器摩擦片、盘形弧齿锥齿轮、锯片、锭杆等），加热到淬火温度后可置于特定夹具或淬火压床上压紧冷却，这种方法可以有效地减小工件淬火畸变。

（7）喷雾淬火。对于大型轴类零件，诸如转子、支撑辊等重要零件，广泛使用喷雾淬火。

大型轴类零件喷雾冷却的主要优点是：冷却速度可以调节，可满足不同钢种不同直径大锻件淬火冷却要求，也适应同一零件不同淬火部位对冷速的要求。

（8）控制冷却淬火技术的发展。随着水溶性聚合物类淬火冷却介质的普及与应用以及对淬火冷却过程机理研究的深入，引进计算机模拟方法对淬火冷却过程中的瞬态温度场、组织转变、应力应变的三维计算机仿真模拟，使淬火冷却技术在近十几年来又有了新的进步，从单一淬火冷却介质的不可控冷却过程发展了淬火冷却过程控制技术，发展了一些新的淬火冷却技术。

1）控时浸淬技术（ITQS）。即利用计算机事先的模拟及优化，控制冷却过程的浸淬时间和搅拌强度，从而达到在避免淬火开裂的前提下获得最高的性能和最小的畸变。即在一个特制的淬火槽内，浸淬开

始进行强烈搅拌，提高冷却强度，达到心部接近 Ms 点温度时降低或停止搅拌，从而可将水溶性聚合物淬火冷却介质应用于中碳钢及中碳合金钢的淬火冷却，在获得更高性能的同时避免了淬裂的倾向。整个过程由计算机监控。该技术的关键是正确计算心部达到 Ms 点的冷却时间。

2）强烈淬火技术（Intensive Quenching）。采用高速搅拌或高压喷淬使工件在马氏体转变区进行快速而均匀的冷却，使表面形成一层具有高压应力的淬火层，从而减少了在以后心部低于 Ms 点发生马氏体转变后使表面产生拉应力而导致的畸变和开裂，该方法已有效地用在半轴、轴承圈、紧固件、销轴等的自动化生产中。

3）变烈度淬火技术。即在淬火槽内有滑道使工件在冷却时进入先快后慢的两个不同淬火冷却速度的介质中。从而实现理想的淬火冷却。

3. 淬火操作

（1）合理选择和使用工夹具。单件淬火时常用的吊挂方法如图 4-13 所示。多件加热淬火时常用的吊架和吊筐如图 4-14 所示。

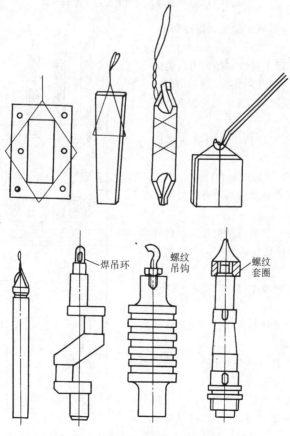

螺纹吊钩

焊吊环

螺纹套圈

图 4-13　单件淬火时常用的吊挂方法

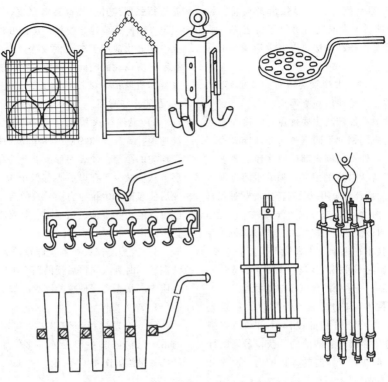

图 4-14　多件加热淬火时常用的吊架和吊筐

　　所有的吊架及夹具均应以减少加热和淬冷畸变,
保证安全生产为设计原则。

　　(2) 工件装炉必须放置在有效加热区内。装炉
量、装炉方式及堆放形式均应确保加热、冷却均匀一
致,且不致造成畸变和其他缺陷。装炉前应认真检查
工夹具的完好性。

　　(3) 工件淬火浸入方法应依工件形状参照图
4-15进行。一般应遵守以下原则:

　　1) 细长形、圆筒形工件应轴向垂直浸入。

　　2) 圆盘形工件浸入时应使其轴向与介质液面保
持水平。

　　3) 薄刃工件应使整个刃口先行同时浸入。薄片
件应垂直浸入,大型薄件应快速垂直浸入。速度越
快,畸变越小。

　　4) 厚薄不均匀的工件先淬较厚部分,以免
开裂。

　　5) 有凹面或不通孔的工件浸入时,凹面及孔的
开口端向上,以利于排除蒸汽。

　　6) 长方形带通孔的工件 (例如冲模),应垂直
斜向淬入,以利于孔附近部位的冷却。

　　7) 工件浸入淬火冷却介质后应适当移动,以增
强介质的对流,加速蒸汽膜的破裂,提高工件的冷却
速度。

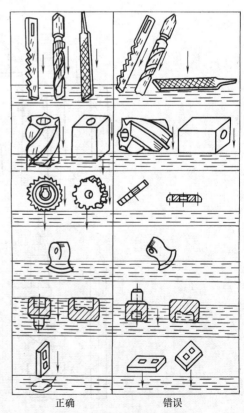

正确　　　　　错误

图 4-15　工件淬火浸入方法示例

4. 提高钢强韧性的淬火工艺

（1）奥氏体晶粒超细化淬火。获得超细奥氏体晶粒有三种途径：一是采用具有极高加热速度的新能源，如大功率电脉冲感应加热（冲击加热淬火）、电子束、激光加热。二是采用奥氏体逆相变的方法，即将零件奥氏体化后淬火得到马氏体组织，然后又以较快速度重新加热到奥氏体化温度。由于加热速度越快，可在淬火马氏体中形成细小的球状奥氏体，在一定条件下还可能在板条马氏体边界形成细小的针状奥氏体。往返循环加热数次，可以达到很细的奥氏体晶粒。第三种途径是在奥氏体和铁素体两相区交替循环加热淬火。

（2）碳化物超细化淬火。淬火时细化碳化物的主要途径是：

1）高温固溶碳化物的低温淬火要点是将钢加热到高于正常淬火的温度，使碳化物充分溶解，然后在低于 Ar_1 的中温范围内保温或直接淬火后于 450～650℃ 回火，析出极细碳化物相；然后再于低温（稍高于 Ac_1）加热淬火。

2）调质后再低温淬火。高碳工具钢先调质可使碳化物均匀分布，而后的低温加热淬火可显著改善淬火后钢中未溶碳化物的分布状态，从而提高韧性。这种工艺已成功应用于冷冲模的热处理。

（3）亚温淬火。这种工艺的特点是在普通淬火与回火之间插入一次或多次在 α＋γ 双相区加热的亚温淬火。对 25Ni3Cr2Mo 转子钢采用亚温淬火工艺，不仅提高了回火后的韧性，降低了回火脆性倾向及冷脆转变温度，而且消除了回火脆性状态的晶间断裂倾向。

（4）控制马氏体、贝氏体组织形态的淬火

1）中碳钢高温淬火。提高某些中碳合金钢的淬火温度，可在淬火后得到较多的板条马氏体，并在板条之间夹杂厚度达 10nm 的残留奥氏体薄片。40CrNiMo 钢加热温度从 870℃ 提高到 1200℃ 淬火不经回火，断裂韧度（K_{IC}）可提高 70%；低温回火后，可再提高 20%。

2）高碳钢低温短时加热淬火。高碳钢在略高于 Ac_1 温度加热淬火可获得更高的硬度、耐磨性以及较好的韧性，淬火组织由很细的板条马氏体及片状马氏体、碳化物和少量残留奥氏体组成，而且畸变开裂倾向较小。

（5）低碳合金钢复合组织淬火。试验表明，12MnNiCrMoCu 钢淬火后存在 10%～20%（体积分数）的贝氏体时具有最好的韧性，并可降低钢的冷脆转变温度。利用复合组织强韧化热处理的关键在于

确定最佳复合组织的配比及复合组织形成条件的控制。

4.1.2.4 淬火缺陷

1. 淬火畸变与淬火裂纹　淬火畸变乃是不可避免的现象，只有超过规定公差时又无法矫正时才构成废品。通过适当选择材料，改进结构设计，合理选择淬火、回火方法及规范等可有效地减小与控制淬火畸变。变形超差可采用热校直、冷校直、热点法校直、加压回火矫直等措施加以修正。

淬火裂纹一般是不可补救的淬火缺陷。只有采取积极的预防措施，如减小和控制淬火应力、方向、分布，同时控制原材料质量及正确的结构设计等。

2. 氧化、脱碳与过热、过烧　零件淬火加热过程中若不进行表面防护，将发生氧化、脱碳等缺陷，其后果是表面淬硬性下降，达不到技术要求，或在零件表面形成网状裂纹，并严重降低零件外观质量，加大表面粗糙度甚至超差。所以精加工零件淬火加热均需在保护气氛下或盐浴炉内进行。小批生产零件也可采用防氧化涂料加以防护。

过热导致淬火后形成粗大的马氏体组织，将导致形成淬火裂纹或严重降低淬火件的冲击韧度。极易发生沿晶断裂。因此应当正确选择淬火加热温度，适当缩短保温时间，并严格控制炉温加以防止。出现的过热组织如有足够的加工裕量可以重新退火（正火），细化晶粒后再次淬火返修。

过烧常发生在淬火高速钢中，其特点是产生了鱼骨状共晶莱氏体。过烧后使淬火钢严重脆化，形成不可挽回的废品。

3. 硬度不足　淬火、回火后硬度不足一般是由于淬火加热不足、表面脱碳、在高碳合金钢中淬火后残留奥氏体过多或回火不足等因素造成的。在含铬轴承钢油淬时，还经常发现表面淬火后硬度低于内层的现象，田村等认为这是逆淬现象。主要是由于零件在淬火冷却时，如果淬入了蒸汽膜期长、特征温度低的油中。由于表面受蒸汽膜保护，孕育期可能比中心要长，其作用相当于淬火初期在空气中的预冷作用，从而发生部分非马氏体转变；并且还发现零件淬火后由于下部的热油上升，使上部的蒸汽膜阶段更长些，从而比下部更容易出现逆淬现象。

解决硬度不足的缺陷必须分清原因，采取相应对策加以防止。

4. 软点　淬火零件出现的硬度不均匀也叫软点。与硬度不足的主要区别是在零件表面上硬度有明显的忽高忽低现象，这种缺陷可能是由于原始组织过于粗大及不均匀（如有严重的组织偏析，存在大块碳化

物或大块自由铁素体）；淬火冷却介质被污染（如水中有油悬浮）；零件表面有氧化皮或零件在淬火液中未能适当运动，致使局部地区形成蒸汽膜而阻碍了冷却等因素造成。通过金相分析并研究工艺执行情况，可以进一步判明究竟由哪一种原因导致的软点。软点可以通过返修重淬加以纠正。

5. 其他组织缺陷　对淬火工艺要求严格的零件，不仅要求淬火后满足硬度要求，还往往要求淬火组织符合规定的等级。如淬火马氏体等级、残留奥氏体数量、未溶铁素体数量、碳化物的分布及形态等所作的规定。当超过这些规定时，尽管硬度检查合格，组织检查仍为不合格品。常见的组织缺陷如粗大淬火马氏体（过热）、渗碳钢及工具钢淬火后的网状碳化物及大块碳化物、调质钢中的大块自由铁素体、高速钢返修淬火后的萘状断口（有组织遗传性的粗大马氏体）及工具钢淬火后残留奥氏体量过多等等。

4.1.2.5　淬火时的畸变和开裂

1. 淬火畸变

（1）一般规律。淬火加热和冷却，尤其是冷却过程中产生的热应力和组织应力都会使淬火工件的形状和尺寸发生变形，形成畸变。组织应力主要由于相变产生的组织与原始组织比体积有差别的缘故。表4-23所列为钢中各种组织在常温下的比体积。不同碳含量的钢马氏体转变时的体积变化列于表4-24。碳素

表 4-23　钢中各种组织在常温下的比体积

组织	$w(C)(\%)$	比体积/(cm^3/g)
奥氏体	0～2	$0.1212 + 0.0033(\%C)$
马氏体	0～2	$0.1271 + 0.0025(\%C)$
铁素体	0～0.02	0.1271
渗碳体	6.7±0.2	0.136±0.001
ε碳化物	8.6±6.7	0.140±0.002
珠光体		$0.1271 + 0.0005(\%C)$

表 4-24　马氏体转变时的体积变化

钢的碳含量 $w(C)(\%)$	马氏体的密度 /(g/cm^3)	退火态的密度 /(g/cm^3)	生成马氏体的体积变化(%)
0.1	7.918	7.927	+0.113
0.3	7.889	7.921	+0.401
0.6	7.840	7.913	+0.923
0.85	7.808	7.905	+1.227
1.00	7.778	7.901	+1.557
1.30	7.706	7.892	+2.576

工具钢组织转变引起的尺寸变化见表4-25。表4-26列出了几种简单形状工件由热应力、组织应力和组织转变体积效应引起的形状和尺寸畸变特征。

表 4-25　碳素工具钢组织转变引起的尺寸变化

组织转变	体积变化(%)	尺寸变化(%)
球化组织→奥氏体	$-4.64 + 2.21$ $(\%C)$	$-0.0155 + 0.0074(\%C)$
奥氏体→马氏体	$4.64 - 0.53$ $(\%C)$	$0.0155 + 0.0018(\%C)$
球化组织→马氏体	$1.68(\%C)$	$0.0056(\%C)$
奥氏体→下贝氏体	$4.64 - 1.43$ $(\%C)$	$0.0156 - 0.0048(\%C)$
球化组织→下贝氏体	$0.78(\%C)$	$0.0026(\%C)$
奥氏体→铁素体+渗碳体	$4.64 - 2.21$ $(\%C)$	$0.0155 - 0.0074(\%C)$
球化组织→铁素体+渗碳体	0	0

（2）减小畸变的措施

1）合理选择钢材与正确设计。对于形状复杂、各部位截面尺寸相差较大而又要求畸变极小的工件，应选用淬透性较好的合金钢，以便能在缓和的淬火冷却介质中冷却。零件设计时应尽量减小截面尺寸的差异，避免薄片和尖角。必要的截面变化应平滑过渡，尽可能对称，有时可适当增加工艺孔。

2）正确锻造和进行预备热处理。对高合金工具钢，锻造工艺的正确执行十分重要，锻造时必须尽可能改善碳化物分布，使之达到规定的级别。高碳钢球化退火有助于减小淬火畸变。采用去应力退火，去除机械加工造成的内应力，也可减小淬火畸变。

3）采用合理的热处理工艺。为了减小淬火畸变，应尽量使工件均匀加热，并可适当降低淬火加热温度。对于形状复杂或用高合金钢制作的工件，应采用一次或多次预热。预冷淬火、分级淬火和等温淬火以及控制冷却技术都可以减小工件的畸变。

表 4-26　工件淬火变形特征

零件类别	轴类	扁平形	正方形	圆(方)孔体	扁圆(方)孔体
原始状态	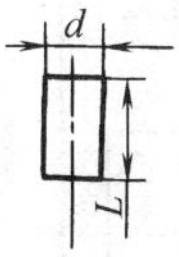	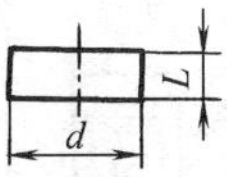	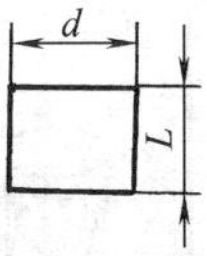	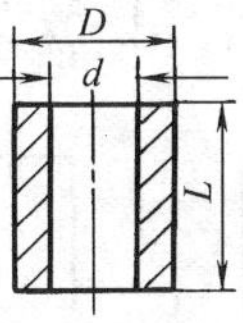	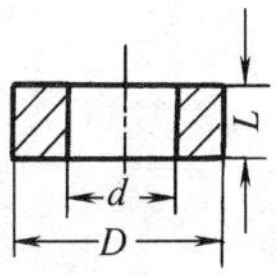
热应力作用	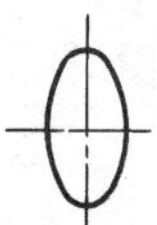	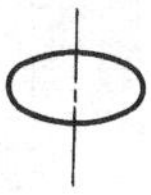		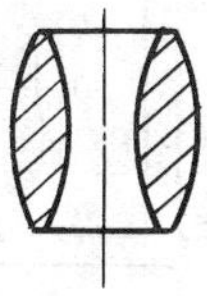	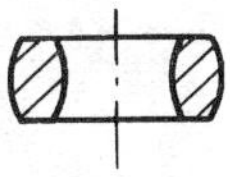
组织应力作用		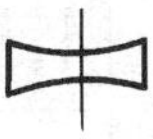		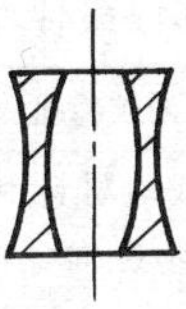	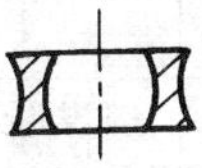
体积效应作用		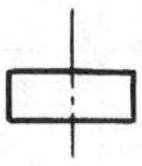			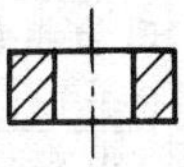

注：当圆（方）孔体的内径 d 很小时，则变形规律如轴类或正方体类；当扁圆（方）孔体的内径 d 很小时，则其变形规律如扁平体。

（3）淬火畸变的矫正

1）热压矫正。使工件在机械压力作用下冷却或在冷至接近 Ms 时加压矫正，可利用奥氏体的塑性消除或减小淬火工件的畸变。

2）热点矫正。用氧乙炔焰在工件的凸起侧局部短时加热，利用局部加热和冷却的内应力实现矫正。热点矫正的要点是：

① 热点大小以 $\phi4 \sim \phi8$mm 为宜。

② 对一般结构钢，热点温度以 $750 \sim 800$℃ 为宜，工具钢可稍微降温。

③ 碳钢矫正后采用水冷，合金钢用压缩空气冷却。

④ 应根据变形的几何特征考虑热点顺序。沿全长均匀弯曲时，先点最凸处，然后向两端对称地进行

热点。工件局部急弯时，采用局部连续热点。热点法一般适用于中小型轴类零件。

3）反击矫正。将畸变工件置于平板上，用淬过火的扁嘴钢锤敲击凹处，使之伸展而变直。这种方法适用于淬火后硬度较高、直径在 30mm 以下的轴类、杆类工件。

4）冷压矫正。将工件于冷态在压力机上矫正。这种方法用于硬度不高或淬硬层较浅的工件。

5）回火矫正。在回火过程中加压矫正。这种方法对薄片类工件特别适宜。

2. 淬火开裂

（1）淬火裂纹的类型及形成原因。淬火裂纹类型及与内应力的联系见图 4-16。淬火裂纹形成条件见表 4-27。

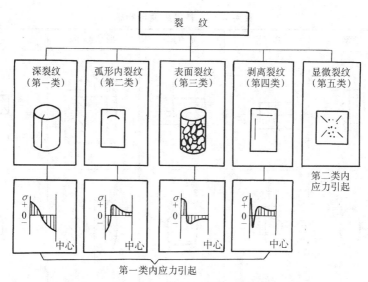

图 4-16　淬火裂纹类型及与内应力的联系

表 4-27　淬火裂纹形成条件

裂纹类型	形成条件及裂纹特征
纵向裂纹	常发生于淬透的工件，或原材料中碳化物带状偏析严重，或非金属夹杂物纵向延伸，由表面向内裂开，裂纹深而长
弧形裂纹	常发生于未淬透的工件或渗件，裂纹位于工件弯角处，隐藏于一定深度下的表层中
网状裂纹	表层脱碳的工件易产生这种裂纹，化学热处理、高频感应淬火工件也常产生这种裂纹，裂纹位于工件表面，深度为 0.01~2mm
剥离裂纹	出现于表面淬火工件或化学热处理工件，剥离层为淬硬层或扩散硬化层
显微裂纹	出现于高碳钢针状马氏体中，粗大奥氏体晶界上或晶内存在组织缺陷处

（2）防止淬火开裂的措施

1）合理设计工件结构。工件截面应均匀；避免尖锐的棱角，防止应力集中。

2）合理选择钢材。适当采用淬透性较大、过热敏感性小、脱碳敏感性小的钢材，以减小淬火应力。

3）正确制订淬火工艺。应注意以下要点：尽可能降低淬火加热温度。Ms 以上快速冷却，增大表面的压缩内应力。Ms 以下缓慢冷却，减小组织应力。淬火冷至 60~100℃时立即回火以降低残余内应力。

4.1.3　钢的回火

4.1.3.1　钢在回火时的转变

淬火钢获得的马氏体及残留奥氏体都属于介稳相。回火时它们将发生一系列转变。钢淬火组织在回火过程中的转变见表 4-28。

表 4-28　钢淬火组织在回火过程中的组织转变

阶　　段	回火温度 /℃	组　　织　　转　　变	
		低碳板条马氏体	高碳片状马氏体
回火准备阶段（碳原子偏聚）	25~100	C(N)原子在位错线附近间隙位置偏聚 $w(C) < 0.25\%$ 时钢中不出现碳原子集群	碳原子集群化形成预脱溶原子团，进而形成长程有序化或调幅结构
回火第一阶段（马氏体分解）	100~250	$w(C) = 0.2\%$ 钢中碳原子继续偏聚而不析出	在100℃左右马氏体内共格析出ε碳化物，马氏体基体中 $w(C) = 0.2\%~0.3\%$ 上述组织称为回火马氏体
回火第二阶段（残留奥氏体分解）	200~300	$w(C) < 0.4\%$ 淬火钢中不出现残留奥氏体	$w(C) > 0.4\%$ 钢中残留奥氏体分解为下贝氏体
回火第三阶段（渗碳体形成）	250~400	在碳原子偏聚区直接形成渗碳体（θ-碳化物）	在(112)$_M$,(110)$_M$ 晶面上及马氏体晶界上析出片状渗碳体(θ碳化物) 400℃左右渗碳体聚合、变粗并球状化，但回火后铁素体中仍保留马氏体晶体外形
回火第四阶段	400~600	位错胞及胞内位错线逐渐消失，片状渗碳体球状化，内应力消除。但仍保留马氏体外形	
	500~600	形成合金碳化物（二次硬化），仅在含 Ti、Cr、Mo、V、Nb、W 的钢中出现，Fe_3C 可溶解	
	600~700	α 再结晶和晶粒长大，球状 Fe_3C 粗化，在中碳和高碳钢中再结晶被抑制，形成等轴铁素体	

回火转变各阶段的特点如下：

（1）马氏体分解及 ε 碳化物的沉淀。碳钢马氏体在 100℃ 左右分解成 $w(C) = 0.2\% \sim 0.3\%$ 的低碳马氏体及在 $\{100\}_M$ 晶面和晶体缺陷处析出的密排六方 ε 相碳化物。在 $w(C) = 1.3\%$ 钢中经 Jack 测定二者保持以下位向关系：

$$(0001)_\varepsilon // (011)_M$$
$$(10\overline{T}0)_\varepsilon // (211)_M$$
$$(\overline{T}2\overline{T}0)_\varepsilon // (11\overline{T})_M$$

ε 相的化学成分尚无统一的结论，用不同方法测定结果分别为：$Fe_{2.4}C$、$Fe_{2.2}C$、$Fe_{2.1}C$ 等。ε 碳化物在马氏体内的沉淀呈针状。一般到 >300℃ 时才消失。在含硅量高的钢中可保持到较高温度。

（2）渗碳体的形成。在马氏体回火的第三阶段（250~400℃），马氏体中碳含量进一步降低，位错重新排列，密度下降，并在孪晶面上沉淀 χ 相碳化物，它属于单斜结构，化学式为 Fe_5C_2，惯习面为 $\{112\}_M$，随回火温度升高，χ 相碳化物由 5nm 增大到 90nm 与基体的位向关系是

$$(100)_\chi // (121)_M \quad (010)_\chi // (101)_M$$
$$[001]_\chi // [\overline{T}11]_M$$

回火第三阶段后期，χ 相碳化物原位转化为渗碳体（θ 相碳化物）。θ 相碳化物也可由 ε(η) 碳化物直接形成，与基体保持下列位向关系：

$$(112)_M // (001)_\theta$$
$$[11\overline{\Gamma}]_M // (010)_\theta$$
$$[110]_M // [100]_\theta$$

惯习面为 $\{112\}_M$，在位错附近沉淀时，θ 相碳化物与母相还可保持以下关系：

$$(101)_M // (103)_\theta, [11\overline{T}]_M // [010]_\theta$$

此时，θ 相碳化物的惯习面为 $\{110\}_M$。

（3）合金碳化物的形成及二次硬化。在含有较多碳化物形成元素的合金钢中，大于 500℃ 回火时渗碳体溶解，形成细小、弥散分布的合金碳化物。合金碳化物形成顺序见表 4-29。

表 4-29　合金碳化物形成顺序

成分（质量分数）（%）	合金碳化物形成顺序
Fe-2V-0.2C	$Fe_3C \rightarrow VC$ 或 V_4C_3
Fe-4Mo-0.2C	$Fe_3C \rightarrow Mo_2C \rightarrow M_6C$
Fe-6W-0.2C	$Fe_3C \rightarrow W_2C \rightarrow M_{23}C_6 \rightarrow M_6C$
Fe-12Cr-0.2C	$Fe_3C \rightarrow Cr_7C_3 \rightarrow Cr_{23}C_6$

合金碳化物的弥散析出可使某些高合金钢出现二次硬化现象。

合金元素对马氏体回火过程的影响见表 4-30。

表 4-30　合金元素对马氏体回火过程的影响

合金元素	作　用
硅	溶入 ε 相碳化物，使其稳定性提高，延长第一阶段时间，并提高第三阶段温度
镍、钴、铝	非碳化物形成元素，对回火三个阶段有延缓作用，铝显著阻止 ε→θ 相碳化物的转化
铬	既能形成合金碳化物，又可溶入渗碳体，推迟回火三个阶段，增加马氏体耐回火性，$w(Cr)$ 12% 钢在 450℃ 出现二次硬化现象，但 Cr_7C_3 极易粗化
锰	大量溶入渗碳体中，降低 ε→θ 转化温度，其作用与铬、铝、硅作用相反
钼、钨、钒、钛、铌	强烈形成碳化物元素，不溶于渗碳体中，高于 400℃ 分别形成稳定碳化物并造成二次硬化（形成 Mo_2C、V_4C_3、W_2C、TiC、NbC 等

（4）残留奥氏体的分解。$w(C) > 0.4\%$ 的钢淬火后都存在残留奥氏体。在 200~300℃ 回火时，残留奥氏体转变为下贝氏体。低碳钢淬火马氏体板条边界经常存在少量残留奥氏体薄片，它的存在可显著改善低碳马氏体钢的韧性，某些高合金钢残留奥氏体相对稳定，需经多次回火或冷处理才能将大部分转变为马氏体或下贝氏体。

（5）回复、再结晶和晶粒长大。高于 400℃ 回火后，板条马氏体内部的位错缠结和位错脆壁消失。继续升高温度可使低碳钢中保留马氏体板条形貌的铁素体发生再结晶而形成等轴或多边形铁素体。

在中高碳钢及高合金钢中，碳化物析出引起的晶界钉扎作用及铁原子迁移激活能的提高，使再结晶过程受到抑制，只能在更高的温度下进行，再结晶晶粒将迅速长大。

4.1.3.2　回火工艺

1. 回火的主要目的　工件淬火后进行回火的主要目的是：

（1）消除淬火时产生的残余内应力，提高材料的塑性和韧性。

（2）获得良好的综合力学性能。

（3）稳定工件尺寸，使钢的组织在工件使用过程中不发生变化。

2. 回火工艺参数

（1）回火温度。常用钢根据硬度选用的回火温度见表 4-31。

表 4-31　常用钢根据硬度选用的回火温度

钢　号	回　火　温　度　/℃							
	25~30 HRC	30~35 HRC	35~40 HRC	40~45 HRC	45~50 HRC	50~55 HRC	55~60 HRC	>60 HRC
35	520	460	420	350	290	<170		
45	550	500	450	380	320	240	<200	
50	560	510	460	390	330	240	180	
60	620	600	520	400	360	310	250	180
T8	580	530	470	430	380	320	230	<180
T10	580	540	500	450	400	340	260	<200
T12	580	540	490	430	380	340	260	<200
40Cr	650	580	480	450	360	200	<160	
30CrMnSi	620	530	500	480	230	200		
35CrMo	600	550	480	400	300	200		
42CrMo	620	580	500	400	300		180	
40CrNi	580	550	460	420	320	200		
40CrNiMoA	640	600	540	480	420	320		
38CrMoAlA		680	630	530	430	320	200	
40MnVB	600	460						
65Mn	600	640	500	440	380	300	230	<170
60Si2Mn	660	620	590	520	430	370	300	180
50CrV	650	560	500	440	400	280	180	
GCr9		550	500	460	410	350	270	<180
GCr15	600	570	520	480	420	360	280	<180
GCr15SiMn			480	420	350	280	<180	
9Mn2V			500	400	320	250	<180	
9SiCr	670	620	580	520	450	380	300	200
CrWMn	660	640	600	540	500	380	280	<220
Cr12[①]		720	680	630	560	520	250	<180
Cr12MoV[①]		750	700	650	600	550		525 (二次)
9CrWMn		620	570	520	470	370	250	<200
5CrMnMo		580	540	480	420	300	<200	
5CrNiMo	700	600	550	450	380	280	<200	
3Cr2W8V			700	640	540	<200		
W18Cr4V				720	700	680	650	550±10 (三次)
W9Cr4V2						670	640	550±10 (三次)
W6Mo5Cr4V2Al								570±10 (三次)
20Cr13	630	610	580		260~480	180		
40Cr13	630	610	580	550	520	200~300		

① 上一行数据适用于 1000℃ 以下淬火，下一行数据适用于 1000℃ 以上淬火。

（2）回火时间。从工件入炉后炉温升至回火温度时开始计算。回火时间一般为 1~3h，可参考经验公式加以确定：

$$t_n = K_n + A_n D$$

式中　t_n——回火时间（min）；

　　　K_n——回火时间基数；

　　　A_n——回火时间系数；

　　　D——工件有效厚度（mm），K_n 和 A_n 推荐值见表 4-32。

（3）回火后的冷却。钢制工件回火后多采用空冷。不允许重新产生内应力的工件应缓冷。对高温回火脆性敏感的钢，450~650℃ 回火后应油冷。

（4）回火的应用。各种工件的回火温度、回火组织及回火目的见表 4-33。高铬冷作模具钢和高速钢淬火后须经 2~3 次回火，以充分发挥二次硬化效果和降低残留奥氏体量。

表 4-32　K_n 及 A_n 推荐值

回火条件	<300℃		300~450℃		>450℃	
	箱式电炉	盐浴炉	箱式电炉	盐浴炉	箱式电炉	盐浴炉
K_n/min	120	120	20	15	10	3
A_n/(min/mm)	1	0.4	1	0.4	1	0.4

表 4-33　各种工件的回火温度、回火组织及回火目的

工件名称	回火温度/℃	回火组织	回火目的	工艺名称
工具、轴承、渗碳件及碳氮共渗件表面淬火件	150~250	回火马氏体	在保持高硬度的条件下，使脆性有所降低，残余内应力有所减小	低温回火
弹簧、模具等	350~500	回火托氏体	在具有高屈服强度及优良的弹性的前提下使钢具有一定塑性和韧性	中温回火
主轴、半轴、曲轴连杆、齿轮等重要零件	500~650	回火索氏体	使钢既有较高的强度又有良好的塑性和韧性	高温回火
切削加工量大而变形要求严格的工件及淬火返修件	600~760		消除内应力	去应力回火
精密工模具、机床丝杠、精密轴承	120~160℃长期保温	稳定化的回火马氏体及残留奥氏体	稳定钢的组织及工件尺寸	稳定化处理

4.1.3.3　钢回火后的力学性能

1. 硬度　钢的硬度随回火温度的上升而下降（见图 4-17）。碳含量高的碳钢在 ε 碳化物析出时硬度略有上升。含有强碳化物形成元素的合金钢，在形成特殊碳化物时发生"二次硬化"，硬度上升，如图 4-18 所示。高速钢等高合金钢中残留奥氏体量较多，且十分稳定，其中一部分残留奥氏体在回火后虽未充分分解，但冷却后转变为马氏体，使钢的硬度升高。

2. 强度及塑性　碳钢在较低温度下回火后强度略有提高，塑性基本不变，回火温度进一步提高时强度下降而塑性上升，如图 4-19、图 4-20 所示。几种结构钢力学性能变化与回火温度的关系见图 4-21。高速钢淬火低温回火和多次回火后的力学性能列于表 4-34。

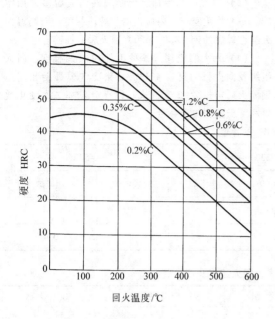

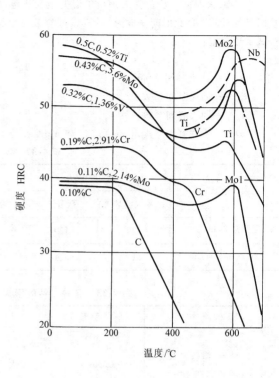

图 4-17　碳钢的回火硬度曲线

注：图中碳含量为质量分数

图 4-18　几种合金钢的回火硬度曲线

注：图中各元素含量为质量分数。

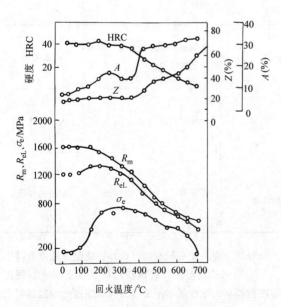

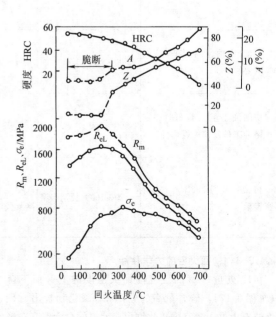

图 4-19　w（C）=0.25% 碳钢拉
伸性能与回火温度的关系

图 4-20　w（C）=0.41% 碳钢拉
伸性能与回火温度关系

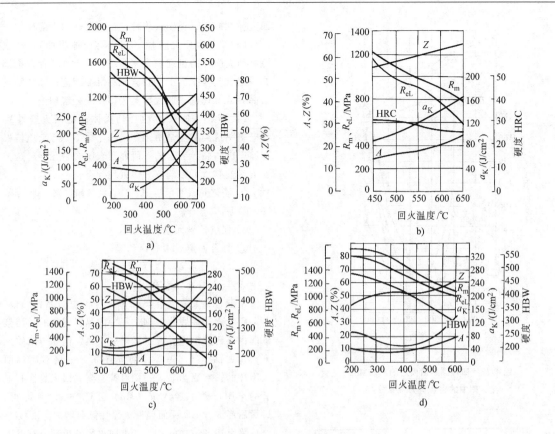

图 4-21 几种结构钢力学性能与回火温度的关系

a）40Cr（850℃油淬） b）40MnB（850℃油淬） c）25CrMo（880℃油淬） d）30CrMnSi（890℃油淬）

表 4-34 高速钢淬火低温回火与多次回火后的力学性能

钢　号	回火工艺	抗弯强度 σ_{bb} /MPa	冲击韧度 a_K /(J/cm²)	硬度 HRC	620℃×4h 加热后的硬度 HRC
W18Cr4V	560℃×1h，三次	2100	33	64	59
	350℃×1h，一次 + 560℃×1h，三次	2150	36	65	60～61

3. 冲击韧度　四种碳钢及一种铬镍钢回火后的冲击韧度见图 4-22、图 4-23。曲线表明，在 250～400℃回火后冲击韧度下降，此时的脆性称为第一类回火脆性或回火马氏体脆性，铬镍钢在 450～600℃回火时冲击韧度再次下降，由此产生的脆性称为第二类回火脆性或高温回火脆性。

4.1.3.4　回火缺陷与预防

回火后常见的缺陷主要有：

（1）硬度不合格。回火后硬度偏高或偏低，或是硬度不均匀，后者大多是在成批回火零件中在同一批内出现。主要原因是炉温不均匀、回火温度规定错误或炉温失控造成。同批零件回火硬度不均，大多是

由于回火炉本身温度不均匀造成，如炉气循环不均匀、装炉量过大等。

（2）畸变。主要由于淬火应力在回火过程中重新分布引起，因此对形状扁平、细长零件要采用加压回火或趁热校直等办法弥补。

（3）回火脆性。碳钢在 200～400℃温度范围内回火，室温冲击韧度出现低谷，称为回火马氏体脆性（TM6），又称第一类回火脆性，在合金钢中，该类脆性发生温度范围稍高，在 250～450℃之间。

某些合金钢在 350～525℃之间回火，或在稍高温度下回火后缓慢冷却，通过上述温度范围时，会出现冲击韧度下降现象，这类已脆化的钢再次重新加热

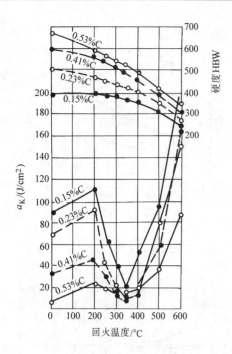

图 4-22　四种碳钢回火后的冲击韧度
注：图中的碳含量为质量分数。

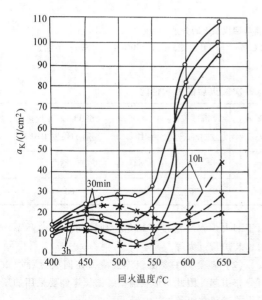

图 4-23　铬镍钢回火后的冲击韧度
实线—回火后水冷　虚线—回火后炉冷
注：该钢化学成分为 $w(C)=0.35\%$，$w(Mn)=0.52\%$，
　　$w(Si)=0.24\%$，$w(Ni)=3.44\%$，$w(Cr)=1.05\%$，
　　$w(P)=0.010\%$，$w(S)=0.020\%$。

至预定回火温度（稍高于脆化温度范围）然后快冷至室温，脆性消失。这类回火脆性称为马氏体的高温

回火脆性或第二类回火脆性，也叫可逆回火脆性。

1）第一类回火脆性（回火马氏体脆性）。造成该类回火脆性的机理尚未完全统一，下列三种理论都有一定试验根据：①片状碳化物沉淀理论；②杂质元素晶界偏聚理论；③残留奥氏体薄膜分解理论。

2）第二类回火脆性（马氏体高温回火脆性）。现已查明这类脆性是由于 Sn、Sb、As、P 等杂质偏聚在原奥氏体晶界引起的。研究还表明合金元素对这类回火脆性有重大影响。具体表现如下：

① 脆化元素有氢、氮、硅、铋、硫、磷、砷、锡、锑、硒等。

② 促进偏聚元素为铬。

③ 复合偏聚元素为锰和镍。

④ 增加晶界结合力元素为碳。

⑤ 阻止偏聚元素有钼和钛。

一般合金元素是在奥氏体化过程中向晶界偏聚，而杂质元素是在脆化处理过程中向晶界偏聚的。用俄歇能谱仪研究发现，合金元素镍、铬、锰等与杂质元素（磷、锑、砷、锡等）协同在晶界偏聚对高温回火脆性的影响更为显著，钼对抑制高温回火脆性有显著的作用。钢中加入 $w(Mo)$ 0.3% ~ 0.5% 即可。过量后形成 Mo_2C 反而使回火脆性倾向增加。

除上述理论之外，第二类回火脆性机理还有以下两种理论，一是碳化物—铁素体界面开裂理论。该理论认为碳化物沉淀时杂质被排斥到碳化物—铁素体界面上铁素体一侧，杂质在上述地点的浓缩形成了低能断裂的通道。第二种理论称为位错模型理论，该学说认为杂质原子钉扎位错造成回火脆性，并认为碳化物钉扎位错也是第二类回火脆性的原因。以上两种学说并未获得广泛的承认。

除采用合金化及在回火脆性温度以上温度快冷可抑制脆性外，采用两相区热处理也可防止回火脆性，即在淬火回火处理中增加一次在两相区（α + γ）温度的加热淬火处理。由于沿奥氏体晶界产生了许多相当于 14 ~ 16 级极细晶粒的小奥氏体晶粒，从而使杂质原子在晶界上偏聚量分散减少，同时也增大了疲劳裂纹扩展的阻力。

总之，产生第一类回火脆性的零件，需重新加热淬火，产生第二类回火脆性的零件应重新回火和回火后快速冷却。

（4）网状裂纹。在高速钢、高碳钢中若表面脱碳，则在回火时内层比体积变化大于表层，在表面形成多向拉应力而形成网状裂纹。同时由于回火时表面加热速度过快，产生表层快速优先回火而形成多向拉应力，也会形成网状裂纹。

对于高碳、高合金钢制造的复杂刀具、模具及高冷硬轧辊，由于淬火应力很大，如果没有在淬火后及时回火，将随时有开裂的危险。

4.1.4 钢的感应穿透加热调质

利用感应加热对钢棒实行穿透加热淬冷，并随之进行感应加热透热高温回火，可在连续作业生产线上完成调质工艺。这种工艺方法对各类中碳钢（包括低合金钢）的中小截面尺寸的棒材、管材、轴类零件均适用，具有生产率高，畸变小，无氧化脱碳，不污染，生产过程易自动化等特点，特别适合于大批量生产。

4.1.4.1 穿透加热频率的选择

感应加热条件下感生电流的有效透入深度 h 为

$$h = 5000 \sqrt{\frac{\rho}{\mu f}}$$

式中 ρ——工件的电阻率（Ω/cm）；

μ——工件的相对磁导率；

f——通过感应圈的电流频率（Hz）。

被加热圆棒直径 d 与电流透入深度（h）之比值为 4:1 时对应的电源电流频率称为临界频率。设备频率低于临界频率时感应加热的效率急剧下降，高于临界频率时电效率增加不大，但设备费用却明显提高。

几种材料有效加热的临界频率与工件尺寸的关系见图 4-24。感应透热加热电源频率应尽量接近临界频率。

4.1.4.2 穿透加热设备功率的选择

在穿透加热时工件截面的温升透热靠外层向内层的热传导实现，需要有一个适当的温度梯度。但为使表面不致过热，所选用的能量密度不应太高，过低又将使加热效率显著下降。

表 4-35 列出钢穿透加热所需功率密度。

在连续生产的感应加热调质处理生产线上，穿透加热电源设备采用的功率应考虑生产能力。此时功率 P 可用下式表示：

$$P = \eta G Q$$

式中 G——每小时的生产能力（kg/h）；

Q——单位重量工件加热所需能量（kW·h/kg，或 kW·h/t）（见图 4-25）；

η——加热效率。

表 4-35 钢穿透加热所需功率密度

（单位：kW/in²）

频率/Hz	穿透加热温度/℃			
	150 ~ 425	425 ~ 760	760 ~ 980	980 ~ 1095
1000	0.04	0.12	0.5	1.0
3000	0.03	0.10	0.4	0.55
10000	0.02	0.08	0.3	0.45

注：1 in = 25.4 mm。

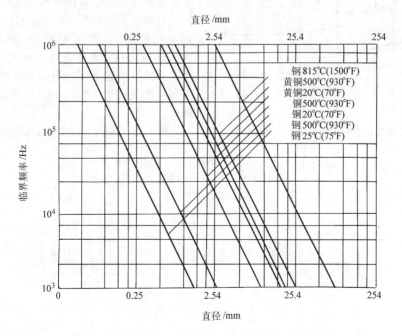

图 4-24 几种材料有效加热的临界频率与工件尺寸的关系

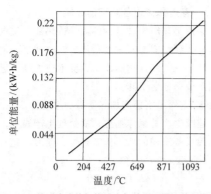

图 4-25　工件感应透热加热温度与单位重量工件所需能量

透热过程与金属的热导率 [W/(mm·℃)] 及感应热系数 K_T [W/(mm·℃)] 有关。钢制圆棒工件的直径/透热深度（d/h 值）与感应加热系数（K_T）及热导率的关系见图4-26。

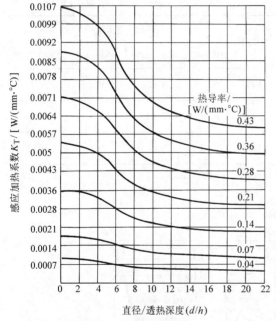

图 4-26　钢制圆棒工件 d/h 值与 K_T 及热导率的关系

利用上图求透热功率的步骤为：

（1）选择加热频率并计算加热圆棒形工件 d/h 之比（d/h 在 1 ~ 4 之间）。

（2）用金属加热时的热导率及 d/h 值，在图4-26 中查出对应的感应加热系数 K_T。

（3）单位长度工件所需功率（P_L）由下式决定：

$$P_L = K_T(t_S - t_C)$$

式中　t_S——表面温度（℃）；

　　　t_C——中心温度（℃）。

（4）考虑各项功率损失的效率 η，即可得到加热单位长度工件所需的功率大小。

4.1.4.3　感应加热调质连续作业生产线

图 4-27 所示为自动四头螺旋驱动滚动系统感应调质生产线。

这种自动化感应加热线包括自动处理系统、可编程序控制器及光学纤维传感器。由传送系统送到热加工区后，工件由四头倾斜滚筒系统 QHD 处理。滚动驱动器与头盘相连，使工件转动或线性移动。一旦工件进入此系统，光学纤维传感器检测到它的位置并开始奥氏体化加热。这个传感器还可以觉察不正常的操作（例如进料不当），并可自动关闭。

QHD 系统在淬火过程中，感应发生器的频率通常是 500kHz 或 3 ~ 10kHz。在每种情况下，一个温度控制器可自动检查工件温度是否太高或太低，以防止不当奥氏体化工件通过系统。工件通过淬火环后可冷却到 95℃，在移动到回火部位前形成马氏体。光学纤维系统又一次觉察到工件，开始使用低频（300Hz）电流加热，因为回火所需的温度是 400 ~ 600℃。工件被自动加热，回火。

图 4-28 所示为管材感应透热调质生产线。

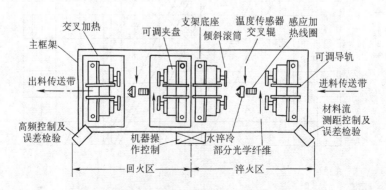

图 4-27　自动四头螺旋驱动滚动系统感应调质生产线

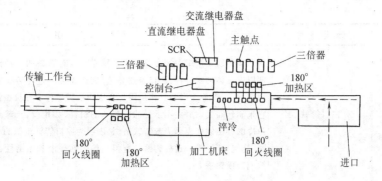

图 4-28　管材感应透热调质生产线

注：管材从右方进入，被奥氏体化后淬冷、输出、回火。回火后，管材送到加工机床冷却。

4.2　铸铁的热处理

4.2.1　铸铁的分类和应用

铸铁是一种以铁、碳、硅为基础的复杂的多元合金，其碳含量（质量分数）一般在 2.0% ~ 4.0% 的范围。除碳、硅以外，铸铁中还存在锰、磷、硫等元素。图 4-29 和表 4-36 是典型普通铸铁的化学成分范围。

铸铁的分类方法见表 4-37，该表是按铸铁的断口特征、成分特征、生产方法和组织性能进行的分类。

各种铸铁的代号及牌号表示方法见表 4-38。

各种铸铁的特点和应用范围见表 4-39 ~ 表 4-42。

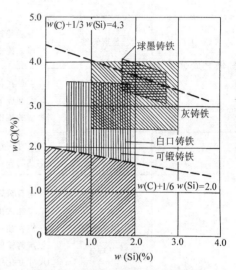

图 4-29　普通铸铁碳和硅的成分范围

表 4-36　典型普通铸铁的化学成分范围（质量分数）　　　　　（%）

铸铁类型	C	Si	Mn	P	S
灰铸铁	2.5 ~ 4.0	1.0 ~ 3.0	0.2 ~ 1.0	0.002 ~ 1.0	0.02 ~ 0.25
球墨铸铁	3.0 ~ 4.0	1.8 ~ 2.8	0.1 ~ 1.0	0.01 ~ 0.1	0.01 ~ 0.03
可锻铸铁	2.2 ~ 2.9	0.9 ~ 1.9	0.15 ~ 1.2	0.02 ~ 0.2	0.02 ~ 0.2
蠕墨铸铁	2.5 ~ 4.0	1.0 ~ 3.0	0.2 ~ 1.0	0.01 ~ 0.1	0.01 ~ 0.03
白口铸铁	1.8 ~ 3.6	0.5 ~ 1.9	0.25 ~ 0.8	0.06 ~ 0.2	0.06 ~ 0.2

表 4-37　铸铁的分类

分类方法	分类名称	说　　明
按断口颜色不同而分	灰口铸铁	这种铸铁中的碳大部或全部以自由状态的石墨形式存在，其断口呈暗灰色，故称为灰口铸铁。灰口铸铁包括灰铸铁、球墨铸铁、蠕墨铸铁等

（续）

分类方法	分类名称	说　　　明
按断口颜色不同而分	白口铸铁	白口铸铁是组织中完全没有或几乎完全没有石墨的一种铁碳合金,其中碳全部以渗碳体形式存在,断口呈白亮色,因而得名。这种铸铁硬而且脆,不能进行切削加工,工业上很少直接应用它来制作机械零件。在机械制造中,有时仅利用它来制作需要耐磨而不承受冲击载荷的机件,如拉丝板、球磨机的磨球等,或用激冷的办法制作内部为灰铸铁组织,表层为白口铸铁组织的耐磨零件,如火车轮圈、轧辊、犁铧等。这种铸铁具有很高的表面硬度和耐磨性,通常又称为激冷铸铁或冷硬铸铁
	麻口铸铁	这是介于白口铸铁和灰铸铁之间的一种铸铁,它的组织由珠光体 + 渗碳体 + 石墨组成,断口呈灰白相间的麻点状,故称麻口铸铁,这种铸铁性能不好,极少应用
按化学成分不同而分	普通铸铁	普通铸铁是指不含合金元素的铸铁,一般常用的灰铸铁、可锻铸铁、激冷铸铁和球墨铸铁等,都属于这一类铸铁
	合金铸铁	它是在普通铸铁内有意识地加入一些合金元素,借以提高铸铁某些特殊性能而配制成的一种高级铸铁,如各种耐蚀、耐热、耐磨的特殊性能铸铁,都属于这一类型的铸铁
按生产方法和组织性能的不同而分	灰铸铁	这种铸铁中的碳大部或全部以自由状态的片状石墨形式存在。它有一定的力学性能和良好的可加工性,是工业上应用最普遍的一种铸铁
	孕育铸铁	孕育铸铁又称变质铸铁,它是在灰铸铁的基础上,采用"变质处理",即是在铁液中加入少量的变质剂(硅铁或硅钙合金),造成人工晶核,使能获得细晶粒的珠光体和细片状石墨组织的一种高级铸铁。这种铸铁的强度、塑性和韧性均比一般灰铸铁要好得多,组织也较均匀一致,主要用来制造力学性能要求较高而截面尺寸变化较大的大型铸铁件
	可锻铸铁	可锻铸铁是由一定成分的白口铸铁经石墨化退火后而成,其中碳大部或全部呈团絮状石墨的形式存在,由于其对基体的破坏作用比片状石墨大大减轻,因而比灰铸铁具有较高的韧性,故又称韧性铸铁。可锻铸铁实际并不可以锻造,只不过具有一定的塑性而已,通常多用来制造承受冲击载荷的铸件
	球墨铸铁	球墨铸铁是通过在浇铸前往铁液中加入一定量的球化剂(如纯镁或其合金、硅铁或硅钙合金),以促进碳呈球状石墨结晶而获得的。由于石墨呈球形,应力大为减轻,它主要增大金属基体的有效截面积,因而这种铸铁的力学性能比普通铸铁高得多,也比可锻铸铁好。此外,它还具有比灰铸铁好的焊接性和接受热处理的性能;和钢相比,除塑性、韧性稍低外,其他性能均接近,是一种同时兼有钢和铸铁优点的优良材料,因此在机械工程上获得了广泛的应用
	特殊性能铸铁	这是一组具有某些特性的铸铁,根据用途的不同,可分为耐磨铸铁、耐热铸铁、耐蚀铸铁等。这类铸铁大部分都属于合金铸铁,在机械制造上应用也较为广泛

表 4-38　各种铸铁名称、代号及牌号表示方法实例（GB/T 5612—2008）

铸铁名称	代号	牌号表示方法实例	铸铁名称	代号	牌号表示方法实例
灰铸铁	HT		耐热球墨铸铁	QTR	QTRSi5
灰铸铁	HT	HT250,HTCr-300	耐蚀球墨铸铁	QTS	QTSNi20Cr2
奥氏体灰铸铁	HTA	HTANi20Cr2	蠕墨铸铁	RuT	RuT420
冷硬灰铸铁	HTL	HTLCr1Ni1Mo	可锻铸铁	KT	
耐磨灰铸铁	HTM	HTMCu1CrMo	白心可锻铸铁	KTB	KTB350-04
耐热灰铸铁	HTR	HTRCr	黑心可锻铸铁	KTH	KTH350-10
耐蚀灰铸铁	HTS	HTSNi2Cr	珠光体可锻铸铁	KTZ	KTZ650-02
球墨铸铁	QT		白口铸铁	BT	
球墨铸铁	QT	QT400-18	抗磨白口铸铁	BTM	BTMCr15Mo
奥氏体球墨铸铁	QTA	QTANi30Cr3	耐热白口铸铁	BTR	BTRCr16
冷硬球墨铸铁	QTL	QTLCrMo	耐蚀白口铸铁	BTS	BTSCr28
抗磨球墨铸铁	QTM	QTMMn8-30			

由表 4-38 可见，对用做结构材料的铸铁，牌号一般以力学性能表示；对特种铸铁，牌号一般以元素符号和名义含量表示；在要求强度的特种铸铁的牌号中，化学元素、名义含量和力学性能一同列出。

表 4-39　灰铸铁件的特点和应用范围

牌　号	铸铁级别	主要特点	应 用 范 围	
			工作条件	用 途 举 例
HT100	低强度铸铁,基体组织为铁素体	铸造性能好,工艺简便;铸造应力小,不用人工时效处理;减振性优良	1)负荷极低 2)对摩擦或磨损无特殊要求 3)变形很小	1)盖、外罩、油盘、手轮、手把、支架、底板、重锤等形状简单、不甚重要的零件 2)对强度无要求的其他机械结构零、部件
HT150	中等强度铸铁,基体组织为珠光体 + 铁素体[φ(F)为20%]	铸造性能好,工艺简单;铸造应力小,不用人工时效;有一定的机械强度及良好的减振性	1)承受中等应力的零件(弯曲应力<10MPa) 2)摩擦面间的单位面积压力<0.5MPa下受磨损的零件 3)在弱腐蚀介质中工作的零件	1)一般机械制造中的铸件,如:支柱、底座、罩壳、齿轮箱、刀架、刀架座、普通机床床身及其他形状复杂、对强度要求不高,不容许有甚大变形又不能进行人工时效处理的零件 2)滑板、工作台等与较高强度铸铁床身(如HT200)相磨擦的零件 3)薄壁(重量不大)零件,工作压力不大的管子配件以及壁厚≤30mm 的耐磨轴套等 4)在纯碱或染料介质中工作的化工零件 5)圆周速度 6~12m/s 的带轮以及其他符合所列条件的零件
HT200 HT250	较高强度铸铁,基体组织为珠光体	强度、耐磨性、耐热性均较好,减振性也良好;铸造性能较好,需进行人工时效处理	1)承受较大应力的零件(弯曲应力<30MPa) 2)摩擦面间的单位面积压力>0.5MPa 3)在磨损下工作的大型铸件 4)要求一定的气密性或耐弱腐蚀性介质	1)一般机械制造中较为重要的铸件,如:气缸、齿轮、机座、金属切削机床床身及床面等 2)汽车、拖拉机的气缸体、气缸盖、活塞、制动轮、联轴器盘以及汽油机和柴油机的活塞环 3)具有测量平面的检验工件,如:划线平板、V形架、平尺、水平仪框架等 4)承受785N/cm² 以下中等压力的液压缸、泵体、阀体以及要求有一定耐腐蚀能力的泵壳、容器 5)圆周速度 >12~20m/s 的带轮以及其他符合所列工作条件的零件 6)需经表面淬火的零件
HT300 HT350	高强度、高耐磨性铸铁,基体组织为 100% 珠光体,属于需要采用孕育处理的铸件	强度高,耐磨性好;白口倾向大,铸造性能差,需进行人工时效处理	1)承受高弯曲应力(<50MPa)及抗拉应力 2)摩擦面间的单位面积压力≥2MPa 3)要求保持高度气密性	1)机械制造中重要的铸件,如:床身导轨、车床、压力机、剪床和其他重型机械等受力较大的床身、机座、主轴箱、卡盘、齿轮、凸轮、衬套;大型发动机的曲轴、气缸体、气缸套、气缸盖等 2)高压的液压缸、水缸、泵体、阀体 3)镦锻模和热锻模、冲模等 4)需经表面淬火的零件 5)圆周速度 >20~25m/s 的带轮以及符合左栏工作条件的其他零件

表 4-40　球墨铸铁件的特性和用途举例

牌　号	基体组织(体积分数)	主　要　特　性	用　途　举　例
QT400-18 QT400-15	铁素体(100%)	具有良好的焊接性和可加工性,常温时冲击韧度高,而且脆性转变温度低,同时低温韧性也很好	农机具:重型机引五铧犁、轻型二铧犁、悬挂犁上的犁柱、犁托、犁侧板、牵引架、收割机及割草机上的导架、差速器壳、护刃器
QT450-10	铁素体(≥80%)	焊接性、可加工性均较好,塑性略低于 QT400-18,而强度与小能量冲击力优于 QT400-18	汽车、拖拉机、手扶拖拉机:牵引框、轮毂、驱动桥壳体、离合器壳、差速器壳、离合器拨叉、弹簧吊耳、汽车底盘悬架件 通用机械:1.6~6.4MPa 阀门的阀体、阀盖、支架;压缩机上承受一定温度的高低压气缸、输气管 其他:铁路垫板、电机机壳、齿轮箱、飞轮壳
QT500-7	珠光体+铁素体(50%~<80%)	具有中等强度与塑性,可加工性尚好	内燃机的机油泵齿轮、汽轮机中温气缸隔板、水轮机的阀门体、铁路机车车辆轴瓦、机器座架、传动轴、链轮、飞轮、电动机架、千斤顶座等
QT600-3	铁素体+珠光体(0~<80%)	中高强度,低塑性,耐磨性较好	内燃机:3.7~2983kW 柴油机和汽油机的曲轴、部分轻型柴油机和汽油机的凸轮轴、气缸套、连杆、进排气门座 农机具:脚踏脱粒机齿条、轻负荷齿轮、畜力犁铧
QT700-2 QT800-2	珠光体或回火索氏体	有较高的强度、耐磨性,低韧性(或低塑性)	机床:部分磨床、铣床、车床的主轴 通用机械:空调机、气压机、冷冻机、制氧机及泵的曲轴、缸体、缸套 冶金、矿山、起重机械:球磨机齿轴、矿车轮、桥式起重机大小车滚轮
QT900-2	下贝氏体或回火马氏体、回火托氏体	有高的强度、耐磨性、较高的弯曲疲劳强度、接触疲劳强度和一定的韧性	农机具:犁铧、耙片、低速农用轴承套圈 汽车:弧齿锥齿轮、转向节、传动轴 拖拉机:减速齿轮 内燃机:凸轮轴、曲轴

表 4-41　可锻铸铁件的特性和用途

类　型	牌　号	特　性　及　用　途
黑心可锻铸铁	KTH300-06	有一定的韧性和适度的强度,气密性好;用于承受低动载荷及静载荷、要求气密性好的工作零件,如管道配件(弯头、三通、管件)、中低压阀门以及瓷绝缘子铁帽等
	KTH330-08	有一定的韧性和强度,用于承受中等动载荷和静载荷的工作零件,如农机上的犁刀、犁柱、车轮壳,机床用的钩形扳手、螺栓扳手、铁道扣扳、输电线路上的线夹本体及压板等
	KTH350-10 KTH370-12	有较高的韧性和强度,用于承受较高的冲击、振动及扭转负荷下工作的零件,如汽车、拖拉机上的前后轮壳、差速器壳、转向节壳;农机上的犁刀、犁柱、船用电动机壳、瓷绝缘子铁帽等
珠光体可锻铸铁	KTZ450-06 KTZ550-04 KTZ650-02 KTZ700-02	韧性较低,但强度大、硬度高、耐磨性好,且可加工性良好;可代替低碳、中碳、低合金钢及非铁合金制造承受较高的动、静载荷,在磨损条件下工作并要求有一定韧性的重要工作零件,如曲轴、连杆、齿轮、摇臂、凸轮轴、万向接头、活塞环、轴套、犁刀、耙片等
白心可锻铸铁	KTB350-04 KTB400-05 KTB450-07	白心可锻铸铁的特性是:①薄壁铸件仍有较好的韧性;②有非常优良的焊接性,可与钢钎焊;③可加工性好。但工艺复杂、生产周期长、强度及耐磨性较差,适于铸造厚度在 15mm 以下的薄壁铸件和焊接后不需进行热处理的铸件。在机械制造工业上很少应用这类铸铁

表 4-42　蠕墨铸铁件的性能特点及用途举例

牌　号	性　能　特　点	用　途　举　例
RuT420 RuT380	强度高、硬度高,具有高的耐磨性和较高的热导率,铸件材质中需加入合金元素或经正火热处理,适于制造要求强度或耐磨性高的零件	活塞环、气缸套、制动盘、玻璃模具、制动鼓、钢珠研磨盘、吸淤泵体等
RuT340	强度和硬度较高,具有较高的耐磨性和热导率,适用于制造要求较高强度、刚度及要求耐磨的零件	带导轨面的重型机床件、大型龙门铣横梁、大型齿轮箱体、盖、座、制动鼓、飞轮、玻璃模具、起重机卷筒、烧结机滑板等
RuT300	强度和硬度适中,有一定的塑韧性,热导率较高,致密性较好,适用于制造要求较高强度及承受热疲劳的零件	排气管、变速箱体、气缸盖、纺织机零件、液压件、钢锭模、某些小型烧结机算条等
RuT260	强度一般,硬度较低,有较高的塑韧性和热导率,铸件一般需退火热处理,适用于制造承受冲击负荷及热疲劳的零件	增压机废气进气壳体、汽车及拖拉机的某些底盘零件等

4.2.2　铸铁热处理基础

铸铁的热处理工艺方法和钢的热处理工艺基本相似,但由于铸铁中石墨的存在以及化学成分等方面的差异,其热处理又具有一定的特殊性。主要表现在以下方面:

(1) 铸铁是 Fe-C-Si 三元合金,其共析转变发生在一个相当宽的温度范围内,在这个温度范围内存在着铁素体 + 奥氏体 + 石墨的稳定平衡和铁素体 + 奥氏体 + 渗碳体的准稳定平衡。在共析温度范围内的不同温度点,都对应着不同的铁素体和奥氏体平衡量,这样,只要控制不同的加热温度和保温时间,就可获得不同比例的铁素体和珠光体基体组织,在较大幅度内调整铸铁的力学性能。

(2) 尽管铸铁总碳含量很高,但石墨化过程可使碳全部或部分以石墨形态析出,使它不仅具有类似低碳钢的铁素体组织,甚至可控制不同的石墨化程度,得到不同数量和形态的铁素体与珠光体(或其他奥氏体转变产物)的混合组织。从而使铸铁通过热处理,既可获得具有相当于高碳钢的性能,又可获得相当于中、低碳钢的性能,而钢则没有这种可能性。

(3) 铸铁奥氏体及其转变产物的碳含量可以在一个相当大的范围内变化。控制奥氏体化温度和加热、保温、冷却条件,可以在相当大的范围内调整和控制奥氏体及其转变产物的碳含量,从而使铸铁的性能可在较大的范围内进行调整。

(4) 与钢不同,铸铁中石墨是碳的集散地。相变过程中,碳常需作远距离的扩散,其扩散速度受温度和化学成分等因素的影响,并对相变过程及相变产物的碳含量产生很大的影响。

(5) 热处理不能改变石墨的形状和分布特性,而铸铁热处理的效果与铸铁基体中的石墨形态有密切关系。对于灰铸铁而言,热处理有一定的局限性。球墨铸铁中石墨呈球状,对基体的削弱作用较小,因而凡能改变金属基体的各种热处理方法,对于球墨铸铁件都非常有效。

铸铁的这些金相学特点和相变规律是铸铁热处理的理论基础,对于指导生产具有重要意义。

4.2.2.1　Fe-C-Si 三元相图

图 4-30 和图 4-31 分别为不同硅含量的 Fe-C-Si 三元准稳定系相图和稳定系相图。

Fe-C-Si 三元相图与 Fe-C 二元相图的主要区别是共晶和共析转变不在恒温而是在一个温度范围内进行。在共晶温度范围内,液体、奥氏体、石墨(稳定系)或渗碳体(准稳定系)三相共存;在共析转变温度范围内,铁素体、奥氏体、石墨(稳定系)或渗碳体(准稳定系)三相共存。此外,共晶点和共析点的碳含量随硅含量的增加而减少;硅含量的增加还缩小了相图上的奥氏体区,当硅含量超过 10%(质量分数)以后,奥氏体区趋于消失,此种合金不出现奥氏体相。

4.2.2.2　铸铁的共析转变温度范围及其影响因素

铸铁共析转变温度与化学成分、原始组织、石墨形状以及加热和冷却速度有关。由于铸铁共析转变发生在一个温度范围内,在此分别以 Ac_1 上限、Ac_1 下限和 Ar_1 上限、Ar_1 下限表示加热和冷却时的临界温度范围。表 4-43 所列为各种铸铁共析转变临界温度范围。铸铁化学成分对共析转变临界温度范围的影响列于表 4-44。

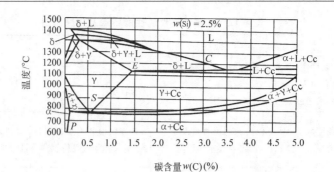

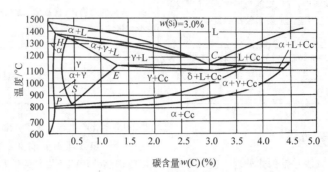

图 4-30　Fe-C-Si 三元准稳定系相图

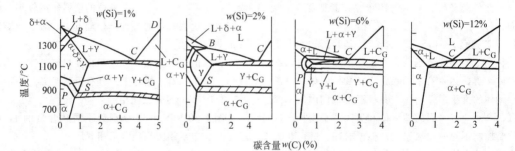

图 4-31　Fe-C-Si 三元稳定系相图

表 4-43　各种铸铁共析转变临界温度范围

铸铁类型	化学成分(质量分数)(%)									临界温度/℃			
	C	Si	Mn	P	S	Cu	Mo	Mg	Ce	Ac_1 下限	Ac_1 上限	Ar_1 上限	Ar_1 下限
灰铸铁	3.15	2.2	0.67	0.24	0.11	—	—	—	—	770	830	—	—
	2.83	2.17	0.50	0.13	0.09	—	—	—	—	775	830	765	723
合金灰铸铁	2.86	2.27	0.50	0.14	0.09	Cr0.7	Ni1.7	—	—	770	825	750	700
	2.85	2.24	0.45	0.13	0.10	Ni2.3	0.90	—	—	780	830	725	625
	2.85	2.25	0.55	0.13	0.09	3.00	—	—	—	770	825	725	680
可锻铸铁	2.60	1.13	0.43	0.178	0.163	—	—	—	—	—	—	768	721
	2.35	1.31	0.43	0.134	0.170	—	—	—	—	—	—	785	732
球墨铸铁	3.80	2.42	0.62	0.08	0.033	—	—	0.041	0.035	765	820	785	720
	3.80	3.84	0.62	0.08	0.033	—	—	0.041	0.035	795	920	860	750
	3.86	2.66	0.92	0.073	0.036	—	—	0.05	0.04	755	815	765	675
合金球墨铸铁	3.50	2.90	0.265	0.08	—	0.62	0.194	0.039	0.038	790	840	—	—
	3.40	2.65	0.63	0.063	0.0124	1.70	0.2	0.037	0.053	785	835	—	—

表 4-44　铸铁化学成分对共析转变临界温度范围的影响

元　素	影　响　趋　势	每1%（质量分数）合金含量对临界温度的影响			
		加　热　Ac_1		冷　却　Ar_1	
		上　限	下　限	上　限	下　限
Si	提高,扩大	提高40℃	提高30℃	提高37℃	提高29℃
Mn	降低,缩小	降低15～18℃		降低40～45℃	
P	提高	$w(P)<0.2\%$时,每增加0.01%提高2.2℃			
Ni	降低	降低17℃	降低14～23℃	—	—
Cu	$w(Cu)<0.8\%$时降低	降低53℃	降低76℃	—	—
	$w(Cu)>1.45\%$时提高	提高5℃	提高8℃	—	—
Cr	提高	提高40℃			

硅含量增加，铸铁的共析临界温度升高，临界温度范围扩大。图 4-32 所示为硅对稀土镁球墨铸铁临界温度的影响。

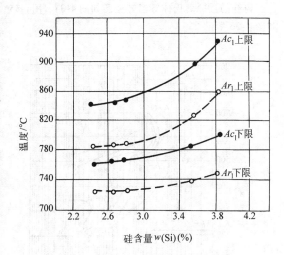

图 4-32　硅对稀土镁球墨铸铁临界温度的影响
注：该稀土镁球墨铸铁的成分（质量分数）为 C3.8%，Mn0.62%，P0.08%，S0.033%，Mg0.041%，RE0.035%。

锰降低铸铁共析临界温度。图 4-33 所示为锰对稀土镁球墨铸铁临界温度的影响。

磷和镁是提高铸铁共析临界温度的元素，镍显著降低临界温度，铜对铸铁共析临界温度没有显著的影响。

加热速度快，共析临界温度升高。盐浴炉加热比空气炉加热临界温度提高 10～15℃。冷却速度增加，Ar_1 上限和 Ar_1 下限将分别降低。

4.2.2.3　加热时的组织转变

铸铁的铸态组织主要在铁素体＋石墨、铁素体＋珠光体＋石墨、珠光体＋石墨三种，加热时铸铁组织

的转变情况可归纳为三个方面。

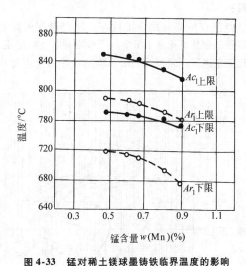

图 4-33　锰对稀土镁球墨铸铁临界温度的影响
注：该稀土镁球墨铸铁的成分（质量分数）为 C3.86%，Si2.66%，P0.073%，S0.036%，Mg0.05%，RE0.04%。

（1）在临界温度（Ac_1 下限）以下加热时，共析渗碳体开始球化和石墨化，加热速度越慢，球化和石墨化进行得越强烈；加热温度提高，共析渗碳体的分解速度增加，珠光体的数量减少。铸铁中的硅是石墨化元素，可促进石墨化过程的进行，而锰、磷、铬等是稳定碳化物的元素，对石墨化过程有抑制作用，有利于珠光体的粒化。

（2）在临界温度范围内加热时，当加热温度超过临界温度 Ac_1 下限时，即开始铁素体向奥氏体转变的相变过程。在临界温度范围内，铁素体、奥氏体、石墨（稳定系）或渗碳体（准稳定系）三相共存。随着加热温度的升高，奥氏体的数量逐渐增加，而铁素体数量相

应减少，直至加热到 Ac_1 上限温度，铁素体完全消失。铸铁中奥氏体的形成过程符合一般的相变规律，即形核和长大。

（3）当加热温度超过临界温度 Ac_1 上限时，铁素体和珠光体完全奥氏体化，铸铁原始组织中存在的自由（一次）渗碳体分解为奥氏体和石墨，即高温石墨化。随加热温度升高，石墨化过程加速，石墨表层一部分碳将溶入奥氏体中，使奥氏体中碳含量增加（沿相图中的 ES 线变化）；同时，升高温度导致奥氏体晶粒长大和石墨的聚集。铸铁中的合金元素碳、硅、铜、铝、镍等促进石墨化过程，可加速渗碳体分解。而铬、钼、钒、硫等稳定碳化物的元素，则降低渗碳体的分解速度。

4.2.2.4　冷却时的组织转变

铸铁件热处理后的冷却，主要分为以下 3 个阶段：

（1）在临界温度以上冷却，随着温度的降低，过饱和的碳从奥氏体中析出。缓慢冷却时，析出反应按稳定系进行，碳以石墨形态析出；冷却速度加快，

反应也可能按准稳定系进行析出渗碳体。

（2）冷却到共析转变临界温度范围内，奥氏体开始转变成铁素体和石墨，形成奥氏体、铁素体和石墨三相组织共存。随温度降低，时间延长，铁素体数量增多。直至低于 Ar_1 下限温度时，奥氏体全部转变为铁素体和石墨。

（3）冷却到共析转变临界温度以下慢冷时，奥氏体转变成铁素体和石墨；快冷时，将产生过冷奥氏体，在不同的温度和冷却速度下转变成不同的组织。

1. 奥氏体等温转变　和钢的奥氏体等温转变过程相似，铸铁的过冷奥氏体等温转变可分为三个温度区域。即高温转变区（Ar_1 至 550℃左右），在此温度区间，奥氏体发生扩散分解，形成珠光体组织；中温转变区（500℃左右至 Ms 点），过冷奥氏体的等温转变产物为贝氏体；低温转变区（Ms 点以下），过冷奥氏体转变为马氏体。

铸铁的过冷奥氏体等温转变图如图4-34、图4-35和图4-36所示。

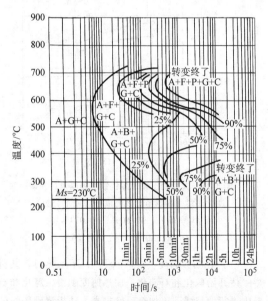

图 4-34　Cu-Mo 合金球墨铸铁奥氏体等温转变图

A—奥氏体　B—贝氏体　C—渗碳体　F—铁素体　P—珠光体　G—石墨　Ms—马氏体转变起始温度

注：1. 图中的百分数为转变产物的体积分数。
　　2. 该铸铁的化学成分（质量分数）为：C3.95%，Si2.6%，Mn0.71%，Mo0.41%，Cu0.92%，S0.018%，P0.08%。原始状态：铸态。
　　3. 奥氏体化810℃×30min，冷却速度为 2～3℃/min。加热时共析转变临界温度：Ac_1^s 下限 770℃，Ac_1^Z 上限 880℃；冷却时共析转变临界温度：Ar_1^Z 下限 670℃。

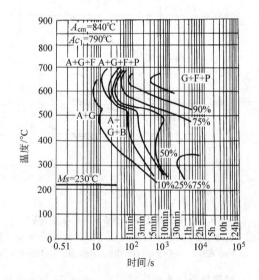

**图 4-35　低 Cu-Mn-Mo 球墨铸铁
奥氏体等温转变图**

A—奥氏体　B—贝氏体
F—铁素体　P—珠光体　G—石墨
Ms—马氏体转变开始温度

注：1. 图中的百分数为转变产物的体积分数。
　　2. 该铸铁的化学成分（质量分数）为：C3.5%，Si2.9%，Mn0.265%，P0.08%，Mo0.194%，Cu0.62%。
　　3. 奥氏体化880℃×20min。

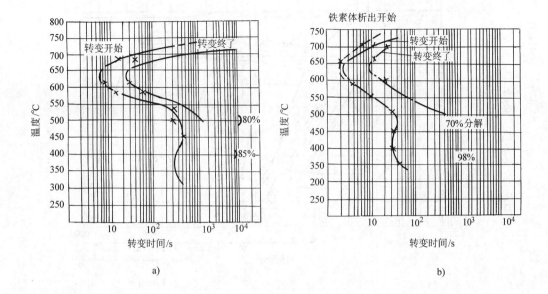

a)　　　　　　　　　　　　　　　b)

图 4-36　灰铸铁奥氏体等温转变图

a）亚共晶铸铁　b）过共晶铸铁

注：图中的百分数为转变产物的体积分数。

2. 奥氏体连续冷却转变

几种球墨铸铁的过冷奥氏体连续冷却转变图见图 4-37～图 4-43。奥氏体温度为 900℃，保温 20min。图中曲线下端圆圈内数字为硬度值（HV10）。

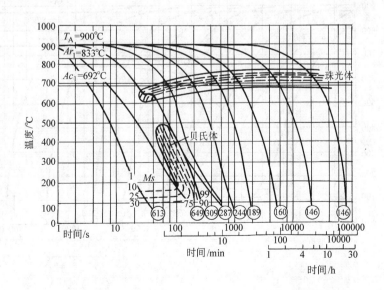

图 4-37　$w(Si) = 2.71\%$ 非合金化球墨铸铁奥氏体连续冷却转变图

注：试件成分（质量分数）为：C3.59%，Si2.71%，Mn0.29%，P0.024%，

S0.007%，Cr0.04%，Ni0.03%，Mo0.22%，Mg0.024%。

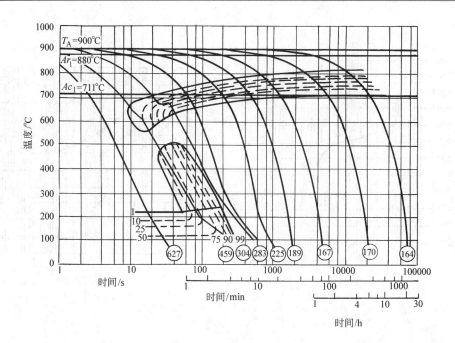

图 4-38　$w(\text{Si})=3.45\%$ 非合金化球墨铸铁奥氏体连续冷却转变图

注：试件成分（质量分数）为：C3.54%，Si3.45%，Mn0.31%，P0.024%，
S0.005%，Cr0.04%，Ni0.04%，Mo0.22%，Mg0.023%。

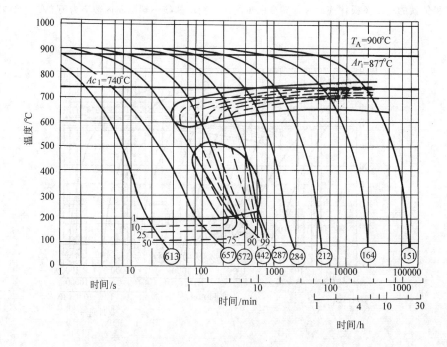

图 4-39　$w(\text{Mo})=0.25\%$ 钼球墨铸铁奥氏体连续冷却转变图

注：试件成分（质量分数）为：C3.33%，Si2.69%，Mn0.32%，
P0.022%，S0.008%，Mo0.25%。

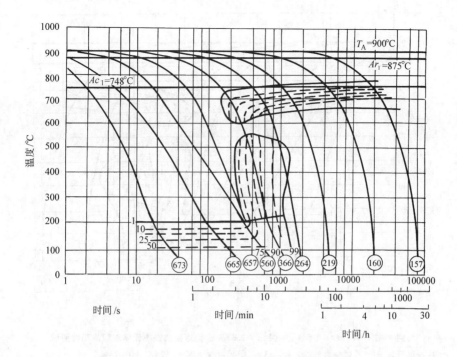

图 4-40 *w*(Mo) = 0.75% 钼球墨铸铁奥氏体连续冷却转变图

注：试件成分（质量分数）为：C3.33%，Si2.57%，Mn0.31%，P0.024%，

S0.008%，Mo0.75%。

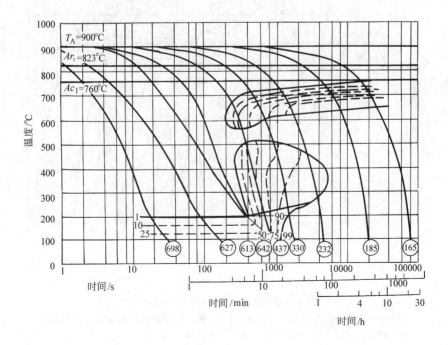

图 4-41 *w*(Mo) = 0.5、%、*w*(Ni) = 0.61% 镍钼球墨铸铁奥氏体连续冷却转变图

注：试件成分（质量分数）为：C3.39%，Si2.45%，Mn0.32%，

P0.023%，S0.011%，Ni0.61%，Mo0.50%。

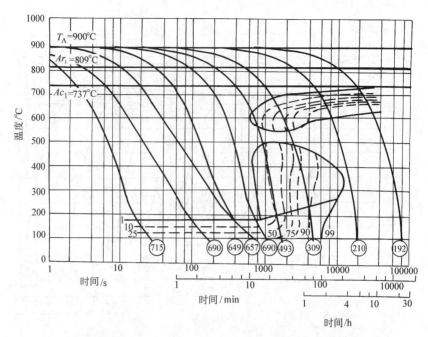

图 4-42　*w*(Mo) = 0.5%、*w*(Ni) = 2.37% 镍钼球墨铸铁奥氏体连续冷却转变图
注：试件成分（质量分数）为：C3.33%，Si2.40%，Mn0.32%，P0.024%，
　　S0.08%，Ni2.37%，Mo0.5%。

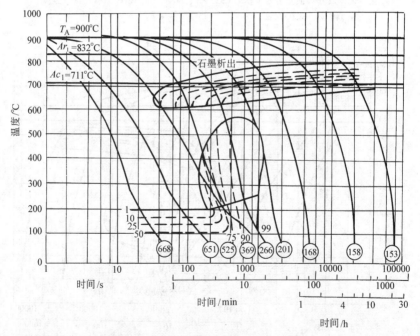

图 4-43　钼硼球墨铸铁奥氏体连续冷却转变图
注：试件成分（质量分数）为：C3.61%，Si2.75%，Mn0.35%，S0.003%，Mo0.24%，
　　B0.0024%，Cr0.07%，Cu0.07%，Al0.020%，Mg0.040%。

4.2.3　白口铸铁的热处理

白口铸铁中碳完全以化合碳的形式存在，不出现石墨。因此白口铸铁具有很高的耐磨性，但脆性大，抗冲击载荷能力较差。主要应用于诸如颚式破碎机的破碎板和底板、抛丸机的叶片和分丸轮、犁镜等不需切削加工的耐磨零件。

4.2.3.1　去应力退火

高合金白口铸铁，特别是高硅、高铬白口铸铁在铸造过程中产生较大的铸造应力，若不及时退火，在受到振动或环境发生变化时，铸件易形成裂纹和开裂。

高合金白口铸铁去应力退火温度一般为 800 ~ 900℃，保温 1 ~ 4h，然后随炉冷却至 100 ~ 150℃ 出炉空冷。

表 4-45 列出了两种高合金白口铸铁的去应力退火规范。

表 4-45　两种高合金白口铸铁的去应力退火规范

铸铁种类和成分（质量分数）	加热速度	退火温度/℃	保温时间/h	冷却速度
高硅耐蚀铸铁 C0.5% ~ 0.8%，Si14.5% ~ 16%，Mn0.3% ~ 0.8%，S < 0.07%，P ≤ 0.1% 或 Si16% ~ 18%	形状简单的中、小件≤100℃/h	850 ~ 900	2 ~ 4	随炉缓慢冷却（30 ~ 50℃/h）
	形状复杂件：浇注凝固后，700℃ 出型入炉	780 ~ 850	2 ~ 4	随炉缓慢冷却（30 ~ 50℃/h）
高铬铸铁 C0.5% ~ 1.0%，Si0.5% ~ 1.3%，Mn0.5% ~ 0.8%，Cr26% ~ 30%，S ≤ 0.08%，P ≤ 0.1% 或 C1.5% ~ 2.2%，Si1.3% ~ 1.7%，Mn0.5% ~ 0.8%，Cr32% ~ 36%，S ≤ 0.1%，P ≤ 0.1%	500℃ 以下：20 ~ 30℃/h，500℃ 以上：50℃/h	820 ~ 850	铸件壁厚(mm)/25	随炉缓慢冷却（< 25 ~ 40℃/h）至 100 ~ 150℃ 出炉空冷

表 4-46　三种白口铸铁的化学成分（质量分数）　　　　　（%）

铸件号	C	Si	Mn	S	P	Cr	V	Ti	Cu	Mo	FeSiRE 合金加入量
1	2.5 ~ 3.0	1.5 ~ 2.0	2.5 ~ 3.5	< 0.025	< 0.09	2.5 ~ 3.5	0.3	0.1	0.2	0.1	1.5 ~ 2
2	2.4 ~ 2.7	< 1.0	0.4 ~ 0.6	< 0.04	< 0.04	3.5 ~ 4.2	—	—	—	—	1.5
3	2.4 ~ 2.6	0.8 ~ 1.2	0.5 ~ 0.8	< 0.05	< 0.1	—	0.5 ~ 0.7	—	0.8 ~ 1.0	0.5 ~ 0.7	—

表 4-47　三种白口铸铁的淬火与回火工艺及力学性能

铸件号	淬火工艺			回火工艺		回火后力学性能				铸态硬度 HRC
	温度/℃	时间/min	冷却	温度/℃	时间/min	R_m/MPa	σ_{bb}/MPa	a_K/(J/cm²)	硬度 HRC	
1	850 ~ 860	30	在室温的变压器油中冷 40 ~ 50s	180 ~ 200	90	441	608 ~ 736	—	61 ~ 63	43.5 ~ 55
2	850 ~ 880	20	在 180 ~ 240℃ 硝盐中冷 40 ~ 60s	180 ~ 200	120			4.4 ~ 6.7	64 ~ 68	47 ~ 50
3	880	60	油冷	180	120			—	62 ~ 65	—

4.2.3.2　淬火与回火

白口铸铁的淬火与回火工艺主要应用于低碳、低硅、低硫、低磷的合金白口铸铁，表 4-46 和表 4-47 列出了制作抛丸机叶片及护板和混砂机刮板的三种白口铸铁的化学成分、淬火与回火工艺及热处理后的力学性能。

4.2.3.3　等温淬火

白口铸铁贝氏体等温淬火可使脆的莱氏体和渗碳体组织转变成综合力学性能较好的贝氏体，满足犁铧、饲料粉碎机锤头、抛丸机叶片及衬板等零件的性能要求。一般采用等温淬火工艺的白口铸铁的化学成分（质量分数）应控制在以下范围内：C2.2% ~ 2.5%、Si < 1.0%、Mn0.5% ~ 1.0%、P < 0.1%、S < 0.1%。

白口铸铁等温淬火加热温度为（900 ± 10）℃，保温 1h，等温温度为（290 ± 10）℃，等温时间为 1.5h。等温温度对白口铸铁力学性能的影响见图4-44 和表4-48。

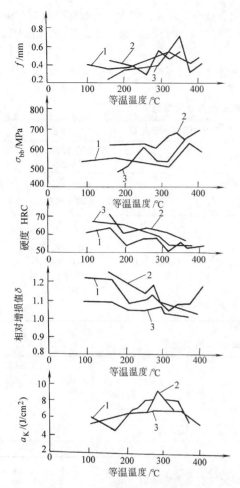

**图 4-44 等温温度对白口铸铁力
学性能的影响**

1—950℃保温1h,介质中等温1h
2—900℃保温1h,介质中等温1.5h
3—900℃保温1h,介质中等温1h

注:该铸铁化学成分为:$w(C)2.35\%$,$w(Si)1.13\%$,
$w(Mn)0.71\%$,$w(P)0.028\%$,$w(S)0.143\%$。

4.2.4 灰铸铁的热处理

4.2.4.1 退火

1. 去应力退火 为了消除铸件的残余应力,稳定
其几何尺寸,减少或消除切削加工后产生的畸变,需要
对铸件进行去应力退火。

去应力退火温度的确定必须考虑铸铁的化学成
分。普通灰铸铁当温度超过550℃时,即可能发生部
分渗碳体的石墨化和粒化,使强度和硬度降低。当含
有合金元素时,渗碳体开始分解的温度可提高到650℃
左右。

图4-45、图4-46和图4-47所示为普通灰铸铁和合
金灰铸铁退火温度与内应力消除程度的关系,图4-48
所示为灰铸铁退火温度和力学性能的关系。

表 4-48 白口铸铁不同等温温度淬火
后的力学性能

等温温度/℃	σ_{bb}/MPa	f/mm	a_K/(J/cm²)	硬度 HRC
1号试样 [$w(C)=3.63\%$,$w(Si)=0.36\%$,$w(Mn)=0.81\%$, $w(P)=0.61\%$,$w(S)=0.102\%$]				
铸 态	475	0.32	5.3	51.0
230	667	0.32	9.8	61.5
260	732	0.39	7.8	60.4
290	869	0.89	9.1	61.6
320	599	0.69	8.9	58.2
350	797	0.84	8.6	58.0
2号试样 [$w(C)=2.35\%$,$w(Si)=1.13\%$,$w(Mn)=0.71\%$, $w(P)=0.228\%$,$w(S)=0.143\%$]				
铸 态	475	0.29	3.9	50.2
260	629	0.30	6.7	63.4
290	603	0.58	9.1	59.3
320	659	0.48	7.6	61.0
350	689	0.62	7.5	58.4
380	636	0.38	5.4	55.0
3号试样 [$w(C)=2.21\%$,$w(Si)=0.28\%$,$w(Mn)=0.69\%$,$w(P)=0.04\%$,$w(S)=0.03\%$]				
铸 态	668	0.48	11.3	49.3
260	1246	0.98	25.5	57.7
290	1350	1.21	24.9	56.5
320	1110	1.06	16.7	56.7
350	1245	1.00	14.3	55.8

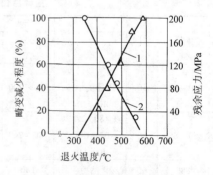

**图 4-45 灰铸铁退火温度与内
应力消除程度的关系**
1—变形减少程度 2—残余内应力

通常,普通灰铸铁去应力退火温度以550℃为
宜,低合金灰铸铁为600℃,高合金灰铸铁可提高到
650℃,加热速度一般选用60~120℃/h。

保温时间决定于加热温度、铸件的大小和结构复
杂程度以及对消除应力程度的要求。图4-49所示为
不同退火温度下保温时间与残余内应力的关系。

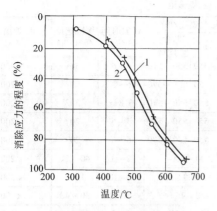

图 4-46　低 Cr、Ni 合金灰铸铁
退火温度与残余内应力的关系
1—原始应力低　2—原始应力高。
注：该铸铁化学成分（质量分数，%）为：（C3.2，
Si2.01，Mn0.89，P0.17，Ni0.10，Cr0.11）。

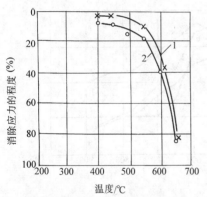

图 4-47　Ni-Cu-Cr 高合金灰铸铁退
火温度与残余内应力的关系
1—原始应力低　2—原始应力高
注：该铸铁化学成分（质量分数，%）为：（C2.16，Si2.08，
Mn0.75，P0.84，Cu1.75，Cr7.11，Ni15.19）。

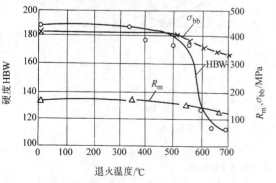

图 4-48　灰铸铁退火温度与力学性能的关系（退火 3h）
注：该铸铁的化学成分（质量分数，%）为：C3.61，
Si2.00，Mn0.35，S0.118，P0.35。

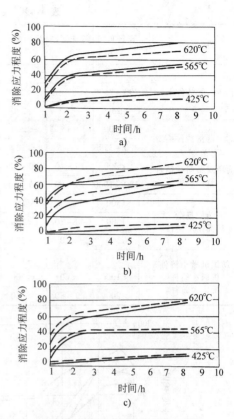

图 4-49　不同退火温度下保温时间与
残余内应力的关系
a) 试件 1 [化学成分（质量分数，%）为：C3.18，
Si2.13，Mn0.70，S0.125，P0.73，Ni1.03，
Cr2.33，Mo0.65]
b) 试件 2 [化学成分（质量分数，%）为：C3.12，
Si1.76，Mn0.78，S0.097，P0.075，Ni1.02，
Cr0.41，Mo0.58]
c) 试件 3 [化学成分（质量分数，%）为：C2.78，
Si1.77，Mn0.55，S0.135，P0.069，Ni0.36，
Cr0.10，Mo0.33，Cu0.46，V0.04]
注：图中虚线原始应力为 193MPa，实线原始
应力为 97MPa。

铸件去应力退火的冷却速度必须缓慢，以免产生二次残余内应力，冷却速度一般控制在 20~40℃/h，冷却到 200~150℃ 以下，可出炉空冷。

一些灰铸铁件的去应力退火规范见表 4-49。

2. 石墨化退火　灰铸铁件进行石墨化退火是为了降低硬度，改善可加工性，提高铸铁的塑性和韧性。

若铸件中不存在共晶渗碳体或其数量不多时，可进行低温石墨化退火；当铸件中共晶渗碳体数量较多时，须进行高温石墨化退火。

（1）低温石墨化退火。铸铁低温石墨化退火时会出现共析渗碳体石墨化与粒化，从而使铸铁硬度降低，塑性增加。退火温度对硬度的影响见图 4-50。

表 4-49　灰铸铁件去应力退火规范

铸件种类	铸件重量 /kg	铸件壁厚 /mm	装炉温度 /℃	升温速度 /(℃/h)	加热温度/℃		保温时间 /h	缓冷速度 /(℃/h)	出炉温度 /℃
					普通铸铁	低合金铸铁			
一般铸件	<200		≤200	≤100	500~550	550~570	4~6	30	≤200
	200~2500		≤200	≤80	500~550	550~570	6~8	30	≤200
	>2500		≤200	≤60	500~550	550~570	8	30	≤200
精密铸件	<200		≤200	≤100	500~550	550~570	4~6	20	≤200
	200~3500		≤200	≤80	500~550	550~570	6~8	20	≤200
简单或圆筒状铸件 一般精度铸件	<300	10~40	100~300	100~150	500~600		2~3	40~50	<200
	100~1000	15~60	100~200	<75	500		8~10	40	<200
结构复杂 较高精度铸件	1500	<40	<150	<60	420~450		5~6	30~40	<200
	1500	40~70	<200	<70	450~550		8~9	20~30	<200
	1500	>70	<200	<75	500~550		9~10	20~30	<200
纺织机械小铸件 机床小铸件 机床大铸件	<50	<15	<150	50~70	500~550		1.5	30~40	150
	<1000	<60	≤200	<100	500~550		3~5	20~30	150~200
	>2000	20~80	<150	30~60	500~550		8~10	30~40	150~200

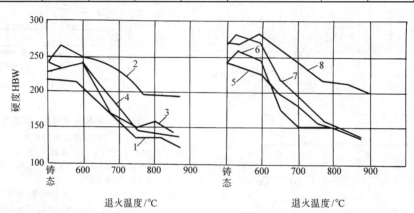

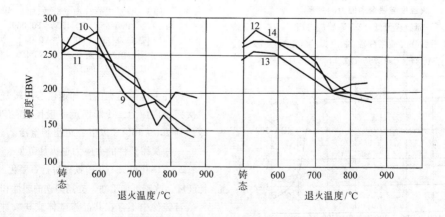

图 4-50　灰铸铁退火温度对硬度的影响

化学成分（质量分数）：1—C3.28%，Si1.93%，Mn0.96%，S0.03%，P0.11%　2—Cr0.56%，其他
成分与 1 同（包括以下 3~14）　3—Ni1.72%　4—Mo0.47%　5—V0.12%　6—Cu1.80%
7—Mo0.54%，Ni0.66%　8—Mo0.56%，Cr0.21%　9—Mo0.54%，Cu0.65%　10—Mo0.47%，
V0.13%　11—Cr0.49%，Ni1.45%　12—Cr0.49%，Mo0.43%，Ni1.45%
13—Cr0.50%，Cu0.52%　14—Cr0.47%，Mo0.43%，Cu0.52%

灰铸铁低温石墨化退火工艺是将铸件加热到稍低于 Ac_1 下限温度，保温一段时间使共析渗碳体分解，然后随炉冷却，其工艺曲线示于图 4-51。

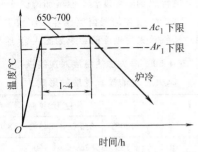

图 4-51　灰铸铁低温石墨化退火工艺曲线

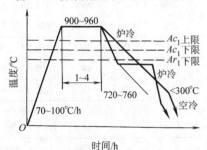

图 4-52　铁素体基体高温石墨化退火工艺

（2）高温石墨化退火。高温石墨化退火工艺是将铸件加热至高于 Ac_1 上限以上的温度，使铸铁中的自由渗碳体分解为奥氏体和石墨，保温一段时间后根据所要求的基体组织按不同的方式进行冷却。如要求获得高塑性、高韧性的铁素体基体，其工艺规范和冷却方式按图 4-52 进行；如要求获得强度高、耐磨性好的珠光体基体组织，则其工艺规范和冷却方式可按图 4-53 进行。

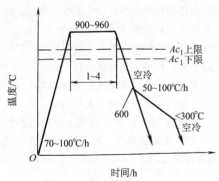

图 4-53　珠光体基体高温石墨化退火工艺

4.2.4.2　正火

灰铸铁正火的目的是提高铸件的强度、硬度和耐磨性，或作为表面淬火的预备热处理，改善基体组织。

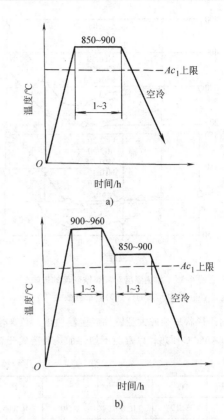

图 4-54　灰铸铁正火工艺规范

灰铸铁的正火工艺规范如图 4-54 所示。一般的正火是将铸件加热到 Ac_1 上限 + $(30 \sim 50)$℃，使原始组织转变为奥氏体，保温一段时间后出炉空冷（见图 4-54a）。形状复杂的或较重要的铸件正火处理后需再进行去应力退火。如铸铁原始组织中存在过量的自由渗碳体，则必须先加热到 Ac_1 上限 + $(50 \sim 100)$℃ 的温度，先进行高温石墨化以消除自由渗碳体（见图 4-54b）。

加热温度对灰铸铁硬度的影响如图 4-55 所示。在正火温度范围内，温度越高，硬度也越高。因此，要求正火后的铸铁具有较高硬度和耐磨性时，可选加热温度的上限。

正火后冷却速度影响铁素体的析出量，从而对硬度产生影响。冷速越大，析出的铁素体数量越少，硬度越高。因此可采用控制冷却速度的方法（空冷、风冷、雾冷），达到调整铸铁硬度的目的。

4.2.4.3　淬火与回火

1. 淬火　铸铁淬火工艺是将铸件加热到 Ac_1 上限 + $(30 \sim 50)$℃ 的温度，一般取 $850 \sim 900$℃，使组织转变成奥氏体，并在此温度下保温，以增加碳在奥氏体中的溶解度，然后进行淬火，通常采用油淬。

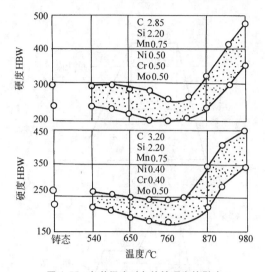

图 4-55　加热温度对灰铸铁硬度的影响

注：图中元素的含量为质量分数（%）。

对于形状复杂或大型铸件应缓慢加热，必要时可在 500~650℃ 预热，以避免不均匀加热而造成开裂。

淬火加热温度对灰铸铁淬火后（油淬）硬度的影响如表 4-50 所示。表 4-51 所列为上表所列铸铁的化学成分。随淬火加热温度升高，淬火后的硬度也越高，但过高的淬火加热温度，不但增加铸铁变形和开裂的危险，并产生较多的残留奥氏体，使硬度下降。保温时间对铸铁淬火后硬度的影响如图 4-56 所示。

表 4-50　淬火加热温度对灰铸铁
淬火后（油淬）硬度的影响

灰铸铁	铸态	硬度 HBW			
		790℃	815℃	845℃	870℃
A	217	159	269	450	477
B	255	207	450	514	601
C	223	311	477	486	529
D	241	355	469	486	460
E	235	208	487	520	512
F	235	370	477	480	465

表 4-51　几种铸铁的化学成分（质量分数）　　（%）

铸铁	TC[①]	CC[②]	Si	P	S	Mn	Cr	Ni	Mo
A	3.19	0.69	1.70	0.216	0.097	0.76	0.03	—	0.013
B	3.10	0.70	2.05	—	—	0.80	0.27	0.37	0.45
C	3.20	0.58	1.76	0.187	0.054	0.64	0.005	Trace	0.48
D	3.22	0.53	2.02	0.114	0.067	0.66	0.02	1.21	0.52
E	3.21	0.60	2.24	0.114	0.071	0.67	0.50	0.06	0.52
F	3.36	0.61	1.96	0.158	0.070	0.74	0.35	0.52	0.47

①　TC—总碳含量。

②　CC—结合碳含量。

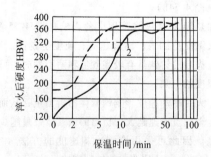

图 4-56　保温时间对铸铁淬火后硬度的影响

1—基体原始组织为珠光体

2—基体原始组织为铁素体

注：1. 化学成分（质量分数）：C3.34%，Si2.22%，Mn0.7%，P0.11%，S0.1%。

2. 淬火加热温度为 840℃。

灰铸铁的淬透性与石墨大小、形状、分布、化学成分以及奥氏体晶粒度有关。

石墨使铸铁的导热性降低，从而使它的淬透性下降，石墨越粗大，越多，这种影响越大。

合金元素对灰铸铁淬透性的影响如图 4-57 所示。该图中各种灰铸铁化学成分列于表 4-52。

2. 回火　回火温度对淬火铸铁力学性能的影响见图 4-58。为了避免石墨化，回火温度一般应低于 550℃，回火保温时间按 $t = [$铸件厚度$(mm)/25] + 1$（h）计算。

3. 等温淬火　为了减小淬火变形，提高铸件综合力学性能，凸轮、齿轮、缸套等零件常采用等温淬火。

等温淬火的加热温度和保温时间与常规淬火工艺相同。等温温度对灰铸铁力学性能的影响见表 4-53。

表 4-52　各种灰铸铁的化学成分（质量分数）　　　　　　　（%）

序号	C	Si	P	S	Mn	Cr	Ni	Mo	V	其余
1	3.30	1.40	0.116	0.10	1.47	0.12	—	—	—	—
2	3.30	1.90	0.116	0.10	1.43	0.35	—	—	—	—
3	3.15	2.05	0.124	0.112	0.60	0.06	—	—	—	—
4	2.97	2.31	0.116	0.116	0.92	0.06	—	—	—	—
5	3.42	1.90	0.116	0.100	1.47	0.12	—	—	—	—
6	3.13	2.29	0.116	0.018	1.90	0.08	—	—	—	—
7	3.00	2.00	0.150	0.100	1.25	—	—	—	—	—
8	3.00	2.00	0.150	0.100	1.25	—	—	—	—	Ti0.40
9	3.15	2.05	0.124	0.112	0.60	—	—	—	—	—
10	3.10	2.25	0.120	0.160	0.65	—	—	—	—	Sn0.05
11	3.10	2.25	0.120	0.160	0.65	—	—	—	—	Sn0.10
12	3.19	1.70	0.216	0.097	0.76	0.03	—	0.013	—	—
13	3.22	1.73	0.212	0.089	0.75	0.03	—	0.47	—	—
14	3.20	1.76	0.187	0.054	0.64	0.005	痕迹	0.48	—	—
15	3.22	2.02	0.114	0.067	0.66	0.02	1.21	0.52	—	—
16	3.21	2.24	0.114	0.071	0.67	0.50	0.06	0.52	—	—
17	3.36	1.96	0.158	0.070	0.74	0.35	0.52	0.47	—	—
18	3.21	2.01	0.150	0.100	1.53	0.40	—	0.13	—	—
19	3.20	2.00	0.150	0.100	1.25	0.40	—	—	0.05	—
20	3.10	2.09	0.150	0.100	1.46	0.44	—	0.14	—	B0.095
21	3.22	2.10	0.108	0.088	0.68	0.97	—	0.40	—	—
22	3.20	2.15	0.108	0.093	0.70	1.00	—	0.41	—	—
23	3.19	2.55	0.092	0.090	0.71	0.96	—	0.054	0.16	—
24	3.17	2.20	0.094	0.092	0.66	0.95	—	0.069	0.081	
25	3.19	2.20	0.092	0.092	0.68	0.93	—	0.075	0.27	—
26	3.17	1.90	0.080	0.094	0.65	0.73	—	0.19	—	—
27	3.25	1.85	0.074	0.092	0.65	0.77	—	0.30	0.13	—
28	3.21	1.90	0.069	0.100	0.70	0.75	—	0.28	—	W0.40
29	3.20	2.20	0.096	0.090	0.68	0.94	—	0.047	0.13	W0.75
30	3.12	1.80	0.074	0.090	0.69	0.75	—	0.064	—	—
31	3.18	1.80	0.073	0.090	0.68	0.77	—	0.091	0.12	—
32	3.14	1.70	0.079	0.090	0.69	0.77	—	0.071	—	W0.37

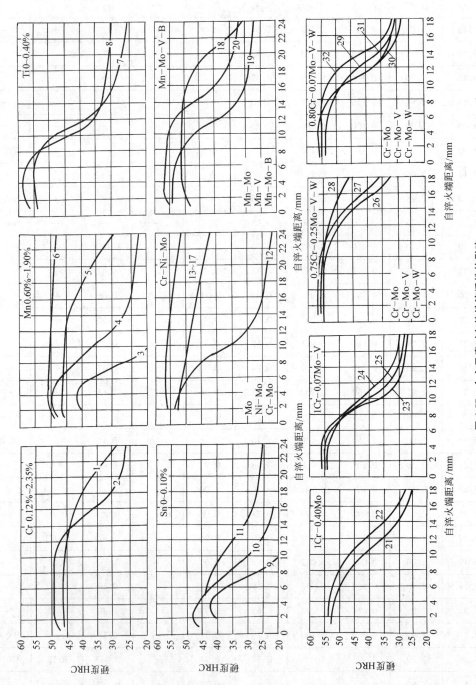

图 4-57　合金元素对灰铸铁淬透性的影响

注：图中的化学成分为质量分数。

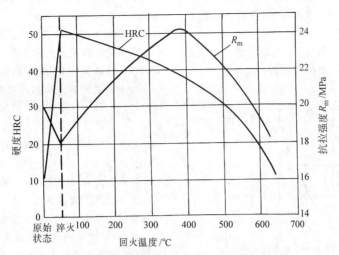

图 4-58　回火温度对淬火铸铁力学性能的影响

表 4-53　等温温度对灰铸铁力学性能的影响

等温温度/℃	化学成分(质量分数)(%)							
	$C_总$ 2.83, $C_化$ 0.7, Cr0.19, Si1.90		$C_总$ 2.83, $C_化$ 0.7, Cr0.15, Mo0.50, Si1.92		$C_总$ 2.83, $C_化$ 0.71, Cr0.14, Mo0.24, Si1.20		$C_总$ 3.56, $C_化$ 0.66, Si2.08	
	σ_{bb}/MPa	硬度 HBW	σ_{bb}/MPa	硬度 HBW	σ_{bb}/MPa	硬度 HBW	σ_{bb}/MPa	硬度 HBW
铸态	593	229	734	251	711	240	615	255
250	358	492	432	515	410	507	407	470
300	898	332	1070	387	1010	389	697	346
350	860	317	884	340	942	334	644	282
500	702	286	698	314	733	290	680	299
600	659	237	758	265	745	252	718	273

4.2.5　球墨铸铁的热处理

4.2.5.1　退火

1. 高温石墨化退火　当球墨铸铁铸态组织中自由渗碳体≥1%（体积分数）时，为了改善可加工性，提高塑性和韧性，必须进行高温石墨化退火，其工艺规范见图 4-59。

高温石墨化退火加热温度为 Ac_1 上限 + (30~50)℃，一般为 900~960℃。如果自由渗碳体量占5%（体积分数）以上，特别是有碳化物形成元素存在时，应选择较高温度（950~960℃）。当铸件中存在较多量的复合磷共晶时，则加热温度应高达1000~1020℃。退火温度和保温时间对自由渗碳体分解的影

响示于图 4-60。

高温石墨化后的冷却根据所要求的基体组织而定，采用图 4-59 中 1、2 的冷却方式可获得铁素体基体；保温后直接空冷（方式 3），可获得珠光体基体。

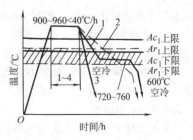

图 4-59　球墨铸铁高温石墨化退火工艺规范

2. 低温石墨化退火　当铸态组织中自由渗碳体<3%（体积分数）时，可进行低温石墨化退火，使共析渗碳体石墨化与粒化，改善韧性，其工艺规范见图4-61。

退火温度选在Ar_1下限与Ac_1下限之间，一般为720～760℃，保温时间一般按2～8h。

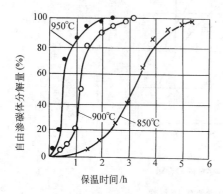

图 4-60　退火温度和保温时间对铁
自由渗碳体分解的影响

注：1. 化学成分为：[w（C）=3.2%，w（Si）=2.5%，w（Mn）=0.7%]

　　2. 原始组织为珠光体 + 牛眼状铁素体 + 莱氏体 + 球状石墨。

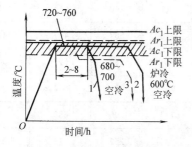

图 4-61　球墨铸铁低温石墨
化退火工艺规范

3. 应用实例　球墨铸铁石墨化退火工艺应用实例见表4-54。

4.2.5.2　正火

1. 高温完全奥氏体化正火　球墨铸铁高温完全奥氏体化正火是将铸件加热到Ac_1上限+（30～50）℃，使基体全部转变为奥氏体并使奥氏体均匀化，冷却后获得珠光体（或索氏体）基体加少量牛眼状铁素体，从而改善可加工性、提高强度、硬度、耐磨性，或去除自由渗碳体。

高温完全奥氏体化正火工艺曲线见图4-62。正火温度一般为900～940℃，温度过高会引起奥氏体

晶粒长大，溶入奥氏体中的碳量过多，冷却时易于在晶界析出网状二次渗碳体。当为了消除铸态组织中过量的自由渗碳体或复合磷共晶，而必须提高正火温度时，这时为了避免形成二次网状渗碳体，可采用图4-63所示的阶段正火工艺。图4-64 所示为正火温度对球墨铸铁珠光体量和力学性能的影响。

冷却方式对珠光体量的影响见表4-55。采用风冷或喷冷，加快冷却速度，可显著提高基体组织珠光体量。

球墨铸铁件正火后必须进行回火处理以改善韧性和消除内应力，回火工艺为550～650℃，保温2～4h，回火温度对硬度的影响见图4-65。

2. 中温部分奥氏体化正火　球墨铸铁中温部分奥氏体化正火是将铸件在共析临界转变温度内[Ac_1下限+（30～50）℃]加热，基体中仅有部分组织转变为奥氏体，剩下的铁素体正火后以碎块状或条块状分散分布。中温部分奥氏体化正火的球墨铸铁具有较高的综合力学性能，特别是塑性和韧性。

中温部分奥氏体化正火工艺曲线见图4-66。正火温度一般为800～860℃。当球墨铸铁中存在过量的自由渗碳体或成分偏析较严重时，可采用图4-67所示的阶段部分奥氏体化正火工艺。正火温度和正火时间与珠光体量之间的关系见图4-68和图4-69。

3. 正火应用实例

球墨铸铁正火工艺应用实例列于表4-56和表4-57。

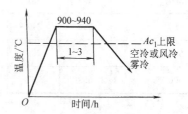

图 4-62　高温完全奥氏体化
正火工艺曲线

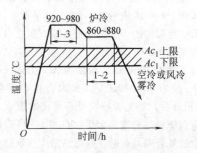

图 4-63　阶段正火工艺曲线

表 4-54　球墨铸铁石墨化退火工艺（高温与低温）应用实例

铸件名称	化学成分（质量分数）（%）	退火工艺曲线	力学性能	基体组织（体积分数）	备注
高压机四级缸缸套	C3.2 ~ 3.6，Si2.2 ~ 2.6，Mn0.4 ~ 0.6，P < 0.1，S < 0.03，Cu0.1 ~ 0.12，Mg0.03 ~ 0.05，RE0.02 ~ 0.045	 720~750，炉冷600，空冷，3 温度/℃—时间/h	R_m = 440 ~ 540MPa A = 10% ~ 22% $a_K \geq 4$J/cm² 硬度为 130 ~ 190HBW	F ≥ 90% 磷共晶 ≤ 1%	铸态无自由渗碳体及严重的成分偏析
拖拉机零件:差速器壳体、摇臂、拨叉、踏板、轮毂、轮坯、轴承座盖等	C3.2 ~ 3.6，Si2.6 ~ 2.8，Mn0.6 ~ 0.7，P ≤ 0.1，S0.016 ~ 0.03，Mg0.035 ~ 0.038，RE0.01 ~ 0.05	 740±10，炉冷630，空冷，3~4 温度/℃—时间/h	R_m = 460 ~ 500MPa A = 14% ~ 22% a_K = 6 ~ 13.5J/cm²	F ≥ 80% P ≤ 20%	
汽车连杆	C3.6 ~ 3.8，Si2.8 ~ 3.2，Mn < 0.6；P < 0.1，S0.03 ~ 0.05，Mg0.03 ~ 0.05，RE0.04 ~ 0.06	 760~780，炉冷660-680，炉冷600，空冷，1~3 温度/℃—时间/h	R_m = 440 ~ 560MPa A = 14% ~ 25% $a_K \geq 5$J/cm²	F ≥ 80% P ≤ 20%	

（续）

铸件名称	化学成分(质量分数)(%)	退火工艺曲线	力学性能	基体组织(体积分数)	备注
汽车离合器踏板、中间传动轴支架、后桥壳、壳盖等	C3.8~4.1,Si2.0~2.4,Mn0.5~0.8,P<0.1,S<0.06,Mg0.03~0.04,RE0.03~0.04	920~940　炉冷730~740　5~6　炉冷500　5~6　空冷（温度/℃，时间/h）	$R_m=455\text{MPa}$ $A=18\%\sim22\%$ $a_K=15\text{J/cm}^2$ 硬度为170HBW	F>90% 自由渗碳体<1%	—
800kN油压机内缸、汽车轮毂、驻车制动支架、中压阀门等	C3.8~4.1,Si2.5~3.0,Mn0.4~0.5,P<0.1,S<0.02,T0.06~0.14,V0.05~0.17,Mg0.03~0.045,RE0.03~0.055	920±10　炉冷720±10　1　炉冷　5　620　空冷（温度/℃，时间/h）	$R_m=490\text{MPa}$ $A=14\%\sim22\%$ $a_K=10\sim125\text{J/cm}^2$	F>90% 少量P	—
锅液泵起重吊环、缸座、高压缸缸体、曲轴、主动轴、齿轮、冷冻机曲轴、旋涡泵叶轮、蒸汽往复泵曲轴、十字头头等	C3.2~3.8,Si2.4~3.0,Mn<0.4,P<0.1,S<0.03,Mg0.015~0.03,RE0.015~0.03	900~950　2~3　炉冷　8~12　550　空冷（温度/℃，时间/h）	$R_m=340\sim440\text{MPa}$ $A=8\%\sim20\%$ $a_K=2.5\sim8\text{J/cm}^2$ 硬度为160~200HBW	F>90% 少量P	

（续）

铸件名称	化学成分（质量分数）(%)	退火工艺曲线	力学性能	基体组织（体积分数）	备注
中、高压阀门	C3.5~3.9,Si2.3~3.0,Mn<0.4,P<0.1,S0.015~0.03,Mg0.03~0.04,RE0.03~0.07		$R_m>440\text{MPa}$，$A>12\%$，$a_K>3\text{J/cm}^2$，硬度为150~197HBW	F>90%　少量 P	
摇臂收割机、双轮双铧犁、机引五铧犁、红旗100拖拉机等农机零件	C2.8~3.4,Si2.4~2.8,Mn0.4~0.7,P≤0.12,S≤0.01,Mg0.05~0.08		$R_m\geq390\text{MPa}$，$A\leq16\%$，$a_K>13\text{J/cm}^2$，硬度为156HBW	F95%~100%　P≤5	磷偏高

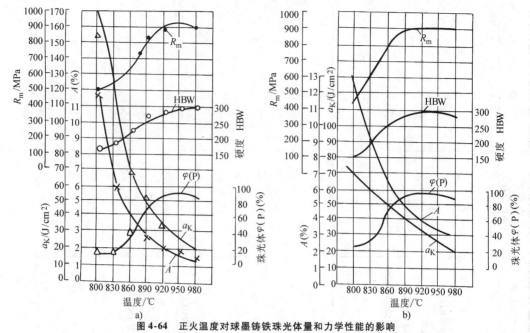

图 4-64　正火温度对球墨铸铁珠光体量和力学性能的影响

a) 试件 1［化学成分（质量分数,%）为：C0.53, Si2.92, Mn0.8, S0.013, P0.072,
Mg0.04, RE0.029］　　b) 试件 2［化学成分（质量分数,%）为：C0.53, Si2.05,
Mn0.75, S0.023, P0.059, Mg0.047, RE0.034］
注：铸态试样 25mm × 25mm × (120 ~ 150)mm, 保温 30min, 风冷。

表 4-55　球墨铸铁正火冷却方式对珠光体量的影响

正火温度 /℃	保温时间 /h	冷却方式	珠光体量 $\varphi(P)$ (%)
920	1	空冷	70 ~ 75
920	1	风冷	85
920	1	喷液冷	90 ~ 95
900	1.5	空冷	70 ~ 75
900	1.5	风冷	85
900	1.5	喷液冷	90 ~ 95

注：铸件成分（质量分数,%）：C3.7 ~ 4.2, Si2.4 ~ 2.5, Mn0.5 ~ 0.8, P < 0.1, S < 0.05。

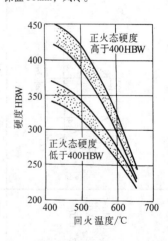

图 4-65　正火后的回火温度对球墨铸铁硬度的影响

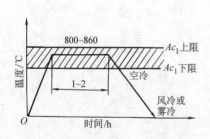

图 4-66　中温部分奥氏体化正火工艺曲线

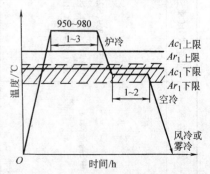

图 4-67　阶段部分奥氏体化正火工艺曲线

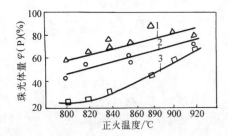

图 4-68　正火温度与珠光体量的关系

1—2.42% Si （质量分数，下同）

2—2.82% Si　3—3.27% Si

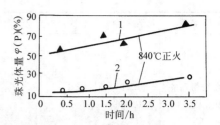

图 4-69　保温时间与珠光体量的关系

1—$w(Si) = 2.42\%$　2—$w(Si) 3.27\%$

表 4-56　球墨铸铁完全奥氏体化正火实例

铸件名称	化学成分(质量分数)(%)	工艺曲线	力学性能
NJ130 及 NJ230 汽车曲轴、凸轮轴、变速 杆叉等	C3.8 ~ 4.05,Si2.0 ~ 2.3, Mn0.6 ~ 0.8, P < 0.1, S0.02 ~ 0.03, RE0.02 ~ 0.035,Mg0.025 ~ 0.045	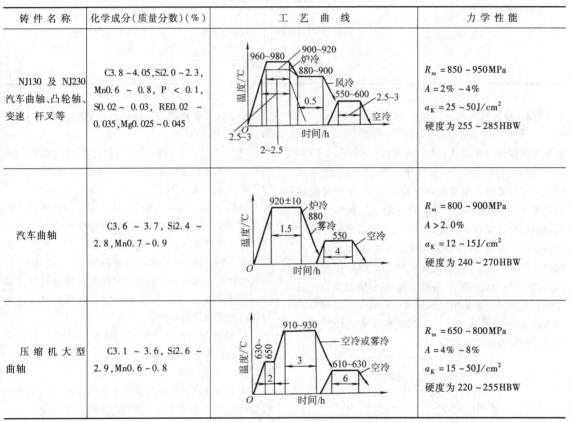	$R_m = 850 \sim 950MPa$ $A = 2\% \sim 4\%$ $a_K = 25 \sim 50J/cm^2$ 硬度为 255 ~ 285HBW
汽车曲轴	C3.6 ~ 3.7, Si2.4 ~ 2.8,Mn0.7 ~ 0.9		$R_m = 800 \sim 900MPa$ $A > 2.0\%$ $a_K = 12 \sim 15J/cm^2$ 硬度为 240 ~ 270HBW
压缩机大型曲轴	C3.1 ~ 3.6, Si2.6 ~ 2.9,Mn0.6 ~ 0.8		$R_m = 650 \sim 800MPa$ $A = 4\% \sim 8\%$ $a_K = 15 \sim 50J/cm^2$ 硬度为 220 ~ 255HBW

表 4-57　球墨铸铁部分奥氏体化正火实例

铸件名称	化学成分(质量分数)(%)	工艺曲线	力学性能
190、195 柴油机曲轴	C3.0 ~ 3.2,Si2.8 ~ 3.1, Mn0.6 ~ 0.8,P0.06 ~ 0.07, S0.02 ~ 0.03		$R_m = 770 \sim 930MPa$ $A = 3.8\% \sim 8.2\%$ $a_K = 25 \sim 26J/cm^2$ 硬度为 229 ~ 277HBW

（续）

铸件名称	化学成分(质量分数)(%)	工　艺　曲　线	力　学　性　能
大型船用空心曲轴	C3.8 ~ 3.9, Si2.2 ~ 2.4, Mn0.6 ~ 0.8	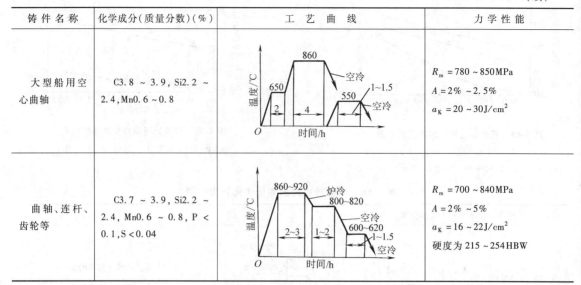	$R_m = 780 \sim 850\text{MPa}$ $A = 2\% \sim 2.5\%$ $a_K = 20 \sim 30\text{J/cm}^2$
曲轴、连杆、齿轮等	C3.7 ~ 3.9, Si2.2 ~ 2.4, Mn0.6 ~ 0.8, P < 0.1, S < 0.04		$R_m = 700 \sim 840\text{MPa}$ $A = 2\% \sim 5\%$ $a_K = 16 \sim 22\text{J/cm}^2$ 硬度为 215 ~ 254HBW

4.2.5.3　淬火与回火

1. 淬火　球墨铸铁淬火可以获得更高的耐磨性及良好的综合力学性能,淬火温度选择在 Ac_1 上限 + (30 ~ 50)℃比较适宜,一般为860 ~ 900℃,保温 1 ~ 4h 淬火。在保证能完全奥氏体化的前提下,尽量采用较低的温度,以便获得碳含量较低的细小针状马氏体及较好的综合力学性能。过高的奥氏体化温度使淬火后的马氏体针变粗,并增加残留奥氏体量,甚至出现二次网状渗碳体,使力学性能大幅度降低。当存在过量自由渗碳体时,可先进行高温石墨化,然后降温至淬火温度保温后淬火。原始组织和淬火保温时间对球墨铸铁硬度的影响见图4-70。经不同温度淬火,580℃回火时力学性能变化曲线见图4-71。

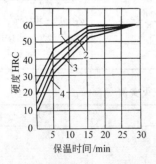

图 4-70　原始组织和淬火保温
时间对球墨铸铁硬度的影响
基体组织(体积分数):1—铁素体≈15%　2—铁素体≈
30%　3—铁素体≈65%　4—铁素体≈100%
注:化学成分(质量分数,%)为:C3.74,Si2.63,
Mn0.30,P0.020,S0.009。

合金元素对球墨铸铁淬透性的影响列于图4-72、图4-73和图4-74。

2. 回火　球墨铸铁回火时的组织转变过程与钢相似。三种球墨铸铁在油中淬火并在不同温度回火后的力学性能见图4-75。

低温回火(140 ~ 250℃)后具有高的硬度和耐磨性,常用于高压液压泵心套及阀座等耐磨性要求高的零件;中温回火(350 ~ 400℃)较少采用;淬火后高温回火(500 ~ 600℃)即调质工艺在生产上应用广泛,可获得较高的综合力学性能。回火时的保温时间可按 $t = [铸件厚度(\text{mm})/25 + 1](\text{h})$ 计算。回火时间对硬度的影响见图4-76。

3. 淬火与回火应用实例　球墨铸铁淬火与回火应用实例列于表4-58。

4.2.5.4　等温淬火

球墨铸铁在贝氏体转变区进行等温淬火,可以获得良好的综合力学性能。等温淬火时的加热温度与常规淬火时加热温度相同,为 860 ~ 900℃,硅含量较多或铸态基体组织中铁素体数量较多时取上限。当要求获得上贝氏体组织时,可采用较高的加热温度(900 ~ 950℃),此时奥氏体中具有较高的碳含量,形成上贝氏体的下限温度降低,有利于上贝氏体的形成。淬火加热温度对球墨铸铁等温淬火(270℃)后的力学性能的影响见图4-77。

球墨铸铁下贝氏体等温淬火时的等温温度为260 ~ 300℃,上贝氏体等温淬火时的等温温度为350 ~ 400℃,等温时间 60 ~ 120min。等温温度对力学性能的影响见图4-78。等温时间对力学性能的影响见图4-79。

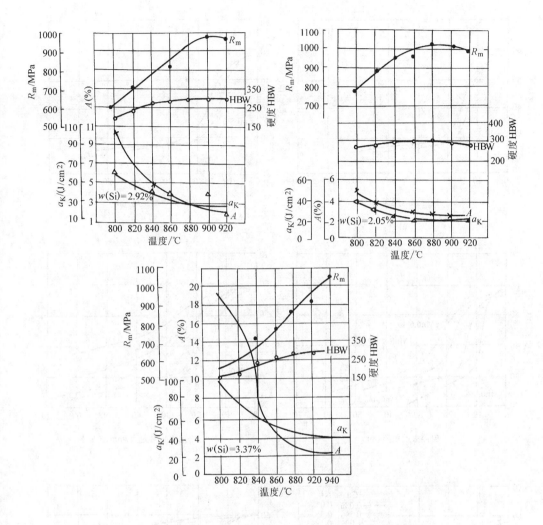

图 4-71　经不同温度淬火，580℃回火时力学性能变化曲线

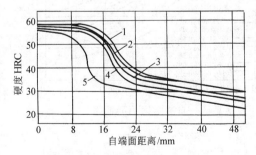

图 4-72　球墨铸铁总碳含量与淬透性的关系

总含碳量（质量分数）：1—2.26%　2—2.45%
3—3.00%　4—3.55%　5—4.00%
注：其他化学成分（质量分数）为：Si3.16%，
Mn0.42%，P0.036%。

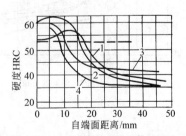

图 4-73　硅对球墨铸铁淬透性的影响

1—w（Si）＝2.13%　2—w（Si）＝2.68%
3—w（Si）＝3.30%　4—w（Si）＝4.03%

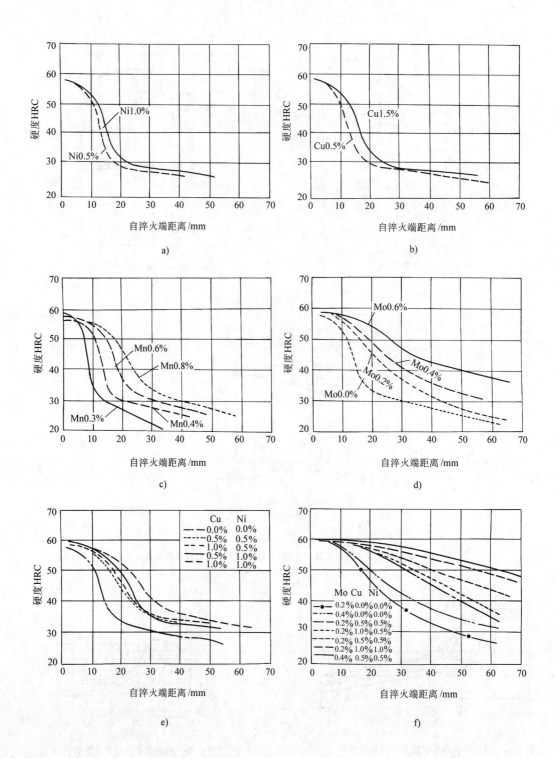

图 4-74　铜、镍、钼、锰对球墨铸铁淬透性的影响

注：图中的元素成分为质量分数。

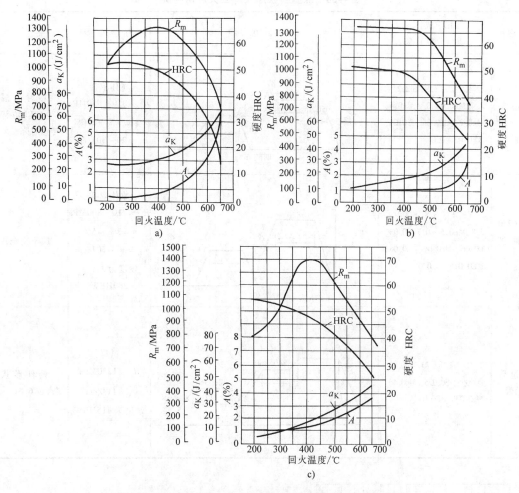

图 4-75　三种球墨铸铁在油中淬火并在不同温度回火后的力学性能

a）化学成分（质量分数,%）为：C3.46，Si3.37，Mn0.62，S0.009，P0.069，Mg0.056，RE0.045；940℃油淬

b）化学成分（质量分数,%）为：C3.53，Si2.92，Mn0.80，S0.013，P0.072，Mg0.04，RE0.045；

900℃油淬　c）化学成分（质量分数,%）为：C3.53，Si2.05，Mn0.75，S0.023，

P0.059，Mg0.047，RE0.034；880℃油淬

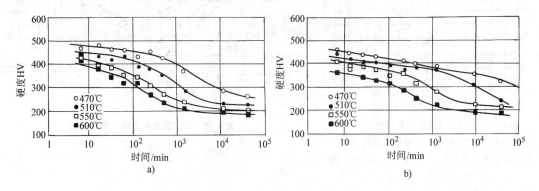

图 4-76　回火时间对硬度的影响

a）化学成分（质量分数,%）为：C3.61，Si3.11，Mo0.04

b）化学成分（质量分数,%）为：C3.64，Si2.57，Mo0.49

表 4-58　球墨铸铁淬火与回火应用实例

铸件名称	化学成分 （质量分数）（%）	工艺曲线	力学性能	备注
大型船用柴油机曲轴	C3.8 ~ 3.9, Si2.2 ~ 2.4, Mn0.6 ~ 0.8, Cu0.4, Mo0.2, Mg0.04 ~ 0.06, RE0.02 ~ 0.04	650 / 2 / 840 / 4 / 870 油淬 / 580~600 / 6 空冷	本体取样 $R_m = 850 ~ 950 MPa$ $A = 1.5\% ~ 2.0\%$ $a_K = 20 ~ 30 J/cm^2$	短时升温至870℃以防淬火转移时降温
6250柴油机连杆	C3.4 ~ 3.8, Si2.4 ~ 2.8, Mn0.5 ~ 0.7, S0.03, P0.06, Mg0.04 ~ 0.06, RE0.015 ~ 0.030	820 / 2~3 油淬 / 550 / 2 空冷	本体取样 $R_m = 710 ~ 800 MPa$ $A = 3\% ~ 5\%$ $a_K = 30 ~ 50 J/cm^2$ 硬度为215 ~ 269HBW	属不完全淬火
卷管机胎管	C3.67, Si2.70, Mn0.83, P0.065, S0.025, Mo0.40, Mg0.035, RE0.03	≤100℃/h / 920~950 / 3 / 840~860 / 3 油淬 / ≤100℃/h / 320~350 / 17 空冷 / ≤500 / ≤300	试样 $R_m = 1230 MPa$ $a_K = 11 J/cm^2$ 硬度为415HBW	铸件形状复杂，重6.5t

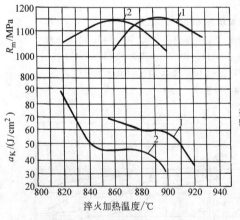

图 4-77　淬火加热温度对球墨铸铁等温淬火（270℃）后的力学性能的影响

1—化学成分（质量分数，%）为：C3.53, Si2.92,
　　　Mn0.80, S0.013, P0.072,
　　Mg0.040, RE0.029　2—化学成分（质量分数，%）为：C3.53, Si2.05, Mn0.75, S0.023,
　　　P0.079, Mg0.041, RE0.034

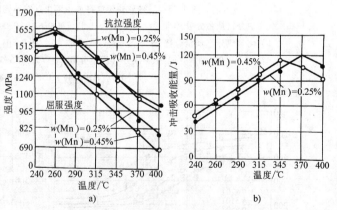

图 4-78　等温温度对力学性能的影响

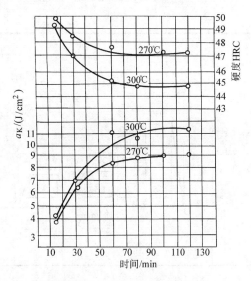

图 4-79 等温时间对力学性能的影响

球墨铸铁等温淬火应用实例列于表 4-59。

表 4-59 球墨铸铁等温淬火实例

铸件名称	化学成分(质量分数)(%)	工 艺 曲 线	力 学 性 能
拖拉机减速齿轮	C3.3 ~ 3.6, Si2.8 ~ 3.1, Mn0.3 ~ 0.5, P < 0.06, S < 0.03, Mo0.15, Mg0.035 ~ 0.060, RE0.03 ~ 0.05	910~930 200~300 50~55 280~300 80~90 空冷 60~120	$R_m = 1270 \sim 1500 MPa$ $A = 1\% \sim 2\%$ $a_K = 60 J/cm^2$ 硬度为 43 ~ 45HRC
拖拉机链轨板	C3.6 ~ 3.8, Si2.8 ~ 3.2, Mn < 0.5, P < 0.1, S < 0.03, Mg0.035 ~ 0.07, RE0.035 ~ 0.07	900 30 280 60~70 空冷	$a_K = 30 J/cm^2$ 硬度为 38 ~ 44HRC
柴油机凸轮轴	C3.7 ~ 4.2, Si2.4 ~ 2.6, Mn0.5 ~ 0.8, P < 0.1, S ≤ 0.02, Mg > 0.04, RE0.02 ~ 0.04	860 45 30 290~300 45 空冷	$R_m = 1050 \sim 1200 MPa$ $R_{p0.2} = 950 \sim 1000 MPa$ $a_K: 41 \sim 42 J/cm^2$ $A = 1.2\%$ 硬度为 39 ~ 46HRC

（续）

铸件名称	化学成分（质量分数）（%）	工 艺 曲 线	力学性能
对置二冲程曲轴	C3.65~3.85，Si2.9~3.1，Mn0.4~0.6，P<0.1，S0.02~0.03，Cu0.4~0.6，Mo0.2~0.4	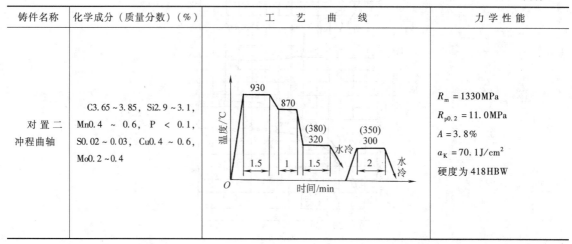	$R_m = 1330MPa$ $R_{p0.2} = 11.0MPa$ $A = 3.8\%$ $a_K = 70.1J/cm^2$ 硬度为418HBW

4.2.6　可锻铸铁的热处理

4.2.6.1　白心可锻铸铁热处理

白心可锻铸铁是白口铸铁在氧化介质中经长时间的加热退火，使铸坯脱碳后形成的，此过程被称为脱碳退火。生产白心可锻铸铁的加热温度为950~1000℃。在加热和保温过程中，铸坯表面与炉中氧化性气氛反应引起脱碳，心部渗碳体石墨化并形成团絮状石墨。常用的脱碳剂及脱碳反应见表4-60。

薄铸件退火后心部组织为铁素体+少量珠光体+团絮状石墨。厚铸件心部常残留部分自由渗碳体，韧性较差。生产白心可锻铸铁的退火工艺实例见表4-61。

4.2.6.2　黑心可锻铸铁热处理

黑心可锻铸铁是白口铸坯经石墨化退火后形成的。在退火过程中，白口铸坯中的自由渗碳体和共析渗碳体通过脱碳和石墨化转变为铁素体和团絮状石墨，从而使塑性和韧性得到显著提高。

生产黑心可锻铸铁的石墨化退火过程可分为五个阶段，如图4-80所示。

1. 升温　升温方式和速度决定于加热炉型及铸坯孕育处理条件。在300~400℃保温3~5h，或在300~450℃间采取30~40℃/h的加热速度（见图4-80中虚线），均可促进石墨形核，加速石墨化过程，缩短退火周期。由低温径直升温时，加热速度可在40~90℃/h的范围内选择。

2. 自由渗碳体石墨化　在临界温度Ac_1上限以上加热使自由渗碳体分解和石墨化。温度越高，石墨化速度越快，但温度过高导致力学性能降低，并容易造成过烧，通常采用910~960℃的加热温度。

表4-60　生产白心可锻铸铁常用脱碳剂及脱碳反应

脱碳剂	脱碳反应	说明
粒度8~15mm铁矿石或氧化铁屑+大粒砂与铸件一起装箱密封，添加量为铸件重量的10%~20%	$CO + FeO = CO_2 + Fe$ $CO + Fe_3O_4 = CO_2 + 3FeO$ $CO_2 + C = 2CO$	加热至950~1000℃保温后炉冷至650~550℃出炉
$\varphi(CO_2) \approx 4\%$、$\varphi(CO) \approx 11\%$、$\varphi(H_2) \approx 8\%$、$\varphi(H_2O) \approx 5.5\%$其余为$N_2$的气体，通入$O_2$或$H_2O$调节	$CO_2 + C = 2CO$ $H_2O + C = H_2 + CO$ $2CO + O_2 = 2CO_2$ $CO + H_2O = CO_2 + H$	加热至1050℃保温后炉冷至550℃出炉

3. 中间冷却　图4-80表示了三种不同的冷却方式：图4-80a为冷却至稍高于Ar_1下限的温度，图4-80b为冷却至稍低于Ar_1下限的温度，图4-80c为冷却至远低于Ar_1下限的温度（≈650℃）。经中间冷却后，其组织成为珠光体+石墨。

4. 共析渗碳体石墨化　缓冷至Ar_1下限温度以下（见图4-80a）或在Ar_1下限温度以下保温（见图4-80b、c），使珠光体中的渗碳体分解和石墨化。

5. 最终冷却　炉冷至650℃出炉空冷。

生产黑心可锻铸铁的退火工艺实例见表4-62。

表 4-61　生产白心可锻铸铁的退火工艺实例

化学成分(质量分数)(%)	脱碳剂 (质量分数)(%)	退火工艺	R_m/MPa	A(%)
C3.2~3.5,Si0.4~0.5,Mn0.4~0.5,P<0.25,S<0.25	赤铁矿70 建筑砂30	加热至1080℃需24h,保温70h炉冷20h至650℃出炉空冷	>300	>3
C2.8~3.2,Si0.4~0.6,Mn0.4~0.6,P<0.2,S<0.2	赤铁矿60 建筑砂40	加热至960~980℃需24h,保温40~50h炉冷20h至650℃出炉空冷	>350	>3
C2.6~2.8,Si0.6~0.8,Mn0.6~0.8,P<0.15,S<0.15	赤铁矿50 建筑砂50	加热至930~950℃需24h,保温40h炉冷20h至650℃出炉空冷	>450	>5

4.2.6.3　珠光体可锻铸铁热处理

珠光体可锻铸铁的化学成分与黑心可锻铸铁相似,生产珠光体可锻铸铁可采用三种不同的热处理工艺。

1. 自由渗碳体石墨化后正火加回火　工艺曲线见图4-81。

采用图4-81a所示工艺时,奥氏体中碳含量较高,冷却时易出现二次网状渗碳体,采用图4-81b所示工艺可使这种情况有所改善。回火的目的是使可能出现的淬火组织转变为珠光体,并消除内应力。这种处理方法适用于厚度不大的铸件。

2. 自由渗碳体石墨化后淬火加回火　工艺曲线见图4-82。

这种工艺可用于各种厚度的铸件,回火温度根据对力学性能的要求选定,一般在600℃以上。650℃回火后的组织为珠光体+索氏体+少量铁素体+团絮状石墨,力学性能可达到KTZ700-02的指标。

3. 自由渗碳体石墨化后珠光体球化退火　工艺曲线见图4-83。

采用这种工艺可获得粒状珠光体基体,铸铁的力学性能可达到KTZ450-06或KTZ550-04的指标。

生产珠光体可锻铸铁的退火工艺实例见表4-63。

4.2.6.4　球墨可锻铸铁热处理

球墨可锻铸铁是将一定化学成分的铁液进行球化处理,浇注成白口坯件后进行石墨化退火而获得具有球状石墨的可锻铸铁,兼有球墨铸铁和可锻铸铁两种铸铁的特点。

球墨可锻铸铁的热处理工艺见表4-64。

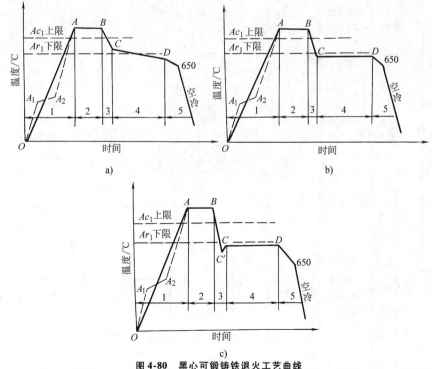

图 4-80　黑心可锻铸铁退火工艺曲线

表 4-62　生产黑心可锻铸铁的退火工艺实例

化学成分（质量分数）（%）					孕育剂（质量分数）（%）	退火炉型	退火工艺	相当于 GB/T 9440 —2010 中牌号	典型产品举例
C	Si	Mn	P	S					
2.55 ~ 2.76	1.2 ~ 1.6	0.35 ~ 0.50	< 0.10	< 0.12	B0.002 ~ 0.003 Bi0.007 ~ 0.01 Al0.007 ~ 0.015	升降室式电炉（25t）	温度/℃：940~960 出炉风冷；750±5；650 空冷；（15~20）；10；3~5；（8~10）6~8；（括号内数字为装炉量大的情况）；时间/h	KTH 350-10	汽车底盘部分零件
2.3 ~ 2.6	1.6 ~ 1.9	0.4 ~ 0.6	<0.1	<0.2	Bi0.004 ~ 0.006	连续式煤粉火焰反射隧道炉（平均产量1t/h）	温度/℃：920~950；740；720；650 空冷；25；7；5；18；5；时间/h	KTH350 -10 KTH370 -12	汽车拖拉机零件、铁路零件、水暖管件等
2.4 ~ 2.6	1.3 ~ 1.7	0.4 ~ 0.6	< 0.10	< 0.15	1号稀土硅铁0.2 ~ 0.4 Bi0.008 ~ 0.012 Al0.005 ~ 0.010	室式燃煤炉4 ~ 10t	温度/℃：910~940；750；700；650 空冷；350；300；3~5；15~20；8~12；2；16~22；6~8；时间/h	KTH350 -10 KTH370 -12	汽车零件：钢板弹簧支座、后桥毂、差速器壳；电力线路金具：线夹、挂板、铁帽
2.3 ~ 2.6	1.9 ~ 2.0	0.4 ~ 0.5	< 0.07	< 0.16	Bi0.002 ~ 0.015	室式煤炉6 ~ 10t	温度/℃：910；800；720~740；650 空冷；400；300；5；8；4；6；4；12；时间/h	KTH370 -12 KTH350 -10	铁路零件
2.5 ~ 2.7	1.6 ~ 1.9	Mn = 1.7S +0.2	<0.1	<0.2	Al0.004 ~ 0.008 Bi0.006 ~ 0.025	室式煤炉2t	温度/℃：920~980；750；700 空冷；24；9~10；7；20；时间/h	KTH 370-12	汽车零件；后桥壳、支架、轮毂等；电力铁帽

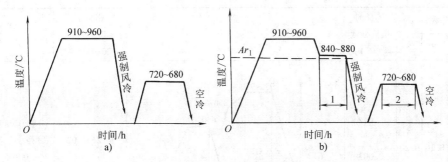

图 4-81　自由渗碳体石墨化后正火加回火工艺曲线

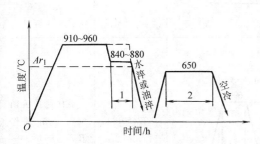

图 4-82　自由渗碳体石墨
化后淬火加回火工艺曲线

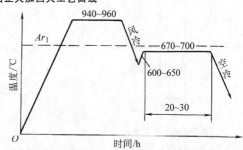

图 4-83　自由渗碳体石墨化后
珠光体球化退火工艺曲线

表 4-63　生产珠光体可锻铸铁的退火工艺实例

化学成分（质量分数）（%）					孕育剂（质量分数）（%）	退火工艺	相当于 GB/T 9440 —2010 中牌号	典型产品举例
C	Si	Mn	P	S				
2.4 ~ 2.8	1.0 ~ 1.3	0.85 ~ 1.25	< 0.10	≤ 0.15	—		KTZ450-06 KTZ550-04	台车轮、拖拉机链轨板、农机具零件等
2.3 ~ 2.5	1.3 ~ 1.6	0.4 ~ 0.6	< 0.10	< 0.16	—		KTZ650-02	旋转耕作机零件等

（续）

化学成分(质量分数)(%)					孕育剂(质量分数)(%)	退火工艺	相当于GB/T 9440—2010中牌号	典型产品举例
C	Si	Mn	P	S				
2.4~2.6	1.6~2.0	0.8~1.2	<0.10	<0.20	Bi:0.002~0.003	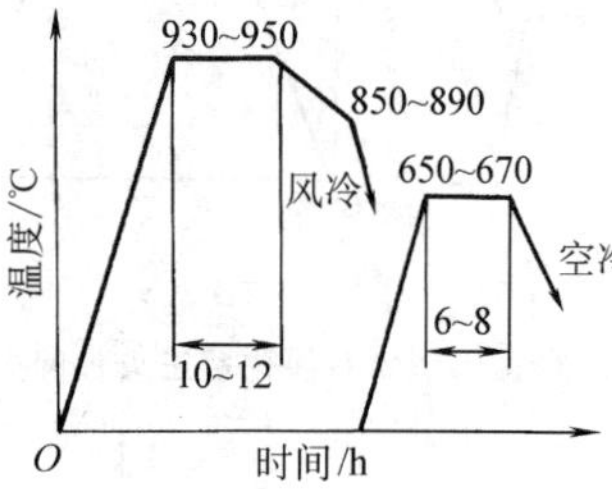 温度/℃ 930~950，850~890，风冷，650~670，空冷，10~12，6~8，时间/h	KTZ650-02	耕作易耗零件如犁刀、各种犁铧、方轴夹叉等
2.4~2.6	1.3~1.5	0.84	0.028	0.173	—	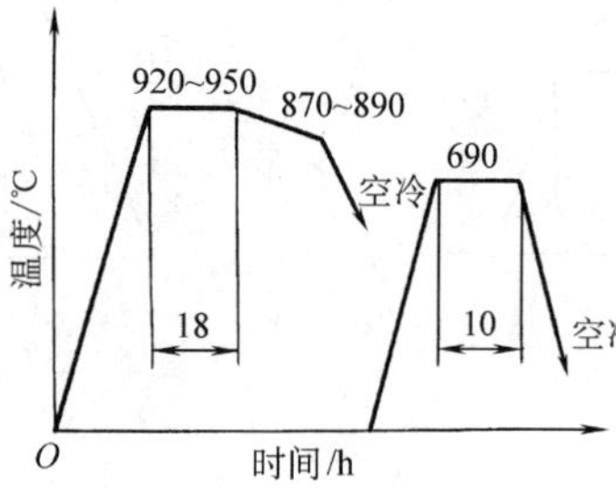 温度/℃ 920~950，870~890，空冷，690，18，10，空冷，时间/h	KTZ650-02	手扶拖拉机轴承座，插销，耕作刀等
2.3~2.5	1.3~1.5	0.3~0.6		0.15~0.18	—	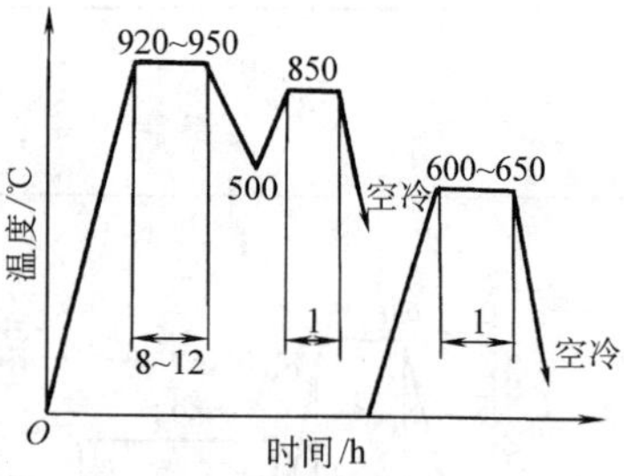 温度/℃ 920~950，850，500，空冷，600~650，空冷，8~12，1，1，时间/h	KTZ700-02	发动机连杆

表 4-64　球墨可锻铸铁的各种热处理工艺

处理种类	主要目的	处理规范	金相组织	备注
铁素体化退火	消除渗碳体，获得高韧性	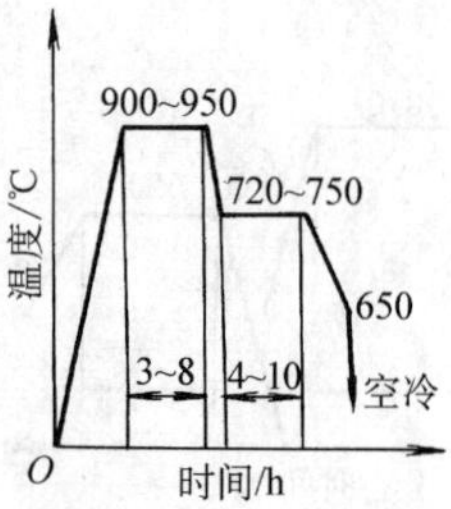 温度/℃ 900~950，720~750，650，3~8，4~10，空冷，时间/h	铁素体+球状石墨	

（续）

处理种类	主要目的	处 理 规 范	金相组织	备　注
高温石墨化退火	消除渗碳体，获得较高的综合性能	温度/℃　900~950　→　800　空冷；3~8；时间/h	珠光体＋牛眼状铁素体＋球状石墨	
高温石墨化退火—正火	消除渗碳体，获得强度较高的珠光体组织	温度/℃　900~950　空冷　500~600　空冷；3~8；1~2；时间/h	珠光体＋球状石墨	
高温石墨化退火—中温回火	消除渗碳体，获得较好的综合力学性能	温度/℃　900~950　800~820　600~620　空冷；3~8；0.5~1.5；1~1.5；时间/h	珠光体＋破碎铁素体＋球状石墨	
高温石墨化＋等温淬火	消除渗碳体，获得高强度，同时保持一定的韧塑性	温度/℃　900~950　快冷　250~380　水冷；3~8；1~3；时间/h	贝氏体＋残留奥氏体＋马氏体＋球状石墨	可利用铸件余热进行高温石墨化处理，在快冷后进行等温淬火

参 考 文 献

[1]　樊东黎，徐跃明，佟晓辉. 热处理技术数据手册 [M]. 2 版. 北京：机械工业出版社，2006.

[2]　中国机械工程学会铸造专业分会. 铸造手册：第 1 卷 [M]. 3 版. 北京：机械工业出版社，2011.

[3]　樊东黎，徐跃明，佟晓辉. 热处理工程师手册 [M]. 3 版. 北京：机械工业出版社，2011.

[4]　American Society for Metals. Metals Handbook：Vo14 [M]. 9th. Ohio：ASM International，1981.

[5]　第一汽车制造厂，长春汽车材料研究所. 机械工程材料手册：黑色金属材料卷 [M]. 北京：机械工业出版社，1990.

[6]　沈阳铸造研究所. 球墨铸铁 [M]. 北京：机械工业出版社，1983.

[7]　全国热处理标准化技术委员会. 金属热处理标准应用手册 [M]. 2 版. 北京：机械工业出版社，2005.

第5章　表面加热热处理

南京汽车制造厂　王东昇

北京机电研究所　佟晓辉

把零件表面（全部或局部）加热和冷却来改变零件表面性能的热处理方法称为表面热处理。常用的表面加热方法有感应加热、火焰加热、激光加热、电子束加热、电接触加热、电解液加热和浴池加热等。通过表面热处理可获得满足设计要求厚度的改性层。利用表面加热淬火而得到表面硬化层后，零件的心部仍可保持原来的显微组织和性能不变，从而达到提高疲劳强度、提高耐磨性并保持心部韧性的优良综合性能。若在零件表面预先涂敷含渗入元素的膏剂或合金粉末，还可实现表面化学热处理或表面合金化。表面热处理可节省能耗并减小淬火畸变。

5.1　感应加热热处理

感应加热是最常用的表面加热淬火方法，具有工艺简单、工件变形小、生产效率高、省能、环境污染少、工艺过程易于实现机械化和自动化等优点。感应加热设备可按电源频率分为工频、中频、高频和超声频，各频率范围和加热的功率密度列于表5-1。

表 5-1　感应加热方法的分类

加热方法	频率/kHz	功率密度/$(10^2 W/cm^2)$
工频	50 Hz	0.1 ~ 1
中频	< 10	< 5
高频、超声频	20 ~ 1000	2 ~ 10
超高频脉冲	27120	100 ~ 300

5.1.1　感应加热原理

感应加热的主要依据是：电磁感应、"集肤效应"和热传导三项基本原理。

当交变电流在导体中通过时，在所形成的交变磁场作用下，导体内会产生感应电动势。由于越接近心部感应电动势越大，导体中的电流便趋向于表层，电流强度从表面向心部呈指数规律衰减，如图5-1所示。这种现象即所谓交变电流的集肤效应。

图5-2所示为两根矩形截面的导体通过同向电流和反向电流时的磁场分布情况。由于电源电动势和自

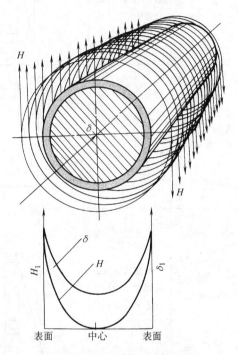

图 5-1　交变电流在导体中的分布情况

感应电动势的相互作用，同向电流系统中最大磁场强度在导体表面的外侧，反向电流系统在导体表面的内侧，这就是邻近效应。

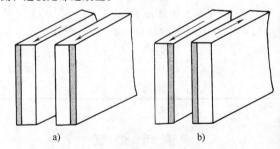

a)　　　　　　　　b)

图 5-2　存在邻近效应时，磁场和电流分布示意图

a) 同向电流　b) 反向电流

利用邻近效应可以选择适当形状的感应器对被处理零件表面的一定部位进行集中加热，使电流集中在与感应器宽度大致相同的区段内。

导体间的距离越小，邻近效应表现得越强烈。

通过感应圈的电流集中在内侧表面的现象称为环状效应（见图 5-3）。环状效应是由于感应圈电流交流磁场的作用使外表面自感应电动势增大的结果。

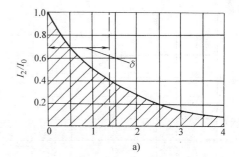

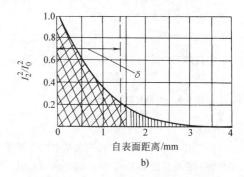

自表面距离/mm

b)

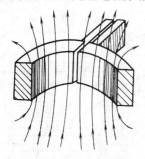

图 5-3　交变电流的环状效应

加热外表面对环状效应是有利的，而加热平面与内孔时，它却会使感应器的电效率显著降低。为提高平面和内孔感应器的效率，常需设置导磁体，以改变磁场强度的分布，迫使电流接近于零件所需加热的表面（见图 5-4）。

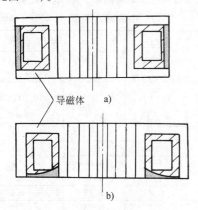

导磁体　a)

b)

图 5-4　加导磁体后电流在感应圈中的分布

a) 内孔加热　b) 平面加热

表面效应、邻近效应、环状效应均随交变电流频率的增加而加剧。此外，邻近效应、环状效应还随导体截面的增大、两导体间距离的减小和圆环曲率的增大而加剧。

由磁场强度分布的基本方程可得出

$$\frac{I_x}{I_0} = e^{-Kx/\sqrt{2}} = e^{-x/\delta_1}$$

式中　I_0——表面涡流强度；

　　　I_x——距离表面 x 处的涡流强度；

　　　K——系数；

　　　δ_1——涡流理论透入深度。

若将上式画成曲线图，其结果如图 5-5a 所示。

从式中得知，$K = \sqrt{2}/\delta_1$；但由磁场强度分布的基

图 5-5　涡流强度由工件表面向纵深的变化

I_0—表面涡流强度　I_2—距表面 x 处的涡流强度

本方程式得知，$K^2 = 8\pi^2\mu f/\rho$，故

$$K = \sqrt{2}/\delta_1 = 2\pi\sqrt{2\mu f/\rho}$$

$$\delta_1 = \frac{1}{2\pi}\sqrt{\rho/\mu f}$$

式中　ρ——材料的电阻率（$\Omega \cdot cm$）；

　　　μ——材料的磁导率；

　　　f——电流的频率（Hz）。

磁场强度分布的基本方程表明，涡流强度随表面距离的变化呈指数规律。涡流高度集中在工件表层中，它随表面距离的增大而急剧下降。在工程应用中，规定 I_x 降至表面涡流 I_0 的 $\frac{1}{e}$（$e = 2.718$）处的深度为"电流透入深度"，并用 δ 表示。如果 ρ 的单位为 $\Omega \cdot cm$，则可用下式求 δ（mm）：

$$\delta = 5.03 \times 10^4 \sqrt{\frac{\rho}{\mu f}}$$

由于涡流产生的热量与涡流强度的平方成正比（$Q = 0.24I_0^2 Rt$），所以从表面向心部的热量的下降比涡流强度下降更快（见图 5-5b）。计算证明，86.5% 的热量是发生在 δ 的薄层中。因此，在工程中可近似认为，涡流只存在于工件表层深度为 δ 的薄层之中，而在 δ 薄层范围以外的心部中没有涡流。上述规定在实际应用中已具有足够的精确度。

钢铁材料的电阻率 ρ 在加热过程中随温度升高不断增加（在 800～900℃ 范围内，各类钢的电阻率基本相

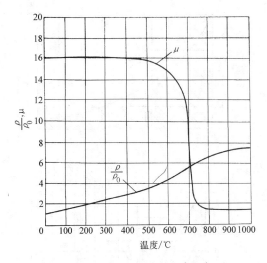

图5-6　45钢相对磁导率和电阻率
随温度的变化

ρ—电阻率　ρ_0—0℃时的电阻率　μ—磁导率

同，约为$10^{-4}\Omega\cdot cm$）；磁导率μ在失磁点以下基本不变（其数值与磁场强度有关），但在达到失磁点时，突然下降为真空的磁导率（$\mu=1$）（见图5-6）。因此，当温度到达失磁点时，涡流的透入深度将显著增大。超过失磁点的涡流透入深度称为"热态的涡流透入深度"。低于失磁点时称为"冷态的涡流透入深度"。热态涡流透入深度比冷态的大许多倍（见图5-7）。

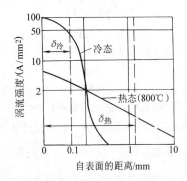

图5-7　钢件感应加热时冷态和
热态的涡流分布曲线

在感应器接通高频电流，工件温度开始升高前的瞬间，涡流强度自工件表面向纵深的变化是按冷态特性分布的（图5-8中曲线1）。当表面出现超过失磁点的薄层时，在和薄层相邻的内部交界处的涡流强度就发生突然变化，工件的加热层被分成两层（图5-8中曲线2、3）。外层的涡流强度显著下降，最大的涡流强度处于这两层的交界处。因而高温表层加热速度降低，交界处升温加速，并迅速向内部推移。

表5-2和表5-3列出了在各种电流频率下纯铜与45钢冷态与热态的涡流透入深度。

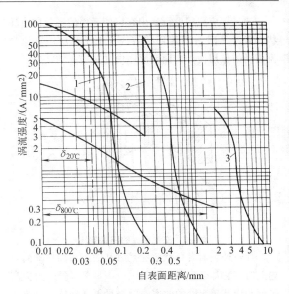

图5-8　钢件加热过程中，由表面向
深处涡流强度的变化

表5-2　不同电流频率下45钢与纯铜的
电流透入深度　（单位：mm）

电流频率/Hz	纯铜 $t=20℃$ $\rho=2\times10^{-6}$ $\Omega\cdot cm$ $\mu=1$	45钢	
		$t=20℃$ $\rho=0.2\times$ $10^{-4}\Omega\cdot cm$ $\mu=1$	$t=850℃$ $\rho=1.2\times$ $10^{-4}\Omega\cdot cm$ $\mu=1$
50	10	4.5	80
1000	2.2	1.0	18
2500	1.4	0.64	11
4000	1.1	0.50	8.7
8000	0.8	0.35	6.2
10000	0.7	0.32	5.5
70000	0.27	0.12	2.1
400000	0.11	0.05	0.9

表5-3　各种频率电流在45钢中的透入深度

电流频率/Hz	电流透入深度/cm	
	冷态（15℃）	热态（800℃）
50	0.5	7.0
500	0.15	2.2
2500	0.067	1.0
10^4	0.034	0.5
10^5	0.011	0.16
10^6	0.0034	0.05

这种靠涡流不断向内部"渗透"的加热方式是感应加热所独有的，在快速加热条件下，即使向零件输入功率较大时，表面层也不会过热。

当失磁的高温层厚度超过热态的涡流透入深度以后，加热层深度的增加主要依靠热传导的方式进行，其加热过程及沿截面的温度分布特性同用外热源加热的基本一样。它比涡流透入式加热的效率低得多。

进行一定深度的表面加热时，应该力求用涡流"透入式加热"。为了做到这一点，应正确选择电流频率，同时所选择的加热速度应能在尽可能短的时间内达到规定的加热深度。

在选择电流频率时，必须遵守下列条件：

（1）对于一定尺寸的工件和感应器来说，所选择的电流频率不应低于某一数值f_1，否则工件只能加热到失磁点左右的温度（见图5-9）。

（2）所选择的电流频率最好高于图5-9中的f_2。当频率为f_2时，感应器效率最佳。当采用f_1与f_2之间的频率时，感应器效率较低。

（3）在所有情况下，应尽可能采用涡流"透入式加热"，而不依靠热传导加热。

为了满足上述条件，f_1、f_2与工件尺寸［d，工件直径（cm）］应有如下关系：

$$f_1 = \frac{5000}{d^2}$$

$$f_2 = \frac{20000}{d^2}$$

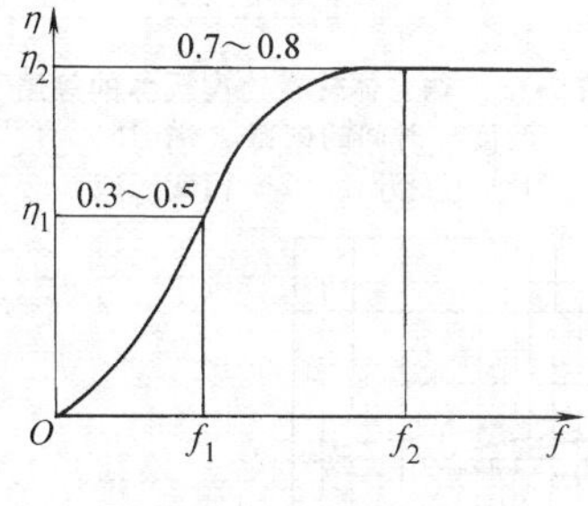

图5-9　感应器效率与电流
频率之间的关系

η—感应器效率　f—电流频率

表5-4是根据上述关系所要求的电流频率与所对应的被加热工件最小直径和合理的淬火深度范围。

表5-4　工件直径、合理的淬火层深度与电流频率的关系

电流频率 /Hz	合理的加热深度 /mm	淬火加热时的最小直径/mm	
		可能的最小直径	希望的最小直径
50	15 ~ 80	100	200
1000	3 ~ 17	22	44
2500	2 ~ 11	14	28
4000	1.5 ~ 9	11	22
8000	1 ~ 6	8	16
10000	0.9 ~ 5.5	7	14
70000	0.3 ~ 2.5	2.7	5.4
400000	0.2 ~ 1	1.1	2.2

5.1.2　钢件感应加热时的相变特点

感应加热属于快速加热。加热速度对相变温度、相变动力学和形成的组织都有很大影响。

在分析示波器记录的钢在感应加热时的温度-时间曲线（见图5-10）时得知，钢铁材料在失去磁性之后，加热速度下降数倍，这是感应加热的特性。

分析感应加热中加热速度对有关相变过程的影响时，应采用失磁后的加热速度，它能客观地反映相变温度区间的加热条件，可称之为相变区间的加热速度。相变区间的加热速度可以由试验确定。

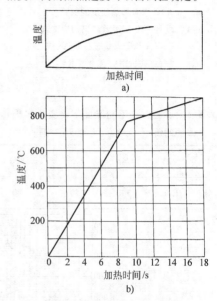

图5-10　铁磁材料的感应加热曲线

a）在某一定条件下记录的加热曲线

b）简化后的加热曲线

5.1.2.1　快速加热对相变温度及相变动力学的影响

1. 加热速度对Ac_1、Ac_3和Ac_{cm}的影响　图5-11所示是纯铁、亚共析钢和T8钢的临界点与加热速度v_H的关系。由图可见，对所有试验材料，其临界点均随加热速度的增大而增高。铁素体—碳化物组织越粗大，临界点上升也越快。在快速加热时，珠光体向奥氏体转变是在图5-12所示的水平台阶以上几十摄氏度的温度范围内完成的。该图表明，加热速度越快，相变进行最激烈的温度和完成相变的温度越高。但亚共析钢中的自由铁素体向奥氏体转变的上限温度不会超过910℃，因为此时$\alpha\text{-}Fe$可以在无碳的条件下转变为γ相。

2. 加热速度对相变动力学的影响　在一般等温

加热的条件下，珠光体向奥氏体转变的速度随等温温度的提高而加快（见表 5-5、图 5-13）。

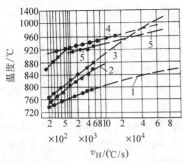

图 5-11　纯铁、亚共析钢和 T8 钢的临界点与加热速度的关系
1、2、3—T8 钢原始组织相应为淬火、正火和退火状态　4—纯铁
5—亚共析钢的自由铁素体

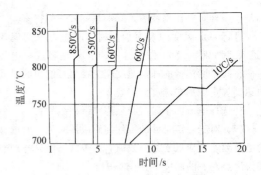

图 5-12　w(C) 为 0.85% 的钢在各种加热速度下的加热曲线

表 5-5　珠光体在不同温度下转变为奥氏体的时间〔w(C) 为 0.86% 钢〕

温度/℃	725	745	775	800
时间/s	1200	340	150	20

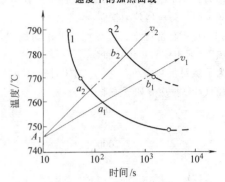

图 5-13　珠光体转变为奥氏体的等温温度与时间的关系（GCr15）
1—相变开始　2—相变完成

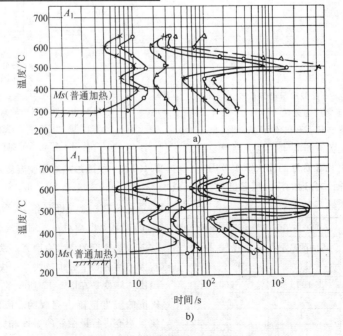

a)

b)

图 5-14　40Cr 和 40CrNi 钢过冷奥氏体等温转变图与加热速度的关系
a) 40Cr　b) 40CrNi
×—感应加热，加热速度为 225℃/s　○—感应加热，加热速度为 120℃/s　△—炉中加热
注：奥氏体化温度为 950℃。

在连续加热的条件下，珠光体向奥氏体转变的动力学也可用图 5-13 来说明。由 A_1 点出发的不同仰角的射线表示相变区的各种加热速度。它们分别与曲线 1（相变开始）和曲线 2（相变结束）相交于 a_1、a_2……和 b_1、b_2……显然，加热速度越大（$v_2 > v_1$），进行相变的温度越高，而所需要的时间越短。

40Cr 和 40CrNi 钢过冷奥氏体等温转变图与加热速度的关系如图 5-14 所示。由图可见，在加热温度相同的条件下，加热速度越高，奥氏体的稳定性越差。此乃由于加热速度越高，加热时间越短，形成的奥氏体晶粒越细小，且成分越不均匀。提高加热温度，奥氏体的稳定性将增加。

5.1.2.2　快速加热对相变后的组织与性能的影响

1. 加热速度对奥氏体晶粒大小的影响　实践证明，对具有均匀分布的铁素体和渗碳体组织的钢进行快速加热时，当加热速度由 0.02℃/s 增高到 100~1000℃/s 时，初始奥氏体晶粒度由 8~9 级细化达到 13~15 级。加热速度为 10℃/s 左右时，初始奥氏体晶粒度为 11~12 级。要得到 14~15 级的超细化晶粒必须采用 100~1000℃/s 的加热速度（见表 5-6）。

应该指出，对含有自由铁素体的亚共析钢，当加热速度很大时，为了全部完成奥氏体转变，必须加热到较高的温度。因而会导致奥氏体晶粒的显著长大。

表 5-6　各种钢在连续加热时转变终了温度（℃）与初始奥氏体晶粒面积（S）的关系

钢号	加热速度/(℃/s)	原始组织										
		正火			退火			淬火			调质（淬火+650℃回火）		
		t/℃	S/μm²	晶粒等级	t/℃	S/μm²	晶粒等级	t/℃	S/μm²	晶粒等级	t/℃	S/μm²	晶粒等级
20	0.02	870	600	7~8	—			870	900	7	—		
	20	960	200	9~10	—			870	150	9~10	870	150	9~10
	100	1020	250	9	—			870	120		880	100	10
	1000	1150	700	7~8	—			870	50	11~12	880	40	11~12
40	0.02	800	300	8~9	—			—			800	300	8~9
	10	840	50	11~12	850	110	10	800	30	12	800	30	12
	100	870	50	11~12	—			800	12	13~14	810	12	13~14
	1000	950	40	11~12	1050	250	9	800	6	14~15	820	6	14~15
45	10	830	30	12	—			790	30	12	800	30	12
	1000	950	25	12~13	—			800	6	14~15	820	6	14~15
55DTi	10	830	30	12	—			790	25	12~13	800	25	12
	1000	930	25	12~13	—			800	6	14~15	820	5	14~15
40CrNiSi	10							800	12	13~14			
	1000							850		14~15			
	10							950	30	12	950	30	12
	1000							1050	5	14~15	1000	5	14~15
T8	0.02	735	280	8~9	—			—			740	300	8~9
	10	760	25	12~13	780	50	11~12	765	20	12~13	770	22	12~13
	100	775	7	14~15	800	10	13~14	775	7	14~15	785	7	14~15
	1000	780	4	15	820	8	14	780	4	15	800	5	14~15
T10	10	—			780	30	12	770	20	12~13	—		
	1000				830	9	14	780	4	15			

在生产中采用大于 3~10℃/s 的加热速度，可得到 11~12 级的奥氏体晶粒。如果要得到 14~15 级的超细晶粒，必须预先进行淬火或调质以消除自由铁素体，并采用高达 100~1000℃/s 的加热速度。

2. 加热速度对淬火钢组织的影响　在快速加热的条件下，珠光体中的铁素体全部转变为奥氏体后，仍会残留部分碳化物。即使这些碳化物全部溶解，奥氏体也不一定会完全均匀化。淬火后将得到碳含量不等的马氏体。提高加热温度可以减轻或消除这种现象，但温度过高又将导致奥氏体晶粒粗大。

对于低碳钢，即使加热到 910℃以上，在快速加热的条件下仍难于完成奥氏体的均匀化，有时甚至会在淬火钢中出现铁素体。

当材料和原始组织一定时，加热温度应根据加热速度选定。

3. 加热速度对表面淬火件硬度的影响　感应加热表面淬火时，在一定的加热速度下可在某一相应的温度下获得最高的硬度（见图 5-15）。提高加热速度，这一温度向高温推移（见图 5-16）。

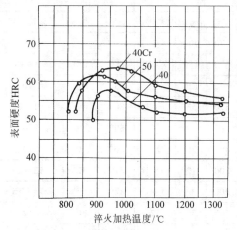

图 5-15　表面硬度与加热温度的关系

注：加热速度为 380~400℃/s。

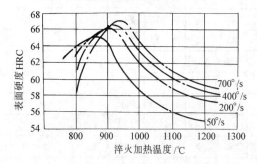

**图 5-16　在不同加热速度下的表面
硬度与淬火温度的关系**

对相同的材料，经感应加热表面淬火（喷射冷却）后，其硬度比普通加热淬火的高 2~6HRC（见图 5-17）。这种现象被称为"超硬度"。

4. 表面淬火件的耐磨性　工作时发生磨损的钢制零件，其磨损量在很大程度上取决于硬度。对同样

的材料，采用高频感应淬火时耐磨性比普通淬火高得多（见图 5-18）。

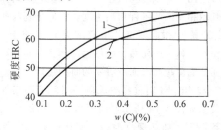

**图 5-17　碳钢表面淬火时出现的
"超硬度"现象**

1—感应淬火　2—普通炉中加热淬火

5. 抗疲劳性能　在采用正确的表面淬火工艺和获得合理的硬化层分布时，可以显著提高工件的抗疲劳性能。

如果工件表面有缺口，采用表面淬火可以减轻缺口对疲劳性能的有害作用（见表 5-7）。

表面淬火能提高钢疲劳强度的原因除表面层本身强度增高外，还与在表面形成很大的残余压应力有关。表面残余压应力越大，钢制工件的抗疲劳性能越高。淬硬层过深会降低表面残余压应力，只有选择最佳的淬硬层深度才能获得最高的疲劳性能（见图 5-19）。

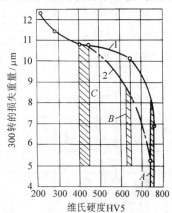

图 5-18　淬火的 45 钢的平均磨损

1—炉中加热淬火　2—感应淬火

A—淬火，没有回火　B—淬火和在 200℃
下回火　C—淬火和在 400℃下回火

**表 5-7　高频感应淬火对 40CrNiMo 钢
疲劳性能的影响**

试样形式	疲劳强度/MPa	
	调质处理试样	高频感应淬火试样
光滑试样	441~470.4	617.4
缺口试样	137.2	588

注：缺口深度 0.4mm，锥度 60°，圆角半径 0.2mm。

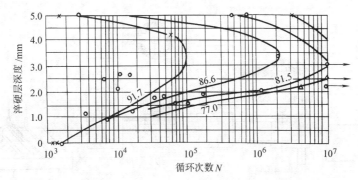

图 5-19　$w(C)$ 为 0.74% 钢在各种表面淬硬层深度时的疲劳断裂次数

注：试样直径 10mm，曲线上数字为在试棒表面所作用的交变应力 MPa。

若硬化区分布不合理，例如过渡层在工作长度内露出表面，此处就往往成为疲劳破断的起源，其结果将使疲劳寿命比不经表面淬火的工件还要低。

5.1.2.3 原始组织对快速加热相变的影响

钢的原始组织不仅对相变速度起着决定性的作用，而且还会显著地影响淬火后的组织和性能。原始组织越细，两相接触面积越大，奥氏体形核位置越多，碳原子扩散路程越短，越会加速相变。原始组织中的组成相形貌也有很大影响。片状珠光体较粒状珠光体易于完成上述组织转变。对组织和性能要求严格的零件，采用感应淬火时，事先应对钢材施行预备热处理。结构钢的预备热处理多为调质。

5.1.3　感应器

感应器是感应加热的主要工装，选择感应器的原则是保证工件表面加热层温度均匀、电效率高、容易制造、安装操作方便。常用感应器几何形状与零件表面加热部位的对应关系如图 5-20 所示。

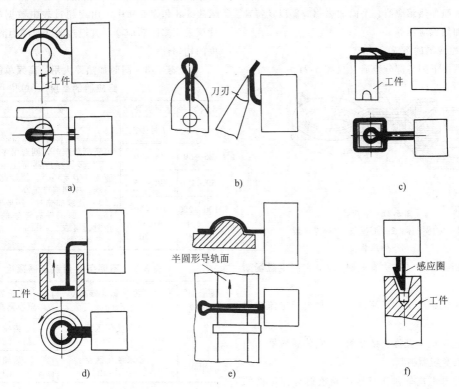

图 5-20　常用感应器几何形状与工件硬化部位的对应关系[6]

a）万向节球接头表面淬火　b）刀刃表面淬火　c）锻锤锤头表面淬火　d）内孔表面淬火

e）圆弧面导轨表面淬火　f）锥孔内表面淬火

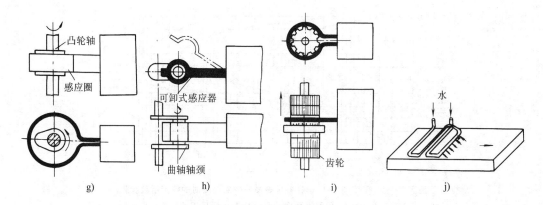

图 5-20　常用感应器几何形状与工件硬化部位的对应关系[6]（续）
g) 凸轮表面淬火　h) 曲轴轴颈表面淬火　i) 小模数齿轮表面淬火　j) 平面表面加热淬火

5.1.3.1　感应器的分类

（1）按电源频率可分为超声频和高频（20～1000kHz）、中频（1～10kHz）、工频（50Hz）感应器等三大类。

（2）按加热方法分为同时加热和连续加热感应器等两大类。

（3）按感应器形状可分为圆柱外表面加热感应器、内孔表面加热感应器、平面加热感应器以及特殊形状表面加热感应器等。

5.1.3.2　感应器的组成

感应器由下列各部分组成（见图5-21）：

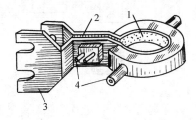

图 5-21　感应器
1—施感导体　2—汇流条　3—连接板
4—供水装置

（1）施感导体（或称有效圈），由它产生磁场来加热零件。

（2）汇流条（又称汇流排），它将电源电流输向施感导体。

（3）连接板（又称连接结构），它将感应器的汇流条与淬火变压器夹紧。

（4）冷却汇流条和施感导体或喷射冷却零件的冷却装置（即供水装置）。

（5）大型的工频感应器还要加电绝缘材料层。

在某些情况下，感应器还装有导磁体、磁屏蔽、喷水圈和定位装置以及防止感应器变形的加固装置。

5.1.3.3　中频和高频感应器的设计

1. 施感导体　通常用纯铜制造，其几何形状根据工件形状、尺寸、技术要求和选定的加热方式来确定。

同时加热淬火用的高频单匝感应器（线圈）高度不宜过高，否则会造成加热不均匀，其常用数据列入表5-8和表5-9中。出现超过表中数据的情况时，建议采用多匝感应器，并通过改变匝间距离来调整温度的均匀性。

表 5-8　同时加热淬火用的高频单匝感应器的高度　（单位：mm）

工件直径	感应器高度	备　　注
≤25	$h \le D/2$	1）若工件淬火部位必须超过表内所列数据时，则选用多匝感应器 2）多匝感应器高度与直径的比应为 $h/D = 3 \sim 5$。超过此值，温度不均，中间温度偏高 3）连续加热时，一般取 $h = 10 \sim 15$mm，如工件有淬硬的台阶、圆角时，可取 $5 \sim 8$mm
25～50	14～20	
50～100	20～25	
100～200	25～30	
>200	<30	

表 5-9　不同条件用感应器高度

感应加热电源	轴类零件感应器高度/mm	齿轮类零件感应器高度/mm
高频	要求硬化区宽 +（3～6）	齿轮宽度 -（2～4）
中频	要求硬化区宽 +（8～12）	齿轮宽度 -（3～6）

中频同时加热淬火用的单匝感应器的高度可等于或稍大于工件上淬火区的长度，但通常不大于150mm。

中频连续加热淬火用的单匝感应器在实际生产中

有效圈的高度常用 14～30mm。当圆柱工件直径小于 50mm 时，间隙取 2～4mm；当圆柱工件直径在 50～150mm 范围时，间隙取 3～5mm。

曲轴采用旋转淬火时，由于半环形感应器上装有定位块，间隙值更小，通常取 15% 零件直径。

感应器与工件的间隙越小，电效率越高。加热内孔和平面时，因热效率低，应尽可能地采用较小的间隙。为了使形状复杂的工件均匀加热，可选用较大的间隙（见表 5-10）。

表 5-10　感应器和工件的间隙

（单位：mm）

工件或淬火部位		加热方法	高频	中频
简单圆柱外表面		同时	1.5～3（≤5）	2～5
简单圆柱外表面		连续	2～4	2～5
齿轮	模数 1.0～2.5mm	全齿同时	2.0～2.5	
	模数 3.0～3.5mm		2.5～3.5	
	模数 4.0～4.5mm		3.0～4.5	
	模数 5.0～6.0mm		4.0～5.5	
	模数 7.0～8.0mm			4.5～5.5
内孔		同时	0.5～2	
		连续	1～2	2～3
平面			0.5～1.5	1～3

感应圈的有效截面尺寸需按电流密度及自身的机械强度要求而定。加热时不通水的感应圈应具有足够的热容量以避免温升过高，因而要求使用厚度较大的铜材。感应圈的出水温度应低于 60℃；当有效截面尺寸较小时，为保证有效圈充分冷却，可采用高压水，例如曲轴半环形感应圈用 0.6MPa 的高压水来冷却，此时其有效圈的载流密度许用值可达 1200A/cm²。

制造感应圈时所用纯铜料的厚度见表 5-11。

表 5-11　制造感应圈时所用纯铜料的厚度

（单位：mm）

感应圈工作时的条件	不同频率时感应圈所用纯铜料厚度		
	200～300kHz	8000Hz	2500Hz
短时加热不通水冷却	1.5～2.5	8～12	12～16
加热时通水冷却	0.5～1.5	1.0～2.0	2.0～3.0

自喷式感应器喷孔直径的数据列于表 5-12，其相互间的距离见图 5-22。对壁厚大于 6mm 的纯铜，可用阶梯法钻孔。连续加热自喷式感应器的喷孔间距与排列见表 5-13。

表 5-12　自喷式感应器喷孔直径

（单位：mm）

冷却剂	高频/200～300kHz	中频/2.5 及 8kHz
水	0.8～1.2	1.0～1.8
聚乙烯醇水溶液	1.0～1.5	1.5～2.0
乳化液	1.0～1.2	1.5～2.0
油	1.2～1.5（通常用附加喷头）	1.5～2.5（通常用附加喷头）

2. 汇流条与连接板　为减小汇流条的感抗和电阻，应尽量减小其长度和间距。汇流条的间距一般为 1～3mm。为减少加热深孔时的能量损失和提高加热速度，最好采用同心式汇流条（见图 5-23）。中频感应器汇流条和连接板可做成一体，高频感应器的汇流条与连接板可做成一体，也可做成拆卸式的。

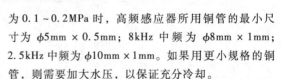

图 5-22　高中频感应器喷水孔的尺寸及排列方式

表 5-13　连续加热自喷式感应器喷孔分布

频率	喷孔间距 /mm	喷孔轴线与工件轴线夹角	备　注
高频/200～300kHz	1.5～3.5	25°～45°	通常为 1 列孔
中频/2.5～8kHz	2.0～4.0	25°～45°	1～4 列孔

3. 感应器的供水　感应器通过较大的高（中）频电流所引起的发热量，必须用冷却水带走。在水压为 0.1～0.2MPa 时，高频感应器所用铜管的最小尺寸为 ϕ5mm×0.5mm；8kHz 中频为 ϕ8mm×1mm；2.5kHz 中频为 ϕ10mm×1mm。如果用更小规格的铜管，则需要加大水压，以保证充分冷却。

采用方形或圆形截面纯铜管弯制成的感应器时，只需往内通水就可以达到既冷却感应器，又供淬火冷却用水的目的。铜管的内径很小时，可用增加出水口数量的方法来提高水的流量。

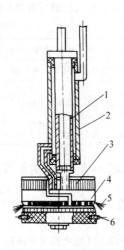

图 5-23　双管同心式汇流条内孔
连续加热淬火感应器
1—内导电管（汇流条）　2—外导电管（汇流条）　3—导
磁体　4—感应圈　5—淬火冷却水　6—黄铜挡销

采用铜板弯制或铜料车制感应圈时，可在感应圈外附加供水装置（由水套、水斗和进水管组成）。进水管和水斗数目的多少同零件直径与淬火区段的长度有关，可参考表 5-14 选用。

4. 导磁体　导磁体的作用是减少磁力线的逸散和提高感应器的效率。它是平面与内孔感应加热中不可缺少的附件。此外，它还进一步强化外表面的加热和局部加热，改善复杂形状工件加热区磁场分布，以获得均匀的温度分布。图 5-24 所示为内孔感应器及平面感应器装上 Ⅱ 形导磁体的驱流作用示意图。

导磁体是用具有磁导率较大的材料制作的，为了避免额外的功率损耗，所用材料厚度必须小于电流透入深度。导磁体的厚度可用下式计算：

$$\delta = \frac{10 \sim 30}{\sqrt{f}}$$

式中　δ——硅钢片厚度（mm）；
　　　f——电流频率（Hz）。

表 5-14　感应器的水斗和进水管数目选用表

零件直径/mm	淬火区长度/mm	水斗与进水管	示　意　图
15 ~ 45	15 ~ 30	在水套上直接焊两个进水管接头（无水斗）	
	30 ~ 60	两个水斗，两个进水管	
	40 ~ 120	两个水斗，四个进水管	
45 ~ 80	25 ~ 50	三个水斗，三个进水管	
	50 ~ 120	三个水斗，六个进水管	
>150	30 ~ 50	四个水斗，四个进水管	

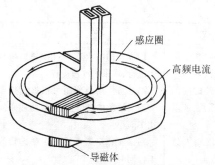

图 5-24　Ⅱ形导磁体的驱流作用

电子管式高频设备不能用硅钢片，只能用铁氧体（铁淦氧）。常用的导磁体种类和规格见表 5-15。

表 5-15　常用导磁体的种类和规格

电流频率 /kHz	导磁体 种类	规格	备注
2.5	硅钢片	每片厚度 0.2~0.5mm	硅钢片经磷化处理，以保证片间的电绝缘
8	硅钢片	每片厚度 0.1~0.3mm	
200~300	铁氧体		

形状特别复杂的感应器可用磷酸把导磁体粉末调成糊状直接粘结在感应器上。

5. 屏蔽　为限制漏磁场的作用范围，防止距离较近的工件相邻部分被加热，可在感应器上设置屏蔽。屏蔽有两种方法（见图 5-25）。铜环的厚度，高频为 1mm；中频为 3~8mm。利用钢环屏蔽时，应在钢片上开许多槽（槽宽 1.5mm，深 12mm；按 15°等分）。以割断涡流的路程，使钢片不致加热。有时这两种屏蔽方法可以同时采用，以提高屏蔽效果。

5.1.3.4　常用高中频感应器举例（详见表 5-16）

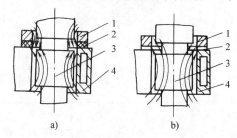

图 5-25　铜环及钢环磁屏的工作原理

a）铜环屏蔽　b）钢环屏蔽

1—绝缘体　2—环　3—轴　4—感应器

表 5-16　常用感应器的结构与实际应用举例

示例	结构图	用途	设计参数	备注
例1 高频外表面同时加热感应器		齿轮、圆盘等淬火加热，亦可用于节圆锥角小于 20°的锥齿轮的淬火加热	1）感应圈内壁与零件间隙 a，对于简单圆柱体 $a=1~3mm$（在特殊情况下可增大至 5mm）对于齿轮：不同的模数 m 参照以下数据选取： m/mm　　a/mm 1.5~2　　1.5~2 3~3.5　　2.5~3 4~4.5　　3~3.5 5~6　　4~5 2）感应圈的高度 h_i 视零件端面倒角情况而定：对于无倒角的零件，h_i 通常比零件高度低 10%~20%；对于有倒角的零件，h_i 可等于或稍高于零件高度感应圈的最大高度 h_{im} 与零件直径 d 有关，通常不超过以下数值： d/mm　　h_{im}/mm 14　　14 50　　20 100　　25 100~400　　25~30 3）感应圈的宽度 b_i 对于用纯铜管弯制的感应圈（第一例）b_i 的选择以保证冷却水流量为准；对于用纯铜板弯制的感应圈 b_i 一般选用 1~2mm	1）零件的淬火冷却可在辅加喷水圈中进行，或采用浸液冷却 2）在单件或小批量生产时，可用这类感应器加热较高的齿轮等零件，在加热过程中零件反复上下移动，获得均匀加热 3）用于加热节圆锥角小于 20°的锥齿轮时，大端间隙一般为 3mm 左右 4）在加热多联齿轮的小轮时，为防止大轮端面被加热，可把感应器的截面设计成三角形，如附图所示
例2 高频外表面同时加热感应器		齿轮、圆盘、短柱等淬火加热，亦可用于节圆锥角小于 20°的锥齿轮的淬火加热		1）同上 1） 2）同上 2） 3）同上 3） 4）当零件加热所需感应圈的高度大于 h_{im} 时应采用多匝感应器

（续）

示例	结　构　图	用途	设　计　参　数	备　　注
例3 高频外表面同时加热感应器		齿轮、短轴等淬火加热	1）为使零件轴向温度均匀,三匝以上感应器、轴向中间部位感应圈与零件的间隙可适当增大,使感应圈呈鼓形 2）感应圈的总长度 L_i 与感应圈高度 h_i 之比 $\dfrac{L_i}{h_i} > 5 \sim 10$ 时,感应器效率较高,可参照此关系,设计感应圈匝数 n 和 h_i h_i 一般不大于10mm;n 一般不大于5	1）零件的淬火冷却可在辅加喷水圈中进行,或采用浸液冷却 2）感应圈的匝间距可根据加热温度的均匀情况加以调整,一般两端匝间距比中间小 3）多匝感应器可用于多联齿轮的多工位同时加热 双联齿轮两联直径相同时,一般采用并联供电;直径不同时一般采用串联供电
例4 高频外表面同时加热感应器		飞轮齿圈、齿轮等淬火	1）感应圈内壁与零件的间隙 a 及高度 h_i 参照第一、二例的设计参数选取 2）感应圈的纯铜板厚度的选择参照表5-11 3）喷水孔的大小与分布参照表5-12、表5-13	
例5 高频外表面同时加热感应器		锥齿轮等淬火加热	1）感应圈的锥角 θ_i 依齿轮节圆锥角 $\theta_节$ 大小设计: 　　$\theta_节$　　　　θ_i 　30°～90°　　$\theta_i = \theta_节$ 　90°～130°　$\theta_i = \theta_根$ （$\theta_根$ 为齿轮的根圆锥角） 2）感应圈内壁与零件的大端间隙 $a_大$ 依齿轮模数 m 的大小设计: 　m/mm　　　$a_大$/mm 　　<3　　　1.5～2 　3～5　　　2～3	1）零件的淬火冷却可在辅加喷水圈中进行,或采用浸液冷却 2）当齿高较低时感应圈也可用矩形截面铜管制造 3）锥齿轮亦可用单匝圆柱形感应器。此时,需将感应圈倾斜一定角度,对旋转着的斜齿轮进行加热,然后使齿轮落入喷水圈中冷却,或浸液冷却
例6 高频外表面同时加热感应器		锥齿轮等淬火加热	1）感应器锥角 θ_i 与大端间隙 $a_大$ 同表中的例5 2）感应圈数 n 和高度 h_i 可参照表中的例3	1）零件的淬火冷却可在辅加喷水圈中进行或采用浸液冷却 2）感应圈的匝间距可根据加热温度的均匀情况加以调整,一般两端匝间距比中间小

（续）

示例	结　构　图	用途	设　计　参　数	备　　注
例 7 高频外表面同时加热感应器	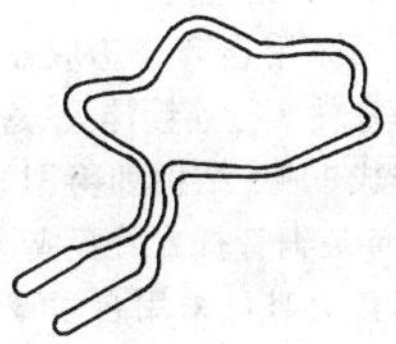	锥齿轮等淬火加热	感应圈波数可根据齿轮直径大小选取,一般为 3 ~ 5 个	1)可在感应圈外设置喷水圈喷冷,亦可将零件离开感应圈后在喷水圈中喷冷或浸液冷却 2)加热时零件必须旋转
例 8 高频外表面同时淬火感应器	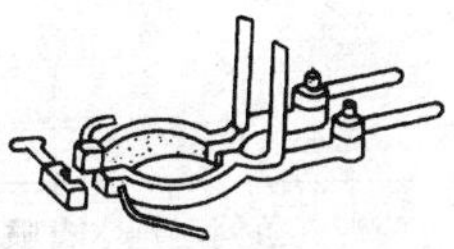	凸轮轴等淬火	1)感应圈与凸轮仿形,但各处间隙不同:凸轮尖部间隙为 4 ~ 10mm,其他部间隙为 2 ~ 3mm 2)感应圈高度一般不超过 30mm	1)凸轮尖端处可另加喷水头加强冷却 2)淬硬层深度可达 2mm 以上 3)感应圈亦可用铜板弯制,加热时不通水,而后在附加喷水圈中冷却淬火。这种感应器制造方便 4)当凸轮高度较大时,亦可采用连续加热自喷式感应器(一般感应器高度 $h_i = 5 ~ 8mm$),通常达到的淬硬层深度为 0.8 ~ 1.5mm 5)凸轮淬火一般采用中频同时加热质量较好
例 9 高频外表面同时加热感应器	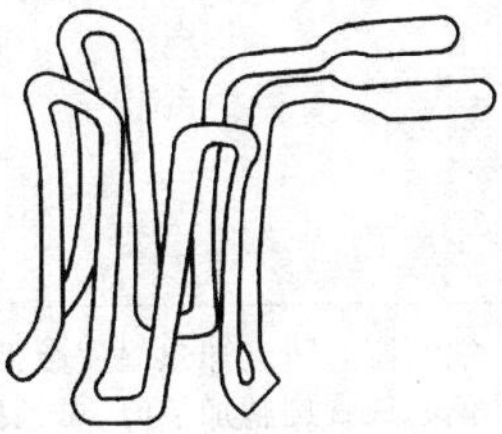	蜗杆等淬火加热	感应圈波数一般为 3 ~ 5 个;为防止蜗杆端面过热,感应圈波峰、波谷均应向外翘出;感应圈与零件间隙 = 3 ~ 5mm	1)可在感应圈外直接加喷水圈冷却或离开感应圈后在喷水圈中冷却 2)加热时零件必须旋转 3)蜗杆淬火加热感应器亦可用方铜管制成如下图所示的感应圈,这种感应器两相邻导线电流方向相同,加热效果较好,但制造较前者困难,而且不宜加热较大蜗杆 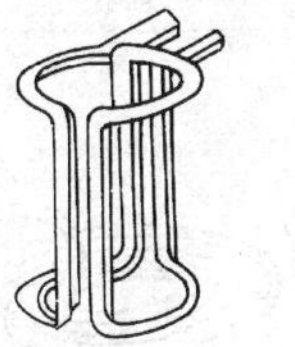
例 10 高频外表面连续淬火感应器	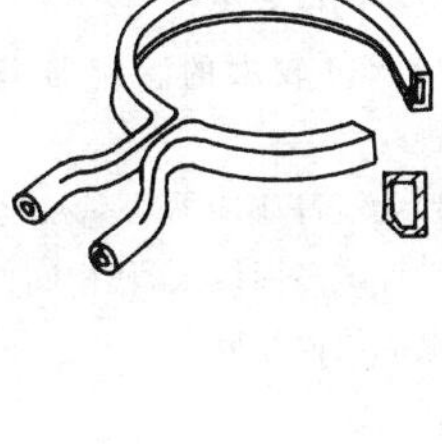	轴类(包括花键轴)等淬火	1)感应圈内壁与零件的间隙 a 可取 1.5 ~ 3.5mm 2)感应圈的高度 h_i 一般为 10 ~ 15mm。如零件有台肩,过渡处圆角需淬火时 h_i 可减少至 5 ~ 10mm 3)感应圈的宽度的选择要保证足够的水流量,通常比同时加热感应器大 4)喷孔的尺寸、分布和喷水角见表 5-12、表 5-13	1)为增加加热深度及在 $\frac{L_i}{h_i}$ 小于 5 时,为提高感应器效率,可把感应圈制成双圈 2)双圈感应器的匝间距应根据零件直径大小而定,一般为 4 ~ 8mm 3)在冷却不足时可辅加喷水圈

（续）

示例	结　构　图	用途	设　计　参　数	备　　注
例11 高频外表面连续淬火感应器		钳口铁及其他方截面零件的淬火	1）对钳口铁淬火，为减少淬火变形，非淬硬面也应同时加热，但感应圈与钳口铁各面的间隙 a、感应圈的喷水孔间距 $l_孔$ 和喷水角 α 应不同： 　钳口面　$a=1\sim2mm$ 　　　　　$l_孔=2mm$ 　　　　　$\alpha=45°$ 　其他侧面　$a=4\sim8mm$ 　　　　　$l_孔=3\sim3.5mm$ 　　　　　$\alpha=55°$ 2）对一般方截面零件取 $a=1\sim3mm$	1）方截面零件淬火感应器必要时也可制成双匝和多匝 2）可采用连环式感应器对方锉等扁方形零件实行连续淬火，这类感应器一般制成三匝（结构如附图），常用 $\phi4\sim\phi5mm$ 纯铜管打方后弯成 3）淬火时可采用自喷或在辅加喷水圈中喷冷
例12 高频外表面连续淬火感应器		曲轴零件的淬火	1）感应圈内壁与零件间隙 a 可取 $1\sim3mm$ 2）感应圈的高度 h_i 一般为 $5\sim8mm$ 3）感应圈的宽度 b_i 要保证足够的流水量，通常比一般连续淬火感应圈更宽一些；为防止曲轴扇板面被加热，铜管截面如例图所示 	1）两汇流条同时进水自喷冷却 2）淬火时离合夹头必须夹紧
例13 高频平面同时加热感应器		圆端平面，锥角很大的锥齿轮等淬火加热	感应器螺旋圈数可根据零件加热面大小而定，一般为 $2\sim5$ 圈；螺旋线间距通常为 $3\sim6mm$	端面圆心附近加热温度较低，但当零件偏心放置旋转加热时，可消除圆心附近的低温区 在感应圈上放置导磁体，可以提高感应器的电效率 零件可用辅加喷水头冷却或浸液冷却
例14 高频平面连续加热感应器		加热面较长的平面淬火	1）两回线间距通常不小于感应圈与零件间隙的4倍；为避免尖角过热，感应圈的有效长度应小于被加热平面的宽度（每边 $3\sim4mm$） 2）感应圈铜管截面的高度 h_i 应尽量减小（一般为 $3\sim6mm$），宽度 b_i 应适当增大（一般为 $6\sim12mm$） 3）喷水孔的尺寸和分布参照表5-12和表5-13设计	1）在感应圈上放置导磁体可以提高感应器的电效率 2）尺寸较大的感应器需附加强固装置 3）为提高感应器功率和效率，感应圈可设计成多回线式，使中间两相邻的导线电流流向相同

（续）

示例	结　构　图	用途	设　计　参　数	备　　　注
例15 高频内孔同时加热感应器		孔的深度较浅的内孔及内齿加热	感应器外壁与零件的间隙 $a = 1 \sim 3mm$（对简单圆柱体内表面应尽可能采用较小的间隙）	1）零件可在辅加喷水圈中喷冷或浸液冷却 2）当孔深小于15mm时，可用铜管直接弯制感应圈 3）直径较小的感应器通常都应加装导磁体
例16 高频内孔同时加热感应器		较深内孔的淬火加热	感应圈一般用2～5匝，匝间距可取2～4mm 感应圈外壁与零件间隙 $a = 1 \sim 2mm$	1）零件在辅加喷水圈中冷却或浸液冷却 2）这种多匝感应器一般用于较小直径内孔的加热（直径 $\phi20 \sim \phi40mm$） 3）当加热很小的内孔时可采用回线式感应器（见附图），加热时零件必须旋转 导磁体
例17 高频内孔连续淬火感应器	 导磁体	大深度内孔、内齿、内花键等淬火	1）感应圈外壁与零件的间隙 $a = 1 \sim 2mm$ 2）感应圈的高度 $h_i = 6 \sim 12mm$ 3）感应圈的宽度 $b_i = 4 \sim 8mm$ 4）喷水孔径大小与排列参见表5-12、表5-13设计	1）这种感应器一般用于加热直径大于 $\phi50mm$ 的内孔 2）当内孔深度很大时，为减少汇流条感抗，可采用同心汇流条（参见附图） 3）为增加加热深度，提高感应器电效率，这种感应器可制成双圈的 绝缘挡 同心汇流条 导磁体 感应圈 淬火冷却水 黄铜挡销
例18 高频特殊感应器		模数 $m > 15mm$ 的大模数齿轮淬火加热	感应圈内壁和齿面间隙： 节圆部位间隙 1.5～2.5mm 节圆以上部位间隙：2.5～4mm 齿端面间隙：大于10mm	1）为避免邻齿被加热，用料管径应合理选择，不易过大，否则邻齿需带铜帽屏蔽 2）辅加喷水头冷却 3）齿根不能得到淬硬

（续）

示例	结　构　图	用途	设　计　参　数	备　　注
例19 高频特殊感应器	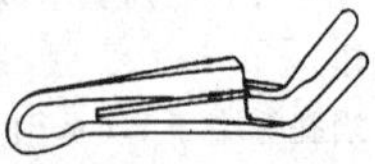	大模数锥齿轮淬火加热	感应圈铜板与齿形仿形，铜板长度每边比齿宽短2～3mm 节圆处间隙为1～2mm	1）零件可用辅加喷头冷却 2）齿根不能得到淬硬
例20 高频特殊感应器	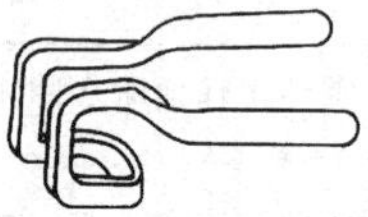	模数$m=5～14mm$的齿轮淬火	1）感应圈内壁与齿面间隙： 节圆以上部位为3～5mm； 靠近齿根部位为1～2mm 2）感应圈与齿底间隙为1～2mm 3）感应圈与齿顶面间隙为8～25mm	齿根不能得到淬硬
例21 高频特殊感应器	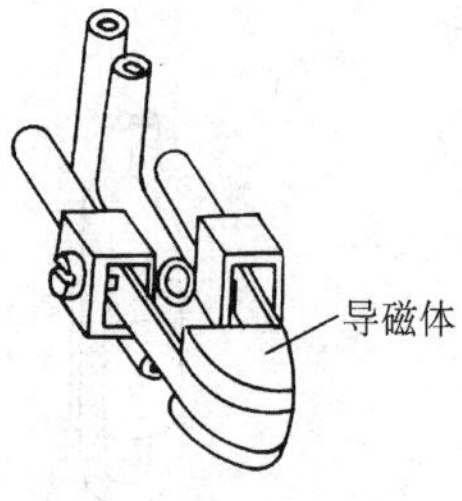 导磁体	模数$m=6～14mm$的齿轮的淬火	1）感应圈与齿沟轮廓仿形，与齿面的间隙一般为1mm，与齿根间隙可小于1mm 2）感应圈高度$h_i=6～8mm$ 3）导磁体高度为10～12mm	加热时冷却水管喷冷导磁体，汇流条方管出水口喷冷齿间及相邻两齿侧，在加热淬火过程中感应圈与零件间始终为流水所充满 采用这种感应器亦可将零件埋入水中进行水下加热，此时仍需喷水
例22 高频特殊感应器	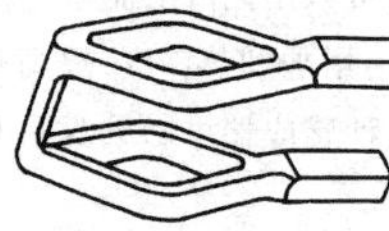	模数$m=5～12mm$的齿轮淬火	1）三角形的角度根据齿形设计 2）感应圈与齿面的间隙为2～3mm；与齿根的间隙为0.5～1mm 3）两三角形间的竖直导线截面形状为圆形或半圆形，长度为8～20mm（包括三角形部分高度）	1）淬火冷却除自喷外，还可采用喷冷相邻两侧面或同时采用这两种冷却方法 2）这种感应器亦可制成单三角形式的（如下图） 3）双三角形感应器常用于大模数齿轮埋油淬火 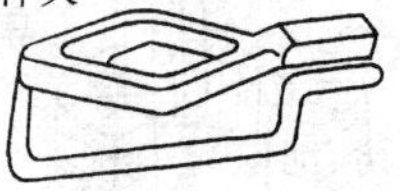
例23 中频外表面同时加热感应器		齿轮圆盘等淬火加热，亦可用于节圆锥角小于20°的锥齿轮的淬火加热	1）感应圈内壁与零件间隙a一般为2～5mm 2）感应圈的高度h_i等于或稍大于零件高度；一般小于150mm 3）感应圈宽度b_i一般为3～4mm 4）感应圈靠焊在外侧的半圆管通水自冷，当感应圈高度超过70mm时，应焊接两条自冷半圆管 5）两冷却水管分别与两对并联的汇流条连接，这种供电能增加感应器两端的电流密度	1）工件的淬火冷却可在辅加喷水圈中进行，或采用浸液冷却 2）$h_i 65mm$以下的感应器一般用单条冷却水管，当工件带有台肩，并过渡圆角要求淬火时，应使冷却水管焊接在靠近台肩一侧 3）用于加热节圆锥角小于20°的锥齿轮时大端间隙一般为4～5mm 4）当零件高度小于25mm时，这类感应器可直接用方截面纯铜管弯制；在单件或小批量生产时，可用它加热较高的齿轮等零件，在加热过程中反复使感应器和零件相对上下移动，获得均匀加热

（续）

示例	结 构 图	用途	设 计 参 数	备 注
例 24 中频外表面同时加热感应器	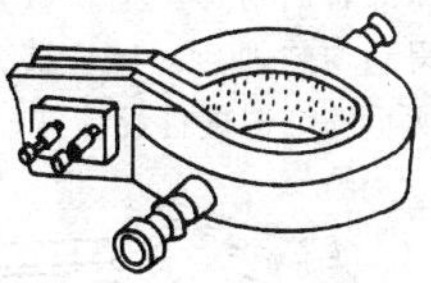	齿轮、圆盘、短柱、凸轮轴等淬火	1）感应圈内壁与零件的间隙 a：加热圆柱体（及齿轮）时：$a=2\sim5$mm；加热凸轮（凸尖处）：$a=2.5\sim4$mm 2）感应圈高度 h_i：加热圆柱体（及齿轮）时：h_i 等于或稍大于零件的高度；加热凸轮时，h_i 比凸轮高度大 $3\sim6$mm 3）为加强零件两端的加热，感应圈内孔两端可设计有 $2\sim4$mm 见方的台肩；台肩处与零件的间隙为 $2\sim4$mm 4）感应圈铜板厚度见表 5-11 5）喷水孔的直径和分布参见表 5-12、表 5-13	1）尺寸较高的外表面同时加热自喷式感应器进水管及水斗分布参见表 5-14 2）为提高设备利用率和生产效率，凸轮淬火感应器可制成双连式（如附图所示），使两根凸轮能一次得到淬火 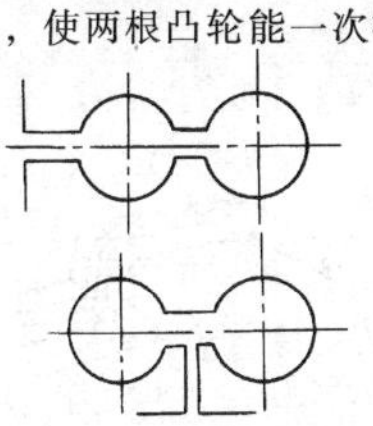 3）带凸肩的感应器的凸肩结构如下图 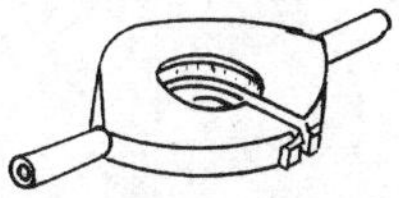
例 25 中频外表面同时淬火感应器		曲轴等淬火	1）感应圈内孔两端设计有台肩，台肩宽度为 $2\sim3$mm，台肩高度为 $2\sim6$mm 2）感应圈内孔两端台肩与零件间隙 $a=2\sim3.5$mm 3）感应圈高度 $h_i=$ 曲轴颈长 -2 倍曲轴圆角半径 4）感应圈铜板厚度见表 5-11	1）零件淬火自喷冷却由两进水管同时进水，连接板和铰链都不通水 2）可参见例 12 设计连续淬火可分离式感应器，对曲轴进行连续淬火，但制作感应器的铜管管径和壁厚应按中频要求选择
例 26 中频外表面连续淬火感应器	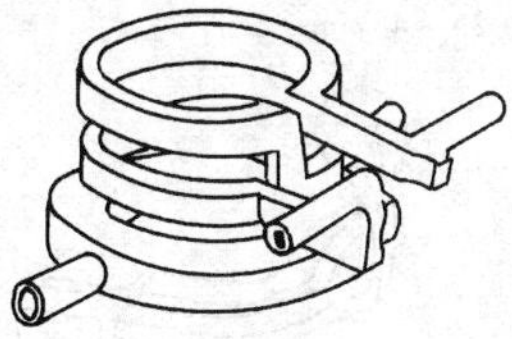	轴、花键轴、齿轮（齿宽大）的淬火	1）感应圈内壁与零件的间隙 a 一般为 $2.5\sim5$mm 2）制作感应圈用方纯铜管的高度 $h_i=14\sim20$mm，宽度 $b_i=9\sim15$mm 3）匝间距一般为 $8\sim12$mm	1）这类感应器除附带喷水圈外，可在下面一匝钻喷水孔，进行自喷冷却 2）连续加热感应器亦可制成单匝自喷式的，其淬火深度比双匝的要浅，单匝感应器的设计参数可参照以下数据选取： $a=2.5\sim3.5$mm $h_i=14\sim30$mm $b_i=9\sim20$mm 3）选用喷油或喷聚乙烯醇水溶液时，必须用附带喷水圈冷却
例 27 中频平面同时淬火感应器	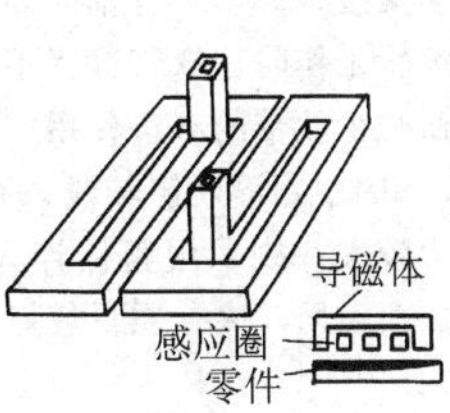	淬火面较小的平面淬火	1）矩形感应圈有效部分（中间三根导线），应略大于被加热平面，每边大 $3\sim6$mm 2）感应圈的高度为 $6\sim12$mm 3）中间三根导线间距为 $2\sim4$mm 4）最外侧两根导线与相邻导线间距均应大于 15mm	1）这种感应器最主要的特征是中间三根导线电流方向相同，便于安置导磁体，具有较高的电效率 2）可将几个同样尺寸的感应器串联起来，同时使用，提高设备利用率；串联数目合适时，可省掉淬火变压器，直接与设备匹配

（续）

示例	结　构　图	用途	设　计　参　数	备　注
例28 中频平面连续淬火感应器	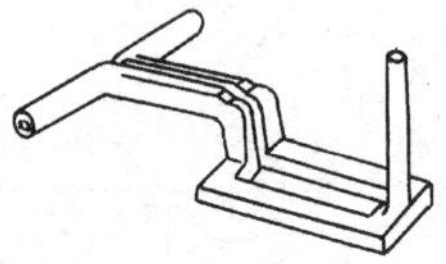	淬火面较长的平面淬火	1）矩形感应圈的长 B_i 应比被加热平面宽度 B 要大，通常 $B_i - B = 2 \times \left(\frac{1}{3} \sim \frac{1}{2} \right) b_i$ 其中 b_i 为感应圈截面的宽度，一般为 8~18mm，即加热时感应圈每边向外伸出 $\left(\frac{1}{3} \sim \frac{1}{2} \right) b_i$，如受零件形状限制不能向前伸出时，可将感应圈前端铜管宽度减少 $\frac{1}{2}$ 2）感应圈的高度 h_i 通常视宽度 b_i 的大小在 4~10mm 间选取，不宜过大 3）感应圈两回线的间距不能太小，一般为 12~20mm	1）感应圈由两进水管同时进水，自喷冷却，为加强感应器自冷，在感应圈前端中心位置上装一放水管 2）感应圈与淬火面间隙应尽量小，一般为 1~3mm 3）机床导轨面连续淬火感应器应与机床导轨面仿形，为使吸热快的转角处得到均匀加热，感应器常按以下附图所示的结构进行设计 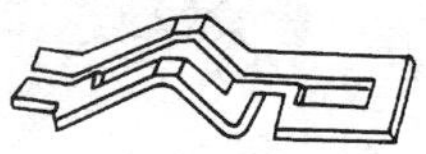
例29 中频平面连续淬火感应器	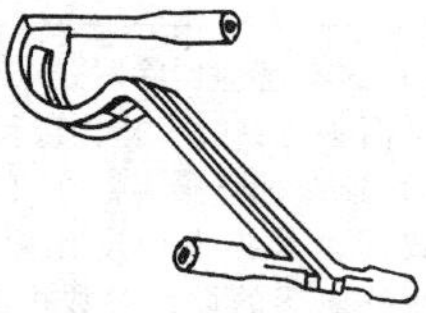	滚道淬火	1）感应圈两回线间距一般为 12~20mm 2）感应圈半圆端头导线应超出淬火滚道边 $\left(\frac{1}{3} \sim \frac{1}{2} \right) b_i$ 长，b_i 为感应圈截面宽，一般 b_i 为 8~18mm 3）感应圈与滚道底间隙为 1.5~2.5mm，靠近滚道边处间隙适当放大 4）感应器高度 h_i 不宜过大，一般可取 $\frac{b_i}{2}$	1）在采用油淬火或较浓的聚乙烯醇淬火时，常采用辅加喷水头冷却 2）淬火时，感应圈与淬火面间隙应尽量减少，一般在 1~3mm 选取 3）把感应器制成扭转式（如下图所示），能提高感应器效率，但制作较困难 4）加热时可加导磁体 5）淬火面有交接软带，其宽度一般为 25~45mm 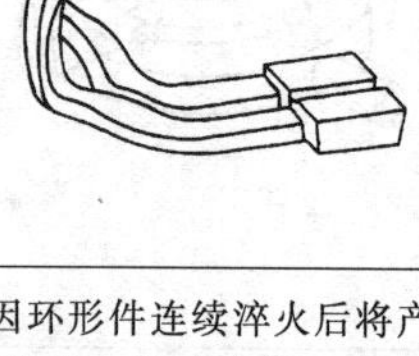
例30 中频平面连续淬火感应器	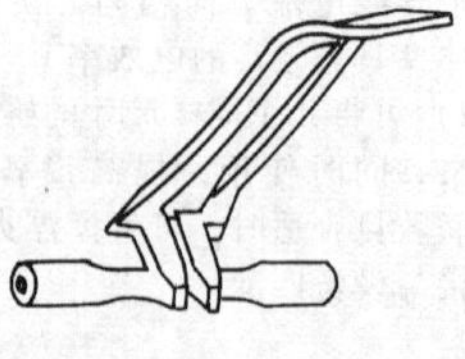	滚轮周向连续淬火	1）感应圈两回线间距为 12~20mm，为改善淬火交接软带，两回线应与零件轴向成一定角度（40°~55°） 2）感应圈与滚道中心的间隙应比两端大	1）因环形件连续淬火后将产生不利的交接软带，使感应器倾斜一角度后可使交接带亦与工件轴向倾斜一角度，在滚轮工作时，软带区将不同时受力，从而减少软带的有害作用 2）因中频淬硬层较浅，而滚轮一般受力较大，故采用整体淬火或工频同时加热表面淬火，质量较好

（续）

示例	结 构 图	用途	设 计 参 数	备　注
例 31 中频内孔连续淬火感应器	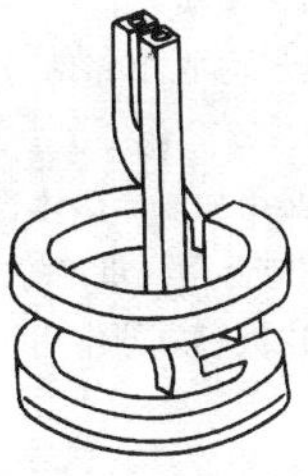	直径 ϕ >70mm 深孔淬火	1）感应圈外壁与零件的间隙 a 一般为 2~3mm 2）感应圈截面高度 h_i 一般为 12~16mm 3）感应圈的匝间距一般为 8~12mm 4）喷水孔的直径和分布参见表 5-12	1）自喷冷却水孔根据冷却要求不同可钻成一排或二排 2）为了减少汇流条的能量损失，提高感应器的效率，可制成同心式汇流条的感应器 3）中频内孔连续淬火感应器亦可制成单匝的，感应器的高度 h_i 一般为 14~20mm，宽度 b_i 一般为 9~14mm，间隙 a 一般为 2~3mm 4）嵌加硅钢片导磁体后可以提高感应器的电效率
例 32 中频特殊感应器	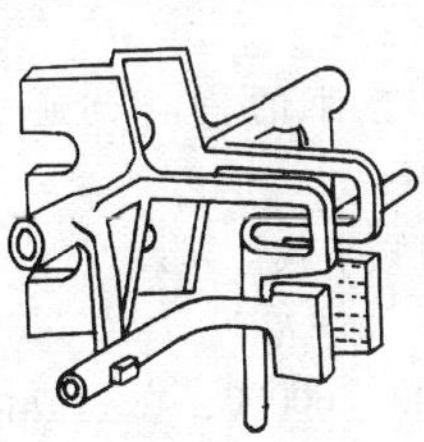	模数 m >8mm 的齿轮淬火	1）感应圈与齿部各面间隙 a：节圆部位 a = 3~6mm；齿根部位 a = 1.5~2.5mm 2）感应圈加热齿根部分两竖直导线的长度一般为 30~45mm	1）淬火的冷却由辅加喷水头进行喷冷 2）沿齿面连续加热，齿根部分得不到硬化
例 33 中频特殊感应器	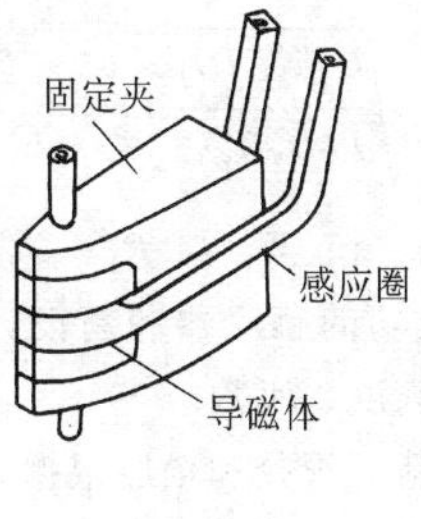 固定夹 感应圈 导磁体	模数 m >7mm 的齿轮淬火	1）感应圈与齿沟仿形 2）感应圈高度 h_i 一般为 10~14mm；宽度 b_i 一般为 4~6mm 3）导磁体块由硅钢片叠成，其外形亦与齿沟仿形 4）固定夹内通水冷却硅钢片，它与齿沟相配合，上下移动时起靠模作用，避免感应圈与零件相碰 5）喷水孔大小与分布，参见表 5-12、表 5-13	1）淬火冷却方法，依材料的性能决定，对允许直接喷冷的材料，可用自喷冷却；不宜采用喷冷的材料，可附加喷头喷冷相邻两齿面，依靠热传导冷却 2）这类感应器可用于埋油淬火
例 34 中频特殊感应器	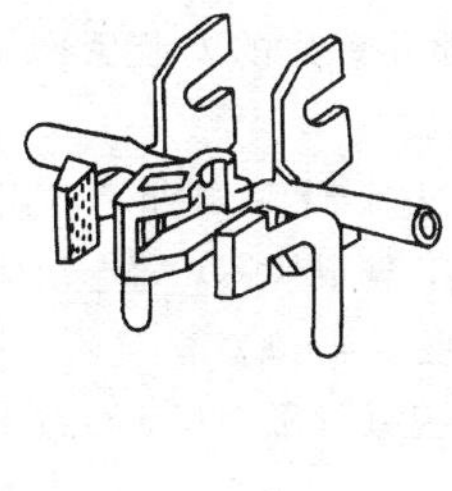	模数 m >8mm 的齿轮淬火	1）感应圈与齿部各面间隙 a： 节圆部位 a = 1.5~2.5mm； 齿根部位 a = 0.5~1.5mm； 2）感应圈加热齿根部分竖直导线长度（至两端）一般为 20~30mm，可根据齿宽和模数来选定，竖直导线加长，齿根加热温度可以提高，但加热终止处（齿根上端）未淬硬区加大	1）工件淬火冷却应根据材料的淬硬性来定，允许直接喷冷的材料可采用自喷冷却；不宜采用直接喷冷的材料，按结构图设计辅加喷水头喷冷加热齿沟的相邻两齿面，依靠导热冷却 2）这类感应器常用于埋油淬火 3）采用双回路双三角形感应器能加强齿根加热，结构如下图 

（续）

示例	结　构　图	用途	设　计　参　数	备　　　注
例35 中频特殊感应器		滚道、模数 m > 12mm 的齿轮淬火	1）感应圈两回线感应部分与滚槽或齿沟仿形，间距为 12～20mm 2）感应圈与零件间隙 a 滚道淬火时： 滚道槽底部 $a = 1～2$mm； 滚道两侧上部 $a = 2～4$mm 齿轮淬火时： 齿根部位 $a = 0.5～1.5$mm；节圆部位 $a = 1.5～2.5$mm 3）感应圈两回线截面宽度 b_i 为 5～7mm	1）淬火时由辅加喷水头冷却；大模数齿轮沿齿沟淬火时，如齿轮材料不宜采用直接喷冷，可附加喷水头喷冷所加热齿沟的相邻两齿面，依靠导热冷却 2）必须加嵌导磁体，导磁体硅钢片应与感应器用云母绝缘 3）这类感应器常用于埋油淬火

5.1.3.5 工频感应器的设计

工频感应器的分类列于表 5-17。工频感应器主要由施感线圈（简称线圈）、导磁体、电绝缘和水冷却系统等几部分组成（见图 5-26）。

表 5-17　工频感应器的分类

分类原则	类别	应　　用	备　　注
按电源	单相感应器	加热功率较小时采用	功率较大时电网负荷严重失去平衡，可用附加三相平衡装置来解决
	三相感应器	加热功率较大时采用	采用三角形或星形连接
按加热方法	同时加热感应器	用于轴向高度小加热面积小的工件	注意线圈分布，以获得均匀的加热
	连续加热感应器	用于轴向高度大、加热面积较大的工件	使用时应注意起步和终止时机，以获得均匀加热

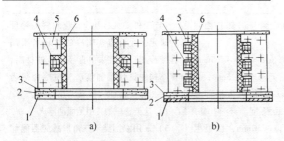

图 5-26　工频感应器的结构
1—钢板　2—石棉板　3—胶木板　4—施感线圈　5—导磁体　6—绝缘板

1. 线圈　工件形状为圆柱体时，线圈内径 d_i 由下式确定：

$$d_i = d + 2a$$

式中　d——工件直径；

a——线圈与工件的间隙，通常取 $2a = 20～100$mm。

线圈的匝数 W 可按下式计算：

$$W = K/I$$

式中的 $K = 32000～60000$，在一般情况下推荐 $K = 45000$。I 为感应器中的电流，可参照表 5-18 中数据进行计算。

线圈匝数也可用类比法按下式求得：

$$W_2 = \sqrt{\frac{U_2^2 h_2 P_1 D_1}{P_2 D_2 U_1^2 h_1}} W_1$$

式中的 P_1、U_1、D_1、h_1、W_1 与 P_2、U_2、D_2、h_2、W_2 分别为已经使用成功的感应器和新设计感应器的功率、电压、内径、高度、匝数。

线圈用纯铜管制造。管径和壁厚根据允许通过的最大电流密度进行计算。在充分水冷条件下，最大电流密度为 20～40A/mm²。为保证足够的冷却水量（排出的水温低于 70℃），把线圈的 3～5 匝为一组，构成水冷回路（用焊接或卡接法将各组并联起来）。

2. 导磁体　用厚度小于 0.5mm 的硅钢片制造。硅钢片的数目 $N = Kd_i/b_i$（式中的 b_i 为硅钢片厚度；d_i 为线圈内径；K 为硅钢片的安装紧密系数，$K = 0.85$）。

通常将硅钢片分为 $n = 8～12$ 组。各组中的硅钢片用螺钉紧固在一起，构成块体。每个块体的硅钢片数 $n_i = N/n$，有效厚度 $B = n_i b_i$。

所需硅钢片的总有效导磁面积 S 可按下式求出：

$$S = \frac{U \times 10^6}{4.44 f W}$$

表 5-18　工频感应器电流的计算公式和有关数据

感应器类别	计算公式 电流 I/A	有关数据		
		电压 U/V	cosφ	功　率 P/kW
单相	$I=\dfrac{P\times1000}{U\times\cos\phi}$	变压器次数电压	0.35~0.45	按经验选取,例如列车车轮的同时加热感应器,$P=(0.3~0.5)d$,冷轧辊连续加热感应器,$P=(0.6~1.0)d$,其中 d 为工件外径
三相	$I=\dfrac{P\times1000}{\sqrt{3}U\cos\varphi}$	三相变压器相电压	0.35~0.45	

当 $U=380\text{V}$, $f=50\text{Hz}$ 时:

$$S=\frac{1.71\times10^6}{W}$$

式中　W——线圈匝数。

3. 电绝缘和热绝缘　线圈各匝间的绝缘方法有:

(1) 包扎多层玻璃布带。

(2) 包扎细布带后浸泡绝缘漆。

(3) 包扎云母带,外扎白布带。铜管间用云母片按要求距离隔开。

(4) 包扎一层塑料布,两层玻璃布,一层白布带。

为了防止工件的热辐射,线圈与工件之间的热绝缘方法可采取:

(1) 用厚度约 15mm 的三层石棉板隔开,每层厚度 5mm。

(2) 用耐火陶瓷异形砖隔开。

(3) 在线圈上抹涂料 (成分为质量分数:50%隔热砖粉 +20% 石棉粉 +15% 耐火泥 +15% 水泥耐火涂料或一份 MgO + 一份锯末 + 一份石棉粉。用适量液体和氧化镁调成糊状)。

5.1.4　感应淬火工艺

5.1.4.1　硬化层深度的确定

零件表面的硬化层深度需根据零件的服役条件来确定,表 5-19 列出了几种典型服役条件下的硬化层深度要求。

5.1.4.2　频率的选择

电流频率是感应加热的主要工艺参数,需根据要求的硬化层深度来确定。为了提高劳动生产率,要求感应加热的热透入深度大于淬硬层深度,即全部采用电磁感应加热,而不用传导加热。为了获得较大的残余压应力,一般要求过渡层厚度小于硬化层的 1/4,

这种情况下,选取的热透入深度为硬化层厚度的 2 倍。当加热层深度为热态电流透入深度的 40% ~ 50% 时,加热的总效率 (包括电效率和热效率) 最高。图 5-27 所示为碳钢穿透加热时,在各温度下的加热速率。表 5-20 列出了电流频率与热透入深度的关系。

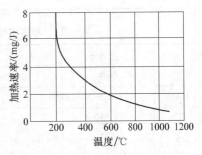

图 5-27　碳钢感应穿透加热时的热效率

圆柱形工件的最佳电流频率主要根据要求的淬硬层深度来确定 (见表 5-21)。当工件的截面很小时,频率要选得高些 (见表 5-22)。齿轮全齿同时加热淬火的最佳电流频率主要由其模数确定 (见表 5-23)。

在实际生产中,多数情况是设备频率显得过高。此时,可采用下列方法以保证在表面不过热条件下获得较深的加热层,其方法如下:

(1) 降低比功率,延长加热时间。

(2) 增加工件和感应器间的间隙,延长加热时间。

(3) 同时加热时采用断续加热法,增加热传导时间。

(4) 进行预热,在炉中预热到 600 ~ 700℃ 后再移到感应器中进行最后加热,亦可在感应器中预热,轴类工件连续淬火预热时,感应器自上而下移动,尔后再自下而上移动进行加热淬火。

表 5-19　几种典型服役条件下的零件表面硬化层深度要求

失效原因	工作条件	硬化层深度及硬度值要求
磨损	滑动磨损且负荷较小	以尺寸公差为限,一般 1~2mm,硬度为 55~63HRC,可取上限
	负荷较大或承受冲击载荷	一般在 2.0~6.5mm 之间,硬度为 55~63HRC,可取下限
疲劳	周期性弯曲或扭转负荷	一般为 2.0~12mm,中小型轴类可取半径的 10%~20%,直径小于 40mm 取下限;过渡层为硬化层的 25%~30%

注:齿轮硬化层深度(mm)一般取 $0.2~0.4m$,m 为齿轮模数。

表 5-20　电流频率与热透入深度的关系

频　段	高　频				超声频	中　频			
频率/kHz	500~600	300~500	200~300	100~200	30~40	8	4	2.5	1
热透入深度/mm	0.7~0.56	0.9~0.7	1.1~0.9	1.6~1.1	2.9~2.5	5.6	7.9	10	15.8

表 5-21　淬硬层深度与电流频率的关系

淬硬层深度/mm	1.0	1.5	2.0	3.0	4.0	6.0	10.0
最高频率/Hz	250000	100000	60000	30000	15000	8000	2500
最低频率/Hz	15000	7000	4000	1500	1000	500	150
最佳频率/Hz	60000	25000	15000	7000	4000	1500	500
推荐使用设备	晶体管式	晶体管式或机式（8kHz）	晶体管式或机式（8kHz）	机式（8kHz）	机式（2.5kHz）	机式（2.5kHz）	机式（0.5，1.0kHz）

表 5-22　根据淬硬层深度和工件直径选择频率的依据

淬硬层深度/mm	工件直径/mm	频　率			
		1000Hz	3000Hz	10000Hz	20~600kHz
0.4~1.3	6~25				好
1.3~2.5	11~16			中	好
	16~25			好	好
	25~50		中	好	中
	>50	中	好	好	差
2.5~5.0	25~50		好	好	差
	50~100	好	好	中	
	>100	好	中	差	

注：好—表示加热效率高。中—有两种情况：①比"好"的频率低，尚可用来将所需淬硬深度加热到淬火温度，但效率低；②比"好"的频率高，比功率大时，易造成表面过热，加热效率亦低。差—表示频率过高，只有用很低的频率才能保证表面不过热。

表 5-23　不同模数齿轮全齿同时淬火时的最佳频率

齿轮模数 m/mm	1	2	3	4	5	6	7	8	9	10
电流频率/kHz	250	62.5	28	16	10	7	5	4	3	2.5

（5）连续加热时采用双匝或多匝感应器。

常用感应加热设备的实用淬硬层深度，以及全齿同时加热淬火适用的齿轮模数列于表5-24。

表 5-24　常用感应加热设备的适用范围

频率/kHz	淬硬层深度/mm			齿轮模数（全齿同时加热淬火）m/mm
	最小	适中	可达到	
250~300	0.8	1~1.5	2.5~4.5	1.5~5（最好2~3）
8	1.0	2~3	4~6	6~12（最好8~9）
2.5	2.5	4~6	7~10	

5.1.4.3　功率的确定

频率确定以后，感应加热速度取决于工件被加热面积上的比功率（kW/cm^2）。在一定范围内，用较高的频率和较低的比功率与较低的频率和较高的比功率加热可达到相同的效果。故应按频率和要求的加热深度选择合理的比功率。淬硬层深度越大，比功率越小。工件淬火面积较小、形状简单、要求的硬化层较深、原始组织较细的中碳或中碳合金钢，可选择较高的比功率；反之则否。如铸铁零件、原始组织中有带状组织或大块铁素体的工件、形状复杂的工件（齿轮、花键轴及有油孔键槽的轴类零件）均应选用较小的比功率。表5-25是轴类零件比功率的选择范围。表 5-26 是钢件在穿透加热时所需功率密度的近似值。采用高频设备进行齿轮全齿同时加热淬火时，如要在齿顶不过热的前提下获得一定的淬硬层，则齿轮模数越大，所用的比功率越小（见表 5-27）。

表 5-25　轴类零件表面加热比功率的选择

频率/kHz	硬化层深度/mm	比功率/(kW/cm²)		
		低值	最佳值	高值
500	0.4~1.1	1.1	1.6	1.9
	1.1~2.3	0.5	0.8	1.2
10	1.5~2.3	1.2	1.6	2.5
	2.3~3.0	0.8	1.6	2.3
	3.0~4.0	0.8	1.6	2.1
2.5	2.5~5.0	1.0	3.0	7.0
	4.0~7.0	0.8	3.0	6.0
	5.0~10.0	0.8	3.0	5.0
8	1.0~3.0	1.2	2.3	4.0
	2.0~4.0	0.8	2.3	3.5
	3.0~6.0	0.4	1.7	2.8
3	2.3~3.0	1.6	2.3	2.6
	3.0~4.0	0.8	1.6	2.1
	4.0~5.0	0.8	1.6	2.1
1	5.0~7.0	0.8	1.6	1.9
	7.0~9.0	0.8	1.6	1.9

表 5-26　钢的穿透加热所需功率密度近似值[1]

频率[2]/Hz	功率密度[3]/(kW/cm²)				
	150~425℃	425~760℃	760~980℃	980~1095℃	1095~1205℃
60	0.009	0.023	[4]	[4]	[4]
180	0.008	0.022	[4]	[4]	[4]
1000	0.006	0.019	0.078	0.155	0.217
3000	0.005	0.016	0.062	0.085	0.109
10000	0.003	0.012	0.047	0.070	0.085

[1] 为了淬火、回火或锻造操作。
[2] 使用合适频率及设备正常的总工作效率。
[3] 一般情况下，这些功率密度是对 12~50mm 截面尺寸而言的。尺寸较小的截面可使用较高的输入，尺寸较大的工件可能需要较低的功率输入。
[4] 不推荐使用。

表 5-27　齿轮全齿同时加热时的功率
（频率为 200~300kHz）

模数 m/mm	1~2	2.5~3.5	3.75~4	5~6
比功率/(kW/cm²)	2~4	1~2	0.5~1	0.3~0.6

对照表 5-28 可根据要求的淬硬层深度选择加热时间和比功率，图 5-28 所示是一次加热淬火时淬硬层深度、最高加热温度、加热时间、比功率之间的关系曲线，图 5-29 示出了连续加热淬火时淬硬层深度、最高加热温度、感应器移动速度、比功率之间的关系曲线。

表 5-28　根据淬硬层深度选择加热时间与比功率

项目	淬硬层深度/mm	加热时间/s	比功率/(kW/cm²)	淬硬层深度/mm	加热时间/s	比功率/(kW/cm²)	淬硬层深度/mm	加热时间/s	比功率/(kW/cm²)	淬硬层深度/mm	加热时间/s	比功率/(kW/cm²)	淬硬层深度/mm	加热时间/s	比功率/(kW/cm²)	淬硬层深度/mm	加热时间/s	比功率/(kW/cm²)
直径/mm	$f=2.5$kHz　圆柱外表面加热																	
20	2	0.8	2.65	3	1.5	1.5	4	2	1.18	5			6			7		
30	2	1	2.62	3	2	1.35	4	3.1	1.0	5	5.5	0.65	6			7		
40	2	1	2.6	3	2.3	1.28	4	4	0.88	5	7.1	0.58	6	10	0.45	7	13.3	0.38
50	2	1	2.6	3	2.7	1.24	4	4.8	0.81	5	8.5	0.54	6	13	0.41	7	17.8	0.34
60	2	1	2.6	3	3.0	1.21	4	5.2	0.79	5	9.5	0.51	6	15	0.39	7	20.5	0.31
70	2	1	2.6	3	3.2	1.2	4	5.6	0.78	5	10.1	0.5	6	16.1	0.38	7	22.8	0.3
80	2	1	2.6	3	3.1	1.2	4	5.7	0.76	5	10.8	0.49	6	17.2	0.37	7	25	0.29
90	2	1	2.6	3	3.1	1.2	4	6	0.75	5	11.3	0.49	6	18	0.30	7	26.2	0.28

(续)

项目	淬硬层深度/mm	加热时间/s	比功率/(kW/cm²)	淬硬层深度/mm	加热时间/s	比功率/(kW/cm²)	淬硬层深度/mm	加热时间/s	比功率/(kW/cm²)	淬硬层深度/mm	加热时间/s	比功率/(kW/cm²)	淬硬层深度/mm	加热时间/s	比功率/(kW/cm²)	淬硬层深度/mm	加热时间/s	比功率/(kW/cm²)
直径/mm	$f=2.5\mathrm{kHz}$ 圆柱外表面加热																	
100	2	1	2.6	3	3.1	1.2	4	6	0.75	5	11.7	0.49	6	18.7	0.35	7	27.8	0.28
110	2	1	2.6	3	3.1	1.2	4	6	0.75	5	11.9	0.49	6	19.2	0.35	7	28.5	0.28
厚度/mm	$f=2.5\mathrm{kHz}$ 平面零件单面加热																	
10	2	0.7	3.7	3	3	1.8	4	5.9	1.0	5	8.8	0.8	6	11	0.66			
15	2	0.7	3.55	3	3.6	1.62	4	7.9	0.88	5	11.9	0.68	6	16.5	0.54			
20	2	0.7	3.52	3	4.0	1.54	4	8.7	0.78	5	14.2	0.6	6	22	0.46	7	29	0.4
25	2	0.7	3.52	3	4.0	1.54	4	8.7	0.78	5	16.5	0.52	6	27.5	0.4	7	38	0.38
30	2	0.7	3.52	3	4.0	1.54	4	8.7	0.78	5	17.5	0.52	6	29.8	0.4	7	41.5	0.35
35	2	0.7	3.52	3	4.0	1.54	4	8.7	0.78	5	18	0.52	6	30.7	0.4	7	42.7	0.35
40	2	0.7	3.52	3	4.0	1.54	4	8.7	0.78	5	18	0.52	6	31	0.4	7	43.5	0.35
45	2	0.7	3.52	3	4.0	1.54	4	8.7	0.78	5	18	0.52	6	31	0.4	7	44	0.35
50	2	0.7	3.52	3	4.0	1.54	4	8.7	0.78	5	18	0.52	6	31	0.4	7	44.2	0.35
直径/mm	$f=4\mathrm{kHz}$ 圆柱外表面加热																	
20	2	1.0	2.20	3	1.88	1.25	4	2.5	0.98	5			6			7		
30	2	1.25	2.17	3	2.50	1.12	4	3.88	0.83	5	6.88	0.54	6			7		
40	2	1.25	2.17	3	2.88	1.06	4	5.00	0.73	5	8.88	0.48	6	12.5	0.37	7	16.63	0.32
50	2	1.25	2.17	3	3.38	1.03	4	6.00	0.67	5	10.63	0.45	6	16.25	0.33	7	22.25	0.28
60	2	1.25	2.17	3	3.75	1.00	4	6.50	0.66	5	11.88	0.42	6	18.75	0.32	7	25.63	0.26
70	2	1.25	2.17	3	3.75	1.00	4	7.00	0.65	5	12.63	0.41	6	20.13	0.32	7	28.5	0.25
80	2	1.25	2.17	3	3.88	1.00	4	7.13	0.63	5	13.50	0.40	6	21.5	0.31	7	31.25	0.24
90	2	1.25	2.17	3	3.88	1.00	4	7.50	0.62	5	14.13	0.40	6	27.0	0.30	7	32.75	0.23
100	2	1.25	2.17	3	3.88	1.00	4	7.50	0.62	5	14.63	0.40	6	23.38	0.30	7	34.75	0.23
110	2	1.25	2.17	3	3.88	1.00	4	7.50	0.62	5	14.88	0.40	6	24.01	0.30	7	35.63	0.23
厚度/mm	$f=4\mathrm{kHz}$ 平面零件单面加热																	
10	2	0.88	3.10	3	3.75	1.49	4	7.38	0.83	5	11	0.66	6	13.75	0.55	7		
15	2	0.88	2.95	3	4.50	1.34	4	9.88	0.73	5	14.88	0.56	6	20.63	0.45	7		
20	2	0.88	2.92	3	5.00	1.28	4	10.88	0.65	5	17.75	0.50	6	27.50	0.38	7	36.25	0.33
25	2	0.88	2.92	3	5.00	1.28	4	10.88	0.65	5	20.63	0.43	6	34.38	0.33	7	47.5	0.32
30	2	0.88	2.92	3	5.00	1.28	4	10.88	0.65	5	21.88	0.43	6	37.25	0.33	7	51.88	0.29
35	2	0.88	2.92	3	5.00	1.28	4	10.88	0.65	5	22.50	0.43	6	38.75	0.33	7	53.38	0.29
40	2	0.88	2.92	3	5.00	1.28	4	10.88	0.65	5	22.50	0.43	6	38.75	0.33	7	54.38	0.28
45	2	0.88	2.92	3	5.00	1.28	4	10.88	0.65	5	22.50	0.43	6	38.75	0.33	7	55.0	0.29
50	2	0.88	2.92	3	5.00	1.28	4	10.88	0.65	5	22.50	0.43	6	38.75	0.33	7	55.25	0.29
直径/mm	$f=8\mathrm{kHz}$ 圆柱外表面加热																	
20	2	1.2	1.7	3	3	0.83	4	4.5	0.58	5			6			7		
30	2	1.5	1.58	3	3.8	0.78	4	7.0	0.51	5	10	0.38	6	14	0.3	7	18	0.25
40	2	1.8	1.52	3	4.1	0.74	4	8.5	0.48	5	13.7	0.34	6	20	0.26	7	24.5	0.21
50	2	1.8	1.5	3	4.3	0.72	4	9.5	0.46	5	16	0.315	6	24	0.24	7	32	0.19

（续）

项目	淬硬层深度/mm	加热时间/s	比功率/(kW/cm²)	淬硬层深度/mm	加热时间/s	比功率/(kW/cm²)	淬硬层深度/mm	加热时间/s	比功率/(kW/cm²)	淬硬层深度/mm	加热时间/s	比功率/(kW/cm²)	淬硬层深度/mm	加热时间/s	比功率/(kW/cm²)	淬硬层深度/mm	加热时间/s	比功率/(kW/cm²)
直径/mm	$f=8\,\mathrm{kHz}$　圆柱外表面加热																	
60	2	1.8	1.5	3	5	0.71	4	10	0.45	5	18	0.31	6	27	0.22	7	38	0.18
70	2	1.8	1.5	3	5.5	0.7	4	10.8	0.44	5	19.3	0.3	6	30	0.21	7	43	0.17
80	2	1.8	1.5	3	5.8	0.7	4	11.5	0.44	5	20.2	0.3	6	32	0.21	7	47	0.17
90	2	1.8	1.5	3	5.8	0.7	4	12	0.44	5	21	0.3	6	34	0.21	7	50	0.17
100	2	1.8	1.5	3	5.8	0.7	4	12.2	0.44	5	22	0.3	6	35.5	0.21	7	52.5	0.17
110	2	1.8	1.5	3	5.8	0.7	4	12.5	0.44	5	22.5	0.29	6	36.5	0.21	7	54.5	0.17
厚度/mm	$f=8\,\mathrm{kHz}$　平面零件单面加热																	
10	2	1.5	1.77	3	4	1.1	4	8.0	0.7	5	10	0.5	6	13		7	17	
15	2	2	1.73	3	5.5	1.0	4	11.5	0.59	5	17.5	0.45	6	24.5	0.38	7	30	0.3
20	2	2	1.72	3	6	0.97	4	13	0.58	5	22	0.41	6	30.5	0.32	7	41	0.26
25	2	2	1.72	3	6	0.97	4	13.5	0.56	5	24.5	0.4	6	35	0.3	7	52	0.22
30	2	2	1.72	3	6	0.97	4	13.5	0.56	5	25	0.4	6	38	0.29	7	62	0.21
35	2	2	1.72	3	6	0.97	4	13.5	0.56	5	25	0.4	6	40	0.29	7	64	0.21
40	2	2	1.72	3	6	0.97	4	13.5	0.56	5	25	0.4	6	42	0.29	7	70	0.21
45	2	2	1.72	3	6	0.97	4	13.5	0.56	5	25	0.4	6	42	0.29	7	71	0.21
50	2	2	1.72	3	6	0.97	4	13.5	0.56	5	25	0.4	6	42	0.29	7	71.5	0.21
直径/mm	$f=250\,\mathrm{kHz}$　圆柱外表面加热																	
10	2	2.5	0.5	3			4			5			6			7		
20	2	4.0	0.44	3	9.0	0.28	4	11.5	0.22	5			6			7		
30	2	7.0	0.43	3	12.5	0.27	4	19	0.205	5	23	0.165	6	29	0.145	7	34	0.125
40	2	8.0	0.425	3	16.5	0.265	4	23	0.195	5	31	0.16	6	39	0.135	7	45	0.115
50	2	9.0	0.422	3	18	0.26	4	28	0.19	5	39	0.155	6	48	0.13	7	56	0.11
60	2	9.3	0.42	3	20	0.255	4	31	0.188	5	43	0.15	6	56	0.125	7	68	0.108
70	2	9.5	0.42	3	20.5	0.255	4	34	0.187	5	49	0.148	6	62	0.12	7	78	0.105
80	2	9.7	0.42	3	21	0.255	4	37	0.187	5	52	0.148	6	69	0.12	7	86	0.103
90	2	9.8	0.42	3	22	0.255	4	38.5	0.187	5	56	0.148	6	73	0.12	7	92	0.102
100	2	10	0.42	3	23	0.255	4	40	0.187	5	59	0.148	6	79	0.118	7	99	0.101
厚度/mm	$f=250\,\mathrm{kHz}$　平面零件单面加热																	
10	2	11	0.42	3	19	0.29	4	26	0.24	5	30	0.205	6	37	0.18	7	40	0.165
15	2	14	0.413	3	26	0.273	4	38	0.22	5	49	0.185	6	58	0.16	7	65	0.14
20	2	17	0.41	3	30	0.26	4	49	0.21	5	62	0.172	6	78	0.15	7	90	0.13
25	2	17	0.41	3	35	0.255	4	56	0.209	5	73	0.165	6	91	0.142	7	112	0.22
30	2	17	0.41	3	37	0.25	4	60	0.20	5	83	0.162	6	107	0.14	7	130	0.12
35	2	17	0.41	3	37.5	0.25	4	64	0.197	5	90	0.162	6	118	0.14	7	148	0.118
40	2	17	0.41	3	38	0.25	4	65	0.195	5	96	0.162	6	127	0.14	7	160	0.118
45	2	17	0.41	3	38	0.25	4	65	0.195	5	98	0.162	6	132	0.14	7	169	0.118
50	2	17	0.41	3	38	0.25	4	65	0.195	5	100	0.162	6	139	0.14	7	178	0.118

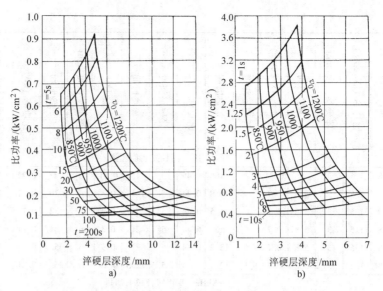

图 5-28　根据淬硬层深度与所需最高表面温度求比功率与
加热时间的曲线图
a）电源频率 $f = 10kHz$　b）电源频率 $f = 4kHz$

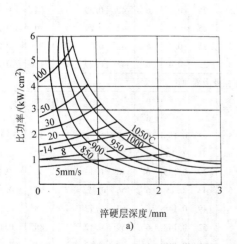

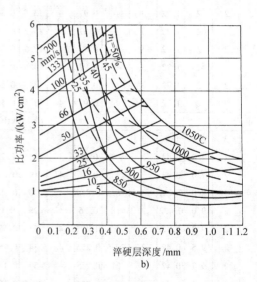

图 5-29　根据淬硬层深度与所需最高表面温度求比功率与移动速度的曲线图
a）电源频率 $f = 10kHz$　b）电源频率 $f = 550kHz$

比功率确定以后，感应加热设备的额定功率可由下式算出：

$$P_E = \frac{F\rho}{\eta_t \eta_i}$$

式中　F——一次淬火加热的面积；

　　　ρ——比功率；

　　　η_t——淬火变压器效率，一般 $\eta_t = 0.7 \sim 0.8$；

　　　η_i——淬火感应器效率，一般 $\eta_i = 0.7 \sim 0.85$。

5.1.4.4　加热方法与冷却方式

感应加热的基本方法，分为同时加热法和连续加热法两种。其选择除与零件的形状、尺寸和技术条件有关外，还与设备功率及生产方式有着密切的关系。大批量生产中，设备功率足够大时，应采用同时加热法。在单件、小批量生产中，轴类、杆类及较大平面的零件应采用连续淬火。几种典型的加热与冷却方案列于图 5-30。图中的 a、b、c、d、k 所示为零件所有淬火表面同时置于感应器中的同时加热法，加热后的冷却方案有两种：

（1）加热后立即喷射冷却。

（2）加热后工件被浸入冷却。图中 e、f、h、g、

i、j 为连续加热法。零件与感应器作相对运动，使零件表面逐次得到加热和冷却。表 5-29 为常用感应加热设备加热轴类工件时同时加热最大面积的经验数据。

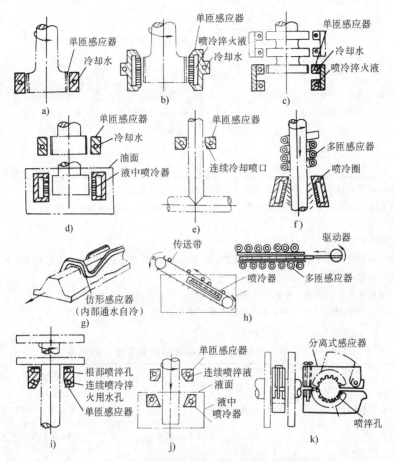

图 5-30　几种典型的加热与冷却方案

表 5-29　常用设备同时加热的最大面积

设　　　备	同时加热法	连续加热法	说　　　　　　明
100kW 中频 (2.5 及 8kHz)	125cm²	80cm²	同时加热时，按比功率 0.8kW/cm² 计算，连续加热时，100kW 设备按比功率 1.25kW/cm² 计算，200kW 设备按比功率 2kW/cm² 计算
200kW 中频 (2.5 及 8kHz)	250cm²	100cm²	
电子管式高频 (200 ~ 300kHz) GP60（60kW） GP100（100kW）	55cm² 90cm²	28cm² 45cm²	同时加热时，按比功率 1.1kW/cm² 计算，连续加热时，按比功率 2.2kW/cm² 计算

5.1.4.5　加热温度

　　感应加热的温度应根据钢种、原始组织及在相变区间的加热速度来确定，表 5-30 和表 5-31 列出了不同材料和典型钢种推荐的感应淬火温度，感应加热时，在较宽的温度区间均可得到良好的组织。因此，可在不变电参数的情况下，选用不同的加热时间（或在选用不变的加热时间下，选用不同的比功率）来调节淬硬层的深度。在连续加热淬火时，可以通过改变工件与感应器的相对移动速度来改变加热时间。图 5-31 ~ 图 5-41 示出了几种钢的高频感应淬火规范、组织和性能。

表 5-30　不同材料推荐的感应淬火温度及通常希望的表面硬度①

金　属	淬火温度/℃	淬火冷却介质②	硬度③HRC	金　属	淬火温度/℃	淬火冷却介质②	硬度③HRC
碳钢及合金钢④				碳钢及合金钢④	815~845	水	64
$w(C)=0.30\%$	900~925	水	50			油	62
$w(C)=0.35\%$	900	水	52	铸铁⑤			
$w(C)=0.40\%$	870~900	水	55	灰铸铁	870~925	水	45
$w(C)=0.45\%$	870~900	水	58	球光体可锻铸铁	870~925	水	48
$w(C)=0.50\%$	870	水	60	球墨铸铁	900~925	水	50
$w(C)=0.60\%$	845~870	水	64	不锈钢⑥			
		油	62	420型	1095~1150	油或空气	50

①　表中所列金属是成功应用于感应淬火的典型，表中所列不是包括所有的。

②　淬火冷却介质的选择取决于所用钢的淬透性、加热区的直径或截面、层深及要求的硬度、要求最小的畸变以及淬冷裂纹的倾向。

③　最小表面硬度 HRC。

④　相同碳含量的易切削钢和合金钢可以进行感应淬火。含有碳化物形成元素（Cr、Mo、V 或 W）的合金钢要加热到比表中所示温度高 55~110℃。

⑤　铸铁中化合碳量 $w(C)$ 至少为 0.4%~0.5%，硬度随化合碳含量改变。

⑥　其他马氏体不锈钢如 410、416 及 440 也可以进行感应淬火。

表 5-31　常用钢种表面淬火时推荐的加热温度（喷水冷却）

钢号	原　始　组　织	预先热处理	下列情况下的加热温度/℃ Ac_1 以上的加热速度/（℃/s） Ac_1 以上的加热持续时间/s			
			炉中加热	$\dfrac{30~60}{2~4}$	$\dfrac{100~200}{1.0~1.5}$	$\dfrac{400~500}{0.5~0.8}$
35	细片状珠光体+细粒状铁素体	正火	840~860	880~920	910~950	970~1050
	片状珠光体+铁素体	退火或没有处理	840~860	910~950	930~970	980~1070
	索氏体	调质	840~860	860~900	890~930	930~1020
40	细片状珠光体+细粒状铁素体	正火	820~850	860~910	890~940	950~1020
	片状珠光体+铁素体	退火或没有处理	810~830	890~940	940~960	960~1040
	索氏体	调质	820~850	840~890	870~920	920~1000
45，50	细片状珠光体+细粒状铁素体	正火	810~830	850~890	880~920	930~1000
	片状珠光体+铁素体	退火或没有处理	810~830	880~920	900~940	950~1020
	索氏体	调质	810~830	830~870	860~900	920~980
50Mn2 50Mn	细片状珠光体+细粒状铁素体	正火	790~810	830~870	860~900	920~980
	片状珠光体+铁素体	退火或没有处理	790~810	860~900	880~920	930~1000
	索氏体	调质	790~810	810~850	840~880	900~960
65Mn	细片状珠光体+细粒状铁素体	正火	760~780	810~850	840~880	900~960
	片状珠光体+铁素体	退火或没有处理	770~790	840~880	860~900	920~980
	索氏体	调质	770~790	790~830	820~860	860~920

（续）

钢号	原　始　组　织	预先热处理	下列情况下的加热温度/℃ $\dfrac{Ac_1\text{以上的加热速度}/(℃/s)}{Ac_1\text{以上的加热持续时间}/s}$			
			炉中加热	$\dfrac{30\sim60}{2\sim4}$	$\dfrac{100\sim200}{1.0\sim1.5}$	$\dfrac{400\sim500}{0.5\sim0.8}$
35Cr	索氏体	调质	850 ~ 870	880 ~ 920	900 ~ 940	950 ~ 1020
	珠光体 + 铁素体	退火	850 ~ 870	940 ~ 980	960 ~ 1000	1000 ~ 1060
40Cr 45Cr 40CrNiMo	索氏体	调质	830 ~ 850	860 ~ 900	880 ~ 920	940 ~ 1000
	珠光体 + 铁素体	退火	830 ~ 850	920 ~ 960	940 ~ 980	980 ~ 1050
40CrNi	索氏体	调质	810 ~ 830	840 ~ 880	860 ~ 900	920 ~ 980
	珠光体 + 铁素体	退火	810 ~ 830	900 ~ 940	920 ~ 960	960 ~ 1020
T8A T10A	粒状珠光体	退火	760 ~ 780	820 ~ 860	840 ~ 880	900 ~ 960
	片状珠光体或索氏体(+ 渗碳体)	正火或调质	760 ~ 780	780 ~ 860	800 ~ 860	820 ~ 900
CrWMn	粒状珠光体或粗片状珠光体	退火	800 ~ 830	740 ~ 880	860 ~ 900	900 ~ 950
	细片状珠光体或索氏体	正火或调质	800 ~ 830	820 ~ 860	840 ~ 880	870 ~ 920

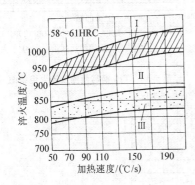

图 5-31　45 钢高频淬火最佳规范图

Ⅰ、Ⅲ—允许规范区　Ⅱ—最佳规范区

注：材料为正火状态，薄片珠光体 + 铁素体。

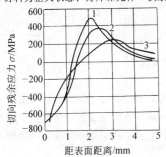

图 5-33　45 钢（φ65mm 试样）高频

淬火后的切向残余应力分布

1—硬化层深度为 1.5mm　2—硬化层深度

为 2.0mm　3—硬化层深度为 3.0mm

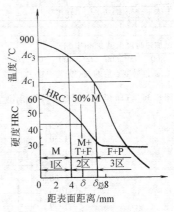

图 5-32　45 钢高频淬火温度-硬度-组织分布图

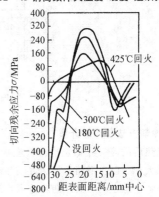

图 5-34　45 钢高频淬火后回火对

残余应力分布的影响

注：试样尺寸为 φ65mm；硬化层深 6mm。

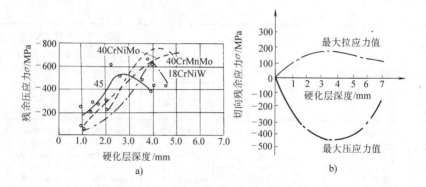

图 5-35　硬化层深度与最大残余应力的关系

a) 材料硬化层深度与最大残余压应力的关系（中空试样：外径 66mm，内径 49mm）

b) 硬化层深度与最大残余压应力和拉应力的关系（试样为中间带孔的圆试样）

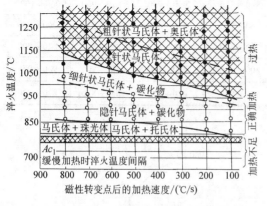

图 5-36　T10 钢高频感应淬火组织图

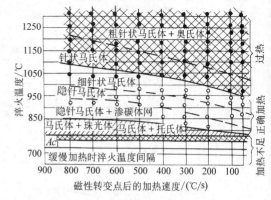

图 5-37　T12 钢高频感应淬火组织图

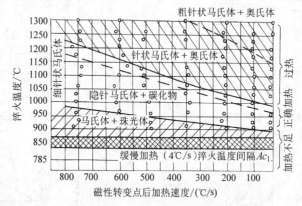

图 5-38　9CrSi 钢高频淬火组织图

5.1.4.6　冷却方法和冷却介质

感应加热后的淬火冷却及冷却介质应根据材料、工件形状和大小、以及采用的加热方式和淬硬层深度等因素综合考虑确定。喷射冷却和流水式冷却等快速冷却方法，具有良好的技术经济效果，因此被广泛采用。常用的冷却方法和介质见图 5-42。形状简单的工件通常采用喷水冷却。低合金钢工件和形状复杂的碳钢工件可以采用聚乙烯醇水溶液、聚烯烃乙二醇水溶液、聚丙烯胺水溶液或乳化液等进行喷射冷却。形状复杂的合金钢工件采用浸油冷却或喷射冷却以及浸油淬火等。

为避免产生淬火裂纹，必须严格控制冷却时间，使工件既能获得足够的表面硬度，又不冷透，并能利用工件内部残存的热量进行 210~240℃ 自回火。

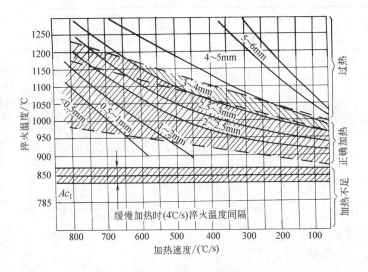

图 5-39　9CrSi 钢高频淬火规定淬火深度组织图

注：频率为 300 ~ 350kHz。

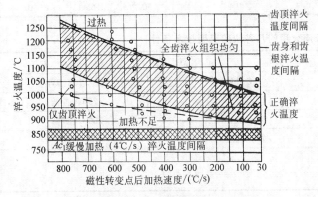

图 5-40　9CrSi 钢齿轮高频淬火组织图

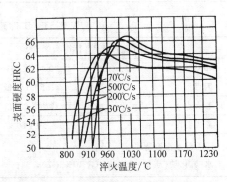

图 5-41　9CrSi 钢高频淬火温度对硬度的影响

同时加热淬火时，当工件加热到温后，应在空气中停留一短暂的时间，以适当地降低表面温度，然后进行喷冷或浸淬。连续淬火时，可通过调整感应器与工件的相对移动速度、间隙、喷水孔与工件轴向的夹角改变工件的预冷时间。单独设置喷水圈时，改变它与感应器的距离，就可达到预期的预冷时间。

表 5-32 和表 5-33 列出了几种常用冷却介质和淬火油的冷却性能和技术条件。几种典型零件的冷却方法与冷却介质的应用实例见表 5-34。

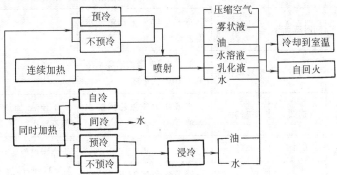

图 5-42　常用的冷却方法和冷却介质

表 5-32　几种常用冷却介质的冷却性能

冷却介质及冷却方式	喷水圈与工件的间隙/mm	冷 却 条 件		冷却速度/(℃/s)	
		压力/101.25kPa	温度/℃	600℃	250℃
喷　水	10	4	15	1450	1900
		3	15	1250	1750
		2	15	610	860
	40	4	20	1100	400
		4	30	890	330
		4	40	650	270
		4	60	500	200
喷油 N10(10号)油		2	20	190	190
		3	20	210	210
		4	20	230	210
		6	20	260	320
喷聚乙烯醇 水溶液(质量分数):0.025%		4	15	1250	1000
0.05%		4	15	730	550
0.10%		4	15	860	240
0.30%		4	15	900	320
浸　水			15	180	560
浸　油			50	65	10

表 5-33　工件感应淬火用的几种油的典型技术条件

一般用途淬火油(标准石蜡油)		快 速 淬 火 油	
40℃时粘度	70~35S(SVS)	40℃时粘度	75~110S(SVS)
闪点	165℃(最低)	闪点	175℃(最低)
着火点	175℃(最低)	着火点	200℃(最低)
淬火温度	50~60℃	淬火温度	50~60℃

可溶油水混合物
水-乳化油(质量分数)水中含10%~20%油

表 5-34　几种典型零件的冷却方法与冷却介质举例

零　件	材料	加热方法	冷却方法	冷却介质(质量分数)	备　注
光轴、杆、销子等	45	同时或连续	喷射	水	同时加热淬火时,应注意停喷温度,以防裂
	40Cr	同时或连续	喷射	水	
花键轴	45	同时或连续	喷射	水或0.05%聚乙烯醇水溶液	
	40Cr	同时	喷射或浸淬	油或0.3%聚乙烯醇水溶液或10%乳化液	
		连续	喷射	水或0.05%聚乙烯醇水溶液	不预热,加热时两端不加热,键槽根部不淬火
凸轮轴	球墨铸铁	同时	喷射	水	停喷温度≥25℃,感应圈与零件间隙3~3.5mm,过小冷却不良,喷射压力0.5MPa
	50Mn	同时	喷射或浸淬	透平油或N22(20号)机械油	

（续）

零　　件	材料	加热方法	冷却方法	冷却介质(质量分数)	备　　注
曲　轴	45	同时或连续	喷射	水或0.05%聚乙烯醇水溶液	
	40Cr	同时	喷射	0.3%聚乙烯醇水溶液或10%乳化液	
	40Cr	连续	喷射	水或0.05%聚乙烯醇水溶液	
	50CrMoA	同时	喷油或埋油	油	
	球墨铸铁	同时	喷油或浸淬	水或0.05%~0.3%聚乙烯醇水溶液	
齿轮 ($m=1\sim3$mm)	45	同时	喷射	0.05%~0.3%聚乙烯醇水溶液	停喷温度≥200℃
	40Cr	同时	浸淬	油	
齿轮 ($m=3\sim10$mm)	45	同时	喷射	水或0.05%聚乙烯醇水溶液	
	40Cr	同时	喷射或浸淬	油或0.3%聚乙烯醇水溶液或10%乳化液 10.05%聚乙烯醇水溶液或水	用0.05%聚乙烯醇水溶液或水喷射冷却时,停喷温度≥260℃
齿轮 ($m\geqslant5$mm)	45	逐齿同时 逐齿连续 沿齿沟连续	喷射	水	
	40Cr	逐齿同时 逐齿连续 沿齿沟连续	喷射	水或0.05%聚乙烯醇水溶液	
	淬透性高于40Cr的合金钢	逐齿同时 逐齿连续 沿齿沟连续	间冷	水	用水喷冷相邻两齿面
			埋油淬火	油	

5.1.4.7　冷轧辊工频感应加热表面淬火工艺

工频感应加热的特点是：

（1）电流穿透层较深，钢材失磁后可透入70mm，因而在大件表面可获得15mm以上的淬硬层。

（2）直接使用工业电源，设备简单，输出功率只受到电源变压器容量的限制。

（3）加热速度较低，不易过热，加热过程易控制。

工频感应的缺点是：由于属感抗性电路，功率因数低（$\cos\varphi=0.2\sim0.4$），需用大量的电容器来补偿。

工频感应器的供电可直接取自电源变压器。其加热时的输出功率取决于变压器的容量、电压及感应器的参数。工频电源可采用三相动力变压器、三相或单相电炉变压器（见表5-35）。

如前所述，工频感应器分单相和三相两种。单相感应器加热均匀（其供电线路示于图5-43a），但在功率大时，会使电网载荷失去平衡，影响供电质量。此时可采用图5-43b所示的平衡补偿线路，利用平衡补偿电抗和电容器来达到三相平衡。

为了减少设备，对于功率太大的工频感应器可以采用三相供电（见图5-43c和d）。由于三相感应器的三相相位彼此相差120°，使第一相与第三相的磁力线相互削弱,故需把感应器接成倒三角形或倒 Y 形,以使三相变成彼此相差 60°。尽管如此,三相感应器各相区的加热温度仍有差异。对连续加热感应器来说,这种差异对工件的加热质量不会产生多大影响。

表 5-35　工频加热用变压器特性

变压器种类	次级电压/V	工 作 特 性
三相动力变压器	380/220	二次侧电压高,不能调节,所用感应器匝数多,二次侧有电容补偿
三相或单相电炉变压器	有若干级可供调节(一般为 110～240V)	二次侧电压低,所用感应器匝数少,制造简单,但电流较大匝间振动大,应注意加固,一次侧和二次侧有电容补偿

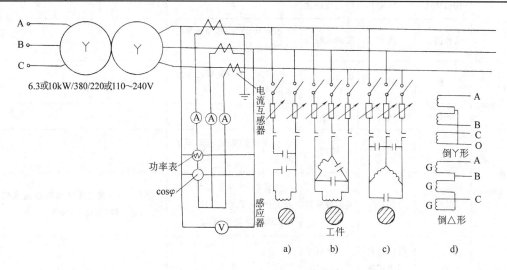

图 5-43　工频感应加热的供电系统

表 5-36　φ500mm × 1700mm 冷轧辊双频连续加热淬火的工艺参数和效果

双频的频率	主要工艺参数		表面加热层特征			距辊面 15mm 处的奥氏体化时间/min	距辊面 15mm 处的冷却速度/(℃/s)	有效淬硬层深度/mm	备 注
	比功率/(kW/cm²)	移动速度/(mm/s)	温度曲线形状	加热到 800℃以上的深度/mm	加热到 880℃以上的深度/mm				
50Hz/250Hz	0.3(50Hz 为 0.2,250Hz 为 0.1)	0.5～0.7	等温降温式	50	20(>870℃)	10	4.5	15～20	表面温度 900℃两感应器间距 150mm

冷轧辊工频感应加热表面淬火方法有:
(1) 工频感应器整体表面加热淬火。
(2) 工频连续加热表面淬火。
(3) 工频双感应器连续加热表面淬火。
(4) 双频连续加热表面淬火。

用两个不同频率(一个工频一个中频)供电的双感应器连续加热,可以加深表面加热层的深度和延长表面加热层的奥氏体化时间,从而获得较深的淬硬层。表 5-36 所列为 φ500mm × 1700mm 冷轧辊双频连续加热淬火工艺参数和效果。采用工频双感应器连续加热淬火,亦可实现加深表面加热层的深度和延长表面加热层的奥氏体化时间,获得较深的淬硬层,且只需单一的工频电源,设备投资小,热处理成本低。

图 5-44 所示为 φ500mm × 1700mm 冷轧辊工频双感应器加热淬火法示意,其加热淬火的工艺参数列于表 5-37。上列三种加热方法沿截面温度变化对比列于图 5-45。φ500mm × 1700mm 9Cr2Mo 试验辊经工频双感应器加热淬火后沿截面硬度分布列于表 5-38。

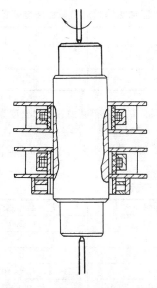

图 5-44 ϕ500mm × 1700mm 试验
辊工频双感应器加热淬火示意图

5.1.5　超高频脉冲和大功率脉冲感应淬火

超高频脉冲和大功率脉冲感应淬火的特点是：加热速度快、淬火后显微组织细、不必回火、硬度和耐磨性高等。表 5-39 列出了几种高频感应加热表面淬火工艺的主要参数对比。

超高频脉冲淬火面积取决于电源设备容量，一般为 10 ~ 100mm²。淬硬层深度为 0.05 ~ 0.5mm，最大加热宽度为 3mm。淬火组织的硬度很高。$w(C)$ 为 0.6% ~ 0.7% 钢的淬硬层硬度可达 900HV；$w(C)$ 为 0.7% ~ 0.9% 钢为 950 ~ 1050HV；T10 钢为 1050HV。

超高频脉冲感应淬火由于受冲击能量的限制，不适合于大型零件的表面加热淬火，也不适合于导热性差的合金钢，目前多用于木工工具、切削刀片、照相机、钟表、小型仪表等零件的局部淬火。表 5-40 列出了 T10 钢超高频脉冲感应淬火后的显微组织，表 5-41 是超高频脉冲感应淬火的应用实例。

表 5-37 ϕ500mm × 1700mm 9Cr2Mo 冷轧辊工频双感应器加热淬火工艺参数

序号	工　艺　参　数		预　　　热		淬火加热和冷却
			第一次	第二次	
1	感应器移动速度/(mm/s)		1	1.5	0.6
2	电压(空载/负载)/V		375/368		375/366
3	电流	上感应器/A	2100		2325
		下感应器/A	1575		1538
4	比功率	上感应器/(kW/cm²)	0.15	0.15	0.19
		下感应器/(kW/cm²)	0.12	0.114	0.12
5	上下感应器距离/mm		80	80	80
6	喷水开始时上感应器位置/mm				150
7	平喷式喷水器进水压/MPa				10
8	停电时上感应器位置/mm				1910
9	延续冷却时间/min				30

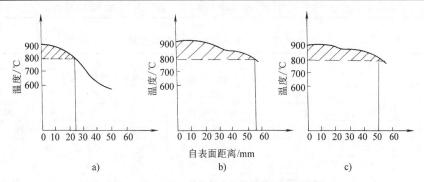

图 5-45　三种工频加热方法的沿截面温度变化

a) 单工频连续加热　　b) 工频双感应器　　c) 50/250Hz 双频加热

表5-38　φ500mm×1700mm 9Cr2Mo 钢试验辊工频双感应器加热淬火后沿截面硬度分布

自表面距离 /mm	2.5	5.0	7.5	10	12.5	15	17.5	20	22.5	25	27.5	30	32.5	35	37.5	40	42.5
硬度 HRC	64	64	64	64	64	63	62	59	55	55	53	49	47	44	42	37.5	35

大功率脉冲感应淬火设备的振荡频率一般为 200～300kHz。对于模数小于1mm 的齿轮建议使用 1000kHz，振荡功率为100kW 以上。实际工件的淬硬层深为1mm 左右，加热面积为 1～10cm²，加热时间为 0.2～0.6s。最近测得其加热功率密度为5kW/cm²，加热速度为10⁵℃/s。

表5-42 列出了一些大功率脉冲感应淬火的应用实例。

表5-39　几种高频感应加热表面淬火工艺比较

工艺参数	超高频脉冲感应淬火	大功率脉冲感应淬火	普通高频感应淬火
振荡频率/kHz	27120	200～300	200
振荡功率/kW	—	>100	—
功率密度/(kW/cm²)	10～30	5	0.2
加热速度/(℃/s)	$10^4 \sim 10^6$	10^5	$10^2 \sim 10^4$
加热时间/s	0.001～0.1	0.2～0.6	0.1～5

表5-40　T10 钢（原始组织为粒状珠光体）27MHz 超高频脉冲加热表面淬火组织

加热时间/μs	加热温度	加热转变		淬火组织	硬度 HV
		铁素体	碳化物		
25	$Ac_1 < T < Ac_{cm}$	转变为奥氏体	全部未溶	极细马氏体＋碳化物	940
50	$> Ac_{cm}$		部分溶解	板条马氏体＋碳化物	940
250	接近熔点		全部溶解	片状马氏体＋残留奥氏体	940

表5-41　超高频脉冲淬火应用举例

工件名称	工件名称	材料	脉冲	硬度
锯齿类	纺织机针	60	13μs	940HV
	木工卡锯	65Mn	82μs	950HV
	手锯	T8	50μs	934HV
刀刃类	收割机刀片	80CrV2	100μs	65.5HRC
	电动剃须刀片	C1.4%碳钢	6μs	980HV
	手术刀片	高碳不锈钢	60μs 间隔600μs	
齿轮类	精密齿轮	4130	25μs	55.5HRC
	打火机火石轮	渗碳钢	15μs	66.6HRC
其他	微型电动机轴（φ8μm）、钩针、挂钩、打印机针等			

表5-42　大功率脉冲淬火应用实例

零件类型	材料	淬火工艺				
		感应器	加热方法	加热时间	冷却方法	备注
汽车凸轮	45	仿形	整体加热	0.5s	喷水	67～68HRC
小模数齿轮	40Cr	仿形	整体加热	0.7s	自冷	700HV
汽车转向齿条	40Cr	环形与齿顶平行	逐齿加热	140μs	自冷	700HV，淬硬层浅
汽车转向齿条	40Cr	圆铜钱仿齿形	埋水逐齿加热	206μs	埋水冷	840～927HV 齿顶未淬硬
汽车转向齿条	40Cr	矩形铜板仿齿形	埋水逐齿加热	206μs	埋水冷	900HV 淬硬层理想
汽车转向齿条	40Cr	矩形铜板仿齿形	逐齿加热	140μs	自冷	硬度稍低

注：脉冲淬火时齿沟不淬硬，解决了齿条弯曲变形问题。

5.1.6　感应淬火件的回火

感应淬火后的零件可在加热炉中回火，也可采用自回火或感应加热回火。

5.1.6.1　炉中回火

感应淬火冷透的工件、浸淬或连续淬火后的工件以及薄壁和形状复杂的工件，通常在空气炉或油浴炉中回火，几种常用钢零件感应加热表面淬火后在炉中回火的规范列于表 5-43。

表 5-43　几种常用钢感应加热表面淬火件炉中回火规范

钢号	要求硬度 HRC	淬火后硬度 HRC	回火规范	
			温度 /℃	时间 /min
45	40 ~ 45	≥50	280 ~ 320	45 ~ 60
		≥55	300 ~ 320	45 ~ 60
	45 ~ 50	≥50	200 ~ 220	45 ~ 60
		≥55	200 ~ 250	45 ~ 60
	50 ~ 55	≥55	180 ~ 200	45 ~ 60
50	53 ~ 60	54 ~ 60	160 ~ 180	45 ~ 60
40Cr	45 ~ 50	≥50	240 ~ 260	45 ~ 60
		≥55	260 ~ 280	45 ~ 60
42SiMn	45 ~ 50		220 ~ 250	45 ~ 60
	50 ~ 55		180 ~ 220	45 ~ 60
15，20Cr 20CrMnTi 20CrMnMoV （渗碳淬火后）	56 ~ 62	56 ~ 62	180 ~ 200	60 ~ 120

5.1.6.2　自回火

自回火就是利用感应淬火冷却后残留下来的热量而实现的短时间回火。采用自回火可简化工艺，并可在许多情况下避免淬火开裂。

采用自回火时，应严格控制冷却剂的温度、喷冷时间、和喷射压力。具体的操作规范应通过具体工件的试验来确定，因此，自回火的方法主要用于大批量生产。

表 5-44 列出了 45 钢达到相同硬度的自回火温度与炉中回火温度的比较。

5.1.6.3　感应加热回火

连续感应淬火的长轴或其他零件，有时采用感应加热回火比较方便。这种回火方法，可以紧接在淬火后进行。由于回火温度低于磁性转变温度，电流的透入深度较小。另一方面，为降低表面淬火件过渡层中的残余拉应力，回火的感应加热层深度应比淬火层深才能达到回火目的。因此，感应加热回火应采用很低的频率或很小的比功率，延长加热时间，利用热传导使加热层增厚。采用同时加热法时，可利用继续加热法使加热层增厚。

表 5-44　达到相同硬度的自回火温度与炉中回火温度的比较

（淬火后硬度 63.5 ~ 65HRC 炉中回火 1.5h）

平均硬度 HRC	回火温度/℃	
	炉中回火	自回火
62	130	185
60	150	230
55	235	310
50	305	390
45	365	465
40	425	550

感应加热回火的最大特点是回火时间短。因此要达到与炉中回火相同的硬度及其他性能时，回火温度应相应提高。

此外，采用感应加热回火，由于加热时间短，所得到的显微组织有极大的弥散度，回火后的耐磨性和冲击韧度比炉中回火高。表 5-45 和表 5-46 列出了感应加热回火的频率和功率选择。

表 5-45　感应加热回火需要的大约功率密度

频率[1] /Hz	功率密度[2]/（kW/mm^2）	
	150 ~ 425℃	425 ~ 705℃
60	0.009	0.023
180	0.008	0.022
1000	0.006	0.019
3000	0.005	0.016
10000	0.003	0.012

[1] 使用合适频率及设备正常的总工作效率。

[2] 一般情况下，此功率密度适用于 12 ~ 50mm 的工件。尺寸较小的工件采用较高的输入，尺寸较大的工件可以用较低的输入。

5.1.7　感应淬火常见的质量问题及返修

感应加热热处理常见的质量问题有开裂、硬度过高或过低、硬度不均、硬化层过深或过浅等。其造成的原因归纳如表 5-47 所示。

感应加热热处理零件有下列情况时允许返修处

理。硬度低或有大片软点；硬化区范围、硬化层深度不符合技术要求；加热温度不足造成金相组织不合格等，返修件的处理方法可按下述两种办法进行：

（1）返修件经感应加热到 700~750℃ 后在空气中冷却透，然后按该零件淬火规范进行第二次淬火。

（2）返修零件经炉内加热到 550~600℃，保温 60~90min。然后在水中或空气中冷却，再按原淬火规范进行第二次淬火。

表 5-46 各种感应回火应用的功率、频率选择

工件尺寸 /mm	最高回火温度 /℃	电源线 50 或 60 /Hz	频率转换器 180Hz	固态变频或中频			晶体管大于 200kHz
				1000Hz	3000Hz	10000Hz	
3.2~6.4	705	—	—	—	—	—	良好
6.4~12.7	705	—	—	—	—	良好	良好
12.7~25	425	—	较好	良好	良好	良好	较好
	705	—	差	良好	良好	良好	较好
25~50	425	较好	较好	较好	良好	较好	差
	705	—	较好	较好	良好	较好	差
50~152	425	良好	良好	良好	较好	—	—
	705	良好	良好	良好	较好	—	—
152 以上	705	良好	良好	良好	较好	—	—

表 5-47 感应加热热处理常见的质量问题及原因

缺陷种类	造成原因
开裂	加热温度过高、温度不均；冷却过急且不均；淬火冷却介质及温度选择不当；回火不及时且回火不足；材料淬透性偏高，成分偏析，有缺陷，含过量夹杂物；零件设计不合理，技术要求不当
淬硬层过深或过浅	加热功率过大或过小；电源频率过低或过高；加热时间过长或过短；材料淬透性过低或过高；淬火冷却介质温度、压力、成分不当
表面硬度过高或过低	材料碳含量偏高或偏低，表面脱碳，加热温度低；回火温度或保温时间不当；淬火冷却介质成分、压力、温度不当
表面硬度不均	感应器结构不合理；加热不均；冷却不均；材料组织不良（带状组织偏析，局部脱碳）
表面熔化	感应器结构不合理；零件有尖角、孔、槽等；加热时间过长；材料表面有裂纹缺陷

5.2 火焰淬火

火焰淬火是将火焰喷向工件表面，使工件表层一定厚度奥氏体化，随后将工件投入淬火槽中或将淬火冷却介质喷射到工件表面，在工件表面得到淬硬层。

火焰淬火的特点是：

（1）简便易行，设备投资少。

（2）方法灵活，适用于多品种少量或成批局部表面加热淬火。

（3）对处理大型零件具有优势。

其缺点是：

（1）只适用于喷射方便的表面；薄壁零件不适合火焰加热表面淬火。

（2）淬火质量受操作者的技能影响大。

（3）操作中须使用有爆炸危险的混合气体。

5.2.1 火焰加热方法

5.2.1.1 固定位置加热法

固定位置加热法除火焰喷嘴固定不动外，工件在加热时亦不移动。这种操作若与淬火机床配合，可进行大批量生产。图 5-46 所示是对气门摇臂的固定法火焰加热表面淬火。

5.2.1.2 工件旋转加热法

利用一个或几个固定的火焰喷嘴，在一定时间内对旋转的工件表面进行加热并随后淬火，主要用于直径较小的圆盘状零件或模数较小的齿轮表面淬火的加热，如图 5-47 所示。

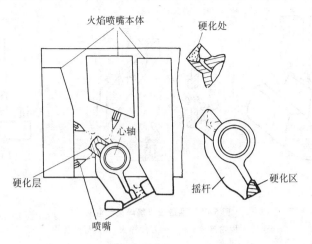

图 5-46　固定法火焰淬火（气门摇臂）

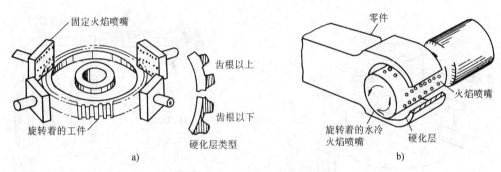

a)　　　　　　　　　　　　　　　　b)

图 5-47　旋转法火焰淬火

a）小齿轮　b）摇臂内孔淬火。

5.2.1.3　连续加热法

沿着固定不动的工件表面以一定的速度移动火焰喷嘴和喷水装置，或固定火焰喷嘴和喷水装置而移动工件的淬火方法。连续加热法在导轨、剪刀片、大型冷作模具、大齿轮等零件上应用广泛，如图 5-48 所示。若在火焰喷嘴和喷水装置移动的同时，将工件自身旋转，则形成复合运动加热法，多用于长轴类零件，如图 5-49 和图 5-50 所示。

固定法和旋转法的特点是：

（1）硬化层较深。

（2）由于加热速度较慢，在工件内部储存较多的热量，冷却相应比较缓慢，不易淬裂。

（3）淬后回火效果好。

（4）薄壁工件不适合。

连续加热法的特点是：

（1）与固定法比较硬化层较浅，一般为 2 ~ 3mm。

（2）由于该工艺加热、冷却迅速，需要机械操作，烧嘴的精度与气体调整的工艺控制较为重要。

（3）高碳钢与合金钢容易发生淬裂，应适当预热，冷却剂也应该恰当选择，可采用喷气或喷雾

5.2.2　火焰喷嘴和燃料气

火焰喷嘴是火焰淬火的主要工装，为了保持较长的使用寿命，火焰喷嘴须用高熔点合金或陶瓷等材料制作，火焰喷嘴的结构也应按照被加热零件和加热方式的不同而有所差异。图 5-51 和图 5-52 示出了几种典型火焰喷嘴的结构。

火焰加热所用气体燃料有城市煤气、天然气、丙烷、乙炔、氢气等，其中乙炔是最常用的，表 5-48 和表 5-49 列出了几种常用气体燃料的性质。

火焰加热器以氧与乙炔混合的较为普遍。使用不同介质燃气时，必须按燃气性质要求，配备专用的火焰加热器，见图 5-53 所示。其技术数据见表 5-50 和表 5-51 中所列各部尺寸技术要求。扩大或缩小各供气与出气通路的截面，使氧与不同燃料气混合后燃烧以保证火焰稳定。所以加热器适用于氧气压力为 294 ~ 784kPa，燃气压力为 49 ~ 147kPa。喷火嘴多焰孔截面积应为各孔的总圆面积之和。

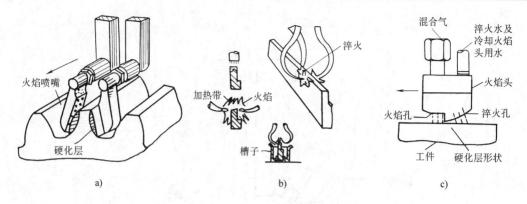

图 5-48　推进法火焰淬火示意图

a）大齿轮淬火　b）长刀片淬火　c）导轨淬火

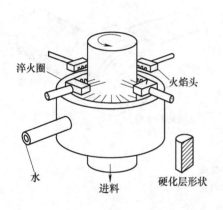

图 5-49　连续-旋转联合式火焰淬火

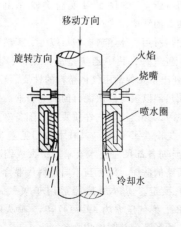

图 5-50　轴的旋转推进法火焰淬火

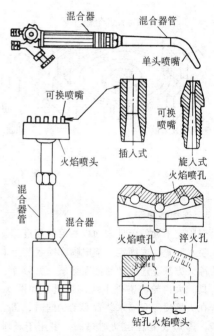

图 5-51　几种常用火焰喷嘴构造示意图

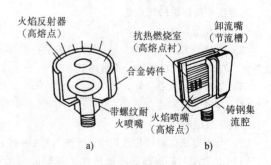

图 5-52　典型的用空气-燃烧气

燃烧的烧嘴

a）辐射型　b）高速对流型（不用水冷）

表 5-48　火焰淬火加热用气体燃料

性　　质	煤气	甲烷	丙烷	乙炔	氢
燃烧热值/(kJ/m³)	17974~19228	39823	101658	58896	12749
容积密度/(kg/m³)	0.646	0.714	2.019	1.1709	0.8987
理论需氧量/(m³/m³)	0.795~0.890	2	5	2.5	0.5
实际需氧量/理论氧量(%)	75	100	70~80	40~70	70
火焰最高温度/℃	2800	2930	2750	3100	2650
混合气中的氧量(体积分数)(%)	35	55	55	55	22
火焰最高速度/(cm/s)	705	330	370	1350	890
混合气中的氧量(体积分数)(%)	45	65	88	72.5	29
最大火焰烈度/[(kJ/(cm²/s)]	12.67	8.40	10.70	44.73	13.96
混合气中的氧量(体积分数)(%)	42	62	80	70	25
热容/(kJ/m³)	640	1129	941	577	1095
混合气中的氧量(体积分数)(%)	37	65	80	50	40
要求的气体压力/10⁵Pa	0.3	0.5	1.0	0.8	0.5

表 5-49　用于火焰淬火的燃料气

气　　体	加热值/(MJ/m³)	火焰温度(用氧)/℃	火焰温度(用空气)/℃	氧与燃料气常用比率	氧与燃料气混合气比热值①/(MJ/m³)	正常燃烧速率/(mm/s)	燃烧强度/[mm·MJ/(s·m³)]	空气与燃料气常用比率
乙炔	53.4	3105	2325	1.0	26.7	535	14284	—
城市煤气	11.2~33.5	2540	1985	②	②	②	②	②
天然气(甲烷)	37.3	2705	1875	1.75	13.6	280	3808	9.0
丙烷	93.9	2635	1925	4.0	18.8	305	5734	25.0

① 氧—燃料气混合气的热值乘以正常燃烧速率的乘积。

② 随加热值和成分而异。

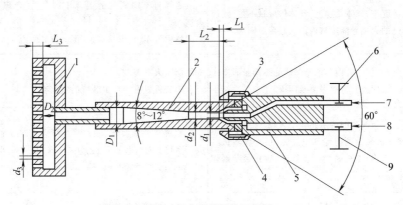

图 5-53　专用火焰加热器结构示意图

1—喷火嘴　2—混合室　3—喷嘴　4—螺帽　5—炬体　6—氧气调节阀
7—氧气导管　8—燃气导管　9—燃气调节阀

煤油与氧气混合的火焰加热器与用其他燃气的工具不同,应先将液态的煤油经气化并经过毛毡和苛性钠层滤清,以便脱水和消除固体微粒的焦油产物,以及环烷酸、磺基环烷酸及其盐类后供给特制的火焰加热器,如图 5-54 及图 5-55 所示。

表 5-50　专用火焰加热器主要结构尺寸

主要尺寸	符　号	经验公式
喷嘴孔径	d_1	—
混合口孔径	d_2	—
喷火嘴孔径	d_3	—
混合室通路孔径	D_1	$(1.5 \sim 3)d_2$
储气室直径	D_2	$(1.5 \sim 2)d_3$
喷嘴与混合口间隙	L_1	$(1.2 \sim 1.5)d_1$
混合孔径长	L_2	$(6 \sim 12)d_2$
喷火嘴孔径深	L_3	$(5 \sim 10)d_3$

表 5-51　使用不同燃气的孔径规格

燃气名称	计　算　式	
	d_2	d_3
乙炔	$\approx (3 \sim 3.3)d_1$	$\approx 3 \times d_1$
氢	$\approx (3.2 \sim 3.5)d_1$	$\approx 3.5 \times d_1$
丙烷	$\approx (2.7 \sim 3)d_1$	$\approx 3.2 \times d_1$
天然气	$\approx (2.9 \sim 3.2)d_1$	$\approx 3.1 \times d_1$
城市煤气	$\approx (4.2 \sim 4.5)d_1$	$\approx 4.5 \times d_1$
焦炉煤气	$\approx (4 \sim 4.5)d_1$	$\approx 6 \times d_1$
煤油	$\approx (2.9 \sim 3.2)d_1$	$\approx 3.8 \times d_1$

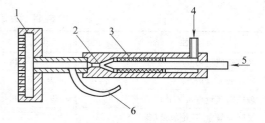

图 5-54　煤油火焰式加热蒸发用火焰淬火器
1—喷火嘴　2—混合室　3—石棉垫料蒸发室
4—气化煤油进口　5—氧气进口
6—火焰式蒸发嘴

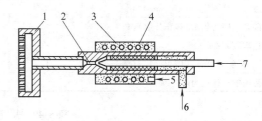

图 5-55　煤油电热式加热蒸发用火焰淬火器
1—喷火嘴　2—混合室　3—电热式蒸发器
4—石棉垫料蒸发室　5—电源进口
6—气化煤油进口　7—氧气进口

火焰加热器在使用中可能发生的故障及处理方法列于表 5-52。

表 5-52　火焰加热工具使用故障及处理方法

故障及原因	处理方法
混合气燃烧速度高,气体流速低,气体供应量不足,致使在工具外部燃烧的火焰导向工具内部回燃形成回火	按燃气与不同氧气的混合比例,选择合理的混合室,喷嘴及喷火嘴 调整供气压力,保持流速,保证流量供给
喷火嘴热量过高,使工具内部混合气体受热膨胀而产生附加阻力,妨碍供气流动,造成爆鸣及回火	降低喷火嘴温度 合理安置设有冷却水装置的喷水嘴
喷火嘴出口孔径与深度的要求制作不合理,一般是出口孔径过大,孔深度过短及嘴内储气室过宽,使外界多量空气积聚于火嘴室内,点火时,空气与燃气达到最易爆炸范围,立即发生回火	按照燃气性质要求,制作喷火嘴点火时放泄适量余气,然后再点火。多焰孔径建议选用:乙炔/氧 $\phi 0.5 \sim \phi 0.8\mathrm{mm}$;丙烷/氧 $\phi 0.8 \sim \phi 1.2\mathrm{mm}$;天然气/氧 $\phi 1.5 \sim \phi 2\mathrm{mm}$
喷火嘴某部钎焊有微漏,或材料有砂眼,气孔等情况,在点燃火焰后,空气被吸入火嘴内,当空气混入燃气达到一定比例量时,即产生爆鸣及回火	保证钎焊部的焊接质量 喷嘴材料应采用挤压铜材,不用铸件 新制的喷火嘴,用气压试验气密性
火焰加热工具的混合室、喷嘴、喷火嘴、调节阀等零部件连接处气密性不好,使应隔离的各毗邻通路发生连通,造成气体流窜影响原定的气体流程而回火	检查各部件气密部位配合面的精度,如有不精确或损坏的应予调换,在总装时,各螺纹紧固件必须拧紧,不应漏气

（续）

故障及原因	处 理 方 法
火焰加热工具的各零部件处沾有油脂,油脂与氧在一定压力下,产生剧烈的氧化反应,发生自燃或回火,有烧损氧气调节阀及氧气胶管的危险	清除火焰加热工具沾染的油脂 各部件严禁与油脂接触,对必须涂润滑脂的部件,如调节阀的气密垫料部位,应采用抗氧化性能好的硅脂与石墨浸涂的石棉垫料,或含有石墨的聚四氟乙烯作为垫料
氧气胶管老化和氧气压力过高,对抗氧化性能较差的胶管,极易产生回火或自然而烧损胶管	氧气工作压力应在 294～490kPa 的范围,最高不超过 784kPa 陈旧老化的胶管,应及时调换
火焰加热工具使用的时期较长,以及日常回火等因素,形成在氧气调节阀、喷火嘴、燃气与混合口通路等部位聚积炭黑污垢,影响气流,当火焰随聚积的点燃炭黑呈暗红状态向工具内部蔓延时,即形成回火	定期清除积聚炭黑污垢,可用酸洗加热烧除(以约 500℃ 的火焰烧尽炭灰)和人造爆鸣冲除(关小氧及燃气,产生人造回火)等方法
喷火嘴与淬火工件过近,或有碰撞情况发生爆鸣及回火	调整喷火嘴与工件的距离
冷却水孔与喷水嘴火孔的间距过近,当淬火时受水蒸气的干扰影响,形成熄火或回火	在火孔与水孔之间应加挡板 选定适宜的冷却水出口斜度
喷火嘴发生回火时,产生严重灭火状况,喷火嘴经连续数次关闭后,在再开启调节阀门时,仍有燃烧的明光自喷火嘴内向外冲出	燃气调节阀与氧气调节阀关闭气密性不良,应予检修或调换 喷火嘴制作质量不良和火孔孔径扩大,必须更换火嘴

5.2.3　火焰淬火工艺规范

火焰淬火加热速度比较快,奥氏体化温度向高温方向推移。但火焰表面加热工件内部温度分布曲线比较平缓,这是由于热传导所决定的（不同于感应加热）。因此,对于规定淬火深度的火焰淬火,工件表面加热温度应该高一些。不同材料的火焰淬火温度要比一般普通淬火温度高 20～30℃。火焰淬火适用的钢种比感应加热更为广泛。表 5-53 列出了一些钢种的火焰淬火温度,供操作者参考。

由于火焰淬火具有较快的加热速度,因此对工件最好是先进行正火或调质处理,以获得细粒状或细片状珠光体。

在加热深度较大的情况下,急热又急冷易引起火焰淬火开裂。进行预热可以缓和急速加热并利用工件内部残留热量减慢冷却速度,这对防止缺陷具有良好的效果。对于连续法,可采取在加热烧嘴前加预热烧嘴。

表 5-53　各种钢号（铸铁）的加热温度

钢号及铸铁	加热温度/℃
35、ZG270-500、40	900～1020
45、ZG310-570、50、ZG340-640	880～1000
50Mn、65Mn	860～980
40Cr、35CrMo	900～1020
42CrMo、40CrMnMo、35CrMnSi	900～1020
T8A、T10A	860～980
9SiCr、GCr15	900～1020
20Cr13、30Cr13、40Cr13	1100～1200
灰铸铁、球墨铸铁	900～1000

在加热过程中,工件表面与烧嘴之间的距离应保持固定,以保证加热温度的均匀,一般焰心距工件表面约 2～3mm 为好,当工件的截面大、碳含量低时,这个距离可适当减小;若工件的截面小,碳含量高,这个距离则适当增加。

采用连续加热淬火时,根据钢的淬透性,烧嘴孔与淬火喷水孔间的距离可在 10～25mm 之间调整,参见表 5-54。为了使水花不溅在焰心处,喷出的水柱应后倾 10°~30°，烧嘴孔与喷水孔间应设挡板。

表 5-54   烧嘴孔和喷水孔的行间距离关系

钢 号	烧嘴孔与喷水孔的行间距离/mm
35、40、45	10
35Cr、40Cr、ZG40Mn	15
55、50Mn、ZG340-640	20
35CrMnSi、40CrMnMo	25

5.2.3.1   加热温度的控制

对于固定法及旋转法火焰表面加热，工件表面温度取决于加热时间。加热时间越长，表面温度越高。图 5-56a 为固定法在加热摇臂杆时表面温度与时间的关系。图 5-56b 为圆柱体采用旋转法火焰表面加热的加热时间、加热温度、硬化深度之间的关系曲线。

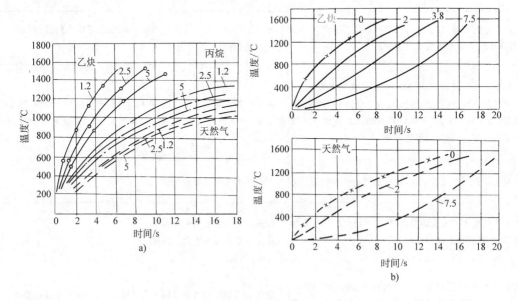

图 5-56   不同加热方式加热时表层温度与加热时间的关系

a）固定法加热（摇臂杆）   b）旋转法加热（圆柱体）

注：图中数字为距表面的距离（mm）。

火焰加热的加热速度与烧嘴尺寸、燃料气体种类、混合比、混合气体压力及消耗量（流量）有关。表 5-55 为使用 10cm 宽的烧嘴时，硬化层深度与移动速度、乙炔及氧消耗量的关系。此时，混合气体压力为 10~11kPa；气体混合比 O_2/C_2H_2 为 1.1/1.0~1.5/1.0。

表 5-55   烧嘴移动速度、气体消耗量与硬化层深度

硬化层深度/mm	烧嘴移动速度/(mm/s)	C_2H_2 消耗量/(cm³/cm²)	O_2 消耗量/(cm³/cm²)
8	0.8	3300	3600
6	1.25	3200	3350
5	1.67	1650	1760
3	2.1	1300	1400
1.5	2.5	1060	1180

图 5-57 为 25mm×50mm×100mm 的钢试样，当烧嘴移动速度为 75mm/min、烧嘴与工件表面距离为 8mm 时，实际加热时间与工件表面温度分布的关系。图 5-57a 表明在火焰表面加热空冷后表层温度的变化。图 5-57b 是火焰表面加热后水淬时表层温度分布曲线。加热 60s 后开始水冷，此时表面温度急剧下降。65s 以后表面温度已低于内层温度，继续冷却到 100s 时温度趋于一致。这种温度分布将使热应力和组织应力增加。

烧嘴与工件之间的距离对表面加热温度也有很大影响。从图 5-58 中可以看到，当移动速度一定时，烧嘴距离由 12mm 减小到 10mm 或 8mm 时，表面温度及淬火后的硬度均相应升高。烧嘴与工件间距应当保持在热效率最高的范围内，一般为焰心还原区顶端距工件表面 2~3mm 为好。

图 5-59 所示是烧嘴与工件间距一定时，移动速度与淬火表面硬度的关系。烧嘴移动速度太慢会使表面过热，反而使淬火后硬度下降。

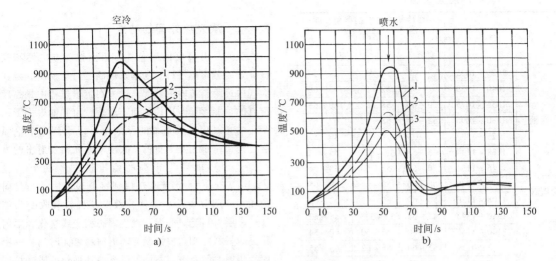

图 5-57　实际加热时间与工件表面温度分布的关系

a）空冷时　b）水冷时

1—表面温度　2—表面下 2mm 处温度　3—表面下 10mm 处温度

注：试样尺寸为 25mm×50mm×100mm；烧嘴移动速度为 75mm/min；烧嘴与工件间距为 8mm。

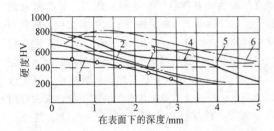

图中曲线号	1	2	3	4	5	6
在表面 10mm 下温度/℃	630	650	700	750	800	850
烧嘴与工件距离/mm	12	10	8	12	10	8
移动速度/(mm/min)	75	75	75	50	50	50

图 5-58　工件表面硬度与烧嘴距离及移动速度关系

注：试样尺寸为 25mm×75mm×100mm，空冷。

5.2.3.2　淬火冷却介质及冷却方式

对于手动火焰淬火，可将工件投入油或水中冷却，这种方法硬化层较深，一般适用于不需要急冷的合金钢或简单碳钢小工件。要求表面硬度高的工件，则表面需急冷，一般在烧嘴上加工喷射孔喷射冷却剂进行连续加热冷却。对于旋转法火焰淬火，则可采用冷却圈进行喷射淬火冷却介质冷却。

淬火冷却介质的冷却速度应设法调节。除了调节淬火冷却介质的流量、压力与温度外，可选用不同淬火冷却介质，如水[一般淬火条件下水的喷射密度为 8~20cm³/(cm²·s)]、不同浓度的逆溶性淬火冷却介质（如聚乙烯醇）等，为了减少淬火开裂和变形，对于合金钢也可用喷雾或压缩空气冷却。

表 5-56 列出了不同材料经火焰加热后采用不同介质淬火后的硬度。

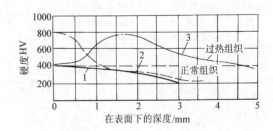

图中曲线号	1	2	3
烧嘴距离/mm	12	12	12
移动速度/(mm/min)	100	75	50

图 5-59　烧嘴距离及移动速度与表面硬度的关系

注：试样尺寸为 25mm×75mm×100mm，空冷。

表 5-56　钢与铸铁经火焰淬火后的硬度（ATST）

材　　料		受冷却剂影响的典型硬度 HRC		
		空气①	油②	水②
碳钢	1025 ~ 1035	—	—	33 ~ 50
	1040 ~ 1050	—	52 ~ 58	55 ~ 60
	1055 ~ 1075	50 ~ 60	58 ~ 62	60 ~ 63
	1080 ~ 1095	55 ~ 62	58 ~ 62	62 ~ 65
	1125 ~ 1137	—	—	45 ~ 55
	1138 ~ 1144	45 ~ 55	52 ~ 57③	55 ~ 62
	1146 ~ 1151	50 ~ 55	55 ~ 60	58 ~ 64
渗碳碳钢	1010 ~ 1020	50 ~ 60	58 ~ 62	62 ~ 65
	1108 ~ 1120	50 ~ 60	60 ~ 63	62 ~ 65
合金钢	1340 ~ 1345	45 ~ 55	52 ~ 57③	55 ~ 62
	3140 ~ 3145	50 ~ 60	55 ~ 60	60 ~ 64
	3350	55 ~ 60	58 ~ 62	63 ~ 65
	4063	55 ~ 60	61 ~ 63	63 ~ 65
	4130 ~ 4135	—	50 ~ 55	55 ~ 60
	4140 ~ 4145	52 ~ 56	52 ~ 56	55 ~ 60
	4147 ~ 4150	58 ~ 62	58 ~ 62	62 ~ 65
	4337 ~ 4340	53 ~ 57	53 ~ 57	60 ~ 63
	4347	56 ~ 60	56 ~ 60	62 ~ 65
	4640	52 ~ 56	52 ~ 56	60 ~ 63
	52100	55 ~ 60	55 ~ 60	62 ~ 64
	6150	—	52 ~ 60	55 ~ 60
	8630 ~ 8640	48 ~ 53	52 ~ 57	58 ~ 62
	8642 ~ 8660	55 ~ 63	55 ~ 63	62 ~ 64
渗碳合金钢④	3310	55 ~ 60	58 ~ 62	63 ~ 65
	4615 ~ 4620	58 ~ 62	62 ~ 65	64 ~ 66
	8615 ~ 8620	—	58 ~ 62	62 ~ 65
马氏体不锈钢	410 和 416	41 ~ 44	41 ~ 44	—
	414 和 431	42 ~ 47	42 ~ 47	—
	420	49 ~ 56	49 ~ 56	—
	440（典型的）	55 ~ 59	55 ~ 59	—
铸铁（ASTM 级）	30	—	43 ~ 48	43 ~ 48
	40	—	48 ~ 52	48 ~ 52
	45010	—	35 ~ 43	35 ~ 45
	50007,53004, 60003	—	52 ~ 56	55 ~ 60
	80002	52 ~ 56	56 ~ 59	56 ~ 61
	60-45-15	—	—	35 ~ 45
	80-60-03	—	52 ~ 56	55 ~ 60

① 为了获得表中的硬度值，在加热过程中，那些未直接加热区域必须保持相对冷态。

② 薄的部位在淬油或淬水时易于开裂。

③ 经旋转和旋转—连续复合加热，材料的硬度比经连续式、定点式加热材料的硬度稍低。

④ $w(C)=0.90\% \sim 1.10\%$ 渗层表面的硬度值。

5.3　激光、电子束热处理

5.3.1　激光热处理的特点

激光具有高度的单色性、相干性、方向性和亮度，是一种聚焦性好、功率密度高、易于控制、能在大气中远距离传输的热源。激光在传输过程中是高度准直的，能够远距离传输而不显著扩束并能聚焦于一个小的光斑内。激光束的发散角可以小到几个毫弧度，光束基本上是平行的。大功率激光器发射出的光束通过聚焦能获得很高的能量密度和功率密度（$> 10^9 \text{W/cm}^2$）。激光束辐射到材料表面时，与材料的相互作用分为几个阶段：激光被材料吸收变为能量、表层材料受热升温、发生固态相变或熔化、辐射移去后材料冷却。根据激光辐射材料表面时的功率密度、辐射时间及方式不同，激光热处理包括激光相变硬化、熔化快速凝固硬化、表面合金化和熔覆等。激光热处理的特点如下：

（1）能快速加热并快速冷却。激光加热金属时，主要是通过光子和金属材料表面的电子和声子（代表点阵振动能量的量子）的相互作用，吸收激光的能量。电子和电子、声子和声子的能量交换，使处理层材料温度迅速升高，在 $10^{-7} \sim 10^{-9}$s 之内，就能使作用的深度内达到局部热平衡。此时温度升高速率是 10^{10}℃/s。由于金属本身具有优良的导热性，可使该处理层急速冷却，只要工件有足够的质量，在没有附加冷却的条件下，冷速可达 10^3℃/s 以上，甚至可达 10^6℃/s 以上。

（2）可控制精确的局部表面加热。通过导光系统，激光束可以一定尺寸的束斑精确地照射到工件的很小的局部表面，并且加热区与基体的过渡层很窄，基本上不影响处理区以外基体的组织和性能。特别适用于形状复杂、体积大、精加工后不易采用其他方法强化的零件，如拐角、沟槽、不通孔底部等区域的热处理。

（3）输入的热量少，工件处理后的畸变微小。

（4）能精确控制加工条件，可以实现在线加工，也易于与计算机连接，实现自动化操作。

在室温下，所有金属都是 $10.6\mu m$ 波长的 CO_2 激光的良反射体，反射率高达 70% ~ 80%。当金属度达到熔点时，反射率降至 50%，当达到汽化温度时，反射率进一步降至 10%。因此在激光处理温度不超过材料熔点时，必须施加吸光涂层以增加吸收率；在熔点以上，则无须施加吸光涂层，以避免处理层不希望的污染。吸光涂层通常称为"黑化处理"，选择黑化方法时可参考以下原则：

（1）对所使用的光线波长（如 CO_2 激光器时为 $10.6\mu m$，YAG 激光器时为 $1.06\mu m$）吸收率高，反射率低。

（2）和工件表面有较好的结合，并具有高的热导率以将其吸收的热量传入工件。

（3）处理方法简便易行，处理所需时间较短，从处理后到能用激光处理的这段时间短，以利于流水线大量生产。

（4）对于金属表面没有或仅有极轻微的腐蚀作用及其他不良作用。

（5）激光处理后易于清除，或不需清除。

（6）原料价格便宜，无毒，处理时或处理后均不污染环境。

常用的预处理方法有碳素法、磷化法和油漆法等。发黑涂料有碳素墨汁、胶体石墨、磷酸盐、黑色内稀酸、氨基屏光漆等。此外，也可以利用线偏振光大入射角来增强激光的吸收。

1. 磷化法　磷化法是将清洗净的零件放在磷酸盐为主的溶液中，浸渍或加温后得到磷化膜的方法，分为磷酸锰法及磷酸锌法。

磷酸锰法所使用的主要原料是马日夫盐，其成分以 $Mn(H_2PO_4)_2$ 为主。简单的只用马日夫盐 15%（质量分数）的溶液，在 $80\sim98℃$ 浸渍 $15\sim40min$ 即可。磷化膜由 $Fe(H_2PO_4)_2$ 和 $Mn_3(PO_4)_2$ 组成，表面呈深灰色的绒状。

磷酸锌法所使用的主要原料为 $Zn(H_2PO_4)_2$，可以在室温下浸渍，加温后效果更好些。处理后表面呈深褐色的绒状，膜厚约 $10\mu m$，单位面积上的膜重约为 $0.1g/m^2$。

磷化法的主要优点是处理方法简便，效果好，适于大量生产，并可根据磷化膜在激光束扫描照射后的状态，判断激光硬化质量。若硬化条中间部分呈黑亮色，在两边各有一狭细的白色带，即可初步判断相变硬化是成功的。黑亮色部分相当于受热 800℃ 以上经过硬化的区域；狭细白色带相当于受热 350℃ 以下磷化膜析出部分结晶水的区域。如果中间颜色较浅，两边的白色带很宽时，为激光功率密度不足未得到硬化或未得到较完全硬化的现象。如果白条特别宽，仅中间有一狭条颜色很深并有小型黑色圆球时，表示已接近或发生了极轻微的熔化。中间呈深色且呈焊波状时说明表面已经熔化了。

磷化膜对零件表面有防腐蚀及减摩的作用，在很多情况下激光处理后即能装配使用，无需清除。如需清除亦较简单。

磷化法仅适于低碳、中碳钢及各种铸铁。对于高合金钢如不锈钢等，磷化膜层很薄，效果不好。

2. 碳素法　包括用碳素墨汁、普通墨汁或者炭黑胶体石墨悬浮于一定粘结剂的溶液中，用涂或喷涂的方法施加在清洁的零件表面上。其特点是适应性强，能涂在任何材料上，还可以在大零件的局部处涂敷，吸收激光效果亦较好。不足之处是不易涂得很均匀，激光照射时，碳燃烧产生烟雾及亮光，效果有时不太稳定，有时对材料有一定增碳的效果。

3. 油漆法　用黑色油漆涂抹在工件表面，对 $10.6\mu m$ 的激光有较强的吸收能力。它和钢铁表面有较强的附着力，又便于涂敷，易得到均匀的表面。吸光效果虽然比磷化法差一些，但比较稳定，能适合任何材料，包括高合金钢、不锈钢等难于采用磷化法的零件。缺点是照射时有烟雾和气味，不易清除。

4. 其他方法　还有一些方法如真空溅射钨、氧化铜等，对 $10.6\mu m$ 激光的吸收率均非常高，但在通常生产中很少用。

表 5-57 中列出了钢经过处理后表面对于 CO_2 激光的反射率，可供参考。

表 5-58 示出了不同黑化处理对 45 钢和 42CrMo 钢激光表面淬火效果的影响。

表 5-57　钢的各种表面吸收层对 CO_2 激光的反射率典型值

表面层	砂纸打磨 $1\mu m$	喷砂 $19\mu m$	喷砂 $50\mu m$	氧化	石墨	二硫化钼	高温油漆	磷化处理
反射率（%）	92.1	31.8	21.8	10.5	22.7	10.0	2~3	23

表 5-58　不同黑化处理对 45 钢和 42CrMo 钢激光表面淬火效果的影响

钢号	黑化处理	淬硬层深度/mm	淬硬带宽度/mm	硬度 HV	淬硬层组织
45	氧化	0.19~0.20	1.08~1.10	542	细针马氏体
	磷化	0.22~0.27	1.10~1.23	542	细针马氏体
	涂磷酸盐	0.25~0.31	1.18~1.35	585	细针马氏体

（续）

钢号	黑化处理	淬硬层深度/mm	淬硬带宽度/mm	硬度 HV	淬硬层组织
42CrMo	氧化	~0.25	1.30	842	隐针马氏体
	磷化	~0.35	1.53	642	隐针马氏体
	涂磷酸盐	~0.35	1.64	642	隐针马氏体

几种不同的激光热处理工艺特点列于表 5-59，各种方法需用不同的激光功率密度和辐射时间相配合，图 5-60 示出了各种激光热处理方法的激光功率密度和辐射时间区域。

表 5-59　几种激光热处理的工艺特点

工艺特点	处理目的	措　　施	功率密度/(W/cm²)	处理效果	应　用
表面相变硬化	获得淬火组织	表面薄层加热至奥氏体化	$10^3 \sim 10^5$	获得细针状马氏体组织	合金钢、铸铁
激光非晶化	使工件表层结构变为非晶态	同上，但须提高冷速（附加冷却），采用脉冲激光加热	$> 10^7$	表层为白亮的非晶结构，强度及塑性均提高，还可获得某些特殊性能	高强度材料、超导材料、磁性材料、耐蚀材料
激光涂覆	工件表面覆盖一层金属或碳化物	在保护气氛下使施加于工件表面的金属或碳化物粉末熔化	$10^5 \sim 10^7$	覆盖层与基体结合良好，其中所含元素不会被基体稀释，畸变小	碳钢、不锈钢、球墨铸铁
激光合金化[①]	改变工件表层的化学成分以获得特定性能	通过电镀、溅射或放置粉末、箔、丝等合金化材料，在保护气氛下加热并保温，使合金化材料与工件表层熔融结合	$10^5 \sim 10^7$	合金化表层晶粒细小、成分均匀	各种金属材料均可应用
激光冲击硬化	利用激光照射产生的应力波使工件表层加工硬化	使用脉冲激光并在工件表面涂覆一层可透过激光的物质（例如石英）	$(1 \sim 2) \times 10^9$	提高疲劳强度及表面硬度	齿轮、轴承等精加工后的非平面表面
激光上釉	改善铸件表层组织	表面薄层加热至熔点以上	$10^5 \sim 10^7$	晶粒细化、成分均匀化、疲劳强度、耐蚀性、耐磨性均提高	耐酸铸造合金、高速钢

①　为防止合金化层开裂，处理前应预热工件、处理后应退火。

5.3.2　电子束热处理的特点

电子束加热与激光加热的区别在于它是在真空室内进行（<0.666Pa），电子束的最大功率可达 10^9 W/cm²，如此高的功率密度作用于金属表面，可在极短的时间内将金属表面熔化。因此，电子束加热表面热处理与激光加热表面热处理一样，具有很高的加热和冷却速度，淬火可获得超细晶粒组织，也可进行表面合金化或熔覆。

5.3.3　表面相变硬化

5.3.3.1　激光加热表面相变硬化

对于钢铁材料而言，激光相变硬化是在固态下经受激光辐照，其表层被迅速加热至奥氏体化温度以上，并在激光停止辐射后快速自淬火得到马氏体组织的一种工艺方法，所以又叫做激光淬火。适用的材料为珠光体灰铸铁、铁素体灰铸铁、球墨铸铁、碳钢、合金钢和马氏体型不锈钢等。此外，还对铝合金等进

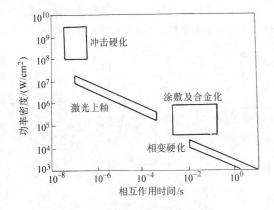

图 5-60　不同激光表面改性的功率
密度和作用时间

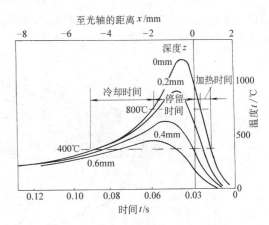

图 5-61　激光相变硬化随时间
变化的温度场

行了成功的研究和应用。激光单道扫描后典型的硬化层深度为 0.5~1.0mm，宽度为 2~20mm。激光相变硬化的主要目的是在工件表面有选择性的局部产生硬化带以提高耐磨性，还可以通过在表面产生压应力来提高疲劳强度。工艺的优点是简便易行，强化后零件表面光滑，变形小，基本上不需经过加工即能直接装配使用。硬化层具有很高的硬度，一般不回火即能应用。它特别适合于形状复杂、体积大、精加工后不易采用其他方法强化的零件。

1. 激光相变硬化的工艺基础

（1）温度场。激光相变硬化通过激光束由点到线、由线到面的扫描方式来实现，其独特的热循环使得无论是升温时的奥氏体转变还是冷却时的马氏体转变均显著不同于传统热处理过程。在激光相变处理过程中，有两个温度值特别重要，一是材料的熔点，表面的最高温度一定要低于材料的熔点；另一个是材料的奥氏体转变临界温度。激光相变硬化常采用匀强矩形光斑加热，工件厚度一般大于热扩散距离，工件可视为半无限体，可以比较准确地进行温度场的计算。例如，当采用 1kW CO_2 激光，矩形光斑的宽度为 2.6mm，以 67mm/s 的速度在钢件表面扫过，激光能量全部为工件所吸收，根据热传导理论计算出在光轴所扫过的平面内，距表面不同深度 z 处，各点温度与该点距光轴距离 x 的关系曲线如图 5-61 所示。

由图 5-61 还可以确定下列特征值：

1）不同深度处的材料在临界温度以上停留的时间，这个时间应该足够长，以形成均匀的奥氏体组织。

2）不同深度处的材料在临界温度以下的冷却速度。这个冷却速度应该足够高，以避开奥氏体等温转变图的鼻子，得到马氏体组织。

3）不同深度处的材料在临界温度以下的加热速

度。加热速度升高，则奥氏体转变的临界温度也升高。

采用 1kW CO_2 激光，光斑长度 2.6~4.3mm，其在扫描方向的宽度（$2l$）为长度的 0.76~0.89，扫描速度 $v = 5~70$mm/s，钢件表面覆盖有磷酸锌吸收层。计算表明：最高温度高于 800℃ 的表面层厚度在 1mm 以下，材料在 800℃ 以上温度的停留时间为 0.01~0.6s，与传统热处理相比，停留时间极短。自 400~800℃ 的加热时间为 0.002~0.2s，相应的平均加热速度为 $2×10^3~2×10^5$℃/s。而自 800~400℃ 的冷却时间为 0.02~0.6s，相应的平均冷却速度为 700~2×10^4/s。和传统热处理相比，加热和冷却速度均很高。

（2）激光热处理图。应用 2kW 连续 CO_2 激光器对 En8 钢（相当 1040 钢）作了激光相变硬化工艺参数的研究，得到淬硬深度 d 与参数 $P/\sqrt{\phi v}$（P 为激光功率，ϕ 为光斑直径，v 为扫描速度）呈比例关系。对 En8 钢的关系式为

$$d = -0.1097 + 3.02P/\sqrt{\phi v}$$

对 $w(C)$ 为 0.6% 碳钢作了激光热处理图（图 5-62）。图中横坐标分别为入射光束能量密度 P/vr_B 和光斑半径 r_B，纵坐标为硬化深度 d（P 为激光功率，v 为扫描速度）。在图中阴暗部分，试样表层将发生熔化；在相变硬化区标出了临界点 A_1 和 A_2、马氏体体积分数 f_m 和显微硬度计算值 HV。它对实际应用具有一定参考意义。

2. 激光相变硬化的组织转变特点　激光加热时金属表面组织结构转变仍遵循相变的基本规律，但其奥氏体化过程处在一个较高较宽的温度区域中，即激光相变区（见图 5-63）。其中 v_2、v_3 为一般热处理加热速度，v_1 为激光加热速度，虚线表示激光相变区

范围。激光加热的上限温度可视为金属固相线温度，v_1 线与奥氏体转变终了温度交点可视为下限温度。

激光相变区经自冷淬火获得微细马氏体组织，其硬度主要取决于母相奥氏体的碳含量和晶粒度。

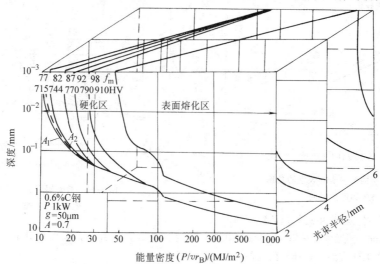

图 5-62　$w(C)0.6\%$ 碳钢的激光热处理图

g—晶粒尺寸　A—吸收系数

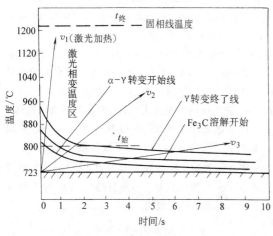

图 5-63　奥氏体转变图

（1）奥氏体转变。激光相变硬化的加热速度快，因而奥氏体转变临界温度（Ac_1）升高。一般认为激光相变硬化加热时，奥氏体转变临界温度可取为 800℃。由于材料在奥氏体转变临界温度以上停留时间极短，因而必须考虑有无充分的碳扩散时间、能否得到均匀的奥氏体组织的问题。

用扩散方程对奥氏体转变过程中的碳扩散计算表明，珠光体晶粒内碳扩散均匀化的过程是很快的。尽管激光热处理加热过程快，材料在奥氏体转变临界温度以上停留时间短，但珠光体晶粒一般均能完成碳扩散，转变为均匀的奥氏体组织。共析钢的奥氏体转变

不存在任何问题，至于亚共析钢，除了含珠光体外，还有铁素体。珠光体中的碳往铁素体中扩散，则需较长时间。除非加热温度较高、停留时间较长，否则难于得到均一的奥氏体组织。

（2）马氏体转变。激光相变硬化是靠热传导自冷，冷却速度很快，足以避开奥氏体恒温转变曲线的鼻子，得到马氏体组织。如碳含量 $w(C)$ 为 0.1% 的低碳钢，其奥氏体恒温转变曲线表明，为实现马氏体转变，由 800～400℃ 的冷却时间应小于 0.3s，激光相变硬化很容易满足这一要求，所以可处理传统热处理工艺不易处理的低碳钢。对于激光热处理，碳钢与合金钢之间淬透性的差别也就不突出了。由于激光淬火比传统热处理冷却速度快，相应地处理表面的硬度通常比传统热处理工艺的高。

铸铁也可以进行激光相变硬化处理。铸铁激光处理的主要对象是珠光体铸铁，它由珠光体和石墨组成。其中珠光体的相变过程与钢中珠光体的相变硬化相似，在铸铁的激光相变硬化中起决定性的作用。石墨周围则由于部分碳扩散而形成马氏体壳层。珠光体铸铁可以通过激光相变硬化处理达到共析钢那样的高硬度。铁素体灰铸铁由铁素体和石墨组成。石墨往铁素体中扩散需要很长时间。采用激光热处理仅能在石墨周围形成马氏体硬壳，不能提高其总的硬度，但仍能改善材料的耐磨性能。

3. 激光扫描方式　激光束扫描方式如图 5-64 所

示可分为三种，具体需根据零件硬化的要求而定。

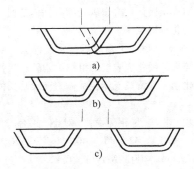

图 5-64　激光处理扫描方式

如果想用激光相变硬化得到大的硬化表面，各扫描带之间需要重叠，后续扫描将在邻近的硬化带上造成回火软化区，如图 5-65 所示。

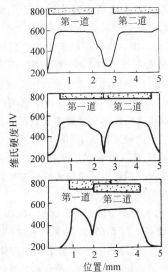

图 5-65　激光扫描光带重叠
时的表面硬度分布

为了用激光处理得到一个封闭的硬化环带，则在搭接部分，结束处理的温度场同样会使起始硬化部分造成回火软化区。回火软化区的宽度与光斑特性有关，具有明确分界线的匀强矩形光斑所产生的回火软化区比高斯光斑的小。

4. 激光相变硬化的工艺参数选择　激光相变硬化处理，最重要的是要控制表面温度和淬硬层深度，且要求在保证一定的淬火层深度的前提下，有较高的光斑扫描速度，即在保证热处理质量的前提下有较高的生产率。实际操作中，主要控制激光功率、光斑尺寸、扫描速度等工艺参数。为了避免材料表面发生熔化，功率密度一般 $< 10^4 \mathrm{W/cm^2}$，通常采用 1000 ~

$6000 \mathrm{W/cm^2}$。

对于带状光斑作用，运用热传导理论计算出用无量纲参数表示的温度场，把不同 L 值下不同深度 z 处材料无量纲最高温度计算值 θ 表示于图 5-66 中。θ 与最高温度 t_{max} 的关系为 $\theta = \pi K v t_{max}/(2aq)$。以此图，可计算和选择激光相变硬化处理参数。

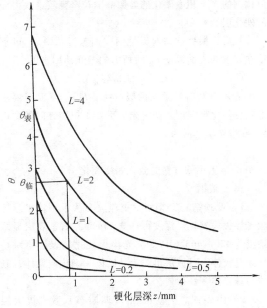

图 5-66　θ 与 z 的关系曲线

首先设定光斑宽度 $2l$ 和扫描速度 v，根据已知的材料热扩散率 α，可求得 $L = vl/(2\alpha)$。它相应于图上的一条曲线，例如 $L = 2$。其次，选定表面最高温度 $t_{表}$，对于钢，其值应在 1500℃ 以下，对于铸铁，其值约在 1200℃ 以下。已知奥氏体转变临界温度 $t_{临}$ 为 800℃，可求得奥氏体转变临界温度与表面最高温度之比 φ。对于钢，$\varphi_{min} \approx 0.53$；对于铸铁，$\varphi_{min} \approx 0.67$。对于选定的 L，曲线与纵坐标交点即为无量纲表面温度值 $\theta_{表}$。在表面温度的 φ 倍处，拉一条水平线，相应于奥氏体转变临界温度 $\theta_{临}$。该水平线与选定 L 值温度曲线的交点的横坐标，即为无量纲的淬火层深度 z。根据选定的速度 v 和材料的热扩散率，即可求实际的淬火深度 $z = z2\alpha/v$。如果求出的热影响区深度比预期的小，可加大 l 和减少 v，重复上述计算，反之亦然。l 大，则 L 大，温度曲线左移，和 $\theta_{临}$ 线交点的横坐标 Z 减少，但其下降率小于 v 的下降率，实际淬火层深度 z 还是增大。从另一角度来看，材料表面上任一点的加热时间 $t = 2l/v$，加大 l、减小 v，则加热时间加长，热穿透深度 $\sqrt{4\alpha t}$ 增加，淬透深度增加。

光斑宽度一般取 $2l = 0.2 \sim 1.0 \mathrm{cm}$，扫描速度 $v = 0.5 \sim 5.0 \mathrm{cm/s}$。$l$ 不能过大，v 不能过小，以免冷却速度过低，不能实现马氏体转变。因而激光相变硬化层深度一般均小于 2mm。奥氏体转变临界温度与熔点的比值 φ 值越小，则允许产生相变的温度范围越大，硬化层深度越大。铸铁的熔点比钢的低，其 φ 值比钢的大，相变硬化的参数范围较窄，较难获得深的硬化层。

最后，根据已知的无量纲表面温度值 $\theta_{表}$，可求得在要求的表面温度 $t_{表}$ 时所需的激光功率密度

$$I = \pi K v t_{表} / (2 \alpha A \theta_{表})$$

式中的 A 为表面对激光的吸收率，$IA = q$。根据要求的相变硬化带宽度，选定光带垂直于扫描方向的宽度 b，则激光功率应为

$$P = 2lbI$$

5. 常用钢铁材料的激光相变硬化

（1）碳钢

1）低碳钢。20 钢用常规淬火方法很难淬硬，经激光淬火后硬化层深度可达 0.45mm 左右，表层显微硬度为 $420 \sim 463.6 \mathrm{HV}$。激光淬火硬化区表层组织是板条马氏体，过渡层组织为马氏体 + 细化铁素体，基体为珠光体 + 铁素体。

2）中碳钢。中碳 45 钢（调质态）激光淬火层的组织以细小板条马氏体为主，过渡区为马氏体 + 托氏体组成的混合组织。45 钢退火态激光淬火的表层组织为细针状马氏体，过渡区为隐针马氏体 + 托氏体 + 铁素体，心部为珠光体 + 铁素体组织。

3）高碳钢。对于 T8 及 T12 钢的研究表明，激光淬火组织为马氏体 + 托氏体 + 渗碳体组织，此外还有一定量的残留奥氏体。

（2）合金钢

1）轴承钢。GCr15 钢经常规淬火、回火后再经激光淬火后，硬化区的组织为隐针马氏体 + 合金碳化物 + 残留奥氏体；过渡区的组织为隐针马氏体 + 回火托氏体 + 回火索氏体 + 合金碳化物；基体是回火马氏体 + 合金碳化物颗粒 + 残留奥氏体。

2）高速钢。18-4-1 高速钢经常规淬火、回火后再经激光淬火，硬化区表层的组织为隐针马氏体 + 未溶合金碳化物 + 残留奥氏体；基体为回火马氏体 + 合金碳化物。

除了上述典型钢种外，对许多合金钢如 20CrMnTi、40Cr、42CrMo、40CrMoA、50CrNiMo、4Cr13、38CrMoAl、18Cr2Ni4WA、Cr12 等均有研究工作报道。

（3）铸铁。对于 HT200，激光淬火后的组织可分为两层，第一层为白亮层，是完全淬火马氏体，第二层为淬火马氏体加片状石墨。

6. 激光相变硬化层的性能

（1）硬度。研究表明，钢铁材料激光相变硬化层的硬度一般要比常规淬火法得到的高 $15\% \sim 20\%$，图 5-67 表示低、中、高碳钢经激光相变后所得的沿截面的硬度分布曲线。图 5-68 表示不同碳含量的钢经激光淬火后所得的硬度与常规淬火所得硬度的对比曲线。图 5-67、图 5-68 说明，各种碳素钢经激光淬火后，其显微硬度值均高于常规淬火获得的显微硬度值，共析钢的显微硬度提高了 300HV，且钢中碳含量越高，显微硬度提高得越多。硬度提高的可能原因是，激光相变硬化后形成的位错密度比常规淬火位错密度高，且其马氏体组织极细。

表 5-60 和表 5-61 列出了 45 钢和 42CrMo 钢激光表面淬火的效果。图 5-69 和图 5-70 是扫描速度对 42CrMo 钢激光表面淬火效果的影响。高速钢经激光淬火后，在随后的加热过程中，能保持比普通热处理更高的硬度，在 $100 \sim 150 ℃$ 范围内，硬度提高 $100 \sim 150 \mathrm{HV}$。

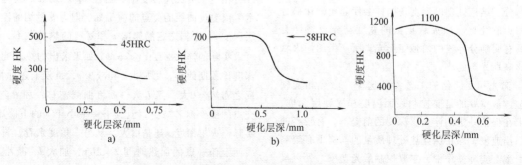

图 5-67　各种钢经激光淬火后沿硬化层截面深度的硬度分布

a）20 钢　b）45 钢　c）T9 钢

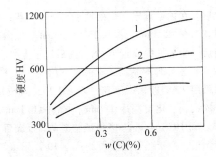

图 5-68 钢的显微硬度与碳含量之间的关系
1—激光淬火 2—常规淬火
3—非强化状态

表 5-60 45 钢板激光淬火的硬化层深度

速度/(mm/min)	功率/W	硬化层深度/mm
510	2500	0.52
510	3000	1.02
510	3600	1.37
760	3000	0.24
760	3600	0.66
760	4150	1.24

表 5-61 42CrMo 钢激光表面淬火效果

黑化处理	淬火层深度/mm	淬火带宽度/mm	硬度HV	淬火组织
氧化	≈0.25	1.3	842	隐针细针马氏体
磷化	≈0.35	1.53	642	隐针细针马氏体
涂磷酸锰	≈0.35	1.64	642	隐针细针马氏体

注：激光器工作电流 25~30mA；电压 100V；扫描速度
6mm/s；试样表面离焦距 +15mm。

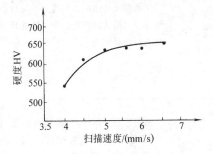

图 5-69 42CrMo 钢激光表面淬火硬度与
扫描速度的关系
注：输出功率为 400W。

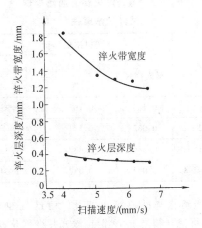

图 5-70 42CrMo 钢激光表面淬火层深
度、淬火带宽度与扫描速度的关系
注：输出功率为 400W。

（2）耐磨性。激光相变硬化带的硬度比传统热处理的高，而取决于硬度和组织的耐磨性也较好，可比淬火＋低温回火和淬火＋高温回火处理后的分别提高 0.5 倍和 15 倍。由于激光处理时可以形成激光处理区（硬区）和未处理区（软区）交替并存的状态，这也对提高耐磨性有利。用经激光淬火后与未经激光淬火的 AISI 1045 钢样品，在销盘试验机上进行磨损对比试验，结果见图 5-71。

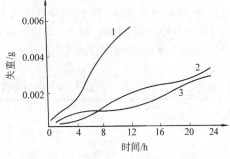

图 5-71 经激光淬火与未经处理的
AISI 1045 钢磨损试验
1—未处理：95HRB 2—激光处理：55HRC
3—激光淬火：61HRC

在 MM200 型磨损试验机上测定了四种钢材激光淬火试样的耐磨性，并与普通热处理试样作了对比，结果见表 5-62。磨损试样尺寸为 10mm×10mm×20mm，激光淬火区尺寸为 3mm×20mm，对磨滚轮 Cr12MoV 钢硬度为 60~62HRC，转速 200r/min，加载 1470N（150kgf），注油润滑。可以看出，激光处理试样的耐磨性比淬火＋低温回火、淬火＋高温回火试样分别高出 50% 和 15 倍左右。

表 5-62　激光淬火和普通热处理试样的耐磨性

钢材	磨损体积/mm³		
	激光淬火	淬火 + 低温回火	淬火 + 高温回火
45	0.105	0.161	2.232
T12	0.082	0.131	—
18Cr2Ni4WA	0.386	0.837	2.232
40CrNiMoA	0.064	0.082	1.047

激光硬化与感应淬火相比，耐磨性也较高。SK85 共析钢（相当于 T9 钢）激光相变硬化和高频淬火表面针-盘磨损对比试验结果如表 5-63 所示。表中数据表明，激光相变硬化后耐磨性提高一倍。

表 5-63　SK85 钢激光相变硬化与高频淬火表面耐磨性对比

处理方法	材料	硬度 HRC	淬火深度 /mm	负荷 /N	擦伤	磨耗损失
激光硬化	SK85	64 ~ 67	0.7 ~ 0.9	989.8	未出现	0.5
感应淬火		60 ~ 63	2 ~ 3	989.8	出现	1

7. 应用

（1）铸铁转向器壳体。美国通用汽车公司萨基诺工厂在 1974 年首先用 CO_2 激光器成功地完成了汽车转向器齿轮箱内表面激光淬火新工艺研究，在整体磷化后，在内壁规定部位处理了 5 个硬化条，每个硬化条宽 1.5 ~ 2.5mm，深 0.25 ~ 0.35mm。经激光淬火处理后，耐磨性提高近 10 倍，随后用于生产。

（2）精密异形导轨面。上海光学仪器厂的 KS-63 导轨原采用 20 钢镀铜—渗碳—淬火工序，现改用 45 钢激光淬火，硬化层深达 0.4mm，畸变 ≤ 0.1mm，硬度达 58 ~ 62HRC。经台架磨损试验滑动 2 万次后，表面完好无损，用于生产每年节约成本 10 万元。

（3）发动机用缸套。为提高缸套的耐磨性和增加发动机的使用寿命，对铸铁缸套内壁以螺旋线进行扫描，使内壁约有 40% 面积被激光淬火。磨损试验表明，在提高耐磨性和耐蚀性方面都非常优越。

（4）锭杆。GCr15 钢锭杆经激光淬火后，锭杆尖部形成冠状硬化区，硬度高于 900HV，硬化层的轴向深度大于 0.5mm，在对比试验中其使用寿命比常规热处理的高一倍以上。

（5）齿轮。采用宽带激光淬火法对 40Cr 材料制造的轧钢机三重箱齿轮轴的试验表明，激光硬化层深 1.2 ~ 1.4mm，宽 20mm，表面硬度 55 ~ 60HRC，心部硬度 30 ~ 35HRC。获得了满意的效果。

（6）冷作模具。对用 Cr12 钢、T10 钢制造的冷作模具采用激光表面硬化后装机考核结果表明，使用寿命分别可提高 0.33 ~ 9 倍。

采用激光表面硬化的工件还有很多，如凸轮、主轴、曲轴、凸轮轴等。表 5-64 列出了一些零件激光相变处理试验的例子。

表 5-64　典型零件激光加热表面热处理应用效果

编号	零件名称	材料及状态	激光处理工艺	优点或效果
1	梳棉用针布	60 钢、65Mn 钢有的还含 Cr，齿高 1mm，齿根宽 0.5mm，齿距 0.75mm，齿尖厚度 0.13mm，下部有高 1.3mm、厚 0.8mm 长带托着齿，长度可达数千米	30W 激光器，扫描速度 12 ~ 21.4m/min（要求 12m/min 以上），仅要求齿硬，底托必须经软处理后齿尖达 800 ~ 950HV，组织为马氏体	比原用火焰法质量及稳定性均高，耐用性好。火焰法对短齿针布无法处理，而激光法能简易解决
2	油压继电器内杠杆上的小窝	40Cr 钢要求小窝底硬 42HRC 以上	125W 激光，光斑约 φ0.7mm 静止照射 10s	原工艺为火焰淬火，加热面积大、变形大，工艺不易掌握，处理后，组织为马氏体，硬度 650 ~ 700HV（相当于 57HRC），基体 280HV（相当于 28HRC），硬化层不论在位置、尺寸及硬度方面均符合要求

（续）

编号	零件名称	材料及状态	激光处理工艺	优点或效果
3	大型内燃发动机阀杆锁夹	42CrMo 钢一般在调质后精加工状态下使用	用 152W 激光束纵向处理 4 条，深 0.2mm，宽 1.2mm	硬化条硬度 700~780HV，耐用性大为提高，未处理的运行 12.5×10⁴km（约 2000h）后，内部凸出的棱边均已磨平，而经激光处理的很少变化
4	汽车曲轴	铸造球墨铸铁	在圆弧处照射	硬度提高到 55~62HRC，耐磨性和疲劳强度均能提高
5	凸轮轴	铸铁	用 10kW 激光器，层深 1mm，每小时处理 70 根，不需后加工	变形 <0.13mm，硬度 60HRC，硬化层均匀，耐磨性有很大提高
6	花键轴	钢	10kW，12.7mm/s	齿面及齿根硬化均匀
7	阀杆导孔	灰铸铁	400W 激光处理较小内孔	得到硬度高的马氏体，提高耐磨性，变形很小
8	活塞环（各种尺寸）	铸铁或低合金铸铁	在环面上用激光相变硬化或熔化—凝固处理，处理后仅磨光即可	汽车活塞环耐磨性提高一倍，不拉缸，同时缸壁磨损量下降 35%，现已有激光自动表面强化机在使用中，蒸汽车汽室活塞环耐磨性提高 2~3 倍，同时汽室套偏磨量减小至 1/2~1/3
9	活塞环槽侧面	灰铸铁或球墨铸铁	3kW，50s	此处其他方法难以进行，用激光可以很容易的硬化，提高耐用性
10	各种小型气缸套	灰铸铁或合金铸铁	激光相变硬化或带微熔，在上止点下一定宽度进行螺旋条状扫描	比用硼铸铁等成本低，耐磨性比镀铬缸套提高 32%~61%，具有较大技术经济效益
11	精密仪器 V 形导轨	45 钢	激光相变硬化纵向数条	较原来渗碳工艺减少工序，变形极小，成品率提高
12	针织机针筒	45 钢	仅在针槽部位硬化数条环	因工件为大直径薄空筒，整体淬火及渗碳极易变形，废品率高，如不硬化则极不耐用
13	大型内燃机弹性连接主片	50CrV	用激光相变硬化，硬化层深 0.4~0.5mm，隐针或细针状马氏体	硬化层深 0.4~0.5mm，硬度 >800HV，变形很小，仅 0.02mm。和 38CrMoAl 花键轴对磨，用高频淬火时，变形大，热影响区大，使弹性下降，激光处理能局部硬化，避免了这些缺点
14	各种瓦垄板用波纹辊	包括瓦垄或其他瓦垄板用，钢制	例如纸板用为 1.2kW 激光器，仅处理瓦垄的冠部	深度 1mm，60~63HRC。辊长 3.05m，辊重 1200kg。整体法和其他表面法处理均变形大，成本高。激光处理能大大降低成本
15	各种齿轮	各种钢	仅对齿面进行激光加热处理	耗能小、变形小，硬化轮廓合理，一般不需再磨削

（续）

编号	零件名称	材料及状态	激光处理工艺	优点或效果
16	石油井管内壁	钢制,内壁受到钻杆的磨损	用激光在内壁处理成交叉螺纹	一般处理方法是不可能的,而激光能做到,并且变形及弯曲均很小,可以大大提高耐磨性,延长使用寿命
17	舰艇用火箭发射安全凸轮	AISI 4030 钢	在数控工作台上,扫描6mm 的条,并互搭,深0.38～0.43mm互搭区深0.22～0.25mm	硬度62HRC,互搭区很狭,51HRC,变形很小(<0.03mm)。原来用碳氮共渗法,24h,并有环境污染问题。用激光法后耐磨性及耐蚀性均能满足要求,且能降低成本
18	M-1 或 M60 战车零件(T-142 端头联结器)	AISI 4140	5000W 激光相变硬化每个零件仅用 60s	硬度55HRC,层深<5mm。由于激光可精密并较深地使需要的局部硬化,使得它在恶劣的使用条件下格外耐用
19	电动打字机键杆托	钢制,需硬化部位宽1mm、3mm	1.2kW 激光聚焦,光斑ϕ3mm。将许多个夹在一起扫描处理	由于对处理部位要求严,变形须小,要求 58HRC 等,一般方法非常困难,激光则非常适合,能很容易地解决
20	压缩机用螺旋塞	钢	用激光仅处理和套接触的螺旋顶边	变形极小,不需后加工,可以顶两个用
21	电推子齿板	$w(C)$为 0.7% 碳钢	用 500W 激光,遮住太细的齿尖,扫描硬化	3s 一个,硬度达 60HRC,效率高,变形小。而常用方法变形大,齿尖脆化

5.3.3.2 电子束加热表面淬火

利用电子束加热表面淬火时,一般都通过散焦方式将功率密度控制在 10^4 ～ $10^5 W/cm^2$,加热速度在 10^3 ～ $10^5 ℃/s$。

加热时,电子束流以很高的速度轰击金属表面,电子和金属材料中的原子相碰撞,给原子以能量,使受轰击的金属表面温度迅速升高,并在被加热层同基体之间形成很大的温度梯度。金属表面被加热到相变点以上的温度时,基体仍保持冷态,电子束轰击一旦停止,热量即迅速向冷态基体扩散,从而获得很高的冷却速度,使被加热金属表面进行"自淬火"。

对 45、T7、20Cr13 及 GCr15 等材料进行电子束表面淬火试验,结果表明 T7 钢淬硬层的硬度均大于66HRC,最高硬度达 67～68HRC;45 钢硬度可达62.5HRC,最高硬度可达 65HRC;20Cr13 硬度可达46～51HRC,最高硬度可达 56～57HRC;GCr15 钢淬硬层硬度均高于 66HRC。表 5-65 为典型电子束淬火工艺参数。图 5-72 为 45 钢在试样移动速度为 10mm/s 情况下的硬度分布曲线。图 5-73 为 20Cr13 钢在试样移动速度为 5mm/s 时的硬度分布曲线。图 5-74 为20Cr13、45 钢的硬度及硬化深度与加热速度之间的关系曲线。表 5-66 是 42CrMo 钢电子束表面淬火效果。

表 5-65　电子束淬火工艺参数

编号	材料	束斑尺寸/mm	加速电压/kV	束流/mA				试样移动速度/(mm/s)
				1	2	3	4	
301	45	8×6	50	35	37	33	40	5
302	45	8×6	50	45	47	43	41	10
303	45	8×6	50	55	57	53	51	20
304	45	8×6	50	65	67	61		30
305	45	8×6	50	70	70			40
306	20Cr13	8×6	50	35	37	45		5
306′	20Cr13	8×6	50	45	49	47		10
307	20Cr13	8×6	50	55	57	59		20
307′	20Cr13	8×6	50	65	63	61		30
308	20Cr13	8×6	50	69	69			40

电子束表面淬火工艺,曾用于汽轮机末级叶片进汽边的防水蚀强化。叶片处理时,采用叶片移动速度为 5mm/s,这样可以保证硬化深度在 0.5mm 以上,达 1mm 左右。由于强化部位在叶片进汽边的边缘,采用一次处理,叶片侧面不易硬化,可以采用两次处理的方法。首先处理侧面,然后处理背弧面。处理工艺如表 5-67 所列。

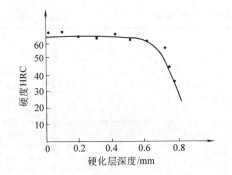

图 5-72　45 钢沿硬化深度的硬度分布

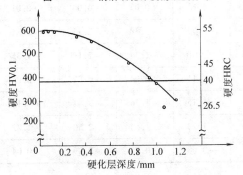

图 5-73　20Cr13 钢硬化深度的分布

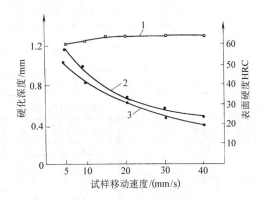

图 5-74　硬度及硬化深度与加热速度
之间的关系

1—45 钢硬度曲线　2—45 钢硬化深度曲线
3—20Cr13 钢硬化深度曲线

电子束表面淬火畸变很小，汽轮机叶片电子束淬火前后的尺寸检测结果列于表 5-68，可以看出：只有 1303 号叶片的第 5 点变化量在 0.15mm 以外，其余各点的变化量均在 0.1mm 以下。与其他处理工艺相比畸变小得多，畸变量可以减少一个数量级。用户用靠模检查亦完全合格。

表 5-66　42CrMo 钢电子束表面淬火效果

序号	加速电压 /kV	束流 /mA	聚焦电流 /mA	电子束功率 /kW	淬火带宽度 /mm	淬火层深度 /mm	硬度 HV	表层金相组织
1	60	15	500	0.90	2.4	0.35	627	细针马氏体 5～6 级
2	60	16	500	0.96	2.5	0.35	690	隐针马氏体
3	60	18	500	1.08	2.9	0.45	657	隐针马氏体
4	60	20	500	1.20	3.0	0.48	690	针状马氏体 4～5 级
5	60	25	500	1.50	3.6	0.80	642	针状马氏体 4 级
6	60	30	500	1.80	3.0	1.55	606	针状马氏体 2 级

注：试样尺寸：10mm×10mm×50mm，表面粗糙度 Ra 为 0.4μm；所用设备为 30kW 电子束焊机；加速电压为 60kV，聚焦电流为 500mA，扫描速度为 10.47mm/s，电子枪真空度为 $4×10^{-2}$Pa，真空室真空度：0.133Pa。

表 5-67　叶片处理工艺

处理 部位	加速 电压 /kV	束流 /mA	束斑 尺寸 /mm	叶片移动 速度 /(mm/s)	后道工序
侧面	50	36～46	15×8	5	235℃×3h 回火
背弧面	50	40～54	25×8	5	回火

5.3.4　表面熔化快速凝固硬化

表面熔凝处理（表面快速熔化且快速凝固）是利用激光束或电子束在金属零件表面连续扫描，使之迅速形成一层非常薄的熔化层，随后利用工件基体的吸热作用使熔池中的金属液以 $10^6 \sim 10^8$K/s 的速度冷却、凝固，细化表层材料的铸造组织，减少偏析，形成高度过饱和固溶体等亚稳定相乃至非晶态，从而提高零件表面的耐磨性、抗氧化性和抗腐蚀性能。

5.3.4.1　激光熔凝工艺

激光熔凝是典型的快速加热和快速凝固过程，对于这样的快速凝固过程，可用如下三个参数描述：

（1）冷却速度。在相同熔化深度的情况下，它主要取决于激光束的功率密度。

表 5-68　汽轮机叶片电子束处理前后的畸变量　　　　　　（单位：mm）

工件号	测量部位	1	2	3	4	5	6	7	8
1301	处理前	0	−0.25	−0.45	−0.62	−0.52	−0.81	−1.57	−0.44
	处理后	0	−0.21	−0.39	−0.55	−0.46	−0.77	−1.53	−0.45
	畸变量	0	−0.04	−0.06	−0.07	−0.06	−0.04	−0.04	+0.01
1302	处理前	0	−0.35	−0.75	−0.99	−1.02	−1.47	−2.30	−1.50
	处理后	0	−0.34	−0.73	−0.95	−1.02	−1.44	−2.26	−1.49
	畸变量	0	+0.01	+0.02	±0.04	±0	+0.03	+0.04	+0.01
1303	处理前	0	−0.34	−0.69	−0.95	−0.75	−1.38	−2.17	−1.34
	处理后	0	−0.31	−0.66	−0.91	−0.90	−1.34	−2.19	−1.35
	畸变量	0	+0.03	+0.03	±0.04	−0.15	+0.04	−0.02	−0.01
1304	处理前	0	−0.37	−0.77	−1.05	−1.15	−1.54	−2.41	−1.18
	处理后	0	−0.43	−0.80	−1.10	−1.23	−1.64	−2.50	−1.22
	畸变量	0	−0.06	−0.03	−0.05	−0.08	−0.10	−0.09	−0.04

（2）温度梯度。它主要取决于激光束的功率密度和扫描速度。

（3）凝固速率。它与激光束的功率密度无关，而随扫描速度变化。

为了进行激光熔化—凝固处理，激光器的功率应较大，聚焦系统也应较好，以期能得到功率密度极高的光斑，并且使这种光斑在零件上进行快速的扫描。当然也可以利用一般的激光热处理的装备，如大功率或中小功率的激光器及工作台等。一般情况下，扫描速度低或中等程度时，普通工作台是适用的，但有些情况下需要极高速度的扫描时，直线运动的工作台限于长度关系，加速区及减速区所占台面过长，不易达到。一种如图 5-75 所示的转盘式工作台可以用来进行高速的扫描试验。

激光熔凝处理宜采用匀强光斑。但如果匀强光斑达不到要求的功率密度，也可采用聚焦光斑或离焦光斑。和相变硬化工艺不同，熔凝处理一般不需预覆激光吸收涂层，因为一旦表面熔化，吸收层将不复存在，而且吸收层的材料将不可避免地进入熔融金属中影响熔凝成分；随着材料温度的升高以至熔化，表面对激光的反射率下降，有较高的吸收率。

对激光非晶化典型的处理条件是：功率密度为 $10^7\,\mathrm{W/cm^2}$，辐照时间为 $1\mu s$，相应要求的冷速为 $10^4 \sim 10^8\,\mathrm{K/s}$。

激光熔凝处理时，由于采用的参数不同，得到的

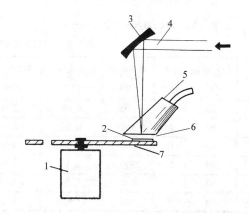

图 5-75　转盘式工作台
1—变速电阻　2—试样　3—聚焦镜
4—激光束　5—插入式气体保护罩
6—光束焦点　7—转盘

熔化深度也不同。图 5-76 是基于一维热传导模型计算出的三种金属（Al、Fe、Ni）的熔化深度与激光作用时间之间的关系曲线。可以看出，在一定的功率密度下，作用时间对熔化深度的影响非常显著。作用时间稍微增加就可使熔化深度增加很多。由于受到表面汽化的影响，对于一定的功率密度，存在一个最大的熔化深度，作用时间到达一定值时，表面就开始汽化。图中箭头示出了表面达到汽化温度的时间。

激光熔凝要求冷却速度非常快，对于金属 Ni，其冷却速度与熔化深度和功率密度的关系如图 5-77

所示。功率密度越高,熔化深度越浅,冷却速度就越大,同时,温度梯度也越大。当熔化深度趋近于零时,冷却速度最大。当达到最大熔化深度时,冷却速度最小。激光熔凝纯 Ni 时,其温度梯度曲线和凝固曲线如图 5-78 所示。从图中可以看出,在固液界面上的温度梯度 G,当激光能量输入停止后,将从最大开始下降,当表面凝固时则变为零。凝固速度在开始凝固后从零逐渐增大,越接近表面凝固速度越大。

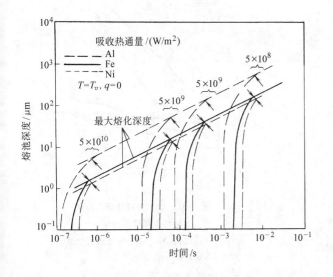

图 5-76　熔化深度与作用时间的关系曲线

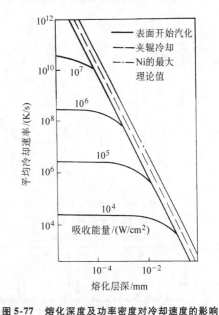

图 5-77　熔化深度及功率密度对冷却速度的影响

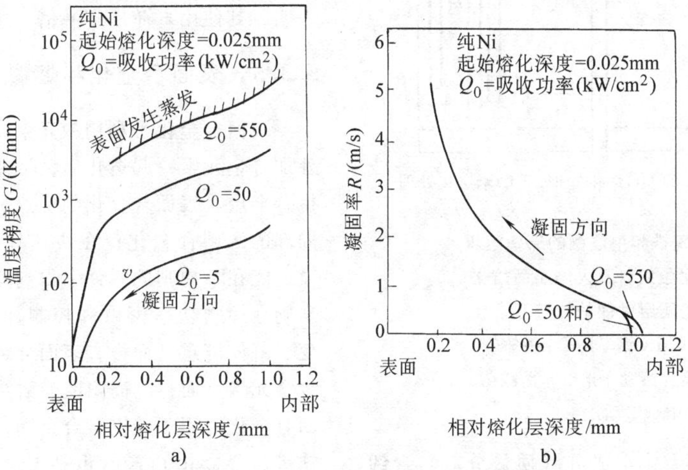

图 5-78　温度梯度曲线和凝固曲线

a) 温度梯度和熔化深度的关系　b) 凝固速度和熔化深度的关系

5.3.4.2　几种激光熔凝层的硬度及耐磨性

1. 灰铸铁　具有 250HV 硬度的珠光体基体加片状石墨铸铁,经激光表面熔化处理后,组织为含有马氏体的细小的白口铸铁型凝固组织,硬度为 800 ~ 950HV,如图 5-79 所示,磨料磨损性能大为提高。

2. 球墨铸铁　具有 180HV 硬度的铁素体基球墨铸铁,经激光表面熔化处理后,组织主要为含马氏体的细小的白口铸铁型凝固组织,硬度为 400 ~ 950HV,具有良好的耐磨性(见图 5-80)。

3. 白口铸铁　具有 670HV 的白口铸铁,经激光表面熔凝处理后,组织细化生成马氏体相,组织形态没变,硬度提高到 800HV 以上,且对抗磨料磨损有良好影响。

4. 硅铸铁　含 $w(Si)$ 约为 6.0%,$w(C)$ 约为 2.5% 的铁素体基体加片状石墨铸铁,硬度为 240HV 的硅铸铁,经激光熔凝处理后,得到细小的凝固组织。其最高硬度可超过 1000HV,耐磨性得到很大提高,见图 5-81。

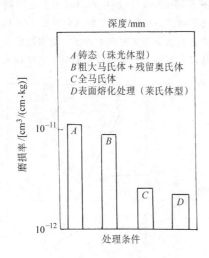

图 5-79　几种灰铸铁激光表面

处理后组织的磨料磨损率对比

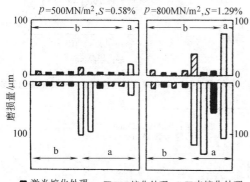

图 5-80　球墨铸铁和中碳钢的原始组织、

激光表面熔化组织以及火焰表面熔化

组织的耐磨性能的比较

a—$w(C)$ 为 0.6% 钢　　b—球墨铸铁

注：磨损试验为滚动干磨，p 是载荷，

S 是相对滚动比率。

5. 含镍白口铸铁　化学成分（质量分数）含约 3.5% Ni、1.5% Cr、3.2% C 的马氏体白口合金铸铁经激光熔凝处理后，硬度值范围在 550 ~ 610HV。

6. 高镍耐热铸铁　化学成分（质量分数）含约 21% Ni、3.0% C，组织为奥氏体基体加片状石墨和少量磷共晶的高镍耐热铸铁，硬度为 160HV，经激光处理后，组织为细小的奥氏体 + 渗碳体共晶，硬度提高到 360 ~ 450HV，耐磨性能大为提高，如图 5-81 所示。

7. 高铬铸铁　化学成分（质量分数）含约 30% Cr 和 1.0% C，组织为铁素体基体加 M_7C_3 碳化物，硬度约为 230HV，经激光熔凝后硬度随冷却速度而

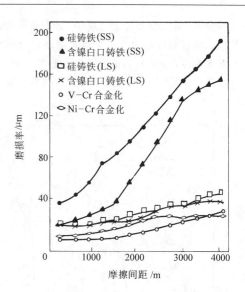

图 5-81　激光熔凝处理与原始

材料的耐磨性对比

SS—原始材料　LS—激光熔凝处理

变，为 300 ~ 400HV，组织不变。

激光熔凝处理的应用实例报道尚不多见。活塞环经此种工艺处理后，经台架耐久及田间装机试验结果表明，其使用寿命提高一倍，达到镀铬环水平。

5.3.5　表面合金化和熔覆

表面合金化是利用激光束或电子束将金属表面与外加合金元素一起熔化后，迅速凝固在金属表面而获得合金层。表面合金化的优点是：能使难以接近的和局部的区域合金化；在快速处理中能有效地利用能量；能在不规则的零件上得到均匀的合金化深度；能准确地控制功率密度和控制加热深度，从而减小畸变。就经济意义而言，表面合金化可节约大量昂贵的合金元素，而得到高耐磨、耐热及耐蚀的表面层。表面合金化可用于碳钢、合金钢、高速钢、不锈钢和铸铁等，合金化元素已包括 Cr、Ni、W、Ti、Mn、B、V、Co、Mo 等。激光合金化的功率密度一般为 10^4 ~ 10^8 W/cm²，要采用近似聚焦的光束，一般在 0.1 ~ 10ms 内形成要求的合金化熔池，合金化熔池深度一般为 0.5 ~ 2.0mm。自激冷速度可高达 10^{11} K/s，相应的凝固速度达 20m/s。表 5-69 列出了激光合金化的应用范围。表 5-70 列出了电子束表面合金化工艺及效果。

5.3.5.1　表面合金化方法

表面合金化的方法通常有预涂覆法、硬质微粒子喷射法、气体合金化法等。

表 5-69 激光合金化应用范围

基体材料	添加的合金元素	硬度 HV
Fe、45 钢、40Cr 钢	B	1950 ~ 2100
45 钢、GCr15 钢	MoS_2、Cr、Cu	耐磨性提高 2 ~ 5 倍
T10 钢	Cr	900 ~ 1000
ZL104 铸造铝合金	Fe	≤4800
Fe、45 钢、T8A 钢	Cr_2O_3、TiO_2	≤1080
Fe、GCr15 钢	Ni、Mo、Ti、Ta、Nb、V	≤1650
Fe、45 钢、T8	C、Cr、N、W、YG8 硬质合金	≤900
Fe	石墨	1400
Fe	TiN、Al_2O_3	≤2000
45 钢	WC + Co	1450
	WC + Ni + Cr + B + Si	700
	WC + Co + Mo	1200
铬钢	WC	2100
	TiC	1700
	B	1600
铸铁	FeTi、FeCr、FeV、Fe-Si	300 ~ 700
AISI 304 钢(不锈钢)	TiC	58HRC

1. 预涂覆法 预涂覆法是采用气相沉积、电镀、离子注入、刷涂、渗层重熔、氧-乙炔和等离子喷涂、粘结剂涂覆等方法,将所要求的合金粉末预先涂覆在要合金化的零件表面,然后用激光或电子束加热熔化,冷却后在表面形成新的合金层。预涂覆法在一些铁基材料表面进行合金化时普遍采用,其中粘结剂涂覆法最简单、经济,将选择好的合金粉末与粘结剂混合调成稀糊状,刷涂或喷涂在零件表面,自然干燥12 ~ 24h 后即可使用。对于粘结剂的要求是高温粘结性能要好,常用的粘结剂有硅酸钠、硅溶胶、聚乙烯醇等。

2. 硬质粒子喷射法 在工件表面加热形成熔池的同时,从一喷嘴中喷入碳化物或氮化物等细粒,使粒子进入熔池得到合金化层,厚度为 0.01 ~ 0.3cm,取决于扫描速度、使用功率和束斑尺寸等工艺参数。

向激光熔化的 AISI T1 和 M2 高速钢制切削工具表面注入六方结构氮化硼粉末,获得的合金化层质量列于表 5-71。

3. 激光气体合金化 在适当的气氛中应用激光加热熔化基体材料来获得合金化,主要用于软基材表面,如 Al、Ti 及其合金。

5.3.5.2 表面合金化层的使用性能

许多研究者对激光合金化提高表面层的硬度和耐磨性进行了研究。对于 Ti 合金,利用激光碳硼共渗和碳硅共渗的方法,实现了 Ti 合金表面的合金化,硬度由 299 ~ 376HV 提高到 1430 ~ 2290HV,与硬质合金圆盘对磨时,合金化后耐磨性可提高两个数量级。对于 20CrNiMo 和 20CrNi4Mo 钢的研究表明,钢在渗碳、渗硼后经激光熔化使合金元素重新分布并均匀化,硬度略有提高,提高了耐低应力磨料磨损性能。原因是激光熔化后组织的硬度、韧性及表面致密度均有提高,并消除了 Fe_2B 相的择优取向。对 45 钢NiCr 合金化后,硬度为 728HV,合金层比基体材料耐磨性高 2 ~ 3 倍,在高速高载荷下尤为明显。在工具钢表面的激光 W、WC、TiC 的合金化结果表明,由于马氏体相变硬化、碳化物沉淀和弥散强化的共同作用,使合金层的耐磨料磨损性能明显提高。

激光合金化还能够改善材料的抗高温氧化和硫化性能。BT22 合金经处理后,腐蚀速度减少到原来的1/6。美国 AVCO 公司采用激光合金化工艺处理了汽车排气阀,使其耐磨性和抗冲击能力得到提高。在45 钢上进行的 TiC-Al_2O_3-B_4C-Al 复合激光合金化,其耐磨性与 CrWMn 钢相比,是后者的 10 倍。用此工艺处理的磨床托板比原用 CrWMn 钢制的托板寿命提高了 3 ~ 4 倍。在一台 6.5kW 激光器上对铸铁阀座进行表面合金化处理,15s 内得到了厚 0.75mm 的富 Cr合金表层,它能经受 550 ~ 600℃的工作温度。

5.3.5.3 表面熔覆

表面熔覆的目的是使一种合金熔覆在基体材料表面,与表面合金化不同的是要求基体对表层合金的稀释度为最小。通常选用硬度高,具有抗磨、抗热、抗腐蚀、抗疲劳等性能的材料作为表面熔覆材料。

表面熔覆工艺通常也是用预涂覆法和气动喷射法两种。选择熔覆的合金粉末时,要使熔覆的粉末材料的熔点低于基体材料的熔点,例如,铁基、镍基、钴基等合金粉末作为熔覆材料比较理想,工艺范围较宽,工艺性能也较好。如果以提高耐磨性为主要目的,可选用镍基碳化钨,或在上述材料中添加一些高硬度的碳化物粉末,如 B_4C、WC、TiC、Cr_3C_2 等。

5.3.6　激光热处理设备

1. 激光发生器　激光器的种类很多，按所用的工作物质，可分为四种主要类型：固体、气体、半导体和液体激光器。用于热处理的主要是 CO_2 气体激光器。为了适应高功率的工作条件，同时加入 He 和 N_2 作为辅助气体。CO_2 是光子振荡的工作介质，He 起维持和增强光子振荡的作用，N 帮助谐振腔的冷却。氮分子受激励后将能量传给二氧化碳分子，使之呈粒子数反转分布，随后在受激辐射下产生波长为 $10.6\mu m$ 的激光。此波长具有很好的大气透过率，很多物质对此波长的辐射线具有一定的吸收率。CO_2 激光器的理论效率达 40% 左右，但实际效率通常为百分之几到百分之十几。热处理用激光器的特性及种类见表 5-72 和表 5-73。

表 5-70　电子束表面合金化工艺及结果

粉　　末		WC/Co	WC/Co + TiC	WC/Co + Ti/Ni	NiCr/Cr_3C_2	Cr_3C_2
粉末中合金元素含量 （质量分数）（%）		W82.55 C5.45 Co12.0	W68.52 C7.92 Ti13.60 Co9.96	W68.52 C4.52 Co9.96 Ti7.65 Ni9.35	Ni20.0 Cr70.0 C10.0	Cr86.7 C13.3
涂层厚度/mm		0.11 ~ 0.12	0.10 ~ 0.13	0.13 ~ 0.15	0.16 ~ 0.22	0.15 ~ 0.17
电子束 工艺参数	功率/kW	1.82	2.03	1.89	1.24	1.24
	束斑尺寸/mm	7 ×9	7 ×9	7 ×9	6 ×6	6 ×6
	移动速度/(mm/s)	5	5	5	5	5
合金层	深度/mm	0.50	0.55	0.50	0.45	0.36
	显微硬度 HV	913 ~ 981	≈1018	≈946	≈557	557 ~ 642
	显微组织	M + 碳化物	M + 碳化物	M + 碳化物	γ + 碳化物	γ + 碳化物
合金层成分 （质量分数） （%）	C	1.55 ~ 1.65	1.81 ~ 2.22	1.51 ~ 1.67	3.85 ~ 5.12	5.80 ~ 6.52
	Ni			2.43 ~ 2.81	7.11 ~ 9.78	
	Cr				24.89 ~ 34.22	36.13 ~ 40.94
	W	18.16 ~ 19.81	12.46 ~ 16.20	17.82 ~ 20.56		
	Ti		2.47 ~ 3.21	1.99 ~ 2.30		
	Co	2.64 ~ 2.88	1.81 ~ 2.35	2.59 ~ 2.99		
	Fe	77.65 ~ 75.66	81.45 ~ 76.02	73.66 ~ 69.67	64.15 ~ 50.88	58.07 ~ 52.54

表 5-71　激光熔化—粉末喷注数据

样品	激　光　处　理	维氏硬度范围 HV		熔深/μm		处理缺陷
		T1 钢	M2 钢	T1 钢	M2 钢	
1	基体熔化（一道）	650 ~ 900	650 ~ 900	230	240	无
2	BN 粉末喷注和一次激光熔化	1140 ~ 1360	1050 ~ 1190	200	220	少量裂纹和孔洞
3	BN 粉末喷注和 4 次激光熔化	1570 ~ 1840	1090 ~ 1240	310	320	一些孔洞
4	BN 粉末喷注和 10 次激光熔化	1200 ~ 1940	1190 ~ 1840	840	670	孔洞
5	样品 4 次激光重熔	1750 ~ 2150	1700 ~ 1930	840	670	很少裂纹和气孔

表 5-72　热处理用激光器的特性

激　光　器	激　光　材　料	振荡波长 /μm	最大输出	发散角 弧度	效率 （%）
固体激光器	YAG:Nd($Y_3Al_5O_{12}$:Nd^{3+})	1.06	连续振荡大于4kW	10^{-2} ~ 10^{-3}	≈3
气体激光器	二氧化碳 CO_2:N_2,He	10.6	连续振荡大于50kW		≈10

表 5-73　热处理用 CO_2 激光器的种类

种类		结　构　示　意　图	特　　点
封离型 CO_2 激光器	直管式	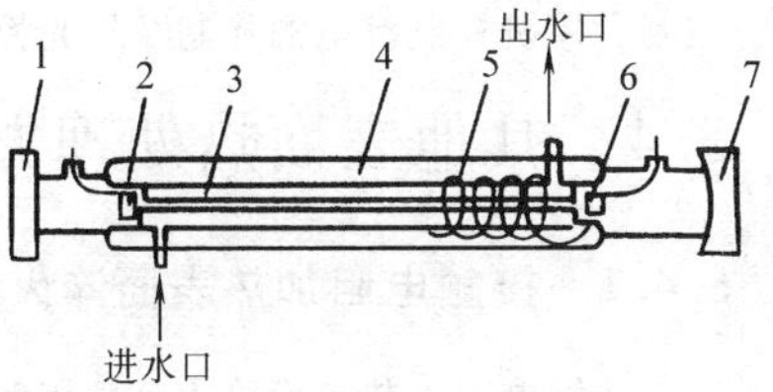 1—平面反射镜　2—阴极　3—水冷管　4—储气管　5—回气管　6—阳极　7—凹面镜	输出功率与放电管长度成线性关系,平均每米长度可获得连续输出功率 40~50W(气体配比及气压均为最佳)。 　工作寿命有限,影响因素主要是电极溅射及 CO_2 分子在工作过程中由于电子的非弹性碰撞而不断分解。放电管采用硬质玻璃或石英玻璃管制成,易碎。输出功率高时,外形长度较长
	折叠式	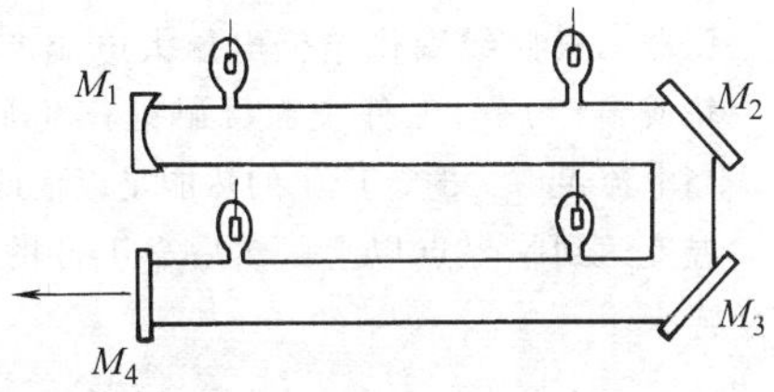 M_1—凹面镜　M_2、M_3—全反射镜　M_4—反射镜(有一定透过率)(未画水冷套)	减少了输出功率较高的直管式 CO_2 激光器的外形长度,但增加了激光输出的反射镜损失
气体流动 CO_2 激光器	轴向流动型	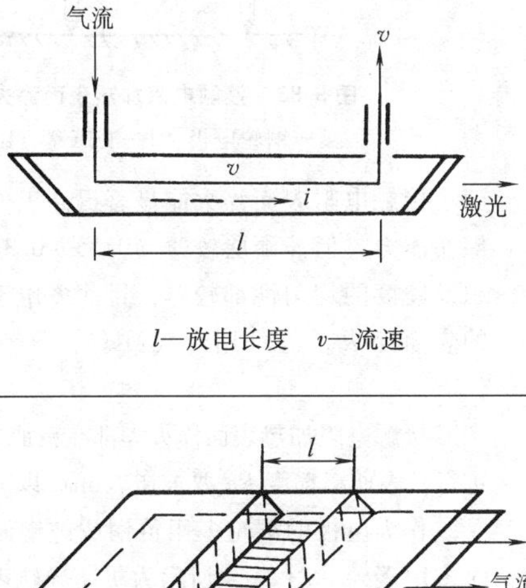 l—放电长度　v—流速	工作气体流动时冷却效率最好,每米连续输出功率可达上万瓦,但装置比较复杂,气体消耗量大,气流、电流和光轴三者同向。为增加冷却效果,应有较高流速,因而气体分布梯度很高,需要庞大的抽气设备
	横向流动型闭合循环流动	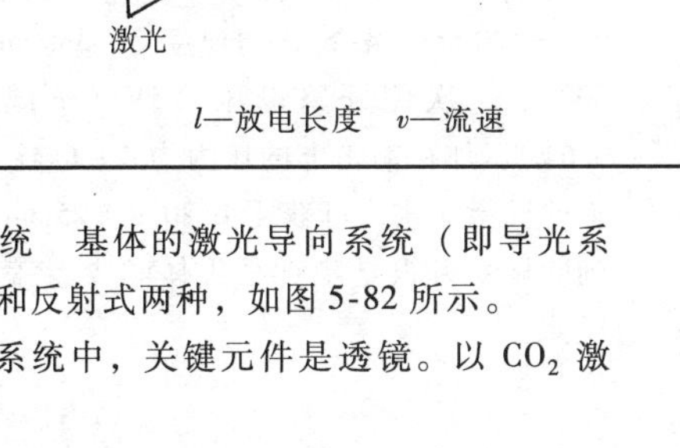 l—放电长度　v—流速	激光输出垂直于气体方向,由于气体流经的放电长度较短,流速不必很高,也可适当降低放电电压

2. 导光系统　基体的激光导向系统（即导光系统）有透射式和反射式两种，如图 5-82 所示。

在透射式系统中，关键元件是透镜。以 CO_2 激光为例，通常只有 KCl、ZnSe、GaAs、Ge 等几种材料适于加工成透镜。其中 KCl 吸收率最低，但由于空气中易潮解，必须用干燥气体保护，在多千瓦 CO_2

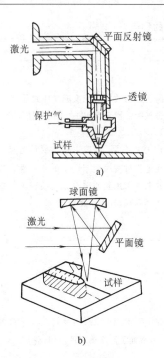

图 5-82　用于激光热处理的光学系统

a) 透射式　b) 反射式

激光加工系统中用得较多的是不易潮解又能透过可见光的 ZnSe。

为防止激光辐射工件表面时飞溅物朝导光系统反喷,需加装防护装置,通常采取从照射孔喷气保护。考虑到干燥及防止工件表面脱碳,保护气体常使用氩(Ar)、氦(He)、氮(N)等气体。

3. 工作台系统　工作台系统分三种:

(1)固定光束的单工作台系统。它是将输入的激光束固定,工件夹持在工作台上,工件可作 x、y、z 三维平移及沿 x、y 轴旋转,运动速度可调。

(2)可移动光束的单工作台系统。它是在(1)的基础上使光束作振荡或二维移动,激光束可以圆形、线形、矩形束斑照射在被处理工件表面。

(3)固定光束的多工作台系统。它的特点是采用合适的光学调节,当激光器功率循环完善之后,光束便可任意施加在各工作台上。工作台之间的距离可以相隔几十米。

为了安全,用金属壳体封闭光束传输通道。由于允许几条时间同步的生产线共用一个激光源,这样的时间调配技术显著增加了激光加工系统的利用率和柔性(FNS系统)。

4. 控制系统　控制系统用来实现逻辑处理,使装载工件的工作台按需要的运动轨迹和动作完成加工。一般采用布线逻辑方式或计算机工作方式。后者

具有明显的优越性,可大大提高设备稳定性和可靠性,减少维修工作量。激光热处理装置的完整控制系统还应包括激光功率控制、气压及补偿流速的测量和控制、风机控制、电源控制及导光控制等各种功能。

5.4　其他表面热处理方式

5.4.1　接触电阻加热表面淬火

接触电阻加热表面淬火是利用触头和工件间的接触电阻使工件表面加热,并借其本身未加热部分的热传导来实现淬火冷却。这种方法的优点是设备简单、操作方便、工件畸变小,淬火后不需回火。

接触电阻加热表面淬火的原理示于图 5-83。变压器二次侧线圈供给低电压大电流,在电极(铜滚轮或碳棒)与工件表面接触处产生局部电阻加热。当电流足够大时,产生的热能足以使此部分工件表面温度达到临界点以上,然后靠工件的自行冷却实现淬火。

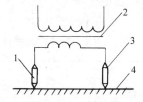

图 5-83　接触电阻加热表面淬火原理

1、3—铜轮电极　2—变压器　4—工件

接触电阻表面淬火能显著提高工件的耐磨性和抗擦伤能力,但淬硬层较薄(0.15~0.30mm),金相组织及硬度的均匀性都较差,目前多用于机床铸铁导轨的表面淬火,也可用于气缸套、曲轴、工模具等零件上。

接触电阻加热表面淬火大都在精加工(磨、刨)后进行,表面粗糙度 Ra 要求在 1.6μm 以下。

作为电极的滚轮多用黄铜或纯铜制造,手工操作时多用碳棒。图 5-84 所示为机床导轨表面淬火用的铜滚轮。轮周的花纹有 S 形、锯齿形、鱼鳞形等多种。滚轮最好有冷却系统。常用的滚轮冷却方式是用压缩空气吹冷。滚轮直径一般取 50~60mm,轮周花纹宽度 0.8~1.0mm。滚轮移动速度 2~3m/min,电流 400~600A,二次侧开路电压 <5V(负载电压为 0.5~0.6V)。加在铜轮上的压力为 4~6kg。用上列参数处理的机床导轨,可获得 0.20~0.25mm 的淬硬层,得到的显微组织是隐针马氏体和少量莱氏体及残留奥氏体。

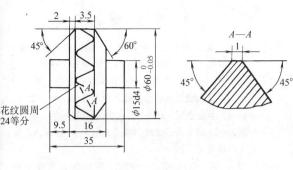

图 5-84　铜滚轮

接触电阻淬火后，工件表面产生一层熔融突起和氧化皮，可用油石打光。

接触电阻加热表面淬火机有多种形式，如行星差动式、可移自动往复式、传动电极式、多轮式等。图 5-85 所示为行星差动式淬火机的结构。由一个 0.125kW、2790r/min 的电动机带动蜗杆，后者再带动安装在两个轮架之间的蜗轮（速比为 25:1），蜗轮内部装有一套行星式差动减速器。

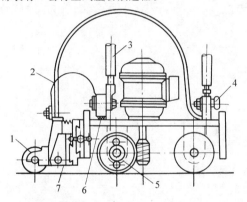

图 5-85　行星差动式淬火机结构
1—铜轮　2—柔性导线　3—接变压器的导线
4—风门　5—行星减速器　6—绝缘垫　7—电木座

5.4.2　电解液加热表面淬火

电解液加热表面淬火原理示于图 5-86。工件置于电解液中（局部或全部）作为阴极，金属电解槽作为阳极。电路接通后，电解液发生电离，在阳极上放出氧，而在阴极（工件）上放出氢。氢围绕工件形成气膜，产生很大的电阻，通过的电流转化为热能将工件表面迅速加热到临界点以上温度。电路断开，气膜消失，加热工件在电解液中即实现淬火冷却。

此方法使用的设备简单，淬火畸变小，适用于形状简单小件的批量生产。

可用酸、碱或盐类的水溶液作为电解液。用 5%~18% Na$_2$CO$_3$（质量分数）溶液可达到较好效果。该溶液安全稳定，对工件和容器无腐蚀。电解液

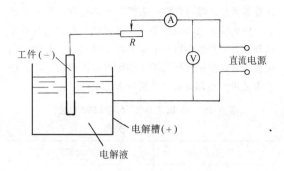

图 5-86　电解液加热表面淬火原理

温度不可超过 60℃。温度过高，氢气膜不稳定，影响加热过程，也会加速溶液的蒸发。常用电压 160~180V，最高不超过 220V。电流密度范围 4~10A/cm^2，通常可选用 6A/cm^2。电流密度过大时，加热速度快，淬硬层薄。在加热过程中，应将工件的位置加以固定，否则会造成电流密度的变化，使淬硬层质量恶化。加热时间可通过试验确定，一般在 5~10s 范围内。

工件在电解液中可采用端部自由加热、端面绝缘加热、回转加热和连续加热等方式。

5.4.3　浴炉加热表面淬火

将工件浸入高温盐浴（或金属浴）中，短时加热，使工件要求硬化的表面层达到淬火的温度后急冷的淬火方法称为浴炉加热表面淬火。此方法不需添置特殊设备，操作简便，特别适合于单件小批量生产。

所有可淬硬的钢种均可施行浴炉表面淬火，但以中碳钢和高碳钢为宜。高合金钢加热前需预热。

浴炉表面淬火因加热速度比高频和火焰淬火低，故淬硬层深度大。因加热后常采取浸液冷却，冷却条件没有喷射强烈，故表面硬度较低，但硬度梯度变化较缓。为了获得较大的加热速度，浴炉温度应比一般淬火时高 100~300℃。

加热时间取决于浴温和要求的淬硬层深度。直径为 48mm 的 45 钢试棒在 BaCl$_2$ + KCl 盐浴中加热，淬硬层深度为 3mm 时的浴温与加热时间列于表 5-74。45 钢工件直径与加热时间的关系列于表 5-75。

表 5-74　45 钢试棒（ϕ48mm）淬到 3mm 深度时的盐浴温度和加热时间的关系

盐浴温度/℃	950	1000	1050	1100	1150
加热时间/s	90	65	56	44	38

工件在浴炉加热表面淬火前施行调质处理，以保

证良好的心部综合性能。浴温在加热过程中应力求稳定，因此装炉量不可过多。工件在装炉前要先行烘干或预热。工件加热后一般应立即浸液淬火，有时也稍加预冷，以控制淬硬层深度和改善硬度梯度。此方法不太适用于各部分截面差别较大的工件。

表 5-75　45 钢工件直径与 1100℃ 盐浴加热时间的关系

工件直径/mm	加热时间/s
20	20
40	40
60	65
80	98

参 考 文 献

[1]　中国机械工程学会热处理分会. 热处理手册：第 1 卷 [M]. 2 版. 北京：机械工业出版社，1997.

[2]　美国金属学会. 金属手册：第 4 卷热处理 [M]. 9 版. 中国机械工程学会热处理专业学会，译. 北京：机械工业出版社，1988.

[3]　胡志忠. 钢及其热处理曲线手册 [M]. 北京：国防工业出版社，1986.

[4]　樊东黎，徐跃明，佟晓辉. 热处理工程师手册 [M]. 3 版. 北京：机械工业出版社，2011.

[5]　冶金工业部钢铁研究院. 合金钢钢种手册：第 1～6 册 [M]. 北京：冶金工业出版社，1983.

[6]　曲敬信，等. 表面工程手册 [M]. 北京：化学工业出版社，1998.

第6章　化学热处理

化学热处理是表面合金化与热处理相结合的一项工艺技术。它是将金属或合金工件置于一定温度的活性介质中保温，使一种或几种元素渗入工件表层，配以不同的后续热处理，赋予工件所需的化学成分、组织和性能的热处理工艺。

在整个热处理技术中，化学热处理占有相当大的比重。通过表面合金化实现表面强化，在提高表面强度、硬度、耐磨等性能的同时，保持心部的强韧性，使产品具有更高的综合力学性能；表面合金化还可以在很大程度上改变表层的物理和化学性质，提高零部件的抗氧化性、耐蚀性；同时，化学热处理也是修复工程修复技术的重要组成部分。因此，化学热处理是机械制造、化工、能源动力、交通运输、航空航天等许多行业中不可或缺的工艺技术。常用化学热处理方法及作用见表6-1。

表6-1　常用化学热处理方法及其作用

处理方法	渗入元素	作　　用
渗碳及碳氮共渗	C 或 C、N	提高工件的耐磨性、硬度及疲劳强度
渗氮及氮碳共渗	N 或 N、C	提高工件的表面硬度、耐磨性、抗咬合能力及耐蚀性
渗硫	S	提高工件的减摩性及抗咬合能力
硫氮及硫氮碳共渗	S、N 或 S、N、C	提高工件的耐磨性、减摩性及抗疲劳、抗咬合能力
渗硼	B	提高工件的表面硬度，提高耐磨能力及热硬性
渗硅	Si	提高表面硬度，提高耐蚀、抗氧化能力
渗锌	Zn	提高工件抗大气腐蚀能力
渗铝	Al	提高工件抗高温氧化及在含硫介质中的耐蚀性
渗铬	Cr	提高工件抗高温氧化能力，提高耐磨及耐蚀性
渗钒	V	提高工件表面硬度，提高耐磨及抗咬合能力
硼铝共渗	B、Al	提高工件耐磨、耐蚀及抗高温氧化能力，表面脆性及抗剥落能力优于渗硼
铬铝共渗	Cr、Al	具有比单一渗铬或渗铝更优的耐热性能
铬铝硅共渗	Cr、Al、Si	提高工件的高温性能

根据钢中元素与渗入元素相互作用形成的相互结构，化学热处理可分为两大类：第一类是渗入元素在基体金属中富化但未超过固溶度，形成金属固溶体（固溶扩散或纯扩散），如渗碳；第二类为某种类型的反应扩散。其一是扩散元素富化超过固溶度，与钢中元素形成有序相（金属间化合物），如渗氮；其二是渗入元素在溶质元素晶格中的固溶度非常小，以致使两种元素相互作用形成化合物，如渗硼。

化学热处理通常由四个基本过程组成：

（1）介质中的化学反应。在一定温度下介质中各组元发生化学反应或蒸发，形成渗入元素的活性组分（金属原子直接从熔融态渗入者除外）。

（2）渗剂扩散。活性组分在工件表层向内扩散，反应产物离开界面向外逸散。

（3）相界面反应。活性组分与工件表面碰撞，产生物理吸附或化学吸附，溶入或形成化合物，其他产物解吸离开表面。

（4）被吸附并溶入的渗入元素向工件内部扩散。当渗入元素的浓度超过基体金属的固溶度时，发生反应扩散，产生新相。

根据介质的物理形态，化学热处理可分为：

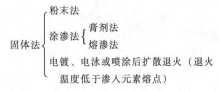

---

[a] 6.1、6.2、6.4 节由吴勇执笔，6.3、6.5、6.6 节由潘邻执笔。

$$\text{液体法}\begin{cases}\text{熔盐法}\begin{cases}\text{熔盐浸渍}\\\text{熔盐电解}\end{cases}\\\text{热浸法}\\\text{电镀、电泳或喷涂后扩散退火（退火}\\\quad\text{温度高于渗入元素熔点）}\\\text{水溶液电解加热}\end{cases}$$

$$\text{气体法}\begin{cases}\text{气体或液体化合物分解、还原、置换}\\\text{真空蒸发法}\\\text{流态粒子法}\end{cases}$$

辉光离子法　离子渗碳（碳氮共渗）、离子渗氮（氮碳共渗）、离子渗硫等

根据钢铁基体材料在进行化学热处理时的组织状态，化学热处理工艺可分为：

$$\text{奥氏体状态}\begin{cases}\text{渗碳}\\\text{碳氮共渗}\\\text{渗硼及硼铝共渗、硼硅共渗、硼锆共渗、}\\\quad\text{硼碳复合渗、硼碳氮复合渗}\\\text{渗铬及铬铝共渗、铬硅共渗、铬钛共渗、}\\\quad\text{铬氮共渗}\\\text{渗铝及铝稀土共渗、铝镍共渗}\\\text{渗硅}\\\text{渗钒、渗铌、渗钛}\end{cases}$$

$$\text{铁素体状态}\begin{cases}\text{渗氮}\\\text{氮碳共渗}\\\text{氧氮共渗及氧氮碳共渗}\\\text{渗硫}\\\text{硫氮共渗及硫氮碳共渗}\\\text{渗锌}\end{cases}$$

6.1　钢的渗碳

6.1.1　渗碳原理

6.1.1.1　渗碳反应和渗碳过程

1. 渗碳反应　无论采用何种渗碳剂，主要渗碳组分应均为 CO 或 CH_4，产生活性碳原子［C］的反应分别为

$$2CO \underset{\text{Fe}}{\rightleftharpoons} [C] + CO_2$$

$$CO \underset{\text{Fe}}{\rightleftharpoons} [C] + \frac{1}{2}O_2$$

$$CO + H_2 \underset{\text{Fe}}{\rightleftharpoons} [C] + H_2O$$

$$CH_4 \underset{\text{Fe}}{\rightleftharpoons} [C] + 2H_2$$

2. 渗碳过程　渗碳可分为三个过程：

1）渗剂中形成 CO、CH_4 等渗碳组分。

2）供碳组分传递到钢铁表面，在工件表面吸附、反应、产生活性碳原子渗入钢铁表面，CO_2 和（或）H_2O 离开工件表面。

3）渗入工件表面的碳原子向内部扩散，形成一定碳浓度梯度的渗碳层。

3. 与渗碳过程有关的重要参量

1）碳势 C_p 是表征含碳气氛在一定温度下与钢件表面处于平衡时可使钢表面达到的碳含量，一般采用低碳钢箔片测量。将厚度小于 0.1mm 的低碳钢箔置于渗碳介质中施行穿透渗碳后，测定钢箔的碳含量。其数值即等于此渗碳介质在该渗碳温度下的碳势。

2）碳活度 a_C 是渗碳过程中，钢奥氏体中碳的饱和蒸气压 p_C 与相同温度下以石墨为标准态的碳的饱和蒸气压 p_C^0 之比，称为钢中碳的活度 a_C，$a_C = p_C/p_C^0$。它的物理化学意义是奥氏体中碳的有效浓度。奥氏体中碳活度 a_C 与碳浓度的关系为：$a_C = f_C[C\%]$，式中 f_C 为活度系数，其数值与温度、合金元素品种及含量有关。

3）碳传递系数 β 是表征渗碳界面反应速度的常数，也称为碳的传输系数，量纲为 cm/s，物理意义为：单位时间（s）内气氛传递到工件表面单位面积的碳量（碳通量 J'）与气氛碳势和工件表面碳含量之间的差值（$C_p - C_s$）之比，即 $\beta = J'/(C_p - C_s)$。

碳传递系数与渗碳温度、渗碳介质、渗碳气氛的组分等有关（见图 6-1 及表 6-2）。

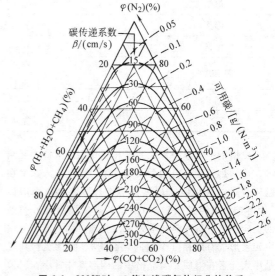

图 6-1　900℃ 时，β 值与渗碳气体组分的关系

表 6-2　几种渗碳气氛的碳传递系数 β

气　　氛	880℃	1000℃
C_3H_8 制备的吸热式气氛	1.04	2.28
CH_4 制备的吸热式气氛	1.13	2.48
甲醇-乙酸乙酯滴注式渗碳气氛	2.43	5.53
$\varphi(N_2) = 30\%$（甲醇＋乙酸乙酯）	0.30	0.67
$\varphi(N_2) = 20\%$（甲醇＋乙酸乙酯）	0.13	0.29

一般采用钢箔渗碳的方式测量气体渗碳中的 β 值，测量方法是在一定渗碳气氛和渗碳温度下，放入钢箔渗碳，钢箔一般采用厚度小于 0.1mm 的低碳碳钢制造。因为钢箔很薄，可近似地把它的渗碳过程看作纯界面过程，并认为钢箔的表面和心部的碳含量一致，因而

$$\frac{\partial C}{\partial t}\delta = 2\beta(C_p - C)$$

式中　δ——钢箔的厚度；

　　　C——渗碳过程中钢箔奥氏体的瞬时碳浓度；

　　　C_p——渗碳介质的碳势。

方程的解为

$$\beta = \frac{\delta\ln\dfrac{C_p}{C_p - C}}{2t}$$

4）碳的扩散系数与渗碳温度、奥氏体碳浓度及合金元素的品种和含量有关。其中影响最大的是渗碳温度。扩散系数 D 与温度 $T(K)$ 的关系可近似表达为

$$D = 0.162\exp(-16575/T) \qquad (6\text{-}1)$$

6.1.1.2　工艺参数对渗碳速度的影响

渗碳深度 d 可按下式近似计算：

$$d = k\sqrt{t} - \frac{D}{\beta} \qquad (6\text{-}2)$$

式中　d——渗碳深度；

　　　k——渗碳速度因子；

　　　t——渗碳时间；

　　　D——扩散系数；

　　　β——碳传递系数。

其中渗碳速度因子与渗碳温度、碳势成正比，与心部碳含量成反比，与合金元素品种及其含量也有关。

1. 渗碳温度　由式（6-1）可知，随着渗碳温度升高，碳在钢中的扩散系数呈指数上升，渗碳速度加快，但渗碳温度过高会造成晶粒长大，工件畸变增大，设备寿命降低等负面效应。所以渗碳温度常控制在 900 ~ 950℃。

2. 渗碳时间　由式（6-2）可知，渗碳时间与渗碳深度呈平方根关系。渗碳时间越短，生产效率越高，能耗越低，但是对于浅层渗碳而言，渗碳时间太短，渗层深度控制难以准确。应通过调整渗碳温度、碳势来延长渗碳时间，以便精确地控制渗层深度。

3. 碳势的影响　介质碳势越高，渗碳速度越快，但渗层碳浓度梯度越陡（见图6-2）。碳势过高，还会在工件表面积碳。气体渗碳中常采用强渗碳—扩散

的方式解决这一矛盾。

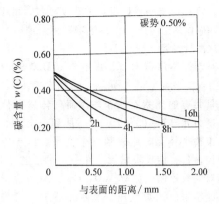

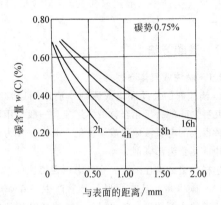

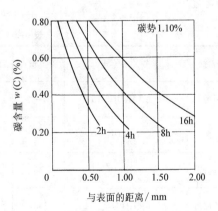

图 6-2　20 钢不同碳势下渗碳后表层的碳浓度分布

注：渗碳温度为920℃，气氛（体积分数）为20%CO，40%H₂。

6.1.1.3　气体渗碳中的碳势测量与控制

炉气 CO 含量保持不变的条件下，a_C 与 CO_2、O_2 含量存在对应关系，可以采用 CO_2 红外仪及氧探头间接测量碳势。在 p_{CO}、p_{H_2} 保持不变的条件下，炉气中的 H_2O 含量与碳势存在对应关系，也可采用露点

仪间接测量碳势。采用上述方法测量碳势有一个前提条件，即 CH_4 参与渗碳反应的速度较慢，可不予考虑其渗碳作用。考虑 CH_4 的影响时可采用 CH_4 红外仪间接测量碳势。

对于气体渗碳而言，影响气氛碳势的变量有 p_{CO}、p_{CO_2}、p_{CH_4}、p_{H_2}、p_{H_2O}、p_{O_2} 和 ［%C］。这七个变量共有的元素有三个。因而气体渗碳体系的自由度为 $\phi = 7 - (3+1) = 3$。从理论上讲，要完全约束整个体系，应控制三个变量。由于需要增加测控设备，使投资增大。在一定的工艺条件下，采用双参数控制，如 $O_2\text{-}CO$，$CO_2\text{-}CO$ 等也能获得较好的结果。当炉气成分基本不变时，可采用单参数控制（生产中一般用氧探头），但应使用钢箔监测。

6.1.2　渗碳方法

6.1.2.1　滴注式气体渗碳

1. 滴注剂的选择和组成原则　滴注剂通常由一种或几种含碳的有机化合物液体组成。一般采用两种或两种以上的有机液体组成滴注剂，其中一种为起稀释作用，其余为渗碳剂。

选择和组成滴注剂时，应考虑下列特性：

（1）碳当量。是指高温分解后产生一克原子活性碳所需的渗剂质量，碳当量越小，有机液体的供碳能力越强。

（2）碳氧比（C/O）。碳氧比是有机液体中碳原子分数与氧原子分数之比。碳氧比越大，有机液体的渗碳能力越强。

（3）形成炭黑和结焦的趋向。有机液体的高温分解产物中含有大量烷烃和烯烃时，形成炭黑和结焦的趋势较大。使用中应加入稀释剂或采用其他办法避免形成炭黑和结焦。

（4）分解产物中 CO 和 H_2 含量稳定，在单参数控制碳势渗碳时这一点很重要。如前所述，无论采用 CO_2 红外仪、露点仪还是氧探头，其单独控制气氛碳势的前提是炉气中 CO 和 H_2 的含量基本不变。

常用有机液体的渗碳特性见表6-3。

2. 典型滴注剂

（1）甲醇-乙酸乙酯滴注剂，这种滴注剂中甲醇是稀释剂，乙酸乙酯是渗碳剂。不同温度下该滴注剂所产生的碳势与露点、氧探头输出电压值的关系见图6-3。

由于乙酸乙酯分解时产生 CO_2 中间产物，所以不推荐采用 CO_2 红外仪测量碳势。

改变滴注剂中甲醇与乙酸乙酯的比率，炉气中 CO 含量基本不变（见图6-4）。所以采用单参数控制时，碳势控制较准确，这是这种滴注剂的最大优点。表6-4为几种滴注剂用露点仪或 CO_2 红外仪控制时的最大碳势偏差。

表6-3　常用有机液体的渗碳特性

名称	分子式	碳当量/g	碳氧比	渗碳反应式	用途
甲醇	CH_3OH	—	1	$CH_3OH \rightarrow CO + 2H_2$	稀释剂
乙醇	C_2H_5OH	46	2	$C_2H_5OH \rightarrow [C] + CO + 3H_2$	渗碳剂
异丙醇	C_3H_7OH	30	3	$C_3H_7OH \rightarrow 2[C] + CO + 4H_2$	强渗碳剂
乙醚	$C_2H_5OC_2H_5$	24.7	4	$C_2H_5OC_2H_5 \rightarrow 3[C] + CO + 5H_2$	强渗碳剂
丙酮	CH_3COCH_3	29	3	$CH_3COCH_3 \rightarrow 2[C] + CO + 3H_2$	强渗碳剂
乙酸乙酯	$CH_3COOC_2H_5$	44	2	$CH_3COOC_2H_5 \rightarrow 2[C] + 2CO + 4H_2$	渗碳剂
煤油	航空煤油、灯用煤油主要成分为：$C_9 \sim C_{14}$ 和 $C_{11} \sim C_{17}$ 的烷烃	—		850℃以下裂解不充分，含大量烯烃（乙烯、丙烯），容易产生炭黑和结焦。应在 900 ~ 950℃使用，高温下理论分解式为：$n_1(C_{11}H_{24} \sim C_{17}H_{36}) \rightarrow n_2CH_4 + n_2[C] + n_3H_2$	强渗碳剂

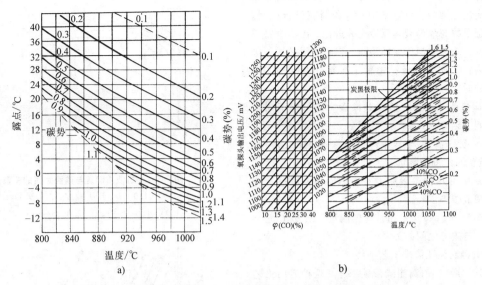

图 6-3　不同温度下甲醇-乙酸乙酯碳势与露点、氧探头输出电压值的关系

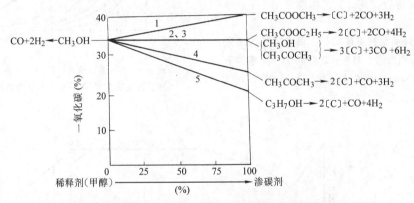

图 6-4　几种滴注剂中甲醇与渗碳剂的比率变化对 CO 含量的影响
1—乙酸甲酯　2—乙酸乙酯　3—甲醇＋丙酮　4—丙酮　5—异丙醇

**表 6-4　滴注剂单参数控制的
最大碳势偏差　　　（%）**

滴注剂	露点控制		CO₂ 红外仪控制	
	工作范围	全范围	工作范围	全范围
甲醇-乙酸乙酯	±0.035	±0.055	±0.055	±0.08
甲醇-75% 丙酮 +25% 乙酸乙酯	±0.045	±0.075	±0.05	±0.05
甲醇-丙酮	±0.065	±0.105	±0.065	±0.10

注：1. 本表列举的是稀释剂与渗碳剂比例变化引起的
　　碳势最大测量误差值（渗碳温度为 920℃，碳势
　　为 1.0%）。
　　2. 工作范围是指渗碳剂的质量分数在 15%～90%
　　的范围内变化。
　　3. 全范围是指滴注剂中渗碳剂的质量分数在 0～
　　100% 内变化。

（2）甲醇-丙酮，由图 6-2 和表 6-3 可知，甲醇-丙酮分解产物中，虽然 CO 含量的稳定性略低，但是由于丙酮的裂解性能优于乙酸乙酯，而且采用 CO₂ 红外仪控制时优于乙酸乙酯，所以常用丙酮代替乙酸乙酯作渗碳剂，（920±5）℃以甲醇-丙酮为滴注剂时碳势与炉气成分的关系为

$$C_p = 0.363 - 1.113[\%H_2O] + 0.025[\%CO] + 0.312[\%CH_4] - 0.285[\%CO_2]$$

（3）甲醇-煤油滴注剂，国内许多厂家采用这种滴注剂。煤油价格低廉，渗碳能力强。但是单独使用煤油存在许多缺点：高温裂解后产生大量 CH₄ 和 [C]，使炉内积炭，而且炉气成分和碳势不稳定，不易控制。甲醇-煤油滴注剂中煤油的含量一般在 15%～30% 范围内。高温下甲醇的裂解产物 H₂O、

CO_2 等将 CH_4 和 ［C］ 氧化，可使炉气成分和碳势保持在一定的范围内，可以采用 CO_2 红外仪进行控制。为了保证甲醇与煤油裂解反应充分进行，炉体应保证四个条件：①炉气静压 > 1500Pa；②滴注剂必须直接滴入炉内；③加溅油板；④滴注剂通过 400 ~ 700℃ 温度区的时间 ≤ 0.07s。

3. 碳势调节方法　滴注式渗碳中常采用下列两种方法调节碳势：

（1）改变滴注剂中稀释剂和渗碳剂的比例和（或）调整滴注剂的滴量。

（2）使用几种渗碳能力不同的液体，通过改变滴液来调节碳势。

图 6-5、图 6-6 为有机液体的滴量、组成（以 C/O 表示）与碳势之间的关系。

4. 典型滴注式渗碳工艺举例

（1）甲醇-煤油滴注式渗碳工艺。这种通用工艺可供不具备碳势测量与控制仪器的企业使用。使用时应根据具体情况进行修正。工艺曲线见图 6-7 及表 6-5。

（2）甲醇-煤油滴控渗碳实例。渗碳零件为解放牌汽车变速器五档齿轮，材料：20CrMnTi，要求渗碳层深度 0.9 ~ 1.3mm，渗碳设备为 RTJ-75-9T 型井式渗碳炉。其渗碳工艺如图 6-8 所示。

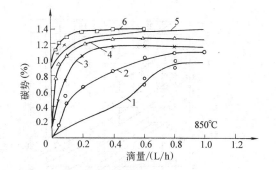

图 6-5　有机液体滴量与碳势之间的关系
1—C/O = 1.0　2—C/O = 1.2　3—C/O = 1.4
4—C/O = 1.6　5—C/O = 2.0　6—C/O = 2.23

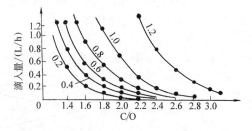

图 6-6　有机液体组成 （C/O） 与滴量的关系
注：试验温度 950℃，图中数字为碳势（%）。

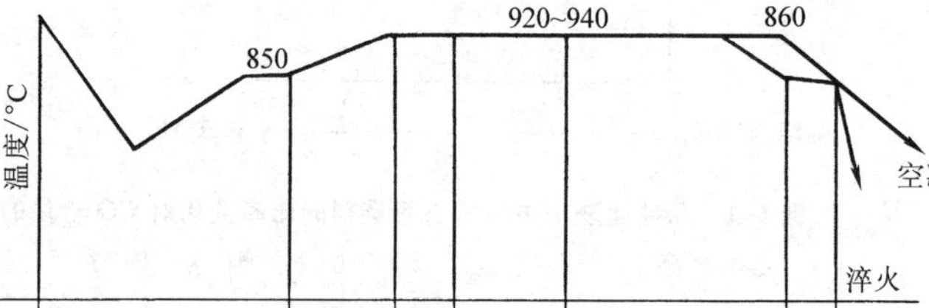

渗碳过程		排气		碳势调整	强渗	扩散	
渗碳剂	甲醇/(mL/min)	q		停	停	$\frac{1}{3}q$	
	煤油/(mL/min)	停		q	Q	$\frac{1}{5}Q$	
渗层深度及时间	0.4~0.7 mm	≥1h		自然升温	20 min	1h（参考）	30 min
	0.6~0.9 mm	≥1h		自然升温	20 min	1.5h（参考）	30 min
	0.8~1.2 mm	≥1h		自然升温	20 min	2h（参考）	30 min
	1.1~1.6 mm	≥1h		自然升温	20 min	3h（参考）	30 min

图 6-7　煤油-甲醇滴注式渗碳工艺曲线
注：$q = 0.13 \times$ 渗碳炉功率（kW）数，$Q = 1 \times$ 工件吸碳表面积（m^2）。

表 6-5 强渗时间、扩散时间及渗碳层深度

要求的渗层深度/mm	不同温度下的强渗时间			强渗后的渗层深度/mm	扩散时间/h	扩散后的渗层深度/mm
	$(920 \pm 10)℃$	$(930 \pm 10)℃$	$(940 \pm 10)℃$			
0.4 ~ 0.7	40min	30min	20min	0.20 ~ 0.25	约1	0.5 ~ 0.6
0.6 ~ 0.9	1.5h	1.0h	30min	0.35 ~ 0.40	约1.5	0.7 ~ 0.8
0.8 ~ 1.2	2h	1.5h	1h	0.45 ~ 0.55	约2	0.9 ~ 1.0
1.1 ~ 1.6	2.5h	2h	1.5h	0.60 ~ 0.70	约3	1.2 ~ 1.3

注：若渗碳后直接降温淬火，则扩散时间应包括降温及降温后停留的时间。

图 6-8 甲醇-煤油 CO_2 红外仪控制滴注式渗碳工艺

5. 滴注式渗碳的操作要点及注意事项

（1）渗碳工件表面不得有锈蚀、油污及其他污垢。

（2）同一炉渗碳的工件，其材质、技术要求、渗后热处理方式应相同。

（3）装料时应保证渗碳气氛的流通。

（4）炉盖应盖紧，减少漏气，炉内保持正压，废气应点燃。

（5）每炉都应用钢箔校正碳势，特别是在用 CO_2 红外仪控制和采用煤油作渗碳剂时。

（6）严禁在 750℃ 以下向炉内滴注任何有机液体。每次渗碳完毕后，应检查滴注器阀门是否关紧，防止低温下有机液体滴入炉内造成爆炸。

6.1.2.2 吸热式气体渗碳

1. 吸热式渗碳气氛及渗碳反应 吸热式渗碳气氛由吸热式气体加富化气组成。常用吸热式气体的成分见表 6-6。一般采用甲烷或丙烷作富化气。

吸热式气氛中的 CO_2、H_2O、CO 和 H_2 发生水煤气反应：$CO + H_2O \rightleftharpoons CO_2 + H_2$。渗碳时，消耗 CO 和 H_2，生成 CO_2 和 H_2O。

$$CO + H_2 \rightleftharpoons [C] + H_2O$$
$$2CO \rightleftharpoons [C] + CO_2$$

表 6-6 常用吸热式气体成分（体积分数） （%）

原料气	混合比（空气:原料气）	CO_2	H_2O	CH_4	CO	H_2	N_2
天然气	2.5	0.3	0.6	0.4	20.9	40.7	余量
城市煤气	0.4 ~ 0.6	0.2	0.12	0 ~ 1.5	25 ~ 27	41 ~ 48	余量
丙烷	7.2	0.3	0.6	0.4	24.0	33.4	余量
丁烷	9.6	0.3	0.6	0.4	24.2	30.3	余量

加入富化气（CH_4）会反过来消耗 CO_2 和 H_2O 补充 CO 和 H_2，促进渗碳反应进行，其反应式为

$$CH_4 + CO_2 \rightleftharpoons 2CO + 2H_2$$
$$CH_4 + H_2O \rightleftharpoons CO + 3H_2$$

上述四个反应式相加可得出

$$2CH_4 \rightleftharpoons 2[C] + 4H_2$$

富化气为丙烷时，丙烷在高温下最终形成甲烷，再参加渗碳反应

$$C_3H_8 \longrightarrow 2[C] + 2H_2 + CH_4$$
$$C_3H_8 \longrightarrow [C] + 2CH_4$$

2. 吸热式渗碳气氛碳势的测量与控制 调整吸热式气体与富化气的比例即可控制气氛的碳势。由于 CO 和 H_2 的含量基本保持稳定，只测定单一的 CO_2 或 O_2 含量，即可确定碳势，不同类型的原料气制成

的吸热式气体，CO 含量相差较大，炉气中碳势与 CO_2 含量露点、氧探头的输出电势的关系均随原料变化。图 6-9 ～图 6-14 分别为由甲烷和丙烷制成的吸热式气氛中碳势与 CO_2 含量、露点及氧探头输出电势之间的关系曲线。

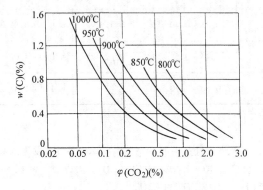

图 6-9　由甲烷制成的吸热式气氛
中碳势与 CO_2 含量之间的关系

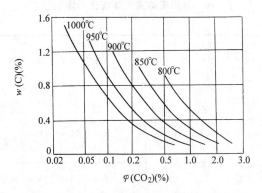

图 6-10　由丙烷制成的吸热式气氛
中碳势与 CO_2 含量之间的关系

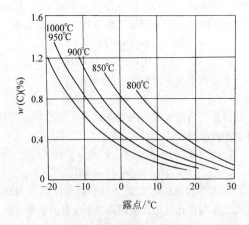

图 6-11　由甲烷制成的吸热式气氛
中碳势与露点之间的关系

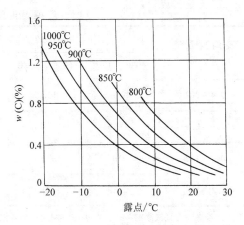

图 6-12　由丙烷制成的吸热式气氛
中碳势与露点之间的关系

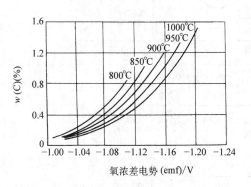

图 6-13　由甲烷制成的吸热式气氛中碳
势与氧探头输出电势之间的关系

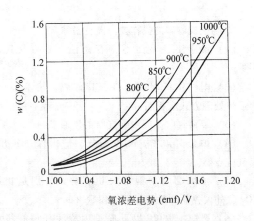

图 6-14　由丙烷制成的吸热式气氛中碳
势与氧探头输出电势之间的关系

3. 吸热式气体渗碳工艺实例　国内吸热式气体多用于连续式炉的批量渗碳处理。图 6-15 为连续作业吸热式气体渗碳设备及工艺示意图。

吸热式气体渗碳气氛中的 H_2 和 CO 的含量都超

过了在空气中的爆炸极限 [$\varphi(H_2)$ 为 4% 和 $\varphi(CO)$ 为 12.5%]，炉温一定要高于 760℃才能通入渗碳气氛，以免发生爆炸。由于 CO 有毒，炉体应有较好的密封性。炉口应点火，以防止 H_2 和 CO 泄漏造成爆炸和发生人员中毒事故。采用 CH_4 特别是 C_3H_8 作富化气易在炉内形成积炭，应定期烧除炭黑。

6.1.2.3　氮基气氛渗碳

氮基气氛渗碳是指以氮气为载体添加富化气或其他供碳剂的气体渗碳方法。该方法具有能耗低、安全、无毒等优点。

1. 氮基渗碳气体的组成　几种典型氮基渗碳气氛的成分见表 6-7。

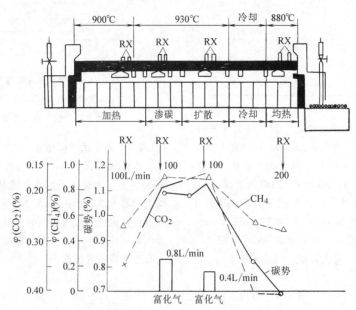

图 6-15　连续作业吸热式气体渗碳设备及工艺示意图

表 6-7　几种典型氮基渗碳气氛的成分

序号	原料气组成	气氛成分(体积分数,%)					碳势(%)	备　注
		CO_2	CO	CH_4	H_2	N_2		
1	甲醇 + N_2 + 富化气	0.4	15 ~ 20	0.3	35 ~ 40	余量	—	Endomix 法 Carbmaag(Ⅱ)
2	$N_2 + \left(\dfrac{CH_4}{空气} = 0.7\right)$	—	11.6	6.4	32.1	49.9	0.83	CAP 法
3	$N_2 + \left(\dfrac{CH_4}{CO_2} = 6.0\right)$	—	4.3	2.0	18.3	75.4	1.0	NCC 法
4	$N_2 + C_3H_8$ （或 CH_4）	0.024 / 0.01	0.4 / 0.1	15	—	—	—	渗碳 扩散

表 6-7 列的氮基渗碳气氛中，甲醇-N_2-富化气最具代表性。其中氮气与甲醇的比例以 40% N_2 + 60% 甲醇裂解气为最佳。可以采用甲烷或丙烷作富化气，即 Endomix 法，也可采用丙酮或乙酸乙酯，即 (CarbmaagⅡ) 法。Endomix 法多用于连续式炉或多用炉，CarbmaagⅡ法采用滴注式，多用于周期式炉。

2. 氮基气氛渗碳的特点

(1) 不需要气体发生装置。

(2) 成分与吸热式气氛基本相同，气氛的重现性与渗碳层深度的均匀性和重现性不低于吸热式气氛渗碳。

(3) 具有与吸热式气氛相同的点燃极限。由于 N_2 能自动安全吹扫，故采用氮基气氛的工艺具有更大的安全性。

(4) 适宜用反应灵敏的氧探头作碳势控制。

(5) 渗入速度不低于吸热式气氛渗碳 (见表 6-8)。

表6-8　氮基气氛、吸热式气氛和滴注式渗碳速度比较

气氛类型及成分	吸热式气体渗碳(体积分数)CO20%、H₂20%、N₂40%	N₂-甲醇-富化气(体积分数)CO20%、H₂20%、N₂40%	滴注式(体积分数)CO33%、H₂66%
碳传递系数β /(10⁻⁵cm/s)	1.3	0.35	2.8
渗碳工艺	927℃×4h	927℃×4h	950℃×2.5h
材　料	8620	8620	碳钢
渗碳速度 /(mm/h)	0.44	0.56	0.30

注:8620钢(相当于我国的20CrNiMo钢)所测数据。

3. 氮基气氛渗碳工艺实例　工件:泥浆泵阀体、阀,氮基气氛渗碳。材料:20CrMnTi、20CrMnMo、20CrMo;设备:105kW井式气体渗碳炉;炉内气体成分(体积比):N₂:H₂:CO=4:4:2;渗碳层深度δ≥1.6mm,碳化物3~5级,过共析层+共析层不小于1mm,过渡层不大于0.6mm,表面淬火硬度62~65HRC,表面氧化脱碳不大于0.03mm。采用如图6-16所示的工艺渗碳,完全可以达到上述要求。

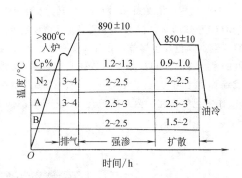

图6-16　阀体、阀座氮基气氛渗碳工艺

注:N₂流量单位为m³/h,A(甲醇)、B(碳氢化合物)流量单位为L/min。

6.1.2.4　直生式气体渗碳

直生式渗碳,Ipsen公司称为超级渗碳(Supercarb),是将燃料(或液体渗碳剂)与空气或CO₂气体直接通入渗碳炉内形成渗碳气氛的一种渗碳工艺。随着计算机控制技术应用的不断成熟和完善,直生式渗碳的可控性也不断提高,应用正逐步扩大。图6-17为直生式渗碳系统简图。

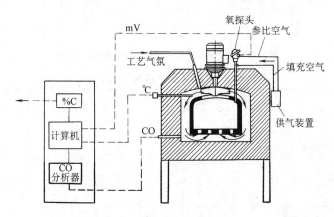

图6-17　直生式渗碳系统简图

1. 直生式渗碳气氛　直生式渗碳气体由富化气+氧化性气体组成。常用富化气为:天然气、丙烷、丙酮、异丙醇、乙醇、丁烷、煤油等。氧化性气体可采用空气或CO₂。

富化气(以CH₄为例)和氧化性气体直接通入渗碳炉时发生以下反应,形成渗碳气氛。

氧化性气体为空气时:

$$CH_4 + \frac{1}{2}O_2 + N_2 \Longrightarrow CO + 2H_2 + N_2$$

氧化性气体为CO₂时:

$$CH_4 + CO_2 \Longrightarrow 2CO + 2H_2$$

温度不同,富化气和氧化性气体不同,渗碳气氛中CO、CH₄含量不同(见图6-18)。

2. 直生式渗碳气氛的碳势及控制　直生式气体渗碳的主要渗碳反应是:$CO \Longrightarrow [C] + \frac{1}{2}O_2$,直生式渗碳气氛是非平衡气氛,CO含量不稳定。所以应同时测量O₂和CO含量,再通过上式计算出炉内的碳势。

调整富化气与氧化性气体的比例可以调整炉气碳势。通常是固定富化气的流量(或液体渗碳剂的滴量),调整空气(或CO₂)的流量。

3. 直生式渗碳气氛的优点

(1)碳传递系数较高(见表6-9)。

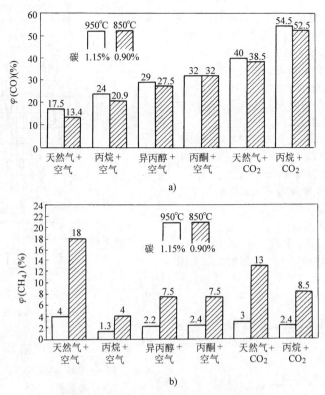

图 6-18　850℃和 950℃温度下不同直生式气氛

a）CO 平均含量　b）CH₄ 平均含量

表 6-9　不同气氛中的碳传递系数（β）比较

渗碳气氛类型	吸热式（天然气）	吸热式（丙烷）	甲醇+40%N₂	甲醇+20%N₂	天然气+空气（直生式）	丙烷+空气（直生式）	丙酮+空气（直生式）	异丙醇+空气（直生式）	天然气+CO₂（直生式）	丙烷+CO₂（直生式）
$\varphi(CO)$（%）	20	23.7	20	27	17.5	24	32	29	40	54.5
$\varphi(H_2)$（%）	40	31	40	54	47.5	35.5	34.5	41.5	48.7	39.5
$\beta/(10^{-5}$ cm/s)	1.25	1.15	1.62	2.12	1.30	1.34	1.67	1.78	2.62	2.78

注：渗碳温度为 950℃，碳势 $C_p = 1.15\%$。

（2）设备投资少。与吸热式气氛渗碳相比，可以节省一套气体发生装置。对直生式渗碳炉的密封要求不高，即使有空气漏入炉内引起炉气成分波动，碳势的多参数控制系统也会及时调整氧化性气体（空气或 CO_2）的通入量，精确地控制炉气碳势。

（3）碳势调整速度快于吸热式和氮基渗碳气氛。

（4）渗碳层均匀，重现性好。

（5）对原料气的要求较低，气体消耗量低于吸热式气氛渗碳（见表 6-10）。

6.1.2.5　真空渗碳

1. 真空渗碳的特点　与普通气体渗碳相比，真

表 6-10　直生式与吸热式气体渗碳的耗气量对比

炉型	生产能力/(kg/h)	耗气量/(m³/h)	
		吸热式气氛（吸热式气体+富化气）	直生式气氛（天然气+空气）
箱式炉	350	7	1
滚筒式炉	170	15	1.5
网带式炉	淬火：800 渗碳（渗层0.1mm）：560	25	1.7
转底式炉	1500	48	3.5

空渗碳具有以下特点:

(1) 可以在较高的温度 (980~1100℃) 下进行。真空对工件表面有净化作用,有利于碳原子被工件表面吸附,因而真空渗碳可加速渗碳过程。

(2) 工件在真空条件下渗碳,表面不脱碳,不产生晶界氧化,有利于提高零件的疲劳强度。

(3) 可直接将甲烷、丙烷或天然气通入真空炉内渗碳,无需添置气体制备设备。

(4) 对于有不通孔、深孔、狭缝的零件,或不锈钢、含硅钢等普通气体渗碳效果不好甚至难以渗碳的零件,真空渗碳都可以获得良好的渗碳层。

(5) 真空渗碳的耗气量仅为普通渗碳的几分之一或十几分之一。

(6) 对环境基本上无污染。

(7) 真空渗碳的缺点是容易产生炭黑。

真空渗碳与普通气体渗碳工艺参数的比较见图6-19。

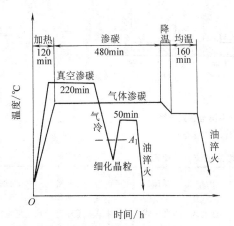

图 6-19　真空渗碳与普通气体
渗碳工艺参数的比较

2. 真空渗碳工艺　真空渗碳一般是将甲烷、丙烷或天然气直接通入炉内,裂解后形成渗碳气氛。甲烷在1000℃以下裂解不充分,易产生炭黑。所以1000℃以下渗碳常采用丙烷。真空渗碳时要获得良好的渗碳层,炉内富化气不仅要达到一定的含量,而且要求炉气达到一定的压力,1040℃下的碳势与甲烷含量、炉内压力之间的关系见图6-20。采用甲烷作为富化气时,炉气压力一般要求 $2.67\times10^4\sim4.67\times10^4$ Pa。以丙烷作富化气时。炉气压力一般要求达到 $1.33\times10^4\sim2.33\times10^4$ Pa。对于有狭缝、不通孔的零件,为了保证缝内及孔内的渗层深度与其他部位一致,可采用脉冲供气的方法。

由于真空状态对零件表面产生的净化作用。活性碳原子在钢铁表面的吸附很快,碳传递系数 (β) 较大。根据Harris关系式,渗层深度、渗碳时间之间可定量表述为

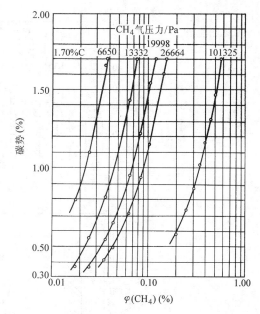

图 6-20　碳势与炉气压力

$$d=\frac{802.6}{10^{(3720/T)}}\sqrt{t}$$

式中　T——渗碳温度 (K);
　　　t——渗碳时间 (h)。

计算值与真空渗碳时的实测值基本一致,真空渗碳温度一般为900~1100℃,温度越高,渗碳所需时间越短,但是工件变形量越大。对于畸变量要求不严格、形状不复杂、渗碳层较深的工件,可用1040℃渗碳。一般情况采用980℃渗碳。对于形状复杂、畸变量要求严格和渗层较浅的工件,则采用980℃以下的温度渗碳。

为了提高渗速,可以采用强渗—扩散的方式渗碳。强渗时间 (t_c)、扩散时间 (t_d)、总渗碳时间 (t) 之间的关系也可以按Harris公式表述:

$$t_c=\left(\frac{C-C_i}{C_0-C_i}\right)^2 t,\quad t_d=t-t_c$$

式中　C——渗碳要求达到的表面碳含量;
　　　C_0——强渗期结束时的表面碳含量;
　　　C_i——心部碳含量。

高温真空渗碳过程中钢件心部晶粒长大,为了细化晶粒,可先将工件冷却到 $F+Fe_3C$ 区,再加热到淬火温度淬火。

图6-21为真空渗碳淬火工艺曲线。

真空渗碳的工件,进炉前同样应去除表面污垢,以免进炉后影响渗碳或在炉内产生炭黑。不能用镀锌铁丝捆绑工件,否则会使工件渗锌。工件间的距离可小于普通渗碳处理,但不能多层堆放。

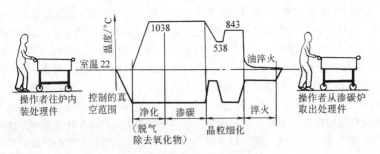

图 6-21 真空渗碳淬火工艺曲线

6.1.2.6 流态床渗碳

1. 流态床渗碳的特点 近几年流态床渗碳发展很快,受到人们的广泛重视并获得应用。与气体渗碳相比流态床渗碳具有以下特点:

(1) 加热速度和渗碳速度快,生产率高。

(2) 流动颗粒对工件表面的冲刷,工件表面不会积炭,可以进行高碳势渗碳。

(3) 炉温均匀(温差 ≤ ±5℃),气氛均匀,渗层均匀。

(4) 操作方便,渗碳后可直接淬火。

(5) 换气速度快,可以进行多种工艺组合。

2. 常用流态床渗碳类型 流态床渗碳按流态床的类型可分为内燃式、电极式和外热式三种,如图6-22所示。

(1) 内燃式流态床渗碳。流动颗粒采用 Al_2O_3。流化气一般采用空气 + 碳氢化合物(如 CH_4、C_3H_8)或天然气,除流化外同时兼作燃气和渗碳气体。流化气进行不完全燃烧,剩余的 CO、CH_4 可作为渗碳气渗碳。采用空气 + 丙烷作为流化气时,空气:丙烷 = 4:1 ~ 4.5:1。

(2) 电极式流态床渗碳。采用电极式(又称石墨式)流态床渗碳,流动颗粒采用石墨。石墨为导电物质,可以使流态床导电,当两电极产生的电流通过流态床时,石墨发热加热工件。流化气采用空气,空气中的氧气在渗碳温度下与石墨反应形成 C-CO-CO_2 渗碳气氛,碳势与温度有关,可表达为 $C_g = 7.26 \ln T - 48.76$。

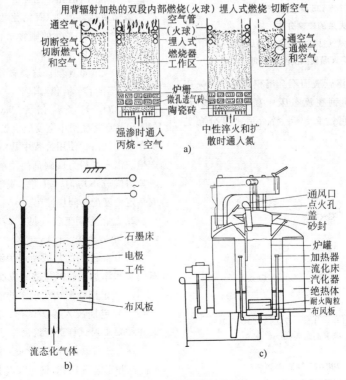

图 6-22 几种流态床渗碳简图

a) 内燃式 b) 电极式 c) 外热式

（3）外热式流态床渗碳。流动颗粒采用0.180mm（80目）的 Al_2O_3，流化气由氮气＋富化气组成，这类流态床渗碳工艺可控性较好。

3. 外热式流态床渗碳工艺及操作　外热式流态床渗碳采用氮气＋富化气作为流化气，如氮气-丙烷，氮气-甲醇，氮气-丙烷-空气等。流化气进入流态床，Al_2O_3 流态化的同时富化气在高温下裂解，在炉内形成渗碳气氛，通过调整氮气与富化气的比例来调整碳势，气氛的碳势可以用氧探头间接测量。图6-23所示为采用氮气-丙烷-空气作为流化气渗碳淬火后渗层的硬度。

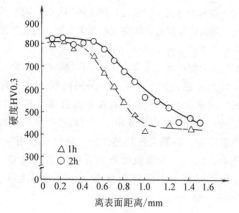

图 6-23　708A25 钢流态床渗碳
淬火后的硬度分布
注：流化气为氮气-丙烷-空气，渗碳温度
为970℃，淬火温度为850℃，油冷。

工件在流态床中渗碳表面不会沉积炭黑，可采用高碳势渗碳。708A25 钢在流态床中高碳势渗碳后，表面碳含量 w（C）可达 2.5%，淬火后硬度分布见图6-24。

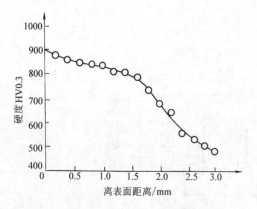

图 6-24　708A25 钢高碳势渗
碳淬火后硬度分布
注：970℃×8h 渗碳，850℃，水淬。

流态床气氛转换速度非常快，大约几分钟之内就可以完成碳势由零到控制点的转换，而且重现性很好。基于这个特点，渗碳过程往往是由高碳势渗碳-低碳势扩散的多次循环组成，既可获得较理想的碳浓度梯度，又可获得较快的渗碳速度。

有不通孔的零件装炉时应尽量使孔口向下。对不需要渗碳的部位可作防渗处理，如镀铜、涂敷防渗碳涂料等，但是所选择的防渗涂层应有一定的硬度和附着力，以免 Al_2O_3 颗粒的冲刷使涂层剥落或磨蚀。

6.1.2.7　液体渗碳

液体渗碳即盐浴渗碳，优点是设备简单，渗碳速度快，渗碳层均匀，操作方便，特别适用于中小型零件及有不通孔的零件。但是盐浴中剧毒的氰化物对环境和操作者存在危害。

1. 盐浴配制　渗碳盐浴一般由基盐、催化剂、供碳剂三部分组成。基盐一般不参与渗碳反应，常用 NaCl、KCl、$BaCl_2$ 或复盐配制。改变复盐配比可调整盐浴的熔点和流动性。$BaCl_2$ 有时兼有催化作用。催化剂一般采用碳酸盐，如 Na_2CO_3、$BaCO_3$、$(NH_2)_2CO$。供碳剂常用 NaCN、木炭粉、SiC。根据供碳剂及催化剂的种类可将渗碳盐浴分成两大类。

（1）NaCN 型。这类盐以 NaCN 为供碳剂，使用过程中 CN 不断消耗，老化到一定程度后取出部分旧盐，添加新盐，增加 CN 活化盐浴。这种盐浴相对易于控制，渗碳件表面的碳含量也较稳定，但是 NaCN 有剧毒，应限制使用。

（2）无 NaCN 型。这类盐浴常用木炭粉、SiC 或两者并用作为供碳剂，催化剂为 Na_2CO_3、$(NH_2)_2CO$。这类盐浴无 NaCN，但是 Na_2CO_3 和 $(NH_2)_2CO$ 在盐浴中会反应生成少量 NaCN。以 SiC 为供碳剂的盐浴，使用过程中盐浴粘度增大，并有沉渣产生。以木炭粉为供碳剂的盐浴，木炭粉易漂浮，造成盐浴成分不均匀，可将木炭粉、SiC 等用粘结剂制成一定密度的中间块使用。

2. 盐浴渗碳工艺（见表6-11）

3. 盐浴渗碳操作要点

（1）新配制的盐或使用中添加的盐应事先烘干，新配制和添加供碳剂盐浴时应加以搅拌使成分均匀。

（2）定期检测调整盐浴的成分。

（3）定期放入渗碳试样，随工件渗碳淬火及回火并按要求对试样进行检测。

（4）工件表面若有氧化皮、油污等，进炉之前应予去除，并应保持干燥，防止带入水分引起熔盐飞溅。

（5）渗碳或淬火完毕后应及时清洗去除工件表面的残盐。

表 6-11 渗碳的盐浴组成、工艺及效果

序号	盐浴成分(质量分数)(%)	渗碳工艺及效果(成分为质量分数)					
1	NaCN4 ~ 6，BaCl₂80，NaCl 14 ~ 16	盐浴控制成分：NaCN0.9% ~ 1.5%，BaCl₂68% ~ 74% 20CrMnTi，20Cr，900℃ ×3.5 ~ 4.5h，表面最高碳含量：0.83% ~ 0.87%					

$NaCN4 \sim 6$, $BaCl_2 80$, $NaCl 14 \sim 16$

序号2:
603 渗碳剂 10①，NaCl35 ~ 40，KCl40 ~ 45，Na₂CO₃10

盐浴控制成分：2% ~ 8% Na₂CO₃ 该盐浴原料无毒，但配制并加热后，反应产生 0.5% ~ 0.9% NaCN。20 钢 920℃渗碳

保温时间/h	1	2	3
渗碳层深度/mm	>0.5	>0.7	>0.9

序号3:
Na₂CO₃10，NaCl35，KCl45，渗碳剂 10②

第一次配制加入 10%渗碳剂，以后补充量 6% ~ 8%。盐浴稳定，成分均匀，Q235 钢 900℃渗碳表面碳含量为 0.99%。

渗碳时间 i /h	盐浴中不同位置第 i 小时试验的渗速/(mm/h)					
	上		中		下	
	A + D	B + D	A + D	B + D	A + D	B + D
1	0.48	0.54	0.48	0.52	0.49	0.51
2	0.46	0.52	0.48	0.52	0.46	0.52
3	0.45	0.52	0.46	0.51	0.46	0.52

序号4:
NaCl42 ~ 48，KCl42 ~ 48，草酸混合盐 0.5 ~ 5.0，炭粉1 ~ 8

930℃渗层深度/mm						表面碳含量				
钢种	渗碳时间/h					钢种	渗碳工艺:(温度/℃)×(时间/h)			
	1	2	3	4	5		920 ×2	920 ×10	930 ×3	950 ×5
20	0.46	0.62	0.74	0.82	0.87	20	0.88	1.12	0.93	1.06
20CrMnTiA	0.60	0.99	1.14	1.20	1.41	20CrMnTiA	0.92	1.18	0.98	1.10

每使用 8h 添加 1% ~3%的炭粉。连续使用三天后，添加 0.5% ~ 5.0%的草酸混合盐

① 603 渗碳剂成分（质量分数）为：木炭粉50%，尿素20%，NaCl5%，KCl10%，Na₂CO₃15%
② 渗碳剂成分（质量分数）为：Na₂CO₃、木炭粉、SiC、硼砂、粘结剂 A 或 B，辅助粘结剂 D（甲基纤维素）。

（6）含 NaCN 的渗碳盐有剧毒，在原料的保管、存放及工人操作等方面都要格外认真。残盐、废渣、废水的清理及排放都应按有关环保要求执行。

6.1.2.8 固体渗碳

固体渗碳不需专门的渗碳设备，但渗碳时间长，渗层不易控制，不能直接淬火，劳动条件也较差，但可防止某些合金钢在渗碳过程中的内氧化。

1. 渗碳剂 固体渗碳剂主要由供碳剂、催化剂组成。供碳剂一般为木炭、焦炭，催化剂一般是碳酸盐，如 BaCO₃、Na₂CO₃ 等，也可采用醋酸钠、醋酸钡等作催化剂。

固体渗碳剂加粘结剂可制成粒状渗碳剂，这种渗剂松散，渗碳时透气性好，有利于渗碳反应。

几种常用固体渗碳剂见表 6-12。

2. 固体渗碳工艺 图 6-25 为两种典型的固体渗碳工艺。

填入渗碳剂的渗碳箱传热速度慢，图 6-25a 和图 6-25b 中透烧的目的是使渗碳箱内温度均匀，减少零件渗层深度的差别。透烧时间与渗碳箱的大小有关，建议参考表 6-13。图 6-25b 中扩散的目的是适当降低表面碳含量，使渗层适当加厚。

表 6-12 几种常用固体渗碳剂

渗碳剂成分（质量分数）(%)	使 用 效 果
BaCO₃15，CaCO₃5，木炭	920℃渗碳层深 1.0 ~ 1.5mm，平均渗速 0.11mm/h，表面碳质量分数为 1.0%，新旧渗剂配比为3:7
BaCO₃3 ~ 5，木炭	1）20CrMnTi，930℃ ×7h，渗碳层深 1.33mm，表面碳质量分数为 1.07% 2）用于低合金钢时，新旧渗剂比为 1:3；用于低碳钢时，BaCO₃ 应增至 15%
BaCO₃3 ~ 4，Na₂CO₃0.3 ~ 1，木炭	18Cr2Ni4WA 及 20Cr2Ni4A，渗碳层深 1.3 ~ 1.9mm 时，表面碳质量分数为 1.2% ~ 1.5%，用于 12CrNi3 时 BaCO₃ 需增至 5% ~ 8%
醋酸钠 10，焦炭30 ~ 35，木炭 55 ~ 60，重油 2 ~ 3	由于含醋酸钠（或醋酸钡），渗碳活性较高，渗速较快，但容易使表面碳含量过高。因含焦炭，渗剂热强度高，抗烧损性能好

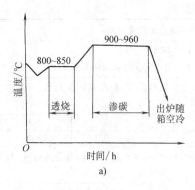

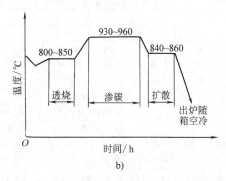

图 6-25　固体渗碳工艺
a) 普通工艺　b) 分级渗碳工艺

表 6-13　固体渗碳透烧时间

渗碳箱尺寸： （直径/mm）×（高/mm）	250 × 450	350 × 450	350 × 600	400 × 450
透烧时间/h	2.5 ~ 3	3.5 ~ 4	4 ~ 4.5	4.5 ~ 5

渗碳时间应根据渗碳层要求、渗剂成分、工件及装箱等具体情况确定，往往需要试验摸索。

渗碳剂的选择应根据具体情况确定，要求表面碳含量高、渗层深，则选用活性高的渗剂；含碳化物形成元素的钢，则应选择活性低的渗剂。

3. 操作要点

（1）工件装箱前不得有氧化皮，油污，焊渣等。

（2）渗碳箱一般采用低碳钢板或耐热钢板焊成。容积一般为零件体积的 3.5 ~ 7 倍。

（3）工件装箱前，应先在箱底铺放一层 30 ~ 40mm 厚的渗剂，再将零件整齐地放入箱内，工件与箱壁之间、工件与工件之间应间隔 15 ~ 25mm，间隙处填上渗剂。工件应放置稳定，放置完毕后用渗剂将空隙填满，直至盖过工件顶端 30 ~ 50mm。装件完毕后盖上箱盖，并用耐火泥密封。

（4）多次使用渗剂时，应用一部分新渗剂加一部分旧渗剂使用，配制比例根据渗剂配方而定。

6.1.2.9　局部渗碳

有些零件，由于有特殊要求（如渗碳后需要焊接或进一步机械加工等），只对某一部分或某一区域进行渗碳，这种渗碳工艺称为局部渗碳或局部防渗碳。常用的局部渗碳方法有三类：

（1）在非渗碳表面镀铜。

（2）在非渗碳表面涂覆防渗碳涂料。

（3）渗碳后采用机加工方法将局部渗碳层去掉。

镀铜要致密。工件表面越粗糙，对镀铜层厚度要求越高，表面粗糙度值 Ra 高于 3.2μm 时，镀铜层的厚度应大于 0.013mm。

防渗碳涂料除应具备防渗碳性能外，渗后涂层应易于清除。用于盐浴渗碳的防渗碳涂料，还要考虑涂料与盐浴之间的反应和相互作用。几种常用防渗碳涂料见表 6-14。

表 6-14　几种常用防渗碳涂料

涂料配方（质量分数）	使 用 方 法
氯化亚铜 2 质量份 ⎫ 铅　丹 1 质量份 ⎬a 松　香 1 质量份 ⎫ 酒　精 2 质量份 ⎬b	将 a、b 分别混合均匀后，用 b 将 a 调成糊状，用毛刷向工件防渗部位涂抹，涂层厚度大于 1mm，应致密无孔，无裂纹
熟耐火砖粉　40% 耐火粘土　　60%	混合均匀后用水玻璃调配成干稠状，填入轴孔处，并捣实，然后风干或低温烘干
（200 目）玻璃粉70% ~ 80%，滑石粉20% ~ 30%，水玻璃适量	涂层厚度 0.5 ~ 2mm，涂后经 130 ~ 150℃烘干
硅砂 85% ~ 90%，硼砂 1.5% ~ 2.0%，滑石粉 10% ~ 15%	用水玻璃调匀后使用
铅丹 4%，氧化铝 8%，滑石粉 16%，水玻璃 72%	调匀后使用，涂敷两层，此涂料适用于高温防渗碳

机加工去除局部渗碳层的工序应在淬火之前进行。这种方法一般仅限于特定情况和渗层深度小于 1.3mm 的工件。

6.1.3　渗碳用钢及渗碳后的热处理

常用的渗碳钢有 Q195、Q215、Q235、10、15、20、25 碳钢，15Mn、20Mn、25Mn、15Mn2、20Mn2、20MnV、20Cr、15Cr、20CrV、20CrMn、20CrMnTi、30CrMnTi、20CrMo、20Mn2B、20MnTiB、20MnVB、20SiMnVB、20MnTiBRE 等。高合金铬镍钢 12CrNi3、20Cr2Ni4、18Cr2Ni4WA 等是高速重载渗碳齿轮用钢。

由于渗碳后直接淬火时渗碳层中含有大量残留奥氏体，从经济角度考虑，应限制使用这类渗碳钢。

为使渗碳工件具有较高的力学性能，渗碳后应进行正确的热处理，以获得合适的组织结构。一般认为渗碳层的表层应有细针状或隐晶马氏体，碳化物呈细颗粒状弥散均匀分布，不得呈网状，渗层中残留奥氏体量应在允许范围之内。工件心部应为细晶粒组织，不允许有大块铁素体存在，工件畸变应当最小。

表 6-15 列出了渗碳件常用渗后热处理工艺及适用范围。

表 6-15　渗碳件常用渗后热处理工艺及适用范围

热处理工艺及曲线图	组织及性能特点	适用范围
1）直接淬火、低温回火 （渗碳温度，160~200，2~3，温度/℃，时间/h 曲线图）	不能细化钢的晶粒。工件淬火畸变较大，合金钢渗碳件表面残留奥氏体量较多，表面硬度较低	操作简单，成本低廉，用于处理变形和承受冲击载荷不大的零件，适用于气体渗碳及液体渗碳工艺
2）预冷直接淬火、低温回火，淬火温度 800~850℃ （Ar₃，160~200，2~3 曲线图）	可以减少工件淬火畸变，渗碳层中残留奥氏体量也可稍有降低，表面硬度略有提高，但奥氏体晶粒没有变化	操作简单，工件氧化、脱碳及淬火变形均较小。广泛用于细晶粒钢制造的各种工件
3）一次加热淬火、低温回火，淬火温度 820~850℃ 或 780~810℃ （随罐冷，淬火，Ac₁，160~200，2~3 曲线图）	对心部强度要求高者，采用 820~850℃ 淬火，心部组织为低碳马氏体；表面硬度要求高者，采用 780~810℃ 加热淬火可以细化晶粒	适用于固体渗碳后的碳钢和低合金钢工件。气体、液体渗碳后的粗晶粒钢，某些渗碳后不宜直接淬火的工件及渗碳后需机械加工的零件
4）渗碳、高温回火和一次加热淬火、低温回火，淬火温度 840~860℃ （600~680，6~8，Ac₁，160~200，2~3 曲线图）	高温回火使马氏体和残留奥氏体分解，渗层中碳和合金元素以碳化物形式析出，便于切削加工及淬火后渗层残留奥氏体减少	主要用于 Cr-Ni 合金钢渗碳工件

（续）

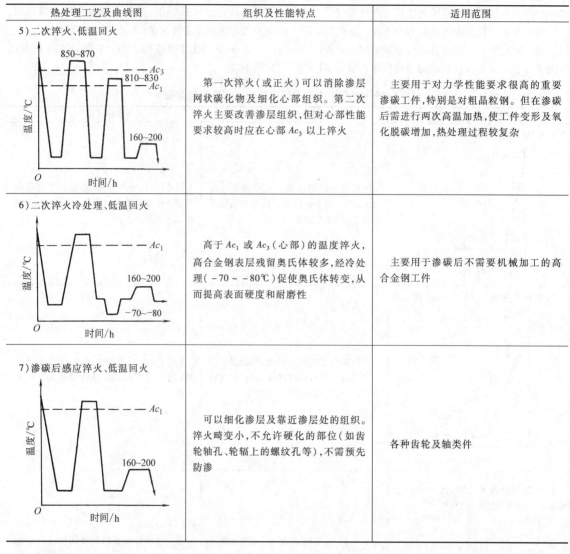

热处理工艺及曲线图	组织及性能特点	适用范围
5）二次淬火、低温回火	第一次淬火（或正火）可以消除渗层网状碳化物及细化心部组织。第二次淬火主要改善渗层组织，但对心部性能要求较高时应在心部 Ac_3 以上淬火	主要用于对力学性能要求很高的重要渗碳工件，特别是对粗晶粒钢。但在渗碳后需进行两次高温加热，使工件变形及氧化脱碳增加，热处理过程较复杂
6）二次淬火冷处理、低温回火	高于 Ac_1 或 Ac_3（心部）的温度淬火，高合金钢表层残留奥氏体较多，经冷处理（-70～-80℃）促使奥氏体转变，从而提高表面硬度和耐磨性	主要用于渗碳后不需要机械加工的高合金钢工件
7）渗碳后感应淬火、低温回火	可以细化渗层及靠近渗层处的组织。淬火畸变小，不允许硬化的部位（如齿轮轴孔、轮辐上的螺纹孔等），不需预先防渗	各种齿轮及轴类件

6.1.4　渗碳层的组织和性能

6.1.4.1　渗碳层的组织

图 6-26 为碳钢渗碳缓冷后渗碳层的显微组织。根据表面碳含量、钢中合金元素及淬火温度，渗碳层的淬火组织大致可以分为两类。一类是表面无碳化物，自表面至中心，依次由高碳马氏体加残留奥氏体逐渐过渡到低碳马氏体，图 6-27 为碳钢渗碳淬火后渗碳层的碳含量、硬度及残留奥氏体量分布曲线。另一类在表层有细小颗粒状碳化物，自表面至中心渗碳层淬火组织依次为细小针状马氏体 + 少量残留奥氏体 + 细小颗粒状碳化物→高碳马氏体 + 残留奥氏体→逐步过渡到低碳马氏体，图 6-28 为 18CrMnTi 钢 920℃渗碳 6h 直接淬火后渗碳层奥氏体中碳含量、残留奥氏体量及硬度分布曲线。细颗粒状碳化物出现，使表面奥氏体合金元素含量减少，残留奥氏体较少，硬度较高。在与之邻接的无碳化物处，奥氏体合金元素含量较高，残留奥氏体较多，硬度出现谷值。

6.1.4.2　渗碳层的性能

渗碳层的性能取决于表面碳含量及其分布梯度和淬火后的渗层组织。一般希望渗层碳分布梯度平缓，表面碳含量 $w(C)$ 应控制在 0.9% 左右，通常认为残留奥氏体含量 $\varphi(A)$ 小于 15%。但由于残留奥氏体较软，塑性较高，借助微区域的塑性变形，可以弛豫局部应力，延缓裂纹的扩展，渗碳层中有 $\varphi(A)$ 为 25%～30% 的残留奥氏体，反而有利于提高接触疲劳强度。表面粒状碳化物增多，将提高表面耐磨性及接触疲劳强度，碳化物数量过多，特别是呈粗大网状或条块状时，将使冲击韧度、疲劳强度等性能变坏，应加以限制。

图 6-26 碳钢渗碳缓冷后渗碳层的显微组织 250×

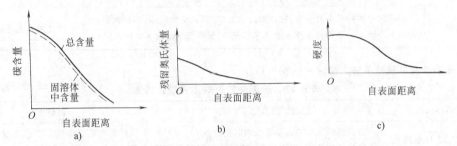

a)

b)

c)

图 6-27 碳钢渗碳后直接淬火渗碳层的碳含量、残留奥氏体量及硬度分布曲线
a) 碳含量 b) 残留奥氏体量 c) 渗层硬度

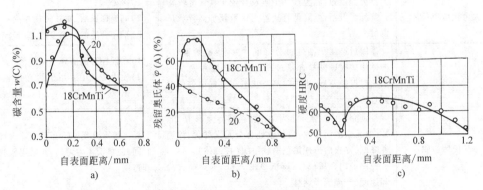

a)

b)

c)

图 6-28 18CrMnTi 钢 920℃渗碳 6h 直接淬火后渗碳层奥氏体中碳含量、
残留奥氏体量及硬度分布曲线
a) 奥氏体中碳含量 b) 残留奥氏体量 c) 渗层硬度

6.1.4.3 渗碳件的性能

心部组织对渗碳件性能有重大影响，合适的心部组织应为低碳马氏体，但零件尺寸较大，钢的淬透性较差时，允许心部组织为托氏体或索氏体，但不允许有大块状或过量的铁素体。

在工件截面尺寸不变的情况下，随着渗层深度的减小，表面残余压应力增大，有利于弯曲疲劳强度的提高。但压应力的增大有极限值，渗层过薄时，由于表层马氏体的体积效应有限，表面压应力反会减小。

渗层越深，可承载的接触应力越大。渗层过浅，最大切应力将发生于强度较低的非渗碳层，致使渗碳层塌陷剥落。但渗碳层深度增加，将使渗碳件冲击韧度降低。

渗碳件心部的硬度不仅影响渗碳件的静载强度，而且也影响表面残余压应力的分布，从而影响弯曲疲劳强度。在渗碳层深度一定的情况下，心部硬度增高，表面残余压应力减小。心部硬度较高的渗碳件渗碳层深度应较浅。渗碳件心部硬度过高，会降低渗碳件的冲击韧度。心部硬度过低,承载时易于出现心部屈服和渗层剥落。汽车、拖拉机渗碳齿轮的渗层深度一般按齿轮模数的15%~30%的比例确定。心部硬度在齿高的1/3或2/3处测定,硬度值为33~48HRC时合格。

6.1.5　渗碳件质量检查、常见缺陷及防止措施

6.1.5.1　渗碳件质量检查（见表6-16）

表6-16　渗碳件质量检查

检查项目	检查内容及方法	备　注
外观检查	表面有无腐蚀或氧化	
工件变形	检查工件的挠曲变形、尺寸及几何形状的变化	根据图样技术要求
渗层深度	宏观测量:打断试样,研磨抛光,用硝酸酒精溶液浸蚀直至显示出深棕色渗碳层,用带有刻度尺的放大镜测量 显微镜测量:渗碳后缓冷试样,磨制成金相试样。根据有关标准规定,测量至规定的显微组织处,例如测至过渡区作为渗碳层深度等	在渗碳淬火后进行
硬度	包括渗层表面、防渗部位及心部硬度,一般用洛氏硬度HRC标尺测量	在淬火后检查
金相组织	渗层碳化物的形态及分布,残留奥氏体数量,有无反常组织,心部组织是否粗大及铁素体是否超出技术要求等,一般在显微镜下放大400倍观察	按技术要求及标准进行

6.1.5.2　渗碳件常见缺陷及防止措施（见表6-17）

表6-17　渗碳件常见缺陷及防止措施

缺陷形式	形成原因及防止措施	返修方法
表层粗大块状或网状碳化物	渗碳剂活性太高或渗碳保温时间过长 降低渗剂活性,当渗层要求较深时,保温后期适当降低渗剂活性	1)在降低碳势气氛下延长保温时间,重新淬火 2)高温加热扩散后再淬火
表层大量残留奥氏体	淬火温度过高,奥氏体中碳及合金元素含量较高 降低渗剂活性,降低直接淬火或重新加热淬火的温度	1)冷处理 2)高温回火后,重新加热淬火 3)采用合适的加热温度,重新淬火
表面脱碳	渗碳后期渗剂活性过分降低,气体渗碳炉漏气,液体渗碳时碳酸盐含量过高。在冷却罐中及淬火加热时保护不当,出炉时高温状态在空气中停留时间过长	1)在活性合适的介质中补渗 2)喷丸处理(适用于脱碳层≤0.02mm时)
表面非马氏体组织	渗碳介质中的氧向钢中扩散,在晶界上形成Cr、Mn等元素的氧化物,致使该处合金元素贫化,淬透性降低,淬火后出现黑色网状组织(托氏体) 控制炉内介质成分,降低氧的含量,提高淬火冷却速度,合理选择钢材	提高淬火温度或适当延长淬火加热保温时间,使奥氏体均匀化,并采用较快淬火冷却速度
反常组织	当钢中含氧较高(沸腾钢),固体渗碳时渗碳后冷却速度过慢,在渗碳层中出现先共析渗碳体网的周围有铁素体层,淬火后出现软点	提高淬火温度或适当延长淬火加热保温时间,使奥氏体均匀化,并采用较快的淬火冷却速度
心部铁素体过多	淬火温度低,或重新加热淬火保温时间不够	按正常工艺重新加热淬火
渗层深度不够	炉温低,渗剂活性低,炉子漏气或渗碳盐浴成分不正常 加强炉温校验及炉气成分或盐浴成分的监测	补渗
渗层深度不均匀	炉温不均匀,炉内气氛循环不良,升温过程中工件表面氧化,炭黑在工件表面沉积,工件表面氧化皮等没有清理干净,固体渗碳时渗碳箱内温差大及催渗剂拌和不均匀	报废或降级使用

（续）

缺陷形式	形成原因及防止措施	返修方法
表面硬度低	表面碳浓度低或表面脱碳,残留奥氏体量过多,或表面形成托氏体网	1)表面碳浓度低者可进行补渗 2)残留奥氏体多者可采用高温回火或淬火后补一次冷处理消除残留奥氏体 3)表面有托氏体者可重新加热淬火
表面腐蚀和氧化	渗剂中的硫或硫酸盐、催渗剂在工件表面熔化,液体渗碳后工件表面粘有残盐、氧化皮,工件涂硼砂重新加热淬火等均引起腐蚀,工件高温出炉不当均引起氧化 应仔细控制渗剂及盐浴成分。对工件表面及时清理及清洗	报废
开裂	渗碳后慢冷时组织转变不均匀所致,如18CrMnMo 钢渗碳后空冷时,在表层托氏体下面保留了一层未转变的奥氏体,后者在随后的冷却过程中或室温停留过程中转变为马氏体,使渗层完成共析转变,或加快冷却速度,使渗层全部转变为马氏体加残留奥氏体	报废

6.2　钢的碳氮共渗

6.2.1　概述

碳氮共渗以渗碳为主,其性能和工艺方法等与渗碳基本相似,但是由于氮原子的渗入,碳氮共渗又有其特点。

6.2.1.1　氮原子渗入对渗层组织转变的影响

氮原子的渗入可使奥氏体化温度下降,碳氮共渗可以在低于渗碳的温度下进行,从而使基体晶粒长大趋势和渗后淬火畸变减小。氮原子的渗入还使等温转变图右移使马氏体点(Ms)下降。因此,氮的渗入可以提高渗层的淬透性(见图6-29),但同时使渗层

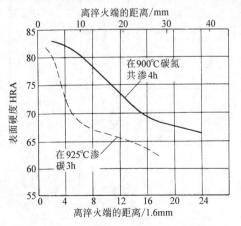

图6-29　20 钢［成分（质量分数）：C0.17% ~ 0.24%, Si0.10% ~ 0.20%, Mn0.30% ~ 0.60%］碳氮共渗和渗碳层端淬曲线对比

中残留奥氏体量增加。另外,氮的渗入还会使共渗层的耐回火性增加。

6.2.1.2　碳氮共渗的特点

1. 温度对共渗层表面碳、氮含量的影响　随着共渗温度的升高,共渗层中的氮含量降低,碳含量先是增加,到一定温度后反而降低(见图6-30)。

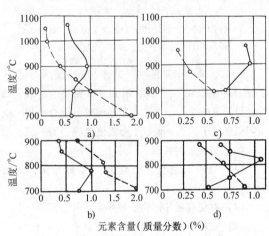

图6-30　共渗温度对共渗层中碳、氮含量的影响
a) 50% CO + 50% NH₃ 气体　b) 23% ~ 27% NaCN 盐浴
c) 50% NaCN 盐浴共渗　d) 30% NaCN + 8.5% NaCNO + 25% NaCl + 36.5% Na₂CO₃
——C　　——N

2. 共渗时间对共渗层中碳、氮含量的影响　共渗初期(≤1h),渗层表面的碳、氮含量随时间的延长同时提高。继续延长共渗时间,表面的碳含量继续提高,但氮含量反而下降,如图6-31 所示。

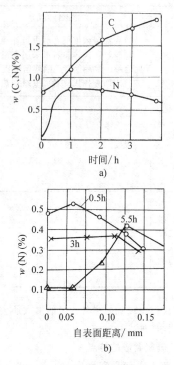

图 6-31　碳氮共渗保温时间
对渗层碳、氮含量的影响

a) 不同保温时间下共渗层表面碳、氮含量（材
料：T8，温度 800℃，渗剂：苯 + 氨）　　b) 不同
保温时间下共渗层截面中氮含量分布（材料
30CrMnTi，渗剂：三乙醇胺，温度 850℃）

3. 碳、氮的相互影响　共渗初期，氮原子渗入工件表面使其 Ac_3 点下降，有利于碳原子的扩散。随着氮原子不断渗入，渗层中会形成碳氮化合物相，反而阻碍碳原子扩散。碳原子会减缓氮原子的扩散。

4. 碳氮共渗的特点

（1）处理温度低，可减少工件畸变量，降低能耗。

（2）渗层有较好淬透性和耐回火性。

（3）较高的疲劳强度和耐磨性。

（4）碳氮共渗初期有较快的渗入速度，一般都将共渗层控制在 0.20 ~ 0.75mm 范围内。共渗层表面的 $w(C) > 0.6\%$，$w(N) \approx 0.1\% ~ 0.4\%$。

6.2.2　气体碳氮共渗

6.2.2.1　碳氮共渗气氛及渗剂

1. 以氨气为供氮剂的碳氮共渗剂　这类共渗剂由 NH_3 + 渗碳剂组成。其中渗碳剂可以是吸热式、氮基气氛和滴注式渗碳剂。渗碳剂除向工件表面提供碳

原子外，还会与氨发生反应，形成氰氢酸。氰氢酸分解，形成碳、氮原子，进一步促进渗碳和渗氮。

共渗剂中氨加入量对炉内的氮势和碳势都有影响（见图 6-32），对被渗工件所形成的共渗层的成分、性能也有一定的影响（见图 6-33）。一般而言，由氨气 + 富化气 + 载气组成的碳氮共渗剂中氨的加入量为 2% ~ 12%（体积分数）。这种共渗剂通常用于连续式作业炉。在以煤油为供碳剂的碳氮共渗剂中，氨的体积分数约为 30%。

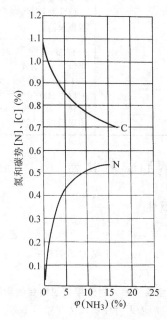

图 6-32　氨加入量对炉气内碳势、氮势的影响

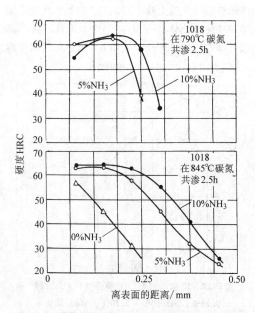

图 6-33　碳氮共渗气体中的氨量对硬度梯度的影响

2. 以有机液体为供氮剂的碳氮共渗剂 有机液体供氮剂常采用三乙醇胺、甲酰胺等。有机液体中一般均含有碳原子，裂解后都有程度不等的供碳能力。供碳能力强的有机液体（如三乙醇胺）可单独使用，供碳能力不强的可加入液体渗碳剂，以提高渗碳能力。

三乙醇胺作为碳氮共渗剂时，在炉内发生下列反应，形成碳氮共渗气氛：

$$(C_2H_5O)_3N \xrightarrow{\triangle} 2CH_4 + 3CO + HCN + 3H_2$$
$$2HCN \rightarrow H_2 + 2[C] + 2[N]$$

图 6-34 为用三乙醇胺碳氮共渗时渗层中的碳、氮含量。

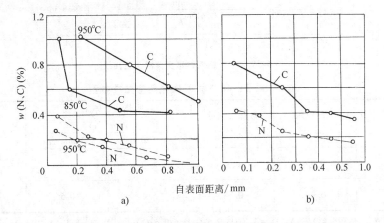

图 6-34 用三乙醇胺碳氮共渗时渗层中的碳、氮含量
a) 40 钢，加热 40min 保温 5h b) 18CrMnTi，加热 1.5h，850℃保温 1.5h

3. 气体碳氮共渗气氛的测量与调整 碳势的测量方法与渗碳相同，可以用氧探头、红外仪或露点仪。氮势测量至今尚无成熟方法。可以通过调整共渗剂中供碳组元的流量（或滴量）来调整碳势。可通过控制氨气的流量或含氮有机化合物的滴量来调整氮势。

6.2.2.2 碳氮共渗的温度和时间

碳氮共渗温度常选在 820 ~ 860℃ 之间。共渗时间根据渗层的深度而定。共渗层深度与时间关系可表述为

$$x = K\sqrt{t}$$

式中 x——共渗层深度（mm）；

t——共渗保温时间（h）；

K——常数。

碳氮共渗温度、时间对碳氮共渗层深度的影响见图 6-35。

6.2.2.3 气体碳氮共渗工艺实例

1. 氨气＋煤油滴注式气体碳氮共渗 被渗零件为 40Cr 钢汽车变速器齿轮，渗层深度 0.25 ~ 0.4mm，表面硬度 60 ~ 63HRC，心部硬度 50 ~ 53HRC，表面碳含量 $w(C)$0.8%，氮含量 $w(N)$0.3% ~ 0.4%。共渗设备为 JT-60 井式渗碳炉，工艺曲线如图 6-36 所示。

2. 吸热式气氛＋富化气＋氨气碳氮共渗

（1）井式炉碳氮共渗。表 6-18 为在 JT-60 井式渗碳炉中实施的碳氮共渗工艺参数。

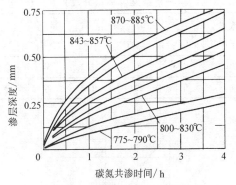

图 6-35 碳氮共渗温度、时间对
碳氮共渗层深度的影响

（2）密封箱式炉碳氮共渗。低碳 Cr-Ni-Mo 钢（质量分数：C0.2%、Cr0.58%、Ni0.64% 和 Mo0.18%）齿轮，在密封箱式炉中进行碳氮共渗。每炉装工件净重 341.5kg，毛重 458.5kg。全过程以 21.2m³/h 流量，通入露点为 - 15 ~ -14℃ 的吸热式气体作为载气，在 815℃保温 33min 后通入丙烷和氨气，进行碳氮共渗，共渗 30min 后直接淬火。碳氮共渗末期炉气成分分析结果见表 6-19，渗层碳含量分布曲线见图 6-37。

3. 氮基气氛碳氮共渗 采用推杆式连续渗碳和碳氮共渗生产线对 20 齿自行车飞轮进行碳氮共渗，共渗后直接淬火，再进行回火。工艺参数见表 6-20，生产过程中采用氧探头测量炉内碳势，推杆炉炉膛容积为 8.6m³。

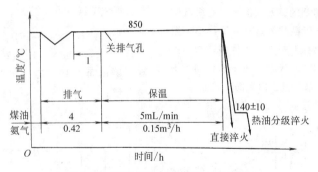

图 6-36　40Cr 钢气体碳氮共渗工艺曲线

表 6-18　JT-60 井式炉碳氮共渗工艺参数

零件材料	氨气流量 /（m³/h）	液化气流量 /（m³/h）	吸热式气体流量 /（m³/h）		温度 /℃	淬火冷却介质
			装炉 20min	20min 后		
15Cr、20Cr、40Cr、Q345（16Mn）、18CrMnTi	0.05	0.1	5.0	5.0	上区 870	油
Y2、08、20、35	0.05	0.15	5.0	0.5	下区 860	碱水

注：吸热式气体成分（体积分数）（%）：$CO_2 \leqslant 1.0$；O_2:0.6；CnH_2n:0.6；CO:26；CH_4:4～8；H_2:16～18；N_2 余量。

表 6-19　碳氮共渗末期炉气成分
分析结果（体积分数）　　（%）

取样空间	气　体　含　量				
	CO_2	CO	CH_4	H_2	N_2
工作室	0.4	20.4	1.2	34.2	余量
前室	0.8	22.4	1.2	34.2	余量

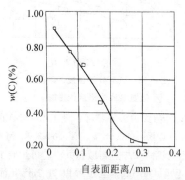

图 6-37　低碳 Cr-Ni-Mo 钢齿轮碳氮
共渗后渗层碳含量分布曲线

表 6-20　20 齿飞轮碳氮共渗、
淬火回火工艺参数

工作区域	1 区	2 区	3 区	4 区
工作温度/℃	860	870	870	850
甲醇流量/（L/h）	2.5	2.5	2.5	2.5
氮气流量/（m³/h）	2	2	2	2
丙烷流量/（m³/h）		0.06～0.6	0.06～0.6	
氨气流量/（m³/h）		0.3	0.3	
碳势控制值（%）		1.1	1.05	
氧探头输出值/mV		1143	1137	
淬火油温/℃	90～110			
（回火温度/℃）×（时间/h）	160×1.5			

6.2.3　其他碳氮共渗方法

6.2.3.1　液体碳氮共渗

　　液体碳氮共渗即盐浴碳氮共渗，因最早的盐浴采用氰盐作供碳、氮剂，故也俗称氰化。盐浴碳氮共渗设备简单，但是最大的缺点是盐浴中含有剧毒的氰盐，造成环境污染甚至危及人身安全。

　　碳氮共渗盐浴主要由中性盐和供碳氮剂组成。中性盐一般采用氯化钡、氯化钾、氯化钠中的一种或几种，其作用是调整盐浴的熔点，使之适合在碳氮共渗温度下使用。目前使用的碳氮共渗剂主要有氰盐和尿素两种。

　　共渗盐浴中的氰化钠和通过氧化生成的氰酸钠不断被空气中的氧所氧化，盐浴的共渗能力不断下降。为了恢复盐浴的活性，当盐浴老化到一定程度时，可往盐浴中加入再生剂，使盐浴的老化产物碳酸盐转化为氰化物，从而实现盐浴的活化，达到减少污染的目的。再生剂的主要成分是三嗪杂环有机聚合物，分子式为 $[C_6H_3N_9]_n$，再生反应为

$$2\left[C_6H_3N_9\right]_n + 9nNa_2CO_3 \rightarrow$$
$$18nNaCNO + 3nCO_2 + 3nH_2O$$

几种结构钢碳氮共渗盐浴成分及工艺见表 6-21。

表 6-21　几种结构钢碳氮共渗盐浴成分及工艺

盐浴成分 (质量分数) (%)	处理 温度 /℃	处理 时间 /h	渗碳层 深度 /mm	备　　注
50% NaCN,50% NaCl(20% ~ 25% NaCN,25% ~ 50% NaCl,25% ~ 50% Na₂CO₃)①	840	0.5	0.15 ~ 0.2	工件碳氮共渗后 从盐浴中取出直接 淬火,然后在 180 ~ 200℃回火
	840	1.0	0.2 ~ 0.25	
	870	0.5	0.2 ~ 0.25	
	870	1.0	0.25 ~ 0.35	
10% NaCN,40% NaCl,50% BaCl₂ (8% ~ 12% NaCN, 30% ~ 55% NaCl, ≤50% BaCl₂)②	840	1.0 ~ 1.5	0.25 ~ 0.3	工件共渗后空冷, 然后再加热淬火,并 在 180 ~ 200℃回火,渗 层中氮含量(质量分 数)为 0.2% ~ 0.3%, 碳含量(质量分数) 0.8% ~ 1.2%,表面硬 度 58 ~ 64HRC
	900	1.0	0.3 ~ 0.5	
	900	2.0	0.7 ~ 0.8	
	900	4.0	1.0 ~ 1.2	
8% NaCN,10% NaCl,82% BaCl₂	900	0.5	0.2 ~ 0.25	盐浴面用石墨覆 盖,以减少盐浴热量 和碳的损耗
	900	1.5	0.5 ~ 0.8	
	950	2.0	0.8 ~ 1.1	
	950	3.0	1.0 ~ 1.2	
	950	5.5	1.4 ~ 1.6	

① 括号内给出的是盐浴工作成分。
② 盐浴活性逐渐下降后,添加 NaCN 使其恢复,通常用 NaCN:BaCl₂ = 1:4(质量比)的混合盐再生。

　　碳氮共渗盐浴中含有剧毒的氰化物,盐的贮存、运输及生产过程中都应采取严格的防护措施。经盐浴碳氮共渗后的工件表面均会带出残盐,这些残盐会带入清洗液、淬火油中,所以这类物质不能直接排放。废盐中也含有大量氰盐,必须按有关规定处理。

6.2.3.2　流态床碳氮共渗

　　与渗碳一样,碳氮共渗也可以采用流态床处理。流态床碳氮共渗的速度及表面硬度均同于普通的气体碳氮共渗,氨气的加入量对共渗层深度也有影响,见图 6-38 和图 6-39。

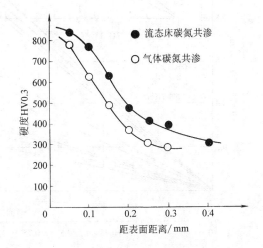

图 6-38　流态床碳氮共渗与
普通气体碳氮共渗的比较

注:气氛为 N_2-C_3H_8-空气-NH_3,材料为中碳钢,共渗温度为 870℃。

6.2.3.3　真空碳氮共渗

　　真空碳氮共渗比常规碳氮共渗渗速快,渗层质量好,通常在 $1.33 \times 10^4 \sim 3.33 \times 10^4 Pa$ 的低压下进行。以甲烷 + 氨气或丙烷 + 氨气作共渗气体。供气方式可采用脉冲法或恒压法。恒压法供气时,共渗也可以由渗入和扩散两个阶段组成。渗入工件中的氮原子,在扩散阶段会同时向基体内和工件表面两个方向扩散,所以扩散阶段时间不宜过长,以免过度脱氮。AISI 1080 钢900℃真空碳氮共渗后表面的碳、氮含量及硬度分布见图 6-40。

6.2.4　碳氮共渗用钢及共渗后的热处理

　　碳氮共渗用钢和渗碳用钢类似。由于碳氮共渗温度较低,渗层较薄,碳氮共渗用钢碳含量可高于渗碳钢。碳氮共渗层深度在 0.3mm 以下的零件,钢的碳含量可提高至 0.5%(质量分数),常采用 40CrMo、40Cr、40CrNiMo、40CrMnMo 钢等。

　　碳氮共渗以后直接淬火,不仅畸变较小,而且可以保护共渗层表面的良好组织状态。

　　碳氮共渗层淬透性较高,可采用冷却能力较低的

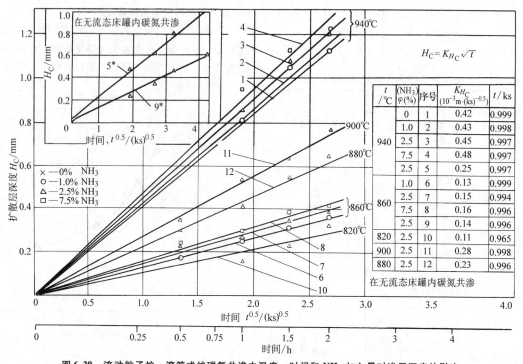

图 6-39　流动粒子炉、滚筒式炉碳氮共渗中温度、时间和 NH₃ 加入量对渗层深度的影响

注：材料为 20 钢，H_C 为共渗层深度（mm），K_{H_C} 为常数，t 为时间（ks），气氛为 C_3H_8-空气-NH₃。

t/℃	$\varphi(NH_3)$(%)	序号	K_{H_C} $(10^{-3} m \cdot (ks)^{-0.5})$	t/ks
940	0	1	0.42	0.999
	1.0	2	0.43	0.998
	2.5	3	0.45	0.997
	7.5	4	0.48	0.997
	2.5	5	0.25	0.997
860	1.0	6	0.13	0.999
	2.5	7	0.15	0.994
	7.5	8	0.16	0.996
	2.5	9	0.14	0.996
820	2.5	10	0.11	0.965
900	2.5	11	0.28	0.998
880	2.5	12	0.23	0.996

在无流态床罐内碳氮共渗

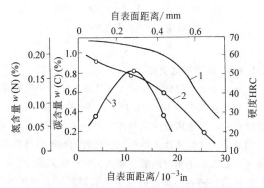

图 6-40　AISI1080 钢 900℃真空碳氮共渗后表面的碳、氮含量及硬度分布

1—硬度　2—碳含量　3—氮含量

表 6-22 为几种碳氮共渗后的热处理工艺及适用范围。

淬火冷却介质。

应注意的是，碳氮共渗介质中有氨，氨溶解于水形成 NH₄OH，对铜基材料有剧烈的腐蚀作用。故连续式作业炉或密封箱式炉气体碳氮共渗时忌用水淬，否则将腐蚀水槽中的铜制换热器。

多数碳氮共渗齿轮在 180～200℃回火，以降低表面脆性，同时保证表面硬度不低于 58HRC。合金钢制零件，为了减少磨削裂纹，也应经回火处理。低碳钢零件经常在 135～175℃ 的温度回火，以减少尺寸的变化。定位销、支承件及垫圈等只需表面硬化的耐磨件，可以不回火。

表 6-22　碳氮共渗后的热处理工艺及适用范围

热处理工艺	特点及适用范围	工艺简图
1）从共渗温度直接水淬，低温回火	工艺简单，是最普遍应用的热处理方式。适用于中、低碳钢或低碳低合金钢。只适宜于液体碳氮共渗或井式炉碳氮共渗。不适于密封箱式炉或连续式作业炉碳氮共渗	水淬（水或碱水）低温回火（160~200）

（续）

热处理工艺	特点及适用范围	工艺简图
2）从共渗温度直接油淬，低温回火	工艺简单，是最普遍应用的热处理方式。适用于合金钢淬火，适合于各种炉型进行碳氮共渗后的直接淬火	
3）从共渗温度直接分级淬火，空冷，低温回火	淬火油可以在 40～105℃ 的温度范围内使用，对要求热处理变形小的零件，可以采用闪点高的油在较高油温内淬火，对变形要求高的合金钢制零件，也可以采用盐浴淬火	
4）直接气淬	细小零件，采用气淬，可减小变形，降低成本，但应仔细装炉，以便气淬时气流冷却均匀	
5）一次加热淬火	适用于因各种原因不宜直接淬火，或共渗后尚需机械加工等情况。淬火前的加热应在脱氧良好的盐浴炉或带保护气氛的加热设备中进行	
6）从共渗温度直接淬火冷处理	适用于含 Cr-Ni 较多的合金钢，如 12CrNi3A，20Cr2Ni4A 及 18Cr2Ni4WA 等，-80～-70℃ 的冷处理可减少残留奥氏体，使表面硬度达到技术要求	
7）从共渗温度在空气中或冷却井中冷却，高温回火、重新加热淬火后低温回火	共渗后需机械加工者，也可用高温回火代替水冷处理，以减少残留奥氏体，高温回火应在生铁屑或保护气氛中进行	

6.2.5　碳氮共渗层的组织和性能

6.2.5.1　碳氮共渗层的组织

碳氮共渗层的组织取决于共渗层中碳、氮浓度、钢种及共渗温度。Q235钢碳氮共渗层淬火后的显微组织如图6-41所示。表层为针状马氏体基体加残留奥氏体，往里残留奥氏体量减少，马氏体逐渐由高碳马氏体过渡到低碳马氏体，心部组织为铁素体和板条状马氏体。如果碳、氮含量较低，则表面不出现碳氮化合物。20钢不同温度碳氮共渗层中的碳、氮含量（空冷状态）及金相组织见图6-42。

6.2.5.2　碳氮共渗层的力学性能

1. 硬度　图6-43为三种钢850℃碳氮共渗直接淬火后渗层硬度分布曲线。亚表层的硬度降低是存在

图6-41　Q235钢碳氮共渗层淬火后的
显微组织　250×

较多残留奥氏体的结果。合金元素含量越高，残留奥氏体数量越多，亚表层硬度下降越多。

2. 耐磨性　碳氮共渗比渗碳工件的表面耐磨性稍高。表6-23为钢渗碳与碳氮共渗后的耐磨性对比。

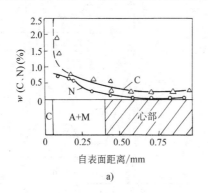

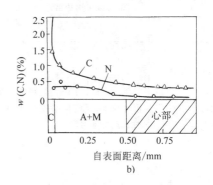

图6-42　20钢不同温度碳氮共渗层中的碳、氮含量（空冷状态）及金相组织（淬油）
a）760℃，4h　b）815℃，4h
C—碳化物　A—奥氏体　M—马氏体
注：共渗介质（体积分数）为40%NH_3+10%CH_4+50%吸热式气体。

图6-43　三种钢850℃碳氮共渗直接淬火后渗层硬度分布曲线

表 6-23　钢渗碳与碳氮共渗后的耐磨性对比

钢　号	碳氮共渗			渗　碳	
	表层的碳氮含量		失重/g	表层碳含量	失重/g
	$w(C)(\%)$	$w(N)(\%)$		$w(C)(\%)$	
20CrMnTi	0.89	0.273	0.018	0.89	0.026
	1.15	0.355	0.017	1.15	0.025
	1.27	0.426	0.015	1.40	0.021
30CrMnTi	0.92	0.257	0.018	1.00	0.025
	1.24	0.323	0.016	1.16	0.024
	1.34	0.414	0.016	1.37	0.022
20	0.81	0.315	0.024	0.80	0.030
	0.88	0.431	0.011	1.00	0.029
	0.98	0.586	0.002	1.00	0.029

3. 疲劳强度、抗弯强度与冲击韧度　共渗层中碳、氮含量增加，使碳氮化合物量增加，耐磨性和接触疲劳强度提高。但氮含量过高将出现黑色组织，反而使接触疲劳强度降低。图 6-44 为 30CrMnTi 钢气体碳氮共渗层深 0.50 ~ 0.70mm 的试样中，碳、氮总含量对弯曲疲劳强度、抗弯强度及冲击韧度的影响。

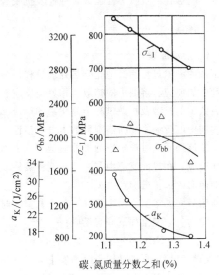

图 6-44　30CrMnTi 钢气体碳氮共渗（层深 0.50 ~ 0.70mm）层中，碳、氮含量对弯曲疲劳强度（σ_{-1}）、抗弯强度（σ_{bb}）及冲击韧度 a_K 值的影响

6.2.6　碳氮共渗工件质量检查与常见缺陷及防止措施

检查项目与渗碳工件相同，当碳氮共渗层较薄时，表面硬度的检查方法可参考表 6-24。

表 6-24　碳氮共渗层硬度检查方法

层深/mm	<0.2	0.2 ~ 0.4	0.4 ~ 0.6	>0.6
硬度检查方法	锉刀或显微硬度计	HR15N	HRA	HRC

常见缺陷有表面脱碳、脱氮、出现非马氏体组织、心部铁素体过多、渗层深度不够或不均匀、表面硬度低等。其表现形式、形成原因以及预防补救措施等，基本上和渗碳件相同。除此之外，碳氮共渗件中还有一些与氮的渗入有关的缺陷。

1. 粗大碳氮化合物　表面碳、氮含量过高，以及碳氮共渗温度较高时，工件表层会出现密集的粗大条块状碳氮化合物。共渗温度较低，炉气氮势过高时，工件表层会出现连续的碳氮化合物。这些缺陷常导致剥落或开裂。防止这种缺陷的办法是严格控制碳势和氮势。特别是共渗初期，必须严格控制氨的加入量。

2. 黑色组织　在未经腐蚀或轻微腐蚀的碳氮共渗金相试样中，有时可在离表面不同深度处看到一些分散的黑点、黑带、黑网，统称为黑色组织。碳氮共渗层中出现黑色组织，将使弯曲疲劳强度、接触疲劳强度及耐磨性下降。

（1）点状黑色组织。主要发生在离表面 40μm 深度内，可以在未经腐蚀的金相试样上看到，如图 6-45 所示。据分析，这种黑点可能是孔洞。产生的原因可能是由于共渗初期炉气氮势过高，渗层中氮含量过大，碳氮共渗时间较长时碳含量增高，发生氮化物分

图 6-45　点状黑色组织　400 ×

注：20Mn2TiB，880℃碳氮共渗 6h，水冷（未浸蚀）。

解及脱氮过程，原子氮变成分子氮而形成孔洞。

（2）表面黑带。出现在距渗层表面 0 ~ 30μm 的范围内。主要是由于形成合金元素的氧化物、氮化物和碳化物等小颗粒，使奥氏体中合金元素贫化，淬透性降低，而形成托氏体。

（3）黑色网。位于黑带内侧伸展深度较大的范围（达 300μm）内。这是由于碳、氮晶间扩散，沿晶界形成 Mn、Ti 等合金元素的碳氮化合物，降低附近奥氏体中合金元素的含量，淬透性降低，形成托氏体网。

（4）过渡区黑带。出现于过渡区，如图 6-46 所示。主要是由于过渡区的 Cr 和 Mn 生成碳氮化合物后使局部合金化程度降低，从而出现托氏体。这种黑带不在表面层出现的原因是因表层的碳、氮含量较高，易形成马氏体组织。

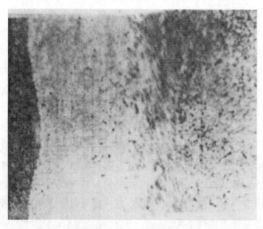

图 6-46　过渡区黑带　80 ×

为了防止黑色组织的出现，渗层中氮含量不宜过高，一般超过 0.5%（质量分数），就容易出现点状黑色组织。渗层中氮含量也不宜过低，否则容易出现托氏体网。氨的加入量也要适中，氨量过高，炉气露

点降低，均会促使黑色组织再现。

为了抑制托氏体网的出现，可以适当提高淬火加热温度和采用冷却能力较强的淬火冷却介质。产生黑色组织的深度小于 0.02mm 时可以采用喷丸强化补救。

6.3　渗氮及以氮为主的共渗

钢铁件在一定温度的含有活性氮的介质中保温一定时间，使其表面渗入氮原子的过程称为钢的渗氮或氮化；介质中除了氮之外，还有活性碳存在，实现氮碳的同时渗入，称之为氮碳共渗或软氮化；当钢铁零件同时渗入硫氮碳、氮氧、硫氮钒等多种原子，称之为多元共渗。

渗氮及其多元共渗处理通常在 500 ~ 590℃ 之间进行，可采用气体、熔盐或颗粒的渗氮剂。原始渗氮工艺的处理时间需 30h 以上，处理后氮可扩散到数十 ~ 数百微米深度。为了缩短处理时间，人们发展了二段及三段气体渗氮法、离子渗氮、真空脉冲渗氮、加压气体渗氮，以及把供氮和碳结合在一起的氮碳共渗工艺。为了改善渗层的抗咬合性，又发展了硫氮碳等多元共渗工艺。图 6-47 列出了目前工业应用的渗氮及多元共渗工艺方法。

渗氮及其多元共渗的目的是为了提高钢铁件的表面硬度、耐磨性、抗疲劳性能、耐蚀性及抗咬合性。

6.3.1　渗氮

6.3.1.1　渗氮原理

钢铁的渗氮过程和其他化学热处理过程一样，包括渗剂中的反应、溶剂中的扩散、相界面反应、被渗元素在铁中的扩散及扩散过程中氮化物的形成。

渗剂中的反应主要指渗剂分解出含有活性氮原子的过程，该物质通过渗剂中的扩散输送至铁表面，参与界面反应，在界面反应中产生的活性氮被铁表面吸收，继而向内部扩散。

使用最多的渗氮介质是氨气，在渗氮温度时，氨是亚稳定的，它发生如下分解反应：

$$2NH_3 \rightleftharpoons 3H_2 + 2[N]$$

当活性氮原子遇到铁原子时则发生如下反应：

$$Fe + [N] \rightleftharpoons Fe(N)$$
$$4Fe + [N] \rightleftharpoons Fe_4N$$
$$2 \sim 3Fe + [N] \rightleftharpoons Fe_{2 \sim 3}N$$
$$2Fe + [N] \rightleftharpoons Fe_2N$$

Fe-N 系中存在的相见表 6-25。除表中所列各相外，Fe-N 系中可能出现含氮马氏体 α' 和介稳相 α"。前者是渗氮后快冷的产物，呈体心正方点阵，硬度较高（可达 650HV 左右）；α" 氮化物的分子式为 $Fe_{16}N_2$ 或 Fe_8N，呈体心正方点阵。

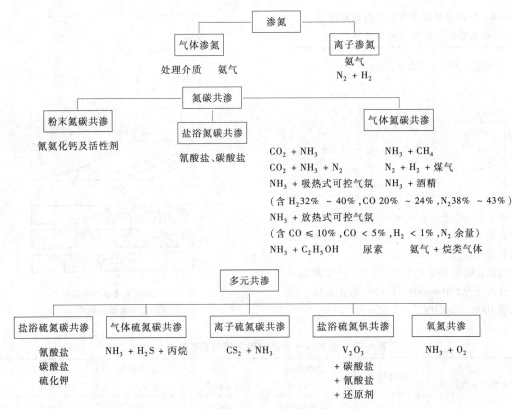

图 6-47　目前工业应用的渗氮及多元共渗工艺

表 6-25　渗氮层中各相的性质（纯铁渗氮）

相	本质及化学式	晶体结构	晶格常数/0.1nm			氮含量（质量分数）(%)	主 要 性 能
			a	b	c		
α	含氮铁素体	体心立方	~2.87			590℃时达最大值0.11,室温下降至0.004	具有铁磁性
γ	含氮奥氏体	面心立方	3.57~3.66			≤2.8	仅存在于共析温度之上,硬度约为160HV
γ'	以 Fe_4N 为基的固溶体(Fe_4N)	面心立方	3.789~3.803			5.7~6.1	具有铁磁性,脆性小,硬度约为550HV
ε	以 $Fe_{2\sim3}N$ 为基的固溶体($Fe_{2\sim3}N$)	密排六方	2.70~2.77	—	4.377~4.422	4.55~11.0	脆性稍大,耐蚀性较好,硬度约为265HV
ξ	以 Fe_2N 为基的固溶体(Fe_2N)	斜方	2.762	—	4.422	11.1~11.35	脆性大,硬度约为260HV

渗氮过程不同于渗碳，它是一个典型的反应扩散过程。依照铁-氮相图，可得出不同温度下渗层中各相的形成顺序及各层次的相组成物（见表 6-26）。

由图 6-48 说明渗氮层的形成过程。在渗氮初期的 τ 时刻，表层的 α 固溶体未被氮所饱和，渗氮层深

度随时间增加而增加。随着气相中的氮不断渗入，使 α 达到饱和氮含量 C_{max}^{α}，即 τ_1 时刻。在 $\tau_1 \sim \tau_2$ 时间内，气相中的氮继续向工件内扩散而使 α 相过饱和，引发 $\alpha \rightarrow \gamma'$ 反应，产生 γ' 相。渗氮时间延长，表面形成一层连续分布的 γ' 相，达到 γ' 中的过饱和极限后，表面开始形成氮含量更高的 ε 相。

表 6-26　纯铁渗氮层中各相的形成顺序及平衡状态下各层的相组成物

渗氮温度 /℃	相组成顺序	由表及里的渗层相组成物
<590	$\alpha \to \alpha_N \to \gamma' \to \varepsilon$	$\varepsilon \to \varepsilon + \gamma' \to \gamma' \to \alpha_N + \gamma'($过剩$) \to \alpha$
590~680	$\alpha \to \alpha_N \to \gamma \to \gamma' \to \varepsilon$	$\varepsilon \to \varepsilon + \gamma' \to \gamma' \to (\alpha_N + \gamma')$ 共析组织 $\to \alpha_N + \gamma'($过剩$) \to \alpha$
>680	$\alpha \to \alpha_N \to \gamma \to \varepsilon$	$\varepsilon \to \varepsilon + \gamma' \to (\alpha_N + \gamma')$ 共析组织 $\to \alpha_N + \gamma'($过剩$) \to \alpha$

渗氮钢中加入合金元素将形成合金氮化物,使渗层硬度和耐磨性提高。表6-27列出了渗氮层中氮化物的结构与基本特性。

低碳钢化合物层的硬度约为300HV,中碳和高碳钢化合物层硬度为500~600HV,合金钢化合物层的硬度可高达1000~1200HV。

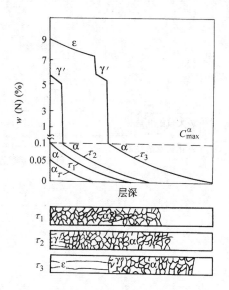

图 6-48　共析温度以下渗氮时氮含量与相组成的关系

表 6-27　渗氮层中氮化物的结构与基本特性

氮化物	氮含量（质量分数）(%)	晶体结构	显微硬度 HV	密度 /(g/cm³)	分解温度 /℃	熔点 /℃
AlN	34.18	六方	1225~1230	3.05	1870	2400
TiN	21.1~22.6	面心立方	1994~2160	5.43	>1500	3205
NbN	13.1~13.3	六方	1400	8.40	2300	—
Ta₂N	3.0~3.4	六方	1220	15.81	—	2050
TaN	5.8~6.5	六方	1060	14.36	—	3090
V₃N	8.4~11.9	六方	1900	5.98	—	—
VN	16.0~25.9	面心立方	1520	6.10	>1000	2360
Cr₂N	11.3~11.8	六方	1570	6.51	—	1650
CrN	21.7	面心立方	1093	5.8~6.10	1500(离解)	—
Mo₃N	5.4	正方	—	—	—	—
Mo₂N	6.4~6.7	面心立方	630	8.04	600(离解)	—
MoN	12.73	六方	—	8.06	600(离解)	—
W₂N	4.39	面心立方	—	12.20	800	—
WN	7.08	六方	—	12.08	600	—
Fe₄N	5.3~5.75	面心立方	≥450	6.57	670(离解)	—
Fe₃N	8.1~11.1	六方	—	—	—	—
Fe₂N	11.2~11.8	正交	~260	—	560(离解)	—

渗氮工艺对材料的适用面非常广,一般的钢铁材料和部分非铁金属(如钛及钛合金等)均可进行渗氮及其多元共渗处理。渗氮及其多元共渗用钢是一致的。为了使工件心部具有足够的强度,钢的碳含量通常为 $w(C)0.15\% \sim 0.50\%$(工模具钢碳含量高一些)。添加钨、钼、铬、钛、钒、镍、铝等合金元素,可改善材料渗氮处理的工艺性及综合力学性能。表 6-28 列出一些常用的渗氮钢及多元共渗材料。

表 6-28　常用渗氮钢的钢种

类别	钢号	渗氮后的性能特点	主要用途及备注
低碳钢	08,08F,10,15,20,Q195,Q235,20Mn,30,35	耐大气与水腐蚀	螺栓、螺母、销钉、把手等零件
中碳钢	40,45,50,60	提高耐磨性、抗疲劳性能或耐大气及水的腐蚀性能	曲轴、齿轮轴、心轴、低档齿轮等零件
低碳合金钢	18Cr2Ni4WA,18CrNiWA,20Cr,12CrNi3A,12Cr2Ni4A,20CrMnTi,25Cr2Ni4WA,25Cr2MoVA	耐磨性、抗疲劳性能优良,心部韧性高,可承受冲击载荷	非重载齿轮、齿圈、蜗杆等中、高档精密零件
中碳合金钢	40Cr,50Cr,50CrV,38CrMoAl,38Cr2MoAlA,35CrMo,35CrNiMo,35CrNi3W,38CrNi3MoA,40CrNiMo,45CrNiMoV,42CrMo,30Cr3WA,30CrMnSi,30Cr2Ni2WV	耐磨、抗疲劳性能优良,心部强韧性好,特别是含Al钢,渗氮后表面硬度很高,耐磨性很好	机床主轴、镗杆、螺杆、汽轮机轴、较大载荷的齿轮和曲轴等
模具钢	Cr12,Cr12Mo,Cr12MoV,3Cr2W8V,4Cr5MoSiV,4Cr5MoSiV1,4Cr5W2VSi,5Cr4NiMo,5CrMnMo	耐磨、抗热疲劳、热硬性好,有一定的抗冲击疲劳性能	冷冲模、拉深模、落料模、有色金属压铸模、挤压模等
工具钢	W18Cr4V,W9Mo3Cr4V,CrWMn,W6Mo5Cr4V2,W18Cr4VCo5,65Nb	耐磨性及热硬性优良	电池模具、高速钢铣刀、钻头等多种刃具
不锈钢、耐热钢、超高强度钢	12Cr13,20Cr13,30Cr13,40Cr13,12Cr18Ni9,15Cr11MoV,42Cr9Si2,13Cr12NiWMoVA,45Cr14Ni14W2Mo,40Cr10Si2Mo,17Cr18Ni9,Ni18Co9Mo5Ti,53Cr21Mn9Ni4N	耐磨性、热硬性及高温强度优良,能在 500～600℃服役,渗氮后耐蚀性有所下降,但在许多介质中仍有较高的耐蚀性	纺纱机走丝槽,在腐蚀介质中工作的泵轴、叶轮、中壳、内燃机气阀以及在 500～600℃环境下工作且要求耐磨的零件
多钛渗氮专用钢	30CrTi2,30CrTi2Ni3Al	耐磨性优良,热硬性及抗疲劳性能好	承受剧烈的磨粒磨损且无冲击的零件
球墨铸铁及合金铸铁	QT600-3,QT800-2,QT450-10	耐磨性优良抗疲劳性能好	曲轴及缸套、凸轮轴

38CrMoAl 钢是应用最广的渗氮钢。该钢经渗氮处理后,可获得很高的硬度,耐磨性好,具有良好的淬透性。加入钼后,抑制了材料的第二类回火脆性,心部具有一定的强韧性,因而广泛用于主轴、螺杆、非重载齿轮、气缸筒等需高硬度、高耐磨而又冲击不大的零件。由于 Al 的加入,在冶炼过程中易形成非金属夹杂物,有过热敏感性,渗氮层表面脆性倾向增大。近年来无铝渗氮钢的应用越来越多,对表面硬度要求不很高而需较高心部强韧性的零件,可选用 40Cr、40CrVA、35CrMo、42CrMo 等材料。对工作在循环弯曲或接触应力较大条件下的重载零件,可选用 18Cr2Ni4WA、20CrMnNi3MoV、25Cr2MoVA、38CrNi3MoA、30Cr3Mo、38CrNiMoVA 等材料。曲轴及缸套可选用球墨铸铁或合金铸铁材料。

为了保证渗氮零件心部有较高的综合力学性能,处理前一般需进行调质处理(工模具采用淬火+回火处理),以获得回火索氏体组织。常用渗氮钢的调质处理工艺及调质后的力学性能见表 6-29。回火温度对 38CrMoAl 钢渗氮层深度及硬度的影响见表 6-30。

形状复杂、畸变量要求较高的精密零件,在精加工前应进行 1～2 次稳定化处理,以消除机械加工引起的内应力,并保证组织稳定,稳定化处理的加热温度应介于渗氮温度与回火温度之间,一般高于渗氮温度约 30℃。渗氮件表面粗糙度对处理效果也有明显影响,粗糙的表面使渗层的不均匀性和脆性倾向增大。渗氮可使较粗糙的表面粗糙度改善,又使光洁表面变得粗糙,一般处理后表面粗糙度 Ra 在 0.8 ~ 1.4μm 之间。渗氮件处理前表面粗糙度 Ra 以 0.8 ~ 1.6μm 为宜。

表 6-29　常用渗氮钢的调质处理工艺及调质后的力学性能

材　料	调　质　工　艺			力　学　性　能					备　注
	淬火温度/℃	冷却介质	回火温度/℃	R_m/MPa	R_{eL}/MPa	A(%)	Z(%)	a_K/(J/cm²)	
18Cr2Ni4WA	850 ~ 870	油	525 ~ 575	1170	1020	12	55	117	
20CrMnTi	910 ~ 930	油	600 ~ 620	—	—	—	—	—	
20Cr3MoWV	1030 ~ 1080	油	660 ~ 700	880	730	12	40	—	
30Cr3WA	870 ~ 890	油	580 ~ 620	980	830	15	50	98	
30CrMnSi	880 ~ 900	油	500 ~ 540	1100	900	10	45	50	
30Cr2Ni2WVA	850 ~ 870	油	610 ~ 630	980	830	12	55	117	
35CrMo	840 ~ 860	油	520 ~ 560	1000	850	12	45	80	200 ~ 220HBW
35CrAlA	920 ~ 940	油或水	620 ~ 650	880	740	10	45	78	
38CrMoAlA	920 ~ 940	油	620 ~ 650	980	835	15	50	88	
38CrWVAlA	900 ~ 950	油	600 ~ 650	980	835	12	50	88	
40Cr	840 ~ 860	油	500 ~ 540	1000	800	9	45	60	
40CrNiMo	840 ~ 860	油	600 ~ 620	1000	850	12	55	100	
40CrNiWA	840 ~ 860	油	610 ~ 630	1080	930	12	50	78	
50CrVA	850 ~ 870	油	480 ~ 520	1300	1150	10	40	—	
3Cr2W8V	1050 ~ 1080	油	600 ~ 620	1620	1430	11	38	34	
4Cr5MoSiV1	1020 ~ 1050	油	580 ~ 620	1830	1670	9	28	—	
5CrNiMo	840 ~ 860	油	540 ~ 560	1370	—	11	44	51	
Cr12MoV	980 ~ 1000	油	540 ~ 560	—	—	—	—	—	52 ~ 54HRC
W18Cr4V	1260 ~ 1310	油	550 ~ 570（三次）	—	—	—	—	—	≥63HRC
W6Mo5Cr4V2	1200 ~ 1240	油	550 ~ 570（三次）	—	—	—	—	—	≥63HRC
20Cr13	1000 ~ 1050	油或水	660 ~ 670	600	450	16	55	80	
42Cr9Si2	1020 ~ 1040	油	700 ~ 780	900	600	19	50	—	
12Cr18Ni9	1000 ~ 1100	水	—	550	200	40	55	—	固溶处理 34HRC
15Cr11MoV	930 ~ 960		680 ~ 730	450	240	21	61	60	
45Cr14Ni14W2Mo	820 ~ 850	水		706	314	20	35		
53Cr21Mn9Ni4N	1175 ~ 1185	水	750 ~ 800	900	700	5	5		
QT600-3	920 ~ 940	空冷	—	725	464	3.6	—	20	正火 220 ~ 230HBW

表 6-30　回火温度对 38CrMoAl 钢渗氮层深度及硬度的影响

回火温度 /℃	回火后硬度 HRC	渗氮层深度 /mm	渗氮层硬度 HRA
720	21 ~ 22	0.51 ~ 0.58	80 ~ 81.5
700	22 ~ 23	0.50 ~ 0.51	80 ~ 82
680	24 ~ 26	0.46 ~ 0.49	80 ~ 82
650	29 ~ 31	0.40 ~ 0.43	81 ~ 83
620	32 ~ 33	0.38 ~ 0.40	81 ~ 83
590	34 ~ 35	0.37 ~ 0.38	82 ~ 83
570	36 ~ 37	0.37 ~ 0.38	82 ~ 83

注：940℃淬火，渗氮工艺为 520 ~ 530℃，35h，氨分解率 25% ~ 45%。

6.3.1.2　气体渗氮

1. 气体渗氮设备及渗氮介质　气体渗氮的基本装置如图 6-49 所示，它一般由渗氮炉、供氨系统、氨分解测定系统和测温系统组成。渗氮炉有井式电阻炉、钟罩式炉及多用箱式炉等，均应具有良好的密封性。炉中的渗氮罐一般用 12Cr18Ni9 不锈钢制造，钢中的镍及镍的某些化合物对氨的分解具有很强的催化作用，而且随着渗氮的炉次增加，催化作用增强，使氨分解率不断增加，必须加大氨的通入量才能稳定渗氮质量。因此，在使用若干炉次后，应定期对渗氮罐进行退氮处理（退氮工艺为 800 ~ 860℃，空载保温 2 ~ 4h）。目前，已有低碳钢搪瓷渗氮罐应用于实际生产，可保证运行 400h 内氨的分解率基本不变。

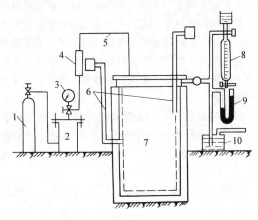

图 6-49　气体渗氮装置
1—氨瓶　2—干燥箱　3—氨压力表　4—流量计
5—进气管　6—热电偶　7—渗氮罐　8—氨
分解率测定计　9—U 形压力计　10—泡泡瓶

氨气的流量和压力可通过针形阀进行调节。罐内压力用 U 形油压计测量，一般控制在 30 ~ 50mm 油柱。泡泡瓶内盛水，以观察供氨系统的流通状况。在渗氮工艺控制技术中，把渗氮气氛的"氮势"可定义为 $p_{NH_3}/p_{H_2}^{1.5}$，可见氨分解率越低（通氨越多），氮势越高。生产中通常是通过调节氨分解率控制渗氮过程。氨分解测定计（见图 6-50）是利用氨溶于水而其分解产物不溶于水这一特性进行测量的。使用时首先关闭进水阀并将炉罐中的废气引入标有刻度的玻璃容器中，然后依次关闭排气、排水阀和进气阀，打开进水阀，向充满废气的玻璃容器注水。由于氨溶于水，水占有的体积即可代表未分解氨的容积，剩余容积为分解产物占据，从刻度可直接读出氨分解率。近年来，随着技术的发展，以电信号来反映氨分解率的测量仪器已投入生产应用，使得渗氮过程微机控制成为可能。这种氨分解率测定仪器可分为两大类，一类是利用氢气、氮气及氨气的导热性差异测定氨分解率；另一类是根据多原子气体对辐射的选择吸收作用，用红外线测量炉气成分，从而确定氨分解率。

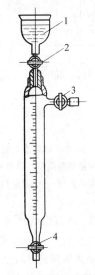

图 6-50　氨分解度测定仪
1—盛水器　2—进水阀　3—进气阀
4—排水、排气阀

渗氮用液氨应符合 GB 536—1988 一级品的规定，纯度大于 95%（质量分数）。导入渗氮罐前，应先经过装有干燥箱（装有硅胶、氯化钙、生石灰或活性氧化铝等）脱水，氨气中水的含量应小于 2%（质量分数）。

2. 气体渗氮工艺参数及操作过程

（1）渗氮温度。以提高表面硬度和强度为目的的渗氮处理，其渗氮温度一般为 480 ~ 570℃。渗氮温度越高，扩散速度越快，渗层越深。但渗氮温度超过550℃，合金氮化物将发生聚集长大而使硬度下降（见图6-51）。

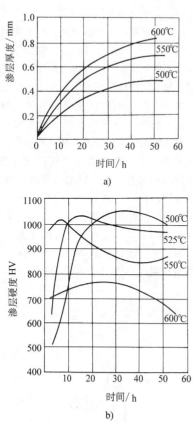

**图6-51　38CrMoAl钢渗氮层深度及
硬度与渗氮温度和时间的关系**
a）对渗层深度的影响　b）对渗层硬度的影响

（2）渗氮时间。渗氮保温时间主要决定渗氮层深度，对表面硬度也有不同程度的影响（见图6-51）。渗氮层深度随渗氮保温时间延长而增厚，且符合抛物线法则，即渗氮初期增长率较大，随后增幅趋缓。渗氮层表面硬度随着时间延长而下降，同样与合金氮化物聚集长大有关，而且渗氮温度越高，长大速度越快，对硬度的影响也越明显。

（3）氨分解率。渗氮过程中钢件是 NH_3 分解的触媒。与工件表面接触的 NH_3 才能有效提供活性氮原子。因而介质氨分解率越低，向工件提供可渗入的氮原子的能力越强。但分解率不可过低，否则易使合金钢工件表面产生脆性白亮层。氨分解率偏低则会使渗层硬度下降。常用氨分解率为15%～40%。

氨分解率用氨流量调节。氨流量一定时温度越高，分解率越大。为了使氨分解率达到工艺规定的数值，必须增加氨气流量。

装炉前，需对工件表面的锈斑、油污、铁屑及其他污物进行清理，以保证氮的有效吸附。常用的清洗剂有水溶性清洗剂、汽油、四氯化碳等。用水溶性清洗剂清洗的工件应用清水漂洗干净、烘干。

气体渗氮包括排气、升温、保温、冷却三个过程。渗氮操作应先排气后升温，排气与升温也可同时进行。在450℃以上，应降低升温速度，避免超温。保温阶段应严格控制氨气流量、温度、氨分解率和炉压，保证渗氮质量。渗氮保温结束后停电降温，但应继续通入氨气保持正压，以防止空气进入使工件表面产生氧化色。温度降至200℃以下，可停止供氨，工件出炉。对一些畸变要求不严格的工件可在保温后立即吊出炉外油冷。

3. 结构钢与工具钢的渗氮

（1）一段渗氮。一段渗氮是在同一温度下（一般在480～530℃）长时间保温的渗氮工艺。在15～20h内采用较低的氨分解率使工件表面迅速吸收大量氮原子，并形成弥散分布的氮化物，提高工件表面硬度；在中间阶段，氨分解率可提高到30%～40%，使表层氮原子向内扩散，增加渗层深度；保温结束前2～4h，氨分解率应控制在70%以上，进行退氮处理，减薄或清除脆性白亮层。

（2）两段渗氮。第一段的渗氮温度和氨分解率与一段渗氮相同，目的是在工件表面形成高弥散度的氮化物；第二段采用较高的温度（一般550～600℃）和较高的氨分解率（40%～60%），以加速氮在钢中的扩散，增加渗氮层深度，并使渗层的硬度分布趋于平缓。由于第一阶段在较低温度下形成的高度弥散细小的氮化物稳定性高，因而其硬度下降不显著。两段渗氮可缩短渗氮周期，但表面硬度稍有下降，畸变量有所增加。

（3）三段渗氮。三段渗氮是对两段渗氮所存在的一些不足进行改进而形成的。其特点是在两段渗氮处理后再在520℃左右继续渗氮，以提高表面硬度。

常用结构钢和工具钢的气体渗氮工艺规范见表6-31。

（4）耐蚀渗氮。耐蚀渗氮的目的是获得厚度为15～60μm致密的ε相层，以提高工件在大气及水中的耐蚀能力。耐蚀渗氮氨分解率不应超过70%，渗氮温度可达600～700℃，保温时间以获得要求的渗层深度为依据，时间过长将使ε相变脆。表6-32所列为纯铁、碳素钢耐蚀渗氮工艺。

表 6-31　结构钢和工具钢气体渗氮工艺规范

材　料	渗　氮　工　艺　参　数				渗层深度 /mm	表面硬度	典型工件
	阶段	温度/℃	时间/h	氨分解率 （%）			
38CrMoAl		510 ± 10	17 ~ 20	15 ~ 35	0.2 ~ 0.3	>550HV	卡块
		530 ± 10	60	20 ~ 50	≥0.45	65 ~ 70HRC	套筒
		540 ± 10	10 ~ 14	30 ~ 50	0.15 ~ 0.30	≥88HR15N	大齿圈
		510 ± 10	35	20 ~ 40	0.30 ~ 0.35	1000 ~ 1100HV	镗杆
		510 ± 10	80	30 ~ 50	0.50 ~ 0.60	≥1000HV	活塞杆
		535 ± 10	35	30 ~ 50	0.45 ~ 0.55	950 ~ 1100HV	曲轴
		510 ± 10	35 ~ 55	20 ~ 40	0.3 ~ 0.55	850 ~ 950HV	
		510 ± 10	50	15 ~ 30	0.45 ~ 0.50	550 ~ 650HV	
	1	515 ± 10	25	18 ~ 25	0.40 ~ 0.60	850 ~ 1000HV	十字销、卡块
	2	550 ± 10	45	50 ~ 60			
	1	510 ± 10	10 ~ 12	15 ~ 30	0.50 ~ 0.80	≥80HR30N	大齿轮、螺杆
	2	550 ± 10	48 ~ 58	35 ~ 65			
	1	510 ± 10	10 ~ 12	15 ~ 35	0.5 ~ 0.8	≥80HR30N	气缸筒
	2	550 ± 10	48 ~ 58	35 ~ 65			
	1	510 ± 10	20	15 ~ 35	0.5 ~ 0.75	>750HV	
	2	560 ± 10	34	35 ~ 65			
	3	560 ± 10	3	100			
	1	525 ± 5	20	25 ~ 35	0.35 ~ 0.55	≥90HR15N	
	2	540 ± 5	10 ~ 15	35 ~ 50			
	1	520 ± 5	19	25 ~ 45	0.35 ~ 0.55	87 ~ 93HR15N	齿轮
	2	600	3	100			
	1	510 ± 10	8 ~ 10	15 ~ 35	0.3 ~ 0.4	>700HV	
	2	550 ± 10	12 ~ 14	35 ~ 65			
	3	550 ± 10	3	100			
40CrNiMoA		520 ± 10	25	25 ~ 35	0.35 ~ 0.55	≥68HR30N	曲轴
	1	520 ± 10	20	25 ~ 35	0.40 ~ 0.70	≥83HR15N	
	2	545 ± 10	10 ~ 15	35 ~ 50			
12Cr2Ni3A	1	500 ± 10	53	18 ~ 40	0.59 ~ 0.72	503 ~ 599HV	齿轮
	2	540 ± 10	10	100			
25CrNi4WA	1	520 ± 10	10	25 ~ 35	0.25 ~ 0.40	≥73HRA	受冲击或 重载零件
	2	550 ± 10	10	45 ~ 65			
	3	520 ± 10	12	50 ~ 70			
30Cr2Ni2WA		500 ± 10	55	15 ~ 30	0.45 ~ 0.50	650 ~ 750HV	
30CrMnSiA		500 ± 10	25 ~ 30	20 ~ 30	0.20 ~ 0.30	≥58HRC	
30Cr3WA	1	500 ± 10	40	15 ~ 25	0.40 ~ 0.60	60 ~ 70HRC	曲轴等
	2	520 ± 10	40	25 ~ 40			
35CrNi3WA	1	505 ± 10	40	15	≥0.7	>45HRC	
	2	525 ± 10	50	40 ~ 60			
35CrMo	1	505 ± 10	25	18 ~ 30	0.5 ~ 0.6	650 ~ 700HV	
	2	520 ± 10	25	30 ~ 50			

（续）

材　料	渗氮工艺参数				渗层深度/mm	表面硬度	典型工件
	阶段	温度/℃	时间/h	氨分解率（%）			
50CrVA		460 ± 10	15 ~ 20	10 ~ 20	0. 15 ~ 0. 25	—	弹簧
		460 ± 10	7 ~ 9	15 ~ 35	0. 15 ~ 0. 25	—	
40Cr		490 ± 10	24	15 ~ 35	0. 20 ~ 0. 30	≥550HV	齿轮
	1	520 ± 10	10 ~ 15	25 ~ 35	0		
	2	540 ± 10	52	35 ~ 50			
18CrNiWA		490 ± 10	30	25 ~ 30	0. 20 ~ 0. 30	≥600HV	轴
18Cr2Ni4A		500 ± 10	35	15 ~ 30	0. 25 ~ 0. 30	650 ~ 750HV	
3Cr2W8V		535 ± 10	12 ~ 16	25 ~ 40	0. 15 ~ 0. 20	1000 ~ 1100HV	模具
Cr12，Cr12Mo Cr12MoV	1	480 ± 10	18	14 ~ 27	≥0. 20	700 ~ 800HV	
	2	530 ± 10	22	30 ~ 60			
Cr18Si2Mo		570 ± 10	35	30 ~ 60	0. 2 ~ 0. 25	≥800HV	要求耐磨的抗氧化件
W18Cr4V		515 ± 10	0. 25 ~ 1	20 ~ 40	0. 01 ~ 0. 025	1100 ~ 1300HV	刀具

表 6-32　纯铁、碳素钢的耐蚀渗氮工艺

材　料	渗氮工艺				ε相层厚度/μm
	温度/℃	时间/h	氨分解率(%)	冷却方法	
DT（电工纯铁）	550 ± 10	6	30 ~ 50	随炉冷却至 200℃ 以下出炉空冷，以提高磁导率	20 ~ 40
	600 ± 10	3 ~ 4	30 ~ 60		
10	600 ± 10	6	45 ~ 70	根据要求的性能、零件的精度，分别冷至 200℃ 出炉空冷，直接出炉空冷，油冷或水冷	40 ~ 80
10	600 ± 10	4	40 ~ 70		15 ~ 40
20	610 ± 10	3	50 ~ 60		17 ~ 20
30	620 ~ 650	3	40 ~ 70		20 ~ 60
40、45、40Cr、50 以及所有牌号的低碳钢	600 ± 10	2 ~ 3	35 ~ 55	要求基体具有强韧性的中碳或中碳合金钢零件尽可能水冷或油冷	15 ~ 50
	650 ± 10	0. 75 ~ 1. 5	45 ~ 65		
	700 ± 10	0. 25 ~ 0. 5	55 ~ 75		

　　为使渗氮层具有足够的耐蚀性，应保证 ε 相层具有 50% 以上的致密区。对耐蚀渗氮层进行质量检查，可将渗氮零件浸入 10% 的硫酸铜溶液中静置 2 ~ 3min，以零件表面不沉淀析出铜为合格。

　　（5）可控渗氮。在渗氮生产中，对应一定的渗氮时间，形成化合物层所需的最低氮势称为氮势的门槛值。材质、渗氮工艺参数、工件表面状况、炉内气流特点等都会影响氮势门槛值。氮势门槛值曲线可通过实际测量绘制，是制订可控渗氮工艺的重要依据。图 6-52 是通过试验作出的 40CrMo 钢制发动机曲轴的无白亮层气氛氮势与渗氮时间的关系曲线。

　　所谓可控渗氮，就是根据氮势门槛值曲线，适时调整工艺参数，获得工件所需的渗氮层组织。

　　4. 不锈钢与耐热钢的渗氮　由于不锈钢和耐热钢铬含量较高，与空气作用会在表面形成一层致密的氧化物薄膜（钝化膜）。这种薄膜会阻碍氮原子的渗入。不锈钢、耐热钢与结构钢渗氮最大区别就是前者在进入渗氮罐之前，必须进行去钝化膜处理。通用的方法有机械法和化学法两大类。

　　（1）喷砂。工件在渗氮前用细砂在 0. 15 ~ 0. 25MPa 的压力下进行喷砂处理，直至表面呈暗灰色，清除表面灰尘后立即入炉。

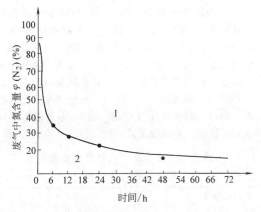

图 6-52　不出现白亮层氮势门槛值与渗氮时间的关系
1—出现白亮层区　2—不出现白亮层区
注：渗氮温度 515℃。

（2）磷化。渗氮前对工件进行磷化处理，可有效破坏金属表面的氧化膜，形成多孔疏松的磷化层，有利于氮原子的渗入。

（3）氯化物浸泡。将喷砂或精加工后的工件用氯化物浸泡或涂覆，能有效地去除氧化膜。常用的氯化物有 $TiCl_2$ 和 $TiCl_3$ 等。

通常进行渗氮处理的有铁素体型、马氏体型及奥氏体型不锈钢和耐热钢，工艺规范及处理结果见表 6-33。

5. 铸铁的渗氮　由于铸铁中碳、硅的含量较高，氮扩散的阻力较大，要达到与钢同样的渗氮层深度，渗氮时间需乘以 1.5～2 的系数。铸铁中添加锰、硅、镁、铬、钨、镍和铈等元素，可提高渗氮层硬度，但会降低渗氮速度；铝既可提高渗氮层硬度，又不会降低渗层深度。

表 6-33　不锈钢和耐热钢气体渗氮工艺规范

材　料	渗氮工艺参数				渗层深度 /mm	表面硬度	脆性等级
	阶段	温度/℃	时间/h	氨分解率（%）			
12Cr13		500	48	18～25	0.15	1000HV	
		560	48	30～50	0.30	900HV	
20Cr13		500	48	20～25	0.12	1000HV	
		560	48	35～45	0.26	900HV	
12Cr13 20Cr13 15Cr11MoV	1	530	18～20	30～45	≥0.25	≥650HV	
	2	580	15～18	50～60			
12Cr18Ni9		550～560	4～6	30～50	0.05～0.07	≥950HV	I-II
	1	540～550	30	25～40	0.20～0.25	≥900HV	I-II
	2	560～570	45	35～40			
24Cr18Ni8W2		560	24	40～50	0.12～0.14	950～1000HV	
		560	40	40～50	0.16～0.20	900～950HV	
		600	24	40～70	0.14～0.16	900～950HV	
		600	48	40～70	0.20～0.24	800～850HV	
45Cr14Ni14W2Mo		550～560	35	45～55	0.080～0.085	≥850HV	I-II
		580～590	35	50～60	0.10～0.11	≥820HV	
		630	40	50～80	0.08～0.14	≥80HR15N	
		650	35	60～90	0.11～0.13	83～84HR15N	

采用渗氮处理可使铸件表面获得一定深度、致密的、化学稳定性较高的 ε 化合物层，能显著提高材料耐大气、过热蒸汽和淡水腐蚀能力。球墨铸铁耐蚀渗氮的预处理通常采用石墨化退火获得铁素体基体。渗氮处理温度为 600～650℃、保温 1～3h，氨分解率 40%～70% 的工艺，可获得 0.015～0.060mm 的渗氮层，表面硬度约为 400HV。

6. 非渗氮部位保护　根据使用和后续加工的要求，工件的一些部位不允许渗氮，因此，在渗氮之前，必须对非渗氮部位进行保护处理。常用方法有以下几种：

（1）镀锡法。锡［或 $w(Sn)$ 20% 的锡铅合金］的熔点很低，在渗氮温度下，锡层熔化并吸附在工件表面，阻止氮原子渗入。为提高非渗氮面对锡层的吸附力及锡层的均匀性，应控制工件表面的粗糙度。表面太光滑，则锡在工件表面容易流淌，难于吸附；但表面过于粗糙，则会影响锡吸附层的均匀性，一般表面粗糙度 Ra 在 $3.2 \sim 6.3 \mu m$ 为宜。防渗效果与镀锡厚度有关，锡层过厚容易流淌，太薄则达不到防渗效果，镀锡层一般控制在 $0.003 \sim 0.015 mm$。

（2）镀铜法。工件的非渗氮部位镀铜，同样可达到防渗的目的。常用的镀铜方式有两种：一是粗加工后镀铜，然后再精加工去除渗氮面的镀层；另一种是工件精加工后对非渗氮部位进行局部保护（如采用夹具、涂料、包扎等），然后镀铜。近年来发展起来的刷镀工艺，可容易实现在所需的非渗氮部位局部镀铜。镀铜法多用于不锈钢及耐热钢的防渗氮保护。采用镀铜法时，非渗氮面的表面粗糙度 Ra 不低于 $6.3 \mu m$，镀铜层厚度不低于 $0.03 mm$。

（3）涂料法。非渗氮面涂覆防渗氮涂料以隔绝渗氮介质与工件表面的接触，阻止氮的渗入，此法简单易行，应用面广。理想的防渗氮涂料应具有防渗效果好，对工件无腐蚀，渗氮后易于清除等特性。防渗氮涂料种类较多，并不断有产品问世。目前工厂使用较多的涂料是水玻璃加石墨粉，具体配方为：中性水玻璃 $[w(Na_2O)$ 为 7.08% 、$w(SiO_2)$ 为 $29.54\%]$ 中加入 $10\% \sim 20\%$（质量分数）的石墨粉。

防渗氮面的表面粗糙度 Ra 在 $3.2 \sim 12.5 \mu m$ 为宜。涂覆前应对表面进行喷砂等清洁处理，然后加热到 $60 \sim 80 ℃$。涂料随配随用，涂覆层应均匀，厚度为 $0.6 \sim 1.0 mm$，涂覆后可自然干燥，或在 $90 \sim 130 ℃$ 烘干。

7. 渗氮件的质量检查

（1）外观检查。正常的渗氮工件表面呈银灰色或浅灰色，不应出现裂纹、剥落或严重的氧化色及其他非正常颜色。如果表面出现金属光泽，则说明工件的渗氮效果欠佳。

（2）渗层硬度检查。渗氮层表面硬度可用维氏硬度计或轻型洛氏硬度计测量。当渗氮层极薄时（如不锈钢渗层等），也可用显微硬度计。若需测定化合物层硬度或从表面至心部的硬度曲线，则采用显微硬度法。值得注意的是，硬度检测试验力的大小必须根据渗氮层深度而定，试验力太小使测量的准确性降低，但过大则可能压穿渗层。表6-34是根据不同渗氮层深度而推荐的硬度计试验力值。

表6-34　渗氮层表面硬度检查硬度计试验力选用表

渗氮层深度/mm	<0.2	0.2 ~ 0.35	0.35 ~ 0.5	>0.5
维氏硬度计试验力/N	<49.03	≤98.07	≤98.07	≤294.21
洛氏硬度计试验力/N	—	147.11	147.11 或 249.21	588.42

（3）渗氮层深度检查。渗氮层深度的测量方法有断口法、金相法和硬度梯度法三种，以硬度梯度法作为仲裁方法。

断口法是将缺口的试样打断，根据渗氮层组织较细呈瓷状断口而心部组织较粗呈塑性破断的特征，用25倍放大镜进行测量。此法方便迅速，但精度较低。

金相法是利用渗氮层组织与心部组织耐蚀性不同的特点以测量渗氮层深度。经过不同试剂腐蚀的渗氮试样在放大100或200倍的显微镜下，从试样表面沿垂直方向测至与基体组织有明显的分界处的距离，即为渗氮层深度（见图6-53）。对一些钢种的渗氮层显微组织与扩散层无明显分界线的试样，可加热至接近或略低于 Ac_1（$700 \sim 800 ℃$）的温度，然后水淬，利用渗氮层含氮而使 Ac_1 降低的特点来测定层深，此时

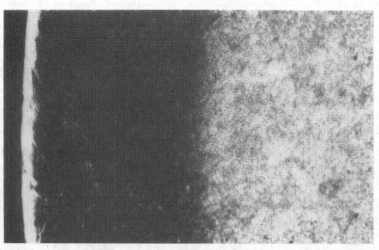

图6-53　38CrMoAl钢渗氮后的金相组织　100×

渗层淬火成为耐蚀性较好的马氏体组织，而心部为耐蚀性较差的高温回火组织。采用金相法测得的渗氮层深度，一般较硬度梯度法所测值稍浅。

硬度梯度法是将渗氮后的试样沿层深方向测得一系列硬度值并连成曲线，以从试样表面至比基体硬度值高 50HV 处的垂直距离为渗氮层深度。试验采用维氏硬度法，试验力规定为 2.94N，必要时可采用 1.96~19.6N 之间的其他试验力，但此时必须注明试验力数值。

对于渗氮层硬度变化平缓的工件（如碳钢或低碳低合金钢制件），其渗氮层深度可从试验表面沿垂直方向测至比基体维氏硬度值高 30HV 处。

（4）渗氮层脆性检查。渗氮层的脆性多用维氏硬度压痕的完整性来评定。采用维氏硬度计，试验力为 98.07N（特殊情况下可采用 49.03N 或 294.21N，但需进行换算）时，对渗氮试样缓慢加载，卸去载荷后观察压痕状况，依其边缘的完整性将渗氮层脆性分为 5 级（见图 6-54）。压痕边角完整无缺为 1 级；压痕一边或一角碎裂为 2 级；压痕二边二角碎裂为 3 级；压痕三边三角碎裂为 4 级；压痕四边或四角碎裂为 5 级。其中 1~3 级为合格，重要零件 1~2 级为合格。

采用压痕法评定渗氮层脆性的主观因素较多，目前已有一些更为客观的方法开始应用。如采用声发射技术，测出渗氮试样在弯曲或扭转过程中出现第一根裂纹时的挠度（或扭转角），用以定量描述脆性。

（5）金相组织检查。渗氮件金相组织的检查包括渗氮层组织检查及心部组织检查两部分。合格的渗

气体渗氮表面脆性等级（98.07N 维氏硬度压痕）

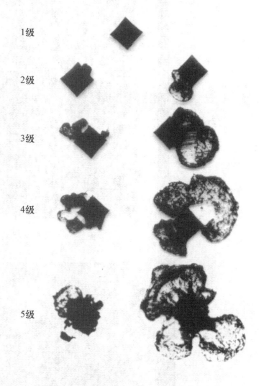

1级

2级

3级

4级

5级

图 6-54　渗氮层脆性评定图　100×

氮层组织中不应有脉状、波纹状、网状以及骨状氮化物，这些粗大的氮化物会使渗层变脆、剥落。合格的心部组织应为回火索氏体组织（调质预备热处理），不允许大量游离铁素体存在。正常的渗氮层组织及常见不合格组织的金相照片见图 6-55~图 6-58。

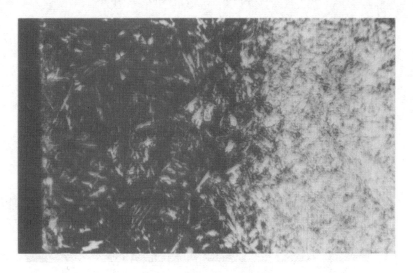

图 6-55　合金钢正常的渗氮层组织　500×

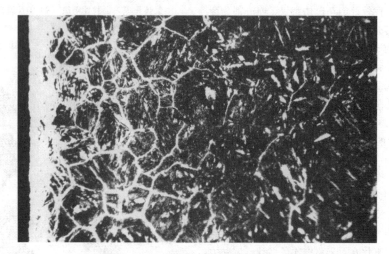

图 6-56　具有网状氮化物的不合格渗层　450×

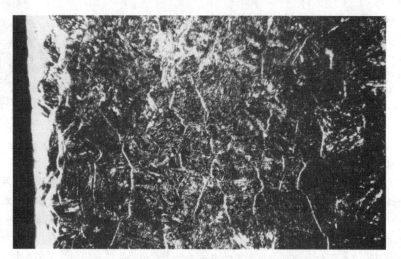

图 6-57　具有波纹状（脉状）组织的不合格渗层

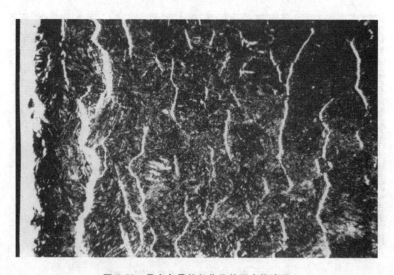

图 6-58　具有鱼骨状氮化物的不合格渗层

（6）渗氮层疏松检查。将渗氮金相试样腐蚀后放在 500 倍显微镜下，取其疏松最严重的部位进行评级。按表面化合物层内微孔的形状、数量及密集程度分为 5 级，一般零件 1~3 级为合格，重要零件 1~2 级为合格。

（7）耐蚀性检查。对耐蚀渗氮件还必须进行耐蚀性能检查，根据 ε 相层的厚度和致密度进行评定。致密区厚度通常在 10μm 以上。耐蚀性的常用检查方法有以下两种：

1）硫酸铜水溶液浸渍或液滴法。将试样浸入 $w(CuSO_4)6\% ~ 10\%$ 的水溶液中保持 1~2min，试样表面无铜沉积为合格。

2）赤血盐-氯化钠水溶液浸渍或液滴法。取 10g

$K_3(FeN)_6$ 及 20g NaCl 溶于 1L 蒸馏水中，渗氮试样浸入该溶液中保持 1~2min，无蓝色印迹为合格。

（8）尺寸及畸变检查。工件经渗氮处理后尺寸略有膨胀，其胀大量为渗氮层深度的 3% ~ 4%。渗氮件的畸变量远较渗碳、淬火等处理畸变小，适当的预备热处理、装炉方式及工艺流程可将畸变量降至最小。渗氮后需精磨的工件，其最大畸变处的磨削量不得超过 0.15mm。

8. 渗氮件的缺陷及预防　工件渗氮处理后产生的缺陷涉及外观、几何尺寸、组织结构、力学性能及耐蚀性等方面，有些是诸多因素共同影响的结果，情况较为复杂，必须具体分析。一些常见的缺陷及预防措施列于表 6-35。

表 6-35　渗氮件常见缺陷及预防措施

缺陷类型	产生原因与措施对应排列	预防措施
表面氧化色	冷却时供氨不足，罐内出现负压，渗氮罐漏气，压力不正常，出炉温度过高，干燥剂失效，氨中含水量过高，管道中存在积水	适当增加氨流量，保证罐内正压，经常检查炉压，保证罐内压力正常 炉冷至 200℃ 以下出炉 更换干燥剂 装炉前仔细检查，清除积水
表面腐蚀	氯化铵（或四氯化碳）加入量过多，挥发太快	除不锈钢和耐热钢外，尽量不加氯化铵，加入的氯化铵应与硅砂混合，降低挥发速度
渗氮件变形超差	机械加工产生的应力较大，零件细长或形状复杂	渗氮前采用稳定化回火（高于渗氮温度），采用缓慢、分阶段升温法降低热应力，即在 300℃ 以上每升温 100℃ 保温 1h；冷却速度降低
	局部渗氮或渗氮面不对称	改进设计，避免结构不对称；降低升温及冷却速度
	渗氮层较厚时因比体积大而产生较大组织应力，导致变形	胀大部位采用下极限偏差，缩小部位采用上极限偏差；选用合理的渗氮厚度
	渗氮罐内温度不均匀 工件自重的影响或装炉方式不当	改进加热体布置，增加控温区段，强化循环，装炉力求均匀；杆件吊挂平稳且与轴线平行，必要时设计专用夹具或吊具
渗层出现网状及脉状氮化物	渗氮温度太高，氨含水量大，原始组织粗大	严格控制渗氮温度和氨含水量；渗氮前进行调质处理并酌情降低淬火温度
	渗氮件表面粗糙，存在尖角、棱边气氛氮势过高	提高工件质量，减少非平滑过渡严格控制氨分解率
渗层出现鱼骨状氮化物	原始组织中的游离铁素体较高，工件表面脱碳严重	严格掌握调质处理工艺 防止调质处理过程中脱碳；渗氮时严格控制氨含水量，防止渗氮罐漏气，保持正压
渗氮件表面有亮点，硬度不均匀	工件表面有油污 材料组织不均匀 装炉量太多，吊挂不当 炉温、炉气不均匀	清洗去污 提高预备热处理质量 合理装炉 降低罐内温差，强化炉气循环

（续）

缺陷类型	产生原因与措施对应排列	预防措施
渗氮层硬度低	温度过高 分段渗氮时第一段温度太高 氨分解率过高或中断供氨 密封不良,炉盖等处漏气 新换渗氮罐、夹具或渗氮罐使用过久 工件表面的油污未清除	调整温度,校验仪表 降低第一段温度,形成弥散细小的氮化物 稳定各个阶段的氨分解率 更换石棉、石墨垫,保证渗氮罐密封性能 新渗氮罐应经过预渗;长久使用的夹具和渗氮罐等应进行退氮处理,以保证氨分解率正常 渗氮前严格进行脱脂、除锈处理
渗层太浅	温度(尤其是两段渗氮的第二段)偏低 保温时间短 氨分解率不稳定 工件未经调质预处理 新换渗氮罐、夹具或渗氮罐使用太久装炉不当,气流循环不畅	适当提高温度,校正仪表及热电偶 酌情延长时间 按工艺规范调整氨分解率 采用调质处理,获得均匀致密的回火索氏体组织 进行预渗或退氮处理 合理装炉,调整工件之间的间隙
渗氮层脆性大	表层氮浓度过高 渗氮时表面脱碳 预先调质处理时淬火过热	提高氨分解率,减少工件尖角、锐边或粗糙表面 提高渗氮罐密封性,降低氨中的含水量 提高预处理质量
化合物层不致密,耐蚀性差	氮浓度低,化合物层薄 冷却速度太慢,氮化物分解 零件锈斑未除尽	氨分解率不宜过高 调整冷却速度 严格消除锈斑

6.3.1.3　其他渗氮方法 （见表6-36）

表6-36　其他渗氮方法

渗氮方法	原理	渗剂(质量分数)	工艺及效果
固体渗氮	把工件和粒状渗剂放入铁箱中加热保温	由活性剂和填充剂两部分组成。活性剂可用尿素、三聚氰酸$[(HCNO)_3]$、碳酸胍$\{[(NH_2)_2CNH]_2 \cdot H_2CO_3\}$、二聚氨基氰$[NHC(NH_2)NHCN]$等。填充剂可用多孔陶瓷粒、蛭石、氧化铝粒等	520 ~ 570℃ 保温 2 ~ 16h
盐浴渗氮	在含氮熔盐中渗氮	1)在 50% $CaCl_2$ + 30% $BaCl_2$ + 20% NaCl 盐浴中通氨 2)亚硝酸铵(NH_4NO_2) 3)亚硝酸铵 + 氯化铵	450 ~ 580℃
真空脉冲渗氮	先把炉罐抽到 1.33Pa 的真空度,加热到渗氮温度,通氨至 50 ~ 70kPa,保持 2 ~ 10min,继续抽到 5 ~ 10kPa 反复进行	NH_3	530 ~ 560℃
加压渗氮	通氨使氨工作压力提高到 300 ~ 5000kPa,此时氨分解率降低,气氛活性提高,渗速快	NH_3	500 ~ 600℃ 渗速快, 渗层质量好

（续）

渗氮方法	原　　理	渗剂（质量分数）	工艺及效果
流态床渗氮	在流态床中通渗氮气氛,也可采用脉冲流态床渗氮,即在保温期使供氨量降到加热时的 10%～20%	NH_3	500～600℃,减少70%～80%氨消耗,节能40%
催化渗氮	1）洁净渗氮法:往渗氮罐中加入0.15～0.6kg/m³ 与硅砂混合的 NH_4Cl 2）CCl_4 催化法:开始渗氮的 1～2h 中,往炉罐通入 50～100mL/m³ 的 CCl_4 3）稀土催渗法:稀土化合物溶入有机溶剂通入炉罐	$NH_3 + NH_4Cl$	500～600℃
电解气相催渗	干燥氨通过电解槽和冷凝器再入炉罐	1）含 Ti 的酸性电解液 海绵钛:5～10g/L,工业纯硫酸:30%～50%,NaCl:150～200g/L,NaF:30～50g/L 2）NaCl、NH_4Cl 各 100g 饱和水溶液加入 110～220mL HCl 和 25～100mL 甘油,最后加水至1000mL,pH = 1 3）NaCl 400g,25% H_2SO_4 200mL,加水至1500mL,也可再加甘油 200mL	500～600℃
高频渗氮	工件置于耐热陶瓷或石英玻璃容器中靠高频感应电流加热,容器中通氨或工件表面涂膏剂	NH_3 或含氮化合物膏剂	520～560℃
短时渗氮	保持适当的氨分解率,适当提高渗氮温度,可在各种合金钢、碳钢和铸铁件表面获得 6～15μm 化合物层	NH_3	560～580℃ 保温2～4h,氨分解率为40%～50%,表面层硬度高

　　图 6-59 所示为真空脉冲渗氮工艺曲线。38CrMoAl 钢真空渗氮和普通气体渗氮后的渗层硬度见图 6-60。表 6-37 所列为几种材料高频感应加热渗氮的效果。

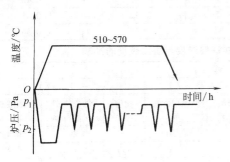

图 6-59　真空脉冲渗氮工艺曲线

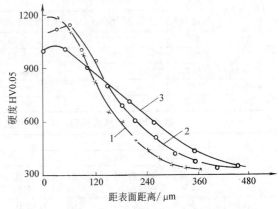

图 6-60　真空渗氮与普通气体渗氮后的硬度分布曲线
1—真空脉冲渗氮（530℃，10h）　2—真空脉冲渗氮（550℃，10h）　3—普通气体渗氮（540℃，33h）

表 6-37　几种材料高频感应加热渗氮结果

材　料	渗氮温度/℃	渗氮时间/h	渗层深度/mm	表面硬度 HV	脆性等级
38CrMoAl	520 ~ 540	3	0.29 ~ 0.30	1070 ~ 1100	I
20Cr13	520 ~ 540	2.5	0.14 ~ 0.16	710 ~ 900	I
12Cr18Ni9	520 ~ 540	2	0.04 ~ 0.05	667	I
Ni36CrTiAl	520 ~ 540	2	0.02 ~ 0.03	623	I
40Cr	520 ~ 540	3	0.18 ~ 0.20	582 ~ 621	I
PH15-7Mo	520 ~ 560	2	0.07 ~ 0.09	986 ~ 1027	I ~ II

6.3.2　氮碳共渗

在工件表面同时渗入氮、碳元素，且以渗氮为主的工艺方法，称为氮碳共渗，其共渗机理与渗氮相似，随着处理时间的延长，表面氮浓度不断增加，发生反应扩散，形成白亮层及扩散层。氮碳共渗使用的介质必须能在工艺温度下分解出活性的氮、碳原子，当介质为氨气加放热式或吸热式混合气体时，发生如下分解反应，提供活性的氮、碳原子：

$$2NH_3 \rightleftharpoons 3H_2 + 2[N]$$
$$2CO \rightleftharpoons [C] + CO_2$$

由于碳的渗入，氮碳共渗表层形成的相要复杂一些。例如，当氮含量为 1.8%、碳含量为 0.35% 时（均质量分数），在 560℃ 发生 $\gamma \rightleftharpoons \alpha + \gamma' + z[Fe(CN)]$ 共析反应，形成 $\alpha + \gamma' + z$ 的机械混合物。需要指出的是，碳主要渗入化合物层，而几乎不渗入扩散层。

6.3.2.1　气体氮碳共渗

根据使用介质，气体氮碳共渗分为三大类：

1. 混合气体氮碳共渗　氨气加入吸热式气氛（RX）可进行氮碳共渗。吸热式气氛由乙醇、丙酮等有机溶剂裂解，或由烃类气体制备而成。吸热式气氛的成分（体积分数）一般控制在 H_2 32% ~ 40%、CO 20% ~ 24%、CO_2 ≤1%、N_2 38% ~ 43%，气氛的碳势用露点仪测定。$NH_3 : RX ≈ 1 : 1$ 时，气氛的露点控制到 ±0℃，可获得较理想的氮碳共渗层和共渗速度。

氨气中加入放热式气氛（NX）也可进行氮碳共渗，混合气中 $NH_3 : NX ≈ 5 ~ 6 : 4 ~ 5$。放热式气氛成分（体积分数）一般为 CO_2 ≤10%，CO <5%，H_2 < 1%，余量为 N_2。

由于放热式气氛中 CO 的含量较低，它与氨气混合进行氮碳共渗比采用吸热式气氛排出的废气中有毒物质 HCN 的含量低得多，而且制备成本也较低，有利于推广应用。此外，氨气还可直接与烷类气体介质（如甲烷、丙烷等）混合，进行氮碳共渗。

多数钢种的最佳共渗温度为 560 ~ 580℃。为了不降低基体强度，共渗温度应低于调质回火温度。保温时间及炉内气氛对共渗效果的影响分别见表 6-38 及表 6-39。

表 6-38　保温时间对氮碳共渗层深度与表面硬度的影响

材　料	(570 ± 5)℃, 2h			(570 ± 5)℃, 4h		
	硬度 HV	化合物层深度/μm	扩散层深度/mm	硬度 HV	化合物层深度/μm	扩散层深度/mm
20	480	10	0.55	500	18	0.80
45	550	13	0.40	600	20	0.45
15CrMo	600	8	0.30	650	12	0.45
40CrMo	750	8	0.35	860	12	0.45
T10	620	11	0.35	680	15	0.35

表 6-39　吸热式气氛（RX）露点对氮碳共渗层深度与表面硬度的影响

材料	炉 气 露 点								
	8 ~ 10℃			-2 ~ 2℃			-10 ~ -8℃		
	硬度 HV	化合物层深度/μm	扩散层深度/mm	硬度 HV	化合物层深度/μm	扩散层深度/mm	硬度 HV	化合物层深度/μm	扩散层深度/mm
45	508	20	0.65	540	20	0.50	600	20	0.45
15CrMo	542	18	0.50	580	14	0.50	650	10	0.45
40CrMo	657	15	0.55	720	14	0.50	860	12	0.45

注：共渗条件为 $\varphi(NH_3) : \varphi(Rx) = 2 : 3$，氨分解率20% ~ 30%，共渗温度570℃，保温时间4h，油冷。

2. 尿素热解氮碳共渗　尿素在500℃以上分解反应为

$$2(NH_2)_2CO \longrightarrow 2CO + 4[N] + 4H_2$$
$$\longrightarrow [C] + CO_2$$

其中，活性氮、碳原子作为氮碳共渗的渗剂。尿素可通过三种方式送入炉内：①采用机械送料器（如螺杆式）将尿素颗粒送入炉内，在共渗温度下热分解；②将尿素在裂解炉中分解后再送入炉内；③用有机溶剂（如甲醇）按一定比例溶解后滴入炉内，然后发生热分解。

除了共渗温度、保温时间、冷却方式等因素外，尿素的加入量对氮碳共渗效果也会产生很大影响，根据渗氮罐大小及不同的装炉量，尿素的加入量可在500 ~ 1000g/h 范围内变化。图 6-61 是球墨铸铁（QT500-7）曲轴在 RJJ-1059T 井式气体渗碳炉中进行氮碳共渗的工艺曲线。曲轴处理后，共渗层深度为0.05 ~ 0.08mm，表面硬度为490 ~ 680HV。

3. 滴注式气体氮碳共渗　滴注剂采用甲酰胺、乙酰胺、三乙醇胺、尿素及甲醇、乙醇等，以不同比例配制。

表 6-40 是采用70%甲酰胺 + 30% 尿素（均为质量分数）作为渗剂进行气体氮碳共渗的结果（保温时间 2 ~ 3h）。也可以在通入氨气的同时，滴入甲酰胺、乙醇、煤油等液体碳氮化合物进行滴注通氨或气体氮碳共渗。

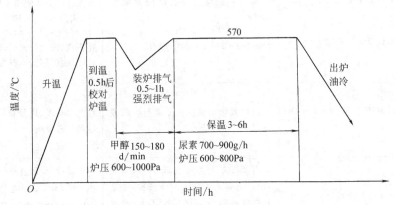

图 6-61　球墨铸铁曲轴气体氮碳共渗工艺曲线

表 6-40　70%甲酰胺 + 30%尿素氮碳共渗效果

材　料	温度/℃	共渗层深度/mm		渗层硬度 HV0.05	
		化合物层	扩　散　层	化合物层	扩　散　层
45	570 ± 10	0.010 ~ 0.025	0.244 ~ 0.379	450 ~ 650	412 ~ 580
40Cr	570 ± 10	0.004 ~ 0.010	0.120	500 ~ 600	532 ~ 644
灰铸铁	570 ± 10	0.003 ~ 0.005	0.100	530 ~ 750	508 ~ 795
Cr12MoV	540 ± 10	0.003 ~ 0.006	0.165	927	752 ~ 795
3Cr2W8V	580	0.003 ~ 0.011	0.066 ~ 0.120	846 ~ 750	657 ~ 795
	600	0.008 ~ 0.012	0.099 ~ 0.117	840	761 ~ 1200
	620		0.100 ~ 0.150		762 ~ 891
W18Cr4V	570 ± 10	—	0.090	—	1200
T10	570 ± 10	0.006 ~ 0.008	0.129	677 ~ 946	429 ~ 466
20CrMo	570 ± 10	0.004 ~ 0.006	0.179	672 ~ 713	500 ~ 700

6.3.2.2　盐浴氮碳共渗

1. 盐浴成分及主要特点　盐浴氮碳共渗是最早应用的氮碳共渗方法，按盐浴中 CN⁻ 含量可将氮碳共渗盐浴分为低氰、中氰及高氰型。由于环保的原因，中、高氰型盐浴已经逐渐淘汰。低氰盐浴与氧化配合，排放的废水、废气、废盐中 CN⁻ 量应符合国家规定标准。几种典型的氮碳共渗盐浴见表6-41。

表 6-41　几种典型的氮碳共渗盐浴

类型	盐浴配方(质量分数)及商品名称	获得 CNO^- 的方法	主 要 特 点
氰盐型	KCN47% + NaCN53%	$2NaCN + O_2 = 2NaCNO$ $2KCN + O_2 = 2KCNO$	盐浴稳定,流动性良好,配制后需经几十小时氧化生成足量的氰酸盐后才能使用。毒性极大,目前已极少采用
氰盐·氰酸盐型	NS-1 盐 85%(NS-1 盐:KCNO40% + NaCN60%)+ Na_2CO_3 15% 为基盐,用 NS-2(NaCN75% + KCN25%)为再生盐	通过氧化,使 $2CN^- + O_2 \to 2CNO^-$,工作时的成分为(KCN + NaCN)约 50%,CO_3^{2-} 2% ~ 8%	不断通入空气,CN^- 含量最高达 20% ~25%,成分和处理效果较稳定。但必须有废盐、废渣、废水处理设备方可采用
尿素型	$(NH_2)_2CO$ 40% + Na_2CO_3 30% + K_2CO_3 20% + KOH10% $(NH_2)_2CO$ 37.5% + KCl37.5% + Na_2CO_3 25%	通过尿素与碳酸盐反应生成氰酸盐: $2(NH_2)_2CO + Na_2CO_3 = 2NaCNO + 2NH_3 + H_2O + CO_2$	原料无毒,但氰酸盐分解和氧化都生成氰化物。在使用过程中,CN^- 不断增多,成为 $CN^- \geqslant 10\%$ 的中氰盐。国内用户使用时使 CNO^- 含量 18% ~45% 范围内,波动较大,效果不稳定,盐浴中 CN^- 无法降低,不符合环保要求
尿素·氰盐型	$(NH_2)_2CO$ 34% + K_2CO_3 23% + NaCN43%	通过氧化钠氧化及尿素与碳酸钾反应生成氰酸盐	高氰盐浴,成分稳定,但必须配套完善的消毒设施
尿素·有机物型	Degussa 产品: TF-1 基盐(氮碳共渗用盐) REG-1 再生盐(调整成分,恢复活性)	用碳酸盐,尿素等合成 TF-1,其中 CNO^- 含量为 40% ~44%;REG-1 是有机合成物,可用 $(C_6N_9H_5)_x$ 表示其主要成分,它可将 CO_3^{2-} 转化为 CNO^-	低氰盐,使用过程中 CNO^- 分解而产生 $CN^- \leqslant 4\%$。工件氮碳共渗后在 AB1 氧化盐浴中冷却,可将微量 CN^- 氧化成 CO_3^{2-},实现无污染作业。强化效果稳定
	国产盐品: J-2 基盐(氮碳共渗用盐) Z-1 再生盐(调整盐浴成分,恢复活性)	J-2 中 CNO^- 的含量为 37% ±2%,Z-1 的主要成分为有机缩合物,将 CO_3^{2-} 转变成 CNO^-	低氰盐,在使用过程中 $CN^- < 3\%$。工件氮碳共渗后在 Y-1 氧化盐浴中冷却,可将微量 CN^- 转化为 CO_3^{2-},实现无污染作业。强化效果稳定

盐浴氮碳共渗的关键成分是碱金属氰酸盐 MCNO(M 代表 K、Na、Li 等元素),常用氰酸根(CNO^-)浓度来度量盐浴活性。CNO^- 分解产生活性氮、碳原子渗入工件表面,但同时也生产有毒的 CN^-,为此,加入氧化剂可使 CN^- 氧化转变为 CNO^-。

目前应用较广的尿素-有机物型盐浴氮碳共渗,CNO^- 浓度由被处理工件的材质和技术要求而定,一般控制在 32% ~38%,CNO^- 含量低于预定值下限时,添加再生盐即可恢复盐浴活性,其表达式为

$$aCO_3^{2-} + bZ\text{-}1(\text{或 REG-1})$$
$$= xCNO^- + yNH_3 \uparrow + zH_2O \uparrow$$

2. 盐浴氮碳共渗工艺　为避免氰酸根浓度下降过快,共渗温度通常 ≤590℃;温度低于520℃时,则处理效果会受到盐浴流动性的影响。共渗温度对共渗层深度的影响见表 6-42,保温时间对表面硬度的影响见图 6-62。

表 6-42　不同温度保温 1.5h 氮碳
共渗层深度　　(单位:μm)

材料	(540 ±5)℃		(560 ±5)℃		(580 ±5)℃		(590 ±5)℃	
	化合物层	总渗层	化合物层	总渗层	化合物层	总渗层	化合物层	总渗层
20	9	350	12	450	14	580	16	670
40CrNi	6	220	8	300	10	390	11	420

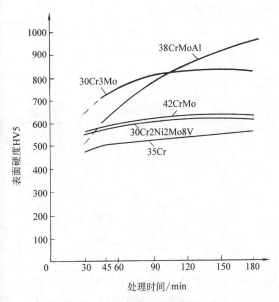

图 6-62 不同材料的试样于 580℃处理
后表面硬度与保温时间的关系

几种材料的盐浴氮碳共渗效果见表 6-43。

6.3.2.3 QPQ 处理

盐浴氮碳共渗或硫氮碳共渗后再进行氧化、抛光、再氧化复合处理称之为 QPQ（Quench-Polish-Quench）处理。该技术近年来得到广泛应用，其处理工序为：预热（非精密件可免去）→520～580℃氮碳共渗或硫氮碳共渗→在 330～400℃ 的氧化浴中氧化 10～30min→机械抛光→在氧化浴中再次氧化。氧化目的是消除工件表面残留的微量 CN^- 及 CNO^-，使得废水可以直接排放，工件表面生成致密的 Fe_3O_4 膜。

在实际工件上，表面总是凹凸不平的，凸起部位的氧化膜一般呈拉应力，易剥落，通过抛光处理，可降低表面粗糙度值，除去呈拉应力的氧化膜，经二次氧化后生成的氧化膜产生拉应力的可能性减小，因此，二次氧化处理极为关键。QPQ 处理使工件表面粗糙度值大大降低，显著地提高了耐蚀性，并保持了盐浴氮碳共渗或硫氮碳共渗层的耐磨性、抗疲劳性能及抗咬合性。可获得赏心悦目的白亮色、蓝黑色及黑亮色。图 6-63 所示为 QPQ 处理工艺曲线，表 6-44 所示为常用材料的处理规范及渗层深度和硬度。

表 6-43 盐浴氮碳共渗层深度与表面硬度

材 料	前处理工艺	化合物层深度/μm	扩散层深度/mm	表面显微硬度
20	正火	12～18	0.30～0.45	450～500HV0.1
45	调质	10～17	0.30～0.40	500～550HV0.1
20Cr	调质	10～15	0.15～0.25	600～650HV0.1
38CrMoAl	调质	8～14	0.15～0.25	950～1100HV0.2
30Cr13	调质	8～12	0.08～0.15	900～1100HV0.2
12Cr18Ni9	固溶	8～14	0.06～0.10	1049HV0.05
45Cr14Ni14W2Mo	固溶	10	0.06	770HV1.0
20CrMnTi	调质	8～12	0.10～0.20	600～620HV0.05
3Cr2W8V	调质	6～10	0.10～0.15	850～1000HV0.2
W18Cr4V	淬火、回火 2 次	0～2	0.025～0.040	1000～1150HV0.2
HT250	退火	10～15	0.18～0.25	600～650HV0.2

注：45Cr14Ni14W2Mo 于（560±5）℃共渗 3h，W18Cr4V 于（550±5）℃共渗 20～30min，其余材料处理工艺为（565±5）℃共渗 1.5～2.0h。

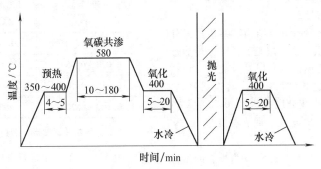

图 6-63 QPQ 处理工艺曲线

表 6-44　常用材料的 QPQ 处理规范及渗层深度和硬度

材料种类	代表牌号	前处理	渗氮温度 /℃	渗氮时间 /h	表面硬度 HV	化合物层深度 /μm
低碳钢	Q235、20、20Cr	—	570	2 ~ 4	500 ~ 700	15 ~ 20
中碳钢	45、40Cr	不处理或调质	570	2 ~ 4	500 ~ 700	12 ~ 20
高碳钢	T8、T10、T12	不处理或调质	570	2 ~ 4	500 ~ 700	12 ~ 20
渗氮钢	38CrMoAl	调质	570	3 ~ 5	900 ~ 1000	9 ~ 15
铸模钢	3Cr2W8V	淬火	570	2 ~ 3	900 ~ 1000	6 ~ 10
热模钢	5CrMnMo	淬火	570	2 ~ 3	770 ~ 900	9 ~ 15
冷模钢	Cr12MoV	高温淬火	520	2 ~ 3	900 ~ 1000	6 ~ 15
高速钢	W6Mo5Cr4V2(刀具)	淬火	550	0.5 ~ 1	1000 ~ 1200	—
高速钢	W6Mo5Cr4V2(耐磨件)	淬火	570	2 ~ 3	1200 ~ 1500	6 ~ 8
不锈钢	12Cr13、40Cr13	—	570	2 ~ 3	900 ~ 1000	6 ~ 10
不锈钢	12Cr12Ni9	—	570	2 ~ 3	950 ~ 1100	6 ~ 10
气门钢	53Cr21Mn9Ni4N	固溶	570	2 ~ 3	900 ~ 1100	3 ~ 8
灰铸铁	HT200	—	570	2 ~ 3	500 ~ 600	总深 0.1mm
球墨铸铁	QT500-7	—	570	2 ~ 3	500 ~ 600	总深 0.1mm

6.3.2.4　固体氮碳共渗

固体氮碳共渗处理时将工件埋入盛有固体氮碳共渗剂的共渗箱内,密封后放入炉中加热,保温温度为 550 ~ 600℃。共渗剂可重复多次使用,但每次应加入 10% ~ 15% (质量分数) 的新渗剂。该工艺适于单件小批量生产。常用渗剂列入表 6-45。

表 6-45　常用固体氮碳共渗渗剂配方及特点

序号	渗剂配方(质量分数)	主　要　特　点
1	木炭 40% ~ 50%,骨灰 20% ~ 30%,碳酸钡 15% ~ 20%,黄血盐 15% ~ 20%	木炭及骨灰供给碳;黄血盐及碳酸钡在加热时分解,供给碳、氮原子,并有催渗作用
2	木炭 50% ~ 60%,碳酸钠 10% ~ 15%,氯化铵 3% ~ 7%,黄血盐 25% ~ 35%	活性较持久,适用于共渗层较厚(>0.3mm)的工件
3	尿素 25% ~ 35%,多孔陶瓷(或蛭石片)25% ~ 30%,硅砂 20% ~ 30%,混合稀土 1% ~ 2%,氯化铵 3% ~ 7%	尿素的 50% ~ 60% 与硅砂拌匀,其余溶于水并用多孔陶瓷或蛭石吸附后于 150℃ 以下烘干再用。此法适于共渗层厚度 ≤0.2mm 的工件

6.3.2.5　奥氏体氮碳共渗

常用的共渗温度为 600 ~ 700℃,氮碳渗入后渗层发生相变形成奥氏体。

1. 奥氏体氮碳共渗层的组织结构　共渗层最外层为 ε 相为主的化合物层;次表层是奥氏体淬冷后形成的马氏体和残留奥氏体;第三层是过渡层,包括 α + γ 层和与基体交接的扩散层组成。共渗层淬火、回火后,化合物层内侧出现硬度高达 1200HV 的灰色带,过渡层的 α-Fe 中析出 γ′ 相,回火温度越高,γ′ 针越粗大。

2. 奥氏体氮碳共渗工艺　表 6-46 为推荐的工艺参数。

表 6-46　推荐的奥氏体氮碳共渗工艺参数

设计共渗层总深度 /mm	共渗温度 /℃	共渗时间 /h	氨分解率 (%)
0.012 ~ 0.025	600 ~ 620	2 ~ 4	<65
0.020 ~ 0.050	650	2 ~ 4	<75
0.050 ~ 0.100	670 ~ 680	1.5 ~ 3	<82
0.100 ~ 0.200	700	2 ~ 4	<88

注:共渗层总深度指 ε 层深度和 M + A 深度之和。

在气体渗氮炉中进行奥氏体氮碳共渗,氨气与甲醇之比 (摩尔比) 可控制在 92:8 左右。工件共渗淬火后可根据要求在 180~350℃ 回火 (时效); 以耐蚀为主要目的的工件, 共渗淬火后不宜回火。

6.3.2.6 氮碳共渗层的组织与性能

1. 氮碳共渗层的组织 钢铁材料 600℃ 以下氮碳共渗处理后的组织与渗氮层组织大致相同, 由于碳的作用, 化合物层的成分有所变化, 碳素钢及铸铁工件由表及里为: 以 $Fe_{2~3}$ (N, C) 为主、含有 Fe_4N 的化合物层, 有 γ′ 针析出的扩散层 (弥散相析出层) 和以含氮铁素体 α (N) 为主的过渡层。在合金钢中, 还含有铬、铝、钼、钒、钛等元素与氮结合的合金氮化物。HT250 低温氮碳共渗层组织见图 6-64, 共渗层深度从工件表面测量至扩散层。

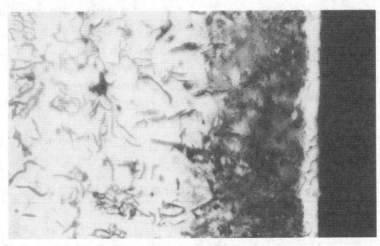

图 6-64 HT250 低温氮碳共渗 200×

2. 氮碳共渗层的性能 各种材料 (不锈钢除外) 氮碳共渗后的耐蚀性普遍提高, 具有耐大气、雨水 (与镀锌、发蓝相当) 及耐海水腐蚀 (与镀镉相当) 的能力。不同方法处理的 42CrMo 试样在含 (质量分数) 3% NaCl 及 0.1% H_2O_2 的水溶液中浸 22h 的腐蚀状况见表 6-47。

表 6-47 不同表面处理后的耐蚀性

表面处理方法	腐蚀失重 /(g/m²)	试 样 外 观
镀硬铬 (层厚 20μm)	5.9	3h 后开始出现腐蚀点, 17h 出现蚀斑, 22h 后约有 50% 表面锈蚀
氮碳共渗后氧化	痕 量	目测无锈斑
氮碳共渗→氧化→抛光	0.24	边缘上有少量锈斑
氮碳共渗→氧化→抛光→氧化	痕 量	光学显微镜检测无锈斑

6.3.3 氧氮共渗

在渗氮的同时通入含氧介质, 即可实现钢铁件的氧氮共渗, 处理后的工件兼有蒸汽处理和渗氮处理的共同优点。

6.3.3.1 氧氮共渗层的结构

氧氮共渗渗层分为三区: 表面氧化膜、次表层氧化区和渗氮区。表面氧化膜与次表层氧化区厚度相近, 一般为 2~4μm, 前者是吸附性氧化膜, 后者是渗入性氧化层 (在光学金相显微镜下能发现碳化物在该区中的存在), 二者的分界面就是工件的原始表面。氧氮共渗后形成多孔 Fe_3O_4 层具有良好的减摩性能、散热性能、抗粘着性能。

氧氮共渗时采用最多的渗剂是浓度不同的氨水。氮原子向内扩散形成渗氮层, 水分解形成的氧原子向内扩散形成氧化层并在工件表面形成黑色氧化膜。

6.3.3.2 氧氮共渗工艺

目前, 氧氮共渗主要用于高速钢刀具的表面处理。氧氮共渗温度一般为 540~590℃; 共渗时间通常为 60~120min; 氨水中氨的质量分数以 25%~30% 为宜, 排气升温期氨水的滴入量应加大, 以便迅速排除炉内空气, 共渗期氨水的滴入量应适中, 降温扩散期应减少氨水滴入量, 使渗层浓度梯度趋于平缓。炉罐应具有良好的密封性, 炉内保持 300~1000Pa 的正压。图 6-65 为 RJJ35-9T 井式气体渗碳炉中以氨水为共渗剂的高速钢刀具氧氮共渗工艺曲线。

6.3.4 硫氮共渗

6.3.4.1 气体法

以氨气和硫化氢作为渗剂, 体积比为 $NH_3 : H_2S = (9~12) : 1$, 氨分解率约为 15%。炉膛较大时, 硫化

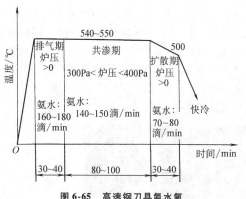

图 6-65　高速钢刀具氨水氧
氮共渗工艺曲线

氨的通入量应减少。

高速钢经 530 ~ 560℃ 处理 1 ~ 1.5h，可获得
0.02 ~ 0.04mm 的共渗层，表面硬度为 950 ~ 1050HV。

6.3.4.2　盐浴法

在成分（质量分数）为 CaCl$_2$50% + BaCl$_2$30% +
NaCl20% 的熔盐中添加 FeS8% ~ 10%，并以 1 ~ 3L/
min 的流量导入氨气（盐浴容量较多时取上限），处
理温度为 520 ~ 600℃，保温时间为 0.25 ~ 2.0h。

6.3.4.3　硫氮共渗层的组织与性能

1. 共渗层组织　钢铁件硫氮共渗层的最表层是
很薄的 FeS$_2$，内侧是连续的 Fe$_{1-x}$S 层（介质中硫的
含量较低时无 FeS$_2$ 出现），在硫化层之下是硫化物与
氮化物共存层，接着是渗氮层。

2. 耐磨与减摩性能　W18Cr4V 钢试样的耐磨与
减摩性能见表 6-48，45 钢渗氮与硫氮共渗摩擦磨损
性能对比（见表 6-49）。

3. 抗咬合性能　45 钢和 3Cr2W8 钢经不同工艺
处理试样的抗咬合性能见表 6-50。

表 6-48　W18Cr4V 钢试样在 Amsler 磨损试验机上的试验结果

试样的热 处理工艺	硫氮共渗参数			对磨 200 转后的试验结果		备　　注
	温度/℃	时间/h	p_{NH_3}/p_{H_2S}	失重/mg	摩擦因数	
淬火、回火	—	—	—	100.80	0.065	L-AN22 全损耗系统用油润滑。气 体硫氮共渗在小井式炉中进行，因 φ (H$_2$S) 高达 10%，表层 FeS 层较盐浴 法厚，故失重较大，但摩擦因数更小
淬火、回火，无 氰盐浴硫氮共渗	560 ± 10	1		13.10	0.030	
淬火、回火， 气体硫氮共渗	500 ± 10	1	10	45.00	0.025	

表 6-49　45 钢渗氮与硫氮共渗摩擦磨损性能对比

表面处理条件	润滑摩擦			非润滑摩擦		
	最大载荷/N	摩擦因数	摩擦表面状态	最大载荷/N	摩擦因数	摩擦表面状态
离子渗氮 560℃，16h	2500	0.032	部分表面发生剧烈 划伤	400	0.16	有热粘着
气体氮碳共渗 570℃，5h	1200	0.038	发生热粘着	200	0.40	试样一开始就发生热 粘着
盐浴渗氮 570℃，1.5h	2000	0.035	部分表面发生热 粘着	470	0.28	粘着使摩擦因数增 大，有细磨屑出现
盐浴硫氮共渗 570℃，2h	2500	0.032	有少数划伤	780	0.13	有塑性变形和局部 划痕
盐浴硫氮共渗 570℃，1.5h	2500	0.030	几乎没有划伤	1150	0.11	有塑性变形和浅划痕

表 6-50　经不同工艺处理试样的抗咬合性能

材料	调质试样的表 面处理工艺	润滑剂	Falex 试验持续时间/s		停机时试样的情况		
			连续加载	恒载 3336N	载荷/N	试验力矩/N·m	试样表面状况
45 钢	—	L-AN22	—	2	3336	7.9	咬合
	加氧氮碳共渗	L-AN22	—	9	3336	9.0	咬合
	硫氮共渗	L-AN22	—	500	3336	4.5	尚未咬合

（续）

材料	调质试样的表面处理工艺	润滑剂	Falex 试验持续时间/s		停机时试样的情况		
			连续加载	恒载 3336N	载荷/N	试验力矩/N·m	试样表面状况
3Cr2W8V	加氧氮碳共渗	L-AN22	140	—	11120	9.3	尚未咬合
	硫氮共渗	L-AN22	152	—	13345	8.5	尚未咬合
	加氧氮碳共渗	干摩擦	—	—	2669	6.8	咬合
	硫氮共渗	干摩擦	—	—	2669	4.1	尚未咬合

6.3.4.4　高速钢刀具的硫氮共渗

经（560 ± 10）℃ × 20 ~ 60min 或（590 ± 10）℃ × 8 ~ 20min 硫氮共渗，钻头、铰刀、铣刀、拉刀、铲刀片等刀具的使用寿命可显著提高。不重磨刀具和重磨刀具的第一轮切削数据表明，在充分润滑条件下加工硬度较低的零件时，刀具寿命可提高 0.5 ~ 2 倍；加工 310 ~ 400HBW 的调质中硬度件可提高 1.5 ~ 6 倍。干摩擦状态下加工的刀具寿命通常可提高 2 倍以上。

6.3.5　硫氮碳共渗

6.3.5.1　气体法

气体硫氮碳共渗是在气体氮碳共渗的基础上加入含硫物质实现的。

（1）甲酰胺与无水乙醇以 3:1（体积比）混合，加入 8 ~ 10g/L 硫脲作为渗剂滴进炉内，3Cr2W8V 经 570℃ × 3h 共渗处理，表面形成一薄层 FeS，化合物层深度为 9.6μm，总渗层深度为 0.13mm（测至 550HV 处）。

（2）将三乙醇胺、无水乙醇及硫脲以 100:100:2（体积比）混合制成滴注剂，共渗时通入 0.1m³/h 氨及 100 滴/min 的滴注剂，W18Cr4V 经 550 ~ 560℃ × 3h 共渗处理，表面硬度可达 1190HV，共渗层深度 0.052mm。

6.3.5.2　盐浴法

盐浴法是进行硫氮碳共渗处理采用较多的方法，由于无氰盐浴出现，使得无污染作业成为可能。盐浴硫氮碳共渗类型及工艺参数见表 6-51。

无污染硫氮碳共渗盐浴工作盐浴中含 CNO^- 31% ~ 39%、碱金属离子 42% ~ 45%、CO_3^{2-} 14% ~ 17%、S^{2-}（5 ~ 40）× 10^{-4}%、CN^- 0.1% ~ 0.8%。盐浴中的反应与盐浴氮碳共渗相似，活性氮、碳原子来源于 CNO^- 的分解、氧化以及其分解产物的转变。硫促使氰化物向氰酸盐转化。盐浴中氰酸根浓度降低时，可加入有机化合物制成的再生盐，以恢复盐浴活性。表 6-52 为无污染硫氮碳共渗层深度及硬度。

表 6-51　盐浴硫氮碳共渗类型及工艺参数

类　型	渗剂成分（质量分数）或配方	工艺参数		备　注
		温度/℃	保温时间/h	
氰盐型	NaCN 66% + KCN 22% + Na₂S 4% + K₂S 4% + NaSO₄ 4%	540 ~ 560	0.1 ~ 1	剧毒，目前已极少采用
	NaCN 95% + Na₂S₂O₃ 5%	560 ~ 580	—	
原料无毒	(NH₂)₂CO 57% + K₂CO₃ 38% + Na₂S₂O₃ 5%	500 ~ 590	0.5 ~ 3	俄罗斯 ЛИВТ-6a 法，原料无毒，但使用时产生大量氰盐，有较大毒性
无污染型	工作盐浴（基盐）由钾、钠、锂的氰酸盐与碳酸盐及少量的硫化钾组成，用再生盐调节共渗盐浴成分	500 ~ 590（常用 550 ~ 580）	0.2 ~ 3	法国的 Sursulf 法及我国的 LT 法，应用较广

表 6-52　无污染硫氮碳共渗层深度及硬度

工　件	材料	工艺参数		化合物层深度 /μm	共渗层总深度 /mm	化合物层致密区最高硬度 HV0.025
		温度/℃	时间/h			
调节阀	45	565 ± 10	1.5 ~ 2	18 ~ 24	0.20 ~ 0.31	650
齿轮	35CrMoV	550 ± 10	1.5	13 ~ 17	—	—

（续）

工　件	材　料	工艺参数		化合物层深度 /μm	共渗层总深度 /mm	化合物层致密区最高硬度 HV0.025
		温度/℃	时间/h			
链板	20	565 ± 10	2 ~ 3	20 ~ 28	0.22 ~ 0.35	500
铝合金压铸模	3Cr2W8V	565 ± 10	2 ~ 3	—	—	1000
冷冲模	Cr12MoV	520 ± 10	3 ~ 4	—	—	1050
刀具	W18Cr4V	560 ± 10	0.2 ~ 0.6	—	0.02 ~ 0.05	1100
曲轴	QT600-3	565 ± 100	1.5 ~ 2	14 ~ 18	0.74 ~ 0.12	900
潜卤泵叶轮	ZGCr28	565 ± 10	3	10 ~ 14	0.025 ~ 0.034	—
缸套	HT200	565 ± 10	1.5 ~ 2	12 ~ 150	0.72 ~ 0.12	800

氰酸根浓度对共渗层厚度、化合物层疏松区厚度以及共渗层性能有较大影响，通常以 36% ± (1 ~ 2)% 为宜，以抗咬合减摩为主要目的时控制在 38% ± (1 ~ 2)%；以提高耐磨性为主的工件选择 34% ± (1 ~ 2)% 为宜。

随着盐浴中 S^{2-} 增多，渗层中 FeS 增加，减摩效果增强，但化合物层疏松区变宽，一般控制在 $S^{2-} < 10 \times 10^{-4}$% 较佳。

6.3.5.3　硫氮碳共渗层的组织与性能

1. 共渗层组织　工件经硫氮碳共渗处理后，最表层为 0 ~ 10μm 的富集 FeS 层，次表层为化合物层，它由 FeS、$Fe_{2~3}$（N，C）、M_xN_y、Fe_4N 及 Fe_3O_4 组成，以下是氮的扩散层。

2. 共渗层性能　硫氮碳共渗层的抗咬合及减摩性能，主要取决于化合物区的组织结构；而共渗层的接触疲劳强度，还需充分考虑共渗层的深度及硬度梯度。

$Fe_{2~3}N$ 及 Fe_3O_4 相在碱、盐、工业大气中具有一定的耐蚀性，因此，硫氮碳共渗，尤其是共渗后再进行氧化处理，在非酸性介质中耐蚀性很好。

6.4　渗金属及碳氮之外的非金属

6.4.1　渗硼

6.4.1.1　渗硼工艺

1. 固体渗硼　固体渗硼采用固体或粉末状渗剂，不需要专门设备，但劳动条件较差，渗硼后无法直接淬火，渗剂消耗较大。

固体渗硼剂一般分为 B_4C 型、B-Fe 型和硼砂型。硼砂型渗硼剂成本低，但渗硼能力弱，容易结块并粘结工件。典型固体渗硼剂及渗硼工艺见表 6-53。

表 6-53　几种典型的固体渗硼剂及渗硼工艺

渗硼剂（质量分数）	材料	渗硼工艺	渗层组织	渗层深度/μm
B-Fe 72%，KBF_4 6%，$(NH_4)_2CO_3$ 2%，木炭 20%	45	850℃ ×5h	FeB + Fe_2B	120
B-Fe 5%，KBF_4 7%，SiC 78%，木炭 8%，活性炭 2%	45	900℃ ×5h	Fe_2B	90
B_4C 1%，KBF_4 7%，活性炭 2%，木炭 8%，SiC 82%	45	900℃ ×5h	Fe_2B	94.5
硼砂 10% ~25%，Si 5% ~15%，KBF_4 3% ~ 10%，C 20% ~60%，$(NH_4)_2$CS 少量	40Cr	900℃ ×4h	Fe_2B	124
	GCr15	900℃ ×4h	Fe_2B	82

2. 硼砂熔盐渗硼　硼砂熔盐渗硼设备简单（一般为坩埚式盐浴炉），生产成本低，操作方便，部分材料渗后可直接淬火。缺点是熔盐流动性较差，残盐清洗比较麻烦，特别是小孔、不通孔中的残盐清洗更难。采用专门的残盐清洗剂可使清洗效果得到一定的改善。几种典型的硼砂熔盐渗硼工艺见表 6-54。

表 6-54　几种典型的硼砂熔盐渗硼工艺

渗硼剂（质量分数）	材料	渗硼工艺	渗层组织	渗层深度/μm	备　注
Al 10%，硼砂 90%	45	950℃ ×5h	FeB + Fe_2B	185	熔盐流动性相对较好
Al 10%，硼砂 80%，NaF 10%	45	950℃ ×5h	FeB + Fe_2B	231	
SiC 20%，硼砂 70%，NaF 10%	45	950℃ ×5h	Fe_2B	115	残盐清洗相对较易
Si-Ca 合金 10%，硼砂 90%	20	950℃ ×5h	FeB + Fe_2B	70 ~ 200	残盐清洗较难

3. 膏剂渗硼　膏剂渗硼是在固体渗硼剂的基础上加粘结剂，涂覆于工件表面进行渗硼。粘结剂有水解硅酸乙酯、松香酒精、明胶、水等。可采用一般的加热方式，也可采用感应加热，激光加热、等离子轰击加热等方式。可采用保护气氛保护，也可采用自保护渗硼膏剂。几种典型的膏剂渗硼工艺见表6-55。

表 6-55　几种典型的膏剂渗硼工艺

渗硼膏剂成分(质量分数)	加热方式	材料及渗硼工艺	渗层组织	渗层深度/μm
硼铁、KBF_4、硫脲、明胶	辉光放电	材料:3Cr2W8V 600℃ ×4h 650℃ ×4h 700℃ ×2h	$FeB + Fe_2B$	≈40 ≈60 ≈65
B_4C 50% , Na_3AlF_6 50% ,水解的硅酸乙酯	高频加热	1150℃ ×2 ~3min	$FeB + Fe_2B$	100
H_3BO_3 20% ~35% ,稀土合金40% ~50% ,活化剂10% ~15% , Al_2O_3 8% ~15% ,粘结剂为呋喃树脂	空气中自保护加热	45 钢 920℃ ×6h	少量 $FeB + Fe_2B$	200

4. 电解渗硼　电解渗硼是以石墨或不锈钢作阳极，工件作阴极，通以 10 ~20V、0.1 ~0.5A/cm² 的直流电，在熔融的硼砂盐中进行渗硼。

电解渗硼时硼砂受热分解并电离：

$$Na_2B_4O_7 \xrightarrow{\triangle} 2Na^+ + B_4O_7^{-2}$$

在阳极上发生反应：

$$B_4O_7^{2-} - 2e \rightarrow B_4O_7$$

$$2B_4O_7 \rightarrow 4B_2O_3 + O_2 \uparrow$$

在阴极(工件)上发生反应：

$$Na^+ + e \rightarrow Na \uparrow$$

$$6Na + B_2O_3 \rightarrow 3Na_2O + 2[B]$$

上述反应产生的活性硼原子［B］扩散进入工件，形成渗硼层。电解渗硼工艺见表6-56。

表 6-56　电解渗硼工艺

电解渗硼剂 (质量分数)	渗硼工艺	渗层组织	渗层深度/μm
$Na_2B_4O_7$ 100%	800 ~1000℃ ×2 ~6h	$FeB + Fe_2B$	60 ~450
$Na_2B_4O_7$ 80% , NaCl 20%	800 ~950℃ ×2 ~4h	$FeB + Fe_2B$	50 ~300
$Na_2B_4O_7$ 90% , NaOH 10%	600 ~800℃ ×4 ~6h	$FeB + Fe_2B$	25 ~100

注：电流密度 0.1 ~0.3A/cm²。

电解渗硼的优点是：速度快，处理温度范围宽，渗层易于控制。缺点是：坩埚寿命短，形状复杂零件的渗层不均匀，盐浴易老化。

6.4.1.2　渗硼层的组织结构

渗硼层有单相（Fe_2B）和双相（$FeB + Fe_2B$）两种。FeB的显微硬度为 1500 ~2200HV0.1，Fe_2B的显微硬度为 1100 ~1700HV0.1。渗硼工艺、渗硼剂及渗硼材料中的合金元素及碳含量不同，渗硼层组织形

貌不同。根据形貌将渗硼层组织分为图 6-66 所示的几种类型。

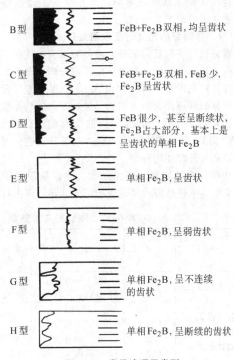

图 6-66　常见渗硼层类型

单相 Fe_2B 渗硼层脆性较低，所以多采用 E 型和 F 型渗硼层。FeB 具有比 Fe_2B 更高的硬度，在接触型低载荷的磨粒磨损条件下，也可采用 D 型渗硼层。

6.4.1.3　渗硼材料及钢中合金元素对渗硼层的影响

一般的钢、铸铁、钢结硬质合金都可以进行渗硼处理。钢的碳含量及合金元素增加，齿状渗硼组织前沿平坦化，阻碍硼的扩散，减小渗硼层的深度，见图 6-67。渗硼过程中碳被挤向基体，在过渡区形成富碳区。中低碳钢在渗硼后空冷，过渡区会形成过共析

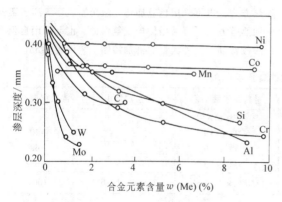

图 6-67　钢中合金元素对渗层深度的影响

组织。

在渗硼过程中硅被硼原子置换，向基体内扩散。硅含量高的钢材在渗硼层下会形成铁素体软带，$w(\mathrm{Si}) \geqslant 1\%$ 的钢材渗硼时，应针对工件的服役条件考虑这种铁素体软带的影响。Si 还被认为是渗硼层中产生孔洞的根源之一。

6.4.1.4　渗硼后的热处理及表面处理

在低载荷下服役的工件，渗硼后可直接使用。在高载荷下使用的工件，渗硼后应再热处理，以提高基体强度，避免出现"蛋壳效应"。热处理工艺可参照相应钢种的常规淬火回火工艺，但是淬火加热温度应低于硼共晶化温度。低温回火的工具钢（Cr12 型，CrWMn 等），适当提高回火温度以改善其韧性，可进一步提高工件的使用寿命。

渗硼后淬火加热应避免脱硼。建议采用保护气体、真空、中性盐浴或其他保护方式加热。回火可在空气、保护气氛、油浴中进行，但不能在硝盐浴中加热。

工件渗硼后，可采用金刚石、碳化硼或绿色碳化硅等磨料或磨具进行研磨加工，以降低表面粗糙度值。但应低转速研磨，防止渗硼层产生裂纹。

6.4.1.5　渗硼层的性能

1. 耐磨性能

（1）渗硼表面耐磨粒磨损的性能优于渗氮、镀硬铬等（见图 6-68）。

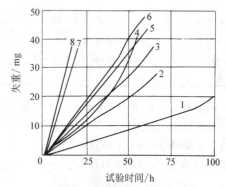

图 6-68　渗硼层与渗氮、镀铬层
的耐磨粒磨损性能对比

1—40 钢渗硼（0.2mm，1300～1500HV）　2—40 钢
镀铬（0.135mm）　3—38CrMoAl 渗氮（940～
1200HV）　4—含硼铸铁　5—GCr15 钢高频
感应淬火　6—T8 钢高频感应淬火　7—40 钢
一般淬火　8—孕育铸铁淬火回火

（2）在滚动磨损的条件下，渗硼层的耐磨性能也优于渗氮层和氮碳共渗层（见表 6-57）。

表 6-57　渗硼层与渗氮层、氮碳共渗层滚动摩擦耐磨性能对比[①]

处理	钢	硬度	失重/mg		
			第一个 10000 次循环	第二个 10000 次循环	总计
气体表面硬化	20 C22[②]	65～66HRC 870HV（0.025mm）	11.3	6.8	18.1
盐浴渗氮	20 C22[②]	62HRC 770HV（0.025mm）	6.0	8.4	14.4
高温盐浴渗氮	20 C22[②]	63～65HRC 820HV（0.025mm）	10.1	7.2	17.3
氮碳共渗	20 C22[②]	820HV（0.025mm）	2.4	2.6	5.0
渗硼 I[④]	45 C45[③]	820HV（0.025mm）	1.7	1.4	3.1
渗硼 II[⑤]	45 C45[③]		2.4	1.8	4.2

① 试验条件：两块 $\phi 40\mathrm{mm} \times 10\mathrm{mm}$ 圆环对磨。其中一块为测试圆环，另一块为 GCr15 对磨环，载荷为 250N，转速 7r/s，每旋转 10000 次称取一次测试环的重量，以失重多少计算磨损量。
② 德国钢号 DIN C22，平均碳含量 $w(\mathrm{C})$ 为 0.22% 的碳钢。
③ 德国钢号 DIN C45，平均碳含量 $w(\mathrm{C})$ 为 0.45% 的碳钢。
④ 渗硼 I 为熔盐渗硼，渗剂为（质量分数）：35% 硅铁，65% 硼砂。
⑤ 渗硼 II 为熔盐渗硼，渗剂为（质量分数）：30% 碳化硅，70% 硼砂。

2. 耐介质腐蚀性能　钢件渗硼后在硫酸、盐酸和磷酸溶液中有较好的耐蚀性（见图 6-69），但在硝酸中耐蚀性较差。

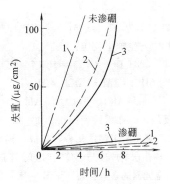

图 6-69　45 钢渗硼与未渗硼试样在酸性介质中的耐蚀性对比

1—20% HCl　2—30% H₃PO₄　3—10% H₂SO₄

注：试验温度为 56℃。

3. 抗高温氧化性能　渗硼层具有良好的抗高温氧化性能，可在 800℃ 以下的空气中使用。

6.4.1.6　渗硼的应用

渗硼工艺可在工模具、泥浆泵缸套、农机犁铧、地质牙轮钻头、矿山机械等许多要求耐磨抗腐蚀的零件上应用，也可采用普通碳素钢或低合金钢经渗硼处理后代替部分合金工模具钢、不锈钢使用。表 6-58 列举了几个渗硼在工模具上的应用及其效果。

6.4.2　渗铝

钢铁材料和高温合金渗铝可提高耐腐蚀性能。按照渗铝层组织结构，可分为热镀型渗铝和扩散型渗铝。热镀型渗铝（即热浸镀铝）主要用于材料在 600℃ 以下服役时的腐蚀防护。扩散型渗铝主要用于提高材料在高温条件下的耐蚀性。

6.4.2.1　渗铝工艺

1. 热浸镀铝（也称热浸铝、热镀铝）

表 6-58　渗硼在工模具上的应用及其效果

模具名称	被加工零件	模具材料及工艺	使用寿命	效果
冷拔模外模	φ56mm×2～4mm 30CrMnSiA 无缝管	45 钢,碳氮共渗	400m/模	提高寿命近 3 倍
		45 钢,渗硼	1500m/模	
冷镦模凹模	M8 六角螺母	Cr12MoV,淬火、回火	2～3 万件	提高寿命 6 倍
		Cr12MoV,渗硼	14～22 万件	
螺母冲孔顶头	M6 螺栓	65Mn,淬火、回火	0.3～0.4 万件	提高 4 倍
		65Mn,渗硼	2 万件	
热冲压模	六角螺母	3Cr2W8V,碳氮共渗	1 万件	提高 5 倍
		3Cr2W8V,渗硼	6 万件	
挤压模	偏心螺杆	Cr12MoV,淬火、回火	0.1～0.15 万件	提高 1～2 倍
		T10 钢,渗硼	>0.32 万件	

（1）工艺流程。将表面洁净的钢件浸入 680～780℃ 的熔融铝或铝合金熔液中，即可获得热浸镀渗铝层。工艺流程为：工件→脱脂→去锈→预处理→热浸镀铝。

（2）热浸镀铝层的形成以及影响因素。热浸镀铝层的形成可分为以下三个步骤：

1）表面洁净的钢铁浸入熔融的铝液，铝液在钢铁表面浸润。

2）形成由铝铁金属间化合物组成的扩散层，扩散层由 FeAl₃（θ 相）和 Fe₂Al₅（η 相）组成。

3）工件从铝液中提升出来时表面附着一层与铝液成分相同的镀层。

热浸镀铝层便是由过程 2）形成的扩散层和过程 3）形成的镀铝层组成。

热浸镀铝层厚度与钢铁工件提出铝液时的提升速度有关（见图 6-70）。扩散层的厚度则与热浸镀铝温度、时间、铝液成分及钢中合金元素有关，其相互关系见图 6-71、图 6-72。由于扩散层塑性较差，对于热浸镀铝后还需进行塑性加工的工件，应尽量减薄扩散层。

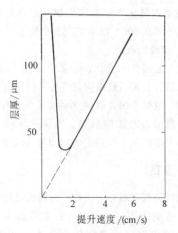

图 6-70　提升速度与热浸镀铝层厚度的关系

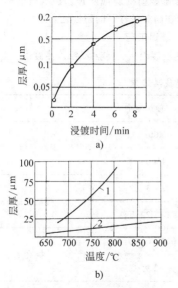

a)

b)

图 6-71　热浸镀铝温度和时间对扩散层厚度的影响
a) 热浸镀时间的影响（纯铝，710℃，软钢）
b) 热浸镀温度的影响（15s）
1—纯铝　2—Al + 6% Si

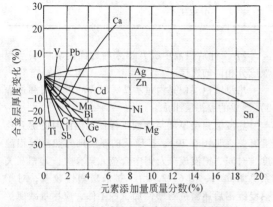

图 6-72　铝液中合金元素对扩散层厚度的影响

2. 粉末渗铝　粉末渗铝是扩散型渗铝的主要工艺之一。将钢铁或高温合金与渗铝剂一同装箱并密封，在 800~950℃ 加热扩散数小时，冷却后可获得扩散型渗铝层。

渗铝剂主要为 Al（或 Al/Fe）- NH$_4$Cl - Al$_2$O$_3$ 型，在渗铝过程中发生如下反应：

$$NH_4Cl = NH_3 \uparrow + HCl \uparrow$$
$$6HCl + 2Al = 2AlCl_3 + 3H_2 \uparrow$$
$$Fe + AlCl_3 = FeCl_3 + [Al]$$

上述反应中，在钢铁表面析出的 [Al] 活性原子渗入工件，形成完全由铝铁化合物组成的渗铝层。

扩散型渗铝层的厚度与温度、时间、渗剂成分、钢中的碳及合金元素的含量有关（见图 6-73~图 6-76）。

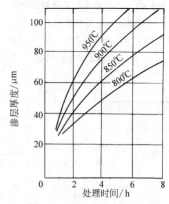

图 6-73　渗铝温度、时间与渗层厚度的关系

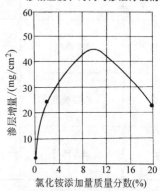

图 6-74　渗铝剂中氯化铵含量与渗层厚度的关系

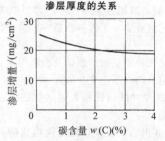

图 6-75　钢中碳含量对渗铝层厚度的影响

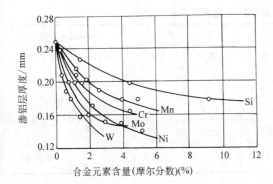

图 6-76 钢中合金元素含量对渗铝层厚度的影响

3. 其他渗铝工艺

（1）热镀扩散法。将钢铁工件热浸镀铝后再在 800~950℃ 的温度下进行扩散，使得热浸镀铝表面的镀铝层全部转变成铝铁化合物层，形成扩散型渗铝层。

（2）料浆法渗铝。将固体渗铝剂加粘结剂和水调成料浆，涂覆在工件表面，加热扩散渗铝。

（3）电泳-扩散渗铝。利用电泳法将铝粉均匀涂覆在工件表面，然后加热扩散渗铝。加热温度低于 500℃ 时，只能形成铝烧结涂层，加热温度高于 600℃ 时，可形成扩散型渗铝层。

（4）热喷涂-扩散渗铝。采用热喷涂或静电喷涂的方法，在工件表面上涂覆一层铝，再进行热扩散渗铝。

6.4.2.2 渗铝层的性能

1. 热浸镀铝层的性能

（1）耐大气腐蚀性能。热浸镀铝钢材具有优异的耐大气腐蚀性能，在几种大气环境下与热浸镀锌的耐蚀性对比见表 6-59。热浸镀铝在硫化物环境、普通水、海水中的耐蚀性优于热浸镀锌，比较结果见图 6-77 及表 6-60。

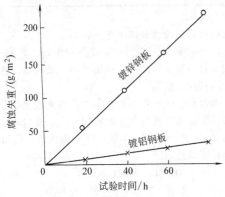

图 6-77 热浸镀铝与热浸镀锌在 SO_2 气氛下的耐蚀性对比

注：试验条件：SO_2 体积分数为 0.04%，空气和 SO_2 的流量为 20L/min，温度为 40℃，湿度为 95%。

表 6-59 几种大气环境下热浸镀铝与热浸镀锌的耐腐蚀性能对比

大气暴晒试验地区	大气类型	腐蚀率 /(μm/a)		腐蚀率之比
		镀锌层	镀铝层	
Kure Beach，North Corolina（距离海边 800ft[①]）	海洋	1.25	0.30	5.1
Kearny，New Jersey	工业	3.975	0.50	5.0
Monroerille Pennsylvania	半工业	1.675	0.25	6.7
South Pennsylvania	半乡村	1.850	0.20	9.3
Potter County，Pennsylvania	乡村	1.175	0.125	9.4

注：试样尺寸 4in×4in（1in=25.4mm），腐蚀率由失重换算而得。

① 1ft=0.3048m。

表 6-60 热浸镀铝与热浸镀锌在普通水和人造海水中腐蚀 10 个月的结果比较

水质	Ⅰ-型镀铝钢板	Ⅱ-型镀铝钢板	镀锌钢板
普通水	无变化	几乎无变化	7 个月后发生灰色锈点
人造海水 [w(NaCl)为 8%]	无变化	稍变为灰白色	5 个月后发生灰色锈点

（2）耐热性能。普通碳钢热浸镀铝后，在空气中的耐热性与 Cr13 型不锈钢相当，在 SO_2、H_2S 等气氛中的高温耐蚀性能甚至优于 18-8 型不锈钢。

2. 扩散型渗铝层的性能

（1）力学性能。钢件经渗铝后，抗高温蠕变性能有所提高，见表 6-61。

表 6-61 渗铝钢与未渗铝钢抗高温蠕变性能对比

项目	试样断裂时间/h	试验条件
未渗铝	59	温度 760℃
渗铝	995	载荷 1400N/cm²

（2）高温下的耐蚀性。扩散型渗铝主要用于提高钢铁材料及高温合金在高温空气、H_2S、SO_2、熔盐等环境下的耐蚀性。其性能见表 6-62~表 6-64。

6.4.2.3 渗铝的应用

热浸镀铝生产率高，适用于处理形状简单的管材、丝材、板材、型材。这类工件在 600℃ 以上使用时，应采用热浸镀-扩散法获得扩散型渗铝层。

粉末法生产效率低，操作比较麻烦，但渗层比热镀-扩散型易控制，一般用于渗层要求较高，形状复杂，特别是有不通孔、螺纹的工件。渗铝的用途举例见表 6-65。

表 6-62 不同材料经渗铝与未渗铝抗高温氧化性能对比

材　　料	590℃×1000h		650℃×1000h		800℃×1000h		900℃×1000h	
	未渗铝	渗铝	未渗铝	渗铝	未渗铝	渗铝	未渗铝	渗铝
低碳钢	0.41	0.043	—	—	100h 8.59	0.048	—	0.1475
1.0Mo	0.353	—	0.836	—	—	—	—	—
5.0Cr-0.5Mo	0.163	—	0.366	0.008	—	—	—	—
18Cr-8Ni	—	—	0.011	0.006	—	0.033	200h 0.5240	0.0444

注：表中数据为失重，单位 mg/cm^2。

表 6-63 渗铝与未渗铝钢抗高温 H_2S 腐蚀性能对比

材　料	试验条件	腐蚀量/(mg/cm^2)	
		未渗铝	渗铝
低碳钢	$w(H_2S)=6\%$,480℃,24h	1.02	0.035
	$w(H_2S)=100\%$,650℃,24h	1.735	0.6
18Cr-8Ni	$w(H_2S)=6\%$,480℃,24h	0.029	0.12
	$w(H_2S)=100\%$,650℃,24h	36.5	0.1

表 6-64 镍基 GH135 合金渗铝与未渗铝耐熔盐热腐蚀性能对比

腐蚀介质	温度/℃	时间/h	腐蚀失重/(g/m^2)	
			未渗铝	渗铝
$w(NaCl)25\%$ + $w(Na_2SO_4)75\%$	700	3	24.1	5.5
	750		43.1	5.0
	800		75.7	15.2

表 6-65 渗铝的应用举例

工　件　名　称	渗铝方法	用　途
高速公路护栏、电力输变电铁塔、桥梁钢结构、海上钻井塔架、自来水管、架空通信电缆、钢芯铝绞线的芯线、船用钢丝绳、编织网用钢丝、瓦楞板	热浸镀铝	耐各种大气腐蚀,自来水、河水、海水腐蚀
化工生产用醋酸、柠檬酸、丙酸、苯甲酸等有机酸输送管道、煤气及含硫气体输送管道	热浸镀铝	耐有机酸、煤气、含硫气体腐蚀
汽车消声器、排气管、食品烤箱、粮食烘干设备烟筒	热浸镀铝	低于 600℃ 的耐热腐蚀和抗氧化
加热炉炉管、退火钢包、各类换热器、炼钢炉吹氧管、硫酸转化器	热浸镀-扩散法或粉末法	高于 600℃ 的抗高温氧化,高温含硫气氛热腐蚀
燃气轮机叶片,炉用结构件,高温紧固件,燃气、燃油烧嘴	粉末法,料浆法	抗高温氧化及热腐蚀

6.4.3 渗锌

渗锌主要用于提高钢铁材料在大气和天然水环境中的耐腐蚀性能,其工艺方法和渗铝相似,可分为浸镀型和扩散型两种。热浸镀锌(也称热浸镀锌、液体渗锌等)所获得的表面组织由扩散层和锌镀层组成,属于浸镀型渗锌。扩散型渗锌层则完全由扩散层组成,采用粉末渗锌和真空渗锌工艺获得。

6.4.3.1 热浸镀锌

热浸镀锌是将表面洁净钢铁浸入熔融的锌或锌合金熔液中获得渗锌层的表面化学热处理工艺。钢带、钢丝等采用连续式热浸镀锌。钢铁制件(如型钢、紧固件等机械零件)则采用批量式热浸镀锌。本章节只

介绍批量式热浸镀锌的工艺及性能。

1. 热浸镀锌工艺 批量式热浸镀锌工艺流程为:钢铁制件→脱脂→除锈→助镀剂→干燥→热浸镀锌→冷却→钝化→成品。

助镀剂的主要作用为:①去除钢铁表面残存的氧化铁;②改善工件与锌液的浸润性。助镀剂的主要成分为 $ZnCl_2$ 和 NH_4Cl,钢铁制件经助镀进入锌液以后发生以下反应:

$$NH_4Cl \Longrightarrow NH_3 + HCl$$
$$FeO + 2HCl \Longrightarrow FeCl_2 + H_2O$$
$$Fe_2O_3 + 6HCl \Longrightarrow 2FeCl_3 + 3H_2O$$
$$Zn + FeCl_2 \Longrightarrow ZnCl_2 + Fe$$
$$3Zn + 2FeCl_3 \Longrightarrow 3ZnCl_2 + 2Fe$$

在锌液中，钢铁制件表面的铁与锌发生扩散反应形成扩散层，其主要成分为：η 相（Fe_5Zn_{26}）、δ 相（$FeZn_{17}$）、ζ 相（$FeZn_{13}$）。钢铁制件从锌液中提出时，表面覆盖上一层镀锌层，镀锌层为 η 相，其主要成分与锌液成分基本相同。热浸镀锌层就是由上述扩散层和镀锌层组成。

锌铁反应扩散形成的 ζ 相很脆，它的一部分存在于扩散层中，一部分则脱落进入锌液形成锌渣。ζ 相的形成量大不仅会增加渗层的脆性，而且会使锌渣量增大，锌耗量增加。扩散层中铁含量与锌渣中铁含量之和称为铁损量，铁损量与热浸镀锌温度的关系见图 6-78。为了避免铁损量过大，镀锌温度应避开铁损量的峰值温度。普通结构钢采用 470℃ 以下的低温镀锌，常用温度为 440～460℃。铸铁采用 540℃ 以上的高温镀锌。热浸镀锌温度越高则流动性越好，对于形状复杂的零件，如螺栓，也采用高温镀锌。为了减少铁损镀锌时间也应尽量短，铁损量与热浸镀锌时间的关系见图 6-79。镀锌层（即 η 相）的厚度则与工件的提升速度和锌液的流动性有关，提升速度越快，镀锌层越厚，锌液的流动性越好，镀锌层越薄。

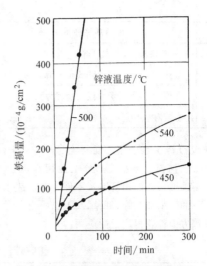

图 6-79 铁损量与热浸镀锌时间的关系

钢结构和机械零件的表面保护，如：送变电铁塔、高速公路护栏、城市道路灯杆、桥梁、汽车及工程机械用紧固件及零件等。热浸镀锌层在各类大气环境中的腐蚀速率及典型使用寿命见图 6-80 和表 6-66。

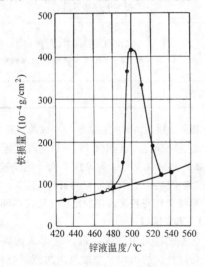

图 6-78 铁损量与热浸镀锌温度的关系

2. 热浸镀锌的性能及应用 热浸镀锌在各类大气环境中都具有良好的耐蚀性，被广泛地应用于户外

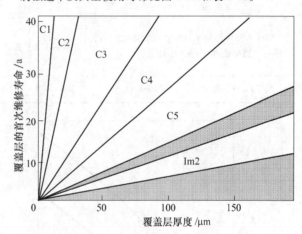

图 6-80 按典型腐蚀速率分类的各种腐蚀环境中热浸镀锌层的典型使用寿命

注：1. 每种环境均以条带表示，边线表明在该环境中热浸镀锌层典型寿命的上限和下限。

2. 小环境的特殊影响未包括在内。

表 6-66 热浸镀锌层在各类大气环境中的腐蚀危险及腐蚀速率

编号	腐蚀环境种类	环境腐蚀性	腐蚀速率锌的平均厚度损失/($\mu m/a$)
C1	室内：干燥	很低	$\leqslant 0.1$
C2	室内：偶尔结露	低	0.1～0.7
	室外：内陆乡村		
C3	室内：高湿度、轻微空气污染	中	0.7～2
	室外：内陆城市或温和海滨		

（续）

编号	腐蚀环境种类	环境腐蚀性	腐蚀速率锌的平均厚度损失/(μm/a)
C4	室内：游泳池、化工厂等	高	2 ~ 4
	室外：工业发达的内陆或位于海滨的城市		
C5	室外：高湿度工业区或高盐度海滨	很高	4 ~ 8
Im2	温带海水	很高	10 ~ 20

热浸镀锌层在土壤、混凝土、pH6 ~ pH11 的水环境（如：河流、海水、部分工业用水）也都具有良好的耐蚀性，在船用管路及零件、海上钻井平台结构件、石油开采抽油管、民用及工业用输水管、建筑预埋件等方面都获得广泛的应用。

6.4.3.2　粉末渗锌

1. 粉末渗锌工艺及性能　几种粉末渗锌渗剂及处理工艺见表 6-67，温度及时间对渗层深度的影响见图 6-81。

表 6-67　几种粉末渗锌剂及处理工艺

渗剂成分（质量分数）	处理工艺			备　注
	温度/℃	时间/h	渗层深度/μm	
97% ~ 100% Zn（工业锌粉）+ 0 ~ 3% NH₄Cl	390 ± 10	2 ~ 6	20 ~ 80	在静止的渗箱中渗锌速率仅为可倾斜、滚动的回转炉中的 1/3 ~ 1/2；渗锌可在 340 ~ 440℃进行
50% ~ 75% 锌粉 + 25% ~ 50% 氧化铝（氧化锌），另加 0.05% ~ 1% NH₄Cl	340 ~ 440	1.5 ~ 8	12 ~ 100	温度低于 360℃，色泽银白，表面光亮，高于 420℃呈灰色且表面较粗糙
50% Zn 粉 + 30% Al₂O₃ + 20% ZnO	380 ~ 440	2 ~ 6	20 ~ 70	

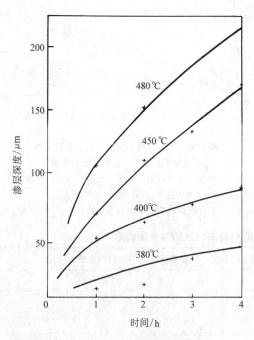

图 6-81　粉末渗锌温度及时间
对渗层深度的影响

粉末渗锌层是由锌铁扩散反应形成的，其主要成分为 δ 相（$FeZn_{17}$）。δ 相含 7% ~ 11%（质量分数）Fe，致密性和韧性良好，耐蚀性不低于热浸镀锌层，硬度为 250HV 左右，具有较好的耐磨性能。

2. 热浸镀锌与粉末渗锌的比较　见表 6-68。

6.4.3.3　真空渗锌

真空渗锌也是由锌铁扩散反应形成的渗锌层，因此真空渗锌层的组织、性能及应用范围与粉末渗锌基本一致。与粉末渗锌相比真空渗锌具有以下特点：

（1）渗锌过程中锌的氧化损失少，锌的利用率高。

（2）工艺稳定，渗层重现性好。

（3）渗层质量好，渗层表面无氧化。

（4）设备复杂，一次性投资较高。

6.4.4　渗铬

渗铬可以提高钢铁材料、镍基合金、钴基合金的耐腐蚀、抗高温氧化和热腐蚀性能。一定碳含量的钢铁材料，经渗铬后还兼有良好的耐磨性能。

表 6-68 热浸镀锌与粉末渗锌的比较

项 目	热浸镀锌	粉末渗锌
生产率	高,带材、丝材和管材可连续化生产	较热浸镀锌低
涂层均匀性及可控性	采用吊镀法生产的镀层不均匀,厚度不可控,对于有配合要求的工件,如螺栓、螺母,难以达到配合要求	均匀,厚度可控,螺栓、螺母等渗后基本可达到配合要求
锌耗量	60~100kg 锌/t产品	20~40kg 锌/t 产品
锌锅腐蚀问题	外热式热浸镀锌的锌锅腐蚀严重,锌锅寿命短的只有半年	无锌锅腐蚀问题
涂装性能	与漆膜结合力差,涂漆易剥落	与漆膜结合力好,渗锌后可直接涂漆
适用工件及应用	钢带、钢板、钢丝、钢管型钢。应用于大气、土壤、水及海水等环境中的耐蚀保护	钢制零部件,粉末冶金件,铸铁件、钢管、型钢等。应用于大气、土壤、水及海水和500℃以下的空气或含硫气氛中的耐腐蚀防护

6.4.4.1 渗铬工艺

1. 固体渗铬 固体渗铬是采用粉状或粒状渗铬剂进行渗铬的工艺。固体渗铬剂一般由供铬剂、填充剂和活化剂组成。供铬剂一般采用铬粉或铬铁粉。填充剂一般为氧化铝、粘土等。活化剂一般为铵的卤化物。

固体渗铬不需要专门设备,只需将渗铬剂与工件一起装入渗铬罐(箱)内,罐或箱密封后放入炉内加热即可,也可采用真空渗铬。常用渗铬温度为950~1100℃。固体渗铬的缺点是劳动条件较差,能耗较高,渗剂消耗量较大。

2. 气体渗铬 气体渗铬的渗剂通常为气态铬的卤化物,应用较多的是 $CrCl_2$。$CrCl_2$ 是由 $H_2 + HCl$ 气体或 NH_4Cl 分解形成的 HCl 与金属铬反应形成。将工件置于密封的炉内,预制的 $CrCl_2$ 气体通入炉内或直接在炉内形成 $CrCl_2$ 气体,使之与工件反应,在工件表面形成渗铬层。

气体渗铬渗速快,劳动强度小,适合于大批量生产,但是工艺过程难以控制,产生的 Cl_2、HCl 渗铬气氛对设备腐蚀性较大,而且危害人体健康。

6.4.4.2 渗铬层的组织

渗铬层的形成过程及组织受钢中碳含量和渗剂成分的影响。

据铁铬二元相图,工业纯铁在 950~1100℃ 范围内呈奥氏体状态。铬含量超过它在奥氏体中的溶解度时,会产生 $\gamma \to \alpha$ 相变,渗铬温度下的渗铬层一般为 $\alpha + \gamma$ 两相组织,在渗铬后的冷却过程中,渗铬层中的 γ 相也会转变成 α 相。所以工业纯铁渗铬层主要由垂直于表面的含铬 α 相组成。渗铬过程中钢中的碳原子由基体向表面扩散,在钢铁的表层和 α 相晶界形成碳化物。低中碳钢的组织一般为 $Cr_{23}C_6 + \alpha$ 相,渗铬层下往往有贫碳区。中高碳钢渗铬时,其渗铬层的组织一般为 $Cr_{23}C_6 + (Cr, Fe)_7C_3$。渗铬剂中的 NH_4Cl 在升温过程中分解产生的 NH_3 会对钢铁产生渗氮作用,所以渗铬层中还会出现 $Cr(C, N)$。

表 6-69 列出了渗铬层的组织与成分,图 6-82 为工业纯铁粉末渗铬层组织。

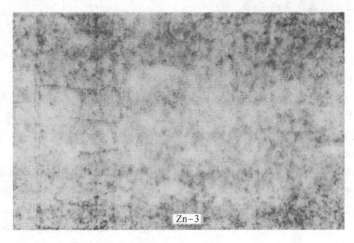

Zn-3

图 6-82 工业纯铁粉末渗铬层组织 250×

表 6-69　渗铬层的组织与成分

钢中碳含量 $w(C)$ (%)	渗铬层组织	渗层中平均铬含量 $w(Cr)$ (%)	渗层中平均碳含量 $w(C)$ (%)
0.05	α	25	
0.15	$\alpha + (Cr,Fe)_7C_3$	24.5	2~3
0.41	$(Cr,Fe)_7C_3$	30	5~7
0.61	$(Cr,Fe)_7C_3$	36.5	5~6
1.04	$(Cr,Fe)_{23}C_6$ $+ (Cr,Fe)_7C_3$	70	8
1.18	$(Cr,Fe)_{23}C_6$ $+ (Cr,Fe)_7C_3$ $+ (Cr,Fe)_3C$	80.0 以上	8

6.4.4.3　影响渗铬层厚度的因素

1. 温度和时间的影响　渗铬温度和时间与渗层深度的关系见图6-83。

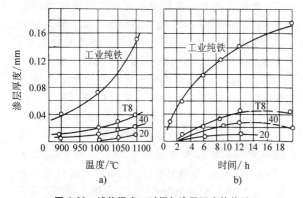

图 6-83　渗铬温度、时间与渗层深度的关系
a) 温度的影响 (6b)　b) 时间的影响 (1050℃)

2. 渗剂成分的影响　粉末渗铬中，渗剂中的 Cr 或 (Cr-Fe)/Al$_2$O$_3$ 之比越大，渗速越快，而且 Cr-Fe 的渗速快于 Cr。NH$_4$Cl 或其他铵的卤化物含量对渗速有一定的影响，但是 NH$_4$Cl 的量一般为 1%～5%（质量分数），含量过高，渗铬后残留在工件表面的卤化铵会影响渗铬层的外观和耐蚀性。

气体渗铬中，渗铬速度主要与通入炉内的 H$_2$ + HCl 气体压力及 HCl 含量有关（见图6-84、图6-85）。

3. 钢中碳含量的影响　钢中的碳含量对渗铬层的形成有两方面的影响：

(1) 碳与铬形成碳化铬，不利于铬的扩散，所以碳含量越高，越不利于 α 相的形成。

(2) 碳与铬形成碳化物，有利于形成 (Cr, Fe)$_7$C$_3$ 和 (Cr, Fe)$_{23}$C$_6$。在共析点附近，这种碳化物层最厚。

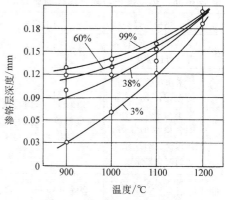

图 6-84　渗铬层深度与 HCl 含量（质量分数）的关系 (3h)

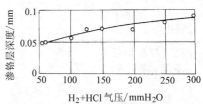

图 6-85　渗铬层深度与 H$_2$ + HCl 气体压力的关系 (1000℃×3h)
注：1mmH$_2$O = 9.8Pa

碳与渗铬层深度的关系见图6-86。

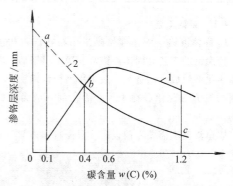

图 6-86　碳含量对渗铬层深度的影响
1—碳化物层厚度　2—α 相厚度

6.4.4.4　渗铬材料、渗层设计及渗后处理

1. 渗铬材料　各种合金钢、碳钢、铸铁、镍基合金、钴基合金、钨、钼、钽、钛等金属材料根据需要都适合于渗铬。

2. 渗层设计　钢铁材料可根据使用环境，按表6-70 所推荐的渗铬层结构和厚度设计渗铬层。

850℃以上使用的零件，则要考虑采用耐热钢、镍基合金、钴基合金等材料渗铬。

3. 渗铬后处理

表 6-70　渗铬层的选择设计

使用环境	渗铬层结构	渗铬层深度 /μm
850℃以下的腐蚀性气体或空气	含铬的 α 固溶体相	100 ~ 150
一般大气	含铬的 α 固溶体相	50 ~ 100
850℃以下腐蚀氧化或同时有磨损作用	碳化铬层	20 ~ 60
磨损条件下,或工件和截面较小或有锐角	碳化铬层	10 ~ 20

(1) 在一定载荷下工作并有强度要求的零件渗铬后,进行正火处理可细化晶粒,提高基体的强度或韧性;进行淬火、回火处理可提高基体的强度。正火、淬火处理最好在保护气氛或其他非氧化条件下加热,否则渗铬层表面会因氧化而变色,当然这种变色只影响外观,对耐蚀性影响不大。

(2) 精饰,渗铬层可以抛光,电解抛光的效果优于机械抛光。

6.4.4.5　渗铬层的质量检验、常见缺陷及其防止措施

1. 渗铬层的质量要求及检验　渗铬层应连续、致密,达到使用环境对渗层结构和厚度的要求。渗铬层的检测方法以金相法为准,作为一般情况下的生产控制可以采用硫酸铜法(浸入 15% (质量分数)的硫酸铜水溶液中)检测渗层的致密性和连续性,用磁性测厚仪检测碳化铬层的厚度。

2. 常见缺陷及其防止措施(见表 6-71)

表 6-71　渗铬层常见缺陷及防止措施

缺陷类型	产生原因	防止措施
表面粘结渗剂	粉末渗铬时渗剂中有水分和低熔点杂质	熔烧氧化铝、装罐前烘干渗剂
渗层剥落	碳化物层过厚,特别容易出现在尖角、淬火等条件下	减少碳化物层厚度,改进工件结构设计,选用正火或等温淬火
无渗层或渗层不连续表面有腐蚀斑	粉末渗铬剂失效、渗铬罐密封不好 NH_4Cl 用量过多,表面残留量大	更换渗铬剂,密封渗铬罐表面有腐蚀斑 减少 NH_4Cl 用量

6.4.5　熔盐碳化物覆层工艺

熔盐碳化物覆层工艺可在钢铁表面获得一系列高硬度碳化物覆层。其中主要包括铬、铌、钛碳化物覆层。我国习惯上称之为熔盐渗铬、渗钒、渗钛。本工艺所需设备简单,操作方便,所获得的碳化物覆层具有极高的硬度,优异的耐磨、耐蚀性能。

6.4.5.1　工艺及碳化物覆层结构(见表 6-72)

处理完毕后清洗煮沸去除工件表面残盐,也可用专门的残渣清洗剂去除残盐。碳化物覆层的金相组织为一层白亮带(见图 6-87)。

表 6-72　碳化物覆层的工艺方法及覆层结构

类型	盐浴成分(质量分数)	处理工艺	覆层厚度 /μm	覆层相结构	试样材料
铬碳化物覆层	10% Cr_2O_3 ,5% Al,硼砂	1000℃×6h	14.7	$Cr_{23}C_6$ $(Cr,Fe)_7C_3$	T8
	10% Cr,硼砂	1000℃×6h	17.5		
钒碳化物覆层	10% V-Fe,硼砂	1000℃×5.5h	24	VC	T12
	10% V_2O_5 ,5% Al,硼砂	1000℃×8h	25		
铌碳化物覆层	10% Nb,硼砂	1000℃×5.5h	20	NbC	T12

6.4.5.2　碳化物覆层的形成及影响因素

1. 碳化物覆层的形成机理　熔盐碳化物覆层通过三个过程形成:

(1) 熔盐中产生碳化物形成元素(Cr、V 或 Nb)的活性原子。

(2) 活性原子在钢铁表面吸附,并与碳原子反应形成碳化物,钢铁表面碳含量因此而降低。

(3) 钢铁心部与表面的碳存在浓度差,碳原子不

断向表面扩散,继续与吸附在表面的活性金属原子(Cr、V、Nb)反应,形成碳化物覆层并不断增厚。

2. 碳化物覆层形成的影响因素

(1) 温度和时间。碳化物覆层的厚度 δ(cm)与处理时间 t(s)及温度 T(K)之间符合阿累尼乌斯关系:

$$\delta = K_0 \exp (-Q/RT)$$

K_0 及 Q 值见表 6-73、表 6-74。

图 6-87　T12A 钢 Cr-Ti 碳化物层金相组织　500 ×

表 6-73　不同钢材在熔盐碳化物覆层处理中的 K_0 和 Q 值

材料	$K_0/(\mathrm{cm/s})$	$Q/(\mathrm{kJ/mol})$
45	2.5×10^3	$184 \sim 201$
T10	5.2×10^{-3}	184
GCr15	2.7×10^{-2}	201
9CrWMn	4.7×10^{-3}	184
W6Mo5Cr4V2	2.7×10^{-1}	242

表 6-74　不同钢材熔盐铬碳化物覆层处理中的 K_0 和 Q 值

材料	$K_0/(\mathrm{cm/s})$	$Q/(\mathrm{kJ/mol})$
10	2.9×10^{-6}	125
45	1.7×10^{-3}	180
T11	4.8×10^{-3}	159

（2）钢中碳含量的影响。在其他条件相同的情况下，钢的碳含量越高形成的碳化物覆层越厚（见图 6-88）。

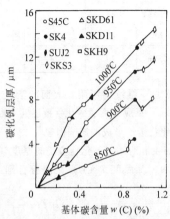

图 6-88　基体碳含量对碳化钒层厚度的影响

6.4.5.3　适用钢种及覆层后的热处理

碳含量 $w(\mathrm{C}) > 0.4\%$ 的碳素钢和 $w(\mathrm{C}) > 0.3\%$ 的合金钢，原则上都可以进行碳化物覆层处理。工作中承受较大载荷或一定冲击力的零件，覆层处理后应进行淬火、回火，以提高基体硬度，防止使用过程中因基体变形而造成覆层塌陷。

经覆层处理后可随即升（降）至淬火温度后直接淬火。淬火温度低于覆层处理温度的钢材，特别是晶粒粗化趋向较大的钢材，如 65Mn、40MnB、T8、T11、T12 等，为了保证其韧性，可先正火后再进行淬火、回火。

6.4.5.4　熔盐碳化物覆层的应用

熔盐碳化物覆层工艺可在耐磨抗蚀零件上应用，特别是应用于工模具，将大幅度地提高其使用寿命，普通碳钢、低合金钢经本工艺处理后可代替部分高合金工模具钢、不锈钢等使用。应用举例见表 6-75，应用效果见表 6-76。

表 6-75　熔盐碳化物覆层工艺应用举例

种类	工件名称	作用
热作模具	锻压模、镦锻模、轧锻模、温挤模	耐磨、抗高温氧化
冷作模具	拉深模、切边模、落料模、冷冲模、拔丝模	耐磨、抗粘着
成形模	压铸模、重力铸造套筒销、玻璃模、塑料成形模、橡胶成形模	耐熔融铝、锌、铜等腐蚀、耐磨
刀具	剪切刀片、钻头、丝锥、切削刀具	耐磨、抗粘着
管、泵、阀	柱塞、液压缸、阀芯、阀座、阀杆、喷嘴、泥浆泵缸套	耐化工介质腐蚀、耐冲刷
机械零件	辊、销、导向板、导轨、链轴、衬套、心棒、棘爪等	耐磨

表 6-76　应用效果举例

工件名称	材料及工艺	使用寿命/万件	效果	备注
缩杆模	Cr12MoV,淬火、回火	0.7	提高 2.5 倍以上	用于 Q235 钢螺钉缩杆
	Cr12MoV,VC 覆层	>1.8		
拉深模	Cr12MoV,淬火、回火	1.7 ~ 1.8	提高约 9 倍	深冲 Q235 钢板
	Cr12MoV,VC 覆层	>17.3		
	Cr12MoV,热处理 + 镀铬	3.0	提高 1.2 倍	深冲 15 钢
	55 钢,VC 覆层	>6.6		
落料模	Cr12MoV,淬火、回火	—	提高 10 倍以上	冲裁厚度为 3.2mm 的 08F 钢板
	Cr12MoV,NbC 覆层	—		

6.4.6　渗硫

钢铁工件经渗硫处理后,可获得良好的减摩抗咬合性能。渗硫层是铁与硫反应形成的硫铁化合物覆层。常用低温电解渗硫工艺方法见表 6-77。

电解渗硫的工艺过程为:工件→脱脂→热水洗→冷水洗→酸洗→水洗→热水煮→烘干→渗硫→冷水洗→热水洗→烘干→浸油。

电解渗硫所用盐浴各组分易与铁及空气中的 CO_2 等之间反应形成沉渣而老化。沉渣的主要成分为:$Fe[Fe(CN)_6]_2$、$Fe_4[Fe(CN)_6]_3$、$FeCO_3$、FeS_3 等。盐浴沉渣的形成速率 $Q = 0.153 \sim 0.399 g/(dm^2 \cdot min)$(工件表面积以 dm^2 计,累计渗硫时间以 min 计)。Q 值越小,表明该盐浴抗老化性越好。一般盐浴中沉渣量为 3% ~ 4%(质量分数)时,渗硫层质量即显著降低。

电解渗硫前,工件必须脱脂,否则不仅会影响渗硫质量,而且还会污染盐浴。渗硫盐浴含水时,渗硫层的耐磨和抗咬合性能都将明显下降。所以工件渗硫之前应烘干。新配制的盐浴或放置时间较长的盐浴也应空载加热 4 ~ 24h 充分脱水。

老化的旧盐回收后可与新盐按 1:1 比例配制使用。旧盐按下述工艺回收:

旧盐→溶解于蒸馏水中→过滤除渣→二次过滤除渣→加热(<200℃)蒸发水分→回收盐。

表 6-77　低温电解渗硫工艺方法

序号	熔盐成分(质量分数)	温度/℃	时间/min	电流密度/(A/dm²)	主要渗硫反应
1	KSCN 75%,NaSCN 25%	180 ~ 200	10 ~ 20	1.5 ~ 3.5	熔盐中: $KSCN \to K^+ + SCN^-$ $NaSCN \to Na^+ + SCN^-$ 盐槽为阴极: $SCN^- + 2e \to CN^- + S^{2-}$ 工件为阳极: $Fe \to Fe^{2+} + 2e$ $Fe^{2+} + S^{2-} \to FeS$
2	序号 1 盐,再加 $K_4Fe(CN)_6$0.1%,$K_3Fe(CN)_6$0.9%	180 ~ 200	10 ~ 20	1.5 ~ 2.5	
3	KSCN 73%,NaSCN 24%,$K_4Fe(CN)_6$2%,KCN 0.07%,NaCN 0.03%,通氮气搅拌,氮气流量 59m³/h	180 ~ 200	10 ~ 20	2.5 ~ 4.5	
4	KSCN 60% ~ 80%,NaSCN 20% ~ 40%,$K_4Fe(CN)_6$ 1% ~ 4% + S_x 添加剂	180 ~ 200	10 ~ 20	2.5 ~ 4.5	
5	NH_4SCN 30% ~ 70%,KSCN 30% ~ 70%	180 ~ 200	10 ~ 20	2.5 ~ 4.5	

渗硫层是一种以 FeS 为主的硫铁化学反应覆层。250℃ 以下渗硫时,渗硫层厚度为 5 ~ 15μm;500℃ 以上的盐浴渗硫、气相渗硫或离子渗硫层厚度可达 25 ~ 50μm。处理不当时,渗硫层中会出现 FeS_2、$FeSO_4$ 相,使减摩性能明显降低。FeS 为六方晶系,硬度低于 100HV0.05,受力沿(0001)晶面滑移。另外,渗硫层中许多平均孔径为 17nm 的微孔,这些微孔能吸附润滑油。在上述两种机理的作用下,渗硫层具有良好的润滑减摩作用。易于形变的渗硫层还可在工件与工件之间起隔绝作用,避免金属与金属接触摩擦发热而造成咬死。渗硫层的减摩、抗咬死性能见表 6-78。

6.4.7　渗硅、钛、铌、钒、锰（见表 6-79）

6.4.8　多元共渗与复合渗

两种或两种以上元素在同一道工序中渗入金属或合金表面称为多元共渗。共渗元素为两种时,称为二元共渗,为三种时,称为三元共渗。两种或两种以上元素先后在两道或多道工序中渗入(有时也采用先镀后扩散)金属或合金表面,则称为复合渗。多元共渗和复合渗的目的是为了获得比单元渗更好的渗层综合性能,或是为了降低生产成本。

表 6-78　渗硫层的减摩、抗咬死性能

牌　号	处理工艺	试验方法	试验结果	备　注
35CrMo	调质	连续加载在 Falex 试验机上进行	18620N·s 咬合咬死前 $\mu = 0.4$	N·s 为牛顿·秒,单位之前的数字称为品质系数 F,F 越大,摩擦学性能越好,μ 为摩擦因数
	调质后低温电解渗硫		31200N·s 尚未咬合 $\mu = 0.15$	
15CrNi	V 形块与销形试样都渗碳,淬火,回火至 (63 ± 1)HRC	干摩擦条件下连续加载	承载 3500 ~ 5500N 试样发生蠕变仍未咬合	在 Falex 试验机上进行试验
QT600-2	等温淬火	加载至 490N 后恒载运行	$\mu = 0.35$	
	等温淬火然后电解渗硫		$\mu = 0.35$	
W6Mo5Cr4V2	V 形块与销形试样均为淬火、回火	加载至 500N 后恒载持续	14.5min 咬合	试验在通氮气的条件下,于 (540 ± 10)℃进行
	淬火、回火后进行渗硫		120min 开始咬合,但未咬死	

表 6-79　渗硅、钛、铌、钒、锰的方法及性能

类型	方法	渗剂(成分为质量分数)及工艺	渗层组织及性能
渗硅	粉末法	硅铁 75% ~ 80%,$Al_2O_3$20% ~ 25%;1050 ~ 1200℃ ×6 ~ 10h,渗层厚度:90 ~ 900μm	渗硅层组织通常为硅在 α 铁中的固溶体。有时分为两层,外层为 $Fe_3Si(\alpha')$,内层为含硅的 α 固溶体　　渗硅层往往多孔,在 170 ~ 200℃油中浸煮后,有较好的减摩性能,渗硅能提高钢的抗氧化性能,但较渗铬、渗铝差。渗硅层在海水、硝酸、硫酸及大多数盐和稀碱中有良好的耐蚀性,但由于渗硅层多孔,容易出现点蚀,甚至严重腐蚀。低硅钢片渗硅后,含硅量可提高到 7%(质量分数)左右,铁损明显降低
		硅铁 80%,$Al_2O_3$8%,NH_4Cl12%;950℃ ×2 ~ 3h,多孔渗硅层	
	熔盐法	$(BaCl_2$50% + NaCl50%$)$80% ~ 85%,硅铁 15% ~ 20%;1000℃ ×2h,10 钢,渗层厚度:0.35mm	
		$(Na_2SiO_3$2/3 + NaCl1/3$)$ 65%,SiC35%;950 ~ 1050℃ ×2 ~ 6h,渗层厚度:0.05 ~ 0.44mm	
	熔盐电解法	$Na_2SiO_3$100%;1050 ~ 1070℃,1.5 ~ 2.0h,电流密度 0.20 ~ 0.35A/cm² 可获得无隙渗硅层	
	气体法	硅铁(或 SiC),HCl(或 NH_4Cl)也可外加稀释气;950 ~ 1050℃	
		$SiCl_4$,H_2(或 N_2,Ar);950 ~ 1050℃	
		SiH_4,H_2(或 NH_3,Ar);950 ~ 1050℃	

（续）

类型	方法	渗剂（成分为质量分数）及工艺	渗层组织及性能
渗钛	粉末法	$TiO_2$50%，$Al_2O_3$29%，Al18%，$(NH_4)_2SO_4$2.5%，NH_4Cl0.5%；T8 钢，1000℃，4h，渗层厚度：20μm	1）渗钛层组织 　工业纯铁和08 钢：TiFe + 含钛 α 固溶体；中高碳钢：TiC 2）性能及应用 　TiC 的硬度为3000～4000HV，具有很高的耐磨性可用于刀具、模具 　渗钛层在海水、稀 HNO_3、碱液、酒石酸、醋酸中具有良好的耐蚀性，可应用于海洋工程、化工、石油等多种领域 3）适用材料：钢、铸铁、硬质合金
渗钛	粉末法	钛铁 75%，$CaF_2$15%，NaF4%，HCl6%；1000～1200℃，10h 以内	
渗钛	熔盐电解法	$K_2TiF_6$16% + NaCl84%，添加海绵钛，石墨作阳极，盐浴面上 Ar 保护；850～900℃，电压 3～6V，电流密度：0.95A/cm^2	
渗钛	气体法	$TiCl_4$（或 TiI_4，$TiBr_4$），H_2；750～1000℃	
渗钛	气体法	海绵钛与工件同置于真空炉内，彼此不接触，真空度：(0.5～1)×10^{-2}Pa，900～1050℃ 举例：1050℃×16h 下，08 钢可得 0.34mm 渗钛层，45 钢可得 0.08mm 渗钛层。12Cr18Ni10Ti 可得 0.12mm 渗钛层	
渗铌	粉末法	Nb50%，$Al_2O_3$49%，NH_4Cl1%；950～1200℃	低碳钢：α 固溶体 中高碳钢：NbC 或 NbC + α 固溶体 耐磨性、耐蚀性好
渗铌	气体法	铌铁，H_2，HCl；1000～1200℃	
渗铌	气体法	$NbCl_5$，H_2（或 Ar）；1000～1200℃	
渗钒	粉末法	钒铁 60%，高岭土 37%，NH_4Cl3%；1000～1100℃	低碳钢：α 固溶体 中高碳钢：VC 或 VC + α 耐 50% HNO_4、98% H_2SO_4、10% NaCl 腐蚀，VC 层耐磨
渗钒	气体法	V（或钒铁），HCl 或 VCl，H_2；1000～1200℃	
渗锰	粉末法	Mn（或锰铁）50%，$Al_2O_3$49%，NH_4Cl1%；950～1150℃	低碳钢：α 固溶体 中高碳钢：(Mn、Fe)$_3$C 或 (Mn、Fe)$_3$C + α 渗锰层耐磨，在 10% NaCl 具有耐蚀性
渗锰	气体法	Mn（或锰铁），H_2，HCl；800～1100℃	

6.4.8.1　以渗硼为主的共渗与复合渗

1. 硼铝共渗　硼铝共渗工艺见表 6-80。硼铝共渗层比渗硼层具有更好的耐磨、耐热和抗介质腐蚀性能，可用于热作模具等工件。

表 6-80　硼铝共渗工艺

工艺方法	渗剂成分（质量分数）	工艺参数	渗层厚度/μm		
			纯铁	45 钢	T8
粉末法	$Al_2O_3$70%，$B_2O_3$16%，Al13.5%，NaF[1]0.5%	950℃×4h	175	140	125
粉末法	$Al_2O_3$70%，$B_2O_3$13.5%，Al16%，NaF[2]0.5%	1000℃×4h	280	230	200
熔盐电解法	$Na_2B_4O_7$19.9%，$Al_2O_3$20.1%，$Na_2O·K_2O$60%，电流密度：0.3A/cm^2	950℃×4h	130		
熔盐法	硼砂，铝铁粉，氟化铝，碳化硼，中性盐	840～870℃×3～4h	70～130		
膏剂法	Al8%，B_4C72%，$Na_3AlF_6$20% + 粘结剂	850℃×6h	50		

① 以提高耐磨为主。

② 以提高耐热性为主。

2. 硼铬、硼钒、硼钛共渗　B-Cr、B-V、B-Ti 二元共渗和 B-Cr-V、B-Cr-Ti 三元共渗剂由粉末渗硼剂加上铬、钒、钛供剂组成。共渗温度为 850 ~ 1050℃，为防止渗剂结块可通氩气或氢气保护。共渗层的耐磨性优于渗硼层。图 6-89 所示为在碳化硅磨粒磨损条件下耐磨性对比。

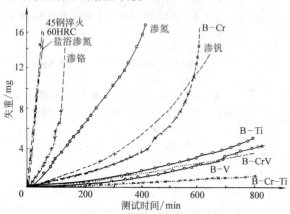

图 6-89　在碳化硅磨粒磨损条件下耐磨性对比

3. 硼碳复合渗　硼碳复合渗是一种先渗碳再渗硼的工艺方法。渗碳、渗硼可采用常规工艺，通常为气体渗碳 + 固体渗硼。硼碳复合渗后应根据工件的材质和服役条件进行淬火和回火处理。

淬火应在保护气氛中进行，以防止渗层氧化和脱碳。硼碳复合渗的抗接触疲劳强度不低于渗碳，耐磨性则比渗碳提高 1.5 倍。低合金钢经硼碳复合渗后可代替昂贵的钴基硬质合金用于地质牙轮钻头等零件。

4. 硼硅共渗　可采用固体粉末法、熔盐法和电解法进行硼硅共渗处理，渗剂中 B、Si 含量不同，所获得的渗层相组成也不同（见表 6-81）。

表 6-81　渗剂中 B、Si 含量对渗层组织的影响（1000℃ ×6h）

渗剂成分（质量分数）	渗层组织
$B_4C80\%$、$Na_2B_4O_715\%$、$Si4.75\%$、$NH_4Cl0.25\%$	FeB、Fe_2B
$B_4C75.5\%$、$Na_2B_4O_714.5\%$、$Si9.5\%$、$NH_4Cl0.5\%$	FeB、Fe_2B、FeSi
$B_4C67\%$、$Na_2B_4O_713\%$、$Si19\%$、$NH_4Cl1\%$	Fe_2B、FeSi
$B_4C63\%$、$Na_2B_4O_712\%$、$Si23.5\%$、$NH_4Cl1.5\%$	FeSi、Fe_2B

硼硅共渗层的耐热性、耐蚀性略高于渗硼层，抗腐蚀疲劳强度则明显高于渗硼层。

6.4.8.2　以渗铝为主的共渗

1. 铝铬共渗（或铬铝共渗）　铝铬共渗可采用多种工艺方法，目前常用粉末法。调整 Al/Cr 比，可以获得不同成分的共渗层，粉末铝铬共渗工艺见表 6-82。

表 6-82　粉末铝铬共渗工艺

渗剂成分（质量分数）	钢材	工艺参数	渗层厚度 /mm	渗层元素质量分数（%）	
				Cr	Al
AlFe 粉 75%，CrFe 粉 25%，另加 NH_4Cl 1.5%	10 钢	1025℃ ×10h	0.53	6	37
AlFe 粉 50%，CrFe 粉 50%，另加 NH_4Cl 1.5%	10 钢	1025℃ ×10h	0.37	10	22
AlFe 粉 20%，CrFe 粉 80%，另加 NH_4Cl 1.5%	10 钢	1025℃ ×10h	0.23	42	3

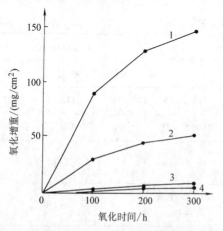

图 6-90　几种铬铝共渗层在 900℃下的抗高温氧化性能对比

共渗层铬、铝含量（质量分数）为：

1—40%Cr, 0.4%Al　2—15%Cr,

5%Al　3—8%Cr, 5%Al　4—8%Al, 0.2%Cr

铬铝共渗主要用于提高钢铁和耐热合金的抗高温氧化和热腐蚀性能。图 6-90 表明，渗层的铬、铝含量不同，抗高温氧化性能也有明显的差异。

2. 铬铝硅共渗　铬铝硅三元共渗一般采用粉末法。铬、铝、硅供剂有两种系列，即 Al-Cr_2O_3-SiO_2 和 Al（或 AlFe）-Cr（或 SiC）。填充剂仍用 Al_2O_3、SiC 也可兼作填充剂。活化剂采用 NH_4Cl 或 AlF_3。

铬铝硅三元共渗可提高钢铁和耐热合金的抗高温氧化、热疲劳性能。几种渗层耐高温高速气体冲蚀性能对比见表 6-83。铬铝硅共渗可用于燃气轮机叶片。

表 6-83　几种渗层耐高温气体冲蚀性能

渗层种类	无渗层	渗铝	铝铬共渗	铝硅共渗	铬铝硅共渗
冲蚀深度/μm	0.16	0.07	0.06	0.05	0.03

注：试验条件：温度 1150℃；气流速度 610m/s；试验时间 2h。

3. 镀镍渗铝及镀镍铝铬共渗 527 铁合金电镀镍后，在 750℃×6～8h 下进行粉末渗铝或铝铬共渗，镀镍渗铝层厚度为 40～70μm，主要为 FeAl₃、Fe₂Al₅ 和 Ni₂Al₃；镀镍铝铬共渗层厚度为 25～35μm。两层渗层都具有良好的抗高温氧化性能，与单一的渗铝抗高温氧化性能对比见表 6-84。

表 6-84　527 合金几种渗层在 800℃下的抗高温氧化性能对比

处理方法	氧化增重/(g/m²)	
	100h	200h
未处理	37.8	58.0
渗铝	5.4	7.9
镀镍 + 渗铝	1.9	4.2
镀镍 + 铝铬共渗	2.8	9.7

6.4.8.3　稀土和其他元素的共渗

稀土元素与其他元素共渗时，稀土元素的渗入量很小，但是微量的稀土元素具有很明显的催渗作用，使渗速增加 20% 以上，并且不同程度地提高了渗层的综合性能。

1. 铝稀土共渗 铝稀土共渗可提高镍基合金的耐高温氧化（见表 6-85）、抗热腐蚀性能（见表 6-86），可用于燃气轮机叶片的表面保护。

表 6-85　铝稀土共渗层的抗高温氧化性能

工　艺	氧化增重/(g/m²)			
	100h	200h	300h	400h
未保护	1.32	1.62	2.24	2.51
铬铝共渗	0.72	1.01	1.27	1.29
渗铝	1.13	1.25	1.48	1.54
铝稀土共渗	0.24	0.28	0.59	0.62

注：试验材料为 M38 镍基合金，成分（质量分数）为：Cr16%，Co8.5%，Al3.5%，Ti3.2%，W2.6%，Ta1.75%，C0.13%，余 Ni。

表 6-86　铝稀土共渗层的耐熔盐热腐蚀和抗热震性能

处理方法	开始破坏时间/h	表面严重破坏时间/h
未共渗		25
渗铝		25
铝稀土共渗		67

注：试验材料为 M38 镍基合金，成分（质量分数）为：Cr16%，Co8.5%，Al3.5%，Ti3.2%，W2.6%，Ta1.75%，C0.13%，余 Ni。

2. 硼稀土共渗 稀土元素的渗入，降低了渗硼层的脆性（见表 6-87）。硼稀土共渗层具有比渗硼层更好的耐磨和耐蚀性（见图 6-91、表 6-88）。

表 6-87　渗硼与硼稀土共渗层的脆性

处理方法	出现第一条显微裂纹时的挠度/mm	对应的负荷/N	吸收能量/J	对应的应力/MPa
渗硼	0.30	2450	0.37	274
硼稀土共渗	0.35	2646	0.46	304

处理方法	出现第一条宏观裂纹的挠度/mm	脆断载荷/N	脆断吸收能量/J	脆断强度/MPa
渗硼	0.32	2528	402	284
硼稀土共渗	0.51	3146	804	352

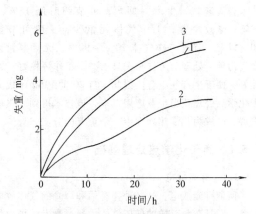

图 6-91　40Cr 钢耐磨性对比
1—渗硼　2—硼稀土共渗　3—硼锆共渗

表 6-88　硼稀土共渗与渗硼层在 10% H₂SO₄ 中的耐蚀性比较

处理方法	腐蚀失重/(mg/cm²)		
	24h	48h	96h
未处理	10.6	15.9	22.6
渗硼	1.4	3.0	9.2
硼稀土共渗	0.7	2.3	7.7

3. 铬稀土共渗 与渗铬相比，铬稀土共渗中加入稀土元素明显地提高了渗速。铬稀土共渗层的抗冲击疲劳、抗高温氧化、耐介质腐蚀等性能均优于渗铬层、铬稀土共渗层具有比渗铬层更低的摩擦因数。共渗层与渗铬层抗高温氧化和耐硫酸腐蚀性能见表 6-89。

表 6-89　铬稀土共渗层与渗铬层抗高温氧化和耐 H_2SO_4 腐蚀性能对比

处理方法	平均腐蚀失重/(mg/cm^2)	
	900℃×100h 高温氧化	45% H_2SO_4 腐蚀 50h
T12 渗铬	22.64	5.50
T12 铬稀土共渗	12.43	3.78

6.5　离子化学热处理

置于低压容器内的工件在电场的作用下产生辉光放电，带电离子轰击工件表面使其温度升高，实现所需原子渗扩进入工件表面的化学热处理方法，称之为离子化学热处理。与常规化学热处理相比，离子化学热处理具有许多突出的特点：渗层质量高，处理温度范围宽，工艺可控性强，工件变形小，易于实现局部防渗；渗速快，生产周期短，可节约时间 15% ~ 50%；热效率高，工作气体耗量少，一般可节能 30% 以上，节省工作气体 70% ~ 90%；无烟雾，无废气污染，处理后工件和夹具洁净，工作环境好；柔性好，便于生产线组合。因此，自 20 世纪 60 年代离子化学热处理获得工业应用以来，该技术得到了飞速发展，已成为化学热处理中一个重要的分支。

6.5.1　离子化学热处理基础

6.5.1.1　辉光放电

所谓辉光放电，是一种伴有柔和辉光的气体放电现象，它是在数百帕的低压气体中通过激发电场内气体的原子和分子而产生的持续放电。真空容器中的气体放电不符合欧姆定律，其电流与电压之间的关系，可用稀薄气体放电伏安特性曲线描述（见图 6-92）。在含有稀薄气体的真空容器两极间施加电压，开始阶段电流变化并不明显，当电压达到 c 点时，阴阳极间电流突然增大，阴极部分表面开始产生辉光，电压下降；随后电源电压提高，阴极表面覆盖的辉光面积增大，电流增加，但两极间的电压不变，至图中 d 点，阴极表面完全被辉光覆盖；此后，电流增加，极间电压随之增加，超过 e 点，电流剧烈增大，极间电压陡降，辉光熄灭，阴极表面出现弧光放电。c 点对应的电压称为辉光点燃电压。在 Oc 段，气体放电靠外加电压维持，称为非自持放电；超过 c 点即不需要外加电离源，而是靠极间电压使得稀薄气体中的电子或离子碰撞电离而维持放电，称为自持放电。从辉光点燃至 d 点，称为正常辉光区，de 段为异常辉光区。离子化学热处理工作在异常辉光区，在此区间，可保持

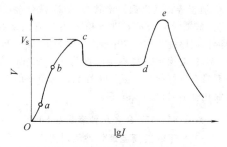

图 6-92　稀薄气体放电伏安特性曲线

辉光均匀覆盖工件表面，且可通过改变极间电压及阴极表面电流密度，实现工艺参数调节。

气体性质、电极材料及温度一定时，辉光点燃电压与气体压强 p 和极间距离 d 的乘积有关，描述这种关系的曲线称为巴兴曲线（见图 6-93）。采用氨气进行离子渗氮，在室温下 $pd = 655Pa \cdot mm$ 时，点燃电压有一最低值，约为 400V；当 $pd < 1.33 \times 10^2 Pa \cdot mm$ 或 $pd > 1.33 \times 10^4 Pa \cdot mm$ 时，点燃电压可达 1000V 以上。由此可知，实现辉光放电应有足够的电压，离子渗氮的点燃电压一般为 400 ~ 500V。

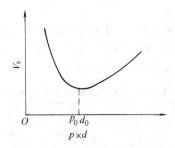

图 6-93　辉光放电点燃电压与气体压强及两极间距离乘积的关系曲线

进入自持放电阶段后，阴阳极间的辉光分布并不均匀，有发光部位和暗区（见图 6-94）。从阴极发射出的电子虽然被阴极位降加速，因刚离开阴极时速度很小，不能产生激发，形成无发光现象的阿斯顿暗区；在阴极层（阴极辉光区），电子达到相当于气体分子最大激发函数的能量，产生辉光；电子能量超过分子激发函数的最大值时，电离发生，激发减少，发光变弱，形成阴极暗区；在负辉区，电子密度增大，电场急剧减弱，电子能量减小而使分子有效地激发，此时辉光的强度最大；此后，电子能量大幅度下降，电子与离子复合而发光变弱，即为法拉第暗区；随后电场逐渐增强，形成正柱区，该区电子密度和离子密度相等，又称为等离子区，这一区间的电场强度极小，各种粒子在等离子区主要作无序运行，产生大量非弹性碰撞；在阳极附近，电子被阳极吸引、离子被排斥形成暗区，而阳极前的气体被加速了的电子激

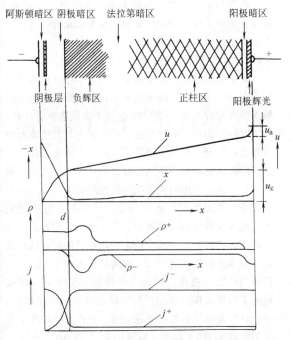

图 6-94　直流辉光放电中的电位 u、
电场 x、空间电荷密度 ρ 及电流密度 j

发，形成阳极辉光且覆盖整个阳极。

阿斯顿暗区、阴极层及阴极暗区具有很大的电位降，总称为阴极位降，三区的宽度之和即为阴极位降区 d_k。阴极位降区是维持辉光放电不可或缺的区域。

正常辉光放电时的阴极位降取决于阴极材料和工作气体种类，而与电流、电压无关，其值为一常数，等于最低点燃电压。当气体种类和阴极材料一定时，阴极位降区宽度 d_k 与气体压力 p 有下列关系：

$$d_k = 0.82 \frac{\ln(1 + 1/\gamma)}{Ap}$$

式中　A——常数；

γ——二次电子发射系数。

从上式可知，pd_k = 常数。当阴极间距不变，减小压力至 $d_k = d$ 时，则阴阳极间除阴极位降外，其他各部分都不存在，放电仍能进行，若 p 进一步减小，使 $d_k > d$，辉光立即熄灭，因此，在一般的放电装置中，真空度高于 1.33Pa，便很难发生辉光放电；在其他条件不变的情况下，仅改变极间距 d，d_k 始终不变，其他各区相应缩小，一旦 $d < d_k$，辉光熄灭，这就是间隙保护的原理。一般间隙宽度在 0.8mm 左右。

异常辉光放电时，阴极位降及阴极位降区不仅与压力 p 有关，还和电流密度有关，并有下式：

$$d_k = \frac{a}{\sqrt{j}} + \frac{b}{p}$$

式中　j——电流密度；

a、b——常数。

两平行阴极 k_1 及 k_2 置于真空容器中，当满足气体点燃电压时，两个阴极都会产生辉光放电现象，在阴极附近形成阴极暗区。当两阴极间距离 $d_{k_1 k_2} > 2d_k$ 时，两个阴极位降区相互独立，互不影响，并有两个独立的负辉区，正柱区公用；当 $d_{k_1 k_2} < 2d_k$ 或气体降低时，两个负辉区合并，此时从 k_1 发射出的电子在 k_1 的阴极位降区加速，而它进入 k_2 的阴极位降区时又被减速，因此，如果这些电子没有产生电离和激发，则电子在 k_1 和 k_2 之间来回振荡，增加了电子与气体分子的碰撞几率，可以引起更多的激发和电离过程。随着电离密度增大，负辉光强度增加，这种现象称为空心阴极效应。

如果阴极为空心管，空心阴极效应更为明显，其光强度分布如图 6-95 所示。空心阴极效应的出现，会在局部区域形成高温，且温度越高，电离密度越大，在实际生产中应特别注意。

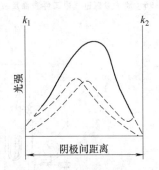

图 6-95　空心阴极放电极间光强分布

6.5.1.2　离子化学热处理原理

开发最早且应用最广的离子化学热处理技术为离子渗氮，因此，以离子渗氮过程来说明离子化学热处理的基本原理。目前，离子渗氮理论尚无定论，提出较早的是溅射与沉积理论（见图 6-96）。

真空炉内，在作为阴极的工件和作为阳极的炉壁间加直流高压，使得稀薄气体电离，形成等离子体，N^+、H^+、NH_3^+ 等离子在阴极位降区被加速，轰击工件表面，产生一系列反应。首先，离子轰击动能转化为热能，加热工件。其次，离子轰击打出电子，产生二次电子发射。最重要的是由于阴极溅射作用，工件表面的碳、氮、氧、铁等原子被轰击出来，而铁原子与阴极附近的活性氮原子（或 N^+ 离子及电子）结合形成 FeN。这些化合物因背散射效应又沉积在阴极表面，在离子轰击和热激活作用下，依次分解：$Fe \rightarrow FeN \rightarrow Fe_2N \rightarrow Fe_3N \rightarrow Fe_4N$，并同时产生活性氮原子 [N]，该活性氮原子大部分渗入工件内，一部分返回

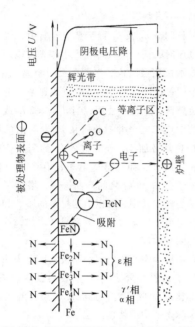

图 6-96　离子渗氮过程中工件表面反应模型

等离子区。

溅射与沉积模型是被较多人接受的理论。此外，还有分子离子模型、中性氮原子模型以及碰撞离解产生活性氮原子模型等。

6.5.1.3　离子化学热处理设备及操作

离子化学热处理设备由炉体（工作室）、真空系统、介质供给系统、温度测量及控制系统和供电及控制系统等部分组成，图 6-97 为离子渗氮装置示意图。

对待渗工件，应按用途、材质、形状及比表面积分类进行处理。对非渗部位及不通孔、沟槽等处，应采取屏蔽措施；对需渗的长管件内壁以及工件温度偏低部位，还应考虑增加辅助阳极或辅助阴极。工件装炉完毕，首先抽真空至 10Pa 以下，然后接通直流电源，通入少量气体起辉溅射，用轻微打弧的方法除去工件表面的脏物，待辉光稳定后增加气体流量以提高炉压，增大电压和电流。工件到温后再调节电压，维持适当的电流密度。炉压一般控制在 130～1060Pa。根据工艺要求保温适当时间。保温结束后关闭阀门，停止供气和排气，切断辉光电源，工件在处理气氛中随炉冷却至 200℃ 以下，即可出炉。

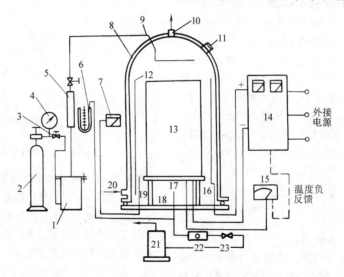

图 6-97　离子渗氮装置示意图

1—干燥箱　2—气瓶　3、22、23—阀　4—压力表　5—流量计　6—U 形真空计　7—真空计
8—钟罩　9—进气管　10—出水管　11—观察孔　12—阳极　13、16—阴极　14—电源
15—温度表　17—热电偶　18—抽气管　19—真空规管　20—进水管　21—真空泵

在一般的离子化学热处理炉中，工件是依靠离子轰击获得能量升温，工件的形状及大小、摆放位置、阴阳极的距离等，都会影响工件各部位的温度。工件入炉时，必须综合考虑各种因素，力求炉温均匀。对高温离子化学热处理（如离子渗碳等），在真空炉体内须增设一套电阻加热装置，实行双重加热，能使炉内形成较均匀的温度场，离子轰击电源起到待渗介质

离子化的作用。这种炉型不仅使工件温度均匀，测温方便，还可减少弧光放光。

离子化学热处理过程中使用的异常辉光放电容易转变为弧光放电，使阴极位降降低，电流剧增，以至烧坏工件，损坏电气系统，必须尽量避免辉光放电向弧光放电的过渡。一旦出现弧光，应尽快灭弧。灭弧系统的可靠性，直接关系到离子化学热处理设备能否

正常运行。目前采用较多的灭弧方式有电感电容振荡灭弧、晶闸管旁路灭弧以及快速电子开关等几大类型。

脉冲离子化学热处理是 20 世纪 90 年代发展起来的一种新型离子化学热处理技术,其核心内容是引进了脉冲电源,是该领域的一项重大技术进步。脉冲电源的应用,大大提高了离子化学热处理的电气性能和工艺性能,可有效解决弧光放电及空心阴极效应等问题,对具有深孔和复杂形状的内孔、凹腔等工件的渗氮处理可获得均匀的渗层,在节约能源方面也显示了突出的特点,现已得到广泛应用。

脉冲电源是一种对直流输出的电压与电流进行调制处理、间歇给负载提供电功率的电源。加在负载上的电压与电流具有周期性的近似矩形波脉冲。直流脉冲电源分为斩波型和逆变型两类,斩波型控制电路比逆变型控制电路简单,但斩波型的脉冲频率比逆变型低,一般为数千赫,而逆变型可达数十千赫。斩波型、逆变型直流脉冲电源中的功率器件,一般选用快速晶闸管、可关断晶闸管(GTO)、电力晶体管(GTR),以及近来发展起来的绝缘栅双极型晶体管(IGBT)。IGBT 为复合功率器件,它是电压控制型,具有驱动功率小,输入阻抗大,控制电路简单,开关损耗小,通断速度快,工作频率高,元件容量大等优点,特别适合在斩波型、逆变型脉冲电源中作为功率开关器件。

6.5.2 离子渗氮

6.5.2.1 离子渗氮工艺特点

离子渗氮具有许多其他处理方式所不具备的特点:①处理温度范围宽,可在较低温度下(如 350℃)获得渗氮层;②渗氮速度快;③化合物层结构易于控制;④可大幅度节省能源和工作气体;⑤采用机械屏蔽隔断辉光,容易实现非渗氮部位的防渗;⑥自动去除钝化膜,不锈钢、耐热钢等材料无需预先进行去钝化膜处理;⑦离子渗氮处理在很低的压力下进行,排出的废气很少,气源为氮气、氢气和氨气,基本上无有害物质产生。

6.5.2.2 离子渗氮材料选择及预处理

1. 渗氮材料的选择 渗氮的目的主要是为了提高工件表面的硬度、强度和抗腐蚀能力,从材料强化的角度出发,除满足产品性能外,还必须考虑材料的工艺性能,包括渗氮速度及处理温度等。

对耐磨渗氮,一般选择合金钢,因为铁氮化合物的硬度并不高,故碳钢的渗氮效果较差。合金钢渗氮时,γ'-Fe_4N 相和 ε-$F_{2-3}N$ 相中的部分铁原子被合金原子置换,形成合金氮化物或合金氮碳化合物。合金元素与氮的亲合力由弱到强的顺序为:$Ni \rightarrow Co \rightarrow Fe \rightarrow Mn \rightarrow Cr \rightarrow Mo \rightarrow W \rightarrow Nb \rightarrow V \rightarrow Ti \rightarrow Zr$。合金氮化物硬度高、熔点高,但脆性大。在渗氮钢中,铝和铬是最重要的强化元素。图 6-98 为几种合金元素对渗氮层硬度的影响。钢中的合金元素对氮在钢中的扩散系数产生影响,从而影响渗氮速度,氮化物形成元素钼、钨、铬、钒、钛等均降低氮在 α 相和 γ 相中的扩散系数,使渗速减慢。

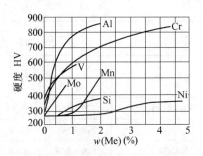

图 6-98 合金元素含量对渗氮层硬度的影响

渗氮钢中含有一定量的碳,是满足钢的力学性能所必需的,但随着碳含量的增加,氮元素向基体扩散越加困难,渗氮层的硬度和深度随之下降(见图 6-99)。

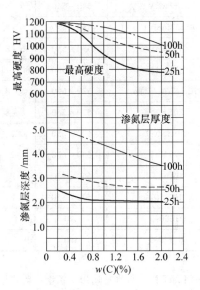

图 6-99 碳对渗氮层硬度和深度的影响

因此,渗氮材料的选择,必须根据产品服役工况,结合渗氮工艺综合考虑。除常用的合金结构钢、工模具钢外,不锈钢、铸铁等材料进行离子渗氮也有很好的效果。表 6-90 列出了一些常用的渗氮结构钢,表 6-91 是部分材料离子渗氮工艺和结果。

表 6-90　常用渗氮结构钢

服役条件	性能要求	选用钢种
一般轻负荷工件	表面耐磨	20Cr,20CrMnTi,40Cr
冲击负荷下工作的工件	表面耐磨,心部韧性好	18CrNiWA,18Cr2Ni4WA,30CrNi3,35CrMo
在重负荷及冲击负荷下工作的工件	表面耐磨,心部强韧性高	30CrMnSi,35CrMoV,25Cr2MoV,42CrMo,40CrNiMo,50CrV
精密零件	表面硬度高,心部强度高	38CrMoAl,30CrMoAl
磨损和疲劳条件恶劣、冲击负荷较小	疲劳强度高,耐磨性好	30CrTi2,30CrTi2Ni3Al

表 6-91　部分材料离子渗氮工艺与结果

材料	工艺参数			表面硬度 HV0.1	化合物层深度 /μm	总渗层深度 /mm
	温度/℃	时间/h	炉压/Pa			
38CrMoAl	520~550	8~15	266~532	888~1164	3~8	0.35~0.45
40Cr	520~540	6~9	266~532	650~841	5~8	0.35~0.45
42CrMo	520~540	6~8	266~532	750~900	5~8	0.35~0.40
25CrMoV	520~560	6~10	266~532	710~840	5~10	0.30~0.40
35CrMo	510~540	6~8	266~532	700~888	5~10	0.35~0.45
20CrMnTi	520~550	4~9	266~532	672~900	6~10	0.20~0.50
30SiMnMoV	520~550	6~8	266~532	780~900	5~8	0.20~0.50
3Cr2W8V	540~550	6~8	133~400	900~1000	5~8	0.20~0.30
4Cr5MoSiV1	540~550	6~8	133~400	900~1000	5~8	0.20~0.30
Cr12MoV	530~550	6~8	133~400	841~1015	5~7	0.20~0.40
W18Cr4V	530~550	0.5~1	106~200	1000~1200	—	0.01~0.05
45Cr14Ni4W2Mo	570~600	5~8	133~266	800~1000	—	0.06~0.12
20Cr13	520~560	6~8	266~400	857~946	—	0.10~0.15
12Cr18Ni9	600~650	27	266~400	874		0.16
Cr25MoV	550~650	12	133~400	1200~1250		0.15
10Cr17	550~650	5	666~800	1000~1370	—	0.10~0.18
HT250	520~550	5	266~400	500		0.05~0.10
QT600-3	570	8	266~400	750~900		0.30
合金铸铁	560	2	266~400	321~417		0.10

采用离子法,特别适用于不锈钢、耐热钢等表面易生成钝化膜的材料的渗氮处理。由于钝化膜阻碍氮原子向基体扩散,采用常规渗氮处理,必须先去除钝化膜,随即马上进行渗氮,以防止钝化膜再生。离子渗氮时,只需在炉内进行溅射就可去除钝化膜,处理非常方便。

2. 离子渗氮前材料的预备热处理　为保证渗氮件心部具有较高的综合力学性能,离子渗氮前须对材料进行预备热处理,结构钢进行调质处理、工模具钢进行淬火+回火处理,正火处理一般只适用于对冲击韧度要求不高的渗氮件。结构钢调质后,获得均匀细小分布的回火索氏体组织,工件表层(大于渗氮层深度的范围)切忌出现块状铁素体,否则将引起渗氮层脆性脱落。对奥氏体不锈钢,渗氮前采用固溶处理。38CrMoAl钢不允许用退火作为预备热处理,否则渗层组织内易出现针状氮化物。对形状复杂、尺寸稳定性及畸变量要求较高的零件，在机械加工粗磨与精磨之间应进行 1～2 次去应力退火，以去除机械加工的内应力。

6.5.2.3　离子渗氮的工艺参数

1. 气体成分及气体总压力　目前用于离子渗氮的介质有 $N_2 + H_2$、氨及氨分解气。氨分解气可视为 $\varphi(N_2)$ 25% + $\varphi(H_2)$ 75% 的混合气。

直接将氨气送入炉内进行离子渗氮，使用方便，但渗氮层脆性较大，而且氨气在炉内各处的分解率受进气量、炉温、起辉面积等因素的影响，并会影响炉温均匀性。对大多数要求不太高的工件，仍可采用直接通氨法。采用热分解氨可较好地解决上述问题（氨气通过一个加热到 800～900℃ 的含镍不锈钢容器即可实现热分解），此法简单易行，值得推广。采用氨气进行离子渗氮，一般只能获得 $\varepsilon + \gamma'$ 相结构的化合物层。

采用 $N_2 + H_2$ 进行离子渗氮，可实现可控渗氮。其中 H_2 为调节氮势稀释剂，氨氢混合比对渗氮层深度、表面硬度及相组分的影响分别见图 6-100、图 6-101 和表 6-92。

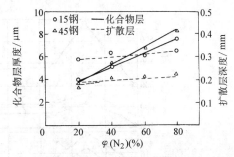

图 6-100　氨氢混合比对离子渗氮化合物和扩散层深度的影响

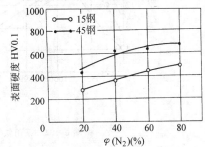

图 6-101　氨氢混合比对离子渗氮层表面硬度的影响

表 6-92　气体成分、渗氮温度、炉压对化合物层相成分的影响

| 气体成分 N_2 和 H_2 体积比 | 材　料 | 530℃,3h | | | | 550℃,3h | |
| | | 267～330Pa | | 533～600Pa | | 533～600Pa | |
		$\varphi(\gamma')(\%)$	$\varphi(\varepsilon)(\%)$	$\varphi(\gamma')(\%)$	$\varphi(\varepsilon)(\%)$	$\varphi(\gamma')(\%)$	$\varphi(\varepsilon)(\%)$
1:9	45	100	0	100	0	100	0
	40Cr	100	0	93	7	89	11
	35CrMo	100	0	91	9	84	16
2:8	45	100	0	100	0	88	12
	40Cr	93	7	85	15	70	30
	35CrMo	89	11	80	20	63	37
	38CrMoAl	—	—	—	—	52	48
2.4:7.6	45	—	—	93	7	—	—
	40Cr	—	—	76	24	—	—
	35CrMo	—	—	73	27	—	—
氨	工业纯铁	—	—	61	39	—	—
	45	—	—	44	56	—	—
	40Cr	—	—	29	71	—	—
	35CrMo	—	—	23	77	—	—

离子渗氮炉气压高时辉光集中，气压低时，辉光发散。实际操作中，气压可在 133～1066Pa 的范围内调整，处理机械零件采用 266～532Pa，高速钢刀具则采用 133Pa 低气压。高气压下化合物层中 ε 相含量增高，低气压易获得 γ' 相。在低于 40Pa 或高于 2660Pa 的条件下离子渗氮不易出现化合物层。

采用氨气离子渗氮时气压对渗层深度的影响见图 6-102。

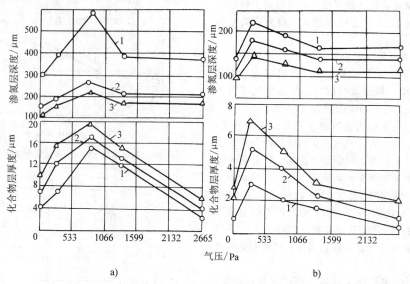

图 6-102　采用氨气离子渗氮时气压对渗层深度的影响

a）650℃×1h　b）522℃×1h

1—纯铁　2—40Cr　3—38CrMoAl

2. 渗氮温度　离子渗氮温度对 38CrMoAl 渗层深度和硬度的影响见图 6-103 和图 6-104。表面硬度在一定温度范围内存在最大值。随着渗氮温度提高，渗氮中的氮化物粗化，致使硬度下降。

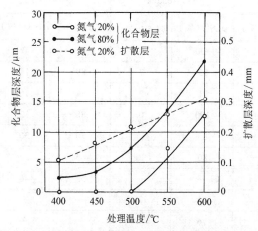

图 6-103　38CrMoAl 钢离子渗氮温度
对渗层深度影响

注：保温 4h，炉压为 665Pa。

3. 渗氮时间　渗氮时间对 γ' 和 ε 相层厚度影响具有不同的规律（见图 6-105）。小于 4h 时 γ' 相随时间延长而增厚，4h 后基本保持定值，而 ε 相厚度随渗氮时间延长单调增加。

一般认为，扩散层深度与时间之间符合抛物线关系，其变化规律与气体渗氮相似。离子渗氮时间对渗层硬度分布的影响见图 6-106。随着渗氮时间延长，

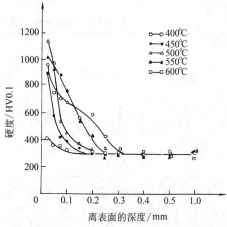

图 6-104　38CrMoAl 钢离子渗氮温度
对渗层硬度分布的影响

注：保温 4h，炉压为 665Pa，φ（N_2）为 80%。

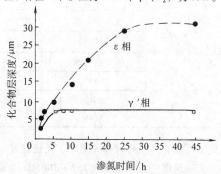

图 6-105　35CrMoV 钢离子渗氮时 ε 相
和 γ' 相化合物层厚度随渗氮时间的变化

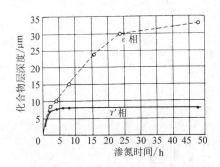

图 6-106　38CrMoAl 钢离子渗氮层硬度
分布与渗氮时间的关系

扩散层加深，硬度梯度趋于平缓；但保温时间增加，引起氮化物组织粗化，导致表面硬度下降。

4. 放电功率　图 6-107 为工件表面的辉光放电功率密度与渗氮层深度的关系，渗氮层深度随功率密度提高而增加。

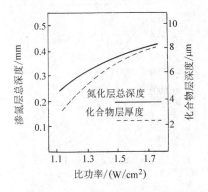

图 6-107　工件表面功率密度与渗氮层深度的关系

6.5.2.4　离子渗氮层的组织

较之于其他渗氮方法，离子渗氮（包括离子氮碳共渗）的一个重要特点是化合物层的组织可调。采用不同的工艺参数，表层可分别获得 γ'、ε、$\gamma' + \varepsilon$、$\varepsilon + \gamma' + Fe_3C$、$\varepsilon + Fe_3C$ 的化合物层结构，还可获得无化合物层的纯扩散层组织。一般来讲，渗氮层中无化合物层或以 γ' 相为主的化合物层，适用于疲劳磨损和交变负荷的工况；对粘着磨损负荷，则以较厚的 ε 相化合物层为佳；当化合物层中出现 Fe_3C 时，将使化合物层的厚度和硬度下降，脆性增加，因此，离子氮碳共渗时，应特别注意碳的加入量。

1. 化合物层的相组成　不同处理工艺和离子渗氮的炉气成分对化合物层的相组成影响很大，表 6-93 为各种工艺条件下表层 X 射线衍射结果；在离子渗氮时各种工艺条件下所获得的化合物层相组成见表 6-92。

从表 6-92 和表 6-93 可以看出，采用离子渗氮处理，较易调节化合物层的相组成，且随着炉气中氮含量的增加，ε 相所占的比例提高；合金元素的存在，有助于 ε 相生成；提高炉气中的碳含量，促进 ε 相生长；另外，在较低温度，较低炉压以及较长保温时间的条件下，有利于 γ' 相生成（见图 6-108 ~ 图 6-110）。

离子渗氮化合物层的形貌与其他渗氮方法所获得的形貌基本一致。

2. 扩散层的组织　对碳钢来讲，扩散层基本上由 $\alpha_N + \gamma' + Fe_3C$ 组成；对合金钢，除上述组织外，还存在高硬度、高弥散分布的合金氮化物。合金钢渗氮扩散层的硬度比碳钢高得多，硬度梯度平缓，对提高抗疲劳性能十分有利。

表 6-93　渗氮后化合物层的 X 射线衍射结果

工　艺	离子渗氮[$\varphi(N_2) = 25\%$]				离子渗氮[$\varphi(N_2) = 80\%$]				气体氮碳共渗	盐浴氮碳渗	氨气渗氮
材料	15	45	35CrMo	38CrMoAl	15	45	35CrMo	38CrMoAl	15	15	38CrMoAl
α-Fe(110)	○	○	○	○	○	○	○	○	○	○	○
γ'-Fe$_4$N(200)	○	○	○	○	○	○	○		○		○
γ'-Fe$_4$N(111)	○	○	○	○	○	○	○		○		○
ε-Fe$_{2\cdot3}$N(101)				○	○	○	○	○	○	○	○
ε-Fe$_{2\cdot3}$N(002)					○	○	○	○	○	○	○
ε-Fe$_{2\cdot3}$N(100)				○				○	○	○	○

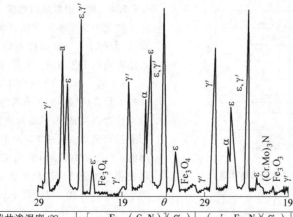

代号	氮碳共渗温度/℃	$\varphi[\varepsilon-Fe_{2-3}(C、N)](\%)$	$\varphi(\gamma'-Fe_4N)(\%)$	$\varphi(Fe_3O_4)(\%)$
1	550	44.3	54.0	1.7
2	570	41.0	53.0	5.8
3	590	25.7	67.5	6.8

图 6-108　42CrMo 钢不同温度离子氮碳共渗处理后的 X 射线衍射谱

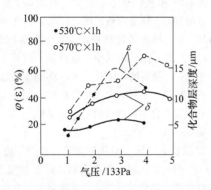

图 6-109　炉气压力对 40Cr 离子渗氮化合物层的影响

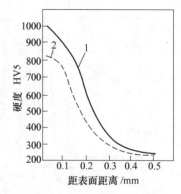

图 6-111　38CrMoAl 钢不同原始状态
离子渗氮后的硬度分布
1—正火态　2—调质态

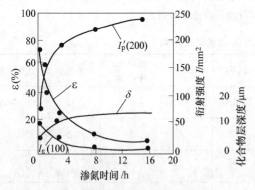

图 6-110　离子渗氮时间对 40Cr 钢化合物层的影响

6.5.2.5　离子渗氮层的性能

1. 表面硬度及硬度梯度　离子渗氮层的硬度及硬度梯度取决于材料种类和不同的渗氮工艺。同时，材料的原始状态对渗氮结果也有较大影响（见图 6-111），原始组织硬度较高的正火态组织比调质态组织所获得的渗氮层硬度更高；结构钢在退火组织状态

下进行渗氮，硬化效果较差。

渗氮温度对离子渗氮层硬度的影响较大（图 6-112），过低或过高的温度都会降低强化效果。不同的工艺方法对渗氮层的表面硬度将产生较大影响，表 6-94 列出了不同工艺条件下的渗氮结果。

2. 韧性　渗氮层的组织结构不同，其韧性也有较大差异。根据扭转试验的应力应变曲线出现屈服现象及产生第一根裂纹的扭转角大小来衡量渗氮件韧性好坏，其结果见图 6-113。由图可见，仅有扩散层的渗氮层韧性最好，γ' 相化合物层次之，而具有 $\gamma' + \varepsilon$ 双相层最差。

化合物层的厚度对渗氮层的韧性产生影响，随着化合物层厚度增加，韧性下降。另外，碳钢离子渗氮层的韧性优于合金钢。

3. 耐磨性　不同的材料、渗氮层组织状态对耐磨性都会产生较大影响，而且，耐磨性的高低还直接受摩擦条件的制约。

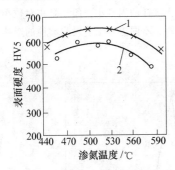

图 6-112 38CrMoAl 钢离子渗氮温度
对硬度的影响

1—正火态 2—调质态

表 6-94 不同渗氮工艺处理后材料的渗层深度及硬度

工艺方法		50 钢			20CrMo		
		化合物层深度/μm	表面硬度 HV	扩散层深度/mm	化合物层深度/μm	表面硬度 HV	扩散层深度/mm
离子渗氮	$\varphi(N_2)$ 20%	3	319	0.2	5	752	0.3
	$\varphi(N_2)$ 80%	7	390	0.3	10	882	0.4
盐浴氮碳共渗		20	473	0.4	13	673	0.4
气体氮碳共渗		7.5	390	0.35	12	707	0.4

（1）滑动摩擦。图 6-114 为不同处理工艺在滑动摩擦试验中的摩擦距离和磨损量的关系（摩擦速度恒

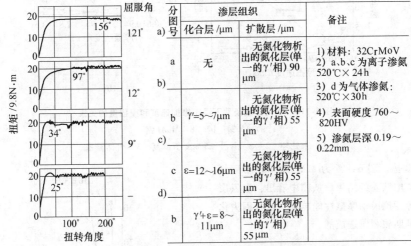

分图号	渗层组织		备注
	化合层 /μm	扩散层 /μm	
a)	无	无氮化物析出的氮化层（单一的 γ′ 相）90 μm	1）材料：32CrMoV
b)	γ′=5～7μm	无氮化物析出的氮化层（单一的 γ′ 相）55 μm	2）a、b、c 为离子渗氮 520℃×24h
c)	ε=12～16μm	无氮化物析出的氮化层（单一的 γ′ 相）55 μm	3）d 为气体渗氮：520℃×30h
d)	γ′+ε=8～11μm	无氮化物析出的氮化层（单一的 γ′ 相）55 μm	4）表面硬度 760～820HV
			5）渗氮层深 0.19～0.22mm

图 6-113 35CrMoV 钢不同渗氮化合物层结构对韧性的影响

a）无化合物层 b）5～7μm 单一 γ′ 相 c）12～16μm 单一 ε 相 d）8～11μm γ′＋ε 相

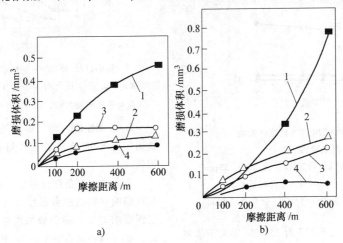

图 6-114 各种渗氮工艺处理后摩擦距离和磨损量的关系

a）15 钢 b）38CrMoAl 钢

1—未处理 2—气体渗氮 3—$\varphi(N_2)$ 25% 离子渗氮 4—$\varphi(N_2)$ 80% 离子渗氮

恒定为 0.94m/s，在 100～600m 范围内改变摩擦距离）。从图可见，离子渗氮层的耐磨性优于气体渗氮，炉气中氮含量较高时（即化合物层中 ε 的相对量更高）耐磨性最好。

图 6-115 为各种渗氮工艺处理的试样在湿态摩擦条件下的摩擦速度和磨损量的关系。由于试验中润滑条件较好，试样的温升小，磨损量相对较小，除未处理的试样外，不同渗氮工艺对耐磨性的影响不大。

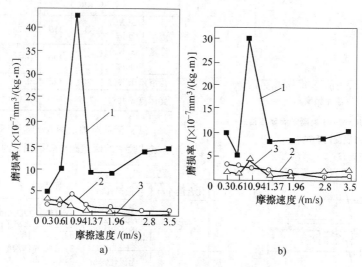

图 6-115　不同处理条件下湿态摩擦速度和磨损量的关系
a）15 钢　b）38CrMoAl 钢
1—未处理　2—φ（N₂）25% 离子渗氮　3—气体渗氮

（2）滚动摩擦。图 6-116 为 MAC24 钢在不同渗氮条件下滚动摩擦试验的结果。从图中看出，渗氮层中化合物层越薄，抗滚动摩擦性能越好，这是因为化合物层易出现早期破坏所造成的。

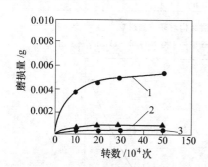

图 6-116　MAC24 钢渗氮试样滚动
摩擦试验的结果
1—520℃×80h 气体渗氮（920HV，化合物层 25μm）
2—二段气体渗氮（920HV，化合物层 12μm）
3—520℃×30h 离子渗氮（915HV，化合物层 5μm）

4. 抗咬合性能　图 6-117 为 35CrMo 钢离子渗氮等方法处理后表面化合物层结构与抗咬合性能的关系。从图中可知，存在硫化物的化合物层的抗咬合性能最佳，且发生咬合所需载荷随 ε 相的相对量增加而加大。

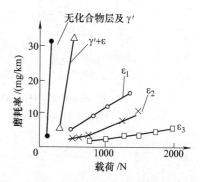

图 6-117　35CrMo 钢抗咬合模拟试验结果
注：除 ε₂、ε₃ 外，其余均为不同气氛下的离子渗氮处理；ε₂ 为离子硫氮碳共渗，ε₃ 为离子硫氮碳共渗处理＋抛光。

5. 疲劳性能　离子渗氮处理可提高材料的疲劳抗力。表 6-95 给出了几种材料光滑试样的疲劳极限值。

不同的处理条件对渗氮层的组织结构产生影响，从而影响材料的疲劳强度（见图 6-118）。随着渗氮层深度的增加，疲劳极限相应提高；渗氮后快速冷却，氮过饱和地固溶于 α-Fe 中，比缓冷后从 α-Fe 中析出平板状的 γ′ 相和微细粒状 α″（Fe₁₆N₂）相的渗氮层具有更高的疲劳极限。从处理方法来看，离子渗氮与其他渗氮方法差别不大，如图 6-118 所示。

表 6-95　离子渗氮对光滑试样疲劳极限值的影响

材料	处理方法	疲劳极限/MPa	疲劳极限上升率
15	未处理	240	1.00
	$\varphi(N_2)$25% 离子渗氮	390	1.63
45	未处理	280	1.00
	$\varphi(N_2)$25% 离子渗氮	430	1.54
35CrMo	未处理	420	1.00
	$\varphi(N_2)$25% 离子渗氮	620	1.48
38CrMoAl	未处理	380	1.00
	$\varphi(N_2)$25% 离子渗氮	610	1.60

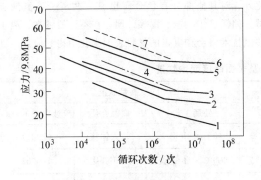

图 6-118　不同的处理条件对 15 钢渗氮层疲劳强度的影响

1—未处理　2—550℃ ×0.5h 离子渗氮　3—550℃ ×2h
4—550℃ ×6h 离子渗氮　5—570℃ ×1h 离子渗氮，水冷
6—570℃ ×2h 离子渗氮，水冷
7—570℃ ×2h 盐浴氮碳共渗，水冷

6. 耐蚀性　离子渗氮层具有良好的耐蚀性，一般以获得致密的 ε 相化合物层为佳，但 ε 相在酸中易分解，故渗氮层不耐酸性介质腐蚀。表 6-96 为离子渗氮试样的盐雾试验情况，从表中结果可见，离子渗氮层的耐蚀性很好，甚至超过了镀铬处理。

表 6-96　各种处理试样的盐雾试验结果

编号	处理方法	喷雾时间/h			
		1	3	10	24
1	未处理	30% 红锈	50% 红锈	80% 红锈	停止
2	镀铬	无异常	微量红锈(5%)	50% 红锈	停止
3	离子渗氮	无异常	无异常	无异常	无异常
4	离子渗氮后抛光	无异常	无异常	无异常	无异常

不锈钢离子渗氮的目的是为了提高材料表面的硬度和耐磨性，这类材料渗氮后，会使材料的耐蚀性下降，如表 6-97 所示。对需进行离子渗氮处理的不锈钢工件，获得无化合物层的渗氮层对耐蚀性较为有利；气氛中含氮量提高、氮原子渗入量增加，都会加快腐蚀速度。

6.5.2.6　钛及钛合金离子渗氮

钛及其合金具有很高的比强度、耐热性、耐蚀性和低温性能，广泛用于航空、航天、化工、造船及精密机件、人工关节等领域和产品，但钛及其合金普遍存在硬度低，耐磨性差，不耐还原性介质腐蚀等缺点，限制了它们的应用。采用离子渗氮处理，可提高钛及其合金的硬度、耐磨性和耐蚀性。

表 6-97　12Cr18Ni9 奥氏体不锈钢离子渗氮后的耐蚀性

编号	离子渗氮条件			硬度 HV	渗层深度/mm	腐蚀失重/[g/(m²·h)]			
	温度/℃	时间/h	炉气成分 $\varphi(N_2)$(%)			H₂SO₄ 水溶液		HCl 水溶液	
						pH = 2	pH = 3	pH = 2	pH = 3
1	550	6	17.3	1382	0.08	2.30	0.24	0.17	<0.10
2	550	6	30	1211	0.11	2.55	0.19	0.17	<0.10
3	550	6	60	1339	0.11	2.19	0.13	0.60	0.15
4	500	10	30	1368	0.11	2.41	0.24	0.17	<0.10
未处理				—	—	0.17	<0.10	<0.10	<0.10

钛材一般采用不含氢的气氛进行离子渗氮（如氮气、氩气等），以防氢脆。若用氮氢混合气或氨气渗氮，渗氮后冷至 600℃ 即应停止供氢。在纯氮条件下，最佳工作气体压力为 1197 ~ 1596Pa，温度为

800 ~ 950℃，低于 500℃ 无渗氮效果。

钛材渗氮后，表面呈金黄色，且色泽随渗氮温度提高而加深。在 800 ~ 850℃ 范围内渗氮，表面组织由 α + δ(TiN) + ε(Ti₂N) 组成。渗氮温度对渗层深

度和表面硬度的影响见图 6-119、图 6-120，表 6-98
为部分钛材离子渗氮工艺及表面硬度、耐蚀性。

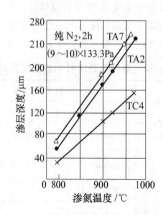

**图 6-119　离子渗氮温度对钛材渗层
深度的影响**

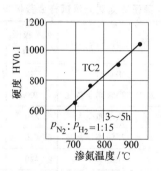

**图 6-120　离子渗氮温度对 TC2 钛合金
表面硬度的影响**

除了钛及其合金可采用离子渗氮方法进行表面强
化外，对其他部分有色金属也有一些离子渗氮的尝
试，如铝、钼、钽、铌等，预计在不远的将来，离子
渗氮技术将会在更多的材料表面强化中得到应用。

表 6-98　钛材离子渗氮工艺及表面硬度耐蚀性能

材料	工 艺 参 数	表面硬度 HV0.3	腐蚀状况		
			处理工艺	腐蚀介质	腐蚀率/(mm/a)
TA2 纯钛	退火，未渗氮	160 ~ 190	940℃×2h 退火	仿人体液	0.0017
TC4 合金	退火，未渗氮	310 ~ 330	800℃×1h 退火	5% H_2SO_4	1.0203
TA7 合金	退火，未渗氮	330 ~ 350	—	—	—
TA2 纯钛	940℃×2h 离子渗氮，$\varphi(N_2):\varphi(H_2)=1:1$	1150 ~ 1620	850℃×4h 渗氮	仿人体液	0.0012
TA2 纯钛	850℃×2h 离子渗氮，$\varphi(N_2):\varphi(H_2)=1:1$	1000 ~ 1200	530℃×1h 退火	5% H_2SO_4	0.1217
TA2 纯钛[1]	900℃×2h 离子渗氮，$\varphi(N_2):\varphi(H_2)=1:1$	1150 ~ 1300	750℃×4h 渗氮	5% H_2SO_4	0.0069
TA2 纯钛	940℃×2h 离子渗氮，纯 N_2	1200 ~ 1450	850℃×4h 渗氮	5% H_2SO_4	0.0069
TA2 纯钛	940℃×2h 离子渗氮，$\varphi(N_2):\varphi(Ar)=1:1$	1385 ~ 1540	530℃×1h 退火	5% H_2SO_4	0.1349
TA2 纯钛	800℃×2h 离子渗氮，$\varphi(N_2):\varphi(Ar)=1:2$	900 ~ 1260	750℃×4h 渗氮	10% H_2SO_4	0.0021
TA2 纯钛	800℃×2h 离子渗氮，$\varphi(N_2):\varphi(Ar)=1:1$	850 ~ 900	850℃×4h 渗氮	10% H_2SO_4	0.0084
TA2 纯钛	800℃×6.5h 离子渗氮，$\varphi(N_2):\varphi(Ar)=1:4$	950 ~ 1100	—	—	—
TC4 合金	940℃×2h 离子渗氮，$\varphi(N_2):\varphi(H_2)=1:1$	1385 ~ 1670	850℃×1h 渗氮	仿人体液	0.0021
TC4 合金	800℃×2h 离子渗氮，$\varphi(N_2):\varphi(Ar)=1:1$	800 ~ 1100	850℃×1h 渗氮	15% H_2SO_4	0.0211
TA7 合金	970℃×2h 离子渗氮，纯 N_2	1500 ~ 1800	—	—	—
TA7 合金	800℃×2h 离子渗氮，纯 N_2	1050 ~ 1280	—	—	—

① 离子渗氮结束后 600℃停氢。

6.5.3　离子氮碳共渗

离子氮碳共渗的目的主要是为了获得较厚 ε 化合
物层，提高材料表面的耐磨性。离子氮碳共渗工艺是
在离子渗氮的基础上加入含碳介质（如乙醇、丙酮、
一氧化碳、甲烷、丙烷等）而进行的。供碳剂的供
给量和温度均会对化合物层的相组成产生影响。一般
来讲，加入微量渗碳剂，有利于化合物层生成，气氛

含碳量进一步增大，促使 Fe_3C 生成，化合物层减薄（见表6-99）；温度升高，化合物层中 ε 相的体积分数降低（见表6-100）。

表 6-99　45 钢化合物层相组成相对量与共渗介质成分的关系

序号	$\varphi(N_2)$:$\varphi(C_2H_5OH)$	体积分数（%）			备　注
		$Fe_{2\sim3}N$	Fe_4N	Fe_3C	
1	10:0.5	23	0	0	离子氮碳共渗工艺：(580 ± 10)℃，3h，氮气与乙醇之比为共渗温度下裂解气的体积之比
2	10:1.0	27	72	1	
3	10:2.0	6	49	45	

表 6-100　42CrMo 钢离子氮碳共渗温度对化合物层相组成相对量的影响

序号	氮碳共渗温度/℃	体积分数（%）			备　注
		$Fe_{2\sim3}N$	Fe_4N	Fe_3C	
1	550 ± 10	44.3	54.0	1.7	氮碳共渗介质：$\varphi(NH_3)$ 97% + $\varphi(CO)$ 3%，处理时间 3h
2	570 ± 10	41.0	53.2	5.8	
3	590 ± 10	25.7	67.5	6.8	

共渗温度对离子氮碳共渗层深度和硬度的影响如表 6-101 所示。

表 6-101　共渗温度对离子氮碳共渗层深度和硬度的影响

温度/℃	20 钢				45 钢				40Cr			
	表面硬度 HV0.1	白亮层深度/μm	共析层深度/μm	扩散层深度/mm	表面硬度 HV0.1	白亮层深度/μm	共析层深度/μm	扩散层深度/mm	表面硬度 HV0.1	白亮层深度/μm	共析层深度/μm	扩散层深度/mm
540	550 ~ 720	8.52	—	0.38 ~ 0.40	550 ~ 770	8.52	—	0.36 ~ 0.38	738 ~ 814	7.5	—	0.75
560	734 ~ 810	12	—	0.40 ~ 0.43	734 ~ 830	12	—	0.38 ~ 0.40	850 ~ 923	8 ~ 10	—	0.31
580	820 ~ 880	15	15 ~ 18	0.43 ~ 0.45	834 ~ 870	15 ~ 18	17	0.40 ~ 0.42	923 ~ 940	2 ~ 13	11 ~ 13	0.35
600	876 ~ 889	19 ~ 20	17 ~ 19	0.45 ~ 0.47	876 ~ 890	20	15 ~ 20	0.42 ~ 0.45	934 ~ 937	17 ~ 18	15	0.38 ~ 0.40
620	876 ~ 889	13 ~ 15	20	0.48 ~ 0.52	820 ~ 852	13 ~ 15	20	0.45 ~ 0.50	885 ~ 934	11 ~ 12	15 ~ 16	0.40
640	413	5 ~ 7	28.4	0.54 ~ 0.55	412	57	25.5	0.50 ~ 0.52	440	5 ~ 6	19.88	0.43
660	373	1.42	—	—	373	2.84	—	—	429	3.25	—	0.45

注：保温时间为 1.5h。

离子氮碳共渗气氛中含碳气氛比例应严格控制。通常情况下，$\varphi(C_3H_8) < 1\%$，$\varphi(CH_4) < 3\%$，$\varphi(CO) < 5\%$、$\varphi(C_2H_5OH) < 10\%$（一些含碳介质是依靠炉内负压吸入的，因而实际通入量远远低于流量计的指示值）。表 6-102 列出了部分材料在一般服役条件下适用的离子氮碳共渗层深度及表面硬度。

表 6-102　部分材料常用离子氮碳共渗层深度及表面硬度

材　料	心部硬度	化合物层深度/μm	总渗层深度/mm	表面硬度 HV
15	≈140HBW	7.5 ~ 10.5	0.4	400 ~ 500
45	≈150HBW	10 ~ 15	0.4	600 ~ 700
60	≈30HRC	8 ~ 12	0.4	600 ~ 700
15CrMn	≈180HBW	8 ~ 11	0.4	600 ~ 700
35CrMo	220 ~ 300HBW	12 ~ 18	0.4 ~ 0.5	650 ~ 750
42CrMo	240 ~ 320HBW	12 ~ 18	0.4 ~ 0.5	790 ~ 850
40Cr	240 ~ 300HBW	10 ~ 13	0.4 ~ 0.5	600 ~ 700
3Cr2W8V	40 ~ 50HRC	6 ~ 8	0.2 ~ 0.3	1000 ~ 1200
4Cr5MoSiV1	40 ~ 51HRC	6 ~ 8	0.2 ~ 0.3	1000 ~ 1200
45Cr14Ni14W2Mo	250 ~ 270HBW	4 ~ 6	0.08 ~ 0.12	800 ~ 1200
QT600-3	240 ~ 350HBW	5 ~ 10	0.1 ~ 0.2	550 ~ 800HV0.1
HT250	≈200HBW	10 ~ 15	0.1 ~ 0.15	500 ~ 700HV0.1

近年来，在国际上开始兴起离子氮碳共渗＋离子后氧化复合处理新技术（称之为 PLASOX 或 INOI-TOX）。在离子氮碳共渗处理的基础上再进行一次离子氧化处理，可在ε化合物层表面生成数微米厚黑色致密的 Fe_3O_4 膜，进一步提高钢铁材料表面的耐磨性和耐蚀性，如 45 钢经离子氮碳共渗＋离子后氧化复合处理后，其耐蚀性可与不锈钢媲美。但进行离子氮碳共渗＋离子后氧化复合处理时，需对一般的离子渗氮炉进行改造，加装保温装置。

6.5.4　离子渗碳及碳氮共渗

6.5.4.1　离子渗碳设备

离子渗碳处理温度较高，单纯采用直流辉光放电加热工件所需电流较大，处理过程中极易转变为弧光放电而无法正常工作。目前较多采用辅助加热的炉型，如图 6-121 所示。

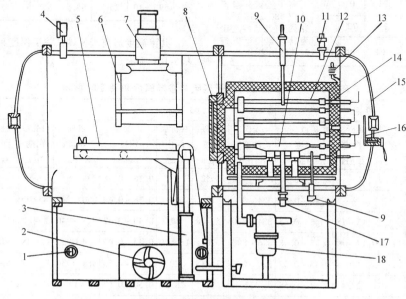

图 6-121　离子渗碳炉结构示意图

1—油加热器　2—油搅拌器　3—升降液压缸　4—压力计　5—送料小车　6—导流板　7—气冷风扇
8—中间密封门　9—热电偶　10—工件料架　11—真空规管　12—加热体　13—进气管
14—保温层　15—水冷炉壁　16—观察窗挡板　17—阴极　18—废气过滤器

这种设备具有直流辉光放电和电阻辅助加热两套电源，工件升温和保温的热能主要由电阻加热提供，而直流电源提供离子渗碳过程中形成等离子体的能量。可分别调整的两套电源使工艺参数可在很大的范围内调节。设备的前部为淬火室，后部为渗碳室，渗碳完毕的工件可直接在真空条件下进行淬火，保证了工件的表面质量。

离子渗碳原理、基本工艺和设备操作过程与离子渗氮相似，包括工件的清洗、狭缝及非渗碳部位的屏蔽保护等。除了设备检修之外，渗碳室一般处于真空状态，因此，经表面清洗并干燥后的工件放上淬火室的送料小车，淬火室需先抽真空至 1000Pa 以下，才能开启中间密封门，将工件送入淬火室。工件在真空状态下通过电阻加热至 400℃ 之上，便可通入少量气体、打开辉光电源进行溅射，由于前期的电阻加热，已将油渍等处理前未清洗干净的污物蒸发并排出炉外，因而辉光溅射的过程很快，待工件升至渗碳温度，即可送入工作气体，进行渗碳处理。渗碳完成后，工件移至淬火室进行直接淬火或降温淬火，工件入油前，淬火室需填充纯氮至 40～73kPa，否则工件难以淬硬；对具有高压气淬装置的设备，则可直接启动气淬系统进行淬火。离子渗碳淬火后的工件，需进行 180～200℃ 的低温回火，以消除应力。

6.5.4.2　离子渗碳工艺

1. 离子渗碳温度与时间　由于辉光放电及离子轰击作用，离子态的碳活性更高，工件表层形成大量的微观缺陷，提高了渗碳速度，但总的来讲，离子渗碳过程主要还是受碳的扩散控制，渗碳时间与渗碳层深度之间符合抛物线规律，较之于渗碳时间、温度对渗速的影响更大。在真空条件下加热，工件的变形量较小，因此，离子渗碳可在较高的温度下进行，以缩短渗碳周期。几种材料离子渗碳处理的渗层深度见表 6-103。

表 6-103　几种材料离子渗碳处理的渗层深度　　　　　　　　(单位：mm)

材　料	900℃				1000℃				1050℃			
	0.5h	1.0h	2.0h	4.0h	0.5h	1.0h	2.0h	4.0h	0.5h	1.0h	2.0h	4.0h
20 钢	0.40	0.60	0.91	1.11	0.55	0.69	1.01	1.61	0.75	0.91	1.43	—
30CrMo	0.55	0.85	1.11	1.76	0.84	0.98	1.37	1.99	0.94	1.24	1.82	2.73
20CrMnTi	0.69	0.99	1.26	—	0.95	1.08	1.56	2.15	1.04	1.37	2.08	2.86

2. 强渗碳与扩散时间之比　离子渗碳时，工件表层极易建立起较高的碳浓度，一般须采用强渗与扩散交替的方式进行。强渗与扩散时间之比对渗层组织和深度有较大影响（见图 6-122）。渗扩比过高，表层易形成块状碳化物，并阻碍碳进一步向内扩散，使总渗层深度下降；渗扩比太小，表面供碳不足，也会影响层深及表层组织。采用适当的渗扩比（如 2:1 或 1:1），可获得理想的渗层组织（表层碳化物弥散分布）并能保证渗层深度。深层渗碳件，扩散所占比例应适当增加。

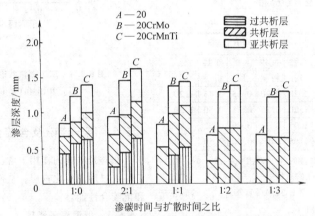

图 6-122　离子渗碳过程中渗碳时间与扩散时间之比
对渗层深度及组织的影响（1000℃，2h）

3. 辉光电流密度　工业生产时采用的辉光电流密度较大，足以提供离解含碳气氛所需能量，迅速建立向基体扩散的碳浓度。离子渗碳层深度主要受扩散速度控制。如果排除电流密度增加使工件与炉膛温差加大这一因素，辉光电流密度对离子渗碳层深度不会产生太大的影响，但会影响表面碳浓度达到饱和的时间。

4. 稀释气体　离子渗碳的供碳剂主要采用 CH_4 和 C_3H_8，以氢气或氮气稀释，渗碳剂与稀释气体的体积比约为 1:10，工作炉压控制在 133~532Pa。氢气具有较强的还原性，能迅速洁净工件表面，促进渗碳过程，对清除表面炭黑也较为有利，但使用时应注意安全。

5. 离子渗碳的应用　离子渗碳技术应用实例见表 6-104。

表 6-104　离子渗碳技术应用实例

工件名称	材料及尺寸	离子渗碳工艺	离子渗碳效果
喷油嘴针阀体	18Cr2Ni4WA	(895±5)℃×1.5h 离子渗碳、淬火及低温回火	表面硬度 ≥58HRC，渗碳层深度 0.9mm
大功率推土机履带销套	20CrMo，ϕ71.2mm×165mm（内孔 ϕ48mm）	1050℃×5h 离子渗碳，中频感应淬火	表面硬度 62~63HRC，有效硬化层深度 3.3mm
搓丝板	12CrNi2	910℃离子渗碳，强渗 30min+扩散 45min，淬火及低温回火	表面硬度 830HV0.5，有效硬化层深度 0.68mm
齿轮套	30CrMo	910℃离子渗碳，强渗 30min+扩散 60min，淬火及低温回火	表面硬度 780HV0.5，有效硬化层深度 0.86mm
减速机齿轮	20CrMnMo，ϕ817mm×180mm	(960±10)℃离子渗碳，强渗 3h，扩散 1.5h	渗碳层厚度 1.9mm，表面碳含量 w(C)0.82%

6.5.4.3　离子碳氮共渗

离子渗碳气氛中加入一定量的氨气，或直接用氨气作稀释剂，可进行离子碳氮共渗。离子碳氮共渗可在比气体法更宽的温度区间进行，温度升高，钢中渗入的氮减少，用普通方法进行碳氮共渗，温度一般不超过900℃，而采用离子法，可实现900℃以上的碳氮共渗。

与离子渗碳相似，离子碳氮共渗也应采用强渗＋扩散的方式进行，不同的渗扩比对渗层组织和深度将会产生较大的影响。20CrMnTi及20Cr2Ni4钢在不同渗扩比的条件下进行离子碳氮共渗，其渗层深度及组织分布见表6-105。

表6-105　不同渗扩比的离子碳氮共渗层深度及组织分布

（单位：mm）

渗扩比	20CrMnTi				20Cr2Ni4			
	过共析层	共析层	亚共析层	总渗层	过共析层	共析层	亚共析层	总渗层
6：0	0.30	0.50	0.40	1.20	0.20	0.55	0.45	1.20
4：2	0.15	0.60	0.45	1.20	0.15	0.55	0.50	1.20
3：3	0.05	0.60	0.40	1.05	0.03	0.60	0.52	1.15
2：4	0	0.60	0.45	1.05	0	0.60	0.50	1.10

注：共渗温度850℃，共渗时间（强渗＋扩散）6h；氢气作为放电介质，强渗阶段 $\varphi(C_3H_8)=5\%$ ，扩散阶段 $\varphi(C_3H_8)=0.5\%$ ；共渗后直接淬火，然后在250℃进行2h真空回火。

综合考虑渗层组织及表面硬度等因素，渗扩比在3：3时较佳，其共渗层硬度分布及碳、氮含量分布见图6-123及图6-124。

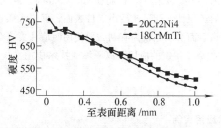

图6-123　离子碳氮共渗层硬度分布

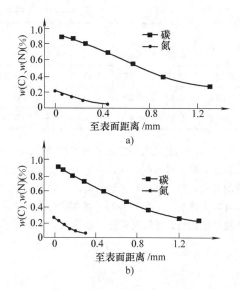

图6-124　离子碳氮共渗层碳、氮含量分布
a）20CrMnTi　b）20Cr2Ni4

6.5.5　离子渗硫及含硫介质的多元共渗

在辉光电场的作用下含硫介质电离，硫元素渗入工件表层形成硫化物层，从而提高零件表面的耐磨性和抗咬合性能。

6.5.5.1　低温离子渗硫

低温离子渗硫一般在160～280℃的较低温度下进行，设备大部分为经过改造的离子渗氮炉，设备改造的目的是防止硫对输气管道和密封件的腐蚀。含硫介质的供给方式主要有以下几种：利用硫蒸气进行离子渗硫，硫的蒸发器可放在炉内或炉外；依靠负压将 CS_2 直接吸入炉内；将硫化亚铁与水蒸气反应生成 H_2S 气体再送入炉内。

离子渗硫的速度较快，一般经2～4h处理即可获得10～20μm的渗硫层，且随着渗硫温度的升高和保温时间的延长，渗层表面硫含量逐渐增多，如表6-106所示。

表6-106　45钢在不同工艺条件下离子渗硫处理后表层硫含量

处理工艺	160℃	190℃	220℃	250℃	280℃	190℃				
	1h					0.5h	1h	2h	3h	4h
S摩尔分数（%）	1.70	2.61	5.62	8.68	27.20	1.27	2.61	3.22	3.26	3.30

低温离子渗硫技术适用于基体硬度较高的材料，如经淬火、回火处理的轴承钢、模具钢等，如果基体强度太低则很难充分发挥渗硫层的耐磨损性能。

6.5.5.2　离子硫氮共渗及离子硫氮碳共渗

渗硫层只有结合在高硬度的基体上，才能充分发挥硫化物的减摩润滑作用，因此，实际生产中应用较多的是离子硫氮共渗和离子硫氮碳共渗。

1. 离子硫氮共渗　一般采用 NH_3 和 H_2S 作为共渗剂进行离子硫氮共渗，NH_3 与 H_2S 之比（体积比）为 10:1 ～ 30:1，图 6-125 是 20CrMnTi 钢在不同气氛下离子硫氮共渗层的硬度分布，气氛配比对离子硫氮共渗层硬度、深度和硫含量的影响见表 6-107。硫的渗入，不仅在工件表面形成硫化物层，而且还有一定的催渗作用。气氛中硫含量存在一最佳配比，硫含量太高易形成脆性 FeS_2 相，出现表层剥落。

离子硫氮共渗已用于工具、模具及一些摩擦件处理，具有比其他方法共渗更高的效率（见表 6-108）。

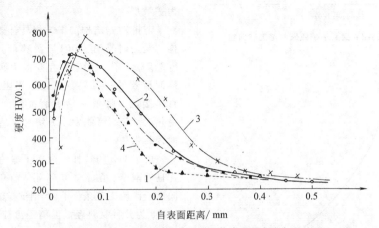

图 6-125　不同 NH_3/H_2S 比值下离子硫氮共渗层硬度分布（570℃，2h）

1—10:1　2—20:1　3—30:1　4—60:1

表 6-107　气氛配比对离子硫氮共渗层硬度、深度及硫含量的影响 [(520±10)℃，4h]

气氛配比 $\varphi(NH_3)\}\varphi(H_2S)$	表面硫含量 $w(S)(\%)$	W18Cr4V		40Cr		脆性等级 (HV5 压痕)
		渗层深度/mm	表面硬度 HV	渗层深度/mm	表面硬度 HV	
氨	—	0.110	1302	0.28	692	I
15:1	0.057 ～ 0.060	0.110	1302	0.28	698	I
10:1	0.079 ～ 0.093	0.116	1283	0.31	676	I
5:1	0.13 ～ 0.18	0.130	1275	0.32	644	I
3:1	—	0.107	1197	0.27	575	I ～ II
2:1	0.36	0.093	1095	0.23	539	I

表 6-108　高速钢不同共渗方法的渗速比较

共渗工艺	离子硫氮共渗	液体硫氮共渗	气体硫氮共渗	气体硫氮共渗	碳氮氧硫硼共渗
	(550±10)℃，15～30min	530～550℃ 1.5～3h	570℃，6h	550～560℃，3h	560～570℃，2h
渗层深度/mm	0.051 ～ 0.067	0.03 ～ 0.06	0.097	0.04 ～ 0.07	0.03 ～ 0.07

2. 离子硫氮碳共渗　离子硫氮碳共渗可用 NH_3（或 N_2、H_2 等）加入 H_2S 及 CH_4（或 C_3H_8 等）作为处理介质。如 20CrMo 钢在 $\varphi(N_2)$20% ～ 80%、$\varphi(H_2S)$ 0.1% ～ 2%、$\varphi(C_3H_8)$ 0.1% ～ 7% 及余量 H_2（或 Ar）的气氛中进行 400 ～ 600℃ 离子硫氮碳共渗，硫化物层可达 3 ～ 50μm，表面硬度为 600～700HV。

由于采用硫化亚铁与稀盐酸反应制备 H_2S 的方法工艺性较差，且 H_2S 对管路的腐蚀和环境污染严重，因而在实际生产中，大多数采用 CS_2 作为供硫及供碳剂。可将无水乙醇与 CS_2 按 2:1（体积比）的比例制成混合液，依靠炉内负压吸入，再以氨气与混合气按 20:1 ～ 30:1（体积比）的比例向炉内送气，即可进行硫氮碳共渗。共渗时硫的通入量同样不能太大，否则将引起表面剥落。图 6-126 和图 6-127 分别为 3Cr2W8V 钢离子硫氮碳共渗工艺曲线及硬度分布曲线。

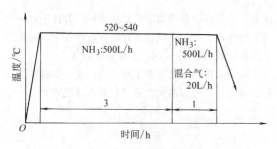

图 6-126　3Cr2W8V 钢离子硫氮碳共渗工艺曲线

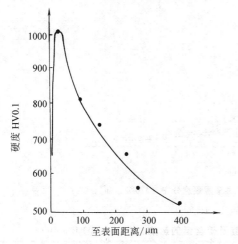

图 6-127　3Cr2W8V 钢离子硫氮碳共渗层硬度分布曲线

6.5.5.3　离子渗硫及其多元共渗层的组织与性能

渗硫层一般由密排六方结构的 FeS 组成，硬度约为 60HV；当硫含量进一步提高，可能生成 FeS_2，FeS_2 为正交或立方结构，不具备自润滑性能。对离子硫氮共渗或离子硫氮碳共渗处理的材料，次表层为 ε 相或 ε + γ′ 组成的化合物层，接着为扩散层。

密排六方结构的 FeS 相具有类似石墨的层状结构，受力时易沿 {001} 滑移面产生滑移；其次，FeS 疏松多孔，便于储存并保持润滑介质，改善液体润滑效果；另外，硫化物层阻隔了金属之间的直接接触，降低了粘着磨损倾向。在受热和摩擦受热时，FeS 可能发生分解与重新生成，并沿晶界向内扩散。

由于 FeS 的特性，为离子渗硫或共渗层带来了优良的减摩、耐磨、抗咬死等性能。表 6-109 为不同离子渗硫工艺条件下 45 钢试样的耐磨性对比。图 6-128 为几种材料经低温离子渗硫处理后在球-盘试验机上测定的摩擦因数和磨损宽度，并与未渗硫试样进行的比较。3Cr2W8V 钢经图 6-126 所示的工艺进行离子硫氮碳共渗处理后的抗咬合试验曲线见图 6-129。

表 6-109　不同离子渗硫工艺处理的 45 钢试样的耐磨性对比

载荷/N	50		30		10	
耐磨性	体积磨损量 /(mg/m³)	相对磨损量	体积磨损量 /(mg/m³)	相对磨损量	体积磨损量 /(mg/m³)	相对磨损量
280℃×3h	20.81	6.57	10.30	7.05	1.362	4.66
240℃×3h	20.43	6.69	5.391	13.48	0.5867	10.90
200℃×3h	24.66	5.54	10.35	7.02	1.852	3.43
160℃×3h	53.27	2.57	33.31	2.18	6.396	0.99
45 钢未渗硫	136.7	1	72.66	1	6.353	1
240℃×0.5h	43.46	3.15	21.41	3.39	3.662	1.73
240℃×1h	29.66	4.61	11.70	6.21	1.995	3.18
240℃×2h	16.41	8.33	8.009	9.07	0.5313	11.96

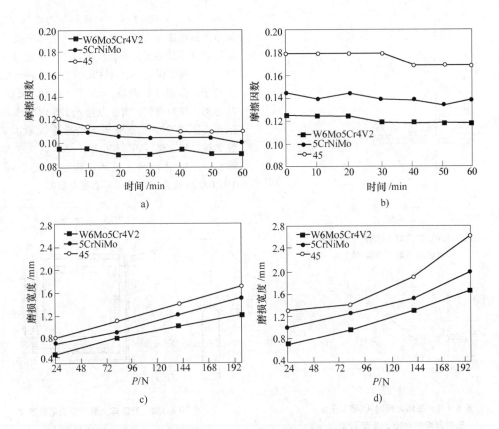

图 6-128　离子渗硫试样与未渗硫试样的摩擦因数和磨损宽度对比

a）渗硫层摩擦因数　b）未渗硫试样摩擦因数　c）渗硫层磨损宽度　d）未渗硫试样磨损宽度

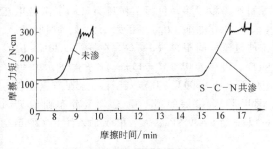

图 6-129　3Cr2W8V 钢离子硫氮碳共渗

试样抗咬合试验曲线

6.5.6　离子渗硼

采用离子轰击进行渗硼，比包括电解法在内的其他方法具有更高的渗速，并可在较低的温度下获得渗硼层。

较早的离子渗硼以 B_2H_6 和 BCl_3 作为渗硼介质。工业纯铁和 20 钢在炉压 930～2660Pa、电压 400～750V、温度 900℃ 的条件下离子渗硼 50min，可获得厚度为 70μm 的渗层，由腐蚀后颜色较深的 FeB 表层和 Fe_2B 次表层组成。由于 BCl_3 腐蚀性较强、B_2H_6 有毒易爆，因此这种方法实际应用较少。

近年来开发的膏剂离子渗硼工艺，具有较高的实用性。离子渗硼膏剂由供硼剂、活化剂、填充剂及粘结剂等部分组成。

供硼剂：B_4C、$Na_2B_4O_7$、B-Fe 等；

活化剂：KBF_4、Na_3AlF_6、NaF、NH_4Cl、$(NH_2)_2CS$ 等；

填充剂：SiC、CaF_2、ZrO_2 等；

粘结剂：纤维素、明胶、水玻璃等。

将供硼剂、活化剂及填充剂按一定比例混合均匀，加入粘结剂调制成糊膏涂覆在工件表面，膏剂厚度 2～3mm，自然干燥或在 100～200℃ 的温度下烘干后装入离子渗氮炉，通入氮、氢或氩气进行辉光放电，实现离子渗硼。

采用成分（质量分数）为 B-Fe60%～80%、$Na_3AlF_6$10%～15%、NaF5%～10%、$(NH_2)_2CS$ 2%～5% 的渗硼剂进行膏剂离子渗硼、温度及保温时间对渗硼层厚度的影响见图 6-130 及图 6-131。材质、温度、渗硼方式对渗硼层厚度的影响见表 6-110 及表 6-111。

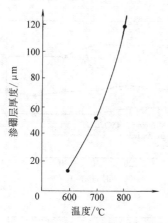

图 6-130　温度对 45 钢离子渗硼层
厚度的影响（保温 4h）

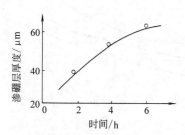

图 6-131　保温时间对 45 钢离子渗
硼层厚度的影响（温度 700℃）

表 6-110　不同材料的离子渗硼
层厚度　　（单位：μm）

渗硼工艺	20 钢	45 钢	40Cr	硼铸铁
700℃,2h	40	35	32	28
700℃,4h	55	51	48	44
700℃,6h	64	61.5	57	53

表 6-111　不同渗硼方法对渗硼层厚度
的影响　　（单位：μm）

渗硼工艺方法	600℃,4h	700℃,4h	800℃,4h
膏剂离子渗硼	13.5	51	120
电阻炉膏剂渗硼	6	28.5	54

6.5.7　离子渗金属

1. 双层辉光离子渗金属　双层辉光离子渗金属是多种离子渗金属技术中较为成熟的一种。该技术的基本原理是在真空容器内设置阳极、阴极（工件）以及欲渗金属制成的金属靶（源极），阴极和阳极之间以及阴极与源极之间各设一个可调直流电源（见

图 6-132）。当充入真空室的氩气压力达到一定值后，调节上述电源，在两对电极之间产生辉光放电，形成双层辉光现象。工件在氩离子轰击下温度升至 950 ~ 1100℃，而源极欲渗金属在离子轰击作用下被溅射成为离子，高速飞向阴极（工件）表面，被处于高温状态的工件所吸附，并扩散进入工件内部，从而形成欲渗金属的合金层。能渗入的合金元素有钨、钼、铬、镍、钒、锆、钽、铝、钛、铂等，除渗入单一元素外，还可进行多元共渗，渗层的成分可为 0 ~ 100% 金属或合金，厚度可达数百微米。

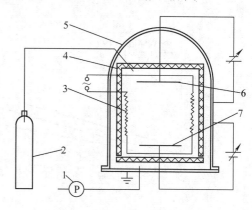

图 6-132　双层辉光离子渗金属原理图
1—真空泵　2—气源　3—辅助加热器　4—阳极
（隔热屏内壁）　5—炉体　6—源极　7—阴极

较之于离子渗氮等，双层辉光离子渗金属工艺需控制的参数较多，包括工作压力（p）、源极电压（U_S）、工作电压（U_C）、温度（t）、处理时间（τ）、工件与源极间距离（d）等。在 $p = 39.9$Pa、$U_S = 900$V、$U_C = 400$V、$d = 15$mm 的条件下，20 钢经 1000℃×1h + 800℃×1.5h 离子渗金属处理（源极为 Ni80Cr20），渗层的 Ni、Cr 总含量分布曲线见图 6-133；当 $p = 39.9$Pa、$U_S = 700$V 的条件下，20 钢经

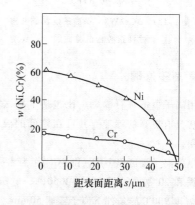

图 6-133　渗层的 Ni、Cr 总含量分布曲线

1000℃×3h 离子渗金属处理（源极为 W-Mo），渗层的 W、Mo 总含量分布曲线见图 6-134。

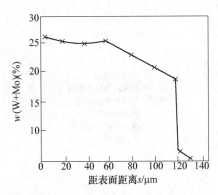

图 6-134　渗层的 W、Mo 总含量分布曲线

双层辉光离子渗金属的渗层成分可调性强，能模拟许多高合金钢的成分，适用范围广，该技术现已在一些产品上应用。

2. 多弧离子渗金属　　多弧离子渗金属是在多弧离子镀的基础上发展起来的技术，图 6-135 是设备结构示意图。工作时，首先在工件上施加 2000V 以上的负偏压，用引弧极引燃阴极电弧，所产生的金属离子流被加速并迅速将工件轰击加热至 1000℃ 左右，金属离子除轰击加热工件外，还有足够的能量在工件表面迁移和扩散，实现离子渗金属的目的。与辉光放电相比，弧光放电具有放电电压低（20~70V）、电流密度大（>100A/cm²）的特点，因而多弧离子渗金属渗速快，只要能加工成阴极电弧源靶材的金属或合金均可进行多弧离子渗金属处理。

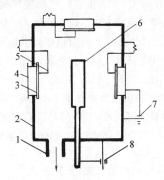

图 6-135　多弧离子渗金属设备结构示意图

1—真空系统　2—真空室　3—弧源靶材
4—阴极弧源座　5—触发极　6—工件
7—弧源电源　8—工件偏压电源

08 钢在 1100℃ 进行 20min 多弧离子渗钛，可获得深度为 70μm 的渗钛层。经 13min 渗铝后，渗层可达 60μm。

3. 加弧辉光离子渗金属　　该技术是在双层辉光离子渗金属的装置中引入冷阴极电源，产生弧光放电，选用欲渗元素的固态纯金属或合金制成阴极电弧源靶和辉光放电辅助源极溅射源。阴极电弧作为蒸发源、加热源、离子化源，具有离化率高，能量大，渗速快，设备简单，成本低等特点。双层辉光离子渗金属的源极作为辅助供给源和辅助阴极，可增加金属离子的绕射性，易使大型、复杂工件的温度、渗层及成分均匀。一般将工件加热至 1000℃ 左右，金属离子靠轰击与扩散渗入工件表面。如 10 钢和 60 钢经 1050℃×35min 加弧辉光离子渗铝后，渗层厚度分别为 110μm 和 90μm，试样表面含铝量可达 8%（质量分数）。

4. 气相辉光离子渗金属　　在离子化学热处理设备中适量通入欲渗金属的化合物蒸气，如 TiCl₄、AlCl₃、SiCl₄ 等，通入量靠调节蒸发器温度和蒸发面积来控制，同时按比例通入工作气体（氢气或氩气）。在阴极（工件）与阳极之间施加直流电压，形成稳定的辉光放电，促使炉气电离，产生欲渗元素的金属离子。这些离子高速轰击工件表面，并在高温下向工件内部扩散，实现气相辉光离子渗金属。

6.6　气相沉积与离子注入技术

6.6.1　气相沉积技术

气相沉积是利用气相中发生的物理、化学过程，在工件表面形成功能性或装饰性的金属、非金属或化合物涂层。按沉积过程的主要属性可分为化学气相沉积（Chemical Vapor Deposition，CVD）和物理气相沉积（Physical Vapor Deposition，PVD）；等离子体被引入化学气相沉积过程中，便形成等离子化学气相沉积（Plasma Chemical Vapor Deposition，PCVD）。具体分类见图 6-136。

经气相沉积处理，在工件表面覆盖一层厚度为 0.5~10μm 的过渡族元素（Ti、V、Cr、W、Nb 等）的碳、氧、氮、硼化合物或单一的金属及非金属涂层。几类沉积层的名称及其主要特性见表 6-112。

6.6.1.1　化学气相沉积

利用气态物质在固态工件表面进行化学反应、生成固态沉积层的过程，称为化学气相沉积。化学气相沉积有三个要点：

（1）涂层的形成是通过气相化学反应完成的。

（2）涂层的形核及长大是在基体表面进行的。

（3）所有涂层的反应均为吸热反应，所需热量靠辐射或感应加热提供。

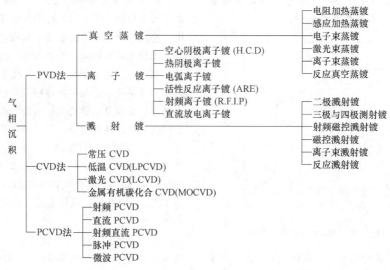

图 6-136　气相沉积方法分类

表 6-112　几类沉积层的名称及其主要特性

类别	沉积层名称	主要特性
碳化物	TiC,VC,W_2C,WC,MoC,Cr_3C_2,B_4C,TaC,NbC,ZrC,HfC,SiC	高硬度,高耐磨,部分碳化物（如碳化铬）耐蚀
氮化物	TiN,VN,BN,ZrN,NbN,HfN,Cr_2N,CrN,MoN,(Ti,Al)N,Si_3N_4	立方 BN、TiN、VN 等耐磨性能好；TiN 色泽如金且比镀金层耐磨,装饰性好
氧化物	Al_2O_3,TiO_2,ZrO_2,CuO,ZnO,SiO_2	耐磨,特殊光学性能,装饰性好
碳氮化合物	Ti(C,N),Zr(C,N)	耐磨,装饰性好
硼化物	TiB_2,VB_2,Cr_2B,TaB,ZrB,HfB	耐磨
硅化物	$MoSi_2$,WSi_2	抗高温氧化,耐蚀
金属及非金属元素	Al,Cr,Ni,Mo,C(包括金刚石及类金刚石)	满足特殊光学、电学性能或赋予高耐磨性

1. 化学气相沉积的条件　要使化学气相沉积顺利进行,在沉积温度下反应物必须有足够高的蒸气压。因此,若反应物在室温下能全部呈气态,则沉积装置很简单。如果反应物在室温的挥发性很小,需要加热使其挥发,装置相应要复杂一些。

反应的生成物除了所需要的沉积物为固态外,其余都必须为气态。沉积物与基片本身的蒸气压应足够低,以保证在整个反应过程中能保持在加热基体表面。

从热力学条件看,化学气相沉积的热力学条件实质上是产生沉积物的这一化学反应的热力学条件。设参加 CVD 过程的化学反应为如下分解反应：

$$AB(g) \longrightarrow A(s) + B(g)$$

该反应的反应平衡常数 K_p 由下式确定：

$$\lg K_p = \lg \frac{P_{B(g)}}{P_{AB(g)}}$$

一般化学气相沉积中要求 $\lg K_p > 2$,即有大于 99% 的 AB 分解。但 $\lg K_p$ 太大亦无必要,如 $\lg K_p = 4$,也仅仅多 0.99% AB 发生分解反应。

化学气相沉积的温度一般 $>800℃$,最高可达 2000℃,工作压力 $6.7 \times 10^3 \sim 10^5 Pa$,活性气体介质为金属卤化合物和羰基化合物,还原性介质为 H_2,惰性气体是 Ar。某些活性气体来源于室温下具有较高蒸气压的液体。这些液体被加热到适当的温度（一般不超过 60℃）,再由载气（如氢气或氮气）把液体的蒸气带入反应室。形成活性气相介质的液体有 $TiCl_4$、$SiCl_4$、CH_3SiCl_3。有时也把固态金属或化合物转换成蒸气作为活性气体,如金属铝与氯气或盐酸反应生成 $AlCl_3$。

2. 化学气相沉积装置（见图 6-137）　化学气相沉积工艺装置主要由反应室（器）、供气系统和加热系统组成。反应室是化学气相沉积中最基本的部分,

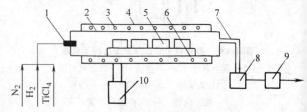

图 6-137　化学气相沉积装置示意图

1—进气系统　2—反应器　3—加热炉丝　4—加热炉体
5—工件　6—工件夹具　7—排气管　8—机械泵
9—尾气处理系统　10—加热炉电源及测温仪表

常采用石英管制成，其器壁可为热态或冷态，依实际情况而定。反应室可以采用电阻加热或高频感应加热。按沉积温度的高低，化学气相沉积装置可分为高温（＞500℃）化学气相沉积和低温（＜500℃）化学气相沉积。高温化学气相沉积装置广泛用来沉积 TiC、TiN 等超硬薄膜以及Ⅲ—Ⅴ族和Ⅱ—Ⅵ族的化合物半导体。沉积上述化合物半导体时，反应室的器壁为热态，但如果从卤化物或氢化物中沉积硅，则反应器壁应为冷态；低温化学气相沉积反应室主要用于基片或衬底温度不宜在高温下进行沉积的某些场合，如平面硅和 MOS 集成电路的钝化膜。

根据沉积时系统的压强大小，化学气相沉积又可分为常压化学气相沉积和低压化学气相沉积。前者系统的压强约一个大气压，后者的压强为数百帕~数十帕。低压化学气相沉积与常压化学气相沉积相比，具有沉积的膜均匀性好，台阶覆盖及一致性好，针孔较少，膜的结构完整性优良，反应气体的利用率高等优点。图 6-138 所示为 TiC 涂层化学气相沉积过程示意图。

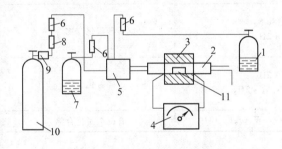

图 6-138　TiN 涂层化学气相沉积过程示意图
1—甲烷　2—反应室　3—感应炉　4—高频源
5—混合室　6—流量计　7—TiCl₄　8—干燥器
9—催化剂　10—氢　11—工件

工件置于氢气保护下加热到 1000~1050℃，然后以氢作为载气把 TiCl₄ 和甲烷送入炉内的反应室中，使 TiCl₄ 中的钛与甲烷中的碳化合，形成碳化钛。反应的副产物则被气流带出室外。沉积反应过程如下：

$$TiCl_4 + CH_4(g) \rightarrow TiC(S) + 4HCl(g)$$

气体中的氧化性组分（如微量氧、水蒸气）对沉积过程有很大影响。有氧存在时，沉积物的晶粒剧烈长大，并有分层现象产生。故原料气的纯度要高，进入反应室前必须要进行净化，以除去氧化性成分。

化学气相沉积法制备薄膜的主要工艺参数有：

（1）温度。温度对化学气相沉积膜的生长速度有很大的影响。温度升高，化学反应速度加快，基材表面对气体分子或原子的吸附及它们的扩散加强，故成膜速度增加。

（2）反应物供给及配比。化学气相沉积的原料要选择常温下是气态的物质或具有高蒸气压的液体或固体，一般为氢化物、卤化物以及金属有机化合物。通入反应器的原料气体应与各种氧化剂、还原剂等按一定配比混合通入。气体组成比例会严重影响镀膜质量及生长率。当用硅烷热分解制取多晶硅膜时，硅烷浓度或惰性气体载气的流量将严重影响膜的生成率。

（3）压力。反应器内压力与化学反应过程密切相关。压力将会影响反应器内热量、质量及动量传输，因此影响化学气相沉积反应效率、膜质量及膜厚度的均匀性。在常压水平反应器内，气体流动状态可以认为是层流；而在负压反应器内，由于气体扩散增强，可获质量好、厚度大及无针孔的薄膜。

化学气相沉积化学反应类型及沉积材料见表 6-113，常用的化学气相沉积层见表 6-114。

表 6-113　化学气相沉积的化学反应类型及沉积材料

反应类型	反　应　式	沉积材料
热分解	$SiH_4 \xrightarrow{\triangle} Si + 2H_2$ $W(CO)_6 \xrightarrow{\triangle} W + 6CO$ $2Al(OR)_3 \xrightarrow{\triangle} Al_2O_3 + R'$ $SiI_4 \xrightarrow{\triangle} Si + 2I_2$	金属氧化物 金属碳酰化合物 有机金属化合物 金属卤化物
氢还原	$SiCl_4 + H_2 \xrightarrow{\triangle} Si + 4HCl$ $SiHCl_3 + H_2 \xrightarrow{\triangle} Si + 3HCl$ $MoCl_5 + 5/2H_2 \xrightarrow{\triangle} Mo + 5HCl$	金属卤化物

（续）

反应类型	反应式	沉积材料
金属还原	$BeCl_4 + 2Zn \xrightarrow{\triangle} Be + 2ZnCl_2$ $SiCl_4 + 2Zn \xrightarrow{\triangle} Si + 2ZnCl_2$	金属卤化物,单质金属
基片材料还原	$WF_6 + 3/2Si \longrightarrow W + 3/2SiF_4$	金属卤化物,硅基片
化学输送反应	$2SiI_2 \rightleftharpoons Si + SiI_4$	硅化物等
氧化	$SiH_4 + O_2 \longrightarrow SiO_2 + 2H_2$ $SiCl_4 + O_2 \xrightarrow{\triangle} SiO_2 + 2Cl_2$ $POCl_3 + 3/4O_2 \longrightarrow 1/2P_2O_5 + 3/2Cl_2$ $AlR_3 + 3/4O_2 \longrightarrow 1/2Al_2O_3 + R'$	金属氢化物 金属卤化物 金属氧氯化合物 有机金属化合物
加水反应	$SiCl_4 + 2H_2O \longrightarrow SiO_2 + 4HCl$ $2AlCl_3 + 3H_2O \longrightarrow Al_2O_3 + 6HCl$	金属卤化物
与氨反应	$SiH_2Cl_2 + 4/3NH_3 \longrightarrow 1/3Si_3N_4 + 2HCl + 2H_2$ $SiH_4 + 4/3NH_3 \longrightarrow 1/3Si_3N_4 + 2H_2$	金属卤化物 金属氢化物
等离子体激发反应	$SiH_4 + 4/3N \longrightarrow 1/3Si_3N_4$ $SiH_4 + 2O \longrightarrow SiO_2 + 2H_2$	硅氢化合物
光激发反应	$SiH_4 + 2O \longrightarrow SiO_2 + 2H_2$ $SiH_4 + 4/3NH_3 \longrightarrow 1/3Si_3N_4 + 2H_2$	硅氢化合物
激光激发反应	$W(CO)_6, Cr(CO)_6, Fe(CO)_5 \longrightarrow W, Cr, Fe, CO$	有机金属化合物

表6-114　常用的化学气相沉积层

涂层名称	作用气体	沉积温度/℃	硬度 10^2HV
VC	$VCl_4/C_6H_5CH_3/H_2$	1500 ~ 2000	20 ~ 30
Si_3N_4	$SiCl_4/NH_3$	1200 ~ 1600	12 ~ 16
SiC	$SiHCl_3/CH_4/H_2$	1000 ~ 1400	25 ~ 40
	CH_3SiCl_2	1000 ~ 1400	25 ~ 40
TiC	$TiCl_4/CH_4/H_2$	800 ~ 1000	20 ~ 27
TiN	$TiCl_4/N_2/H_2$	650 ~ 1700	20 ~ 27
B_4C	$BCl_3/CH_4/H_2$	≈1300	30 ~ 35
Al_2O_3	$AlCl_3/H_2/CO_2$	800 ~ 1300	20 ~ 25
W_2C	$WF_6/C_6H_6/H_2$	320 ~ 600	20 ~ 25
WC	WCl_6/CH_4	900 ~ 1100	≈17
HfC	$HfCl_4/CH_4/H_2$	1000 ~ 1300	18 ~ 25
BN	BCl_3/NH_3	1750 ~ 1950	很软
	BF_3/NH_3	1750 ~ 1950	≈60

化学气相沉积适于处理大批量的小工件,工件可随意堆放在反应室中。在适当条件下,无论工件形状如何,只要混合气体能够从其表面通过,都能形成均匀涂层,无需采用专用旋转夹具。

化学气相沉积的温度一般都高于800℃,这给基材的选用带来很大限制,反应室内通入易爆的氢气,也使该技术的推广应用受到影响。目前，化学气相沉积主要用于硬质合金刀具的涂覆。由于沉积温度较高，工件产生较大的内应力和变形，精度难以控制在 $2\sim3\mu m$ 以内，高温造成的组织变化还会降低基体材料的力学性能。基体材料和沉积材料中的合金元素也会在高温下发生互扩散，可能在界面上形成脆性相，削弱涂层与基体的结合力。因此，有效地降低沉积温度，是扩大气相沉积技术应用范围的关键。

降低沉积温度的措施之一是选择合适的反应气体。例如，沉积氮化硅时，用 $SiH_4\text{-}N_2H_4\text{-}H_2$ 比用 $SiH_4\text{-}NH_3\text{-}H_2$ 沉积温度低；沉积碳化钨时，用 $WF_6\text{-}H_2$ 比用 $WCl_6\text{-}C_6H_6\text{-}H_2$ 沉积温度低；沉积碳化物时用苯（C_6H_6）作为反应气体，比用其他碳氢化合物的沉积温度低。

近年来出现了所谓的中温化学气相沉积（MTCVD），可使反应温度降至 $500\sim800℃$。一方面，选用金属羰基化合物，如 $Ni(CO)_4$ 和 $W(CO)_6$，可使沉积温度降至 $600℃$ 以下，称之为金属有机化合物化学气相沉积（MOCVD）；另一方面，也可采用物理方法激发反应气体分子，降低沉积温度，如等离子体化学气相沉积（PCVD）和激光化学气相沉积（LCVD）。

金属有机化合物化学气相沉积是一种利用有机金属热分解反应进行气相外延生长的方法，其原理与利用硅烷热分解得到硅外延生长的技术相同，主要用于化合物半导体气相生长上。由于金属有机化合物化学气相沉积是利用热能来分解化合物，因此作为有机化合物半导体元素的化合物原料必须满足以下条件：①在常温下较稳定且容易处理。②反应生成的副产物不应妨碍晶体的生长，不应污染生长层。③为适应气相生长，在室温左右应具有适当的蒸气压（$\geqslant10Pa$）。

表 6-115 为 b 族元素周期表。此表粗线左侧元素具有强的金属性，而右侧元素具有强的非金属性。能满足上述条件的化合物原料要求的物质是周期表粗线右侧元素的氢化物。粗线左侧元素不能构成满足无机化合物原料，但其有机化合物特别是烷基化合物大多能满足作为原料的要求。另外，不仅金属烷基化合物，而且非金属烷基化合物都能用作金属有机化合物化学气相沉积的原料。

表 6-115 b 族元素周期表

周期	Ⅱ族	Ⅲb族	Ⅳb族	Ⅴb族	Ⅵb族
2		B	C	N	O
3		Al	Si	P	S
4	Zn	Ca	Ge	As	Se
5	Cd	In	Sn	Sb	Te
6	Hg		Pb		

周期表中的元素能用作原料化合物的相当多，它们对应于大多数化合物半导体晶体。例如 CaAs、$Ga_{1-x}Al_xAs$。作为 Ga、Al 的原料可选择（CH_3）$_3$Ga（三甲基镓 TMG）、（CH_3）$_3$Al（三甲基铝 TMA）；作为 As 的原料可选择 AsH_3 气体。使这些原料在高温下发生热分解就能得到化合物半导体。例如，GaAs 可在 GaAs 基片上按下式反应完成外延生长：

$$(CH_3)_3Ga + AsH_3 \longrightarrow GaAs + 3CH_4$$

与其他方法相比，金属有机化合物化学气相沉积具有以下特点：①单一的生长温度范围是生长的必要条件，反应装置容易设计，较气相外延法简单。生长温度范围较宽，适合于工业化大批量生产；②由于原料能以气体或蒸气状态进入反应室，容易实现导入气体量的精确控制，并可分别改变原料各组分量值，膜厚和电性质具有较好的再现性，能在较宽范围内实现控制；③能在蓝宝石、尖晶石基片上实现外延生长；④只改变原料就能容易地生长出各种成分的化合物晶体。

6.6.1.2 物理气相沉积

物理气相沉积的基本特点是沉积物以原子、离子、分子和离子簇等原子尺寸的颗粒形态在材料表面沉积，形成外加覆盖层。它一般包括涂料汽化、输送至工件附近空间及形成覆层三个阶段。工件沉积温度一般不超过 $600℃$。高速钢、模具钢和不锈钢沉积后通常都无需再进行热处理，因而应用面较化学气相沉积广。目前，物理气相沉积有三种方式，即真空蒸镀、溅射沉积和离子镀。

1. 真空蒸镀 真空蒸镀是在 $1.33\times10^{-4}\sim1.33\times10^{-3}Pa$ 的真空容器内用电阻加热、电子束、高频感应、激光加热涂覆材料，使原子蒸发从表面逸出。蒸发出的原子能量不超过 1eV，在真空条件下会与残余气体分子碰撞直接沉积到工件表面，形成膜层。图 6-139 为用电阻加热式真空蒸镀系统简图。涂层材料一般放在坩埚中，或制成金属片放在钨丝上方，也可将难熔金属制成电阻丝直接加热蒸发。在蒸发源附近蒸发粒子浓度最大。向工件附近通入少量氩气或采用旋转夹具转动工件，可提高涂层的均匀性。在蒸发源与工件间设置适当强度的电场，能提高沉积速率。

真空蒸镀具有方法简单、速度较快、镀层纯净的特点，但涂层的附着力较差，深孔内壁难以涂覆，故一般用于涂覆低熔点单一金属。由于难熔金属的熔点高，且蒸发产物的成分难以保持一致，不可能直接蒸发沉积难熔金属的碳化物、氮化物和氧化物。

在真空蒸镀的真空室中通入少量的反应气体，使

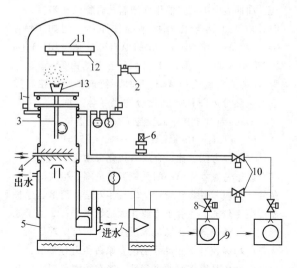

图 6-139　真空镀膜系统简图

1—钟罩　2—针阀　3—高真空阀　4—冷阱
5—扩散泵　6—充气阀　7—增压泵
8—放气阀　9—机械泵　10—低真空阀
11—工件夹和加热器　12—工件
13—蒸发源与加热器

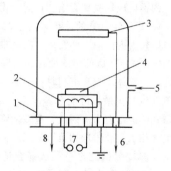

图 6-140　直流二极型溅射沉积示意图

1—溅射室　2—加热片　3—阴极（靶）
4—基片阴极　5—Ar 气入口　6—负高压电源
7—加热基片用电源　8—接真空泵

蒸发材料在到达基体前发生化学反应，借助产生的等离子体使反应加速。活性反应蒸镀的反应速度快，每分钟可形成 3～12μm 的涂层，而且可在很低的温度（<150℃）进行。采用此法涂覆 TiC 的硬质合金刀具，其切削性能与普通化学气相沉积 TiC 的效果相当。

2. 溅射沉积　溅射沉积是利用离子轰击靶材的物理溅射在工件表面成膜的技术。轰击靶材的离子束来源于气体放电。用这种方法可获得金属合金、绝缘物、高熔点物质的覆层。溅射沉积时基材的温度一般为 260～540℃。

溅射沉积最简单的装置如图 6-140 所示，其原理是直流二极型溅射。沉积时，真空室内充以 1.33×10^{-1}～1.33Pa 的氩气，阴阳极之间施加 3～4kV 的负高压，氩气电离产生辉光放电。在负高压的作用下，Ar^+ 离子以极高的速度轰击阴极靶材，靶材上溅射出的原子或分子又以足够高的速度轰击放在周围的工件，在其表面形成涂层。由于被溅射出的原子仍具有高达 10～35eV 的动能，形成的涂层具有较强的附着力。直流二极型溅射的涂覆速度太低，已很少在工业中应用。为提高涂覆速率，开发出了一系列高效率溅射沉积技术，如高频溅射、磁控溅射及离子束溅射等。

高频溅射法与直流溅射相似，其特点是在靶材上接入的是高频电源。施加高频电压后，靶材上产生自偏压、离子被加速并轰击靶材，出现溅射效应形成溅射沉积层。这种方法特别适用于制备石英、玻璃、氧化铝等绝缘涂层。

磁控溅射是 20 世纪 70 所代发展起来的一种溅射镀膜方法，由于有效地克服了阴极溅射速率低和基片升温的致命弱点，它一问世便获得了迅速的发展和广泛的应用。磁控溅射的特点是电场和磁场的方向相互垂直。正交电磁场可以有效地将电子的运动束缚在靶面附近，从而大大减少了电子在容器壁上的复合损耗，显著地延长了电子的运动路程，增加了同工作气体分子的碰撞几率，提高了电子的电离效率，使等离子体密度加大，致使磁控溅射速率有数量级的提高。由于电子每经过一次碰撞损失一部分能量，经多次碰撞后，丧失了能量成为“最终电子”进入阴离子靶面较远的弱电场区，最后到达阳极时已经是能量消耗殆尽的低能电子，避免了基片过热。此外，由于工作气压降至 1Pa 以下，减少了对溅射出来的原子或分子的碰撞，其沉积率大约与真空蒸发镀膜的速率相当。磁控溅射的电压较低，约为几百伏，但靶电流密度可达几十毫安每平方厘米，有效地解决了阴极溅射中基片温升高和溅射速率低两大难题。实用的磁控溅射电极大致有同轴圆柱磁控型阴极、平板磁控型阴极、锥面型阴极、圆柱空心型磁控阴极四种基本结构（见图 6-141）。磁控溅射是一种高速、低温溅射镀膜方法。由于其装置性能稳定，便于操作，工艺容易控制，生产重复性好，适用于大面积沉积膜，又便于连续和半连续生产，因此在科研、生产部门中得到了广泛的应用，如大型磁控溅射装置已用于大面积玻璃的镀膜及大型工艺品、家具的装饰沉积。

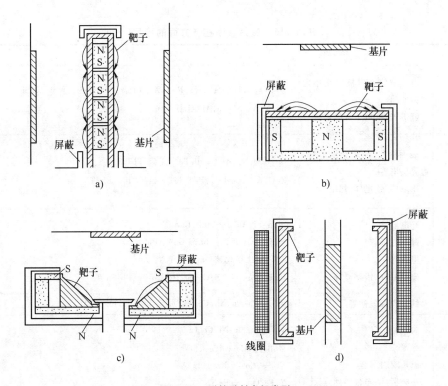

图 6-141　磁控溅射电极类型

a）同轴圆柱型　b）平板型　c）锥面型　d）圆柱空心型

低气压下溅射镀膜一般有利于提高膜的质量，因为一方面可以减少气体进入薄膜，另一方面将获得较高的沉积速率。但是随着气压的降低，将会引起放电中的阴极位降区逐渐扩大，以致使辉光熄灭，溅射停止。解决这一问题最简单的方法就是采用热电子发射源，即三极溅射。利用热阴极发射电子的三极等离子溅射装置如图 6-142 所示。它有三个电极，即热阴极（灯丝）、阳极和靶。阴极由钨或钨铼丝制成。由于使用热阴极发射电子，空间电子增多，电离几率增大，即使气压较低也能维持放电。外加磁场使等离子体被约束在阴极（灯丝）与阳极之间的圆柱体内，靶与基片通常位于等离子工作区的相对两侧，当靶加上负电压后，将吸引正离子，从而产生溅射并成膜。三极溅射的最大特点是溅射气压低（$10^{-2} \sim 10^{-1}$ Pa）和溅射电压低，膜的性能受气体影响小，膜层质量好，基片升温也较低。

把聚焦的离子束送入溅射室打在靶材上完成溅射过程，此称为离子束溅射。它的特点是沉积纯度高、容易控制，但沉积速率稍慢。由于靶和工件都接地，工件温度不会升高。溅射室真空度较高，设备较复杂，主要用于获得质量较高的涂层。

另外，在溅射过程中向真空室内送入反应气体，

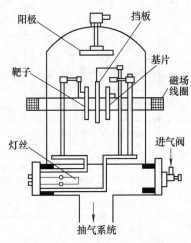

图 6-142　三极等离子溅射装置

所产生的等离子体与从靶材溅射出的原子反应，形成化合物并沉积在基材上，即为反应溅射沉积。以钛为靶材，通入氮气，可获得 TiN 涂层。

目前，溅射沉积技术已得到广泛应用。以薄膜的功能而论，可大致分为电气、磁学、光学、机械、化学和装饰等几大类。表 6-116 列出了溅射镀膜在各方面的应用。其中溅射镀膜在电子元器件的制造、研究和开发领域应用最多。

表 6-116　溅射镀膜在各方面的应用

应用分类	用　途	薄　膜　材　料
导体膜	电阻薄膜及电极引线小发热体薄膜 隧道器件,电子发射器件	Re,Ta$_2$N,Ta-Al,Ta-Si,Ni-CrAl,Au,Mo,W,MoSi$_2$,WSi$_2$,TaSi$_2$ Ta$_2$N,Ag-Al-Ge,Al-Al$_2$O$_3$-Au
介质膜	表面钝化,层间绝缘电容,边界层电容 压电体,铁电体,热电体	SiO$_2$,Si$_3$N$_4$,Al$_2$O$_3$,BaTiO$_3$,PZT,PbTiO$_3$ ZnO,AlN,LiNbO$_3$,PZT,LiTaO$_3$,PbTiO$_3$,PLZT
半导体膜	光电器件 薄膜三极管 电发光 磁电器件,传感器等	Si,α-Si,Au-ZnS,InP,GaAs Si,CdSe,CdS,Te,InAs,GaAs,PbS ZnS,稀土氟化物,In$_2$O$_3$-Si$_3$N$_4$-ZnS InSb,InAs,GaAS,Ge,Si,Hg-Cd-Te,Pb-Sn-Te
超导膜	约瑟夫森器件等	Pb-B/Pb-Au,Nb$_3$Ge,V$_3$Si,Pb-In-Au,PbO/In$_2$O$_3$
磁性材料及磁记录介质	磁记录 光盘 磁头材料 磁阻器件,霍尔器件	γ-Fe$_2$O$_3$,Co-Ni,Co-Cr MnBi,GdCo,GdFe,TbFe Ni-Fe,Co-Zr-Nb 非晶膜 Y$_3$Fe$_5$O$_{12}$,γ-Fe$_2$O$_3$
显示器件膜	荧光显像管 等离子显示 液晶显示	ZnS,Y$_2$O$_3$,Ag,Cu,Al SiO$_2$,Al$_2$O$_3$ Si$_3$N$_4$
光学及光导通信	保护、反射、增透膜 光开关、光变频 光记忆 光传感器	Si$_3$N$_4$,Al,Ag,Au,Cu TiO$_2$,ZnO,YIG,PLZT,SnO$_2$ GdFe,TbFe InAs,InSb,PbS,Hg-Cd-Te
太阳能	光电池、透明导电膜	Au-ZnS,Ag-ZnS,CdS-Cu$_2$S,SnO$_2$,In$_2$O$_3$
抗辐照	耐热、表面防护	TiB$_2$/石墨,TiC/石墨,B$_4$C/石墨,B/石墨,TiB$_2$/石墨
耐磨、超硬	刀具、模具、机械零件	TiN,TiC,TaN,Al$_2$O$_3$,BN,HfN,WC,Cr
耐蚀	表面防护	TiN,TiC,Al$_2$O$_3$,Al,Cd,Ti,Fe-Ni-Cr-P-B 非晶膜
润滑	宇航设备、机械设备	MoS$_2$,Pb-Sn,Pb,聚四氟乙烯,Ag,Cu,Au
包装	装饰,表面金属化	Cr,Al,Ag,Ni,TiN

3. 离子镀　离子镀是在等离子体气氛中进行的蒸发镀膜技术,它是在真空蒸镀基础上发展起来的。由于高能离子轰击基材表面和涂层,可使基材表面得到净化,从而改善涂层性能。离子镀时工件带负偏压,沉积过程在低气压放电等离子体中进行。根据放电方式,可将离子镀分为辉光放电和弧光放电两大类型,其特点见表 6-117。

表 6-117　辉光型和弧光型离子镀特点

离子镀类型	蒸发源电压/V	源电流/A	工作偏压/V	金属离化率/(%)
辉光放电型	10000	<1	1000~5000	1~15
弧光放电型	20~70	20~200	20~200	20~90

（1）辉光放电型离子镀

1）直流二极型离子镀。辉光放电离子镀最简单的装置是直流二极型（见图6-143）。当沉积室的真空度达到 $10^{-2}Pa$ 充入惰性气体，使工作压力达 1～10Pa。接通 1～5kV 的负电压产生场效应，在蒸发源（阳极）和工件（阴极）间形成辉光放电，在离子轰击下使工件表面得到净化。辉光电流密度为 0.1～1mA/cm²。轰击数分钟后，蒸发源通电，使金属蒸发，蒸发出的金属原子部分电离成正离子，在电场作用下轰击工件，形成涂层。其工艺温度为 260～540℃，涂层厚度通常为 3～5μm。该方法的金属离化率较低，为提高离化率，可采用各种强化放电措施。

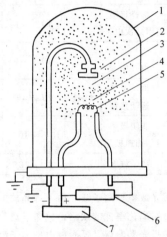

图 6-143　直流二极型
离子镀装置示意图

1—真空室　2—工件　3—阴极压降区
4—等离子体区　5—电阻蒸发源
6—蒸发电源　7—工件负偏压电源

2）活性反应型离子镀（见图6-144）。在二极型

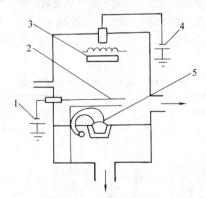

图 6-144　电子枪蒸发源活性反应型
离子镀装置示意图

1—活化极电源　2—活化电极　3—工件
4—工件偏压电源　5—电子枪蒸发源

离子镀设备中，引入一活化极，用电子枪作为蒸发金属源。活化极对坩埚为 30～40V 正电压，极间电流为 10～15A。其作用是吸引电子束自金属激发出二次电子，成为二次电子汇聚的栅极。增加坩埚上方的电子密度，提高电子与蒸发金属原子的碰撞概率，提高金属离化率。

3）热阴极型离子镀（见图6-145）。这种离子镀的特点是在蒸发源与工件间安置热电子发射极。热电子发射极一般接负偏压，故称热阴极。热阴极发射的高能量电子可有效提高等离子体密度，改善涂层质量。

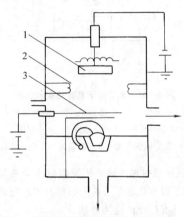

图 6-145　热阴极型离子镀装置示意图

1—工件　2—热电子发射电极　3—活化电极

4）高频离子镀（见图6-146）。高频离子镀是将高频感应圈安装在坩埚上方，通过 13.5MHz 的交流电，形成高频电场。电子在高交变电场的作用下，增加了与金属原子碰撞的概率，提高离化率。

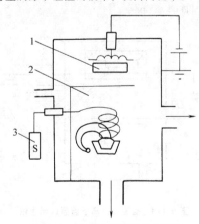

图 6-146　高频离子镀装置示意图

1—工件　2—高频线圈　3—高频电源

5）集团离子束离子镀（见图6-147）。这种离子镀装置中的蒸发源为密闭坩埚，用感应法把坩埚内的金属加热使其蒸发，气压达到 $10^2～10^3Pa$，并由坩埚

上方的小孔喷出。由于绝热膨胀效应，喷出的金属蒸气凝聚成原子团。后者与热阴极发射的高能热电子碰撞形成集团离子。

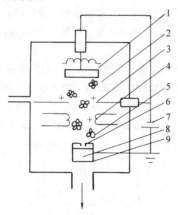

图 6-147　集团离子束镀装置示意图
1—工件　2—集团离子　3—加速电极
4—热阴极　5—集团原子　6—喷嘴
7—工件偏压电源　8—金属熔池　9—坩埚

6）磁控溅射离子镀。磁控溅射离子镀是把磁控溅射和离子镀有机地结合在一起的技术，它兼有二者的优点，具有广泛的应用前景。

该技术是将磁控溅射大面积稳定的溅射源和离子镀技术的高能离子对基片的轰击作用结合起来，在一个装置中实现氩离子对磁控靶（由膜材制成）的大面积稳定的溅射过程。与此同时，在基板的负偏压的作用下，高能的靶材元素离子在工件（基板）上发生轰击、溅射、注入及沉积过程。磁控溅射离子镀原理示意图见图 6-148。

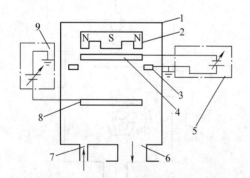

图 6-148　磁控溅射离子镀原理示意图
1—真空容器　2—永久磁铁　3—磁控阳极
4—磁控靶　5—磁控电源　6—真空系统
7—氩气充气系统　8—基板（工件）　9—离子电源

工作时，镀膜室抽真空，通入氩气，使气压达 $10^{-3} \sim 10^{-2}$ Pa；磁控靶加上 $400 \sim 1000$V 的直流电

压，低压气体产生辉光放电，氩离子在电场的作用下轰击靶面，靶材原子被溅射出来，部分被离化后在基板（工件）负偏压作用下高速飞向工件，沉积成膜。利用磁控溅射离子镀，可以使膜-基界面形成明显的过渡层，因此镀层的附着性能好，能形成均匀的颗粒状晶体，并使材料表面合金化。

表 6-118 为各种辉光放电离子镀的特点。

表 6-118　辉光放电离子镀特点

离子镀类型	增强放电措施	工作偏压 /kV	沉积气压 /Pa	金属离化率 （%）
直流二极型	直流辉光	$1 \sim 3$	$1 \sim 10$	<1
活性反应型	活性极吸引二次电子	$1 \sim 3$	$10^{-1} \sim 1$	$3 \sim 6$
热阴极型	增加高能电子密度	$1 \sim 3$	$10^{-1} \sim 1$	$10 \sim 15$
高频型	增长电子运动路程	$1 \sim 3$	$10^{-1} \sim 1$	$10 \sim 15$
集团离子束型	热阴极和加速极	<1	$10^{-2} \sim 10^{-1}$	<1
磁控溅射型	离子溅射	<1	$10^{-3} \sim 10^{-2}$	

（2）弧光放电型离子镀。由于辉光放电型离子镀普遍存在金属离化率低的缺陷，故离子镀放电方式已由辉光型向弧光型发展。弧光放电型离子镀采用弧光放电蒸发源。其放电特性为低电压、大电流，带电粒子密度高，一般要比辉光放电型高 $1 \sim 2$ 个数量级。这些蒸发源包括热空心阴极枪、水冷空腔阴极、热灯丝等离子枪、阴极电弧蒸发器等。它们分别按热电子发射和冷场致发射机制发射高密度弧光电子流，电子与金属碰撞概率大，离化率高。弧光放电型离子镀蒸发源电压一般为 $20 \sim 70$V，电流 $20 \sim 200$A，工件偏压 $20 \sim 200$V。几种弧光放电型离子镀的特点见表 6-119。

表 6-119　弧光放电型离子镀特点

离子镀名称	弧光放电特点	金属蒸发来源	金属离化率 （%）
空心阴极离子镀	热空心阴极放电	阳极坩埚熔池	$20 \sim 40$
冷空腔阴极离子镀	冷场致发射	阳极坩埚熔池	—
热灯丝等离子枪离子镀	非自持电子弧	阳极坩埚熔池	$30 \sim 60$
多弧离子镀	冷场致发射	阳极本身无熔池	$60 \sim 90$

1）空心阴极离子镀（见图6-149）。空心阴极离子镀的关键是空心阴极枪——钽管。钽管接电源负极，坩埚接正极。管内通入氩气并施加一电压后，产生空心阴极放电。因空心阴极效应，管口的电子与氩气的碰撞几率很大。大量的氩离子轰击管壁，使管壁温度急骤升至2400～2700K。管内产生热电子发射，在阴阳极之间形成稳定的电子束。这些高密度的电子束轰击坩埚内的涂覆材料，使其加热蒸发，并被激发、电离，在坩埚上方形成高密度的等离子体，其金属离化率高达20%以上。

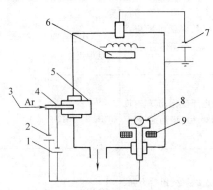

图 6-149　空心阴极离子镀装置示意图
1—主弧电源　2—点燃电源　3—氩气进口
4—钽管　5—空心阴极枪　6—工件
7—工件偏压电源　8—坩埚　9—聚焦线圈

2）热灯丝等离子枪离子镀（见图6-150）。热灯丝弧光放电系非自持热阴极弧光放电，靠外加电源来加热阴极，产生高温以维持足够的热电子发射。热阴极灯丝发射出的热电子经聚焦、加速，轰击真空室底部的坩埚，使金属蒸发并形成金属离子，沉积于工件表面。为使涂层均匀，坩埚在底部工作一段时间后，应升至真空室中部。这种沉积方式一般采用对称结

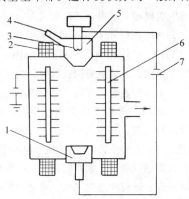

图 6-150　热灯丝等离子枪离子镀装置示意图
1—坩埚（阳极）　2—聚焦线圈　3—热丝（阴极）
4—进气口　5—等离子枪室　6—工件　7—弧源电源

构，装炉量大，工件加热均匀。

本装置的另一特点是在真空室外部上、下各安置一线圈。改变线圈电流，使电子束"散焦"，用于清洗或加热工件。电子束"聚焦"于坩埚，使涂覆材料加热、蒸发，产生等离子体。线圈产生的磁场，还可使等离子体扩散均匀。在磁场作用下，等离子体沿磁力线运动，提高碰撞几率。

3）多弧离子镀。多弧离子镀采用多个阴极电弧源作为蒸发源，每个电弧源配一个电源和引弧触发器（见图6-151）。阴极电弧源经触发场发引燃后，便可自动维持冷场致弧光放电，在阴极弧源上产生许多电流密度极高且无规则迅速运行的弧斑。这些弧斑导致源材瞬时蒸发，并有大量电子发射出来。高密度的电子流在阴极附近与金属蒸气碰撞得到大量的金属离子，金属离化率高达60%～90%。等离子体中的电子大部分被吸往室壁，而金属离子和氩离子则受电场的作用，高速轰击基材表面，达到净化和加热基材的目的。基材达到一定温度后即可通入反应气体，形成致密的化合物涂层。

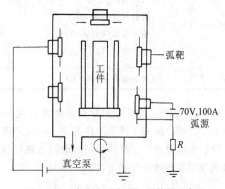

图 6-151　真空多弧离子沉积装置示意图

以钛阴极弧源为例，根据弧源尺寸大小，电压控制在20～30V之间，电流为20～200A，工件负偏压50～200V，沉积气压10^{-2}～1Pa。工件被轰击达到沉积温度后通入高纯氮气，氮被电离并与钛离子形成氮化钛涂层。

多弧离子镀设备结构简单，操作方便，涂层均匀，生产效率高。阴极弧源不形成熔池，并可任意安放、更换。弧源的设置也可做到方便、多样，因而该技术得到较广泛应用。

6.6.1.3　等离子体化学气相沉积

化学气相沉积技术具有设备简单，操作方便，绕镀能力强，涂层致密和结合力强的优点。由于沉积温度太高，应用范围受到限制。化学气相沉积温度是由热激活条件下生成某种化合物的热力学参数所决定的，采用等离子体激活，可使这一温度大幅度降低。

该技术保持了化学气相沉积的优点,克服了物理气相沉积设备较复杂,沉积速度低,绕镀能力差,涂层均匀性差及结合力较低的弱点。等离子体强化可用多种方式实现(见表6-120),目前应用较多的是直流辉光等离子体化学气相沉积。

表6-120　等离子体化学气相沉积强化方式比较

击发方式	工艺参数	特　点	沉积的涂层
射频 PCVD	沉积温度:300~400℃ 沉积速度:1~3μm/h 频率:13.56MHz 射频功率:500W	降低了反应温度,沉积速度比 CVD 快约2倍	TiC(500℃) TiN、Ti(C,N)(300℃)
直流 PCVD	沉积温度:500~600℃ 沉积速度:2~5μm/h 直流电压:4000V 电流:16~50A/m²	工件上加有负高压,降低了反应温度,涂层厚度均匀一致,与基体附着好	TiC (C_2H_2 与 $TiCl_4$ 在 Ar + 5% H_2 气氛中反应)
射频直流 PCVD	沉积温度:室温~600℃ 直流负压:-1000V 频率:13.56MHz 射频功率:100~500W	覆层硬度随阴极电压变化,沉积速度随反应室压力和射频功率增加而增加	SiC (CH_4 与 SiH_4 反应)
脉冲 PCVD	沉积温度:室温 激发温度:10000K 脉冲持续时间:0.5μs 离子密度:10^{12}个/cm³	沉积温度低,膜层质量好,附着力强,硬度高,但纯度不高	金刚石
微波 PCVD	微波频率:2450MHz	反应气体活化程度高	Si_3N_4(SiH_4 与 N_2 反应)

1. 基本原理　图6-152为直流辉光放电等离子体装置示意图。为便于调节工件温度,保证炉温均匀性,除直流电源外,还可另加一套电阻加热装置。真空室的极限真空度应达到1.33Pa。

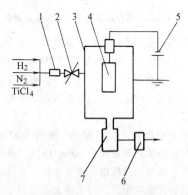

图6-152　等离子体化学气相沉积装置示意图
1—气体混合器　2—针阀　3—真空室　4—工件
5—直流电源　6—机械真空泵　7—冷阱

在适当的气压和直流电压下点燃气体,产生辉光放电。由此而形成的高能电子在和气体分子的多次非弹性碰撞中,把能量传递给中性气体分子和原子,使其进行多种形式的激发和电离,以提高反应气体基本粒子的能量,降低化学反应激活能,使反应温度下降。采用 $TiCl_4$、H_2、N_2 混合气体在辉光放电条件下沉积 TiN 时,应首先进行 $TiCl_4$ 的还原反应为

$$2TiCl_4 + H_2 \longrightarrow 2TiCl_3 + 2HCl$$
$$2TiCl_3 + H_2 \longrightarrow 2TiCl_2 + 2HCl$$

然后是气相分子在工件表面吸附及其互反应,直到在工件表面生成固相沉积物,其反应式为

$$2TiCl_2 + N_2 + 2H_2 \longrightarrow 2TiN + 4HCl$$
$$2TiCl_3 + N_2 + 3H_2 \longrightarrow 2TiN + 6HCl$$

另外,伴随辉光放电的阴极溅射,为沉积薄膜提供了清洁、活性的表面,提高了涂层的结合力。

2. 工艺过程　等离子体化学气相沉积的反应气体应有较高的纯度,如氢气的纯度应大于99.999%,N_2 的纯度大于99.99%,$TiCl_4$ 的纯度应大于99%等。沉积的基材需进行研磨、超声波清洗、丙酮擦拭等严格的清洁处理,还应注意对深孔、狭缝的屏蔽。沉积处理时,先抽真空至1.33~2.66Pa,充入氢气或氩气溅射清理工件表面,此时炉压控制在40~50Pa,电压为1500~2000V。随后加大氢气和氮气流量以提

高电流密度，使工件升温。工件到温后通入反应气体，调节其与氮、氢的比例，然后进行沉积。经预定时间后，关掉电源及气源，只送入氢气以排除残余气体，让工件在氢气中冷却至300℃以下出炉。等离子体化学气相沉积设备简单，成分容易调整，更易沉积复合涂层或梯度涂层。

3. 应用实例

（1）超硬涂层。等离子体化学气相沉积法宜于在形状复杂、面积较大的工件上获得诸如 TiN 等类型的超硬涂层，如刀具、模具等，沉积速度可达 6 ~ 15μm/h，硬度大于2000HV，绕镀性好，工件无需旋转即可得到均匀的涂层，可大幅度提高刀具及模具的使用寿命。如果沉积复合涂层，则效果更佳（见表6-121）。

表 6-121 高速缝纫机旋梭壳冷挤压
模使用寿命比较 （单位：件）

未涂覆	PCVD		PVD
	TiN	Ti(C,N)	TiN
500（平均） 3000（最大）	9130 ~ 20000	40450	~ 10000

（2）半导体元件的绝缘膜。Si_3N_4 具有比 SiO_2 更好的绝缘性、耐酸性、耐热性，它已成为半导体元件的主要绝缘材料。过去用高温化学气相沉积法获得 Si_3N_4，影响了半导体元件的工艺性和质量。以 SiN_4 和 N_2 作为反应气，采用等离子体化学气相沉积技术可将 Si_3N_4 的生成温度由原来的 900℃ 降至 300℃。用等离子体化学气相沉积技术还可在低温下制成 GaAs 等其他绝缘膜。

（3）金刚石、硬碳膜及立方氮化硼的沉积。采用直流、射频及微波等离子体化学气相沉积法都可获得这些材料。如以 CH_4 为主要原料气，在 133Pa 的压力下进行微波离子体化学气相沉积处理，可获得粒度为 $1μm$ 的金刚石。

6.6.1.4 气相沉积层的特性与应用

1. 沉积层的物理性能（见表6-122）。

2. 沉积层的组织及厚度 在钢和硬质合金表面以化学气相沉积（包括等离子体化学气相沉积）和物理气相沉积法沉积的超硬层表面光滑，与基体的分界面平直，碳、氮化合物涂层中几乎不含杂质或合金元素。其金属碳、氮化合物呈 VC、TiN 和 Cr_7C_3 + $Cr_{23}C_6$ 型结构。

表 6-122 部分沉积层的结构及物理性能

沉积层主要相	相结构	硬度 HV	密度 /(g/cm³)	熔点/℃	热导率 /[W/(m·℃)]	热膨胀系数 /10⁻⁶℃⁻¹	色 泽
B_4C	六方	4900 ~ 5000	2.52	2350	0.29 ~ 0.84	4.5	灰黑色
B-SiC	闪锌矿结构	2800	3.21	2700	0.42	3.9	
TiC	面心立方	2980 ~ 3800	4.9	3180	0.17	7.61	亮灰色
VC	面心立方	2800	5.7	2830	0.38	6.5	
HfC	面心立方	2700	12.7	3890	0.21	6.73	
ZrC	面心立方	2600	6.5	3530	0.21	6.93	灰色
NbC	面心立方	2400	7.8	3480	0.14	6.84	亮褐
WC	六方	2000 ~ 2400	15.8	2730	0.45	6.2	灰色
TaC	面心六方	1800	14.5	3780	0.22	6.61	金褐
Mo_2C	六方	1800	9.2	2400	0.22	6.0	
Cr_3C_2	正交	1300	6.7	1890	0.19	10.3	灰色
TiN	面心立方	2400	5.4	2930	0.29	9.4	金黄
VN	面心立方	1500	6.1	2050	0.11	8.1	金黄
HfN	面心立方	2000	14.0	2700	0.11	6.9	黄褐
ZrN	面心立方	1900	7.3	2980	0.11	6.0	亮黄
NbN	面心立方	1400	8.4	2300	0.29	10.1	
TaN	面心立方	1300	14.1	3090	0.09	3.6	灰色

（续）

沉积层主要相	相结构	硬度 HV	密度 /(g/cm³)	熔点/℃	热导率 /[W/(m·℃)]	热膨胀系数 /10⁻⁶℃⁻¹	色　泽
C-BN	面心立方	4695~8600	3.48	1500 （热解）		4.7	白色
Si₃N₄	六方	1720	3.19	1900	0.106	2.5	无色
Al₂O₃	菱方	1910	3.9	2015		8.3	白色
金刚石	面心立方	7000~10000	3.5	3550		1	无色
类金刚石	非晶态	4000~5000	2.3	3730			

注：1. 钛的熔点为1660℃，硬度为80~100HV；钒的熔点为1700℃，硬度为264HV；铌的熔点为2450℃，硬度为45~125HV。

2. Al₂O₃ 中含其他氧化物时呈不同色泽：$w(TiO_2)=0.5\%$ 为橙红色；$w(Cr_2O_3)=0.01\%~0.5\%$ 为桃红色；$w(V_2O_5)=2\%~3\%$ 为紫色。

物理气相沉积涂层的组织结构是致密的粒状晶，涂层与基体间无扩散层。化学气相沉积涂层往往成枝晶结构，与基体间存在少量的扩散层。涂层的厚度随沉积温度的提高和时间的延长而增加（见图6-153）。

采用化学气相沉积法和溅射沉积法可获得几微米至几十微米厚度的涂层。真空蒸镀和离子镀一般用于获取数微米的涂层，适用于工模具。

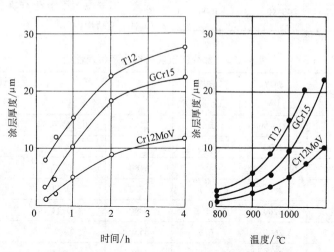

图6-153　化学气相沉积法沉积 TiN 时的沉积时间及温度与涂层厚度的关系

3. 沉积层的硬度　气相沉积层的硬度极高。尽管各种沉积方法的涂层硬度存在差异，但均比镀铬和淬火钢高得多。但因沉积方式、沉积条件、涂层中化合物含量及杂质等的影响，涂层硬度波动范围大。涂层中的化合物在高温下仍能保持相当高的硬度。当重新加热冷却至室温时，硬度基本上能得到恢复。

4. 沉积层与基体间的结合强度及摩擦磨损性能　化学气相沉积法涂层与基体间有着牢固的冶金结合。物理气相沉积涂层与基体间的结合强度也较高，如离子镀涂层与基体的结合强度可达 1500~3000MPa，比真空蒸镀高 50~100 倍。等离子体化学

气相沉积涂层的结合强度介于化学气相沉积法和物理气相沉积之间。

气相沉积涂层具有较低的摩擦因数、优异的耐磨性能、良好的抗粘着能力。钢与钢之间的摩擦因数约为0.7，而 TiC 与钢之间仅为 0.14。无论有无润滑，TiC 涂层都能发挥很好的耐磨作用。图6-154 为 TiC 涂层与同种淬火、回火材料在不同接触应力下的磨损情况对比。

另外，采用气相沉积技术还可涂覆润滑材料，如 Au、Ag、Pb、Pb-Sn、MoS₂、CaF₂ 等，其中 CaF₂ 是良好的高温润滑剂，在 800~900℃ 时，其摩擦因数

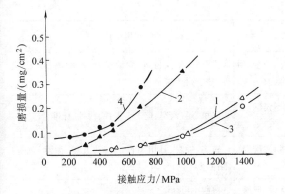

图 6-154　TiC 涂层与同种淬火、回火材料
在不同接触应力下的耐磨情况对比
1—SKD11（TiC）　2—SKD11（QT）
3—SKH9（TiC）　4—SKH9（QT）

注：试验采用 60 号锭子油，$v = 3.4\,\text{m/s}$，$s = 60000\,\text{m}$。

低于 0.05。

5. 沉积层的耐蚀性　碳化物涂层在盐酸、硫酸、氯化钠及氢氧化钠水溶液中有着优良的耐蚀性。在 20%（质量分数）盐酸和 50%（质量分数）硫酸水溶液中比不锈钢的耐蚀性更好。TiC 涂层在 7%（质量分数）硫酸水溶液中浸渍 3h 不发生腐蚀。用 10%（质量分数）盐酸加热至沸腾，TiC 表面仍能保持光亮。铌和铬的碳化物涂层抗盐雾腐蚀能力比镀铬层好得多。但若沉积层中存在微孔隙，将使耐蚀性大大下降。

6. 沉积层的切削性能　气相沉积涂覆的刀具具有高寿命的高切削速度，这是由涂层材料的高热硬性和化学稳定性决定的。TiC 的硬度高于 TiN，特别适用于刀具抗磨粒磨损，而后者的化学稳定性高，有利于提高刀具抗月牙洼磨损。若采用 Ti（C，N）复合涂层，切削性能会更好。

Al_2O_3 的化学性质非常稳定，热硬性高，尤其适用于高速切削。在硬质合金刀具上沉积 TiC 后再沉积 Al_2O_3 形成组合涂层刀具，切削性能更好。

HfC 具有非常稳定的化学性能和很高的热硬性（1000℃时硬度仍可保持在 800 ~ 900HV）、低热导率、与硬质合金相似的热胀系数。

7. 沉积层的塑性与韧性　一般来讲，气相沉积所获得的碳、氮化物层脆性较大，塑、韧性较低。采用复合涂层、梯度涂层以及降低沉积温度等方法，可减小涂层的脆性。

8. 几种硬质涂层制取方法和性能的比较（见表 6-123）

表 6-123　几种硬质涂层制取方法和性能的比较

比较项目	CVD	PVD	PCVD	TD 法
覆层化合物	TiC、TiN、Ti（C，N）	TiC、TiN、Ti（C，N）	TiC、TiN、Ti（C，N）	VC
反应类型	热化学反应	等离子反应	等离子与热化学反应	热化学反应（盐浴）
处理温度/℃	800 ~ 1000	200 ~ 600	300 ~ 600	950 ~ 1000
处理压力/Pa	6.7×10^3 ~ 10^5	10^{-3} ~ 10	1.33 ~ 133	10^5
接合力	○	△	△	—
致密性	△	○	○	○
脱落脆性	○	△	△	○
尺寸精度	△	○	○	○
工作环境	△	○	○	△
运行成本	△	○	○	△

注：○—较好（有利）；△—较差（不利）。

气相沉积技术已用于机械、电子、电工、光学、航空航天、化工、轻纺及食品等各工业部门。它不仅能够沉积金属及合金薄膜，还能沉积多种化合物；不仅能够在金属基体上覆层，而且还可以在陶瓷、玻璃、塑料等基体上成膜。表 6-124 给出了气相沉积的一些典型应用。

表 6-124　气相沉积的一些典型应用

目的	覆层的种类	基体材料	应用举例
耐磨	TiN、ZrN、HfN、TaN、NbN、MoN、CrN、BN、Si_3N_4、TiC、ZrC、WC_2、SiC、TiB_2、BN、金刚石与类金刚石	高速钢、硬质合金、模具钢、碳钢、金属陶瓷	刀具、刃具、模具、超硬工具、机械零件
润滑	Au、Ag、Cu-Au、Pb-Sn、MoS_2、$MoSe_2$、WS_2、NbS、MoS_2-石墨	高温合金、结构金属、轴承钢	超高真空润滑，高温、超低温、无润滑条件下的润滑覆层，喷气发动机轴承、太空机构的轴承与滚动体、高温旋转件

（续）

目的	覆层的种类	基体材料	应用举例
耐热	AlW、Ti、Ta、Mo、Al$_2$O$_3$、Si$_3$N$_4$、W-Al$_2$O$_3$、Ni-Cr、BN	钢、不锈钢、耐热合金、钼合金、金属间化合物	排气管、耐火材料、发动机叶片、喷嘴、航天器件、核能耐热零件
耐蚀	Zn、Cd、Ta、Ti、Cr、Mo、Ir、Zr、TiC、TiN、NbC	碳钢、结构钢、不锈钢、有色金属	飞机、船、汽车、化工等零件、构件、标准件
装饰	TiN、TiC、TaN、ZrN、VN、Al、Ag、Ti、Au、Ni、Cr	钢、黄铜、铝、塑料、陶瓷、玻璃	首饰、钟表、日用零件、眼镜、五金、徽章、汽车零件
电子学	Ta-N、Ta-Al、Ta-Si、Ni-Cr	陶瓷、高分子基板、玻璃	薄膜电阻
	Au、Al、Cu、Ni、Cr、Al-Cu、Pb-Sn、Pb-In	硅片、半导体表面、柔性基板	电极、过渡膜
	W、Pt、Ag	塑料、合金	电结点材料
	Fe、Cr、Co、Ni	合金、塑料	金属磁带、磁碟
	SiO$_2$、Y$_2$O$_3$、Si$_3$N$_4$、Al$_2$O$_3$、类金刚石	电路板、集成电路	表面绝缘保护
光学	TiO$_2$、ZnO、In$_2$O$_3$	塑料、玻璃、陶瓷、晶体	保护膜、反射膜、增透膜、特殊光学薄膜

6.6.2　离子注入技术

6.6.2.1　离子注入原理

离子注入是将从离子源中引出的低能离子束加速成具有几万~几十万电子伏的高能离子束后注入固体材料表面，形成特殊物理、化学或力学性能表面改性层的过程。离子注入是一种在低温下使材料表面改性的技术，且可避免工件畸变，也不影响表面粗糙度。该技术首先在半导体掺杂中应用，20世纪70年代以来扩大应用到金属、玻璃、陶瓷以及其他材料领域。离子注入对基体材料表层性能的影响见表6-125所示。

表6-125　离子注入对材料表层性能的影响

材料	离子注入对组织性能的影响	表面改性的效果
金属	硬化相析出、位错钉扎、增加硬度；非晶化、易形成氧化膜；形成压应力；形成合金或致密的氧化膜；形成金属稳定相	提高耐磨性；减小摩擦力；提高抗疲劳性；提高耐蚀性；提高抗氧化性
陶瓷	形成压应力；非晶化	提高断裂抗力；提高抗疲劳强度
高分子材料	提高断链作用；抗氧化	提高电导率；提高硬度等

离子注入过程中高能离子不断与基体表层中的原子发生碰撞，能量不断减小，最终停留在工件表层的晶体内。通常把离子能量损失的机制分成三种：

（1）核碰撞。在碰撞过程中离子能量传递给基体原子，离子产生大角度偏转，损失能量时晶格原子产生位移。在离子能量较低时，核碰撞起着主要作用。

（2）电子碰撞。在碰撞过程中运动的离子激发基体原子中的电子，或使原子获得电子而损失能量，通常能量损失小，离子偏转较小，晶格损伤可以忽略。在离子能量较高时，电子碰撞是主要的。

（3）电荷交换。离子与基体原子之间进行电荷交换损失能量，它的影响较小，一般仅占总能量损失的百分之几。

离子注入材料表层，一方面使表层晶体晶格扭曲，另一方面注入离子与表层原子形成各种合金相，如固溶体或金属间化合物，二者均可以使表层强化，从而达到材料表面改性。

离子注入技术的主要特点如下：①靶材与注入或者添加的元素不受限制，几乎所有固体材料以及粉末材料都可以作为靶材，如半导体、晶体、非晶体、金属和非金属材料等；②注入过程不受温度限制，可以根据需要在高温、低温和室温下进行，比常规的冶金过程有明显的优势；③注入和添加到靶材中的原子不受靶材固溶度的限制，不受扩散系数和化学结合力的影响，因此可以获得许多合金相图上并不存在的合金，为研究新材料体系提供了新途径；④可以精确控制掺杂数量、掺杂深度与位置，掺杂的位置精度可以达到亚微米级，掺杂的浓度最低可以到 $5 \times 10^{15} \sim 1 \times 10^{16}$ 离子数/cm^2，实现低浓度掺杂和浅结制备；⑤离子注入过程横向扩散可以忽略，深度均匀，大面积均匀性好，掺杂杂质纯度高（纯度可达到 99% 以上），特别适合半导体器件和集成电路微细加工的工艺需求；⑥直接离子注入不改变工件尺寸，适合于精密机械零件的表面处理，如航空、航天产品等。

离子注入技术的主要缺点是：①离子注入的直射性，使得对于复杂形状的凸凹表面很难处理；②注入层很薄，一般以 nm 为单位进行计量，离子注入最大深度也只有约 $1.0 \mu m$；③处理大面积或大型工件有一定的困难；④设备昂贵，加工成本较高；⑤技术难度较大，所涉及的技术问题复杂；⑥由于离子的表面溅射效应，使较重离子的注入很难得到高浓度掺杂。

6.6.2.2　离子注入设备

图 6-155 为离子注入装置简图。它主要由离子源、加速器、质量分离器及靶室等部分组成。注入元素进入离子源被离子化形成离子束。通常采用的离子源为冷阴极电离计型，也有场致放电、高频放电及微波型离子源。目前又开发出金属蒸发真空弧、气体-金属混合等离子源，为大面积金属离子注入和多元离子注入创造了条件。

从离子源引出的离子通过加速器加速，并在加速器与靶室间由电场收敛成离子束，再由磁质量分离器滤去不需要的离子，最后射向靶室中的基片（工件）。靶室中附有静电场扫描离子束装置和基片移动机构，以保证离子在基片平面的均匀注入。离子束辐射会使基体表面温度升高（尤其是在金属中、高束流强度时），故靶室中装有控温装置。

离子注入工艺参数主要包括注入离子能量、注入剂量、离子束流强度和离子束流均匀性等。离子能量

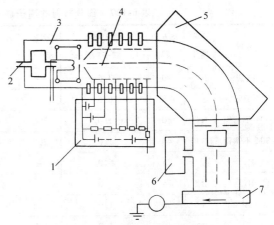

图 6-155　离子注入装置简图
1—高压电源　2—添加离子导入口　3—离子源
4—加速与聚焦系统　5—质量分析部分
6—抽空系统　7—注入室

决定注入离子在基体中达到的深度。其注入深度是离子能量和质量以及基体质量的函数，能量越高，注入深度越深，一般情况下，离子越轻或基体原子越轻，注入的深度越大。离子注入一般在 $1.3 \times 10^{-4} \sim 1.3 \times 10^{-3} Pa$ 的真空度下进行，加速电压 $10^3 \sim 10^5 V$（有时达 $4 \times 10^6 V$），离子注入能量达数十至数百千电子伏，注入剂量 $10^{16} \sim 10^{18}$ 离子数/cm^2，注入深度为 $0.01 \sim 0.5 \mu m$。

离子注入装置的种类较多，表 6-126 给出了离子注入设备的分类与特点。

6.6.2.3　非金属离子注入

非金属离子注入是进行材料表面改性应用较多的离子注入方法，常用的非金属注入离子主要有 N^+、C^+、B^+、O^+、S^+、P^+、Ar^+ 等，基材包括金属材料、陶瓷材料、粉末冶金材料、聚合物等，以提高材料表面的硬度、摩擦学特性以及抗腐蚀性能。部分材料的离子注入工艺参数及硬度与摩擦学性能见表 6-127。

表 6-126　离子注入装置的分类与特性

分类方法	特　性
工作范围分类	低能注入机:能量在 100keV 以下 中能注入机:能量在 100 ~ 300keV 高能注入机:能量在 300keV 以上
工作范围分类	专用机:能量可调范围小,仅能够注入几种元素,主要用于生产 多用机:能量调节范围大,可注入多种元素,主要用于科研
束流强度分类	弱流机:束流强度在微安级 强流机:束流强度在毫安级
离子源种类分类	双等离子体离子源、潘宁源、尼尔逊源、弗利曼源、中空阴极源、高频源等离子注入机
系统结构分类	先分析后加速类:能量低,电源功率小,造价低 先加速后分析类:提高注入元素纯度,离子能量较高 前后加速中间分析类:能量可调范围宽,机器两端高压,操作不便

表 6-127　部分材料的离子注入工艺参数及硬度与摩擦学性能

材料	注入离子	能量/keV	注入量/(10^{17}离子数/cm²)	基体硬度 HV	注入层硬度 HV	摩擦副	摩擦因数 未注入	摩擦因数 注入	磨损率/[mm³/(N·m)] 未注入	磨损率/[mm³/(N·m)] 注入
纯铁	N⁺	90	3.5	—	1.8[①]	蓝宝石球	0.2	0.26	—	1~2[①]
En352	S⁺	400	0.6	—	—	WC 球	0.25	0.2	—	—
304 不锈钢	N⁺	50	1.0	296	630	440C 钢球	0.42	0.17	1.4×10^{-3}	1.3×10^{-3}
304 不锈钢	B⁺	40	1.0	296	410	440C 钢球	0.42	0.17	—	—
H13	N⁺	75	5.0	—	1.4	AISI 1025 球	0.55	0.5	—	60~70[①]
H13	B⁺	75	5.0	—	1.4[①]	AISI 1025 球	0.55	0.17	—	600[①]
Al	N⁺	50	1.0	100	128	440C 钢笔	1.0	1.17	2.5×10^{-5}	2×10^{-5}
Al	B⁺	40	1.0	100	131	440C 钢笔	1.0	1.20	2.5×10^{-5}	7×10^{-6}
Ti	N⁺	50	1.0	230	300	440C 钢笔	0.7	0.87	3.5×10^{-4}	4.5×10^{-4}
Ti	B⁺	40	1.0	230	330	440C 钢笔	0.7	0.85	3.5×10^{-4}	4×10^{-4}
Ti6Al4V	N⁺	90	3.5	—	2[①]	蓝宝石球	0.48	0.15	—	300~500[①]
Ti6Al4V	N⁺	40	2.0	370	440	WC 球	0.1	0.15	—	1.2[①]
Ti6Al4V	B⁺	40	2.0	370	420	WC 球	0.1	0.08	—	无变化
Ti6Al4V	C⁺	40	2.0	370	575	WC 球	0.1	0.08	—	1.2[①]
Ti6Al4V	O⁺	40	2.0	370	500	WC 球	0.1	0.30	—	1.3[①]
WC-Co	N⁺	100	4.0	—	1.1[①]	钢笔	0.22	0.30	—	8~9[①]
SiC	Ar⁺	800	0.1	—	—	碳钢球	0.6	0.2	—	—
PTPE	N⁺	92	1.0	—	—	SUJ2 钢	0.1	0.15	—	—
聚合物	N⁺	92	1.0	270	325	SUJ2 钢	0.5	0.35	—	4
电镀硬铬	N⁺	90	1.0	—	1.3[①]					

① 表示增加倍数。

离子注入可以大幅度提高零件的疲劳强度。例如，在 AISI 1018 钢表面注入 N⁺，可以使基材的疲劳强度提高 200% 甚至更高。轴承是转动机械最关键的部件，改善轴承使用寿命是提高机械零件可靠性的关键。轴承失效的主要机理是因为接触疲劳。采用离子注入技术对轴承内圈、外圈、轴承套顶面、滚柱柱面和滚珠等进行处理，可以大幅度改善上述零件的接触疲劳性能，使轴承的使用寿命大幅度提高。此外，离子注入促进了粘附性表面氧化物的生长，提高了表面的固体润滑性能，这对降低太空中运行的机械零件之间的粘着磨损起到关键作用。

6.6.2.4　金属离子注入

进行金属离子注入的元素主要有 Ti、Cr、Ta、Y、Sn、Mo、Ag、Co 等，注入离子可以通过固溶强化、晶界强化、位错强化和弥散强化等多种方式，达到提高机械零件的耐磨性、疲劳强度和耐蚀性的目的。

表 6-128 ~ 表 6-130 为不同材料注入金属离子后硬度及摩擦学特性变化。

表 6-128　Ti⁺ 离子注入 H13 钢的硬度变化及摩擦学特性

注入离子	束流密度/(μA/cm²)	能量/keV	注入量/(10^{17}离子数/cm²)	靶温/℃	硬度 HV 退火前	硬度 HV 退火后	磨损率(%)	摩擦因数
—	—	—	—	—	400	—	100	0.8
Ti⁺	5.6	300	1.0	150	595	1166		
Ti⁺	5.6	300	2.0	150	590	1166		

（续）

注入离子	束流密度/($\mu A/cm^2$)	能量/keV	注入量/(10^{17}离子数/cm^2)	靶温/℃	硬度 HV 退火前	硬度 HV 退火后	磨损率（%）	摩擦因数
Ti^+	25	60	5.0	280	750		188	0.2
Ti^+	5.6	300	3.0	150	1525	1525	380	0.2
Ti^+	5.6	180	3.0	196	1166	1327	312	0.2
Ti^+	5.6	180	3.0	150	827	1327	208	0.2
Ti^+	5.6	180	3.0	400	1327	1327	1040	

表 6-129　Mo^+、W^+离子注入 H13 钢的硬度变化及摩擦学特性

注入离子	束流密度/($\mu A/cm^2$)	能量/keV	注入量/(10^{17}离子数/cm^2)	磨损率	硬度 HV
W^+	—	—		1.0	570
Mo^+	25	48	2.0	2.0	800
W^+	25	25	2.0	2.5	1000
Mo^+	47	48	2.0	0.83	500
Mo^+	68	48	2.0	0.58	420

注：磨损率＝基体磨损截面/离子注入后磨损截面。

表 6-130　部分金属离子注入 404C 不锈钢的硬度及摩擦学特性

注入离子	注入量/(10^{17}离子数/cm^2)	硬度 HV	相应碳化物硬度 HV	摩擦因数	磨损深度/μm
基体	—	966.0	2145.7	0.15	10
Ti^+	4.0	937.3	3017.2	0.40	50
Cr^+	1.0	911.0	1986.6	0.21	68
Y^+	1.6	927.9	2418.3	0.58	68
Mo^+	2.0	919.5	3006.9	0.22	115
Ag^+	2.0	879.8	3110.7	0.18	21
Hf^+	0.8	968.6	3113.6	0.18	10
Ta^+	0.8	943.4	2760.0	0.5	68
W^+	1.0	906.5	2658.8	0.28	8
Pt^+	1.0	846.9	3254.9	0.55	74

注：加速电压为 70kV。

一些金属离子注入基体之后，能明显地提高材料的耐蚀性和抗氧化性能。Cr^+离子注入（注入量为 5×10^{16} 离子数/cm^2）纯铁后的腐蚀试验结果见图 6-156。从该图可见，Cr^+离子注入纯铁后明显地降低了腐蚀电流，增强了耐蚀性，其原因是由于产生铬铁化合物具有不锈钢的耐蚀性。

6.6.2.5　几种特殊的离子注入方法

1. 金属蒸发真空弧（MEVVA）金属离子源离子注入　这是 20 世纪 80 年代中期开发的一种全金属强束流离子注入技术，束流强度达到 100 ~ 300mA，束斑直径可达 50 ~ 100cm，适宜工业化应用。金属蒸发真空弧离子源工作原理见图 6-157。将需注入的金属制成阳极放入放电室内，通入氩气，压力为 1Pa，多孔的阴极上加上负电压。当触发电极瞬间接触阳极时，触发器提供几十安的大电流从而引起触发电极与阳极间弧光放电，导致阳极金属蒸发和放电室气体电离。起弧后的阳极表面形成的高温弧斑点快速游动，以维持阳极表面金属连续不断蒸发。金属正离子被负电位多孔引出极引出，从而形成宽束金属离子源。该技术的特点为：多电荷比例大，以双电荷比例为最

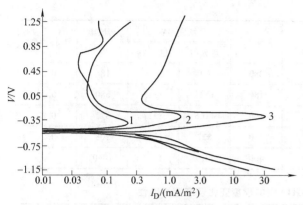

图 6-156　Cr⁺ 离子注入纯铁以及
不锈钢和纯铁在缓冲醋酸溶液中
的电位（V）-电流密度（I_D）曲线

1—Cr⁺ 离子注入纯铁　2—不锈钢　3—纯铁

大，而对于 Ir、Th 和 Ta 来讲，三电荷比例超过了双电荷比例，即可以用低的电压获得高的离子能量；离子源结构简单；宽束斑，束斑直径可大到 1m；可同时注入几种金属离子，为研究合金生长规律和陶瓷膜形成提供了较好条件；离子寿命长。

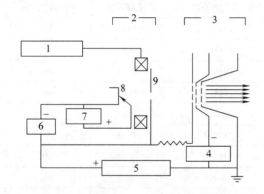

图 6-157　金属蒸发真空弧离子源工作原理

1—磁铁　2、6—弧　3、5—引出电极　4—抑制栅极
7—触发器　8—阴极　9—阳极

2. 等离子体浸没离子注入（Plasma Immersion Ion Implantation, PIII）　以上所述的离子注入工艺都是直进式注入法，即离子注入是以高能离子束斑直接入射到零件或者基片表面，对于机械零件的表面强化与防护来说，需要改性的面积比较大，因此必须采用束斑扫描技术或者工件转动来实现。这样做，一方面增加了加工成本，另一方面对于工件的一些死角位置，离子束因无法直射而难以实现表面强化，制约了其在机械工业领域中的应用。

等离子体浸没离子注入工艺原理示意图见图

6-158。它由真空系统、供气系统、等离子体源、绝缘试样支架和高压脉冲发生器等主要元件组成。工作时，真空室气压维持在 $10^{-3} \sim 10^{-1}$ Pa 并产生等离子体，工件上加有 1 ~ 100kV 的脉冲负高压（脉宽为数毫秒到 150μs，重复频率为数赫到 3kHz）。等离子体中的离子在负高压下加速，获得高能量后被注入工件表面。

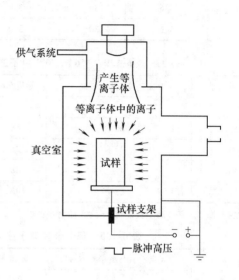

图 6-158　等离子体浸没离子注入
工艺原理示意图

等离子体浸没离子注入的优点是离子注入剂量大，可以从零件的各个方位同时注入离子（与支架接触的部分除外），对于三维零件（甚至包括零件中一些带有视线死角的部位），不需要工件运动或者离子束扫描与输运系统就可以实现大面积注入。对一些大型零件，只要将其放在工作台表面就可以实现离子注入，步骤大大简化，设备成本低，生产成本大幅度下降。PIII 的缺点是不能进行离子质谱分析，因此注入区域污染程度会增加；缺乏离子注入剂量的原位控制手段。

3. 离子团束（Ionized Cluster Beam）注入　离子束直径越大，密度越高，离子间的相互排斥力越容易导致空间放电效应，离子束就越难于控制或者聚焦。所以，以分散的离子状态输运用于表面改性的大剂量离子束一般较为困难。但是，输运大量由 100 ~ 2000 个原子组成的离子团束就容易得多。例如，对 100 ~ 2000 个原子组成的原子团来说，10keV 的加速电压只能使每个原子获得 5 ~ 100eV 的能量，1mA 的电流相当于流过的离子数再乘以离子团中的离子个数，使得离子团束实际上成为高密度、低能量的离子束，既有利于薄膜形成，又不至于导致空间放电效应。通过坩埚加热，使材料在液态下以 100 ~ 2000 个原子组成的原子团形式蒸发到高真空（$10 \sim 10^{-4}$ Pa）容器中，然后采用电子轰击原子团，使其电离成为离子团，再在负偏压的作用下加速并注入到基片表面，即形成了离子团束注入的表面改性层。

4. 离子束沉积注入　将物理气相沉积技术与离子注入技术结合，改善沉积层结构、致密性和应力状态，提高表面覆层性能，从而发展了离子束沉积注入的工艺方法。这些方法可归纳为蒸镀 + 离子注入和溅射 + 离子注入两类。从工艺角度又可分为两类：一是分步混合，即先在基体表面沉积一层薄膜，然后用离子束进行注入；另一类是同步混合，即沉积和离子注入同时进行。表 6-131 为几种离子束沉积注入工艺方法。

表 6-131　几种离子束沉积注入工艺方法

名称及示意图	特　点
 反冲注入	预先将注入的元素沉积在基片表面,然后用其他离子(常用惰性气体,如 Xe^+)轰击沉积镀层,使沉积元素注入基体中,不需加速器提供离子,只需要惰性气体 Xe^+
 轰击扩散镀层注入	与反冲注入相似,但附有加热装置。在离子轰击基体同时有热扩散效应,使离子注入更深。可采用较轻的非惰性离子(如 N^+)进行轰击,此法适用于工业应用
 离子束多层混合	将元素 A 和元素 B 交替地沉积在基片上,组成多层膜(每层膜约 10nm),然后用 Xe^+ 轰击多层膜,使 A 和 B 混合成均匀的新的合金。混合所用剂量约为常规离子注入的两个数量级
 动态反冲注入	将元素溅射到基片表面,同时用离子(如 Ar^+)轰击镀层,在同一靶室内装有二次离子质谱,可用于控制膜的质量

（续）

名称及示意图	特　点
 离子束蒸发沉积注入	用蒸发源（电子束）将元素（如 Ti）沉积在基片上,同时用离子（如 N⁺）轰击镀层,可形成 Ti + N 混合层,二者可形成 TiN 硬质膜
 多离子束沉积注入	一般用氩离子束（Ar⁺）射到靶材（如 Ti）上,Ti 被溅射并沉积在基片上形成 Ti 膜,同时离子束（如 N⁺）也射到基片上,使 Ti 与 N 结合生成 TiN 硬质膜,称为多离子束沉积注入

6.6.2.6　离子注入的应用

1. 改善材料表面的力学性能　离子注入可提高材料表面的强度、硬度、摩擦学特性。其强化机制主要是弥散强化和缺陷强化。不同种类的离子对摩擦机制的影响不同,可以人为地控制摩擦因数。

离子注入材料表面改性主要应用于工模具及一些耐磨件。离子注入工艺及效果见表6-132。

2. 提高材料表面的耐蚀性和抗高温氧化性能　注入离子后,在材料表面首先形成钝化膜或更致密的表面氧化膜,从而减少氧化膜的剥落。通过离子的优选,可降低氧化膜中的压应力,提高其塑性,控制金属阳极的溶解,达到提高材料表面耐蚀性能和抗氧化性能的目的。

纯钛金属中注入 3.5% Pb^+ 离子,可使其在 20%（质量分数）硫酸中的腐蚀行为从 6~10h 延缓至 100 天。钢铁中注入 B^+ 和 P^+ 离子,可形成非晶态表面层,能有效阻止酸性溶液中的阳极腐蚀。在铁基体上注入 Ar^+、Cr^+、Ta^+、Pb^+ 等离子,均可提高材料在中性醋酸缓冲溶液中的耐蚀性。铝及不锈钢注入 Mo^+,可提高其抗点蚀能力。

富铬不锈钢中注 Ir⁺ 或稀土元素离子,能够改善材料在 800℃ 时二氧化碳气氛中的抗氧化能力。

表 6-132　离子注入工艺及效果

工件名称	基体材料	注入条件			效果（寿命）
		离子种类	剂量/10¹⁷	能量/keV	
冲压模	铬钢	N⁺	4	90	提高 10 倍
塑料模	渗氮 H13 模具钢	N⁺	2~6	50~100	提高 2 倍
铝饮料罐头压痕模	D2 工具钢	N⁺	2~6	50~100	提高 3 倍
拉深铜棒模	WC 硬质合金	C⁺	—	—	提高 5 倍
铝型材挤压平模	H13	Ti⁺	—	—	降低挤压力 15%
塑料裁刀刀头	金刚石	N⁺	2~6	50~100	提高 2~4 倍
酚醛树脂丝锥	M2 高速钢	N⁺	2~6	50~100	提高 5 倍
薄钢板切断刀片	WC-Co	N⁺	2~6	50~100	提高 3 倍以上
铣刀片	YG8 硬质合金	N⁺			提高 2 倍
冲头	W18Cr4V	N⁺			提高 1 倍
金属导丝管	硬 Cr 板	N⁺	2~6	50~100	提高 3 倍以上
人工关节假体	Ti-6Al-4V	N⁺	2~6	50~100	提高 100 倍以上
电厂烧油锅炉喷油嘴		B⁺ 或 Ti⁺	—	—	提高 5~8 倍

3. 离子注入技术在微电子工业中的应用　在微电子工业中应用离子注入技术，可改变材料的电学性能，广泛用于半导体器件的生产。其特点为：掺杂量和注入深度可以精确控制；注入硅中的杂质是直进的，横向扩散是热扩散的 1/10；掺杂层大面积均匀，重复性好和杂质纯度高等。离子注入技术也因此成为现代微电子技术中的基础工艺，在集成电路从中、小规模发展到超大规模程度的过程中发挥了极为关键的作用，并在微波、激光和红外集成元件和电路中也得到了广泛的应用。

4. 离子注入在医疗领域的应用　离子注入在医疗领域的应用最典型的事例为人工植入关节的表面改性。人造髋关节、人造膝盖一般是采用 Ti-6Al-4V 和 Co-Cr 合金制造的，这些材料的强度高、韧性好，其成分与人体器官相容，因此作为重要的人造假肢材料而广为应用，上述材料与 PMMA 高分子白组成人工关节。作为人造假肢，希望其使用寿命尽可能长，即要求它们在血浆条件下具有高的耐蚀性、耐磨性，并且与 PMMA 有较低的摩擦因数。研究表明，在 Ti-6Al-4V 表面注入 N^+，可以形成 TiN 层，使钛合金表面钝化，明显降低与 PMMA 的摩擦因数，并可以使 Ti-6Al-4V 在血浆环境下的耐磨性提高 40 倍，解决了医疗中的重大关键问题。类似地，在 Co-Cr 合金表面注入 N^+，可以在其表面形成 Cr_2N 层，有效地阻止铬、钴、镍的溶解，使其与 PMMA 的摩擦因数大幅度减少，耐磨性明显提高。上述两种工艺自 1990 年以来已经得到商业应用。

在医疗领域中广为应用的另一种生物医学材料是高分子材料，因为它们与人体各种器官及血液的相容性非常好，如用作人工血泵膜和人造心瓣膜。但这些材料的致命缺点是强度低，耐磨性差。近年来，在硅橡胶和聚氨酯表面注入特定的离子，可以克服上述缺陷。此外，采用离子注入直接作用于细胞、微生物和稻种表面，也取得了一些意想不到的变种效果。

参 考 文 献

［1］潘邻. 化学热处理应用技术［M］. 北京：机械工业出版社，2004.

［2］曾议，曾耀棕. 低温盐浴氮碳共渗工艺及其应用［J］. 金属热处理，2006，31（8）：82-84.

［3］罗德福，李远辉，吴少旭. QPQ 技术高抗蚀机理探讨［J］. 金属热处理，2005，30（6）：28-30.

［4］潘应君，周磊，王蕾. 等离子体在材料中的应用［M］. 武汉：湖北科学技术出版社，2003.

［5］李秀燕，唐宾，潘俊德，等. Ti6Al4V 无氢离子渗氮摩擦学性能的研究［J］. 稀有金属材料与工程，2003，32（7）：506-509.

［6］孙定国，赵程，韩莉. 甲烷在离子氮碳共渗中的作用［J］. 青岛科技大学学报，2004，25（2）：47-49.

［7］赵程，孙定国，赵慧丽，等. 离子氮碳共渗＋离子后氧化双重复合处理的研究［J］. 金属热处理，2004，29（4）：32-34.

［8］张通知，吴瑜光. 离子束表面工程技术与应用［M］. 北京：机械工业出版社，2005.

［9］曲敬信，汪泓宏. 表面工程手册［M］. 北京：化学工业出版社，1998.

［10］高诚辉，林有希，刘映球. 离子注入表面摩擦学改性及其应用［J］. 材料保护，2004，37（7s）：105-108.

第7章 形变热处理

北京机电研究所 樊东黎

7.1 概述

形变热处理是对金属材料进行形变强化和相变强化，即把压力加工和热处理相结合、使材料性能得到综合提高的工艺方法。这种方法不但能获得一般加工方法达不到的高强度和高韧性的良好组合，而且还能大大简化金属材料或工件的生产工艺过程，因而受到冶金、机械、航空、航天部门的高度重视。现有的形变热处理方法很多，工艺名称和分类方式也很不统一。表7-1所列为简化后的形变热处理方法分类、原理、用途和效果。

表 7-1　形变热处理工艺及应用

类　别	工　艺	原　理	用　途	效　果
低温形变热处理	低温形变淬火	钢在奥氏体化后急冷至等温转变区(500~600℃)，施行60%~90%形变后淬火	高强度零件，如飞机起落架、火箭蒙皮、高速钢刀具、模具、炮弹及穿甲弹壳、板簧	保持韧性，提高强度和耐磨性。可使高强钢的强度从1800MPa提高到2500MPa以上
	低温形变等温淬火	钢在奥氏体化后急冷至最大转变孕育区(500~600℃)，施行形变后在贝氏体区等温淬火	热作模具	在保持较高韧性前提下，提高强度至2300~2400MPa
	等温形变淬火	在等温淬火的奥氏体—珠光体或奥氏体—贝氏体转变过程中形变	适合于等温淬火的小零件，如小轴、小模数齿轮、垫片、弹簧、链节等	提高强度，显著提高珠光体转变产物的冲击韧性
	连续冷却形变处理	在奥氏体连续冷却转变过程中施行形变	适用于小型精密耐磨、抗疲劳件	可实现强度与韧性的良好配合
	诱发马氏体的低温形变	对奥氏体钢施行室温或更低温度的形变(一般为轧制)，然后时效	18-8型不锈钢、PH15-7Mo过渡型不锈钢以及TRIP钢	在保证韧性前提下提高强度
	珠光体低温形变	钢丝奥氏体化后在铅浴或盐浴中等温淬火得到细珠光体组织，再施行>80%形变量的拔丝	制造钢琴丝和钢缆丝	使珠光体组织细化、晶粒畸变。冷硬化显著提高强度
	马氏体(回火马氏体、贝氏体)形变时效	对钢在回火马氏体或贝氏体状态施行室温形变，最后200℃时效	低碳钢淬成马氏体，室温下形变，最后回火	使屈服强度提高3倍，冷脆温度下降
	预形变热处理	钢材室温形变强化，中间软化退火，然后快速加热淬火、回火	适用于形状复杂、切削量大的高强钢零件	提高强度及韧性，省略预备热处理工序
	晶粒多边化强化	钢材于室温或较高温度施行小变形量(0.5%~10%)形变，于再结晶温度加热，使晶粒呈稳定多边化组织	锅炉紧固件，汽轮或燃气轮机零件	提高高温持久强度和蠕变抗力

（续）

类　别	工　艺	原　　理	用　　途	效　　果
高温形变热处理	高温形变淬火	精确控制终锻和终轧温度,利用锻、轧余热直接淬火,然后回火	加工量不大的碳钢和合金结构钢零件,如连杆、曲轴、叶片、弹簧、农机具及枪炮零件	提高强度 10% ~ 30%,改善韧性、疲劳抗力、回火脆性、低温脆性和缺口敏感性
	高温形变正火	适当降低终锻、终轧温度,然后空冷,或强制空冷,或等温空冷	适用于改善以微量元素 V、Nb、Ti 强化的建筑结构钢材的塑性和碳钢及合金结构钢锻件的预备热处理	提高钢材韧性,降低脆性转变温度,提高疲劳抗力
	高温形变等温淬火	利用锻、轧后余热施行珠光体区域或贝氏体区域内的等温淬火	用于 $w(C)$ 为 0.4% 钢缆绳和高碳钢丝及小型紧固件	提高强度及韧性
	亚温形变淬火	在 Ac_3 和 Ac_1 间施行形变淬火	在严寒地区工作的构件和冷冻设备零件	明显改善合金结构钢脆性,降低冷脆域
	利用形变强化遗传性的热处理	用高温或低温形变淬火使毛坯强化,然后施行中间软化回火,以便于切削加工,最后二次淬火,低温回火,可再现形变强化效果	适用于形状复杂、切削量大的高强钢零件	提高强度和韧性,取消毛坯预备热处理工序
	表面高温形变淬火	用高频或盐浴使工件表层加热至 Ac_1 或 Ac_3 以上,施行滚压强化淬火	高速传动轴、轴承套圈等圆柱形或环形零件,履带板和机铲等磨损零件	显著提高零件疲劳强度和耐磨性以及使用寿命
	复合形变热处理	把高温形变淬火和低温形变淬火复合,或将高温形变淬火与马氏体形变时效复合	适用于 Mn13、工具钢和冷作模具钢等难以强化的钢材	提高强度、韧性、疲劳强度和耐磨性等综合力学性能
形变化学热处理	利用锻热渗碳淬火或碳氮共渗	零件在奥氏体化以上温度模锻成形,随即在炉中渗碳或碳氮共渗,淬火、回火	中等模数齿轮	节能,提高渗速、硬度及耐磨性
	锻热淬火渗氮	钢件锻热淬火后,高温回火时渗氮或氮碳共渗	模具、刀具及要求的耐磨件	加速渗氮或氮碳共渗过程,提高耐磨性
	低温形变淬火渗硫	钢件低温形变淬火后,回火与低温电解渗硫结合	高强度摩擦偶件,如凿岩机活塞、牙轮钻等	心部强度高,表面减摩
	渗碳件表面形变时效	渗碳、渗氮、碳氮共渗零件渗后在常温下施行表面喷丸或滚压,随后低温回火,使表面产生形变时效作用	航空发动机齿轮、内燃机缸套等耐磨及疲劳性能要求极高的零件	显著提高零件表面硬度,耐磨性,使表面产生压应力,明显提高疲劳抗力
	渗碳表面形变淬火	用高频电流加热渗碳件表面,然后施行滚压淬火,也可在渗碳后直接施行滚压淬火	齿轮等渗碳件	零件表面可获得极高的耐磨性

7.2　低温形变热处理

低温形变热处理也称亚稳奥氏体形变淬火。其工艺过程为：把钢加热至奥氏体状态，保持一定时间，急速冷却至 Ac_1 以下、高于 Ms 点的某一中间温度施行锻压或轧制成形，随后立即淬火获得马氏体组织（见图7-1）。为了获得强度和韧性的良好配合，一般不希望在亚稳奥氏体的形变和随后的冷却过程中产生非马氏体组织，因而过冷奥氏体应具有足够的稳定性。

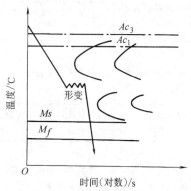

图 7-1　低温形变淬火示意图

7.2.1　低温形变热处理工艺

低温形变热处理工艺的优化取决于影响形变热处理效果的各工艺参数的选择。这些工艺参数是：奥氏体化温度、形变温度、形变前后的停留和再加热、形变量、形变方式、形变速度和形变后的冷却。

7.2.1.1　奥氏体化温度

奥氏体化温度对低温形变淬火效果的影响与钢的化学成分有很大关系。奥氏体化温度对 AISI H11 钢形变淬火后的性能几乎没有影响（见图7-2），而对（质量分数）0.3% C-3% Cr-1.5% Ni 钢则拉伸性能指

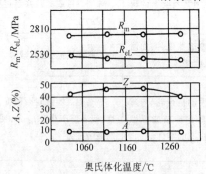

图 7-2　H11 钢奥氏体化温度对低温形变
（91%）淬火回火后拉伸性能的影响
注：采用538℃回火。

标随奥氏体化温度的提高有逐步降低现象（见图7-3）。40CrNiMo 钢的抗拉强度随奥氏体化温度的提高有明显的降低，见图7-4。因此，在低温形变淬火时，应尽量采取较低的奥氏体化温度。

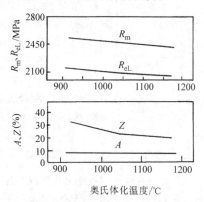

图 7-3　0.3% C-3% Cr-1.5% Ni 钢奥氏体化温度
对低温形变（91%）淬火回火后拉伸性能的影响
注：采用100℃回火。

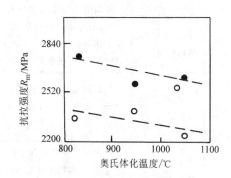

图 7-4　40CrNiMo（En24）钢奥氏体化温度对
低温形变淬火抗拉强度的影响
○—1300℃预固溶处理　●—无预先固溶处理

7.2.1.2　形变温度

图7-5所示为18CrNiW钢强度和塑性指标随形变温度的变化。H11钢［成分（质量分数）为：0.35% C、1.5% Mo、5.0% Cr、0.4% V］形变温度对低温形变淬火、回火后的力学性能的影响示于图7-6。形变温度对30CrNiMo钢力学性能的影响示于图7-7。由图中数据可知，对于这些钢种随形变温度的降低，硬度和强度都增加，而塑性指标都明显降低。而对于H11钢，形变量对形变温度的影响非常明显。形变量大、形变温度对力学性能的影响大、否则相反。形变温度对力学性能影响的总趋势是：形变温度越低，强化效果越大，但塑性和韧性明显下降；在形变过程中或在形变后的冷却时形成贝氏体，则显著降低强化效果。

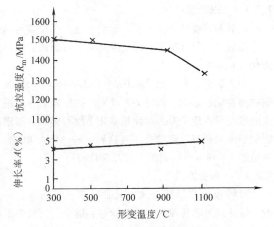

图 7-5　18CrNiW 钢形变温度对形变
淬火后拉伸性能的影响

注：形变量 60%，回火温度 100℃。

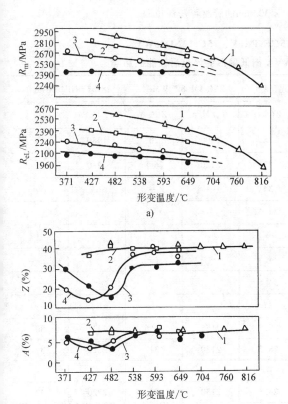

a)

b)

图 7-6　H11 钢形变温度对形变淬火回火后力学性能的影响

a）抗拉强度与屈服强度　b）断后伸长率与断面收缩率

形变量：1—94%，2—75%，3—50%，4—30%

注：一般处理时 R_m 为 2170MPa，R_{eL} 为 168MPa。

7.2.1.3　形变前后的停留及形变后的再加热

如果奥氏体的稳定性较高，钢材奥氏体化后冷却
到形变温度并保留一段时间、奥氏体不发生分解，则

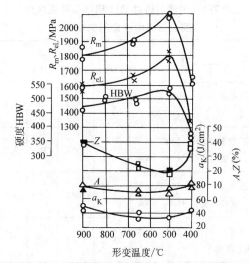

图 7-7　30CrNiMo 钢形变温度对力学性能的影响

注：奥氏体化温度 1150℃，形变量 50%，
形变淬火后 200℃回火 4h。

形变前的停留对低温形变淬火后的性能没有影响。

为获得理想强化效果，低温形变淬火时的形变量
应达到 60%～70% 以上。在一般低温形变条件下，一
次得到如此大的形变量是非常困难的。从许多研究结
果发现，多次形变累积形变量达到要求与一次达到形
变量要求的效果几乎没有差异（见表 7-2、表 7-3）。

低温形变后不一定必须立即淬火。事实上形变后
停留一段时间不但不会影响形变淬火效果，甚至在形
变后把钢件加热到略高于形变温度并在此温度保温，
能进一步提高某些钢的强度和塑性（见表 7-4）。这
是由于形变后的加热和保温可使奥氏体产生晶粒多边
化的稳定过程。

表 7-2　中间加热对 30CrMnSiNiA 钢
低温形变淬火力学性能影响[1]

工　艺　过　程	R_m /MPa	R_{eL} /MPa	a_K /(J/cm²)
900℃油中淬火	2100	1880	34
900℃奥氏体化——550℃形变 63%——油淬	2360	2170	20
900℃奥氏体化——550℃形变 25%——550℃保持 1h——再形变 25%——550℃再保持 1h——再形变 13%——油淬	2350	2130	22

① 回火温度 275℃。

表 7-3　中间加热对 H11 钢低温形变淬火回火后力学性能的影响①

工艺过程	R_m/MPa	R_{eL}/MPa	Z(%)	A(%)
形变量 91%，形变后立即淬火	2737	2531	37	7.6
形变量 50%，540℃ 保持 2h，继续形变到 91%，淬火	2760	2559	35	7.2
形变量 50%，540℃ 保持 4h，继续形变到 91%，淬火	2812	2642	36	6.8
形变量 91%，540℃ 保持 20h，淬火	2812	2587	39	7.4

① 奥氏体化温度 1040℃，形变温度 540℃，回火温度 510℃。

7.2.1.4　形变量

在低温形变淬火工艺中，形变量是一个很重要的工艺参数。一般情况下，形变量越大，对金属材料的强化效果越好。

图 7-8 所示为形变量对 0.3% C-3.0% Cr-1.5% Ni 钢拉伸性能的影响。由图 7-8 可见，抗拉强度和屈服点随形变量直线上升，对伸长率几乎没有影响，而断面收缩率则稍有下降趋势。对这种钢和 AISI4340 钢，每增加 1% 形变量，屈服点上升 5MPa。

7.2.1.5　形变方式

可供选择的形变方式有轧制、挤压、旋压、锤锻、爆炸成形和深拉深。一般棒材、钢带、钢板都采用轧制形变；棒材也可用挤压方式；直径 <250mm 的管材可用旋压；各种锻件可用锤锻和压力机锻压成形；直径 < 76mm 的管材可用爆炸成形；直径 <305mm 的管材可用深拉深。

表 7-4　多边化处理温度和时间对 15CrNiMoV、15Cr12NiMoWVA、25Cr2MnSiNiWMo 和 28Cr3SiNiMoWVA 钢低温形变淬火后性能的影响

多边化处理温度/℃	保持时间/s	15CrNiMoV①		15Cr12NiMoWVA②		25Cr2MnSiNiWMo②		28Cr3SiNiMoWVA②	
		R_m/MPa	Z(%)	R_m/MPa	Z(%)	R_m/MPa	Z(%)	R_m/MPa	Z(%)
普通热处理		1600	16	1700	38	1900	20	1980	17
低温形变淬火		2050	18	2000	33	2120	26.8	2230	28
700	5	1900	25	1975	34	—	—	—	—
	20	1800	28	1965	34.5	—	—	—	—
	34	1780	33	—	—	—	—	—	—
	100	—	—	1960	34.5	—	—	—	—
	400	—	—	1910	34.5	—	—	—	—
	1000	—	—	1815	37	—	—	—	—
650	5	2000	20	1980	28.5	2155	30.6	2225	30
	20	1920	20	1980	28.5	2150	31	2220	32
	34	1880	23	—	—	—	—	—	—
	100	—	—	1970	28.5	2150	34	2220	32
	400	—	—	1940	28.5	2135	36	2220	31.8
	1000	—	—	1870	29	1865	31	2210	31.5
600	5	—	—	2020	32	2180	35.8	2250	31.5
	20	—	—	2040	37	2170	36.6	2280	34
	100	—	—	2055	34	2165	38	2280	34
	400	—	—	2015	28	2155	38	2290	34
	1000	—	—	1980	25	2150	35	2290	34

（续）

多边化处理温度/℃	保持时间/s	15CrNiMoV[1]		15Cr12NiMoWVA[2]		25Cr2MnSiNiWMo[2]		28Cr3SiNiMoWVA[2]	
		R_m/MPa	$Z(\%)$	R_m/MPa	$Z(\%)$	R_m/MPa	$Z(\%)$	R_m/MPa	$Z(\%)$
550	5	—	—	2080	29.5	2210	26	2350	25.5
	20	—	—	2095	25	2210	24	2315	24.5
	100	—	—	2095	22	2200	29.5	2320	23.5
	400	—	—	2080	22	2185	34.5	2305	26
	1000	—	—	2070	23	2185	36	2395	26.5

[1] 形变量 35%～37%。

[2] 形变量 30%～33%。

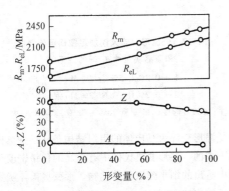

图 7-8　形变量对 0.3%C-3.0%Cr-1.5%Ni
钢拉伸性能的影响

注：奥氏体化温度 930℃、形变温度 540℃、
回火温度 330℃。

研究结果表明，低温形变淬火强化效果只和形变温度和形变量有关，而与形变方式无关。不同形变方式所导致的强化效果的差别是因不同的形变速度引起的金属材料内部温度变化（即形变温度的变化）所致（见图 7-9）。

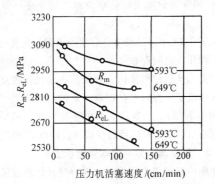

图 7-9　压力机活塞运动速度对以挤压方式低温
形变淬火的 VascoMA 钢拉伸性能的影响

注：开始挤压温度为 593℃ 和 649℃，
形变量 70%，回火温度 552℃。

7.2.1.6　形变速度

形变速度对强化效果的影响没有一致的规律，有时表现为随形变速度提高，强度指标下降，有时则相反。当截面较大的工件形变时，由于机械能向热能的转化，心部温度随形变速度提高而迅速增加，由于形变温度提高的作用，强化效果降低。工件截面小时，随形变速度的增加，工件的温度升高不大，使形变过程基本在恒定温度下进行，从而导致强化效果的提高。

7.2.1.7　形变后的冷却

形变后是否需要立即淬火，取决于钢中过冷奥氏体的稳定程度。在过冷奥氏体相当稳定不会产生非马氏体组织的前提下，形变后的保温和加热对强化效果影响不大，有时甚至还有正面作用（见 7.2.1.3）。当过冷奥氏体形变中或形变后分解形成珠光体组织时，强化效果明显下降，分解形成贝氏体组织时，强化效果下降幅度较小。图 7-10 所示为非马氏体组织对 H11 钢低温形变淬火后拉伸性能的影响。

7.2.2　钢低温形变热处理的组织变化

7.2.2.1　形变淬火马氏体组织的细化

低温形变淬火可使马氏体细化。在一定奥氏体化温度下，形变量越大，马氏体组织越细，钢的屈服强度越高。图 7-11 所示为含 0.32%C、3.0%Cr、1.5%Ni（质量分数）的钢在 930℃、1040℃ 和 1150℃ 奥氏体化，595℃ 形变，形变率为 50%、75%、90% 时的马氏体片的细化程度。为此推导出了低温形变淬火钢的抗拉强度 R_m 和屈服强度 R_{eL} 与马氏体片尺寸 d 间的 Petch 关系

$$R_m = R_0 + kd^{-\frac{1}{2}}$$

$$R_{eL} = R_0 + k'd^{-\frac{1}{2}}$$

式中的 R_0、k 和 k' 均为常数。

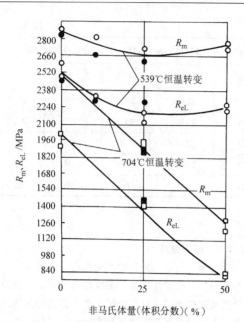

图7-10　非马氏体组织对H11钢低温形变
淬火后拉伸性能的影响

● —539℃轧制，形变率75%
○ —482℃轧制，形变率75%
■ —539℃轧制，形变率25%
□ —482℃轧制，形变率25%

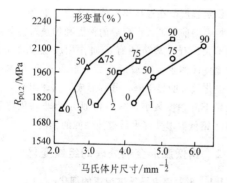

图7-11　0.32%C-3.0%Cr-1.5%Ni
钢低温形变淬火后屈服强度与马氏体片
尺寸间的关系

奥氏体化温度：1—930℃，2—1040℃，3—1150℃

　　也曾发现这样的事实，即在不同形变量和不同奥氏体化温度下，可以获得同样尺寸的马氏体，但具有不同的屈服强度。所以不能说马氏体组织的细化是在钢低温形变淬火后获得强化效果的唯一原因。

7.2.2.2　钢形变淬火组织中存在大量晶体缺陷

　　低温形变淬火马氏体中有大量位错，在位错线有细小弥散的碳化物析出，在马氏体细片中还存在更微细的亚晶块结构。亚晶块边界由位错组成，是大量位

错集聚的场所。在研究0.2%C-5%Cr-2%Mo钢和0.2%C-5%Ni-2%Mo钢低温形变淬火显微组织时，发现在钢的规定塑性延伸强度与亚晶块尺寸d_s间存在Petch关系（见图7-12）。

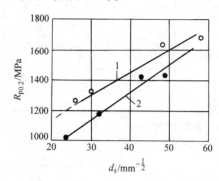

图7-12　低温形变淬火钢规定塑性延伸强度
和亚晶块尺寸d_s间的关系

1— 0.2%C-5%Cr-2%Mo钢
2— 0.2%C-5%Ni-2%Mo钢

注：600℃形变、形变量20%~75%，200℃回火。

　　低温形变淬火马氏体的组织结构是从形变奥氏体继承下来的。在形变奥氏体中有较高的位错密度和在形变中析出的细小弥散的碳化物，形变奥氏体确实处于加工硬化状态。

　　为了研究奥氏体的形变强化以及碳化物形成元素的影响，还必须引入奥氏体加工硬化度（nK）的概念。假定奥氏体在427~538℃温度下形变，其真应力σ与真应变ε之间符合下列关系：

$$\sigma = K\varepsilon^n$$

式中　K——强化系数；
　　　n——加工硬化系数。

　　从此式可求出，加工硬化率$\delta\sigma/\delta\varepsilon = nK\varepsilon^{n-1}$，定义$\varepsilon = 100\%$时的加工硬化率为加工硬化度，即$|\delta\sigma/\delta\varepsilon|_{\varepsilon=100\%} = nK$。

　　从图7-13中可以看出，形变淬火钢的强度与奥氏体加工硬化度之间存在良好的线性关系。形变淬火钢强度与奥氏体强化程度间，形变淬火马氏体硬度与形变奥氏体流变应力间都存在着一定的线性关系（见图7-14和图7-15）。从这些关系中不难看出，形变奥氏体的亚晶结构确实被随后转变成马氏体继承下来。

7.2.2.3　形变奥氏体中的碳化物析出

　　在钢的低温形变淬火时，亚稳奥氏体强度随形变率的增加而不断上升，当形变率超过40%时，强度上升速度更快（见图7-16）。此现象不能用单纯的位错密度增加来解释，因为位错密度的增加呈抛物线规律。当形变率超过10%时，位错数量的增长变缓。

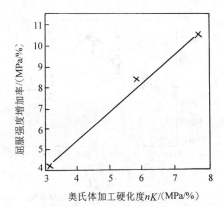

图 7-13　Fe-Ni-C 合金低温形变淬火后的屈
服强度增加率与奥氏体加工硬化度 nK 间的关系

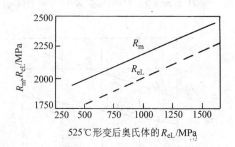

图 7-14　45Cr3Ni8Si 钢形变淬火后的强度与
奥氏体强化程度间的关系

注：形变温度 525℃，形变奥氏体屈服强度
是在不同形变量条件下获得。

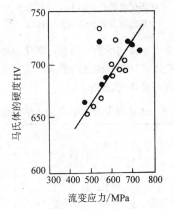

图 7-15　AISI4340 钢低温形变淬火马氏体
硬度与形变奥氏体流变应力间的线性关系

注：550℃和 650℃形变。

一些研究结果证实，在 400～500℃ 的温度下，未形变奥氏体中的碳化物形核比较困难，只能沿晶界生成粗粒状碳化物，而形变之后却可以在位错上形核。这说明在 500℃ 左右的形变温度下，形变奥氏体中可以直接沉淀形成碳化物。碳化物在形变奥氏体位

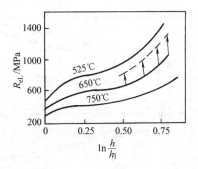

图 7-16　45Cr3Ni8Si 钢亚稳奥氏体在不同
温度下压缩时的强度曲线

错上的沉淀反过来又影响形变中产生的位错密度，因为碳化物沉淀能很快钉扎已有位错，使得在进一步形变时能以更大的速度产生新的位错。这样就可以提供更多的沉淀部位，相互促进，往复不断。这就可以解释图 7-16 中出现的亚稳奥氏体形变的高应变强化速度，也可以解释低温形变淬火钢强度与形变量间的线性关系，还可以解释低温形变淬火钢为什么具有较高的耐回火性。

在形变温度下，许多合金钢亚稳奥氏体中的碳溶解度极低，其中的碳处于过饱和状态，析出碳化物后固溶体以及随之转变形成的马氏体碳含量很低。总之，低温形变淬火所形成的马氏体含有较高的位错密度、细小弥散的碳化物和较低的固溶体碳含量。固溶体碳含量低可能就是低温形变淬火钢比普通淬火钢有较高塑性和韧性的主要原因。

7.2.3　钢低温形变热处理后的力学性能

7.2.3.1　钢材化学成分对形变淬火后力学性能的影响

钢材化学成分不同，低温形变淬火强化效果也不同。影响强化效果最显著的元素是碳。合金结构钢中的 $w(C)$ 在 0.3%～0.6% 的范围内时，低温形变淬火后的强度随碳含量的增加成直线上升（见图 7-17）。钢形变淬火强度随形变量的增加而增大，随着钢碳含量的增加，此效果愈益明显（见图 7-18）。对某些多元合金钢，随着碳含量的增加，形变淬火后抗拉强度的变化约在 $w(C)$ 为 0.48% 处存在极大值，超过此碳含量，强度逐步下降（见图 7-19）。因此，为了获得力学性能的良好配合，低温形变淬火用钢的 $w(C)$ 应控制到 0.5% 以下。

Cr、Mo、V 等碳化物形成元素对钢低温形变淬火强化效果亦有明显影响。图 7-20 所示为 Cr、Mo、V 元素总量达 7% 的 H11 钢与不含碳化物形成元素钢

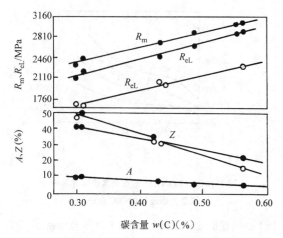

图 7-17　碳含量对 3% Cr-1.5% Ni 钢
拉伸性能的影响

●——低温形变淬火

○——普通热处理

注：900℃奥氏体化，540℃

形变 91%，330℃回火。

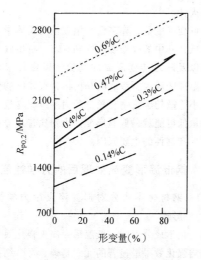

图 7-18　低温形变热处理时的形变量对不同
碳含量（质量分数）钢强度的影响

——3% Cr 钢

-----SAE4340 钢

——410 不锈钢

形变淬火强化后屈服强度变化的比较。Fe-Ni-C 合金
为每 1% 的形变量，屈服强度增加 5MPa，而 H11 钢
的屈服强度增加率为 9MPa。

表 7-5 所列各种合金亚稳奥氏体形变强化的试验
结果列于表 7-6。由此可知，碳化物形成元素能显著
提高 Fe-Ni-C 合金奥氏体的加工硬化度 nK，其中以
Mo 的影响最大，其次是 V，再次是 Cr；在 Fe-Mn-C

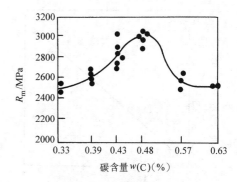

图 7-19　碳含量对 1.86% Cr-2.33% Ni-
1.05% Mn-1.03% Si-1.03% W-0.47% Mo
钢低温形变淬火抗拉强度的影响

注：1000℃奥氏体化、550℃形变 90%，100℃回火。

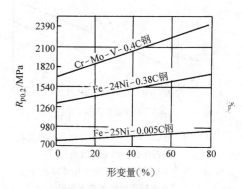

图 7-20　含碳化物形成元素的 H11 钢和
不含碳化形成元素的 Fe-Ni-C 合金的
低温形变淬火强度的增加率

奥氏体合金上也得到了类似结果；碳化物形成元素能
显著提高强度增加率；碳化物形成元素能显著提高低
温形变淬火马氏体的强度。

表 7-5　试验合金的化学成分（质量分数）

序号	C(%)	Ni(%)	碳化物形成元素(%)	奥氏体化温度/℃
1	0.30	27.94	—	1200
2	0.32	25.16	0.56Nb	1290[①]
3	0.32	20.15	4.70Cr	1200
4	0.32	16.40	4.72Cr	1200
5	0.30	24.82	0.30V	1290
6	0.29	24.73	1.85V	1290
7	0.28	24.92	4.50Mo	1200

① 在 1290℃奥氏体化时，NbC 未溶于固溶体。

表 7-6　碳化物形成元素对 Fe-Ni-C 合金力学性能的影响

序号	合金	奥氏体试验温度 427~527℃			奥氏体室温试验		马氏体室温试验		深冷至液氮温度时的马氏体量（体积分数）（%）
		n	K	nK	每1%形变量的抗拉强度增加值	每1%形变量的屈服强度增加值	每1%形变量的抗拉强度增加值	每1%形变量的屈服强度增加值	
			MPa		MPa				
1	28Ni-0.3C	0.441	70	31	0.57	≈0.91			≈75
2	25Ni-0.5Nb-0.3C	0.400	78	31		≈0.77	0.31	0.41	≈75
3	20Ni-5Cr-0.3C	0.509	113	58	0.90	≈1.12			0
4	16.5Ni-5Cr-0.3C	0.523	112	59	0.93	≈1.26	1.04	0.83	≈50
5	25Ni-0.3V-0.3C	0.540	109	58	0.76	≈1.05	0.78	0.84	≈70
6	25Ni-1.8V-0.3C	0.525	137	72	1.12	≈1.60			≈70
7	25Ni-4.5Mo-0.3C	0.545	141	77	1.21	≈1.60	0.88	1.05	≈25

　　非碳化物形成元素 Si 能显著提高钢的耐回火性。在 0.4%C（质量分数）的 Cr-Ni-Mo 钢中加入 1.5% Si（质量分数），在形变淬火和 200~300℃ 回火后的抗拉强度达到 2670MPa，屈服强度达到 2350MPa，而加入 0.3%Si（质量分数）其抗拉强度只有 2200MPa，屈服强度只有 1960MPa。Mn 对于提高钢形变淬火的强韧性没有贡献，但价格便宜，可用来代替 Ni 提高亚稳奥氏体的稳定性，便于钢施行低温形变淬火。

　　低温形变淬火可以提高钢的耐回火性，即经过低温形变的钢加热到较高温度尚可保持形变强化效果。图 7-21 所示为 45CrMnSi 钢在 950℃ 奥氏体化、535℃ 压缩形变 30%，然后油淬的硬度-回火硬度曲线。由图 7-21 可见，形变淬火的钢在加热到较高的回火温度尚可保持较高硬度。

　　低温形变淬火可改变淬火回火时有二次硬化特性钢的性能。图 7-22 所示为低温形变淬火改善 1% Ni-2% Cr-Mo-V 钢回火二次硬化效果的情况。

　　300M［成分（质量分数）为：0.43%C，0.83% Cr，0.35% Mo，0.07% V，1.67% Ni，0.79% Mn，0.007% P，0.004% S，1.62% Si，0.111% Al］、H11［成分（质量分数）为：0.35% C，5% Cr，1.5% Mo，0.4% V］和 Vasco MA［成分（质量分数）为：0.5% C，0.45% Cr，2.75% Mn，2.0% W，1.0% V］钢普通淬火、回火时都有明显的二次硬化现象，但经过低温形变淬火后出现了被抑制的硬化，表现出较高的耐回火性（见图 7-23）。

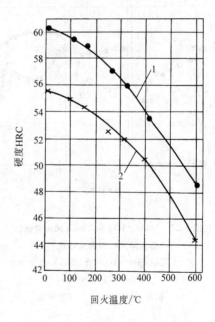

图 7-21　45CrMnSi 钢低温形变淬火与普通
淬火试样的硬度-回火温度曲线
1—低温形变淬火　2—普通淬火

　　Si 能促进一些钢的二次硬化。w（Si）为 1.5% 的 0.3%C-3%Cr 钢形变淬火、回火无明显的二次硬化，而 w（Si）为 3.0% 的这种钢二次硬化现象却很明显，在 310~450℃ 回火时的抗拉强度和屈服强度也普遍较高（见图 7-24）。

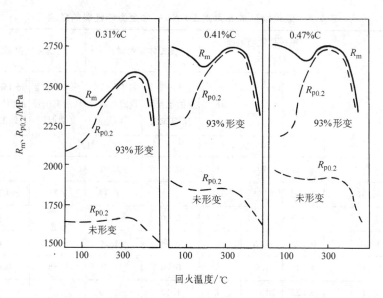

图 7-22　1%Ni-2%Cr-Mo-V 钢 93% 低温形变淬火后的回火特性

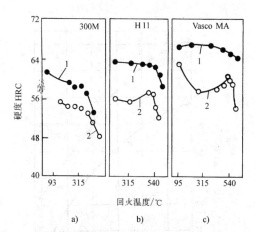

图 7-23　300M、H11 和 Vasco MA 钢低温
形变淬火后的回火特性

a）593℃形变68%　b）455~565℃形变91%

c）595℃形变91%

1—低温形变淬火　2—普通淬火

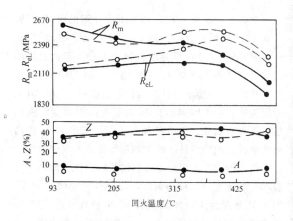

图 7-24　含 Si 的 0.3%C-3%Cr 钢低温形变
淬火后的回火特性（510℃形变94%）

———w（Si）= 1.5%

-----w（Si）= 3.0%

表 7-7　低温形变淬火钢的力学性能

钢　　　种	低温形变淬火			抗拉强度 R_m /MPa		屈服强度 R_{eL} /MPa		伸长率 A （%）	
	形变温度 /℃	形变量 （体积分数） （%）	回火温度 /℃	低温形变淬火	普通热处理	低温形变淬火	普通热处理	低温形变淬火	普通热处理
Vasco MA	590	91	570	3200	2200	2900	1950	8	8
V63（0.63C-3Cr-1.6Ni-1.5Si）	540	90	100	3200	2250	2250	1700	8	1
V48（0.48C-3Cr-1.6Ni-1.5Si）	540	90	100	3100	2400	2100	1550	9	5

（续）

钢　　种	低温形变淬火			抗拉强度 R_m /MPa		屈服强度 R_{eL} /MPa		伸长率 A （%）	
	形变温度 /℃	形变量（体积分数）（%）	回火温度 /℃	低温形变淬火	普通热处理	低温形变淬火	普通热处理	低温形变淬火	普通热处理
D6A	590	71	—	3100	2100	2300	1650	6	10
A41(0.41C-2Cr-1Ni-1.5Si)	540	93	370	3750	—	2750	1800	—	—
A47(0.47C-2Cr-1Ni-1.5Si)	540	93	315	3750	—	2750	1900	—	—
H11	500	91	540	2700	2000	2450	1550	9	10
Halcomb 218	480	50	—	2700	2000	2100	1600	9	4.5
B12(0.4C-5Ni-1.5Cr-1.5Si)	540	75	—	2700	2200	1950	1750	7.5	2
LabeIle HT	480	65	—	2600	1900	2450	1700	5	6
A31(0.31C-2Cr-1Ni-1.5Si)	540	93	370	2600	—	2600	—	—	—
A26	540	75	—	2600	2100	1900	1800	9	0
Super Tricent	480	65	—	2400	2200	2100	1800	10	6
AISI 4340	840	71	100	2200	1900	1700	1600	10	10
12Cr 不锈钢	430	57	—	1700	—	1400	—	13	—
12Cr-2Ni	550	80	430	1650	1280	1400	1000	15	21
12Cr-8.5Ni-0.3C	310	90	—	—	—	1800	420	—	—
24Ni-0.38C	100	79	150	—	—	1750	1350	—	—
25Ni-0.005C	260	79	—	—	—	980	840	—	—
34CrNi4	—	85	—	—	—	2880	2970	12	2
40CrSiNiWV	—	85	—	2760	2000	2260	1660	5.9	5.5
40CrMnSiNiMoV	—	85	—	2800	2110	2250	1840	7.1	8.0
En30B	450	46	250	1820	1520	1340	1070	16	18

7.2.3.2　低温形变淬火钢的力学性能

1. 拉伸性能　在一般情况下，低温形变淬火比普通淬火能提高强度 300 ~ 700MPa，对 Vasco MA 合金甚至能提高 1000MPa。表 7-7 所列为已发表的低温形变淬火钢的拉伸性能数据。低温形变淬火不但能提高钢的常温力学性能，而且能提高其高温性能。Vasco MA 钢低温形变淬火和普通淬火后的高温瞬时拉伸性能变化示于图 7-25。

2. 冲击韧度　目前低温形变淬火对钢冲击韧度的影响规律尚无一致的认识。有的试验结果表明，低温形变淬火可提高某些钢的冲击韧度；部分试验结果认为无影响，还有的试验结果正好相反。

图 7-26 是 Cr13 钢低温形变淬火后可提高冲击韧度的数据。对 Cr5Mo2SiV 钢的研究结果则认为，$w(C)$ 在 0 ~ 0.4% 碳含量（质量分数）范围内，钢经低温形变淬火的冲击值都比普通淬火的低，而高温形变淬火者却都有普遍提高（见图 7-27）。

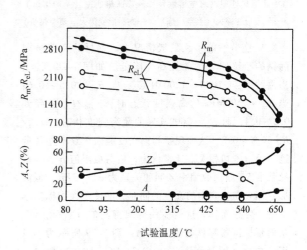

图 7-25　Vasco MA 钢低温形变淬火和普通淬火后的高温瞬时拉伸性能

●—91% 形变淬火，550℃回火

○—普通淬火，580℃回火

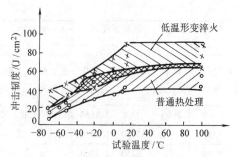

图 7-26　Cr13 钢低温形变淬火后的冲击

韧度和普通淬火的比较

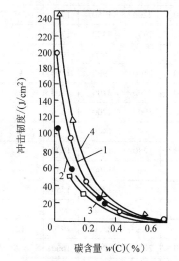

图 7-27　各种处理方式对不同碳含量的

Cr5Mo2SiV 钢冲击韧度的影响

1—普通热处理（真空熔炼）　2—普通热处理（一般熔炼）
3—低温形变淬火（真空熔炼）　4—高温形变淬火（真空熔炼）

3. 疲劳性能　在一般情况下，钢材的疲劳极限随钢的静拉伸强度的提高而降低。如图 7-28 所示，当钢的 $R_m < 1000 \sim 1200MPa$，$\sigma_{-1}/R_m \approx 0.5 \sim 0.6$；当 $R_m \approx 1500MPa$ 的高强度状态时，σ_{-1}/R_m 便降到 $0.3 \sim 0.4$；而 $R_m \approx 2000MPa$ 的超高强度状态，σ_{-1}/R_m 只有 ≈ 0.3。这种现象和钢强度提高导致塑性降低这一因素密切相关。通常认为，疲劳极限值 σ_{-1} 与抗拉强度 R_m 断面收缩率 Z 间的关系为 $\sigma_{-1} = ZR_m$。低温形变淬火在提高钢的强度的同时，能使塑性指标基本不变。可想而知，这就能使钢维持高的 σ_{-1}/R_m 值，从而延长机器零件的使用寿命。图 7-29 所示为 H11 钢 [成分（质量分数）为：$0.35\%C$，$1\%Si$，$5\%Cr$，$1.5\%Mo$，$0.4\%V$] 在不同热处理状态下的疲劳极限。在 $N = 10^7$ 循环下，H11 钢经普通热处理后的疲劳极限平均值为 960MPa，而低温形变淬火后则为 $1180 \sim 1210MPa$，即提高了 $20\% \sim 26\%$。从图 7-30

可知，H11 钢低温形变淬火和普通淬火后的缺口疲劳极限差别不大。

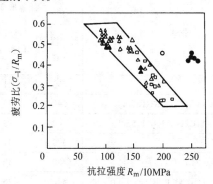

图 7-28　钢的疲劳比（σ_{-1}/R_m）与抗拉强度

R_m 之间的关系

△、▲、□—取自不同研究者的数据　○—H11
钢普通淬火回火　●—H11 钢低温形变淬火回火

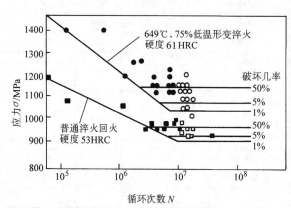

图 7-29　H11 钢低温形变淬火和普通

淬火、回火的应力—循环曲线

●、■—破断；○、□—未破断

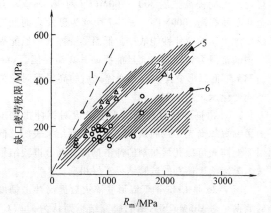

图 7-30　几种结构钢和低温形变淬火 H11

钢的缺口试样疲劳极限与抗拉强度间的关系

1—无缺口　2—应力集中系数 $K_f = 1.75 \sim 2.1$（△）
3—应力集中系数 $K_f = 2.75 \sim 3.0$（○）　4—H11
钢普通淬火回火　5、6—H11 钢低温形变淬火

4. 延迟断裂倾向　强度在 1200MPa 以上的高强度钢，在含 H_2 介质中经受静载荷所引起的应力在屈服强度以下，但经过一定的加载时间后会发生突然的脆断，此即为延迟断裂现象。低温形变淬火能显著改善钢的延迟断裂性能。

图 7-31 所示为 D6AC 钢〔成分（质量分数）为：0.48% C，0.74% Mn，1.12% Cr，0.97% Mo，0.13% V〕低温形变淬火后的延迟断裂时间和规定塑性延伸强度的关系。

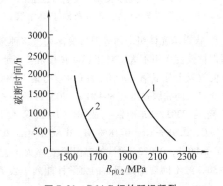

图 7-31　D6AC 钢的延迟断裂
1—低温形变淬火（900℃ ×2h 奥氏体化，
538℃65% 形变）　2—普通淬火回火
注：介质为蒸馏水，$\sigma = 0.75 R_{p0.2}$。

5. 断裂韧度　低温形变淬火对钢断裂韧度的影响数据比较零乱，难以作出一致结论。对于真空熔炼的 H11 钢〔成分（质量分数）为：0.41% C，0.24% Mn，0.012% P，0.006% S，1.0% Si，5.12% Cr，1.39% Mo，0.49% V〕，低温形变淬火可提高钢的断裂韧度（见图 7-32），而对于 SKD-5〔成分（质量分数）为：0.25% ~ 0.35% C，2.0% ~ 3.0% Cr，9.0% ~ 10.0% W，0.3% ~0.5% V〕，低温形变淬火的断裂韧度取决于形变量和回火温度（见图 7-33）。

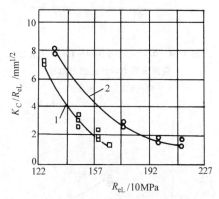

**图 7-32　H11 钢低温形变淬火断裂
韧度和屈服强度的关系**
1—普通淬火　2—65% 形变淬火

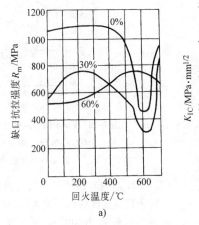
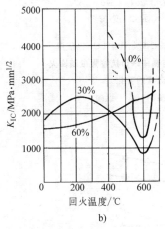

a)　　　　　　　　　　b)

图 7-33　SKD-5 钢低温形变淬火后的缺口抗拉强度
a) 和断裂韧度　b) 的回火温度关系曲线

6. 各向异性　低温形变淬火钢的力学性能具有方向性。图 7-34 和图 7-35 所示为 0.40% C-9% Ni-4% Co（质量分数）钢低温形变淬火后沿拉深方向（纵向）和横向的拉伸力学性能。强度数据虽未表现出明显方向性，但塑性、韧性指标的方向性明显，而且各向异性随形变量的提高而增大，随形变温度的提高而减小（见图 7-36）。

7.2.4　其他低温形变热处理

7.2.4.1　等温形变淬火

等温形变淬火是在奥氏体等温分解过程中施行形变，可在提高钢材强度的同时，获得较高的韧性，可分为获得珠光体组织和获得贝氏体组织等温形变淬火两类（见图 7-37）。

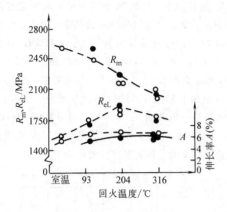

图 7-34　0.4%C-9%Ni-4%Co 钢低温形变淬火后力学性能的方向性
● —横向　○ —纵向

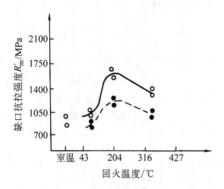

图 7-35　0.4%C-9%Ni-4%Co 钢低温形变后的纵向与横向缺口抗拉强度随回火温度的变化
● —横向　○ —纵向

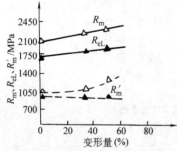

图 7-36　HP-9-4-40 钢（成分质量分数：0.4%C, 1.0%Cr, 8%Ni, 1%Mo, 4.5%Co, 0.08%V）**低温形变淬火时形变量对各向异性的影响**
△ —纵向　▲ —横向
R'_m —缺口抗拉强度

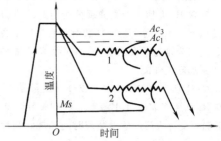

图 7-37　等温形变淬火工艺示意图
1—获得珠光体组织　2—获得贝氏体组织

1. 获得珠光体组织的等温形变淬火　这种方法对提高钢材强度作用不大，对于提高韧度和降低脆性转变温度效果十分显著。$w(C)$ 为 0.4% 的钢在 600℃ 等温形变淬火的屈服强度达 804MPa，20℃ 时的冲击吸收能量高达 230J。En18 钢［成分（质量分数）为：0.48%C，0.98%Cr，0.18%Ni，0.86%Mn，0.25%Si，0.021%S，0.023%P］的等温形变淬火工艺列于图 7-38，经不同规范处理后的力学性能列于表 7-8。

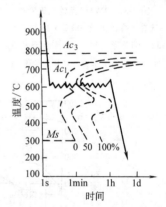

图 7-38　En18 钢等温形变淬火工艺示意图
注：950℃ 加热 1h，铅浴冷至 550 ~ 700℃
轧制，形变量 70%。

2. 获得贝氏体组织的等温形变淬火　这种工艺对于提高强度的作用显著，同时能保持理想的塑性，表 7-9 所列为 40CrSi 钢［成分（质量分数）为：0.41%C，1.57%Cr，1.22%Si］贝氏体等温形变淬火力学性能的试验结果。

40CrSi 钢在不同温度贝氏体等温形变和不同形变度时的拉伸曲线示于图 7-39。在 350℃ 等温形变时，屈服强度高，塑性差，而在 400℃ 和 450℃ 大于 20% 形变量时强度和塑性同时提高。贝氏体等温形变淬火不但可以提高强度，改善塑性，而且还可以提高 40CrSi 钢的冲击韧度（见图 7-40）。

表 7-8　En18 钢经不同规范等温形变淬火后的力学性能

序号	处 理 规 范	硬度 HV30	$R_{p0.1}$ /MPa	R_m /MPa	A (%)	Z (%)	室温夏氏冲击吸收能量 /1.356J	冲击吸收能量为 54.24J 时的脆性转变温度/℃
1	热轧空冷,未回火	333	622	1093	14.6	32.0	5	—
2	热轧空冷,200℃回火 1h	348	628	1297	7.9	36.8	6	—
3	热轧空冷,400℃回火 1h	342	998	1218	9.5	44.6	5	—
4	热轧空冷,600℃回火 1h	282	716	923	13.5	56.5	13	—
5	热轧水冷,未回火	702	1080	2008	2.2	4.6	3	—
6	热轧水冷,400℃回火 1h	—	1020	1611	9.6	41.0	8	—
7	热轧水冷,600℃回火 1h	—	1010	1124	16.7	50.4	24	—
8	热轧水冷,700℃回火 1h	—	659	973	25	68	79	−40
9	650℃等温淬火	260	380[①]	798	22.2	39.2	8	—
10	750℃形变 70%,650℃等温淬火	275	609[①]	999	15.9	43.4	18	+100
11	650℃等温淬火,700℃球化退火 100h	180	314	754	25.4	57.8	15	+100
12	600℃,70%等温形变淬火,空冷	312	857	1039	25.5	63.4	160	−40
13	600℃,70%等温形变淬火,水冷	318	907	1083	19.1	62.0	165	—

① 下屈服强度。

表 7-9　40CrSi 钢在不同等温形变淬火规范处理后的力学性能

处 理 规 范			力 学 性 能						金相组织(面积分数)(%)		
形变温度/℃	形变速度 $\dot{\varepsilon}$/s^{-1}	形变量 (%)	奥氏体转变量 (%)	硬度 HRC	R_m /MPa	$R_{p0.2}$ /MPa	$A_{总}$ (%)	$A_{均匀}$ (%)	Z (%)	残留奥氏体	马氏体	贝氏体或珠光体
350	10^{-2}	16	10	49	1890	1890	7.1	1	56	15	0	85
	10^{-2}	19	5	53	1920	1670	10.0	9.5	54	10	43	47
	10^{-2}	28	0	49	2000	2000	8.5		58	0	0	100
400	10^{-2}	17	4	42	1460	1460	16.5	11.5	62	14	10	76
	10^{-2}	17	2	42	1420	1420	18.5	13.5	64	16	9	75
	10^{-2}	30	0	45	1750	1700	12.0	8.5	57	0	0	100
450	10^{-3}	16	10	38	1460	920	19.0	16.0	46	25	7	68
	10^{-3}	15	22	38	1420	1040	20.5	17.2	50	25	3	72
550	0	0	—	36	1230	1020	11.0	8.5	50	—	—	100
	10^{-2}	17	46	36	1250	1070	12.0	10.0	54	—	—	100
	10^{-2}	40	2	36	1260	1140	14.5	10.0	60	—	—	100
600	0	0	—	34	1180	920	12.0	9.5	55	—	—	100
	10^{-1}	17	0	34	1200	1020	15.0	10.0	64	—	—	100
	10^{-3}	40	5	34	1260	1150	16.0	11.0	68	—	—	100
700	0	0	—	22	940	540	16.0	11.0	62	—	—	100
	10^{-2}	18	5	22	940	610	17.0	12.0	70	—	—	100
	10^{-2}	30	5	22	960	670	20.0	13.0	70	—	—	100

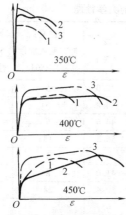

图 7-39　40CrSi 钢在不同温度贝氏体
等温形变和不同形变量时的拉伸曲线
1—0% 形变量　2—小于 20% 形变　3—大于 20% 形变

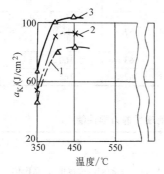

图 7-40　40CrSi 钢在不同温度贝氏体
形变淬火后的冲击韧度
1—18% 形变量的等温形变淬火　2—普通淬火
回火　3—等温形变淬火回火

7.2.4.2　钢的珠光体低温形变

这是一种制造高强度钢琴丝和钢缆丝的传统方法，是在钢丝奥氏体化"淬铅"（或盐浴等温）之后得到细珠光体或珠光体 + 铁素体组织，再经大形变量（>80%）拉拔，得到屈服强度≥2100MPa 高强度钢丝的形变工艺。图 7-41 所示为 $w(C)$ 为 0.93% 钢丝珠光体低温形变的屈服强度与形变量的关系。AISI 1027（相当于我国 30 钢）钢经 80% 形变于不同温度下拔丝后的力学性能示于图 7-42。

事先经珠光体低温形变处理能显著缩短珠光体组织的球化过程（见图 7-43），且可提高轴承钢淬火、回火后的力学性能（见图 7-44）。

7.2.4.3　马氏体形变

1. 马氏体转变过程中的形变　马氏体转变过程中的形变包括两个方面：

（1）对奥氏体在低温（室温）下比较稳定的钢进行形变，诱发马氏体相变以获得具有双相（奥氏体与马氏体）组织的、处于冷作硬化状态的高强度钢。

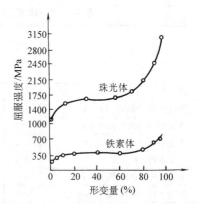

图 7-41　$w(C)$ 为 0.93% 钢丝珠光体低温形变的
屈服强度与形变量（截面压缩率）的关系

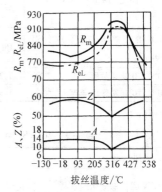

图 7-42　AISI 1027 钢在不同
温度下拔丝后的力学性能

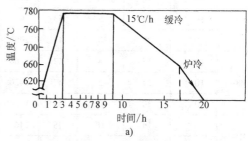
a)

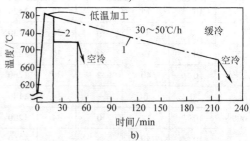
b)

图 7-43　SUJ-2（相当于我国的 GCr15）钢
的球化退火工艺
a) 普通球化退火　b) 快速球化退火
1—低温加工后缓冷　2—低温加工后降温保持

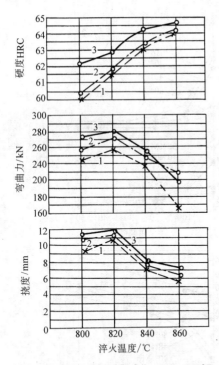

图 7-44　SUJ-2 钢经不同球化、800～860℃
奥氏体化淬火、180℃回火后的力学性能
1—普通球化退火　2—低温加工后缓冷快速球化
3—低温加工后降温保持快速球化

表 7-10　变塑钢的化学成分（质量分数）

（%）

钢号	C	Si	Mn	Cr	Ni	Mo
A-1	0.31	1.92	2.02	8.89	8.31	3.80
A-2	0.25	1.96	2.08	8.88	7.60	4.04
A-3	0.25	1.90	0.92	8.80	7.80	4.00
B	0.25	—	—	24.40	4.10
C	0.23	—	1.48	22.0	4.00
D	0.24	—	1.48	20.97	3.51

（2）利用变塑现象（相变诱发塑性）对变塑钢（TRIP 钢）进行形变。部分变塑钢的成分如表 7-10 所列。变塑钢的处理方法如图 7-45a、b 所示。变塑钢经 1120℃固溶处理后，冷至室温，全部成为奥氏体（Ms 点低于室温），然后于 450℃左右形变（温加工），并进行深冷处理，使之发生马氏体相变。由于钢的 Ms 点较低，深冷处理只能形成少量马氏体。为了增加马氏体量，将钢于室温或室温附近形变。这样不仅可使奥氏体进一步加工硬化，而且能产生更多马氏体，从而达到调整强度及塑性的目的。

经过上述处理后，强度达 1410～2210MPa，伸长率达 25%～80%。变塑钢在室温形变后有时还进行 400℃左右的最终回火（图 7-45 中的 b）。

变塑钢具有很高的塑性。9.0% Cr、8.0% Ni、4% Mo、2% Mn、2% Si、0.3% C（质量分数）标准成分变塑钢的断裂韧度 K_{IC} 和 K_C 值都很高。屈服强度 1620MPa 时，$K_C = 8750$N·mm$^{-3/2}$ 左右，室温下的 K_{IC} 约为 3250N·mm$^{-3/2}$，-196℃时为 4860N·mm$^{-3/2}$。变塑钢有这样高的断裂韧度是由于在破断过程中发生奥氏体向马氏体的转变所致。

2. 马氏体转变后的形变时效

（1）淬火马氏体的形变时效现象。淬火马氏体的形变能显著提高钢的弹性模量和屈服强度，而塑性和韧度相应下降。这种方法在钢丝、钢棒和高强度螺栓的生产上受到重视。

冷轧形变量对双相 20 钢拉伸性能的影响示于图 7-46。

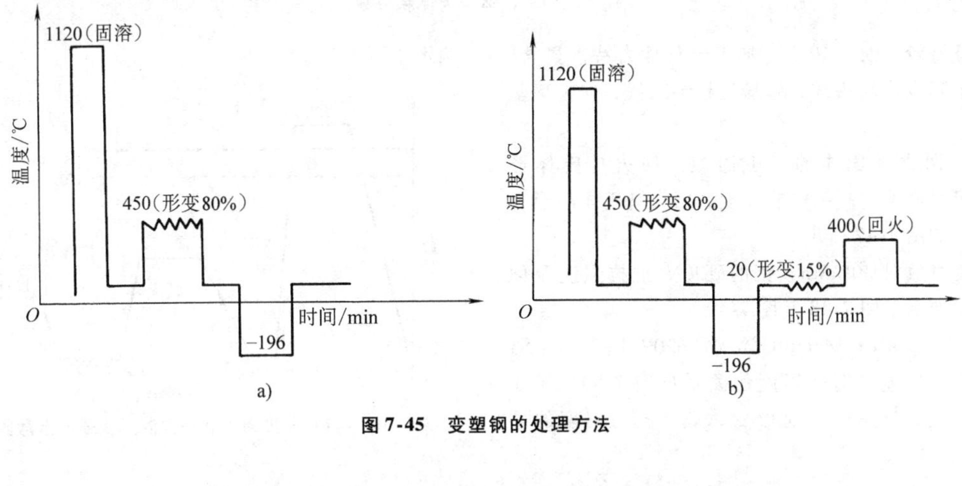

a)

b)

图 7-45　变塑钢的处理方法

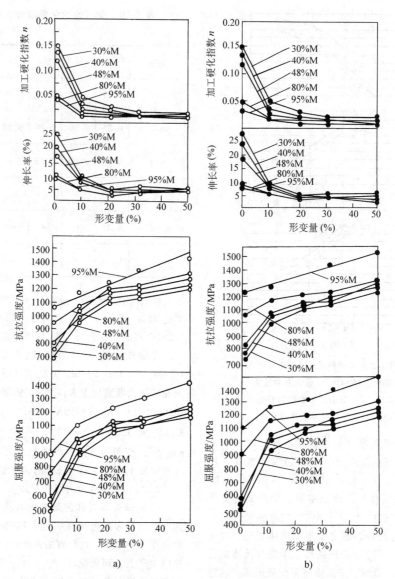

图 7-46　冷轧形变量对双相 20 钢拉伸性能的影响

a）未经预淬　b）经 920℃预淬

注：图中马氏体量为体积分数。

　　形变量较小时（10%）加工硬化能力特别显著，伸长率下降也比较快，而后强化趋势减慢，伸长率基本稳定。

　　（2）回火马氏体的形变时效。回火马氏体形变时效可以显著提高钢材的强度。回火马氏体的形变时效工艺如图 7-47 所示。

　　形变时效对 30CrMnSi 钢的硬度、抗拉强度及伸长率的影响示于图 7-48 及图 7-49。

　　28CrNiSiMoWV 钢 920℃淬火、620℃回火，室温形变后力学性能与时效温度的关系见图 7-50。形变量为 50% 时，回火温度对形变时效后抗拉强度的影响示于图 7-51。

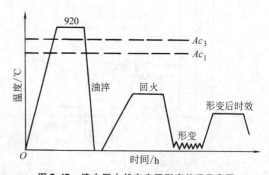

图 7-47　淬火回火状态室温形变处理示意图

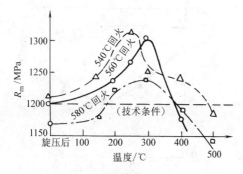

图 7-48　不同温度回火后的 30CrMnSi
钢经形变（成形）及不同
温度时效后的强度值

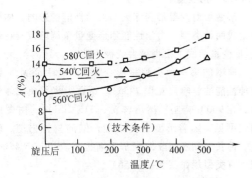

图 7-49　不同温度回火的 30CrMnSi 钢经形变
（成形）及不同温度时效的伸长率

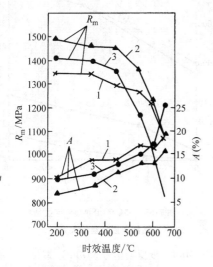

图 7-50　28CrNiSiMoWV 钢 920℃淬火、620℃回火、
室温形变后的力学性能
与时效温度的关系

1—形变量 30%　2—形变量 50%
3—形变量 70%

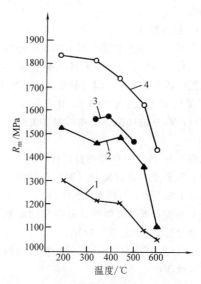

图 7-51　28CrNiSiMoWV 钢淬火后不同温度回火，
室温形变 50% 及时效后的抗拉强度

1—660℃回火　2—620℃回火
3—600℃回火　4—570℃回火

7.3　高温形变热处理

将钢加热到稳定奥氏体区保持一段时间，在该状态下形变，随后进行淬火以获得马氏体组织的综合处理工艺，称为高温形变淬火。

高温形变淬火辅以适当温度的回火处理，能在提高钢的强度的情况下，改善钢的塑性和韧性。高温形变淬火可提高钢材的裂纹扩展功、冲击疲劳抗力、断裂韧度、疲劳断裂抗力（特别是在超载区的疲劳破断抗力）、延迟破断裂纹扩展抗力、高接触应力下局部表面破损抗力和接触疲劳抗力（尤其是在超载区）。此外，高温形变淬火可降低钢材脆性转变温度及缺口敏感性，在低温破断时呈现韧性断口，但强化效果不及低温形变淬火。

高温形变淬火对材料没有特殊要求，一般碳钢、低合金钢均可应用。

高温形变淬火的形变温度高，形变抗力小，因而在一般压力加工（轧、锻）条件下即可采用，并容易安插在轧制或锻造生产流程中。

从力学性能组合、工艺实施和对钢材要求的角度来看，高温形变淬火比低温形变淬火有许多优越性，因此近年来发展较快。

7.3.1　高温形变热处理工艺

高温形变热处理的工艺参数为形变温度、形变量、形变后淬火前的停留时间、形变速度和形变淬火后的回火。

7.3.1.1　形变温度

图 7-52 所示为形变温度对 18CrNiW 钢拉伸性能的影响。高温形变温度对 30CrMnSiA 钢在 −195℃ 下拉伸性能的影响示于图 7-53。形变温度对 SCM5 [成分（质量分数）为：0.44% C，0.73% Mn，1.01% Cr，0.19% Mo] 的抗拉强度和断裂韧度的影响示于图 7-54。

从图 7-53 和图 7-54 中的数据可知：

（1）随形变温度的降低，钢在形变淬火、回火后的强度不断升高，而塑性则下降。

（2）高温形变淬火能显著提高钢的脆断强度和塑性，形变温度越低，效果越好。

（3）形变温度越低，高温形变淬火钢的强度和断裂韧度越高。

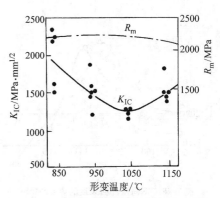

图 7-54　形变温度对 SCM5 钢断裂韧度和抗拉强度的影响（形变量 60%）

7.3.1.2　形变量

形变量对高温形变淬火钢力学性能的影响大体可归纳成两种类型：力学性能随形变量单调增减或在性能-形变量曲线上出现极大或极小值。

典型的第一种类型是形变量对 45CrMnSiMoV 钢拉伸性能的影响（见图 7-55）。钢在 1000℃ 奥氏体化后，在 900℃ 轧制，然后淬油，315℃ 回火。由图中曲线可见，随着形变量的增加，钢的抗拉强度、硬度、伸长率和断面收缩率都不断提高。40Cr2Ni4SiMo 钢也有类似规律（见图 7-56）。

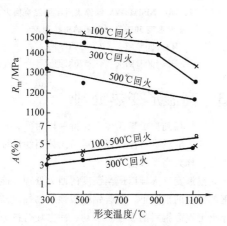

图 7-52　形变温度对 18CrNiW 钢拉伸性能的影响（形变量 60%）

×—100℃ 回火　　●—300℃ 回火

○—500℃ 回火

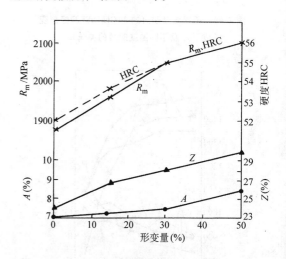

图 7-55　45CrMnSiMoV 钢拉伸性能和形变量的关系

55CrMnB（俄罗斯钢号 55ХГР）钢拉伸性能和形变量间的关系属于第二种类型，当形变量为 25% ~ 40% 时力学性能最好（见图 7-57）。形变量和力学性能的关系存在极值的现象在钢中较为普遍。力学性能极值的出现是和形变奥氏体中的形变强化与再结晶弱化这一对矛盾因素相互作用的结果。

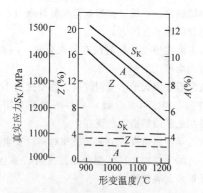

图 7-53　高温形变温度对 30CrMnSiA 钢在 −195℃ 下拉伸性能的影响（形变量 30%）

———普通淬火

———高温形变淬火

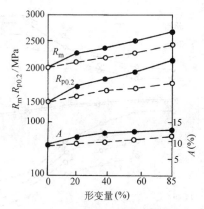

图 7-56　40Cr2Ni4SiMo 钢的形变量

对拉伸性能的影响

－－－轧制形变

——锻造形变

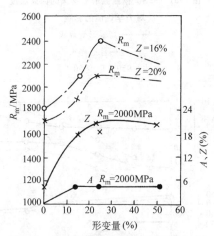

图 7-57　55CrMnB 钢抗拉强度（当 $Z=16\%$

和 20% 时）和塑性（当 $R_m=2000MPa$ 时）

与形变量间的关系

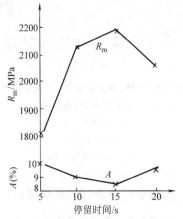

图 7-58　45CrMnSiMoV 钢形变后淬火前的

停留时间对力学性能的影响

注：1000℃奥氏体化，900℃形变，淬火，250℃回火。

7.3.1.3　形变后淬火前的停留时间

高温形变淬火的形变温度比奥氏体再结晶温度高，故形变后的停留必然会影响钢形变淬火后的组织和性能。图 7-58 所示为 45CrMnSiMoV 钢轧制后停留不同时间淬火、回火后的强度和塑性变化。抗拉强度随停留时间的延长先增长后降低。伸长率则先降低后增加。强度的最大值和伸长率的最小值对应相同的停留时间。40Cr1NiWA（40ХIНВА）和 30CrMnSiNiA（30ХГСНА）钢也有类似结果（见图 7-59）。

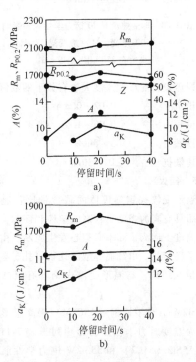

图 7-59　停留时间对 40Cr1NiWA 钢（a）和

30CrMnSiNiA（b）钢力学性能的影响

注：1030℃奥氏体化，900℃形变淬火，200℃回火。

7.3.1.4　形变速度

形变速度对钢高温形变淬火效果影响的研究成果不多，但一般都认为在一定形变温度和形变量条件下，对应最佳强化效果应该有一个最佳形变速度。图 7-60 所示为形变速度对 40 钢力学性能的影响。当形变速度小时，随着形变速度的增加，钢的强度持续上升，塑性值也较高。形变速度较大时，由于内部热量的积聚，发生再结晶的可能性增大，强度上升减缓，塑性开始下降。形变速度更大时，钢的去强化过程来不及进行，强度继续升高，塑性缓慢下降。

在实际生产条件下，形变速度是由采用的轧制和锻压设备所决定的。各种型材、带材、板材的轧制速度的变化范围可从每秒零点几米到十几米，甚至数十

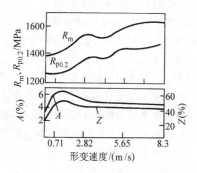

图 7-60　形变速度对 40 钢力学性能的影响

注：950℃形变，轧制形变量 37%，
淬火后在 350℃回火 40min。

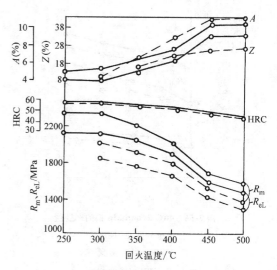

**图 7-61　55Si2 钢高温形变淬火的回火温度
对力学性能的影响**

————高温形变淬火

－－－－普通淬火

注：950℃形变 50%。

米。而锻压设备的形变速度大致有如下的数值：

液压机	0.02 ~ 0.3m/s
机械压力机	0.05 ~ 1.5m/s
落锤锻机	3 ~ 8m/s
高速锻机	10 ~ 30m/s

7.3.1.5　回火

　　高温形变淬火钢马氏体的碳含量比普通淬火态低，因而具有高的强度，较高的塑性和韧性，可以在较低的温度下回火，而不必担心发生脆断。由于此时形成非常稳定的、由细而弥散碳化物钉扎、有规则排列的位错亚结构，高温形变淬火钢具有很高的耐回火性。

　　55Si2Mo（俄罗斯钢号 55C2M）钢高温形变淬火后的回火温度对力学性能的影响列于表 7-11。回火温度对 55Si2（55C2）和 55Si2W 钢力学性能的影响示于图 7-61 和图 7-62。

**表 7-11　回火温度对高温形变淬火的
55Si2Mo 钢力学性能的影响[1]**

回火温度 /℃	抗拉强度 R_m/MPa	屈服强度 R_{eL}/MPa	伸长率 A （%）	断面收缩率 Z（%）
250	2520 脆断	2300 脆断	7 脆断	20 脆断
300	2520 / 2200	2300 / 2000	7 / 4	22 / 12
350	2400 / 2150	2260 / 1860	7.5 / 6.0	27 / 20
400	2220 / 2000	2080 / 1860	7.5 / 8.0	33 / 27
450	1870 / 1700	1760 / 1610	8 / 9	34 / 28
500	1750 / 1550	1640 / 1450	9 / 10	34 / 28

[1]　分子数值为形变量 50% 的高温形变淬火，分母为普通淬火。

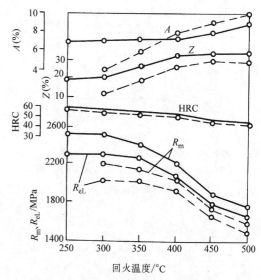

**图 7-62　55Si2W 钢高温形变淬火后的回火
温度对力学性能影响**

————高温形变淬火

－－－－普通淬火

注：960℃形变 50%。

7.3.2　钢高温形变淬火的组织变化

7.3.2.1　马氏体形态与精细结构

　　高温形变淬火能显著细化马氏体组织，在这方面和低温形变淬火相似，随着形变量的增大，马氏体组织不断细化。但是，只有当形变奥氏体在初始再结晶时晶粒高度细化，在淬火后才能获得细而短的马氏体针。形变奥氏体在初始再结晶时，又会发生位错密度的严重降低，以致明显减弱形变强化效果。

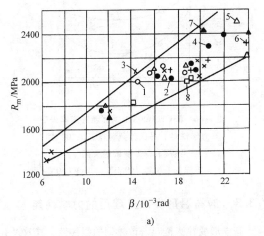

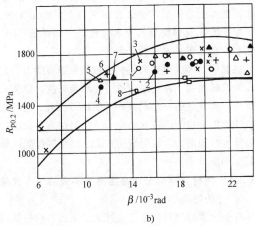

图 7-63　40CrNiMoA 钢形变淬火后的强度与
回火马氏体（110）线条宽度的对应关系

1—550℃　2—850℃　3—ε = 70%　4—ε = 70%，850℃

5—ε = 70%，550℃　6—ε = 80℃，850℃

7—ε = 80%，550℃　8—普通淬火后，不同温度回火

高温形变淬火、回火后，马氏体位错密度显著增加，位错结构也发生变化。形变淬火钢的高强度就是高位错密度的反映，而马氏体组织的细化主要表现在塑性的改善。图 7-63 所示为 40CrNiMoA 钢高温形变淬火后的 X 射线结构分析结果，表明强度与回火马氏体（110）线条宽度（表征位错密度）间有良好对应关系。表 7-12 所列为 GCr15 钢高温形变淬火对回火马氏体精细结构的影响。60Si2 钢形变淬火对精细结构的影响示于表 7-13。

表 7-12　高温形变淬火对 GCr15 钢
精细结构的影响[1]

形变量（%）	线条宽度		嵌镶块尺寸 D /10^{-6} cm	第二类内应力 $\frac{\Delta a}{a}$ /10^{-3} rad	位错密度 ρ /10^{11} cm^{-2}
	β_1（110） /10^{-3} rad	β_2（211） /10^{-3} rad			
0	8.64	16.9	4.42	2.61	1.44
10	9.15	17.7	3.45	2.65	1.67
35	9.55	19.4	2.94	2.61	2.24
60	11.05	20.5	2.54	2.60	2.42
89	12.72	20.9	1.90	1.89	3.24

[1] 300℃回火 2h。

表 7-13　高温形变淬火对 60Si2 钢精细结构的影响

形变量（%）	轧制道次	嵌镶块尺寸 D /10^{-6} cm	第二类内应力 $\frac{\Delta a}{a}$ /10^{-3} rad	位错密度 ρ /10^{11} cm^{-2} $\times 10^{-3}$
0	0	2.96	3.12	37.80
70	1	2.52	1.36	49.40
70	2	1.35	0.975	54.80
70	3	1.09	0.21	73.60

7.3.2.2　奥氏体组织结构

奥氏体在高温形变过程中的晶粒多边化具有普遍性。此现象对高温淬火钢的强度、韧性和强化效果稳定性都有正面作用。多边化过程是晶粒内部嵌镶块间小角边界上的位错攀移形成墙的结果。

在高温形变过程中，奥氏体晶粒被拉长，有时还在 900～1100℃、20%～30% 形变量条件下形成锯齿状晶界。后者有阻碍滑移向相邻晶粒内扩展的作用，从而也是提高强度、改善塑性、抑制回火脆性以及阻碍蠕变破断的有利因素。

7.3.2.3　残留奥氏体

关于高温形变淬火钢中的奥氏体量增多或减少，其说不一，大多数人的试验结果是增多，少部分人认为是减少，还有人认为无影响。实际上形变淬火钢中的残留奥氏体受两个因素制约。其一是碳化物自奥氏体中析出，使奥氏体的碳含量和合金元素含量减少，马氏体点升高、奥氏体-马氏体转变的形核率提高，从而使残留奥氏体减少。另一是形变奥氏体中有大量位错、压应力、细化的嵌镶块结构，造成马氏体转变形核的困难，使形变淬火后的残留奥氏体增多。从图

7-64 可看出在 T12 和 50CrNi4Mo 钢形变淬火后的残留奥氏体量与形变量的关系中存在一个极大值。这是因为在形变量小时，奥氏体析出的碳化物少，本身却受到高度强化，使马氏体转变受阻，残留奥氏体逐步增加，而在较大形变量时，由于动态回复或动态再结晶过程，使奥氏体的强化减弱，碳化物析出起到主要作用。奥氏体中碳化物和合金元素的明显减少，使马氏体转变点升高，残留奥氏体不断降低。

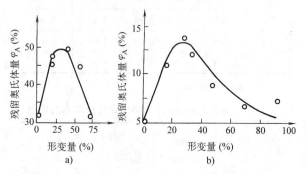

图 7-64　T12（a）和 50CrNi4Mo（b）钢 900℃ 形变淬火（未回火）后的残留奥氏体量与形变量的关系

7.3.2.4　碳化物析出

钢在高温形变时，在高度压应力作用下，碳在奥氏体中的溶解度会明显下降，导致形变中碳化物的析出。这可以在 T12 钢形变淬火后残留奥氏体晶体点阵常数随形变量的增加而逐步减少的事实（见图 7-65）中得到证实。55CrMnSiVA 钢的强度和马氏体碳含量与形变量间的关系示于图 7-66。自图中规律可知，马氏体碳含量随形变量增加而先减后增。先减是由于奥氏体中的碳化物析出起主导作用，后增是因为奥氏体的再结晶过程主导的结果。而形变温度由 950℃ 降到 850℃ 时，由于再结晶过程受阻，马氏体碳含量随形变量增加持续下降（图 7-66 中的虚线）。

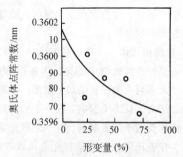

图 7-65　T12 钢残留奥氏体晶体点阵常数与形变量的关系

注：1100℃奥氏体化，900℃形变，10% NaCl 液中冷却。

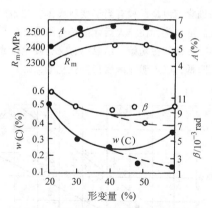

图 7-66　55CrMnSiVA 钢高温形变淬火后的力学性能、马氏体碳含量、（110）线宽度和形变量间的关系

注：实线形变温度为 950℃，虚线 850℃。

7.3.3　钢高温形变热处理后的力学性能

高温形变淬火能显著改善钢的强韧性，其效果有时比低温形变淬火更明显，且在工艺上更容易实现。用于形变的轧辊和模具的要求较低，在同样条件下，比低温形变轧辊、模具的寿命高。

高温形变淬火可提高钢材的抗脆性破坏能力，例如，裂纹扩展功、冲击疲劳抗力、断裂韧度、疲劳破坏抗力，尤其是钢在超载条件下的疲劳抗力、延迟破断裂纹的扩展抗力、高接触应力下的局部表面破损抗力以及抗磨损能力、接触疲劳抗力、降低钢材脆性转变温度和缺口敏感性。

7.3.3.1　钢材化学成分对高温形变淬火后力学性能的影响

合金元素对钢材高温形变淬火效果的影响与低温形变有很多相同之处。区别在于高温形变时，形变温度对合金元素作用的影响更为强烈。这是因为形变温度高会加速原子扩散，加速点阵缺陷（位错）的运动和重组，因此通过高温形变发挥钢中合金元素作用潜力、形成稳定的、对钢材力学性能有正面影响的位错结构是至关重要的。

1. 碳的作用　随着钢中碳含量的增加，高温形变强化效果明显提高，而塑性指标则连续下降。钢的强度变化与碳含量的关系曲线存在一个极值（见图 7-67 和图 7-68）。为获得强度和塑性的合理配合，钢的强度不宜提高到最大程度。

2. 其他合金元素的作用　增加钢中的硅含量能提高高温形变强化效果。硅含量对 $w(C)$ 为 0.6% 钢高温形变淬火、回火后力学性能的影响示于图 7-69。试验钢种的化学成分和临界点列于表 7-14。

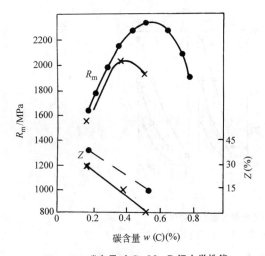

图 7-67　碳含量对 Cr-Mn-B 钢力学性能
的影响（200℃回火）

●—高温形变淬火

×—普通淬火

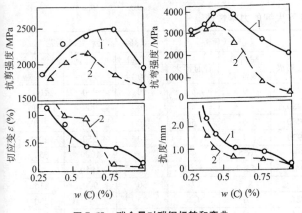

图 7-68　碳含量对碳钢扭转和弯曲
强度与塑性的影响

1—高温形变淬火　2—普通淬火

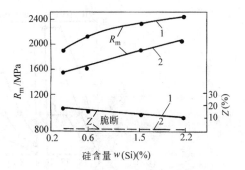

图 7-69　硅含量对 w（C）为 0.6% 钢力学
性能的影响

1—高温形变淬火　2—普通淬火

注：300℃回火 1h。

表 7-14　试验钢种的化学成分及
加热临界温度

钢　　号	C	Si	Mn	Ac_1	Ac_3
	（质量分数）（%）			℃	
60	0.60	0.21	0.24	740	800
60Si0.6	0.58	0.65	0.24	750	820
60Si1.5	0.61	1.34	0.33	770	845
60Si2	0.62	2.08	0.25	780	890

　　Cr、W、Mo、V 等碳化物形成元素以及 Mn、Ni、Si 都对形变奥氏体的再结晶有抑制作用，从而可明显提高钢高温形变淬火回火后的强度和塑性。表7-15 所列为 Cr、W、Mo、V 对 55Si2 钢高温形变淬火效果的影响。Ni 对碳钢高温形变再结晶过程的阻碍作用示于图 7-70。

表 7-15　Cr、W、Mo、V 元素对 55Si2 钢高温形变淬火效果的影响

钢　　号	普通淬火（250℃回火）					900℃形变淬火				
	R_m /MPa	R_{eL} /MPa	A （%）	Z （%）	HRC	R_m /MPa	R_{eL} /MPa	A （%）	Z （%）	HRC
55Si2		脆		断	56	2370	2110	5	7	56
55Si2Cr		脆		断	57	2540	2310	5	10	57
55Si2Mo		脆		断	57	2580	2330	5	12	57
55Si2B	2230	1980	4	10	57	2610	2360	6	11	57
55Si2MoV	2300	2080	5	11	57	2580	2330	6	14	57

钢　　号	960℃形变淬火					1050℃形变淬火				
	R_m /MPa	R_{eL} /MPa	A （%）	Z （%）	HRC	R_m /MPa	R_{eL} /MPa	A （%）	Z （%）	HRC
55Si2	2320	2060	7	9	56	2280	2030	7	10	56
55Si2Cr	2540	2310	9	18	57	2480	2250	9	25	57
55SiMo	2520	2300	7	20	57	2500	2290	9	25	57
55Si2B	2600	2330	9	24	57	2550	2390	9	24	57
55Si2MoV	2580	2330	8	18	57	2600	2340	9	26	57

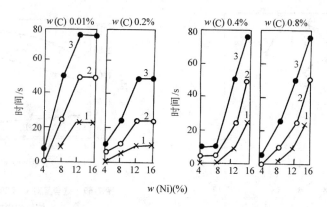

图 7-70　高温形变淬火时 Ni 对钢再结晶过程的阻碍作用
1—加工硬化状态　2—加工再结晶　3—聚集再结晶

7.3.3.2　高温形变钢的力学性能

1. 拉伸性能　与普通淬火、回火相比，高温形变淬火、回火能提高抗拉强度 10%～30%，提高塑性 40%～50%，而且高温形变量可降到 20%～50%（低温形变则高达 60% 以上），不但能提高钢材的室温拉伸性能，而且还能提高高温拉伸性能。表 7-16 所列为高温形变淬火钢的拉伸性能。高温形变淬火对 20Cr13 钢高温拉伸性能的影响列于表 7-17 中。

表 7-16　高温形变淬火钢的力学性能

钢　　种	R_m/MPa		R_{eL}/MPa		A(%)		高温形变热处理工艺		
	高温形变淬火	普通淬火	高温形变淬火	普通淬火	高温形变淬火	普通淬火	形变量 (%)	形变温度 /℃	回火温度 /℃
50CrNi4Mo	2700	2400	1900	1750	9	6	90	900	100
50Si2W	2610	2230	2360	1980	6	4	50	900	250
55Si2MoV	2580	2300	2330	2080	6	5	50	900	250
60Si2Ni3	2800	2250	2230	1930	7	5	50	950	200
M75（俄钢轨钢）	1750	1300	1500	800	6.5	4	35	1000	350
Mn13	1155	1040	430	447	53.3	53.3	45	1050	—
45CrMnSiMoV	2100	1875	—	—	8.5	7	50	900	315
20	1400	1000	1150	850	6	4.5	20	—	200
20Si2	1350	1100	1000	800	11	5	40	—	200
40	2100	1920	1800	1540	5	5	40	—	200
40Si2	2280	1970	1750	1400	8	3	40	—	200
60	2330	2060	2200	1500	3.5	2.5	20	—	200
Q235	690	—	63.5	350	—	—	30	940	—
45CrMnSiNiWTi	2410	2100	2160	2000	5	4	40	800～820	100
20CrMnSiWTi	1760	1520	1560	1340	7.8	8.3	50	800	—
45CrNi	1970	1740	—	—	8.2	4.5	50	950	250
18CrNiW	1450	1150	—	—	—	—	60	900	100
AISI, SAE4340	2250	2230	1690	1470	10	9	40	845	95
55CrMnB	2400	1800	2100	—	4.5	1	25	900	200
40Cr2Ni4SiMo	2500	2000	1900	1350	13	8	60	—	—
47Cr8	2420	1650	2200	1520	8	3.5	75	—	200
55Si2	2220	1820	2010	1750	—	—	15～20	—	300
50SiMn	2040	1750	1760	1540	—	—	15～20	—	300
40CrSiNiWV	2370	2000	2150	1660	8.1	5.9	85	—	200
40Cr2NiSiMoV	2300	1910	2140	1590	9.1	6.4	95	—	200
40CrMnSiNiMoV	2200	1960	1750	1530	10.5	8.3	85	—	200
55Cr5NiSiMoV	2280	2110	1990	1840	9.0	7.1	85	—	250

表 7-17　20Cr13 钢高温形变热处理
后的拉伸性能

形变量 （%）	拉伸试验温度 500℃			650℃		
	R_m /MPa	A （%）	Z （%）	R_m /MPa	A （%）	Z （%）
0	597	11	68	342	20	90
25	576	9.7	71	340	18	88
33	620	11	66	356	24	97
58	621	9.7	63	—	—	—
76	800	14	66	—	—	—
试样 处理	加热到 1200～1100℃ 形变淬火,600℃回火 2h			加热到 1200～1100℃ 形变淬火,700℃回火 2h		

2. 冲击性能　高温形变淬火能使钢材的冲击韧度数倍增长,使脆性转变温度明显下降,在合理选择工艺的前提下,减轻钢的第一类回火脆性,完全消除第二类回火脆性。图 7-71 所示为 AISI 5150 钢〔成分（质量分数）为：0.5% C, 0.9% Mn, 0.11% Ni, 0.8% Cr〕在 843℃奥氏体化并空冷至 792℃施行 60%

形变量的形变后的冲击吸收能量随硬度的变化。高温形变淬火对 AISI 4340 钢（相当于 40CrNiMo）冲击吸收能量的影响示于图 7-72。高温形变淬火对 Cr5Mo2SiV 钢脆性转变温度的影响列于表 7-18。高温形变淬火对 37CrNi3A 钢和 40CrNi4 钢冲击韧度的影响示于图 7-73。

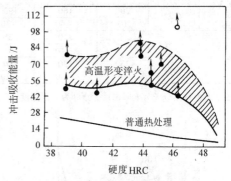

图 7-71　高温形变对 5150 钢
冲击吸收能量的影响

注：箭头表示试样未破断。

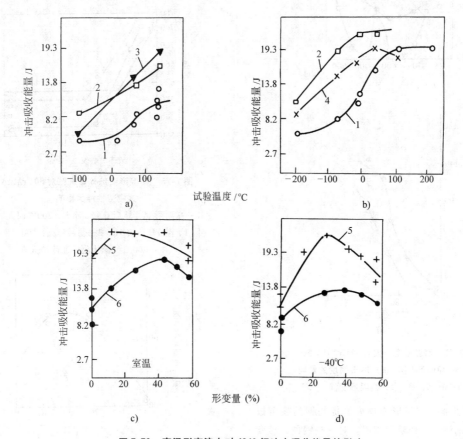

图 7-72　高温形变淬火对 4340 钢冲击吸收能量的影响

1—普通淬火　2—形变 25%　3—形变 40%　4—形变 54%　5—232℃回火　6—淬火态

**表7-18　高温形变淬火对不同碳含量的
Cr5Mo2SiV 钢脆性转变温度的影响**

碳含量 w(C)(%)	冶炼方式	脆性转变温度/℃		
		低温形变淬火	高温形变淬火	普通淬火
0.3	一般	—	190/−30	210/10
	真空	200/10	160/−40	190/−30
0.4	一般	—	210/−10	235/20
	真空	260/40	190/−30	210/−20

注：表中数据分子为上限温度、分母为下限温度。

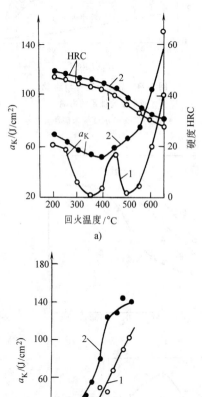

图7-73　高温形变淬火对37CrNi3A 钢
（a）和40CrNi4 钢（b）冲击韧度的影响
1—普通淬火　2—高温形变淬火

3. 疲劳性能　高温形变淬火能提高钢的疲劳极限，但应特别注意形变量的作用。对一些钢种，形变量与疲劳极限间的关系存在极大值，过度的形变会使疲劳极限降低。图7-74所示为不同高温形变热处理

工艺对55Si2 钢疲劳性能的影响。形变热处理工艺对50CrMnA 钢疲劳性能的影响示于图7-75。图7-76所示为 AISI 5160 钢疲劳极限和形变量间的关系。

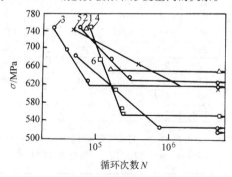

图7-74　不同高温形变热处理工艺对55Si2
钢疲劳性能的影响
1—高温形变，轧后6～8s淬火，460℃回火 30min
2—同1，300℃回火 1h　3—同1，250℃回火 1h
4—同1，400℃回火 1h　5—高温形变，轧后15s淬火，
300℃回火 1h　6—普通淬火，500℃回火 30min
注：950℃奥氏体化，油冷淬火

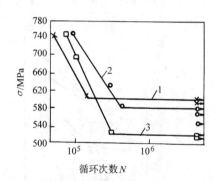

图7-75　高温形变热处理规范对50CrMnA
钢疲劳性能的影响
1—高温形变，轧后6～8s淬火，300℃回火 1h
2—同1，400℃回火 1h　3—普通淬火，500℃回火 1h
注：900℃奥氏体化，油冷淬火。

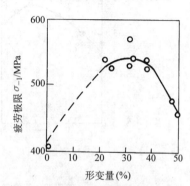

图7-76　AISI 5160 钢（相当于60MnCr）疲劳
极限与形变量间的关系

4. 裂纹扩展功与断裂韧度　高温形变淬火能提高钢材的裂纹扩展功和断裂韧度，降低缺口敏感性。钢材断裂韧度 K_{IC} 随形变量的变化有极大值关系。在相同屈服强度下，高温形变淬火钢材的断裂韧度比普通淬火者高得多。图 7-77 所示为各种处理方法对不同碳含量的 5%Cr-2%Mo-Si-V 钢裂纹扩展功的影响。高温形变淬火工艺对 Q235 和 35MnSi 钢断裂韧度 K_{IC} 的影响示于图 7-78。60Si2 钢断裂韧度和规定塑性延伸强度的关系示于图 7-79。

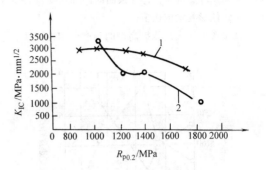

图 7-79　60Si2 钢断裂韧度和
规定塑性延伸强度的关系
1—高温形变淬火　2—普通淬火

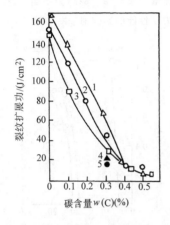

图 7-77　不同处理方法对不同碳含量的
5%Cr-2%Mo-Si-V 钢裂纹
扩展功的影响
▲ ●—一般熔炼　□ △ ○—真空熔炼　1、4—高温形变淬火　2、5—普通热处理　3—低温形变淬火

5. 延迟断裂性能　高温形变淬火能提高钢的延迟断裂性能。图 7-80 所示为 32MnSi 钢应力与断裂时间的关系。高温形变淬火可提高该钢种的延迟断力抗力 40%。高温形变淬火的断裂应力为 1370MPa，断裂时间 320min，而普通热处理为 985MPa，断裂时间 220min。

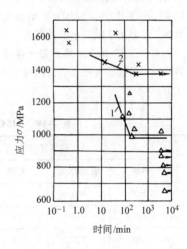

图 7-80　32MnSi 钢断裂应力与断裂时间的关系
1—普通淬火　2—高温形变淬火
注：形变温度 800~900℃，形变量 20%~28%。

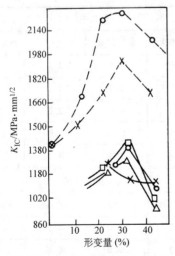

图 7-78　高温形变淬火工艺对 Q235
和 35MnSi 钢断裂韧度 K_{IC} 的影响
——35MnSi 钢　——Q235　○—950℃形变
△—900℃形变　□—850℃形变　×—800℃形变

6. 热强性　高温形变淬火能延长钢的持久破断时间、降低第二阶段蠕变速度，因之是各种形变热处理方法中提高结构钢热强性效果最好的措施。图 7-81 所示为 20Cr13 钢的持久破断时间和第二阶段蠕变速度与形变量的关系。当形变量为 33% 持久破断时，该钢种的持久破断时间由 111h 延长到 326h，第二阶段蠕变速度由 $5.4×10^{-4}$/h 降低到 $2.2×10^{-4}$/h，在

33% ~60% 形变量间，持久破断时间和形变量关系存在一个最佳形变量的极值。

高温形变淬火还能提高钢的耐磨性和抗蚀性。

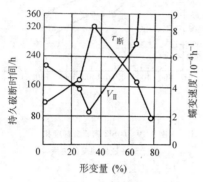

图 7-81　20Cr13 钢的持久破断时间和第二
阶段蠕变速度与形变量的关系

注：试验温度 550℃，应力 300MPa，试样 1200℃奥氏
体化，1100℃形变淬火，600℃回火 2h。

7.3.4　钢的锻热淬火

钢的锻热淬火也称锻造余热淬火。这是一种奥氏体化温度较高（一般 1050 ~ 1250℃）的最典型的高温形变热处理工艺。由于锻后余热的利用、节省了热处理（正火和调质）的重新加热，是一项很重要的热处理节能措施，且能显著提高钢材的强韧性，因而获得广泛应用。

7.3.4.1　锻热淬火钢的力学性能

锻热淬火可明显提高钢的淬透性（见图 7-82），且使晶内的亚结构细化，马氏体组织变细。晶体缺陷的增多和继承以及碳化物的弥散析出使钢的拉伸、冲击和疲劳性能显著提高。表 7-19 所列为 S45C 钢（45钢）锻热淬火后的力学性能。锻热淬火与普通淬火钢力学性能比较列于表 7-20。锻热淬火对 50 钢疲劳性能的影响见图 7-83，对 33CrNiSiMnMo 钢断裂韧度 K_{IC} 的影响见图 7-84。锻热淬火的奥氏体化（形变）温度对 40Cr 钢力学性能的影响列于图 7-85。回火温度对 45 钢力学性能的影响列于图 7-86。

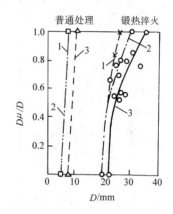

图 7-82　锻热淬火对碳钢淬透性（临界直径）的影响
1—0.46%C 钢　2—0.51%C 钢　3—0.55%C 钢
（成分为质量分数）

表 7-19　S45C（45）钢锻热淬火后的力学性能

回火温度/℃	抗拉强度/MPa				伸长率(%)			
	锻热淬火	普通淬火	差值	增加率(%)	锻热淬火	普通淬火	差值	增加率(%)
500	960	900	60	6.7	8.5	6.1	2.4	39
550	930	855	75	9.3	9.2	8.0	1.2	15
600	770	725	45	6.2	11.2	9.0	2.2	24.5
650	750	705	45	5.6	12.0	11.0	1.0	9.2
700	645	610	35	5.6	16.0	12.0	4.0	33

回火温度/℃	冲击韧度/(J/cm²)				硬度 HRC			
	锻热淬火	普通淬火	差值	增加率(%)	锻热淬火	普通淬火	差值	增加率(%)
500	96	82	14	17	35.2	31.0	4.2	13.5
550	145	118	27	23	34.0	30.0	4.0	13.3
600	160	146	14	9.6	31.0	27.2	3.8	13.3
650	180	162	18	11.1	26.6	25.6	1.0	3.9
700	195	180	15	8.3	25.8	25.2	0.6	2.4

表 7-20　锻热淬火与普通淬火钢力学性能比较

零件名称 （钢　号）	工　艺	力　学　性　能					
		R_m/MPa	R_{eL}/MPa	A(%)	Z(%)	a_K/(J/cm^2)	硬度
农机耙片 （65Mn）	锻热淬火	—				13	49HRC
	普通淬火					119.6	49HRC
4115 连杆 （45）	锻热淬火	820			46	102	260HBW
	普通淬火	770			63	123	221HBW
拖拉机接片 （45）	锻热淬火	880		16	47	56	—
	普通淬火	790		17	43	58	—
拖拉机转向臂 （45）	锻热淬火	—		—	—	100	255HRC
	普通淬火	—		—	—	105	
拖拉机立支螺管 （45）	锻热淬火	785	690	22.5	41	—	22HRC
	普通淬火	840	660	15	32	—	25HRC
拖拉机主动升降臂 （45）	锻热淬火	925	778	10.0	42	70	23HRC
	普通淬火	830	635	30.0	57	120	21HRC
拖拉机转向节半轴 （45）	锻热淬火	770	680	23	62	92	—
	普通淬火	—	—	—	—	110	—
拖拉机转向臂轴 （45）	锻热淬火	860	705	15	20.5		18HRC
	普通淬火	755	720	24	59	—	14HRC
S195 连杆 （45）	锻热淬火	1000	—	13.6	48.8	67	302HBW
	普通淬火	841		19.6	64	113	294HBW
	锻热淬火	942	829	13.6	61	125	27.8HRC
	普通淬火	867	708	21.6	58.1	123	24.4HRC
K701 拖拉机连杆 （45）	锻热淬火	1000	—	13.7	44.3	130	290HBW
	普通淬火	745		17.2	61	84	280HBW
K701 拖拉机吊杆 （40Cr）	锻热淬火	1130		10.7	37.1	88	327HBW
	普通淬火	1002		9.6	45.2	57	235HBW
135 柴油机连杆 （40Cr）	锻热淬火	830		21	68	175	250HBW
	普通淬火	770		19	66	160	235HBW
高强度螺母 （20CrMn）	锻热淬火	868	769	24.0	74.3	—	247HBW
	普通淬火	727	655	22	73.2	—	210HBW
履带链板 （40Mn）	锻热淬火	870	780	2.0	—	89	268HBW
	普通淬火	800	620	21.8	—	85	246HBW
汽车第一轴突缘 （45）	锻热淬火	846	—	—	—	106	264HBW
	普通淬火	817				106	225HBW

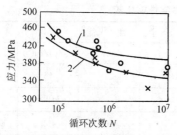

图 7-83　锻热淬火对 50 钢疲劳性能的影响

1—锻热淬火　2—普通淬火

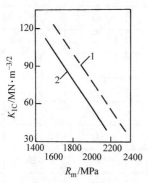

图 7-84　锻热淬火对 33CrNiSiMnMo

钢断裂韧度 K_{IC} 的影响

1—锻热淬火　2—普通淬火

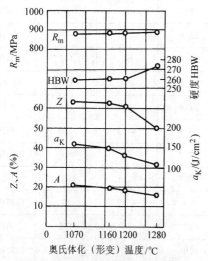

图 7-85　锻热淬火的形变温度对

40Cr 钢力学性能的影响

注：形变后停留 30s 淬火，形变量 60%。

7.3.4.2　影响锻热淬火效果的工艺因素

影响钢锻热淬火效果的首要因素是锻造温度。锻造温度过高，容易发生奥氏体晶粒的集聚再结晶，使钢的强度明显下降。图 7-87 所示为锻造温度对 50 钢硬度和冲击韧度的影响。钢锻后淬火前的停留

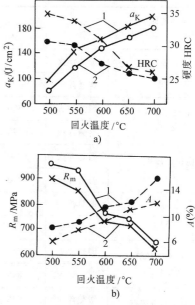

图 7-86　回火温度对 45 钢

力学性能的影响

1—锻热淬火　2—普通淬火

时间对锻热淬火效果也有很大影响，停留时间过长，也容易使形变奥氏体发生再结晶，使强度和硬度下降。图 7-88 所示为形变后停留时间对 45 钢力学性能的影响。停留时间对 45 钢锻热淬火硬度的影响示于图 7-89。

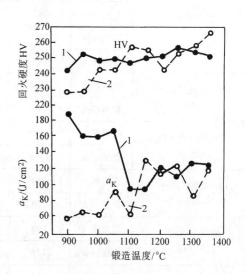

图 7-87　锻造温度对钢锻热淬火后硬度和

冲击韧度的影响

1—锻热淬火　2—普通淬火

注：回火温度 600℃。

从图中数据可知，锻热淬火的锻造温度不宜过高，锻后应立即淬火，对碳钢可有 3 ~ 5s 的锻后停留，对合金钢可稍长。

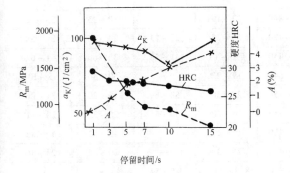

图 7-88　锻后停留时间对 45 钢力学性能的影响

注：600℃回火 1h。

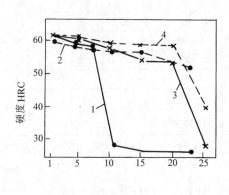

图 7-89　锻后停留时间对 45 钢锻热
淬火硬度的影响

1—900℃，形变量 48%　2—1050℃，形变量 51%
3—1200℃，形变量 60%　4—1200℃，形变量 70%

7.3.5　控制轧制

钢材轧制后通过严格控制冷却速度可以获得不同程度的强韧化效果，其机理与高温形变热处理一样。各种板材、带材、棒材和管材都可以此途径施行处理。

板材控制轧制强化效果最为明显。表 7-21 所列为试验用钢 10XHCД（俄罗斯钢号，相当于 10CrNiSiCu）和 CT3（俄罗斯钢号，相当于 Q235）的化学成分。这两种钢板轧后淬火的冷却制度列于表 7-22。其标准力学性能要求列于表 7-23，经各种规范处理后的力学性能列于表 7-24 和表 7-25。

表 7-21　试验钢种 10XHCД 和 CT3 的
化学成分（质量分数）　　（%）

钢号	成分序号	C	Mn	Si	S	P	Cr	Ni	Cu
10XHCД	1	0.10	0.59	0.97	0.015	0.024	0.73	0.52	0.57
	2	0.12	0.79	0.98	0.020	0.029	0.81	0.52	0.44
	3	0.08	0.63	0.85	0.028	0.010	0.62	0.55	0.48
	4	0.11	0.72	0.94	0.011	0.015	0.64	0.59	0.53
CT3	1	0.18	0.57	0.26	0.031	0.035	0.10	0.08	0.06
	2	0.19	0.57	0.26	0.030	0.008	0.06	0.06	0.08
	3	0.19	0.48	0.20	0.036	0.008	0.08	0.08	0.05
	4	0.17	0.50	0.23	0.040	0.006	0.08	0.09	0.08

表 7-22　CT3 和 10XHCД 钢板轧后
淬火的冷却制度

板厚 /mm	终轧温度 /℃	淬火温度 /℃	耗水量/(m³/h)		钢板移动速度 /(m/s)
			上喷水管	下喷水管	
8	890 ~ 950	800 ~ 860	715 ~ 780	1400 ~ 1665	0.75
10 ~ 12	980 ~ 1010	920 ~ 960	715 ~ 865	1350 ~ 1650	0.50
16 ~ 20	960 ~ 1060	940 ~ 1000	715 ~ 920	1300 ~ 1900	0.25
25 ~ 40	1010 ~ 1100	950 ~ 1050	950 ~ 1200	2000 ~ 2700	0.25

表 7-23　CT3 和 10XHCД 钢板标准
力学性能

钢板	R_m /MPa	R_{eL} /MPa	A (%)	$a_K(-40℃)$ /(J/cm²)
CT3 ГОСТ380-60	440 ~ 470	240	25	50
10XHCД ГОСТ5038-65	540	400	—	50

表 7-24　10ХНСД 钢板经各种处理后的力学性能

成分序号[①]	板厚 /mm	钢板处理状态	R_m /MPa	R_{eL} /MPa	A (%)	Z (%)	a_K（时效前） /(J/cm²)	a_K（时效后） /(J/cm²)
1	10	淬火机上快冷	820 ~ 990	720 ~ 840	12 ~ 19	—	30 ~ 35	35 ~ 40
	10	热轧	540 ~ 560	400 ~ 420	15 ~ 25	22 ~ 23	24 ~ 35	26 ~ 38
	20	淬火机上快冷	890 ~ 1010	750 ~ 840	7.5 ~ 14	41 ~ 58	35 ~ 60	41 ~ 63
	20	补充回火	690 ~ 730	550 ~ 640	19 ~ 22	—	50 ~ 40	55 ~ 104
	20	热轧	570 ~ 580	410 ~ 450	24 ~ 30	58 ~ 64	15 ~ 20	21 ~ 26
	20	淬火压床上冷却	720 ~ 820	680 ~ 750	16 ~ 20	54 ~ 61	25 ~ 35	30 ~ 41
2	12	淬火机上快冷	760 ~ 890	630 ~ 750	15 ~ 12	—	45 ~ 52	49 ~ 56
	12	热轧	560 ~ 580	400 ~ 420	26 ~ 30	—	20 ~ 32	23 ~ 36
	20	淬火机上快冷	880 ~ 970	720 ~ 850	8.8 ~ 14.5	45 ~ 54	—	—
	20	淬火压床上冷却	700 ~ 790	650 ~ 680	12 ~ 21	—	45 ~ 90	48 ~ 95
3	25	淬火机上快冷	690 ~ 790	570 ~ 670	9 ~ 18	30 ~ 42	45 ~ 50	51 ~ 56
	25	补充回火	570 ~ 610	430 ~ 490	19 ~ 25	—	55 ~ 100	60 ~ 101
	25	热轧	470 ~ 490	300 ~ 350	25 ~ 26	50 ~ 52	20 ~ 25	24 ~ 28
4	20	淬火机上快冷	820 ~ 1080	700 ~ 860	12 ~ 20	30 ~ 55	31 ~ 45	34 ~ 49
	20	热轧	480 ~ 490	320 ~ 340	26 ~ 29	55 ~ 57	23 ~ 31	28 ~ 56
	20	淬火压床上冷却	720 ~ 820	590 ~ 720	8 ~ 9	38 ~ 58	28 ~ 40	34 ~ 61

①　钢的成分见表 7-21 中的序号。

表 7-25　CT3 钢板经各种处理后的力学性能

成分序号[①]	板厚 /mm	钢板状态	R_m /MPa	R_{eL} /MPa	A (%)	Z (%)	a_K（时效前） /(J/cm²)	a_K（时效后） /(J/cm²)
1	10	淬火机上快冷	590 ~ 700	400 ~ 560	8 ~ 20	34 ~ 38	53 ~ 82	57 ~ 68
	20	淬火机上快冷	630 ~ 670	470 ~ 570	14 ~ 19	38 ~ 57	31 ~ 42	35 ~ 46
	20	淬火机上快冷,补充回火	530 ~ 580	380 ~ 450	21 ~ 31	—	35 ~ 58	40 ~ 63
	20	热轧	470 ~ 480	310 ~ 330	26 ~ 28	50 ~ 57	30 ~ 38	35 ~ 45
	12	淬火机上快冷	540 ~ 640	360 ~ 450	12 ~ 24	—	60 ~ 96	63 ~ 102
	12	热轧	450 ~ 490	300 ~ 350	30 ~ 31	53 ~ 55	13 ~ 43	38 ~ 45
2	20	淬火机上快冷	570 ~ 590	390 ~ 480	12 ~ 24	—	30 ~ 80	33 ~ 82
	20	淬火机上快冷,补充回火	500 ~ 590	340 ~ 410	20 ~ 27	51 ~ 58	40 ~ 88	42 ~ 91
	20	热轧	490 ~ 510	270 ~ 310	25 ~ 31	—	28 ~ 31	31 ~ 85
	20	淬火压床上冷却	520 ~ 550	380 ~ 400	20 ~ 28	46 ~ 61	30 ~ 60	35 ~ 64
3	20	淬火机上快冷	650 ~ 700	500 ~ 550	12 ~ 19	44 ~ 47	20 ~ 49	23 ~ 52
	20	淬火机上快冷,补充回火	480 ~ 570	360 ~ 440	19 ~ 29	50 ~ 56	35 ~ 53	39 ~ 58
	20	热轧	480 ~ 490	320 ~ 340	26 ~ 29	55 ~ 57	21 ~ 25	24 ~ 28
4	16	淬火机上快冷	580 ~ 720	430 ~ 570	13 ~ 19	42 ~ 57	27 ~ 65	31 ~ 70
	16	淬火机上快冷,补充回火	520 ~ 550	420 ~ 470	21 ~ 26	—	40 ~ 60	45 ~ 46
	16	热轧	460 ~ 470	300 ~ 340	26 ~ 30	52 ~ 55	21 ~ 25	24 ~ 30

①　钢的化学成分见表 7-21 中的序号。

7.3.6　非调质钢

20 世纪 70 年代国际上开发出微合金化的非调质钢，即在中碳钢基础上添加微量钒、钛、铌等元素的钢。钢材在锻轧后施行控制冷却。用这种钢材加工出的工件可免除毛坯的调质处理，其力学性能不低于甚至高于调质处理的中碳钢和中碳低合金钢。目前这类钢已广泛用于曲轴、连杆、半轴、齿轮轴等汽车、拖拉机零件。几种用于柴油机连杆的非调质钢的锻造工艺和控冷方式列于表 7-26。表 7-27 所列为这些钢锻冷后的力学性能和金相组织。用其制造连杆的疲劳抗力列于表 7-28。连杆整体抗拉试验数据列于表 7-29。

表 7-26　几种非调质钢和调质钢的锻造工艺和控冷方式

钢　号	加热温度/℃	始锻温度/℃	终锻温度/℃	控冷方式
S53C	1200 ± 10	1100 ± 10	950 ± 20	锻后调质
35MnVS	1210 ± 10	1120 ± 10	960 ± 20	先空冷后堆冷
40MnVS	1200 ± 10	1100 ± 10	950 ± 20	
35MVNbS	1210 ± 10	1120 ± 10	960 ± 20	

表 7-27　几种非调质钢和调质钢锻冷后的力学性能比较

钢号	R_m/MPa	R_{eL}/MPa	屈强比	A(%)	Z(%)	a_{KV}/(J/cm²)	硬度 HBW	金相组织	晶粒度
S53C	875 ~ 885	660 ~ 670	0.75	17 ~ 19	55 ~ 57	60 ~ 63	231 ~ 248	S + F	6 ~ 8
35MnVS	875 ~ 890	610 ~ 630	0.70	17 ~ 20	46 ~ 50	45 ~ 50	249 ~ 260	P + F	5 ~ 7
40MnVS	875 ~ 932	610 ~ 634	0.68	15 ~ 18	46 ~ 50	50 ~ 72.5	260 ~ 277	P + F	5 ~ 7
35MnVNbS	970 ~ 1123	684 ~ 765	0.69	12 ~ 16	32 ~ 46	47.5 ~ 65	265 ~ 288	P + F	5 ~ 7

表 7-28　非调质钢疲劳抗力和安全系数

钢　号	处理工艺	疲劳抗力/kN	安全系数 n	强度比(%)
S53C	调质	57.7	1.7	100
35MnVS	锻后控冷	85.0	2.5	147
40MnVS	锻后控冷	77.5	2.3	134
35MnVNbS	锻后控冷	89.1	2.6	154

表 7-29　非调质钢连杆抗拉试验结果

钢　号	断裂负荷平均值/kN	最小截面积/mm²	整体抗拉强度/MPa	强度比(%)
S53C	221	257	976	100
35MnVS	230	257	1021	104
40MnVS	242	257	1102	112
35MnVNbS	286	257	1167	120

7.4　表面形变热处理

将钢件表面形变强化，如喷丸、滚压等与整体热处理强化或表面热处理强化相结合可显著提高其疲劳和接触疲劳强度，延长机器零件使用寿命。

7.4.1　表面高温形变淬火

用感应加热的方法使工件表面奥氏体化，并在高温下用滚压法使表面层产生形变，然后施行淬火的方法为表面高温形变淬火法。这种方法能显著提高钢件的疲劳强度和耐磨性。图 7-90 所示为轴类钢件表面高温形变淬火装置示意图。9Cr 钢表面高温形变（旋压）淬火后的力学性能列于表 7-30。9Cr 钢表面形变淬火后接触疲劳寿命与滚压力的关系示于图 7-91，图 7-92 所示为 9Cr 钢的接触疲劳曲线。40、40Cr 钢表面形变淬火后的接触疲劳极限与滚压力间的关系示于图 7-93。40Cr 钢经各种处理后的接触疲劳极限列于表7-31。

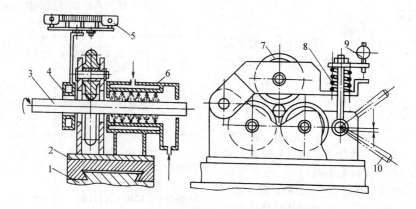

图 7-90　轴类钢件表面高温形变淬火装置示意图

1、2—夹具　3—工件　4—感应器　5—高频变压器　6—喷雾器　7—压辊
8—校准弹簧　9—千分表　10—调整机构

表 7-30　9Cr 钢表面高温形变淬火后的
力学性能[1][2]

形变 温度 /℃	弯矩 /kN·m	抗弯强度 σ_{bb} /MPa	挠度 f /mm	强化层 深度 /mm	硬度 HRC
850	3133/3194	3747/3790	18.7/17.5	3.0/2.7	67/66
900	3270/3318	3932/3940	18.2/17.7	5.0/4.5	68/67
950	3044/3518	3714/4438	13.7/16.6	穿透	66/66
1000	2911/3268	3431/3842	10.0/9.3	穿透	66/67

① 拉拔速度 0.5m/min，140℃ 回火 1.5h。

② 分子的形变量为 10%，分母的形变量为 15%。

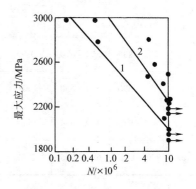

图 7-92　9Cr 钢接触疲劳曲线的对比

1—普通高频感应淬火　2—950℃滚压形变

注：滚压力 650kN，160~180℃ 回火。

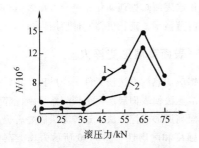

图 7-91　9Cr 钢表面高温形变淬火后接触
疲劳寿命与滚压力的关系

1—形变温度 950~970℃
2—形变温度 900~920℃

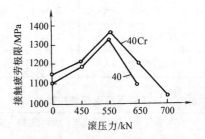

图 7-93　40、40Cr 钢表面形变淬火后的接触
疲劳极限与滚压力的关系

注：形变温度 950℃，回火温度 180~200℃。

　　表面高温形变淬火也能显著改善结构钢的耐磨性。图 7-94 所示为 40、65Mn 钢耐磨性与滚压力间的关系。表 7-32 所列为 40Cr 钢表面高温形变淬火后的强化层深度和相对耐磨性。高温表面形变淬火可明显改善钢的表面粗糙度（见图 7-95），从而能提高钢件的疲劳极限。

表 7-31　40Cr 钢经各种处理后的接触疲劳极限

处 理 工 艺	硬度 HRC	接触疲劳极限/MPa
整体淬火,低温回火	46 ~ 48	940
整体淬火,低温回火,喷丸强化	49 ~ 51	1080
高频感应淬火,低温回火	51 ~ 53	1180
高频感应淬火,低温回火,喷丸强化	54 ~ 56	1233
高温滚压淬火(950℃,55kg),180 ~ 200℃回火	50 ~ 52	1270

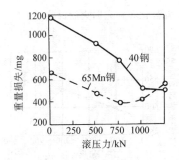

图 7-94　40、65Mn 钢耐磨性与滚压力间的关系

表 7-32　40Cr 钢表面高温形变淬火后的强化层深度和相对耐磨性

滚压力/kN	形变温度 850℃		形变温度 950℃		
	形变时间/s				
	6	8	6	8	10
强化层深度/mm					
600	2.10	1.30	2.30	2.00	1.65
800	2.10	2.00	2.50	2.20	1.90
1000	2.90	2.30	3.00	2.70	2.40
1200	3.70	2.90	3.90	3.50	3.10
相对耐磨性[1]					
600	1.08	0.97	1.13	0.91	0.80
800	1.19	1.05	1.34	1.09	0.93
1000	1.30	1.16	1.43	1.23	1.04
1200	1.16	1.10	1.21	1.04	0.90

[1]　以高频感应淬火的耐磨性作为 1。

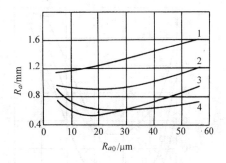

图 7-95　钢体表面高温形变淬火后的表面粗糙度（Ra）与原始粗糙度（Ra0）及形变力间的关系
1—600kN　2—800kN
3—1000kN　4—1200kN

7.4.2　预冷形变表面形变热处理

钢件预先施行 1000 ~ 3000kN 压力的预冷形变,然后再进行表面形变淬火也能发挥冷形变的遗传作用,得到好的强化效果。预冷形变可使钢件在表面高温形变热处理时形成高的残留压应力（见图 7-96、图 7-97）,从而可显著提高其抗疲劳极限。此工艺还可提高钢件的耐磨性（见表 7-33）和改善其表面粗糙度（见图 7-98）。

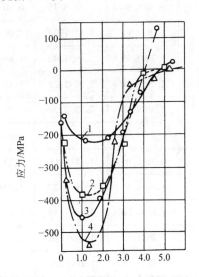

图 7-96　50 钢履带链节经不同表面强化后的表层残余应力
1—高频表面淬火　2—表面高温形变热处理
3—冷滚压和表面高温形变淬火　4—表面高温形变热处理后冷滚压

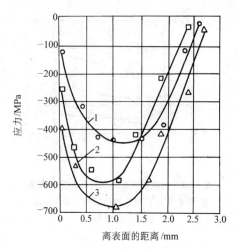

图 7-97　40Cr 钢经不同表面强化后的
表层残余应力

1—感应淬火　2—预冷形变表面高温形变淬火

3—表面高温形变热处理

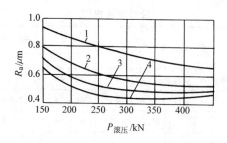

图 7-98　钢件预冷形变表面形变淬火后的
表面粗糙度与形变进给量和形变力
之间的关系

形变进给量：1—0.25mm/r　2—0.2mm/r

3—0.15mm/r　4—0.10mm/r

60Si2 钢喷丸强化和补充回火后的疲劳强度。

表 7-33　40Cr 钢经预先冷形变表面高温形变
淬火后的强化层深度和相对耐磨性①②

滚压力/kN	中间回火温度/℃		
	未回火	200	400
	强化层深度/mm		
200	0.80/0.90	0.70/0.75	0.80/0.70
250	1.00/1.00	0.85/1.00	1.00/0.90
300	1.70/1.80	1.70/1.90	1.80/1.80
350	2.10/2.20	2.20/2.20	1.85/2.20
400	2.40/2.40	2.30/2.30	2.30/2.40
	相对耐磨性		
200	0.96/1.09	1.15/1.18	1.03/1.02
250	1.01/1.25	1.20/1.25	1.10/1.18
300	1.08/1.30	1.28/1.30	1.12/1.12
350	1.02/1.10	1.19/1.10	1.08/1.08
400	1.00/1.08	1.10/1.08	1.05/0.99

①　以高频感应淬火效果为1。

②　分子为850℃淬火温度，分母为950℃淬火温度。

7.4.3　表面形变时效

钢件在喷丸或滚压冷形变强化之后再加以补充回火也使疲劳强度进一步提高。图 7-99 所示为 55Si2 和

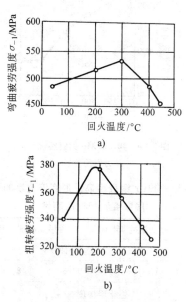

图 7-99　喷丸强化后补充回火对
钢材疲劳强度的影响

a) 55Si2 钢弯曲疲劳强度

b) 60Si2 钢扭转疲劳强度

7.5　形变化学热处理

形变既可加速化学热处理过程，也可强化化学热处理效果，是一种值得重视的热处理新工艺。

7.5.1　形变对扩散过程的影响

应力和形变均可加速钢中铁原子的自扩散和置换原子的扩散。研究结果证实，不论是弹性形变、小塑性形变，还是大塑性形变，拉应力都能加速铁的自扩

散过程。在应力不变条件下，随塑性形变量的增大，铁的自扩散能力不断增大，而自扩散激活能不断减小（见图 7-100）。应力和形变对置换固溶体溶质原子的扩散的影响和对铁自扩散的影响类似。这是由于随应力和形变量的增加，金属中晶体缺陷（位错密度）增多，使原子容易沿位错线择优扩散，从而加速扩散过程。

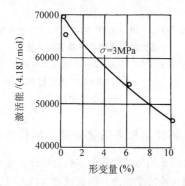

图 7-100　形变量对铁自扩散激活能的影响

形变对间隙原子（碳、氮）扩散的影响比较复杂。一方面形变造成的组织结构差异，位错密度和结构的变化，晶粒大小和亚结构的变动，碳化物析出形成的合金元素再分配等因素都会影响碳的扩散。其中既有阻碍因素，也有促进因素。如形变后的再结晶形成的晶粒细化使晶粒边界扩大，加速碳的沿晶界扩散，晶体内孔隙密度增加也会加速间隙原子扩散，而碳原子在奥氏体晶体内位错附近的聚集会使碳的扩散系数减小。因此，欲加速间隙原子在钢中扩散，即加速渗碳和渗氮过程，必须选择适当的形变和后热处理条件。图 7-101 所示为 22CrNiMo 钢渗碳层深度和形变量的关系。形变量对 22CrNiMo 钢渗层碳含量分布的影响示于图 7-102。图 7-103 所示为形变对 15Cr 钢渗碳层碳含量和硬度梯度的影响。

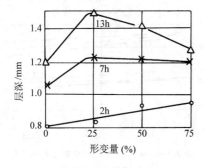

图 7-101　22CrNiMo 钢渗碳层深度和
形变量的关系

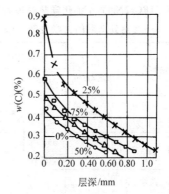

图 7-102　形变量对 22CrNiMo 钢渗层中碳
含量分布的影响

注：2h 渗碳，曲线上的数字为形变量。

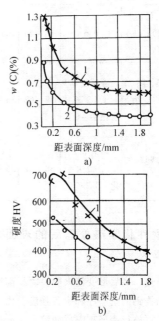

图 7-103　形变对 15Cr 钢渗碳层碳含量
（a）和硬度梯度（b）的影响
1—形变　2—未形变

7.5.2　钢件化学热处理后的冷形变

钢件经渗碳、渗氮等化学热处理后施行滚压、喷丸等表面冷形变可获得进一步强化的效果，得到更高的表面硬度、耐磨性和疲劳强度，进一步延长使用寿命。

冷形变能促使渗层晶内亚结构的变化，部分残留奥氏体转变为马氏体，在表面层形成巨大的压应力。这些都是提高钢件表面硬度和综合力学性能的原因。表 7-34 所列为 18Cr2Ni4WA 钢化学热处理后冷形变和一般热处理后的力学性能比较。

表 7-34　18Cr2Ni4WA 钢化学热处理后冷形变
和一般热处理后的力学性能比较

试样编号	处理方式	强化层深度/mm	硬度 HRC 表面	硬度 HRC 心部	弯曲疲劳极限/MPa
1	淬火 + 低温回火	—	—	36 ~ 38	270
2	调质 + 渗氮	0.35 ~ 0.40	650 ~ 750HV	32 ~ 34	480
3	渗碳、高温回火、淬火、低温回火	0.9 ~ 1.1	57 ~ 60	36 ~ 38	510
4	同 3	0.55 ~ 0.70	57 ~ 59	36 ~ 40	540
5	淬火、低温回火、2000kN 压力下滚压	0.6	38 ~ 40	36 ~ 38	425
6	同 3,随后 2500kN 压力下滚压	渗碳层 0.9 ~ 1.1,滚压强化层 ~ 0.5	59 ~ 62	36 ~ 38	559
7	同 3,随后喷丸强化	渗碳 0.9 ~ 1.1,喷丸强化 ~ 0.2	58 ~ 61	36 ~ 38	629

7.5.3　钢件化学热处理后的表面高温形变淬火

如前所述,高温形变淬火能显著提高结构钢,尤其是中碳结构钢的耐磨性和疲劳强度,而在渗碳等化学热处理后再施行表面高温形变淬火,能进一步提高强化效果。图 7-104 所示为 20CrMnTi 钢渗碳表面高温形变淬火的渗层硬度梯度。其磨耗失重的比较示于图 7-105。

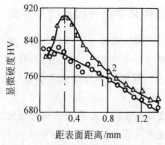

图 7-104　20CrMnTi 钢渗碳高温形变淬火的
渗层硬度梯度比较
1—普通高频感应淬火　2—表面高温形变淬火

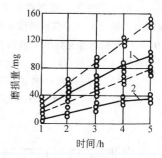

图 7-105　20CrMnTi 钢渗碳表面高温形变
淬火的渗层磨损失重量的比较
1—普通高频感应淬火　2—渗碳表面高温形变淬火
- - - - 与淬火的 45 钢块对磨
——与铸铁对磨

7.5.4　钢件晶粒多边化处理后的化学热处理

钢件经低温形变的晶粒多边化处理再施行渗氮可以有效地提高力学性能、蠕变抗力和持久强度。这是由于多边化建立的亚晶界（位错墙）被间隙原子（N）所钉扎的结果。$w(C)$ 为0.08%的钢经该工艺和其他工艺处理后力学性能的对比见表 7-35。$w(C)$ 为0.08%的钢经各种工艺处理后的持久强度如图 7-106 所示。

表 7-35　$w(C)$ 为 0.08% 钢经多边化 + 渗氮和
其他热处理、化学热处理后的力学性能

处理工艺	R_m /MPa	R_{eL} /MPa	A (%)
原始状态	357	195	38.8
多边化处理:室温拉伸 2.1%,600℃退火 8h	372	231	36.9
400℃渗氮 6h、550℃退火110℃	418	246	34.3
室温拉伸 2.1%,600℃退火 8h,400℃渗氮 6h,550℃退火 110h	420	272	26.2

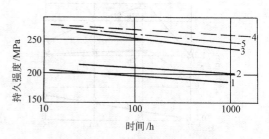

图 7-106　$w(C)$ 为 0.08% 钢经各种工艺
处理后的持久强度
1—原始状态　2—多边化处理　3—渗氮　4—多边化处理 + 渗氮　5—渗氮 + 多边化处理

参 考 文 献

[1]　雷廷权,等. 钢的形变热处理[M]. 北京：机械工业出版社. 1979.

[2]　Ю. М. Лахтин и А. Г. Рахштадта. Термическая обработка в машиностроении. Справочник [M].

Москва：Машиностроение,1980.

[3]　О. И. Шабрин. Технология и оборудование гермо-механической обработки деталей Машин[M]. Москва：Машиностроение, 1983.

[4]　唐新民. 非调质钢柴油机连杆的开发利用[J]. 金属热处理. 1998(10):36-38.

第8章 非铁金属的热处理

哈尔滨工业大学　安希嵋

河南科技大学　刘勇

在70多种金属元素中，按其产量及使用的广泛性，可粗略地分为铁及非铁金属两大类。

由于大量非铁金属及其合金都具有颜色和光泽，如黄金色、银白色、纯铜色等，故在工业生产中，又将钢铁称为黑色金属，而将大量非铁金属称为有色金属。

工业中，又将诸多种非铁金属按其在地壳中蕴藏量的多少，及其密度的大小划分为下列四大类：

(1) 轻金属材料。一般把密度小于 4.5g/cm³ 的金属材料称为轻金属材料。主要的轻金属材料有铝、镁、锂及其合金等。

(2) 重金属材料。一般把密度大于 4.5g/cm³ 的金属材料称为重金属材料，主要的重金属材料有铜、镍、铅、锌、锡、镉及其合金等。

(3) 稀有金属材料。把地壳中蕴藏量很稀少的金属称为稀有金属。主要的稀有金属有钛、锆、铪、钨、钼、钽、铌等。这些金属及其合金称为稀有金属材料。

(4) 贵金属材料。金、银和铂族金属——钌、铑、钯、锇、铱、铂称为贵金属。贵金属在地壳中的蕴藏量很少，而且分散。

非铁金属材料的生产量虽然比钢铁少得多，但它们在国民经济中却占有很重要的地位。例如在宇航、航空、航海、核能、电力、电子、电信、机械、仪表、建筑、交通、医疗、农业、化工、轻工、装饰等工业和国民经济其他各部门都有广泛应用。还有许多非铁金属元素，如镍、锰、铬等也是制造优质钢中的重要合金元素。因此，无论国际、国内对非铁金属及其合金材料的研制、开发和利用都十分重视，促使非铁金属材料的生产和开发都在不断地发展和壮大。

本章对使用较广泛的非铁金属材料：铜及铜合金的热处理，铝及铝合金的热处理、镁及镁合金的热处理、钛及钛合金的热处理和高温合金及贵金属合金热处理予以阐述。

8.1 铜及铜合金的热处理

8.1.1 铜及铜合金的性能及用途

1. 铜　纯铜通常呈紫红色，又称紫铜。在现有金属中，纯铜的导电性、导热性和塑性仅次于金和银而居第三位，且在极低的温度下仍保持良好塑性和韧性。在淡水及海水中纯铜均有良好的稳定性。

工业纯铜中含有 0.1% ~ 0.5%（质量分数）的杂质（Bi、Pb、As、O、S、P 等），这些杂质使铜的导电性下降。Pb、Bi 等杂质与铜形成低熔点共晶，当铜进行热加工时，容易引起热脆。而铜与硫和氧的化合物形成脆性共晶体 $Cu + Cu_2S$ 和 $Cu + Cu_2O$，冷加工时易产生冷脆。这些杂质对铜的力学性能影响较大。

我国工业纯铜的牌号及化学成分列于表 8-1，工业纯铜的制品种类、特性及用途举例列于表 8-2。

表 8-1　工业纯铜的牌号及化学成分（质量分数）　　　　（%）

分类	牌号	代号	主要成分≥		主要杂质						
			Cu	P	Bi	Sb	Pb	As	S	P	O
纯铜	一号铜	T1	99.95	—	0.001	0.002	0.003	0.002	0.005	0.001	0.02
	二号铜	T2	99.90	—	0.001	0.002	0.005	0.002	0.005	—	0.06
	三号铜	T3	99.70	—	0.002	0.005	0.01	0.01	0.01	—	0.1
	四号铜	T4	99.50	—	0.003	0.005	0.01	0.005	0.001	—	0.1
无氧铜	一号无氧铜	TU1	99.97	—	0.001	0.002	0.003	0.002	0.004	0.002	0.002
	二号无氧铜	TU2	99.95	—	0.001	0.002	0.004	0.002	0.004	0.002	0.003
脱氧铜	磷脱氧铜	TUP	99.5	P<0.04	0.003	0.05	0.01	0.05	0.01	—	0.01
	锰脱氧铜	TUMn	99.6		0.002	0.002	0.007	0.002	0.005	0.003	—

表 8-2　工业纯铜的制品种类、特性及用途举例

代　号	制品种类	特　　性	用　途　举　例
T1	棒、箔等	有高的导电、导热、耐蚀性和加工性能。含降低导电、导热性的杂质较少。$w(O)0.02\% \sim 0.06\%$ 对导电、导热和加工等性能影响不大，但易"氢病"，不能在高温(如 >370℃)还原气氛中加工(退火、焊接)使用	用作导电、导热、耐蚀器材。如电线、电缆、导电螺钉、爆破用雷管、化工用蒸发器、储藏器及各种管道等
T2	板、带、条、箔、管、棒、线等		
T3	板、带、条、箔、管、棒、线等	有较好的导电、导热、耐蚀性和加工性能，但含降低导电，导热性的杂质较多，含氧更高，更易"氢病"，不能在高温还原气氛中加工使用	用作一般铜材、如电气开关、垫圈、垫片、铆钉、管嘴、油管及其他管道等
T4	板、带、条、箔、管、棒等		
TU1 TU2 及高纯无氧铜	条、带、管	纯度高，导电、导热性极高，无"氢病"或极少"氢病"。含磷极低[如 $w(P) < 0.0008$ 或 $w(P) \leq 0.0003\%$]的无氧铜，加热生成的氧化膜致密、不剥落，与玻璃封结性好,加工性能、焊接性、耐蚀性、耐寒性好	电真空器件
TUP	管、板、条	工艺性能好，焊接性能、冷弯性能好，一般无"氢病"，可在还原气氛中加工使用，但不能在氧化气氛中加工使用	主要以管材应用,也可以板、条供应。作汽油、气体供应管，排水管、冷凝管，水雷用管,冷凝器，蒸发器,热交换器及火车箱零件等
TUMn	线	软化温度比铜高，受热不易变形，能保持足够的尺寸稳定性，有良好工艺性能，一般无"氢病"	在电子管工业中，只用作电子管栅极边杆,因锰易挥发,影响电子管性能

2. 铜合金的分类及编号　铜合金按生产工艺可分为变形（轧制、挤压、锻造）铜合金及铸造铜合金两大类。按化学成分又可分为黄铜、青铜及白铜三类。以锌为主要合金元素的称为黄铜，编号以"H"为首，其后的数字表示铜含量，如 H62 表示平均铜含量为 62%（质量分数，余同），其余为锌的普通黄铜。在铜锌合金基础上加入其他合金元素的铜合金称为特殊黄铜（铝黄铜、锡黄铜、锰黄铜、硅黄铜等），其编号仍以"H"为首其后为添加的主要合金元素的化学符号，后面的数字为合金平均铜含量及该元素的含量，如 HMn58-2 表示含有 58% Cu、2% Mn，余量为 Zn 的锰黄铜。以锡、铝、铍、硅、铬为主要的合金称为青铜，编号以"Q"为首，其后为主要合金元素的化学符号及含量和其他元素的含量，如 QSn4-3 表示含 4% Sn、3% Zn 的锡青铜；QAl15 表示含 15% Al 的铝青铜。以镍为主要合金元素的铜合金称为白铜，编号以"B"为首，其后数字表示镍的平均含量，如 B19 表示镍的平均含量为 19% 的普通白铜。铸造铜合金的编号方法与上述变形铜合金基本相同，仅在牌号前面冠以"Z"，如 ZCuZn18 为含 18% Zn 的铸造黄铜。各类变形（加工）铜合金的牌号及化学成分列于表 8-3 ~ 表 8-5。铸造黄铜及青铜的牌号及化学成分列于表 8-6、表 8-7。

表 8-3　加工黄铜的牌号及化学成分（GB/T 5231—2001）

组别	牌号	代号	元素	化学成分（质量分数）（%）										
				Cu	Sn	Ni	Al	Fe	Pb	Sb	Bi	P	Zn	杂质总和
普通黄铜	96黄铜	H96	最小值	95.0	—	—	—	—	—	—	—	—	余量	—
			最大值	97.0	—	—	—	0.10	0.03	0.005	0.002	0.01	余量	0.2
	90黄铜	H90	最小值	88.0	—	—	—	—	—	—	—	—	余量	—
			最大值	91.0	—	—	—	0.10	0.03	0.005	0.002	0.01	余量	0.2
	85黄铜	H85	最小值	84.0	—	—	—	—	—	—	—	—	余量	—
			最大值	86.0	—	—	—	0.10	0.03	0.005	0.002	0.01	余量	0.3
	80黄铜	H80	最小值	79.0	—	—	—	—	—	—	—	—	余量	—
			最大值	81.0	—	—	—	0.10	0.03	0.005	0.002	0.01	余量	0.3
	70黄铜	H70	最小值	68.5	—	—	—	—	—	—	—	—	余量	—
			最大值	71.5	—	—	—	0.10	0.03	0.005	0.002	0.01	余量	0.3
	68黄铜	H68	最小值	67.0	—	—	—	—	—	—	—	—	余量	—
			最大值	70.0	—	—	—	0.10	0.03	0.005	0.002	0.01	余量	0.3
	65黄铜	H65	最小值	63.5	—	—	—	—	—	—	—	—	余量	—
			最大值	68.0	—	—	—	0.10	0.03	0.005	0.002	0.01	余量	0.3
	63黄铜	H63	最小值	62.0	—	—	—	—	—	—	—	—	余量	—
			最大值	65.0	—	—	—	0.15	0.08	0.005	0.002	0.01	余量	0.5
	62黄铜	H62	最小值	60.5	—	—	—	—	—	—	—	—	余量	—
			最大值	63.5	—	—	—	0.15	0.08	0.005	0.002	0.01	余量	0.5
	59黄铜	H59	最小值	57.0	—	—	—	—	—	—	—	—	余量	—
			最大值	60.0	—	—	—	0.3	0.5	0.01	0.003	0.01	余量	1.0
镍黄铜	65-5镍黄铜	HNi65-5	最小值	64.0	—	5.0	—	—	—	—	—	—	余量	—
			最大值	67.0	—	6.5	—	0.15	0.03	0.005	0.002	0.01	余量	0.3
	56-3镍黄铜	HNi56-3	最小值	54.0	—	2.0	0.3	0.15	—	—	—	—	余量	—
			最大值	58.0	0.25	3.0	0.5	0.5	0.2	—	—	0.01	余量	0.6

（续）

组别	牌号	代号	元素	化学成分（质量分数）(%)										
---	---	---	---	Cu	Sn	Al	As	Fe	Pb	Sb	Bi	P	Zn	杂质总和
铅黄铜	63-3铅黄铜	HPb63-3	最小值 最大值	62.0 65.0	— —	— 0.5	— —	— 0.10	2.4 3.0	— 0.005	— 0.002	— 0.01	余量	— 0.75
	63-0.1铅黄铜	HPb63-0.1	最小值 最大值	61.5 63.5	— —	— 0.2	— —	— 0.15	0.05 0.3	— 0.005	— 0.002	— 0.01	余量	— 0.5
	62-0.8铅黄铜	HPb62-0.8	最小值 最大值	60.0 63.0	— —	— 0.2	— —	— 0.2	0.5 1.2	— 0.005	— 0.002	— 0.01	余量	— 0.75
	61-1铅黄铜	HPb61-1	最小值 最大值	59.0 61.0	— —	— 0.2	— —	— 0.15	0.6 1.0	— 0.005	— 0.002	— 0.01	余量	— 0.75
	59-1铅黄铜	HPb59-1	最小值 最大值	57.0 60.0	— —	— 0.2	— —	— 0.5	0.8 1.9	— 0.01	— 0.003	— 0.02	余量	— 1.0
加砷黄铜	77-2铝黄铜	HAl77-2	最小值 最大值	76.0 79.0	— —	1.8 2.3	0.03 0.06	— 0.06	— 0.05	— 0.05	— 0.002	— 0.02	余量	— 0.3
	70-1锡黄铜	HSn70-1	最小值 最大值	69.0 71.0	0.8 1.3	— —	0.03 0.06	— 0.10	— 0.05	— 0.005	— 0.002	— 0.01	余量	— 0.3
	68A黄铜	H68A	最小值 最大值	67.0 70.0	— —	— —	0.03 0.06	— 0.10	— 0.03	— 0.005	— 0.002	— 0.01	余量	— 0.3
锡黄铜	90-1锡黄铜	HSn90-1	最小值 最大值	88.0 91.0	0.25 0.75	— —	— —	— 0.10	— 0.03	— 0.005	— 0.002	— 0.01	余量	— 0.2
	62-1锡黄铜	HSn62-1	最小值 最大值	61.0 63.0	0.7 1.1	— —	— —	— 0.10	— 0.10	— 0.005	— 0.002	— 0.01	余量	— 0.3
	60-1锡黄铜	HSn60-1	最小值 最大值	59.0 61.0	1.0 1.5	— —	— —	— 0.10	— 0.30	— 0.005	— 0.002	— 0.01	余量	— 0.01

（续）

组别	牌号	代号	元素	Cu	Sn	Mn	Al	Fe	Pb	Sb	Bi	P	Si	Ni	Zn	杂质总和
铝黄铜	67-2.5 铝黄铜	HAl67-2.5	最小值	66.0	—	—	2.0	—	—	—	—	—	—	—	余量	—
			最大值	68.0	0.2	0.5	3.0	0.6	0.5	0.05	—	0.02	—	—	余量	1.5
	60-1-1 铝黄铜	HAl60-1-1	最小值	58.0	—	0.1	0.70	0.70	—	—	—	—	—	—	余量	—
			最大值	61.0	—	0.6	1.50	1.50	0.40	0.005	0.002	0.01	—	—	余量	0.7
	59-3-2 铝黄铜	HAl59-3-2	最小值	57.0	—	—	2.5	—	—	—	—	—	—	2.0	余量	—
			最大值	60.0	—	—	3.5	0.50	0.10	0.005	0.003	0.01	—	3.0	余量	0.9
	66-6-3-2 铝黄铜	HAl66-6-3-2	最小值	64.0	—	1.5	6.0	2.0	—	—	—	—	—	—	余量	—
			最大值	68.0	0.2	2.5	7.0	4.0	0.5	0.05	—	0.02	—	—	余量	1.5
锰黄铜	58-2 锰黄铜	HMn58-2	最小值	57.0	—	1.0	—	—	—	—	—	—	—	—	余量	—
			最大值	60.0	—	2.0	—	1.0	0.1	0.005	0.002	0.01	—	—	余量	1.2
	57-3-1 锰黄铜	HMn57-3-1	最小值	55.0	—	2.5	0.5	—	—	—	—	—	—	—	余量	—
			最大值	58.5	—	3.5	1.5	1.0	0.2	0.005	0.002	0.01	—	—	余量	1.3
	55-3-1 锰黄铜	HMn55-3-1	最小值	53.0	0.3	3.0	—	0.5	—	—	—	—	—	—	余量	—
			最大值	58.0	0.7	4.0	0.3	1.5	0.5	0.05	—	0.02	—	—	余量	1.5
铁黄铜	59-1-1 铁黄铜	HFe59-1-1	最小值	57.0	—	0.5	0.1	0.6	—	—	—	—	—	—	余量	—
			最大值	60.0	—	0.8	0.5	1.2	0.20	0.01	0.003	0.01	—	—	余量	0.3
	58-1-1 铁黄铜	HFe58-1-1	最小值	56.0	—	—	—	0.7	0.7	—	—	—	—	—	余量	—
			最大值	58.0	0.2	—	—	1.3	1.3	0.01	0.003	0.02	—	—	余量	0.5
硅黄铜	80-3 硅黄铜	HSi80-3	最小值	79.0	—	—	—	—	—	—	—	—	2.5	—	余量	—
			最大值	81.0	0.2	0.5	0.1	0.6	0.1	0.05	0.003	0.02	4.0	—	余量	1.5

化学成分（质量分数）（%）

表 8-4　加工青铜的牌号及化学成分（GB/T 5231—2001）

化学成分（质量分数）(%)

组别	牌号	代号	元素	Sn	Al	Zn	Mn	Fe	Pb	Sb	Bi	Si	P	Cu	杂质总和
锡青铜	4-3 锡青铜	QSn4-3	最小值	3.5	—	2.7	—	—	—	—	—	—	—	余量	—
			最大值	4.5	0.002	3.3	—	0.05	0.02	0.002	0.002	0.002	0.03	余量	0.2
	4-4-2.5 锡青铜	QSn4-4-2.5	最小值	3.0	—	3.0	—	—	1.5	—	—	—	—	余量	—
			最大值	5.0	0.002	5.0	—	0.05	3.5	0.002	0.002	0.002	0.03	余量	0.2
	4-4-4 锡青铜	QSn4-4-4	最小值	3.0	—	3.0	—	—	3.5	—	—	—	—	余量	—
			最大值	5.0	0.002	5.0	—	0.05	4.5	0.002	0.002	0.002	0.03	余量	0.2
	6.5-0.1 锡青铜	QSn6.5-0.1	最小值	6.0	—	—	—	—	—	—	—	—	0.10	余量	—
			最大值	7.0	0.002	—	—	0.05	0.02	0.002	0.002	0.002	0.25	余量	0.1
	6.5-0.4 锡青铜	QSn6.5-0.4	最小值	6.0	—	—	—	—	—	—	—	—	0.26	余量	—
			最大值	7.0	0.002	—	—	0.02	0.02	0.002	0.002	0.002	0.40	余量	0.1
	7-0.2 锡青铜	QSn7-0.2	最小值	6.0	—	—	—	—	—	—	—	—	0.10	余量	—
			最大值	8.0	0.01	—	—	0.05	0.02	0.002	0.002	0.02	0.25	余量	0.15
	4-0.3 锡青铜	QSn4-0.3	最小值	3.5	—	—	—	—	—	—	—	—	0.20	余量	—
			最大值	4.5	0.002	—	—	0.02	0.02	0.002	0.002	0.002	0.40	余量	0.1
铝青铜	5 铝青铜	QAl5	最小值	—	4.0	—	—	—	—	—	—	—	—	余量	—
			最大值	0.1	6.0	0.5	0.5	0.5	0.03	—	—	0.1	0.01	余量	1.6
	7 铝青铜	QAl7	最小值	—	6.0	—	—	—	—	—	—	—	—	余量	—
			最大值	0.1	8.0	0.5	0.5	0.5	0.03	—	—	0.1	0.01	余量	1.6
	9-2 铝青铜	QAl9-2	最小值	—	8.0	—	1.5	—	—	—	—	—	—	余量	—
			最大值	0.1	10.0	1.0	2.5	0.5	0.03	—	—	0.1	0.01	余量	1.7
	9-4 铝青铜	QAl9-4	最小值	—	8.0	—	—	2.0	—	—	—	—	—	余量	—
			最大值	0.1	10.0	1.0	0.5	4.0	0.01	—	—	0.1	0.01	余量	1.7
	10-3-1.5 铝青铜	QAl10-3-15	最小值	—	8.5	—	1.0	2.0	—	—	—	—	—	余量	—
			最大值	0.1	10.0	0.5	2.0	4.0	0.03	—	—	0.1	0.01	余量	0.75

（续）

组别	牌号	代号	元素	Sn	Al	Zn	Mn	Fe	Pb	Sb	Si	Ni	Ti	Mg	Be	P	As	Cu	杂质总和
			化学成分（质量分数）（%）																
铝青铜	10-4-4 铝青铜	QAl10-4-4	最小值	—	9.5	—	—	3.5	—	—	—	3.5	—	—	—	—	—	余量	—
			最大值	0.1	11.0	0.5	0.3	5.5	0.02	—	0.1	5.5	—	—	—	0.01	—		1.0
	11-6-6 铝青铜	QAl11-6-6	最小值	—	10.0	—	—	5.0	—	—	—	5.0	—	—	—	—	—	余量	—
			最大值	0.2	11.5	0.6	0.5	6.5	0.05	—	0.2	6.5	—	—	—	0.1	—		1.5
	9-5-1-1 铝青铜	QAl9-5-1-1	最小值	—	8.0	—	0.5	0.5	—	—	—	4.0	—	—	—	—	—	余量	—
			最大值	0.1	10.0	0.3	1.5	1.5	0.01	0.002	0.1	6.0	—	—	—	0.01	0.01		0.6
	10-5-5 铝青铜	QAl10-5-5	最小值	—	8.0	—	0.5	4.0	—	—	—	4.0	—	—	—	—	—	余量	—
			最大值	0.20	11.0	0.50	2.5	6.0	0.05	—	0.25	6.0	—	0.10	—	—	—		1.2
铍青铜	2 铍青铜	QBe2	最小值	—	—	—	—	—	—	—	—	0.2	—	—	1.80	—	—	余量	—
			最大值	—	0.15	—	—	0.15	0.005	—	0.15	0.5	—	—	2.1	—	—		0.5
	1.9 铍青铜	QBe1.9	最小值	—	—	—	—	—	—	—	—	0.2	0.10	—	1.85	—	—	余量	—
			最大值	—	0.15	—	—	0.15	0.005	—	0.15	0.4	0.25	—	2.1	—	—		0.5
	1.9-0.1 铍青铜	QBe1.9-0.1	最小值	—	—	—	—	—	—	—	—	0.2	0.10	0.07	1.85	—	—	余量	—
			最大值	—	0.15	—	—	0.15	0.005	—	0.15	0.4	0.25	0.13	2.1	—	—		0.5
	1.7 铍青铜	QBe1.7	最小值	—	—	—	—	—	—	—	—	0.2	0.10	—	1.6	—	—	余量	—
			最大值	—	0.15	—	—	0.15	0.005	—	0.15	0.4	0.25	—	1.85	—	—		0.5
硅青铜	3-1 硅青铜	QSi3-1	最小值	—	—	—	1.0	—	—	—	2.7	—	—	—	—	—	—	余量	—
			最大值	0.25	—	0.5	1.5	0.3	0.03	—	3.5	0.2	—	—	—	—	—		1.1
	1-3 硅青铜	QSi1-3	最小值	—	—	—	0.1	—	—	—	0.6	2.4	—	—	—	—	—	余量	—
			最大值	0.1	0.02	0.2	0.4	0.1	0.15	—	1.1	3.4	—	—	—	—	—		0.5
	3.5-3-1.5 硅青铜	QSi3.5-3-1.5	最小值	—	—	2.5	0.5	1.2	—	—	3.0	—	—	—	—	—	—	余量	—
			最大值	0.25	—	3.5	0.9	1.8	0.03	0.002	4.0	0.2	—	—	—	0.03	0.002		1.1

（续）

组别	牌号	代号	元素	化学成分（质量分数）（%）																		
				Sn	Al	Zn	Mn	Fe	Pb	Sb	Bi	Si	Ni	S	Mg	Cr	Zr	As	Cd	P	Cu	杂质总和
锰青铜	1.5 锰青铜	QMn1.5	最小值	—	—	—	1.20	—	—	—	—	—	—	—	—	—	—	—	—	—	余量	—
			最大值	0.05	0.07	—	1.30	0.1	0.01	0.005	0.002	0.1	0.1	0.01	—	0.1	—	—	—	—	余量	0.3
	2 锰青铜	QMn2	最小值	—	—	—	1.55	—	—	—	—	—	—	—	—	—	—	—	—	—	余量	—
			最大值	0.05	0.07	—	2.55	0.1	0.01	0.05	0.002	0.1	—	—	—	—	—	0.01	—	—	余量	0.5
	5 锰青铜	QMn5	最小值	—	—	—	4.55	—	—	—	—	—	—	—	—	—	—	—	—	—	余量	—
			最大值	0.1	—	0.4	5.55	0.35	0.03	0.002	—	0.1	—	—	—	—	—	—	—	0.01	余量	0.9
锆青铜	0.2 锆青铜	QZr0.2	最小值	—	—	—	—	—	—	—	—	—	—	—	—	—	0.15	—	—	—	余量	—
			最大值	0.05	—	—	—	0.05	0.01	0.005	0.002	—	—	0.01	—	—	0.30	—	—	—	余量	0.5
	0.4 锆青铜	QZr0.4	最小值	—	—	—	—	—	—	—	—	—	—	—	—	—	0.30	—	—	—	余量	—
			最大值	0.05	—	—	—	0.05	0.01	0.005	0.002	—	—	0.01	—	—	0.50	—	—	—	余量	0.5
铬青铜	0.5 铬青铜	QCr0.5	最小值	—	—	—	—	—	—	—	—	—	—	—	—	0.4	—	—	—	—	余量	—
			最大值	—	—	—	—	0.1	—	—	—	—	0.05	—	—	1.1	—	—	—	—	余量	0.5
	0.5-0.2-0.1 铬青铜	QCr0.5-0.2-0.1	最小值	—	0.1	—	—	—	—	—	—	—	0.05	—	0.1	0.4	—	—	—	—	余量	—
			最大值	—	0.25	—	—	—	—	—	—	—	—	—	0.25	1.0	—	—	—	—	余量	0.5
	0.6-0.4-0.05 铬青铜	QCr0.6-0.4-0.05	最小值	—	—	—	—	—	—	—	—	—	0.2	—	0.04	0.4	0.3	—	—	—	余量	—
			最大值	—	—	—	—	0.05	—	—	—	0.05	0.2	—	0.08	0.8	0.6	—	—	0.01	余量	0.5
镉青铜	1 镉青铜	QCd1	最小值	—	—	—	—	—	—	—	—	—	—	—	—	—	—	—	0.8	—	余量	—
			最大值	—	—	—	—	—	—	—	—	—	—	—	—	—	—	—	1.3	—	余量	0.3
镁青铜	0.8 镁青铜	QMg0.8	最小值	—	—	—	—	—	—	—	—	—	—	—	0.70	—	—	—	—	—	余量	—
			最大值	0.002	—	0.005	—	0.005	0.005	0.005	0.002	—	0.006	0.005	0.85	—	—	—	—	—	余量	0.3

表8-5　加工白铜的牌号及化学成分（GB/T 5231—2001）

组别	牌号	代号	元素	化学成分（质量分数）（%）																	
				Ni+Co	Fe	Mn	Zn	Al	Si	Mg	Pb	S	C	P	Bi	As	Sb	O	Sn	Cu	杂质总和
普通白铜	0.6白铜	B0.6	最小值	0.57	—	—	—	—	—	—	—	—	—	—	—	—	—	—	—	—	—
			最大值	0.63	0.005	—	—	—	0.002	—	0.005	0.005	0.002	0.002	0.002	0.002	0.002	—	—	余量	0.1
	5白铜	B5	最小值	4.4	—	—	—	—	—	—	—	—	—	—	—	—	—	—	—	余量	—
			最大值	5.0	0.20	—	—	—	—	—	0.01	0.01	0.03	—	0.002	0.01	0.005	0.1	—	余量	0.5
	19白铜	B19	最小值	18.0	—	—	—	—	—	—	—	—	—	—	—	—	—	—	—	余量	—
			最大值	20.0	0.5	0.5	0.3	—	0.15	0.05	0.005	0.01	0.05	0.01	0.002	0.010	0.005	—	—	余量	1.8
	25白铜	B25	最小值	24.0	—	—	—	—	—	—	—	—	—	—	—	—	—	—	—	余量	—
			最大值	26.0	0.5	0.5	0.3	—	0.15	0.05	0.005	0.01	0.05	0.01	0.002	0.010	0.005	—	0.03	余量	1.8
铁白铜	10-1-1铁白铜	BFe10-1-1	最小值	9.0	1.0	0.5	—	—	—	—	—	—	—	—	—	—	—	—	—	余量	—
			最大值	11.0	1.5	1.0	0.3	—	0.15	—	0.02	0.01	0.05	0.006	0.002	0.005	0.005	—	0.03	余量	0.7
	30-1-1铁白铜	BFe30-1-1	最小值	29.0	0.5	0.5	—	—	—	—	—	—	—	—	—	—	—	—	—	余量	—
			最大值	32.0	1.0	1.2	0.3	—	0.15	—	0.02	0.01	0.05	0.006	0.002	0.010	0.005	—	0.03	余量	0.7
锰白铜	3-12锰白铜	BMn3-12	最小值	2.0	0.20	11.5	—	—	0.1	—	—	—	—	—	—	—	—	—	—	余量	—
			最大值	3.5	0.50	13.5	—	0.2	0.3	0.03	0.020	0.020	0.05	0.005	0.002	0.005	0.002	—	—	余量	0.5
	40-1.5锰白铜	BMn40-1.5	最小值	39.0	—	1.0	—	—	—	—	—	—	—	—	—	—	—	—	—	余量	—
			最大值	41.0	0.50	2.0	—	—	—	0.05	0.005	0.02	0.10	0.005	0.002	0.010	0.002	—	—	余量	0.9
	43-0.5锰白铜	BMn43-0.5	最小值	42.0	—	0.10	—	—	—	—	—	—	—	—	—	—	—	—	—	余量	—
			最大值	44.0	0.15	1.0	—	—	0.10	0.05	0.002	0.01	0.10	0.002	0.002	0.002	0.002	—	—	余量	0.6
锌白铜	15-20锌白铜	BZn15-20	最小值	13.5	—	—	余量	—	—	—	—	—	—	—	—	—	—	—	—	62.0	—
			最大值	16.5	0.5	0.3	余量	—	0.15	0.05	0.02	0.01	0.03	0.005	0.002	0.010	0.002	—	—	65.0	0.9
	15-21-1.8加铅锌白铜	BZn15-21-1.8	最小值	14.0	—	—	余量	—	—	—	1.5	—	—	—	—	—	—	—	—	60.0	—
			最大值	16.0	0.3	0.5	余量	—	0.15	—	2.0	—	—	0.005	0.002	0.010	0.002	—	—	63.0	0.9
	15-24-1.5加铅锌白铜	BZn15-24-1.5	最小值	12.5	—	0.05	余量	—	—	—	1.4	—	—	—	—	—	—	—	—	58.0	—
			最大值	15.5	0.25	0.5	余量	—	—	—	1.7	0.005	—	0.02	—	—	—	—	—	60.0	0.75

表 8-6　铸造黄铜的牌号及主要成分（质量分数）（GB/T 1176—1987）　　　（%）

牌　号	Cu	Al	Fe	Mn	Si	Zn	Pb	杂质总量 ≤
ZCuZn38	60.0~63.0					其余		1.5
ZCuZn25Al6Fe3Mn3	60.0~66.0	4.5~7.0	2.0~4.0	1.5~4.0		其余		2.0
ZCuZn26Al4Fe3Mn3	60.0~66.0	2.5~5.0	1.5~4.0	1.5~4.0		其余		2.0
ZCuZn31Al2	66.0~68.0	2.0~3.0				其余		1.5
ZCuZn35Al2Mn2Fe1	57.0~65.0	0.5~2.5	0.5~2.0	0.1~3.0		其余		2.0
ZCuZn38Mn2Pb2	57.0~60.0			1.5~2.5		其余	1.5~2.5	2.0
ZCuZn40Mn2	57.0~60.0			1.0~2.0		其余		2.0
ZCuZn40Mn3Fe1	53.0~58.0		0.5~1.5	3.0~4.0		其余		1.5
ZCuZn33Pb2	63.0~67.0					其余	1.0~3.0	1.5
ZCuZn40Pb2	58.0~63.0	0.2~0.8				其余	0.5~2.5	1.5
ZCuZn16Si4	79.0~81.0				2.5~4.5	其余		2.0

表 8-7　铸造青铜的牌号和主要化学成分（质量分数）（GB/T 1176—1987）　　　（%）

合金牌号	Sn	Zn	Pb	Ni	Al	Fe	Mn	Cu	杂质总量 ≤
ZCuSn3Zn8Pb6Ni1	2.0~4.0	6.0~9.0	4.0~7.0	0.5~1.5				其余	1.0
ZCuSn3Zn11Pb4	2.0~4.0	9.0~13.0	3.0~6.0					其余	1.0
ZCuSn5Pb5Zn5	4.0~6.0	4.0~6.0	4.0~6.0					其余	1.0
ZCuSn10Pb1	9.0~11.5					P0.5~1.0		其余	0.75
ZCuSn10Pb5	9.0~11.0		4.0~6.0					其余	1.0
ZCuSn10Zn2	9.0~11.0	1.0~3.0						其余	1.5
ZCuPb10Sn10	9.0~11.0		8.0~11.0					其余	1.0
ZCuPb15Sn8	7.0~9.0		13.0~17.0					其余	1.0
ZCuPb17Sn4Zn4	3.5~5.0	2.0~4.0	14.0~20.0					其余	0.75
ZCuPb20Sn5	4.0~6.0		18.0~23.0					其余	1.0
ZCuPb30			27.0~33.0					其余	1.0
ZCuAl8Mn13Fe3					7.0~9.0	2.0~4.0	12.0~14.5	其余	1.0
ZCuAl8Mn13Fe3Ni2				1.8~2.5	7.0~8.5	2.5~4.0	11.5~14.0	其余	1.0
ZCuAl9Mn2					8.0~10.0		1.5~2.5	其余	1.0
ZCuAl9Fe4Ni4Mn2				4.0~5.0	8.5~10.0	4.0~5.0	0.8~2.5	其余	1.0
ZCuAl10Fe3					8.5~11.0	2.0~4.0		其余	1.0
ZCuAl10Fe3Mn2					9.0~11.0	2.0~4.0	1.0~2.0	其余	0.75

8.1.2 铜及铜合金的热处理概述

纯铜常用的热处理方法为再结晶退火。铜合金常用的热处理方法有：均匀化退火、去应力退火、再结晶退火、固溶时效处理。均匀化退火主要目的是使铸锭、铸件的化学成分均匀，一般在冶金厂或铸造车间进行。

1. 去应力退火　主要目的是消除在变形加工过程中或铸造及焊接过程中产生的残余内应力，稳定冷变形或焊接件的尺寸与性能，防止工件在切削加工时产生变形。冷变形黄铜、铝青铜及硅青铜，其应力腐蚀破裂倾向严重，必须进行去应力退火。铜合金去应力退火加热温度一般比再结晶退火温度低 30～100 ℃，为 230～300 ℃。成分复杂的铜合金，去应力退火温度为 300～350℃。保温时间为 30～60min。各种纯铜材料的退火温度及保温时间列于表 8-8。

2. 再结晶退火　包括加工工序之间的中间退火和产品的最终退火，目的是消除加工硬化，恢复塑性和获得细晶粒组织。黄铜的晶粒度对其冷加工性能有较大的影响，含有细晶粒组织的合金强度高，加工成形后表面质量好，但变形抗力较大，成形难度大。粗晶粒组织易加工，但表面质量不好，疲劳性能也差。因此，用于压力加工的黄铜，再结晶退火时，必须根据需要控制晶粒度。

3. 光亮退火　铜及铜合金在加热过程中容易氧化。为了防止氧化，提高工件表面质量，需在保护气氛或真空中进行退火，即所谓光亮退火。

常用的保护气氛有水蒸气、分解氨、不完全燃烧并脱水的氨、氮气、干燥的氢气以及部分燃烧的煤气（或其他可燃气体）等，可根据合金的种类、成分及要求选用。常用的炉气类型见表 8-9。

表 8-8　各种纯铜材料的退火温度及保温时间

产品类型	代　号	规格尺寸/mm	退火温度/℃	保温时间/min
管　材	T2、T3、T4、TP1 及 TU1、TU2	≤φ1.0	470～520	40～50
		φ1.05～φ1.75	500～550	50～60
		φ1.8～φ2.5	530～580	50～60
		φ2.6～φ4.0	550～600	50～60
		>φ4.0	580～630	60～70
棒　材	T2、TU1、TU2、TP1	软制品	550～620	60～70
带　材	T2	δ≤0.09	290～340	
		δ=0.1～0.25	340～380	
		δ=0.3～0.55	350～410	
		δ=0.6～1.2	380～440	
线　材	T2、T3、T4	φ0.3～φ0.8	410～430	

表 8-9　铜合金退火时常用的炉气类型

材　料	退火用炉气类型	使用注意事项
含锌量小于 15%（质量分数）的黄铜、铝青铜	1）含 2%（体积分数）H_2 的燃烧氨气 2）含 2%～5%（体积分数）H_2 和 CO 的不完全燃烧炉气 3）水蒸气	1）使用水蒸气时，蒸汽管道中的积水必须排出方能通气，为防止冷却时合金表面产生水迹，冷却时用不完全燃烧的炉气保护
含锌量小于 15%（质量分数）的黄铜和锌白铜	强还原气氛，或采用快速退火方法减少氧化	2）使用分解氨气时，通过燃烧来减少氢含量，将其中的水蒸气完全排除 3）使用氨气时必须除去氧，以防止爆炸
锡青铜及含 Sn 及 Al 的低锌铜合金	不含 H_2S 的中等还原性气氛	4）在大批量生产中可采有真空（含锌较高的合金除外）或低真空（133.322×10^{-2}Pa）与通入氮或氩相配合
铝青铜、铬青铜、硅青铜、铍青铜	纯氢或分解氨	

4. 固溶处理及时效　铜合金固溶处理的目的是获得成分均匀的过饱和固溶体，并通过随后的时效处理取得强化效果。有些合金（如铍青铜、硅青铜等）固溶处理可提高塑性，便于进行冷变形加工。复杂铝青铜经固溶处理后可获得类马氏体组织。

铜合金固溶处理温度须严格控制。温度过高会使合金晶粒粗大，严重氧化或过烧，材质变脆。温度过低，固溶不充分，又会影响随后的时效强化。炉温精度应控制在 ±5℃。加热保温后一般采用水冷。

铜合金一般采用人工时效或热加工后直接时效。

已进行过时效的材料，为了消除由某种原因而产生的内应力，需要进行再时效（温度低于前段人工时效温度）。对于悬臂弹簧片和在较高温度下工作的复杂零件，再时效是非常重要的。

时效可在盐浴中进行，炉温精度应控制在 ±3℃。处理前须将工件表面油污去除，以防止熔盐产生剧烈化学反应，使工件表面质量变坏。处理后必须将工件清洗干净。

固溶处理及时效工艺适用于复杂的铝青铜、铍铜、硅青铜、铬青铜、锆青铜、铝白铜等。

8.1.3　黄铜的热处理

二元铜-锌合金又称普通黄铜，按其组织可分为简单黄铜［也称 α 黄铜，$w(Cu)$ 为 62.4% ~ 100%］，和两相黄铜［即 α + β 黄铜，$w(Cu)$ 为 56.6% ~ 62.4%］。Zn 在 Cu 中的固溶度随温度降低而增大，故无热处理强化效果。经常采用退火来改善黄铜的冷加工性能。黄铜半成品退火后的力学性能及冷变形性能主要取决于晶粒尺寸。图 8-1 及图 8-2 表明纯铜及黄铜晶粒大小与硬度的关系及退火温度与保温时间对黄铜硬度的影响。

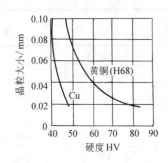

图 8-1　纯铜及黄铜（H68）晶粒大小
与硬度的关系

表 8-10 所列是各种冷成形用退火铜合金的标准晶粒度，表中数据适用于高锌黄铜。含 Zn 量较低的

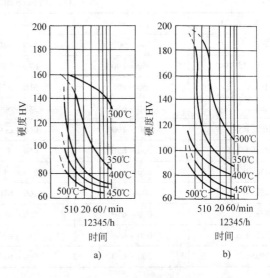

图 8-2　退火温度与时间对黄铜（H68）
硬度的影响
a）变形量 30%　b）变形量 50%

黄铜，冷作硬化率较低，可采用较小的晶粒度（如深冲件可采用 0.035mm 的标准晶粒度）。

表 8-10　各种冷成形用退火铜合金的标准晶粒度

标准晶粒度/mm	用　　途
0.015	轻度变形
0.025	轻冲件
0.035	冲压后有高度光滑表面
0.050	深冲件
0.070	冲压厚工件

黄铜冷加工中间退火及管材、棒材、线材最终退火温度见表 8-11 ~ 表 8-13。

锌含量大于 20%（质量分数）的黄铜冷变形后存在残余应力时，在潮湿大气（尤其是含有氨、氨盐的大气）、汞和汞盐溶剂中极易产生应力腐蚀开裂，必须进行去应力退火。

Al、Ni、Fe、Sn、Si、Mn 和 Pb 等元素主要溶入 α 和 β 相，它们能使 α 和 β 相的相对量发生变化。一般特殊黄铜同样不能进行时效强化处理。只有铝含量大于 3%（质量分数）的铝黄铜才能进行时效强化处理。HAl59-3.2 的热处理强化工艺是 800 ℃固溶处理，350 ~ 450 ℃时效。黄铜的力学性能及用途列于表 8-14。

表 8-11　黄铜冷加工中间退火温度　　　　　　　　（单位：℃）

牌　号	δ > 5mm	δ = 1 ~ 5mm	δ = 0.5 ~ 1mm	δ < 0.5mm
H96	560 ~ 600	540 ~ 580	500 ~ 540	450 ~ 500
H90、HSn70-1	650 ~ 700	620 ~ 780	560 ~ 620	450 ~ 560
H80	650 ~ 700	580 ~ 650	540 ~ 600	500 ~ 560
H68	580 ~ 650	540 ~ 600	500 ~ 560	440 ~ 500
H62、H59	650 ~ 700	600 ~ 660	520 ~ 600	460 ~ 530
HFe59-1-1	600 ~ 650	450 ~ 550	520 ~ 620	420 ~ 480
HMn58-2	600 ~ 660	580 ~ 640	550 ~ 600	500 ~ 550
HSn70-1	600 ~ 650	560 ~ 620	470 ~ 560	450 ~ 500
HSn62-1	600 ~ 650	550 ~ 630	520 ~ 580	500 ~ 550
HPb63-3	600 ~ 650	540 ~ 620	520 ~ 600	480 ~ 540
HPb59-1	600 ~ 650	580 ~ 630	550 ~ 600	480 ~ 550

表 8-12　黄铜管材、棒材再结晶退火温度

产品类型	牌　号	退火温度/℃		
		硬	拉制或半硬	软
管　材	H96			550 ~ 600
	H80			480 ~ 550
	H68、H62	340	400 ~ 450（半硬）	
	HPb59-1、HSn70-1		420 ~ 500（半硬）	
	H60 圆形、矩形波导管	200 ~ 250		
棒　材	H96			550 ~ 620
	H90、H80、H70		250 ~ 300	650 ~ 720
	H68		350 ~ 400	500 ~ 550
	H62、HSn62-1		400 ~ 450	
	H59-1、HFe59-1-1		350 ~ 400	
	HMn58-2		320 ~ 370	

表 8-13　黄铜线材的再结晶退火温度

牌　号	规格尺寸范围/mm	退火温度/℃		
		硬	半硬	软
H96	0.3 ~ 0.6			390 ~ 410
H90、H80	0.3 ~ 6.0	160 ~ 180		390 ~ 410
H68	0.3 ~ 6.0	160 ~ 180	350 ~ 370	460 ~ 480
H62	0.3 ~ 1.0	168 ~ 180	160 ~ 180	390 ~ 410
	1.1 ~ 4.8	160 ~ 180	240 ~ 260	390 ~ 410
	5.0 ~ 6.0	160 ~ 180	260 ~ 280	390 ~ 410
HPb59-1	0.5 ~ 6.0	250 ~ 270	330 ~ 350	410 ~ 430
HM58-2、HSn6-2、HFe59-1-1	0.3 ~ 6.0	160 ~ 180		390 ~ 410

表 8-14　黄铜的力学性能及用途

合金名称	牌号	状 态	R_m/MPa	$A(\%)$	用 途
普通黄铜	H96	退火	240	52	用于导波管、冷凝管、散热管、散热片、导电零件等
	H90	退火	260	44	水箱带供水和排水管、电阻帽、奖章、供制双金属等
	H80	退火	310	52	用于造纸网等薄壁管、波纹管、房屋建筑用品等
	H68	退火	330	56	用于各种复杂的冷冲件和深冲件、散热器外壳、导波管、波纹管等,用途极广
	H62	退火	360	49	用于各种销钉、铆钉、螺母、垫圈、导波管、夹线板、环形件及散热器零件,制糖工业、船舶工业、造纸工业用零件等
锡黄铜	HSn70-1	退火(冷变形50%)	350(700)	60(4)	海轮冷凝器管
	HSn62-1	退火(冷变形50%)	400(700)	40(4)	船舶零件
	HSn60-1	退火(冷变形50%)	380(560)	40(10)	船舶焊接件焊条
铅黄铜	HPb74-3	退火(冷变形50%)	350(550)	50(4)	汽车拖拉机及一般机器上要求切削性好的零件
	HPb64-2	退火(冷变形50%)	350(600)	55(5)	钟表和汽车上要求切削性好的零件
	HPb63-3	退火(冷变形50%)	350(600)	55(5)	主要用于钟表要求切削性极高的零件
	HPb60-1	退火(冷变形50%)	370(670)	45(4)	热冲击和切削加工件
铝黄铜	HAl85-0.5	退火	300	60	
	HAl77-2	退火(冷变形50%)	400(650)	55(12)	海船冷凝器管
	HAl60-1-1	退火(冷变形50%)	450(750)	45(8)	在海水中工作的高强度零配件
	HAl59-3-2	退火(冷变形50%)	380(650)	50(15)	常温下工作的高强度零件
锰黄铜	HMn58-2	退火(冷变形50%)	400(700)	40(10)	船舶及弱电工业用零件
	HMn57-3-1	退火(冷变形50%)	550(700)	25(3)	耐蚀零件
铁黄铜	HFe59-1-1	退火(冷变形50%)	450(700)	50(70)	在摩擦和海水腐蚀条件下的零件及垫圈、衬套等
	HFe58-1-1	退火	450	10	适用于热压和切削加工制作的高强零件
镍黄铜	HNi65-5	退火	380	65	压力计管、冷凝管等
硅黄铜	HSi80-3	退火	500	40	蒸汽管、水管配件可代用耐磨锡青铜
	HSi65-1.5-3	退火	300	20	

8.1.4　青铜的热处理

1. 锡青铜的热处理　锡青铜凝固温度范围很宽,铸锭(铸件)枝晶偏析较严重,常须进行均匀化退火。锡青铜通常不进行固溶处理。$w(Sn)<7\%$ 的锡青铜线材、带材可进行再结晶退火及去应力退火,退火时应防止粘结。卷批要松,加热温度应适当降低,保温时间适当延长。用作弹簧的锡青铜 QSn4-3、QSn6.5-0.4 等只能进行去应力退火,退火温度为 250~300℃。锡青铜中间退火温度及棒材、线材成品退火温度见表 8-15 及表 8-16。

表 8-15　锡青铜中间退火温度　　　　　（单位：℃）

牌　　号	δ > 5mm	δ = 1 ~ 5mm	δ = 0.5 ~ 1mm	δ < 0.5mm
QSn4-3	600 ~ 650	580 ~ 630	500 ~ 600	460 ~ 500
QSn4-4-2.5	580 ~ 650	550 ~ 620	520 ~ 600	450 ~ 520
QSn7-0.2	620 ~ 680	600 ~ 650	530 ~ 620	500 ~ 580
QSn6.5-0.1	600 ~ 660	600 ~ 650	520 ~ 580	470 ~ 530
QSn6.5-0.4	600 ~ 650	600 ~ 650	520 ~ 580	470 ~ 530

表 8-16　锡青铜棒材及线材成品
退火温度　　（单位：℃）

牌　号	规　格	硬	软
QSn6.5-0.1	棒材	250 ~ 300	
QSn6.5-0.4	0.3 ~ 0.6		420 ~ 440
QSn7-0.2	线材		

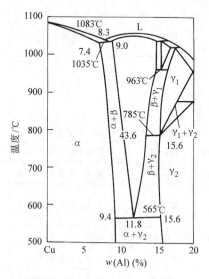

图 8-3　Cu-Al 合金相图

2. 铝青铜的热处理　Cu-Al 合金相图如图 8-3 所示，铝在铜中的最大溶解度可达 9.4%（质量分数）（565℃）。含 Al 量低于 9.4%（质量分数）的铝青铜在极其缓慢的冷却条件下，可获得单一的 α 固溶体。杂质使 α + β 相区左移。$w(Al) = 8\% \sim 9\%$ 的铝青铜中也会出现，α + γ₂ 共析组织。当冷速较快时，β→α 转变不完全，部分 β 相被保留下来，随后分解为 α + γ₂。γ₂ 相较脆，为防止出现 γ₂ 相，压力加工用的简单铝青铜 $w(Al)$ 应小于 7%。这种铝青铜不能时效强化，只能冷作硬化。用作弹性元件的 QAl，在硬态制作弹性元件时，为了保证性能的稳定性，需进行 300 ~ 360℃ 退火以消除残余应力。复杂铝青铜可进行固溶时效处理。例如，Cu + 7% Al + 1.5% Co + 5% Ni 及 Cu + 2.8% Al + 1.8% Si + 0.4% Co 两种合金在 800 ~ 900℃ 固溶处理及 400 ~ 450℃ 时效后，强度可显著提高。时效前增加一次预先冷变形，强化效果更好，几种铝青铜的热处理工艺见表 8-17。

铸造铝青铜 $[w(Al) \geqslant 10\%]$，为提高强度和改善可加工性，可采用 800℃ 加热，炉冷至 530℃ 后空冷的退火工艺。

3. 弹性青铜合金的强化和热处理　一些铜合金的弹性极限高，抗蚀性好，可作为弹性材料，制造弹簧及其他弹性元件。如铍青铜是著名的弹性材料，还有锡青铜、锡磷青铜等也被广泛用作弹性材料。此外如单相铝青铜、硅锰青铜、黄铜、锌白铜等也可用作弹性材料。对于这些单相合金，提高弹性极限的方法是冷塑性变形后低温退火。冷塑性变形度越大，低温退火后弹性极限提高越大。一般弹性铜合金获得最好弹性极限及应力松弛抗力的最佳退火温度及保温时间如表 8-18 所示。

表 8-17　几种铝青铜的热处理工艺

牌　　号	退火温度/℃	固溶处理温度/℃	时效温度/℃	硬度 HBW
QAl9-2	650 ~ 750	800	350	150 ~ 187
QAl9-4	700 ~ 750	950	250 ~ 300(2 ~ 3h)	170 ~ 180
QAl10-3-1.5	650 ~ 750	830 ~ 860	300 ~ 350	207 ~ 285
QAl10-4-4	700 ~ 750	920	650	200 ~ 240
QAl11-6-6	—	925(保温 1.5h)	400(24h 空冷)	365HV

表 8-18 一般弹性青铜、黄铜、白铜的最佳退火工艺

牌 号	成分(质量分数)(%)	预冷变形60%后的最佳退火工艺	弹性极限/MPa			HV
			$\sigma_{0.002}$	$\sigma_{0.005}$	$\sigma_{0.01}$	
QSn4-3	4Sn,3Zn,余Cu	150℃,30min	463	532	593	218
QSn6.5-0.1	6.5Sn,0.1P,余Cu	150℃,30min	489	550	596	—
QSi3-1	3Si,1Mn,余Cu	275℃,1h	494	565	632	210
QAl7	7Al,余Cu	275℃,30min	630	725	790	270
H68	32Zn,余Cu	200℃,1h	452	519	581	190
H80	20Zn,余Cu	200℃,1h	390	475	538	170
H85	15Zn,余Cu	200℃,30min	349	405	454	155
BZn15-20	15Ni,20Zn,余Cu	300℃,4h	548	614	561	230

4. 铍青铜的热处理 铍青铜是一种典型的沉淀硬化型合金,经固溶时效后。强度可达 1250～1500MPa,硬度可达 350～400HBW,接近中强度钢水平。铍青铜的热处理特点是:在固溶状态具有极好的塑性,可进行冷加工成形。固溶处理后进行冷变形,再进行时效。不仅可提高强度、硬度,同时能显著提高弹性极限,减小弹性滞后值,这对仪表弹簧具有特别重要意义。

(1) 铍青铜的固溶处理。固溶加热温度及时间的选择原则是使强化相充分固溶,而且使晶粒度保持在 0.015～0.45mm 范围之内。一般固溶加热温度为 780～820℃。对用作弹性元件的材料,加热温度受晶粒度的限制,采用 760～780℃。固溶加热温度的精度应严格控制在 ±5℃。保温时间一般可按 1h/25mm 计算。对于薄板、带材,可参考表 8-19 所列数据选定。

表 8-19 铍青铜薄板、带材及厚度很小的工件固溶处理时的保温时间

材料厚度/mm	保温时间/min
<0.13	2～6
0.11～0.25	3～9
0.25～0.76	6～10
0.74～2.30	10～30

铍青铜在空气或氧化性炉气中进行固溶处理时,表面会形成氧化膜。这种氧化膜连续而坚韧,虽然对材料时效强化后的力学性能影响不大,但具有研磨作用,在冷成形时会导致工模具磨损。为避免氧化,应在真空炉或在氢气、惰性气体或还原性气氛中加热,以获得光亮热处理效果。另外,还需注意尽量缩短淬火转移时间,以免时效后性能达不到技术要求。厚度较薄的零件不得超过 3s,一般零件不得超过 5s。淬火冷却介质一般采用水,复杂零件为了避免变形也可采用油。

铍青铜的固溶处理也可在空气电炉或煤气炉中进行。淬火后应进行酸洗,去除氧化皮。铍青铜不能在盐浴炉中进行固溶处理,因为大多数熔盐都会使材料表面发生晶间腐蚀和脱铍。

铸造铍青铜的固溶处理是与均匀化退火相结合,保温时间较长,一般最少需要 3h 以上,以消除铸造组织的枝晶偏析。

(2) 铍青铜的时效。Cu-Be 合金相图如图 8-4 所示。$w(Be)<2.1\%$ 的合金均宜进行时效强化。对于 $w(Be)>1.7\%$ 的合金,最佳时效温度为 300～350℃,保温 1～3h。近年来又发展了双级和多级时效,即先在高温短时时效,形成大量的 G.P. 区,而后在低温下长时间保温时效,使 G.P. 区逐渐长大,但又不形成大量的中间过渡相 γ',从而获得更好的性能,而且畸变也小。铍青铜 QBe2 的时效曲线如图 8-5 所示。

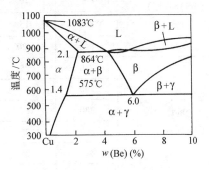

图 8-4 Cu-Be 合金相图

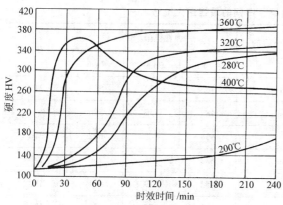

图 8-5　QBe2 时效曲线

一些铍青铜固溶处理及时效温度列于表 8-20。

固溶处理制度对 QBe2 及 QBe1.9 时效后力学性能的影响列于表 8-21。时效温度及时效时间对 QBe2 力学性能的影响列于表 8-22 及表 8-23。

各种铍青铜过时效倾向相差很大，QBe1.9 在 320℃时效 4h 未发现过时效软化现象，而 QBe2 在 320℃时效 1.5h 后便显著软化（见图 8-6）。

铸造铍青铜的时效特征与成分相同的变形合金基本一致。四种铸造铍青铜的时效制度及性能见表 8-24。

表 8-20　铍青铜的固溶处理及时效温度

合　金　（质量分数）	固溶处理温度/℃	时效温度/℃
Cu + 1.9% ~ 2.2% Be + 0.2% ~ 0.5% Ni	780 ~ 790	320 ~ 330
Cu + 2.0% ~ 2.3% Be + (< 0.4% Ni)	780 ~ 800	300 ~ 345
Cu + 1.6% ~ 1.85% Be + 0.2% ~ 0.4% Ni + 0.1% ~ 0.25% Ti	780 ~ 800	320 ~ 330
Cu + 1.85% ~ 2.1% Be + 0.2% ~ 0.4% Ni + 0.1% ~ 0.25% Ti	780 ~ 800	320 ~ 330
Cu + 1.9% ~ 2.15% Be + 0.25% ~ 0.35% Co	785 ~ 790	305 ~ 325
Cu + 1.6% ~ 1.8% Be + 0.25% ~ 0.35% Co	785 ~ 790	305 ~ 325
Cu + 0.45% ~ 0.6% Be + 2.35% ~ 2.60% Co	920 ~ 930	450 ~ 480
Cu + 0.25% ~ 0.5% Be + 1.4% ~ 1.7% Co + 0.9% ~ 1.1% Ag	925 ~ 930	450 ~ 480
Cu + 0.2% ~ 0.3% Be + 1.4% ~ 1.6% Ni	950 ~ 960	450 ~ 500
Cu + 0.63% Be + 2.48% Ti	780 ~ 800	450 ~ 500
Cu + 2.0% ~ 2.3% Be + 0.35% ~ 0.45% Co + 0.07% ~ 0.11% Fe	800 ~ 820	295 ~ 315

表 8-21　固溶处理制度对 QBe2 及 QBe1.9 时效后力学性能的影响

材　料	固　溶　处　理			320℃(2h)时效后力学性能		
	温度/℃	时间/min	晶粒度/mm	R_m/MPa	A(%)	硬度 HV0.2
QBe2 （0.33mm 厚）	760	5	0.015 ~ 0.020	1165	10.5	360
	780	15	0.025 ~ 0.030	1220	9.5	380
	800	10	0.035 ~ 0.040	1250	7.5	400
	820	15	0.040 ~ 0.045	1260	6.0	405
	840	120	0.055 ~ 0.065	1210	4.0	380
QBe1.9 （0.85mm 厚）	740	25	0.008 ~ 0.012	1220	11.5	355
	760	25	0.012 ~ 0.018	1280	9.5	370
	780	25	0.016 ~ 0.025	1310	9.0	380
	800	25	0.025 ~ 0.035	1310	8.0	395
	820	25	0.035 ~ 0.045	1280	7.0	388
	840	25	0.045 ~ 0.055	1265	6.0	380

表 8-22　时效温度对 QBe2 力学性能的影响

时效温度/℃	抗拉强度 R_m/MPa	伸长率 A(%)	硬度 HV0.2
300	1205	11.5	360
310	1250	9.0	380
320	1255	8.5	380
330	1200	8.5	355
340	1135	8.0	330

表 8-23　时效时间对 QBe2 力学性能的影响

处 理 制 度	抗拉强度 R_m/MPa	伸长率 A(%)	硬度 HV0.2
780℃,25min 水淬 +320℃,1h	1225	10.0	375
780℃,25min 水淬 +320℃,2h	1245	9.0	380
780℃,25min 水淬 +320℃,3h	1240	9.0	380
780℃,25min 水淬 +320℃,4h	1240	9.0	380
780℃,25min 水淬 +320℃,5h	1200	8.0	365
780℃,25min 水淬 +320℃,6h	1190	7.0	355

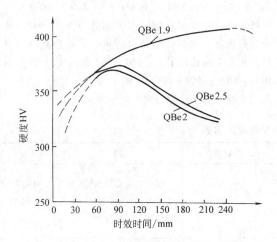

图 8-6　QBe1.9、QBe2 及 QBe2.5 在 320℃
时效的硬化曲线

为保证铍青铜工件时效后的尺寸精度,可采用夹具夹持进行时效,有时还采用两段时效,即先进行一段不装夹具的时效,然后用夹具夹持充分时效。当工件形状允许时,夹具设计应能使工件重叠装夹(见图 8-7)。形状更复杂的工件,例如图 8-8 所示膜片,热处理时无论边缘或中心都要固定。波纹形隔圈处只需顶部和底部与夹具呈点状接触,使之受到适当的约束。

(3)去应力退火。铍青铜去应力退火温度为150~200℃,保温 60~90min,可用于消除因切削加工、校直、冷成形等产生的残余应力,稳定零件在长期使用过程中的形状和尺寸精度。

5. 其他青铜的热处理

(1)硅青铜的热处理。Si 在 Cu 中的最大溶解度可达 5.3%(质量分数),温度降低时,溶解度有明显变化,但已证实无明显的时效硬化效应。二元 Cu-Si 合金一般不进行时效强化热处理。工业上常用的硅青铜 QSi3-1 在用来制造弹性元件时,只进行 275~325℃的去应力退火。

表 8-24　四种铸造铍青铜时效温度与性能

化学成分(质量分数)(%)	时效温度/℃	抗拉强度 R_m/MPa	伸长率 A(%)	电导率 IACS(%)
Cu-Be0.5-Co2.5	480,3h	720	10	45
Cu-Be0.4-Ni1.8	480,3h	720	9	45
Cu-Be1.7-Co0.3	345,3h	1120	2.5	18
Cu-Be2.0-Co0.5	345,3h	1160	2	18

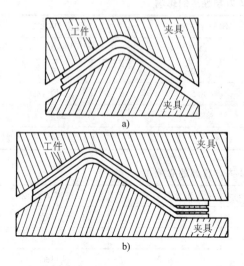

图 8-7　为达到严格的尺寸公差而在夹具中时效能够重叠（a）和不能重叠（b）的工件示意图

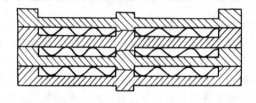

图 8-8　供膜片热处理用的可叠式夹具

含 Ni 的硅青铜可出现金属化合物 Ni_2Si，有显著的时效强化效果并具有较高的高温强度和较高的导电性。QSi1-3 的热处理制度为：850℃ 保温 2h 水淬，450℃ 时效 1~3h。

（2）铬青铜、锆青铜的热处理。Cr 在 Cu 中的最大溶解度仅为 0.65%（质量分数），但随温度下降溶解度剧烈变化［400℃ 时为 0.02%（质量分数）］，可以进行时效强化。工业用铬青铜 QCr0.5 在 950~980℃ 保温 30min 固溶处理（在盐浴或氨分解气氛中），400~450℃ 时效 6h，强度显著提高。

$w(Cr) = 0.5\% ~ 1\%$ 的铬青铜（QCr0.5）具有较高的力学性能和导电、导热性能，再结晶温度较高，因而耐热性能好，能在 400℃ 以下工作。用于制作电机的换向器及电焊机的电极。

Zr 在 Cu 中的溶解度最大为 0.15%（质量分数），随温度下降而急剧降低，有时效强化效果。一般在固溶后进行冷变形，然后再进行时效，保证较好的综合性能。$w(Zr) = 0.24\%$ 的锆青铜，热处理工艺为：920℃ 固溶，冷变形 75%，450℃ 时效。

$w(Cr) = 0.35\% ~ 0.6\%$ 和 $w(Zr) = 0.2\% ~ 0.35\%$ 的铬锆青铜其电导率为铜的 70%~90%，热处理强化效果很好，是目前耐热性最好的高导电材料。此合金热处理工艺：950℃（保温 1.5h），冷变形 50%~60%，460~470℃ 时效 3~4h。

青铜的力学性能及用途列于表 8-25。

表 8-25　青铜的力学性能及用途

牌　号	状　态	退火温度/℃	R_m/MPa	$A(\%)$	用　　途
QSn4-3	退火	600	350	40	用于制造扁弹簧、圆弹簧、簧片等弹性元件，以及管配件、化工器械、耐磨零件和抗磁零件等
QSn4-4-2.5	退火	600	300~350	35~40	用于制造航空、汽车、拖拉机工业及其他工业中承受摩擦的零件，如衬套、圆盘、轴套的衬垫等
QSn6.5-0.1	退火	600~650	350~450	60~70	用于制造导电性能好的弹簧接触片或其他弹簧精密仪器中的耐磨零件和抗磁元件
QSn6.5-0.4	退火	600~650	350~450	60~70	用于制造金属网、耐磨零件以及弹性元件等
QSn4-0.3	退火	600~650	340	52	用于生产控制测量仪表和其他设备所需各种尺寸的管材

（续）

牌号	状 态	退火温度/℃	R_m/MPa	$A(\%)$	用　途
ZQSn10	金属模铸造	420	200~250	3~10	连杆、衬套、轴瓦、蜗轮等高速运行耐磨件
ZQSn10-2			200~250	2~10	
ZQSn8-4			200~250	4~10	
ZQSn6-6-3（铸造用）			180~250	4~8	
ZQSn10-1			250~350	7~10	
ZQSn8-12			150~200	3~8	
ZQSn5-25（轴承用）			140~180	6~8	
QAl5	退火（冷变形）	600~700	380(750)	65(5)	用于制造弹簧要求耐蚀的其他弹性元件
QAl7 QAl9-2	退火（冷变形）	650~750 600~750	470(980) 450(600~800)	70(3) 20~40(4~5)	用于制造高强度零件
QAl9-4	退火（冷变形）	700~750	500~600 (800~1000)	40(5)	用于制造高强度、耐磨零件,如轴承、轴套、齿轮、涡轮等;还可制造接管嘴、法兰盘、扁形摇臂、支架等
QAl10-3-1.5	退火（冷变形）	650~750	500~600 (700~900)	20~30 (9~12)	用于制造高强度及各种标准件,如齿轮、轴承、圆盘、导向摇臂衬套、飞轮、固定螺母和接管嘴
QAl10-4-4	退火（冷变形）	650~750	600~700 (900~1100)	35~45 (9~15)	用于制造高强度的耐磨零件和400℃以下工作的零件,如轴衬、轴套、齿轮、球形座、螺母、法兰盘等
QBe2	固溶		≥400~600	≥30	用于制造重要的弹簧和弹性元件、各种耐磨零件以及在高速、高压和高温下工作的轴承、衬套;还用于制造仪表零件、膜片、膜盒、波纹管、微型开关、矿山和炼油厂用的冲击不生火花的工具以及各种深冲零件等
	固溶+冷变形		≥650	≥2.5	
	固溶+时效		≥1150	≥2.0	
	冷变形+时效		≥1200	≥1.5	
QBe1.9 QBe1.7	固溶		≥400~600	≥30	用于制造重要的弹簧、精密仪表的弹性元件、敏感元件以及承受高变向载荷的弹性元件等
	固溶+冷变形		≥650	≥2.5	
	固溶+时效		≥1150	≥2.0	
	冷变形+时效		≥1200	≥1.5	
	固溶+冷变形		≥600	≥2.5	
	冷变形+时效		≥1100	≥2.0	
QSi3-1	固溶		350~380	40~45	用于制造各种弹性元件和在腐蚀条件下工作的零件以及蜗轮、蜗杆、齿轮、衬套、制动销和杆等耐磨零件
	固溶+冷变形		700~750	1~2	

（续）

牌号	状 态	退火温度/℃	R_m/MPa	A(%)	用 途
QSi-3	挤压	600	12	用于制造发动机中的各种重要零件,例如在较高温(300℃以下)工作、润滑不良、单位压力不大的摩擦零件、排气门和进气门的导向套等
QCr0.8	固溶时效	430	18	电机换向器及电焊机的电极
QZr0.4	固溶+冷变形+时效	420	16	作电阻焊接零件及高导电、高强度电极材料

8.1.5 白铜及其热处理

1. 白铜简介 $w(Ni)<50\%$ 的铜镍合金称为白铜。铜中加入镍能显著提高强度、耐蚀性、电阻和热电性。工业用铜镍合金根据性能特点和用途不同分为：耐蚀结构用白铜和电工用白铜。铜镍二元合金称为简单白铜（普通白铜）。白铜的牌号用"B"后加镍的含量表示。还含有其他合金元素的白铜称为复杂白铜（或称特殊白铜），如含有锰的称为锰白铜，又称康铜，牌号为 BMn40-1.5，$w(Ni)$ 40%，$w(Mn)$ 1.5%。表 8-26 及表 8-27 为耐热结构用白铜的力学性能及用途和常用电工白铜的主要物理参数。

表 8-26 耐蚀结构用白铜的力学性能及用途

牌 号	材料种类及状态	直径或厚度/mm	力学性能 ≥		用 途 举 例
			R_m/MPa	A(%)	
B5	带材 M	—	220	32	船舶用耐蚀零件
	带材 Y	—	400	10	
B19	带材 Y	—	400	10	在蒸汽、淡水和海水中工作的精密仪器、仪表零件、金属网和抗化学腐蚀零件
	带材 M	—	300	25	
	带材 Y	—	400	3	
	板材 M	—	300	30	
	板材 Y	—	400	3	
B30	带材 M	—	380	—	在蒸汽、海水中工作的耐腐蚀零件,在高温、高压下工作的金属管和冷凝管
	带材 Y	—	550	—	
	板材 M	—	380	23	
	板材 Y	—	550	3	
BMn3-12	带材 M	—	360	25	
	板材 Y	—	360	25	
BZn15-20	带材 M	—	350	3.5	仪表精密机械零件:工业用器皿、医疗机械
	带材 Y	—	550	1.5	
	带材 T	—	650	1	
	板材 M	—	350	3.5	
	带材 Y	—	550	2	
	板材 T	—	650	1	
	控制棒材 Y	5~20	450	5	
		21~30	400	7	
		31~40	350	12	
	控制棒材 M	5~40	300	30	
BAl6-1.5	板材	—	550	3	制造弹簧(BAl13-3 可制造高强度零件)

表 8-27 常用电工白铜的主要物理性能

合金名称	合金牌号	线胀系数 $\alpha/(10^{-6}/℃)$	比热容 c /[J/(kg·℃)]	热导率 $\lambda/$ [W/(m·℃)]	电阻率 ρ /$10^{-6}\Omega\cdot m$	电阻温度系数 /℃$^{-1}$
简单白铜	B0.6	—	—	272	0.031	0.0028
	B16	15.3	—	—	0.223	0.0028
锰铜	BMn3-12	16.0	410	22	0.435	0.00003
康铜	BMn40-1.5	14.4	410	21	0.480	0.00002
考铜	BMn43-0.5	14.0	—	24	0.490	−0.00014

2. 白铜的热处理 铝白铜（BAl13-3、BAl6-1.5）可进行热处理强化，经固溶（900℃）、冷轧（50%）并时效（550℃）处理后，强度可达 800 ~ 900MPa，而固溶态仅为 250 ~ 350MPa。

白铜铸锭晶内偏析严重，必须进行均匀化退火。白铜的均匀化退火温度及保温时间见表 8-28。

白铜的热处理制度与对性能影响很大，精密仪表用的 BMn3-12 应进行去应力退火，使电阻稳定。在高温下工作的 BMn40-1.5 应在较高温度（750 ~ 850℃）下进行短时退火（水冷或空冷）。用于制作弹性元件的锌白铜 BZn15-20，则可采用 325 ~ 375℃

的低温退火。白铜加工产品的退火温度见表 8-29 和表 8-30。

各国铜合金牌号对照见表 8-31。

表 8-28 白铜均匀化退火制度

牌 号	均匀化退火	
	温度/℃	时间/h
B19、B30	1000 ~ 1050	3 ~ 4
BMn3-12	830 ~ 870	2 ~ 3
BMn40-1.5	1050 ~ 1150	3 ~ 4
BZn15-20	940 ~ 970	2 ~ 3

表 8-29 白铜加工产品的中间退火温度 （单位:℃）

牌 号	$\delta > 5mm$	$\delta = 1 ~ 5mm$	$\delta = 0.5 ~ 1mm$	$\delta < 0.5mm$
B19、B25	750 ~ 780	700 ~ 750	620 ~ 700	530 ~ 620
BZn15-20、BMn3-12	700 ~ 750	680 ~ 730	600 ~ 700	520 ~ 600
BAl6-1.5、BAl13-3	700 ~ 750	700 ~ 730	580 ~ 700	550 ~ 600
BMn40-1.5	800 ~ 850	750 ~ 800	600 ~ 750	550 ~ 600

表 8-30 白铜棒材、线材成品退火温度 （单位:℃）

牌 号	规格尺寸/mm	半 硬	软
BZn15-20	棒材	400 ~ 420	650 ~ 700
	线材 φ0.3 ~ φ6.0		600 ~ 620
BMn3-12	线材 φ0.3 ~ φ6.0		500 ~ 540
BMn40-1.5	φ0.3 ~ φ6.0		670 ~ 680
	φ0.85 ~ φ2.0		690 ~ 700
	φ2.1 ~ φ6.0		710 ~ 730

表 8-31 各国铜合金牌号对照表

中 国 GB(YB)	俄罗斯 ГОСТ	美 国 ASTM	英 国 BS	德 国 DIN	日 本 JIS
T1	M0				
T2	M1				
T3	M2				
T4	M3				

（续）

中　国 GB（YB）	俄罗斯 ГОСТ	美　国 ASTM	英　国 BS	德　国 DIN	日　本 JIS
TU1	Мь1	101			EOFCUP
TU2	Мь2	102	C103		OF-CUP
H96	Л96	210			RBS1
H90	Л90	220	CZ101	MS90	RBS2
H80	Л80	240	CZ103	MS80	RBST4
H70	Л70	260	CZ106	MS70	BSP1
H68	Л68	268			
H62		272、274	CZ108	MS63	BSP2B
QSn4-3	БРОЦ4-3			MSnBZ4	
QSn4-4-4	БРОЦс4-4-4	B139BZ		MSnBZ4Pb	BC6
QSn6.5-0.1	БРОф6.5-0.15	B139、B159	407-3	SnBZ6	
QSn6.5-0.4	БРОф6.5-0.4	519			PBB2
QSn7-0.2	БРОф7-0.2				
QAl5	БРА5	B169A			
QAl7	БРА7	B169B			
QAl9-2	БРАМЦ9-1				
QAl10-3-1.5	БРАЖМЦ10-3-1.5				AB1
QAl10-4-4	БРАЖН10-4-4	AMS4640	2033	NiAlBz	AB5
QBe2	БР2	172			BeCu2
QBe1.9	БРБНТ1.9				
QBe1.7	БРБНТ1.7	170			BeCu1
QSi3-1	БРКМЦ3-1	B98-D	1948		
QCd1.0	БРКД1.0				
QCr0.5	БРх0.5				
B19	МН19	B171	B372-2	CuNi20	
BMn3-12	МНМЦ3-12				
BFe30-1-1	МНЖМВ30-0.8-1	715			
BZn15-20	МНЦ15-20	B206-D	CN106		CNTF3

8.2　铝及铝合金的热处理

8.2.1　纯铝的特性

　　铝具有面心立方晶体结构，无同素异构转变。它的密度小，熔点低，具有优良的导电性和导热性。铝的化学性质活泼，在大气中表面极易氧化生成牢固的氧化膜，能防止内部继续氧化，所以纯铝在大气和淡水中具有良好的耐蚀性。纯铝具有良好的工艺性能，如塑性成形性能好，易于加工成各种类型规格的半成品，铸造和切削性能好。纯铝的主要物理性能列于表8-32。纯铝还具有优良的低温力学性能，随温度下降，强度和塑性升高（见表8-33）。纯铝中主要杂质是 Fe 和 Si，纯铝的牌号及杂质含量列于表8-34。

表 8-32　纯铝的主要物理性能

名　　称	量　　值
密度（25℃时）	$2.698g/cm^3$
熔点	660.24℃
沸点	2467℃
热导率（0～100℃）	$22.609W/(m·K)$
电阻系数（20℃）	$2.67\mu\Omega·mm^2/m$
膨胀系数（20～100℃）	$23.8×10^{-6}/℃$

表 8-33　工业纯铝的低温力学性能

材料规 格、状态	试验温度 /℃	抗拉强度 R_m/MPa	伸长率 $A_{11.3}$（%）
板材 （厚15mm） 退火态	+20	80	36
	-70	105	43
	-196	175	51

表 8-34　铝的纯度及杂质含量

类　别	牌　号		杂　质　（质量分数）（%）						
	新	旧	Al≥	Fe≤	Si≤	Fe+Si≤	Cu≤	其他≤	总和
工业高纯铝	1A99	LG5	99.99	0.0030	0.0025	—	0.005	—	0.010
	1A97	LG4	99.97	0.015	0.015		0.005	—	0.03
	1A93	LG3	99.93	0.04	0.04		0.01	—	0.07
	1A90	LG2	99.90	0.06	0.06		0.01	—	0.10
	1A85	LG1	99.85	0.10	0.08		0.01	—	0.15
工业纯铝	1070A	L1	99.7	0.16	0.16	0.26	0.01		0.30
	1060	L2	99.6	0.25	0.20	0.36	0.01		0.40
	1050A	L3	99.5	0.30	0.30	0.45	0.015		0.50
	1035	L4	99.3	0.35	0.40	0.60	0.05		0.70
	1200	L5	99.0	0.50	0.50	0.90	0.05		1.0

8.2.2　铝合金的分类

铝合金中常用的添加元素有 Cu、Zn、Mg、Si、Cr 等以及稀土元素。这些元素与铝形成的二元合金大都按共晶相图结晶，如图 8-9 所示。加入的合金元素不同在铝基固溶体中的极限溶解度也不同。铝合金可分为变形铝合金和铸造铝合金。变形铝合金的添加元素一般小于相图中 B 点，加热至固溶线以上时，可得到均匀的 α 单相固溶体，塑性好易于加工。变形铝合金又可分为：

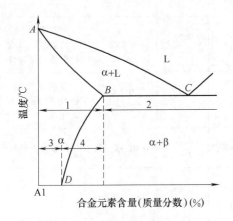

图 8-9　铝合金分类示意
1—变形铝合金　2—铸造铝合金
3—不可热处理强化的铝合金
4—可热处理强化的铝合金

（1）不可热处理强化铝合金，即合金元素含量小于相图中 D 点成分的合金，因为合金加热后冷却时，α 固溶体不能析出第二相以使合金强化。这类合金耐蚀性好，又称防锈铝。

（2）可热处理强化铝合金，成分位于状态图中 B 与 D 点之间的合金，加热至固溶线以上温度保温并快速冷却至室温，可获得过饱和固溶体，在随后的时效过程中析出第二相，使合金强化，这类合金有硬铝、超硬铝和锻铝。

8.2.3　变形铝合金

按热处理特点及性能、用途可分为：硬铝、超硬铝、锻铝及铝锂合金，可热处理强化；纯铝和防锈铝，不可热处理强化。

1. 硬铝　具有强烈的时效硬化能力，硬铝以 Al-Cu-Mg 系为主。除具有较高的室温强度外，耐热性也好，但耐蚀性及焊接性较差。硬铝可制作飞行器的各种承力构件，如蒙皮、壁板、框架、桨叶、活塞、连接件以及火箭上的液体燃料箱等。

2. 超硬铝　以 Al-Zn-Mg-Cu 系为主，在变形铝合金中强度最高。它的缺点是有应力腐蚀倾向，热稳定性较差。

3. 锻铝　以 Al-Mg-Si 系为主，具有良好的可加工性、焊接性、耐蚀性、耐低温性、抗疲劳性等性能，适合于制作航空用各种锻件。

4. 防锈铝　易于加工成形和焊接，并具有良好的光泽和低温性能，耐蚀性好。因不可热处理强化，故强度低。适于制作在腐蚀环境下工作的受力不大的零件。

变形铝合金的牌号、化学成分及用途列于表 8-35。变形铝合金各国牌号对照列于表 8-36。美国常用变形铝合金的牌号、化学成分列于表 8-37。

表 8-35　常用变形铝合金的牌号、化学成分及用途

类别	牌号	化学 成 分 （质量分数）（%）							用　途
		Cu	Mg	Mn	Zn	Cr	Fe/Si	其他	
硬铝合金	2A02（LY2）	2.6～3.2	2.0～2.4	0.45～0.7	0.1	—	0.30/0.30		工作温度在 200～300℃ 的涡轮喷气发动机轴向压气叶片
	2A06（LY6）	3.8～4.3	1.7～2.3	0.5～1.0	0.1	—	0.50/0.50	0.001～0.005Be 0.03～0.15Ti	
	2A10（LY10）	3.9～4.5	0.15～0.30	0.3～0.5	0.10	—	0.20/0.25	0.15Ti	要求强度较高的铆钉,工作温度低于100℃
	2A11（LY11）	3.8～4.8	0.4～0.8	0.4～0.8	0.30	0.10Ni	0.7/0.7	0.15Ti	中等强度的零件和构件,冲压的连接部件
	2A12（LY12）	3.8～4.9	1.2～1.8	0.3～0.9	0.30	0.10Ni	0.50/0.50	0.10Ti	除锻件外各种高载荷的零件和构件
	2A16（LY16）	6.0～7.0	0.05	0.4～0.8	0.10	—	0.30/0.30	0.1～0.2Ti 0.20Zr	用于在 250～300℃ 以下工作的零件如发动机叶片、盘等
	2A17（LY17）	6.0～7.0	0.25～0.45	0.4～0.8	0.10	—	0.30/0.30	0.1～0.2Ti	
超硬铝合金	7A03（LC3）	1.8～2.4	1.2～1.6	0.10	6.0～6.7	—	0.2/0.2	0.02～0.08Ti	受力构件的铆钉
	7A04（LC4）	1.4～2.0	1.8～2.8	0.2～0.6	5.0～7.0	0.1～0.25	0.5/0.5		受力构件和高负荷零件
锻铝合金	6A02（LD2）	0.2～0.6	0.45～0.9	0.15～0.35 （或 Cr）	0.20	—	0.5/0.5～1.2	0.15Ti	中等负荷的零件和构件,形状复杂的锻件和模锻件
	2A50（LD5）	1.8～2.6	0.4～0.8	0.4～0.8	0.30	—	0.7/0.7～1.2	0.1Ni 0.15Ti	形状复杂和中等强度的锻件和模锻件
	2B50（LD6）	1.8～2.6	0.4～0.8	0.4～0.8	0.30	0.01～0.2	0.7/0.7～1.2	0.02～0.1Ti	形状复杂的锻件
	2A70（LD7）	1.9～2.5	1.4～1.8	0.2	0.30	0.90～1.5 Ni	0.9/1.5～0.35	0.02～0.1Ti	内燃机活塞和在高温下工作的其他零件
	2A80（LD8）	1.9～2.5	1.4～1.8	0.2	0.30	0.90～1.5 Ni	1.0～1.6/0.5～1.2	0.15Ti	
	2A90（LD9）	3.5～4.5	0.4～0.8	0.2	0.3	1.8～2.3 Ni	0.5～1.0/0.5～1.0	0.15Ti	
	2A14（LD10）	3.9～4.8	0.4～0.8	0.4～1.0	0.3	0.1Ni	0.7/0.6～1.2	0.15Ti	高负荷的锻件和模锻件

（续）

类别	牌号	化学成分（质量分数）(%)							用途
		Cu	Mg	Mn	Zn	Cr	Fe/Si	其他	
防锈铝合金	5A02（LF2）	0.10	2.0 ~ 2.8	0.15 ~ 0.4（或 Cr）	—	—	0.4/0.4	0.15Ti	在液体中工作的焊接零件,管道、容器及其他中等负荷零件,线材用作焊条及铆钉
	5A03（LF3）	0.10	3.2 ~ 3.8	0.3 ~ 0.6	0.20	—	0.5/0.5 ~ 0.8	0.15Ti	中等强度的焊接结构件
	5A05（LF5）	0.10	4.8 ~ 5.5	0.3 ~ 0.6	0.20	—	0.5/0.5	—	液体容器,管道和零件的焊接件
	5A06（LF6）	0.10	5.8 ~ 6.8	0.5 ~ 0.8	0.20	—	0.4/0.4	0.0001 ~ 0.005Be 0.02 ~ 0.1Ti	焊接容器,受力零件,骨架零件
	5B05（LF10）	0.20	4.7 ~ 5.7	0.2 ~ 0.6	—	—	0.4/0.4	0.15Ti	铆接铝合金和镁合金结构用铆钉

注：括号内为旧牌号。

表 8-36　一些国家变形铝合金牌号对照表

中国 GB（YB）	俄罗斯 ГОСТ	美国 AA. ASTM	英国 BS	法国 NF	德国 DIN	日本 JIS
1070A（L1）	AOO	1080	1A			A1080
1060 （L2）	AO	1070、1060		（Al99.6）		A1070
1050A（L3）	A1	Ec1050	1B	A5	Al99.5	A1050
1036 （L4）	АД1	1030				
1200 （L5）	A2	1100	1C	A4	Al99	A1100
8A06 （L6）	АД	1200				A1200
5A02（LF2）	AMr	5052	N4	A-G2	AlMg2	A-5052
5A03（LF3）	AMr3	5154	N5	A-G3	AlMg3	A-5154
5A05（LF5）	AMr5	5056	N6	A-G5	AlMg5	A-5056
5A06（LF6）	AMr6	r6				
5B05（LF10）	AMr5П	5056	N6	A-G5	AlMg5	A-5056
3A21（LF21）	AMц	3003	N3	A-M1	AlMn	A-3003
2A02（LY2）	ВДП					
2A04（LY4）	Д19П					
2A06（LY6）	Д19					
2B11（LY8）	Д1П	2017		AU4G	AlCuMg1	A2017
2B12（LY9）	Д16П	2024	H14	AU4G1	AlCuMg2	A2024
2A10（LY10）	В65					
2A11（LY11）	Д1	2017	DTD	A-U4G	AlCuMg1	A2017
2A12（LY12）	Д16	2024		A-U4G1	AlCuMg2	A2024

（续）

中国 GB(YB)	俄罗斯 ГОСТ	美国 AA. ASTM	英国 BS	法国 NF	德国 DIN	日本 JIS
2A13(LY13)	АМ4					
2A16(LY16)	Д20	2219		A-U6MT		
2A17(LY17)	Д21	2021				
6A02(LD2)	АВ	6061	H20		AlMgSiCu	A6061
2A50(LD5)	АК6					
2B50(LD6)	АК6-1		H11			
2A70(LD7)	АК4-1	2618	H16	A-U2GN (RR59)		
2A80(LD8)	АК4			A-U2N (RR56)		
2A90(LD9)	АК2	2018		A-U4N (RR58)		A2018
2A14(LD10)	АК8	2014	H15	A-U4SG	AlCuSiMg	A2014
7A03(LC3)	В94					
7A04(LC4)	В95	7075		A-Z5GU	AlZnMg1.5	A7075
7A09(LC9)		7075		A-Z5GU	AlZnMg1.5	A7075
4A01(LT1)	АК	4043	N21		SAlSi5	A4043

注：括号内为旧牌号。

表 8-37　美国常用变形铝合金的牌号及化学成分（质量分数）　　　　（%）

牌号	我国相 应牌号	Zn	Mg	Cu	Fe	Si	Mn	Cr	Ti
2014	2A14(LD10)	0.25	0.20~0.8	3.9~5.0	0.7	0.50~1.2	0.40~1.2	0.10	0.15
2024	2A12(LY12)	0.25	1.2~1.8	3.8~4.9	0.50	0.50	0.30~0.90	0.10	—
2124	高纯 2A12 (LY12)	0.25	1.2~1.8	3.8~4.9	0.30	0.20	0.30~0.90	0.10	
2219	2A16(LY16)	0.10	0.02	5.8~6.8	0.30	0.20	0.20~0.4	—	0.02~0.10
2618	2A70(LD7)	—	1.3~1.8	1.9~2.7	0.9~1.3	0.25	—	—	0.04~0.10
2048		0.25	1.5	3.3	0.20	0.15	0.4		
5052	5A02(LF2)	0.10	2.2~2.8	0.10	0.45Fe+Si	—	0.10	0.15~0.35	—
5056	5B05(LF10)	0.25	4.7~5.5	0.10	0.40Fe+Si	—	0.5~1.0	0.05~0.2	0.2
6061	6A02(LD2)	0.25	0.8~1.2	0.15~0.40	0.70	0.40~0.80	0.15	0.04~0.35	0.15
7075	7A04(LC4)	5.1~6.1	2.1~2.9	1.2~2.0	0.50	0.40	0.30	0.18~0.35	0.20
7079		3.8~4.8	2.9~3.7	0.40~0.8	0.40	0.30	0.10~0.30	0.10~0.25	0.10
7175		5.1~6.1	2.1~2.9	1.2~2.0	0.20	0.15	0.10	0.18~0.30	0.10
7475		5.2~6.2	1.9~2.6	1.2~1.9	0.12	0.10	0.06	0.18~0.25	0.06
7049		7.2~8.2	2.0~2.9	1.2~1.9	0.35	0.25	0.20	0.10~0.22	0.10
7050		5.7~6.7	1.9~2.6	2.0~2.8	0.15	0.12	0.10	0.04	0.06

注：括号内为旧牌号。

5. 铝锂合金　锂是最轻的金属元素，密度仅为 0.534g/cm³。铝合金中加入锂可有效地降低密度，提高弹性模量。锂在铝中可形成平衡相 δ(AlLi) 和亚稳定相 δ′(Al₃Li)。铝锂合金能时效强化。铝锂合金中加入铜、镁、锰、锆等可形成强化相（CuAl₂)（θ）、Al₂CuLi（T1）、Al₆CuLi₃（T2）、Al₁₅CuLi₂（TB）、Al₂MgLi(T)、Al₆Mn、Al₃Zr 等，使合金力学性能得到改善。铝锂合金固溶处理温度一般在500℃左右。现有铝锂合金均采用固溶处理及人工时效。铝锂合金主要用于结构材料，如飞机机翼、蒙皮、起落架，也可用于低温，如航天器中的大型低温液体燃料箱等。铝锂合金在国外 20 世纪 80 年代初开始研究。铝锂合金的力学性能和耐蚀性见表 8-38 及表 8-39。美国、俄罗斯铝锂合金的成分及性能见表 8-40。

表 8-38　铝锂合金的力学性能和耐蚀性

牌　号[1]	2091			CP276			8090	
产品种类	板	板	板	棒	锻件	板	棒	锻件
尺寸/mm	1.2~3.5	13~40	12~30	10~30	<160	6~12.7	10~30	<120
热处理制度[2]	T8X	T8X51	T851	T851	T852	T851	T851	T852
样品取向	TL	TL	TL	L	L	TL	L	L
R_m/MPa	445	455	605	630	535	500	550	480
R_{eL}/MPa	330	340	595	565	480	455	500	435
A(%)	17	11	7	7.5	3	7	7	5
腐蚀 EXCO 速率	EA	EB		EA		EA—EB	EA	EA—EB
K_C(LT)/MPa·$\sqrt{m}$	145	39		41		33	35	

注：TL 横长向，LT 长横向，L 长向；K_C 平面应力断裂韧性值；EXCO 剥落腐蚀，EA 轻度，EB 中等。
① 见表 8-40。
② 见表 8-66。

表 8-39　铝锂合金 2090-T81 不同温度下的力学性能

试验温度/K	R_m/MPa	R_{eL}/MPa	A(%)	E/GPa	K_C(LT)/MPa·$\sqrt{m}$
300	565	535	5.0	78.3	34
77	715	600	7.0	86.9	57
4	4	615	17.0	87.6	72

注：试样取向 L/LT。

8.2.4　铸造铝合金

铸造铝合金的化学成分列于表 8-41A、B。各国铸造铝合金牌号对照见表 8-42。铸造铝合金具有良好的流动性，较小的收缩性以及热裂、缩孔、疏松倾向性都很小。铸造铝合金有 Al-Si 系、Al-Cu 系、Al-Mg 系和 Al-Zn 系等。

8.2.5　变形铝合金的退火

一般采用退火工艺来消除变形铝合金中的残余应力，并使其成分和组织均匀，以改善其使用性能和工艺性能，退火又分去应力退火、再结晶退火、均匀化退火。后者多用于铸锭和铸件等。

8.2.5.1　去应力退火

铸件、焊接件、切削加工件、变形加工件等（特别是冷变形工件），往往有较大的残余应力，使合金的应力的腐蚀倾向显著增加，组织与性能的稳定性下降，因此必须进行去应力退火。去应力退火是一个回复过程。去应力退火的温度低于再结晶开始温度，保温后缓慢冷却。温度的选择十分重要，加热温度过低，需要较长的保温时间，才能较充分地消除残余应力，影响生产效率；加热温度过高，导致强度下降较多，不能保证产品质量。去应力退火主要用于防锈铝合金和工业纯铝。表 8-43 列出几种防锈铝合金的去应力退火制度。

表 8-40　美国、俄罗斯铝锂合金的成分及性能

合金牌号		化学成分（质量分数）(%)								热处理	R_m/MPa	$R_{p0.2}$/MPa	A(%)	K_{IC}/MPa·$\sqrt{m}$	ρ/(g/cm³)	E/GPa
		Li	Cu	Mg	Zr	Mn	Fe	Si	Cd/Ti							
美 Alcoa 公司	Alithalite B2090	1.9~2.6	2.4~3.0	<0.25	0.08~0.15	—	<0.12	<0.10	—	T8 板、纵	569	530	7	42.5	2.59	78.6
	Alithalite A8090	2.1~2.7	1.1~1.6	0.8~1.4	0.08~0.15	—	<0.15	<0.10	—	T8 板、纵	476	400	9	45.6	2.55	78.6
	Alithalite D	2.1~2.7	0.5~0.8	0.9~1.4	0.08~0.15	—	<0.15	<0.10	—	T8 板、纵	488	405	7.5	45.3	2.55	78.6
美 Alcam 公司	lital A 8090	2.3~2.7	1.0~1.6	0.5~1.0	0.08~0.16	—	<0.3	<0.2	—	T8 板、纵	500	450	5.5	36	2.54	—
	lital B 8091	2.4~2.8	1.6~2.2	0.5~1.2	0.08~0.16	—	<0.3	<0.2	—	T8 板、纵	560	520	4.0	28	2.55	—
	lital C	2.3~2.6	1.0~1.6	0.5~1.0	0.08~0.16	—	<0.3	<0.2	—		450	400	5.0	45	2.54	—
美 Pechiney 公司	CP271 8090	2.2~2.7	1.0~1.6	0.6~1.3	0.04~0.16	—	<0.3	<0.2	—	T6 薄板 / T651 薄板	555 / 540	445 / 490	7 / 7	37 / 37	2.52~2.54	81.2
	CP274 2091	1.7~2.3	1.8~2.5	1.1~1.9	0.04~0.16	—	<0.3	<0.2	—	T651 薄板	480	430	12	—	2.57~2.59	78.8
	CP276	1.9~3.3	2.5~3.3	0.2~0.8	0.04~0.16	—	<0.3	<0.2	—	T651	600~655	575~625	5	—	2.57~2.60	80.2
俄罗斯	2020	0.9~1.7	4.0~5.0	0.03		0.3~0.8	0.4	0.4	0.1~0.25 / 0.1	T6	561	505	13	20.3	2.67	78.1
	ВАД23	1.0~1.4	4.9~5.8	0.05		0.4~0.8	0.3	0.3	0.1~0.3 / 0.15	—	—	—	—	—	—	—

表8-41A 铸造铝合金化学成分（质量分数） (%)

合金牌号	合金代号	Si	Cu	Mg	Zn	Mn	Ti	其他	Al
ZAlSi7Mg	ZL101	6.5~7.5		0.25~0.45					余量
ZAlSi7MgA	ZL101A	6.5~7.5		0.25~0.45			0.08~0.20		余量
ZAlSi12	ZL102	10.0~13.0							余量
ZAlSi9Mg	ZL104	8.0~10.5		0.17~0.3		0.2~0.5			余量
ZAlSi5Cu1Mg	ZL105	4.5~5.5	1.0~1.5	0.4~0.6					余量
ZAlSi5Cu1MgA	ZL105A	4.5~5.5	1.0~1.5	0.4~0.55					余量
ZAlSi8Cu1Mg	ZL106	7.5~8.5	1.0~1.5	0.3~0.5		0.3~0.5	0.10~0.25		余量
ZAlSi7Cu4	ZL107	6.5~7.5	3.5~4.5						余量
ZAlSi12Cu2Mg1	ZL108	11.0~13.0	1.0~2.0	0.4~1.0		0.3~0.9			余量
ZAlSi12Cu1Mg1Ni1	ZL109	11.0~13.0	0.5~1.5	0.8~1.3				Ni:0.8~1.5	余量
ZAlSi9Cu2Mg	ZL111	8.0~10.0	1.3~1.8	0.4~0.6		0.10~0.35	0.10~0.35		余量
ZAlSi7Mg1A	ZL114A	6.5~7.5		0.45~0.60			0.10~0.20	Be:0.04~0.07[1]	余量
ZAlSi5Zn1Mg	ZL115	4.8~6.2		0.40~0.65				Sb:0.1~0.25	余量
ZAlSi8MgBe	ZL116	6.5~8.5		0.35~0.55			0.10~0.30	Be:0.15~0.40	余量
ZAlCu5Mn	ZL201		4.5~5.3			0.6~1.0	0.15~0.35		余量
ZAlCu5MnA	ZL201A		4.8~5.3			0.6~1.0	0.15~0.35		余量
ZAlCu10	ZL202		9.0~11.0						余量
ZAlCu4	ZL203		4.0~5.0						余量
ZAlCu5MnCdA	ZL204A		4.6~5.3			0.6~0.9	0.15~0.35	Cd:0.15~0.25	余量
ZAlCu5MnCdVA	ZL205A		4.6~5.3			0.3~0.5	0.15~0.35	Cd:0.15~0.25 V:0.05~0.3 Zr:0.05~0.2 B:0.005~0.06	余量
ZAlR5Cu3Si2	ZL207	1.6~2.0	3.0~3.4	0.15~0.25		0.9~1.2		Ni:0.2~0.3 Zr:0.15~0.25 R:4.4~5.0[2]	余量
ZAlMg10	ZL301			9.5~11.0					余量
ZAlMg5Si	ZL303	0.8~1.3		4.5~5.5		0.1~0.4			余量
ZAlMg8Zn1	ZL305			7.5~9.0	1.0~1.5		0.1~0.2	Be:0.03~0.1	余量
ZAlZn11Si7	ZL401	6.0~8.0		0.1~0.3	9.0~13.0				余量
ZAlZn6Mg	ZL402			0.5~0.65	5.0~6.5		0.15~0.25	Cr:0.4~0.6	余量

① 在保证合金力学性能前提下，可以不加铍（Be）。

② 混合稀土中含各种稀土总量不小于98%（质量分数），其中含铈（Ce）约45%（质量分数）。

表8-41B　铸造铝合金杂质允许含量（质量分数）　　　　　　　　　　　　　　　　　　（%）

合金牌号	合金代号	Fe S	Fe J	Si	Cu	Mg	Zn	Mn	Ti	Zr	Ti~Zr	Be	Ni	Sn	Pb	其他	杂质总和 S	杂质总和 J
ZAlSi7Mg	ZL101	0.5	0.9		0.2		0.3	0.35			0.15	0.1		0.01	0.05		1.0	1.4
ZAlSi7MgA	ZL101A	0.2	0.2		0.1		0.1	0.1						0.01	0.03		0.6	0.6
ZAlSi12	ZL102	0.7	1.0		0.30	0.10	0.1	0.5	0.20								2.0	2.2
ZAlSi9Mg	ZL104	0.6	0.9		0.1		0.25							0.01	0.05		1.1	1.4
ZAlSi5Cu1Mg	ZL105	0.6	1.0				0.3	0.5			0.15			0.01	0.05		1.1	1.4
ZAlSi5Cu1MgA	ZL105A	0.2	0.2				0.1	0.1			0.15	0.1		0.01	0.05		0.5	0.5
ZAlSi8Cu1Mg	ZL106	0.6	0.8				0.2							0.01	0.05		0.9	1.0
ZAlSi7Cu4	ZL107	0.5	0.6			0.1	0.3	0.5						0.01	0.05		1.0	1.2
ZAlSi12Cu2Mg1	ZL108		0.7				0.2		0.20				0.3	0.01	0.05			1.2
ZAlSi12Cu1Mg1Ni1	ZL109		0.7				0.2	0.2	0.20					0.01	0.05			1.2
ZAlSi9Cu2Mg	ZL111	0.4	0.4				0.1							0.01	0.005		1.0	1.0
ZAlSi7Mg1A	ZL114A	0.2	0.2		0.2		0.1	0.1								每种0.05 共0.15	0.75	0.75
ZAlSi5Zn1Mg	ZL115	0.3	0.3		0.1			0.1						0.01	0.05		0.8	1.0
ZAlSi8MgBe	ZL116	0.60	0.60		0.3		0.3	0.1		0.20				0.01	0.05	B0.10	1.0	1.0
ZAlCu5Mn	ZL201	0.25	0.3	0.3		0.05	0.2			0.2			0.1				1.0	1.0
ZAlCu5MnA	ZL201A	0.15		0.1		0.05	0.1			0.15			0.05				0.4	
ZAlCu10	ZL202	1.0	1.2	1.2		0.3	0.8	0.5					0.5				2.8	3.0
ZAlCu4	ZL203	0.8	0.8	1.2		0.05	0.25	0.1	0.20	0.1				0.01	0.05		2.1	2.1
ZAlCu5MnCdA	ZL204A	0.12	0.12	0.06		0.05	0.1			0.15			0.05				0.4	
ZAlCu5MnCdVA	ZL205A	0.15	0.15	0.06		0.05										每种0.05	0.3	0.3
ZAlR5Cu3Si2	ZL207	0.6	0.6				0.2										0.8	0.8
ZAlMg10	ZL301	0.3	0.3	0.30	0.10		0.15	0.15	0.15	0.20		0.07	0.05	0.01	0.05		1.0	1.0
ZAlMg5Si1	ZL303	0.5	0.5		0.10		0.2		0.2								0.7	0.7
ZAlMg8Zn1	ZL305	0.3		0.2	0.1			0.1									0.9	
ZAlZn11Si7	ZL401	0.7	1.2		0.6			0.5									1.8	2.0
ZAlZn6Mg	ZL402	0.5	0.8	0.3	0.25			0.1								每种0.05 共0.15	1.35	1.65

表 8-42　各国铸造铝合金牌号对照[①]

中 国	欧 共 体			ISO	日 本	俄罗斯	美 国
	德 国	法 国	英 国				
ZLD101	GB-ASi7Mg	A-S7G-03	LM25	AlSi7Mg	AC4C. 4	АЛ9	356.1
ZLD102	GB-AlSi2	A-Si3	LM6	AlSi2	AC4A. 2	АЛ2	A413.1
ZLD103			LM22	AlSi5Cu3	AC4D. 1	АЛ3	363.1
ZLD104	GB-AlSi10Mg	A-S9G	LM9	AlSi10Mg		АЛ4	360.2
ZLD105			LM16	AlSi5Cu1Mg		АЛ5	355.1
ZLD106						АЛ32	328.1
ZLD107	GB-AlSi6Cu4		LM21	AlSi6Cu4			380.2
ZLD108						АЛ25	339.1
ZLD109			LM13	AlSi2Cu		АЛ30	332.1
ZLD110			LM12			АЛ10B	—
ZLD203						АЛ	295.2
ZLD301	GB-AlSi10Mg	AG10Y4				АЛ27	520.2

① 相应牌号只是指化学成分接近，并不是完全相同。

表 8-43　几种防锈铝去应力退火工艺制度

牌　号		退火温度 /℃	保温时间 /min	
新	旧		厚度 <6mm	厚度 >6mm
5A02	LF2	150 ~ 180	60 ~ 120	
5A03	LF3	270 ~ 300	60 ~ 120	
3A21	LF21	250 ~ 280	60 ~ 150	60 ~ 150

8.2.5.2　再结晶退火

　　再结晶退火的目的是：细化晶粒，充分消除残余应力，使合金硬度降低、塑性提高，变形加工易于进行。再结晶加热温度应在再结晶温度以上，保温后缓慢冷却，对于可热处理强化的合金，冷却快慢对性能无影响。影响再结晶温度的主要因素是变形程度。变形量越大则再结晶温度越低。再结晶退火一般为 $0.7 ~ 0.8 T_熔$（$T_熔$ 为合金熔点的热力学温度）。对于不同的要求和目的，可以选择高或低的再结晶退火温度。如对形状复杂的加工件需要有充分的塑性，便于变形加工，则采用较高的再结晶退火温度。如尚需保持一定的强度和硬度，则采用稍低的再结晶退火温度。对于经热处理强化的铝合金，为了消除强化和冷作硬化效应以利于继续对形状复杂的工件进行变形加工，也应选择高的再结晶退火温度。表 8-44 和表 8-45 列出变形铝合金的再结晶退火工艺制度。

表 8-44　变形铝合金再结晶退火工艺制度[①]

牌　号		退火温度 /℃	保温时间 /min		冷却方法
新	旧		厚度 <6mm	厚度 >6mm[②]	
工业纯铝		350 ~ 400			
3A21	LF21	350 ~ 420[③]			
5A02	LF2	350 ~ 400	热透为止	30	空冷或炉冷
5A03	LF3	350 ~ 400			
5A05	LF5	310 ~ 335			
5A06	LF6	310 ~ 335			
2A11	LY11	350 ~ 370			
2A12	LY12	350 ~ 370			
2A16	LY16	350 ~ 370			
6A02	LD2	350 ~ 370	40 ~ 60	60 ~ 90	炉冷
2A50	LD5	350 ~ 400			
2B50	LD6	350 ~ 400			
2A14	LD10	350 ~ 370			
7A04	LC4	370 ~ 390			

① 表中所列是在空气循环炉中加热的制度。盐浴加热，保温时间可按表中数据缩短 1/3，静止空气炉则应增加 1/2。

② 工件厚度 >10mm 时，在硝盐槽中加热，工件厚度每增加 1mm 应增加 2min，在空气循环炉中则应增加 3min。

③ 3A21 在硝盐槽内加热时，加热温度为 450 ~ 500℃。

表 8-45　经热处理强化后变形
铝合金的再结晶退火制度

牌号		退火温度 /℃	保温时间 /h	冷却方法
新	旧			
2A06	LY6	390 ~ 420	1 ~ 2	以 30℃/h 的速度冷至 260℃，然后空冷
2A11	LY11	390 ~ 420	1 ~ 2	
2A12	LY12	390 ~ 420	1 ~ 2	
2A16	LY16	390 ~ 420	1 ~ 2	
2A02	LY2	390 ~ 420	1 ~ 2	
7A04	LC4	390 ~ 430	1 ~ 2	

8.2.6　变形铝合金的固溶处理与时效

固溶处理与时效是变形铝合金（防锈铝除外）的主要热处理工艺。

铝合金中的合金元素都能溶于铝，形成以铝为基的固溶体。它们的溶解度都随温度下降而减少。将铝合金加热至较高的温度，保温后迅速冷却，可获得过饱和固溶体。这种操作属于淬火，对铝合金而言称之为固溶处理。过饱和固溶体在常温下放置或在高于常温的温度下保温，将发生脱溶沉淀过程，形成包括G. P. 区在内的各种过渡相或平衡的次生相。由于这些脱溶沉淀产物十分细小，而且与基体共格或半共

格，它们的出现可使合金强度大幅度提高，故称其为强化相，这种过程称为时效。常温下进行的时效称为自然时效，高于常温进行的时效称为人工时效。

8.2.6.1　固溶处理

1. 加热温度　选择铝合金固溶处理加热温度的原则是：①必须防止过烧；②使强化相最大限度地溶入固溶体。

过烧是合金中低熔点共晶熔化的表现，其特征为晶内出现共晶复熔球、晶界变宽、三叉晶界呈三角形，如图 8-10 所示。变形铝合金固溶处理加热温度及熔化开始温度、铝合金制品实测过烧温度分别见表 8-46、表 8-47。固溶处理加热温度对 2A12（LY12）板材性能的影响见表 8-48。

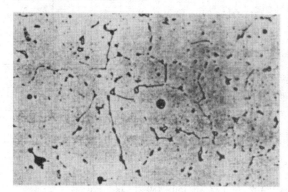

图 8-10　2A12（LY12）压挤棒材淬火过烧组织　210 ×
注：515℃保温 1h 淬火，混合酸水溶液浸蚀。

表 8-46　变形铝合金固溶处理加热温度及熔化开始温度

牌号		强化相（括号中为少量的）	加热温度/℃	熔化开始温度/℃
新	旧			
2A01	LY1	$CuAl_2$，Mg_2Si	495 ~ 505	535
2A02	LY2	Al_2CuMg（$CuAl_2$，$Al_{12}Mn_2Cu$）	495 ~ 506	510 ~ 515
2A06	LY6	Al_2CuMg（$CuAl_2$，$Al_{12}Mn_2Cu$）	500 ~ 510	518
2A10	LY10	$CuAl_2$（Mg_2Si）	515 ~ 520	540
2A11	LY11	$CuAl_2$，Mg_2Si（$Al_{12}CuMg$）	500 ~ 510	514 ~ 517
2A12	LY12	$CuAl_2$，$Al_{12}CuMg$（Mg_2Si）	495 ~ 503	506 ~ 507
2A16	LY16	$CuAl_2$，$Al_{12}Mn_2Cu$（$TiAl_3$）	530 ~ 540	545
2A17	LY17	$CuAl_2$，$Al_{12}Mn_2Cu$（$TiAl_3$，Al_2CuMg）	520 ~ 530	540
6A02	LD2	Mg_2Si，Al_2CuMg	515 ~ 530	595
2A50	LD5	Mg_2Si，Al_2CuMg，$Al_2CuMgSi$	503 ~ 525	> 525
2A70	LD7	Al_2CuMg，Al_9FeNi	525 ~ 595	—
2A80	LD8	Al_2CuMg，Mg_2Si，Al_9FeNi	525 ~ 540	—
2A90	LD9	Al_2CuMg，Mg_2Si，Al_9FeNi，$AlCu_3Ni$	510 ~ 525	—
2A14	LD10	$CuAl_2$，Mg_2Si，Al_2CuMg	495 ~ 506	509
7A03	LC3	$MgZn_2$（$Al_2Mg_2Zn_3$，Al_2CuMg）	460 ~ 470	> 500
7A04	LC4	$MgZn_2$（$Al_2Mg_2Zn_3$，Al_2CuMg，Mg_2Si）	465 ~ 485	> 500

表 8-47 变形铝合金制品实测过烧温度

牌　　号		种　　类	规格尺寸/mm	变形度(%)	加 热 方 式	保温时间/min	过烧温度/℃
新	旧						
2A02	LY2	棒材	φ20	99.4	强制空气循环炉	40	515
2A06	LY6	板材	3.0	54.0	盐浴炉	20	515
		棒材	3.0	54.0	盐浴炉	30	510
2A11	LY11	板材	3.0	54.0	盐浴炉	20	514
		棒材	D14	94.5	强制空气循环炉	40	514
		冷拉管材	φ110×3.0	9.0	盐浴炉	20	512
2A12	LY12	板材	2.0	60.0	盐浴炉	17	505~507
		棒材	D15	94.3	强制空气循环炉	40	505
		冷拉管材	φ40×1.5	73.3	盐浴炉	20	507
		冷拉管材	φ80×2.0	24.0	盐浴炉	20	505
2A16	LY16	板材	1.6	53.0	盐浴炉	17	547
		棒材	φ12	95.0	强制空气循环炉	40	547
2A17	LY17	棒材	φ30	—	盐浴炉	30	535
6A02	LD2	板材	4.0	40	盐浴炉	27	565
		棒材	φ22	95	空气循环炉	40	565
2A50	LD5	棒材	φ22	95	空气循环炉	40	545
		锻件	—		空气循环炉	40	545
2B50	LD6	锻件	—		空气循环炉	40	550
2A70	LD7	棒材	φ22	94.4	空气循环炉	40	545
		锻件	—		空气循环炉	40	545
2A14	LD10	板材	2.0	60.0	盐浴炉	17	517
		棒材	φ20	94.4	空气循环炉	40	515
		锻件	—		空气循环炉	40	517

表 8-48 固溶温度对 2A12（LY12）合金性能的影响

淬火温度/℃	拉 伸 性 能		晶 间 腐 蚀				最大应力 σ_{max}/MPa	K (σ_{max}/R_m)	至破坏的循环次数 N
	R_m/MPa	A (%)	R_m/MPa	A (%)	强度损失 (%)	伸长率损失 (%)			
500	487	21.6	487	20.6	0	4.5	304	0.7	8841
513	489	18.4	431	8.5	10	53	308	0.7	8983
517	478	18.1	348	4.1	27	77	304	0.7	8205

2. 保温时间　保温的目的在于使工件透热，并使强化相充分溶解和固溶体均匀化。对于同一牌号的合金，确定保温时间应考虑以下因素：

（1）工件厚度。截面大的半成品及形变量小的工件，强化相较粗大，保温时间应适当延长，使强化相充分溶解。大型锻件、模锻件和棒材的保温时间比薄件长好几倍。

（2）塑性变形程度。热处理前的压力加工可加速强化相的溶解。变形程度越大，强化相尺寸越小，保温时间可以缩短。经冷变形的工件在加热过程中要发生再结晶，应注意防止再结晶晶粒过分粗大。固溶处理前不应进行临界变形程度的加工。挤压制品的保温时间应当缩短，以保持挤压效应。

（3）原始组织。完全退火的合金强化相粗大，保温时间增长。经过固溶时效的工件，进行重复固溶加热时，保温时间可缩短一半。

表8-49列出几种变形铝合金在盐浴炉中固溶加热时保温时间的参考数据。表8-50所列为几种变形铝合金在空气中加热固溶的保温时间。

表8-49　几种变形铝合金在盐浴炉中固溶加热保温时间

合金牌号		板材厚度，棒材直径/mm	保温时间/min	板材厚度，棒材直径/mm	保温时间/min
新	旧				
2A06	LY6	0.3 ~ 0.8	9	6.1 ~ 8.0	35
2A11	LY11	1.0 ~ 1.5	10	8.1 ~ 12.0	40
2A12	LY12	1.6 ~ 2.5	17	12.1 ~ 25.0	50
		2.6 ~ 3.5	20	25.1 ~ 32.0	60
包铝板材		3.6 ~ 4.0	27	32.1 ~ 38.0	70
		4.1 ~ 6.0	32		
2A11	LY11	0.3 ~ 0.8	12	2.6 ~ 3.5	30
2A12	LY12	0.9 ~ 1.2	18	3.6 ~ 5.0	35
不包铝板材		1.3 ~ 2.0	20	5.1 ~ 6.0	50
		2.1 ~ 2.5	25	>6.0	60
6A02	LD2	0.3 ~ 0.8	9	3.1 ~ 3.5	27
7A04	LC4	1.0 ~ 1.5	12	3.6 ~ 4.0	32
不包铝板材		1.6 ~ 2.0	17	4.1 ~ 5.0	35
		2.1 ~ 2.5	20	5.1 ~ 6.0	40
		2.6 ~ 3.0	22	>6.0	60

表8-50　几种变形铝合金在空气炉中固溶加热保温时间

制品种类	棒材、线材直径，型材锻件厚度/mm	保温时间/min	
铝合金棒材、型材	<3.0	制品长度小于13m　30	制品长度大于13m　45
	3.1 ~ 5.0	45	60
	5.1 ~ 10.0	60	75
	10.1 ~ 12.0	75	90
	12.1 ~ 30.0	90	100
	30.1 ~ 40.0	105	135
	40.1 ~ 60.0	150	150
	60.1 ~ 100	180	180
	>100	210	210
2B11(LY8)线材	所有尺寸	60	
铝合金锻件	<30	75	
	31 ~ 50	100	
	51 ~ 100	120 ~ 150	
	101 ~ 150	180 ~ 210	

表8-51　7A04（LC4）合金板材淬火转移时间对力学性能的影响

淬火转移时间/s	R_m/MPa	$R_{p0.2}$/MPa	A（%）
3	522	493	11.2
10	515	475	10.7
20	507	452	10.3
30	480	377	11.0
40	418	347	11.0
60	396	310	11.0

3. 冷却　铝合金淬火冷却必须有足够的速度，以免析出粗大的过剩相。另一方面，由于铝合金强度较低，尽管导热性好，淬火产生的内应力较小，仍难免畸变和开裂。控制淬火转移时间、选择适宜的淬火冷却介质是保证铝合金淬火质量的重要措施。

（1）淬火转移时间。淬火转移时间是指工件从加热炉转移至淬火槽所经历的时间。转移时间过长，过饱和固溶体在转移过程中将发生分解，使合金时效后的强度显著下降，耐蚀性变坏。7A04（LC4）合金板材淬火转移时间对力学性能的影响列于表8-51。

一般规定，铝合金厚度小于4mm时，淬火转移时间不得超过30s。当成批工件同时淬火的数量增多时，转移时间可增长。对硬铝和锻铝合金可增至20 ~ 30s，对超硬铝可增加到25s。

（2）淬火冷却介质及冷却方式

1）水温调节淬火。铝合金最常用的淬火冷却介质是水，水的淬火冷却特性与水温有关，冷却速度随水温的升高而降低（见图8-11）。常温下的水，冷却能力大，最大冷却速度可达750℃/s以上。冷却太快，工件内产生较大的内应力，导致淬火畸变或出现裂纹。可以用调节水温的办法获得接近理想的淬火冷却速度。一般可采用调节水温的淬火装置来实现（见图8-12），在生产中水温一般应保持在10 ~ 30℃

范围内。对于形状复杂的大型工件，为了防止畸变和开裂，水温可升至 30~50℃，特殊情况下，水温可允许提高到 80℃。

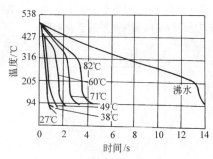

图 8-11　纯铝板材在不同温度
的水中淬火时冷却曲线

注：板厚 1.6mm，曲线上的数字表示水温。

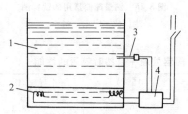

图 8-12　热水淬火装置及温度调节系统
1—热水槽　2—加热器　3—热电偶
4—温度调节器

2）聚合物水溶液淬火。聚合物水溶液的冷却速度介于室温水与沸水之间。采用水温调节淬火，温度不易控制，且消耗能量较大。因此，采用聚合物水溶液淬火是一种很有前途的淬火新工艺。不同浓度的聚乙烯醇水溶液对 7A04（LC4）合金淬火畸变的影响示于图 8-13。图 8-14 和图 8-15 所示为厚 5mm 的铝

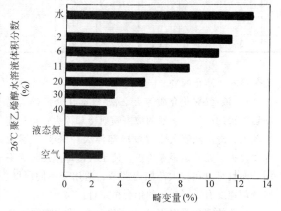

图 8-13　超硬铝 7A04（LC4）板材（1mm×
150mm×200mm）在各种冷却介质中淬火时
产生的变形量

板在 20℃ 水、沸水、液氮和相对分子质量为 $0.5 \times 10^6 \sim 5 \times 10^6$、浓度为 0.25%~2.5%（质量分数）的聚氧化乙烯水溶液中淬火的冷却曲线。根据上述冷却曲线求得 5mm 厚铝板的冷却速度列于表 8-52。

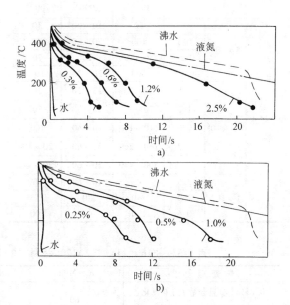

图 8-14　厚度为 5mm 的铝板在不同浓度的聚
氧化乙烯水溶液中淬火时的冷却曲线

a）相对分子质量为 3.3×10^6

b）相对分子质量为 0.5×10^6

注：曲线旁边的数字表示
聚氧化乙烯的质量分数。

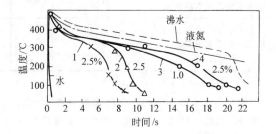

图 8-15　厚度为 5mm 的铝板在聚氧化
乙烯水溶液中淬火时的冷却曲线

1—相对分子质量为 0.5×10^6　2—相对分子质
量为 1×10^6　3—相对分子质量为 3.3×10^6
4—相对分子质量为 5×10^6

注：曲线旁边的数字表示
聚氧化乙烯的质量分数。

表 8-52　5mm 厚铝板在聚氧化乙烯水溶液中的冷却速度

淬火冷却介质	相对分子质量	浓度(质量分数)(%)	在下列温度范围内的冷却速度/(℃/s)		
			500～380℃	380～200℃	200～100℃
聚氧化乙烯水溶液	5×10^6	1	80	10～20	30
		0.5	100	20～60	80
		0.25	280～100	20	70
		0.12	500	20～30	100
	3.3×10^6	2.5	50～70	15～20	30
		1.2	70～80	20～30	70
		0.6	110～160	20～50	100
		0.3	160～260	30～60	120～190
		0.15	300～420	20～60	120～140
	1×10^6	2.5	90	40～60	50
		1.2	140	20	150
		0.6	170	350	100

对厚度 2mm 和 5mm 的 Д16（相当于 2A12）包铝板在相对分子质量为 5×10^6、浓度（质量分数）为 0.12% 和 0.25% 的聚氧化乙烯水溶液中淬火自然时效后的力学性能与 20℃ 水中淬火自然时效者相同（见表 8-53）。$25mm \times 25mm$ 的 Д16（相当于 2A12）板材（见图 8-16）周围各点所测淬火畸变翘曲量列于表 8-54。

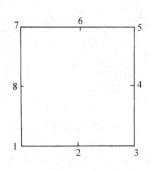

图 8-16　测量翘曲量用的试样图
注：数字表示测量点。

表 8-53　Д16（相当于 2A12）板材（2mm、5mm）固溶处理 + 自然时效后的性能

热处理制度	R_m/MPa	$R_{p0.2}$/MPa	$A(\%)$	电导率/$\Omega \cdot mm^2$
0.25%（质量分数）的聚氧化乙烯水溶液淬火 + 自然时效	460	285	20.5	18.2
0.12%（质量分数）的聚氧化乙烯水溶液淬火 + 自然时效	460	290	20.3	18.6
20℃ 水中淬火 + 自然时效	460	290	19.2	18

表 8-54　铝板淬火翘曲变形量测定值

淬火冷却介质	浓度(质量分数)(%)	在各点上的翘曲量/mm							
		1	2	3	4	5	6	7	8
相对分子质量为 5×10^6 的聚氧化乙烯水溶液	0.25	0.80	3.90	0.40	0	0.85	3.2	0	0
相对分子质量为 5×10^6 的聚氧化乙烯水溶液	0.12	0.50	5.1	0	0.60	0.50	1.55	0	0.55
20℃ 水	—	2	6	3	15.5	9.2	7.0	0

作为淬火冷却介质的聚合物水溶液近 20 余种。其中聚乙烯醇、聚醚、聚氧化乙烯的水溶液已开始应用于生产。聚合物水溶液具有逆溶性，当灼热工件淬入其中时，工件周围的液温急剧上升，聚合物从水中析出，介质混浊，粘度上升，并在工件表面形成连续均匀的薄膜。随着工件的冷却，膜又逐渐溶解，使工件低温时加速冷却，这样工件在高温和低温时都具有比较均匀的冷却速度。从而减少工件由于冷却不均匀而造成畸变开裂现象。对于厚度不一、结构复杂的工件，由于这种冷却的自调节过程，可使其各部位趋近均匀冷却，防止畸变。

3）液-气雾化介质淬火　液-气雾化介质淬火是喷射淬火的一种。一般的液束喷射冷却淬火，冷却速度较大，冷却烈度大于浸没冷却淬火。而液-气雾化介质淬火，尤其是轻雾喷淬，使工件冷却速度较为平缓，而且可以在较大范围内调节，适用于不同厚度、对冷却速度有不同要求的铝合金工件。

一般的雾化设备是由水压系统（其喷嘴向工件喷射液束）和空压系统（其喷嘴与液束成一定角度）组成。高压气体使液束碎化成雾，形成液-气联合喷在灼热的工件表面上。由于水压、气压使雾滴以一定速度喷射在工件上，不可能出现明显的气膜冷却、泡沸腾冷却和对流冷却三个阶段，使整个温度范围都均匀冷却而避免畸变与开裂。雾化介质淬火的工艺参数有：喷水压力与流量、气压及气流量、喷射的均匀度。一般情况下，水压与水流量大而气压与气流量小时，雾粒大，冷却烈度大；当液束压力较小，流量也小，而气压、气流量大时，雾粒较细，冷却烈度较小。此外，喷嘴距工件的距离也是重要的工艺参数。喷嘴距离及分布情况也影响冷却烈度和冷却均匀程度。在

生产中首先进行工艺参数的摸索试验，然后选择工艺参数。雾化介质可用水，也可用聚合物水溶液。

4）分级淬火。为了减小锻件和模锻件淬火时产生畸变，固溶加热后可采用先在温度较高的介质中短时保温，然后在室温水中冷却的分级淬火工艺。表8-55列出 2A16（LY16）合金锻件采用一次淬火和分级淬火，并时效后的力学性能。表中试验数据表明，采用两种淬火工艺处理后，力学性能差别不大，但分级淬火畸变明显减小。为了保证淬火质量，分级淬火的盐浴槽应比同时投入的锻件总体积大 20 倍以上。

表 8-55　2A16（LY16）锻件一次淬火和分级淬火并时效后的力学性能

力学性能	一次淬火（30℃水）	在不同温度的熔盐中分级淬火			
		160℃	170℃	180℃	190℃
R_m/MPa	449	432	443	433	455
$R_{p0.2}$/MPa	304	299	307	303	310
$A(\%)$	14.3	9.8	11.4	13.4	15.0

8.2.6.2　时效

淬火获得的过饱和固溶体处于不平衡状态，有发生分解和析出第二相的自发倾向，有些合金在常温下便开始进行这种析出过程，称为自然时效。自然时效由于温度低，一般只能完成析出的初始阶段。有些合金则要在温度升高，原子活动能力增大以后，才开始进行这种析出过程，称为人工时效。

1. 时效温度与时间　几种变形铝合金的时效硬化曲线如图 8-17 ~ 图 8-22 所示。这些曲线表明，自然时效硬化明显地表现为三个阶段。开始一段时间强度变化不大；第二阶段合金强度随时间的延长急剧上

升；第三阶段合金强度基本达到稳定。合金成分不同，第一和第二阶段经历的时间不同。

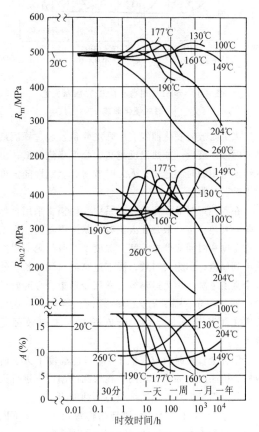

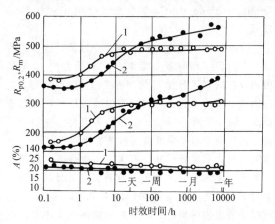

图 8-17　2024 和 7075 合金自然时效硬化曲线

1—2024（相当于 2A12（LY12）493℃，20min）

2—7075（相当于 7A04（LC4）466℃，20min）

注：采用 1mm 厚的板材，冷水淬火。

图 8-18　2024（相当于 2A12）板材人工
时效硬化曲线

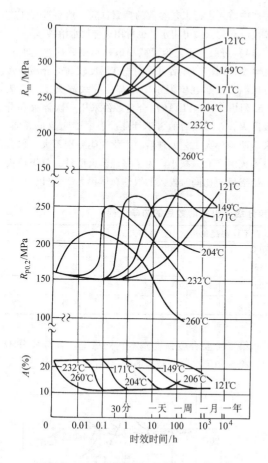

图 8-19　6061（相当于 6A02）板材人工
时效硬化曲线

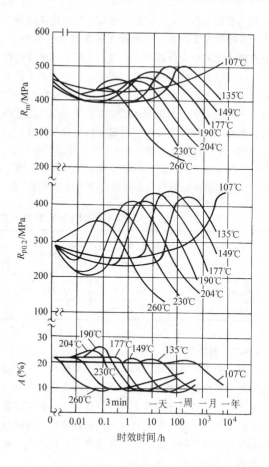

图 8-20　2014（相当于 2A14）人工
时效硬化曲线

　　人工时效时硬化曲线有一强度峰值。超过峰值最高的时效温度后，加热温度越高，强度峰值越低，出现峰值所用的时间越短；人工时效时合金塑性随强度的上升明显降低。

　　在各种可时效硬化的合金系中，硬铝常采用自然时效，其他合金一般是在人工时效状态下使用。人工时效温度和时间应严格控制。温度低、时间短，强度达不到峰值，称为欠时效；温度过高或时间过长，使合金强度下降，称为过时效。常用变形铝合金的时效制度见表 8-56。需进行人工时效的铝合金，淬火后不宜在常温下长期停留，以免影响人工时效强化效果。

　　铝合金自然时效或在低于 100℃ 的温度下人工时效后，抗晶间腐蚀能力较高。在较高的温度下进行人工时效，则可提高合金的抗应力腐蚀能力。

　　2. 分级时效　分级时效是指将淬火工件在不同温度下进行两次或多次时效。与一次时效相比，虽然工艺比较复杂，但时效后组织较均匀，拉伸性能、疲劳和断裂性能、应力腐蚀抗力之间能够获得良好的配合，而且能缩短生产周期。这种工艺应用于 Al-Zn-Mg 和 Al-Zn-Mg-Cu 系合金，得到了较满意的效果。

　　分级时效一般为两段时效，分为预时效和终时效两个阶段。预时效温度 T_1、终时效温度 T_2 与析出相成核的临界温度 T_c 之间的关系示意图 8-23。每种铝合金都有自己的 G.P. 区和过渡相存在的温度范围，有一个临界温度。低于临界温度，亚稳相不能存在，高于临界温度就溶解或析出。T_c 不是一个常数，与合金成分或状态有关。一般分级时效的温度是 $T_1 < T_c < T_2$，预时效温度较低。其目的是在此温度下，形成高密度和均匀的 G.P. 区，可成为随后时效析出相的核心，借以控制基体析出相的弥散度、晶界析出相的尺寸以及晶间无析出带的宽度。经过在较高温度下的最终时效，调整析出相的结构及尺寸和分布，保证在强度保持或下降甚小的情况下，显著提高抗应力腐蚀性能和断裂韧度。两种常

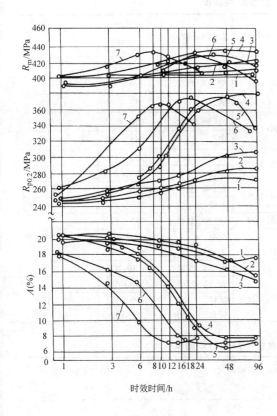

图 8-21　AK4-1 合金（相当于 2A70）
时效硬化曲线

1—150℃　2—160℃　3—170℃　4—180℃
5—190℃　6—200℃　7—210℃

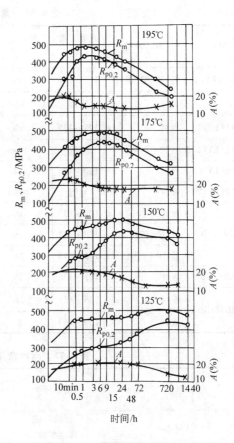

图 8-22　AK6 合金（相当于 2A50）
时效硬化曲线

用铝合金的分级时效制度见表 8-57。7A04（LC4）合金单级时效与分级时效对应力腐蚀的影响列于表 8-58。由表 8-58 可知 7A04（LC4）合金单级时效有明显的应力腐蚀倾向，而分级时效则显著提高了抗应力腐蚀性能。

3. 回归再时效（RRA 处理）　时效态铝合金，在较低温度下短时保温，使硬度和强度下降，恢复到接近淬火水平，然后再进行时效处理，获得具有人工时效态的强度和分级时效态的应力腐蚀抗力的最佳配合，这种工艺称为回归再时效（RRA 处理）。如对超硬铝系 7050 合金（淬火 + 人工时效）在 200～280℃进行短时再加热（回归），然后按原时效工艺进行再时效处理，其性能与淬火 + 人工时效及分级时效态对比列于表 8-59。由表可知，RRA 处理后抗拉强度比淬火 + 人工时效状态下降了 4%，而屈服强度却上升了 2.6%，应力腐蚀抗力与分级时效态相当。

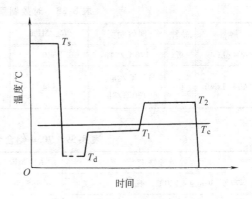

图 8-23　分级时效-时间关系示意图

T_s—固溶处理温度　T_d—淬火温度（介质温度）
T_1—第一阶段时效温度　T_2—第二阶段
时效温度　T_c—临界温度

理论上早已确认，合金强度主要取决于基体析出相的尺寸与分布，抗应力腐蚀性能则取决于晶界析出相及晶界状态。根据透射电镜微观组织观察（见图 8-24），可以证实这一点。经淬火 + 人工时效处理后

表 8-56　常用变形铝合金时效制度

牌号	制品种类	时效温度/℃	时效时间/h	牌号	制品种类	时效温度/℃	时效时间/h
2A02(LY2)	管、棒、型、锻件	165 ~ 170	16	2A50(LD5)	板材	室温	≥96
2A06(LY6)	板材	室温	≥96		管、棒、型材	150 ~ 155	3
2A11(LY11)	板材	125 ~ 135	10		锻件	153 ~ 160	6 ~ 12
2A12(LY12)	板材	室温	≥96	2B50(LD6)	管、棒、型材	150 ~ 155	3
2A16(LY16)	板材	160 ~ 170	14		锻件	153 ~ 160	6 ~ 12
2A17(LY17)	板材	室温	≥96	2A70(LD7)	管、棒、型材	185 ~ 190	8
7A04(LC4)	板材	125 ~ 135	16		锻件	185 ~ 190	10 ~ 11
	管、棒、型材	138 ~ 143	16	2A80(LD8)	管、棒、型材	170 ~ 175	8
	锻件	135 ~ 140	16		锻件	160 ~ 180	8 ~ 12
7A09(LC9)	板材	125 ~ 135	16	2A90(LD9)	管、棒、型材	165 ~ 170	8
7A10(LC10)	板材	125 ~ 135	16	2A14(LD10)	板材	室温	≥96
	线材	150 ~ 160	8		板材	155 ~ 165	12
					管、棒、型材	150 ~ 155	8
				6A02(LD2)	管、棒、型材	150 ~ 160	8
					锻件	150 ~ 165	8 ~ 15
					板材	室温	240 ~ 360

表 8-57　两种常用变形铝合金的分级时效制度

合金牌号	制品种类	时效温度/℃	时效时间/h
7A03(LC3)	模锻件或其他半成品	115 ~ 125(一次) 160 ~ 170(二次)	24 35
7A04(LC4)	板材	~120，~170	8

表 8-58　时效制度对 7A04 合金性能的影响

牌号	品种	时效制度	R_m/MPa	$R_{p0.2}$/MPa	$A(\%)$	抗应力腐蚀断裂时间/h
7A04(LC4)	板	120℃/24h	600	547	12	58
7A04(LC4)	板	120℃/8h + 170℃/8h	574	518	10	1500 未断

表 8-59　7050 铝合金三种工艺处理后性能对比

热处理制度	R_m/MPa	$R_{p0.2}$/MPa	$A(\%)$	抗应力腐蚀断裂时间/h
477℃/30min + 120℃/24h	565.46	509.60	13.3	83
477℃/30min + 120℃/6h + 177℃/8h	446.8	371.42	15.4	720 未断
477℃/30min + 120℃/24h + 200℃/8min（油冷）+120℃/24h	541.94	523.32	14.8	720 未断

注：7050 合金成分见表 8-60。

表 8-60　7050 合金成分（质量分数）　　　　　　　　（%）

Zn	Mg	Cu	Zr	Mn	Cr	Ti	Fe	Si	Al	其他总和
6.3	2.4	2.3	0.12	0.1	0.04	0.06	0.12	0.10	余量	0.1

（T6），晶内析出相细小，其组成是 G. P. 区 + η′相，晶界上析出相呈链条状连续分布，晶界上还有一排位错列塞积，它与晶界的交接点在应力作用下会产生应力集中，往往成为应力腐蚀的裂纹源。在回归加热过程中，淬火 + 人工时效状态中的 G. P. 区发生了溶解，而基体中 η′相有稍许长大，晶界析出相也发生了明显变化，由链条状连续分布变为点状分布。再时效过程使淬火 + 人工时效状态下具有临界核心尺寸的那些基体析出相、原有的 η′相、短时回归过程中在

缺陷部位生核的析出相都有所长大。由图 8-24b 可知，7050 合金经 RRA 处理后，析出相的弥散度非常高。尺寸也长大了些，但仍属于小尺寸（约 15nm）范围，晶界析出相尺寸变大并呈点状分布。有研究工作得出：晶界析出相尺寸增加到某一临界值后，可成为氢原子的陷阱，它可降低晶界上氢原子的浓度，因而保证了晶界的结合能。可以认为，应力腐蚀抗力的提高与 RRA 处理后，晶界析出相长大及其间距增加有密切关系。

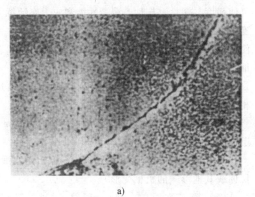

a)

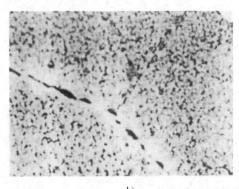

b)

图 8-24　7050 合金厚板透射电镜照片

a）7050 合金厚板 T6 状态（48000 ×）　b）7050 铝合金经 RRA 处理（48000 ×）

回归处理的温度，主要取决于合金中溶质原子的浓度。几种硬铝合金的回归处理制度列于表 8-61。

表 8-61　几种硬铝合金的回归处理制度

合金牌号	2A11（LY11）	2A12（LY12）	2A06（LY6）
回归处理温度/℃	240 ~ 250	265 ~ 275	270 ~ 280
回归处理时间/s	20 ~ 45	15 ~ 30	10 ~ 15

8.2.7　其他热处理

8.2.7.1　稳定化热处理

在航空、航天工业中，铝合金应用广泛，有些形状复杂的工件，还有些仪表零件，特别是惯性器件，要求很高的尺寸稳定性，以防止在放置、安装、使用过程中发生微小的尺寸变化。稳定化处理的目的是通过消除工件的残余应力、稳定其微观组织结构来达到尺寸稳定。

一般采用稳定化时效，时效温度高于正常时效温度。对几种铸造铝合金的稳定化时效制度如下：

（1）ZL101：时效温度 215 ~ 235℃，时间 3 ~ 5h。

（2）ZL201 和 ZL202：时效温度 250℃，时间 3 ~ 10h。

（3）ZL501：时效温度 250 ~ 300℃，1 ~ 3h 或

175℃，5 ~ 10h。

也可采用多级时效作为稳定化处理。固溶处理后预时效，然后进行正常时效，最后进行终时效。

目前广泛采用的高、低温循环处理的稳定化处理工艺，这是一种将时效和冷（深冷）处理结合起来反复进行的工艺。其优点是既可降低材料的残余应力、稳定微观组织结构，又能保证力学性能。高、低温循环处理其高温即该合金的时效温度，低温采用 -70℃、-196℃（干冰酒精溶液、液氮）。一般认为高温与低温温差越大，应力消除越多。高、低温循环处理制度对铝合金残余应力的影响如图 8-25、图 8-26 所示。由此可见，高、低温循环处理对铝合金工件的尺寸稳定是行之有效的工艺。2A12（LY12）铝合金的高、低温循环处理工艺为：190℃（4h）+（ -190）℃（2h）三次循环。最后一次循环必须结束于 190℃（4h）。

8.2.7.2　形变热处理

形变热处理是将变形与热处理结合进行的工艺，其目的是改善析出相的分布及合金的微观组织结构，以获得较高的强度、韧性（包括断裂韧度）以及应力腐蚀抗力。

铝合金的形变热处理分为两大类，即中间形变热

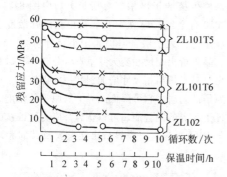

图 8-25　循环处理制度对铸造铝

合金残余应力的影响

×—150℃ 长时保温时效

○— - 70℃(10min) + 150℃(1h) 循环

△— - 196℃(10min) + 150℃(1h) 循环

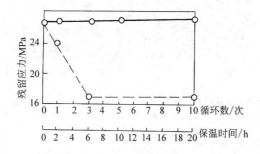

图 8-26　循环处理制度对硬铝 2A12

残余应力的影响

——150℃ 时效处理

- - - - - 70℃ (1h) + 150℃ (2h) 循环

处理和最终形变热处理，前者包括铸造后及在接近再结晶的温度下热态压力加工后立即进行热处理（包括固溶处理和时效），使其热加工组织大量保存下来，以改善合金的韧性和应力腐蚀抗力，对 Al-Zn-Mg-Cu 系合金效果更好。由于需在热加工工序间再增加设备、工序，涉及车间改造，故未广泛应用。

最终形变热处理是在热处理工序之间进行一定量的塑性变形。一般可分为以下几种：

（1）淬火→冷（温）变形→终时效。

（2）淬火→预时效→冷（温）变形→终时效。

（3）淬火→终时效→冷变形。

（4）淬火→自然时效→变形→人工时效。

终时效包括自然时效和人工时效。塑性变形为过渡相（G. P. 区除外）的非均匀形核提供了更多的位置，使过渡相分布更加弥散。在提高强度的前提下，可使强度、塑性、韧性、疲劳性能和应力腐蚀抗力得到很好的配合。形变热处理可以加速时效过程，并能使合金疲劳性能得到改善。对 2A12(LY12) 硬铝合金推荐的最佳形变热处理工艺为：

（1）固溶处理：490 ~ 500℃，保温时间以过剩相充分溶解为原则，于室温水中冷却。

（2）第一次时效：185 ~ 190℃（105 ~ 135min），迅速冷却至室温。

（3）15% ~ 20% 塑性变形（包括轧制、锻造、拉伸或其他形式的机械变形）。

（4）第二次时效：144 ~ 154℃（25 ~ 35min），迅速冷却到室温（防止组织发生变化）。

（5）15% ~ 25% 的附加变形。

（6）第三次时效：144 ~ 154℃（35 ~ 40min），迅速冷却至室温。

厚度为 3.17mm 的板材，经上述工艺处理后，$R_m = 598 ~ 668MPa$、$R_{p0.2} = 527 ~ 598MPa$、$A = 8\% ~ 10\%$。

形变热处理还可以提高合金的高温力学性能。2A12(LY12) 合金板材在人工时效后进行冷变形，100℃ 下瞬时抗拉强度可提高 13% ~ 18%。采用形变热处理使 2A12(LY12) 合金获得的强度增量可保持至 175℃。

Al-4.5Cu-1.5Mg-0.56Mn-0.33Fe-0.14Si 合金板材在各种形变热处理条件下的力学性能列于表 8-62。

表 8-62　Al-4.5Cu-1.5Mg-0.56Mn-0.33Fe-0.14Si 合金板材

经各种形变热处理后的力学性能

热处理类型	工　艺　参　数	R_m/MPa	$R_{p0.2}/MPa$	$A(\%)$
TA1	A1 = 190℃ × 10h	486	402	14.5
TA1	A1 = 190℃ × 8h	537	529	8.1
THA1	A1 = 190℃ × 2h, H = 40%	582	562	6.6
TA1HA2	A1 = 140℃ × 8h, A2 = 140℃ × 8h, H = 40%	609	546	11.4
TA1HA2	A1 = 140℃ × 8h, A2 = 180℃ × 8h, H = 20%	561	518	12.6

（续）

热处理类型	工 艺 参 数	R_m/MPa	$R_{p0.2}$/MPa	A(%)
TH1A1H2A2	A1 = 140℃ × 12h,A2 = 140℃ × 20h, H1 = 6%,H2 = 20%	584	519	13.3
TA1H	A1 = 190℃ × 10h,H = 40%	587	567	3.5

注：A1 为预时效（60~200℃）；A2 为终时效，温度至少与 A1 相同；H 为塑性变形，压下量为 10%~30%；TA1 为常规制度，单级时效；TA1A2 为常规制度，非等温双级时效。

由表 8-62 可知，TA1HA2 和 TH1A1H2A2 制度可使合金获得强度和塑性的最佳配合。这两种制度适用于 Al-Zn-Mg-Cu、Al-Cu-Mg-Si、Al-Mg-Si 等合金系。

8.2.7.3 铆钉线材铝合金的热处理

用作铆钉、螺栓、双头螺栓及其他零件的线材有 2B11、2B12、2A10、7A03、5A02、5B05 等。这些合金的热处理制度列于表 8-63。

表 8-63 铆钉线材铝合金的热处理工艺制度

合金牌号	铆钉直径 /mm	固溶处理(盐浴)		时　效		铆接状态,允许铆接时间
		温度/℃	保温时间 /min	温度/℃	保温时间 /min	
2B11(LY8)	2~5	500 ± 5	20	室温	≥4d	一般用于新淬火后 2h 内铆完。亦可在自然时效 4d 后铆接
	6~9.5		30			
2B12(LY9)	2~5	495 ± 5	20	室温	≥4d	新淬火后 1h 之内铆完
	6~9.5		30			
2A10(LY10)	2~5	515 ± 5	30~40	75 ± 5	24h	淬火时效后铆接时间不限。亦可在自然时效状态铆接
	6~9.5		40~50			
7A03(LC3)	2~5	470 ± 5	30~40	分级时效 第一阶段: (100 ± 5)℃, 第二阶段: (168 ± 5)℃	3h	淬火时效状态铆接时间不限
	6~9.5		40~50			
5A02(LF2)	退火:300~400℃保温 1~3h,水冷或空冷(空气循环炉加热)					铆接时间不限
5B05(LF10)	退火:300~360℃保温 1~2h,空冷(空气循环炉加热)					铆接时间不限

5A02、5B05 铆钉在退火状态下进行铆接。

2B11、2B12 合金一般在新淬火状态下进行铆接。此时合金具有较好的塑性，不易铆裂。铆接后时效比时效后铆接抗剪强度低 10~20MPa，铆接变形量不大时，可以在时效状态铆接。

2A10 合金在淬火时效状态具有良好的塑性，随时可以进行铆接。此合金自然时效需经 10d。为了缩短工艺过程，常采用人工时效处理。要求合金有很高塑性时，可采用自然时效。新淬火状态下铆接后时效，抗剪强度将降低 30MPa。

7A03 合金在时效状态下仍具有足够的塑性，可进行铆接。新淬火状态铆接后再进行时效时，抗剪强度将降低 10~20MPa。此合金在淬火后不得迟于 10d 进行阶段时效，否则，合金力学性能和耐蚀性将变坏。

铆钉或工件的固溶加热可在空气炉或硝盐槽中进行。在空气炉中加热的保温时间较盐浴炉延长 1~1.5 倍，重复淬火的加热时间比第一次缩短1/3~1/2。淬火冷却在 10~30℃流动水槽中进行。铆钉淬火后应在 40~50℃水槽中清洗。2B11、2B12 合金铆钉在清洗槽中停留时间不应超过 1~2min，以免引起合金性能下降。2A10、7A03 合金铆钉可延长到 5~10min。

8.2.7.4　再加热

变形铝合金在时效状态下，由于服役条件或成形的需要，常常经受再次加热。这将对合金性能产生较大的影响。图8-27、图8-28所示曲线可用来确定合金成形时允许的加热温度和保温时间。表8-64列出再加热允许的最长保温时间。

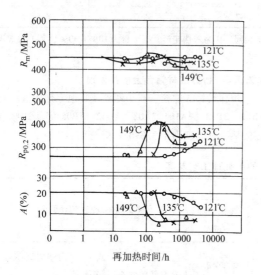

图 8-27　2024（相当于2A12）包铝板材淬火
并均整状态在121~149℃再加热时
力学性能变化曲线

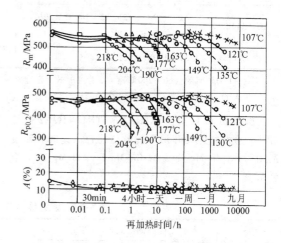

图 8-28　7075（相当于7A04）包铝板材人工
时效状态在107~218℃再加热时
的力学性能变化曲线

8.2.8　变形铝合金加工及热处理状态代号

8.2.8.1　我国变形铝合金加工及热处理状态代号
（见表8-65）

表 8-64　铝合金再加热工艺制度

再加热温度 /℃	2A14(LD10)人工 时效状态	2A12(LY12)淬火+冷作硬化 或均整人工时效	6A02(LD2)人工 时效状态	7A04(LC4)人工 时效状态
149	20~50h	20~40h	100~200h	10~12h
163	8~10h	—	50~100h	1~2h
177	2~4h	2~4h		1~2h
190	30~60min	1h		0.5~1h
205	5~15min	30min	30min	5~10min
218	极短时间	15min	15min	极短时间
232	极短时间	5min	5min	极短时间

注：1. 表中列出的制度是当强度下降不超过5%的正常情况。

　　2. 2A12、2A14两种合金在自然时效状态下，不适于重复加热，以免降低耐蚀性。

表 8-65　我国变形铝合金加工及热处理状态代号

代　号	说　明
F	自由加工状态
O	退火状态
H	加工硬化状态
W	固溶处理状态

（续）

代　号	说　明
T	不同于 F、O、H 状态的热处理状态
T1	高温成形 + 自然时效 适用于高温成形后冷却、自然时效,不再进行冷加工(或影响力学性能极限的矫平、矫直)的产品
T2	高温成形 + 冷加工 + 自然时效 适用于高温成形后冷却,进行冷加工(或影响力学性能极限的矫平、矫直)以提高强度,然后自然时效的产品
T3	固溶处理 + 冷加工 + 自然时效 适用于固溶处理后,进行冷加工(或影响力学性能极限的矫平、矫直)以提高强度,然后自然时效的产品
T4	固溶处理 + 自然时效 适用于固溶处理后,不再进行冷加工(或影响力学性能极限的矫直、矫平),然后自然时效的产品
T5	高温成形 + 人工时效 适用高温成形后冷却,不进行冷加工(或影响力学性能极限的矫直、矫平),然后进行人工时效的产品
T6	固溶处理 + 人工时效 适用于固溶处理后,不再进行冷加工(或影响力学性能极限的矫直、矫平),然后人工时效的产品
T7	固溶处理 + 过时效 适用于固溶处理后,进行过时效至稳定化状态。为获取除力学性能外的其他某些重要特性,在人工时效时,强度在时效曲线上越过了最高峰点的产品
T8	固溶处理 + 冷加工 + 人工时效 适用于固溶处理后,进行冷加工(或影响力学性能极限的矫直、矫平)以提高强度,然后人工时效的产品
T9	固溶处理 + 人工时效 + 冷加工 适用于固溶处理后,人工时效,然后进行冷加工(或影响力学性能极限的矫直、矫平)以提高强度的产品
T10	高温成形 + 冷加工 + 人工时效 适用于高温成形后冷却,进行冷加工(或影响力学性能极限的矫直、矫平)以提高强度,然后进行人工时效的产品

8.2.8.2　美国变形铝合金加工及热处理状态代号　（见表 8-66）

表 8-66　美国变形铝合金加工及热处理状态代号

代　号	说　明
F	原加工状态,指变形合金而言,是对力学性能不作严格要求的最初加工状态,如热轧、挤压状态
O	退火再结晶状态

（续）

代　号	说　明
W	固溶处理,不稳定处理状态
H	冷作硬化状态
T	固溶处理后时效。在 T 字后面的第一位数字表示热处理基本类型(从 1～10),其后面各位数字表示在热处理细节方面有所变化
T1	从成形温度冷却并自然时效至大体稳定状态
T2	退火状态(只用于铸件)
T3	固溶处理,冷作后自然时效
T31	固溶处理冷作(1%)后自然时效
T36	固溶处理冷作(6%)后自然时效
T37	固溶处理冷作(7%)后自然时效,用于 2219 合金
T4	固溶处理后自然时效
T41	固溶处理时沸水淬火
T411	固溶处理后空冷至室温,硬度在 O 与 T6 之间,残余应力低
T42	固溶处理后自然时效,由用户进行处理,适用于 2024 合金,强化比 T4 稍低
T5	从成形温度冷却后人工时效
T6	固溶处理后人工时效
T661	T41 + 人工时效
T611	固溶处理时沸水淬火
T62	固溶处理后人工时效
T7	固溶处理后稳定化,可提高尺寸稳定,减小残余应力,提高耐蚀性
T72	固溶处理后过时效
T73	固溶处理后进行分级时效,强度比 T6 低,抗蚀性显著提高
T76	固溶处理后进行分级时效
T8	固溶处理冷作后人工时效
T81	固溶处理后冷作,人工时效,可改善固溶处理后的变形及改善强度
T86	固溶处理后冷作(6%),人工时效
T87	T37 + 人工时效
T9	固溶处理后人工时效再冷作
T10	从成形温度冷却,人工时效后冷作
TX51	为消除固溶处理后残余应力进行拉伸处理,板材有 0.5%～3% 的永久变形。X 代表 3、4、6 或 8,例如 T351、T451、T651、T851,适用于板、拉制棒、线材,拉伸消除应力后不作任何矫正而时效。T3510、T4510、T8510,适用于挤压型材,拉伸消除应力后为使平直度符合公差进行矫正,并时效
TX52	为消除固溶处理后的残余应力进行压缩变形。固溶处理后进行 2.5% 的塑性变形然后时效,例如 T352、T652
TX53	消除热应力
TX54	为消除精密锻件固溶处理后的残余应力而进行的压缩变形

8.2.9　铸造铝合金的热处理

8.2.9.1　铸造铝合金热处理的分类

1. 均匀化退火　铸锭或铸件由于浇铸时冷却速度较大，结晶在不平衡状态下进行，往往出现成分偏析、不平衡共晶、第二相晶粒粗大以及硬脆相沿晶界分布等缺陷。消除这些缺陷需进行均匀化退火。均匀化退火温度高于再结晶退火温度，接近合金熔点温度，保温后缓慢冷却。

2. 去应力退火　铸件形状一般比较复杂，为了减小在切削加工后产生变形，可进行去应力退火。

3. 固溶处理及时效　与变形合金的区别仅在于时效工艺。某些铸造合金的合金元素含量较高，硬脆相数量较多，为了保证合金有足够的塑性、韧性，只能采用欠时效处理。

4. 等温淬火　一般固溶处理是在固溶温度保温后在冷却介质中淬火，然后再进行时效。而等温淬火是在固溶温度保温后，直接淬入到该合金人工时效温度中保温至人工时效结束。如 ZL101 等温淬火工艺为 (541 ± 3)℃固溶加热 4h 后，淬入 171℃盐溶中并保温时效。而常规处理工艺为 538℃保温 15h，在 65℃水中冷却，室温停留 24h 后，于 171℃进行时效。可见等温淬火可缩短处理时间。性能测试证明，在保持塑性不变情况下，提高了抗拉强度，而且淬火变形也减小了。

5. 循环处理　对铸件尺寸稳定性要求较高的零件，可采用高（约 350℃）低（约 -50℃）温循环处理。铸造铝合金热处理类型（代号）、工艺制度及力学性能如表 8-67、表 8-68 所示。

表 8-67　铸造铝合金热处理类型及代号

代号	热处理类型	工艺特点	目的和应用
T1	不固溶处理，人工时效	铸造后快冷（金属型铸造、压铸或精密铸造）后直接进行人工时效	改善切削加工性能、提高工件表面质量
T2	退火		消除内应力，提高合金塑性
T4	固溶处理，自然时效		提高零件强度和耐蚀性
T5	固溶处理，不完全时效	淬火后进行短时间时效或温度较低的时效	得到一定的强度，保持一定的塑性
T6	固溶处理，充分时效		得到高强度
T7	淬火，稳定化回火（时效）	时效温度比 T5、T6 高，接近零件的工作温度	保持较高的组织稳定性和尺寸稳定性
T8	淬火，稳定化回火	时效温度比 T7 高些	降低铸件硬度，提高塑性

表 8-68　铸造铝合金的热处理规范和力学性能

合金代号	热处理状态及铸造方法	固溶处理			时效			力学性能			零件工作条件及要求
		加热温度/℃	保温时间/h	冷却	加热温度/℃	保温时间/h	冷却	R_m/MPa	硬度 HBW	A(%)	
ZL101	T4(J)	535±5	2~6	60~100℃水				190	50	4	要求高塑性
	T4(S)							180	50	4	
	T5(J)	535±5	2~6	60~100℃水	150±5	2~4	空冷	201	60	2	要求高屈服强度、高硬度
	T5(S)							200	60	2	
	T6(SB)	535±5	2~6	60~100℃水	200±5	3~5	空冷	230	70	1	
	T7(SB)	535±5	2~6	60~100℃水	225±5	3~5		200	60	2	要求一定强度，较高尺寸稳定性

（续）

合金代号	热处理状态及铸造方法	固溶处理 加热温度/℃	保温时间/h	冷却	时效 加热温度/℃	保温时间/h	冷却	力学性能 R_m/MPa	硬度HBW	A(%)	零件工作条件及要求
ZL101	T8(SB)	535±5	2~6	60~100℃水	250±5	3~5		160	55	3	要求一定强度,较高尺寸稳定性
ZL104	T1(J、Y)	—	—	—	175±5	5~7		200	70	1.5	中等负荷
	T6(J)	525±5	2~6	60~100℃水	175±5	10~15		240	70	2	高负荷
	T6(S、B)							230	70	2	
ZL105	T1(S、J)	—	—	—	180±5	5~10		160	65	0.5	中等负荷
	T5(S)	525±5	3~5	100℃水	160±5	3~5		230	70	0.5	中等负荷
	T6(J)	525±5	3~5	60~100℃水	180±5	5~10		260	70	0.5	高负荷
	T7(S、J)	525±5	3~5	60~100℃水	240±10	3~5		200	65	1.0	较高温度下工作
ZL107	T6	515±5	10	60~100℃水	155±5	10					
ZL108	T1	—	—	—	190~210						
	T6	515±5	3~8	60~100℃水	205±5	6~10	空冷				高温下工作的大负荷零件
ZL109	T1	—	—	—	230±5	7~9		—	—	—	改善切削加工性的零件
	T4	535±5	2~6	60~100℃水	—	—	—				要求高塑性零件
	T5	535±5	2~6	60~100℃水	155±5	2~7					要求屈服强度高、硬度高的零件
	T6	535±5	2~6	60~100℃水	225±5	7~9					要求高强度、高硬度的零件
	T7	535±5	2~6	60~100℃水	250±5	2~4					
ZL201	T4(S)	535±5 545±5	5~9	60~100℃水				300	70	8	分级加热
	T5(S)	535±5 545±5	5~9	60~100℃水	175±5		空冷	340	80	4	分级加热高强度、高温工作
	T6(S)	510±5	12	60~100℃水	155±5	10~14					要求高强度、高硬度的零件
ZL202	T6(J)	510±5	12	60~100℃水	175±5	7~14					
	T2				290±5	3					消除残余应力,要求尺寸稳定
	T7	515±5	3~5	80~100℃水	200~250	3					高温下工作
ZL203	T4	515±5	10~15	60~100℃水	—	—	—	220	65	8	高强、高塑性零件
	T5	515±5	10~15	60~100℃水	150±5	2~4		250	80	5	高屈服强度、高硬度
ZL301	T4	435±5	8~20	80~100℃水				350	80	10	—

注：J—金属型，S—砂型，B—变质，Y—压铸。

8.2.9.2　铝合金铸件热处理要点

1. 加热速度和加热方法　形状简单的薄壁件允许在盐浴中加热，但 Al-Mg 系合金铸件应避免在硝盐中加热，以防止爆炸。对于形状复杂的大型铸件，由于存在铸造应力和低熔点共晶，为了防止畸变、开裂和保证原子充分扩散，要求缓慢加热，一般采用空气炉加热。形状复杂的铸件要控制加热速度，发动机机匣和气缸头等采用小于 3℃/min 的加热速度，加热至淬火温度的时间应不小于 2h。炉温应控制在 ±3℃以内。

为了防止铸件在高温下氧化，可用干燥的氧化铝粉、耐火粘土或石墨粉进行保护。

2. 固溶加热　铸造铝合金中合金元素及杂质的含量都较高，常存在低熔点共晶体。为了避免发生过烧，固溶加热温度应低于共晶温度 5～10℃。在不发生过烧的前提下，应尽量提高固溶加热温度，促进合金元素及强化相的溶解。

铸造铝合金固溶加热保温时间应比变形铝合金长。各合金系的强化相溶解速度不同，加热保温时间相差较大。例如 Al-Si 系的 ZL104 中强化相 Si 和 Mg_2Si 易溶解，保温时间 2～5h 即可，而 ZL105 合金中。除 Si 和 Mg_2Si 外，还有溶速较慢的 $CuAl_2$ 相，保温 10h 以上才能全部溶解。Al-Mg 系合金中（ZL301）Mg_2Al_3，溶解甚慢，需保温 8～24h。保温时间的长

短也与铸件原始组织有关，而这又与铸造方法、铸件壁厚、化学成分的波动等因素有关。砂型铸件的保温时间应比金属型长 20%～30%。铸造铝合金中强化相类型及热处理效果见表 8-69。

3. 淬火冷却　铸件一般在 60～100℃水或热油中淬火，目的是减少内应力和畸变、开裂。铸件淬火转移时间应尽量缩短，防止过饱和固溶体早期分解，影响合金强化效果。为了减少铸件的淬火畸变，可采用等温淬火：加热保温后的铸件淬入 200～250℃的热浴槽中并保持一定时间，然后空冷。这种处理方法，实际是将淬火和时效合并完成。在硝盐槽中加热的铸件，淬火后应在 30～50℃热水中清洗，但不允许在热水中停留时间过长，以免影响时效效果。

4. 时效　铝合金铸件淬火后应立即进行时效，一般采用空气循环加热炉，要求炉温均匀。

8.2.10　铝合金的热处理缺陷

铝合金热处理缺陷及消除方法见表 8-70。

表 8-69　铸造铝合金中主要合金相的热处理效果

合金系	合金牌号	主要合金相	结晶时合金相的形成条件	在固溶温度下溶于固溶体的程度（质量分数）	自然时效强化效果	人工时效强化效果
Al-Si	ZL102	Si	在任何结晶速度下	溶解 1.5%	无	很微
Al-Si-Mg	ZL109	Si	在任何结晶速度下	0.2%	无	无
		Mg_2Si	在较慢结晶过程中（砂型和金属型）	完全溶解	很微	很大
Al-Si-Mg-Mn	ZL104	Si	在任何结晶速度下	溶解 <0.5%	无	无
		Mg_2Si	在不大的结晶速度下	完全溶解	很微	很大
		AlSiMnFe	在任何结晶速度下	实际不溶	无	无
Al-Si-Cu-Mg	ZL105	Si	在任何结晶速度下	<0.3%	无	无
		$CuAl_2$	Mg 量上限,Cu 量上限	完全溶解	很小	极大
		Mg_2Si	当 Mg 不全部在 W 相时	完全溶解	微弱	极大
		W	缓慢结晶时,Si、Cu、Mg 量能满足时	部分溶解	无	甚微
Al-Cu	ZL203	$CuAl_2$	在任何结晶速度下	完全溶解	不大	极大
	ZL202	$CuAl_2$	在任何结晶速度下	溶解后析出	实际无	不显著

（续）

合金系	合金牌号	主要合金相	结晶时合金相的形成条件	在固溶温度下溶于固溶体的程度（质量分数）	自然时效强化效果	人工时效强化效果
Al-Cu-Mn-Ti	ZL201	CuAl$_2$	在任何结晶速度下	完全溶解	有影响	极大
		T(Al$_{12}$Mn$_2$Cu)	在任何结晶速度下	析出新的 T 相	无	微弱
Al-Mg	ZL301	β(Mg$_2$Al$_3$)	在不大的结晶速度下（砂型和金属型）	完全溶解	无	不要求 β 相析出
Al-Zn-Si-Mg	ZL401	Si	在任何结晶速度下	不溶	无	无
		Zn	在很缓慢任何结晶条件下	溶解	甚微	显著

表 8-70　铝合金热处理缺陷及消除方法

缺陷类型	缺 陷 特 征	产生原因及消除方法
过烧	1)2A12 合金轻微过烧时,界面变粗发毛,此时强度和塑性都有所增高;严重过烧时,呈现液相球和过烧三角晶界,强度和塑性降低 2)铝硅系合金组织中 Si 相粗大呈圆球状。铝铜系合金组织中 α 固溶体内出现圆形共晶体。铝镁系合金零件表面有严重黑点。在高倍组织中沿 α 晶粒边界发现流散的共晶体痕迹,晶界变宽 3)严重过烧时工件翘曲,表面存在结瘤和气泡	1)铸造铝合金中形成低熔点共晶体的杂质含量过多,应严格控制炉料。变形合金由于变形量小,共晶体集中,应降低加热温度 2)铸造合金加热速度太快,不平衡低熔点共晶体尚未扩散消失而发生熔化。可采用随炉以 200~250℃/h 的升温速度缓慢加热,或者采用分段加热 3)炉温仪表失灵。应经常检验炉温仪表,并安装警报电铃或红灯 4)炉内温度分布不均匀,实际温度超过工艺规范。应定期检查浴炉或空气炉的炉温分布状况
裂纹	经热处理后零件上出现可见裂纹。一般出现在拐角部位,尤其在壁厚不均匀之处	1)铸件在淬火前已有显微或隐蔽裂纹,在热处理过程中扩展成为可见裂纹。应改进铸造工艺,消除铸造裂纹 2)外形复杂,壁厚不均,应力集中。应增大圆角半径,铸件可增设加强肋。太薄部分用石棉包扎 3)升温和冷却速度太大,附加过大的热应力导致开裂,应缓慢均匀加热,并采用缓和的冷却介质或等温淬火
畸变	热处理后工件形状和尺寸发生改变如翘曲、弯曲	1)加热或冷却太快,由于热应力引起工件畸形。应改变加热和冷却方法 2)装炉不恰当,在高温下或淬火冷却时产生畸形。应采用适当的夹具,正确选择工件下水方法 3)淬火后马上矫正
	机械加工后工件出现畸形	工件内存在残余应力,经切削加工后,应力重新分布产生畸形。应采用缓慢冷却介质减少残余应力或采用去应力退火

（续）

缺陷类型	缺 陷 特 征	产生原因及消除方法
腐蚀	1）在盐浴加热的工件表面上，特别是在铸件有疏松的部位有腐蚀斑痕 2）在工件的螺纹、细槽和小孔内有腐蚀斑痕	1）熔盐中氯离子含量过高，应定期检验硝盐的化学成分，氯离子含量不得超过 0.5%（质量分数） 2）工件在淬火后清洗时未将残留硝盐全部去除，应当用热水仔细清洗。清洗水中的酸碱度不应过高
	工件的耐蚀性不良	热处理不当，因素较多。对有应力腐蚀倾向的合金应在热处理后获得更均匀的组织。为此，应确保工件均匀快速冷却缩短淬火转移时间，水温不得超过规定要求，正确选择时效规程
	包铝材料中合金元素完全渗透包铝层	加热温度过高，保温时间过长，重复加热次数过多，使锌、铜、镁向包铝层扩散
力学性能不合格	性能达不到技术条件规定的指标	1）合金化学成分有偏差，根据工件材料的具体化学成分调整热处理规范，对下批铸件应调整化学成分 2）违反热处理工艺规程，一般由于加热温度不够高，保温时间不够长或淬火转移时间过长
	淬火后强度和塑性不合格	固溶处理不当，应调整加热温度和保温时间。使可溶相充分溶入固溶体，缩短淬火转移时间。重新处理
	时效后强度和塑性不合格	时效处理不当，或淬火后冷变形量过大使塑性降低，或清洗温度过高停留时间过长，或淬火至时效间的时间不当。应调整时效温度和保温时间。过硬者可以补充时效
	退火后塑性偏低	退火温度偏低，保温时间不足或退火后冷却速度过快而形成。应重新退火
	锻件和铸件壁厚和壁薄部分性能相差很大	工件各部分厚薄相差悬殊，原始组织和透烧时间不同，影响固溶化效果。应延长加热保温时间，使之均匀加热，强化相充分溶解
气泡	淬火板材或退火板材上呈现气泡	1）包铝层压合工艺不当，在包铝层和基本材料之间存在空隙，此间残留空气或水汽。在加热至高温时气体膨胀使包铝层鼓泡 2）板材表面有润滑油、污垢等脏物
粗晶	退火板材和淬火板材晶粒粗大，冲压成形时呈"桔皮"状表面	1）退火或固溶处理之前经受临界变形度（5%～15%）的变形，加热时晶粒剧烈长大。消除办法是采用高温快速短时加热；在正规热处理之前增加一次去应力退火，解除那些促使晶粒长大的应力；调整加工变形量（如毛坯预拉伸或多次成形等工艺），使变形量在临界变形量之外，每次变形加工前，采用去应力退火 2）固溶处理和退火温度过高，保温时间过长
板材软硬不均	硬铝退火板材硬度不均匀，工艺塑性很差，成形时易脆断	退火时冷作硬化消除不充分，尚保留变形织构。力学性能试验反映不出来。应采用补充退火，加热 400℃、保温 20min，以 30℃/h 的速度冷至 260℃后空冷

（续）

缺陷类型	缺 陷 特 征	产生原因及消除方法
表面变色	铝合金热处理后表面呈灰暗色	1）空气炉中水气太多，产生高温氧化。应尽量少带水分进炉，待水气蒸发逸出炉外后关闭炉门 2）淬火液的碱性太重，应更换淬火液 3）为了得到光亮表面可在硝盐中加入0.3%～2.0%（质量分数）的重铬酸钾（$K_2Cr_2O_7$）。盐浴的碱度（换算成 KNO_3）不应超过 1%，氯化物量（换算成氯离子）不应超过 0.5%。但应注意重铬酸钾有毒。还可采用在质量分数为 3%～6% 的硝酸水槽中清洗数分钟，就能保证很好的发亮作用 4）工件表面残留带腐蚀性的油迹，在挥发后留下斑痕或腐蚀痕迹
	铝镁合金表面呈灰褐色	含镁量较高的铝镁合金高温氧化所致，可采用埋入氧化铝粉或石墨粉中加热

8.3　镁合金的热处理

8.3.1　镁及镁合金

镁是地壳中蕴藏量很丰富的元素，其储量约占地壳总重量的 2%。镁的化合物不仅广泛分布于陆地上，还大量蕴藏在海水、盐泉和湖泊之中。我国镁的资源很丰富。

镁及镁合金具有很多优良性能。例如镁的密度较小，仅为 $1.7g/cm^3$，但其比强度和比刚度却较高。减振能力好，可承受较大的冲击振动负荷。镁及镁合金具有优良的切削加工和抛光性能。镁的化学性能很活泼，易氧化，可用作还原剂。镁及镁合金的主要缺点是在潮湿大气中的抗腐蚀性能差，缺口敏感性较强。

镁具有密排六方结构，在室温和低温下塑性很低，易于脆断。但当温度高于 225℃ 时，镁的滑移系统增多，塑性明显提高，故镁及镁合金的塑性变形都在热状态下进行。

在航空工业中，镁合金用于制作各种框架、壁板、起落架的轮毂、发动机的机匣、机架和操纵系统的支架等。它在宇航工业、光学仪器、无线电技术、采矿、纺织及交通运输等部门也得到了应用。

镁合金中的主要合金元素有锰、铝、锌、锆及稀土元素等。

工业变形镁合金按其应力腐蚀破裂倾向的不同又可分为三组：

第一组——无应力腐蚀破裂倾向的镁合金，如 M2M、ME20M、ZK61M 等，即 Mg-Mn、Mg-Mn-稀土、Mg-Zn-Zr 系。

第二组——应力腐蚀破裂倾向较小的镁合金，如 AZ40M、AZ41M 等，即 Mg-Zn-Al-Mn 系。

第三组——有应力腐蚀破裂倾向的镁合金，如 AZ61M、AZ80M 等，即含 Al 量高的 Mg-Zn-Al-Mn 系。

铸造镁合金又可分为高强镁合金和耐热镁合金两类。前者具有较高的室温强度，但耐热性差，工作温度不能超过 150℃。而耐热镁合金可在 250～300℃ 下长期工作。

国外还研制了一批能在更高温度下（300～500℃）工作的，含有钍（Th）和稀土元素钕（Nd）、钇（Y）等为主要合金元素的镁合金和一种 Mg-Li 系的新型超轻镁合金。

锂（Li）的密度很小，仅为 $0.53g/cm^3$，而 Mg-Li 系合金的密度仅为 $1.3～1.65g/cm^3$，它比常用的镁合金轻 10%～30%。Mg-Li 系合金的主要优点是强度高，尤其是压缩屈服强度明显高于其他镁合金，其塑性及低温塑性和韧性良好，缺口敏感性小，且有好的工艺性能，易于加工和焊接。

铸造及变形镁合金的主要化学成分及力学性能见表 8-71。

国外耐热镁合金及超轻镁锂合金的主要化学成分及力学性能见表 8-72。

各国常用镁合金牌号对照表见表 8-73。

表 8-71 镁合金的主要成分及力学性能

类别	牌号	主要成分（质量分数）(%)							热处理状态	20℃		150℃		250℃		300℃	
		Zn	Zr	Mn	RE	Nd	Ce	Al		R_m/MPa	A(%)	R_m/MPa	A(%)	R_m/MPa	$\sigma_{(0.2/100)}$/MPa	R_m/MPa	$\sigma_{(0.2/100)}$/MPa
铸造镁合金	ZM1	3.5~5.5	0.5~1.0	—	—	—	—	—	SZS	240	5.0	—	—	—	—	—	—
	ZM2	3.5~5.0	0.5~1.0	—	0.7~1.7	—	—	—	S	220	4.0	—	—	—	—	—	—
	ZM3	0.2~0.7	0.4~1.0	—	2.3~4.0	—	—	—	M	145	3.0	—	—	145	25	110	—
	ZM4	2.0~3.0	0.5~1.0	—	2.5~4.0	—	—	—	S	150	4.0	—	—	130	30	95	—
	ZM5	0.2~0.8	—	0.15~0.5	Ag0.6~1.2	—	—	7.5~9.0	Z(ZS)	230(230)	5(2)	—	—	—	—	—	—
	ZM6	0.2~0.7	0.4~1.0	—	—	2.0~3.0	—	—	ZS	260	5.0	—	—	170	38	110	—
	ZM7	7.5~9.0	0.5~1.0	—	Si0.3	—	—	—	—	—	—	—	—	—	—	—	—
	ZM10	0.6~1.2	—	0.1~0.5	—	—	—	9.0~10.2	—	—	—	—	—	—	—	—	—
变形镁合金	M2M(MB1)	≤0.3	—	1.3~2.5	—	—	—	≤0.2	M	210	4	130	45	60	—	—	—
	AZ40M(MB2)	0.2~0.8	—	0.15~0.5	—	—	—	3.0~4.0	M	240	12	—	—	—	—	—	—
	AZ241M(MB3)	0.8~1.4	—	0.3~0.6	—	—	—	3.7~4.7	M	250	12	—	—	—	—	—	—
	AZ61M(MB5)	0.5~1.5	—	0.15~0.5	—	—	—	5.5~7.0	M	260	8.0	—	—	—	—	—	—
	AZ62M(MB6)	2.0~3.0	—	0.20~0.5	—	—	—	5.0~7.0	M	290	7.0	—	—	—	—	—	—
	AZ80M(MB7)	0.2~0.8	—	0.12~0.5	—	—	—	7.8~9.2	Z	300	10.0	—	—	—	—	—	—
	ME20M(MB8)	≤0.2	—	1.3~2.2	—	—	0.15~0.35	≤0.2	M	250	18	160	—	120	—	—	—
	ZK61M(MB15)	5.0~6.0	0.3~0.9	≤0.1	—	—	—	≤0.05	Z	280	23.4	—	—	—	—	—	—
									ZS	370	9.5	—	—	—	—	—	—

注：1. RE 为 Ce≥45%的混合稀土；Nd 为 Nd≥35%的混合稀土；$R_{(0.2/100)}$ 为 100h 内残留变形≤0.2%的蠕变强度。

2. 括号内为旧牌号。

表 8-72　国外耐热镁合金及超轻镁锂合金的主要成分及力学性能

牌号		主要成分（质量分数）(%)						R_m	$R_{p0.2}$	A	$\sigma_{0.2}^{①}$ 100/100	$\sigma_{0.2}^{②}$ 200/100	$\sigma_{0.2}^{③}$ 350/100
		Nd,Th (%)	Zr (%)	Zn (%)	Mn (%)	Li,La, Y,Ce (%)	Ni,Cd, Sn,Al (%)	MPa	MPa	%	100/100	200/100 MPa	350/100
耐热铸造镁合金	MA19	1.62~2.3 (Nd)	0.4~1.0	0.1~0.6	—	1.4~2.2 (Y)	—	220	120	4		35	7
	HK31	3.2 (Th)	0.7	—	—	—	—	190	90	4	—	23	7
	HZ32	2.5~4.0 (Th)	0.4~1.0	1.7~2.5	—	—	—	190	90	6	—	37	18
	HM21	2 (Th)	—	—	0.6	—	—	—	—	—	—	63	—
	HZ11	0.8 (Th)	0.6	0.6	—	—	—	—	—	—	—	—	—
耐热变形镁合金	MA11	2.5~5.5 (Nd)	—	—	1.5~2.5	—	0.1~0.22 (Ni)	—	—	—	—	—	—
	MA12	2.5~3.5 (Nd)	0.3~0.8	—	—	—	—	—	—	—	—	—	—
	MA15	—	0.45~0.9	2.5~3.5	—	0.7~1.1 (La)	1.2~2.0 (Cd)	300~320	250~260	6~14	—	—	—
	MA19	1.4~2.0 (Nd)	0.5~0.9	5.5~7.0	—	—	0.2~1.0 (Cd)	380~400	330~360	5~8	—	—	—
	MA20	—	0.05~ 0.12	1.0~1.5	—	0.12~0.25 (Ce)	—	240~260	140~180	5~8	—	—	—
超轻镁锂合金	NMB1	—	—	0.6~1.2	0.2~0.8	4.5~6.0 (Li)	0.2~1.2 (Sn)	290~300	210~220	8	120	—	—
	MA21	—	—	0.18~1.2	0.1~0.5	7.0~10.0 (Li)	3.5~5.0 (Cd) 4.0~6.0 (Al)	210~280	160~250	8~25	60	—	—
	MA18	—	—	2.0~5.0	0.1~0.4	0.15~0.35 (Ce) 10.0~11.5 (Li)	0.5~1.0 (Al)	160~220	120~180	15~40	—	—	—

① 在 100℃下 100h 内残留变形 ≤0.2% 的蠕变强度。
② 在 200℃下 100h 内残留变形 ≤0.2% 的蠕变强度。
③ 在 350℃下 100h 内残留变形 ≤0.2% 的蠕变强度。

表 8-73　各国镁合金牌号对照表

合金类别	中国 GB（YB）	俄罗斯 ГОСТ	美国 AA. ASTM	英国 BS	德国 DIN	日本 JIS
铸造镁合金	ZM1	МЛ12	ZK51A	ZL127		
	ZM2		ZE41A	ZL128		
	ZM3	МЛ11				
	ZM5	МЛ15	AZ81A	3L122		
变形镁合金	M2M（MB1）	МА1	A1M1A	DTD737		
				DTD142		
				DTD118		
				AM503		
	AZ40M（MB2）	МА2	AZ31C	MAG111	MgAl3Zn	M1
	AZ41M（MB3）	МА2-1				
	AZ61M（MB5）	МА3	AZ61A	MAG121	MgAl6Zn	M2
	AZ62M（MB6）	МА4				
	AZ80M（MB7）	МА5	AZ80X	88B	MgAl7Zn	AZ61A
	ME20M（MB8）	МА8				A280A
	AK61M（MB15）	ВМ65-1	AK60A	DTD5031		AK60A
				DTD5041		

注：括号内为旧牌号。

8.3.2　镁合金热处理的主要类别

镁合金热处理的类型与铝合金基本相同，其主要热处理类型有退火、固溶处理、直接人工时效处理、固溶处理 + 人工时效等。近年来，对含有稀土的镁合金还采用氢化处理方式。常用的镁合金热处理状态符号见表 8-74。

表 8-74　常用镁合金热处理状态符号

热处理类型	状态符号 中国	状态符号 美国	主　要　特　点
退火	M	T2	达到完全再结晶退火
固溶处理 （淬火）	Z	T4	只进行固溶淬火处理，不进行人工时效
人工时效	S	T1	在铸造或加工变形后，直接进行人工时效。而不进行固溶淬火处理
固溶淬火 + 人工时效	ZS	T6	工件先进行固溶淬火后，再进行人工时效
固溶热水淬 火后人工时效	—	T61	工件在固溶加热后，在热水中淬火，再进行人工时效
固溶处理 + 冷变形	—	T3	

8.3.2.1　退火

镁合金的退火可分为去应力退火和完全再结晶退火两种。前者用于消除在铸造，冷、热压力加工，矫直或焊接后工件内所产生的内应力。其退火温度较低，不超过合金的再结晶温度，退火保温时间也较短。后者用于消除因塑性变形等原因所引起的冷作硬化，恢复和提高工件的塑性，便于继续进行加工变形。其退火温度较高，应高于该合金的再结晶开始温度，退火保温时间也较长。

对于尺寸要求严格的镁合金铸件，必须进行去应力退火。例如 ZM5 合金铸件的去应力退火温度为 250℃，保温 1h 后空冷。对某些热处理强化效果不明显的镁合金，如 ZM3 等，完全再结晶退火是其最终热处理。

几种变形镁合金的退火规范见表 8-75。

8.3.2.2　固溶处理和时效

1. 直接人工时效处理　有些镁合金，在成形铸造或加工变形后，不进行固溶处理而直接进行人工时效。这种处理工艺简单，也可获得相当高的时效强化效果。如 AK61M（MB15）合金加工温度 300 ~ 400℃，在此温度下合金中强化相已大部分溶入基体。空冷后能获得相当的过饱和程度。另外 AK61M

（MB15）合金中含 Zr，Zr 能强烈细化晶粒，并能降低合金中原子的扩散能力，提高再结晶温度。因此在 300~400℃挤压的棒材或型材具有细晶组织，直接人工时效后可获得比较高的综合性能。

表 8-75　变形镁合金退火规范

合金牌号	完全退火		去应力退火			
			板　材		挤压件和锻件	
	温度/℃	时间[2]/h	温度/℃	时间/h	温度/℃	时间/h
M2M（MB1）	340~400	3~5	205	1	260	0.25
AZ40M（MB2）	350~400	3~5	150	1	260	0.25
AZ41M（MB3）	—	—	250~280	0.5	—	—
ME20M（MB8）[1]	280~320	2~3	—	—	—	—
AK61M（MB15）	380~400	6~8	—	—	260	0.25

注：括号内为旧牌号。

① 当要求较高的强度时，可以在 260~290℃进行退火；当要求较高的塑性时，则需要在 320~350℃进行退火。

② 表中所列保温时间应以工件发生完全再结晶为限，时间可适当缩短。

2. 固溶处理　有些镁合金如 ZM5、ZM6 等在成形铸造或压力加工后，只进行固溶处理而不进行人工时效处理，这种处理后可使合金的抗拉强度和伸长率同时提高。

镁合金中原子扩散较慢，为保证强化相充分固溶，需要较长的加热保温时间。对砂型厚壁铸件的加热保温时间最长，薄壁件或金属型铸件其加热保温时间可缩短，变形合金可更短。固溶温度和保温时间对工件的性能影响较大。图 8-29 为固溶温度和保温时间对 ZM5 合金力学性能的影响。

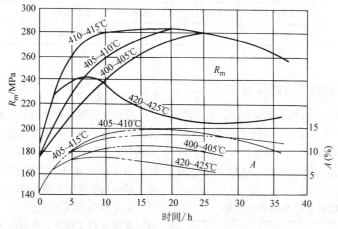

图 8-29　固溶温度和时间对 ZM5 合金性能的影响
注：实线为 R_m 曲线；点画线为 A 曲线。

3. 固溶及人工时效处理　其目的是提高合金的屈服强度，但塑性有所降低，主要应用于 Mg-Al-Zn 系及 Mg-RE-Zr 系合金。为了充分发挥时效强化效果，对锌含量高的 Mg-Zn-Zr 系合金也可选用这种处理。这种热处理的状态代号为"ZS"。

4. 热水中淬火加人工时效处理　镁合金淬火时一般多采用在静止或流动空气中冷却。采用热水淬火，可提高强化效果。尤其对冷却速度敏感性较高的 Mg-RE-Zr 系合金，例如对含（质量分数）Mg-2.2%~2.8%Nd-0.4%~1.0%Zr-0.1%~0.7%Zn 的合金，和铸态相比，采用"ZS"处理可使强度提高 40%~60%，而采用热水中淬火加人工时效方法处理，则可使强度提高 60%~70%，伸长率仍可保持原有水平。镁合金的热处理工艺列表 8-76。

8.3.2.3　氢化处理

氢化处理是近 20 年来开发的一种新型热处理工艺。采用这种工艺可显著提高 Mg-Zn-RE-Zr 系合金的力学性能。

在 Mg-Zn-RE-Zr 系合金中，Mg-RE-Zn 化合物为脆性相常呈大块状沿晶界分布成网络，这种化合物十分稳定，难于溶解和破碎。当在氢气中加热固溶处理时，可使氢气与 Mg-RE-Zn 化合物发生反应，形成稀土氢化物，把沿晶界连续分布的粗块状脆性化合物变为断续分布的细点状稀土氢化物，使原化合物中的锌被释放输入基体，从而可显著提高合金的力学性能。

氢化处理的缺点是因氢的扩散较慢，厚壁件所需要的保温时间较长，并需使用专门的渗氢设备。

表 8-76　常用镁合金热处理规范

合金类别	合金系	合金牌号	热处理类型		固溶处理			时效（或退火）		
					加热温度/℃	保温时间/h	冷却介质	加热温度/℃	保温时间/h	冷却介质
高强度铸造镁合金	Mg-Al-Zn	ZM5	I	T4(Z)	415±5	14~24	空气	175±5	16	空气
				T6(ZS)	415±5	14~24	空气	200±5	8	空气
			II	T4(Z)	415±5	6~12	空气	175±5	16	空气
				T6(ZS)	415±5	6~12	空气	200±5	8	空气
	Mg-Zn-Zr	ZM1	T1(S)		—	—	—	175±5	28~32	空气
					—	—	—	195±5	16	空气
		ZM2	T1(S)		—	—	—	325±5	5~8	空气
		ZM8	T6(ZS)		480(H₂中)	24	空气	150	24	空气
耐热铸造镁合金	Mg-RE-Zn-Zr	ZM3	T1(S)		—	—	—	250±5	10	空气
			T2(M)		—	—	—	325±5	5~8	空气
		ZM4	T4(Z)		570±5	4~6	压缩空气	—	—	—
			T6(ZS)		570±5	4~6	压缩空气	200	12~16	空气
		ZM6	T6(ZS)（或T61）①		530±5	8~12(4~8)	压缩空气	205	12~16(8~12)	空气
	Mg-Y	ZMg	T1(S)		—	—	—	310	16	空气
高强度变形镁合金	Mg-Mn	M2M(MB1)	T2(M)		—	—	—	340~400	3~5	空气
	Mg-Mn-Ce	ME20M(MB8)	T2(M)		—	—	—	280~320	2~3	空气
	Mg-Al-Zn	AZ40M(MB2)	T2(M)		—	—	—	280~350	3~5	空气
		AZ41M(MB3)	T2(M)		—	—	—	250~280	0.5	
		AZ61M(MB5)	T2(M)		—	—	—	320~380	4~8	
		AZ62M(MB6)	T2(M)		—	—	—	320~350	4~6	
			T4(Z)		380±5					
		AZ80M(MB7)	T2(M)		—	—	—	200±10	1	空气
			T6(ZS)		415±5			175±10	10	
	Mg-Zn-Zr	AK61M(MB15)	T1(S) T6(S)		— 515	— 2	— 水	150	2	空气
耐热变形镁合金	Mg-Nd-Zr	MA11②	T6(ZS)		490~500	—	水	175	24	空气
		MA12②	T6(S)		530~540	—	水	200	16	空气
锂镁合金	Mg-Li		T2(M)		—	—	—	175	6	空气
					—	—	—	150	16	空气

注：括号内为旧牌号。

① T61 为美国热状态符号，在热水中淬火加人工时效处理。

② 为俄罗斯牌号。

8.3.3　热处理设备和操作

8.3.3.1　热处理用炉

镁合金的热处理多采用装有高速或中速电风扇的强制空气循环电炉。炉膛工作区的温度控制在±5℃。炉膛内任一点的温度都不能超过最高允许温度。炉子的气密性要好。镁合金零件与电炉加热元件之间应装有用不锈钢制作的屏蔽罩或防护隔板，以免氧化皮掉落在镁合金加热工件上而引起腐蚀。

盐浴炉应用较少，应严格禁止使用硝盐。

8.3.3.2　装炉

加热工件必须清洁，应去除掉镁屑、碎片及油污等。在高温下固溶处理时尤须注意。在同一炉内只允许装入同一种合金。严禁在镁合金炉内装入铝合金料。装炉必须十分整齐，不应妨碍炉内空气循环。

8.3.3.3　保温时间

按照加热炉的种类、容积、装炉量、工件尺寸和截面厚度以及工件在炉内的排列方式不同，其保温时间应有所不同。表8-76中所推荐的保温时间适用于电炉加热、装炉量适当及中等截面厚度（＜25mm）的工件。当炉子容积较小、装炉量大、工件尺寸较大且截面厚度大于25mm时，必须考虑适当增加保温时间。

8.3.3.4　保护气氛

当加热温度超过400℃时，必须采用保护气体，以防止镁合金氧化和燃烧。

常用的保护气体有二氧化硫和二氧化碳，也可采用惰性气体（如氩气）来保护。二氧化硫可用瓶装的，也可随炉加入一些黄铁矿石（FeS_2），其用量为每立方米炉膛容积加入黄铁矿石1～2kg。加热时，黄铁矿受热分解，放出二氧化硫气体进行保护。二氧化碳可用瓶装的，也可以由气体燃烧炉中的循环气体获得。$\varphi(SO_2)$为0.7%时可使合金加热至465℃而不燃烧。$\varphi(SO_2)$为3%时可加热到510℃而不燃烧；$\varphi(SO_2)$为5%时加热到538℃而不燃烧。

二氧化硫在炉中易生成硫酸，对设备有腐蚀作用，需经常清理。二氧化硫对铝合金有腐蚀作用，因此不能在镁合金热处理炉中处理铝合金。如果必须在同一炉中处理镁合金和铝合金时，则应改用二氧化碳作为保护气体。

8.3.3.5　淬火冷却介质

镁合金固溶体的分解速度低，常在空气中冷却淬火。当装炉工件密集或工件很厚时，应采用鼓风冷却或在水中冷却。

8.3.3.6　畸变的控制

镁合金加热时强度降低，往往在自重作用下引起畸变。同时，由于工件中的内应力在加热过程中被消除，也可引起工件的翘曲畸变。为了防止畸变，应使用专用的夹具和支架。尽管如此，有些铸件在热处理后仍需矫直。工件在固溶处理后，人工时效前进行矫直是比较容易的。

8.3.4　热处理缺陷及防止方法

镁合金热处理时产生的缺陷及防止方法见表8-77。

表 8-77　镁合金热处理时产生的缺陷及其原因和防止方法

缺陷名称	产 生 原 因	防 止 方 法
氧化	热处理时未使用保护气体	使用$\varphi(SO_2)$为0.5%～1.5%或$\varphi(CO_2)$为3%～5%或在真空、惰性气体保护下进行热处理
过烧	1）加热速度太快 2）超过了合金的固溶处理温度 3）合金中存在有较多的低熔点物质 4）炉温控制仪表失灵，炉温过高 5）加热不均，使工件局部温度过高产生局部过烧	1）采用分段加热或从260℃升温到固溶处理温度的时间要适当缓慢 2）炉温控制在±5℃范围以内。加强对控温仪表的检查校正 3）降低合金中的锌含量至规定的下限 4）保持炉内热循环良好，使炉温均匀
畸变与开裂	1）热处理过程中未使用夹具和支架 2）工件加热温度不均匀	1）采用退火处理消除铸件中残余应力 2）加热速度要慢 3）工件壁厚相差较大时，薄壁部分用石棉包扎起来 4）采用夹具、支架和底盘等

（续）

缺陷名称	产 生 原 因	防 止 方 法
晶粒长大	铸件结晶时使用冷激铁,使局部冷却太快,在随后热处理时,未预先消除内应力	热处理前先进行消除内应力处理;在铸造结晶时注意选择适当的冷却;必要时采用间断加热方法进行固溶处理
性能不均匀	1) 炉温不均匀,炉内热循环不良或炉温控制不好 2) 工件冷却速度不均	1) 用标准热电偶校对炉温,热循环应良好 2) 控制炉温时热电偶应放在规定的炉温均匀的地方 3) 进行第二次热处理
性能不足 (不完全 热处理)	1) 固溶处理温度低 2) 加热保温时间不足 3) 冷却速度过低	1) 经常检查炉子工作情况 2) 严格按热处理规范进行加热 3) 进行第二次热处理
ZM5 合金 阳极化颜 色不良	1) 固溶处理后冷却速度太慢 2) 合金中铝含量过高使 Mg_4Zn_3 相大量析出	1) 应在固溶加热处理后强烈鼓风冷却 2) 调整铝含量至规定的下限

8.3.5　镁合金热处理安全技术

镁合金易燃,一点火星即可引起镁屑燃烧,潮湿的镁屑则会发生剧烈爆炸。在热处理时必须十分重视安全技术。在加热前要准确地校正仪表及检查电气设备。装炉前必须把工件上的毛刺、碎屑、油污及水拭擦清洗干净,工件上不得带有尖锐棱角。镁合金件绝对禁止在硝盐槽中加热,以免发生爆炸。车间内必须配备防火器具。

当发生控制仪表失灵或误操作而使炉内工件燃烧时,应立即切断电源、关闭电风扇和停止保护气体供应。炉内发生镁燃烧的标志是炉温急剧上升,从炉内冒出白烟。

当发生燃烧时绝对禁止用水灭火。刚刚发生燃烧时火焰较小,迅速用石棉布或石棉绳严密地封闭加热炉上所有能进入空气的孔眼,使空气隔绝,火焰即可扑灭。如果火焰继续燃烧,火焰不大而且燃烧中的工件可以接近并能安全地从炉内移出时,可以把工件移入钢桶中,而后用灭火剂扑灭。如果燃烧中的工件既不能接近又不能移出时,可用泵把灭火剂打入炉中,覆盖在燃烧的工件上来灭火。

镁及镁合金常用的灭火剂如下:

(1) 二号熔剂:其组成(质量分数)为 $MgCl_2$38% ~ 46%,KCl32% ~ 40%,$CaF_2$3% ~ 5%,$BaCl_2$5% ~8%,($NaCl + CaCl_2$) <8%,MgO <5%,制成干粉状。

(2) 三号熔剂:其组成(质量分数)为 $MgCl_2$33% ~ 40%,$CaF_2$15% ~ 20%,MgO7% ~ 10%,($NaCl + CaCl_2$) <6%,制成干粉状。

(3) 干沙。

(4) 干粉状石墨。

此外,还可采用瓶装的 BF_3 或 BCl_3 气体灭火,其方法是:先切断电源和保护气体,再将 BF_3 通过炉门或炉壁的四氯乙烯导管通入炉内,最小体积分数为 0.04%。随着 BF_3 的不断注入,可使火焰熄灭。待炉温下降到 370℃ 以下时,再打开炉门。

或将 BCl_3 气体通过炉门或炉壁的橡胶管注入炉内,其最小体积分数为 0.4%。使用时,最好给气瓶加热,以保证气体的充足供应。BCl_3 可与燃烧的镁发生反应生成浓雾覆盖工件,以达到灭火的目的。气体的注入直至炉温下降到 370℃ 时为止。

当炉内的镁合金工件已燃烧很长时间,且在炉底上已有很多液体金属时,则上述两种气体已不能完全扑灭火焰。

BCl_3 和 BF_3 这两种气体相比,BF_3 所需的有效浓度较低,且不需给气瓶加热,它与镁合金件的反应产物较 BCl_3 的危害小。而且 BCl_3 的蒸气有腐蚀性,并有恶臭,危害健康。

灭火人员除备有一般安全装备外,还要戴上有色眼镜,以防剧烈白光照射,保护眼睛。

8.4　钛及钛合金的热处理

钛及钛合金具有很多优良性能,首先,它的密度小而比强度很高。钛的密度为 4.5g/cm³,位于铝和

铁之间，而有些钛合金在室温抗拉强度范围内，它的
比强度（抗拉强度/密度），在金属材料中几乎最高，
如图8-30、图8-31和图8-32所示。其次是它的耐热
性和耐蚀性较好，在较低的温度（-253℃）下仍能
保持良好的塑性。此外，它还具有非磁性和线胀系数
小等特点。因此，在许多高新技术领域中都受到高度
重视和广泛应用（见表8-78）。

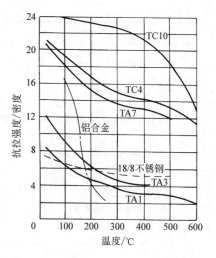

图8-31　几种工业用合金的高温比强度

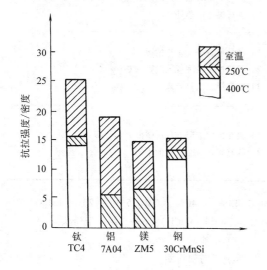

图8-30　几种金属材料在不同
温度的比强度

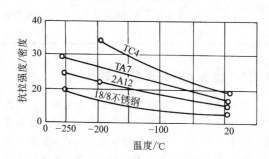

图8-32　几种工业用合金的低温比强度

表8-78　钛及钛合金的应用情况简介

应用领域		材料的使用特性	应 用 情 况
飞机制造业	喷气发动机	在500℃以下具有高的比强度和比疲劳强度,有良好的热稳定性、优异的抗大气腐蚀性能,可减轻重量	在500℃以下部位使用,如压气盘、叶片、燃烧室外壳、喷气管等
	机身	在300℃以下比强度高	如蒙皮、大梁、起落架、隔框、舱门、拉杆、导管等
火箭、导弹、宇宙飞船工业		在常温及超低温下,比强度高,有足够的塑性和韧性	如高压容器、燃料储箱、火箭发动机、导弹壳体、宇宙飞船的蒙皮、骨架、登月舱等
舰船工业		比强度高,在海水及海洋气氛下有优异的耐蚀性	耐压舰体、构件、球体、泵、管道等
化学工业		在氧化性和中性介质中有良好的耐蚀性	在石油、化工、纤维、造纸、化肥、酸、碱、氯气等工业中作热交换器、反应塔、合成器、阀门、管道、泵等
其他工业	冶金	有高的化学活性和良好的耐蚀性	
	医疗	对人体体液有极好的耐蚀性、无毒性,与肌肉组织亲合性良好	做医疗器械和外科矫形材料,还用于制牙、心脏内瓣、隔膜、骨关节、钛骨头等
	超高真空	有高的化学活性,能吸附氯、氢、CO、CO_2、甲烷等气体	制钛离子泵等

8.4.1 钛合金中的合金元素

钛具有同素异构转变，其转变温度为 882.5℃。在 882.5℃ 以下为 α 钛，它具有密排六方结构；在 882.5℃ 以上直到熔点（1668±5℃）之间为 β 钛，它具有体心立方结构。

按合金元素对同素异构转变温度（(α+β)/β 相变点）的影响和在 α 相或 β 相中的固溶度，合金元素又可分为三大类：

（1）α 稳定元素：它们能提高 α ⇌ β 相转变温度，可较多地固溶于 α 相中，扩大 α 相区（见图 8-33a）。

（2）β 稳定元素：它们能降低 α ⇌ β 相转变温度，可较多地固溶于 β 相中，扩大 β 相区（图 8-33b、c）。

（3）中性元素：它们对相转变温度影响不大，并能在 α 相和 β 相中均能大量溶解或完全互溶（图 8-33d）。钛及钛合金中常见元素的分类如表 8-79 所示。

β 共析型（图 8-33c）及 β 同晶型（图 8-33b）元素都是 β 稳定型元素。当它们在 β 相中的固溶浓度达到临界值时，可以阻止 β 发生平衡相变。这些元素的临界含量见表 8-80。

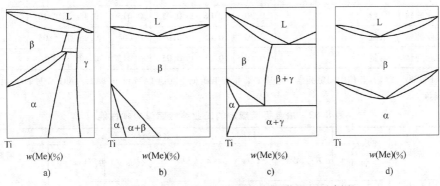

图 8-33 钛与常见元素（Me）间的四种典型相图（示意图）

表 8-79 钛及钛合金中常见的化学元素的分类

分 类			元 素 名 称
α 稳定元素	间隙式		O、C、N、B
	置换式		Al、Ga
中性元素	置换式		Zr、Sn
β 稳定元素	置换式	同晶型	Mo、V、Ta、Nb
		共析型 活性共析型	Cu、Ni、Si
		共析型 非活性共析型	Cr、Mn、Fe、Co
	间隙型		H(Si)

注：Si 是间隙型 β 稳定元素，但在钛合金中作为活性共析型元素使用。

表 8-80 β 稳定元素的临界含量

合金元素	临界含量 体积分数（%）	临界含量 质量分数（%）	电子浓度	元素类别
铁	4.5~4.9	5.2~5.7	4.2	β 共析型
锰	5.0	5.7	4.2	
钴	4.9	6.0	4.2	
镍	5.8~6.3	7.0~7.6	4.2~4.3	
铬	8.4	9.0	4.2	
钼	5.8	11.0	4.1	β 同晶型
钒	18.4	19.3	4.2	
铼	6.0	20.0	4.2	
钨	8.7	26.6	4.2	β 共析型
铌	23	26.8	4.2	β 同晶型
钽	21	50.0	4.2	β 同晶型

8.4.2 工业纯钛及钛合金的分类

8.4.2.1 工业纯钛

按照退火组织工业纯钛为 α 钛。按其杂质元素含量不同，又可分为四个等级，即 TA1、TA2、TA3 和 TA4，其化学成分如表 8-81 所示。

工业纯钛主要应用于要求塑性高、有适当的强度、有良好的耐蚀性及焊接性的零件。工业纯钛的冷加工和热加工性能好，可制成各种规格的板材、棒材、型材、带材、管材和箔材。板材可进行冷冲压。工业纯钛都在退火状态交付使用。

冶金标准规定的工业纯钛室温力学性能列于表 8-82。

表 8-81　工业纯钛牌号及化学成分

牌号	名义化学成分	化学成分（质量分数）（%）								
		Ti	Al	Si	杂质≤					其他元素	
					Fe	C	N	H	O	单一	总和
TA1ELI	工业纯钛	余量			0.10	0.03	0.012	0.008	0.10	0.05	0.20
TA1	工业纯钛	余量			0.20	0.08	0.03	0.015	0.18	0.10	0.40
TA1-1	工业纯钛	余量	<0.20	<0.08	0.15	0.05	0.03	0.003	0.12		0.10
TA2ELI	工业纯钛	余量			0.20	0.05	0.03	0.008	0.10	0.05	0.20
TA2	工业纯钛	余量			0.30	0.08	0.03	0.015	0.25	0.10	0.40
TA3ELI	工业纯钛	余量			0.25	0.05	0.04	0.008	0.18	0.05	0.20
TA3	工业纯钛	余量			0.30	0.05	0.05	0.015	0.35	0.10	0.40
TA4ELI	工业纯钛	余量			0.30	0.05	0.05	0.008	0.25	0.05	0.20
TA4	工业纯钛	余量			0.50	0.08	0.05	0.015	0.40	0.10	0.40

注：TA1ELI 也属于 TA1，其他中间隙元素（杂质）含量较 TA1 低。其他 TA2ELI 与 TA2，TA3ELI 与 TA3，TA4ELI 与 TA4 以此类推。

表 8-82　冶金标准规定的工业纯钛室温力学性能

牌号	产品种类	规格尺寸 /mm	室温力学性能≥					
			R_m/MPa	A(%)	$A_{11.3}$(%)	Z(%)	a_K/(kJ/m²)	弯曲角度 /(°)
TA1	板材	0.3~2.0	350~500	40				140
		2.1~10.0	350~500	30				130
	棒材		350	25		50	800	
	带材	0.5~0.8	350	40				140
TA2	板材	0.3~2.0	450~600	30				100
		2.1~10.0	450~600	25				90
	棒材		450	20		45	700	
	带材	0.5~0.8	450	30				130
	管材		450~600		20			
TA3	板材	0.3~2.0	550~700	25				90
		2.1~10.0	550~700	20				
	棒材		550	15		40	500	
	管材		550~700		20			

8.4.2.2　钛合金的分类：

1. α钛合金（TA）　α钛合金的主要合金元素是α稳定元素铝及中性元素锆和锡，它们在合金中有固溶强化作用。这类合金多呈单相α固溶体，不能热处理强化。近年来，发展了添加少量（质量分数）<4% β稳定元素的"类α钛合金"，又称"近α钛合金"。近α钛合金具有微弱的热处理强化效应。

α钛合金中的含铝量超过 6%（质量分数）时，可能产生有序相 Ti_3Al（$α_2$ 相），有助于提高合金的强度和蠕变抗力，但使塑性和断裂韧度急剧下降，并使热加工变形更加困难。

α钛合金通过不同的退火工艺可以得到不同的显微组织。在α相区加热退火，可以得到等轴的α细晶粒，具有较好的综合性能。在β相区加热退火时，晶粒急剧长大，空冷后形成片状的α组织，称为魏氏组织。如在β相区加热后淬火，则形成片状马氏体（α′），但它没有强化效果。

α钛合金的牌号及化学成分见表 8-83。

2. α+β钛合金（TC）　在钛合金中同时加入α稳定元素和β稳定元素则形成α+β钛合金，可使α相和β相同时得到强化。β稳定元素的加入量为 4%~6%（质量分数），则可获得足够数量的β相，以改善合金的塑性和热处理强化能力。在α+β钛合金中使用的α稳定元素主要是铝，其次是锡和锆；β稳定元素主要有钒、钼、铬、锰和硅等。这类合金的牌号及化学成分见表 8-84。

表 8-83 α 钛合金的牌号及化学成分

合金牌号	名义化学成分	主要成分（质量分数）（%）								杂质 ≤					其他元素	
		Ti	Al	Sn	Mo	Pd	Ni	Si	B	Fe	C	N	H	O	单一	总和
TA5	Ti-4Al-0.005B	余量	3.3~4.7						0.005	0.30	0.08	0.04	0.015	0.15	0.10	0.40
TA6	Ti-5Al	余量	4.0~5.5							0.30	0.08	0.05	0.015	0.15	0.10	0.40
TA7	Ti-5Al-2.5Sn	余量	4.0~6.0	2.0~3.0						0.50	0.08	0.05	0.015	0.20	0.10	0.40
TA7ELI	Ti-5Al-2.5SnELI	余量	4.50~5.75	2.0~3.0						0.25	0.05	0.035	0.0125	0.12	0.05	0.30
TA8	Ti-0.05Pd	余量				0.04~0.08				0.30	0.08	0.03	0.015	0.25	0.10	0.40
TA8-1	Ti-0.05Pd	余量				0.04~0.08				0.20	0.08	0.03	0.015	0.18	0.10	0.40
TA9	Ti-0.2Pd	余量				0.12~0.25				0.30	0.08	0.03	0.015	0.25	0.10	0.40
TA9-1	Ti-0.2Pd	余量				0.12~0.25				0.20	0.08	0.03	0.015	0.18	0.10	0.40
TA10	Ti-0.3Mo-0.8Ni	余量			0.2~0.4		0.6~0.9			0.30	0.08	0.03	0.015	0.25	0.10	0.40

表 8-84 近 α 及 α + β 钛合金的牌号及化学成分

化学成分（质量分数）（%）

合金牌号	名义化学成分	主要成分												杂质≤				其他元素	
		Ti	Al	Sn	Mo	V	Cr	Fe	Zr	Nb	Mn	Cu	Si	Fe	C	N	H	O	单一	总和
TC1	Ti-2Al-1.5Mn	余	1.0~2.5								0.7~2.0			0.30	0.08	0.05	0.012	0.15	0.10	0.40
TC2	Ti-4Al-1.5Mn	余	3.5~5.0								0.8~2.0			0.30	0.08	0.05	0.012	0.15	0.10	0.40
TC3	Ti-5Al-4V	余	4.5~6.0			3.5~4.5								0.30	0.08	0.05	0.015	0.15	0.10	0.40
TC4	Ti-6Al-4V	余	5.5~6.8			3.5~4.5								0.30	0.08	0.05	0.015	0.20	0.10	0.40
TC4ELI	Ti-6Al-4VELI	余	5.5~6.5			3.5~4.5								0.25	0.08	0.03	0.0125	0.13	0.10	0.30
TC6	Ti-6Al-1.5Cr-2.5Mo-0.5Fe-0.3Si	余	5.5~7.0		2.0~3.0		0.8~2.3	0.2~0.7					0.15~0.40	—	0.08	0.05	0.015	0.18	0.10	0.40
TC8	Ti-6.5Al-3.5Mo-0.25Si	余	5.8~6.8		2.8~3.8								0.2~0.35	0.40	0.08	0.05	0.015	0.15	0.10	0.40
TC9	Ti-6.5Al-3.5Mo-0.25Sn-0.3Si	余	5.8~6.8	1.8~2.8	2.8~3.8								0.2~0.4	0.40	0.08	0.05	0.015	0.15	0.10	0.40
TC10	Ti-6Al-6V-2Sn-0.5Cu-0.5Fe	余	5.5~6.5	1.5~2.5		5.5~6.5		0.35~1.0				0.35~1.0		—	0.08	0.04	0.015	0.20	0.10	0.40

（续）

合金牌号	名义化学成分	化学成分（质量分数）（%）																		
		主要成分												杂质 ≤					其他元素	
		Ti	Al	Sn	Mo	V	Cr	Fe	Zr	Nb	Mn	Cu	Si	Fe	C	N	H	O	单一	总和
TC11	Ti-6.5Al-3.5Mo1.5Zr-0.3Si	余	5.8~7.0		2.8~3.8				0.8~2.0				0.2~0.35	0.25	0.08	0.05	0.012	0.15	0.10	0.40
TC12	Ti-5Al-4Mo-4Cr-2Zr-2Sn-1Nb	余	4.5~5.5	1.5~2.5	3.5~4.5		3.5~4.5		1.5~3.0	0.5~1.5				0.30	0.08	0.05	0.015	0.20	0.10	0.40
TC15	Ti-5Al-2.5Fe	余	4.5~5.5											0.30	0.08	0.05	0.015	0.20	0.10	0.40
TC16	Ti-3Al-5Mo-4.5V	余	2.2~3.8		4.5~5.5	4.0~5.0							≤0.15	0.25	0.08	0.05	0.012	0.15	0.10	0.30
TC17	Ti-5Al-2Sn-2Zr-4Mo-4Cr	余	4.5~5.5	1.5~2.5	3.5~4.5		3.5~4.5		1.5~2.5					0.25	0.05	0.05	0.0125	0.08~0.13	0.10	0.30
TC18	Ti-5Al-4.75Mo-4.75V-1Cr-Fe	余	4.4~5.7		4.0~5.5	4.0~5.5	0.5~1.5	0.5~1.5	≤0.30				≤0.15	—	0.08	0.05	0.015	0.18	0.10	0.30
TC19	Ti-6Al-2Sn-4Zr-6Mo	余	5.5~6.5	1.75~2.25	5.5~6.5				3.5~4.5					0.15	0.04	0.04	0.0125	0.15	0.10	0.40
TC20	Ti-6Al-7Nb	余	5.5~6.5							6.5~7.5			Ta ≤0.5	0.25	0.08	0.05	0.009	0.20	0.10	0.40

α+β 钛合金的显微组织比较复杂。当在 β 相区锻造或加热后缓冷可得到魏氏组织（见图 8-34）；而在 α+β 两相区锻造或退火，则可得到等轴晶粒的两相组织（见图 8-35）。

图 8-34　Ti-6Al-4V 的魏氏组织　500×

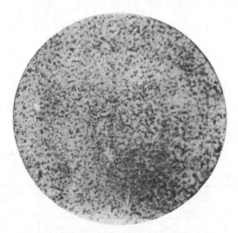

图 8-35　Ti-6Al-4V 的退火组织　500×

注：加热温度 800℃。

3. β 钛合金（TB）　在钛合金中含有多量的 β 稳定型合金元素，如钼、铬、钒、锰、镍等则形成了 β 钛合金，以 TB 表示。工业中已使用的 β 钛合金有 TB2、TB3 等，其化学成分见表 8-85。

β 钛合金由高温空冷或水冷后能得到单一的 β 相组织，通过时效可提高合金的强度。TB2 合金具有良好的冷成形性和焊接性。在固溶处理和时效状态下，其室温抗拉强度分别可达 1300MPa 和 1400MPa，TB2 的伸长率在 7% 以上。TB2 钛合金在焊接结构中使用时应降低强度使用，它一般用于在 350℃ 以下使用的高强度结构件上。

中国钛及钛合金牌号与国外相近牌号对照及性能和使用特点列于表 8-86。

8.4.3　钛合金中的不平衡相变

8.4.3.1　马氏体型相变

钛合金自高温（β 相区）快速冷却时，根据合金成分的不同，β 相可以转变成马氏体 α′（α″）、ω_q 或过冷 β_r 亚稳相（见表 8-87）。当 β 稳定化元素含量不高时，则 β 相由体心立方结构转变为密排六方结构，这种过饱和固溶体称为六方马氏体（α′）。β 稳定化元素含量较高时，转变阻力大，不能直接转变成六方马氏体，只能转变成斜方马氏体（α″）。若 β 稳定化元素含量更高，马氏体转变开始点 Ms 下降到室温以下，β 相将被固定到室温，这种 β 相称为"残留 β 相"或"亚稳 β 相"，用 β_r 表示。

马氏体转变开始温度 Ms 随 β 稳定化元素含量的增加而降低（图 8-36），当 β 稳定化元素增加到临界浓度 C_k 时，Ms 点降低到室温，β 相不再发生马氏体转变。

六方马氏体有两种形态。合金元素含量低、Ms 点高时，形成板条马氏体，位错密度较高。反之，合金元素含量较高、Ms 点低时，形成片状马氏体。除位错外，还有层错和大量 $\{10\bar{1}1\}_{\alpha'}$ 孪晶。

β 稳定型钛合金的成分接近临界浓度 C_k 时，除 α″ 和 β_r 外，还能形成淬火 ω_q 相，属六方晶系，与 β 相共生并共格。ω_q 相硬而脆，在淬火和回火时都要避免它的形成。

8.4.3.2　回火（时效）转变

钛合金淬火形成的 α′、α″、β_r 和 ω_q 相都是不稳定的，在随后的加热过程中要发生分解。

1. 马氏体分解　马氏体在 300~400℃ 开始发生分解。在 400~500℃ 时效可获得高度弥散的 α+β 相混合物，使合金弥散强化。

2. 亚稳相 β_r 相分解　β_r 分解有两种方式：
$$\beta_r \rightarrow \alpha + \beta_x \rightarrow \alpha + \beta_1$$
$$\beta_r \rightarrow \omega_a + \beta_x \rightarrow \omega_d + \alpha + \beta_x \rightarrow \alpha + \beta_1$$
β_x 是浓度比 β_r 高的 β 相；β_1 是平衡的 β 相，ω_a 是时效的 ω_q 相。

时效温度高时，可以跨过 ω_a 形成阶段，直接按第一种方式进行分解。时效温度低时，先从 β_r 析出 ω_a，使 β 相浓度升至 β_x，随后 ω_a 再分解出 α，使 β_x 的浓度升至 β_1。

3. ω_q 相的分解　ω_q 相是 β 稳定元素在 α 相中的过饱和固溶体，时效分解也很复杂，与 α″ 分解过程基本相近。

表 8-85　β钛合金的牌号及化学成分

合金牌号	名义化学成分	主要成分											杂质 ≤					其他元素	
		Ti	Al	Sn	Mo	V	Cr	Fe	Zr	Pd	Nb	Si	Fe	C	N	H	O	单一	总和
TB2	Ti-5Mo-5V-8Cr-3Al	余量	2.5~3.5		4.7~5.7	4.7~5.7	7.5~8.5						0.30	0.05	0.04	0.015	0.15	0.10	0.40
TB3	Ti-3.5Al-10Mo-8V-1Fe	余量	2.7~3.7		9.5~11.0	7.5~8.5		0.8~1.2						0.05	0.04	0.15	0.015	0.10	0.40
TB4	Ti-4Al-7Mo-10V-2Fe-1Zr	余量	3.0~4.5		6.0~7.8	9.0~10.5		1.5~2.5	0.5~1.5					0.05	0.04	0.015	0.20	0.10	0.40
TB5	Ti-15V-3Al-3Cr-3Sn	余量	2.5~3.5	2.5~3.5		14.0~16.0	2.5~3.5						0.25	0.05	0.05	0.015	0.15	0.10	0.30
TB6	Ti-10V-2Fe-3Al	余量	2.6~3.4			9.0~11.0		1.6~2.2						0.05	0.05	0.0125	0.13	0.10	0.30
TB7	Ti-32Mo	余量			30.0~34.0								0.30	0.08	0.05	0.015	0.20	0.10	0.40
TB8	Ti-15Mo-3Al-2.7Nb-0.25Si	余量	2.5~3.5		14.0~16.0						2.4~3.2	0.15~0.25	0.40	0.05	0.05	0.015	0.17	0.10	0.40
TB9	Ti-3Al-8V-6Cr-4Mo-4Zr	余量	3.0~4.0		3.5~4.5	7.5~8.5	5.5~6.5		3.5~4.5	≤0.10			0.30	0.05	0.03	0.030	0.14	0.10	0.40

化学成分（质量分数）(%)

表 8-86　中国钛及钛合金牌号与国外相近牌号对照及性能和使用特点

序号	合金类型	中国牌号	国外相近牌号	名义化学成分	工作温度/℃	强度水平/MPa	特点与应用
1	工业纯钛	TA1 TA2 TA3	Gr. 2（美） BT1-0（俄） Gr. 3（美） Gr. 4（美）	Ti Ti Ti	300 300 300	≥370 ≥440 ≥540	工业纯钛系指具有不同的 Fe、C、N、O 等杂质含量的非合金钛，不能进行热处理强化，成形性能优异，易于熔焊和钎焊。用于制造各种非承力件，长期工作温度可达 300℃
2	α	TA5	48-OT3	Ti-4Al-0.005B		≥680	具有优良的焊接性和耐蚀性，制造海洋环境下使用的结构件
3	α	TA7 （TA7ELI）	Gr. 6（美） BT5-1（俄）	Ti-5Al-2.5Sn	500	≥785	中强 α 钛合金，不能热处理强化。室温和高温下具有良好的断裂韧性。焊接性能良好，可制造机匣壳体、壁板等零件。可在 500℃ 下长期工作，TA7EL1 用于 -253℃ 的低温工作零件
4	α	TA9	Gr. 7（美）	Ti-0.2Pd	350	≥370	少量钯的加入改善了在氧化性介质中的耐蚀性，特别是抗缝隙的腐蚀能力，在化工和防腐工程中应用
5	近 α	TA16	ⅡT-7M（俄）	Ti-2Al-2.5Zr	350	≥470	高塑性低强度，耐蚀性和焊接性好的管材合金
6	近 α	TA10	Gr. 12（美）	Ti-0.3Mo-0.8Ni		≥485	耐蚀性能显著优于纯钛而接近 TA9
7	近 α	TA11	Ti-811（美）	Ti-8Al-1Mo-IV	500	≥895	具有较高弹性模量和较低的密度。室温强度与 TC4 相当，但高温性能高于 TC4。具有良好的焊接性。适用于制造发动机压气机盘、叶片和机匣等零件
8	近 α	TA12	Ti-55（国内）	Ti-5.5Al-4Sn-2Zr-1Mo-0.25Si-INd	550	≥980	属近 α 型热强钛合金，可在 550℃ 下长期工作，具有良好的工艺塑性，适于制造航空发动机压气盘、鼓筒和叶片等零件

（续）

序号	合金类型	中国牌号	国外相近牌号	名义化学成分	工作温度/℃	强度水平/MPa	特点与应用
9	近 α	TA18	Gr.9（美）	Ti3Al-2.5V	320	≥620	能在室温下成形,有良好的焊接性,其焊接性和冷成形优于 TC4 合金,该合金无缝管用于承压的航空液压和燃油等管路系统
10	近 α	TA19	Ti-6242S（美）	Ti-6Al-2Sn-4Zr-2Mo-0.1Si	500	≥930	可在 500℃ 下长期工作的近 α 型钛合金,高温强度和蠕变性能优于 TA11 合金,适于制造航空发动机压气机匣和飞机蒙皮等
11	近 α	TA21	OT4-0（俄）	Ti-1Al-1Mn	300	≥490	高塑性低强度、耐蚀性和焊接性好,主要用于作管材和钣金零件
12	近 α	TC1	OT4-1（俄）	Ti-2Al-1.5Mn	350	≥590	主要性能特点是比纯钛略高的使用强度和很好的工艺塑性及焊接性,不能采用固溶时效强化,可在 350℃ 长期工作,适于制造形状复杂的航空钣金件
13	近 α	TC2	OT4（俄）	Ti-4Al-1.5Mn	350	≥685	属于中强近 α 合金,不能热处理强化,具有良好的冲压焊接性能,可在 350℃ 下长期工作,适于制造航空钣金件
14	近 α	TA15（TA15-1 TA15-2）	BT-20（俄）（BT20-1CB BT20-2CB）	Ti-6.5Al-2Zr-1Mo-1V	500	≥930	属于高铝当量的近 α 型钛合金,具有 α 型合金的良好热强性和焊接性,又具有近 α + β 的钛合金的工艺塑性。TA15 具有中强,良好的热稳定性和焊接性,适于制造在 500℃ 长期工作的航空零件
15	近 α	TC20	IMI367（英）	Ti-6Al-7Nb	550	≥980	本合金无毒元素 Nb 取代 TC4 合金中的有毒元素 V。其主要力学性能与 TC4 相当。具有优异的生物相容性,是一种外科植入物的医用钛合金,目前在国内已有临床应用

（续）

序号	合金类型	中国牌号	国外相近牌号	名义化学成分	工作温度/℃	强度水平/MPa	特点与应用
16	α+β	TC4（TC4ELI）	Gr.5（美）BT-6（俄）	Ti-6Al-4V	400	≥895	属中强α+β型钛合金,具有优良的综合性能,热加工工艺性能好,在航空航天工业中获得最广泛的应用,可在400℃下长期工作。适于制造航空发动机的风扇和压气机盘和叶片以及飞机的框和接头等零件,TC4ECL用于-196℃低温零件
17	α+β	TC6	BT3-1（俄）	Ti-6Al-2.5Mo-1.5Gr-0.5Fe-0.3Si	450	≥980	属马氏体型α+β型钛合金,可在450℃下长期工作。具有良好的热强性能,兼具优良的热加工性能,适于制造航空发动机压气机盘和叶片以及飞机的框、接头等承力件
18	α+β	TC11	BT9（俄）	Ti-6.5Al-1.5Zr-3.5Mo-0.3Si	500	≥1030	属α+β型热强钛合金,可在500℃以下长期工作,具有优异的热强性能和良好的热加工工艺性能。适于制造航空发动机压气机盘和叶片等零件
19	α+β	TC16	BT16（俄）	Ti-3Al-5Mo-4.5V	350	≥1030	属马氏体型α+β钛合金,准高强钛合金,固溶时效后强度可达1030MPa以上,且应力集中敏感性小,适于制造紧固件
20	α+β	TC17	Ti-17（美）	Ti-5Al-2Sn-2Zr-4Mo-4Cr	430	≥1120	属高β稳定元素的α+β型高强钛合金。具有高强、断裂韧性好、淬透性高和锻造温度宽等优点。适于制造航空发动机风扇和压气机盘等大截面锻件,并能在430℃以下长期工作
21	α+β	TC18	BT22（俄）	Ti-5Al-4.75Mo-4.75V-1Cr-1Fe	400	≥1080（退火）	退火状态有高的强度,淬火状态有高的淬透性(250mm),适宜制造成承力构件和起落架零件
22	α+β	TC19	Ti-6426（美）	Ti-6Al-2Sn-4Zr-6Mo	400	1070	适合于中等温度、高强度的发动机压气机盘、风扇盘和叶片等重要构件

（续）

序号	合金类型	中国牌号	国外相近牌号	名义化学成分	工作温度/℃	强度水平/MPa	特点与应用
23	α + β	TC451	Corona5（美）	Ti-4.5Al-5Mo-2Cr-2Zr-0.2Si		≥850	热处理性能好,相同强度下其塑性和韧性优于 Ti-6Al-4V。冷热成形性、焊接性能良好
24	α + β	TC21	Ti62222（美）			≥1100	属于高强韧性损伤容限型钛合金,用于航空重要承载构件。该合金在研制阶段
25	α + β	ZTC3	国内	Ti-5Al-2Sn-5Mo-0.3Si-0.02Ce	500	≥930	一种有共析元素 Si 和稀土元素 Ce 的铸造钛合金,在 500℃以下具有优良的热强性,铸造性好,无热裂化倾向,可用于制造成航空发动机机匣、叶轮、支架等铸件
26	α + β	ZTC4	Ti-6Al-4V（美）BT6Л（俄）	Ti-6Al-4V	350	≥835	属于强铸造钛合金,可在 350℃以下长期工作,是国内外应用最广的铸钛合金,可用于制造机匣、壳体、支架、框架等静止航空构件,也可用于转速不高的叶轮等构件
27	α + β	ZTC5	BT26Л（俄）	Ti-5.5Al-1.5Sn-3.5Zr-3Mo-1.5V-1Cu-0.8Fe	500	≥930	属耐热马氏体型 α + β 铸造钛合金。常温下具有高的强韧性匹配和良好的热稳定性。铸造性好,无热裂倾向。可用于制造各种航天静止高强构件

表 8-87　钛合金自高温快速冷却时 β 相
转变形式及转变产物

原始 β 相条件	转变形式	转变产物
β 稳定化元素含量一般	β→α′	六方马氏体
β 稳定化元素含量较高	β→α″	斜方马氏体
β 稳定化元素含量更高	β→β$_r$	残留 β 相或亚稳 β 相
β 稳定化元素含量在临界浓度范围	β→ω$_q$	六方 ω 相

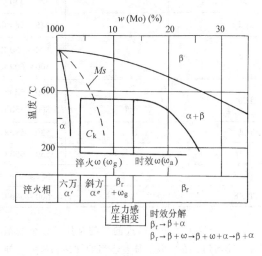

图 8-36　Ti-Mo 系二元合金相变
过程的综合分析图

8.4.4 钛合金的热处理

8.4.4.1 退火

退火的目的是消除由于压力加工、焊接、机械加工等造成的内应力，提高塑性、保证一定的力学性能，稳定组织。常用的退火方式有去应力退火及完全退火。有时还采用等温退火、双重退火和真空除氧退火等。

1. 去应力退火　去应力退火的目的是消除在冷加工、冷成形及焊接等工艺过程中造成的内应力。在这种退火过程中金属内部要发生回复，有时也称为不完全退火。退火温度应低于合金的再结晶温度，一般在 450 ~ 650℃ 之间。退火保温时间取决于工件截面尺寸、残余应力大小、加工历史及希望消除内应力的程度：对机械加工件一般为 0.5 ~ 2h，焊接件为 2 ~ 12h。退火温度越高，保温时间越长，内应力消除得越彻底（见图 8-37）。

对于含有较多 β 稳定化合金元素的 α + β 钛合

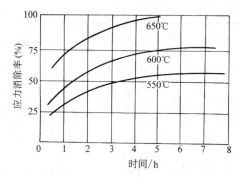

图 8-37　加热温度和时间对于消除
Ti-6Al-4V 合金中残余应力的影响

金，应尽量避免过高的加热温度，否则将会形成亚稳 β 相，并使工件在使用过程中析出脆而硬的 ω 相，使性能恶化。

表 8-88 列出了钛及钛合金去应力退火的工艺规范。对于复杂的焊接件，应采用表中推荐温度的上限。退火加热后在空气中冷却。

表 8-88　一些钛及钛合金消除应力退火工艺规范

合金牌号	产品类型	加热温度,保温时间,冷却方式
工业纯钛	— 铸件(ZTA1)	445 ~ 595℃,0.25 ~ 6.0h,空冷或炉冷 600 ~ 750℃,1 ~ 4h,炉冷
TA5		550 ~ 650℃,0.5 ~ 4h,空冷
TA7	— 铸件	540 ~ 650℃,0.25 ~ 6.0h,空冷或炉冷 600 ~ 800℃,1 ~ 4h,空冷或炉冷
TA9		480 ~ 595℃,0.25 ~ 4h,空冷或炉冷
TA10		480 ~ 595℃,6min ~ 2h,空冷
TC1		520 ~ 560℃,0.5 ~ 2h,空冷
TC2		545 ~ 585℃,0.5 ~ 6h,空冷
TC4		600 ~ 650℃,1 ~ 4h,空冷(完全去应力) 500 ~ 600℃,0.5 ~ 3h,空冷(不完全去应力)
TC6	焊接件	530 ~ 620℃,0.5 ~ 6h,空冷或炉冷 800 ~ 850℃,1 ~ 3h,空冷或炉冷
TC11		530 ~ 580℃,0.5 ~ 6h,空冷或炉冷
TC16		550 ~ 650℃,0.5 ~ 4h,空冷
TC17		550℃,4h,空冷
TC18		600 ~ 680℃,0.5 ~ 2h,空冷

2. 完全退火　完全退火的目的是使钛合金的组织和性能均匀，在室温下具有适当的韧性和最大的伸长率。对于耐热合金是使其在高温下具有尺寸组织的稳定性。大部分 α 和 α + β 型钛合金是在完全退火状态下使用的。

α 型钛合金的完全退火过程中主要是发生再结

晶。退火温度一般选择在 α 相区内，约在（α + β）/β 相变点以下 120 ~ 200℃。温度过高会引起不必要的氧化和晶粒长大，温度过低则再结晶不完全。退火后在空气中冷却。

近 α 钛合金和 α + β 钛合金的完全退火一般选择在 α + β 相区。它在完全退火中除了发生再结晶外，还有 α 相和 β 相在组成、数量及形态上的变化，确

定退火工艺也较复杂。在冶金厂，为了获得塑性好和稳定的组织，退火温度一般选择在（α + β）/β 相变点以下 120 ~ 200℃，冷却方式采用空气冷却。但对于产品最终使用前的退火，一定要根据退火工艺对显微组织和力学性能的影响通过试验来确定。钛及一些钛合金的退火工艺规范列于表 8-89。

表 8-89　钛及一些钛合金的退火工艺规范

合金牌号	产品类型	加热温度,保温时间,冷却方式
工业纯钛	板、带、管材	630 ~ 815℃,保温 0.25 ~ 2h,空冷或更慢冷
	棒、线材、锻件	630 ~ 815℃,保温 1 ~ 2h,空冷或更慢冷
TA5		700 ~ 850℃,保温 0.5 ~ 2h,空冷
TA7	板材	700 ~ 850℃,保温 10min ~ 2h,空冷
	棒、锻件	700 ~ 850℃,保温 1 ~ 4h,空冷
TA9		650 ~ 760℃,保温 6min ~ 2h,空冷或炉冷
TA10		650 ~ 760℃,保温 0.25 ~ 4h,空冷或分级冷却
TC1		580 ~ 760℃,保温 0.5 ~ 2h,空冷
TC2	板材	660 ~ 710℃,保温 0.25 ~ 1h,空冷
	棒、锻件	740 ~ 790℃,保温 1 ~ 2h,空冷
TC4	板材	700 ~ 850℃,保温 0.5 ~ 2h,空冷
	棒、锻件	700 ~ 850℃,保温 1 ~ 2h,空冷
TC6		双重退火 870 ~ 920℃,保温 1 ~ 2h,空冷至 550 ~ 600℃,保温 2 ~ 5h　空冷
TC11		双重退火 950℃,保温 1 ~ 2h,空冷至 530℃,6h 空冷

对于可热处理强化的 β 型钛合金，其完全退火实际上也就是固溶处理，退火温度一般选择在（α + β）/β 相变点以上，冷却方式采用空冷。

棒材和铸件的退火温度应略高于板材。

退火保温时间的选择与退火工件的尺寸有关。薄件一般不超过 0.5h，厚件可相应延长，如表 8-90 所示。

表 8-90　退火保温时间

截面最大厚度/mm	< 1.5	1.5 ~ 2.0	2.1 ~ 5.5	> 5.5
保温时间/min	10	15	25	60

保温时间也可按下列经验公式来计算：

$$T = 15 + AD$$

式中　T——保温时间（min）；

　　　A——保温时间系数（1 ~ 1.5min/mm）；

　　　D——工件的有效厚度（mm）。

退火后一般在空气中冷却。

3. 等温退火和双重退火　等温退火适用于 β 相稳定化元素含量较高的（α + β）钛合金。由于 β 相稳定性高，空冷不能保证 β 相充分分解，常采用等温退火。即将工件加热至比相变点低 30 ~ 80℃下保温（表 8-91 列出常用钛合金的 α + β ⇌ β 相变温度），然后炉冷或将工件移至某一较低温度（比相变点低 300 ~ 400℃）保温后空冷。经过这种处理后的工件具有较好的塑性和热稳定性。

双重退火是为了改善 α + β 钛合金的塑性、断裂韧度和组织稳定性，采取两次加热后空冷。第一次加热温度高于或接近再结晶终了温度，使再结晶充分进行。但又不使晶粒明显长大。空冷后的组织尚不够稳定，需要第二次再加热至稍低的温度，保温较长的时间，使 β 相充分分解、聚集，以保证工件在长期工作过程中组织稳定。

表 8-91　常用钛合金的 α + β ⇌ β
相变温度

合金牌号	β 转变点/℃	合金牌号	β 转变点/℃
工业纯钛	890 ~ 920	TC4	980 ~ 990
TA5	980 ~ 1000	TC6	950 ~ 980
TA6	1000 ~ 1020	TC7	1010 ~ 1030
TA7	1000 ~ 1020	TC8	1000 ~ 1020
TA8	950 ~ 980	TC9	1000 ~ 1020
TC1	910 ~ 930	TC10	930 ~ 960
TC2	920 ~ 940	TB1	750 ~ 780
TC3	960 ~ 970	TB2	740 ~ 760

4. 真空除氢退火　当钛合金中的氢含量超过规定值时，有导致氢脆的危险，必须在真空炉中进行除氢退火。对于不再进行加工或要求精密尺寸公差的薄壁件，也采用真空退火处理。真空处理时，焊接件表面易于腐蚀，晶粒长大倾向严重，退火温度不宜过高，时间不宜过长，一般采用 540 ~ 760℃，2 ~ 4h。

8.4.4.2　固溶处理和时效

1. 固溶加热温度　固溶加热温度应根据合金成分及所要求的性能来确定。α + β 型钛合金常在 α + β 相区加热。固溶加热温度对 Ti-6Al-4V（TC4）合金力学性能的影响如图 8-38 所示。对于亚稳 β 型钛合金，应在稍高于 β 转变点的温度加热，以免晶粒过分长大。钛合金的固溶处理和时效规范见表 8-92。

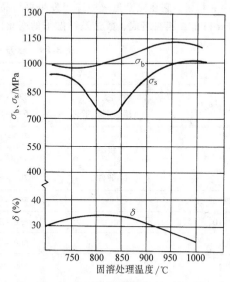

图 8-38　固溶处理温度对 Ti-6Al-4V
合金力学性能的影响

表 8-92　一些钛合金固溶处理及时效工艺规范

合金牌号	固溶处理			时效		
	加热温度/℃	保温时间/h	冷却介质	加热温度/℃	保温时间/h	冷却介质
TC4	850 ~ 930	0.5 ~ 2	水	450 ~ 600	2 ~ 6	空气
	900 ~ 940	5 ~ 10min	水	540	4	空气
	925 ~ 955	0.5	水	540	4	空气
	955 ± 15	2	水	540	4	空气
TC6	840 ~ 900	20min ~ 2h	水	500 ~ 620	1 ~ 4	空气
TC11	β 热处理：β 相变点以上 20 ~ 30℃	0.5	油	550 ± 10	6 ~ 7	空气
	再于 950℃ ± 10℃	1 ~ 2	空气			
TC16	780 ~ 830	1.5 ~ 2.5	水	500 ~ 580	6 ~ 10	空气
TC17	800 ± 10	4	水	585 ~ 685	8	空气
	840 ± 10	1	空气			
	800 ± 10	4	水			
TC18	700 ~ 760	1	水	500 ~ 560	8 ~ 16	空气
TC19	870	1	水	595	8	空气

2. 保温时间　固溶处理温度通常都比较高，氧化比较严重，在热透的前提下应尽可能缩短加热时间。保温时间可按下列经验公式计算：

$$T = (5 \sim 8) + AD$$

式中　　T——保温时间（min）；

　　　　A——保温时间系数（3min/mm）；

　　　　D——工件有效厚度（mm）。

3. 淬火转移时间　β 相稳定化元素含量较少的 α + β 相钛合金（如 TC4），其 β→α 转变迅速，转移时间超过 2s 便会导致 α 相析出，使力学性能下降。截面大的工件转移时间也不能超过 10s。合金中 β 相稳定化元素含量较多时，转移时间可相应延长。β 型钛合金甚至在空气中冷却也可得到单一 β 相组织。

4. 冷却介质　水是应用最广泛的介质，高闪点、低粘度的油也可使用。厚度在 4mm 以下的板材可在盐槽中淬火，可使用亚硝酸盐或硝酸盐，但不能使用含有氯化物的盐类。

5. 时效　钛合金的时效规范可参阅表 8-92，时效规范的选择取决于对合金力学性能的要求。Ti-6Al-4V（TC4）在 500℃ 时效时强度最高，在 540℃ 时效后的强度和伸长率均较好，在 675℃ 时效时，可得到较高的断裂韧度。

由于钛合金中多含有过渡族元素钼、钒、铬、锰等，时效温度较低时，易于析出脆性的 ω 相。为了防止 ω 相的形成，常在 500℃ 以上进行时效。

生产中大多采用时间较长的时效，使组织接近于平衡状态，提高热稳定性。

为了消除淬火和时效后机械加工所造成的内应力，还可以进行补充时效，但温度不应超过原时效温度，时间为 1 ~ 3h。时效温度偏差一般应保证 ±5℃ 范围以内。

8.4.4.3　形变热处理

钛合金的形变热处理方法主要有两种，即高温形变热处理（变形温度在再结晶温度以上）和低温形变热处理（变形温度在再结晶温度以下），这两种形变热处理可以分别进行，也可以组合进行。图 8-39 所示为 β 钛合金管材的形变热处理工艺示意图。

形变热处理不但能显著提高钛合金的室温强度和塑性，也可以提高合金的疲劳强度和热强性以及抗蚀性。

形变热处理能够改善合金力学性能的原因是变形可使晶粒内部位错密度增加，晶粒及亚晶细化，促进了时效过程中亚稳相的分解，析出相能均匀弥散分布。形变时基体发生多边化，形成稳定的亚组织，对提高合金的室温及高温性能也有一定贡献。

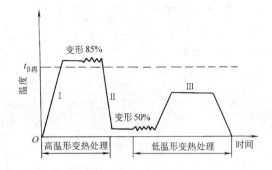

图 8-39　高温形变热处理 + 低温形变热处理示意图

α + β 型钛合金和 β 型钛合金经形变热处理后，R_m 提高 5% ~ 20%，$R_{p0.2}$ 提高 10% ~ 30%。例如，Ti-6.5Al-3Mo-0.5Zn-0.3Si 合金经 920℃ 变形 40% ~ 60%，淬火时效后，$R_m = 1400\text{MPa}$，$A = 12\%$，$Z = 50\%$；而经普通热处理后 $R_m = 1160\text{MPa}$，$A = 15\%$，$Z = 42\%$。

影响形变处理强化效果的因素主要是合金成分、变形温度、变形程度、冷却速度及随后的时效规范。

合金中 β 相稳定化元素含量增加时，淬火后亚稳 β 相的数量增加，使形变热处理效果增大。变形程度的影响规律比较复杂，一般是加大变形程度时，时效效果增加。

α + β 型钛合金形变热处理时，在形变后采用水冷。β 型钛合金可采用空冷。变形加工完毕至水冷之间的时间间隔应尽量缩短。

低温形变热处理应在淬火后快速加热至变形温度，以防止塑性较好的亚稳 β 相过早分解。"过热"β 相在其稳定性最低的温度下分解孕育期约为 5min，变形要在 5min 内完成。亚稳定 β 相的低温变形有利于随后时效分解。例如 Ti-5Al-Mo-5V-1Fe-1Cr α + β 型钛合金在 750℃ 淬火后，以 10℃/s 速度加热至 500℃，4min 内变形 50%，在 500℃ 时效 8h 后，其 $R_m = 1380 \sim 1550\text{MPa}$，$A = 6\% \sim 12\%$；而常规淬火时效处理后，其 $R_m = 1250 \sim 1380\text{MPa}$，$A = 4\% \sim 8\%$。

α + β 型钛合金多采用高温形变热处理，在稍低于 β 相变点的温度变形 40% ~ 70%，然后水冷，可获得最好的强化效果。

几种钛合金在不同热处理状态的力学性能列于表 8-93，表 8-94 列出几种钛合金最佳形变热处理工艺规程及力学性能对比。

表 8-93　钛合金的力学性能

牌号	材料	热处理状态	试验温度/℃	R_m	$R_{p0.2}$	$A_{11.3}$（%）	a_K	σ_{100}	$\sigma_{0.2/100}$
				MPa			/（kJ/m²）	MPa	
TA5	板材（厚 12mm）	退火	20	700	650	15（δ_5）	588	—	—
			400	400	300	15.7	—	—	—
			500	380	300	13.5	—	—	—
TA6	板材	退火	20	800	690	15	294～490	—	—
			450	430	350	14	—	—	—
			500	350	—	—	—	200	
TA7	板、棒	退火	20	750～950	650～850	8～15	3924	—	—
			350	500～600	340～460			450～500	
			500	450～520	300～400	—		20	
TC1	板（厚≤10mm）	退火	20	600～800	—	20～25（A）	—	—	—
TC2	板（厚≤10mm）	退火	20	700	—	12～15（A）	—	—	—
TC3	板（厚≤10mm）棒材	退火	20	900		8～10（A）		—	—
		退火	20	1000～1150	900～1050	10～15（A）	343～588		
		退火	350	850		13		—	—
		退火	500	750		14		—	—
TC4	棒材、锻件	退火	20	950		10（A）	392		
		淬火时效	20	1190	—	13（A）		—	—
		退火	350	777	630	16.8（A）			
		退火	400	630	—	—		580	360
TC6	棒材	淬火时效	20	1100	1000	12（A）		—	—
		—	400	600	490	14（A）		600	306
			500	560	420	15（A）		360	53
TC9	棒材	退火	20	1200	1030	11（A）		—	
			400	900	720	13（A）			
			500	870	720	14（A）		≥650	280～310
			550	810	660	15（A）	—	≥450	120～150
TC10	棒材（φ22）	退火	20	1100～1150	1000	10～14（A）	＞343	—	—
			400		—	—		800	
			450	800	600	19（A）		＞550	
TB2	板材（厚 1.0～3.5mm）棒材	淬火时效	20	1350	—	8（A）			
		淬火时效	20	≤1000	—	20（A）	—	—	—
		淬火时效	20	1350	—	7（A）	147		
		淬火时效	20	≤1000	—	18（A）	294		

表 8-94　几种钛合金最佳形变热处理工艺规范及力学性能对比

合　金	热处理工艺	室温性能				450℃高温瞬时			450℃持久强度	
		R_m /MPa	A (%)	Z (%)	σ_{-1} /MPa	R_m /MPa	A (%)	Z (%)	应力 /MPa	破坏时间/h
Ti-6Al-2.5Mo-2Cr-0.3Si-0.5Fe(BT3-1)	850℃淬火+550℃,5h时效	1150	10	48	560	770	15	46	690	73
	850℃变形50%~70%,水冷,500℃,5h时效	1460	10	45	610	920	13	67	690	163
Ti-6Al-4V (TC4)	880℃淬火+590℃,2h时效	1160	15	43	500	743	18.5	63.5	750	110
	920℃变形50%~70%,水冷,590℃,2h时效	1400	12	50	590	985	15	63	750	120
Ti-4.5Al-3Mo-1V	880℃淬火+480℃,12h时效	1165	10	37	590	845	15	67	600	24
	850℃变形50%~70%,水冷,590℃,12h时效	1270	10	39	620	900	17	65	600	86
BT22	820℃变形30%,水冷,630℃,2h时效	1350	10	35	—	—	—	—	—	—

8.4.5　影响钛合金热处理质量的因素

在高温下钛的化学活性很高,容易与炉气中的氢、氧、氮、氯等元素作用,对性能产生不良影响,必须予以控制。

8.4.5.1　氢

合金中 $w(H)$ 通常限制在 0.15%~0.2% 以下,超过限量时,可能导致氢脆破断。加热最好在真空炉中进行,在盐浴炉和空气电炉中加热尚可。在燃烧炉中加热时,火焰不能直接喷向工件,应将炉气调整成中性或略带氧化性。

8.4.5.2　氧

在热处理加热时,钛与氧作用会生成氧化膜,其厚度与温度的关系列于表 8-95。另外,氧向内部扩散后形成富氧的 α 层,其厚度一般可达 40~80μm。富氧 α 层的塑性很差。在使用时易剥落,可通过机械加工予以清除。精密的细薄件一般采用真空、惰性气体介质加热或涂层保护。

表 8-95　工业纯钛在不同温度下于空气
中加热半小时后的氧化膜厚度

温度 /℃	氧化膜厚度 /mm	温度 /℃	氧化膜厚度 /mm
316	极薄	816	<0.025
427	极薄	871	<0.025
538	极薄	927	<0.051
649	0.005	982	0.051
704	0.005	1033	0.102
760	0.0076	1093	0.353

8.4.5.3　氯化物

加热至290℃以上,在氯盐和应力作用下,钛合金会产生应力腐蚀。应力腐蚀程度与时间、温度和应力大小有关。氯化物的离子可能来源于指痕和清洗液。在热处理前后搬运和清洗工件时要特别注意。

8.4.5.4　氮

钛合金如吸收大量氮,会使塑性显著下降。但钛合金在热处理过程中吸氮的速度比吸氧慢得多,不致造成严重影响。

8.5　高温合金的热处理

8.5.1　高温合金的分类和牌号表示法

在工业生产中使用最广泛的高温合金是镍基高温合金,此外,还有铁(铁-镍)基和钴基高温合金。这些高温合金都在高于 540℃ 下使用。高温合金中含有较多的合金元素,这些元素对合金的性能,特别是高温性能起着不同的强化作用。根据合金强化类型不同,高温合金可分为固溶强化型和时效析出强化型。根据合金加工工艺的不同,则可分为变形高温合金和铸造高温合金。

变形高温合金的牌号以"GH"为前缀后接四位阿拉伯数字表示。第一位数字"1"和"2"表示固溶强化型和时效强化型铁基高温合金。"3"和"4"表示固溶强化型和时效强化型镍基高温合金。"5"和"6"表示固溶强化型和时效强化型钴基高温合金。"GH"后的第2、3、4位数字则表示合金的编号。铸造高温合金采用"K"为前缀,后接三位阿拉伯数字,其中第一位数字表示合金分类,与变形高温合金相同。

8.5.2　高温合金中的合金化元素及其作用

1. 基体元素的特点　镍为面心立方晶体结构，无同素异构转变，而铁、钴在高温下为面心立方奥氏体结构，在室温下分别为体心立方和密排六方结构。奥氏体比体心立方的铁素体具有更高的高温强度。例如含铬约 25%（质量分数）的 Fe-Cr-Ni 合金，随着镍含量的增加，母体组织从铁素体逐渐转变为奥氏体。600℃、700℃时的蠕变强度也随之提高。概括起来：

（1）Ni 具有较高的化学稳定性，在 500℃ 以下不氧化，常温下不易受潮气、水及某些盐类水溶液的浸蚀。Co 和 Fe 的抗氧化性能都比 Ni 差，但 Co 的抗热腐蚀能却比 Ni 强。

（2）Ni、Fe、Co 的合金化能力不同。Ni 可以固溶更多的合金元素，而不生成有害相，而 Fe 却只能固溶较少的合金元素，并会析出各种有害相。

（3）Ni 是最佳的高温合金的基体金属。Ni 基高温合金具有优异的高温性能（见图 8-40 所示的各种合金在 100h 的断裂应力和图 8-41 所示的各种抗蠕变材料的最高服役温度的示意图）。在某些使用条件下，Co 基高温合金在耐热腐蚀及耐热疲劳方面也有较好的表现。Fe 基（Fe-Ni 基）高温合金的使用温度范围较 Ni 基、Co 基高温合金低。

2. 高温合金中的合金化元素　根据高温合金的强化机制，合金元素在 Fe 基（Fe-Ni 基）、Ni 基和 Co 基高温合金中的作用列于表 8-96。

8.5.3　高温合金强化机制简介

1. 固溶强化　由表 8-96 可知，大多数合金元素

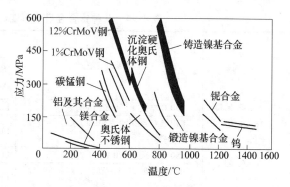

图 8-40　各种合金在 100h 的断裂应力

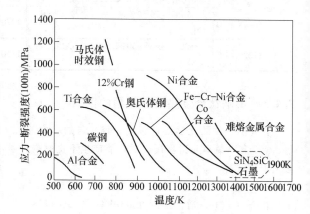

图 8-41　各种抗蠕变材料的最高服役温度

溶于高温合金基体中发生固溶强化。如在 Ni 基高温合金中的 Co、Fe、Cr、Mo、W、V、Ti 和 Al，这些溶质原子与 Ni 的原子直径相差 1% ~ 13%。形成固溶体时，造成晶格畸变，引起弹性应力场，使合金强化。表 8-97 列出了质量分数为 10% 的 Cr、W 或 Mo 对 Ni 的固溶强化作用。

表 8-96　高温合金中各元素的作用

元素作用[1]	Fe 基合金	Co 基合金	Ni 基合金
固溶强化	Cr、Mo	Nb、Cr、Mo、Ni、W、Ta	Co、Cr、Fe、Mo、W、Ta、RE
fcc 母体稳定化	C、W、Ni	Ni	—
碳化物形成元素:MC	Ti	Ti	W、Ta、Ti、Mo、Nb、Hf
M_7C_3	—	Cr	Cr
$M_{23}C_6$	Cr	Cr	Cr、Mo、W
M_6C	Mo	Mo、W	Cr、W、Nb
C-N 化物:[M(CN)]	C、N	C、N	C、N
形成 γ'[Ni3(Al,Ti)]	Al、Ni、Ti	—	Al、Ti
增加 γ' 溶解度	—	—	Co
硬化沉淀相和/或金属间相	Al、Ti、Nb	Al、Mo、Ti[2]、W、Ta	Al、Ti、Nb
抗氧化能力	Cr	Al、Cr	Al、Cr、Y、La、Ce
改进抗热腐蚀能力	La、Y	La、Y、Th	La、Th
改进蠕变性能	B	—	B、Ta
增加断裂强度	B	B、Zr	B[3]
晶界精炼	—	—	B、C、Zr、Hf
易于加工	—	Ni₃Ti	—

① 在指定合金中并非需要全部这些要求。
② 由 Ni₃Ti 沉淀硬化出现在含 Ni 量足够多的情况下。
③ 如果大量存在时可形成硼化物。

表 8-97　质量分数为 10% 的 Cr、W 或 Mo 对 Ni 的固溶强化作用

Ni 合金与纯 Ni 的强度比	屈服强度	持久强度			
	室温	650℃,1h	650℃,100h	815℃,1h	815℃,100h
Ni + 10% Cr/Ni	1.5	3.0	2.6	2.0	2.0
Ni + 10% Mo/Ni	2.4	3.1	3.6	2.4	2.4
Ni + 10% W/Ni	2.6	3.2	4.6	3.0	2.7

2. 第二相强化　又可细分为:

(1) 时效析出强化。主要是在时效过程中析出的金属间化合物 γ′(Ni₃AlTi)、γ″(NiₓNb) 或碳化物的强化效果。镍基高温合金时效时可获得共格析出的 γ′(Ni₃AlTi) 强化相。γ′相存在一个临界尺寸,在此临界尺寸处可获得最大的强化效果(见图 8-42)。γ′相的数量也是合金强化的重要参数,它可通过加入元素的种类和数量来控制,这是制定热处理工艺时应该考虑的。通过加入 Al、Ti、Nb 等 γ′相形成元素,可使 Ni 基合金的 γ′相数量从约 10% 增加到 65%。但对 Fe 基合金 γ′相数量的增加是有限的。

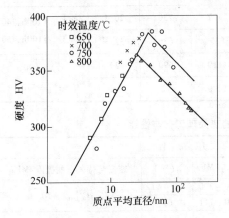

图 8-42　γ′质点尺寸对 Ni-Cr-Al-Ti
合金性能的影响

(2) 碳化物强化及弥散质点强化。在碳化物强化的 Fe 基高温合金中,各类碳化物的强化作用不同,VC 具有强时效硬化能力,M₂₃C₆ 及 NbC 次之。NbC 十分稳定,高温固溶时溶解困难,无强烈的时效析出硬化效果。M₂₃C₆ 析出温度高,倾向于沿晶界析出,时效强化作用也不大。只有 VC 起最强的时效强化作用。氧化物等质点非常稳定,在较高温度下具有很高的强度。

(3) 铸造 Co 基高温合金。M₂₃C₆ 凝固结晶时形成碳化物骨架,这种骨架像复合材料中的网状增强剂一样起强化作用。另外铸造凝固结晶时的偏析造成枝晶干和枝晶间的析出不均匀。碳化物强化的铸造 Co 基和 Fe 基合金,碳化物在枝晶界及晶界上形成骨架,

加剧了晶界及枝晶间区域的形变阻力,因此铸造高温合金比变形合金蠕变性能好。

8.5.4　高温合金的热处理

8.5.4.1　Fe 基、Ni 基高温合金热处理

一般分为固溶处理、中间处理、固溶 + 时效处理三种:

1. 固溶处理　固溶处理的目的将合金中的碳化物、粗大的金属间化合物 γ′相溶入基体,为后续时效过程中析出细小的均匀分布的强化相而做准备。合金的成分、使用条件等是制定固溶温度和保温时间的依据,通常的固溶温度在 1000 ~ 1200℃。要求晶粒细小时,固溶温度要低。如果要求高的持久和蠕变性能,晶粒尺寸较大为宜,则固溶温度应较高。

2. 中间处理　界于固溶处理与时效处理之间的热处理,也称为稳定化处理或低温固溶(或高温时效)。其目的是使合金晶界析出一定量的各种碳化物相和硼化物相颗粒,提高晶界强度。使晶界及晶内析出较大颗粒的 γ′相,从而使晶界、晶内强度得到协调配合,提高合金高温持久性能、蠕变寿命和持久伸长率,改善合金长期使用的组织稳定性。大部分高温合金都需要进行中间处理,对合金化程度高的时效强化型合金更为重要。例如 GH4037、GH4049 合金经 1050℃ 中间处理后,晶界上析出颗粒状 M₂₃C₆、M₆C 碳化物,提高了合金持久强度和持久伸长率。GH4049 合金经中间处理后,晶内析出方形的大块 γ′相,在后续的时效处理时又析出较细小的圆形 γ′相,虽然 γ′相的析出总量与未经中间处理的合金相同,但其在 900℃、220MPa 作用下持久寿命提高了 50h 以上。

3. 时效处理　时效过程中,在合金基体上析出一定数量和尺寸的强化相 γ′相以及碳化物等,以达到合金强化的目的。一般时效温度就是合金主要的使用温度。一些 Ni 基合金的时效温度及使用温度列于表 8-98。有些高温合金如 GH2036、GH4710 要进行分级时效(二级),其目的是调整强化相的尺寸,使合金的强度和塑性得到最佳配合。一些 Fe 基、Ni 基高温合金的热处理制度列于表 8-99 和表 8-100。

表 8-98　一些镍基合金时效温度与使用温度

合金牌号	GH4033	GH4043	GH4037	GH4143	GH4049	GH4188	GH4151	GH4220
时效温度/℃	700 ~ 750	800	800	700	850	1100	950	950
使用温度/℃	700 ~ 750	800 ~ 850	800 ~ 850	900	900	950	950	950
使用零件	盘件和叶片	卡圈和叶片	叶片	空心叶片	叶片	叶片	叶片	叶片

表 8-99　常见的几种铁基高温合金的热处理工艺与性能

类型	牌号	供应状态	热处理	温度/℃	R_m/MPa	$R_{p0.2}$/MPa	A(%)	持久强度极限/MPa
固溶状态	GH1035	冷轧板材	淬火:1100 ~ 1140℃,空冷	20	600		35	$\sigma_{100}^{800}=80$,
				800	250		58	$\sigma_{100}^{900}=30$
	GH1140	冷轧或热轧板材	淬火:1050 ~ 1080℃,空冷	20	670	260	40	$\sigma_{100}^{800}=82.5$,
				800	270	180	40	$\sigma_{100}^{900}=30$
	GH1131	冷轧板材	淬火:1160 ± 20℃,空冷	20	855		41.3	$\sigma_{511}^{800}=110$,
				800	355		60.0	$\sigma_{300}^{900}=52$
时效状态	GH2036	热轧棒,锻饼	淬火:1150℃,水冷 时效:670℃ 16h + 790℃ 16h,空冷	20	940	600	16	$\sigma_{100}^{600}=450$,
				600	600	450	12	$\sigma_{100}^{650}=350$
	GH2132	热轧棒,冷轧板	淬火:980℃,油冷 时效:720℃16h,空冷	20	1137	730	20.4	550℃,≥100h,740
				650	835	636	32.3	650℃,≥100h,450
	GH2135	饼或棒	淬火:1140℃,空冷 时效:830℃ 9h + 700℃ 16h,空冷	20	1110	690	20	$\sigma_{100}^{600}=690$,
				650	1000	72	16	$\sigma_{100}^{650}=570$

表 8-100　常用几种变形镍基高温合金的热处理工艺与性能

类型	牌号	热处理	温度/℃	R_m/MPa	$R_{p0.2}$/MPa	A(%)	蠕变与持久强度极限/MPa
固溶状态	GH3030	980 ~ 1020℃空冷	20	730 ~ 780	270 ~ 300	38 ~ 40	$\sigma_{100}^{800}=45$, $\sigma_{0.2/100}^{800}=10$
			800	180 ~ 220	100 ~ 111	65	
	GH3039	1050 ~ 1080℃,空冷	20	830 ~ 860	400	45	$\sigma_{100}^{800}=70$
			800	290	150	40	
	GH3044	1200℃,空冷	20	750 ~ 900	300 ~ 350	45 ~ 65	$\sigma_{100}^{800}=110$, $\sigma_{0.2/100}^{800}=33$
			800	380 ~ 430	190 ~ 230	40 ~ 55	
	GH3128	1215℃,空冷	20	830 ~ 850	—	60 ~ 62	800℃,$\sigma=110,402$h
			800	420	—	70 ~ 86	900℃,$\sigma=60,170$h
时效状态	GH4033	淬火:1080℃ 8h,空冷 时效:700℃ 16h,空冷	20	950 ~ 1100	620 ~ 700	15 ~ 30	$\sigma_{100}^{800}=250$, $\sigma_{0.2/100}^{800}=150$
			800	500 ~ 600	420 ~ 480	12 ~ 20	
	GH4037	一次淬火:1190℃ 2h,空冷 二次淬火:1050℃ 4h,空冷 时效:800℃ 16h,空冷	20	1140	750	14	$\sigma_{100}^{800}=280$, $\sigma_{0.2/100}^{800}=170$ $\sigma_{0.2/100}^{850}=140$
			800	750	460	6 ~ 8	
	GH4049	一次淬火:1220℃ 2h,空冷 二次淬火:1050℃ 4h,空冷 时效:850℃ 8h,空冷	20	1000 ~ 1200	750 ~ 800	6 ~ 12	$\sigma_{0.2/100}^{800}=350$, $\sigma_{0.2/100}^{900}=140$
			800	800 ~ 900	600 ~ 700	9 ~ 12	

8.5.4.2　钴基高温合金的热处理

　　与 Ni 基、Fe 基高温合金一样，Co 基高温合金的热处理也有固溶处理、固溶 + 时效处理和时效处理，但没有中间处理和分级时效处理。Co 基合金主要是通过碳化物强化的合金，因此，热处理的目的是改善碳化物的尺寸和分布。固溶保温使粗大的碳化物大部分固溶于基体，使组织更加均匀，在后续的时效过程中，析出更细小均匀的 $M_{23}C_6$ 颗粒。时效温度越低，析出碳化物越细小，抗拉强度提高，塑性降低。要获得较高的高温持久强度和塑性，则析出碳化物尺寸可大些。所以，应根据使用性能来选择时效温度和时间。表 8-101 列出几种 Co 基高温合金的热处理制度。

表 8-101　几种变形 Co 基高温合金的热处理制度

合金牌号	固溶处理			时效处理		
	温度/℃	保温时间/h	冷却方式	温度/℃	保温时间/h	冷却方式
Haynes25（美）（L605）	1230	1	快速空冷	—	—	—
Haynes188（美）	1175	0.5	快速空冷	—	—	—
S-816（美）	1175	1	快冷	760	12	空冷
Stellite6B（美）	1230	1	空冷	—	—	—

8.5.4.3　铸造高温合金热处理

　　1. 铸造合金的特点　随着铸造高温合金性能的不断提高，其合金化程度越来越高。由于铸造合金的成分和显微组织与变形合金不同，因此在热处理工艺方面，也有不同的特点。现就普通铸造高温合金的特点来讨论它的热处理工艺。

　　(1) 普通铸造高温合金的碳含量高于变形合金，所以一次碳化物 MC 远高于变形合金。

　　(2) 一些高强度 Ni 基铸造高温合金中都含有较高的难熔金属元素，如 W、Mo、Ta 等，特别是 Ta 等元素易形成稳定的碳化物，使得碳化物在热处理过程中的分解反应变得困难。

　　(3) 铸造高温合金中存在着严重的成分和组织的枝晶偏析，所以通过热处理使合金的组织达到均匀化，也是一种途径。

　　2. 常用铸造高温合金的热处理工艺　铸造高温合金主要用于燃气涡轮的涡轮叶片和导向器叶片。热处理的目的主要是提高高温强度和持久蠕变性能。目前，热处理常用的有三种：固溶处理、时效处理和固溶 + 时效处理。

　　(1) 固溶处理。铸态组织存在着粗大的 γ′ 相，固溶处理可以将其全部或部分固溶，在冷却过程中析出更细小的 γ′ 颗粒，以提高合金的高温强度。通常固溶温度范围为 1180 ~ 1210℃。合金的固溶温度越高，粗大的 γ′ 相固溶的越多，固溶后冷却时析出细小的 γ′ 相越多，则合金强度越高。当固溶处理使合金中全部粗大 γ′ 相固溶时，这种固溶处理称为完全固溶处理，否则就称为不完全固溶处理。根据使用条件来选择固溶种类，一般为了获得较高的高温强度兼有良好的塑性，则采用不完全固溶处理。若单纯为了获得较高的高温强度，则采用完全固溶处理。通常普通铸造高温合金采用不完全固溶处理，而定向凝固高温合金多采用完全固溶处理。完全固溶处理过程中，除 γ′ 相固溶外，还有碳化物的分解和析出，MC 一次碳化物缓慢分解，并析出 $M_{23}C_6$ 和 M_6C 二次碳化物，M_6C 以颗粒状或针状分布于晶界和晶内。

　　(2) 时效处理。铸造高温合金直接由铸态进行时效，其目的是提高合金的中温持久性能并使性能稳定。时效的温度一般在 860 ~ 950℃ 范围内，时间为 16 ~ 32h。在时效过程中，铸态粗大的 γ′ 相不发生变化，只是析出细小的 γ′ 相，另外晶界析出 $M_{23}C_6$ 和 M_6C 二次碳化物颗粒。

　　(3) 固溶 + 时效处理。为了获得优良的综合性能，合金固溶处理后应立即进行时效处理。时效处理又分为一级、二级和三级。一级时效温度仍为 860 ~ 950℃，二级时效有高温时效（1050 ~ 1080℃）和低温时效（760℃），三级时效一般为 (1050 ~ 1080)℃ + (860 ~ 950)℃ + 760℃。经二级和三级时效后，合金组织中有粗大的 γ′ 相和弥散分布的细小的 γ′，合金具有最佳的综合性能。表 8-102 列出一些普通铸造、定向凝固铸造高温合金的热处理工艺。高温合金的牌号及成分性能见表 8-103 ~ 表 8-106。

8.5.4.4　高温合金的退火

　　退火又可分为去应力退火和再结晶退火两大类。

　　1. 去应力退火　消除高温合金在冷热加工、铸造、焊接过程中所产生的残余应力。去应力退火温度低于合金再结晶温度。一般去应力退火适用于固溶强化型合金。时效强化型合金在去应力退火时，有 γ′ 强化相析出，使合金加工发生困难。高温合金铸件，如形状复杂、壁厚不均或需焊接的铸件，都应进行去应力退火。

表8-102　部分常用铸造高温合金的牌号、成分、状态与性能

类型	牌号	w_{Me}（%）														状 态	力学性能				热强度/MPa	工作温度/℃
		C	Si	Mn	Cr	Ni	Co	Ti	Al	W	Mo	V	Fe	S	P	其他		温度/℃	R_m/MPa	$R_{p0.2}$/MPa	A（%）		
镍基	K401	≤0.1	≤0.8	≤0.8	14~17	基	—	1.5~2.0	4.5~5.5	7~10	—	—	—	≤0.01	≤0.015	B≤0.1	1550℃真空浇注，淬火：1120℃10h，空冷	20	950	—	2.0	$\sigma_{100}^{950}=140$，$\sigma_{0.2}^{950/100}=70$，$\sigma_{-1}^{950}=250$	<900 导向叶片
	K403	0.11~0.18	<0.5	<0.5	10~12	基	4.5~6.0	2.3~2.9	5.3~5.9	4.8~5.5	3.8~4.5	—	<2.0	≤0.01	≤0.02	B0.01~0.03 Ce<0.01 Zr<0.1	真空浇注，淬火：1200℃4h，空冷	20	1000~900	850~830	1.5	$\sigma_{100}^{1000}=155$，$\sigma_{0.2}^{1000/100}=50$，$\sigma_{-1}^{900}=250$	850~1000 导向叶片 工作叶片
	K405	0.10~0.18	≤0.3	≤0.5	9.5~11	基	9.5~10.5	2~2.4	5~5.8	4.5~5.2	3.5~4.2	—	≤0.5	≤0.20	≤0.01	B0.015~0.03 Ce0.01 Zr0.1	1560℃真空浇注，不热处理，铸态使用	20	900	—	8	$\sigma_{100}^{900}=320$，$\sigma_{0.2}^{900/100}=200$，$\sigma_{-1}^{900}=260$	950℃工作叶片
	K417	0.13~0.22	≤0.5	≤0.5	8.5~9.5	基	14~16	4.5~5.0	4.8~5.7	—	2.5~3.5	0.6~0.9	≤1.0	≤0.01	≤0.015	B0.014~0.02 Zr0.05~0.09	1490℃真空浇注，不热处理，铸态使用	20	1030	—	11.5	$\sigma_{100}^{900}=320$，$\sigma_{0.2}^{900/1000}=180$，$\sigma_{-1}^{800}>300$	950 导向叶片 工作叶片
铁基	K211	0.1~0.20	≤0.4	≤0.5	19.5~20.5	45~47	—	—	—	7.5~8.5	—	—	基	≤0.04	≤0.04	B0.03~0.05	真空或非真空浇注，淬火900℃5h，空冷	20	500	300	7	$\sigma_{100}^{800}=150$，$\sigma_{0.2}^{800/1000}=70$，$\sigma_{-1}^{800}=170$	<900 导向叶片
	K214	≤0.10	≤0.5	≤0.5	11~13	40~45	—	4.2~5.0	1.8~2.4	6.5~8.0	—	—	基	≤0.015	≤0.015	B0.05~0.15	真空或非真空浇注，淬火1100℃5h，空冷	20	1150	—	2~3	$\sigma_{250}^{850}=250$，$\sigma_{0.2}^{850/100}=180$，$\sigma_{-1}^{800}=240$	<900 导向叶片 工作叶片

表 8-103　我国的镍基高温合金化学成分及其主要用途

序号	合金牌号	化学成分(质量分数)(%)													主要用途
		C	Cr	Ni	Co	W	Mo	Al	Ti	Fe	Nb	V	B	Zr	其他	
1	GH3030	≤0.12	19.0~22.0	余				≤0.15	0.15~0.35	≤1.0						用于800℃以下的燃烧室、加力燃烧室,该合金可用GH1140替代
2	GH4145	≤0.08	14/17	余	≤1.0			0.4~1.0	2.25~2.75	5.0~7.0	Nb+Ta 0.7~1.2					用于600℃以下工作的航空发动机和燃气轮机弹性承力件,如密封片、高温弹簧等
3	GH4169	0.045	19.09	余			3.25	0.88	0.83	18.0	Nb+Ta 5.08		0.005			用作350~750℃工作的抗氧化热强材料等
4	GH3039	≤0.08	19.0~22.0	余			1.80~2.30	0.35~0.75	0.35~0.37	≤3.0	0.90~1.30					用于850℃以下的火焰筒及加力燃烧室等材料
5	GH3333	≤0.08	24~27	44~47			2.5~4.0	≤0.2	≤0.2	余	≤0.2		≤0.006			用于900℃以下长期工作的燃气涡轮火焰筒等
6	GH3044	≤0.05	23.5~26.5	余		13.0~16.0	<1.5	≤0.50	0.30~0.70	≤4.0						用作航空发动机的燃烧室和加力燃烧室等
7	GH3128	≤0.10	19.0~22.0	余		7.5~9.0	7.5~9.0	0.4~0.8	0.4~0.8	≤1.0			0.005	0.04	Ce0.05	用于950℃工作的涡轮发动机的燃烧室、加力燃烧室等零件
8	GH4141	0.06~0.12	18.0~20.0	余	10.0~12.0		9.0~10.5	1.4~2.0	2.9~3.5	≤5.0			0.003~0.01			发动机对流式、或发散冷却式导向叶片和工作叶片的外壳等
9	GH3170	≤0.06	18~22	余	15~22	18~21		≤0.5					0.005	0.1~0.2	La0.1~0.3	用于航空发动机燃烧室和加力燃烧室等高温承力件
10	GH4033	≤0.06	19.0~22.0	余				0.55~0.95	2.2~2.7	≤1.0			≤0.01		Ce≤0.01	用于700℃的涡轮叶片和750℃的涡轮盘等材料
11	GH4133	≤0.07	19~22	余				0.7~1.2	2.5~3.0	≤1.5	1.15~1.65		≤0.01			用作700~750℃工作的涡轮盘或叶片材料
12	GH4180	0.04~0.10	18.0~21.0	余	≤2.0			1.0~1.8	1.8~2.7	≤1.5			0.008			用于750℃以下工作的涡轮叶片和700℃以下工作的涡轮盘等零件

（续）

序号	合金牌号	化学成分（质量分数）（%）														主要用途
		C	Cr	Ni	Co	W	Mo	Al	Ti	Fe	Nb	V	B	Zr	其他	
13	GH4037	≤0.10	13.0~16.0	余		5.0~7.0	2.0~4.0	1.7~2.3	1.8~2.3	≤0.5		0.1~0.5	≤0.02		Ce≤0.02	用于800~850℃涡轮叶片材料
14	GH4146	≤0.15	13.0~20.0	余	13.0~20.0	5.0~6.0	3.5~5.0	2.5~3.25	2.5~3.25	≤4.0			≤0.01			用于工作温度870℃左右的燃气涡轮叶片等
15	GH4049	≤0.07	9.5~11.0	余	14.0~16.0	5.0~6.0	4.5~5.5	3.7~4.4	1.4~1.9	≤1.5		0.2~0.5	0.015~0.025		Ce0.02	用于900℃的燃气涡轮工作叶片及其他受力较大的高温部件
16	GH4151	0.05~0.11	9.5~10.0	余	15.0~16.5	6.0~7.5	2.5~3.1	5.7~6.2		<0.7	1.95~2.35		0.012~0.02	0.03~0.05	Ce0.02	用于950℃的燃气涡轮工作叶片
17	GH4118	≤0.20	14.0~16.0	余	13.5~15.5	3.0~5.0	3.0~5.0	4.5~5.0	3.5~4.5	≤1.0			0.01~0.025	≤0.15		用于工作温度950℃以下的涡轮叶片
18	GH4710	0.05~0.10	16.5~19.5	余	13.5~16.0	1.0~2.0	2.5~3.5	2.0~3.0	4.5~5.5	≤1.0			0.01~0.03	0.05		用于980℃以下使用的燃气涡轮工作叶片和涡轮盘、整体涡轮盘、后轴等
19	GH4738	0.03~0.10	18.0~21.0	余	12.0~15.0		3.5~5.0	1.2~1.6	2.75~3.25	≤2.0			0.003~0.03	0.02~0.08		用于815℃以下工作的涡轮叶片、涡轮盘和压气机盘等
20	GH4698	≤0.08	13~16	余			2.8~3.2	1.3~1.7	2.35~2.75	≤2.0	1.8~2.2		≤0.005		Ce≤0.005	用于550~800℃的涡轮盘
21	GH4220	≤0.08	9.0~12.0	余	14.0~15.0	5.0~6.5	5.0~7.0	3.9~4.8	2.2~2.9	≤3.0		0.2~0.8	≤0.02		Mg微量	用于900~950℃的涡轮工作叶片
22	K406	0.1~0.2	14.0~17.0	余			4.5~6.0	3.25~4.0	2.0~3.0	<5.0			0.05~0.10			用于750~850℃的燃气涡轮叶片、导向叶片和其他高温受力部件
23	K401	≤0.1	14.0~17.0	余		7.0~10.0		4.5~5.5	1.4~2.0	≤1.0	1.8~2.5		≤0.12			用于900℃以下的涡轮导向器叶片
24	K418	0.08~0.16	11.5~13.5	余			3.8~4.8	5.5~6.4	0.5~0.1	≤1.0	1.8~2.5		0.005~0.02	0.06~0.15		用于950℃以下的涡轮导向叶片和工作叶片以及整体铸造涡轮和整体导向器

（续）

序号	合金牌号	化学成分（质量分数）（%）													主要用途
		C	Cr	Ni	Co	W	Mo	Al	Ti	Fe	Nb	V	B	Zr	其他	
25	K438	0.1~0.2	15.7~16.3	余	8.0~9.0	2.4~2.8	1.5~2.0	3.2~3.7	3.0~3.5		0.6~1.1		0.005~0.015	0.05~0.15	Ta1.5~2.0	主要用作工业和海上燃气轮机涡轮叶片及导向叶片等
26	K423	0.11~0.18	15.0~16.5	余	9.0~11.0		7.5~9.0	3.8~4.5	3.3~3.8	≤0.5			0.005~0.015		N<0.5	可用于制造900℃以下使用的燃气涡轮导向叶片
27	K403	0.11~0.18	10.0~12.0	余	4.5~6.0	4.8~5.5	3.8~4.5	5.3~5.9	2.3~2.9	≤2.0			0.01~0.03	0.1	Ce0.01~0.03	可用作900~1000℃工作的涡轮导向叶片和800℃以下工作的涡轮叶片
28	K405	0.10~0.18	9.5~11.0	余	9.5~10.5	4.5~5.2	3.5~4.2	5.0~5.8	2.0~2.9	≤1.0			0.015~0.026	0.05~0.10	Ce0.01	用于制作工作温度950℃以下的燃气涡轮工作叶片
29	K409	0.08~0.13	7.5~8.5	余	14.0~16.0	≤0.10	5.75~6.25	5.75~6.25	0.8~1.2	≤0.35	≤0.10	≤0.10	0.01~0.02	0.05~0.10	Ta4.0~4.5	用作900~950℃长期使用的燃气涡轮工作叶片和导向叶片
30	K417	0.13~0.22	8.5~9.5	余	9.0~11.0	4.5~5.2	2.5~3.5	4.8~5.7	4.7~5.3	≤1.0		0.6~0.9	0.010~0.022	0.05~0.09		用于950℃以下工作的空心涡轮叶片和导向叶片
31	K417G	0.13~0.22	8.5~9.5	余	4.5~6.0	4.8~5.5	2.5~3.5	4.8~5.7	4.1~4.7	≤1.0		0.6~0.9	0.013~0.024	0.05~0.09		用于900℃长期工作的燃气涡轮发动机涡轮转子叶片
32	DZ5	0.05~0.12	10.0~11.0	余	9.5~10.5	4.5~5.2	3.5~4.2	5.0~6.0	2.0~3.0				0.015~0.030	0.1		用于制作980℃以下工作的航空发动机和工业燃气轮机的涡轮叶片和导向叶片
33	DZ3	0.08~0.13	10.0~11.0	余	4.5~6.0	4.8~5.5	3.8~4.8	5.3~6.0	2.3~3.2	≤2.0			0.015	0.01	Ce<0.01	适用于980~1000℃工作的航空发动机和工业燃气轮机的涡轮叶片和导向叶片
34	K4002	0.13~0.17	8.0~10.0	余	9.0~11.0	9.0~11.0	≤0.5	5.25~5.75	1.25~1.75	≤0.5			0.01~0.02	0.03~0.08	Ta2.25~2.75 Hf1.3~1.7	用于800~1040℃工作的燃气涡轮工作叶片,也可用作整铸涡轮
35	K419	0.09~0.14	5.5~6.5	余	11.0~13.0	9.5~10.7	1.7~2.3	5.2~5.7	1.1~1.5		2.5~3.5		0.05~0.10	0.03~0.08		用作850~1000℃工作的涡轮叶片和1050℃工作的导向叶片

表 8-104 我国以固溶强化为主的铁基板材高温合金

序号	合金牌号	化学成分（质量分数）（%）													使用温度/℃
		C	Mn	Si	Cr	Ni	Fe	W	Mo	Al	Ti	Nb	B	N	其他	
1	GH1013	0.06	≤1.9	≤0.8	20.0	25.0	余		1.5		0.8	0.8	0.01		0.05Ce	700
2	GH1139	≤0.12	5.0~7.0	≤1.0	23.0~26.0	15.0~18.0	余						≤0.02	0.3~0.45		700
3	GH1140	0.06~0.12	≤0.7	≤0.8	20.0~23.0	35.0~40.0	余	1.4~1.8	2.0~2.5	0.2~0.5	0.70~1.05					800
4	GH1131	≤0.10	≤1.2	≤0.8	19.0~22.0	25.0~30.0	余	4.8~6.0	2.8~3.5			0.7~1.3	0.005	0.15~0.30		900
5	GH1138	≤0.10	1.0~2.0	≤0.8	18.0~22.0	35.0~40.0	余	4.0~5.2	2.0~2.6	≤0.5		1.0~1.7	0.008	0.1~0.25	0.05Zr 0.05Ce	900
6	GH1015	≤0.08	≤1.5	≤0.6	19.0~22.0	34.0~39.0	余	4.8~5.8	2.5~3.2			1.1~1.6	0.01		0.05Ce	900
7	GH1016	≤0.08	≤1.8	≤0.6	19.0~22.0	32.0~36.0	余	5.0~6.0	2.6~3.3			0.9~1.4	0.01	≤0.25	0.1~0.3V 0.05Ce	900
8	GH1014	≤0.08	≤1.5	≤0.6	19.0~22.0	28.0~34.0	余	7.5~9.5	1.5~2.5			0.8~1.3	0.01	0.15~0.25	0.05Ce	950
9	GH1167	≤0.08	≤0.5	≤0.5	13.0~16.0	36.0~40.0	余	5.0~6.5	1.5~2.5	1.4~2.0	2.6~3.4		0.01		0.03Zr 0.02Ce	800~850 时效板材

表 8-105 我国以碳化物强化（I）和以金属间化合物强化为主的变形（II）和铸造（III）铁基高温合金

类别	合金牌号	相应牌号	化学成分（质量分数）（%）														使用温度/℃
			C	Cr	Ni	Mn	W	Mo	Al	Ti	Nb	V	B	其他	Al+Ti+Nb	Al/Ti+Nb	
I	GH1040	ЭИ395	≤0.12	15~17.5	24~27	1~2		5.5~7.5				1.25~1.55		0.1~0.2N			600
	GH2036	ЭИ481	0.34~0.40	11.5~13.5	7.0~9.0	7.5~8.5		1.1~1.4		≤0.12	0.25~0.50						650
II	GH2132	A-286	≤0.08	13.5~16.0	24~27	1~2		1.0~1.5	≤0.4	1.75~2.3		0.1~0.5	0.001~0.01		~2.2	<0.2	700
	GH2136	V-57	≤0.06	13.0~16.0	24.5~28.5	≤0.35		1.0~1.75	≤0.35	2.4~3.2		0.01~0.1	0.005~0.025		~3.0	<0.1	700
	GH2901	Incoloy901	0.02~0.06	11.0~14.0	40~45	≤0.4		5.0~6.5	≤0.3	2.8~3.1			0.001~0.02		~3.2	<0.1	750
	GH4169	Inconel718	≤0.08	17~21.0	50~55	≤0.4		2.8~3.3	0.2~0.8	0.65~1.15	4.75~5.55		≤0.01	Mg	~6.5	<0.1	700

（续）

类别	合金牌号	相应牌号	化学成分（质量分数）（%）														使用温度/℃
			C	Cr	Ni	Mn	W	Mo	Al	Ti	Nb	V	B	其他	Al+Ti+Nb	Al/Ti+Nb	
II	GH2135		≤0.06	14.0~16.0	33~36	≤0.4	1.7~2.2	1.7~2.2	2.0~2.8	2.1~2.5			≤0.015	≤0.03Ce	~4.7	~1	700~750
	GH2130		≤0.08	12.0~16.0	35~42	≤0.5	5.0/6.5	2.2	1.4~2.2	2.4~3.2			≤0.02	≤0.02Ce	~4.6	~0.6	800
	GH4302		≤0.08	12.0~16.0	38~42	≤0.6	3.5~4.5	1.5~2.5	1.8~2.3	2.3~2.8			≤0.01	≤0.02Ce ≤0.05Zr	~4.6	~0.8	800
	GH4761		0.02~0.07	12.0~14.0	42~45		2.8~3.2	1.4~1.9	1.4~1.85	3.15~3.65			≤0.01	0.03	~5.0	~0.5	750
III	K2136	GH2136	≤0.06	13.0~16.0	24.5~28.5	≤0.35		1.0~1.75	≤0.35	2.4~3.2		0.01~0.10	0.005~0.025		~3.0	<0.1	650
	K213	GH2130	≤0.1	14.0~16.0	34.0~38.0		4.0~7.0		1.5~2.0	3.0~4.0			0.05~0.10		~4.6	~0.6	750
	K232	GH2302	≤0.1	12.0~16.0	38.0~42.0	≤0.6	3.5~4.5	1.5~2.5	1.8~2.3	2.3~2.8			≤0.015	≤0.05Zr ≤0.02Ce	~4.6	~0.8	750
	K214	TL-1	≤0.1	11.0~13.0	40~45	≤0.5	6.5~8.5		1.8~2.4	4.2~5.0			0.05~0.15		~6.7	~0.5	900

表 8-106　中国钴基高温合金的牌号及化学成分

合金	化学成分（质量分数）（%）												
	C	Cr	Ni	Co	W	Mo	Fe	Ti	Nb	Al	Mn	B	其他
变形合金：													
GH5188（GH188）	0.05~0.15	20.0~24.0	20.0~24.0	余	13.0~16.0	—	≤3.0	—	—	—	≤1.25	≤0.015	La0.03~0.12,Si0.2~0.5,P、S、Ag、Bi、Pb、Cu 受限
GH159	≤0.04	18~20	余	34~38	—	6~8	8~10	2.5~3.25	0.25~0.75	0.1~0.3	≤0.20	≤0.03	Si≤0.2,P≤0.02,S≤0.01
GH605	0.05~0.15	19.0~21.0	9.0~11.0	余	14.0~16.0	—	≤3.0	—	—	—	1.0~2.0	—	Si≤0.40,P≤0.04,S≤0.03
铸造合金：													
K640（GH40）	0.45~0.55	24.5~26.5	9.5~11.5	余	7.0~8.0	—	≤2.0	—	—	—	≤1.0	—	Si≤1.0,P≤0.04,S≤0.04
DZ40M①	0.40~0.50	24.5~26.5	9.5~11.5	余	7.0~8.0	0.1~0.5	≤2.0	0.1~0.3		0.7~1.2	≤1.0	0.008~0.018	Zr0.1~0.3,Ta0.1~0.5,Si、Mn≤1.0~…②

① DZ 表示定向凝固柱晶合金。
② …表示 P、S、Pb、Bi、Sb、Sn、As 受限制。

2. 再结晶退火　再结晶退火是为了控制晶粒度和更大程度的软化合金。通常用于固溶强化型的变形高温合金，便于冷热加工和焊接成形，对于γ′相析出强化型合金，如果为了提高塑性、降低硬度，便于加工成形，则可按其固溶处理规范进行。一般再结晶退火温度高于合金的再结晶温度。高温合金一般难以一次加工成形，因此，需要进行多次中间退火。表8-107列出国外一些高温合金的退火工艺。

表8-107　国外一些高温合金的退火工艺

合金牌号		退火热处理规范			
		应力消除处理		再结晶退火处理	
		$T/℃$	时间/(h/cm)(断面厚度)	$T/℃$	时间/(h/cm)(断面厚度)
铁基合金	RA-330	900	2.5	1110	0.6
	19-9DL	675	10	980	2.5
	A-286			980	2.5
	Discaloy			1035	2.5
镍基合金	Astroloy			1135	10
	HastelloyB			1175	2.5
	HastelloyC			1215	2.5
	HastelloyX			1175	2.5
	Incoloy 800	870	3.75	980	0.6
	Incoloy 825			980	
	Incoloy 901			1095	5
	Inconel 600	900	2.5	1010	0.6
	Inconel 625	870	2.5	980	2.5
	Inconel 718			955	2.5
	Inconel X-750	880		1035	1.3
	Nimonic 80A			1080	5
	Nimonic 90			1080	5
	Rene41			1080	5
	U500			1080	10
	U700			1135	10
	Waspalloy			1010	10
钴基合金	HS-25(L-605)			1230	2.5
	HS-95			1175	
	S816			1205	2.5

8.6　贵金属及其合金的热处理

金、银和铂族金属（钌、铑、钯、锇、铱和铂）通称为贵金属。它们在地壳中含量极少。贵金属具有许多独特的优良性能，除了具有优良的耐腐蚀性外，银具有最佳的导电性、导热性和可见光的反射性。金具有极好的抗氧化性及延展性。铂具有优良的热稳定性，高温抗氧化性和高温抗腐蚀性。铱和铑在高温下能抵抗多种熔融氧化物的侵蚀，而且具有很高的高温力学性能，铂族金属的催化活性很强。贵金属及其合金在现代科学和尖端技术领域中得到了越来越广泛的应用。

8.6.1　贵金属及其合金的应用范围

8.6.1.1　电接触材料

在电器工程自动控制系统、电网系统和电子设备中，为了接通和断开电路，有各种不同结构的电接触元件，它们有各种不同的使用条件和磨损特性。因此，所要求的电接触材料也是不同的，以银、金、铂和钯基的合金为主。

1. 银合金　银除具有优良的导电性和导热性外，还有很好的加工性能等。银中加入铜能提高硬度，加入镉能防止电弧生成，镍能细化晶粒，钒能提高力学性能、耐蚀性、焊接性等。银接点的接触电阻小。银合金接触材料有银铜、银镍、银钯、银氧化镉等。这些材料的性能列于表8-108。

2. 金基合金　金的化学稳定性最好，接触电阻低而且稳定，导电性、导热性好，耐蚀性强。但金的弹性差，屈服强度低，易起弧，易焊接。金基合金中常常加入铂、银、铜、镍、钴等元素，适合于在微电流（1~10μA）和低电压（1~50mV）的配电条件下做精密接点。常用的金基接触材料的性能列于表8-109。

表8-108　某些银基电接触材料的性能

合金代号	密度/(g/cm³)	熔点/℃	沸点/℃	硬度HBW 退火态	硬度HBW 硬态	热导率λ/[418.68W/(m·K)]	电阻率ρ/(Ω·mm²/m)	电阻温度系数αρ/10⁻³℃⁻¹
AgCu3	10.4	900	2200	50	85	—	0.018	3.5
AgCu5	10.4	870	2200	55	90	0.80	0.019	3.5
AgCu10	10.3	779	2200	60	100	0.80	0.019	3.5
AgCu20	10.2	779	2200	80	105	0.80	0.02	3.5
AgCd4	10.4	940	940	35	95	—	0.029	2.1
AgCd15	10.18	899	—			—		
AgCd16	10.0	875	906	55	115	—	0.048	1.4

（续）

合金代号	密度/(g/cm³)	熔点/℃	沸点/℃	硬度 HBW		热导率 λ/[418.68W/(m·K)]	电阻率 ρ/(Ω·mm²/m)	电阻温度系数 α_p/10⁻³℃⁻¹
				退火态	硬态			
AgNi0.1	10.5	960	2200	37	70	—	0.018	3.5
AgNi10	10.1	961	2200	50	90	—	0.018	3.5
AgNi20	9.9	961	2200	60	95	0.74	0.021	3.5
AgNi30	9.7	961	2200	65	105	—	0.024	3.4
AgNi40	9.5	961	2200	70	115	—	0.027	2.9
AuAg20	16.5	1035	2200	35	90	0.78	0.098	0.9
AuAg30	15.4	1025	2200	40	95	0.73	0.012	0.7
AuAg90	10.06	971	2200	—	—	—	—	—
AuAg2.6-3	15.4	1080	2200	85	120	—	0.0011	0.08
AuAg30-40	12.9	1440	2200	65	160	0.08	0.0022	—
PdAg40	11.4	1330	2200	100	170	0.07	0.0040	0.07
PdAg50	11.3	1285	2200	90	160	0.08	0.0032	0.23
PdAg60	11.1	1225	2200	70	140	0.11	0.0020	0.26
PdAg70	10.8	1150	2200	65	120	0.14	0.0015	0.40
PdAg90	10.15	988	—	—	—	—	—	—
PdAg97	10.54	977	—	—	—	—	—	—
AgPt3	10.67	982	—	—	—	—	—	—

表 8-109　常用金基合金接触材料的性能

合金代号	密度/(g/cm³)	熔点/℃	电阻率/(Ω·mm²/m)	抗拉强度 R_m/MPa	伸长率 A(%)	维氏硬度 HV		备注
						退火态	硬态	
Au	19.3	1064.43	0.024	126（退火）230（硬态）	45（退火）2（硬态）	25~33	60	
AuCu10	17.34	932	0.101	—	—	76[3]	91[1]	
AuCr4	18.11	1100	0.590	—	—	—	—	用作电刷
AuCr35	—	—	~0.35	600~700	—	—	160	
AuAg25	16.07	1029	0.101	—	—	43[1]	80[1]	
AuAg40	16~15.5	1049	0.092~0.143	—	—		90[4]	用作电刷
AuPt7	—	—	0.102	—	—	—	—	抗大气腐蚀力强
AuNi5	18.30	1000	0.123	—	—	—	—	
AuNi9	17.21	965~990	0.190	—	—	—	—	用作电刷
AuNi16	—	~950	—	—	—	—	—	
AuZr3	18.30	1045	0.20	—	—	—	—	耐蚀性、塑性和焊接性差
AuNiCr7.5-1.5	17.5	~1000	0.19	—	—	240		

（续）

合金代号	密度/ （g/cm³）	熔点/℃	电阻率/ （Ω·mm²/m）	抗拉强度 R_m/MPa	伸长率 A(%)	维氏硬度 HV		备　　注
						退火态	硬态	
AuAgNi22-3	—	1080	0.110	—	—			
AuAgCu20-30	12.75	831~850	0.135	—	—	148	310	用作电刷
AuAgCu13-12	—	—	—	—	—			
AuAgCu35-5	14.3	~950	0.120	—	—	—	220	
AuNiY9-0.5	17.5	990	0.212	1033	—		303	冷加工率9%可 代替 PdAg40 作 电刷
AuNiGd9-0.5	17.5	990	0.200	2100	—	290	—	
AuNiNb9-1	17.5	~990	0.190	—	—	230		
AuAgPt25-6	16.07	1029	0.147	—	—	75[1]	90[1]	
AuAgPt23.5-5	16.1	~1030	0.149	—	—	—	112	
AuCuNiZn32.5-18.8-7	11.27	1060	0.370	—	—	88[1]	96[1]	
AuCuNiZn2-18-5.7			0.300	1100	—	350		75℃淬火,200℃ 时效1h,用作电刷
AuCuNiZn22-25-1	—	—	0.190 0.284[2]	960 845[2]	21.5[2]	334 210[2]	—	冷加工率80% 用作电刷
AuCuNiPdRh21.5-3.4- 10-2			0.270[3]	1150[3]	18[3]	360~380[3]		作电话交换继 电器接点代 PtIr10
AuCuNiZnMn21.7-2.48- 0.9-0.02			0.169	910		260	—	760℃ 淬 火, 250℃ 时效,用作 电刷
AuCuNiZnMn21.7-2.48- 0.5-0.02			0.196					700℃ 淬火,用 作电刷
AuAgPtCuNi10.5-15-1	15.9	955	0.133	—	—	235~ 290[4]	—	用作电刷,弹性 模量 112GPa

① 洛氏硬度 HRB。
② 700℃淬火。
③ 700℃淬火,300℃时效。
④ 布氏硬度。

3. 铂、钯基合金　铂基接触合金主要特点是耐腐蚀,抗磨损,开关可靠性高和寿命长。常用的铂基电接触材料有铂铱、铂钨合金等。钯的电导率和热导率均低,主要用作弱电情况下工作的材料。常用的钯基接触材料有钯铱、钯银、钯铜、钯钌等合金。铂基、钯基接触材料和性能列于表8-110。

8.6.1.2　电阻材料

电阻材料主要用于高精度的电位绕组和电阻应变计。一般来说电位绕组要求电阻率高且稳定,电阻温度系数（α_ρ）和二次温度系数（β）小,有良好的化学稳定性和力学性能,接触电阻值小而稳定等。通常合金的合金化程度越高,可使合金的电阻系数高而电阻温度系数低。铂中加入铱、铑、钌等贵金属,可以提高其力学性能和电学稳定性,并使接触电阻减小,使用寿命延长,但这类合金的电阻率较低,而电阻温度系数较高,在有机蒸汽环境中工作,表面生成一种有机聚合物,有绝缘性质,使接触电阻增大。

（1）在铂中加入对在有机气氛不敏感的元素（如铜、钨、钼等）,所形成的合金,其电阻率可达中等水平,以 PtCu20、PtW8 为佳。

表 8-110　铂基和钯基合金接触材料的性能

合金代号	密度/(g/cm³)	熔点/℃	电阻率 ρ /(10⁻²Ω·mm²/m)	维氏硬度 HV	
				退火态	硬　态
Pt	21.45	1772	9.85	37~42	90~95
PtIr5	21.4	1777	19		152
PtIr10	21.5	1780	24.5	120	201
PtIr17.5	21.6	1920~1830	30		250
PtIr20	21.7	~1815	~30	200	
PtIr25	24.7	1850~1870	33		324~360
PtIr30	21.8	1900~1920	35		424
PtIr40	21.83	—	—		450
PtRu1	20.8	1775	30	130	
PtRu5	20.7	1782	34	84①	92①
PtRu8					280
PtRu10	19.8	1780	43	160	362
PtRe14	19.5	1800	46		377
PtOs7	21.7	~1820	40		246
PtRh10	20	1840~1850	19.2		153
PtAg20					
PtNi4.5	20	1700~1740	23		147
PtW4	21.47	1777	31	85①	93①
PtW5	21.3	1830~1850	36.5		260
PtW10		1900~1920			332
PtW8.5	19.2	1710~1740	48		190②
PtIrRu25-0.2	21.7	1850~1870	33		363
Pd	12.02	1554	9.93	33~44	105~110
PdIr10	12.6	~1555	26		105
PdIr18	13.5	~1555	35.1		125
PdAg40	11.4	1330~1390	42	95	
PdCu15	11.2	1380	37.5	100	
PdCu40	10.4	1200	35	145	
PdRh4.5	11.97	1593	41	73①	86①
PdAgCu36-4		1330	42		
PdAgCo35-5	11.1	—	40.8		209
PdAgNi26-2	11.55	1382	25	80①	90①
PdAgAuPt30-20-5	12.5	1731		88①	96①
PdAgCuNi40-18-2					

① 洛氏硬度 HRB。

② 布氏硬度。

（2）钯中加入铬、钼、钨、钒可提高合金的力学性能和耐磨性并提高电阻率可达高电阻范围，如已广泛应用的 PdW20。在钯钒合金中加入铝可使电阻率升高，电阻温度系数降低。

（3）金基二元合金电阻率比较低，而电阻温度系数比较高，但若在二元的基础上加入钼、铁以及铝、钛、镓等元素，形成新的合金，可进一步提高电阻率、降低电阻温度系数。

（4）银合金的强度、硬度和再结晶温度都比较低，耐磨性差，工作寿命短，这些都限制了它的使用。只有少数银基合金，如银锰合金的电阻系数适中，电阻温度系数低，对铜热电势小，可作为标准电阻。

（5）铂基合金如铂钨、铂钨铼合金可用作高温电阻应变计材料。金钯为基的合金，加入适量的 Cr、Mo、W、V、Fe 和 Al 的合金，可作为低温应变材料。表 8-111 和表 8-112 列出了一些贵金属电位器绕组材料和电阻应变材料的性能。

表 8-111　典型贵金属电位器绕组材料的性能

序号	合金代号	电阻率 ρ /($10^{-2}\Omega \cdot mm^2/m$)	电阻温度系数 $\alpha_\rho/10^{-4}°C^{-1}$	对铜热电势 e /($\mu V/°C$)	抗拉强度 R_m/MPa 硬态	退火态
1	AuCr2.1	33	0.01	0.007	—	—
2	AuCr5	33	1.0	−8	380	270
3	AuCo2-3	35	−0.01	0.045	—	—
4	AuNi5	14	7.1		—	—
5	AuPt20	20.1	4.3	−13.0		
6	AuPd3	22	3.85	−38		
7	AuPd50	28	5.0		—	—
8	AuMn5.3	41.6	0.993	−12.9		
9	AuNiCr5-1	24~26	3.5		750~850	350~400
10	AuNiCr5-2	40~42	1.1	0.0266	800~850	400~450
11	AuNiCr7-1	24~26	3.2		900~1000	50
12	AuNiCr20-5	57~67	102		1300~1500	
13	AuNiFe5-1.5	42	3.3			
14	AuNiCrGd5-0.6-0.5	22~24	3.7		850~950	520~570
15	AuNiCrSn10-3-2	59~64	45		1150~1300	
16	AuCrPd2.1-3.5	36.9	−0.264	−8.75		
17	AuCrPd2.1-9	38.7	−0.296	−9.62		
18	AuCrPt2.1-2	34.7	0.8	−8.33		
19	AuCrPt2.1-6	25.6	1.89	−7.32		
20	AuCrCo2.1-0.25	39.8	0.192	−14.3		
21	AuCrCo2.1-0.5	44.7	0.345	−18.7		
22	AuCrCo4.2-0.4	57	−0.349	−13.85		
23	AuMnCr5.3-1	55.9	−0.049	−2.88	—	—
24	AuNiCu7.5-1.5	18~19	6.1		950	550
25	AuNiCu10-15	.28	3~4	3.7	1350	850
26	AuNiFeZr5-1.5-0.5	44~46	2.5~2.7	−15~+22	800~950	—
27	AuAgCu35-5	12	0.686		700	390
28	AuAgCu20-30	12	—		960	650
29	AuAgCuNi30-7-3	13	—		1000~1040	700~750
30	AuAgCuNi22-1-3	12	—		1000~1060	700~760

（续）

序号	合金代号	电阻率 ρ /($10^{-2}\,\Omega\cdot mm^2/m$)	电阻温度系数 α_ρ/$10^{-4}\,℃^{-1}$	对铜热电势 e /($\mu V/℃$)	抗拉强度 R_m/MPa 硬态	退火态
31	AuAgCuMn33. 5-3-3	25	1.6 ~ 1.9	- 0. 0014 ~ + 0. 0019	850	500
32	AuAgCuMnGd33. 5-3-2. 5-0. 5	24	0.17	—	950	600
33	AuPdMo40-5	77.5	1.30	—	—	—
34	AuPdMo45-5	100	1.20	- 0.19	—	1000
35	AuPdMo63-10	95. 2	2.6	—	—	—
36	AuPdMo48-3. 5	67.5	—	—	—	—
37	AuPdFe36-10	175	—	—	—	777
38	AuPdFe37-8	152.5	—	—	—	840
39	AuPdFe40. 5-10	183.3	- 0.18	—	—	—
40	AuPdFe48-10	160 ~ 167	± 0.2	< 1	1300 ~ 1400	900
41	AuPdFe50-10	158	0 ~ 0.1	—	—	—
42	AuPdFeAl30-3. 5-0. 7	85	—	—	—	—
43	AuPdFeAl30-3. 5-1	90	—	—	—	—
44	AuPdFeAl30-3. 5-1. 2	89	—	—	—	—
45	AuPdFeAl29. 5-7. 5-1	130	—	—	—	—
46	AuPdFeAl34. 5-6. 5-1	160	—	—	—	—
47	AuPdFeAl42-10-1	190	—	—	—	—
48	AuPdFeAl45-9. 5-1	205	—	—	—	—
49	AuPdFeAl50-11-1	210 ~ 230	- 0	—	1300 ~ 1400	950 ~ 100
50	AuPdFeAl55-14-1	194	—	—	—	—
51	AuPdFeAl58-11-1	205	—	—	—	—
52	AuPdFeAl72. 5-6. 5-1	75	—	—	—	—
53	AuPdMoAl48-3-1	67.5	—	—	1450	1720 （时效态）
54	AuPdMoAl47-5-2	85	62.8	- 6.97	1800	2520 （时效态）
55	AuPdFeTi13. 55-3. 55-1. 52	124	0.4	—	—	—
56	AuPdFeTi30. 61-4. 01-1. 72	162	0.2	—	—	—
57	AuPdFeCa44. 7-9. 4-1. 1	188	—	—	—	—
58	AuPdFeCa36. 2-6. 4-1. 5	139	—	—	—	—
59	AuPdFeCa33. 4-5. 6-2	121	—	—	—	—
60	AuPdFeIn35. 6-6. 3-1	119	—	—	—	—
61	AuPdFeIn35. 6-6. 3-2	132	—	—	—	—
62	AuPdNiCu15-15-5	200	0.3	—	—	—
63	AuNiCrMn25-10-0. 2	92	0.1	—	—	—
64	AuNiCrMn20-10-0. 2	102.5	< 20.3	—	—	—

（续）

序号	合金代号	电阻率 ρ /$(10^{-2}\Omega \cdot mm^2/m)$	电阻温度系数 $\alpha_\rho/10^{-4}°C^{-1}$	对铜热电势 e /$(\mu V/°C)$	抗拉强度 R_m/MPa	
					硬态	退火态
65	AuNiCrMn24-6-0. 2	75. 2	< 0. 3	—	—	—
66	AuNiCrMn30-12 0. 2	103. 5	< 0. 3	—	—	—
67	AuNiCrMn15-6-0. 2	81. 6	< 0. 3	—	—	—
68	AuFeMnNiV2. 5-2. 5-2-1	68	1. 9	—	—	—
69	PtIr10	24. 5	1. 3	0. 55	860	430
70	PtIr20	31	—	0. 61	1150	800
71	PtIr25	31. 5	9. 5	—	1800	—
72	PtRu10	42	4. 7	0. 14	1400	790
73	PtRh10	19	17	− 0. 1	17	470
74	PtRhRu15-5	31	7	0. 03	1730	1010
75	PtRhAu10-5	20	11	− 0. 38	630	420
76	PtNi8	29	15	—	1130	640
77	PtCu2. 5	29	0. 11	—	—	400
78	PtCu3	34	7. 7	—	650	360
79	PtCu8. 5	50	0. 022	—	—	800
80	PtCu10	65	0. 60	—	1050	500
81	PtCu20	82. 5	0. 98	− 0. 67	1400	600
82	PtW5	42. 5	6. 1	—	1000	580
83	PtW8	62	2. 8	0. 71	1500	940
84	PtMo5	64	2. 4	0. 77	1400	940
85	PtMoRe22. 5-7. 5	11. 2(220°C)	− 0(500K)	—	—	—
86	PtPdMo37-6	66. 5	2. 1	—	—	—
87	PtPdW37-1	64	2. 4	—	—	—
88	PtRdTa34-6. 25	63. 2	2. 4	—	—	—
89	PdAg30	15	0. 4	—	—	—
90	PdAg40	42	0. 3	− 4. 2	1100	780
91	PdAg43	40	0. 4	—	—	—
92	PdAg31	—	—	—	780	310
93	PdCu10	65	—	—	1030	520
94	PdCu15	38	4. 85	—	930	370
95	PdNi20	32	—	—	950	480
96	PdMo10	90	—	—	1370	560
97	PdW10	38	—	—	1000	510
98	PdW16	80	—	—	1630	640
99	PdW20	110	0. 6	—	1640	640
100	PdW25	118	—	—	1800	720

（续）

序号	合金代号	电阻率 ρ /($10^{-2}\Omega \cdot mm^2/m$)	电阻温度系数 α_ρ/10^{-4}℃$^{-1}$	对铜热电势 e /(μV/℃)	抗拉强度 R_m/MPa 硬态	退火态
101	PdV9	150	0.80	-0.56	900	400
102	PdV10	134	—	—	—	—
103	PdV11	137	—	—	—	—
104	PdTi5	35	—	—	—	—
105	PdCr25	98～100	—	—	—	—
106	PdRe16	50	—	—	—	—
107	PdGa8	42	—	—	—	—
108	PdAgCu36-4	45	0.40	—	800	500
109	PdAgCu65-5	15	4	—	850	450
110	PdVAl9-1	160	0.37	—	—	—
111	PdReCr18-10	95～102	—	—	—	—
112	PdAgCuNi	—	—	—	—	—
113	AgMn8.8	2.8	0	2.5	450	350
114	AgMnSb8.8-2	37.5	-0.3	-0.0016	—	—
115	AgMnSb8.8-3	40	-0.32	-0.0011	—	—
116	AgMnSb9-1	—	—	—	—	—
117	AgMnSn10-8	50	0	0.5	—	—
118	AgMnSn13-9	57	0	-0.1	520	450
119	AgMnSn13-7	46	0	0.2	670	570
120	AgMnSn8-7	43	—	-0.4	—	—

表 8-112　贵金属电阻应变材料的性能

合金代号	电阻率 ρ/(10^{-2} $\Omega \cdot mm^2/m$)	电阻温度系数 α_ρ/10^{-6}℃$^{-1}$ (0～800℃)	灵敏度系数 S	抗拉强度 R_m/MPa	电阻-温度线性关系的温度范围	对铜热电势 e /(μV/℃)
PtW8	68	227	3.5	900	0～700℃	6.1
PtW8.5	77	180	3.2	1280	0～700℃	6.4
PtW9.5	76	139 (0～1000℃)	3.0	1220		6.5
PtMo20	104	135	1.6	2500	—	—
PtWRe7.5-5.5	84	88	2.8	1420	0～800℃	3.6
PtWRe8-6	87	82	2.3	1460		3.9
PtPdMo45-10	86	130	2.5	840	0～450℃	6.8
PtRhMo9-9	67	22.2	2.6	1000	0～400℃	3.1
PtRhFe48-10	160～161	±20	2	1300～1400	非线性	<1
PtRhOs45-10	28	730	4.7	1520		
PtPdIr46-30	49.7	250	4.3	1100		
PtPdRh42-20	30.1	657	4.3	8050		
PdAgW35-3	46	0 (100～700℃)	—	—		
AuPdMo40-5	100	120	3	1100		

8.6.1.3　测温材料

贵金属测温材料主要是热电偶材料和电阻温度计材料。对热电偶材料而言，要求热电特性稳定，即一定温度的热电势不随着时间而变化。具有化学稳定性及良好的热敏感度，电阻率和电阻温度系数小。热电偶的电极材料的组织要均匀，一般为纯金属或无相变的单相固溶体。热电势与温度应成单值函数关系等。在贵金属中用铂、钯、铱、铑、金和银组成的合金可作测温元件。

1. 铂铑系热电偶　铂中铑含量 > 20%（质量分数），铑含量再增加时，合金的热电势上升缓慢，而且加工困难，所以铑含量不超过 40%（质量分数）。常用的铂铑热电偶有 PtRh10-Pt，PtRh13-Pt、PtRh30-PtRh6 三种，使用温度范围在 1350℃ 以下。双铂铑热电偶，不但提高了使用温度范围，而且材料的机械强

度、再结晶温度、抗污染能力和热电稳定性都比铂铑-铂热电偶高。

2. 铱铑热电偶　铱铑热电偶是能在空气中使用到高于 2000℃ 的热电偶。在铱中加入铑能改善抗氧化性能和加工性能，如 IrRh40-Ir 热电偶的高温稳定性最好。

3. 钯基合金热电偶　由于钯在贵金属中热电性最负，因而将钯和钯基合金等负极材料与通常的正极材料相配合，可制成热电势很大、灵敏度很高的热电偶。此热电偶可用作中温（低于 1500℃）段测温。表 8-113 列出一些贵金属热电偶材料的成分与性能。

表 8-113　贵金属热电偶材料的成分与性能

序号	热电偶材料组合	使用温度/℃		备　　注
		瞬时	长时	
1	PtRh10-Pt	1600	1350	作基准、标准和工业用，在 630.74 ~ 1064.43℃ 范围内是国际温标的基准器
2	PtRh10-纤维铂	1600	1450	热电势曲线与上同，但高温强度和再结晶温度均有提高
3	PtRh13-Pt	1600	1450	
4	PtRh13-PtRh1	1600	1450	高温寿命长
5	PtRh20-PtRh5		1600	
6	PtRh30-PtRh6		1600	50℃ 以下可以不用冷端补偿，国内已有标准草案
7	PtRh40-PtRh20		1800	
8	PtRh40-PtRh3	1750	1500	配用 FeNi34Cr20Co15-NiW4.54 补偿导线，在 0 ~ 100℃ 的热电特性很接近，在空气中可用到 800℃，因此可节约贵金属
9	Rh-PtRh20		1800	高温稳定性好，不需严格的冷端补偿
10	Rh-PtRe8	1700		
11	Rh-RhRe8	1850		
12	Ir-IrRh10	2150		
13	Ir-IrRh40	2150	2000	可在真空、中性和空气中长期使用
14	Ir-IrRh50	2150	2000	同上
15	Ir-IrRh60	2150	2000	同上
16	Ir-IrRe70	2300	2100	
17	Ir-PtIr20	1900		热电势较低
18	Ir-PtIr30			热电势较低
19	Ir-W	2300	2100	在 1000 ~ 2000℃ 范围内，热电势与温度的关系几乎为直线。$E_{2200℃} = 44.19mV$。只能在真空和中性气氛中使用
20	Ir-IrRu10	2300	2100	热电势较低，$E_{1800℃} = 4.19mV$，$E_{2300℃} = 10.0mV$
21	IrRu10-IrRh60		2100	
22	IrRu10-IrRh50	2300	2150	可在真空、中性和氧化性气氛中使用，是目前高温抗氧化最好的热电偶
23	IrRh10-IrRu10	2200		
24	IrRh10-IrRe10			热电势比 Ir-IrRu10 高
25	IrRe15-IrRe70	2300	2100	
26	IrRe60-W	2300	2100	用于核反应堆，$E_{2000℃} = 25.47mV$，不能在空气中使用

（续）

序号	热电偶材料组合	使用温度/℃		备　注
		瞬时	长时	
27	PtRh10-AuPd40	1200	1000	热电势高；$E_{1000℃}=52.57mV$，1000℃以下的稳定性好，用于航空测温仪表
28	PtRh10-AuPd60			
29	PtRh10-AuPdPt30-10		1000	$E_{1300℃}=62.42mV$，用于航空测温仪表
30	PtRh5-AuPdPt46-2		1000	$E_{1300℃}=60.38mV$，用于航空测温仪表
31	PtIr15-Pd			$E_{1398.9℃}=47.255mV$，高温稳定性和抗氧化性好，但高温强度低
32	PdPt12.5-AuPd46			
33	PdPtAu14-3-AuPd35	1300	1200	1200℃工作2008h热电势变化0.145%，1400℃工作2008h热电势变化0.44%，在空气中由100℃～1250℃～100℃经三个月共20500次热循环热电势变化0.8%
34	PdPtAu31-14-AuPd35	1360	1260	上一种的改进型，性能比镍铬基热电偶好
35	PtPdAu23-2-AuPt35			$E_{1300℃}=51.1mV$
36	PtPdRh38-5-AuPdPt55.4-7.7			$E_{1425℃}=55.62mV$，抗氧化，灵敏度高
37	PtPdRh33-6-AuPd70			$E_{1000℃}=40.39mV$，抗氧化，灵敏度高
38	PtPdAu55-14-AuPd40			$E_{1300℃}=52.3mV$
39	AuPd40-Pt			$E_{1000℃}=52.57mV$
40	Pt-AuNi6-11		1000	航空发电机用，热电势高
41	Ag-Pd			400℃以下很稳定，$E_{500℃}=13.114mV$，英国物理所用作标准温度计
42	PtMo0.1-PtMo5	1600	1500	热电势高，能在核场中使用，但不抗氧化
43	PtMo1-PtMo5		1600	热电势比上一种低，但稳定性较好，能在核场中使用
44	WOs0.5-1-WRe26	3000	2800	$E_{500℃}=7.5mV$，$E_{2100℃}=39mV$，能在核场中长期使用，如在热中子通量 10^{14} hv 的辐照下，经6个月后，1500℃时变化60℃，2000℃时变化50℃
45	PdCr10-PdAlNi3-5			稳定性和抗氧化性好，1200℃的寿命达2000h
46	NbZr1-Pt		1700	$E_{1700℃}=33mV$
47	PtIr10-AuPd40			$E_{1000℃}=60mV$，可在空气中使用
48	Rh-PtRe8		1800	$E_{1600℃}=18.0mV$，$E_{1800℃}=20.0mV$
49	Pt-PtRe8		1600	热电势高，$E_{1200℃}=31.5mV$
50	W-PtRh10		1830	$E_{1524℃}=29.30mV$
51	W-Rh			分度曲线做到1900℃，热电势较高
52	Mo-Ir			热电势高（仅低于 W-Ir）

8.6.1.4　焊接材料

1. 银基合金钎焊料　银基钎焊料主要是银与铜、锌、镉、铝、锡、镍等元素组成的二元、三元或多元合金。其特点是熔点低、强度高、塑性和加工性能好，在各种介质中都有良好的耐蚀性及导电性。广泛应用于电真空工业，一般用来钎焊铜与铜或铜与钢（不锈钢）薄件。含镉、锌等的银铜钎焊料，多用来焊接钢与铜合金和其他有色金属合金。表8-114列出了常用银基钎焊料的成分与用途。

表 8-114　常用银基钎焊料的成分和用途

合金代号	化学成分(质量分数)(%)						熔化温度 /℃	用途
	Ag	Cu	Cd	Ni	Mn	Zn		
AgCu53-37	10 ± 0.3	53 ± 1	—	—	—	余量	810 ~ 850	钎焊铜及其他非铁金属、铜制成的零件,也可钎接高钛硬质合金片
AgCu40-35	25 ± 0.3	40 ± 1	—	—	—	余量	745 ~ 775	钎接焊缝要求光洁和在冲击及振动时具有高强度的铜、铜合金、钢制零件
AgCu30-25	45 ± 0.5	30 ± 1	—	—	—	余量	660 ~ 725	钎接焊缝要求光洁和在冲击及振动时具有较高强度的铜、黄铜、钢制零件及电工零件
AgCu34-16	50 ± 0.5	34 ± 1	—	—	—	余量	690 ~ 775	钎接能承受多次振动载荷的工件,如带锯等
AgCu20-15	65 ± 0.5	20 ± 0.5	—	—	—	余量	685 ~ 720	常用于钎焊锯条、小零件和食品用具等
AgCu26-4	70 ± 0.5	26 ± 1	—	—	—	余量	730 ~ 755	适用于铜、黄铜和银的钎焊,常用来钎焊导线和导电性较高的元件
AgCu28	72 ± 0.5	28 ± 1	—	—	—	—	779	用于电子管及其他真空器械的钎焊
AgCu27-18-8-3-2	44 ± 1	27 ± 1	8 ± 1	2 ± 0.5	3 ± 0.5	16.6 -18.8	650 ~ 800	适用于钎焊铜、黄铜及不锈钢等工件
AgCd26-17-17	40 ± 1	16.7 +0.7 -0.3	25 ~ 26.5	0.3 ± 0.2	—	17 +0.8 -0.4	595 ~ 605	用来钎接淬火钢,可使零件保持原来有的性能,用来钎焊小的薄件,可控制变形
AgCd18-16-16	50 ± 1	16 ± 0.5	18 ± 1	—	—	16 ± 1	625 ~ 635	用途类似上一种焊料,但其强度较高

2. **金基合金钎焊料**　工业上应用的主要有金铜、金镍、金银铜、金镍铜等合金。其耐蚀性能比银基好,适用于钎焊高真空系统中使用的零件。表8-115和表8-116列出了主要金基钎焊料和特殊用途金基钎焊料的成分和用途。

表 8-115　主要金基钎焊料的成分和用途

序号	合金代号	温度/℃		特性及用途
		固相线	液相线	
1	Au	1064.43	1064.43	能润湿钨,用于低温扩散封接
2	AuNiCu3-15.5	1000	1000	流动性好,对可伐铜、镍和钢有极好的浸润性
3	AuCuIn77-3	975	1025	性质与AuCu65类似,并可代替使用
4	AuCu65	990	1010	可钎焊铜、镍、可伐合金
5	AuCu62.5	985	1005	
6	AuCu60	980	1000	
7	AuCu50	955	970	

（续）

序号	合金代号	温度/℃		特性及用途
		固相线	液相线	
8	AuNi18	950	950	对钨、钼、铜、可伐镍、不锈钢都有良好的浸润性,并有良好的流动性,蒸气压低,高温强度好
9	AuCu20	908	910	由熔融状态缓慢冷却会变脆。故一般多用9号合金用作部件的二级钎焊,一般钎焊用熔点较高的2号或3号合金
10	AuAgCu5-20	885	895	
11	AuAgCu20-20	835	845	具有很窄的熔化温度范围,用作中间一级钎焊

表 8-116　特殊用途金基钎焊料的成分和用途

序号	成分范围(质量分数)(%)							熔化温度/℃	特性及用途
	Au	Cu	Ni	Ta	Mo	Zn	其他		
1	40 ~ 90	—	5 ~ 35	1 ~ 45	—	—	—	1200 ~ 1400	在钎焊技术中,用来焊接石墨-石墨和石墨-难熔金属,在30 ~ 800℃有良好的耐蚀性和高温强度,但在熔盘中不能持久
2	20 ~ 50	—	20 ~ 50	15 ~ 45	—	—	—	1200 ~ 1400	
3	余量	—	—	—	10 ~ 12.7	—	Sn0.2 ~ 1	625 ~ 680	电阻低,用作钎焊热电偶构件可在600℃以下使用
4	20	77	—	—	—	—	In3		代 AuCu65,价格便宜35%
5	—	58.5	—	—	—	—	Mn31.5 Co10		代 AuNi18,价格便宜95% 用于航空发动机
6	—	88	—	—	—	—	Ge12		代 AuNi17.5

3. 含钯的钎焊料　含钯的钎焊料突出的优点是良好的流动性,对多种基体材料有良好的浸润性。适用于镍基合金及镍基合金与其他材料的钎焊,主要用于高温技术和电子工业中。表 8-117 列出了主要钯基钎焊料的成分和熔化温度。

表 8-117　主要钯基钎焊料的成分和熔化温度

主要成分(质量分数)(%)							固相线/℃	液相线/℃	钎焊温度/℃
Pd	Au	Ag	Cu	Ni	Mn	Co			
20	—	75	—	—	5		1000	1120	1120
33	—	64	—	—	3		1180	1200	1220
21	—	—	—	48	31		1120	1120	1125
5	—	68.4	26.6	—	—		807	810	815
10	—	58.5	31.5	—	—		824	852	860
15	—	65	20	—	—		850	900	905
25	—	54	21	—	—		901	950	955
5	—	95	—	—	—		970	1010	1015
18	—	—	82	—	—		1080	1090	1095
20	—	52	28	—	—		879	898	905
60	—	—	—	40	—		1237	1237	1250
8	92	—	—	—	—		1200	1240	—
65	—	—	—	—		35	1230	1235	—
20	—	—	55	15	10	—	1060	1105	1110

8.6.2　贵金属基合金的热处理

8.6.2.1　贵金属基合金的热处理的特点

通常意义上的热处理是针对着成品零件的使用性能提出的。在不同的工作条件下，自然对零件就有不同的要求。而贵金属基的合金的情况比较复杂，贵金属基合金多用作制造电器、电子元件，以及尖端技术中的仪表元件等。这些元件多由片（薄片）材、丝（细丝）材制成，所以其原材料的制备过程一般需铸锭开坯→反复轧制（压延、或拉拔），或者由粉末冶金（烧结）直接成形。在此制作过程中，需要热处理来配合，如铸锭，若合金铸造偏析严重时，需均匀化退火。在反复轧制过程中，需要进行中间退火等。因此，在制定热处理工艺时，要考虑到合金在制备过程中加工程度对组织性能的影响。对电器、电子元件等，除要求一定力学性能（如强度、硬度、冲击性能等）外，还要求有稳定的组织来保证电性能的稳定性。对贵金属基合金，最常用的热处理工艺是退火，也有淬火（固溶处理）和时效。

8.6.2.2　贵金属基合金的热处理

1. 银基合金

（1）银铜合金。主要用于电接触材料和钎焊料。Ag-Cu 组成二元共晶相图，共晶温度为 779℃。

$w(Cu)=7.5\% \sim 10\%$ 的银铜合金，在 705~732℃固溶处理（水冷）+280~300℃保温 1h 时效后，可使合金显著强化，但因固溶温度离合金共晶温度太近，在生产中实用价值不大。银铜合金退火温度为 550~650℃，保温 0.5~1h，在真空或保护气体中进行。银铜合金 650℃退火后的力学性能如图 8-43 所示。几种银铜合金退火温度与力学性能的关系如图 8-44 所示。表 8-118 列出了银铜合金退火及加工态的性能。

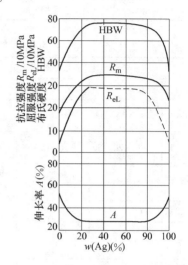

图 8-43　银铜合金在 650℃退火后的力学性能

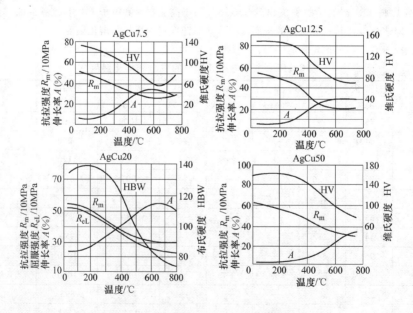

图 8-44　退火温度对银铜合金力学性能的影响

（2）银铂合金。以银为基的合金 AgPt5、AgPt10、AgPt20 退火温度为 650~700℃。以 Pt 为基的合金 PtAg20、PtAg23、PtAg25 退火温度为 900℃，在保护气氛中进行，然后直接淬火随后回火。图 8-45、图 8-46 列出热处理制度对 Ag-Pt 合金性能的影响。表 8-119 列出了几种银铂合金时效后的性能。

（3）其他银基合金的退火温度（见表 8-120）。

表 8-118　银铜合金的力学性能

合金代号	硬度				抗拉强度 $R_m/$ 10MPa		伸长率 A （%）	
	退火态		硬态					
	HBW	HV	HBW	HV	退火态	硬态	退火态	硬态
AgCu3	—	50	—	85	—	—	—	—
AgCu5	50	55	119	90	24	45	43	5
AgCu7.5	57	56	118	—	26	47	41	4
AgCu10	64	60	125	100	27	45	35	4
AgCu12.5	70		127		26		38	4
AgCu15		72						
AgCu20	79	85	134	—	31	50	35	4
AgCu25	82		135		32	54	33	4
AgCu28	—		—		—		—	—
AgCu50		95						

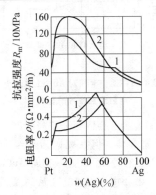

图 8-45　银铂合金的抗拉强度和电阻率的关系

1—900℃淬火　2—退火

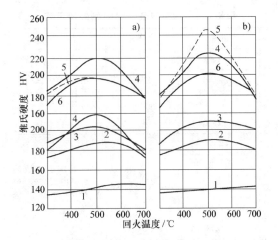

图 8-46　银铂合金的维氏硬度和回火温度的关系

a）保持 60min　b）保持 120min

1—PtAg5　2—PtAg10　3—PtAg15
4—PtAg20　5—PtAg25　6—PtAg30

Ag-Mg-Ni 系合金含有少量的 Mg 和 Ni，这种合金有"内氧化"硬化特性。Mg 在合金中以固溶状态存在，在空气或氧中加热时，由于氧由表面往里扩散速度大于镁由里向外的扩散速度，使镁氧化成氧化镁，以微粒状弥散分布在基体上，从而使合金强化。Ni 在合金中可阻止加热时合金晶粒长大，提高塑性。内氧化处理后，合金具有良好的弹性、导电性、导热性和耐蚀性。合金内氧化温度在 650～700℃，在一般电阻炉中加热 1～2h。不同成分的银镁镍合金内氧化后的性能列于表 8-121。这种合金广泛应用于微型继电器的弹簧接点元件。由于内氧化使其硬化，因此，也可用在承受机械应力作用的大型开关中的分流接头元件，用在小型电子管上作高导热性的弹簧夹板等。

2. 金基合金

（1）金铬合金。具有中等而稳定的电阻率、低的电阻温度系数和较低的对铜热电势，适用于作精密电阻材料特别是标准电阻，AuCr1.9 和 AuCr2.3 合金电阻温度系数与退火温度的关系示于图 8-47。在

表 8-119　银铂合金时效后的性能

合金代号	抗拉强度 $R_m/$10MPa	弹性模量 $E/$10MPa	扭转角 β （%）	电阻率 $\rho/(10^{-2}\Omega \cdot mm^2/m)$	热电势 $e/(\mu V/℃)$
PtAg20	200～220	19000～20000	0.04～0.05	28～32	8.0
PtAg23	200～220	—	0.04～0.06	29～34	8.8
PtAg25	220～280	19000～20000	0.04～0.06	30～35	8.8

注：试样经 600℃时效 40～120min。

表 8-120　　几种银基合金的热处理工艺

	牌号	热处理	用途
银金合金	AuAg25	退火温度 500～600℃，保温 15min～1h	用于强腐蚀介质中工作的轻负荷接点焊料
	AuAg40		
	AuAg41.7		
	AuAg90		
银镉合金	AgCd15	退火温度 500～650℃，保温 0.5h	一般用于灵敏的低压继电器和轻、中负载的交流接触器等
	AgCd25		
	AgCd97		
	AgCdZn96-1		
	AgCdZn79-16		
银锰合金	AgMn9	退火温度 600～700℃，在惰性气体保护下进行	精密电阻材料
	AgMn15		
	AgMnSn	退火温度 500～600℃	
银铜铟合金	AgCuIn27-10	退火温度 480～550℃真空	真空焊料，钎焊真空腔的零构件，电子管的分极钎焊
	AgCuIn24-15		
	AgCuIn30-10	退火温度 400～500℃	工业纯钛与不锈钢钎焊

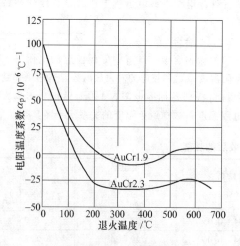

图 8-47　退火温度对金铬合金的电阻温度系数的影响
注：退火时间为 1h。

300～400℃退火得到最低的电阻温度系数。但经 500℃退火后再经 200℃，1h 退火，电阻温度系数不变。AuCr1.9 合金退火温度对电阻率、热电势和力学性能的影响示于图 8-48。退火时间对该合金电阻温度系数的影响示于图 8-49。

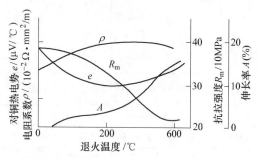

图 8-48　退火温度对 AuCr1.9 合金性能的影响

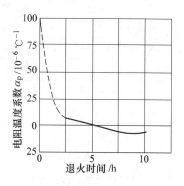

图 8-49　退火时间对 AuCr1.9 合金电阻温度系数的影响

（2）金铜合金。金铜合金在高温时互相无限互溶形成连续固溶体，但在凝固后继续冷却时，在 400℃左右发生有序化转变，形成 AuCu、$AuCu_3$、Au_3Cu 不稳定化合物。所以合金从高温缓慢冷却时变脆，难以加工。形成有序化合物时，合金的电阻率下降，强度和硬度明显上升，如图 8-50、图 8-51 所示。

在合金制备过程中要防止有序化合物的出现。一般从退火温度保温后直接水冷淬火并进行时效处理，退火在保护气体中进行。对 AuCu20 合金，退火温度 680℃保温 20min。

（3）金镍合金。金镍合金在 850℃以上无限互溶形成连续固溶体，在 800℃下分解成富金和富镍的两个固溶体相。室温时两相从 2% Ni 至 95% Ni（质量分数）。热处理后金镍合金的电阻率随着合金成分变化如图 8-52 所示。

表 8-121　银镁镍合金内氧化后的性能

成分（质量分数）			维氏硬度 HV	抗拉强度 R_m/10MPa	弹性模量 E/10MPa	伸长率 A （%）	电阻率 ρ /($10^{-2}\Omega\cdot cm^2$/m)
镁	镍	银					
0.205	0.185	余量	140	44	8800 ~ 8900	11.5	2.63
0.255	0.195	余量	145 ~ 150	—	8800 ~ 8900	5.5	—
0.26	0.24	余量	155	45	8800 ~ 8900	2.5	2.99
0.27	0.285	余量	150 ~ 153	—	8800 ~ 8900	—	—
0.277	0.295	余量	145 ~ 150	—	8800 ~ 8900	—	—
0.30	0.32	余量	160 ~ 167	44	8800 ~ 8900	1.5	3.1
0.05 ~ 0.4	0.05 ~ 1 （Zr）	余量①	—	—	8000	—	—
0.05 ~ 0.4	0.05 ~ 0.4	余量②	—	—	8500	—	—

① 弹性极限为 300MPa，20 ~ 300℃时的接触电阻小于或等于 0.1Ω。

② w(Al) = 0.05% ~ 1%、弹性极限为 350MPa、20 ~ 400℃的接触电阻小于或等于 0.01Ω。

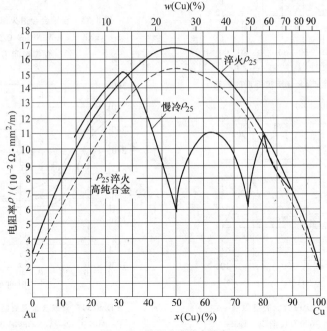

图 8-50　金铜合金的电阻率

1）AuNi9、AuNiGd9-0.5 和 AuNiY9-0.5 合金加工率（10% ~ 90%）和退火温度（400 ~ 800℃）对电阻系数影响不大，基本保持不变。在 Au-Ni 合金中加入 Y 和 Gd 电阻系数稍有增加。退火温度和时间对金镍合金硬度的影响示于图 8-53 和图 8-54。淬火和时效对 Au-Ni 合金硬度的影响示于图 8-55。

某些金镍合金含少量 Gd、Y、Zr 和 Rh，其性能列于表 8-122。

2）AuNiCu7.5-1 合金是轻负荷条件下的电接触材料及绕组材料。AuNiCu3-15.5 合金用作真空器件

的焊料。退火温度为 700℃，时间一般为 0.5h。Au-Ni-Cu 合金具有较显著的时效硬化作用。图 8-56 是冷轧 85% 的 AuNiCu10-15 合金在 750℃ 固溶处理 + 400℃，2h 时效的硬化曲线。

3）金镍铬合金具有中等电阻率，一般用作电位计绕组材料。热处理工艺对金镍铬合金电阻率的影响示于表 8-123。加工率对金镍铬合金电阻率影响不大。500℃连续退火对其电阻率没有影响。Au-Ni-Cr20-5 及 Au-Ni-CrSn10-3-2 合金分别在 850℃、650℃在氢气保护下退火。退火温度对金镍铬合金硬度的影响示于图 8-57。

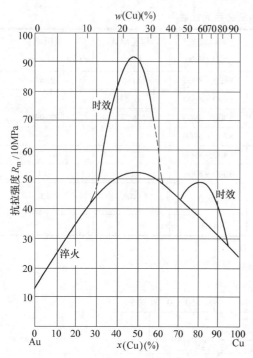

图 8-51　热处理对金-铜合金抗拉强度的影响

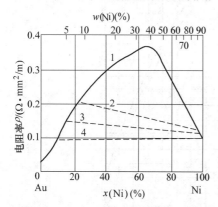

图 8-52　热处理后金镍合金的电阻率

1—900℃淬火　2—600℃长期稳定处理

3—500℃长期稳定处理　4—400℃长期稳定处理

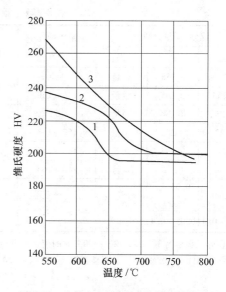

图 8-53　金镍合金退火温度与硬度的关系

1—AuNi9　2—AuNiGd9-0.5　3—AuNiY9-0.5

注：保温时间为30min。

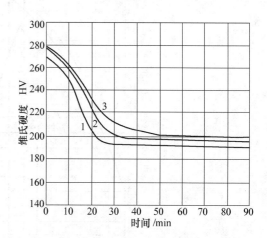

图 8-54　金镍合金退火时间与硬度的关系

1—AuNi9　2—AuNiGd9-0.5　3—AuNiY9-0.5

注：退火温度为700℃。

表 8-122　金镍及添加 Gd、Y、Zr 和 Rh 合金的性能

合金代号	熔点 /℃	密度/ (g/cm³)	电阻率 (20℃) ρ/ (10^{-2}Ω· mm²/m)	电阻温度系数 α_ρ/10^{-4} ℃$^{-1}$ (20~100℃)	对铜热电势/ (μV/℃)	硬度 HV		抗拉强度 R_m/ 10MPa		伸长率 A(%) （退火态）	弹性模量 E /10MPa
						退火态	硬态	退火态	硬态		
AuNi5	—	—	14	7.1	3.7	116HBW	197HBW	70	100	—	—
AuNi9	990	17.5	20	9.7	3.7	190	270	60	100	26	9820
AuNi10	—	—	27	4.9	—	—	190	—	80	—	—
AuNi17.5	950	—	—	—	—	120	300	—	—	—	—
AuNiGd9-0.5	—	—	20.5	7.6	3.7	195	280	70	115	20	8860
AuNiY9-0.5	—	—	21	—	—	200	290	73	115	11	—
AuNiZr9-0.3	—	—	22	5.4	3.7	201	—	62	112	22	9150
AuNiRh9-0.5	—	—	20	4.9	3.7	206	—	62	104	28	9810

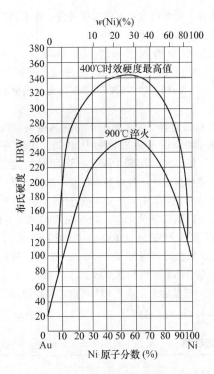

图 8-55 热处理后金镍合金的硬度

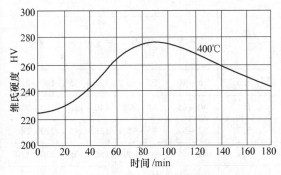

图 8-56 AuNiCu10-15 合金的时效硬化曲线

表 8-123 热处理工艺对金镍铬
合金电阻系数的影响

热处理工艺	电阻率 $\rho/(10^{-2}\Omega\cdot mm^2/m)$		
	AuCrNi1-7	AuCrNi1-8	AuCrNi1-9
700℃、30min 退火后水淬	26	29	30
700℃、30min 退火后水淬,再经 450℃时效 4h	21	21	20

（4）金银铜合金。广泛应用于精密仪表中作电位
计绕组、电刷、导电环及电接触材料或真空焊料等。
金银铜合金有明显的时效硬化作用。不同成分的金银
铜合金在 200～300℃时效 0.5～2h 的硬化效果示于图

8-58。加工率对 AuAgCu35-5 合金的电阻率没有影响。
加工率大于 10% 时对伸长率也基本没有影响。退火温
度对 AuAgCu35-5 合金硬度的影响示于图 8-59。

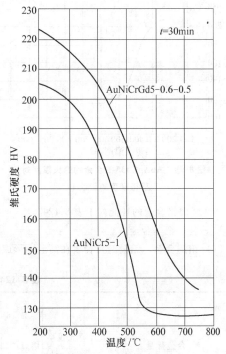

图 8-57 退火温度对金镍铬
合金硬度的影响

注：加工率为 80%，直径为 1.32mm，负荷为 200g。

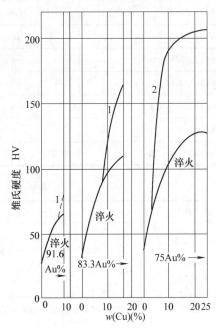

图 8-58 不同成分的金银铜合金
在 200～300℃时效 0.5～2h 的硬化效果
1—200～250℃时效 2—300℃时效

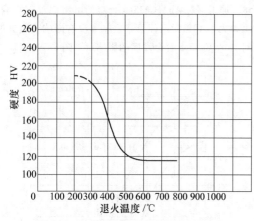

图 8-59　AuAgCu35-5 合金的退火温度对
显微硬度的影响

一些金镍铬合金的性能列于表 8-124。

3. 铂基、钯基合金

（1）铂铜合金。铂铜二元合金在高温下形成连

续固溶体，低温时存在有序无序转变。退火和淬火对铂铜合金的影响示于图 8-60。

铂铜合金的细丝可进行连续退火，温度为 900℃，也可以在加工态使用。Pt-Cu2.5、Pt-Cu8.5、Pt-Cu10、Pt-Cu20 等可作为电器接触点和电阻材料。

（2）铂铑合金。大量用于制造热电偶。PtRh/Pt 是用于 300℃ 以上最准确的热电偶。一般可用到 1350℃，短时间可用到 1600℃，因此对铂铑合金的热电性能和高温持久性能要求较高。退火温度对铂及铂铑抗拉强度的影响示于图 8-61。图 8-62 为 PtRh10 合金在不同温度下的力学性能与时间的关系。PtRh6 退火温度为 900℃，PtRh10、PtRh20 退火温度为 1000℃，保温时间均为 10～15min。图 8-63 所示为铂铑合金热电偶的热电特性曲线。

（3）钯基合金。表 8-125 列出了其他钯基合金的热处理。

表 8-124　金镍铬合金的性能

合金代号	密度/ (g/cm^3)	熔点/℃	电阻率 $\rho/(10^{-2} \Omega \cdot mm^2/m)$	电阻温度系数 $\alpha_\rho /10^{-6}$ ℃$^{-1}$	抗拉强度 R_m/10MPa		硬度 HV	
					退火态	硬态	退火态	硬态
AuNiCr 5-1	18.67	1050	24～26	3.5	35～40	75～85	125～135	190～210
AuNiCr 5-2	17.7	1050	40～42	1.1	40～45	80～85	140～150	210～230
AuNiCrGd5-0.6-0.5	—	—	22～24	3.7	52～57	85～95	135～145	220～240
AuNiCr 7-1	—	—	24～26	3.2	50～55	90～100	155～165	230～240
AuNiCr 3.5-2.5	—	—	46～48		40～45	70～75	110～120	180～200
AuNiCr 20-5	—	—	57～67	102	—	130～150	—	270～320
AuNiCrSn10-3-2	15.87	—	59～64	45		115～130		240～290

表 8-125　其他钯基合金的热处理

合金牌号	热处理工艺	用　途
PdAg40	850～900℃退火,保证 20～30min 在氩气、氮气中进行	电接点,精密电阻丝
PdAg23 PdAg25		高纯氢净化材料
PdCu40	920℃退火保温 20～30min 后快冷	电接触材料
PdRh5 PdRh10	退火温度 1200℃,保温 4h	电接触和电位器材料

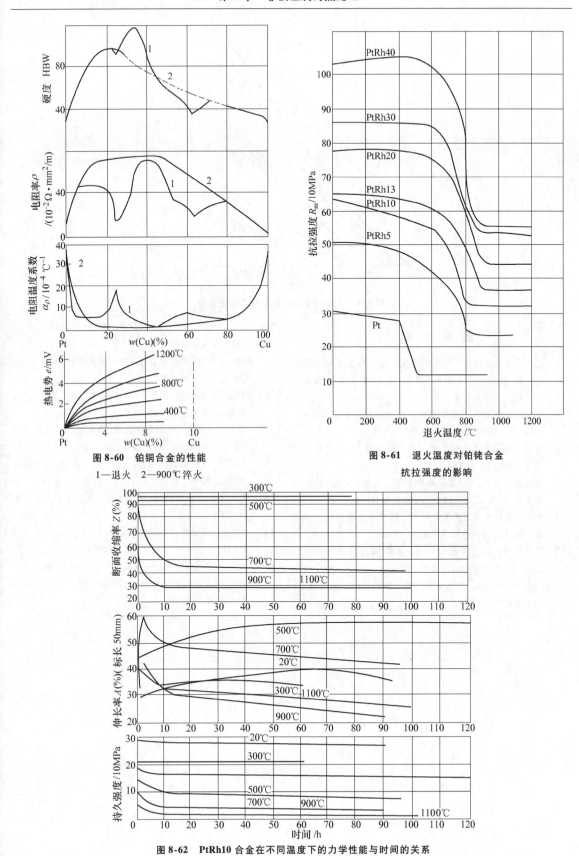

图 8-60　铂铜合金的性能

1—退火　2—900℃淬火

图 8-61　退火温度对铂铑合金

抗拉强度的影响

图 8-62　PtRh10 合金在不同温度下的力学性能与时间的关系

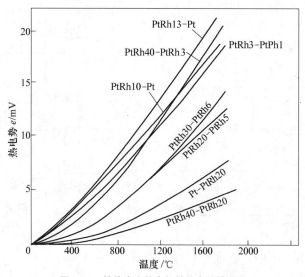

图 8-63　铂铑合金热电偶的热电特性曲线

参 考 文 献

［1］　重有色金属加工手册编写组．重有色金属加工手册：第1,2,3,4分册［M］. 北京：冶金工业出版社,1979.

［2］　轻金属材料加工手册编写组．轻金属材料加工手册：上册［M］. 北京：冶金工业出版社,1979.

［3］　有色金属及热处理编写组．有色金属及热处理［M］. 北京：国防工业出版社,1981.

［4］　科瓦索夫 Ф И,弗里续良捷尔 И Н. 工业铝合金［M］. 韩秉诚,等译. 北京：冶金工业出版社,1981.

［5］　稀有金属材料加工手册编写组．稀有金属材料加工手册［M］. 北京：冶金工业出版社,1984.

［6］　贵金属材料加工手册编写组．贵金属材料加工手册［M］. 北京：冶金工业出版社,1978.

［7］　司乃潮,傅明喜．有色金属材料及制备［M］. 北京：化学工业出版社,2006.

［8］　赵品,谢辅洲,孙文山．材料科学基础［M］. 哈尔滨：哈尔滨工业大学出版社,1999.

［9］　赵忠,丁仁亮,周而康．金属材料及热处理［M］. 北京：机械工业出版社,2002.

［10］　刘静安,谢水生．铝合金材料的应用与技术开发［M］. 北京：冶金工业出版社,2004.

［11］　徐自立．高温合金材料的性能、强度设计及工程应用［M］. 北京：冶金工业出版社,2006.

［12］　黄乾尧,李汉康,等. 高温合金［M］. 北京：冶金工业出版社,2000.

［13］　李云凯．金属材料学［M］. 北京：北京理工大学出版社,2005.

［14］　黄伯云,李成功,石力开,等. 中国材料工程大典：第4卷［M］. 北京：化学工业出版社,2006.

［15］　全国有色金属标准化技术委员会. GB/T 3620.1—2007 钛及钛合金牌号和化学成分［S］. 北京：中国标准出版社,2007.

第9章 铁基粉末冶金件及硬质合金的热处理

9.1 概论

粉末冶金是制取金属材料的一种冶金方法，也是机器零件的一种加工方法。它是少无切削加工工艺之一，可用以制造用其他方法难以成形的零件和各种精密机器零件。

9.1.1 粉末冶金的应用范围

粉末冶金法的应用范围列于表9-1。

9.1.2 粉末冶金方法

粉末冶金生产过程包括粉料制备、成形和后处理。

粉料制备过程包括金属粉末的制取，掺加成形剂、增塑剂等粉料的混合以及制粉、烘干、过筛等预处理。金属粉末生产方法列于表9-2。粉料混合方法分为干式、半干式和湿式。当组元粉末密度接近和要求均匀性不高时采用干式法。采用半干式法时，在粉料中加入约0.1%（质量分数）的润滑油，以减轻粉料的密度偏析。采用湿法时，在粉料中加入大量汽油、酒精等易挥发液体，并施行球磨，以使混合均匀，增加组元粉粒间的接触面，并改善烧结性能。为改善粉末的成形性和可塑性，在其中尚需加入汽油橡胶液或石蜡等增塑剂。对细粉末要施行制粒处理，以改善粉粒的流动性。湿粉要烘干，混合粉需过筛。

通过成形过程，使粉料成为具有一定形状、尺寸和密度的型坯。金属粉末成形方法列于表9-3。

粉末件成形后通过烧结使颗粒间发生扩散、熔焊、化合、溶解和再结晶等物理化学过程，从而获得所需要的物理、力学性能。粉末件常用的烧结方式列于表9-4。粉末件成形烧结后的处理方法列于表9-5。

9.1.3 粉末冶金材料的分类

粉末冶金材料包括各种以粉末冶金方法制成的金属和合金，以及非金属、金属纤维等复合材料，其按用途的分类列于表9-6。美国粉末冶金结构件化学成分列于表9-7。

表9-1 粉末冶金法的应用范围

顺序	应用范围	材料	性能	零件
1	制取多组元材料	摩擦材料	高摩擦因数、抗咬合、高耐磨性的润滑组元	离合器片、制动片
		电工触头材料	耐电弧冲蚀，高电导率	电器开关触头
		金刚石工具材料	高硬度、高切削性能	各种金刚石工具、磨具
		纤维增强复合材料	高强度、高耐磨性	高强度、高韧性航空及航天器零件
2	制取多孔材料	过滤材料	具有可控制的孔隙度	青铜、不锈钢、镍、钛等多孔过滤元件
		热沉材料	可连续渗透冷却液体，高温下渗透低熔点金属以带走热量、冷却零件	燃气轮机叶片、钨浸铜火箭喷管
		减摩材料	孔隙中可容纳润滑油、硫或特氟隆制成自润滑材料	含油轴承、金属塑料轴承、密封环、活塞环等
3	制取硬质合金和难熔材料	硬质合金	以 WC、TiC、TaC、NbC 为基，以 Co、Ni 作粘结相的高硬度合金	刀具、模具、凿岩工具、石材锯片、耐磨零件等

表 9-2　金属粉末生产方法

生产方法			简 要 说 明	适 用 范 围
机械法	固体粉碎	球磨	用滚动或振动的筒运动,使球对物料进行撞击,粉碎成粉末	脆性金属及合金
		研磨	用气流或液流,带动物料颗粒互相碰撞摩擦而成粉末	脆性、韧性金属丝或小块边角料
	液体粉碎	雾化法	用高压气体、液体或高速旋转的叶片或电极,将熔融金属分散成雾状液滴,冷却后成粉末	较低熔点的金属
物理化学法	还原法		用还原剂还原金属氧化物或盐类,使其成为金属粉末	金属氧化物或卤族化合物
	电解法		在溶液或熔盐中,通入直流电,使金属离子电解析出,成为金属粉末	金属盐类
	热离解法		金属与 CO、H_2 或 Hg 作用,生成化合物或汞齐,加热后重新分解出 CO、H_2 或 Hg,制得金属粉末	能与 CO、H_2 或 Hg 生成化合物或汞齐的金属
	化学置换法		用活性(负电性)大的金属,置换活性小的金属离子而得到金属粉末	较贵重的金属

表 9-3　金属粉末成形方法

成形方法		简 要 说 明	应 用 举 例
常温加压	钢模压	粉末在刚性封闭模中,通过模冲对粉末加压成形。压坯密度较高,精度高,生产效率高。不宜压制过大、过长、过薄、锥形及难以脱模的制品	铁、铜、不锈钢及硬质合金等中小柱状制品。宜大批生产
	弹性模压	粉末放在弹性模(用塑料或橡胶)型腔中,弹性模放在刚性模中,模冲压力通过弹性模将粉末压实成形	成形单位压力较小的硬质合金锥、球等制品
	挤压	将拌以润滑油的粉末放入挤压筒内,通过压柱对粉末加压,粉料被压出挤压嘴成形	各种截面的条、棒或麻花钻类的螺旋条棒
	液等静压	粉末放入弹性(用塑料或橡胶)包套中,包套放入等静压机的高压容器内,通过高压液体压实套内粉末	各种棒材、管材及其他大型制品
	粉末轧制	将粉末送入两个相对转动的轧辊之间,靠摩擦力将粉末连续咬入辊缝压实成带(片)材	多孔、摩擦、硬质合金、复合材料等带材
	爆炸成形	将粉末放在塑料包套内,包套放入高压容器中,引爆炸药,产生高压冲击波,通过容器中的水,将包套内的粉末压实成形	成形性很差的各种粉末的棒材、管材
加温加压	热压	粉末或预制坯放在模具中,经传导、自身电阻或感应等方式加热,在低于基体金属熔点下加压,用小压力可获得致密制品。模具材料有石墨、陶瓷、高镍铬合金及高速钢等	硬质合金、金属陶瓷、金刚石工具等制品
	热锻	将粉末预制坯加热,放入锻模中进行无飞边锻造,获得致密并接近成品要求的制品	铁基高强度齿轮、链轮、连杆等结构件

（续）

成形方法		简 要 说 明	应 用 举 例
加温加压	热挤压	将粉末装入金属包套内,抽真空后封口。包套及粉末加热后,在模壁有润滑剂的挤压模内挤压成材	钢结硬质合金及粉末高速钢的型材
	热等静压	将粉末装入金属包套内,抽真空后封口。粉末被压力机内高温、高压气体压实	硬质合金、粉末高速钢等大制品
无压成形	松装烧结成形	粉末装入模具中振实,连同模具一起放入炉内烧结,使粉末成形	多孔过滤元件及多孔浸渍材料
		心板放在模腔下,模腔中装满粉末刮平,取出模具,心板连同一层均匀松装粉末入炉烧结,使粉末成形,并牢固地焊接在心板上,经复压或轧制,达到所需的密度	摩擦片及铜铅轴瓦等双金属材料
	粉浆浇注	粉末与加有粘结剂的水调成粉浆,注入石膏模内,干燥后使粉末成形	高合金、精细陶瓷等形状复杂制品
	冷冻浇注	将加有水的粉末,注入金属模内,冷冻后成形,埋入细填料中,经干燥后烧结成制品	高合金、精细陶瓷等形状复杂制品
	无压浸渍	将基体粉末装入石墨模中,注入可浸润或可形成化合物、固熔体的熔融金属,利用毛细现象浸入孔隙,冷却后使粉末成形	金属陶瓷材料
注射成形		将超细粉末与塑料搅拌并制粒,在塑压温度下,用注塑机将混合料注射到模腔中成形,工件在填料中经缓慢加热排塑,并烧结成高精度的致密制品	铁、镍、不锈钢、硬质合金及精细陶瓷等形状复杂的制品

表 9-4　常用的烧结方式

烧结方式		简 要 说 明	应 用 举 例
按防氧化条件分	填料保护烧结	用碳(石墨、木炭、焦炭)、氧化铝、硅砂等作填料,工件埋入其中烧结	无保护气体时烧结铁、铜基制品
	气体保护烧结	用还原性的氢、一氧化碳、分解氨及高纯氮等气体保护工件烧结	铁、铜、不锈钢、硬质合金等制品
	真空烧结	用真空条件,防止工件氧化	硬质合金、不锈钢、铝、钛等易氧化制品
按烧结炉结构分	连续烧结	工件顺序连续通过炉子的预热带、保温带及冷却带,完成烧结过程,热利用率及生产率高	大批生产时用,通常用保护气体,亦可真空
	间歇烧结	工件随炉升温、保温和降温,完成烧结过程	小批生产或试验时用
	半连续烧结	工件装入容器中,在热炉中升温、保温,炉外冷却	摩擦片生产
特殊烧结方式	加压烧结	烧结时对工件加压,以提高制品密度,防止变形,使工件与钢背粘结牢固	摩擦片、双金属减摩材料
	浸渗烧结	工件端部(上或下)放置低熔点金属片(或块),烧结时,低熔点金属熔化并渗入多孔骨架中	铜钨、铁铜等合金的致密制品
	电阻烧结	工件自身作为电热体,利用自身电阻发热烧结	钨、钼等难熔金属

（续）

烧结方式		简　要　说　明	应　用　举　例
特殊烧结方式	活化烧结	用物理方法（振动、循环温度）或化学方法（加卤族化合物、预氧化、加低熔点组元、用氢化钛保护）加快烧结过程，改善质量	铁、铜、不锈钢、金刚石工具等
	电火花烧结	粉末体通直流电流及脉冲电流，使粉末间产生电弧进行烧结，同时逐渐加压	双金属、摩擦片、金刚石工具、钛合金

表 9-5　粉末冶金件成形烧结后的处理方法

处理方法		简　要　说　明	应　用　举　例
压力加工	整形	工件在整形模中受压，校正烧结变形，提高精度，减小表面粗糙度	铁、铜、不锈钢制品
	复压	工件在复压模中受压，提高密度	铁、铜、不锈钢制品
	精压	工件在精压模中受压，金属流动，改变形状	需改变形状的塑性件
	滚挤压	工件受滚轮或标准齿轮对滚挤压，提高精度、密度	齿轮、球面轴承、钨钼管
浸渗	浸油	多孔件孔隙吸入润滑油，改善自润滑性能并防锈	铁、铜基减摩零件
	浸塑料	多孔件孔隙吸入聚四氟乙烯分散液，经热固化后，实现无油润滑	金属塑料减摩零件
	浸硫	多孔件孔隙吸入熔融硫，起润滑及封孔的作用	减摩件、需封孔的结构件
	浸熔融金属	多孔件孔隙吸入熔融金属，以提高强度及耐磨性	铁基件浸铜或铅
热处理	整体淬火	需在保护气氛下加热，孔隙的存在可减小内应力，一般可不回火，其余工艺要求同致密材料	不受冲击而要求耐磨的铁基零件
	表面淬火	通常用感应加热，工艺同致密材料	要求外硬内韧的铁基零件
	渗碳淬火	孔隙易渗透，应根据孔隙度大小，适当减少渗碳时间；或经硫化封孔后再渗碳。其余工艺要求同致密材料	要求外硬内韧的低碳铁基零件
	碳氮共渗	经硫化封孔或高密度工件，用一氧化碳和分解氨为介质，在850℃左右进行碳氮共渗，比渗碳硬度高，速率快	要求外硬内韧的低碳铁基零件
	渗硼	将脱水硼砂与氟化钠加热到 900～920℃（呈熔融状），将铁基件浸入 2～2.5h，渗层达 0.8～1mm，浸于 10%（质量分数）氢氧化钠水溶液中洗净	提高表面硬度、耐磨，堵塞孔隙，有防锈要求的铁基零件
	硫化处理	经浸硫的工件，在氢气保护下，于720℃保温 0.5～1h，生成硫化铁的润滑组元	铁基减摩材料
表面处理	蒸汽处理	铁基零件在 550～600℃温度下，通入过热蒸汽，使工件表面及孔隙生成坚固的氧化膜	要求防锈、耐磨及封孔防高压渗漏的铁基零件
	电镀	经封孔并表面净化（喷砂）后的工件，按传统工艺电镀	表面防锈、美观及耐磨的零件
	渗锌	用锌与氧化铝混合粉为填料，将工件埋入其中，在 400～420℃下渗 1～2h。若工件与填料在旋转筒中加热渗锌，工件表面质量更佳	表面防锈的仪表零件、锁芯等铁基零件

(续)

处理方法		简 要 说 明	应 用 举 例
机械加工	切削加工	除硬质合金等超硬材料外,大多粉末冶金材料可进行车、铣、刨、钻等加工。粉末冶金材料均可磨削及电加工	铁、铜、镍、铝、钨、钼等制品均可切削加工,为提高精度或改变形状时用
	锻压	钨、钼棒可压延锻打,钢结硬质合金可热自由锻,锻后均需退火	致密材料需改变形状时用
	焊接	铁基材料可对焊,不锈钢、钛合金用氩弧焊,硬质合金用铜焊,金刚石工具用银焊,铜基件用锡焊	粉末冶金材料与致密材料需连接时用

表 9-6 粉末冶金材料按用途分类

类 别		主要性能要求	应 用 举 例
机械零件材料	减摩材料	承载能力高,摩擦因数低,耐磨且不伤对偶。需要时,可满足自润滑、低噪声、耐高温等工况要求	铁、铜基含油轴承,含高石墨及二硫化钼的铁、铜基轴承,金属塑料制品,铜铅双金属制品
	结构材料	硬度、强度及韧性。需要时,可满足耐磨、耐腐蚀、密封及导磁等工况要求	钢、铁、铜、不锈钢基的受力件,如齿轮、汽车及冰箱压缩机零件
	多孔材料	可控孔隙的大小、形态、分布及孔隙度。需要时,可满足耐热、耐腐蚀、导电、灭菌、催化等功能要求	铁、铜、镍、不锈钢、银、钛、铂、碳化钨基的过滤、减振、消声、止火、催化、电极、热交换及人造骨等制品
	密封材料	静密封材料质软,易与接触对偶贴紧,本身不渗漏;动密封材料耐磨,本身不渗漏	多孔铁浸沥青的管道密封垫,热力管道上热胀冷缩球形补偿器的密封件,泵用的硬质合金或精细陶瓷密封环
	摩擦材料	摩擦因数高且稳定,耐短时高温,导热性好,高的能量负荷(摩滑功与摩滑功率的乘积),耐磨,抗卡且不伤对偶	铁基、铜基、半金属及碳基的离合器片及制动带(片)
工具材料	刀具材料	硬度、热硬性、强度、韧性、抗切屑粘附性及耐磨性	硬质合金,粉末高速钢、氮化硅、氧化锆等精细陶瓷,硬质合金与金刚石复合材料
	模具及凿岩工具材料	硬度、强度、韧性及耐磨性	高钴[$w(Co)$ 为 15% ~ 25%]硬质合金,钢结硬质合金
	金刚石工具材料	金属胎体的硬度、强度,与金刚石的粘结强度,及金刚石本身的强度	砂轮修正工具,石材加工工具,玻璃加工工具,珩磨工具,拉丝模,切削工具
高温材料	难熔金属及其化合物基合金材料	热强性、抗冲击韧度及硬度	钨、钼、钽、铌、锆、钛及其碳化物、硼化物、硅化物、氮化物基的高温材料
	弥散强化材料	热强性、抗蠕变能力	铝、铜、银、镍、铬、铁与氧化铝、氧化钇、氧化锆、氧化钍弥散相组成的抗晶粒长大的材料
	精细陶瓷材料	热强性、热硬性、硬度、耐磨性、抗氧化性及韧性	氮化硅、碳化硅、氮化铝、氧化铝、氧化锆及 SiAlON 等高温结构、耐磨材料、刀具及模具材料

（续）

类　别		主要性能要求	应　用　举　例
电工材料	触头材料	电导率、耐电弧性	铜-钨、银-钨、铜-石墨等
	集电材料	电导率、减摩性及耐电弧性	铜-石墨、银-石墨、铜-碳纤维电刷、铁（或铜）-铅-石墨电气火车受电弓滑板及电车滑块
	电热材料	电阻率、耐高温性能	钨、钼、硅化钼、碳化硅、氮化硅等发热元件、灯丝、极板
磁性材料	软磁材料	磁导率、磁感应强度、矫顽力	纯铁、铁硅、铁铝硅、铁铜磷钼、铁镍等磁极铁心
	硬磁材料	磁能积	铁氧体、铝镍钴、钐钴、钕铁硼、钍锰等磁极

表 9-7　美国粉末冶金结构件化学成分

类别	MPIF 标记	化学成分（质量分数）（%）[①]			
		C	Ni	Cu	Fe
铁和碳钢粉末件	F-0000	0 ~ 0.3			
	F-0005	0.3 ~ 0.6			
	F-0008	0.6 ~ 0.9			
Fe-Cu 和 Cu-钢粉末件	F-0200	0 ~ 0.3		1.5 ~ 3.9	93.8 ~ 98.5
	F-0205	0.3 ~ 0.6		1.5 ~ 3.9	93.5 ~ 98.2
	F-0208	0.6 ~ 0.9		1.5 ~ 3.9	93.2 ~ 97.9
Fe-Ni 和 Ni-钢粉末件	FN-0200	0 ~ 0.3	1.0 ~ 3.0	0 ~ 2.5	92.2 ~ 99.0
	FN-0205	0.3 ~ 0.6	1.0 ~ 3.0	0 ~ 2.5	91.9 ~ 98.7
	FN-0208	0.6 ~ 0.9	1.0 ~ 3.0	0 ~ 2.5	91.6 ~ 98.4
	FN-0405	0.3 ~ 0.6	3.0 ~ 5.5	0 ~ 2.0	89.9 ~ 96.7
	FN-0408	0.6 ~ 0.9	3.0 ~ 5.5	0 ~ 2.0	89.6 ~ 96.4
Cu 渗透钢粉末件	FX-1005	0.3 ~ 0.6		8.0 ~ 14.9	82.5 ~ 91.7
	FX-1008	0.6 ~ 0.9		8.0 ~ 14.9	82.2 ~ 91.9
	FX-2005	0.3 ~ 0.6		15.0 ~ 25.0	72.4 ~ 84.7
	FX-2008	0.6 ~ 0.9		15.0 ~ 25.0	72.1 ~ 84.4
低合金钢粉末件	FL-4205	0.4 ~ 0.7	0.35 ~ 0.55	Mo 15.0 ~ 25.0 0.50 ~ 0.85	95.9 ~ 98.75
	FL-4405	0.4 ~ 0.7		0.70 ~ 1.00	96.3 ~ 98.9
	FL-4605	0.4 ~ 0.7	1.70 ~ 2.00	0.40 ~ 0.80	94.5 ~ 97.5
	FLN-4205	0.4 ~ 0.7	1.35 ~ 2.50[②]	0.50 ~ 0.85	93.95 ~ 97.75

① 其他元素总质量分数差别最大值为 2.0%，其中包括特种用途的微量添加元素。
② 在基础粉末中至少加入质量分数为 1% 的 Ni。

9.2　铁基粉末冶金件及其热处理

铁基粉末冶金件是用铁粉或合金钢粉为主要原料、以粉末冶金方法制成的机器零件。其特点和性能列于表 9-8。

表 9-8　铁基粉末件的特点和性能

顺序	特点	工艺特性	性　能	顺序	特点	工艺特性	性　能
1	材料和零件的同一性	材料和零件在同一个工艺流程下获得,具有少无切削加工特点		3	合金化及金相组织的特殊性	材料中的合金元素通过添加合金粉末方式实现	由于不经熔炼,添加元素的种类和数量不受溶解度限制和密度偏析影响,可制成无密度偏析或过饱和的合金及假合金
2	多孔性	通过调整材料成分、粒度和生产工艺,可以控制孔隙尺寸、孔隙度和孔隙分布,孔隙度越小,生产成本越高	均匀孔隙可浸入润滑油,改善耐磨性,但降低抗拉强度。均布的球形孔隙有利于零件在小能量多冲载荷条件下的抗疲劳性能	4	晶粒度可调	选择不同粒度粉末可获得不同晶粒度。孔隙的存在阻碍晶粒长大。添加对氧亲和力较大的合金元素较难,烧结时要求严格控制保护气氛的还原性	可获得很细的晶粒度。添加扩散系数小的元素或扩散温度较低时,材料中出现合金元素的浓度梯度,金相组织呈多种组织共存的非平衡态

9.2.1　铁基粉末冶金材料的分类

表 9-9 所列为铁基粉末冶金材料的分类和特性。

表 9-9　铁基粉末冶金材料的分类和特性

分类原则	类　别	性能或说明
按化学成分分	烧结铁	用低碳铁粉、化合碳的质量分数不大于 0.2%
	烧结钢	化合碳质量分数为 0.2% ~ 1.0%，余为铁
	烧结合金钢	除碳外，还添加一种或多种合金元素，如 Cu、Ni、Mo、S、P、Cr、V、Mn、Si、B 及 RE，余为 Fe
	烧结不锈钢	以 Cr、Ni 奥氏体不锈钢为主，还有马氏体、铁素体不锈钢。通常用雾化的预合金粉为原料
按材料强度分	低强度烧结钢	抗拉强度 <400MPa
	中强度烧结钢	抗拉强度为 400 ~ 600MPa
	中高强度烧结钢	抗拉强度为 600 ~ 800MPa
	高强度烧结钢	抗拉强度 >800MPa
按材料密度分	低密度烧结钢	密度 <6.2g/cm³
	中密度烧结钢	密度为 6.2 ~ 6.8g/cm³
	中高密度烧结钢	密度为 6.8 ~ 7.2g/cm³
	高密度烧结钢	密度 >7.2g/cm³
	全致密烧结钢	理论密度

9.2.2　铁基粉末冶金材料的标记方法

按 GB/T 4309—2009，铁基粉末冶金结构材料的标记方法为：

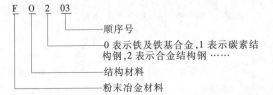

粉末冶金烧结不锈钢和耐热钢的标记方法为：

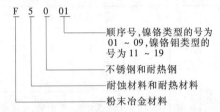

9.2.3　铁基粉末冶金件的制造工艺流程

图 9-1 所示为铁基粉末冶金结构件的工艺流程。

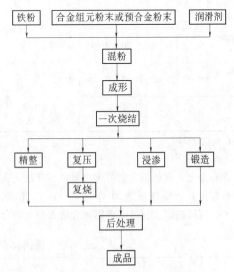

图 9-1　铁基粉末冶金结构件的制造工艺流程

9.2.4　粉末冶金用铁和铁合金粉末

表 9-10 所列为粉末冶金用还原铁粉的化学成分和性能。

表 9-11 所列为粉末冶金用水雾化铁及其合金粉末化学成分和性能。

表 9-10　粉末冶金用还原铁粉化学成分和性能

牌号	级别	化学成分（质量分数）（%）								松装密度/(g/cm³)	流动性/(s/50g) ≤	压缩性①/(g/cm³) ≥	粒度组成（%）		
		总 Fe ≥	Mn	Si	C	S	P	盐酸不溶物	氢损				>180μm	>150μm	<45μm
			≤												
FHY80.23	—	98.00	0.40	0.15	0.07	0.030	0.030	0.40	0.50	2.30 ± 0.10	40	6.40	≤1	—	≤20
FHY100.25	I	98.50	0.35	0.10	0.04	0.030	0.030	0.25	0.35	2.50 ± 0.10	36	6.55	0	≤5	≤35
	II	98.00	0.40	0.15	0.07	0.030	0.030	0.40	0.50	2.50 ± 0.10	36	6.45	0	≤5	≤35
FHY100.27	—	98.50	0.35	0.10	0.03	0.030	0.030	0.20	0.25	2.70 ± 0.10	32	6.70	0	≤2	≤35

① 成形压力为 490MPa。

表 9-11　粉末冶金用水雾化铁及其合金粉末化学成分和性能

牌号	C	Si	Mn	P	S	Ni	Mo	盐酸不溶物	氢损	松装密度/(g/cm³)	流动性/(s/50g)≤	$p_1$①	$p_2$②	200~160μm	160~100μm	100~63μm	63μm以下
	≤											压缩性/(g/cm³) ≥		粒度组成(%)			
WPL200(-1)	0.02	0.05	0.15	0.015	0.015	—	—	0.2	0.20	2.6±0.1	33	6.5	7.0	5~15	25~45	20~40	15~40
WPL200(-2)	0.03	0.06	0.20	0.015	0.035	—	—	0.2	0.35	2.6±0.1	28	6.45	6.95	5~15	25~45	20~40	10~50
WP200(-1)	0.02	0.05	0.15	0.015	0.025	—	—	0.2	0.25	3.0±0.1	28	6.6	7.03	<15	20~50	20~40	15~35
WP200(-2)	0.03	0.06	0.20	0.015	0.035	—	—	0.2	0.35	2.8±0.1	30	6.5	7.0	<15	20~50	20~40	10~40
Fe-Ni-Mo(-1)	0.02	0.05	0.15	0.020	0.025	1.7~2.0	0.5~0.6	0.2	0.25	3.0±0.1	28	6.3	6.8	<20	20~50	20~40	10~40
Fe-Ni-Mo(-2)	0.03	0.06	0.20	0.020	0.035	1.6~2.0	0.4~0.7	0.2	0.35	3.0±0.1	30	6.2	6.7	<20	20~50	20~40	10~40

① p_1 为 392MPa。

② p_2 为 588MPa。

含有合金元素的预合金粉末一般以雾化法为主制造，也有用其还原法制造的 Fe-Mo、Fe-Ni-Mo 预合金粉末。用这些方法制成的碳钢和合金钢粉末的化学成分和性能列于表 9-12。表 9-13 所列为几种新牌号合金钢粉末的化学成分和性能。

表 9-12　碳钢和合金钢粉末的化学成分和性能

粉末名称	生产方法	牌号	化学成分(质量分数)(%)	粒度/μm	流动性/(s/50g)	松装密度/(g/cm³)	压缩性/(g/cm³)	用途
碳钢粉	涡旋研磨	08	总 Fe98.0~99.6，C0.11~0.06，O<1.0 考核杂质 Si、Mn、S、P	<154	40~45	2.4~2.6	≥5.8①	粉末冶金零件
低合金钢粉	雾化法	Ni2Mo	Fe 余量，C0.15，O0.15~0.2，Ni2.00，Mo0.5	<280	≤29	3~3.5	—	中高强度粉末冶金制品
		NiMnMo	Fe 余量，Mn0.35~0.45，Ni0.5，Mo0.5，O0.15~0.20	<280	26~32	3~3.5	—	
	油雾化法	4100S	Fe 余量，Mn0.6~0.9，Cr0.8~1.1，Mo0.15~0.30，O≤0.18，C≤0.03	—	≤30	3.0~3.3	≥6.8②	高强度和耐磨烧结零件
		4600H	Fe 余量，Mn0.24，Ni1.94，Mo0.53，O0.059	—	20.7	3.16	≥6.8②	
		2CRMS	Fe 余量，Cr2.11，Mn0.75，Mo0.23，O0.19，C0.017	—	20.9	3.10	≥6.63②	
		2CRMV	Fe 余量，Cr3.24，Mn0.31，Mo0.44，V0.27，O0.052，C0.43	—	20.7	3.27		

（续）

粉末名称	生产方法	牌 号	化学成分（质量分数）（%）	粒度/μm	流动性/（s/50g）	松装密度/（g/cm³）	压缩性/（g/cm³）	用途
不锈钢粉	雾化法	1Cr18Ni9	Fe 余量,Cr17～19,Ni8～11,C≤0.14	<180	17～26	3.4～4.2	—	粉末冶金多孔过滤元件,耐酸、耐腐蚀制品,耐磨、耐腐制品,及仪器、仪表零件
		BF410	Fe 余量,Cr12.0～13.5,Si0.8～1.3,C≤0.04	<180	28～34	3	5.3～5.8①	
		FJ316	Fe 余量,Cr17.75,Ni11.76,Mo2.06,Si1.33,Mn0.93,总 O0.027,C0.07	—	27～28	3	5.8～5.9①	
		BF302	Fe 余量,Cr17～20,Ni8～11,Si1.5～2.0,C0.15～0.25,Mn≤2,Cu1.0～1.3	<180	31～32	2.9	5.9～6.0①	
		BF316	Fe 余量,Cr17～20,Ni11～13,Mo1.5～2.0,Si≤1,C≤0.1,Mn≤2.0	<180	32～33	2.8	5.9～6.0①	
高速钢粉	雾化法	W18Cr4V	Fe 余量,Cr5.25～5.5,W17.4～18.0,V1.15～1.50,C1.05～1.10,考核杂质 S、P	<154	3.5～6.4	3.9～5.0	—	粉末冶金高速钢刀具、工具、模具及耐磨零件
		W10Mo5Cr4VCo12	Fe 余量,Co12.0～12.5,Cr3.75～4.5,W9.0～10.0,Mo4.5～5.5,V1.3～1.5,C0.9～1.10	—	—	—	—	
		M2	Fe 余量,C0.75～0.85,Cr3.84～4.10,W5.56～6.19,Mo4.55～5.71,V2.17～2.26	<180	≤15	1.7～3.0	—	
		F3701	Fe 余量,W5.5～6.75,Mo4.4～5.5,Cr3.75～4.5,V1.75～2.2,C0.8～0.95,Si≤0.3,Mn≤0.4,O≤0.1	—	29～36	2.3～3.0	—	
		F3702	Fe 余量,W5.5～6.75,Mo4.4～5.5,Cr3.75～4.5,V1.75～2.2,C0.9～1.2,Si0.9～1.2,Mn≤0.4,O≤0.1	—	—	—	—	
		F3711	Fe 余量,W12.0～13.0,Mo6.0～7.0,Cr3.5～4.5,V4.5～5.5,C1.7～2.0,Si≤0.3,Mn≤0.4,O≤0.1	—	39～40	2～2.1	—	
硅钢粉	雾化法		Fe 余量,Si3.0～3.4,Mn≤0.15,考核杂质 S、P	<154	—	—	—	磁性材料
轴承钢粉	雾化法	GCr15	Fe 余量,C0.75～0.85,Cr1.42～1.58,Si≤1,Mn0.28～0.40	—	≤40	2.3～2.9	5.2～5.3①	粉末冶金滚珠轴承,耐磨零件
磁粉	雾化法	FeCo23Ni9	Fe68±1,Ni9±1,Co23±1	<71	$H_c = 25/4\pi \times 10^5 \sim \frac{30}{4\pi} \times 10^5 A/m$ $B = 1.3 \sim 2T$			磁粉离合器

① 压力为 392MPa。

② 压力为 490MPa。

表 9-13　新牌号合金钢粉末的化学成分和性能

粉末名称	牌号	化学成分(质量分数)(%)	全氧(%)	压缩性[1]/(g/cm³)	特点
磷钢粉	Fe-P45	P0.4~0.5, C<0.05, Si<0.05, Mn<0.2, S<0.020	<0.3	6.38	预合金粉末,可做强度较高、伸长率好的粉末冶金零件
	RZ-P30	P0.25~0.35, C<0.05, Si<0.10, Mn<0.25, S<0.025	<0.35	6.61	扩散型合金粉末,粉末压缩性好,可做中高强度、伸长率好的粉末冶金零件
	RZ-P45	P0.4~0.5, C<0.05, Si<0.10, Mn<0.25, S<0.025	<0.35	6.61	
	WPL-P30	P0.25~0.35, C<0.05, Si<0.05, Mn<0.25, S<0.020	<0.30	6.84	
	WPL-P45	P0.4~0.5, C<0.05, Si<0.05, Mn<0.15, S<0.020	<0.30	6.84	
硫钢粉	RZ-S50	S0.5, C<0.03, Si<0.10, Mn<0.25, P<0.035	<0.35	6.58	扩散型合金粉末,可做易切削的粉末冶金制品
	WPL-S50	S0.5, C<0.03, Si<0.05, Mn<0.15, P<0.015	<0.25	6.87	
铜钢粉	Fe-Cu4	Cu4, C<0.03, Si<0.05, Mn<0.20, P<0.020	<0.25	6.40	预合金粉末,可做高密度、高强度的粉末冶金结构件
	Fe-Cu10	Cu10, C<0.03, Si<0.05, Mn<0.20, P<0.020	<0.25	6.50	
	Fe-Cu20	Cu20, C<0.03, Si<0.05, Mn<0.20, P<0.020	<0.25	6.55	
镍钼钢粉	Fe-Ni-Mo	Ni1.7~2.0, Mo0.5~0.6, C<0.02, Si<0.05, Mn<0.20, P<0.020, S<0.020	<0.25	6.65	预合金粉末,可做高强度零件,烧结态制品强度可达700MPa,900℃油淬、250℃回火后,强度可达1000MPa
铬钼钒钢粉	Fe-Cr-Mo-V	Cr2.5~3.5, Mo0.2~0.4, V0.2~0.4, C<0.08, Si<0.10, Mn<0.20, P<0.020, S<0.020	<1.00	6.27	

① 压力为490MPa。

9.2.5　烧结铁、钢粉末冶金件的性能

烧结铁、钢粉末冶金件的性能列于表9-14,烧结不锈钢粉末冶金件的性能列于表9-15。

9.2.6　提高铁基粉末冶金件性能的方法

表9-16所列为提高铁基粉末冶金零件性能的方法。

表 9-14　烧结铁、钢粉末冶金件的性能

类别	合金成分[1](质量分数)(%)	密度/(g/cm³)	烧结态力学性能≥				热处理态力学性能≥		
			抗拉强度/MPa	断后伸长率(%)	冲击韧度[2]/(J/cm²)	硬度HBW	抗拉强度/MPa	冲击韧度[2]/(J/cm²)	硬度HRA
烧结铁	C≤0.1	6.4	100	3.0	5.0	40	—	—	—
		6.8	150	5.0	10.0	50			
		7.2	200	7.0	20.0	60			
烧结低碳钢	C>0.1~0.4	6.2	100	1.5	5.0	50			
		6.4	150	2.0	10.0	60	400	3.0	50
		6.8	200	3.0	15.0	70	450	3.0	55

（续）

类别	合金成分[①]（质量分数）（%）	密度/(g/cm³)	烧结态力学性能≥				热处理态力学性能≥		
			抗拉强度/MPa	断后伸长率(%)	冲击韧度[②]/(J/cm²)	硬度HBW	抗拉强度/MPa	冲击韧度[②]/(J/cm²)	硬度HRA
烧结中碳钢	C>0.4~0.7	6.2	150	1.0	5.0	60	—	—	—
		6.4	200	1.5	5.0	70	450	3.0	45
		6.8	250	2.0	10.0	80	500	5.0	50
烧结高碳钢	C>0.7~1.0	6.2	200	0.5	3.0	70			
		6.4	250	0.5	5.0	80	500	3.0	50
		6.8	300	1.0	5.0	90	550	5.0	55
烧结铜钢	C>0.5~0.8 Cu2~4	6.2	250	0.5	3.0	90			
		6.4	350	0.5	5.0	100	550	3.0	55
		6.8	500	0.5	5.0	110	650	5.0	60
烧结铜钼钢	C0.4~0.7 Cu2~4 Mo0.5~1	6.4	400	0.5	5.0	120	550	3.0	55
		6.8	550	0.5	5.0	130	700	5.0	65
烧结磷钢	C0.4~0.7 P0.6	6.4	390~450		5~10	100~130	—	—	—
		6.8	490~600		10~20	150~160			
烧结铜磷钼钢	C0.4~0.7 Cu1.0 Mo0.5 P0.6	7.0	530~650	1.5~2.0	5~10	170	950~1000	5~10	68~71
							850~900	25~30	61~63[③]
烧结镍钼钢	C0.4~0.7 Cu0~1.5 Mo0.5~1.0 Ni1~4	6.8	460~550	1.5	10~15	130~150	750~800	10~15	60~62
		7.0	600	2.5~4.0	17~25	160~190	1000~1170	15~18	66~68

① 表中 C 均指化合碳。

② 无缺口。

③ 600℃回火，其余均200℃回火。

表 9-15　烧结不锈钢粉末冶金件的性能

类别	牌号	合金成分(质量分数)(%)						密度/(g/cm³)≥	力学性能≥	
		Ni	Cr	Mo	Mn	Si	C		抗拉强度/MPa	硬度HBW
镍-铬	F5001T	8~11	17~19	—	≤2.0	≤1.5	≤0.08	6.4	230	68
	F5001U							6.8	310	80
镍-铬-钼	F5011T	10~14	16~18	1.8~2.5	≤2.0	≤1.5	≤0.08	6.4	230	68
	F5011U							6.8	295	75

表 9-16　提高铁基粉末冶金零件性能的方法

方法	原　理	工　艺	效　　果
提高密度		复压、复烧	二次压制、烧结	使铁基结构件密度达 7.0 ~ 7.4g/cm³，其他性能的提高见表 9-17
		熔渗	将铜或铜合金熔渗到铁基材料的孔隙	可使孔隙度降低 2% ~ 5%，力学性能提高见表 9-18
		粉末热锻	加热烧结坯，模锻成零件	相对密度可达 98% 以上，晶粒细，且均匀、提高强度、韧性和硬度(见表 9-19)
合金化	加入合金元素可活化烧结，球化孔隙，固溶强化，细化晶粒，提高淬透性	加入 C、Cu、Ni、Mo	提高强度、硬度和淬透性，Cu 还有活化烧结和调节烧结收缩作用
		加入 S、P	粉末结构件烧结后一般不施行热加工，不必担心热脆，w(S)≤0.4% 可提高伸长率，w(S)≤0.2% 可提高抗弯强度，改善切削加工性；P 可活化烧结、提高密度，P 加入量一般 ≤0.6%(质量分数)
		加入 Cr、Mn、V	提高强度、硬度、淬透性。使烧结态抗拉强度达 800MPa，热处理后达 1100MPa，用 Mn、V、Mo 预合金粉制件热处理后强度可达 1200MPa
高温烧结		通常 1050 ~ 1180℃，可提高至 1180 ~ 1300℃		使孔隙球状化、合金元素均匀扩散，提高力学性能
热处理	淬火、回火、感应加热淬火、化学热处理		有效提高材料强度、硬度、耐磨性，烧结合金钢只有经过热处理才能充分发挥合金化的作用

表 9-17　复压复烧后粉末冶金件性能

成分(质量分数)(%)	密度/(g/cm³)	抗拉强度/MPa	伸长率(%)	硬度 HBW
Fe-C1.1	7.25	600	2 ~ 3	193
Fe-C1.1-Cu2.5	7.20	810	1 ~ 2	213
Fe-Cu2-Ni5	7.35	440	3.5 ~ 5	140

表 9-18　渗铜烧结粉末冶金件性能

成分(质量分数)(%)			密度/(g/cm³)	抗拉强度/MPa	伸长率(%)	硬度 HBW	冲击吸收能量/J
Fe	Cu	C					
余量	25	0.50	7.89	640	4	87	2.1
余量	25	0.75	7.90	710	4	90	1.7
余量	25	1.00	7.96	720	4	93	1.4
余量	15	0.50	7.89	710	4	100	1.8
余量	15	0.75	7.91	780	4	102	1.8
余量	15	1.00	7.93	830	2	110	1.4

表 9-19　AISi 粉末热锻钢的力学性能

牌号	制造工艺	密度/(g/cm³)	抗拉强度/MPa	屈服强度/MPa	伸长率(%)	断面收缩率(%)	硬度 HRC
1040	粉末热锻	7.8	1075	830	12	35	40
	致密锻件	7.8	860	650	20	56	40
4140	粉末热锻	7.8	1480	1350	10	39	40
	致密锻件	7.8	1290	1205	15	52	40
4340	粉末热锻	7.8	1400	1260	12	48	42
	致密锻件	7.8	1405	1205	15	53	42

9.2.7　铁基粉末冶金件的应用

表 9-20 所列为铁基粉末冶金件在汽车发动机零件中的应用举例，在汽车变速器零件中的应用列于表 9-21，在农机具中的应用列于表 9-22，在电动工具中的应用列于表 9-23。

表 9-20　铁基粉末冶金件在汽车发动机中应用举例

零件名称	材料成分（质量分数）(%)	密度/(g/cm³)	备注
凸轮轴与曲轴链轮	Fe-C0.9	6.2 ~ 6.4	进行热处理
定时齿轮	Fe-C0.9	6.6 ~ 6.7（齿部） ≥6.3（毂部）	
摇臂支架	Fe-C(0.6 ~ 1.0)-Cu2.5	6.2 ~ 6.6	热处理 700 ~ 715HV
转子泵定子	Fe-C0.25-Cu3.0	5.7 ~ 6.0	蒸汽处理
转子泵转子	Fe-C0.75-Cu2.0	6.6 ~ 6.8	
摇臂镶块	—	7.0	用铜钎焊组装
水泵叶轮	Fe-C0.5	6.5	
分电器齿轮	Fe-C(0.8 ~ 1.0)-Cu2.0	6.6 ~ 6.8	
气门导管	Fe-C2.0-Cu4.5-P0.25	6.5（平均）	
组合凸轮轴的凸轮	Fe-C2.5-Cr5.0-Mo1.0-Cu2.0-P0.5-(其他)2	7.6	
带轮	Fe-C0.4-Cu2.0-Ni2.0	6.5	
凸轮轴链轮	Fe-C0.9-Cu2.0	6.1（整体） 6.4（齿部） 6.6（整体）	
曲轴链轮	Fe-C0.9-Ni2.0	6.8（齿部）	
双联链轮	Fe-C0.8-Cu3.0	6.4	
水泵带轮轮毂	Fe-C(0.6 ~ 0.9)-Cu2.5	6.4 ~ 6.8	
水泵法兰	Fe-C0.6-Cu1.0-Ni4.0-S0.5	6.4	
连杆	Fe-C0.5-Cu2.0-S0.09	7.82	日本生产
调速器平衡块	T-15 高钒工具钢	8.16	热处理到 770HV
曲轴主轴承盖	Fe-C0.6-Cu(2.0 ~ 4.0)-P(0.3 ~ 0.6)	6.8	
进气门阀座	Fe-C$_总$(0.9 ~ 2)-C$_化$(0.9 ~ 1.2)-Cu4.0-Mo0.6	6.4 ~ 6.8	
排气门阀座	Fe-C$_总$(0.9 ~ 2)-C$_化$(0.9 ~ 1.1)-Cr11.5-Cu6.0-Mo0.4-固体润滑剂$_{3.5}$	6.4 ~ 6.8	
摇臂球座轴承	Fe-C(0.6 ~ 0.09)	6.8	热处理
凸轮轴护圈	Fe-Cu2.5-C(0.6 ~ 0.9)	6.8	磷化处理
凸轮轴护板	Fe-C(0.3 ~ 0.6)-Ni(2 ~ 4)-Cu(1 ~ 3)	6.8	蒸汽处理和高频感应淬火
凸轮轴压紧托架	Fe-C(0.3 ~ 0.6)	6.8	磷化处理
燃料泵偏心轮	Fe-C(0.4 ~ 0.7)-Cu(1 ~ 2)	6.6	渗碳淬火及回火
曲轴链轮	Fe-Ni-C	6.8	
阀挺杆导承	Fe-C0.6-Ni10-Mo0.5-Mn0.25	7.4	
节气阀凸轮镶件	304 不锈钢	6.7 ~ 6.8	

**表 9-21　铁基粉末冶金件在
汽车变速器中应用举例**

使用部位	零件名称	材　料	热处理
离合器	导向轴承	Fe-C-Pb, Fe-C-Cu	
	操纵索导承	Fe-Cu	渗碳淬火
	分离轴承	Fe-Cu	渗碳淬火
	踏板衬套	Fe,Fe-Cu-C	渗碳淬火
	摩托车用滚柱导承环	Fe-Cu-C	
	摩托车用滚柱	Fe-Ni	渗碳淬火
	摩托车用升降机臂	Fe-Ni-C	高频感应淬火
	摩托车用分离杆	Fe-Ni	渗碳淬火
齿轮变速器	同步器毂	Fe-Cu-Ni-C	渗碳淬火
	止动环,同步器环	Cu 基, Fe-Ni-Mo-C	
	变速器键	Fe-Ni	
	止推垫圈	Fe-Cu-C	
	齿轮衬套	Fe 基	
	换档操纵零件	Fe-Cu-C	
自动变速器	透平毂	Fe-Cu	熔渗
	离合器轮毂	Fe-Cu	
	压力板	Fe 基	熔渗
	挡板,内齿轮,外齿轮	Fe-Cu-C	
万向节	中心球	Fe-Cu	渗碳淬火
	联轴器轴承保持架	Fe 基	

**表 9-22　铁基粉末冶金件在
农机具中应用举例**

农机具	零件名称	材料	热处理
田植机	从动机构凸轮	Fe-Cu-C	渗碳淬火
	纵向进给凸轮	Fe-Cu	渗碳淬火
联合收割机和割捆机	驱动链轮,拉起链轮	Fe-Cu-C	高频感应淬火
	中间链轮,捆扎夹持器齿轮	Fe-Ni-C	渗碳淬火
	凸轮板,油泵齿轮	Fe-Cu	
	调节器平衡锤	Fe-Cu	渗碳淬火
离合器	毂、靴	Fe-Cu-C, Fe-Cu	渗碳淬火
农业汽车	差速器齿轮	Fe-Ni-C	渗碳淬火
汽油机	螺旋齿轮	Fe-Ni-Mo-C	渗碳淬火
柴油机	曲轴齿轮,凸轮轴齿轮	Fe-Cu-C	渗碳淬火

**表 9-23　铁基粉末冶金件在
电动工具中应用举例**

工具	零件名称	材　料	热处理
手电钻	联轴器	Fe-Cu-C	高频感应淬火
	正、斜齿轮	Fe-Cu-C	
振动钻	变换器	Fe-Cu-C	渗碳淬火
	棘轮	Fe-Cu	渗碳淬火
	止动件	Fe-Cu-C	蒸汽处理
电刨	带轮	Fe-Cu-C	蒸汽处理
电圆锯	垫圈	Fe-Cu-C	蒸汽处理
电坐标锯	齿轮、齿轮座	Fe-Cu-C	渗碳淬火
	平衡锤	Fe-Cu	
台钻	齿轮	Fe-Cu-C	

9.2.8　铁基粉末冶金件的热处理

热处理是改善铁基粉末冶金零件使用性能，提高强度、硬度、耐磨性和抗蚀性的有效方法之一。在压制成形、绕结后可以进行淬火、回火、时效处理和化学热处理。表 9-24 为汽车粉末冶金零件的性能和常用热处理。铁基粉末冶金零件由于内部存在孔隙，在热处理时应注意以下几点：

（1）熔盐渗入零件后很难清洗，孔隙内表面易被腐蚀，孔隙度超过 10% 的结构零件不应在盐浴炉内加热。

（2）零件孔隙在热处理过程中容易氧化和脱碳，一般应采用保护气氛或在固体填料保护下加热。

（3）由于零件存在孔隙，使其导热性能降低，淬火加热温度应比普通钢件提高 50℃，加热时间也应适当延长。

（4）粉末冶金件应在油中淬火，不宜在盐水或碱水中淬火。

（5）粉末冶金件中孔隙的存在可能促使出现淬火裂纹；如果零件密度分布不均匀，由于热应力和组织应力的作用，在冷却时易引起畸变。

我国热处理状态铁基粉末冶金结构材料的化学成分和力学性能如表 9-25 所示。

9.2.8.1　铁基粉末冶金件热处理用炉及保护气氛

1. 热处理用炉　铁基粉末冶金零件通常在气体介质炉中加热，可采用表 9-26 所示的各种热处理用炉。表 9-27 所示为烧结炉示意和对保护气氛的要求。

表 9-24　汽车粉末冶金零件的性能和热处理举例

零件名称	材　　料	节省加工工时	性　　能		热处理及表面处理		
			耐磨性	耐热性	渗碳淬火、回火	蒸汽处理	铜合金熔浸
计时齿轮	Fe,Fe-C	○	○		○		○
计时链轮	Fe,Fe-C	○	○		○		○
凸轮轴止推板	Fe-Cu	○	○				
阀座	特殊合金	○		○			
气阀摇臂球体	Fe-Cu-C		○		○		
气阀摇臂盖	Fe-C	○					○
阀簧抵座销	Fe-C-Ni	○					
燃料泵偏心轮	Fe	○	○				
燃料泵次摆线转子	Fe-Cu	○	○				
燃料泵摇杆	Fe-C	○			○		
燃料泵控制齿轮	Fe-Cu-Ni,Fe-Cu-C	○					
风扇带轮	Fe-Cu	○					
水泵叶轮衬垫	Fe-C	○					
热调节阀推杆	不锈钢	○		○			
V 形带轮	Fe-Cu	○				○	
启动器减速齿轮	Fe-Cu,Fe-Cu-Ni,Fe-Cu-C	○					
启动器链轮	Fe-Cu,Fe-Cu-C	○					
配油调速器离心锤	Fe-Cu-C	○				○	
轴承环	Fe-Cu-C	○					
同步器环	Fe-C	○	○				
同步离合器毂	Fe-C-Ni		○				
连杆球座	Fe-C-Mn		○				
球接头	Fe-C	○			○		
减振器销	Fe-C,Fe-Cu-C	○					
减振导向器	Fe-C	○				○	
推杆类零件	Fe,Fe-Cu,Fe-Cu-C,Cu-Sn	○					
离合器毂	Fe-Cu-C	○					○
球座盖	Fe-Cu-C	○					
转向器座零件	Fe-C-Ni				○		
车窗开闭调节器齿轮	Fe-Cu-C	○					
车门撞销	Fe-Cu-C	○	○		○		

注："○"指可以采用的工序及可能提高的性能。

表 9-25　热处理状态铁基粉末冶金结构材料的力学性能

类别	钢种	牌　　号	密度 /(g/cm³) ≥	化学成分(质量分数)(%)					力学性能		
				Fe	$C_{化合}$	Cu	Mo	其他	抗拉强度 R_m /MPa ≥	冲击韧度 a_K /(J/cm²) ≥	硬度 HRA ≥
第 2 类	烧结低碳钢	FTG30-15(40R)	6.5	余量	>0.1~0.4			≤2.0	(400)	3	50
		FTG30-20(45R)	6.8	余量	>0.1~0.4			≤2.0	450	3	55

（续）

类别	钢种	牌　号	密度 /(g/ cm³) ≥	化学成分（质量分数）(%)					力学性能		
				Fe	C化合	Cu	Mo	其他	抗拉强度 R_m /MPa ≥	冲击韧度 a_K /(J/cm²) ≥	硬度 HRA ≥
第3类	烧结 中碳钢	FTG60-20(45R)	6.5	余量	>0.4~0.7			≤2.0	450	3	45
		FTG60-25(50R)	6.8	余量	>0.4~0.7			≤2.0	500	5	50
第4类	烧结 高碳钢	FTG90-25(50R)	6.5	余量	>0.7~1.0			≤2.0	500	3	50
		FTG90-30(55R)	6.8	余量	>0.7~1.0			≤2.0	550	5	55
第5类	烧结 铜钢	FTG70Cu3-35(55R)	6.5	余量	>0.5~0.8	2~4		≤2.0	550	3	55
		FTG70Cu3-50(65R)	6.8	余量	>0.5~0.8	2~4		≤2.0	650	5	60
第6类	烧结 铜钼钢	FTG60Cu3Mo- 40(55R)	6.5	余量	>0.4~0.7	2~4	0.5~ 1.0	≤2.0	550	3	55
		FTG60Cu3Mo- 55(70R)	6.8	余量	>0.4~0.7	2~4	0.5~ 1.0	≤2.0	700	5	60

2. 保护气氛　在确定热处理气氛时，除了应考虑气氛对铁基粉末冶金零件的力学、物理和化学性能影响外，还要考虑经济性。铁基粉末冶金零件的热处理气氛如表9-28~表9-31所示。

表9-26　铁基粉末冶金零件的热处理用炉

间歇式炉	箱式、带式、管式或罐式
连续式炉	推料式、网带传送式、辊道传送式

表9-27　钢粉末烧结炉示意

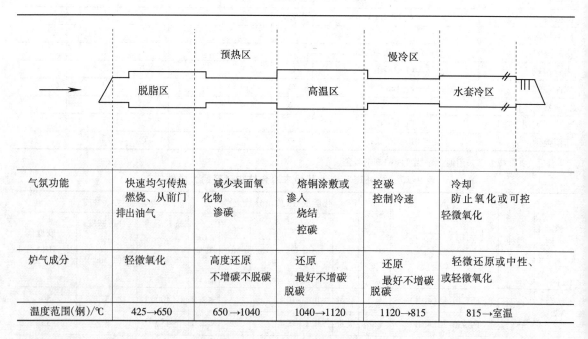

气氛功能	快速均匀传热 燃烧、从前门 排出油气	减少表面氧 化物 渗碳	熔铜涂敷或 渗入 烧结 控碳	控碳 控制冷速	冷却 防止氧化或可控 轻微氧化
炉气成分	轻微氧化	高度还原 不增碳不脱碳	还原 最好不增碳 脱碳	还原 最好不增碳 脱碳	轻微还原或中性、 或轻微氧化
温度范围(钢)/℃	425→650	650→1040	1040→1120	1120→815	815→室温

表 9-28　铁基粉末冶金零件的热处理气氛

中性气氛	氮基气氛、吸热式气氛、放热式气氛
还原气氛	氢、分解氨、碳氢化合物或混合气

表 9-29　常用空气—天然气混合气氛的特性

气氛	成分(体积分数)(%)				空气/煤气
	N_2	CO	CO_2	H_2	
放热式	86.8 ~ 71.5	~ 10.5	10.5 ~ 5.5	1.2 ~ 12.5	9.0 ~ 6.0
吸热式	45.1 ~ 39.8	19.6 ~ 20.7	0.4 ~ 0	34.6 ~ 38.7	2.6 ~ 2.5
放热-吸热式	63.0 ~ 60.0	17.0 ~ 19.0	—	20.0 ~ 21.0	20.0 ~ 21.0

9.2.8.2　铁基粉末冶金件的淬火、回火和时效处理

1. 淬火与回火处理　铁基粉末冶金零件的力学性能取决于合金元素的种类和含量、零件的密度和热处理。碳含量、密度及热处理对铁基粉末冶金件抗拉强度的影响如图 9-2 所示。回火温度对 $w(C)$ 为 0.8% 铁基粉末冶金材料（密度 6.0g/cm³）抗拉强度和硬度的影响如图 9-3 所示。回火温度超过 100℃时，硬度很快下降。经 300℃ 回火后抗拉强度具有最高值。通常，中碳和高碳的铁-碳、铁-碳-铜粉末冶金件可以热处理强化。淬火加热温度为 790 ~ 900℃，油冷；在 175 ~ 250℃下空气或油中回火 0.5 ~ 1h。几种高碳粉末冶金材料经淬火、回火后的力学性能如表 9-32 所列。

表 9-30　粉末冶金制品烧结气氛特性

气氛		典型露点/℃	烧结温度下气体特性[1]														单位体积相对成本[2]
			Al	Cu	黄铜	青铜	Ni	Ag	Mo	W	Fe	Fe-Cu	Fe-C	Fe-Cu-C	碳钢	不锈钢	
氢	液体	-75	R	R	R	R	R	R	Y	Y	R	—	—	—	—	Y	9 ~ 20
	大容量气体	-70	R	R	R	R	R	R	Y	Y	R	—	—	—	—	Y	20 ~ 35
	蒸气甲烷	-40 ~ -50	R	R	R	R	R	R	Y	Y	R	—	—	—	—	Y	9 ~ 14
氮基	具有吸热式富化剂	-20 ~ -10	X	R	R	R	R	R	—	C_2	C_2	C_2	C_2	C_2	C_2	—	1.5 ~ 6[5]
	具有氢富化剂	-70	Y[4]	R	R	R	R	R	N	N	N	N	N	N	N	—	1.7 ~ 7[5]
	具有甲烷富化剂	-20 ~ -10	X	R	R	R	R	R	—	C_2	C_2	C_2	C_2	C_2	C_2	—	1.6 ~ 6.5[5]
氨基	分解氨	-40 ~ -50	R	R	R	R	R	R	N	N	N	N	N	N	N	R	3.3 ~ 7.2
	燃烧氨,富化	+20 ~ +30[3]	R	R	—	R	R	R			D_3	D_3					2.3 ~ 5.1
放热式气	富化,饱和	+20 ~ +30	X	R		R	R	R			D_3	D_3					1
	中度富化,饱和	+20 ~ +30	X	R		R	R	R									0.9
净化放热式气	富化	-40	R	R	R	R	R	R			C_1	C_1	C_1	C_1	C_1		1.5 ~ 2.2
	中度富化	-40	R	R	R	R	R	R			C_1	C_1	C_1	C_1	C_1		1.5 ~ 2.2
放热式气	富化、干燥	-20 ~ -10	X	R	R	R	R	R	—	C_3	C_3	C_3	C_3	C_3	C_3		1.6 ~ 3.2
	十分富化、干燥	+5 ~ 0	X	R	R	R	R	R			C_2	C_2	C_2	C_2	C_2		1.5 ~ 3.1
	中度富化,饱和	+20 ~ +30	X	R		R	R	R			D_1						1.5 ~ 3
	弱饱和	-20 ~ -30	X	R		R	R	R			D_3	D_3					1.5 ~ 2.5

① R, 还原; Y, 合适; C_1, 弱渗碳; C_2, 渗碳; C_3, 强渗碳; N, 既不渗碳也不脱碳; X, 不合适; D_1, 轻脱碳; D_2, 脱碳; D_3, 强度脱碳。

② 成本接近并相当于富化、饱和放热式气。

③ 经冷却或吸收塔，露点可以降低。

④ 推荐用无富化气的氮。

⑤ 价格范围包括定点厂生产或液态罐交付。

表 9-31　铁基粉末件烧结和热处理用的气氛

气氛 \ 材料	退火用				渗碳用	热处理		渗透用	氧化物还原								烧结																				
	羰基铁	电解铁	低碳钢	中碳钢	钨加灯黑	钢+碳	铁	钢+碳	钴	铁	钼	镍	碳钢和合金钢	不锈钢	钨	阿尼可合金	铍	黄铜	青铜	耐热金属碳化物	铜	铁+铜	铝	金属陶瓷	钼	镍	铌	银	碳钢和合金钢	不锈钢	钽	钛钍	钨	钨合金	铀化铀	钒	锆
1. 氢																																					
A. 电解水																																					
从电解水直接制取																																					
a. 不提纯饱和	●	●	●	●			●		●			●			●						●	●	●			●										●	
b. 提纯				●			●	●		●		●	●			●									●					●				●	●	●	
B. 散装压缩气体	●	●	●	●		●			●	●	●	●	●	●	●	●									●									●	●	●	
C. 碳氢化合物催化转化																																					
a. 不提纯饱和	●	●	●				●		●			●			●			●	●	●				●	●											●	
b. 经干燥				●			●	●			●	●			●							●						●					●	●	●		
D. 取自液氢				●			●	●			●	●			●																		●	●	●		
2. 用下列气体富化的氮基气氛																																					
A. 氢或分解氨	●	●	●			●		●	●		●	●						●	●	●	●		●		●	●							●	●		●	
添加甲醇				●		●		●																				●									
B. 吸热式气	●			●	●		●	●	●		●		●					●	●		●	●	●			●	●										
C. 加甲醇	●			●	●		●	●	●	●		●													●	●		●									
3. 氨制备气氛																																					
A. 分解氨																																					
a. 反应干燥气体	●	●	●			●			●	●	●			●	●			●	●		●	●	●			●		●		●				●	●		●
b. 含水分饱和气体																																					

（续）

材料＼气氛	退火用				渗碳用	热处理	渗透用		氧化物还原								烧结																					
气氛	羰基铁	电解铁	低碳钢	中碳钢	钨加灯黑	钢+铁	钢+铜	钢+碳	钴	铁	钼	镍	碳钢和合金钢	不锈钢	钨	阿尼可合金	铍	黄铜	青铜	耐热金属碳化物	铜	铁+铜	铝	金属陶瓷	钼	镍	铌	银	碳钢和合金钢	不锈钢	钽	钛	钍	钨	钨合金	氧化铀	钒	锆
B. 燃烧分解氨																																						
a. 富化饱和	●	●	●	●			●													●	●	●	●			●		●								●		
b. 饱和贫气	●																																					
C. 氨+空气直接催化转化																																						
a. 富化																																						
a）富化饱和	●	●	●	●			●													●	●	●	●			●		●								●		
b）冷却到 4.4℃																																						
c）干燥														●					●					●						●								
b. 贫气																																						
a）反应饱和	●																																					
b）冷却到 4.4℃																																						
c）干燥																																						
4. 碳氢化合物重整气体																																						
A. 放热式气																																						
a. 富气																																						
a）反应饱和	●			●			●													●	●	●	●			●		●										
b）冷冻																																						
b. 中等富化饱和	●			●																●						●		●										
c. 饱和贫气																																						

（续）

气氛＼材料	退火用				渗碳用		热处理	渗透用		氧化物还原							烧结																			
	糺基铁	电解铁	低碳钢	中碳钢	铁	钨加灯黑	钢+碳	钢+铜	钢+碳	钴	铁	钼	碳钢和合金钢	不锈钢	阿尼可合金	钨	铍	黄铜	青铜	耐热金属和合金	铜	铁+铝	金属陶瓷	钼	镍	铌	碳钢和合金钢	不锈钢	钽	钛	钍	钨合金	铀合金	氧化铀	钒	锆
B. 净化放热式气																																				
a. 富气	●		●	●			●	●	●				●				●	●		●	●	●				●		●	●							
b. 中等富气																																				
a）反应气体	●		●	●		●	●	●					●				●	●		●	●	●				●		●	●							
b）添加甲烷																																				
c）贫气	●																				●						●									
C. 吸热式气																																				
a. 富气干燥	●		●	●			●	●	●				●				●	●		●							●									
b. 富气、充分干燥																																				
a）反应气体	●			●		●	●	●					●				●	●		●							●									
b）添加甲烷						●																														
c. 中等富化饱和	●		●				●												●	●				●	●											
d. 贫气饱和	●		●				●												●	●				●	●											
5. 液氩或散装压缩气体	●															●			●			●	●	●				●	●	●	●	●	●	●	●	●
6. 氢气、散装压缩气体	●															●			●				●	●				●	●	●	●	●	●	●	●	●
7. 真空 <150μbar																●			●			●	●	●	●	●	●	●	●	●	●	●	●	●	●	●
8. 空气																																				
A. 正常																							●													
B. 湿气																																				

注：推荐用湿气时，也可用干燥气体，效果更好，唯第 4 组例外。此时干燥放热式气的碳势比湿气高，可能会引起低碳钢渗碳。使用干燥气体时，常要求炉子的建造和运作能保证炉内气氛的纯洁度。

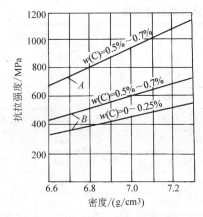

图 9-2　碳含量、密度及热处理对粉末冶金件

对抗拉强度的影响

A—热处理后的铁基烧结件

B—未经热处理的铁基烧结件

铁基粉末冶金结构材料的淬透性同样是用顶端淬火法测定。冷却介质、奥氏体化温度和时间、合金元素的分布、晶粒大小及加热气氛等都能影响淬硬层深度，其中影响最大的是粉末冶金件的密度和合金元素的种类及含量。零件密度越高，水冷端的硬度越高，

其硬化层也较厚，但比同一成分的锻钢淬透性低，其主要原因是密度低、导热性差。

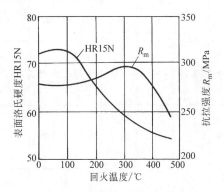

图 9-3　铁基粉末冶金材料回火温

度与性能之间的关系

镍、铬、钼和铜等合金元素能显著提高零件的淬透性，特别是当它们同时存在时，这一影响更加明显。几种特殊粉末冶金铁基结构材料的热处理效果见表 9-33，经不同热处理后的力学性能见表 9-34。

表 9-32　几种高碳粉末冶金材料经淬火、回火后的力学性能

材料	化学成分（质量分数）（%）					密度 /（g/cm³）	抗拉强度 /MPa	热处理前		热处理后	
	Fe	Cu	Ni	C	其他			基体硬度 HV0.2	表面硬度 HRB	基体硬度 HV0.2	表面硬度 HRA
Fe-C 系	余量	—	—	0.6 ~ 0.8	<1	>6.4	>350	180 ~ 230	>35	600 ~ 800	>35
	余量	—	—	0.6 ~ 0.8	<1	>6.6	>400	180 ~ 230	>45	600 ~ 800	>40
Fe-Cu-C 系	余量	3 ~ 5	—	0.6 ~ 0.8	<1	>6.4	>450	200 ~ 240	>50	600 ~ 800	>45
	余量	3 ~ 5	—	0.6 ~ 0.8	<1	>6.6	>500	200 ~ 240	>60	600 ~ 800	>52
	余量	3 ~ 5	—	0.6 ~ 0.8	<1	>6.8	>550	200 ~ 240	>65	600 ~ 800	>55
Fe-Cu-Ni-C 系	余量	3 ~ 5[①]		0.6 ~ 0.8	<1	>6.6	>500	180 ~ 230	>60	600 ~ 800	>50
	余量	3 ~ 5[①]		0.6 ~ 0.8	<1	>6.8	>550	180 ~ 230	>65	600 ~ 800	>55

① Cu、Ni 金属粉末成分的总和。

2. 时效处理　某些铁基粉末冶金材料在热处理时有时效硬化现象。在高温烧结时，合金元素溶入铁粉内，随即快速冷却以抑制过剩相析出，然后在适当的温度下加热时效，使过饱和固溶体发生分解，并析出强化相，可使材料的强度和硬度提高。

根据 Fe-Cu 相图，铜在 α-Fe 中的溶解度随温度的降低而减小，在共析转变温度 835℃时，铜在 α-Fe

中的最大溶解度为 5%，如果将合金加热到 900℃，然后迅速冷却，形成过饱和固溶体，在 400 ~ 500℃时效硬化处理 2 ~ 4h，可使铁铜粉末冶金材料的抗拉强度和硬度显著提高。铜含量对铁-铜系粉末冶金材料时效硬化的影响见表 9-35。铜液熔渗后的粉末冶金件的热处理效果见表 9-36。青铜浸渍铁的性能见表 9-37。

表 9-33　特殊粉末冶金铁基结构材料的热处理效果

化学成分（质量分数）（%）								密度比	烧结后		热处理后	
Fe	C	Cu	Mn	Ni	Mo	Co	Si		抗拉强度/MPa	硬度 HRB	抗拉强度/MPa	硬度 HRC
其余	0.5	—	0.40	0.25	0.75	—	0.25	75	221	46	255	28
								80	298	58	400	38
								85	351	68	448	48
其余	—		0.40	0.35	0.75	—	0.25	74	125	76	180	27
								79	207	80	248	39
								84	234	91	389	45
其余	—	2.25	0.40	1.0	0.25	0.5	0.25	74	296	53	470	20
								79	496	62	586	30
								84	676	75	773	40

表 9-34　特殊粉末冶金铁基结构材料经不同热处理后的力学性能

碳含量 $w(C)$（%）	铜含量 $w(Cu)$（%）	压制压力/MPa	热处理	屈服强度/MPa	抗拉强度/MPa	伸长率（%）
0.2	30	110	f. c[1]	552	635	3
	30	110	w. q. t.[2]	—	703	—
	25	276	f. c	607	655	3
	25	138	w. q. t.	683	718	2
	20	164	f. c	648	662	3
	20	164	w. q. t	683	724	2
0.4	30	110	f. c.	552	600	3
	30	110	w. q. t.	669	718	3
	25	138	f. c.	565	614	3
	25	138	w. q. t.	586	718	3
	20	164	f. c.	599	607	3
	20	164	w. q. t	711	738	3
	20	164	o. q. t[3]	669	833	—
0.6	25	138	f. c.	311	531	4
	25	138	o. q. t.	455	572	3
	20	164	f. c.	504	669	4
	20	164	o. q. t.	524	669	—
	15	276	f. c.	539	662	4
	15	276	o. q. t.	531	641	2
	10	690	f. c.	545	559	4
	10	690	o. q. t.	517	620	2
	10	690	w. q. t.	752	793	—

（续）

碳含量 $w(C)(\%)$	铜含量 $w(Cu)(\%)$	压制压力 /MPa	热处理	屈服强度 /MPa	抗拉强度 /MPa	伸长率 (%)
	25	138	f. c.	441	524	4
	25	138	o. q. t.	538	600	2
	20	164	f. c.	559	676	4
1.1	20	164	o. q. t.	545	731	2
	15	276	f. c.	547	662	2
	15	276	o. q. t.	579	690	—

① f. c. ——炉冷；

② w. q. t. ——炉冷，再加热，水淬，回火；

③ o. q. t. ——炉冷，再加热，油淬，回火。

表 9-35　铜含量对铁-铜系粉末冶金材料时效硬化的影响

铜含量 $w(Cu)(\%)$	热处理工艺	抗拉强度/MPa	
		热处理前	热处理后
1		340 ~ 390	540 ~ 580
2	加热到 925℃，油中淬火，400 ~	380 ~ 440	620 ~ 670
3	500℃时效 2 ~ 4h	420 ~ 480	710 ~ 730
4		460 ~ 500	720 ~ 740
5		440 ~ 520	730 ~ 770

表 9-36　铜液熔渗后的粉末冶金件的热处理效果

化学成分（质量分数）（%）			热处理工艺	密度 /(g/cm³)	R_m /MPa	R_{eL}/MPa	硬度 HRB	伸长率 (%)	冲击吸 收能量 /J
Fe	Cu	C							
其余	25	—	900℃，水冷 500℃回火 2h	7.97	856	671	106	5.0	1.47
			740℃回火 2h	8.01	402	289	70	25.0	20.2
其余	25	1.0	840℃，水冷	7.93	1100	670	108	3.2	1.37
			840℃，水冷；315℃回火	7.94	1059	713	109	3.1	2.45
			650℃加热 18h	7.95	512	368	80	10.0	1.26
其余	25	1.0	790℃，水冷	7.90	1292	680	116	1.5	0.69
			790℃，水冷；315℃回火	7.96	1254	722	112	3.0	1.07
			650℃，加热 18h	7.89	505	376	90	11.0	9.32

表 9-37　青铜浸渍铁的性能

铁骨架的 密度（%）	理论最终 浸渍密度 （%）	相对密度 （%）	屈服强度① /MPa	抗拉强度 /MPa	伸长率（%） （标距 25.4mm）	断面 收缩率 （%）	硬度 HRB	铜含量 $w(Cu)$ （%）
	100	99.3	480	660	5	4.8	89	25.7
	95	95	500	520	3	1.6	85	22.5
75	90	89.7	450	450	3	1.1	76	17.8
	85	84.7	400	400	2	0.8	66	12.75

（续）

铁骨架的密度(%)	理论最终浸渍密度(%)	相对密度(%)	屈服强度[1]/MPa	抗拉强度/MPa	伸长率(%)(标距25.4mm)	断面收缩率(%)	硬度HRB	铜含量w(Cu)(%)
80	100	99.3	520	580	4	4	93	21.65
	95	95.4	560	590	3	2.7	89	17.10
	90	90.3	620	560	3	2	83	13.55
	85	85.5	470	470	2	1.3	75	9.00
85	100	99.7	660	710	4	4.7	100	16.80
	95	97.5	620	690	3	2.9	97	13.65
	90	91.5	560	580	3	2.4	87	9.65
	85	85.5	160	170	3	4.9	41	2.30
90	100	99.8	590	710	5	6.5	98	12.10
	95	95.2	610	670	4	4.1	95	8.95
	90	91.5	200	210	2	—	76	3.05
	85	90.8	220	220	2	—	83	2.35

[1] 用分度仪测定。

9.2.8.3　铁基粉末冶金件的化学热处理

1. 渗碳和碳氮共渗　低碳铁基粉末冶金件可通过渗碳淬火或碳氮共渗淬火进行表面强化，以提高硬度和耐磨性。铁基粉末冶金件多采用固体渗碳和气体渗碳。固体渗碳剂与用于钢铁者相同，在中温箱式炉中加热，900~950℃保温2~5h，渗碳层厚度为1.3~1.57mm，表面碳含量w(C)为1.1%~1.3%，表面硬度为52~58HRC，心部硬度为120HBW。固体渗碳操作简便，但生产周期长，效率低；渗层质量难于控制，零件孔隙易被渗碳剂污染，已逐渐被气体渗碳或碳氮共渗所取代。

气体渗碳或碳氮共渗在密封的箱式炉、井式炉或连续式炉中进行。气体渗碳温度可取900~930℃，用煤油或吸热气氛作渗剂，碳势w(C)可控制在0.8%~1.2%，渗碳时间为1.5~3.5h，渗碳件在炉内降温到850~870℃后淬油，150~200℃回火2h，渗碳后表面碳含量w(C)为0.8%~1.0%，表面硬度约50HRC。

气体碳氮共渗温度可在820~870℃范围内选择，采用煤油或工业酒精和氨气作渗剂，根据渗层厚度要求，共渗时间可取1~3h，共渗后直接淬油，180~200℃回火2h。

粉末冶金件的密度对渗层质量有很大影响。铁基粉末冶金件密度对渗碳淬火后硬度影响如图9-4所示。由图可知，在渗碳时间较长的情况下，密度越大，渗碳层硬度越高；当渗碳时间不够长时（例如0.5h），硬度和密度关系曲线上有一最小值。渗碳时间增加，其最小值消失。为了保证渗层的表面硬度，必须采用足够的渗碳时间。铁基粉末冶金件密度与碳氮共渗层硬度分布特性的关系如图9-5所示。粉末冶金件密度越低，其硬化层越厚，硬度分布越平缓；密度越大，其硬化层越薄，硬度分布越陡，接近于碳钢碳氮共渗后的硬度分布特性。

铁基粉末冶金件密度和渗碳时间对渗层深度的影响如图9-6所示。当试样密度低于6.5g/cm³时，经0.5h渗碳即可使试样渗透。当密度大于6.4g/cm³时，0.5h渗碳刚能形成渗碳层，其渗层将随渗碳时间的延长而增厚。铁基粉末冶金件密度对渗碳淬火后的有效淬硬层深度影响如图9-7所示。密度越大，有效淬硬层越薄。

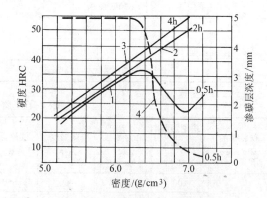

图9-4　密度对渗碳淬火后硬度的影响

1、2、3—硬度　4—渗碳层深度

注：试样尺寸为10mm×20mm×25mm。

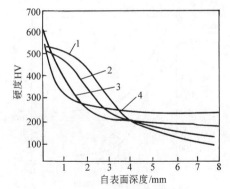

图 9-5 密度与碳氮共渗层
硬度分布特性的关系
1—6.0g/cm³ 2—6.4g/cm³
3—6.8g/cm³ 4—T8A 钢

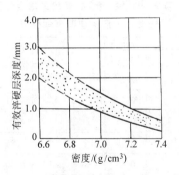

图 9-7 密度对渗碳淬火后的有效淬硬层深度
的影响
注：900℃渗碳 1.5 ~ 2h，850℃淬火 200℃回火。

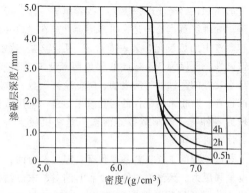

图 9-6 密度和渗碳时间对渗碳层深度
的影响（910℃在 100 目碳粉中渗碳）

在密度不变的情况下，合金元素铜、镍和硫也能
增加渗碳层表面硬度和淬硬层深度。铜、镍对铁基粉
末冶金材料渗碳淬火后硬度分布的影响如图 9-8 所示。

各种低碳粉末冶金件渗碳淬火后的硬度列于表
9-38。铁、铁-铜系粉末冶金件渗碳淬火后的典型力
学性能列于表 9-39。

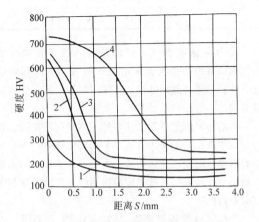

图 9-8 铜、镍对铁基粉末冶金材料渗碳淬火后
硬度分布的影响
1—Fe + 0.5% C 2—Fe + 2.5% Cu + 0.5% C
3—Fe + 2.5% Cu + 1% Ni + 0.5% C
4—Fe + 2.5% Cu + 2.5% Ni + 0.5% C
（元素成分为质量分数）
注：烧结密度为 $6.7 \times 10^3 kg/m^3$；气体渗碳 850℃，2h。

表 9-38 各种低碳粉末冶金件渗碳淬火后的硬度

材　料	化学成分（质量分数）（%）					硬度 HV0.2	
	Fe	Cu	Ni	C	其他	热处理前	热处理后
Fe 系	余量	—	—	—	<1	80 ~ 120	600 ~ 800
Fe-Cu 系	余量	2 ~ 3	—	—	<1	150 ~ 200	600 ~ 800
Fe-C 系	余量	—	—	0.2 ~ 0.4	<1	150 ~ 200	600 ~ 800
Fe-Cu-C 系	余量	3 ~ 5	—	0.2 ~ 0.4	<1	150 ~ 200	600 ~ 800
Fe-Cu-Ni-C 系	余量	3 ~ 5[①]		0.2 ~ 0.4	<1	150 ~ 200	600 ~ 800

① Cu、Ni 金属粉末成分的总和。

表9-39　铁、铁-铜系粉末冶金件
渗碳淬火后的典型力学性能

材料	密度/(g/cm³)	硬化层深度/mm	硬度		冲击吸收能量/J	抗拉强度/MPa
			HRC	HR30N		
Fe系	7.0	0.27	—	45	4.31	617
		0.35		48	4.08	638
		0.70	15	55	3.81	840
Fe系	7.48	0.35		43	6.20	824
		0.50		54	5.52	912
		0.65	22	59	4.56	952
Fe-Cu系	7.28	0.40		65	4.19	1080
		0.60		70	3.24	853
		0.90	45	70	3.43	952

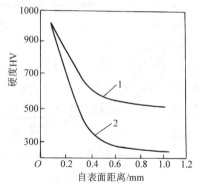

图9-9　Fe-1.5%Cu-0.5%C 烧结材料渗
氮层硬度分布曲线

1—7.1g/cm³　2—7.3g/cm³

注：500℃渗氮，1h。

2. 气体渗氮和气体氮碳共渗　为了在畸变较小的前提下提高铁基粉末冶金件的表面硬度和耐磨性，特别是提高其耐蚀性，可采用气体渗氮和气体氮碳共渗。

铁基粉末冶金件的气体渗氮与钢铁制品相同，在分解氨中进行。图9-9所示为 Fe-1.5%Cu-0.5%C 烧结材料渗氮层硬度分布曲线。由图可见，铁基粉末冶金材料可在较短的渗氮时间内得到较理想的硬度和硬度分布特性。

气体氮碳共渗温度为（570±10）℃，采用工业酒精（或甲醇）和氨气或三乙醇氨作渗剂，共渗时间为 1.5～2.5h，出炉油冷。金相组织和低碳钢气体氮碳共渗后相似。

3. 蒸汽处理（氧化处理）　为了提高铁基粉末冶金件的耐蚀性，减小摩擦因数，改善摩擦特性，可采用蒸汽处理。蒸汽处理是将粉末冶金件放在过热和过饱和蒸汽中加热氧化，其表面形成一层均匀、致密、有铁磁性、厚度为 3～4μm 的蓝色四氧化三铁薄膜。它具有良好的耐蚀性；能吸油，降低摩擦因数，改善摩擦特性；对粉末冶金件的封孔效果显著。采用蒸汽处理的零件有：汽车减振器活塞、缝纫机拨叉、齿轮、计算机齿轮等。

蒸汽处理的主要工艺参数包括：温度、时间、蒸汽流量和压力。蒸汽处理的温度和时间对粉末烧结件形成氧化膜的影响如图9-10所示。一般处理温度为 540～560℃，处理时间为 40～60min。加热温度低、时间短，氧化膜薄，颜色淡，耐蚀性差；加热温度过高、时间过长，氧化膜容易剥落。经适宜的蒸汽处理后可形成 3～4μm 厚的四氧化三铁薄膜，不仅能使粉末烧结零件表面发蓝，而且能使开口孔隙发蓝。

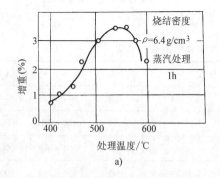

a)

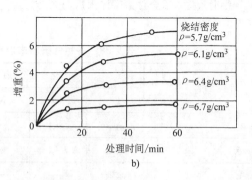

b)

图9-10　蒸汽处理的温度和时间对粉末烧结件形成氧化膜的影响
a) 处理温度的影响　b) 处理时间的影响

蒸汽流量和压力也是影响氧化膜质量的重要参数，在不影响炉温温度的前提下，蒸汽气流和炉膛压力应尽量提高，以促进四氧化三铁的形成和保证炉膛内的水蒸气呈饱和状态。蒸汽处理对铁基粉末冶金件力学性能的影响如图 9-11 所示。在铁基粉末冶金件中充填各种物质和蒸汽处理对提高力学性能的效果对比示于图 9-12 中。

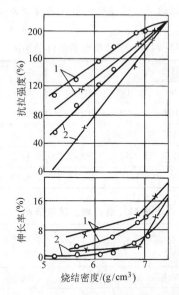

图 9-11　蒸汽处理对铁基粉末冶金件力学性能的影响

1—烧结体　2—经蒸汽处理

○—还原铁粉　×—电解铁粉

注：蒸汽处理温度为 550℃，时间为 1h，蒸汽压为 0.1MPa。

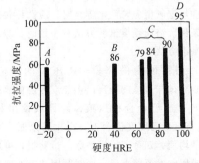

图 9-12　充填各种物质和蒸汽处理对提高抗拉强度和硬度的比较

A—烧结体　*B*—充填石蜡　*C*—充填塑料　*D*—蒸汽处理（550℃，1h，蒸汽压为 0.1MPa）

注：用还原铁粉烧结，密度 5.2g/cm³，图中黑柱上面的数字为充填率。

在大批量生产时，有时由于装炉量过大，经一次处理后，氧化膜往往颜色较淡或不均匀，对此，可进行第二次蒸汽处理，进一步加深颜色，改善表面质量。

4. 渗硫处理　为了提高铁基粉末冶金件表面硬度和耐磨性，改善其加工性能和运转状态下的润滑条件，防止咬合现象，可采用渗硫处理。

铁基粉末冶金零件可采用气体、液体和固体渗硫法及低温电解渗硫。也可将烧结粉末零件置于熔融的硫中施行熔浸。浸硫处理的工艺过程如下：

（1）将固态硫磺放在加热炉中加热，温度控制在 130℃ 左右，此时硫磺的流动性最好。温度过高则硫磺液变稠不利浸渍，要严格控制硫磺液温度，以利浸硫效果。

（2）将制品装入铁丝筐内，一起放入液体硫中。如果首先将零件预热到 100 ~ 150℃ 时，浸渍时间仅需 3 ~ 4min。不进行预热的制品浸渍时间为 25min。当然还应根据制品的密度、壁厚及所要求的硫含量来决定浸渍时间。例如，对密度为 6 ~ 6.2g/cm³ 的制品，浸渍时间为 25min，浸渍后硫含量 w（S）为 3% ~ 4%。

（3）浸完后将制品取出，放入预先加热到 130 ~ 150℃ 的 L-AN22 型全损耗系统用油中，停留 30s 后，将制品上下搅动一下，制品表面硫磺液即可被冲刷去除，然后将制品放在筛网上空冷。为了保证浸油的使用效果和清洁，需要定期地把油中的硫分离出来。

5. 渗锌处理　为了提高铁基粉末冶金零件的抗锈蚀能力，可采用渗锌处理。渗锌工艺为：将工业锌粉 80%（质量分数）和三氧化二铝粉 20%（质量分数）与粉末冶金件同时密封于渗锌箱内，为防止锌粉氧化必须严密封箱，在（400 ± 10）℃ 下保温 2 ~ 3h。粉末冶金件经渗锌处理后，渗层无脆性、无剥落现象，表面呈银白色，厚度为 0.03 ~ 0.05mm。与电镀锌相比，渗锌工艺简单，而且防锈质量比电镀锌好。

6. 渗铬处理　为了提高铁基粉末冶金件的抗氧化性和抗蚀性，特别是提高其表面硬度和耐磨性，可采用固体渗铬处理。渗铬剂的组成（质量分数）为：铬铁粉（铬含量 60% 以上，280μm）60%；三氧化二铝（280μm）37%；氯化铵（三级试剂）3%。将渗铬剂与粉末冶金件共同装箱密封后升温至 1050 ~ 1100℃，保温 5 ~ 8h，炉冷到 500℃ 以下出炉，空冷到 200℃ 以下开箱。

7. 渗硼处理　为了提高铁基粉末件的表面硬度和耐磨性，还可采用渗硼。渗硼主要采用 B_4C + KBF_4 + SiC 固体渗剂。含 1%（质量分数）C 的铁基粉末冶金零件渗硼后再经淬火，表面硬度可达 1500HV。为了改善渗硼层脆性，可采用硼锆共渗。铁基粉末冶金件在高温化学热处理时极易过热，使材料晶粒长大，性能降低，必须加以注意。

9.2.8.4　铁基粉末冶金件的电镀

铁基粉末冶金件在仪器仪表、电影机械、缝纫机零件等方面也得到了广泛应用，其中不少零件需要进行电镀处理。

铁基粉末冶金件可进行镀锌和装饰性镀铬，其工艺过程与一般钢铁零件电镀相同。由于粉末冶金零件的多孔性，在镀前需要封闭表面孔隙，防止镀液渗入零件内部发生腐蚀。镀锌件常采用蜡封，并用滚筒打光至表面无蜡层为止。装饰镀铬件的孔隙度小于5%时，不需要采取封闭表面孔隙的措施；孔隙度大于5%时可采用手工抛光、钢球抛光、表面精压。当孔隙度较大时，可浸渍硬脂酸锌（180℃）；孔隙度达20%时，可用硅树脂浸渍。在浸渍硬脂酸锌和硅树脂后应用滚筒打光，然后方可进行装饰镀铬。

铁基粉末冶金件镀锌时，可采用无氰电镀，其工作液配方及工艺条件如下：

氯化铵：　　　　　　200～220g/L
氯化锌：　　　　　　50～55g/L
硼酸：　　　　　　　25～30g/L
硫脲：　　　　　　　1.5～2.5g/L
pH：　　　　　　　　6～6.2
阳极电流密度：　　　0.8～1.5A/dm²

镀锌零件在钝化后加热时温度不宜过高，以免充入零件中的蜡熔化，而使钝化膜破坏，一般为40～50℃，烘10min。

铁基粉末冶金件进行装饰性镀铬时，先将制品浸入180℃的硬脂酸锌中20min，使硬脂酸锌溶液进入制品孔隙，然后取出、冷却、封闭表面孔隙。由于表面也浸有硬脂酸锌，影响电镀，需要将制品放入装有锯木屑的滚筒打光，以擦除表面硬脂酸锌，然后再进行电镀。电镀工艺和一般电镀铬工艺相同。

9.2.8.5　铁基粉末冶金件热处理后的检验

铁基粉末冶金件热处理前后的质量控制主要是测量硬度。粉末冶金材料是由固体材料和孔隙组成的复合体，通常将用布氏、洛氏和维氏硬度试验机测得的烧结粉末冶金材料硬度值称为表观硬度，以区别于致密材料的硬度值。

1. 表观硬度的测定　粉末冶金零件的表观硬度与其化学成分、密度、加工工艺及测定部位有关，在测量横截面上硬度基本均匀，或距表面5mm范围内硬度基本均匀的粉末冶金材料的硬度时，必须注意下列各点：

（1）试样表面必须清洁、平滑、无氧化皮和外来污物。在测量维氏硬度时，这一要求更为重要。通常用金相砂纸或6μm金刚砂研磨膏对试样表面抛光。在制备试样时，不能使表面受热或加工硬化。

（2）先用50N载荷测量试样的维氏硬度（HV5）确定属于哪种硬度等级，然后根据其等级按表9-40选定硬度试验类型及条件。洛氏硬度试验条件如表9-41所示。

表 9-40　试验类型和条件的选择

硬度级 HV5	试验条件		
>15～60	HV5	HBW2.5/62.5/30	HRH
>60～105	HV10	HBW2.5/62.5/15	HRF
>105～180	HV30	HBW2.5/62.5/10	HRB
>180～330	HV50	HBW2.5/187.5/10	HRA
>330	HV100	HBW2.5/187.5/10	HRC

表 9-41　洛氏硬度试验条件

洛氏硬度	压头类型	预载荷/N	总载荷/N
HRA	金刚石锥体120°	100	600
HRB	钢球1.5875mm(1/16in)	100	1000
HRC	金刚石锥体120°	100	1500
HRF	钢球1.5875mm(1/16in)	100	600
HRH	钢球3.175mm(1/8in)	100	600

（3）当对选择的等级有怀疑，或一种材料的技术条件规定硬度值跨两个等级时，应选择较低的一级试验条件。洛氏硬度试验方法有争议时，应以维氏硬度为基准方法。

（4）测量硬度的部位，两压痕的中心距或压痕中心至试样边缘的距离由供需双方协商解决。

（5）打出五个合格压痕，计算或读出相应的硬度值，将最低的硬度值舍去，报出其余四个硬度值的算术平均值，四舍五入成整数。试验报告可用各点硬度值或用硬度范围表示，同时写明选定的硬度试验类型及试验条件。

（6）硬度值不允许由一种标度（如维氏、布氏或洛氏）换算成另一种标度。不能用硬度值来估算强度大小。

（7）经化学热处理后，在截面上距表面层5mm深度以内的硬度不均匀，表观硬度应采用维氏硬度（HV5）或洛氏硬度（HR15N）测量。如有效渗层很浅，可采用HV1。表观硬度很高时，可采用HR30N。

如测定单位没有维氏硬度计来确定硬度等级，可以暂时采用φ2.5mm的压头球测布氏硬度，只要保证其压痕直径 d 在 $0.25D<d<0.6D$ 范围内即可。

2. 化学热处理渗层的测定　铁基粉末冶金件在渗碳或碳氮共渗淬火后，可用显微硬度试验法测定其有效渗层深度。有效渗层深度是指硬度下降到规定值处至表面的垂直距离。

显微硬度（HV0.1）在垂直于试样表面的剖面上测量，测量区由供需双方商定，测量表面应抛光，应防止试样棱角破坏、过热和孔隙引起的表面轮廓不清。

测量有效渗层深度的显微硬度压痕位置如图9-13所示。在每一深度 d_1、d_2、d_3 等位置上至少打出三个压痕，过低和过高的硬度值都舍去。从表面向内部测量，在 d_1、d_2、d_3 等处按 0.05mm、0.1mm、0.2mm、0.3mm、0.4mm、0.5mm、0.75mm、1.0mm、1.5mm、2.0mm、3.0mm 距离测量硬度，相邻两压痕间的距离 S 不应小于压痕对角线长度的 2.5 倍，压痕分布在垂直于表面、宽度 W 为 1.5mm 的区域内。

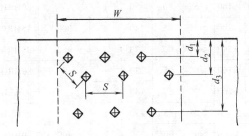

图 9-13　硬度压痕位置

算出渗层每一深度上各点硬度的算术平均值，画出"硬度-至表面距离"曲线（见图9-14），对应规定的硬度值 HG 点作水平线，它与硬度变化曲线交点的横坐标，即为有效渗层深度 DC。

在工厂实际生产中，可用下述方法测量有效渗层深度：将硬度随距离的变化看成一条直线，并在距表面两个深度 d_1 和 d_2 处测定显微硬度（见图9-15），d_1 小于所估计的有效渗层深度；d_2 大于所估计的有效渗层深度，但小于全渗层深度。d_1 和 d_2 可根据类似材料的已有经验数据估计。这两个深度上至少测定五次显微硬度，并标出相应的硬度算术平均值，用下

式计算有效渗层深度 DC：

$$DC = d_1 + \frac{(d_2 - d_1)(H_1 - HG)}{H_1 - H_2}$$

式中　HG——规定的硬度值；

H_1、H_2——在 d_1 和 d_2 处所测得的硬度算术平均值。

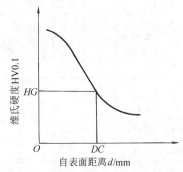

图 9-14　测定有效表面层深度的方法 A

在试验报告中应说明热处理情况及试样试验部位、所使用的测量方法、有效渗层深度的规定硬度值及所得到的试验结果等。

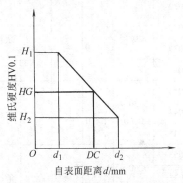

图 9-15　测定有效表面层深度的方法 B

9.2.9　国外铁基粉末冶金件的牌号、成分和性能

国外粉末冶金材料的牌号、成分和性能分别列于表9-42及表9-43。

表 9-42　美国粉末冶金材料的牌号、成分和性能

材料	类别[①]	指令性数值						参考用近似数值						
		化学成分(质量分数)(%)						物理、力学性能						
		$C_{化合}$	Cu	Ni	Mo	Fe	其他元素总量	密度/(g/cm³)	拉伸强度/MPa	表观硬度HV5	相对密度(%)	屈服强度/MPa	伸长率(%)	适当处理后的表观硬度[②]HV5	表观洛氏硬度
铁	P1022-	≤0.25	—	—	—	余量	2.0	≥5.6	≥70	≥30	75	40	1		10HRH
	P1023-							≥6.0	≥100	≥40	80	60			70HRH
	P1024-							≥6.4	≥140	≥50	85	80	3		80HRH
	P1025-							≥6.8	≥180	≥65	90	100	4	400	15HRB
	P1026-							≥7.2	≥220	≥80	94	120	6	500	30HRB

（续）

材料	类别①	指令性数值						参考用近似数值						
		化学成分（质量分数）（%）						物理、力学性能						
		C化合	Cu	Ni	Mo	Fe	其他元素总量	密度/(g/cm³)	拉伸强度/MPa	表观硬度HV5	相对密度（%）	屈服强度/MPa	伸长率（%）	适当处理后的表观硬度②HV5	表观洛氏硬度
碳钢	P1033-	0.30 ~ 0.60	—	—	—	余量	2.0	≥6.0	≥140	≥55	80	90	—	400	20HRB
	P1034-							≥6.4	≥190	≥75	85	120	1		45HRB
	P1035-							≥6.8	≥240	≥90	90	130	2		60HRB
	P1042-	0.60 ~ 0.90	—	—	—	余量	2.0	≥5.6	≥150	≥50	75	120	—	400	35HRB
	P1043-							≥6.0	≥200	≥80	80	160	—		50HRB
	P1044-							≥6.4	≥250	≥100	85	210	1		65HRB
	P1045-							≥6.8	≥300	≥120	90	250	1		75HRB
铜钢	P2022-	≤0.25	1.0 ~ 4.0	—	—	余量	2.0	≥5.6	≥120	≥45	75	90	—	300	70HRH
	P2033-							≥6.0	≥160	≥55	80	120	1		80HRH
	P2034-							≥6.4	≥200	≥65	85	140	2		15HRB
	P2035-							≥6.8	≥240	≥75	90	170	3	400	25HRB
	P2032-	≤0.25	4.0 ~ 8.0	—	—	余量	2.0	≥5.6	≥160	≥60	75	120	—		80HRH
	P2033-							≥6.0	≥200	≥75	80	140	—		90HRH
	P2034-							≥6.4	≥240	≥85	85	190	1		20HRB
	P2035-							≥6.8	≥280	≥95	90	230	2	400	30HRB
铜碳钢	P2043-	0.30 ~ 0.60	1.0 ~ 4.0	—	—	余量	2.0	≥6.0	≥220	≥80	80	190	—		45HRB
	P2044-							≥6.4	≥280	≥100	85	230		350	60HRB
	P2045-							≥6.8	≥350	≥120	90	280	1	450	75HRB
	P2053-	0.60 ~ 0.90	1.0 ~ 4.0	—	—	余量	2.0	≥6.0	≥270	≥100	80	210	—		60HRB
	P2054-							≥6.4	≥340	≥120	85	270	—	350	70HRB
	P2055-							≥6.8	≥420	≥140	90	330	—	450	80HRB
	P2063-	0.30 ~ 0.60	4.0 ~ 8.0	—	—	余量	2.0	≥6.0	≥250	≥90	80	210	—		60HRB
	P2064-							≥6.4	≥320	≥110	85	260		350	70HRB
	P2073-	0.60 ~ 0.90	4.0 ~ 6.0	—	—	余量	2.0	≥6.0	≥300	≥110	80	240	—		65HRB
	P2074-							≥6.4	≥300	≥130	85	230		350	75HRB
镍钢	P3014	≤0.20	≤0.80	1.0 ~ 3.0	—	余量	≤2.0	≥6.4	≥200	≥50	85	140	6		
	P3015							≥6.8	≥250	≥60	90	170	3		
	P3025	≤0.20	≤0.80	3.0 ~ 6.0	—	余量	≤2.0	≥6.8	≥300	≥80	90	200	6		
铜镍钢	P3034	≤0.25	1.0 ~ 3.0	1.0 ~ 3.0	—	余量	≤2.0	≥6.4	≥240	≥70	85	170	3		
	P3035							≥6.8	≥270	≥90	90	200	4		
	P3044	0.30 ~ 0.60	1.0 ~ 3.0	1.0 ~ 3.0	—	余量	≤2.0	≥6.4	≥300	≥100	85	260	2		
	P3045							≥6.8	≥340	≥110	90	300	2		
	P3054	≤0.25	1.0 ~ 3.0	3.0 ~ 6.0	—	余量	≤2.0	≥6.4	≥250	≥70	85	190	3		
	P3055							≥6.8	≥290	≥90	90	220	4		

（续）

材料	类别①	指令性数值						参考用近似数值							
		化学成分(质量分数)(%)						物理、力学性能							
		C化合	Cu	Ni	Mo	Fe	其他元素总量	密度/(g/cm³)	拉伸强度/MPa	表观硬度HV5	相对密度(%)	屈服强度/MPa	伸长率(%)	适当处理后的表观硬度②HV5	表观洛氏硬度
铜镍钢	P3064	0.30~0.60	1.0~3.0	3.0~6.0	—	余量	≤2.0	≥6.4	≥320	≥100	85	280	1		
	P3065							≥6.8	≥360	≥120	90	320	2		
铜镍钼钢	P3074	≤0.25	0.1~0.3	1.0~3.0	0.30~0.70	余量	≤2.0	≥6.4	≥240	≥80	85	170	3		
	P3075							≥6.8	≥270	≥100	90	200	4		
	P3084	0.30~0.60	1.0~3.0	1.0~3.0	0.30~0.70	余量	≤2.0	≥6.4	≥330	≥120	85	300	2	350Δ③	
	P3085							≥9.8	≥440	≥130	90	360	3	400Δ③	
	P3094	0.60~0.90	1.0~3.0	1.0~3.0	0.30~0.70	余量	≤2.0	≥6.4	≥350	≥140	85	330	极小	350Δ③	
	P3095							≥6.8	≥460	≥170	90	400	极小	400Δ③	
	P3104	0.30~0.60	1.0~3.0	3.0~6.0	0.30~0.70	余量	≤2.0	≥6.4	≥410	≥150	85	350	1	350Δ③	
	P3105							≥6.8	≥600	≥180	90	520	1	400Δ③	

材料	类别	指令性数值						参考用近似数值							
		化学成分(质量分数)(%)						物理、力学性能							
		C化合	Ni	Mo	Cr	Fe	其他元素总量	密度/(g/cm³)	拉伸强度/MPa	表观硬度HV5	相对密度(%)	屈服强度/MPa	伸长率(%)	适当处理后的表观硬度②HV5	表观洛氏硬度
不锈钢	P311	≤0.20	—	—	12.0~14.0	余量	#2.0	≥6.0	≥290	≥150	80	260	1	300Δ③	
	P3114	—	—	—	—	—	—	≥6.4	≥320	≥180	85	290	1	350Δ③	
	P3124	≤0.08	8.0~11.0	—	17.0~19.0	余量	≤2.0	≥6.4	≥320	≥85	85	190	4		
	P3125	—	—	—	—	—	—	≥6.8	≥400	≥95	90	240	6		
	P3134	≤0.08	10.0~14.0	2.0~3.0	16.0~18.0	余量	≤2.0	≥6.4	≥300	≥80	85	180	4		
	P3135	—	—	—	—	—	—	≥6.8	≥380	≥90	90	230	6		

① 这些材料可以加入添加物以提高切削性能。
② 仅对经过适当硬化处理的材料测量此种硬度。
③ "Δ"表示取决于热处理方法。

美国金属粉末工业联合会（MPIF，即 Metal Powder Industries Federation）粉末冶金结构件化学成分列于表 9-44。MPIF 碳钢和低合金钢粉末冶金件的力学性能列于表 9-45。表 9-46 所列为美国以预制粉末为基的高强度合金钢粉末件的力学性能。而高温烧结对高强度预合金化粉末件热处理后性能的影响示于表 9-47。铜、镍、镍-钼钢部分粉末件化学成分和热处理后的力学性能列于表 9-48。MPIF Ni-Mo 低合金钢粉末锻件力学性能列于表 9-49。碳氮共渗对两种低碳钢粉末件缺口疲劳强度的影响如图 9-16 所示。蒸气处理对 MPIF 各种粉末冶金件密度和硬度的影响列于表 9-50。蒸汽处理对碳钢粉末冶金件表面硬度和弯曲断裂强度的影响如图 9-17、图 9-18 所示。

表 9-43　瑞典部分预合金化低合金钢粉制造的烧结钢的化学成分和力学性能

粉末牌号	化学成分(质量分数)(%)					烧结态力学性能				热处理态力学性能			
	$C_{化合}$	Si	Cu	Ni	Mo	抗拉强度/MPa	伸长率(%)	硬度HV20	密度/(g/cm³)	抗拉强度/MPa	伸长率(%)	硬度HV20	密度/(g/cm³)
Distaloy SA	0.5	0.02	1.5	1.75	0.5	600	2	180	7.00	1000	1	400	7.00
Distaloy SE	0.5	0.02	1.5	4.00	0.5	700	2	200	7.00	1050	1	400	7.00
Distaloy AB	0.5	0.02	1.5	1.75	0.5	600	3	200	7.15	1100	2	400	7.15
Distaloy AE	0.5	0.02	1.5	4.00	0.5	750	3	200	7.15	1120	2	420	7.15

注：材料制造参数：在 6tf/cm² (≈600MPa) 压制，1120℃吸热式气氛中烧结 30min，冷却速度 1℃/s；热处理条件：在 850℃奥氏体化 30min，在 50℃油中淬火，于 175℃在空气中回火 60min。

表 9-44　MPIF 粉末冶金结构件的化学成分

类　别	MPIF 标记	化学成分(质量分数)(%)[1]			
		C	Ni	Cu	Fe
铁和碳钢粉末件	F-0000	0 ~ 0.3			
	F-0005	0.3 ~ 0.6			
	F-0008	0.6 ~ 0.9			
Fe-Cu 和 Cu-钢粉末件	F-0200	0 ~ 0.3		1.5 ~ 3.9	93.8 ~ 98.5
	F-0205	0.3 ~ 0.6		1.5 ~ 3.9	93.5 ~ 98.2
	F-0208	0.6 ~ 0.9		1.5 ~ 3.9	93.2 ~ 97.9
Fe-Ni 和 Ni 钢粉末件	FN-0200	0 ~ 0.3	1.0 ~ 3.0	0 ~ 2.5	92.2 ~ 99.0
	FN-0205	0.3 ~ 0.6	1.0 ~ 3.0	0 ~ 2.5	91.9 ~ 98.7
	FN-0208	0.6 ~ 0.9	1.0 ~ 3.0	0 ~ 2.5	91.6 ~ 98.4
	FN-0405	0.3 ~ 0.6	3.0 ~ 5.5	0 ~ 2.0	89.9 ~ 96.7
	FN-0408	0.6 ~ 0.9	3.0 ~ 5.5	0 ~ 2.0	89.6 ~ 96.4
Cu 渗透钢粉末件	FX-1005	0.3 ~ 0.6		8.0 ~ 14.9	82.5 ~ 91.7
	FX-1008	0.6 ~ 0.9		8.0 ~ 14.9	82.2 ~ 91.4
	FX-2005	0.3 ~ 0.6		15.0 ~ 25.0	72.4 ~ 84.7
	FX-2008	0.6 ~ 0.9		15.0 ~ 25.0	72.1 ~ 84.4
低合金钢粉末件	FL-4205	0.4 ~ 0.7	0.35 ~ 0.55	Mo 0.50 ~ 0.85	95.9 ~ 98.75
	FL-4405	0.4 ~ 0.7		0.70 ~ 1.00	96.3 ~ 98.9
	FL-4605	0.4 ~ 0.7	1.70 ~ 2.00	0.40 ~ 0.80	94.5 ~ 97.5
	FLN-4205	0.4 ~ 0.7	1.35 ~ 2.50[2]	0.50 ~ 0.85	93.95 ~ 97.75

① 其他元素质量分数总差别最大值为 2.0%，其中包括特种用途的微量添加元素。
② 在基础粉末中至少加入质量分数为 1% 的 Ni。

表 9-45　MPIF 碳钢和低合金钢粉末冶金件的力学性能

最低值[1]		典型值[2]										
材料代号	最低强度[3]/MPa	拉伸性能[4]		弹性常数		冲击吸收能量(无缺口)/J	抗弯强度/MPa	压缩屈服强度(0.1%)/MPa	洛氏硬度 HRC		疲劳强度(38%抗拉强度)/MPa	密度/(g/cm³)
		抗拉强度/MPa	伸长率(%)	弹性模量/GPa	泊松比				宏观(表面)	微观(渗碳)		
F-0005 -50HT	340	410	<0.5	115	0.25	4	720	300	20	54	156	6.6
-60HT	410	480	<0.5	130	0.27	5	830	360	22	58	182	6.8
-70HT	480	550	<0.5	140	0.27	5	970	420	25	58	209	7.0

（续）

最低值[①]			典型值[②]									
材料代号	最低强度[③]/MPa	拉伸性能[④]		弹性常数		冲击吸收能量（无缺口）/J	抗弯强度/MPa	压缩屈服强度(0.1%)/MPa	洛氏硬度 HRC		疲劳强度(38%抗拉强度)/MPa	密度/(g/cm³)
		抗拉强度/MPa	伸长率(%)	弹性模量/GPa	泊松比				宏观（表面）	微观（渗碳）		
F-0008 -55HT	380	450	<0.5	115	0.25	4	690	290	22	60	171	6.3
-65HT	450	520	<0.5	115	0.25	5	790	400	28	60	198	6.0
-75HT	520	590	<0.5	135	0.27	6	900	520	32	60	224	6.9
-85HT	590	660	<0.5	150	0.27	7	1000	590	35	60	248	7.1
FC-0205 -60HT	410	480	<0.5	110	0.25	3	660	390	19	58	182	6.2
-70HT	480	550	<0.5	105	0.25	5	760	490	25	58	209	6.5
-80HT	550	620	<0.5	130	0.27	6	830	590	31	58	236	6.8
-90HT	620	690	<0.5	140	0.27	7	930	660	36	58	262	7.0
FC-0208 -50HT	340	450	<0.5	105	0.25	3	660	400	20	60	171	6.1
-65HT	450	520	<0.5	120	0.27	5	760	500	27	60	198	6.4
-80HT	550	620	<0.5	130	0.27	6	900	630	35	60	236	6.8
-95HT	660	720	<0.5	150	0.27	7	1030	720	43	60	274	7.1
FN-0205 -80HT	550	620	<0.5	115	0.25	5	830	530	23	55	236	6.6
-105HT	720	830	<0.5	135	0.27	6	1110	620	29	55	315	6.9
-130HT	900	1000	<0.5	150	0.27	8	1310	680	33	55	380	7.1
-155HT	1070	1100	<0.5	155	0.28	9	1480	710	36	55	418	7.2
-180HT	1240	1280	<0.5	170	0.28	13	1720	770	40	55	486	7.4
FN-0208 -80HT	550	620	<0.5	120	0.25	5	830	680	26	57	236	6.7
-105HT	720	830	<0.5	135	0.27	6	1030	850	31	57	315	6.9
-130HT	900	1000	<0.5	140	0.27	7	1280	940	35	57	380	7.0
-155HT	1070	1170	<0.5	155	0.28	9	1520	1120	39	57	445	7.2
-180HT	1240	1340	<0.5	170	0.28	11	1720	1300	42	57	509	7.4
FN-0405 -80HT	550	590	<0.5	105	0.25	5	790	460	19	55	224	6.5
-105HT	720	760	<0.5	130	0.27	7	1000	610	25	55	289	6.8
-130HT	900	930	<0.5	140	0.27	9	1380	710	31	55	353	7.0
-155HT	1070	1100	<0.5	160	0.28	13	1690	850	37	55	418	7.3
-180HT	1240	1280	<0.5	170	0.28	18	1930	910	40	55	486	7.4
FL-4205 -80HT	550	620	<0.5	115	0.25	5	930	550	28	60	236	6.6
-100HT	690	760	<0.5	130	0.26	5	1100	760	32	60	289	6.8
-120HT	830	900	<0.5	140	0.26	5	1280	970	36	60	342	7.0
-140HT	970	1030	<0.5	155	0.27	6	1480	1170	39	60	390	7.2
FL-4405 -100HT	690	760	<1.0	120	0.25	7	1100		24	60	289	6.7
-125HT	860	930	<1.0	135	0.27	9	1380		29	60	353	6.9
-150HT	1030	1100	<1.0	150	0.27	12	1590		34	60	418	7.1
-175HT	1210	1280	<1.0	160	0.28	15	1930		38	60	486	7.3
FL-4605 -80HT	550	590	<0.5	110	0.24	5	900	630	24	60	224	6.55
-100HT	690	760	<0.5	125	0.25	6	1140	790	29	60	289	6.75
-120HT	830	900	<0.5	140	0.26	8	1340	960	34	60	342	6.95
-140HT	970	1070	<0.5	155	0.27	9	1590	1170	39	60	407	7.20

（续）

最　低　值[①]		典　型　值[②]										
材料代号	最低强度[③]/MPa	拉伸性能[④]		弹性常数		冲击吸收能量（无缺口）/J	抗弯强度/MPa	压缩屈服强度（0.1%）/MPa	洛氏硬度 HRC		疲劳强度（38%抗拉强度）/MPa	密度/(g/cm³)
		抗拉强度/MPa	伸长率（%）	弹性模量/GPa	泊松比				宏观（表面）	微观（渗碳）		
FLN-4205 -80HT	550	620	<1.0	115	0.25	7	900		24	60	236	6.60
-105HT	720	790	<1.0	130	0.27	9	1170		30	60	300	6.80
-140HT	970	1030	<1.0	145	0.27	12	1590		36	60	391	7.05
-175HT	1210	1280	<1.0	160	0.28	19	2000		42	60	486	7.30

① 代号中数值表示以 10^3 psi 计的强度最低值。
② 生产试样试验室力学性能数据。
③ 260℃回火针对 P/N 镍钢粉末件；177℃针对其他。
④ 拉伸和屈服强度与可热处理材料大致相同。

表 9-46　美国以预制粉末为基的高强度合金钢粉末件的力学性能

添加成分（质量分数）（%）		成形压力/MPa	密度/(g/cm³)	表面硬度HRC	$R_{p0.2}$/MPa	R_m/MPa	A（%）	冲击吸收能量/J	热处理后强度/MPa
以 4600 型（1.8% Ni，0.55% Mo）预制合金粉为基	0.5% C[①]	618	6.96	36	906	989	1.1	12.2	1410
	2% Ni，0.5% C	618	7.00	36.5	831	1013	1.3	16.2	1614
以 0.85% Mo 预制合金粉末为基	2% Ni，0.5% C	618	7.07	40	1004	1226	1.5	14.9	1593
	4% Ni，0.5% C	618	7.15	39.5	907	1188	1.6	17.6	1743
0.85% Mo 预合金粉末为基，一次和二次压制	0.6% C 一次压制，烧结	694	7.15	32	—	750	0.5	12.2	275（疲劳强度）
		694/694	7.51	36	1048	1259	0.9	29.8	436（疲劳强度）

注：1. 碳以石墨形式加入。
　　2. 从 1ft. lbf = 1.356J 关系换算而得。
　　3. 从 1ksi = 6.895MPa 关系换算而得。
　　4. 从 1tsi = 15.4443MPa 关系换算而得。

表 9-47　4600 预合金化粉末钢高温烧结对热处理后性能的影响

合金粉末件	烧结温度/℃	抗拉强度/MPa	屈服强度/MPa	伸长率（%）	硬度HRC	疲劳强度/MPa	冲击吸收能量（无缺口）/J
0.5% C 预合金化钢粉末件 550MPa 压制	1120	895	—	1.0	40	345	11 ~ 14
410MPa 二次压制	1260	1170	1035	1.5	48	425	16 ~ 19

为使铁基粉末冶金件获得理想的耐磨性和心部强度的推荐热处理工艺					
密度/(g/cm³)	淬　火		淬火冷却时间/s	淬火冷却介质	回火/℃
	温度/℃	保温/min			
6.4 ~ 6.8	870 ~ 890	30 ~ 45	<8	快速油	—
6.8 ~ 7.2	850 ~ 870	45 ~ 60	<12	快速油	150 ~ 180
>7.2	820 ~ 850	60 ~ 75	<25	中速油 ~ 快速油	170 ~ 220

表 9-48　铜、镍、镍-钼钢部分粉末件化学成分和热处理后的力学性能

粉末合金钢	MPIF 代号[1]	化学成分(质量分数)(%)					密度 /(g/cm³)	抗拉强度 /MPa	抗弯强度 /MPa	表面硬度 HRC	冲击吸收能量 /J
		Fe	C	Cu	Ni	Mo					
铁-铜 在 ATOMET 1001 钢粉[2] 基础上添加合金元素粉末	FC-0205-HT	97.5	0.5	2	—	—	6.8	786	1170	27	—
							7.0	869	1345	30	—
		96.5	0.5	3	—	—	6.8	765	1235	27	—
							7.0	883	1370	29	—
	FC-0208-HT	97.3	0.7	2	—	—	6.8	862	1360	35	—
							7.0	1030	1595	40	—
		96.3	0.7	3	—	—	6.8	848	1435	34	—
							7.0	979	1745	38	—
铁-镍 在 ATOMET 1001 钢粉[2] 基础上添加合金元素粉末	FN-0205-HT	97.4	0.6	—	2	—	6.8	792	1235	36	8.13
							7.0	993	1545	41	10.84
							7.2	1165	1795	44	13.56
镍-钼 以 4201 和 4601 预低合金钢粉为基	FL-4205-HT	98.45	0.5	—	0.45	0.60	6.8	765	1480	34	
							7.0	889	1780	38	
							7.1	979	1930	40	
	FL-4605-HT	97.15	0.5	—	1.8	0.55	6.8	876	1505	33	
							7.0	1035	1795	39	
							7.1	1150	1950	42	

① MPIF 为金属粉末工业联合会。

② 所有混合粉含 0.5% 硬脂酸锌 [Zn (C₁₈H₃₅O₂)₂]，在 1125℃于吸热式气烧结 30min，热处理：815℃奥氏体化 15min，65℃油中淬火，175℃回火 60min。

表 9-49　MPIF Ni-Mo 低合金钢粉末锻件力学性能

性　能	FL-4200		FL-4600		性　能	FL-4200	FL-4600
碳含量 $w(C)$(%)	0.28	0.70	0.24	0.60	伸长率(%)	10.6　5.0	13.0　10.0
回火温度/℃	176	343	176	440	断面收缩率(%)	42.8　11.8	42.0　32.0
抗拉强度/MPa	1052	1806	1565	1454	冲击吸收能量(V 型缺口)	21.7　6.78	16.27　13.56
屈服强度/MPa	896	1561	1427	1172	心部硬度 HRC	35　52	49　48

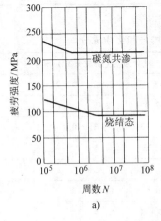
a)

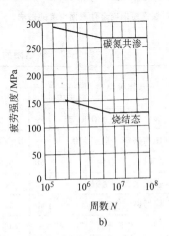
b)

图 9-16　碳氮共渗对两种低碳钢粉末件缺口疲劳强度的影响

a) F-0000 碳钢　b) FC-0205 渗铜

注：碳钢，密度为 7.1g/cm³。

表 9-50　蒸汽处理对 MPIF 各种粉末冶金件密度和硬度的影响

材　料	密度/(g/cm³)		硬度	
	烧结后	蒸汽处理	烧结	蒸汽处理
F-0000-N	5.8	6.2	7HRF	75HRB
F-0000-P	6.2	6.4	32HRF	61HRB
F-0000-R	6.5	6.6	45HRF	51HRB
F-0008-M	5.8	6.1	44HRB	100HRB
F-0008-P	6.2	6.4	58HRB	98HRB
F-0008-R	6.5	6.6	60HRB	97HRB
FC-0700-N	5.7	6.0	14HRB	73HRB
FC-0700-P	6.35	6.5	49HRB	78HRB
FC-0700-R	6.6	6.6	58HRB	77HRB
FC-0708-N	5.7	6.0	52HRB	97HRB
FC-0708-P	6.3	6.4	72HRB	94HRB
FC-0708-R	6.6	6.6	79HRB	93HRB

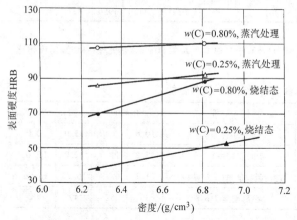

图 9-17　蒸汽处理对碳钢粉末冶金件表面硬度的影响

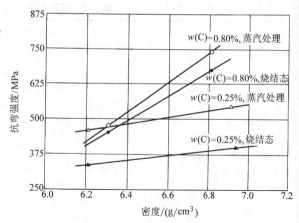

图 9-18　蒸汽处理对碳钢粉末冶金件弯曲断裂强度的影响

9.3　钢结硬质合金及其热处理

9.3.1　钢结硬质合金的特点、牌号、性能和用途

表 9-51 所列为钢结硬质合金的特点，其牌号和化学成分列于表 9-52，其性能列于表 9-53。表 9-54 所列为钢结硬质合金的相变点。钢结硬质合金的应用列于表 9-55。

表 9-51　钢结硬质合金的特点

相　组　成	性　质	适用范围
硬质相 WC，TiC，WC+TiC 粘结相 Cr-Mo 工具钢、高速钢、高锰钢、粘结相含量>50%	具有与某些硬质合金相近的硬度和耐磨性，又具有工具钢的可加工性、可热处理、锻造及焊接。比工具钢耐磨、比硬质合金韧性好，易于加工	介于硬质合金和工具钢性能之间的工具材料

表 9-52　钢结硬质合金的牌号和化学成分

钢结硬质合金类型	牌号或代号	钢基体种类	化学成分(质量分数)(%)								
			TiC	WC	C	Cr	Mo	V	Ni	其他	Fe
合金工具钢钢结硬质合金	GT35	高碳中铬钼合金钢	35	—	0.5	2.0	2.0	—	—		余量
	R5	高碳高铬钼合金钢	30~40	—	0.6~0.8	6.0~13.0	0.3~3.0	0.1~0.5	—		余量
	TLMW50	高碳铬钼合金钢	—	50	0.5	1.25	1.25	—	—		余量
	GW50	高碳低铬钼合金钢	—	50	<0.6	0.55	0.15	—	—		余量
	GJW50	中碳低铬钼合金钢	—	50	0.25	0.5	0.25	—	—		余量
不锈钢钢结硬质合金	R8	半铁素体不锈钢	30~40	—	<0.15	12~20	0~4	—	—	Ti:0~1.0	余量
	ST60	奥氏体不锈钢	50~70	—		5~9		—	3~7	La₂O₃: 0~0.5	余量

（续）

钢结硬质合金类型	牌号或代号	钢基体种类	化学成分（质量分数）（%）								
			TiC	WC	C	Cr	Mo	V	Ni	其他	Fe
高速钢钢结硬质合金	D1	高速钢	25 ~ 40	—	0.4 ~ 0.8	2 ~ 4	—	0.5 ~ 1.0	—	W:10 ~ 15	余量
	T1	高速钢	25 ~ 40	—	0.6 ~ 0.9	2 ~ 5	2 ~ 5	1.0 ~ 2.0	—	W:3 ~ 6	余量
高锰钢钢结硬质合金	TM60	奥氏体高锰钢	30 ~ 50	—	0.8 ~ 1.4	—	0.6 ~ 2	—	0.6 ~ 2	Mn:9 ~ 12	余量
	TM52	奥氏体高锰钢	40 ~ 60	—	0.8 ~ 1.2	—	0.6 ~ 2	—	0.6 ~ 2	Mn:8 ~ 10	余量

表 9-53　钢结硬质合金的性能

牌　号	密度/(g/cm³)	硬度 HRC		抗弯强度/MPa	抗压强度/MPa	冲击韧度/(J/cm²)	弹性模量/GPa
		退火态	淬火态				
GT35	6.40 ~ 6.60	39 ~ 46	68 ~ 72	1400 ~ 1800		≥6	306
TM6	6.60 ~ 6.80		≥65[1]	≥2000			
R5	6.35 ~ 6.45	44 ~ 48	70 ~ 73	1200 ~ 1400		≥3	321
R8	6.15 ~ 6.35	≤45	62 ~ 66	1000 ~ 1200		≥1.5	
T1	6.60 ~ 6.80	44 ~ 48	68 ~ 72	1300 ~ 1500		3 ~ 5	308
D1	6.90 ~ 7.10	40 ~ 48	69 ~ 73	1400 ~ 1600			
ST60	5.70 ~ 5.90	70[2]		1400 ~ 1600		≥3	
TLMW50	10.21 ~ 10.37	35 ~ 42	66 ~ 68[1]	≥2000		8 ~ 12	
GW50	10.20 ~ 10.40	38 ~ 40	67 ~ 71	1700 ~ 2300	≥3780	≥12	
GJW50	10.20 ~ 10.30	35 ~ 38	65 ~ 66	1500 ~ 2200		≥7	
DT	9.70 ~ 9.90	32 ~ 38	62 ~ 64[1]	2500 ~ 3600	≥2850	18 ~ 25	280
BR40	9.50 ~ 9.70	38 ~ 43	60 ~ 66[1]	1650 ~ 1750		5 ~ 8	
BR20	—	32 ~ 38	58 ~ 60	2000 ~ 2400		12 ~ 20	
GA5	12.50 ~ 13.50		85 ~ 87HRA[1]	2450 ~ 3040	≥4110	6.86 ~ 10.8	522

① 淬火回火态。
② 该牌号无热处理效应。

表 9-54　钢结硬质合金的相变点

（单位：℃）

牌号	Ac_1	$Ac_3(Ac_{cm})$	Ar_1	$Ar_3(Ar_{cm})$	Ms
GT35	740	770	—	—	—
R5	780	820	—	700	—
T1	780	800	—	730	—
TLMW50	761	788	693	730	—
GW50	745	790	710	770	—
GJW50	760	810	710	763	255
DT	720	752	—	—	245
BR40	748	796	645	700	133

表 9-55　钢结硬质合金应用举例

钢基体	牌号	应用举例
模具钢	GT35、TM6、TLMW50、GJW50、GW50	冷作模具（冷镦、冷挤、拉拔、冲裁、弯曲等）、量具、卡具、镗杆、轧辊、滚压工具、耐磨机械零件
	DT	较大载荷下使用的工模具和耐磨机械零件
	R5、BR40、BR20	热作模具
高速钢	T1、D1	切削加工非铁金属及其合金、耐热合金,不锈钢用多刃刀具
不锈钢	R8、ST60	热挤压模,磁场中工作的工模具,耐腐蚀机械零件
	TM32、TM33	圆珠笔球珠
高锰钢	GA5	采煤机截齿,抗冲击耐磨零件

9.3.2　钢结硬质合金的热处理

一般钢铁热处理技术均适用于相应的钢结硬质合金基体的热处理。

9.3.2.1　退火

钢结硬质合金常以退火态毛坯供应，为了进一步降低硬度，改善可加工性，或对已淬火的钢结硬质合金进行改制，可施行退火处理。退火是将其加热到临界点以上，保温一定时间后，以规定的冷却速度冷却到室温。

亚共析钢钢结硬质合金退火温度为

$$t_{退火} = Ac_3 + (50 \sim 100℃)$$

过共析钢钢结硬质合金退火温度为

$$t_{退火} = Ac_1 + (50 \sim 100℃)$$

钢结硬质合金一般采用等温退火工艺，几种典型钢结硬质合金的等温退火工艺规范如图9-19～图9-23所示。

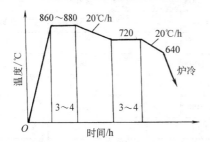

图 9-19　GT35 合金的等温退火工艺规范

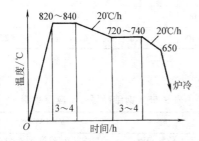

图 9-20　R5、T1 合金的等温退火工艺规范

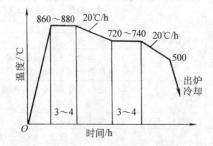

图 9-21　TLMW50 合金的等温退火工艺规范

钢结硬质合金可在箱式炉、井式炉、连续式炉或真空炉内退火，在使用普通退火炉时，为防止合金表面氧化脱碳，常用木炭、铸铁屑或还原性气氛加以保护。

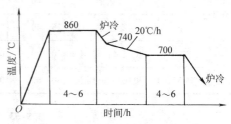

图 9-22　GW50 合金的等温退火工艺规范

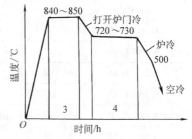

图 9-23　GJW50 合金的等温退火工艺规范

9.3.2.2　淬火

钢结硬质合金可采用普通淬火、分级淬火和等温淬火。其淬火加热温度范围很宽，可根据化学成分、对组织和性能的要求以及零件形状复杂程度具体确定。钢结硬质合金的导热性较低［热导率为 1.25 ～ 2.65W/(m² · K)］，在加热过程中应采用一次预热 (800 ～ 850℃) 或两次预热 (500 ～ 500℃；800 ～ 850℃)，几种典型钢结硬质合金的淬火工艺如表9-56 所示。

淬火加热采用盐浴炉时，为了防止零件氧化脱碳或产生麻点，盐浴应充分脱氧和除渣。当采用箱式炉加热时，为了防止氧化脱碳，应采用木炭或铸铁屑作保护填料。保温时间取决于加热设备类型：盐浴炉加热，热透速率可按 0.7min/mm 计算；在通入保护气氛的箱式炉加热，热透速率可按 2.5min/mm 计算。

9.3.2.3　回火

淬火后的钢结硬质合金必须进行回火处理，回火工艺规范可根据其化学成分和用途确定。GT35 合金在磨损条件下工作时，可在较低的温度下回火 (200 ～ 250℃)，以获得高硬度和高耐磨性；在冲击负荷下工作时，可在较高的温度下回火 (450 ～ 500℃)，以获得较高的强度和韧性。R5 合金在450 ～ 500℃回火，可获得最高硬度值。碳化钨系钢结硬质合金在 200℃回火可获得良好的综合力学性能。高速钢钢结硬质合金（T1，D1）可采用高速钢的回火工艺，在560℃三次回火。几种钢结硬质合金的回火曲线如图9-24所示。由图9-24可知，高碳中铬钼合金钢钢结硬质合金GT35，硬度随回火温度升高而单值降低。含铬、钼、钨、钒较高的钢结硬质合金R5、R8、T1具有二次硬化现象。其硬度峰值出现在500～550℃。低铬钼合金钢钢结硬质合金（碳化钨系）也具有二次硬化现象。

表 9-56　几种典型钢结硬质合金的淬火工艺

牌号或代号	淬火设备	淬火工艺条件					淬火硬度 HRC
		预热温度 /℃	预热时间 /min	加热温度 /℃	保温时间①按速率计/(min/mm)	冷却介质	
GT35	盐浴炉	800～850	30	960～980	0.5	油	69～72
R5	盐浴炉	800	30	1000～1050	0.6	油或空气	70～73
R8	盐浴炉	800	30	1150～1200	0.5	油或空气	62～66
T1	高温盐浴炉	800	30	1240	0.3～0.4	600℃盐浴空冷	73
D1	高温盐浴炉	800	30	1220～1240	0.6～0.7	560℃盐浴油冷	72～74
TLMW50	盐浴炉	820～850	30	1050	0.5～0.7	油	68
GW50	箱式炉	800～850	30	1050～1100	2～3	油	68～72
GJW50	盐浴炉	800～820	30	1020	0.5～1.0	油	70

① 保温时间 = 工件有效尺寸×热透速率，单位为 min。

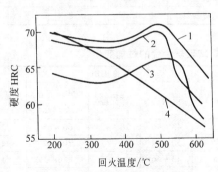

图 9-24　几种钢结合金的回火曲线
1—T1 合金　2—R5 合金
3—R8 合金　4—GT35 合金

9.3.2.4　时效硬化

钢结硬质合金的时效硬化包括固溶处理和时效硬化处理两个工艺过程。目前，我国尚无公开发表的时效硬化型钢结硬质合金的资料。表9-57为美国几种时效硬化型钢结硬质合金的热处理工艺规范。

9.3.2.5　化学热处理

为了进一步提高钢结硬质合金表面的硬度和耐磨性，又不致降低钢结硬质合金的整体强度和韧性，可采用化学热处理。目前，钢结硬质合金的化学热处理方法有三种，即渗氮、氮碳共渗和渗硼处理，其他化学热处理方法尚有待开发。

渗氮通常采用氨气作介质，渗氮温度（500±10）℃，渗氮时间1～2h。时效硬化型钢结硬质合金

表 9-57　美国几种时效硬化型钢结合金的热处理工艺规范

牌号 Ferro-TiC	基体类型	热处理工艺 固溶处理
M-6 M-6A M-6B	超低碳高镍马氏体时效钢	在816℃下保温1～1.5h后空冷
MS-5	镍铬马氏体不锈钢	在980℃下保温30min后空冷
HT-2	铁铬镍奥氏体合金	在1093℃下保温15h后空冷

牌号 Ferro-TiC	热处理工艺 时效硬化	硬度 HRC 退火态	硬度 HRC 硬化态
M-6 M-6A M-6B	在482℃下保温3～6h后空冷	49 54 58	63 67 68
MS-5	在482℃下保温10h后空冷	46～50	60～62
HT-2	在788℃下保温8h后空冷	43～45	51～54

的时效处理可与渗氮同时进行，但渗氮时间应相应延长。渗氮后表面硬度为68～72HRC，渗氮层厚度为0.1～0.15mm。渗层组织中有 ε 相（$Fe_{2\sim3}N$）、γ 相

（Fe_4N）和含氮铁素体。渗氮后的氮化钛颗粒为坚硬、强韧的渗层基体所支撑，使表面具有优异的耐磨性和抗擦伤性。

钢结硬质合金可进行气体氮碳共渗和盐浴氮碳共渗。气体氮碳共渗时通常采用乙醇通氨或三乙醇胺作氮碳共渗介质。共渗温度为（570 ± 10）℃；共渗时间1～4h。盐浴氮碳共渗可采用 LT（中国）、QPQ（美国 Kolene 和我国成都工具所）、TFI + ABI（德国 DEGUS-SA）、Sur-Sulf（法国 HEF）的商品盐。当前的 N-C、S-N-C、S-N-C-O 共渗已能做到原料无毒、盐浴保证 $CNO^- = (32 + 2)\%$（质量分数）的稳定成分，$CN^- <1\%$。清洗废水符合 $<0.5mg/L$ 的排放标准。采用此法可将高速钢钢结硬质合金表面硬度提高2～3HRC。

钢结硬质合金可进行盐浴渗硼和固体渗硼，其渗硼剂和工艺与钢铁渗硼相同。$Fe-Fe_2B$ 共晶温度为1149℃，渗硼温度必须低于这一温度。钢结硬质合金渗硼后可进行常规热处理。经渗硼处理后的钢结硬质合金表面不仅具有高硬度、高耐磨性和低的摩擦因数。抗氧化性和耐蚀性也较高。

9.3.2.6 沉积硬质化合物层

在钢结硬质合金表面上沉积薄层耐磨的 TiC、TiN、Ti（C，N）和 TiC-TiN 层能显著提高其耐磨性，沉积方法主要是化学、物理气相沉积和离子镀。沉积 TiC 后可施行渗碳处理或沉积 TiC 后再进行烧结处理。镍-磷镀层也可提高钢结硬质合金刀具的切削寿命，因为它可降低切削力。

9.3.3 钢结硬质合金的组织与性能

9.3.3.1 钢结硬质合金的组织特征

钢结硬质合金基体的组织取决于其化学成分和热处理工艺：表9-58和表9-59为化学成分对钢结硬质合金显微组织和性能的影响；表9-60～表9-63所列为热处理对钢结硬质合金显微组织的影响。

表9-58　不锈钢的组织状态与主要合金元素含量的关系

序号	组织状态	主要合金元素含量（质量分数）（%）		
		C	Cr	Ni
1	马氏体	0.4～1.0	12～18	
2	半铁素体	<0.1	12～18	
3	铁素体	<0.15	25～28	
4	奥氏体	<0.1	>18	>8

表9-59　用不同硬质相及高速钢制备的钢结硬质合金的性能变化

合金序	成分（质量分数）（%）				$\dfrac{V_{碳化物}}{V_{高速钢}}$	密度/（g/cm^3）	硬度 HRC			可加工性
	TiC	WC	W18Cr4V 高速钢	Mo9Cr4V 高速钢			退火态	淬火态	560℃三次回火态	
1	30	—	70		43.2/56.8	7.02	43～46	70～73	66～68	易
2	—	40	60		27/73	10.60	50～54	59～61	70～72	难
3	23	7	70		39/61	7.56	43～46	68	68	易
4	25	5	70		40.5/59.5	7.41	43～46	65	65	易
5	5	25	70		24.5/75.5	9.47	52～53	60～63	70	难
6	5	25		70	23/77	8.62	41～43	53～55	66	易
7	30	—		70	41.2/58.8	6.70	42～44	66～69	67	易

表9-60　典型合金工具钢钢结硬质合金各种热处理状态的组织特征

牌号或代号	组织特征				
	烧结态	退火态	淬火态	回火态[①]	
				低温	高温
GT35	TiC + 贝氏体	TiC + 珠光体	TiC + 马氏体	TiC + 回火马氏体 + 碳化物	TiC + 索氏体（或托氏体）+ 碳化物
R5	TiC + 马氏体 + $(Cr,Fe)_7C_3$	TiC + α铁素体 + $(Cr,Fe)_{23}C_6$ + $(Cr,Fe)_7C_3$	TiC + 淬火马氏体 + $(Cr,Fe)_7C_3$	TiC + 回火马氏体 + $(Cr,Fe)_7C_3$	TiC + 索氏体$(Cr,Fe)_{23}C_4$ + $(Cr,Fe)_7C_3$
TLMW50 GW50	WC + 细珠光体	WC + 珠光体 + 复式碳化物	WC + 马氏体	WC + 回火马氏体 + 复式碳化物	WC + 索氏体 + 复式碳化物
GJW50	WC + 索氏体 + 复式碳化物	WC + 索氏体 + 复式碳化物	WC + 马氏体 + 残留奥氏体	WC + 回火马氏体	WC + 索氏体

① 小于300℃回火态，回火马氏体；450℃回火态，托氏体；600℃回火态，索氏体。

表 9-61　典型不锈钢钢结硬质合金各种热处理状态的组织特征

牌号或代号	组织特征			备　注
	烧结态	退火态	硬化态	
R8	TiC + 铁素体 + 复式碳化物桥接相		TiC + 铁素体 + 少量马氏体	有淬火硬化效应
ST60	TiC + 奥氏体		TiC + 奥氏体	无热处理效应

表 9-62　典型高速钢钢结硬质合金各种热处理状态的组织特征

牌号或代号	组织特征			
	烧结态	退火态	淬火态	500℃回火态
D1 T1	TiC + 极细珠光体（托氏体）	TiC + 球化体 + 碳化物	TiC + 马氏体 + 残留奥氏体	TiC + 托氏体 + 碳化物

表 9-63　典型高锰钢钢结硬质合金各种热处理状态的组织特征

牌号或代号	组织特征	
	烧结态	水韧处理态
TM60 TM52	TiC + 珠光体 + 碳化物	TiC + 奥氏体

9.3.3.2　钢结硬质合金的物理、力学性能

常用钢结硬质合金的热膨胀系数如表 9-64 所列。典型合金工具钢钢结硬质合金、典型不锈钢钢结硬质合金、典型高速钢钢结硬质合金和典型高锰钢钢结硬质合金的物理、力学性能分别列于表 9-65 ~ 表 9-68。

高锰钢钢结硬质合金在工作过程中，耐磨表面层随工作磨损不断产生加工硬化，同时工件的心部保持很高的韧性。因此，它在与其他耐磨材料对比试验时显示出优异的性能（见表 9-69）。试验是在冲击磨料磨损试验机上进行的，磨料为 150 目细砂纸（硅砂 1000HV）。

表 9-64　常用钢结硬质合金的热膨胀系数

温度范围/℃	热膨胀系数 $\alpha/(10^{-6}/K)$						
	GT35	R5	TLMW50	GW50	ST60	R8	T1
20 ~ 100	6.09	8.34	6.72	8.90	8.6	6.63	4.37
20 ~ 200	8.43	9.16	8.06	9.10	10.1	7.58	8.54
20 ~ 300	10.04	9.95	8.65	9.34	11.8	8.68	9.68
20 ~ 400	10.37	10.53	9.07	9.52	11.2	9.81	10.38
20 ~ 500	11.22	10.71	9.62	9.52	11.5	9.98	10.86
20 ~ 600	11.51	10.82	10.15	9.70	11.6	10.40	11.25
20 ~ 700	11.83	11.13	10.60	9.86	11.8	10.60	11.48
20 ~ 800	—	—	—	—	11.7	10.80	11.10
20 ~ 900	—	—	—	—	11.9	11.00	11.14

表 9-65　典型合金工具钢钢结合金的物理、力学性能

牌号或代号	密度/(g/cm³)	硬度 HRC		抗弯强度[1]/MPa	冲击韧度[1]/(J/cm²)	弹性模量/MPa		比电阻/(Ω·mm²/m)		摩擦因数[2]	
		退火态	淬火态			退火态	淬火态	退火态	淬火态	自配对	与T10配对
GT35	6.40 ~ 6.60	39 ~ 46	68 ~ 72	1400 ~ 1800	5.89	30600	29800	0.812	0.637	0.030	0.109
R5	6.35 ~ 6.45	44 ~ 48	72 ~ 73	1200 ~ 1400	2.94	32100	31300	0.784	0.269	0.044	0.104
TLMW50	10.21 ~ 10.37	35 ~ 40	66 ~ 68	2000	7.85	—	—	—	—	—	—
GW50	10.20 ~ 10.40	38 ~ 43	69 ~ 70	1700 ~ 2300	11.8	—	—	—	—	—	—
GJW50	10.20 ~ 10.30	35 ~ 38	65 ~ 66	1520 ~ 2200	6.97	—	—	—	—	—	—

① 系淬火态性能。

② 采用国产 MM200 型摩擦磨损试验机，滑动摩擦，以 L-AN22 全损耗系统用油润滑。

表9-66　典型不锈钢钢结合金的物理、力学性能

牌号或代号	密度 /(g/cm³)	硬度 HRC		抗弯强度 /MPa	冲击韧度 /(J/cm²)	摩擦因数[1]
		烧结态	淬火态			
R8	6.15~6.35	40~46	62~66	1000~1200	1.47	0.215
ST60	5.7~5.9	70	70	1400~1600	2.94	—

[1] 采用国产 MM200 摩擦磨损试验机。对偶材料为石墨，干态滑动摩擦。

表9-67　典型高速钢钢结合金的物理、力学性能

牌号或代号	密度/(g/cm³)	硬度 HRC			抗弯强度 /MPa	冲击韧度 /(J/cm²)	抗拉强度/MPa		抗扭强度/MPa	
		退火态	淬火态	三次回火态 (500℃)			与 P18 对焊	与 45Cr 对焊	与 P18 对焊	与 45Cr 对焊
D1	6.90~7.10	40~48	69~73	66~69	1400~1600	—	>690	545	>830	>755
T1	6.60~6.80	44~48	68~72	70.1	1300~1500	3~5	—	—	—	—

注：断裂发生在对焊的钢基上。

表9-68　典型高锰钢钢结合金的物理、力学性能

牌号或代号	密度/(g/cm³)	硬度 HRC		抗弯强度 /MPa	冲击韧度 /(J/cm²)
		烧结态	水韧处理态		
TM60	6.2±0.05	59~61	59~61	2100	9.81
TM52	6.1±0.1	60~62	60~62	1900	7.95

表9-69　高锰钢钢结合金与其他耐磨材料的耐磨性对比试验结果

序号	耐磨材料	热处理方式	硬度	相对耐磨性[1]β
1	ZGMn13	1050℃水淬	210HV	1.16
2	Mn13 [w(C)=1.53%]	1050℃水淬	230HV	1.30
3	高韧白口铸铁	900℃加热300℃等温淬火	58HRC	1.47
		900℃油淬	62~64HRC	1.23
4	45SiMn2VB铸钢	960℃淬火180℃回火	—	1.24
5	7Cr2WVSi铸钢	1000℃淬火，400℃回火	—	1.37
6	GT35钢结合金	950℃油淬，200℃回火	68~70HRC	9.0
7	TM52钢结合金	1050℃水淬	61~62HRC	16.5

[1] 采用 20 热轧钢（HV=190MPa）作为标准材料。所谓相对耐磨性是指材料的磨损量与标准材料磨损量之比值。从表中可以看出，TM52 的耐磨性比硬度与其相当的高锰钢要高十几倍，而同样以 TiC 作硬质相的 GT35，尽管其硬度比 TM52 高，但耐磨性几乎比 TM52 低一半。这再次表明，钢结合金的耐磨性与钢基体组织状态有很大关系。

9.3.3.3 钢结硬质合金的化学性能

合金工具钢钢结硬质合金具有良好的抗氧化性。由图 9-25 可知，R5 合金具有良好的抗氧化性，甚至比奥氏体不锈钢结硬质合金 ST60 还好；GT35 合金的抗氧化性能较差。

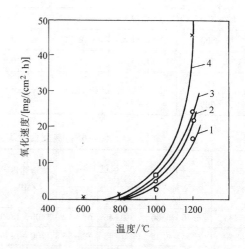

图9-25　几种钢结硬质合金在不同温度下的氧化程度

1—R5合金　2—ST60合金　3—R2合金
[w(Ni)为6.5%，其他成分同R5]
4—GT35合金

R5、GT35 和 R8 合金的耐蚀性如表 9-70 和表 9-71 所示。

美国钢结硬质合金牌号、成分和性能分别列于表 9-72、表 9-73 及表 9-74。

表 9-70　R5、GT35 合金的耐蚀性

合金	热处理状态	腐蚀介质(质量分数)	腐蚀速度/[mg/(cm²·d)]	腐蚀情况	合金	热处理状态	腐蚀介质(质量分数)	腐蚀速度/[mg/(cm²·d)]	腐蚀情况
R5	淬火态	浓 HNO₃	6.58	稳定,腐蚀二天后仍具金属光泽	GT35	淬火态	50% H₂SO₄	4.29	开始时略有反应,30min 后稳定
R5	回火态	浓 HNO₃	7.57	稳定,腐蚀二天后仍具金属光泽	R5	淬火态	30% HCl	20.64	反应激烈
GT35	淬火态	浓 HNO₃	6.73	稳定,腐蚀二天后仍具金属光泽	R5	回火态	30% HCl	24.05	反应激烈
R5	淬火态	50% H₂SO₄	3.67	开始时略有反应,30min 后稳定	GT35	淬火态	30% HCl	88.31	反应很激烈
R5	回火态	50% H₂SO₄	3.48	开始时略有反应,30min 后稳定	R5	淬火态	30% H₃PO₄	44.03	反应很激烈
					R5	回火态	30% H₃PO₄	93.20	反应很激烈
					GT35	淬火态	30% H₃PO₄	133.85	反应非常激烈

表 9-71　R8 合金的耐蚀性

腐蚀介质(质量分数)	腐蚀速度/[mg/(cm²·d)]	腐蚀介质(质量分数)	腐蚀速度/[mg/(cm²·d)]
30% HCl	12.40	10% NaCl	0.10
68% HNO₃	0.60	50% NaOH	0.03
50% H₂SO₄	3.80	10% CH₃COOH(醋酸)	0.12

注:试验温度 13～21℃。

表 9-72　美国的钢结硬质合金牌号与成分

牌号 Fe-TiC	化学成分(质量分数)(%)												
	C	TiC	WC	Cr	Ni	Mo	W	Co	Cu	Ti	Al	V	Fe
C	0.40	33	—	2.0	—	2.0	—	—	—	—	—	—	余量
S-45	—	39	—	11.0	7.3	—	—	—	—	—	—	—	余量
S-55	—	52	—	8.6	5.7	—	—	—	—	—	—	—	余量
J	0.47	16.5	38.5	2.75	—	—	6.6	—	—	—	—	1.1	余量
CM	0.56	34	—	6.6	—	2.0	—	—	—	—	—	—	余量
CS-40	0.43	34	—	11.55	—	0.33	—	—	—	—	—	—	余量
M6	—	33	—	—	12	3.2	—	5.7	—	0.7	—	—	余量
M6-A	—	37.5	—	11.2	2.9	—	—	5.3	—	0.6	—	—	余量
M6-B	—	42.5	—	10.5	2.5	—	—	5.0	—	0.5	—	—	余量
MS-5	—	33.6	—	9.4	4.0	2.7	—	3.4	—	1.0	—	—	余量
HT-6	—	33	—	12	47.6	—	—	—	—	1.34	0.67	—	5.4
DN-1	—	33	—	—	余量	—	—	—	—	—	3.0	—	—
CN-5	—	—	60	—	12	—	—	—	余量	—	—	—	—
SK	0.3	25	—	3.75	0.375	3	—	—	—	—	—	—	余量

表 9-73　美国钢结硬质合金的力学性能

牌　号 Fe-TiC	碳化物（体积分数）（%）	基体合金类型	硬度 HRC 退火态	硬度 HRC 硬化态	可加工性评价[①]	最高工作温度/℃	密度/（g/cm³）	弹性模量/MPa	抗弯强度/MPa	抗压强度/MPa	冲击韧度/（J/cm²）
CM	45	高铬工具钢	46	69	2	535	6.45	31000	1750	3400	420
C	45	中合金工具钢	43	70	2	200	6.60	31000	2100	2900	550
SK	40	热作工具钢	38	65	1	535	6.80	27500	2160	2500	830
LT	40	时效硬化钴铁合金	45	55	4	650	6.66	27506	1800	—	790
CRHS	15	高速钢	37	66	1	650	8.25	24600	1500		880
CS-40	45	马氏体不锈钢	50	68	3	425	6.45	31000	1750	3200	340
M-6	45	时效硬化马氏体钢	49	63	3	450	6.68	30200	2250	1550	900
MS-5	45	时效硬化马氏体不锈钢	49	62	4	450	6.55	29500	1950	2550	830
HT-2	45	时效硬化镍铁合金	44	54	5	760	6.37	29500	1750	2100	820
HT-6	45	时效硬化镍基合金	46	54	6	1090	6.67	31800	2150	1890	840
HT-6A	35	时效硬化镍基合金	46	50	3	1090	7.00	28100	1400	—	1000
CN-5	45	时效硬化铜镍合金	44	52	5	450	11.80	23200	1950	—	
J	40	高速钢	50	70	6	650	8.80	31000	1600	2950	340
S-45	45	奥氏体不锈钢	45	—	5	650	6.40	31000	1950	—	—

① 评价 1 的牌号能很容易地进行铣、车、车螺纹、刨或其他机加工；评价 6 的牌号趋于加工困难，或仅能考虑车、锯或磨削。评价 1~6 可加工性由易到难。

表 9-74　美国钢结硬质合金的物理性能

牌　号 Fe-TiC	热膨胀系数/（10⁻⁶/℃）	热震循环数[①]	比电阻/（Ω·mm²/m）退火态	比电阻/（Ω·mm²/m）硬化态	磁性/10⁻⁴T 磁饱和	磁性/10⁻⁴T 剩磁	矫顽力/（79.6A/m）	热处理时尺寸变化（%）	备　注
CM	20~90℃　6.23 20~535℃　8.35	1	0.57	0.61	5150	3230	61	±0.025	良好的耐回火性。用于耐磨零件或重成形或中温（≤600℃）工作的工模具
C	20~90℃　6.39 20~200℃　7.83	2	0.34	0.53	9650	3475	66	+0.04	用于工具、模具和耐磨零件，在退火态下具有优异的振荡阻尼值
SK	20~90℃　8.82 20~535℃　9.45	15	0.36	0.57	—	—	64	±0.03	有良好的抗热震与抗冲击性能，适用于热加工用途，冷镦模和锤头
LT	20~90℃　7.56 20~650℃　8.64	33	—	—	—	—	—	-0.02	比 SK 还好的抗热震和高温硬度

（续）

牌号 Fe-TiC	热膨胀系数 /(10^{-6}/℃)	热震循环数[①]	比电阻/(Ω·mm²/m)		磁性/10^{-4}T		矫顽力/(79.6A/m)	热处理时尺寸变化(%)	备　注
			退火态	硬化态	磁饱和	剩磁			
CRHS	20~90℃　9.09 20~650℃　11.34	35	—	—	—	—	—	+0.15	最好的抗热震性,良好的热硬性
CS-40	20~90℃　5.55 20~315℃　6.80	1	0.74	0.80	2470	1620	60	+0.043	具有400型不锈钢的高硬度和耐蚀性
M-6	20~90℃　6.05 20~425℃　7.81	12	0.89	0.78	7120	3760	19	-0.03	热处理简单,无变形,抗强卤化物腐蚀
MS-5	20~90℃　7.74 20~480℃　8.64	8	1.14	1.03	4700	2010	24	±0.020	良好的耐蚀性与尺寸稳定性,比M-6更抗弱酸
HT-2	20~90℃　9.54 20~535℃　10.71	12	—	—	稍具磁性			±0.01	良好的耐蚀性、抗氧化性,具有优异的尺寸稳定性,抗应力腐蚀与抗热震
HT-6	20~90℃　7.61 20~535℃　11.03	1	1.23	1.20	非磁性			-0.042	优异的抗氧化性与耐蚀性,良好的热硬性与高温硬度
HT-6A	20~90℃　8.10 20~535℃　11.61	3	—	—	非磁性			-0.045	类似于HT-6,但更易加工,韧性较好
CN-5	20~315℃　9.50	—	—	—	非磁性			+0.026	有优异的抗海水腐蚀能力
J	20~90℃　6.32 20~650℃　8.06	1	0.59	0.77	570	3380	53	+0.15	良好的耐热性,用于≤730℃的高温工具
S-45	20~875℃　12.42	—	—	—	非磁性				具有300型不锈钢的耐蚀性

① 加热到1000℃,在油中激冷,反复进行直到出现裂纹的次数。

9.4　粉末高速钢及其热处理

把高速钢粉末冷压烧结制成接近成品的坯件,用热挤压法制成棒材或用热等静压法制成大型坯料。粉末高速钢成分组织均匀、碳化物颗粒小（<5μm）。力学性能高,加工性能好,刀具寿命长,可用于拉刀、铣刀、滚刀、插齿刀、成形刀等大型、精密、复杂形面刀具;用于高温合金、钛合金、高强度钢等难加工材料的切削刀具;用于自动机床刀具,冷、热作模具,以及摇臂镶块、气门座和叶片泵叶片等耐磨零件。

9.4.1　粉末高速钢类别和性能

粉末高速钢按密度的分类列于表9-75。表9-76为冷压烧结粉末高速钢的牌号和化学成分,其密度、硬度和热处理工艺列于表9-77。表9-78所列为SM2和SR冷压粉末高速钢的性能。

表 9-75　粉末高速钢按密度的分类

代　号	密度类别	相对密度(%)
M	中密度	78~84
H	高密度	84~98
F	全密度	>98

表 9-76　冷压烧结粉末高速钢的牌号和化学成分

牌号	化学成分(质量分数)(%)									
	W	Mo	Cr	V	Si	C	Mn[①]	P[①]	S[①]	O
F3702M					≤0.40	0.80 ~ 0.90				
F3702H										
F3702F	5.50 ~ 6.75	4.50 ~ 5.50	3.80 ~ 4.40	1.75 ~ 2.20			≤0.40	≤0.03	≤0.03	≤0.10
F3703M					0.50 ~ 0.80	0.95 ~ 1.20				
F3703H										
F3703F										
F3711F	12.00 ~ 13.00	6.00 ~ 7.00	3.50 ~ 4.50	4.50 ~ 5.50	≤0.30	1.70 ~ 1.90	≤0.40	≤0.03	0.03 ~ 0.08	≤0.10

① 不作限定指标。

表 9-77　冷压烧结粉末高速钢密度、硬度及热处理工艺

牌号	密度 /(g/cm³)	退火态硬度 HBW	淬火温度 /℃	冷却介质	回火温度 /℃	回火时间 ×次数	淬火回火态硬度 HRC
F3702M	6.40 ~ 6.80		1150 ~ 1200	油或氮气		2h×2	45 ~ 55
F3702H	6.80 ~ 7.95		1150 ~ 1200	油或氮气		2h×2	45 ~ 55
F3702F	≥7.95		1180 ~ 1230	油或盐浴		1h×3	62 ~ 65
F3703M	6.40 ~ 6.80	≤251	1150 ~ 1200	油或氮气	540 ~ 560	2h×2	45 ~ 55
F3703H	6.80 ~ 7.75		1150 ~ 1200	油或氮气		2h×2	45 ~ 55
F3703F	≥7.95		1180 ~ 1230	油或盐浴		1h×3	62 ~ 65
F3711F	≥8.05	≤283	1210 ~ 1250	油或盐浴		1h×(3~4)	65 ~ 69

表 9-78　SM2 和 SR 冷压烧结粉末高速钢的性能

代号	牌号	硬度 HRC	抗弯强度 /MPa	冲击韧度 /(J/cm²)	相对密度 (%)	碳化物平均尺寸 /μm
SM2	F3702F F3703F	63 ~ 66	1800 ~ 2000	8 ~ 10	≥99	2 ~ 4
SR	F3711F	66 ~ 69	1800 ~ 2400	8 ~ 12	≥99.5	2 ~ 4

9.4.2　热等静压和热挤压粉末高速钢

表 9-79 所列为热等静压和热挤压粉末高速钢 FT15 的化学成分,其热处理工艺和热处理后的性能见表 9-80 和表 9-81。

表 9-79　粉末高速钢 FT15 的化学成分

元素	化学成分(质量分数)(%)									
	C	W	Cr	V	Co	Mn	Si	P	S	O
含量	1.45 ~ 1.60	11.50 ~ 13.60	3.60 ~ 4.50	4.20 ~ 5.20	4.20 ~ 5.20	≤0.4	≤0.3	≤0.03	≤0.03	≤270×10⁻⁴

表 9-80　热等静压 FT15 热处理工艺及性能

相对密度 (%)	退火态硬度 HBW	淬火温度 /℃	回火温度 /℃	回火时间×次数	淬火回火态硬度 HRC	抗弯强度 /MPa	碳化物平均尺寸 /μm
100	≤290	1200 ~ 1240	520 ~ 540	2h×3	65 ~ 68	≥4000	1.4

表 9-81　热挤压 FT15 热处理工艺及硬度

退火态硬度 HBW	淬火温度/℃	冷却剂	回火温度/℃	回火时间×次数	淬火回火态硬度 HRC
≤280	1230 ~ 1260	油	520 ~ 540	2h×(3~4)	65 ~ 68

9.5　硬质合金及其热处理

　　硬质合金于 20 世纪 20 年代开发应用，对于切削工具的进步具有划时代的意义。它是由难熔金属碳化物 WC、TiC 和 Co、Ni 等金属粘结相构成，具有很高的硬度（83～93HRA），高的抗压强度（3260～6400MPa），高的弹性模量（$E=370～680$GPa），高

的抗弯强度（900～2800MPa），唯冲击韧度较低（<10J/cm^2）。表 9-82 所列为硬质合金用各种碳化物的性能。碳化物在铁族金属中的溶解度列于表 9-83。

9.5.1　硬质合金的分类和用途

　　硬质合金的分类列于表 9-84。表 9-85 所列为切削加工用硬质合金的用途分组。

表 9-82　各种碳化物与其性能

碳化物类型	相对分子质量	碳含量 $w(C)$ (%)	晶体类型	熔点 /°C	密度 /(10^3kg/m^3) 计算值	密度 /(10^3kg/m^3) 实测值	弹性模量 /MPa	抗压强度 /MPa	抗弯强度 /MPa	硬度 HV
TiC	59.9	20.05	NaCl 型	3200	4.23	4.25	321000	2910	280～400	2850 ± 10
WC	195.9	6.12	六方晶型	2900	15.52	15.6	720000	2910	490～600	1780
TaC	192.9	6.23	NaCl 型	3800	13.95	14.49	289000	—	—	1600
NbC	104.9	11.46	NaCl 型	3800	8.20	7.76	346000	—	—	1961 ± 96
W$_2$C	380.0	3.16	密集六方	2850	17.15	17.2	421000	—	—	—
Cr$_3$C$_2$	180.1	13.31	斜方晶	1750	6.92	6.68	—	—	—	1336
VC	63.0	19.07	NaCl 型	2800	5.25	5.36	270000	—	—	2094

表 9-83　碳化物在铁族金属中的溶解度（1250°C）　　　　（%）

项目	Co	Ni	Fe	项目	Co	Ni	Fe
WC	22	12	7	NbC	3	5	0.5
TiC	3	5	<0.5	Cr$_3$C$_2$	13	12	8
TaC	3	5	0.5				

表 9-84　硬质合金的分类

类别	符号	成　分	特　点	用　途
钨钴合金	YG	WC、Co，有些牌号加有少量 TaC、NbC、Cr$_3$C$_2$ 或 VC	在硬质合金中，此类合金的强度和韧性最高	刀具、模具、量具、地质矿山工具、耐磨零件
钨钛钴合金	YT	WC、TiC、Co，有些牌号加有少量 TaC、NbC 或 Cr$_3$C$_2$	抗月牙洼性能较好	加工钢材的刀具
钨钛钽(铌)钴合金	YW	WC、TiC、TaC、(NbC)、Co	强度比 YT 类高，抗高温氧化性好	有一定通用性的刀具，适用加工合金钢、铸铁和碳素钢
碳化钛基合金	YN	TiC、WC、Ni、Mo	热硬性和抗高温氧化性好	对钢材精加工的高速切削刀具
涂层合金	CN	涂层成分 TiC + Ti(CN) + TiN	表面耐磨性和抗氧化性好，基体强度较高	钢材、铸铁、非铁金属及其合金的加工刀具
涂层合金	CA	涂层成分 TiC + Al$_2$O$_3$	表面耐磨性和抗氧化性好，基体强度较高	钢材、铸铁、非铁金属及其合金的加工刀具

表 9-85　切削加工用硬质合金的用途分组（GB/T 2075—2007）

用途大组			用途小组			
字母符号	识别颜色	被加工材料	硬切削材料			
P	蓝色	钢:除不锈钢外所有带奥氏体结构的钢和铸钢	P01 P10 P20 P30 P40 P50	P05 P15 P25 P35 P45	↑a	↓b
M	黄色	不锈钢:不锈奥氏体钢或铁素体钢,铸钢	M01 M10 M20 M30 M40	M05 M15 M25 M35	↑a	↓b
K	红色	铸铁:灰铸铁,球状石墨铸铁,可锻铸铁	K01 K10 K20 K30 K40	K05 K15 K25 K35	↑a	↓b
N	绿色	非铁金属:铝,其他非铁金属,非金属材料	N01 N10 N20 N30	N05 N15 N25	↑a	↓b
S	褐色	超级合金和钛:基于铁的耐热特种合金,镍,钴,钛,钛合金	S01 S10 S20 S30	S05 S15 S25	↑a	↓b
H	灰色	硬材料:硬化钢,硬化铸铁材料,冷硬铸铁	H01 H10 H20 H30	H05 H15 H25	↑a	↓b

注:a 表示增加速度,增加切削材料的耐磨性;b 表示增加进给量,增加切削材料的韧性。

9.5.2　影响硬质合金性能的因素

表 9-86 所列为影响硬质合金性能的各种因素。

钴含量对 WC-Co 硬质合金力学性能的影响示于图 9-26。不同钴含量的 WC-Co 硬质合金抗弯强度与平均自由程的关系示于图 9-27。

表 9-86　影响硬质合金性能的各种因素

影响因素	影响方式
碳化物种类	YG 类合金强度、导热性和韧性一般高于 YT 类,硬度低于 YT 类。在合金中加入 TaC 或 NbC 可提高高温硬度、高温强度和抗氧化能力。YT 合金硬度高、热稳定性好、高温硬度高
碳化物颗粒大小和形态添加剂	细晶粒合金硬度高、强度低。非均匀晶粒合金强度高、韧性好。粘结金属含量高,强度高,韧性好,硬度和耐磨性低,添加少量 Cr_3C_2 或 VC 可细化晶粒,提高硬度和耐磨性,加入微量稀土元素可提高强度和韧性
碳含量	含游离石墨的 YG 合金切削性能差,硬度低。若 YG 合金含 η 相时,硬度略高,强度下降
组织缺陷热处理	粉末被污染和孔隙度大会降低强度和硬度,可改变粘结成分,结构和分布,提高碳化物在粘结相中的溶解度,明显提高强度和韧性
表面处理	表面沉积 TiC、TiN、Ti(C、N)可期望提高耐磨性、抗氧化能力。离子注入氮可提高耐磨性

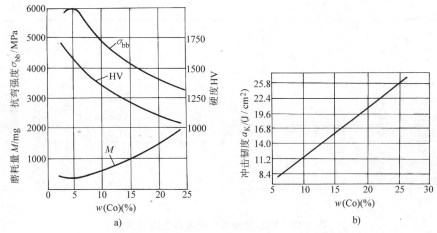

图 9-26　钴含量对 WC-Co 硬质合金力学性能的影响

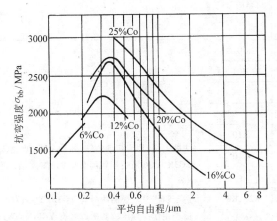

图 9-27　不同钴含量（质量分数）的 WC-Co 硬质合金
抗弯强度与平均自由程的关系

9.5.3　硬质合金的牌号、性能和用途

我国硬质合金的牌号、化学成分和物理、力学性能列于表 9-87。表 9-88 所列为常规牌号硬质合金的性能和用途。新牌号硬质合金的应用范围列于表 9-89。

表 9-87　我国硬质合金的牌号、化学成分和物理、力学性能

类别	牌　号	代号	化学成分(质量分数)(%)				物理、力学性能		
			WC	TiC	NbC	Co	密度/ (10^3 kg/m^3)	硬度 HRA ≥	抗弯强度/ MPa≥
钨钴型	钨钴 3 合金	YG3	97	—	—	3	14.9 ~ 15.3	91	1050
	钨钴 3X 合金	YG3X	97	—	—	3	15.0 ~ 15.3	92	1000
	钨钴 4C 合金	YG4C	96	—	—	4	14.9 ~ 15.2	90	1400
	钨钴 6 合金	YG6	94	—	—	6	14.6 ~ 15.0	89.5	1400
	钨钴 6X 合金	YG6X	94	—	—	6	14.6 ~ 15.0	91	1350
	钨钴 8 合金	YG8	92	—	—	8	14.4 ~ 14.8	89	1500
	钨钴 8C 合金	YG8C	92	—	—	8	14.4 ~ 14.8	88	1750
	钨钴 11 合金	YG11	89	—	—	11	14.0 ~ 14.4	88	1800
	钨钴 11C 合金	YG11C	89	—	—	11	14.0 ~ 14.4	87	2000
	钨钴 15 合金	YG15	85	—	—	15	13.0 ~ 14.1	87	2000
	钨铌钴合金	YA6	92	—	2	6	14.4 ~ 15.0	92	1400

（续）

类别	牌　　号	代号	化学成分(质量分数)(%)				物理、力学性能		
			WC	TiC	NbC	Co	密度/ (10^3kg/m³)	硬度 HRA ≥	抗弯强度/ MPa≥
钨钛 钴型	钨铌钴合金	YG8N	91～91.8	—	1	7.5～8	14.67	91	2100
	钨钛钴5合金	YT5	85	6	—	9	12.5～13.2	89.5	1300
	钨钛钴14合金	YT14	78	14	—	8	11.2～12.7	90.5	1200
	钨钛钴15合金	YT15	79	15	—	6	11.0～11.7	91	1150
	钨钛钴30合金	YT30	66	30	—	4	9.35～9.7	92.8	900
	钨钛铌钴合金	YW1	86	4	4	6	12.6～13.0	92	1250
	钨钛铌钴合金	YW2	84	4	4	8	12.4～12.9	91	1500

注：C—粗颗粒　X—细颗粒。

表 9-88　硬质合金常规牌号的性能和用途

牌号	硬度 HRA ≥	抗弯强度 /MPa ≥	相当的分类 分组号	用　途　举　例
YG3	91	1100	K01	
YG3X	91.5	1100	K01	
YG4C	89.5	1450		
YG6	89.5	1450		
YG6C	91	1350	K10	
YG6A	91.5	1400	K10	切削刀具,适于切削铸铁、非铁金属、非金属材料、钛及钛合金等
YG6X	91	1400		YG3X、YG6 还适于切削合金钢、淬火钢,YG6X 还适于切削冷硬铸铁和耐 热钢
YG8	89	1500	K20、K30	适于制作拉丝模的牌号有 YG3X、YG6、YG6X、YG8 和 YG15
YG8N	89.5	1500	K20、K30	适于制作冷冲压模具的牌号有 YG8C、YG11C、YG15、YG20 及 YG20C
YG8C	88	1750		适于制作量具和耐磨零件可选用 YG6、YG8、YG15 和 YG20
YG11	86.5	2100		制作凿岩工具可选用 YG4C、YG6、YG6C、YG8、YG8C、YG11C、YG15、YG15C
YG15	86.5	2100		
YG15C	86	2500		
YG20	86	2600		
YG20C	82	2200		
YT5	89.5	1400	P30	
YT14	90.5	1200	P20	
YT15	91	1150	P10	适于用作切削碳钢和合金钢的刀具,YT05 适于切削淬火钢、合金钢、高强 度钢的精加工和半精加工
YT05	92.5	1100	P05	
YT30	92.5	900	P01	
YW1	91.5	1200	M10	
YW2	90.5	1350	M20	适于用作切削高锰钢、不锈钢、耐热钢、高级合金钢及其他难加工的钢材 的刀具
YW3	92	1300	M10、M20	
YW4	92	1250	M20	
YN05	93	900	P01	适于用作合金钢、不锈钢、工具钢、淬火钢的连续精加工切削刀具
YN10	92	1100	P01	

表 9-89　硬质合金新牌号应用范围

相当的分类分组号	牌 号 名 称	应 用 范 围
P10	YC12 707	淬火钢、高锰钢、不锈钢、高强度钢的切削刀具
P10 P20	YC15 758 715 712	
P20 P25	798	YS30、YS25、YT535、798、758 可用于铣削
P25 P30	YS30 YT535	YT5R、YC35、YC45 可用于铸钢、锻钢表面粗加工
P30	YT5R YS25	
P35	YC35	
P40 P50	YC45 YT540	
M10	YD15 YC12 643 712 707 材 24	高锰钢、不锈钢、高强度钢的切削刀具
M10 M20	767 材 20 材 22	
M20	813 726 758 798 YG532	726、758、798、640 可用于铣削
M20 M30	YS25	
M30	YS2T	
M40	640	
K01 K05	YD05 610 600	淬火钢、冷硬铸铁、合金铸铁、高合金钢、高温合金、不锈钢、耐热钢、非铁金属及合金、非金属材料的切削加工刀具
K05 K10	YM053 YM052 726 643	
K10	YM051 YD10 YD15 813	
K10 K20	YDS15 YG532	YS2T、726、640 可用于铣削和刨削
K30	YS2T	YG546 适于粗加工
K30 K40	640 YG546	
	YK20、YK25、YK252、YA85、YKP4、K610	矿山工具

9.5.4　硬质合金的热处理

9.5.4.1　退火

　　WC-10% Co 两相合金中钨的固溶度曲线如图 9-28所示，该曲线也是 γ（Co）+ WC 转变为复相（WC + γ + Co_3W）的临界温度曲线。在临界温度以上进行退火，可获得两相组织。在临界温度以下进行退火，可获得 WC + γ + Co_3W 三相组织。退火对 WC-Co合金抗弯强度的影响如表 9-90 和图 9-29 所示。

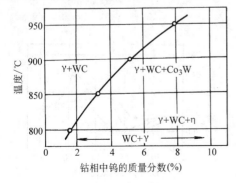

图 9-28　WC-10% Co 两相合金中钨的固溶度曲线

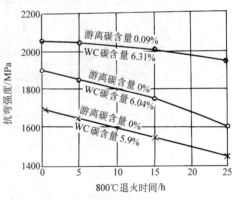

图 9-29　800℃退火对 WC-10% Co
合金抗弯强度的影响

注：图中含量为质量分数。

表 9-90　650℃退火对 WC-10% Co
合金抗弯强度的影响

退火时间/h	抗弯强度/MPa
165	2590 ± 250
	2320 ± 250

9.5.4.2　淬火

淬火可抑制 WC 析出及钴的同素异构转变（Co 密排六方晶 $\xrightleftharpoons{417℃}$ Co 面心立方）。实践表明，含钴 40%（质量分数）的合金经淬火后强度可提高 10%，但含钴 10%（质量分数）的合金经淬火后强度却降低。

9.5.4.3　时效硬化

Co 过饱和固溶体等温分解时的相变如表 9-91 所示。WC-Co 合金在 850~950℃ 等温可出现 η_1 和 η' 相。η_1 和 η' 相的成分接近于 η（Co_3W_3C），但 η_1 的钨含量稍低，η' 相的钨含量稍高，其晶格常数比 η_1 相大。在 725~775℃ 等温转变时出现 α' 相，电子显微镜观察表明，它是析出在粘结相 α-Co 内的一种极细小的分散相 α'（Co_3WC_x）。在 550~650℃ 等温时有 ε' 相出现，它是一种接近于 Co_3WC_x 的致密组织。经 165h 等温处理后还可以见到 Co_3W（针状组织）和 ε-Co（密排六方结构）。在 250~400℃ 等温可形成 Co_2C 相。

表 9-91　Co 过饱和固溶体等温分解时的相变

温度范围/℃	相　　变
950~1250	α-Co(W·C)→α-Co + WC
350~950	α-Co(W·C)→α-Co(重结晶) + η_1 + WC→α-Co + η' + WC
750~850	α-Co(W·C)→α-Co(C) + Co_3W→ε-Co + η_1 + WC→ε-Co(7) + η' + WC
725~775	α-Co(W·C)→α-Co + α'→α-Co(C) + Co_3W(针)
600~750	α-Co(W·C)→α-Co + α'→ε-Co(C) + Co_3W(六方)
650~750	ε-Co(W·C)→ε-Co(C) + Co_3W(针)
550~650	ε-Co(W·C)→ε-Co(C) + ε'→ε-Co(C) + Co_3W(针)
550~650	ε-Co(W·C)→ε-Co(C) + ε'→ε-Co(C) + Co_3W(六方)
250~400	ε-Co(W·C)→ε-Co(W) + Co_2C

注：溶解温度为 1250℃。

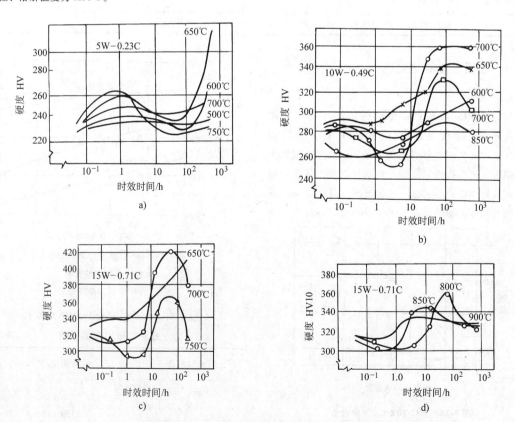

图 9-30　WC-Co 合金粘结相硬度与时效时间的关系

WC-Co 合金时效时,合金硬度因 α' 相和 ε' 相析出而提高,但当发生 Co_3W 析出时,硬质合金硬度将会降低。时效时间对 WC-Co 合金粘结相及合金硬度的影响如图 9-30 和图 9-31 所示。

虽然硬质合金热处理后 $\alpha'(Co_3WC_x)$ 分散相能使合金的硬度提高,但由于热处理时间较长,抗弯强度降低,在生产实践中一般不采用时效硬化方法来提高硬质合金的强度。

为了进一步提高硬质合金的耐磨性,可以在其表面气相沉积 TiC 或 TiN 涂层。表 9-92 所列为有沉积层硬质合金牌号及推荐用途。

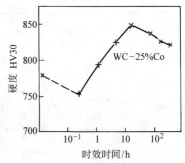

图 9-31　WC-Co 合金硬度与
时效时间的关系

表 9-92　有沉积层硬质合金牌号及推荐用途

合金牌号	基体材料牌号	涂层材料	推荐用途	相当的分类分组号
CN15	YW1	TiC + Ti(C、N) + TiN	钢件精加工	P05 ~ P20/K05 ~ K20
CN25	YW2	TiC + Ti(C、N) + TiN	钢件精加工和半精加工	M10 ~ M20/K10 ~ K30
CN35	YT5	TiC + Ti(C、N) + TiN	钢件粗加工	P20 ~ P40/K20 ~ K40
CN16	YG6	TiC + Ti(C、N) + TiN	铸铁、非铁金属及其合金精加工	M05 ~ M20/K05 ~ K20
CN26	YG8	TiC + Ti(C、N) + TiN	铸铁、非铁金属及其合金半精加工和粗加工	M10 ~ M20/K20 ~ K30
CA15	特制	TiC + Al_2O_3	铸铁、非铁金属及其合金精加工	M05 ~ M20/K05 ~ K20
CA25	特制	TiC + Al_2O_3	铸铁、非铁金属及其合金半精加工和粗加工	M10 ~ M30/K20 ~ K30

9.5.5　国外硬质合金牌号、性能及用途

引进瑞典 Sandvik 公司技术,我国生产的硬质合金牌号、性能和用途列于表 9-93 ~ 表 9-96。

表 9-93　硬质合金切削工具性能及用途

牌　号			性　能			推 荐 用 途
国产	Sandvik	ISO	密度 /(g/cm³) ≥	硬度 HV3 ≥	抗弯强度 /MPa ≥	
YC10	S1P	P05 ~ P15	10.3	1550	1650	钢和铸钢的精加工和半精加工
YC20	S2	P20	11.7	1500	1750	钢和铸钢的精加工和半精加工
YC30	S4	P25 ~ P35	11.4	1480	1850	钢和铸钢的中等载荷切削、重力切削
YC40	S6	P35 ~ P45	13.1	1400	2200	钢和铸钢的重力切削,条件特别恶劣时的端面铣削
YD10.1	H10	K05 ~ K10	14.9	1750	1700	铸铁的精加工、半精加工,可制作铰刀、刮刀等,是铣削铝材的理想牌号
YD10.2	H1P	K01 ~ K20	12.9	1850	1700	铸铁、青铜、黄铜、锰钢、淬火钢的精加工、半精加工,可高速车削、粗、铣削
YD20	H20	K20 ~ K25	14.8	1500	1900	铸铁、钢、铜、轻合金的粗加工
YL10.1	H13A	K15 ~ K25 M10 ~ M30	14.9	1550	1900	铸铁、耐热合金的精车与铣削

（续）

牌　号			性　能			推　荐　用　途
国产	Sandvik	ISO	密度 /(g/cm³) ≥	硬度 HV3 ≥	抗弯强度 /MPa ≥	
YL10.2	H10F	K25～K35 M25～M40	14.5	1600	2200	低速粗车和铣削耐热合金、钛合金，也可加工玻璃钢
YM20	SH	M20	13.9	1580	1900	钢、铸钢、锰钢和长屑可锻铸铁的粗加工
SD15	HM	K15～K25	12.9	1680	1600	铣削低合金钢、铸钢的理想牌号
SC25	SMA	P15～P40	11.4	1550	2000	铣削钢和铸钢的理想牌号
SC30	SM30	P20～P40	12.9	1530	2000	铣削钢和铸钢的理想牌号

表 9-94　硬质合金矿用工具性能及用途

牌　号		性　能			主　要　用　途
国产	Sandvik	密度 /(g/cm³) ≥	硬度 HV3 ≥	抗弯强度 /MPa ≥	
YK05	40	14.9	1480	1900	中小规格的冲击钻用球齿、钎片，钻凿中硬岩石
YK10	38	14.7	1280	2000	中小规格的冲击钻用球齿、钎片
YK20.1	42	14.5	1200	2300	击回转钎头，钻凿中硬、较硬岩石
YK25.1	702	14.5	1200	2400	牙轮钻齿和矿用钎片，钻凿中硬、较硬岩石
YK30	11	14.4	1150	2400	冲击钻用球齿和矿用钎片，钻凿坚硬岩石
YK35	CB08	14.0	1000	2500	牙轮钻齿和矿用钎片，钻凿坚硬、较硬岩石

表 9-95　硬质合金模具和异型刀具性能及用途

牌　号		性　能			主　要　用　途
国产	Sandvik	密度 /(g/cm³) ≥	硬度 HV3 ≥	抗弯强度 /MPa ≥	
YL05	CS05	15.1	1800	1500	小规格拉丝模
YL10.1	H13A	14.9	1550	1900 2600①	成形为棒材，制作钻头、刀具
YL10.2	H10F	14.5	1600	2200 3000①	成形为棒材，制作小直径微型钻头、钟表加工刀具、整体铰刀等刃具和耐磨零件
YL15	CS10	14.9	1750	1700	制作人造金刚石用顶锤
YL15.1	H10	14.9	1750	1700 2500①	成形为棒材，制作小直径微型钻头、钟表加工刀具、整体铰刀等刃具和耐磨零件
YL20	CG20	14.9	1500	1900	中、小规格拉丝模
YL30	CG40	14.3	1250	2500	大规模拉丝模、人造金刚石用压缸
YL50	CG60	13.9	1150	2600	冲模、冲头和耐磨零件

①　经热等静压处理。

表 9-96　硬质合金涂层刀片牌号及用途

牌　号		涂 层 材 料	推 荐 用 途
国产	Sandvik		
YB115 （YB21）	GC315	TiC	铸铁和其他短切屑材料的粗加工
YB125 （YB02）	GC1025	TiC	钢、铸钢、轧钢、锻造不锈钢、铸铁的精加工及半精加工
YB135 （YB11）	GC135	TiC	钢、铸钢、可锻铸铁、球墨铸铁及轧制与锻造奥氏体体不锈钢的钻削
YB215 （YB01）	GC015	$TiC + Al_2O_3$	各种工程材料的精加工及半精加工
YB415 （YB03）	GC415	$TiC + Al_2O_3 + TiN$	铸铁、钢、铸钢及轧制与锻造不锈钢的精加工及半精加工
YB435	GC435	$TiC + Al_2O_3 + TiN$	钢和铸钢等材料的中等粗加工和半精加工

参 考 文 献

[1]　北京市粉末冶金研究所. 粉末冶金标准汇编：第一册 [M]. 北京：冶金工业出版社，1984.

[2]　马莒生. 精密合金及粉末冶金材料 [M]. 北京：机械工业出版社，1982.

[3]　北京市粉末冶金研究所. 粉末冶金国外标准汇编：第一册国际标准部分 [M]. 北京：冶金工业出版社，1981.

[4]　株洲硬质合金厂. 钢结硬质合金 [M]. 北京：冶金工业出版社，1982.

[5]　《国外硬质合金》编写组. 国外硬质合金 [M]. 北京：冶金工业出版社，1976.

[6]　George E. Totten, Maurice A. H. Howes. Steel Heat Treatment Handbook [M]. New York：Marcel Dekker, Inc. ,1997.

[7]　机械工程手册编辑委员会. 机械工程手册：工程材料卷 [M]. 2 版. 北京：机械工业出版社，1996.

[8]　Sanuel Bradburg. Powder Metallurgy Equipment Manual [M]. 3rd ed. . Princeton：Metal Powder Industries Federation, 1986.

[9]　ASM. Metals Handbook：Vo17 Powder Metal Technologies and Applications [M]. Ohio：ASM International,1998.

[10]　MPIF Standard 35, Materials Standards for PM Structural Parts [S]. Princeton：Metal Powder Industries Federation, 1994.

第10章 功能合金的热处理

清华大学 郑明新

功能合金是指具有特殊功能或效应的金属材料，这里主要指精密机械、仪表、电器等工业中使用的、要求具有特殊物理-力学性能的精密合金，包括电性合金、磁性合金、膨胀合金、弹性合金和形状记忆合金等。这些合金的使用性能都与其化学成分和组织结构有极密切的关系，所以为了获得高性能，从炉料的选择，直到最后的加工和改性处理，都要进行较严格的控制，而热处理是其中的一个非常重要的环节。

本章主要介绍必须进行热处理的几种应用较广的功能合金的热处理原则、方法和制度。热处理应用较少的其他发展很快的新功能金属材料，特别是非金属功能材料，在此不予讨论。

10.1 电性合金及其热处理

材料受外电场作用产生电荷长程定向迁移的响应，称为材料的导电性；材料受外电场作用产生电偶极矩或电偶极矩变化的响应，为材料的介电性。导电性和介电性是材料的基本电性能。根据导电能力的大小，材料可分为导体、半导体和绝缘体等三种；另外还有一种在特殊条件下具有极端导电能力的超导体。导体主要是金属；在一般条件下，半导体、绝缘体、超导体特别是高温超导体，以及介电体或电介质都不属于金属。这里，只讨论金属材料问题。

导电性通常用电导率表征，电导率 σ（或 γ）在 10^4 s/m 以上的为导体材料或导体金属。根据应用特点，导体金属大体分为电导率高的导电合金和电阻率高的电阻合金两大类。

10.1.1 金属的导电性

金属的导电性优异，主要由自由电子导电。按照经典自由电子理论，金属的电导率 σ 可表达如下：

$$\sigma = \frac{ne^2 l}{mv} \tag{10-1}$$

式中 n——单位体积中的自由电子数；

e、m——电子的电荷和质量；

l、v——电子运动的平均自由程和平均速度。

此式的表述具有定性的实际意义。

现代量子力学的能带理论认为，不是所有自由电子，只有费米面附近能级的电子可能参与导电，而具有效质量（为使晶体中的电子在外力作用下的准

经典运动规律与真空中的电子的牛顿定律在形式上相似，而引进的相当于牛顿定律中电子质量的物理量。它实际上反映了晶体晶格周期势场的作用）。并且指出，在理想晶体周期性势场中运动的电子，运动不会受到阻力（保持一种本征状态），只是当晶格出现热振动、缺陷、杂质等原因，使晶体势场偏离周期场时，电子运动才遭受碰撞并被散射，导致自由程变小，而材料的电导率下降。因此提出较严格的表达式：

$$\sigma = \frac{n_{ef} e^2 l_F}{m^* v_F} \tag{10-2}$$

式中 n_{ef}——单位体积内实际参与导电的电子数；

l_F、v_F——费米自由程和费米速度；

m^*——电子的有效质量。

这个公式准确地反映了晶体材料电导率的概念，适用于金属以及非金属晶体材料。

电导率 σ 的倒数称为电阻率 ρ。因此由式（10-2）可有

$$\rho = \frac{m^* v_F}{n_{ef} e^2} \mu \tag{10-3}$$

式中，$\mu = \frac{1}{l_F}$ 为散射系数，包括两部分：与温度有关的散射 μ_r 和金属内杂质、缺陷引起的额外散射 $\Delta \mu$（$\mu = \mu_T + \Delta \mu$）。即金属的电阻率决定于外在因素温度等的影响和自身结构的完好性。重要的因素具体影响如下。

1. 温度 按照马德森定则，包含少量杂质或（和）缺陷的金属材料，电阻率 ρ 可以表述如下：

$$\rho = \rho_0 + \rho(T) \tag{10-4}$$

ρ_0 为与温度无关的部分，表示杂质和缺陷等结构因素方面的影响，是温度趋于 0K 时的电阻值，称为剩余电阻。对于理想金属，由于不存在杂质和晶体缺陷，$\rho_0 = 0$ 或没有。$\rho(T)$ 为电阻率中与温度有关的部分。通常情况下，金属电阻率与温度成正比。在低温下，低频的晶格振动（即长声波）使电子散射。随温度的降低，这种振动模式的数量不断减少，到极低温度时，许多金属的电阻率随 T^5 成比例变化。最后达到极低温的极限（约 2K）时，声子散射减弱，电子散射占优势，电阻率与 T^2 成比例变化。所以，金属的电阻率随温度的变化如图 10-1 所示。

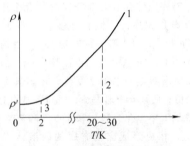

图 10-1 金属的电阻温度曲线

$1—\rho_{电-声} \propto T \left(T > \dfrac{2}{3}\theta_D \right)$

$2—\rho_{电-声} \propto T^5 \ (T \ll \theta_D)$

$3—\rho_{电-电} \propto T^2 \ (T \approx 2K)$

温度对电阻率的影响可以用电阻温度系数来描述。若以 ρ_0 和 ρ_T 分别表示材料在 0℃和 T℃温度下的电阻率，则 ρ_T 可以用一个温度的升幂函数来表达：

$$\rho_T = \rho_0 (1 + \alpha T + \beta T^2 + \gamma T^3 + \cdots) \quad (10\text{-}5)$$

式中　α——一次电阻温度系数；

　　　β——二次电阻温度系数；

　　　γ——三次电阻温度系数。

实验证明，普通非过渡族金属的德拜温度 θ（即原子热振动特征根本不同的两个温区之间的分界温度，也称特征温度），一般不超过 500K，当 $T > \dfrac{2}{3}\theta$ 时，β、γ 及高次项系数都很小，在室温和再高一些的温度下皆可写成：

$$\rho_T = \rho_0 (1 + \alpha T) \quad (10\text{-}6)$$

式中，α 为电阻温度系数，对大多数金属都适用。由其可推出 0~T℃间的平均电阻温度系数 $\bar{\alpha}$ 和 T 点温度的电阻温度系数 α_T 分别为

$$\bar{\alpha} = \frac{\rho_T - \rho_0}{\rho_0 T} \quad (10\text{-}7)$$

和

$$\alpha_T = \frac{d\rho}{dT} \frac{1}{\rho_T} \quad (10\text{-}8)$$

除过渡族金属外，所有纯金属的电阻温度系数近似等于 $4 \times 10^{-3}/℃$。过渡族金属特别是铁磁性金属具有较高的 $\bar{\alpha}$ 值，铁为 $6.0 \times 10^{-3}/℃$；钴为 $6.6 \times 10^{-3}/℃$；镍为 $6.2 \times 10^{-3}/℃$。所有金属的电阻温度系数皆为正值，是金属不同于非金属的根本标志。

2. 压力　金属受压力作用时的电阻率可表达为

$$\rho_p = \rho_0 (1 + \alpha p) \quad (10\text{-}9)$$

式中　ρ_p——压力作用下的电阻率；

　　　$\alpha = \dfrac{1}{\rho_0} \dfrac{d\rho}{dp}$——电阻压力系数，一般为负值，数值为 $10^{-6} \sim 10^{-5}$。

常规金属受压时，原子间距离缩小，电阻率降低，导电性增大，金属性增强，在高压下甚至能引起非金属向金属的转变。但也有少量反常金属，如钙、锶、锑、铋以及一些碱金属和稀土金属等。

3. 冷加工　实验表明，常见金属铁、铜、铝、银、金等经较大冷变形后，电阻率比未冷变形者增大 2%~6%（见图 10-2）。估计冷加工对一般金属电阻率的提升大概就在这个范围内（但钨、钼有点例外，它们经很大的冷变形后，电阻率相应能提高 30%~50% 和 15%~20%）。对于单相固溶体合金，冷加工可提高电阻率 10%~20%，对有序固溶体合金可提高 100% 甚至更多。

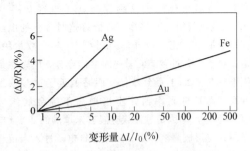

图 10-2 变形量对金属电阻的影响

冷加工不会给金属带来杂质，主要使晶格产生静畸变而造成结构缺陷，引起电子波散射几率的增加，从而提高电阻率。缺陷中，点缺陷空位和间隙原子比线缺陷位错对电阻率的影响大得多。冷塑性加工过程中，电阻率的增大量 $\Delta\rho$ 与变形量 ε 有以下关系：

$$\Delta\rho = c\varepsilon^n \quad (10\text{-}10)$$

式中　c——比例系数，与金属纯度有关；

　　　n——指数，n 值在 0~2 的范围内。

冷加工后经过再结晶退火，因结构缺陷消失，金属电阻率完全恢复到加工前的水平。

4. 固溶体　合金中的组元间，能发生溶解生成固溶体，或（和）发生化学反应生成金属间化合物，也可以不发生物理的和化学的相互作用而形成两纯金属相的机械混合物。固溶体的电阻率高，电阻温度系数小，是电阻合金中最重要的相结构，主要有连续固溶体、有序固溶体和不均匀固溶体三种类型。

（1）连续固溶体。二元合金形成固溶体时，溶剂金属晶格中溶入溶质原子，引起畸变，电阻增大。浓度低时，固溶体的电阻率 ρ_s 由两部分组成：

$$\rho_s = \rho_0 + \rho' \quad (10\text{-}11)$$

式中　ρ_0——溶剂电阻率，与温度有关；

　　　ρ'——溶质原子引起的附加电阻率，与温度无关；

$$\rho' = c\xi$$

c——溶质原子含量；

ξ——溶入 1% 溶质原子引起的附加电阻率。

实验证明，除过渡族金属外，百分附加电阻率 ξ 决定于溶剂与溶质金属的价数差 Δz：

$$\xi = a + b(\Delta z)^2 \qquad (10\text{-}12)$$

式中　a、b——常数；

Δz——固溶体溶剂与溶质的价数差。

随溶剂中溶质溶入量的增多，固溶体的电阻率逐渐增大，直到极限溶解度后出现新相而突然变化。当两金属能无限互溶、形成连续固溶体时，合金成分距组元越远则电阻率越高，在 50% 原子百分数或摩尔分数时，合金的电阻率达到最高点（如图 10-3 所示），比纯金属组元高许多倍。恰好这时合金的电阻温度系数最小，比一般导体金属小 1 ~ 2 个数量级。但是，对于含有过渡族元素的固溶体合金，电阻率最大值不在 50% 原子百分数处，而略偏近于过渡族组元方面，而且电阻率值几十倍地高于纯金属组元（见图 10-4）。原因是过渡族金属有未填满的 d 或 f 电子壳层，在形成固溶体时，一部分价电子进入未填满的 d 或 f 壳层，使得 s 壳层参加导电的电子数减少，而造成电阻率增大。

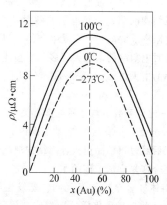

图 10-3　银-金合金电阻率与成分的关系

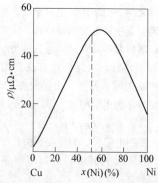

图 10-4　铜-镍合金电阻率与成分的关系

（2）有序固溶体。大部分固溶体合金中，组元原子的分布是无序的，但有许多合金例如 Cu-Au、Cu-Pt、Fe-Pt、Fe-Pd 等，具有有序-无序转变。图 10-5 所示为 Cu-Au 系合金的电阻率曲线，曲线 a 为淬火态无序固溶体的电阻率变化，在 50% 摩尔分数处有极大值；曲线 b 为退火态有序固溶体的变化，分别在 m 点（25% 摩尔分数）和 n 点（50% 摩尔分数）有极小值，相应形成完全有序的固溶体 Cu_3Au 和 CuAu 合金。虚线 c 则表示合金系由温度决定的电阻率值。曲线 b 上的点距虚线 c 的距离表示有序固溶体的剩余电阻率。固溶体有序化使晶格势场趋向于更高度的周期性，其减小对电子散射的几率而降低电阻率的作用，超过其使组元间的化学相互作用的增强、减少有效电子数而提升电阻率的作用，所以有序化一般都表现为电阻率降低。有序化程度越高，则电阻率越低，曲线 b 的 m、n 点也越近于虚线 c。但绝对的完全有序是困难的，不可能不存在剩余电阻。

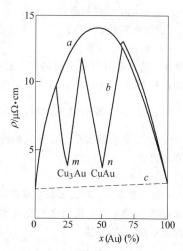

图 10-5　Cu-Au 系合金的电阻率变化曲线

a—无序（淬火）态电阻率

b—有序（退火）态电阻率

c—由温度决定的电阻率

冷加工能明显改变有序固溶体合金的电阻性能。塑性变形时，原子面和滑移带的相对移动，可以破坏有序固溶体合金的原子分布次序和有序程度，再经退火后，由于结构细化、空位增多、内界面积增大，电阻可升高百分之几十，甚至达到淬火无序状态的水平。

（3）不均匀固溶体。一些含过渡族元素的固溶体合金，例如 Ni-Cr、Ni-Cu、Fe-Al、Mn-Cu 等，淬火后加热时，电阻率随温度的升高在一定温度区间出现反常的增大，之后又恢复为正常的线性增长关系，如图 10-6 所示。同时发现，冷加工能防止这种反常增大，并使合金电阻率降低。X 射线漫散射实验证明，引起这种温度升高而电阻率反常增大的现象，是固溶体中出现了一种特殊的不均匀性结构，被称为 K 状态：即在固溶体内形成大量的约上百个原子的偏聚区，破坏了晶格周期性势场，使电子散射几率增加，而导致电阻率增大；或者 K 状态具有某种短程有序，在继续提高温度或进行冷加工时，将原子偏聚区破坏，驱散 K 状态，使电阻率恢复正常，甚至由于大量的冷加工，使电阻率反而下降。

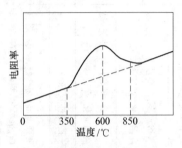

**图 10-6　Ni73Cr20Al3Fe3 合金
的电阻率随温度的变化**

5. 金属间化合物　金属间化合物又称中间相，包括正常价金属化合物、电子化合物和间隙相三种。

正常价金属化合物多为共价键或（和）离子键为主的化合物，金属键含量较少，电阻率一般比较大，比其化合组元的纯金属大得多，金属组元的金属键在化合物形成过程中发生了质的变化。

电子化合物有电子浓度分别为 $\frac{3}{2}$、$\frac{21}{13}$、$\frac{7}{4}$ 的 β、γ 和 ε 相 3 种，电阻率都比较高，特别是 γ 相，且随温度的升高而增大，但在熔点时反而下降，总体上电阻率居于化合物和固溶体之间。

间隙相主要为过渡族金属与氢、氮、碳、硼等的化合物，非金属元素则位于金属晶格的间隙之中。它们大多为金属型的化合物，导电性与金属相近，具有金属键的特点，部分间隙相还是良导体。

6. 多相合金　合金的组织由固溶体相和金属间化合物相组成，合金的性能也由固溶体相和金属间化合物相提供。二元合金的相图（图上部）与电阻率（图下部）的对应关系如图 10-7 所示。图 10-7a 为单相 α 连续固溶体合金的电阻率 ρ 的变化，呈上凸曲线。图 10-7b 为有限固溶体相 α 和 β 形成共晶混合物合金的电阻率变化，中段呈直线，为混合物的电阻率变化，两端部曲线分别为两有限固溶体电阻率的变化。图 10-7c 为一正常价化合物组元 AB（电阻率为极大点），与二纯金属 A 和 B 组元形成两种简单共晶体合金的电阻率变化，为两条相连接的直线。图 10-7d 为一间隙相组元（电阻率为极低点）与二纯金属组元形成两种固溶体共晶体合金的电阻率变化，由两段共晶体直线和四小段固溶体曲线组成。这些合金相图与电阻率的对应关系规律，为了解合金的组织与性能的关系提供了重要技术基础。但是，要用来准确确定和定量计算具体合金的电阻率，还是不充分的。因为第一，相图只能告知平衡状态下合金中出现什么相，而不能告知相的形态和结构细节；第二，电阻率是合金一项对结构非常敏感的性能，相的结构、形态、尺寸、取向等都对电阻率有重大影响。虽然如此，相图所反映的性能变化规律仍然是分析问题的重要依据。

10.1.2　导电合金

导电性的概念指出，导电性优良的金属，应该是电子密度高和电子自由程长，或者是纯度高、杂质少、缺陷少的退火态的纯金属。表 10-1 中给出了常见纯金属的电导率和其他重要性能以及主要用途的数据。

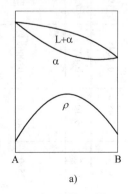
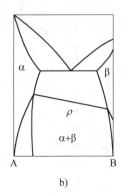
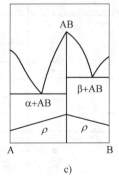
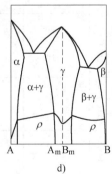

a)　　　　　　　b)　　　　　　　c)　　　　　　　d)

图 10-7　电阻率与状态图关系示意图

a）连续固溶体　b）多相合金

c）正常价化合物　d）间隙相

表 10-1　常用纯金属在 20℃时的物理性能、主要特点和用途

金属	电导率[①]（% IACS）	电阻率/μΩ·cm	电阻温度系数/℃⁻¹	密度/(g/cm³)	比热容/[J/(kg·K)]	热膨胀系数/10⁻⁶℃⁻¹	熔点/℃	抗拉强度/MPa	主要特点	主要用途
银 Ag	106	1.62	0.0038	10.5	234	18.9	960.5	147	导电、导热性优异，抗氧化性好，焊接和塑性加工性好	航空导线、耐高温导线、射频电缆等导体和镀层、瓷电容器极板导电浆料等
铜 Cu	100	1.72	0.00393	8.9	385	16.6	1083	196	导电、导热性良好，耐蚀性良好，焊接和塑性加工性好	电线电缆用导体、母线和载流零件等，亦作超导导线材的基体与超导体组成的复合超导线材
金 Au	71.6	2.40	0.0034	19.3	131	14.2	1063	98	抗氧化性特优，导电性仅次于银和铜	电子材料等特殊用途
铝 Al	61.0	2.82	0.0039	2.7	900	23.0	660	78	密度小，导电、导热性良好，抗氧化性和耐蚀性好	电线电缆用导体、电缆护层、屏蔽层，载流零件、高能电池极板等
镁 Mg	39.6	4.34	0.0044	1.74	1026	24.3	650	80	密度最小的工业金属，导电、导热性好，性能活泼，在空气中易氧化和燃烧	生产镁合金、配制结构铝合金和导电铝合金，大量用于铸铁的球化剂、化工和冶金的还原剂等
钼 Mo	36.1	4.76	0.0047	10.2	276	5.1	2600	882	熔点高，耐磨性好，性脆，高温氧化	超高温导体、电焊机电极、电子管栅极丝架及支架等
钨 W	31.4	5.48	0.0045	19.3	142	4.0	3370	1079	熔点高，耐磨性好，性脆，高温氧化，需特殊加工	超高温导体、电焊机电极、电子管灯丝及电极、电光源灯丝等
锌 Zn	28.2	6.10	0.0037	7.14	387	33.0	419.4	147	耐蚀性良好	导体护层及干电池阴极等
钴 Co	25.0	6.86	0.0066	8.8	414	11.0	1490	250	强度高，韧性好，耐磨、耐腐蚀，抗氧化，耐高性能高，有强的硬磁性，Co-60 有放射性、氧化物有各色性能	制备高温合金、硬质合金、磁性合金、精密合金、封结合金等特殊功能合金；大量用于陶瓷涂层的基体；制作放射源和颜料；制作催化剂、脱色剂和涂料等

（续）

金属	电导率① (% IACS)	电阻率 /μΩ·cm	电阻温度系数/℃⁻¹	密度 /(g/cm³)	比热容 /[J/(kg·K)]	热膨胀系数 /10⁻⁶℃⁻¹	熔点 /℃	抗拉强度 /MPa	主要特点	主要用途
镍 Ni	24.9	6.90	0.0060	8.9	440	12.8	1450	392	抗氧化性能好，高温强度高，耐辐照性好	高温导体护层及高温特殊导体、电子管阴极和阴极等
镉 Cd	22.9	7.50	0.0038	8.65	230	29.8	320	60	柔软而富延展性，性能活泼、毒性大，能微量溶入铜中，改善其性能而不影响导电性	广泛应用于电镀工业，配制易熔合金和焊料，制作电池、制备光电子材料等
铁 Fe	17.2	10.0	0.0050	7.86	460	11.7	1535	245	强度高，易塑性加工，耐蚀性差，交流损耗大	爆破线、输送功率大的广播线等
铂 Pt	16.4	10.5	0.0030	21.45	136	8.9	1755	147	抗化学腐蚀性能特好，抗氧化性好，易塑性成形	精密电表及电子仪器的零件等
锡 Sn	15.1	11.4	0.0042	7.35	226	20.0	232	24.5	强度低，塑性好，耐蚀性好，熔点低	导体护层，焊料和熔丝等
铅 Pb	7.9	21.9	0.0039	11.37	128	29.1	327.5	15.7	塑性和耐蚀性好，密度大，熔点低	熔丝、蓄电池板，电缆护层等
钠 Na	37.4	4.27	0.0055	0.97	1235	71.0	97.8	—	密度特小，延展性好，熔点低，活性大，易与水作用	有可能作实用的导体
水银 Hg	1.8	95.8	0.00089	13.55	138	—	-38.9	—	液体，沸点为357℃，加热易氧化，蒸汽对人体有害	水银灯及水银开关等

① % IACS 为国际标准电导率或百分电导率。国际电工学会规定，退火工业纯铜在 20℃ 时的电阻率等于 0.017241Ω·mm²/m，以其电导率为 100% IACS 作为国际比较标准。

导电合金的基本要求是电导率高和电阻温度系数理想地小，有时还应有其他特定的物理、化学或（和）力学性能，以适应不同的用途。由表10-1可见，银是最理想的导电金属，但按价格和力学强度，铜和铝为最合理，因而实际应用最广泛。

10.1.2.1　铜和铜合金

1. 纯铜　纯铜为面心立方结构，具有优异的导电性、导热性，良好的耐蚀性和足够的力学强度，以及很好的塑性变形和焊接等冷热加工工艺性能，是电工电子工业中应用最多的导电材料。

常用导电纯铜有5个牌号，它们的成分和用途见表10-2。

纯铜的铜含量规定不得低于99.90%（质量分数）。杂质对铜的导电性有一定影响。工业纯铜中常含微量Pb、Bi、Ag、Cd、Fe、Ti、Se、Te、O、S、P等杂质，部分元素的影响如图10-8所示，皆程度不同地降低电导率和热导率。固溶于Cu中的元素（Ag、Zn、Cd除外）降低的较多，以第二相形式出现者（O、S、Se、Te等）降低的很少。Pb、Bi与Cu形成低熔点共晶体，分布在晶界上，使铜产生加工热脆性。O、S、Se、Te与Cu形成脆性化合物，造成铜的冷加工脆性。O以共晶体（$Cu + Cu_2O$）的形式存在于晶界上，在氢气或含氢气氛中加热时，Cu_2O与H_2反应，生成裂纹，引起铜开裂，造成"氢病"或氢脆。所以各种牌号的导电纯铜对杂质含量作出了一定的规定。

表10-2　导电纯铜的牌号和主要用途

类别	品种	牌号	铜含量（质量分数）（%）	主要用途
普通纯铜	1号铜	T1	99.95	各种电线、电缆用导体
	2号铜	T2	99.90	仪器、仪表开关和一般导电零件
无氧纯铜	1号无氧铜	TU1	99.97	电真空器件、电子管和电子仪器零件、耐高温导体、
	2号无氧铜	TU2	99.95	微细丝、真空开关触头等
无磁性高纯铜		TWC	99.95	无磁性漆包线的导体、高精密仪器、仪表的动圈等

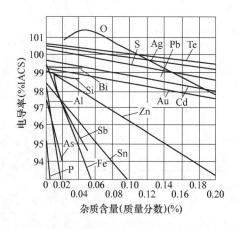

图10-8　铜中的杂质对电导率的影响

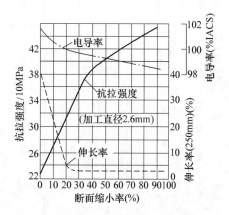

图10-9　铜线在拉丝过程中性能的变化

冷加工对铜的导电性有影响，大的冷变形可使电导率下降2个多IACS百分点。

电解精炼的普通纯铜T1、T2，在由冷塑性加工（如冷拔）生产产品（铜丝）时，要发生加工硬化，强度提高而塑性和电导率下降（见图10-9）。若随后进行加热退火，则铜丝的力学性能恢复（见图10-10），恢复的程度决定于退火制度（温度和时间），见图10-11。并由其可知，T1和T2的再结晶温度为200～250℃。此类铜为含氧铜[$w(O) = 0.02\%$ ～0.05%]，在氢气中会生"氢病"，而不宜在370℃

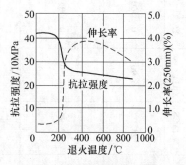

图10-10　硬铜线的退火温度对力学性能的影响

以上的还原性介质中加热、焊接和使用。一般，退火温度都选定在 380 ~ 650℃ 范围内。T2 铜线退火前后的主要性能见表 10-3。

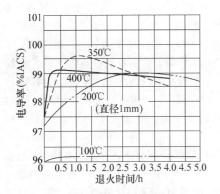

图 10-11　硬铜线的退火温度
和时间与电导率的关系

表 10-3　T2 铜线退火前后的性能

性　　能	硬铜线	软铜线
电导率(% IACS)	98 ~ 99	100 ~ 101
抗拉强度/MPa	343 ~ 460.6	196 ~ 264.6
伸长率(%)	1 ~ 2	30 ~ 40
密度/(g/cm^3)	8.89	8.89
线膨胀系数/10^{-6}℃$^{-1}$	17	17
比热容/[J/(kg · ℃)]	342	342
热导率/[J/(℃ · cm · s)]	3.864	3.864

无氧铜 TU1、TU2 多用工频感应电炉、由惰性气体保护或真空除气进行"精料密封"的熔炼，氧含量极低[$w(O) \leqslant 0.0015\% ~ 0.003\%$]，磷含量也极低[$w(P) \leqslant 0.0008\%$]，无"氢病"问题，具有极好的塑性和韧性，冷变形 50% 后的抗拉强度为 372MPa，伸长率为 3%，退火后的抗拉强度达 220MPa，伸长率为 43%，电导率高达 102% IACS，导热性也很好。这类铜加热时表面能生成致密和不易剥落的氧化膜，对与玻璃的封结很有利，焊接性能好，耐蚀、耐寒性也好，适宜于真空器件的应用。其热处理退火温度为 380 ~ 650℃。

无磁性高纯铜 TWc 属专用铜，对其特殊要求是杂质元素铁的含量 $w(Fe)$ 比其他牌号铜更严，应低于 0.002%，以避免或降低铁对漆包线中感应磁场的干扰作用。

纯铜在 100℃ 以下的空气条件下不会氧化，导电性和力学性能也较稳定，因此纯铜可以长期工作的温度一般规定不超过 110℃，短时工作温度不超过 300℃。

2. 铜合金　电力、电工、电子工业的发展要求导电材料多性能化，特别是大规模集成电路和电子元器件的小型化、密集化的发展，促使高导电铜型材向超薄型发展，要求铜材在保证高导电、高导热性能的同时，还应有足够的强度（R_m 达 300 ~ 600MPa）、高温（300℃ 以上）强度、弹性和耐蚀性能等。现在，电导率高于 80% IACS、铜含量（质量分数）在 99% 以上的高铜合金被称为高导电铜合金或高导铜，国际上已形成专门的牌号，主要用于制作引线框架、电极头、导电环、载流簧片、弹簧膜盒和膜片等。

为了获得高导电性、较高强度和其他必要性能，高导电铜合金都采用微合金化（合金质量分数一般不超过 1%）。图 10-12 为微量合金元素对铜电导率的影响。合金元素少量溶入铜中，造成合金固溶强化和导电性降低。强化作用最大者为 Ni、Al、Sn、Zn 等；降低导电性最大的是 P、Si、Fe、Co、Be、Al 等，降低最少的是 Ag、Cd、Cr 等。合金元素彼此之间或与铜形成金属间化合物，是合金强化的重要手段，特别是通过固溶时效析出的化合物强化相，例如 CuBe、Cu_3Ti、Cr_2Zr、Ni_2Si、$NiAl_2$、NiAl 等，而 CuZn、$Cu_{31}Sn_8$、Cu_9Al_4 等为过剩相，强化作用较小。金属化合物相在总合金含量很小时，对合金的导电性影响很有限。

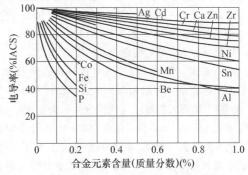

图 10-12　微量合金元素对铜的电导率影响

图 10-13 为实际铜合金的电导率与强度的关系，多数合金固溶元素对电导率和强度的影响是相反的。但也从图可知，选用对电导率影响较小的 Cr、Zr 等，时效硬化能力较强的 Be、Ti 等和综合性能较好的 Ni、Co、Si 等为合金元素；通过固溶强化、固溶时效强化、冷变形强化、固溶变形时效强化等热处理工艺；或采用制作弥散强化材料的生产方法，可以获得要求的导电性和强度的铜合金。

根据电导率的大小和强度水平，导电铜合金大致分三类。第一类是高导电性中强度铜合金。高导电性又高强度的铜合金有待开发。目前电导率在 80% IACS 以上的合金，主要是低合金化的银铜、镉铜、

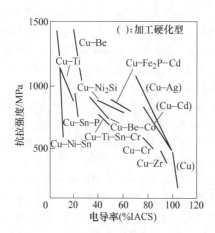

图10-13　常见导电用铜合金的电导率与抗拉强度的关系

稀土铜、铅铜、铬铜、锆铜、氧化铝铜等合金，强度只能达到350~600MPa的中等水平。第二类是中导电性中高强度铜合金。强度要求较高，达600~900MPa水平的铜合金，多实行中合金化，电导率只能达到30%~70%IACS（多数为50%~60%IACS）的中等值，主要是铬铜、铍铜、镍铜、铁铜等的多元铜合金。第三类是低导电性特高强度铜合金，强度要求特高，在900MPa以上，多为强化效应最强或高合金化的铜合金，主要是铍铜、钛铜、镍锡铜合金等，其电导率多在30%IACS以下。

下面简述主要导电铜合金系的特性。

（1）银铜。Cu-0.2Ag是导电性最接近纯铜的高导电性铜银合金。根据相图，在共晶温度780℃时，Ag在Cu中的最大溶解度（质量分数）为7.9%，室温时下降到约0.1%。但实际含0.5%Ag的合金在室温下仍可为单相固溶体，很容易由冷加工进行强化。合金的最大特点是，少量Ag对Cu的电导率和热导率影响很小，对塑性也无大影响，但能显著提高Cu的再结晶温度和蠕变强度。含0.03%~0.25%Ag（质量分数）的高铜合金耐磨，耐蚀，电接触性能好，有很大实用价值，是很好的引线框架材料，其使用寿命可比硬铜高2~4倍。

（2）稀土铜。Cu-0.1Mm是高导电性铜稀土合金。稀土元素几乎不溶于铜，少量单个稀土（RE）或混合稀土（Mm）元素的加入，都有利于合金的力学性能，而对电导率无大影响。稀土能与Bi、Pb等杂质形成高熔点化合物，呈细粒状分布于晶内，并细化晶粒，使塑性提高，合金容易进行加工硬化。Cu中加入（质量分数）0.0089%RE，工艺性能即可显著改善；加入少于（质量分数）0.1%Y时，力学性能

和工艺性能都明显改善；加入（质量分数）0.01%~0.15%La时，Cu的力学性能、软化温度、电导率都优于Cu-0.15Ag合金，并为其重要的代用品。

（3）铅铜。Cu-1Pb是易切削加工的高导电性铜铅合金。Pb几乎不溶入Cu，在Cu中呈点状分布在易熔共晶体中，也存在于晶界上，对Cu的电导率、热导率无大影响。它室温下的塑性很好，对Cu有润滑剂、磨合性和减振性作用，特别是对切削加工有很好的断屑作用，但严重降低铜的高温塑性，并能扩大其高温脆性范围。铅铜主要用于高速切削的导电器件。

（4）镉铜。Cu-1Cd属于高导电性铜镉合金。Cu中加入（质量分数）约1%Cd，高温下形成α固溶体，随温度降低，Cd的固溶度下降，到300℃时降至约0.5%，并且沉淀析出β相（Cu_2Cd），其强化作用很弱，不产生时效硬化效果，合金只能采用冷变形进行强化。Cd使合金的导电性略降，但提高再结晶温度和300℃下的高温强度（耐热性不如镉铜、锆铜）。合金有高的导电性（但低于银铜、稀土铜、铅铜）、高的导热性、突出的耐磨减摩性、良好的耐蚀性和较高的强度，以及良好的灭弧、抗灼蚀性和塑性加工性能等。而再加入Cr时，因能提高时效硬化的效果，可以显著提高耐热性。合金主要用于耐磨导电器件。

（5）铬铜。Cu-0.5Cr属于高导电性铜铬合金。Cr在Cu中的最大固溶度是（共晶温度1072℃时）0.65%（质量分数），随温度下降固溶度急剧降低，到400℃时降至0.02%，同时析出纯Cr相粒子，因此含0.4%~1.1%Cr（质量分数）的铜铬合金为固溶沉淀型合金。经固溶时效或固溶应变时效处理后，由于Cr的强度、硬度、熔点较Cu高，合金的强度能提高到冷加工纯铜的2倍，软化温度提高到约400℃，再结晶温度和高温强度提高（强于镉铜），导电性有一定降低，固溶态电导率约为45%IACS，时效后仍可达80%IACS以上。合金可以在铸态、变形状态和400℃以下工作。合金的焊接性和钎焊性能好，冷热成形加工性能也好，广泛用于电力设备的高温导电耐磨零器件。

铬铜中加入少量硅（质量分数0.1%）时，强度和耐热性可获得一定改善。

在铜中，Cd、Cr的作用非常相近，都使合金产生固溶沉淀效应，唯镉铜的硬化效应微弱而铬铜的较强烈；但若镉铜由冷变形来强化，而铬铜由时效处理进行强化，则两者的强化效果和电导率水平非常接近，只是镉铜的强度高些，而铬铜的高温强度（或软化温度）高些。所以铜中同时加入少量Cd、Cr的

铬镉铜（Cu-0.3Cr-0.3Cd）合金有可能发挥两者的优势，把强度和高温强度都提高，而导电性基本不变，仍属于高导电性铜合金。

铬铜中加入 Zr 的铬锆铜（Cu-0.5Cr-0.3Zr）合金，要生成 Cu$_3$Zr 相和 Cr$_2$Zr 相，它们的固溶度均随温度的降低而很快下降。依 Cr、Zr 含量不同，合金经固溶淬火、变形和时效处理后，从基体中可单独弥散析出 Cr$_2$Zr，或同时析出 Cu$_3$Zr 和 Cr$_2$Zr 相，产生强烈的强化效应，使合金的强度、硬度、耐热性提高，但却对电导率影响不大，也仍属于高导电性铜合金。

在铬铜中加入少量（质量分数不大于 0.3%）Al、Mg 的铬铝镁铜（Cu-0.5Cr-0.2Al-0.1Mg）合金，强度很高，但电导率有较大的降低，已属于中导电性合金，由于能在表面形成一层薄的、致密的、与基体结合牢固的氧化物膜，使合金抗高温氧化的能力和耐热性提高，并大大改善缺口敏感性，而非常适于制造高温导电耐磨零件。

铬铜的电导率很高，但强度较低（450 ~ 500MPa），为了将强度提高到 600MPa 以上，并保持具有中上导电能力，采用强化作用最强的 Be 元素进行合金化，只需使用低的含量（质量分数 0.1%）即可达到要求，例如铬铍铜（Cu-0.5Cr-0.1Be）合金，就是高强度中导电性合金。

（6）锆铜。Cu-0.4Zr 属于高导电性铜锆合金。在共晶温度 965℃时，Zr 在 Cu 中的最大固溶度仅为 0.15%（质量分数），含 0.15% ~ 0.3% Zr（质量分数），的合金在冷却过程中析出大量微细 β 相（Cu$_3$Zr）粒子，产生强烈的沉淀硬化效果。Zr 使 Cu 的导电性略降，但大大提高再结晶温度和热强性。所以锆铜经固溶淬火、冷变形和时效处理后，能获得很高的强度和电导率。其突出的特性是，在 400℃的温度下能保持加工硬化的效果，并在淬火状态下具有近于纯铜的优异塑性。合金主要适用于制作在较高温度（350℃以上）工作的导电器件，如高温电路断路器、换向器、输电用电柱基座、电动机集电环、散热零件等。

（7）氧化铝铜。Cu-Al$_2$O$_3$ 为高导电性复合材料。用粉末冶金的方法，将微量细粒度高熔点的金属氧化物（或硼化物）等引入纯铜中制成复合材料。由于铜和 Al$_2$O$_3$ 粉（或硼化物粉）之间不发生任何化学反应，能保持铜的优异导电性和塑性；同时高度弥散分布的硬氧化物粉粒对铜造成强烈的强化作用，使材料具有很高的电导率和加工硬化能力、高的强度特别是高温强度，以及优良的高温应力松弛特性和技术经济效应，可以用于制作很高温度下工作的高导电性构件和器件。

（8）镍铜。铜镍合金为固溶强化型完全固溶体合金，电阻较大，是主要的电阻合金；它强度高，弹性好，耐蚀性也好，也是重要的耐蚀弹性合金。欲用作导电结构材料时，铜镍合金在保持较高综合力学性能水平的同时，必须特别提高导电性。为此，常添加第三或更多合金元素，创造条件以采用既提高强度又提高导电性的固溶时效或固溶应变时效等热处理工艺。镍铜一般为高强度中导电性铜镍合金。

镍硅铜（Cu-1.9Ni-0.5Si）为高强度中导电性铜镍硅合金。Si 是 Cu 合金常用的脱氧剂，微量留在 Cu 中于强度、耐蚀性、耐磨性有利。有意在铜镍合金中加大 Si 的含量到 0.2%（质量分数），特别是形成 Ni$_2$Si 化合物之后，由于 Ni$_2$Si 在 Cu 中有较大的溶解度（1000℃时的溶解度约为质量分数 8%），且随温度下降较快，到室温时降低到 1% 以下，为时效创造了条件。合金经淬火和时效处理后，强度几乎提高一倍，有高的耐磨性和高的高温强度，导电性也比一般高强度铜合金高。镍硅铜是发展很快的新引线框架材料。

钴硅铜（Cu-1.8Co-0.4Si）亦为高强度中导电性铜钴硅合金。铜硅合金为耐磨、耐蚀的弹性合金，本无沉淀硬化效应，但在加入 Co 元素后，由于能形成可溶于 α 相中的 Co$_2$Si 化合物，且溶解度随温度下降较快，出现时效强化效应。与镍硅铜的情况完全相同，钴硅铜经淬火和时效处理之后，强度很高，耐热性很好，导电性提高，是重要的抗高温软化的良导电结构材料。

镍磷铜（Cu-1.25Ni-0.25P）为高强度中导电性铜镍磷合金。镍能无限固溶于铜中，磷在铜中的固溶度很小，但在 714℃共晶温度的最大溶解度为 1.75%（质量分数）。当用磷作铜镍合金的脱氧剂时，若合金中磷含量超过 0.05%（质量分数），即出现 Cu$_3$P。因为实际超出了磷的固溶度极限 0.02%（质量分数），所以镍磷铜为可时效合金，经固溶淬火后，可以冷加工（但有热加工脆性），再经时效处理时，强度、弹性极限显著提高，而且热稳定性和应力松弛稳定性很好，导电性也较高，是很好的高强度导电弹簧和零件用材料。

（9）铁铜。为高强度中导电性铜铁合金。铜与铁在常温下几乎不固溶。铜的基体内分布有微细铁粒弥散相的两相合金，具有高的强度、良好的导电性、耐热性、耐蚀性特别是抗海水冲击腐蚀的性能。这是一种特殊的弥散硬化型铜合金，铁含量一般为 1% ~ 2%（质量分数），同时常含有 0.015% ~ 0.15% 的磷

（质量分数）和其他微量元素。在高温例如 850℃ 时，铁在铜中的溶解度（质量分数）约为 1.1%，600℃ 时降到 0.1%，室温下铁基本上全析出。磷能固溶于铜中，200℃ 时固溶量（质量分数）约为 0.4%。铁、磷或其他元素在铜中同时存在时，能生成部分磷化铁（Fe_2P 或 Fe_3P）和其他金属间化合物。所以合金退火后，铁、磷化铁和其他金属间化合物都分散存在于铜的基体内，起钉扎作用，阻碍位错运动、晶粒长大和晶界开裂，提高合金的强度、再结晶温度、高温强度和应力腐蚀抗力，并且因磷和铁的脱溶，还使合金的导电性得到改善。最常用的铜铁合金有铁钴磷铜和铁锌磷铜两种，与镍硅铜和镍锡铜一起，是目前主要使用的铜系引线框架材料，具有可靠性高、成本低和热特性好的特点，含 1% ~ 2%Fe（质量分数）和少量 P、Mg 的铜铁合金，有较高的导电性、强度和焊接性，可用于制作接触器触桥，能保证焊接良好，比铬铜制作的触桥有更高的电寿命。

（10）铍铜。多为高或特高强度中、低导电性铜铍合金。Be 是铜合金的脱氧剂，微量溶入 Cu 中时，使导电性略降，对力学性能和工艺性能影响甚微，但明显提高抗高温氧化能力。在 866℃ 时，Be 在 Cu 中的极限溶解量为 2.7%（质量分数），随温度的降低而急剧下降，到 300℃ 时降至 0.02%（质量分数）。一般情况下合金含 0.2% ~ 2.0%Be（质量分数），因此具有广阔的时效强化潜力。为了防止时效处理过程中发生不连续析出过程和过时效现象，合金通常还含有 0.2% ~ 2.7%Co（质量分数）或低于 2.2%Ni（质量分数），以阻止固溶加热时晶界反应或晶粒长大。合金主要分高强度型和高导电性型两类。

Be 含量（质量分数）大于 1% 的高强度铍铜合金，例如铍钴铜（Cu-1.7Be-0.3Co 和 Cu-2Be-0.3Co）合金，导电性较低，属于特高强度低导电性铜铍合金，经保护气氛下的固溶时效或固溶变形时效处理后，都具有比其他铜合金更高的强度、硬度、弹性，且弹性后效小，弹性稳定性高，并有良好的耐蚀性、耐磨性和抗疲劳能力；无磁性，受冲击无火花；易焊接，可钎焊；性能对时效温度变化的敏感性小，在淬火状态下有很高的塑性，容易进行复杂形状元件的塑性加工，价格也较低。合金主要用于电器仪表的弹簧等弹性元件、耐磨和敏感元件。

Be 含量（质量分数）小于 0.7% 的高导电性铍铜合金，例如铍钴铜（Cu-2.5Co-0.5Be 和 Cu-1.6Co-1Ag-0.4Be）合金或镍铍铜（Cu-1.5Ni-0.5Be）合金，属于高强度中导电性铜铍合金。它们的 Co、Ni 能与 Be 一起溶入 Cu 的 α 固溶体中，在相应的共晶温度

1011℃ 和 1030℃ 时的最大溶解度（质量分数）分别为 2.7% 和 3.25%，并随温度的下降溶解度迅速降低。合金经固溶淬火、冷变形和时效处理后，由于 Co 或 Ni 有防过时效引起组织不均匀性的作用，获得 α 相基体中硬化相 CoBe 或 NiBe（还可能有 Co_5Be_2 或 Ni_5Be_2）高度弥散分布的组织，而具有良好的综合力学性能和较高的导电性。合金主要用作为高强度导电材料。

（11）钛铜。多为高或特高强度中、低导电性铜钛合金。钛铜的导电性仅次于铍铜，有高的硬度和弹性，优良的耐磨性、耐蚀性、耐热性甚至更好，有良好的冷热加工工艺性能，可钎焊，可电镀，无磁性，冲击时不生火花，性能全面接近于铍铜，是其最合适的代用品，用途亦与其相近，主要用于制作精密仪表的弹性元件和耐磨零件。

钛铜为沉淀硬化型合金。Ti 在 Cu 中的极限溶解度（质量分数）为 4.7%（896℃ 时），强化相为 γ 相（Cu_7Ti 或者 Cu_3Ti）。按照沉淀强化的效果和电导率值，合金的优化成分在 3% ~ 6%Ti（质量分数）的范围内，以 4% ~ 5%Ti（质量分数）合金的强度、塑性和电导率最好。在 5%Ti（质量分数）以上，合金的塑性恶化，塑性加工变得较困难。合金常用成分（质量分数）主要有 3%Ti 和 4.5%Ti 两种。合金的组织形态比较复杂，与成分和时效温度有关。3%Ti 合金低温（400℃ 以下）时效得到的组织为 α 相基体中弥散析出着正方结构的过渡相 γ'；460 ~ 620℃ 时效得到不连续分解形成的 γ 相片层状组织；620℃ 以上时效得到连续 γ 相形成的细片状组织。以低温时效组织的性能最好，所以钛铜的时效温度一般都定为 400℃ 左右，属特高强度低导电性铜合金。

合金中添加 Fe、Ni、Sn、Mg、Cr、Zr 等第三元素，可进一步提高力学性能、导电性和耐蚀性能。如加入一定量（质量分数）Ni，特别是当 Ni/Ti ≈ 3.68 时，例如镍钛铜（Cu-2Ni-0.5Ti）合金，由于与 Ni_3Ti 的化合量比较近，时效硬化的效果很显著，是一种电导率可达 50% ~ 60%IACS 的优质耐热高强度中导电性的铜合金。

合金中加入少量 Cr（或 B、Zr），例如铬钛铜（Cu-0.5Cr-5Ti）合金，能使晶粒细化，阻碍加热时晶粒长大，抑制晶界反应，改善淬火状态的冷加工能力，提高时效的效应和高温强度。若同时加入 Cr 和 Sn 时，因能形成化合物 TiSn 相，且在 α 相中有明显的溶解度变化，产生沉淀硬化效应，所以铬钛锡铜（Cu-0.5Cr-1.5Ti-2.5Sn）合金经固溶淬火、冷加工和时效处理后，不仅强度很高，还有较好的导电性，成为高强度中导电性结构铜合金，可以用于制造高强

度导电零器件。

（12）镍锡铜。主要为特高强度低导电性铜镍锡合金。铜镍合金是重要的电子元器件材料，除了具有好的导电性和优异的强度、弹性和耐蚀性等性能外，还特别要求有良好的钎焊性能，以适应器件小型化和可靠性的发展。在很大程度上，镍锡铜就是响应这种需求而产生的，而且发展很快。这种铜合金有多种，但主要是 Cu-9Ni-2Sn 和 Cu-9Ni-6Sn（质量分数，其他微量成分还有 0.60% Fe、0.50% Zn、0.30% Mn 等）两种。它们强度高，弹性高，有较高的热稳定性和高温强度，同时有相当的导电性；与常用的磷青铜和锌白铜相比，具有大致同等水平的强度和加工成形性能，并且兼有优良的应力松弛抗力和应力腐蚀开裂抗力。为了克服 Sn 的偏析，合金主要采用粉末冶金方法生产，这样做成本也较低。合金属于低温退火型铜合金弹性材料。一般在825℃固溶淬火之后，经过大的冷变形加工，在350～400℃进行 1h 时效处理，发生 γ 相和 Ni₃Sn 相的调幅分解强化过程，使弹性极限很快提高。Cu-9Ni-6Sn 合金的弹性极限接近于铍铜合金，导电性与钛铜合金相当，是很有发展前途的低成本、无毒性的高弹性导电材料。

常用导电铜合金的成分、强化热处理工艺、性能和用途见表 10-4。

一般铜合金的使用温度比纯铜的高，可以达到300～500℃。

10.1.2.2 铝和铝合金

1. 纯铝 纯铝是面心立方结构，无磁性，属于轻金属，密度为铜的 33%；具有良好的导电性，相同体积的电导率约为铜的 64%，但相同质量的电导率为铜的 200% 多；导热性良好，热导率约为铜的56%，并对热和光有高的反射率。铝抗氧化和耐酸性较强，但不耐碱和盐的腐蚀。铝的强度较低，约为铜的 50%，但比强度可达铜的 130%。铝的塑性加工性能良好，可压制成薄膜和拉拔成细丝，可以焊接，但焊接性比铜差。铝的资源丰富，蕴藏量在金属中居第二位，价格较铜低，所以一般被优先选用，而在导电材料的应用中居首位。

表 10-4 常用导电铜合金的成分、强化热处理工艺、性能和用途

分类	合金名称	合金成分（质量分数）（%）	强化热处理	电导率（% IACS）	抗拉强度 R_m/MPa	伸长率 A(%)	硬度 HBW	软化温度/℃	主要应用
高导电性中强度铜合金	硬铜	Cu99.9	500～700℃，1h 退火；冷加工	98	350～450	2～6	80～110	150	换向器片，架空导线，电车线
	银铜	Ag0.2 Cu 余量	800℃，1h 退火；冷加工	96	350～450	2～4	95～110	280	换向器片，点焊机电极，发电机转子绕组，通信线，引线，导线，电子管材料
	稀土铜	Ce, La 或 Mm0.1 Cu 余量	800℃，1h 退火；冷加工	96	350～450	2～4	95～110	280	点焊机电极，缝焊轮，焊机零件，大跨架空导线，高强度绝缘导线，通信线，滑接导线
	铅铜	Pb1 Cu 余量	冷拉棒材	97～99	300～350	12	80～85	150	易切削导电连接件
	镉铜	Cd1 Cu 余量	800℃，1h 退火；冷加工	85	600	2～6	100～115	280	换向器片，导线
	铬铜	Cr0.5 Cu 余量	1000℃，1h 淬火；480℃，4h 时效	80～85	450～500	15	100～130	500	点焊机电极，缝焊轮，电极支承座，开关零件，电子管零件
	铬银铜	Cr0.5 Ag0.1 Cu 余量	1000℃，1h 淬火；475℃，4h 时效	82	400～420	24	130	500	点焊机电极，缝焊轮
	铬镉铜	Cr0.3 Cd0.3 Cu 余量	950℃，1h 淬火；480℃，4h 时效	85	600	6～9	100～120	380	点焊机电极，架空导线，电车线，野战通信电缆，飞机用电缆

（续）

分类	合金名称	合金成分（质量分数）（%）	强化热处理	电导率（%IACS）	抗拉强度 R_m/MPa	伸长率 A(%)	硬度 HBW	软化温度/℃	主要应用
高导电性中强度铜合金	铬锆铜	Cr0.5 Zr0.3 Cu 余量	950℃,1h淬火;冷加工;450℃,1h时效	80～85	500～550	10	140～160	520	换向器片,点焊机电极,缝焊轮,开关零件,导线
	锆铜	Zr0.4 Cu 余量	950℃,1h淬火;冷加工;450℃,1h时效	90	400～450	10	120～130	500	换向器片,开关零件,导线,点焊机电极
	锆砷铜	Zr0.4 As0.2 Cu 余量	900℃,1h淬火;冷加工;400℃,1h时效	90	500～550	10	150～170	520	换向器片,点焊机电极,缝焊轮
	氧化铝铜（Cu-Al$_2$O$_3$）	3.5(体积分数)Al$_2$O$_3$其余为Cu	30%～95%变形度的冷挤压产品（弥散强化）	85	480～540	12～18	130～140	900	点焊机电极,导电弹簧,电子管结构零件,高温导电零件
	氧化铍铜（Cu-BeO）	0.8(体积分数)BeO其余为Cu	30%～95%变形度的冷挤压产品（弥散强化）	85	500～560	10～12	125～130	900	点焊机电极,导电弹簧,电子管结构零件,高温导电零件
中导电性中高强度铜合金	铬铝镁铜	Cr0.5 Al0.2 Mg0.1 Cu 余量	1000℃,1h淬火;冷加工;480℃,4h时效	70～75	400～450	18	100～130	510	点焊机电极,缝焊轮
	铬铍铜	Cr0.5 Be0.1 Cu 余量	920℃,1h淬火;冷加工;480℃,2h时效	60～70	500～600	16	140～160	400	不锈钢和耐热合金的焊接电极,导电滑环
	镍铍铜	Ni1 Be0.2 Cu 余量	920℃,1h淬火;冷加工;480℃,2h时效	55～60	550～600	15	160～180	400	
	铍钴铜	Be0.3 Co1.5 Ag1 Cu 余量	920℃,1h淬火;冷加工;480℃,2h时效	50～55	750～900	5～10	210～240	400	
	钴硅铜	Co1.8 Si0.4 Cu 余量	1000℃,1h淬火;冷加工;480℃,5h时效	45～55	750～800	6	240	550	
	镍硅铜	Ni1.9 Si0.5 Cu 余量	900℃,1h淬火;冷加工;480℃,1h时效	40～45	600～700	6	150～180	540	电焊机和架空线路的导电部件,导电弹簧,导电滑环,高强度通信线,架空导线
	镍钛铜	Ni2 Ti0.5 Cu 余量	950℃,1h淬火;580℃,1h时效	50～60	600	10	150～180	600	电焊机电极,对焊模,电极臂等
	镍磷铜	Ni1.25 P0.25 Cu 余量	780～800℃,1h淬火;冷加工;450℃,1h时效	50～60	600	13		450	导电弹簧,接线夹,接线柱,高强度导电零件

（续）

分类	合金名称	合金成分（质量分数）（%）	强化热处理	电导率（% IACS）	抗拉强度 R_m/MPa	伸长率 A(%)	硬度 HBW	软化温度/℃	主要应用
中导电性中高强度铜合金	铬钛锡铜	Cr0.5 Ti1.5 Sn2.5 Cu 余量	875℃,1h 淬火；冷加工;450℃, 6h 时效	42 ~ 50	650 ~ 800	7 ~ 12	210 ~ 250	450	电焊机电极,高强度导电零件
	铁铜	Fe1 ~ 2 P0.02 Cu 余量	800℃,1h 退火；冷加工	60 ~ 70	500 ~ 600	2 ~ 4	110 ~ 130	350	电真空器件的结构材料,电器接触触桥
低导电性特高强度铜合金	铍铜	Be2 Co0.3 Cu 余量	780℃,1h 淬火；冷加工;320℃, 2h 时效	22 ~ 25	1300 ~ 1470	1 ~ 2	350 ~ 420	500	开关零件,熔断器和导电元件的接线夹,在介质温度150℃下使用的电刷弹簧,湿气下的通信线,煤烟下的架空线
	钛铜	Ti4.5 Cu 余量	875℃,1h 淬火；冷加工;400℃, 5h 时效	10	900 ~ 1100	2	300 ~ 350	500	同上,可代用铍铜,导电弹性材料
		Ti3 Cu 余量		10 ~ 15	700 ~ 900	5 ~ 15	250 ~ 300	500	
	镍锡铜	Ni9 Sn2 Cu 余量	825℃固溶淬火；大冷变形加工；300 ~ 400℃时效	0.3	600	2	172	450	继电器,电位器,微动开关,接插件,传感器敏感元件
		Ni9 Sn6 Cu 余量			1060 ~ 1440		310 ~ 400		

由于强度低，纯铝作结构材料使用者少，作导电导热材料，是其工业应用的主要方面。

杂质含量（质量分数）在1%以下、纯度（质量分数）在99%以上的铝称为纯铝。根据生产方法的不同，纯铝有三种：由工业熔盐电解法生产的铝，纯度在99.0% ~ 99.9%之间，电导率为60% ~ 62% IACS，占工业生产的大部分，一般叫做工业纯铝；经由熔液电解提纯工艺生产的铝，纯度达到99.9% ~ 99.99%，电导率为62% ~ 64% IACS，可称为工业高纯铝；采用精料区域熔炼技术提纯生产的铝，纯度可达99.999%以上，称为高纯铝或超高纯铝，其电导率达到65% ~ 66% IACS。三种等级的纯铝，都是不同重要用途的导电材料，其牌号、成分、电导率和用途见表10-5。

表 10-5 纯铝的牌号、成分、电导率和用途

种类	主要牌号	Al 含量（质量分数）（%）≥	电导率（% IACS）	用 途
高纯铝	Al-055 Al-05	99.9995 99.999	65 ~ 66 以上	科学研究,电子工业材料,配制高纯合金,激光材料,某些特殊用途等
工业高纯铝	1A99(LG5)、1A97(LG4)、1A95、1A93(LG3)、1A90(LG2)、1A85(LG1)	99.99、99.97、99.95、99.93、99.90、99.85	62 ~ 64	各种电解电容器用铝箔,抗酸容器等的板材、带材、箔材、管材等

（续）

种类	主要牌号	Al 含量（质量分数）（%）≥	电导率（% IACS）	用　途
工业纯铝	1070A（L1）、1060（L2）、1050A（L3）、1035（L4）、1200（L5）	99.70、99.60、99.50、99.35、99.00	60 ~ 61	大量制作不受力但要有高的塑性、焊接性、耐蚀性或导电导热性的元件，如由铝箔制作的垫片和电容器，由其他半成品制作的电子管隔离罩、电线保护套管、电缆电线线芯、飞机通风系统构件，以及夹皮层铝合金的夹皮，配制特殊用途和化工用铝合金等

注：括号内为旧牌号。

决定导电纯铝性能和应用的主要因素是其纯度、加工状态和工作温度。

（1）纯度。纯度是导电性的本质因素，纯度越高，则导电性越好（见表 10-5）；表 10-6 的数据也表明，强度和硬度也越低而塑性也越好。在纯度特高，例如 99.996% 以上时，铝在 1.1 ~ 1.2K 的极低温下甚至可以成为超导体；而纯度在 99.999% 以上时，铝还可以具有单晶超塑性。但是，作为工业大量应用的导电铝，通常是选用铝含量（质量分数）在 99.5% 以上的工业纯铝。主要品种为特 1 号铝 1070A（L1）、特 2 号铝 1060（L2）和 1 号铝 1050A（L3）。这几种工业纯铝可以塑性加工成各种型材和线材，具有较高的塑性、一定的力学强度、高的导电性和导热性，以及不生电火花的特性，而可以用来制作电线电缆的线芯、变压器和电机的电磁线、仪器仪表的导电零件和表盘、指针、转轴、器壳和框架等。

纯度也指杂质及其含量。铝中的杂质元素很多，含量都很少，影响一般有限。铁和硅是存在的主要杂质元素，对导电性的负面影响较大，但能提高抗拉强度，只略微降低塑性。为了改善铝的加工性能，要求铁、硅含量之和 $w(Fe+Si)$ 在 0.2% ~ 0.5% 的范围内，并且铁的含量应大于硅，以防硅游离存在而导致铝热轧时发生开裂。对于工业纯铝，Fe/Si 值越高，则电导率越高；对于高纯铝，Fe/Si 值的影响明显降低。作为导电铝，有时也加入微量硼，以去除钛、钒、锆等元素对电导率的有害影响。

工业纯铝的晶粒度和晶体取向对导电性无大影响，甚至出现单晶体导电性各向同性的现象。

表 10-6　纯铝退火状态的电导率和典型力学性能[①]

铝含量（质量分数）（%）	电导率（% IACS）	抗拉强度/MPa	屈服强度/MPa	伸长率（%）	硬度 HBW10/500
99.99	64.5	45	10	50	84 ~ 112
99.8	62	60	20	45	135
99.7	61	65	26	—	—
99.6	60	70	30	43	190
99.5	60	85	30	30	—

① 薄板试样试验结果。

（2）加工状态。工业纯铝冷塑性变形时发生加工硬化，强度、硬度升高而塑性下降（见表 10-7）。弹性变形和塑性变形皆降低导电性，在变形量达到 99% 时，电导率可降低 3% ~ 4% IACS；变形应力达到 1100MPa 时，电导率甚至能下降 5% ~ 6% IACS。弹性载荷每产生 0.1% 应变量，可使电导率下降 0.05% ~ 2% IACS。另外，在大的冷变形时，多晶铝会形成取向结构，使变形方向上的电导率比横向上的高出 0.5% ~ 1% IACS。对于高纯铝，冷变形降低电导率的作用更大。为了恢复、调节和稳定冷加工后工业纯铝的性能，变形后要进行再结晶完全退火（390 ~ 420℃ 加热，空冷或水冷）或不完全退火（150 ~ 300℃ 加热 2 ~ 3h，空冷），或者在工作温度下进行稳定化退火。

表 10-7　工业纯铝 (99.00% ~ 99.70% Al) 冷加工后力学性能

冷变形度(%)	抗拉强度/MPa	屈服强度/MPa	伸长率(%)	维氏硬度 HV
退火状态	80 ~ 120	30 ~ 60	25 ~ 50	180 ~ 250
40	120 ~ 180	100 ~ 150	5 ~ 20	300 ~ 350
70	170 ~ 250	120 ~ 200	2 ~ 6	400 ~ 500
90	250 ~ 300	220 ~ 280	1 ~ 4	450 ~ 500

注：薄板试样试验结果。

（3）工作温度。图 10-14 为固态纯铝的电阻率和电导率与温度的关系，随温度的升高，电阻率增大而电导率下降。在室温时，工业纯铝与高纯铝之间的电阻率或电导率的相差趋近于零。但从零度往下冷却时，纯铝的电导率急剧增大，纯度高的铝的电导率比纯度低的高得多，达数量级以上的差距，在极低温下，高纯铝甚至可以获得超导性。

图 10-15 为纯铝的力学性能与温度的关系（工业纯铝亦如此）。室温以上，随着温度的升高，强度、硬度和冲击韧性平稳降低，而塑性较快增长。而从室温往下冷却时，强度、硬度和塑性皆急剧升高，且无低温脆性现象发生，显示纯铝在低温下有优异的综合力学性能。

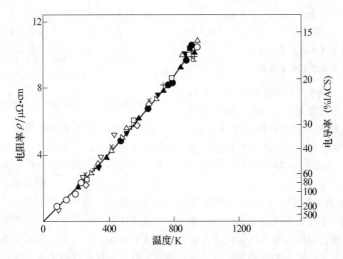

图 10-14　固态铝的电阻率和电导率与温度的关系

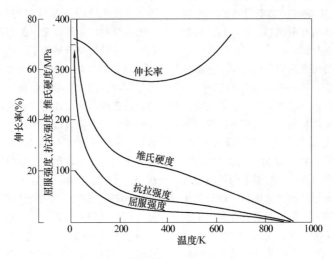

图 10-15　纯铝的力学性能与温度的关系

图 10-16 为工业纯铝的一组蠕变曲线，载荷和温度的共同作用，使材料发生三种给定速度的蠕变过程。由曲线可以评估材料工作的稳定性和使用寿命。数据表明，引起蠕变的载荷和温度的水平都比较低，说明工业纯铝在不高的温度下受不大的力的作用即可能发生变形。

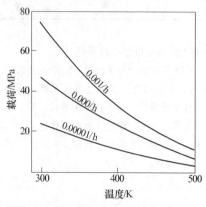

图 10-16　工业纯铝在给定蠕变速度下的蠕变载荷与温度的关系曲线

纯铝包括工业纯铝，在常温特别是较低温度下有较高的导电性、很好的塑性和韧性、较低的强度和硬度，是一种良好的导电材料，特别是低温导电材料。纯铝有明显的蠕变倾向性，容易发生塑性流变，长期工作温度一般不宜超过 90℃，短期工作温度不要高于 120℃。

2. 铝合金　纯铝的强度较低，在包括电工电子工业中的应用也受限制。采用合金化，可在尽量少地降低电导率的条件下，提高强度和耐热性，并改善耐蚀性，保持良好的塑性加工性能和焊接性能。新型的耐热铝合金，电导率已达到 60% IACS，连续工作温度可达到 210℃。铝合金主要用于架空导线、电车线以及要求重量轻、强度高的导电线芯，还可用作电器仪表的导电零件和结构的材料。

作为结构材料使用的可变形铝合金，国际上都分别采用以铜、锰、硅、镁、镁和硅、锌、（锂）等为主要合金元素的铝合金体系。图 10-17 所示常见合金元素和杂质对铝的电导率的影响，它们都不同程度地降低电导率，降低最大的是铬、锂、锰，其次是钒、锆、钛、镁、硅、铜、铁、钴、镍为中等。镉、锡、铋是低熔点杂质金属，含量很少，在铝中的固溶度极低，略降低强度，对电导率基本上无影响。锑往往被作为铸造合金的变质剂加入，在可变形铝合金中很少存在。锌在铝中的固溶度最大，达 64%（摩尔分数），但强化作用不大（在有镁存在时可成为高强度铝合金的主要合金元素，却并不有利于提高导电

性）。所以，锂、锰、锌等不会成为导电结构铝合金的主要合金元素。

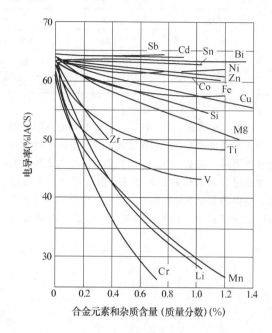

图 10-17　常见合金元素和杂质对铝电导率的影响

外加合金元素皆降低铝的导电性，并且固溶态比脱溶态的不良影响更显著。因此，导电铝合金可以采取和导电铜合金相同的合金化原则：①控制合金元素的总含量不要太高，一般不超过 2.0%（质量分数）；②保证固溶于铝中的量不太大，获得合金含量尽量低的固溶体甚至纯铝基体；③不采用固溶强化，而利用冷变形强化、第二相强化或弥散强化，特别是利用或创造条件利用时效强化或应变时效强化来同时提高导电性、强度和耐热性。现在实际应用最多的导电铝合金，主要为 Al-Mg 系特别是 Al-Mg-Si 系合金，以及一些简单的二元铝合金。关于各种常用导电铝合金的特性，可以简要概述如下。

（1）铝镁硅　为一种可以热处理强化的铝合金，通过固溶、淬火和时效处理，弥散析出 Mg_2Si 相，使合金的强度和导电性均显著提高。这种普遍使用的高强度导电铝合金，适于作架空导线。合金中镁与硅的含量（质量分数）比为 1.73:1，过剩镁会使时效硬化效果降低，而过剩硅无影响，所以硅含量宜高于形成 Mg_2Si 所需之量。铝镁硅合金经顺序的淬火（510～550℃加热，水冷）、冷变形（轧制和拔丝）和时效处理（120～150℃）后，抗拉强度能达 300MPa，电导率高于 53% IACS，耐蚀性也较好，只是焊接工艺要求较高。通过成分、冷加工变形度和热处理工艺的调整，可以获得更高强度（达 320～350MPa）或更高

导电性（达 57% ~59% IACS）的、不同特性的铝镁硅合金。在较高温度下，Mg_2Si 的强化作用显著减弱，铝镁硅合金的强度降低（但塑性很好）。在合金中添加少量铁，能阻碍合金的再结晶，使晶粒细化，从而可提高合金的耐热性。添加少量稀土，可以改善合金的加工工艺性能。

（2）铝镁。铝中加镁，形成 α 固溶体和 β 相（Mg_2Al_3 或 Mg_5Al_8），强度提高，导电性降低。导电铝镁合金的镁含量通常小于 1%（质量分数），为单相 α 固溶体组织，是不可热处理强化的合金。镁有固溶强化作用，但合金主要由冷加工来提高强度。这种合金的成分和组织简单，加工工艺也较简单，焊接性能和耐蚀性较好，与纯铝一样，是较广泛使用的中强度导电铝合金，硬态时适于作架空导线，软态时宜于作电线、电缆线芯等用途。

（3）软态铝镁硅。镁、硅含量较低 [$w(Mg)$ = 0.26% ~0.36%，$w(Si)$ < 0.14%，它们的含量比大于 1.73] 的铝合金，以 Mg_2Si 以及富镁相 Mg_2Al_3 为强化相，基体为 α 固溶体，是可以热处理强化的铝合金，但常在退火（415℃加热，以约 28℃/h 的速度冷却）状态下使用。这时，镁、硅含量的变化对强度和塑性的影响较小。少量铁的加入可以细化晶粒，提高耐热性。合金的强度较低，导电性较高，耐蚀性好，焊接性能和成形性能等工艺性能良好，因此具有最好的综合技术经济性的优势。

镁含量更低的镁硅 [$w(Mg)$ = 0.15% ~0.25%、$w(Si)$ < 0.14%，其含量比约为 1.73] 铝合金，情况与上述合金相似。但再在合金中添加少量铜时，随加入量不同（增大时），铜或者全溶入基体中，或者形成 w 相（即 $Al_4CuMg_5Si_4$）和 $CuAl_2$ 相，或者形成 s 相（Al_2CuMg）和 $CuAl_2$，皆产生强化效果，虽不如单一的 Mg_2Si 相的作用大，却于导电性很有利，还能明显改善合金热加工时的塑性变形能力，降低挤压变形的各向异性，但不利于耐蚀性能。

同时加入较高量镁和硅 [$w(Mg)$ = 0.85% ~1.0%，$w(Si)$ = 0.35% ~0.45%，其含量比远大于 1.73] 的铝合金，因富镁量过多，热处理（固溶时效）的强化效果大大降低。在退火状态下，合金中的全部 Mg_2Si 相析出，强度并不高，但导电性较高，

却比镁硅含量低的合金的导电性低些。合金的强度随温度的降低而提高，在 70K 时的抗拉强度可比室温时的高 80%。合金长期在室温和短期在高达 600K 的温度下暴露和工作时性能不改变，并且还有很好的抗火花能力，因此非常适于制作电缆线。含约 1%（质量分数）Mg_2Si 和少量 Cu、Zr 等的合金，即有足够高的蠕变强度和高于 50% IACS 的导电性能。少量铁（质量分数在 0.3% 以内）对合金的力学性能无影响，铁量高（0.5% ~0.7%）时显著降低合金的热裂倾向，还可提高再结晶温度，细化晶粒，但会使强度和塑性降低。

（4）铝锆。铝中加入少量锆，能生成化合物 $ZrAl_3$，阻碍铝的再结晶过程，细化晶粒，可以显著提高合金的耐热性。例如添加 0.1% 锆（质量分数），再结晶温度提高到 320℃ 以上，但电导率下降 3.5% ~4% IACS。为了尽少降低电导率，可适当减少锆量而补加微量钇。铝锆合金的力学性能、耐蚀性和焊接性能等与铝相近，而工作温度可提高 50 ~70℃，其长期工作温度为 150℃，短时工作温度可达到 180 ~200℃。

（5）铝铁。铝中加入适量铁，不大影响电导率，但快冷时形成化合物 $FeAl_6$，经加工和退火后，或者采用连铸连轧工艺时，可以获得细小弥散分布的 $FeAl_3$ 相，提高合金的强度性能，并有利于再结晶温度的提高，提高耐热性。

（6）铝硅。硅在铝中基本上以纯硅的形态存在，对固溶强化的作用不大。但熔炼时用钠盐进行变质处理后，硅能弥散分布在铝中，提高合金的强度，并具有很好的塑性成形性能，容易拉拔成极细的线材，在电子工业中用作连接线，可以替代微细金丝。

（7）铝稀土。含硅 0.08%（质量分数）以上（甚至高达 0.16%）的非电工级铝锭，经低稀土优化、硼化、加铁等综合处理，可以生产出符合国际标准要求的电工铝导体。稀土金属（如 La、Ce 等）的原子半径大于铝，基本上不溶于其晶格中，但与合金中的硅、铁形成化合物，存在于合金的晶界上和枝晶间内，细化组织，降低固溶体基体中的硅含量，使电导率提高，强度也增大，耐蚀性更好。

常用导电铝合金的成分、处理状态、性能和用途见表 10-8。

表 10-8　常用导电铝合金的成分、处理状态、性能和用途

合金类型	合金名称	合金成分[1]（质量分数）（%）	合金状态	电导率（% IACS）	抗拉强度 R_m/MPa	伸长率 A(%)	主要特性及用途[3]
热处理强化类	铝镁硅	Mg0.5 ~0.65 Si0.5 ~0.65 Fe 少量	固溶时效强化	53	300 ~360	4	高强度，用于架空导线

（续）

合金类型	合金名称	合金成分[①] （质量分数）(%)	合金状态	电导率 (% IACS)	抗拉强度 R_m/MPa	伸长率 A(%)	主要特性 及用途[③]
非热处理 强化类	铝镁	Mg0.65 ~ 0.90	冷加工 硬化	53 ~ 56	230 ~ 260	2	中等强度，用于架空导线和电车线（软线用于电线电缆线芯）
	铝镁铁	Mg0.26 ~ 0.36 Si < 0.14 Fe0.75 ~ 0.95	退火	58 ~ 60	115 ~ 120	15	电线电缆线芯和电磁线
	铝镁铁铜	Mg0.15 ~ 0.25 Si < 0.14 Fe0.45 ~ 0.60 Cu0.22 ~ 0.33	退火	58 ~ 60	115 ~ 130	15	
	铝镁硅铁	Mg0.85 ~ 1.0 Si0.35 ~ 0.45 Fe0.35 ~ 0.45	退火	53	115	17	
	铝锆	Zr0.1　Y少量	第二相 硬化态	58 ~ 60	180 ~ 190	2	耐热，用于架空导线和汇流排
	铝铁	Fe0.65	热加工态	61	90	30	强度比铝略高，需连铸连轧生产，使用范围与铝同
	铝硅	Si0.5 ~ 1.0	冷加工 硬化	50 ~ 53	260 ~ 330[②]	0.5 ~ 1.5	加工性特好，可拉制成特细线，用于电子工业连接线
	铝稀土	Si0.13 Fe0.13 ~ 0.20 RE0.20	第二相 硬化态	61	157 ~ 196		适合普铝成分中加入少量稀土，达到电工级铝性能要求

① 其余成分为铝。
② 直径 25 ~ 50μm 细线的性能。
③ 主要用途，除了导线，部分铝合金亦可根据不同特点的需要，应用于开关、电机、变压器导电铸件和外壳、运输设备的某些构件，以及一、二次电池（AlCl₃/LiAl）、电容器极板材料等。

10.1.2.3　导电复合材料

复合材料为一类新材料，是由两种或两种以上性质不同的材料结合为一体的组合材料，其特点是能发挥组成材料的优势性能和克服某些性能的不足。导电材料除了要求导电性优良外，往往还要求有足够好的力学强度、耐蚀性和焊接、塑性加工等工艺性能。根据复合材料的区分，导电复合材料中起导电功能作用的组成材料称为基体（材料），主要是导电性能优异的铜或铝等金属，而起提高强度作用的组成材料称为强化剂（材料），一般为强度高的钢丝、钨丝、硼纤维、碳纤维、碳化硅纤维、氧化铝纤维等或它们的颗粒和块体。将铜、铝与钢、不锈钢制作成复合材料，就可获得导电性好同时强度高的导电复合材料。这类材料的线、棒、带、板、管等型材，可以采用包覆、热喷涂、热浸、电镀、热扩散、挤压、烧结、熔接等方法来制备。表10-9是一些常用导电金属复合材料的品种、特性和用途。

表 10-9 常用导电金属复合材料的品种、特性和用途

类型	品 种	主 要 特 性	主 要 用 途
高强度型	铝包钢线	抗拉强度为 900～1300MPa；电导率为 29%～30% IACS；伸长率≥1.5%；耐热性好	输配电线，载波避雷线，通信线及大跨越架空导线
	钢铝接触线（电车线）	耐磨，截面 85mm²，拉断力大于 30150N；截面 100mm²，拉断力大于 4000N	接触线（即电车线）
	铜包钢线和排	抗拉强度为 650～1500MPa；电导率为 30%～40% IACS；伸长率≥1%；耐蚀性好	高频通信线，大跨越及特殊地区架空导线，排可作小型电动机换向器片，直流电动机电刷弹簧、汇流排、刀闸栏条等
	镀锡铜包钢线	强度高，耐蚀，焊接性能好	
高导电型	铜包铝线和排	电导率比铝高，连接和铜一样方便，抗拉强度 210MPa（硬态），工作温度不高于 250℃，废品处理困难	高频通信线，电视电缆，电磁线，高频屏蔽配电线，排可作电动机换向器片、导电排等
	银覆铝	电导率高，接触性好	航空用导线，波导管
高弹性型	铜覆铍铜	弹性好，导电性高	导电弹簧
	弹簧钢覆铜	高弹性，高导电性，耐高温腐蚀	导电耐蚀弹簧
耐高温型	铝覆铁（铝反面镀镍）	抗高温氧化性能好	电子管阳极
	铝黄铜覆铜（铜二面覆铝黄铜）	抗高温氧化性能好，电导率可达 80% IACS	高温大电流导体，如电炉配电用汇流排
	镍包铜	抗高温氧化性能好，电导率可达 89% IACS（与镍层厚度有关）	在 400～650℃ 范围内作高温导线
	镍包银	抗高温氧化性能好，电导率可达 85%～91% IACS（与镍层厚度有关）	在 400～650℃ 范围内作高温导线（10% 镍层可用于 400℃，20% 镍层可用于 650℃）
	耐热合金包银	抗高温氧化性能好，电导率高	在 650～800℃ 范围内作高温导线
耐腐蚀型	不锈钢覆铜	耐蚀性、导热性和成形性好，电导率为 73% IACS	大功率真空管用零件
	银包或镀银铜线	电导率高，抗氧化性高，接触性好，易焊接	高温用线圈，雷达电缆用编织导体，高温导线线芯
	镀银铜包钢线	抗拉强度高，抗氧化性能好	射频电缆及高温导线线芯
	镀锡铜线	耐蚀性好，焊接性好	橡皮绝缘电线电缆，仪器仪表连接线，编织线和软接线等
其他类型	铁镍钴合金包铜	导电性和耐热性好，热膨胀系数与玻璃相近	与玻璃密封的导电、导热材料

10.1.3 电阻合金

电阻合金为制造电阻元器件的导体材料，广泛用于电机、电器、仪器仪表和电子工业，制作各种精密调节、量测、传感元器件，以及发热元件等。一般要求电阻率高，电阻温度系数小，性能稳定，强度高，加工性能好，耐蚀性好，对连接材料热电势小等。这类材料基本上都是各种固溶体合金。

按照用途，电阻材料可分为调节器用电阻合金、精密仪器仪表用电阻合金、电位器用电阻合金、传感器用电阻合金和加热器用电阻合金等。

10.1.3.1　调节器用电阻合金

主要用于电流、电压调节与控制元件的绕组，例如电动机起动、调速、制动、降压和放电，以及其他传动装置等。对材料要求的特点是强度高，抗氧化、耐腐蚀及工作温度较高等。主要材料有康铜、新康铜、镍铬合金和镍铬铁合金、铁铬铝合金等。调节元件用电阻合金的成分和性能见表 10-10。

表 10-10　调节元件用电阻合金的成分和性能

名称和牌号	主要成分（质量分数）（%）	密度/(g/cm³)	电阻率 $\rho(20℃)$/(Ω·mm²/m)	电阻温度系数 α/10⁻⁶℃⁻¹	对铜热电势 $\overline{E}_{Cu}(0\sim100℃)$/(μV/℃)	抗拉强度 R_m/MPa	伸长率 $A(\%)$	最高工作温度/℃
康铜 6J40	Ni39~41 Mn1~2 Cu 余量	8.88	0.48±0.03	−40~40 (20~50℃)	≤45	390~590	20~30	500
新康铜 6J11	Mn10.5~12.5 Al2.5~4.5 Fe1.0~1.6 Cu 余量	8.0	0.49	−40~40 (20°~200℃) −80~80 (25°~500℃)	≤2	390~540	15~20	500
镍铬 6J20	Cr20~23 Fe<1.5 Si0.4~1.3 Ni 余量	8.3	1.09	50 (20°~100℃)	5	690~930	20~25	500
镍铬铁 6J15	Ni55~61 Cr15~18 Si0.4~1.3 Fe 余量	8.2	1.12	150 (20°~100℃)	<1	640~880	10~20	500
铁铬铝 1Cr13Al4	Cr12~15 Al3.5~5.5 Si≤1.0 Fe 余量	7.4	1.26	≈120	3.5~4.5	590~740	10~15	1000

1. 康铜　康铜是最早应用的连续固溶体结构的铜镍电阻合金，其电阻率较高，电阻温度线性好和系数低，温度范围宽，可使用温度较高，耐蚀性、耐热性和加工性能好，但对铜热电势很大（见图 10-18），使用受到一定限制。加入少量 Mn、Si、Be、Co 等元素，可以调控电阻温度系数，提高使用温度范围。合金不能用作标准电阻和直流量测仪表电阻，仅限于制作交流用精密电阻、调节变阻器和 200℃ 以下使用的电阻应变计，以及 100℃ 以下低温电加热元件。为了获得均匀的性能，合金可采用 800~900℃ 氢气保护退火处理。

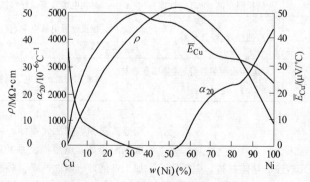

图 10-18　Cu-Ni 合金的成分与性能的关系

2. 新康铜　新康铜为以铝取代锰铜合金中镍的一种铜锰铝电阻合金，以提高最高工作温度和耐蚀性。含锰 12%（质量分数）的锰铜合金，在添加约3.5% 铝、少量铁或锡、硅等元素时，可以获得电阻率和电阻温度系数与康铜相近、而对铜热电势较低的、价格更低廉的新康铜，能够大量取代康铜制作各种电器变阻器和电阻元件。合金由于铝含量高，容易发生偏析，必须进行退火处理（400℃ 下加热 5 ~ 20h），以形成均匀的 γ 固溶体组织。

3. 镍铬合金和镍铬铁合金　γ 结构的 Cr20Ni80 和 Cr15Ni60 合金为高电阻电热材料，耐高温和抗氧化性能好，电阻率和电阻温度系数皆比康铜和新康铜高，是理想的电阻合金，适用于在功率较大的电动机起动、调速、制动用的变阻器中作电阻元件。为了使

组织均匀化，合金均可在 750 ~ 850℃ 进行退火。

4. 铁铬铝合金　α 结构的铁铬铝合金 1Cr13Al4 已由电热合金转用作电阻合金，主要生产成变阻器用带材，其电阻率比康铜类、镍铬合金类的高，能在高温状态下使用，是大功率变阻器（如起重行车调速用的电阻箱等）的理想电阻材料。为了使性能稳定，合金可以在工作温度的上限（1000℃ 下）进行稳定化退火。

10.1.3.2　精密元件用电阻合金

主要用于仪器仪表中的电阻元件。材料要求的特点是电阻温度系数小，对铜热电势低。按照应用对象，合金分三类：仪器用锰铜、分流器用锰铜和精密电阻元件用镍基合金。它们的成分和性能见表 10-11 和表 10-12。

表 10-11　锰铜系精密电阻合金的成分和性能

名称和牌号		主要成分（质量分数）（%）	密度/(g/cm³)	电阻率/μΩ·m	电阻温度系数		电阻年稳定性/10⁻⁴（%）	对铜热电势 $\overline{E}_{Cu}$/(μV/℃)	抗拉强度（软态）R_m/MPa	伸长率 A(%)	工作温度/℃
					α/10⁻⁶℃⁻¹	β/10⁻⁶℃⁻²					
通用型锰铜 6J12	0 级	Mn11 ~ 13 (Ni + Co)2 ~ 3 Fe < 0.5 Si < 0.1 Cu 余量	8.44	0.44 ~ 0.50	-2 ~ 2	0.7 ~ 0	<5	≤1	390 ~ 540	10 ~ 30	20 ± 3
	1 级				-3 ~ 5		<20				
	2 级				-5 ~ 10						5 ~ 45
	3 级				-10 ~ 20						
分流器锰铜	F₁ 级 6J8	Mn8 ~ 12 Si1 ~ 2 Cu 余量	8.70	0.30 ~ 0.40	-5 ~ 10	-0.25 ~ 0		≤2	390 ~ 540	10 ~ 30	10 ~ 80
	F₂ 级 6J13	Mn11 ~ 13 Ni2 ~ 5 Cu 余量	8.40	0.40 ~ 0.48	0 ~ 40	-0.7 ~ 0					
硅锰铜 6J102		Mn9 ~ 11 Si1.5 ~ 2.5 Cu 余量	8.40	0.35	-3 ~ 5	-0.25 ~ 0		≤1	390 ~ 540	10 ~ 30	5 ~ 45
锗锰铜 6J6	1 级	Ge5 ~ 6 Mn6 ~ 7 Cu 余量	8.60	0.40 ~ 0.46	3		≤0.04	≤1.7	390 ~ 440	>30	0 ~ 70
	2 级				±6						
	3 级				±10						

表 10-12　镍基（镍铬、镍钼）精密电阻合金的成分和性能

名称与牌号		主要成分（质量分数）（%）	密度/(g/cm³)	电阻率/μΩ·m	电阻温度系数		对铜热电势 $\overline{E}_{Cu}$/(μV/℃)	抗拉强度 R_m/MPa	伸长率 A(%)	工作温度/℃
					α/10⁻⁶℃⁻¹	β/10⁻⁶℃⁻²				
镍铬铝铁 6J22	1 级	Cr19.2 ~ 21.5 Al2.7 ~ 3.2 Fe2.0 ~ 3.0 Ni 余量	8.1	1.33 ± 0.07	±5	-0.06	≤2.0	950 ~ 1400	10 ~ 20	漆包线 -60 ~ 125 裸线 <300
	2 级				±10					
	3 级				±20					

（续）

名称与牌号		主要成分（质量分数）（%）	密度/(g/cm³)	电阻率/μΩ·m	电阻温度系数		对铜热电势 $\overline{E}_{Cu}$/(μV/℃)	抗拉强度 R_m/MPa	伸长率 A(%)	工作温度/℃
					α/10^{-6}℃$^{-1}$	β/10^{-6}℃$^{-2}$				
镍铬铝铜 6J23	1级	Cr19.0~21.5 Al2.7~3.2 Cu2.0~3.0 Ni余量	8.1	1.33±0.07	±5	-0.05	≤2.0	950~1400	10~20	漆包线 -60~125 裸线 <300
	2级				±10					
	3级				±20					
镍铬铝锰 6J24	1级	Cr19.0~21.5 Al2.0~3.2 Mn1.0~3.0 Si0.9~1.5 Ni余量	8.1	1.33	±5	—	≤1.5	950~1400	5~25	漆包线 -60~125 裸线 <300
	2级				±10					
	3级				±20					
镍钼 6JM	1级	Mo22~25 Al3~4 Mn0.5~1 Si0.5~1 (Ni+Gd)余量	8.6	1.75~1.85	≤5		<65	≥1176	8~20	200
	2级				≤10					
	3级				≤20					

1. 电工仪器用锰铜电阻合金　锰铜合金是大范围 γ 固溶体结构合金。图 10-19 为经不同程度冷变形和不同温度退火后的 Cu-Mn 合金的锰含量与电阻温度系数的关系。可见，在各种情况下，随锰含量的增加，合金的对铜热电势亦增大，同时电阻温度系数下降，而在大约 11% 锰（质量分数）时温度系数出现极小值。以此 Cu-Mn 合金为基础，通常再添加一些镍，作为既能减小温度系数又能降低对铜热电势的第三元素，可以获得系列精密电阻合金。我国的通用型锰铜合金 6J12，即具有较高电阻率（略低于康铜和新康铜）、很小电阻温度系数和对铜热电势以及良好长期稳定性的特点，是应用广泛的精密电阻合金，主要用于电工仪器如电桥、电位差计和标准电阻中的电阻元件。6J12 合金的电阻温度曲线（见图 10-20）的峰点（20℃）附近，曲线平缓曲度变化小。所以在室温附近的恒温条件下，仪表的量测精度和准确度可以得到保证。为了消除加工应力和提高稳定性，合金成品要进行氢气保护下的 600~700℃ 或真空中的 550℃ 左右的退火。并且合金线在骨架上绕制弯曲后，还要在 120℃ 保温 48h 进行稳定化处理。

Cu-Mn 合金中添加硅的硅锰铜合金 6J102，电阻温度系数和对铜热电势降低，电阻温度曲线也比较平坦，在略宽的范围内电阻随温度的变化较小，一般在

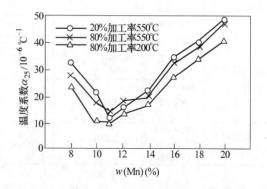

图 10-19　Cu-Mn 合金经不同冷变形加工和退火时的电阻温度系数与锰含量的关系

注：α_{25} 为 0~25℃ 时的电阻温度系数。

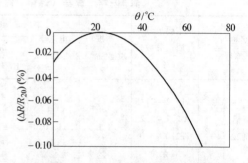

图 10-20　6J12 锰铜合金的电阻-温度曲线

5～45℃范围内使用。合金在真空或保护气氛下进行高温（约700℃）退火，性能稳定化的效果较好。但为了防止表面锰的挥发，通常采用375～400℃、1h的低温退火，也可以得到稳定的电阻值。合金适于制作标准电阻器和精密量测用电阻器。

Cu-Mn 合金中加入锗的锗锰铜合金 6J6，能克服锰铜合金仅能在20℃恒温下使用的缺点。在0～75℃的范围内，合金的电阻温度曲线为近似平坦的直线。由 -75℃到125℃，电阻变化为约0.1%，电阻温度系数也很低。锗还提高电阻率、耐蚀性和塑性。合金广泛用于标准电阻器、精密电阻器和精密电子天平上的电阻器等。合金的缺点是同一化学成分线材的电阻温度系数值与线径有关，合金经受机械应力时电阻发生变化，成本比锰铜合金高。合金（丝）一般在700～750℃氢气保护下退火，绕线后在140℃进行20h的稳定化处理。

2. 分流器用锰铜电阻合金　工业量测仪表中，起分流作用的分流器的温升较大，温度变化的范围也较大。作分流器或分压器使用的锰铜合金，电阻温度曲线的最高点提高，在温度高和变化范围较宽的条件下工作，工作温度范围一般为10～80℃。根据电阻温度系数的特点，分流器锰铜分两级：F_1级分流器用锰铜合金（硅锰铜 6J8），主要用于各种精密分流器及其他类似的用途；F_2级分流器用锰铜合金（镍锰铜 6J13），用于一般分流器及其他类似的用途。分流器锰铜合金的去应力退火和稳定化处理与前面已述电工仪器用锰铜相同。

3. 高阻值、小型精密电阻元件用电阻合金　锰铜精密电阻合金的电阻率低，电阻温度系数 α 特别是 β 值大，抗氧化和耐磨性差等，难以用于制作高阻值的小型精密电阻元件。于是在 Ni-Cr 电热合金的基础上开发出了镍铬系列的高电阻精密电阻合金。它们的特点是：电阻率高，达 $1.3\mu\Omega\cdot m$；电阻温度系数小，二次电阻温度系数 $\beta < 0.05 \times 10^{-6}℃^{-1}$，在100℃范围内电阻的变化仅为0.05%；耐热性、耐蚀性优异；能制成直径 $\phi 0.01mm$ 的微丝，力学性能好，可制成高达 $1000M\Omega$ 的线绕电阻器，比锰铜优越得多。我国现用镍铬系以及镍钼系高电阻精密电阻合金的性能见表10-12。

镍铬、镍钼电阻合金在冷加工状态下电阻率最低。由不低于1100℃的高温淬火后，得到过饱和的 γ 固溶体，合金电阻率提高。再经550℃以下的不同温度的稳定化回火时，由于组织中发生短程有序结构和细（几个纳米）弥散有序相 γ'（Ni_3Al）的析出（镍铬合金），或正方有序相 Ni_3Mo、Ni_4Mo 的析出（镍钼合金），使面心立方基体晶格产生很大的弹性畸变，并形成大量的使传导电子散射的附加中心，导致电阻率增高到最大和电阻温度系数降低。所以，通过稳定化回火温度的选择，可以控制合金在给定温度范围内稳定工作的电阻温度系数，可以获得负值的、正值的或零值的电阻温度系数。合金主要用于制作标准电阻器、微型仪器和精密仪表中的电阻元件以及滑线电阻等。

10.1.3.3　电位器用电阻合金

主要用于各种电位器和滑线电器，要求具有耐磨蚀性能好、表面光洁、接触电阻小而恒定等特性。电位器电阻合金大致分常规金属和贵重金属两类。

1. 常规金属电位器用电阻合金　主要是康铜线、锰铜线、镍铬合金线、高电阻镍铬、镍钼合金线（见表10-10～表10-12）和滑线锰铜（见表10-13）等。

表 10-13　滑线电阻器用电阻合金的成分和性能

合金名称或牌号	主要成分(质量分数)(%)	密度/(g/cm³)	电阻率/μΩ·m	电阻温度系数		对铜热电势 $\overline{E}_{Cu}$/(μV/℃)	抗拉强度 R_m/MPa	伸长率 A(%)	工作温度/℃
				α $10^{-6}℃^{-1}$	β $/10^{-6}℃^{-2}$				
滑线锰铜	Mn12～13 Ni1～3 (Al+Cu)余量	8.4	0.45	0～40	≤0.5	≤2.0	400～500	10～30	20～80
高均匀性高阻合金 4YC7	Cr19～21 Al2.5～3.5 Fe2～3 Mn1.5～2.5 (Ni+其他)余量	8.1	1.33	±20	0.05	≤2.0	950	>20	0～125

（1）康铜线。特点是耐热性好，使用温度范围宽，但电阻温度系数大，适于作大功率的中、低阻值的线绕电阻器和交流电位器。

（2）锰铜线。主要特点是电阻稳定性好，电阻温度系数小，具有中等电阻率和良好的电性能，因使用温度范围窄，只适于作室温范围的中、低阻值的精密线绕电阻器。

（3）镍铬合金线。具有较高的电阻率、良好的电性能和很宽的使用温度范围，但电阻温度系数较大，一般用于作中、高阻值的普通线绕电阻器和电位器。

（4）镍铬、镍钼多元合金线。例如镍铬铝铁、镍铬铝铜、镍钼铝锰等，电阻率高，电阻温度系数小，耐磨性好，对铜热电势小，适于作高阻值的精密线绕电阻器和电位器以及滑线电阻器。

（5）滑线锰铜。一般电位器多专用滑线锰铜和4YC7高均匀性高阻值合金。滑线锰铜是通用型锰铜中添加了少量铝，使得电阻温度曲线更平坦，且电阻最高点温度较高，电阻值均匀稳定，可在20～80℃之间工作，而适宜于制作滑线电阻器。4YC7合金电阻率高，阻值均匀性好，耐腐蚀，耐磨损，已成功用于系列自动记录仪的滑线电阻器。

2. 贵金属电位器用电阻合金　特殊要求的电位器绕组必须使用贵金属电阻合金，主要有铂基、钯基、金基和银基合金四种（见表10-14）。它们都有优良的化学稳定性、热稳定性和电性能。铂基、钯基电阻合金有中等和较高电阻率、小的接触电阻、低的噪声电平，耐磨性好，焊接性好，使用寿命长，适宜作线绕电位器，但价格很贵，在一些含有机物的气氛中表面不稳定，应用受到限制。金基合金接触电阻稳定，噪声电平低，耐蚀性很强，价格略低，是有前途的电阻材料，为前二者的代用品，其AuPdFe合金（加入少量铅、铊、铟时），电阻率达$2.3 \times 10^{-6} \Omega \cdot cm$，电阻温度系数近于0。银基合金最便宜，有良好的电接触性能，但不耐硫和硫化氢的腐蚀，强度、硬度低，也不耐磨损，应用有限。有些银基合金如AgMnSn等，电阻温度系数低，对铜热电势小，有抗硫能力，是制造标准电阻器的优良绕组材料。一般，贵金属电阻合金仅用于工作环境恶劣和要求较高的军工、航天、航海、化工等部门的精密线绕电阻器和电位器。

表 10-14　电位器用贵金属电阻合金的成分和性能

合金牌号和成分（质量分数）（%）	密度/(g/cm³)	电阻率/μΩ·cm	电阻温度系数α(0～100℃)/10⁻⁶℃⁻¹	对铂热电势$\overline{E}_{Pt}$(0～100℃)/(μV/℃)	线胀系数(20～100℃)/10⁻⁶℃⁻¹	弹性模量E/10³MPa	硬度 HV0.05
AuNiCr5-1	18.0	24	280	-26.2	15.1	93.1	195～215
AuNiCr5-2	17.7	40	140	-17.7	15.1	98.2	205～225
AuNiFeZr5-1.5-0.3	17.8	45	270	-6.87	14.7	90.1	200～230
AuNiFeZr9-2-0.3	16.9	50	380	-10.3	14.9	97.0	275～305
AuNiCu7.5-1.5	17.5	19	580	-44.6	14.9	92.0	240～260
AuAgCuGd35-5-0.5	14.2	12	620	+5.01	17.4	84.6	190～210
AuAgCuMnGd33.5-3-2.5-0.5	14.2	24	220	+6.30	17.1	83.9	200～230
PtIr10	21.5	24	1270	+12.9	8.9	168	165～200
PdAg40	11.4	42	40	-32.4	13.6	135	180～205
AgMnSn6.5-1	9.8	25	50	$\overline{E}_{Cu}$+2～+3		74.5	

10.1.3.4 传感元件用电阻合金

传感元件是将非电量信息（应变、温度、磁场、压力等参量的变化）转换成电信息（电阻变化）的器件，用以对作用参量进行快速、准确、方便的量测、控制和补偿。因此传感元件应具有高的灵敏度、反应快、好的复现性、互换性和稳定性。

传感器电阻合金（敏感合金）主要有应变元件用电阻合金和温度补偿用电阻合金两种。

1. 应变元件用电阻合金 主要用于测定材料的变形量、伸长量和应力等。要求合金的电阻值高（因而量测精度高），工作温度下机械滞后小，疲劳强度高，弹性应变极限高；高温下抗氧化、蠕变值小；易拔制成微细丝，并便于敏感栅绕制，容易焊接。主要材料有铜基、镍基、铁基和贵金属基四种合金。

（1）铜基应变电阻合金。该合金是铜镍基体中溶入少量 Mn、Si、Fe 的固溶体合金（见表 10-15），在 -50 ~ 500℃ 以内性能稳定，电阻温度关系线性好，电阻温度系数可由成分、冷加工和热处理来调整。合金应变灵敏系数 K 稳定，与温度呈线性变化。合金的可加工性好，易焊接。我国 6JYC 型铜镍合金丝的最终热处理为：750 ~ 800℃ 氢气保护连续光亮退火。BMn44-3 应变锰白铜和 Advance 合金的热处理为：840℃ 氢气保护连续退火后，450℃、2h 真空稳定化处理。合金组织皆为均匀的单相 γ 固溶体。合金包括应变康铜、精密康铜、应变锰白铜等，广泛用于飞机、桥梁、风洞天平、电子秤、高流体静压、核辐射和大应变量测元件、疲劳寿命计、屏蔽片和裂纹扩展片等。

（2）镍基应变电阻合金。包括镍铬基和镍钼基合金（见表 10-16）。

表 10-15 铜基应变电阻合金的成分和性能

合金名称	主要成分（质量分数）（%）	密度 /(g/cm³)	电阻率 /μΩ·m	电阻温度系数 α /10⁻⁶℃⁻¹	电阻温度线性关系范围 /℃	对铜热电势 $\overline{E}_{Cu}$ /(μV/℃)	应变灵敏系数 K	线胀系数 /10⁻⁶℃⁻¹	抗拉强度 R_m/MPa	伸长率 A（%）
应变康铜	Ni40 ~ 43 Mn1 ~ 2 Cu 余量	8.9	0.49	±20	20 ~ 300	-43	≈2.0	15.0	400 ~ 700	6 ~ 15
精密康铜	Ni43 ~ 45 Mn1.5 ~ 2 Si0.1 ~ 0.3 Fe0.1 ~ 0.2 Cu 余量	8.9	0.46 ~ 0.53	±10（0 ~ 60℃）	20 ~ 300	-45	≈2.0	14.9	≥450	≥10
应变锰白铜	Ni43 ~ 45 Mn2.5 ~ 3.5 Cu 余量	8.9	0.45 ~ 0.58	±10	20 ~ 300	-42	2.09	14.7	390 ~ 640	≥10
Advance 合金（美国）	Ni43 Mn1.0 Cu 余量	8.9	0.49	±20	20 ~ 300	-43	≈2.0	14.9	415 ~ 690	

表 10-16　镍基应变电阻合金的成分和性能

合金牌号	主要成分（质量分数）(%)	电阻率 /μΩ·m	电阻温度系数 α /10^{-6}℃$^{-1}$	α的分散度 /10^{-6}℃$^{-1}$	对铜热电势 $\overline{E}_{Cu}$ /(μV/℃)	线胀系数 /10^{-6}℃$^{-1}$	应变灵敏度系数 K	K值在测温点下降率 (%)	高温下零点漂移 /[μΩ/(Ω·h)]	抗拉强度 R_m/MPa	伸长率 A(%)	工作温度 /℃
6JYZ-C3	Cr20 Al3 Fe3 Ni余量	1.33 ±0.05	-19～ +59	±(0.5 ～1.0)	0.69～1.32	14.7	2.03～2.15	9(350°)	≤1.30	970～1127	25～28	20～400
6JYD-9413	Cr20 Al3 V2 Mo3 Ni余量	1.39～ 1.52	-29～ +20	±(0.5～ 1.0)	—		1.96～2.03	—	—	1225～1284	17～19	20～300
6J20	Cr20～23 Fe<1.5 Si0.4～13 Ni余量	1.09	50	—	5	14.0	2.20	—	—	690～930	20～25	600～800 （动态测量）
6J22	Cr19.0～21.5 Al2.7～3.2 Fe2.0～3.0 Ni余量	1.33 ± 0.07	±5～±20	—	≤2.0	13.6	2.20	—	—	950～1400	10～20	400℃以下 静态测量
6J23	Cr19.0～21.5 Al2.7～3.2 Cu2.0～3.0 Ni余量	1.33 ± 0.07	±5～±20	—	≤2.0	13.6	2.10	—	—	950～1400	10～20	400℃以下 静态测量
4YC4	Mo19.5～23 Al2.2～2.7 V0.7～1.0 Ni余量	≥1.4	≤5 (20～ 500℃)	—	≤4.0	10～12 (20～500℃)	2.18	6～10	—	1300～1400	14～31	20～500
6JM	Mo22～25 Al3～4 Mn0.5～1.0 Si0.5～1.0 Gd微量 Ni余量	1.75～ 1.85	5～20	—	≤6.5	11.8	2.40	—	—	≥1180	8～20	20～500

表 10-17　铁基应变电阻合金的成分和性能

合金牌号	主要成分（质量分数）（%）	电阻率/μΩ·m	电阻温度系数 α/10⁻⁶℃⁻¹	α 的分散度/10⁻⁶℃⁻¹	对铜热电势 $\bar{E}_{Cu}$/(μV/℃)	线胀系数/10⁻⁶℃⁻¹	应变灵敏度系数 K	K 值在测温点下降率（%）	高温下零点漂移/[μΩ/(Ω·h)]	抗拉强度 R_m/MPa	伸长率 A(%)	工作温度/℃
4YC3	Cr21.5~22.5 Al4.9~5.2 V2.3~3.0 Mo1.85~2.05 Fe 余量	1.36~1.42	16.2	±0.32	-3.35	14 (20~600℃)	2.0~2.8	18~20	31(550℃)	>800	17	20~550
4YC4	Cr24.5~25.5 Al6.3~6.5 Fe 余量	1.43~1.50	≤20.0	<0.5	3.28	15.06 (20~750℃)	1.74~2.07	<25 (750℃)	<150 (750℃)	>850	13	20~750

表 10-18　贵金属应变电阻合金的成分和性能

合金牌号或成分（质量分数）（%）	电阻率/μΩ·cm	电阻温度系数 α(0~800℃)/10⁻⁶℃⁻¹	电阻温度线性关系范围/℃	700℃时零点漂移/(με/h)	对铜热电势 $\bar{E}_{Cu}$(0~1200℃)/(μV/℃)	应变灵敏系数 K	线胀系数/10⁻⁶℃⁻¹	抗拉强度 R_m/MPa
PtW8	59	240	0~800	—	6.1	3.5~4.2	8.3~9.2	>880
PtW8.5	60	220	0~800	110	6.4	3.5~4.2	8.3~9.2	>880
PtW9.5	76	139 (0~1000℃)	0~700	85	6.5	3.7	—	1196
PtW7.5RE5.5	84	88	0~800	1400	3.6	3.3	—	1390
PtW8RE6	84	82	0~800	—	3.9	2.8	—	1430
AuPd38.6Cr3	56	24	0~800	—	—	1.3	—	558.6
AuPd35Cr5Pt5Al0.2	78	25	0~800	—	—	1.3	—	695.8
AuPd38Cr8Al1	62	300	0~800	—	—	1.4	—	617.4
AuPd32Cr7Pt9Fe3Al0.2Y0.2	118	~38	0~800	—	—	1.4	—	624.3

镍铬基应变电阻合金 6J20 的电阻率较高，为铜基的两倍多，抗氧化，可加工性好，工作温度范围宽，但电阻温度系数大，适于作 600~800℃ 的动态应变的量测元件。镍铬基改良型合金 6JYZ-C3、6JYD-9413、6J22 和 6J23 等，除有 6J20 的优点外，电阻温度系数低，且可通过成分和热处理调整到需要的值，制成中高温自动补偿应变片，广泛用于 400℃ 以下的应变量测，如风洞天平、直升机管道应力的测定等。6JYD-9413 还适用于 300℃ 以下 8% 大应变量的量测，在飞机减重应力研究中有重要作用。合金亦可用于制作 -196℃ 到室温的低温自动补偿应变计。这种合金只能用在 400℃ 以下，450℃ 以上就发生组织变化，电阻率急剧改变。镍铬基合金的热处理制度一般为：1000~1050℃ 固溶淬火，然后进行 400~510℃ 真空回火，得到 γ 固溶体组织，在 450℃ 左右有 K 状态出现，电阻率急增。

镍钼基应变电阻合金电阻率高，强度高，耐蚀性好，电阻温度系数小，电阻温度关系近于线性且重复性好，为中高温（500℃）自动补偿应变电阻合金，可作小型应变计和精密电阻器，广泛用于大型发动机及汽轮发动机叶轮、叶片的应力测量。主要合金有 4YC9 和 6JM，它们的热处理制度是：合金丝 1160℃ 氢气保护连续固溶处理，然后 550℃、4h 真空回火。获得单相奥氏体组织，低温回火后可能形成 K 状态。

（3）铁基应变电阻合金。铁铬铝合金中添加少量 V、Mo 等元素，可改善电阻温度的线性关系，降低电阻温度系数，提高抗氧化能力。合金因有"475℃"脆性，电阻温度关系和塑性受到一定影响。加入少量钇或稀土能提高热稳定性，改善塑性和加工性能。合金的特点是电阻率高，电阻温度系数小，应变灵敏系数较大，高温抗氧化性能好，价格也较低，适于制作高温应变计。合金主要有 6JYG-C18 和 6JYG-C23、4YC3 和 4YC4 两种类型（见表 10-17）。它们的热处理制度是：6JYG 型合金，850~920℃ 氢气保护连续光亮退火；4YC 型合金，750℃ 氢气保护连续退火后，再经 600℃ 真空或氢气保护稳定化处理，以消除应力，稳定性能，降低电阻温度系数的分散度。热处理后合金皆为铁素体组织。合金在高温应变测量中性能稳定，在大型铸锭模的应力分析和大型水轮机应力测量中应用广泛。

（4）贵金属应变电阻合金。铂基、钯基、金基等合金耐高温，抗氧化，耐腐蚀，抗环境污染的能力强。它们的电阻率低，电阻温度系数小，应变灵敏系数大，电阻温度关系在 0~800℃ 范围内直线性好，特别是应变灵敏系数随温度升高而降低带来的误差，可由电阻随温度升高而增大和电路设计来获得补偿，所以是很重要的高温应变电阻合金。实际应用的应变电阻合金主要有铂钨合金和金钯铬合金（见表 10-18）。它们的热处理制度是：合金丝由高温（约 1000℃）水淬后，在使用温度上限进行较长时间（几十小时）的氢气保护退火。获得的组织为单相固溶体。但在再结晶或稳定化处理后，会出现热电反常效应。这是因为固溶体中形成了 K 状态，使电阻增大和电阻温度系数降低。合金广泛应用于航空、航天、石油化工等领域，主要用作 700℃、800℃ 和 1000℃ 的高温应变计敏感栅，也用作动、静态单丝式和半桥式高温应变计。

2. 温度补偿用电阻合金　属于热敏电阻合金，用以制作热或温度的传感元件，进行温度的补偿、量测和控制。对合金的基本要求是：电阻温度系数大，电阻温度关系线性好，电阻率随时间的变化小。

电阻率随温度升高而减小的负温度系数热敏电阻材料（NTC 材料），金属材料比较少，基本上是陶瓷材料。铁锰铝和铁铬铝是两种较常见的温度补偿用电阻合金。它们的平均电阻温度系数为约 $-250 \times 10^{-6}/℃$（见表 10-19），适于电表线路温度的补偿之用。负电阻温度系数的热敏陶瓷材料主要是 MnO、CoO、NiO、Fe_2O_3、CuO 系（300℃ 以下用）、$MgCr_2O_4$-$LaCrO_4$ 系（300~500℃ 用）、ZrO_2-Y_2O_3 系（500~1000℃ 用）等氧化物陶瓷，广泛用于电路的温度补偿、控温和测温传感器，以及汽车发动机排气和工业高温设备的温度检测等。

电阻率随温度升高而增大的正温度系数材料（PTC 材料），主要是金属合金，特别是 Co 基、Ni 基和 Fe 基合金。它们都有较大电阻温度系数和良好的直线性关系，如图 10-21 所示。合金经过 850~1000℃ 氢气保护加热处理后，皆为单相固溶体结构，其成分和性能见表 10-20。广泛用于航空、航天器中的大气温度加热器、家用电器元件（如电褥、电熨斗、电烙铁、电围腰、电暖鞋等）的控温、安全和节电，也可用于制作电阻温度计以及限流调节器等。

表 10-19　温度补偿用电阻合金的成分和性能

合金名称	主要成分(质量分数)(%)	电阻率 /μΩ·m	平均电阻温度系数 $\overline{\alpha}/10^{-6}℃^{-1}$	对铜热电势 $\overline{E}_{Cu}$ /(μV/℃)	工作温度 /℃	特　点
铁锰铝	Mn32~35 Al5~7.5 Fe余量	1.25~1.35	-200~-300	2	-50~60	加工性好,抗氧化性差,焊接性差
铁铬铝	Cr21~25 Al5~7 Fe余量	1.3~1.5	-250~-280	1.5	-50~60	抗氧化性好,焊接性差

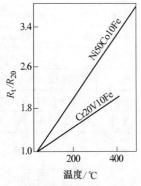

图 10-21　热敏电阻合金的电阻温度曲线

10.1.3.5　电热器用电阻合金

这是将电能转变成热能的电热合金,主要用于民用电热器具和工业加热电炉、一般线绕电阻和限流电阻器等。对合金的基本要求是:高的电阻率和低的电阻温度系数,高的极限工作温度和高的导电能力,高的抗氧化或化学稳定性和高的抗蠕变能力,良好的塑性加工性能以及长的使用寿命等。

电热合金已形成成熟的体系:低温(400~500℃以下)使用的 Cu-Ni 合金(康铜)、中高温(1200~1300℃以下)使用的 Ni-Cr 和 Fe-Cr-Al 耐热合金、高温(1450~1600℃以上)使用的高熔点金属(Mo、W、Ta)和非金属发热体材料(SiC、MoSi₂、ZrO₂ 等)。它们的成分和性能见表 10-21。这里仅讨论高温电热器用电阻材料。

表 10-20　钴基、镍基、铁基热敏电阻合金的主要性能

合金	化学成分(质量分数)(%)	热处理制度	电阻率 /μΩ·m	电阻温度系数 $\alpha/10^{-3}℃^{-1}$	热膨胀系数 $/10^{-6}℃^{-1}$	极限工作温度 /℃
Co85CrAlFe	Co85,Cr1~2,Al1~2,Fe余量	—	0.4	1.7	13.2	700
Co85VFe	Co80,V1~2,Fe余量	—	0.43	1.4	12.12	700
Ni	Ni>99.5	850~950℃,空冷	0.07	约5.39	—	250 (高灵敏度)
Ni90Cr10	Ni90,Cr10	—	0.69	0.26	16.45	1000
Ni50Co10Fe	Ni50~52,Co10~11,Fe余量	800~850℃,空冷	0.20~0.25	3.4~4.5	12.7	500
Ni58Fe	Ni56~60,Fe余量	850~950℃,空冷	0.27~0.30	4.4~4.8	—	100
Ni30Cr18Fe	Ni30~32,Cr16~18,Fe余量	—	0.95	0.33	17.17	900
Cr19Ni9Fe	Cr18~20,Ni8~10.5,Fe余量	850~950℃,空冷	0.65~0.66	1.3	—	300
Cr20V10Fe	Cr10~20,V10~20,Fe余量	1000℃,水冷	0.5~0.55	2.7~2.9	—	400

表 10-21　电热合金的成分和性能

合金系	名称或牌号	合金成分(质量分数) (%)	电阻率 /μΩ·cm	最高使用温度 /℃
Cu-Ni 系 (铜基)	康铜 BMn40-1.5 (6J40)	Ni39～41,Mn1～2,Cu 余量	4.5～5.1	500
Ni-Cr 系 (镍基)	Ni80Cr20(6J20)	Ni78～80,Cr20～22,Mn0～2,Fe<1.5	105～110	1100～1150
	Ni70Cr26Al3	Ni70,Cr26～29,Al2.8～3.8,Si≤0.8	125～135	1200
	Ni60Cr15Fe20	Ni60～63,Cr12～15,Fe20～23,Mn0～2	110	1050～1100
	Ni50Cr30Fe15	Ni50～52,Cr30～33,Fe11～15,Mn2～3	108	1200～1250
Fe-Cr-Al 系(铁基)	1Cr19Al3	Cr17～21,Al2～4,Mn<1.0,Fe 余量	105～119	1100
	0Cr25Al5	Cr23～26,Al4～5,Mn<1.0,Fe 余量	132～148	1200
	Kanthal 合金	Cr24,Al5.5,Co1～2.5,Fe 余量	140～150	1350
	Pyromax 合金	Cr28,Al8,Ti0.5,Fe 余量	160～170	1350
高熔点金属 和非金属	钼 Mo	Mo100	4.8	1650(真空中),2000(氢气中)
	钨 W	W100	5.5	2500(真空或保护气氛中)
	钽 Ta	Ta100	15.5	2500(真空中)
	碳化硅 SiC	SiC94.9,SiO₂3.6,C0.3,Si0.3,Al0.2, Fe0.6,(CaO+MgO)0.6	≈10^5(1400℃)	1450
	二硅化钼 MoSi₂	Mo63,Si37	25	1680

1. Ni-Cr 合金　这是以镍基体建立热强性、以铬为主要合金元素保证高温抗氧化能力的镍基耐热合金。主要成分（质量分数）为 29%～80% Ni、15%～31% Cr，还有为获得要求的综合性能而加入的少量钙、铈、钛、硅、锆等元素，以及铁（余量），典型牌号为 Ni80Cr20。合金的特点是高温强度好，无磁性，成形加工和焊接性能好。实际上，电热合金工作时间很长而受力有限，主要应要求热稳定性高或抗气体介质腐蚀能力强，所以在典型成分的基础上，增加铁，降低镍，或加入少量铝、硅等，并调整铬的含量，于是形成了 Ni-Cr-Fe 系合金，如 Ni70Cr20Fe8、Ni60Cr15Fe20、Ni50Cr30Fe15 和 Ni70CrAl、Ni60CrAl3、Ni20CrAlSi 等，并取得了广泛应用。该系合金皆具有复杂的奥氏体相组织。铬含量高于 15%（质量分数）时无磁性，低于者有弱磁性，电阻率都很高。在加工过程中，典型的 Ni80Cr20 合金在 400～500℃范围内加热时常出现 K 状态，使电阻增大；而加铝的镍铬合金（如 Ni70CrAl、Ni60CrAl3 等）除此之外，在700～850℃温度区间保温时还形成 γ′相（Ni₃Al），使电阻和塑性降低。所以镍基合金产品加工之后，常常存在电阻率不稳定（比原始状态高）和塑性低的问题。为了恢复和稳定性能，镍基电热合金产品都必须进行最终软化热处理：加热到 950～1050℃，空冷或水冷。并且，产品使用前，升温至最高使用温度以下100～200℃，进行 7～10h 氧化处理，使元件表面生成致密的氧化膜保护层。

Ni-Cr 合金在氧化气氛、氮气、氩气中具有热稳定性，在含硫和硫化物的气氛中不稳定；热强性优良，比铁基合金好，可以用于电加热炉和通用仪表电热器。铝合金化的 Ni-Cr 合金在氧化气氛、氢气和真空中具有热稳定性，热强性也优于铁基合金，可以用于电加热炉、吊挂加热器用吊钩等。

2. Fe-Cr-Al 合金　它是以铁为基体，以抗氧化能力都很强并兼有强化作用的铬、铝为合金元素的铁基耐热合金。主要成分（质量分数）为 12%～30% Cr、4%～8% Al，为减轻脆性而加入的微量镧、铈、钇等稀土元素以及铁（余量）。主要牌号有 Cr15Al5、Cr23Al5、Cr42Al10 等。随铬含量增加，合金热强性和热稳定性增大，但脆性也增大，塑性加工性能变坏。合金为复杂的 α 固溶体结构，热强性较 Ni-Cr 合金低，但抗氧化性能更好，电阻率高，长期使用时晶粒长大，蠕变伸长量大，因价格较低，应用很广泛。

铁基合金的塑性较低，在冷成形加工时为防止裂纹产生，截面尺寸大的宜加热到 200～300℃，并在冷加工过程中及时进行再结晶退火，温度范围为650～850℃，加热速度不能太快，加热温度不要太高，高于900℃后晶粒会迅速粗化。铁基合金应特别注意：在450~550℃温度区间，发生因固溶体分解导致强度、硬度、冷脆性界限提高和电阻降低的问题。这就是合金被杂质元素及硅污染，于475℃左右保温后在室温下发生严重脆化的"475℃脆性"现象。消除这种现象的热处理方法是：加热到650℃以上而后水冷。另外，在合金产品出现塑性低下的情况下，也可以采用加热到740~760℃后水冷的热处理来恢复性能。一般，Fe-Cr-Al 合金的软化热处理退火是：加热到 750~800℃，然后快速冷却。产品使用前，亦宜进行使用温度上限之下的预氧化处理。

铁基合金的热稳定性比镍基合金好，在氧化、含碳、含硫和硫化物、氢气氛中以及真空中都具有热稳定性。在与低氧化铁含量的粘土陶瓷接触工作时也是稳定的（但不如镍基合金）。合金可用于电加热炉、受热作用的常用仪器仪表以及加热装置的电热器等。

3. 高熔点金属及非金属发热体材料　高熔点金属这里主要指 W、Mo、Ta。它们的熔点高，高温强度高，耐腐蚀性能好，但抗氧化特别是抗高温氧化能力差，广泛用作高温真空或保护气氛下的发热体和隔热屏，是非常重要的高温电热金属材料。

SiC 和 $MoSi_2$ 以及 ZrO_2 可在空气中直接加热到1400℃以上使用，对环境无污染；在真空中使用时，可以加热到2000℃以上，是很重要的常用高温电热非金属材料。

10.2　磁性合金的热处理

10.2.1　金属磁性的物理基础

10.2.1.1　物质磁性的分类

一切物质无论处于什么状态和条件下，都显示一定的磁性。磁性来源于物质的原子磁矩，而主要是原子的电子自旋磁矩。在外磁场中，物质的原子磁矩或电子磁矩受到作用而变化，因而单位体积的磁矩即磁化强度发生变化。一般，物质的磁化强度 M 与外磁场强度 H 成正比：$M = \chi H$，比例常数 χ 称为磁化率，是反映物质磁化本性的一种磁参量或磁性能。根据磁化率或磁化曲线（图10-22），物质按磁特性分为五种：①抗磁体，磁化率为负（$\chi < 0$），绝对值很小（$10^{-6} \sim 10^{-4}$），且与外磁场和温度无关，磁化曲线为直线（曲线1）。磁化时，物质的内部产生与外磁场 H 方向相反的微弱附加磁场 H'，与外磁场相斥，而使通过的磁力线减少，磁场减弱。非金属硅、磷、硫和金属铜、银、镉、汞等，都是典型的抗磁性物

质。②顺磁体，磁化率为正（$\chi > 0$），数值也很小（$10^{-5} \sim 10^{-2}$），也与外磁场无关，但与温度有强烈的关系，磁化曲线亦为直线（曲线2）。磁化时物质内部产生一与外磁场 H 方向一致的附加磁场 H'，与外磁场相吸，使磁场增大。但由于在常温下磁化很困难，磁场不会有明显的增大。稀土金属、碱金属和某些过渡金属（钛、钒、钼等）就是强烈的顺磁性物质。③铁磁体，磁化率很高（$\chi = 10 \sim 10^6$），在弱磁场中即容易被磁化，获得很高的磁化强度，并很快达到磁饱和。磁化强度与外磁场呈非线性关系（曲线3），但随温度的升高而逐渐减小，到居里温度 T_c 时铁磁性消失，转变为顺磁体。金属铁、钴、镍是最典型的铁磁性物质，它们在居里温度 T_c（相应为770℃、1131℃和358℃）以下，为磁性很强的铁磁体。④亚铁磁体，与铁磁体基本相似（曲线4），但磁化率和饱和磁化强度较低些，是原子磁矩未完全抵消而有净磁矩的磁体。铁氧体（由以 Fe_2O_3 为主要成分、与另一种或多种金属氧化物组成的复合氧化物），为目前应用最广泛的亚铁磁性材料。⑤反铁磁体，磁化率非常小（曲线5），一般在 $10^{-5} \sim 10^{-3}$ 之间，是相邻原子自旋磁矩反平行排列的磁体。其磁化率随温度的升高而增大，到奈尔温度 T_N 时达极大值，而后转变为顺磁性。金属铬、α-锰、氧化锰、氧化镍以及过渡金属的离子化合物等，是常见的反铁磁性物质。

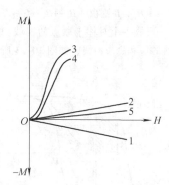

图 10-22　物质的磁化曲线示意图
1—抗磁性物质　2—顺磁性物质　3—铁磁性物质
4—亚铁磁性物质　5—反铁磁性物质

抗磁体和顺磁体以及反铁磁体皆属于弱磁性物质，也常被称为非磁性物质，在一般的磁性材料中较少有实际应用。但现在发现，它们在一些特殊器件中，例如在微波高频条件下，有很好的应用前景。铁磁体和亚铁磁体属于强磁性物质，是各种工业中应用最广的磁性材料，其中以铁、钴、镍为基的合金为最重要的和最主要的磁性合金。根据磁特性和应用特

点，强磁性合金通常分为软磁合金和永磁（或硬磁）合金两大类。

10.2.1.2　磁滞回线

铁磁物质在磁场中磁化时，随外磁场强度 H 值的增大，材料的磁感应强度 B 值很快增大，当磁场达到 H_s 值时，磁感应即达到饱和值 B_s，磁化曲线如图 10-23 中的 OaS 线所示。磁场 H 值接近于 O 时的磁化曲线的斜率 $(B/H)_{H=0}$ 称为初始磁导率 μ_i；过原点的磁化曲线的外切线的斜率为最大磁导率 μ_m。它们反映材料磁化的难易程度，数值越大，则对于高磁导率材料的性能越有利。

进行退磁时，磁场强度从 H_s 减小，磁感应强度也随之从 B_s 减小，但不按磁化曲线 OaS 回复，而沿较其更平缓的曲线减小。退磁曲线与磁化曲线的不重合，表明磁化的不可逆性。当磁场强度减小到 0 时，磁感应强度不降低到 0，而还剩余一定的值 B_r。磁感应强度 B 的减小滞后于磁场强度 H 减小的现象称为磁滞。为了使 B 减小到 0，必须施加反向磁场 $-H$，在其强度增大到 $-H_c$ 时，$B=0$。如果继续增大反向磁场，则磁体开始在反方向上磁化。$-H$ 增大，$-B$ 也增大，在 $-H_s$ 时反向磁化达到饱和，$B=-B_s$。此时，若减小反向磁场，则与上述过程相似，$-B$ 不断减小，而在 $-H=0$ 时，$B=-B_r$；为了使其降低至 0，必须再施加正向磁场到 H_c。H 继续增大到 H_s，材料再次达到磁饱和，$B=B_s$。所以，随 H 由 $+H_s\rightarrow0$$\rightarrow-H_s\rightarrow0\rightarrow+H_s$，$B$ 则由 $+B_s\rightarrow B_r\rightarrow0\rightarrow-B_s\rightarrow-B_r$$\rightarrow0\rightarrow+B_s$，形成一个对称于原点的回线。此回线即为铁磁材料的饱和磁滞回线，如图 10-23 所示。

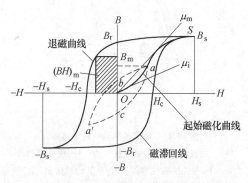

图 10-23　铁磁物质的磁滞回线

由磁滞回线可以确定材料的一些重要磁学性能。B_r 为剩磁感应强度，也简称剩磁，表示铁磁体磁化到饱和后，去除外磁场时的感应强度；H_c（或 H_{CB}）为矫顽力，表示铁磁体磁饱和后，为了使剩磁消失所需施加的反向磁场强度，它反映铁磁体显示磁性的顽强性。在回线的第二象限的退磁曲线上，有一个 B

和 H 乘积最大的点，这个点的 $(BH)_m$ 叫做最大磁能积，是衡量材料内部能够贮存能量大小的尺度。磁滞回线所包围的面积，表示单位体积材料磁化一个周期的能量损耗，叫做磁滞损耗。

铁磁体在反复进行饱和磁化和退磁时，H 和 B 皆按饱和磁滞回线变化，OaS 曲线只在完全退磁状态（H，$B=0$）磁化时出现，所以叫做起始磁化曲线。在磁化未达饱和时，如从起始磁化曲线上任一点进行退磁，则磁场经由 $H\rightarrow O\rightarrow-H\rightarrow O\rightarrow H$，$B$ 的变化皆形成小磁滞回线（见图 10-23 中的 $aba'ca$ 小回线）。小回线顶点的 B_m 叫做最大磁感应强度，小回线顶点的连线即构成起始磁化曲线。欲使铁磁体彻底退磁，必须施加不断降低幅度的周期性磁场。

按照磁滞回线的形状（见图 10-24）和基本磁特性，磁性合金大体上分为两大类：矫顽力 H_c 大、磁滞回线宽的硬磁合金和矫顽力 H_c 小、磁滞回线窄的软磁合金。

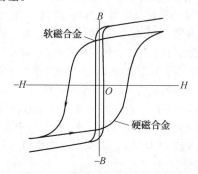

图 10-24　硬磁和软磁合金的磁滞回线

10.2.1.3　磁畴

理论和实验证明，铁磁体是由大量的微小磁区组成的，如图 10-25 所示。这些磁区叫做磁畴，体积约为 $10^{-6}\ mm^3$，含有约 10^{15} 个原子；宽度为 $10^{-1}\sim10^{-2}\ mm$，原子有 10^5 个以上。每个磁畴内原子的磁矩平行排列，皆有一个永久磁矩。磁畴和磁畴的边界叫做畴壁。畴壁的厚度约 $10^{-4}\ mm$，有约 1000 个原子层，其取向为从一个磁畴磁化方向逐步向另一磁畴磁化方向的过渡，如图 10-26 所示。

图 10-25　铁磁体磁畴示意图

铁磁体的每个磁畴都是自发磁化到饱和的小磁铁。过渡族元素如铁、钴、镍等的 3d 层都没有填满电子，相应有 4，3，2 个电子自旋磁矩未被抵消，因此产生原子磁矩。另外，当原子相互接近时，它们的电子发生相互交换，若自旋反向平行排列比同向平行排列的能量高，即交换能为正值时，未被抵消的电子自旋磁矩将自发地排向同一方向，发生自发磁化，形成磁畴，如图 10-27 所示。交换能的正负决定于原子间距离和未填满壳层的直径。计算表明，只有在原子间距 a 和 3d 层半径 r 的比值大于 3 时，交换能才为正值（铁、钴、镍的交换能均为较大的正值）。因此，原子存在未抵消的电子自旋磁矩和电子交换能为正值，是磁畴形成的必要条件和充分条件，它们同时也反映了铁磁材料原子结构的特点。

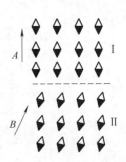

图 10-27 自发磁化示意图

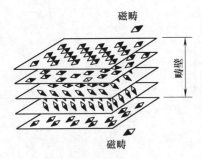

图 10-26 铁磁体畴壁结构示意图

铁磁体在完全退磁状态下，磁畴的磁化方向混乱分布，磁矩完全相互抵消，因而材料在宏观上不显示磁性。当施加外磁场时，那些磁化方向平行于外磁场的磁畴，以由原子磁矩转动所引起的畴壁移动的方式（见图 10-28），吞并反向磁畴而逐渐长大，最后使整个磁畴沿磁场方向排列。在去除外磁场后，如果磁畴的取向不能恢复原来的状态，则材料继续显示磁性，而产生剩磁。

由于存在磁畴，铁磁体在外磁场中无需依靠每个原子磁矩转动，使方向与磁场方向一致，而可由已自发磁化到饱和的磁畴为磁化单元，借助于所产生的附加磁场很容易地进行磁化。此外，在居里温度以上，由于热骚动大，磁畴消失，磁化极困难，铁磁体变成顺磁体而不显示磁性。

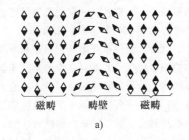

a)

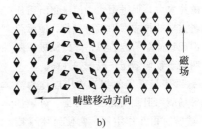

b)

图 10-28 畴壁移动示意图
a）畴壁内的自旋磁矩 b）施加磁场时畴壁的移动

10.2.1.4 几种磁能

磁畴除了主要决定于交换能外，它的取向和结构还与原子间磁的相互作用有关。这种相互作用主要表现为以下三种磁能。

1. 磁晶各向异性能 图 10-29 为铁磁体单晶沿不同晶向磁化时的磁化曲线。由于晶体的各向异性，铁沿 [100]、镍沿 [111]、钴沿 C 轴方向磁化，在最弱的磁场中也可达到磁饱和，即达到磁饱和所需的磁场能最低值。这些方向为易磁化方向。而铁的 [111]、镍的 [100]、钴的六方底面（0001）的各方向为难磁化方向。沿不同晶向磁化的难易程度不同，即所需能量不同的现象叫做磁晶各向异性。沿难磁化和易磁化方向磁化的磁化功的差称为磁晶各向异性能，其大小等于该两晶向磁化曲线所包围的面积。为了使磁能量最低，磁畴自发磁化趋向于易磁化方向，而铁磁体沿易磁化方向的磁性最好。

2. 磁弹性能 铁磁体在磁场中磁化时尺寸或体积发生变化的现象称为磁致伸缩。磁化时铁沿磁化方向伸长，镍则沿磁化方向缩短，而一般铁磁材料的体积变化很小。磁致伸缩和磁晶各向异性的起源相同，是由电子的自旋和轨道磁矩的耦合作用引起的。

磁致伸缩在磁体内造成应力，影响磁化过程的进

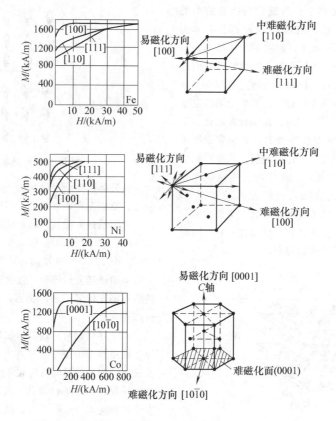

图 10-29　铁、镍、钴单晶的磁化曲线及难易磁化方向和面

行。沿磁场方向的拉应力，促进磁化，使磁化所需能量减小；垂直磁场方向的拉应力则阻碍磁化，使磁化所需能量增大。由磁致伸缩引起应力，导致促进或阻碍磁化的能量，叫做磁致伸缩能，或磁弹性能。

3. 静磁能　铁磁体与磁场的相互作用能称为静磁能。它包括外磁场能和退磁场能两个方面。外磁场能是铁磁体与外磁场的相互作用能，它使磁体（或磁畴）的磁化方向趋于磁场方向并达到磁饱和。退磁场能是铁磁体与自身退磁场的相互作用能。开路状态的铁磁体磁化后，产生磁极，在磁体内部形成减退外磁场作用的退磁场。退磁场能与磁体形状和磁化强度有关，使退磁因子（取决于磁体的几何形状）小的方向成为易磁化方向。

10.2.2　软磁合金的热处理

软磁合金主要用于制造电力和电子工业中的信息变换、传递和存储元件等。对它的基本要求是：矫顽力 H_c 小（磁滞损耗小，效率高），饱和磁感应强度 B_s 高（储能高），初始和最大磁导率 μ_i、μ_m 高（灵敏度高），以及性能的稳定性好。软磁合金的磁滞回线都很窄。在许多具体情况下，还要求合金具有较高

的耐蚀性、耐磨性，一定的机械强度，给定的线膨胀特性等物理、化学、力学性能。

软磁合金的磁导率、矫顽力和磁滞损耗等是很强的组织敏感性能，对合金中的杂质和非金属夹杂、晶体结构、结构的择优取向、晶体缺陷、内应力等非常敏感，而上述各项又取决于合金的成分、加工方法和热处理制度。为了保证高的软磁性能，必须使合金的组织尽可能地趋近于平衡状态，获得大晶粒，并消除各种晶体缺陷。最合适的软磁合金是纯铁族金属（特别是纯铁），以及铁基或其他铁磁金属基的单相合金，而热处理则主要是各种形式的退火操作。

主要的软磁合金有工业纯铁、硅钢、铁镍合金、铁铝合金以及新发展起来的非晶态合金等。

10.2.2.1　电工用纯铁

电工用纯铁有原料纯铁（DT1、DT2）、电磁纯铁（DT3、DT4、DT5、DT6）和电子管纯铁（DT7、DT8）等三种。它们的饱和磁感应强度高，磁导率高，矫顽力小，但电阻率低，铁损较大，是应用最早、易于加工和最便宜的软磁材料和原料。应用最广的为电磁纯铁，一般用于制造铁心、磁极、衔铁、磁屏等，它的成分、性能和应用特点见表10-22。

表 10-22 电磁纯铁的牌号、成分、主要性能和应用特点

牌号	主要成分[1](质量分数)(%) ≤					主 要 磁 性 能			应用特点
	C	Si	P	S	Al	H_c/(A/m) ≤	μ_m/(H/m) ≥	$B_{25}^{[2]}$/T ≥	
DT3	0.04	0.20	0.020	0.020	0.50	96	7.5×10^{-3}	1.62	不保证磁时效的一般电磁元件
DT3A						72	8.75×10^{-3}		
DT4	0.03	0.20	0.020	0.020	0.15 ~ 0.50	96	7.5×10^{-3}	1.62	在一定时效工艺下,保证无时效的电磁元件
DT4A						72	8.75×10^{-3}		
DT4E						48	11.25×10^{-3}		
DT4C						32	15×10^{-3}		
DT5	0.04	0.20 ~ 0.50	0.020	0.020	0.30	96	7.5×10^{-3}	1.62	不保证磁时效的一般电磁元件
DT5A						72	8.75×10^{-3}		
DT6	0.03	0.30 ~ 0.50	0.020	0.020	0.30	96	7.5×10^{-3}	1.62	在一定时效工艺下,保证无时效,磁性范围较稳定的电磁元件
DT6A						72	8.75×10^{-3}		
DT6E						48	11.25×10^{-3}		
DT6C						32	15×10^{-3}		

① 其余为 Fe。
② 磁场强度为 2500A/m 时的磁感应强度。

纯铁的磁性能与纯度有关。纯度越高,则软磁性能越好。影响最大的有害杂质是碳。它使磁导率下降,矫顽力提高,铁损增大,磁化困难(见图 10-30)。

碳、氧、硅、锰等降低铁的饱和磁感应强度(见图 10-31),溶解在纯铁的 α 相中时,间隙固溶杂质(如碳、氮、氧)的有害作用比置换固溶杂质(如硅、锰等)大。另外,碳、氮、氧还常以碳化物、氮化物、氧化物夹杂的形式出现在纯铁中。这时杂质对磁性能的影响,不仅与杂质的性质和数量有关,而且还与其颗粒大小、形状及分布有联系。杂质性质和基体差别越大,数量越多,颗粒越小,弥散度越大,呈针状或片状均匀分布时,对纯铁磁性能的破坏作用越大。尤其当杂质颗粒大小与畴壁厚度相当时,由于能阻碍畴壁的移动,使铁的磁化困难,而更降低其软磁性能。

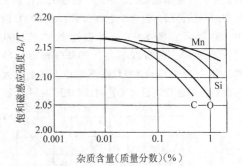

图 10-31 杂质对纯铁饱和磁感应强度的影响

纯铁的热处理有下述几种。

1. 人工时效 电工用纯铁在常温或 150℃以下长期使用,特别是当温度较高时,超过溶解度的碳从 α 相中析出,形成细小弥散的弱磁性相 Fe_3C,使硬度提高,致使磁导率明显下降(30% ~ 50%),铁损增大,矫顽力可能增大若干倍,这种现象叫做磁时效。氮和氧也能引起磁时效。为了避免发生磁时效,电工用纯铁在退火后,可以在130℃保温 50h 后空冷,或在 100℃保温 100h 后炉冷,进行一次人工时效处理,使组织和性能稳定化。

2. 高温净化退火 为了提高电工用纯铁的纯度,一方面冶炼时采用强烈的脱氧剂(如用 Al 或 Si 脱氧)真空去氧,以及真空重熔等先进工艺;另一方面就是在固态下在氢气中进行高温净化处理。在1200 ~ 1500℃的高温下长时间保温时,溶解在金属内部的碳、氮、氧、硫等杂质原子扩散到表面而被清

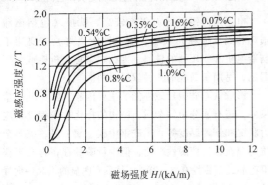

图 10-30 碳对纯铁磁化曲线的影响
注:图中的碳含量为质量分数。

除，它们的夹杂物（Fe_3C、Fe_4N、FeO 和 FeS）也可被还原而减少。一些不与氢起作用的少数杂质（如硅、锰、铜、铝）则保留在固溶体内，发生不大的坏作用。采用高温真空退火处理，同样可得到净化效果。电工用纯铁经净化退火以后，由于杂质含量降低和晶粒粗化，软磁性能大大提高，最大磁导率可提高一个数量级。例如，纯铁在氢气中于 1480℃ 保温 18h 后，缓慢冷却到 880℃，再保温 12h 后缓慢冷至室温时，得到的磁导率 $\mu_i \approx 25 \times 10^{-3}$ H/m；$\mu_m \approx 300 \times 10^{-3}$ H/m。

　　3. 去应力退火　冷加工造成纯铁内部多种晶体缺陷（位错、层错等），并引起内应力，增加磁畴壁运动的难度，使 H_c 增大，μ_m 值降低（见图 10-32）。为了消除这些不良影响，可以进行去应力退火或再结晶退火。退火温度对磁性能的影响如图 10-33 所示。退火温度高，晶粒粗大，于磁性能有利，所以去应力退火一般采用不发生 $\alpha \rightleftharpoons \gamma$ 相变的最高温度，避免冷却时发生相变使晶粒细化。因此，纯铁消除冷加工应力通常采用的再结晶退火工艺制度是：在 600℃ 以下装炉，随炉升温至 800℃，再慢速加热到 860 ~ 930℃，保温 4h，然后以不大于 50℃/h 的冷速冷至 700℃，最后随炉冷到 500℃ 以下出炉。整个退火在氢气或真空中进行。退火工艺曲线如图 10-34 所示。

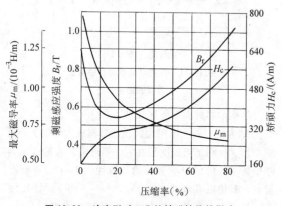

图 10-32　冷变形对工业纯铁磁性能的影响

10.2.2.2　电工用硅钢

　　电工用硅钢实际上就是工业纯铁中 $w(Si)$ 为 1% ~ 4.5% 的铁硅合金。它在室温下具有含硅的单相铁素体组织。硅溶于铁中形成置换固溶体，引起晶格畸变，使电阻率增大，涡流损耗减少。晶格畸变也使矫顽力增大，但因硅钢在高温下可获得粗大晶粒，且冷却时无相变引起的晶粒细化，所以总结果仍使矫顽力降低。另外，硅能促进碳的离析并与氧化合，减轻碳、氧在铁中间隙固溶的强烈有害作用，增大磁导率，使磁化变得比较容易，并降低磁滞损耗；同时因

减小了磁时效倾向，也提高了磁性能的稳定性。硅对磁性能的影响如图 10-35 所示。但硅的加入使钢的脆性增大，导热性降低，使材料的成形加工性能变坏，所以 $w(Si)$ 一般不超过 4.5%。

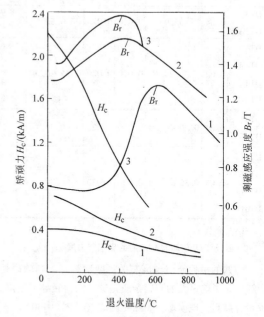

图 10-33　冷加工纯铁的磁性能与
退火温度的关系
压缩率：1—45%　2—94%　3—99.9%

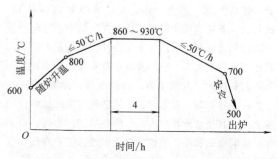

图 10-34　电工用纯铁的去应力退火工艺曲线

　　电工用硅钢磁感应强度较高，铁损（包括磁滞损耗和涡流损耗）较小，加工性能良好，主要用于制造电机和变压器的铁心，因此也常称电机钢或变压器钢，是用量最大的一种软磁材料。

　　影响铁心硅钢片磁性能的主要因素，除了硅含量以外，还有成分中的杂质、结构的择优取向程度、应力状况和钢片厚度等。①硅钢中碳、氧、氮、硫等杂质的存在，均使磁性恶化，但少量磷的存在有利于获得粗晶，对磁性有益；②铁素体具有明显的磁晶各向异性，易磁化方向为 ⟨100⟩。当大多数晶粒的（110）面平行于硅钢片轧制时的轧面，[001] 方向平行于轧向，

形成高斯织构（110）［001］时，硅钢片沿轧向有良好的磁性，为单取向硅钢片；而当大多数晶粒的（100）面平行于轧向，一个［001］方向平行于轧向，另一个［010］方向垂直于轧向，形成立方织构（100）［001］时，则硅钢片沿轧向和垂直轧向均有良好的磁性，为双取向硅钢片；③磁性对应力比较敏感，加工过程中产生的任何应力均使磁性恶化；④硅钢片的厚度越大，涡流损耗也越大。所以，为了获得高磁性，硅钢片应该是杂质（特别是碳）少、晶粒大、取向度高的薄铁硅合金片。这就是硅钢片生产工艺安排的原则。

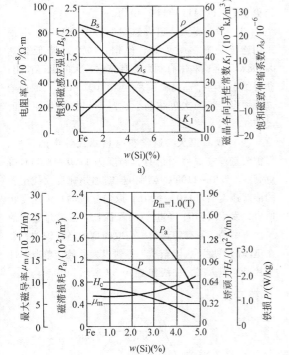

图 10-35　硅含量对电工用硅钢磁性能的影响

高性能硅钢片的生产工艺是：冶炼出给定硅含量和最低碳含量［实际上 $w(C)$ 一般约为 0.05%］的钢坯，然后热轧成约 2.5mm 厚的钢带，最终冷轧为常用厚度 0.5 ~ 0.35mm 的薄钢片。冷轧之前要进行退火，并在此道工序中把 $w(C)$ 降到 0.02% 以下；最后要进行成品的高温退火，以消除加工硬化和使晶粒粗化。这两种退火是硅钢片生产中最典型和最重要的热处理。如果冷轧变形度较大（45% ~ 60%），得到的是有织构的组织，取向度约达 90%；若冷轧变形较小（<7% ~ 10%），则获得取向度小的组织。如果只在热态下轧制，则硅钢片得不到织构，沿轧向和垂直轧向的性能一样。因此，根据织构取向的特点，硅

钢片分为无取向热轧硅钢片、低取向度冷轧硅钢片和取向冷轧硅钢片。它们的磁性能见表 10-23。

表 10-23　电工用硅钢片的磁性能

钢牌号		磁感应强度 B_{25}/T	单位重量铁损 $P_{10/50}^{①}/(W/kg)$
热轧硅钢片（厚度 0.50mm）	D11	1.53	3.20
	D12	1.50	2.80
	D21	1.48	2.50
	D22	1.51	2.20
	D31	1.46	2.00
	D32	1.50	1.80
	D41	1.45	1.60
	D42	1.45	1.35
	D43	1.44	1.20
低取向度冷轧硅钢片（厚度 0.50mm）	D1100	1.53	3.30
	D1200	1.53	2.80
	D1300	1.55	2.50
	D3100	1.50	1.70
	D3200	1.48	1.50
取向冷轧硅钢片（厚度 0.50/0.35mm）	D310	1.70/1.70	1.15/0.90
	D320	1.80/1.80	1.05/0.80
	D330	1.85/1.85	0.95/0.70

① 用 50 周波反复磁化到最大磁感应强度达 1T 时的单位重量铁损。

1. 热轧硅钢片的热处理　热轧无取向硅钢片是含硅的低碳镇静钢板坯，经多次加热连续热轧或叠片热轧制成的。成品在连续式隧道炉、箱式炉或带钢连续炉中退火。退火温度和时间随硅钢片品种及生产工艺的不同，一般为 700 ~ 1200℃ 和保温一天到数天，炉内通保护气体，通过去除应力、脱碳和晶粒长大，使产品达到性能要求。

热轧无取向硅钢片的性能不如冷轧取向硅钢片（见图 10-36），有逐渐被后者取代的趋势。

2. 冷轧无取向硅钢片的热处理　冷轧无取向实际上是低取向。冷轧硅钢片的磁性较高，厚度较均匀，表面质量较好。许多情况下（如电机用硅钢片）要求硅钢片磁各向同性，所以 20 世纪 50 年代以后出现了冷轧无取向硅钢片，并且发展很快。这种硅钢片目前一般采用一次冷轧或临界变形法生产，其工艺流程为：冶炼→铸锭→初轧开坯→热轧→酸洗→冷轧（→中间退火→临界变形）→成品热处理。生产方法的基本思想是：通过冷轧制度和最终热处理制度的适当配合，破坏择优取向，获得各向同性。一次冷轧法生产效率高，但因无中间退火的脱碳过程，难以保证

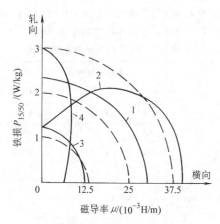

图 10-36　热轧和冷轧取向硅钢片
的磁性与取向的关系

1—热轧无取向硅钢片[$w(Si)$=4%]的 $P_{15/50}$
2—冷轧单取向硅钢片的 $P_{15/50}$　3—热轧无
取向硅钢片在1T时的 μ 值　4—冷轧单
取向硅钢片在1T时的 μ 值

高磁性。临界变形法是在冷轧中间退火后进行变形，破坏已产生的各向异性，同时获得大晶粒。压下率一般为8%~10%，但此法常保留一定的各向异性。

中间退火在800~900℃干氢气或保护气氛中进行。

最终成品热处理有低温和高温退火两种。①在900℃以下退火时，二次再结晶不能显著进行，磁各向异性不大，磁感应强度高；②最终退火温度高于1100℃时，由于发生 $\alpha \rightarrow \gamma$ 转变，破坏了晶粒的择优取向，使磁各向异性降低。最终退火均在氢气或保护气氛中进行，采用罩式炉或连续炉处理。

3. 冷轧取向硅钢片的热处理　为了获得高磁性的单取向硅钢片，钢中必须含有有利杂质。它们在850℃以下呈细小颗粒弥散分布在钢内，稳定地抑制晶粒长大；但在850℃以上能溶解于基体中，便于二次再结晶的进行，并可促进（110）[001]取向的优先长大，而在高温下则易分解而被去除。常用杂质为硫化物、氮化物和碳化物，如MnS、AlN、VC等。

具有高斯织构的单取向冷轧硅钢片的典型生产流程为：冶炼→铸锭→开坯→热轧（至厚约2.2mm）→退火→酸洗→冷轧（至厚约0.7mm）→中间退火→冷轧→（至最终厚度0.35mm）→脱碳退火→成品退火→涂层→拉伸回火→成品。在这个生产过程中，热处理对产品的生产和最终性能都有极重要的作用，各道热处理的目的和工艺说明如下。

（1）黑退火。将杂质（有利杂质除外）含量较少的热轧钢带，在冷轧之前，于760~780℃保温8~

15h，然后炉冷。目的是将钢中的 $w(C)$ 脱至0.02%以下，以有利于以后促进获得高斯织构的杂质均匀析出，并获得细小的晶粒，为冷轧和后续工序作组织准备。

（2）中间退火。经第一次冷轧后，钢带即成为最后的冷轧坯带，同时获得冷轧（变形）织构，为再结晶织构的形成创造条件。中间退火一般在800~900℃进行，炉中通湿氢或分解氨，保温数分钟。目的是软化组织；为高斯织构的形成提供一定量的（110）[001]取向晶粒和可变为此种取向的（111）[11$\bar{2}$]取向晶粒；同时进一步脱碳，使$w(C)$降低到约0.01%。第二次冷轧后钢带达到最终尺寸，并获得更多更强的(111)[11$\bar{2}$]织构。

（3）脱碳退火。退火温度为780~830℃，一般采用连续炉通湿氢处理，使钢中$w(C)$降低到达0.008%以下；利用有利杂质对晶粒长大的阻碍作用；获得细小的再结晶晶粒；并使（110）[001]取向的晶粒增多，为二次再结晶生成高斯织构提供更多的晶核。

（4）成品退火。通常在电热罩式炉中的氢气、保护气氛或在真空下进行，温度为1150~1200℃或更高。在950~1100℃范围内控制加热速度，使杂质的溶解速度与（110）[001]取向晶粒的长大速度相适应，发生（110）[001]的择优长大。通过这样的二次再结晶，获得完善的、高取向度的高斯织构，并在更高的温度下去除杂质，得到粗大晶粒。单取向硅钢片最终退火工艺曲线如图10-37所示。

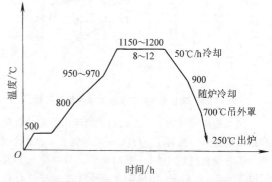

图 10-37　单取向硅钢片最终退火工艺曲线

（5）拉伸回火。硅钢片涂绝缘层后要进行拉伸回火。回火温度为700~750℃，氢气保护，拉伸应力不大于10MPa，变形量不超过0.2%。回火的目的是矫正钢卷在高温退火中产生的板面弯曲和轧制时的翘变，并可使铁损降低和磁感应改善。

除单取向外，还有具有立方织构的双取向硅钢片。其生产方法是，以高纯度单取向硅钢片为原料，采用两次冷轧（变形率为 60% ~ 70%），在 1050℃进行中间退火，最终退火在 1150 ~ 1200℃进行，保温 7 ~ 10h。此法生产的成品取向度高，但厚度不能超过 0.20mm，大厚度双取向硅钢片采用柱状晶法生产。将坯带顺其柱晶轴向热轧，然后在高真空或干氢中进行长时间高温（1200 ~ 1300℃）退火，使 $w(C)$ 脱至约 0.002%，并以 40% 的压下率冷轧。这种方法获得的立方织构的取向度较低。目前，双取向硅钢片应用还不多。

10.2.2.3　铁镍合金

铁镍软磁合金常称坡莫合金。与纯铁和电工钢相比，它的特点是，在弱磁场中有很高的磁导率和很低的矫顽力，磁损也小，常具有矩形磁滞回线；广泛应用于电信、计算机和控制系统。

图 10-38 所示为铁镍合金相图。$w(Ni) < 30\%$ 时，合金中有 $\alpha \rightleftharpoons \gamma$ 相变，$w(C) > 30\%$ 时，合金呈单相 γ 固溶体状态，加热和冷却时不发生 $\gamma \rightleftharpoons \alpha$ 相变。当冷却经过居里点时，合金由顺磁性 γ 相转变为铁磁性 γ 相。含约 $w(Ni)$ 79.5% 的合金缓慢冷却时，在 506℃时发生有序化转变，形成"超结构"相 $FeNi_3$。此有序化转变与合金中的其他元素和冷却速度有关。Mo、Cu、Cr 等阻碍有序化过程的发展，使有序化转变温度下降，Mn 等则相反。在转变温度范围内，改

变冷却速度可以控制有序化发展的程度。

图 10-39 所示为铁镍合金各种磁性能与镍含量的关系。$w(Ni)78\% \sim 80\%$ 的合金的饱和磁致伸缩系数 λ_s 和磁晶各向异性常数 K_1 都接近于零，初始及最大磁导率 μ_i 和 μ_m 都具有极大值；$w(Ni)$ 为 50% 合金的饱和磁感应强度 B_s 值高，电阻率 ρ 也高；$w(Ni)$ 为 65% 合金的居里温度 T_c 最高，有利于获得较好的磁场热处理效果。这些铁镍合金都是优良的导磁合金。

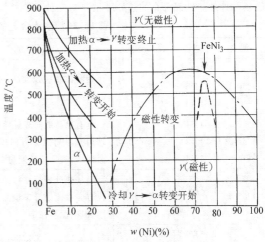

图 10-38　铁镍合金相图

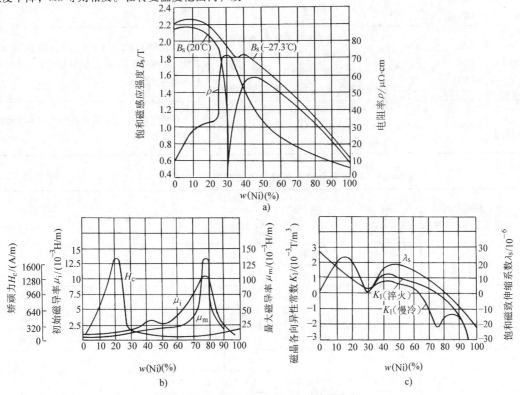

图 10-39　铁镍合金各种磁性能与镍含量的关系

铁镍软磁合金的种类较多,根据其特性和用途可进行表 10-24 所示的分类。它们的主要成分和磁性能见表 10-25。

合金的磁性能除了决定于成分、成分的均匀性和杂质状态以外,许多组织敏感性能还取决于组织结构、结构的均匀性、结构的取向特性、晶格畸变状态和晶粒大小等,所以磁性合金要进行热处理。对于各向异性合金,特别是矩磁合金和恒磁合金,还要进行磁场热处理。铁镍合金的热处理主要有三种。

1. 中间退火　铁镍合金的塑性很好,可以冷轧成薄带或极薄带(如高频用厚 0.01 ~ 0.005mm 的薄带)。薄带由多次冷轧获得,变形量较大,对于 1J50 类合金,采用中等压下率,压下率一般为 60% ~ 80%。为了进一步变形加工,必须进行中间退火。为了改善磁性元件机械加工的工艺性能,也应进行预备热处理(退火)。这类中间退火或预先热处理均在真空或氢气中进行。加热温度为 850 ~ 870℃,保温 1 ~ 4h,然后以 200 ~ 300℃/h 的冷速冷至 600℃,再空冷或炉冷。

表 10-24　铁镍合金的类型、性能特点和主要用途

类型	牌号	$w(Ni)$ (%)	磁性能特点	主要用途
1J50 类	1J46 1J50 1J54	36 ~ 50	饱和磁感应强度高,磁导率低和矫顽力较大	中小功率变压器,扼流圈和控制微电机等的铁心
1J51 类	1J51 1J52 1J34	34 ~ 50	具有晶粒取向或磁畴取向(磁场热处理后),沿易磁化方向磁化具有矩形磁滞回线,其他磁性能与 1J50 类相近	中小功率的、高灵敏度的磁放大器,中小功率的脉冲变压器和记忆元件
1J65 类	1J65 1J67	~ 65	磁场热处理后获得磁畴取向,沿易磁化方向直流磁导率最高,磁滞回线呈矩形,但磁性不稳定	中等功率的磁放大器和扼流圈,计算机的记忆元件,但合金的电阻率低,不宜在较高的频率下使用
1J79 类	1J79 1J80 1J83 1J76	74 ~ 80	在低磁场下有很高的最大磁导率,初始磁导率仅次于 1J85 类合金,矫顽力也很低,但饱和磁感应强度不高	在低磁场下使用的高灵敏性的小功率变压器,小功率磁放大器、继电器、扼流圈和磁屏蔽等
1J85 类	1J85 1J86 1J77	80 81 77	具有最高的初始磁导率,极低的矫顽力和很高的最大磁导率,对微弱信号反应灵敏,电阻率比 1J79 类高,但饱和磁感应强度低,应力对磁性的影响很明显	仪表和电信工业中作扼流圈,音频变压器,高精度电桥变压器、互感器、快速磁放大器以及精密电表中的动片和定片
1J66 (恒磁)类	1J66	~ 65	横向磁场热处理后具有磁畴取向,在相当宽磁场,一定宽的温度和频率范围内磁导率不变	各种用途的恒电感,中等功率的单极性脉冲变压器等

表 10-25　铁镍合金的主要成分和磁性能(厚度 0.05 ~ 0.09mm)

牌号	主要成分[①] (质量分数)(%)	μ_i/ (H/m) ≥	μ_m/ (H/m) ≥	H_c/ (A/m) ≥	B_s/ T ≥	B_r/B_m ($H=80A/m$) ≥	T_c/ ℃	ρ/ $\mu\Omega \cdot cm$
1J46	Ni46	2.875×10^{-3}	27.5×10^{-3}	24	1.5		480	45
1J50	Ni50	3.5×10^{-3}	35×10^{-3}	20	1.5		500	45
1J51	Ni50		62.5×10^{-3}	16	1.5	0.9	500	45
1J65	Ni65		187.5×10^{-3}	4.8	1.3	0.9	600	25
1J34	Ni34Co29Mo3		112.5×10^{-3}	9.6	1.5		610	50
1J54	Ni50Cr4Si	2.5×10^{-3}	25×10^{-3}	16	1		360	90
1J79	Ni79Mo4	22.5×10^{-3}	137.5×10^{-3}	2.8	0.75		450	55
1J80	Ni80Cr3Si	25×10^{-3}	112.5×10^{-3}	3.2	0.65		330	62

（续）

牌号	主要成分[1] （质量分数）(%)	μ_i/ （H/m）$\geqslant$	μ_m/ （H/m）$\geqslant$	H_c/ （A/m）$\geqslant$	B_s/ T $\geqslant$	B_r/B_m （$H=80A/m$） $\geqslant$	T_c /℃	ρ /$\mu\Omega \cdot cm$
1J85	Ni80Mo5	35×10^{-3}	137.5×10^{-3}	2.4	0.7		400	56
1J77	Ni77Cu4Mo5	37.5×10^{-3}	175×10^{-3}	2	0.6		—	62
1J76	Ni76Cu5Cr2	22.5×10^{-3}	125×10^{-3}	3.2	0.75			65
1J67	Ni65Mo2		250×10^{-3}	4.8	1.2	0.9	560	47
1J52[2]	Ni50Mo2		87.5×10^{-3}	16	1.4	0.9	500	60
1J83	Ni80Mo3	8.75×10^{-3}	187.5×10^{-3}	2.4	8.2	0.8	480	50
1J86	Ni81Mo6	50×10^{-3}	187.5×10^{-3}	1.44	0.6		400	70
1J66[2]	Ni65Mo1	感应磁导率 $\mu_e \geqslant 3.75 \times 10^{-3}$		交流稳定值 $\alpha \sim \leqslant 7(\%)$		交直流稳定值 $\alpha \simeq \leqslant 6(\%)$		温度稳定值 $\alpha_T \leqslant 5(\%)$

① 其余为 Fe。

② 厚度为 0.05 ~ 0.10mm。

2. 高温退火　软磁合金的最终热处理多为高温退火，目的在于消除应力，净化成分，获得均匀的组织，调整和提高磁性能。

（1）退火介质。软磁合金的高温退火必须在保护气氛（通常用氢）或真空中进行，以防氧化并去除杂质。

在氢气中，温度越高，薄带厚度越小，杂质越易于从内部扩散到表面而被清除。氢的纯度越高，流量越大，去除杂质的效果越好。氢气应干燥，露点在 -40℃ 以下。在真空中，溶解在合金中的气体较易从表面逸出，一些杂质化合物也较易分解挥发，使合金净化。真空度和温度越高，净化效果越好。一般，真空度应不低于 1.33Pa。

实践表明，非真空冶炼的合金，采用真空处理效果较好；而真空冶炼的合金，以采用氢气处理较为适宜。厚度小于 0.05mm 的薄带，特别是含铬、硅的合金，对氢纯度要求较高，不论真空或非真空冶炼，一般以真空热处理为好。但若有高纯氢气，由于其高温下的还原能力很强，则无论何种方法冶炼的合金，氢气退火更为适宜。在氢气中处理时，要注意合金的渗氢问题。为此，必须采取缓冷或氢气-真空双联处理，以保证磁性能和力学性能不受影响。

（2）加热条件。加热速度对软磁合金一般不很重要。为了最好地消除应力，净化成分，获得要求的组织和较好的磁性能，铁镍合金的退火温度都选定在 1000 ~ 1300℃ 之间。提高退火温度可显著提高合金的磁导率（见图 10-40），明显地降低矫顽力。但温度过高时会引起变形。除超低矫顽力合金的退火温度为 1300℃ 外，一般高导磁铁镍合金的退火温度多在 1100℃ 左右。对于要求具有矩磁特性的铁镍合金，因

经过较大的冷轧变形，压下率常在 95% 以上，为了避免织构的破坏，退火温度可以低一些，常选在 1000℃ 以下，图 10-41 和图 10-42 所示为退火温度对 Ni29Mo4 合金的磁导率、矫顽力和矩形比的影响。采用较低的退火温度，对合金的力学性能和防止变形也较为有利。

退火保温时间与合金的类型、元件尺寸、装炉量、性能的要求等因素有关，一般为 3 ~ 6h；矩磁合金的时间为 2h 左右。

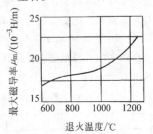

图 10-40　w(Ni) 为 45% 铁镍合金的磁导率与退火温度的关系

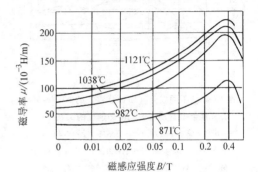

图 10-41　退火温度对 Ni29Mo4 合金磁导率的影响

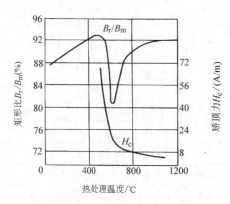

图 10-42 退火温度对 Ni79Mo4
合金矫顽力和矩形比的影响

（3）冷却制度。退火加热后的冷却方法对铁镍
软磁合金的磁性具有极重要的作用。合金的有序化程
度直接影响磁晶各向异性常数 K 和磁致伸缩系数 λ，
因而影响磁导率 μ 的大小。从退火温度 1100℃ 到接
近有序化转变温度 600℃，一般采用 150～200℃/h 的
冷却速度，平稳地进行冷却。冷速不宜超过250℃/h，
以免产生内应力，导致磁性下降。

在有序化转变温度范围（600～400℃）内，冷
却速度尤须适当，以使 K 值和 λ 值趋近于零或足够
小，得到尽可能高的磁导率 μ。图 10-43 所示为不同
成分的 Ni-Fe-Mo 合金磁导率与退火冷却速度的关系。
它表明随合金中钼含量的增加，对应于最大初始磁导
率的最佳冷却速度降低。这是钼阻止 FeNi$_3$ 有序相形
成的结果。图 10-44 所示为 Ni-Fe-Mo 合金中镍含量
对最佳冷却速度的影响。可见镍含量越高，获得高磁
导率的冷却速度越大。

一般，对于 $w(\mathrm{Ni})<65\%$ 的合金，由于有序化转

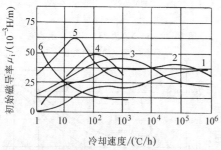

图 10-43 不同成分（质量分数）的 Ni-Fe-Mo
合金磁导率与退火冷却速度的关系
1—Ni79.8%，Fe17.2%，Mo3% 2—Ni80.1%，
Fe15.9%，Mo4% 3—Ni80.5%，Fe14.5%，
Mo5% 4—Ni80.5%，Fe14.3%，Mo5.2%
5—Ni80.9%，Fe13.1%，Mo6% 6—Ni81.3%，
Fe11.7%，Mo7%

变不明显，冷却速度的作用不大，允许采用较快的冷
却速度，但以不引起较大内应力为原则。

3. 磁场退火 有些软磁合金在高温退火之后还
要进行磁场退火。磁场退火有两种方法：一种是将
合金重新加热到居里点以上约 50℃（600℃左右），
保温一段时间后，在磁场中缓慢冷却；第二种是加
热到居里点以下一定温度（400℃左右），加磁场并
保温较长时间，再进行冷却。后者叫做等温磁场退
火。经过磁场退火后，合金中的磁畴采取与外磁场
方向一致的分布，形成磁织构，显示出在外磁场方
向上的单轴各向异性，沿磁场方向和垂直磁场方向
的磁性能产生明显的差异。图 10-45 是 $w(\mathrm{Ni})$ 为
50% 铁镍合金的磁导率经一般退火和磁场退火后的
变化曲线。

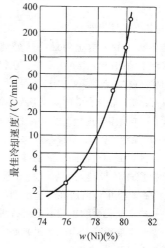

图 10-44 Ni-Fe-Mo 合金中镍含量
对最佳冷却速度的影响

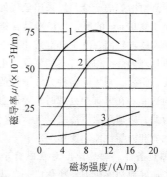

图 10-45 $w(\mathrm{Ni})$ 为 50% 铁镍合金的磁导率
经热处理后的变化曲线
1—沿外磁场方向退火 2—无磁场的退火
3—垂直外磁场的方向退火

矩磁合金通常进行纵向磁场退火，即热处理时使
磁场方向与应用时的磁化方向一致。退火后合金的 μ

值和 B_r 值提高（图 10-45 中曲线 1 在曲线 2 之上），H_c 和铁损降低，矩形比 B_r/B_m 增大，磁滞回线呈矩形，如图 10-46 所示。恒磁合金则进行横向磁场退火，使磁场方向与应用时的磁化方向垂直。这时合金的 μ 值和 B_r 值下降（图 10-45 中曲线 3 在曲线 2 之下），磁滞回线呈扁平状，μ 值在一定磁场强度范围内变化不大。

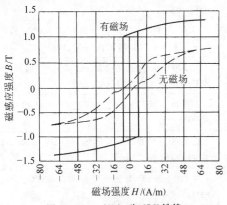

图 10-46　$w(Ni)$ 为 65% 铁镍
合金的磁滞回线

必须提出的是，磁场退火前、高温退火后的合金应处于无序状态，以保证随后在磁场的作用下形成磁织构。否则，由于有序状态下结构稳定而使磁场退火的效果降低。另外，合金的居里点对磁场退火的效果有影响。居里点低时，因磁场退火的温度较低，形成磁织构所必需的原子扩散较为困难，磁场热处理的效果较小。对于依靠磁场热处理产生磁各向异性的合金，居里点越高效果越大。图 10-47 所示为铁镍合金的最大磁导率与居里温度的对应关系。

常用高导、矩磁和恒磁铁镍合金的热处理工艺见表 10-26。

10.2.2.4　铁铝合金

铁铝合金是一类较重要的软磁合金。它具有较高的磁导率，密度较小，电阻率较高，铁损小，硬度高，耐磨性好，有较好的防锈和耐锈性能，对应力不敏感，抗振动和耐冲击性能好，磁时效不严重。价格也比较便宜。但铝含量较高 [$w(Al) > 10\%$] 时，合金变脆，塑性降低，加工比较困难。

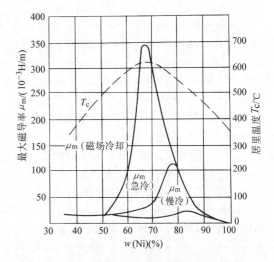

图 10-47　铁镍合金最大磁导率与居里温度的对应关系

$w(Al) < 34.4\%$ 的铁铝合金在高温下的组织皆为含铝铁素体。在这个成分范围内，随铝含量和温度的变化，合金中发生 FeAl 和 Fe_3Al 的有序转变和磁性转变（见图 10-48）。改变成分和进行热处理，可以显著改变铁铝合金的磁性能。图 10-49 所示为主要磁性能的变化。由图可见，高导磁合金的铝含量（质量分数）应为 16% 或 12%（见图 10-49a）；高磁感应合金的铝含量（质量分数）约为 6%（见图 10-49b）；高磁致伸缩合金的铝含量质量分数为 14%（见图 10-49c）。

按照性能特点和用途，我国生产的铁铝磁性合金主要有四种牌号。其牌号、特点和用途见表 10-27，其主要性能见表 10-28。

表 10-26　铁镍合金的热处理工艺

合金牌号	退火介质	加热温度及速度	保温时间	冷却制度
1J46 1J50 1J79	氢气或真空	1050～1150℃随炉升温	3～6h(根据尺寸 与装炉量定)	以 100～200℃/h 速度冷却到 300℃出炉
1J51	氢气或真空	1050～1100℃随炉升温	1h	以 100～200℃/h 速度冷却到 300℃出炉
1J65	第一步同上	1000～1150℃随炉升温	3～6h(根据尺寸 与装炉量而定)	以 100～200℃/h 速度冷却到 300℃出炉
1J34	第二步氢气	650～700℃	1～2h	在 1200～1600A/m 磁场中以 30～100℃/h 速度 冷却到 200℃出炉

（续）

合金牌号	退火介质	加热温度及速度	保温时间	冷却制度
1J54	氢气或真空	1100～1150℃随炉升温	3～6h（根据尺寸与装炉量而定）	以100℃/h速度冷却到300℃出炉
1J80	氢气或真空	1100～1150℃随炉升温	3～6h（根据尺寸与装炉量而定）	以100～200℃/h速度冷却到400℃出炉
1J85	氢气或真空	1100～1200℃随炉升温	3～6h（根据尺寸与装炉量而定）	以100～200℃/h速度冷却到480℃，再快冷到400℃出炉
1J77	氢气或真空	1100～1200℃随炉升温	3～6h	以100～150℃/h的速度冷却到500℃，然后以30～50℃/h的速度冷却到300℃出炉
1J76	氢气或真空	1100～1150℃随炉升温	3～6h	以100℃/h的速度冷却到500℃，然后以10～50℃/h的速度冷却到300℃出炉
1J67	第一步同上	1100～1150℃随炉升温	3～6h	以100～200℃/h的速度冷却到600℃，炉冷到300℃
	第二步氢气	650℃随炉升温	1h	在1200～1600A/m恒磁场中以30～100℃/h的速度冷却到200℃出炉
1J52	氢气或真空	1050～1150℃随炉升温	1h	以100～200℃/h的速度冷却到600℃，炉冷到300℃出炉
1J83	氢气或真空	1050～1150℃随炉升温	3～5h	以100～200℃/h的速度冷却到600℃，炉冷到300℃出炉
1J86	氢气或真空	1100～1200℃随炉升温	3～6h	以100℃/h的速度冷却到600℃，然后以30～100℃/h的速度冷却300℃出炉
1J66	第一步氢气	1200℃随炉升温	3h	以100℃/h的速度冷却到600℃，再炉冷到300℃出炉
	第二步氢气	650℃随炉升温	1h	在大于1600A/m的横向磁场中以50～100℃/h的速度冷却到200℃出炉

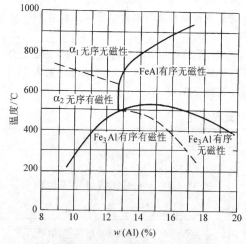

图10-48　铁铝合金相图（左下部分）

铁铝合金的生产工艺流程是：真空冶炼→钢锭剥皮→锻造→热轧→温轧（1J12、1J13、1J16）或冷轧（1J6）→软化处理→成品加工→最终热处理→测试→包装。在这个流程中，热处理有以下几个过程。

1. 软化处理　1J6、1J13和1J12经温轧或热轧制成的带材，因铝含量较高而较硬较脆，进行冲、剪、弯等加工之前，必须先经过软化处理，降低硬度，提高塑性。软化处理的推荐工艺见表10-29。软化退火温度不高，且合金的抗氧化性能较好，加热可以在空气中进行。铁铝合金即使进行了软化处理，其加工还是比铁镍合金更耗费模具。1J6的加工塑性较好，一般可不进行软化处理。

2. 最终热处理　最终热处理为高温退火，由它保证产品的性能。

（1）退火介质。处理在保护气氛中进行。这除了使合金进一步净化外，还可防止铝的渗氮和高温挥发。目前较多采用氢气气氛，效果较好。炉内气氛的露点应在-60℃以下。也可采用真空。在空气中处理时，合金的磁性能下降。

（2）加热条件。升温速度对磁性影响不大，多随炉升温，时间约 2h。在再结晶温度（约750℃）附近放慢升温速度对晶粒长大有利，于磁性也有好处。

高温退火的目的是使轧制后的合金发生再结晶，消除加工硬化；通过扩散实现净化；获得无序的结构状态和粗化晶粒，为使产品最终获得高磁性创造条件。加热温度应远高于图 10-48 中 FeAl 的有序无序转变温度。例如，1J16 和 1J13 的退火温度多定在 1100℃ 左右，保温时间一般采用 2h；温度低时采用 3h。

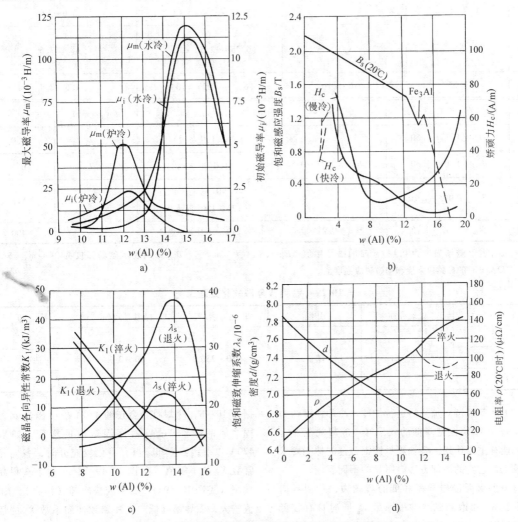

图 10-49　铁铝合金主要磁性能以及有关性能随铝含量的变化

a) 最大磁导率与初始磁导率　b) 饱和磁感应强度与矫顽力　c) 磁晶各向异性常数与饱和磁致伸缩系数
d) 密度与电阻率

表 10-27　铁铝合金的牌号、特点和用途

牌号	$w(Al)(\%)$	特　点	主　要　用　途
1J6	5.5 ~ 6.0	在铁铝合金中有最高的饱和磁感应强度，其磁性能不如硅钢片，但有较好的耐蚀性能	微电动机、电磁阀的铁心
1J12	11.6 ~ 12.4	磁导率和饱和磁感应强度介于 1J6 与 1J16 之间，与 1J50 属于同类型的合金。有高的电阻率的抗应力、耐辐照的能力等	控制微电动机、中等功率的音频变压器、脉冲变压器和继电器等的铁心
1J13	12.8 ~ 14.0	与纯镍相比，饱和磁感应强度高，矫顽力低，饱和磁致伸缩系数接近，但抗腐蚀性能不如纯镍	水声和超声器件，如超声清洗、超声探伤、研磨、焊接等器件
1J16	15.5 ~ 16.3	在铁铝合金中，它的磁导率最高，矫顽力最低，但饱和磁感应强度不高	在低磁场下工作的小功率变压器磁放大器、互感器、磁屏蔽等

表 10-28　铁铝合金的主要性能

牌号	厚度/mm	$\mu_{0.4}$/(H/m)	μ_m/(H/m)	H_0/(A/m)
1J6	0.35		$(3.75 \sim 7.5) \times 10^{-3}$	32 ~ 48
1J12	0.2 ~ 0.5		$(1.88 \sim 62.5) \times 10^{-3}$	5.6 ~ 12
1J13			$(6.25 \sim 12.5) \times 10^{-3}$	48 ~ 57.6
1J16	0.35	$(5 \sim 10) \times 10^{-3}$	$(62.5 \sim 125) \times 10^{-3}$	1.6 ~ 2.4

牌号	B/T	B_r/T	$\rho/\mu\Omega \cdot cm$	d/(g/cm³)	T_c/℃
1J6	$B_{25} = 1.35 \sim 1.50$		70(退火后)	7.2	730
1J12	$B_{32} = 1.10 \sim 1.30$	$B_{r32} = 0.25 \sim 0.50$	100(退火后)	6.7	655
1J13	$B_{24} = 1.005 \sim 1.10$		90(退火后) 125 ~ 130(淬火后)	6.6	510
1J16	$B_{24} = 0.65 \sim 0.75$	$B_{r24} = 0.27 \sim 0.35$	140 ~ 160(淬火后)	6.5	400

注: $\mu_{0.4}$ 表示磁场强度为 0.4A/m 时的磁导率值; B_{24}、B_{25}、B_{32} 和 B_{r24}、B_{r32} 分别表示磁场强度为 24A/m、25A/m、32A/m时的磁感应强度和剩磁感应强度值。

表 10-29　铁铝合金带软化处理工艺

牌 号	处理介质	升温	软化温度/℃	保温时间/h	冷 却
1J12					空冷
1J13	空气	随炉	550 ~ 750	1 ~ 3	油冷
1J16					水冷

　　(3) 冷却规范。加热后进行炉冷,冷却速度约为 100℃/h。炉冷比控制降低的效果好。冷却规范对合金的性能有重要作用。各种牌号铁铝合金的性能要求相差较大,它们的冷却方法有明显的不同。

　　1J16 要求高的磁导率和低的矫顽力,希望各向异性常数 K_1 和饱和磁致伸缩系数 λ_s 同时具有较低值。根据图 10-48,可由快冷(或淬火)来控制合金的有序度。关键是掌握快冷开始温度。温度过高应力太大,过低则有序度过高,一般以 600 ~ 700℃ 开始快冷较为适宜。实践表明,在 650℃ 淬火 μ_i 和 μ_m 都最大。为了保证淬火速度,可采用冰水作冷却介质,生产上也可采用冰盐水、水、油或其他冷却剂。

　　1J13 要求高的饱和磁致伸缩系数 λ_s。所以合金冷却时,在 730℃ 附近必须缓慢进行,使 α 相有序化;而在 520℃ 左右更缓慢进行,以使其转变为 Fe₃Al 有序结构。实验表明,这个合金在氢气中以小于 250℃/h 的速度冷却通过 520℃ 时,可以获得最大的磁致伸缩系数。

　　1J12 要求兼有较高的磁导率和磁感应强度。根据图 10-48,冷却时合金在约 470℃ 发生磁性 α 无序固溶体向磁性 Fe₃Al 有序固溶体的转变。如果从 470℃ 以上缓慢冷却,当有序化较充分时,各向异性常数 K_1 趋于零值(见图 10-49c),有利于获得高磁导率(见图 10-49a)。如果较快冷却(淬火),则 K_1 值较大,磁导率降低。饱和磁致伸缩系数 λ_s 的情况与磁导率相反(见图 10-49c)。可见 K_1 与 λ_s 不能同时都趋于零。为了获得最佳磁性能,确定最佳冷却制度,特别是 Fe₃Al 有序化温度以下的冷却速度或冷却温度,具有重要意义。目前主要依靠试验来确定。

　　1J6 要求具有高的饱和磁感应强度。合金在热处理过程中不发生有序化转变。一般采用比较简单的缓慢冷却方法。出炉温度较低,以降低矫顽力和提高磁导率。为了提高磁性,退火后进行一次磁场热处理。其工艺为:在氢气中重新加热至 700 ~ 750℃,外加 1200 ~ 1600A/m 的磁场,保温 2 ~ 4h,然后以 50℃/h 的速度冷却到 250℃ 出炉。

　　四种铁铝合金的热处理工艺见表 10-30。

表 10-30 四种铁铝合金的热处理工艺

牌号	退火气氛	加热温度/℃	保温时间/h	冷 却 速 度
1J6	氢气或真空	950~1050 随炉升温	2~3	以 100~150℃/h 的速度冷却到 250℃ 出炉
1J12	氢气或真空	1050~1200 随炉升温	2~3	以 100~150℃/h 的速度冷却到 500℃,快炉冷(吹风)至 200℃ 以下出炉
1J13	空气或氢气	900~950 随炉升温	3	以 100℃/h 的速度冷至 650℃,再以不大于 60℃/h 的速度冷却到 200℃ 以下出炉
1J16	氢气或真空	950~1150 随炉升温	2	炉冷(时间 40~70min)或 100~150℃/h 的速度冷至 600~700℃,在冰水、水、油或其他介质中淬火

3. 时效处理 1J16 的温度稳定性不够理想。为了改善其温度稳定性,方法之一是进行人工时效处理。工艺为 50~150℃ 保温 10~20h。

10.2.2.5 非晶态合金

20 世纪 50 年代出现非晶态合金(又称金属玻璃)。之后不久一直到现在,非晶态合金都是研究和开发的一个热点。由铁族金属(Fe、Co、Ni 等)和类金属(B、Si、P 等)用液态急冷(冷速达 $10^6℃/s$ 以上)法等制备的非晶态合金,由于无晶界和磁晶各向异性,不存在磁畴壁移动的障碍,容易磁化;同时因为电阻率高,涡流损耗也小,所以表现出优良的软磁特性,以及良好的耐蚀、耐磨性能。目前已取得

实用的金属玻璃有两类:①高磁感应强度的非晶态软磁材料,主要是 Fe-B 系或 Fe-B-Si 系合金,为了提高磁导率和磁感应强度,并降低矫顽力,加入一定量的 Co,这类合金多用于电力变压器和电机,以及电源变压器、开关电源、脉冲变压器和电抗器等;②高磁导率的非晶态软磁材料,基本上是 Co-Fe-B 系和 Ni-Fe-B 系合金,主要用于无线电和仪器仪表工业中的信息敏感器件和小功率器件,如磁屏蔽、磁头、高频开关电源、磁弹传感器、漏电保护开关、磁调节器、小功率脉冲变压器和小功率瓦特表等。以上两类非晶态软磁合金的基本电磁性能见表 10-31。

表 10-31 非晶态软磁合金的基本电磁性能

合金类型	合 金	B_s/T	H_c /(A/m)	μ_m /(mH/m)	ρ /$\mu\Omega\cdot cm$	居里温度 T_c/℃	晶化温度 T_{Cr}/℃
高磁饱和型	Fe80B20(美 Metglas2605)	1.60	3.2	402	140	374	390
	Fe82B10Si8(美 Metglas2605S)	1.74	4.8	150	130	400	470
	Fe81B13.5Si3.5C2 (美 Metglas2605SC)	1.61	4.8	150	125	370	480
	Fe72Co8B15Si5	1.60	0.6	276.5	130	470	490
	Fe67Co18B14Si1 (美 Metglas2605Co)	1.75	4.0	251	130	415	430
高磁导率型	Fe40Ni38Mo4B18 (美 Metglas2826MB)	0.88	0.56	937.5	160	353	414
	Fe3.7Co67.3Cr4Si16B9(日)	0.50	<1.6	(100)[1]	180	180	230
	Fe40Ni40B20(德)	0.8~1.2	0.2~0.6	625	120~150	—	400~450
	Fe6Co50Ni20Si12B12(德)	0.6	0.2~0.6	500	130	—	500~550

① 在 1~3kHz 范围内测定的。

10.2.3 永磁合金的热处理

永磁合金又称硬磁合金,主要用于制造电动机、

仪器、仪表中的永久磁铁。对它的基本要求是矫顽力 H_c 大,剩磁感应强度 B_r 高,最大磁能积 $(BH)_m$ 大(因而磁滞回线宽,去磁曲线凸起系数大),性能的

稳定性高。此外，还希望加工性良好。

永磁性能中最主要的是矫顽力。磁晶各向异性常数 K 和磁致伸缩系数 λ 大时，合金磁矩转动退磁的阻力大，矫顽力高。形成固溶体时矫顽力提高不多；而形成固溶体加第二相时可使矫顽力大大提高。第二相弥散度越大，矫顽力提高越多。加工硬化或相变引起的内应力、晶粒细化和导致合金组织偏离平衡状态的过程，都能阻碍畴壁的移动，显著地提高矫顽力。合金化和热处理淬火，是改善硬磁合金性能的主要方法。

常用硬磁合金主要有高碳钢、铁镍铝和铝镍钴合金、铁钴钒和铁铬钴合金、铂钴合金、稀土钴合金及稀土铁合金等。

10.2.3.1 高碳钢

1. 高碳碳钢　高碳碳钢是最早的永磁合金。它淬火后可形成马氏体、弥散剩余碳化物和残留奥氏体组织。碳含量越高，淬火后内应力越大，剩余弥散碳化物越多，非磁性的残留奥氏体越多，矫顽力越大，但使剩磁感应强度降低，如图 10-50 所示。碳钢同时具有较高矫顽力和剩磁感应强度的碳含量 $w(C)$ 在 0.8% 左右。马氏体磁钢的碳含量 $w(C)$ 一般为 1.0%~1.5%。为了在保持剩磁感应强度不降低的条件下提高矫顽力，常采用三重热处理：在 Ac_{cm} 以上 20~30℃ 加热淬火；在 500℃ 左右高温回火；在 Ac_1 以上 30~50℃ 进行最终淬火。由于性能稳定性差和脆性较大，高碳淬火磁钢现已较少应用。

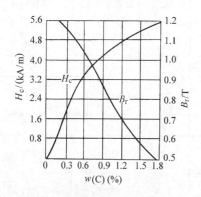

图 10-50　碳钢的磁性能与碳含量的关系

2. 高碳合金钢　钨使弥散碳化物增多，溶于马氏体中可引起晶格畸变。降低钨钢中碳的含量，可使矫顽力、剩磁感应强度和最大磁能积都增大。但钨含量过高时饱和磁感应强度降低。钨钢一般 $w(W)$ 为 6%，$w(C)$ 为 0.7%。

铬钢中铬含量和碳含量对磁性能的影响如图 10-51 所示。铬提高钢的淬透性。常用铬钢的碳含量 $w(C)$ 为 1% 左右，铬含量 $w(Cr)$ 有 3.5% 和 6% 两种。

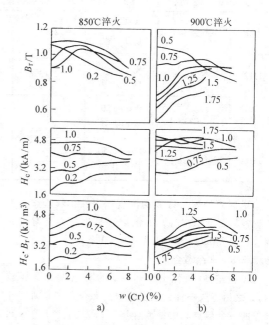

图 10-51　铬钢中铬含量和碳含量对磁性能的影响
a) 850℃淬火　b) 900℃淬火
注：图中数字表示碳含量 $w(C)$（%）。

钴钢的剩磁感应强度、矫顽力和磁致伸缩系数随钴含量的增大而提高。钴不形成碳化物，为了用弥散碳化物更多地提高矫顽力和最大磁能积，钴钢中常加入钨和铬，$w(W)$ 为 3%~8%，$w(Cr)$ 为 3%~5%。

钨钢、铬钢、钴钢的退磁曲线如图 10-52 所示。它们的热处理与高碳磁钢相似，也采用三重热处理。由于它们的淬透性较好，第一重热处理在加热之后，可以采用较慢的冷却速度（空冷）。为了减轻碳化物分布不均匀的状况，加热温度应该较高（但钨钢较易过烧）。第一重热处理中最重要的是获得均匀的奥氏体组织。第二重热处理是进行高温回火，温度在 700℃ 左右，保温时间不能过长，以免碳化物长大。第二重热处理的目的是使马氏体-奥氏体分解为均匀的回火托氏体。第三重处理是最终淬火。为了防止加热时碳化物凝聚和淬火后残留奥氏体量过多，淬火温度不宜过高（钴钢的温度可以高些），保温时间不宜太长，同时要控制炉气，避免发生表面脱碳。冷却在油中进行，以减轻畸变和开裂。为了增大磁性能的稳定性，淬火后常进行 100~120℃ 时效处理。

常用钨钢、铬钢、钴钢的成分、热处理和磁性能见表 10-32。

10.2.3.2 铁镍铝合金和铝镍钴合金

铁镍铝基合金曾经是风行一时的铸造永磁合金。它的矫顽力和最大磁能积高，性能稳定，温度系数小，广泛应用于电器仪表和通信器械，曾经是永磁合金中最重要的一族。近几十年来，由于铁氧体、稀土钴和可变形永磁合金等材料的开发，加之它本身脆性较大而且难以加工，用量日趋下降。

以铁镍铝为基础的永磁合金品种较多，最重要的是不含钴的 FeNiAl 系合金（AlNi 型合金）和含钴的 FeAlNiCo 系合金（或 AlNiCo 型合金）两大类。我国生产的铁镍铝铸造永磁合金的牌号、成分和性能见表 10-33。

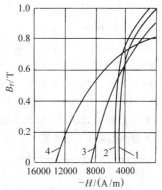

图 10-52　钨钢、铬钢、钴钢的退磁曲线
1—铬钢　2—钨钢　3—铬钴钢　4—铬钴钼钢

表 10-32　常用铬钢、钨钢、钴钢的成分、热处理和磁性能

序号	主要成分(质量分数)(%)				热　处　理				磁性能		
	C	Cr	W、Mo	Co	正　火	高温回火	淬　火	时　效	H_c (A/m)	B_r /T	$(BH)_m$ /(kJ/m³)
1	0.9 ~ 1.1	2.8 ~ 3.6	—	—	加热 1000 ~ 1050℃, 10 ~ 15min, 空冷	—	加热 800 ~ 840℃, 10 ~ 20min, 油冷或随后水冷和油冷	室温下空冷 24h, 然后在 100 ~ 120℃ 回火 4 ~ 5h	4800	0.95	2.40
2	0.68 ~ 0.78	0.3 ~ 0.5	5.2 ~ 6.2W	—	加热 1000℃, 保温 5 ~ 10min, 空冷	—	加热 800 ~ 840℃, 保温 15min, 水冷或空冷	室温下空冷 24h, 然后在 100 ~ 120℃ 回火 4 ~ 5h	4800	1.00	2.64
3	0.9 ~ 1.05	5.5 ~ 6.5	5.5 ~ 6.5		加热 1200℃, 保温 15min, 空冷	加热 700℃, 保温 1h 空冷	加热 930 ~ 980℃, 保温 15min, 油冷	100 ~ 120℃ 回火 4 ~ 5h	7200	0.85	3.20
4	0.9 ~ 1.05	8 ~ 10	1 ~ 1.7Mo	13.5 ~ 16.5	加热 1200℃, 保温 5 ~ 10min, 空冷	加热 700℃, 保温 1h 空冷	加热 1000℃, 保温 10min, 油冷或空冷	100 ~ 120℃ 回火 4 ~ 5h	12000	0.80	4.16

表 10-33　我国生产的铁镍铝铸造永磁合金的牌号、成分和性能

牌号	各向同性或各向异性	成分(质量分数)(%)							永磁特性			备　注
		Al	Ni	Co	Cu	Ti	Si	Fe	H_c /(kA/m)	B_r/T	$(BH)_m$/ (kJ/m³)	
LN8	同性	13.5	34				1	余	57	0.45	8	各向同性 FeNiAl 合金
LN10	同性	13	25.5		3			余	36	0.60	10	各向同性 FeNiAl 合金
LNG13	同性	10	21	12	6			余	48	0.75	13	—
LNG13	同性	9.5	20	15	3.5			余	48	0.70	13.1	—
LNG20	异性	10	19	18	3			余	52	0.90	20	—
LNG34	异性	8	14	24	3			余	47	1.20	34	相当于等轴晶 AlNiCo5
LNG52	异性	8	14	24	3			余	56	1.30	52	相当于柱状晶 AlNiCo5
LNG32	异性	7	15	34	3	5		余	100	0.80	32	相当于等轴晶 AlNiCo8
LNGT56	异性	7	15	34	4	5		余	104	0.95	56	相当于柱状晶 AlNiCo8
LNGT72	异性	7	15	34	4	5		余	107	1.05	72	相当于柱状晶 AlNiCo8

1. 铁镍铝合金

（1）铁镍铝合金的成分。铁镍铝合金的矫顽力与铝、镍含量的关系如图 10-53 所示。矫顽力和磁能积以 $w(Ni)$ 为 26% ~30% 和 $w(Al)$ 为 11% ~15% 的合金为最好。在这样的成分范围内，镍、铝含量增大时 H_c 值提高，但 B_r 降低（见图 10-54）。这个成分范围约相当于摩尔分数为 25% Al、25% Ni 和 50% Fe。重要的是镍、铝的摩尔分数保持 1:1 的关系。

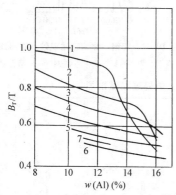

图 10-53　铁镍铝合金的矫顽力
H_c 与铝、镍含量的关系
w（Ni）：1—15%　2—20%　3—22.5%
4—25%　5—27.5%　6—30%　7—32%

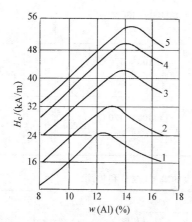

图 10-54　铁镍铝合金的剩磁感应
强度 B_r 与铝、镍含量的关系
w（Ni）：1—20%　2—22.5%　3—25%
4—27.5%　5—30%

（2）铁镍铝合金的组织。图 10-55 为铁镍铝合金相图的一个垂直截面。著名的 MK 合金 [w（Ni）24% ~28%，w（Al）12% ~ 14%，其余为 Fe] 在 1300 ~900℃ 范围内是单相 α 固溶体，具有体心立方结构。冷却到 900℃ 以下时，α 相发生调幅分解，生成 α_1 和 α_2 两相。全部过程表现为：在整个 α 固溶体区域内，同时交替发生铁原子的富集和镍、铝原子的富集。富铁区的周围是富镍、铝区，而富镍、铝区的周围为富铁区，并由此连续发展成富铁的 α_1 相和富镍、铝的 α_2 相的相互交替状态。α_1 相为铁基固溶体，具有体心立方结构，原子排列无序，是强磁性相；α_2 相为以 NiAl 相为基的有序相，也具有体心立方结构，是弱磁性相。α_1 和 α_2 两相的晶格常数十分接近，相差不大于 1%。α_1 与 α_2 以 (100) 晶面共格相连，无明显的分界面。调幅分解的 α_1 相常在 α_2 相基体中呈隔离的片条状分布，形成特殊的所谓调幅结构。

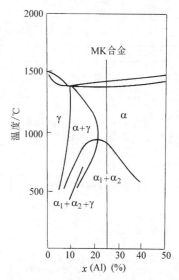

图 10-55　铁镍铝合金相图的一
个垂直截面图
注：x（Ni）= 22%。

调幅结构的高矫顽力主要来自 α_1 的形状各向异性。因此，α_1 相必须为细长的单畴片条，α_1 相片条应相互平行，α_1 相与基体 α_2 相的成分相差要大。调幅结构的磁能积 $(BH)_m$ 则取决于 α_1 相有序分布的程度。

（3）铁镍铝合金的热处理。为了获得完善的调幅结构，根据具有调幅分解的合金的相图（见图 10-56），必须使合金冷却时在调幅分解线以下发生分解，而不能在溶解度线和调幅分解线之间发生分解。随着成分的不同，铁镍铝合金存在原则上不同的两种热处理方法。

1）连续冷却处理。由图 10-56 可见，含 Fe 约 50%（摩尔分数）的合金，在成分上处于调幅分解区的中心，只需要简单的连续冷却，即可发生调幅分解。由图 10-57 可以看出，合金从约 1100℃ 的 α 单相区以适当的冷速冷却时，在调幅分解温度以下分解为

$\alpha_1 + \alpha_2$。分解初期温度较高（约800℃），α_1 相总量少于 α_2 相。随着温度的下降，铁原子向 α_1 相富集，使 α_1 相的铁磁性增强，总量增多；镍、铝原子则向 α_2 相富集，结果 α_1 和 α_2 相的成分及磁性相差越来越大，最后形成单畴 α_1 相片条散布于弱铁磁性的 α_2 相基体中的结构，使合金具有较高的 H_c 值。

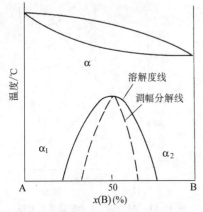

图 10-56　具有调幅分解的二元合金相图

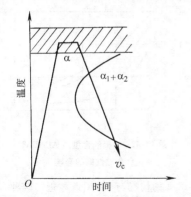

图 10-57　铁镍铝合金连续冷却处理示意图

冷却速度必须控制恰当，过快时两相分解达不到适当的程度，H_c 值不高；太慢时 α_1 相易长大粗化，超过单畴尺寸，使 H_c 值降低。图 10-58 表明，对于 $w(\text{Ni})$ 为 27% 和 $w(\text{Al})$ 为 15% 的铁镍铝合金，当冷却速度约 10℃/s 时，H_c 值最高，达到 40kA/m 以上。一般称使合金获得最佳永磁性能的冷却速度为临界冷却速度 v_c。

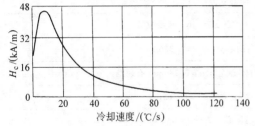

图 10-58　铁镍铝合金的 H_c 值与冷却速度的关系

注：w（Ni）为 27%、w（Al）为 15%。

合金的临界冷却速度主要与其成分有关。镍含量增加时，临界冷却速度增大；铝含量增加时，临界冷却速度减小，如图 10-59 所示。铜可代换部分镍，使 H_c 和 B_r 提高而 v_c 降低，并降低 v_c 对成分波动的敏感性，有利于提高性能的一致性。铁镍铝合金中一般都加入 3% ~ 4%（质量分数）Cu。硅也降低 v_c 和对成分的敏感性，常在大铸件中少量加入。锰、碳扩大奥氏体范围，有利于高温下 γ 相的出现，使磁性能恶化。一般要求 $w(\text{C}) < 0.03\%$，$w(\text{Mn}) < 0.35\%$，$w(\text{P}) < 0.025\%$。钛、锆、铌能与碳化合，减弱其有害作用。合金的理想成分是使它的临界冷却速度接近于在空气中的自然冷却速度（约 10℃/s），以便合金铸件在空气中冷却即可获得较高的永磁性能，而不需要进行热处理。

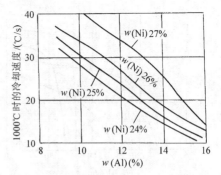

图 10-59　镍、铝含量对铁镍铝合金
最佳冷却速度的影响

采用临界冷却速度冷却，主要是为了获得最大的矫顽力和磁能积。为了提高剩磁感应强度，合金冷却到室温后，有时要在 500 ~ 600℃回火若干小时。

2）淬火和回火。由图 10-56 可知，铁含量与 50%（摩尔分数）偏离较大的合金，不能采用连续冷却处理，而要采用淬火加回火处理。例如，含 Fe 大约 35%（摩尔分数）的合金，淬火可使 α 相不发生分解，而后在调幅分解线以下回火获得调幅结构。但是必须合理选定回火温度和回火时间，控制 α_1 相单畴尺寸，使合金成为形状各向异性的单畴的集合体，而具有较高的矫顽力。

2. 铝镍钴合金

（1）铝镍钴合金的成分。为了进一步提高铁镍铝合金的磁性能，加入钴而产生了铝镍钴合金。

钴的作用是：①提高合金的 H_c、B_r 值，调幅分解的富钴 α_1 相，比无钴 α_1 相具有更高的饱和磁化强度；钴还能显著地提高磁能积 $(BH)_m$，钴含量越高，合金的永磁性能越好；②提高合金的居里温度 t_c，同时降低调幅分解温度 T_α，这都有利于采用磁场处理，发挥磁场处理的效果，使合金沿原外磁场方向获得较高的 H_c、B_r 和隆起度 γ_w；③降低 α 相的分解速度，使临界冷却速度降低，增大合金的磁淬透性，有利于铸造大型磁铁。

铁镍铝合金中加入钴后，一般要适当降低镍和铝的含量 [$w(Ni) < 21\%$、$w(Al) < 11\%$]，并应配入适量的铜，才能使 B_r、H_c 和 $(BH)_m$ 值同时提高。铝镍钴合金的牌号有许多种（见表 10-33），最主要的是 AlNiCo5 和 AlNiCo8 两种。合金的性能与其晶粒形态有关，图 10-60 所示为晶粒形态对退磁曲线的影响。合金的晶粒形态可由铸造时的凝固过程来控制。利用定向结晶技术控制凝固过程，可以得到沿 〈100〉 相互平行的粗大柱状晶结构的合金，其沿柱状晶轴向的永磁性能很好。

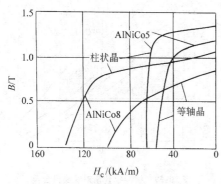

图 10-60　晶粒形态对 AlNiCo5 和
AlNiCo8 合金退磁曲线的影响

（2）铝镍钴合金的组织。图 10-61 是 AlNiCo5 合金相图的截面图。由该图可见，在 1200℃ 以上是单相 α 固溶体，在 900℃ 以下发生 α→α₁ + α₂ 调幅分解。α₁ 为体心立方结构，富 Fe、Co，饱和磁化强度高；α₂ 同样为体心立方结构，富 Ni、Al。在 1200 ~ 850℃ 范围内冷却时，α 相中可能析出 γ 相。在 600℃

以下长期加热，还可能析出 γ′相。γ 和 γ′相皆为面心立方结构，属于有害相（见图 10-62）。为了保证合金的永磁性能，必须抑制 γ 和 γ′相的析出。AlNiCo5 的 γ 相在 1050℃ 左右析出最强烈，而 AlNiCo8 的 γ 相在 1100℃ 左右析出最强烈。

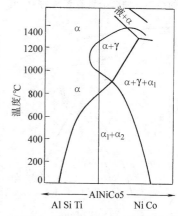

图 10-61　AlNiCo5 合金相图的截面图

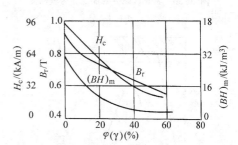

图 10-62　γ 相的含量对 AlNiCo8
合金磁性能的影响

AlNiCo8 的情况与 AlNiCo5 相近，两种合金中的相见表 10-34。和 FeNiAl 合金一样，AlNiCo 合金较理想的结构也是具有显著形状各向异性并充分弥散有序分布的 α₁ + α₂ 调幅结构。

表 10-34　AlNiCo5 和 AlNiCo8 合金中的相

合　金	温　度	存　在　的　相	相　结　构
AlNiCo5	1200℃ 以上	α	α:体心立方 $a = 0.287nm$(有超结构)
	1200 ~ 850℃	α + γ	γ:面心立方
	850℃ 以下	α₁ + α₂	α₁:体心立方　α₂:体心立方
	600℃ 以下	α₁ + α₂ + γ′	γ′:面心立方,$a = 0.356nm$
AlNiCo8	1250℃ 以上	α	α:体心立方 $a = 0.286nm$(有超结构)
	1250 ~ 845℃	α + γ	γ:面心立方,$a = 0.365nm$
	845 ~ 800℃	α₁ + α₂ + γ	α₁:体心立方　　$a = 0.290nm$
	800℃ 以下	α₁ + α₂ + γ′	γ′:面心立方,$a = 0.359nm$

（3）铝镍钴合金的热处理。铝镍钴合金热处理的要点是，防止在高温发生 $\alpha \rightarrow \alpha + \gamma$ 转变；使 $\alpha \rightarrow \alpha_1 + \alpha_2$ 充分完成；增大 α_1 相的形状各向异性及择优取向，以获得最佳的永磁性能。AlNiCo5 和 AlNiCo8 的典型热处理工艺过程如图 10-63 所示，主要包括固溶处理（或淬火）、磁场处理和回火三种工序。

1）固溶处理。合金的成分特别是 Al 的分布应该十分均匀（生产中的许多质量事故往往与 Al 的不充分合金化有关）。固溶处理的目的是加热获得单相 α 固溶体，使铸态的 γ 相完全溶解，并使成分均匀化。加热温度应高于 $\alpha \rightarrow \alpha + \gamma$ 转变温度，但不能高于 α 单相区的上限。AlNiCo5 的磁性能与加热温度的关系见图 10-64，其中有两个最佳温度范围，一般选用高温范围（1200℃以上）；AlNiCo8 则选在 1250℃以上。加热到固溶温度后，根据产品尺寸适当保温，使产品内外都达到固溶温度。

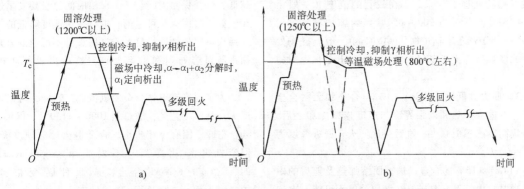

图 10-63 AlNiCo5（a）和 AlNiCo8（b）的典型热处理工艺过程

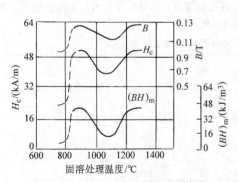

图 10-64 AlNiCo5 经不同温度固溶处理（磁场处理）后的磁性能

有些合金的 α 相稳定性高的温度范围相当狭窄（850～925℃之间），如果处理前的原始组织中没有残余 γ 相，也可以采用中温处理，这时加热时间不必过长。硅能抑制 γ 相的析出，改善合金的淬透性，w（Si）为 0.2%～0.4% 的大型磁铁，适宜采用中温处理。

合金加热获得完全的 α 相后，为抑制 γ 相析出，应以不造成过大内应力的临界冷却速度冷却到室温（如图 10-63b 中虚线所示），或者冷却到约 900℃，接着进行磁场处理。

2）磁场处理。w（Co）>15% 的各向异性 AlNiCo 合金，一般都采用磁场处理工艺来提高永磁性能。具体方法是：将被冷却到居里温度以上 50～100℃（即 900℃左右）的合金置于磁场中，以一定的速度继续冷却，或者在热磁处理炉中保温一定时间，依靠磁场的作用，使调幅分解形成的 α_1 相沿接近外磁场的易磁化方向排列，形成磁织构，以获得高的矫顽力。

在磁场中的冷却速度不宜过快，以便 $\alpha \rightarrow \alpha_1 + \alpha_2$ 充分完成；但冷却速度也不能太慢，以保证 α_1 相的高度弥散分布。图 10-65 所示为冷却速度对各向异性的 AlNiCo5 磁性能的影响，可以看出冷却速度为 0.8～1℃/s 时磁性能较好。具体合金在磁场中的临界冷却速度皆由试验来确定。

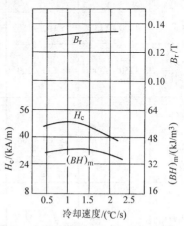

图 10-65 冷却速度对各向异性的 AlNiCo5 磁性能的影响（经 600℃回火）

w（Ti）>3% 的铝镍钴合金（例如 AlNiCo8），$\alpha \rightarrow \alpha_1 + \alpha_2$ 分解较慢，必须进行等温磁场处理。等温处理温度与时间的确定，以分解充分完成、产物获得最佳形态为原则。AlNiCo8 的等温磁场处理温度为 800℃ 左右，约比 $\alpha \rightarrow \alpha_1 + \alpha_2$ 的分解温度低 50℃。保温时间一般为 10 ~ 20min，时间不得过长，以免析出相长大，磁性能降低。

对于在磁场中控制冷却的无钛少钛合金（例如 AlNiCo5），磁场强度应不小于 120 ~ 160kA/m。磁场有效作用的温度范围一般都很窄，常常为 20℃ 左右。为了保证铁磁性相 α_1 析出时立即受到磁场的作用，以发挥磁场处理的效果，多在较宽的范围（一般为 850 ~ 750℃，有时为 900 ~ 650℃）内施加磁场。对于 $w(Ti) > 3\%$ 的合金（例如 AlNiCo8），等温磁场处理的磁场强度应大于 200kA/m，磁场在开始保温时施加。

3）回火。低钴 $[w(Co) < 12\%]$ 合金和无钴合金一样，在固溶加热和以临界冷却速度连续冷却之后，为了提高剩磁感应强度，进行一次回火，回火温度为 500 ~ 600℃。

$w(Co) > 15\%$ 的合金，进行固溶加热及随后的磁场处理时，由于钴含量较高，调幅分解不可能一次到底，为了进一步提高矫顽力和磁能积，必须进行回火。

回火的目的是使调幅分解继续发生，进一步调整 α_1 和 α_2 中的合金元素含量，使 α_1 中的铁、钴含量增高，铁磁性增强；并使 α_2 中的镍、铝含量增多，铁磁性减弱，结果使矫顽力显著增大。

为了获得更好的效果，AlNiCo5 采用二级回火，而 AlNiCo8 甚至要求采用多级回火。第一级回火的温度为 600 ~ 650℃，保温时间为 2 ~ 10h。第二级回火温度比第一级低 30 ~ 50℃，保温 15 ~ 20h。回火温度越低，最佳保温时间越长。保温时间过长要发生过回火。如果过回火是可逆的，进行一次温度略低的第二次回火可以使性能恢复；若过回火是不可逆的，则必须重新固溶处理和磁场处理，然后再进行正确的回火。

为了提高铝镍钴合金的机械加工性能，可以进行退火。具体工艺是：加热到 1000 ~ 1150℃，保温 3 ~ 6h，空冷。因有 γ 相析出，合金退火后的硬度降低，但塑性和韧性提高（不发生 $\alpha \rightarrow \gamma + \alpha$ 转变的、无 Co 的 FeNiAl 合金，或此种转变被抑制的、含 Ti 和 Si 的 AlNiCo 合金不进行退火处理）。

铸造铁镍铝和铝镍钴合金的典型热处理工艺制度见表 10-35。

表 10-35　铸造铁镍铝和铝镍钴合金的典型热处理工艺制度

合金类型	固溶处理温度/℃	冷却速度/(℃/min)		磁场处理	回火级数与制度
		v_{01}（800℃左右）	v_{02}（800 ~ 500℃范围内）		
FeNiAl（AlNi 型）	1100 ~ 1200	空气或沸水	空气或沸水	—	—
AlNiCo	1200 ~ 1250	>100 ~ 150	<15 ~ 20	—	—
AlNiCo（各向异性）	1250 ~ 1300	>150 ~ 200	<15 ~ 20	在 830 ~ 750℃ 范围内加磁场	600℃,2h[①]
AlNiCoCu（各向异性）AlNiCoCu（定向结晶）	1250 ~ 1300	>200 ~ 300	<10 ~ 15	在 830 ~ 750℃ 范围内加磁场	二级回火：（Ⅰ）630 ~ 660℃,2h（Ⅱ）530 ~ 560℃,6 ~ 10h
AlNiCoCuTi（各向异性）AlNiCoCuTi（定向结晶）	1200 ~ 1230	>200 ~ 300	—	800 ~ 820℃ 保温 15 ~ 20min,加磁场	多级回火：（Ⅰ）680℃,2h（Ⅱ）660℃,2h（Ⅲ）640℃,2h（Ⅳ）560℃,10 ~ 12h（Ⅴ）530℃,6h

① w（Co）为 12% ~ 15% 时无需回火。

表 10-36　各向异性铁钴钒磁滞合金的回火制度

牌　　号	成分(质量分数)(%)	回　火　温　度
2J3	Co48,V3.5	620~660℃,保温 20~30min,空气冷却
2J4	Co45,Ni6,V4	600~660℃,保温 20~30min,空气冷却
2J7	Co52,V7	600~660℃,保温 20~30min,空气冷却
2J9,2J10	Co52,V9;Co52,V10	580~660℃,保温 20~30min,空气冷却
2J11,2J12	Co52,V11;Co52,V12	580~640℃,保温 20~30min,空气冷却

10.2.3.3　铁钴钒合金和铁铬钴合金

铁钴钒和铁铬钴合金是两种用量较大的变形永磁合金。

1. 铁钴钒合金　铁钴钒合金为相变型变形永磁合金,是重要的磁滞合金。一般 w(Co)为 51%~53%,w(V)<13%。加钴的目的是保证最高的矫顽力和剩磁感应强度;加钒的目的是抑制 α 相的有序化,改善加工性能。可用铬代替一部分钒。合金在淬火状态下塑性很好,可加工成薄带或丝材。它的磁性能主要依靠淬火后的冷变形和回火来控制。

合金的热处理和冷加工工艺一般为:900~1100℃淬火→变形量 90%以上的冷加工→560~660℃回火。表 10-36 中给出了各向异性铁钴钒磁滞合金的回火制度。图 10-66 和图 10-67 所示是冷变形量和回火温度对磁性能的影响。变形对硬磁性能有利;在600℃左右回火可获得最佳磁性能。

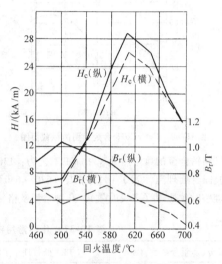

图 10-67　回火温度对铁钴钒 [w(Co)为 52%,
w(V)为 13%] 合金磁性能的影响

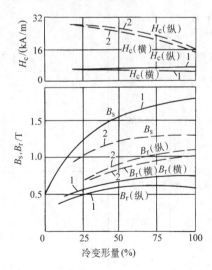

图 10-66　铁钴钒 [w(Cr)为 2%~3%]
合金的冷变形量对磁性能的影响
1—冷变形　2—冷变形后 600℃回火

铁钴钒合金具有 α⇌γ 转变,淬火组织为 α'。经大量冷变形后,可能残留的 γ 相可完全转变为 α'相,

它呈长条状分布并形成织构。回火时发生 α'→α+γ 转变,非磁性的面心立方 γ 相呈薄片状,在磁性的体心立方 α 相边界析出,将原 α'相分割为大量细小的 α 相磁块,其大小皆小于单畴临界尺寸,并处于被隔离的磁绝缘状态。由于保留和产生了晶体与形状的各向异性,合金的 H_c 大大提高。此时纵向和横向磁性能相差很大 (见图 10-66),纵向性能比横向好得多。

铁钴钒合金的饱和磁致伸缩系数 λ_s 较大[(40~80)×10^{-6}],回火过程中施加应力 (应力回火),可以获得类似于磁场处理的效果。

2. 铁铬钴合金　铁铬钴合金是 20 世纪 70 年代发展起来的一种析出型变形永磁合金。它具有较好的韧性,可以冷、热加工,轧带拉丝,也可以由铸造和粉末冶金方法生产。合金在较低的温度范围内发生 α→α₁+α₂ 调幅分解,形成富铁、钴的强铁磁相 α₁ 和富铬的非铁磁相 α₂,使合金具有很好的永磁性能。

图 10-68 所示为 w(Nb)=1%、w(Al)=1.5%的FeCrCo15 合金相图的纵截面。铬含量低时易出现 γ相,严重损害磁性能。含量过高则易形成 σ 相(FeCr金属间化合物),严重降低韧性。铬使饱和磁

感 B_s 和居里温度 T_c 降低。钴能提高合金的调幅分解温度，扩大分解温度范围，同时提高 B_s 和 T_c，并在一定的成分范围内保证合金有高的 H_c 和 B_r。加入钼、硅等可改善加工性能和热处理工艺性能，且提高磁性能。目前，铁铬钴合金的成分主要为 $w(\mathrm{Cr})=27\% \sim 28\%$、$w(\mathrm{Co})=23\% \sim 26\%$、$w(\mathrm{Mo})=3\%$，或 $w(\mathrm{Si})=0.7\% \sim 1.0\%$。

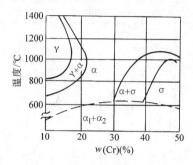

图 10-68　FeCrCo15 合金相图的纵截面图

铁铬钴合金的典型热处理和加工工艺为：1300 ~ 1330℃固溶处理（水冷）→冷加工→620 ~ 640℃磁场处理→时效处理（多级时效）。几种常用铁铬钴合金的热处理工艺和磁性能见表 10-37。从 1300℃以下快冷，是防止 γ 相和 σ 相析出，获得单一的 α 相组织。在居里温度 T_c（660 ~ 680℃）以下的调幅分解区（510 ~ 640℃）进行磁场处理（一般为 610 ~ 650℃，磁场强度应大于 160kA/m）。由于 α→α₁ + α₂ 分解比 σ 相的析出快得多，σ 相不析出，而 α₁ 弥散析出，呈细长条状沿磁场方向与 α₂ 相形成调幅结构。磁场处理温度越高，析出相的粒子越粗大。保温时间越长，两相的成分差也越大。为了使两相大小适中，而成分差尽可能大，以提高永磁性能，一般进行分级时效处理。新的研究表明，铁铬钴合金高矫顽力的获得，主要决定于调幅结构所产生的畴壁钉扎效应，而不是孤立状单畴颗粒"一致转动"的作用。

10.2.3.4　铂钴合金

铂钴合金为有序转变型变形永磁合金，具有很高的矫顽力和磁能积；良好的塑性，可加工成细丝和薄带，可任意加工而磁性不变，极耐腐蚀，耐火，适用于微型或超微型磁系统，可制造形状复杂的元件，例如计时、医疗和飞机航行记录仪表中的磁元件等。

表 10-37　几种常用铁铬钴合金的热处理工艺和磁性能

成分（质量分数）(%)	热 处 理 工 艺	B_r/T	$H_c/(\mathrm{A/m})$	$(BH)_m/(\mathrm{kJ/m^3})$
Fe-31Cr-23Co	1300℃,30min 固溶处理 640℃,40min 磁场处理 600℃,1h;580℃,2h 分级时效	1.16	48000	33
Fe-28Cr-23Co-1Si	1300℃,30min 固溶处理 630℃,1h 磁场处理 600℃,2h;580℃,4h 分级时效	1.30	46000	42
Fe-30Cr-25Co-3Mo	1300℃,30min 固溶处理 630℃,30min 磁场处理 600℃,2h;580℃,4h 分级时效	1.15	62000	40
Fe-21Cr-15Co-3V-2Ti	1100℃,1h 固溶处理 670℃,1h 磁场处理 620℃,1h;600℃,1h;580℃,1h 560℃,1h;540℃,5h 多级时效	1.40	46000	48

铂钴合金形成连续固溶体，硬磁性能以大约等量铂、钴摩尔分数〔相当于 $w(Co)$ 为 23% ~ 26%〕时为最好，如图 10-69 所示。这样的合金，在 825℃ 以上为无序的面心立方结构；825℃ 以下为有序的面心正方结构，同时表现出铁磁性。825℃ 既是该合金的有序转变温度，也是合金的居里温度。

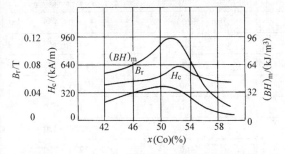

图 10-69　PtCo 合金的永磁性能与钴含量的关系

为了获得良好的永磁性能，必须恰当地控制合金的有序度，因为完全有序时矫顽力太低。有序相的畴壁能高，当无序相中弥散分布有有序相时，畴壁横切有序相，会使畴壁能升高，使畴壁被钉住，矫顽力增大。有序相颗粒尺寸以 20 ~ 50μm 为最好。

铂钴合金的热处理一般是：加热到 1000℃ 左右，获得无序结构，以大约 150℃/min 的冷却速度冷至室温，然后在 600℃ 左右进行时效，使合金达到要求的有序化程度。图 10-70 所示是时效处理时间对合金磁性能的影响。表 10-38 中给出了几种铂钴合金的成分、热处理工艺和磁性能。

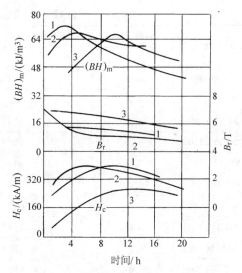

图 10-70　时效处理时间对合金磁性能的影响
1—$w(Co)$ 为 46.5%　2—$w(Co)$ 为 48%
3—$w(Co)$ 为 54%

注：PtCo 合金经 1000℃ 加热，以 78℃/min 的
速度冷却淬火后，在 600℃ 时效。

10.2.3.5　稀土钴合金

稀土钴合金是 20 世纪 60、70 年代出现的以稀土元素与钴金属之间形成的金属间化合物为基体的新型永磁合金。其磁化强度高，磁晶各向异性大，居里点高，磁能积的大小较传统的永磁合金有突破性的提高，被认为是比较理想的永磁材料。已应用于电子工业中的元器件，如制作雷达行波管内电子聚焦的周期

表 10-38　几种铂钴合金的成分、热处理工艺和磁性能

序号	成分（摩尔分数）(%)						热处理工艺	H_c/(kA/m)	B_r/(T)	$(BH)_m$/(kJ/m³)
	Pt	Co	Pd	Fe	Ni	Cu				
1	47.5	52.5	—	—	—	—	1000℃ 水淬，600℃ 时效，保温 15 ~ 50min	312	0.79	93.6
2	49	51	—	—	—	—	1000℃ 加热水淬，600℃ 时效，保温 20 ~ 60min	400 ~ 416	0.7 ~ 0.72	96 ~ 100
3	48 ~ 45	50	2 ~ 5	—	—	—	1000℃ 加热，以 14 ~ 20℃/min 冷速冷至 600℃，保温 1 ~ 5h	320 ~ 400	0.62 ~ 0.72	76 ~ 84
4	20 ~ 50	20 ~ 50	—	5 ~ 10	—	—	900℃ 加热，620℃ 等温淬火，600 ~ 650℃ 时效	320 ~ 352	0.77 ~ 0.8	84
5	49.5	44.5	—	5	1	—	900℃ 加热，620℃ 等温淬火，600 ~ 650℃ 时效	—	—	108
6	49.45	44.5	—	5	1	0.05	900℃ 加热，620℃ 等温淬火，600 ~ 650℃ 时效	—	—	116

表 10-39　我国稀土钴永磁合金的磁性能

合 金 牌 号	剩磁 B_r/T	磁感应矫顽力 H_{CB}/(kA/m)	内禀矫顽力 H_{CJ}/(kA/m)	最大磁能积 $(BH)_m$ /(kJ/m^3)
		≥		
XGS80/36	0.60	320	360	64 ~ 88
XGS96/40	0.70	360	400	88 ~ 104
XGS112/96	0.73	520	960	104 ~ 120
XGS128/120	0.78	560	1200	120 ~ 135
XGS144/120	0.84	600	1200	135 ~ 150
XGS160/96	0.88	640	960	150 ~ 183
XGS196/96	0.96	690	960	183 ~ 207
XGS196/40	0.98	380	400	183 ~ 200
XGS208/44	1.02	420	440	200 ~ 220
XGS240/46	1.07	440	460	220 ~ 250

表 10-40　我国稀土钴永磁合金的其他物理性能

合金牌号	磁感应温度系数 (0 ~ 100℃) $\alpha_B/10^{-4}$℃	居里温度 T_c /℃	密度 $d/$ (g/cm^3)	相对回复磁导率 μ_{rec}	维氏硬度 HV	线胀系数 α /10^{-6}℃	电阻率 ρ /Ω·m
XGS80/36	-9	450 ~ 500	7.8 ~ 8.0	1.10	450 ~ 500	10	5×10^{-6}
XGS96/40	-9	450 ~ 500	7.8 ~ 8.0	1.10	450 ~ 500	10	5×10^{-6}
XGS112/96	-5	700 ~ 750	8.0 ~ 8.3	1.05 ~ 1.10	450 ~ 500	10	5×10^{-6}
XGS128/120	-5	700 ~ 750	8.0 ~ 8.3	1.05 ~ 1.10	450 ~ 500	10	5×10^{-6}
XGS144/120	-5	700 ~ 750	8.0 ~ 8.3	1.05 ~ 1.10	450 ~ 500	10	5×10^{-6}
XGS160/96	-5	700 ~ 750	8.0 ~ 8.1	1.05 ~ 1.10	450 ~ 500	10	5×10^{-6}
XGS196/96	-5	700 ~ 750	8.1 ~ 8.3	1.05 ~ 1.10	450 ~ 500	10	5×10^{-6}
XGS196/40	-3	800 ~ 850	8.3 ~ 8.5	1.00 ~ 1.05	500 ~ 600	12.7	9×10^{-8}
XGS208/44	-3	800 ~ 850	8.3 ~ 8.5	1.00 ~ 1.05	500 ~ 600	12.7	9×10^{-8}
XGS240/46	-3	800 ~ 850	8.3 ~ 8.5	1.00 ~ 1.05	500 ~ 600	12.7	9×10^{-8}

永磁体阵列、微波器件和电子手表的永磁体；飞机及飞船电动机和仪表；限制器、隔离器和集成电路隔离器；磁泡储存器的永磁薄膜；以及微型马达、微型继电器、医疗器具等。我国稀土钴永磁合金的性能见表 10-39 和表 10-40，这类合金的发展并不有悖于我国的资源条件，但原材料较稀缺和昂贵仍然是存在的主要问题。

钐钴合金是最基本的稀土钴合金，其相图见图 10-71。Sm 与 Co 生成一系列金属间化合物，其中 $SmCo_5$ 和 Sm_2Co_{17} 最重要，分别构成两种钐钴合金的基础。目前，两种稀土永磁合金皆主要采用粉末冶金的方法生产，其工艺流程为：原材料→冶炼→制粉→磁场取向与压力成形→真空烧结与热处理→机械加工→表面处理→检测。也可以采用还原扩散、树脂粘结、熔体急冷、铸造、机械合金化等方法进行生产，且各有其特点。

1. $SmCo_5$ 型合金　简单表达为 1:5（指两种原子数之比）型合金，是以 $SmCo_5$ 化合物为基体的钐钴合金，最早出现于 20 世纪 60 年代中，被称为第一代稀土永磁合金。

$SmCo_5$ 化合物具有 $CaCu_5$ 型六方结构，有极高的磁晶各向异性常数 [$K_1 = (15 ~ 19) \times 10^3$ kJ/m^3]，较高的饱和磁化强度（0.8kA/m），由其制成的合金可以获得极大的矫顽力（达 1194 ~ 3184kA/m）和很高的磁能积（127 ~ 183kJ/m^3 以上），磁性能比著名的铸造 AlNiCo 合金有成倍的提升。这种合金按组织可分为两种：以 SmCo$_5$ 型化合物为基体的单相合金和在此基体中还析出有少量 Sm$_2$Co$_{17}$ 型化合物的多相合金。总体上，合金的矫顽力机制主要基于磁畴的形核和畴壁在晶界上的被钉扎，所以合金的晶粒要非常细小（1～10μm），基本上为单磁畴粒子。

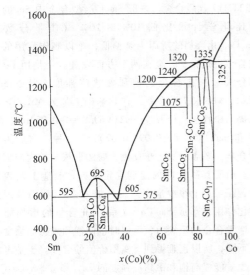

图 10-71　Sm-Co 合金相图

SmCo$_5$ 的化学计量成分（质量分数）是 33.8% Sm 和 66.2% Co。其中的钐和钴可相应用其他较便宜的和有特性的稀土元素 RE（包括混合稀土金属 Mm）和过渡族金属 TM 来取代，于是得到一系列新的合金。单相合金有 RECo5［例如 SmCo5、PrCo5、（Sm，Pr）Co5 等］、MmCo5 以及（Sm，Mm）Co5 等；多相合金主要是 Ce（Co，Cu，Fe）z（z = 5～6）等。纯 SmCo5 合金的成分，Sm 的含量一般都略高于化学计量比［w（Sm）为 37.2%］，以利于消除工艺过程中氧的影响，提高收缩率和磁性能。（Sm，Pr）Co5 合金中，用较经济的 Pr 取代部分 Sm，既使合金更便宜，还可提高磁化强度和磁性能的稳定性。Ce（Co，Cu，Fe）z 合金中，Ce 是资源丰富的元素，Cu 代 Co 可通过沉淀硬化提高矫顽力，而 Fe 的加入可提高磁化强度。所以合金的磁性能比较高，虽剩磁和磁能积有所下降，但成本大大降低。典型 SmCo5 型合金的主要磁性能见表 10-41。

SmCo$_5$ 型合金一般采用液相烧结法制备：在 SmCo$_5$ 基相粉末中添加富 Sm 成分（质量分数）（含约 60% Sm 和 40% Co）合金的粉末，混合，球磨，得到细粉料（平均粒径为 1～10μm），在磁场中取向和预压，进行等静压成形，然后在真空中加热到 1100～1200℃烧结约 1h。烧结时，添加的富 Sm 合金粉末转变成液相，逐渐被固体基相粉末吸收，并以此加快基

表 10-41　SmCo5 型合金的主要磁性能

合金	B_r/T	H_{CB}/(kA/m)	H_{CJ}/(kA/m)	$(BH)_m$/(kJ/m^3)
SmCo5	1.06	792	1360	224
(Sm0.4Pr0.6)Co5	1.03	804	1320	207
(Sm0.5Pr0.3Nd0.2)Co5	1.05	770	1150	210
(Sm0.5Mm0.5)Co5	0.88	660		140
PrCo5	0.76	313		95.8
Sm(Co0.76Cu0.14Fe0.10)5	1.04	500		210
Ce(Co0.72Cu0.14Fe0.14)5	0.72	398	421	99
Ce(Co0.73Cu0.14Fe0.13)5.2	0.74	358		94.7
Ce(Co0.74Cu0.13Fe0.13)5.4	0.68	310		79.6
Ce(Co0.75Cu0.13Fe0.12)5.6	0.76	318		95.5

相的烧结过程，提高其致密度，且使磁性能改善。表 10-42 中的数据表明，烧结温度的提高能全面提高合金的磁性能，但超过 1150℃后，由于晶粒长大，晶界对畴壁钉扎的强度降低，矫顽力和磁能积显著下降。所以合金存在一个较合理的烧结温度。

表 10-42　SmCo5 合金经不同温度烧结后的磁性能

烧结温度/℃	B_r/T	H_{CB}/(kA/m)	$(BH)_m$/(kJ/m^3)
1120	0.790	597	120.2
1130	0.795	621	124.9
1140	0.820	625	129.7
1150	0.910	685	159.2
1160	0.905	581	143.3

为了改善矫顽力，SmCo5 型合金在烧结之后必须进行一种特殊的退火处理：直接从烧结温度缓慢（以不大于 3℃/min 的速度）冷却至 850～950℃，保温一定时间或不保温，然后以较快（不低于 50℃/min）的速度冷却至室温。合金的烧结-热处理曲线如图 10-72 所示。必须注意，退火温度不能低于 800℃，并且冷却速度在 800～500℃之间一定要很快（一般采取油冷），以免在 750℃左右 SmCo5 相分解或生成较粗大的第二相析出物，而使合金的矫顽力降低。

2. Sm2Co17 型合金　亦简表为 2:17 型合金，是以 Sm$_2$Co$_{17}$ 化合物为基体的钐钴合金，20 世纪 70 年

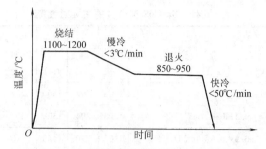

图 10-72　SmCo5 型合金的烧结-热处理工艺曲线

代末出现，被称为第二代稀土永磁合金。

Sm_2Co_{17} 化合物在 1250℃ 以上具有 Th_2Ni_{17} 型六方结构，1250℃ 以下具有 Th_2Zn_{17} 型菱方结构。与 $SmCo_5$ 相比，磁晶各向异性较低（$K_1 = 3.3 \times 10^3$ kJ/m^3），但饱和磁化强度较高（0.95kA/m），且可固溶而能进一步提高，是更有效的高性能永磁合金的基体。Sm_2Co_{17} 型合金按组织也分两种：以 Sm_2Co_{17} 型化合物为基体的单相合金和在其基体上还沉淀有 $SmCo_5$ 型化合物的多相合金。单相合金应用者较少，实际上 2:17 型合金基本上为沉淀硬化的多相合金。其矫顽力机制主要是基于沉淀相粒子在畴壁上的钉扎作用。因此要求合金组织中的沉淀相高度弥散分布和基体成分的高度微观不均匀性。

Sm_2Co_{17} 化合物中的 Sm 用其他稀土元素（例如 Pr，Nd）取代会降低磁晶各向异性，用 Mm（例如

CeLa 合金）取代会降低饱和磁化强度。所以在 RE2Co17 型合金中，Sm 是最重要的、难以完全取代的稀土元素。其他稀土元素之所以引入，主要是为了获得较便宜的合金。某些重稀土元素如 Er、Gd、Dy、Ho 等可部分取代 Sm，可制得低温度系数的 RE2TM17 永磁合金。一般 Sm_2Co_{17} 型合金中 Sm 的含量比化学计量比低 10% ~ 20%（质量分数）。Sm_2Co_{17} 化合物的矫顽力是偏低，难以制作实用的永磁合金。现在，合金在两个方面发展。一是用 Fe 代部分 Co，提高合金的饱和磁感应强度，形成 Sm ($Co_{1-x}Fe_x$)17 合金系。在其基础上加入 Mn、Cr 等来提高磁性能，已开发 Sm2($Co_{0.8}$–$Fe_{0.05}Mn_{0.15}$)17 和 Sm2($Co_{0.8}Fe_{0.09}Cr_{0.02}$)17 两种。它们为单相合金，矫顽力决定于反磁化畴的形核与长大的临界场。由于其磁性能的温度稳定性差，制造工艺较复杂，在工业上很少应用。二是加入 Cu，利用其沉淀硬化作用，形成 Sm-Co-Cu 系。Cu 含量的增加能急剧增大合金的矫顽力，但同时也使饱和磁感应强度很快下降，所以也难得到有实用价值的合金。于是再加入少量能提高饱和磁感应强度的 Fe，形成 Sm-Co-Cu-Fe 系。并且还进一步加入能提高磁晶各向异性的金属（例如 Zr、Ti、Hf 等），形成 Sm-Co-Cu-Fe-Zr 系等性能优异的永磁合金系列。部分 Sm2Co17 型合金的主要性能见表 10-43。

表 10-43　Sm2Co17 型合金的主要磁性能

合　　金	B_r /T	H_{CB} /(kA/m)	H_{CJ} /(kA/m)	$(BH)_m$ /(kJ/m^3)
Sm2($Co_{0.8}Fe_{0.09}Cr_{0.11}$)17	1.10		579	238.8
Sm2($Co_{0.8}Fe_{0.05}Mn_{0.15}$)17	1.13		1066.6	222.8
Sm($Co_{0.8}Cu_{0.15}Fe_{0.05}$)7.0	0.93		496	163.5
Sm($Co_{0.75}Cu_{0.14}Fe_{0.11}$)7.0	1.00		796	161.5
Sm($Co_{0.73}Cu_{0.14}Fe_{0.13}$)7.1	0.98		573.1	185.4
Sm($Co_{0.68}Cu_{0.1}Fe_{0.21}Zr_{0.01}$)7.4	1.10		520	240
Sm($Co_{0.73}Cu_{0.05}Fe_{0.20}Zr_{0.02}$)7.5	1.07	760	1000	216
Sm($Co_{0.65}Cu_{0.05}Fe_{0.28}Zr_{0.02}$)7.8	1.20		1110	263
Sm($Co_{0.672}Cu_{0.08}Fe_{0.22}Zr_{0.028}$)8.35	0.85		760	132
Sm0.5Ce0.5($Co_{0.73}Cu_{0.05}Fe_{0.20}Zr_{0.02}$)7.5	1.06	648	744	210

Sm2Co17 型合金的制备过程与 SmCo5 型合金相近。粉末经磁场取向及压制后进行烧结和热处理。以 Sm (Co, Cu, Fe, Zr) z（7.0≤z≤8.5）合金为例，其烧结和热处理的工艺过程如图 10-73 所示。一般采用的烧结温度为 1190 ~ 1220℃，时间 1 ~ 2h，得到致

密的合金，接着慢冷至固溶处理温度 1130 ~ 1175℃，保温 0.5 ~ 10h，以获得均匀的单相固溶体，并由油淬或氩气流冷却，将固溶体组织保持到室温。为了提高矫顽力，然后将合金置于 750 ~ 850℃ 进行时效处理。时效的时间与合金的成分有关，含 Zr 低时为 20 ~

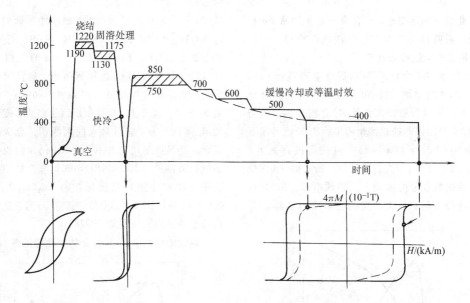

图 10-73 Sm2Co17 型合金 [Sm (Co, Cu, Fe, Zr) z (7.0≤z≤8.5) 合金] 的烧结-热处理工艺曲线及磁滞回线变化示意图

40min，高时达 8~30h。时效之后不可快冷，采取控速冷却，冷速为 0.3~1.0℃/min，也可进行分级时效。合金经分级时效处理的矫顽力比经一次时效的要高得多，见图 10-74。含 Zr 的合金大多实行分级时效，即再在 700℃保温 1h，600℃保温 2h，500℃保温 4h，400℃保温 8~10h，之后急冷至室温。含 Cr 较高的合金，如采用控速冷却至 400℃后，一定要在此温度再时效一些时间。在经过 750~850℃的时效处理后，合金的单相固溶体转变为两相的细胞状组织。胞粒为含 Fe、Zr 的 2:17 型基体相，胞壁是富 Cu 的 1:5 型沉淀相，它们之间保持一定的共格关系。合金的矫顽力就决定于沉淀相胞壁对畴壁的钉扎作用，而与两相的磁晶各向异性和畴壁能的差、胞径和胞壁宽度等有关。适当的多级时效可利用其所造成的两相成分及形态的差异的扩大，逐渐地、尽可能地提高合金的矫顽力。

10.2.3.6 稀土铁合金

1. 钕铁硼合金 20 世纪 80 年代出现的以稀土元素（主要是钕）与铁（或铁硼）形成之金属间化合物为基体的最新型永磁合金，即钕铁硼合金。它具有比稀土钴合金更大的剩磁（达 $B_r = 1.48T$）、更高的矫顽力（达 $H_c = 684.6kA/m$）和最大的磁能积 [达 $(BH)_m = 407.6kJ/m^3$]，为第三代稀土永磁合金，被誉称"磁王"。这类合金的力学性能也比第二代的好，不那么容易破碎，密度也比较小（约低 13%），因而更利于实现磁性元件的轻量化、薄型化，小型化和超小型化。另外，一个最大优点是原材料丰富且价

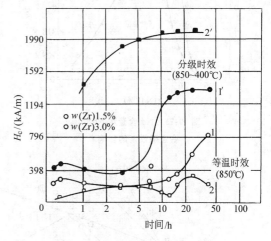

图 10-74 25.5SmCo6Cu15FeZr 合金一级时效和多级时效时矫顽力的变化

格便宜，只相当于钐钴合金的 1/2 左右。所以钕铁硼得到了极大的重视，正在逐步取代钐钴和铝镍钴永磁合金。

NdFeB 合金以 $Nd_2Fe_{14}B$ 化合物为基体。$Nd_2Fe_{14}B$ 属四方晶系结构，为铁磁性多畴体相，具有很高的磁晶各向异性和优异的内禀磁参量。NdFeB 的磁性能主要是建立在 $Nd_2Fe_{14}B$ 的这些特性基础之上的，所以合金的成分基本上设计接近于此化合物的成分。但是，单相化合物的永磁性能并非很理想。试验证明，获得最好永磁性能的合金成分必须含有比化合物更多的一些 Nd 和 B，一般成分（质量分数）为约 36% Nd、约 63% Fe 和约 1% B。即合金的组织除了

$Nd_2Fe_{14}B$ 化合物基体相外, 还含有一定量的富 Nd 相和富 B 相。后两种相基本上为非铁磁性物质, 它们的合理含量完全由试验来确定。

图 10-75 为 Nd 含量对 NdFeB 合金磁性能的影响。随 Nd 含量的增加, 富 Nd 相增多, 有利于合金烧结, 增大收缩量和致密度, 使 B_r 急剧升高。但当 $x(Nd) \approx 12\%$ 时, 因非铁磁性相增多, B_r 开始迅速下降。合金在 $x(Nd) = 14\% \sim 15\%$ 时获得最高的 B_r。在 Nd 含量增大时 H_{CJ} 一直是增长的, 所以由 Nd 含量的控制可以调整合金的矫顽力。必须指出, Nd 含量太高会促进合金晶粒长大, 反而使矫顽力下降。图

10-76 所示为 B 含量对 NdFeB 磁性能的影响。B 是促进 $Nd_2Fe_{14}B$ 相形成的关键元素, $x(B)$ 低于 5% 时, 合金处于 $Nd_2Fe_{14}B + Nd_2Fe_{17} + Nd$ 的三相区 (见图 10-77)。其中 Nd_2Fe_{17} 是易基面相, 磁性很软, 所以合金的 H_{CJ} 和 B_r 都很低。在 $x(B) = 6\% \sim 7\%$ 时合金的 B_r 和 H_{CJ} 值最佳。B 过量后, 过多的非磁性富 B 相使 B_r 降低。为了获得最大的磁能积, 合金的 Nd、B 的含量还是应尽可能地接近 $Nd_2Fe_{14}B$ 的成分。目前磁能积最高的 Nd12.4Fe81.6B6.0 合金的 Nd 和 B 的含量 (摩尔分数) 只比化合物 $Nd_2Fe_{14}B$ 的相应高 0.6% Nd 和 0.02% B。另外, 提高 Fe 的含量能明显提高合金的磁能积 (见图 10-78)。

高性能烧结 NdFeB 合金的磁性能见图 10-79。

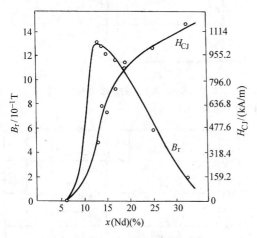

图 10-75　Nd 含量对 NdFeB
合金磁性能的影响

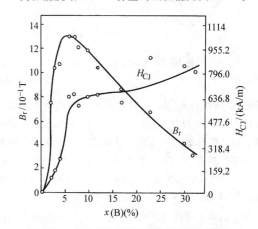

图 10-76　B 含量对 NdFeB 合金磁性能的影响

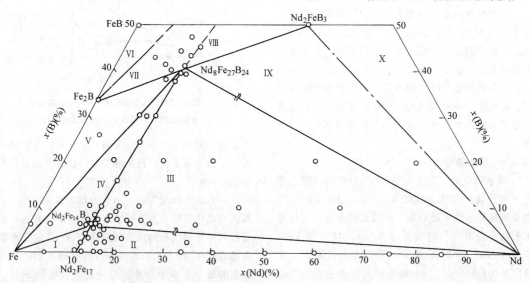

图 10-77　Nd-Fe-B 三元系 $[x(B) \leqslant 50\%]$ 室温截面图

Ⅰ—α-Fe + Nd_2Fe_{17} + $Nd_2Fe_{14}B$　Ⅱ—$Nd_2Fe_{14}B$ + Nd_2Fe_{17} + Nd　Ⅲ—$Nd_2Fe_{14}B$ + $Nd_8Fe_{27}B_{24}$ + Nd　Ⅳ—$Nd_2Fe_{14}B$ + $Nd_8Fe_{27}B_{24}$ +

α-Fe　Ⅴ—$Nd_8Fe_{27}B_{24}$ + Fe_2B + α-Fe　Ⅵ—Fe_2B + FeB + NdB_4　Ⅶ—Fe_2B + $Nd_8Fe_{27}B_{24}$ + NdB_4

Ⅷ—Nd_2FeB_3 + NdB_4 + $Nd_8Fe_{27}B_{24}$　Ⅸ—$Nd_8Fe_{27}B_{24}$ + Nd_2FeB_3 + Nd　Ⅹ—Nd + Nd_2FeB_3 + Nd_2B_5

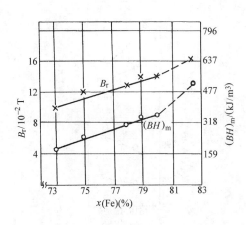

图 10-78　NdFeB 合金的磁性能随 Fe 含量的变化

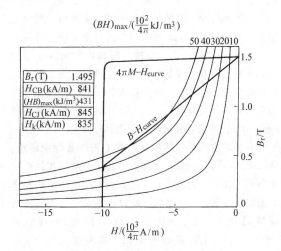

图 10-79　高性能烧结 NdFeB 合金的磁性能

NdFeB 合金目前还有不足之处。主要是热稳定性较差,居里温度偏低,磁感应温度系数和矫顽力温度系数偏高（见表 10-44）。这些问题的解决直接影响其全面取代稀土钴和铝镍钴合金的进程和范围。在这方面,采取合金化的途径取得了一定进展。如用 Co 取代部分 Fe,可提高居里温度,使磁感应温度系数降低,但矫顽力也有所降低。用 Dy 取代部分 Nd,可提高各向异性场和矫顽力,降低矫顽力温度系数,但会牺牲剩磁和磁能积。复合加入 Co 和 Al、Co 和 Dy

的综合效果较好。此外,少量加入 Ga 或 Nb,也可有效地提高矫顽力和其热稳定性。合金化 NdFeB 的磁性能见表 10-45。NdFeB 的另一个缺点是抗氧化和耐蚀性较差。因此必须采取表面防护,如蒸镀 Ni、Cr、Al 金属,镀 Al-Cr 或 Cu-Ni 合金薄膜,化学沉积 Ni-P 镀层,涂含氟树脂或环氧树脂等效果都很好。合金中添加 Al、Si、P 等元素,耐蚀性可以改善,而加入 V、Nb、Cr 时,除了改善耐蚀性外,还可提高磁性能。

表 10-44　钕铁硼合金与其他永磁合金温度特性的比较

合金	居里温度 T_c/℃	磁感应温度系数（20~100℃） $B_{r\alpha}/10^{-2}K^{-1}$	矫顽力温度系数（20~100℃） $H_{CJ\alpha}/10^{-2}K^{-1}$	最高工作温度 /℃
SmCo5	720	-0.045	-(0.2~0.3)	250
Sm2Co17	820	-0.025	-(0.2~0.3)	350
NdFeB	310	-0.126	-(0.5~0.7)	100
AlNiCo	800	-0.02	-0.03	500
铁氧体	450	0.20	-0.40	300

表 10-45　合金化 NdFeB 合金的磁性能

合金	B_r /T	H_{CB} /(kA/m)	H_{CJ} /(kA/m)	$(BH)_m$ /(kJ/m³)	T_c /℃	$B_{r\alpha}$ /$10^{-2}K^{-1}$	$H_{cJ\alpha}$ /$10^{-2}K^{-1}$
Nd15Fe77B8	1.23	880	960	290	312	-0.126	-0.6
Nd15(Fe0.9Co0.1)77B8	1.23		800	290	398	-0.085	
Nd15Fe62.5Co16Al1.0B5.5	1.32		886	328	500	-0.071	
Nd12.3Dy3.1Fe72.8Co5.0B6.8	1.10	848	1862	236	380		
Nd14.5Fe60Co16Ga1.0B8.5	1.30		971	318	500	-0.07	-0.5
Nd3.45H0.96Dy1.95Fe79B6	0.70	557	1639	118		-0.029	
Nd7Fe75Ti10B8	1.22	864	960	256		-0.03	

NdFeB 合金一般采用与稀土钴合金类似的粉末冶金技术制备。典型工艺是将真空熔炼的铸锭破碎成平均粒度约 3μm 的粉末，在横向磁场中取向并压制成形，然后进行真空或氩气烧结和热处理。为了保证最好的磁性能，生产过程都采用无氧工艺，以最大限度地降低钕的氧化与损失，使合金中氧的质量分数不超过 0.15%，非磁性相的体积分数小于 1%。

合金的性能对烧结和热处理工艺参数特别敏感。烧结温度越高或粉末尺寸越大，则合金的晶粒越粗大而矫顽力越低。若烧结温度过低，则烧结不完全和合金的致密度低而性能不好。所以必须选定合理的烧结温度范围。一般，NdFeB 的烧结温度为 1060 ~ 1100℃，与稀土元素的种类和含量有关，如含 La、Ce 或混合稀土时，温度应当低些。绕结之后的冷却对性能有影响，以随炉冷却的结果为好。但生产上为了避免炉冷时炉料冷却不均匀而导致产品性能不同，通常在烧结之后采取快速冷却，然后再进行适当的热处理。

NdFeB 合金在烧结并快冷的状态下磁性能不高，但可用随后的回火处理来显著提高（见图 10-80）。采用一次（或一级）磁硬化回火时，一般是将烧结合金加热至 570 ~ 600℃，保温 1h，然后水冷，如图 10-81a 所示。效果较好、应用最多的是采用二级回火。其典型的回火工艺是，将烧结合金加热到 900℃，保温 2h，以 1.3℃/min 的速度控制冷却至室温，然后再加热至 550 ~ 700℃，保温 1h，接着水冷。二级回火也可在烧结之后不快冷至室温，而直接降温至第一级回火和第二级回火温度连续分级进行处理，如图 10-81b 所示。大量试验表明，获得最佳磁性能的第一级回火温度为 900℃，与合金成分的变化关系不大；第二级回火的最佳温度与合金的成分有一定关系，由试验来确定，但一般不超过 700℃。

NdFeB 合金在烧结状态下的显微组织主要为基体相 $Nd_2Fe_{14}B$ 的晶粒，其尺寸远大于其单畴粒子临界大小，晶内极少晶体缺陷，也不存在精细结构。富 Nd 相熔点较低，大多数以不同厚度膜片状的形式分布在基体晶界上和三叉晶界处，也有少量呈小块状和细粒状散落在基体的晶界上和晶粒内。富 B 相则大部分以多边形颗粒的形式存在于三叉晶界和一般晶界上，个别亦会出现在晶粒内。合金的组织中还可能存在有少量氧化物（主要是 Nd_2O_3）、富 Fe 物（主要是 α-Fe）、外来杂质和烧结残留的空洞。热处理不会改变基体、富 B 相和其他杂质，热处理能改善合金的磁性能，只与其中富 Nd 相的形态、分布、数量等的变化有关系。关于 NdFeB 的矫顽力机制，多数观

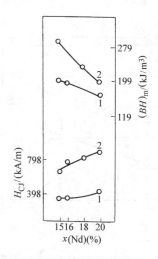

图 10-80　NdFeB 合金回火
前后磁性能的变化
1—烧结态　2—回火态

点认为，是反磁化畴的形核场起控制作用。富 Nd 相在基体晶界上合理分布能有效地减少反向畴的形核点，同时还可钉扎跨晶界的畴壁，阻碍畴壁运动。NdFeB 在 900℃的第一级回火处理时，晶粒表面缺陷减少，富 Nd 相转变为液相，并沿晶界发生合理的再分布，为随后的分解创造有利条件；而在 550 ~ 700℃间进行第二级回火时，富 Nd 液相分解，趋于三元共晶成分，形成有利的组织形态，并使晶界上特别是在与富 Nd 相相接触的基体相表面上存在的 BCC 相结构层消失，而使合金的矫顽力值大大提高。

2. 钐铁氮合金　钕铁硼合金被发现后不久，20 世纪 90 年代初又发现，Sm_2Fe_{17} 合金在 400 ~ 575℃、NH_3 气氛中进行渗氮处理后，得到的钐铁氮合金具有甚至比钕铁硼合金更优异的永磁特性。人们估计，可能存在又一种新型的稀土铁永磁合金，于是全球很快兴起了钐铁氮合金研究的热潮。

Sm_2Fe_{17} 合金渗氮后的研究表明，N 原子进入化合物晶胞的八面体间隙之中，并未改变化合物的晶体结构，但却使晶格常数增大，晶胞体积的胀大可达 6%。这样，就使得 Fe 原子间距大大增大，因而 Fe 原子之间交换作用显著增强。因此，渗氮化合物 $Sm_2Fe_{17}N_x$ 材料的居里温度 T_c 大幅提高了（由 392K 提升到 743K），室温饱和磁极化强度明显提高了（由 0.94T 提高到 1.54T）。但变化更大的还是其各向异性由易基面转变为单轴各向异性，各向异性常数增大，各向异性场 H_A 达到了约 2.4GA/m，因而矫顽力大幅提高，同时最大磁能积 $(BH)_m$ 的理论值也显著提高（由 176kJ/m³ 提高到 472kJ/m³）。这样，渗氮

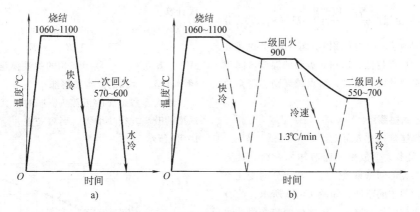

图 10-81 NdFeB 合金的烧结-热处理工艺曲线

a) 一级回火 b) 二级回火

得到的合金 Sm2Fe17Nx 与 Nd2Fe14B 比较, 饱和磁化强度相当, 理论磁能积相差不多, 但居里温度要高 160℃ (居里温度不高和最高工作温度只有约 100℃, 是钕铁硼合金的最大不足, 这大大影响了其使用范围), 各向异性场要高 1 倍多。另外, 温度稳定性、抗氧化能力和耐蚀性也有明显改善。

但是, $Sm_2Fe_{17}Nx$ 相为亚稳结构, 在 650℃ 时会发生分解, 得到 SmN + α-Fe。这种分解是不可逆的, 是该种新型永磁材料亟待解决的关键问题。受此限制, 目前钐铁氮合金还不能应用通常比较方便的烧结方法来制备磁体, 而只能采用树脂或低熔点金属 (Zn、Sn 等) 作粘结剂来制备, 这会降低其性能。

已有的研究证明, 氮含量的增大, 可以提高 $Sm_2Fe_{17}N_x$ 化合物的起始分解温度, 当 $x > 2$ 时, 起始分解温度可提高到 923K 以上。同时发现, 添加 Cr、Si 等元素也可提高化合物的分解温度。另外, 利用气体喷枪等冲击压缩技术可以制备出块体磁体。

10.3 膨胀合金的热处理

膨胀合金为在应用中要求具有特殊热膨胀特性的精密合金, 主要用于制造电真空器件、精密仪器仪表元件和自动控制元件等。

10.3.1 金属的热膨胀特性

10.3.1.1 金属的热膨胀

物体热胀冷缩是一种普遍现象, 但在特定条件下有反常。一般, 将温度变化所引起的物体体积或尺寸变化的现象称为热膨胀。

金属的热膨胀特性采用平均膨胀系数 $\alpha_{t_1-t_2}$ 或真实膨胀系数 α_t 来描述。

在 t_1 至 t_2 温度范围内的平均线胀系数 (1/℃):

$$\alpha_{t_1-t_2} = \frac{l_2 - l_1}{l_1} \times \frac{1}{t_2 - t_1}$$

式中 l_1、l_2——t_1、t_2 温度时试样的长度。

在某温度 t 时的线胀系数 (即膨胀曲线上 t 点温度的斜率) (1/℃):

$$\alpha_t = \lim_{\Delta t \to 0} \frac{1}{l} \times \frac{\Delta l}{\Delta t} = \frac{dl}{l} \times \frac{1}{dt}$$

本质上, 热膨胀现象的发生在于, 温度升高时金属中原子的热振动振幅增大, 使振动中心的位置移动, 造成金属晶格常数增大, 而导致金属宏观体积膨胀或长度增大。这是正常的热膨胀效应。表 10-46 中给出了部分无结构变化的纯金属由室温到 100℃ 的线胀系数。同时可以看出, 随熔点增高, 金属的线胀系数降低, 反映原子间结合力的增大对热膨胀有抑制作用。

表 10-46 部分无结构变化的纯金属由室温至 100℃ 的线胀系数

金属	线胀系数 $\alpha/(10^{-6}/℃)$	熔点 /℃
Zn	39.5	419.5
Al	23.6	660.1
Cu	17.0	1083
Ni	13.4	1453
Pt	9.8	1769
V	8.3	1910
Rh	8.3	1960
Mo	4.9	2625
W	4.6(20℃)	3380

许多金属从绝对温度零度到熔点体积变化接近于常数。立方和六方结构金属的 $\dfrac{V_{TS} - V_0}{V_0} = 0.06 \sim$

0.067；正方结构金属的 $\dfrac{V_{TS} - V_0}{V_0} = 0.027$（$V_{TS}$、$V_0$ 分别为金属熔点时和 0K 时的体积）。可见金属的热膨胀有一定极限。熔点越低，达到此极限的温度区间越窄，因而膨胀系数越大；反之，熔点越高则膨胀系数越小。

10.3.1.2　合金的热膨胀

合金的热膨胀规律比较复杂。

（1）对于大多数形成单相固溶体的合金，热膨胀系数介于其组元的膨胀系数之间，与成分的变化呈近似直线关系，但中间略凹，如图 10-82 所示，若合金的组元之一为过渡族金属时，固溶体的热膨胀曲线偏离直线较大，甚至变得无规则。合金的膨胀系数偏低于其组元平均值的原因，是存在有不同元素之间吸引力的附加作用。

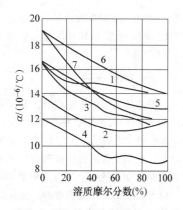

图 10-82　固溶体的膨胀系数（35℃）

1—Cu-Au　2—Au-Pd　3—Cu-Pd　4—Cu-Pd（-140℃）
5—Cu-Ni　6—Ag-Au　7—Ag-Pd

固溶体合金发生有序化时，原子间结合力增强，膨胀系数降低。

（2）形成化合物的合金，由于组元原子呈严格的规则排列，其结合力比固溶体中的原子间作用力大得多，而膨胀系数明显变小。

（3）多相合金的热膨胀决定于各组成相的热膨胀和体积分数，但对其大小、分布和形状（即组成状态）不敏感。合金的膨胀系数一般介于组成相的膨胀系数之间，并近似地符合直线加权规律。所以两相合金的膨胀系数为两组成相的加权值：

$$\alpha = \alpha_1 V_1 + \alpha_2 V_2$$

式中　　α、α_1、α_2——合金和两组成相的膨胀系数；
　　　　V_1、V_2——两组成相的体积分数。

若两相的弹性模量相差较大，应考虑各相在膨胀过程中弹性相互作用的影响。则合金的膨胀系数按下式计算：

$$\alpha = \frac{\alpha_1 V_1 E_1 + \alpha_2 V_2 E_2}{V_1 E_1 + V_2 E_2}$$

式中　　E_1、E_2——两组成相的弹性模量。

10.3.1.3　金属的反常热膨胀

绝大多数金属的正常热膨胀时，真实膨胀系数随温度的升高先很快增大，而后变慢并趋于定值，如图 10-83 所示。

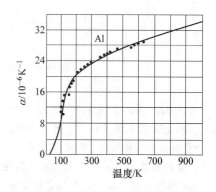

图 10-83　铝的真实膨胀系数与温度的关系

注：曲线为计算值，点为实测数据。

对于某些铁磁性金属，在其磁性转变的温度范围内，膨胀曲线上出现明显的反常膨胀峰，如图 10-84 所示。其中 Ni、Co 具有正膨胀峰，称为正反常；Fe 是负膨胀峰，称为负反常。这种反常现象也出现在 Fe-Ni 合金中。从图 10-85 可见，不同 Ni 含量的合金，在其居里温度以下，膨胀系数随温度变化的曲线上都存在有不同程度的负反常现象；在居里温度附近，膨胀系数急剧上升；过居里温度之后，膨胀曲线恢复正常的变化。所以调整合金的 Ni 含量，可以获得不同膨胀特性的合金。

反常热膨胀现象的出现，与合金的铁磁性密切相关，是其自发磁化过程中产生磁致伸缩效应引起的。在居里温度以下，合金处于铁磁性状态。加热使其由铁磁性向顺磁性转变，饱和磁化强度下降，引起原子间距缩小。这种原子间距的缩小与因温度升高晶格热振动引起的原子间距的增大相抵消，使热膨胀减小，甚至造成负值，而产生热膨胀的负反常现象。但是当加热温度超过居里温度后，合金完全转变为顺磁体，失去磁性，而只存在热振动对原子间距的影响，所以恢复正常的热膨胀过程。

另外，还有一些反铁磁性合金，例如 Fe-Mn 合金，在奈尔点 T_N 以下具有反铁磁性，当温度升高时，由于反铁磁性造成体积收缩，抵消一部分正常的热膨胀，也显示出反常的热膨胀特性。

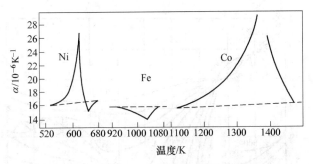

图 10-84　铁、镍、钴在磁性转变区域的膨胀曲线

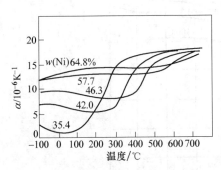

图 10-85　几种铁镍合金的膨胀
系数和温度的关系

根据热膨胀和磁特性,膨胀合金有低膨胀、铁磁性和无磁性定膨胀以及高膨胀等类型合金。

10.3.2　低膨胀合金的热处理

低膨胀合金常称因瓦合金,是指在常温或低温范围内具有很低的膨胀系数的合金。其线胀系数 $\alpha_{20 \sim 100℃} \leqslant 1.8 \times 10^{-6}/℃$,主要用于制造精密仪器、仪表中要求尺寸不变的零件,例如标准量具、标准电容器、精密天平、大地测量尺、微波谐振腔、热双金属的被动层、液态气体容器等。几种低膨胀合金的成分及性能见表 10-47。目前获得广泛应用的是因瓦和超因瓦合金。

表 10-47　低膨胀合金的成分和性能

合金名称	主要成分(质量分数) (%)	线胀系数 $\alpha/(10^{-6}/℃)$	居里温度 $T_c/℃$	$\gamma \rightarrow \alpha$ 相变温度 /℃
因瓦(4J36)	36Ni-Fe	1.2	232	-120
超因瓦(4J32)	4Co-32Ni-Fe	0.0	230	-100
不锈因瓦	11Cr-52Co-Fe	0.0	117	—
铁铂合金	25Pt-Fe	-30	80	-70
铁钯合金	31Pd-Fe	0.0	340	—
锰钯合金	35.5Mn-Pd	1.5	—	—
无磁因瓦	5.5Fe-0.5Mn-Cr	~0.0	T_N[①] ~50	—

① 奈尔点。

10.3.2.1　因瓦合金

1. 因瓦合金的成分和性能　$w(Ni)$ 为 36% 的铁镍合金在 230℃ 以下(低至 -253℃)具有极低的膨胀系数(见图 10-86),为最典型的因瓦合金,我国牌号为 4J36。4J36 合金试样,在保护气氛或真空中加热到 850 ~ 900℃,保温 60min,以 ≤300℃/h 的冷速冷至 200℃ 以下出炉,线胀系数 $\alpha_{20 \sim 100℃} \leqslant 1.8 \times 10^{-6}/℃$。其膨胀曲线如图 10-87 所示,化学成分和线胀系数见表 10-48。

图 10-88 所示是铁镍合金的热导率 λ 和比热容 c 的变化,图 10-89 所示是铁镍合金的电阻率 ρ 和电阻温度系数 α_R 的变化。

因瓦合金成分接近于面心与体心的相界(见图 10-90),相当于磁矩开始急剧下降与较低居里温度所对应的成分(见图 10-91)。图 10-92 表明,在居里温度以上,因瓦合金的膨胀系数与一般金属类似,而在居里温度以下膨胀系数特小,室温时接近于零值。因瓦合金这种反常的小热膨胀,是由于在居里温度以下铁磁性改变所引起的本征体积磁致伸缩导致的收缩,抵消了正常的热膨胀。

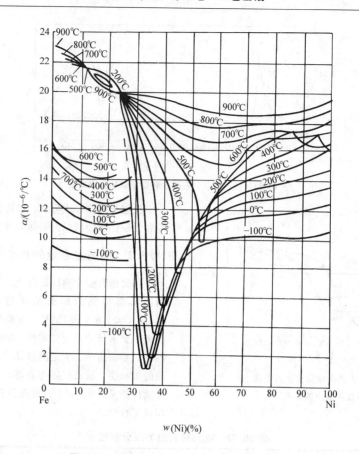

图 10-86　铁镍合金在不同温度下的热膨胀系数

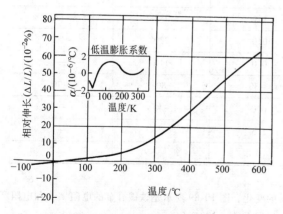

图 10-87　4J36 合金的膨胀曲线

4J36 合金中，除铁磁性元素钴等以及少量铜以外，加入或带入任何元素和夹杂，都会使膨胀系数增大。常见元素的影响见图 10-93。少量硅对合金的膨胀系数影响不大，但使居里温度下降。碳的影响很大，如图 10-94 所示。碳含量较高时，合金尺寸的时间稳定性变坏。在保证合金可加工性的前提下，应尽量降低硅、锰、碳的含量。

2. 因瓦合金的热处理　膨胀合金的生产流程一般是：坯料→热变形（热轧）→软化热处理→冷变形（冷轧、冷拔、冷拉）→中间热处理→冷变形→成品热处理。因此，因瓦合金的热处理主要包括坯料和成品的热处理两方面。

表 10-48　4J36 合金的化学成分和线胀系数

化学成分（%）（质量分数）	C	P	S	Mn	Si	Ni	Fe
	≤0.05	≤0.02	≤0.02	≤0.6	≤0.3	35.0～37.0	余量
线胀系数 $\alpha/(10^{-6}/℃)$	$-129～18℃$	$-40～21℃$	$0～21℃$	$21～100℃$	$21～200℃$	$21～300℃$	$21～400℃$
	1.98	1.75	1.58	1.40	2.45	5.16	7.80

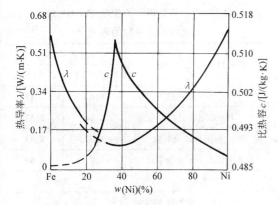

图 10-88　铁镍合金的热导率 λ
和比热容 c 的变化

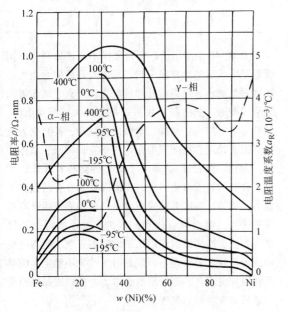

图 10-89　铁镍合金的电阻率 ρ（实线）
和电阻温度系数 α_R（虚线）的变化

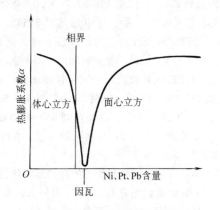

图 10-90　典型因瓦合金室温膨胀
系数 α 与成分关系的示意图

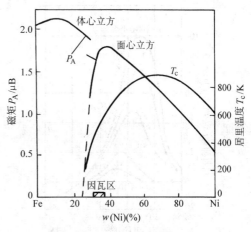

图 10-91　铁镍合金的磁矩 P_A 和
居里温度 T_c 与成分的关系

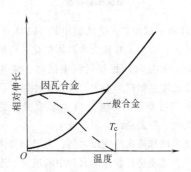

图 10-92　因瓦合金与一般金属的
热膨胀曲线的比较

注：虚线表示在 T_c 以下因瓦合金
因铁磁性降低而产生的相对收缩。

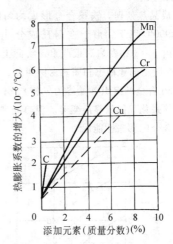

图 10-93　常见元素对 4J36 合金
热膨胀系数的影响

（1）坯料的热加工和热处理。铁镍膨胀合金的
导热性很差，热加工的加热速度不宜过快，热锻温度

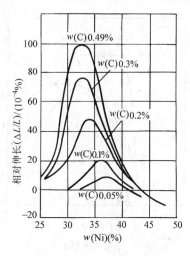

图 10-94　碳含量对铁镍合金
热膨胀的影响

表 10-49　热处理和冷变形对 Ni36 合
金热膨胀系数的影响

热处理和冷变形条件		$\alpha/(10^{-6}/℃)$	
		17 ~ 100℃	17 ~ 250℃
热锻后		1.66	3.11
850℃固溶处理		0.64	2.53
850℃固溶处理再时效		1.02	2.43
由 850℃经 19h 冷至室温		2.01	2.89
850℃退火		1.709	
冷拔	变形量 30%	0.126	
	变形量 47.2%	- 0.233	
	变形量 57.2%	- 0.33	
	变形量 65.5%	- 0.36	

一般为 1150 ~ 1240℃；热轧温度约 1120℃。加热时间不应过长，以免晶粒长大和晶界粗化，使机械加工性能降低。加热时应控制气氛中的硫、碳等有害元素。合金的冷变形抗力不大，很容易冷加工，但冷变形量不要超过 60% ~ 70%，以免形成变形织构，或再结晶织构。要避免产生表面缺陷。

冷变形前和两次冷变形之间，为了提高或恢复合金的塑性，必须进行软化退火和中间退火。退火都在还原（不得含硫）或保护气氛中进行，加热温度为 830 ~ 880℃，可炉冷或空冷。

冷加工或变形之后，为了消除应力，在 530 ~ 550℃进行退火。

（2）成品热处理。铁镍合金形成均匀的 γ 固溶体，但在 900℃以下，由于在因瓦成分［w(Ni) = 36%］以内 $\gamma \rightleftharpoons \alpha$ 相变热滞很严重，实际上起作用的是图 10-95 所示的亚稳态相图。由图可知，热处理不能改变 4J36 合金的组织（始终为 γ 相），不能使其强化。合金的强化只能依靠冷变形。但热处理和冷变形都会改变合金的膨胀性能。

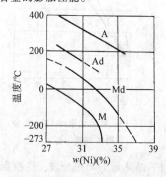

图 10-95　因瓦成分区铁镍合金的亚稳状态图

表 10-49 中给出了因瓦合金经不同热处理和不同变形量冷拔后的热膨胀系数。固溶处理能使合金的热膨胀系数减小，而固溶处理后继之以回火，或固溶加热后慢冷时，热膨胀系数回升甚至增大。冷变形时，随变形量的增大，热膨胀系数一直减小，甚至变为负值。固溶处理和冷变形的作用在于它们带来了晶体缺陷（空位、位错等），破坏了原子的短程有序度，影响了合金的自发磁化强度，因而降低了合金的热膨胀能力。此外，温度升高时内应力松弛，或可能有马氏体逆转变，都会导致体积的收缩，减小实际热膨胀量。显然，冷变形的作用比热处理更有效。但靠冷变形获得低膨胀系数并不可取，因为效果不稳定，随时间和温度的变化，膨胀系数会增大。所以成品在冷变形之后必须进行热处理。

成品的热处理大致分以下几种情况。

1）一般进行三段热处理：①先固溶处理，在空气中加热到 830℃，保温 20min，淬火，使合金成分均匀化；②再回火，在空气中加热到 315℃，保温 60min，消除固溶处理的应力；③最后稳定化处理，加热到 95℃，保温 48h，使组织和尺寸趋于稳定。

2）对于形状复杂或尺寸稳定性要求高的产品，采用加热到 850 ~ 870℃，保温 30min，以 40 ~ 50℃/h 的冷速冷却的退火工艺；或加热到 850 ~ 870℃，保温 30min，空冷，再在 315℃回火的工艺。有时回火要交替进行多次。

3）对于冷加工或机械加工的高精度零件，采用的热处理制度是，先进行消除应力回火，加热到 315 ~ 370℃，保温约 60min 后空冷；再进行稳定化处理，加热到略高于使用温度，缓冷到稍低于使用温度，再缓慢加热到略高于使用温度，缓冷到室温。为了改善稳定性，在居里温度附近的冷却要极其缓慢地进行。

4）在特殊情况下，例如用于大地测量和计量的器具，除化学成分和冶炼方法要求严格之外，还要采取特殊的处理方法，如机械加工后，先进行去应力退火，然后进行快速时效。快速加热至 150℃，保温24h，按每 24h 降低 25℃ 的冷却速度冷至室温。

（3）低温用因瓦合金的热处理。在低温和超低温条件下使用的容器、管道及其他装置，除了要求低膨胀系数外，常常还希望有较高的强度和韧性。为此，在因瓦合金的基础上，添加一些铬、铜等元素。

较重要的低温用因瓦合金有 Ni36Cr、Ni36Cu、Ni39等。它们的化学成分见表 10-50。Ni36Cr 主要用于20K 以下的低温装置；Ni39 主要用于 200～300℃ 至 -269℃ 温度范围内使用的结构和管道。

Ni36Cr 合金的热处理是，加热到（840±10）℃，保温 15min 后水冷；再加热到 315℃，保温 60min 后空冷。Ni39 合金的热处理是，加热到 850～900℃，保温 15min 后空冷。

Ni36Cr 合金在不同热处理状态下的低温膨胀性能见表 10-51。Ni36Cr 和 Ni39 合金经 950℃ 加热，5min 保温和水冷处理后，低温下的力学性能见表10-52。

表 10-50　几种低温因瓦合金的成分

牌　号	化学成分（质量分数）（%）						
	Ni	Mn	Si	C	Cu	Cr	Fe
Ni36Cr	36	0.45	0.3	0.05	0.25	0.5	余量
Ni36Cu	36	0.5	<0.5	<0.15	<0.5	—	余量
Ni39	39	0.4	0.25	0.05	—	—	余量

表 10-51　Ni36Cr 合金的低温膨胀性能

状态及热处理制度	线胀系数 $\alpha/(10^{-6}/℃)$									
	-269℃	-253℃	-248℃	-223℃	-196℃	-173℃	-123℃	-73℃	-23℃	27℃
63%冷变形	-0.4	-2.0	-2.3	-0.8	0.5	1.2	1.3	0.8	0.4	0.6
淬水	—	—	—	—	1.0	1.4	1.6	1.2	0.7	0.9
淬水 + 315℃,1h 回火	—	—	—	—	1.0	1.5	1.9	1.4	0.9	1.1
950℃空冷	—	—	—	—	1.0	1.7	2.1	1.6	1.3	1.5
950℃炉冷	—	—	—	—	0.9	1.6	2.2	1.8	1.5	1.8
600℃,5h 退火,冷到 100℃,保温 90h	—	-1.5	-1.8	0.3	1.5	2.1	2.6	2.5	2.2	2.5

表 10-52　Ni36Cr 和 Ni39 合金的低温力学性能

牌号	试验温度/℃	R_m/MPa	$R_{p0.2}$/MPa	A（%）	Z（%）	a_K/(J/cm²)
Ni36Cr	27	430	260	50	83	280
	-196	850	570	43	72	260
	-253	970	690	50	68	230
Ni39	27	480	340	—	—	240
	-196	890	620	—	—	230
	-253	1030	650	—	—	180

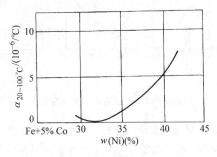

图 10-96　Ni31Co5 合金中镍含量对膨胀系数的影响

10.3.2.2　超因瓦合金

1. 超因瓦合金的成分和性能　由图 10-96 和表

10-53 可知，在 Ni36 合金中，镍含量约为 32%（质量分数），钴含量约为 4%（质量分数）（即 Ni32Co4合金），线胀系数 $\alpha_{20～100℃}$ 接近于零。与 Ni36 合金相比，Ni32Co4 合金的居里温度与其相同，马氏体点 Ms 略高，但膨胀系数低得多。这个合金一般叫做超因瓦合金，我国的牌号为 4J32。它在大气温度变化范围（-60~80℃）内，膨胀系数差不多只有 4J36 的一半。

4J32 合金的典型成分及膨胀系数见表 10-54。根据对试样膨胀系数的要求，规定用两种热处理工艺。

表 10-53　铁镍钴合金中不同镍、钴含量时的膨胀系数

合金成分（质量分数）（%）	Co	0	3.5	4	4	4	5	5	6	6
	Ni	36.5	34	32.5	33	33.5	31.5	32.5	30.5	31.5
	Co + Ni	36.5	37.5	36.5	37	37.5	36.5	37.5	36.5	37.5
$\alpha_{20\sim100℃}/(10^{-6}/℃)$		1.2	0.3	~0	0.4	0.5	~0	0.5	~0	0.1

表 10-54　4J32 合金的化学成分和膨胀系数

化学成分（质量分数）（%）	C	P	S	Si	Mn	Ni	Co	Cu	Fe
	0.020	0.003	0.004	0.08	0.27	32.2	3.7	0.62	余量
线胀系数 α /(10^{-6}/℃)	20~-60℃	20~-20℃	20~0℃	16~100℃	16~200℃	16~300℃	16~400℃	16~500℃	16~600℃
	-0.92	-0.69	-0.74	0.86	2.01	4.88	7.70	9.61	10.80

（1）在保护气氛或真空中加热到 850~900℃，保温 60min，以小于 300℃/h 的冷速冷却至 200℃以下出炉，$\alpha_{室温\sim100℃} \leqslant 1.5 \times 10^{-6}/℃$。

（2）在保护气氛中加热到 850~900℃，保温 90min 后淬火；然后加热到 300~320℃，保温 4h，以小于 80℃/h 的冷速冷却至 80℃以下出炉，$\alpha_{室温\sim200℃} \leqslant 1.2 \times 10^{-6}/℃$。

4J32 合金的膨胀曲线如图 10-97 所示。

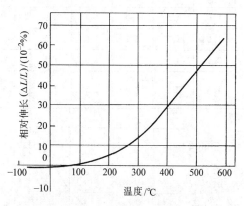

图 10-97　4J32 合金的膨胀曲线

2. 超因瓦合金的热处理　4J32 合金的组织为单相奥氏体，加工性能与 4J36 合金相似，很容易变形，也不能用热处理强化。热处理工艺有以下几种。

（1）去应力退火，加热温度为 530~550℃。

（2）冷加工后恢复塑性的退火，加热温度为 830~880℃。

（3）尺寸稳定化处理：先在空气中加热到约 830℃，保温 20min 以后水淬；再在还原性气氛或空气中（表面保护）加热到 315℃，保温 60min 后空冷；最后在 95℃保温 48h。

热处理制度对膨胀系数影响很大。同 4J36 合金一样，4J32 合金在 850℃以上温度退火时，膨胀系数较大；冷却速度快时，膨胀系数减小。退火和淬火状态下的膨胀系数见表 10-55。

表 10-55　4J32 合金退火和淬火状态下的膨胀系数 α

（单位：$10^{-6}/℃$）

温度范围/℃　热处理　炉号	A		B		C	
	退火	淬火	退火	淬火	退火	淬火
室温~50	0.83	0.22	0.94	0.31	0.86	0.25
室温~100	1.09	0.43	1.19	0.47	1.04	0.41
室温~150	1.44	0.80	1.57	0.87	1.31	0.80
室温~200	2.07	1.44	2.01	1.47	1.78	1.25

注：退火、淬火加热温度均为 830℃。

10.3.2.3　其他因瓦合金

除了一般因瓦和超因瓦合金外，还有一些兼有某种特殊性能的低膨胀合金，例如不锈因瓦合金、高强度因瓦合金、非铁磁性因瓦合金，以及贵金属因瓦合金等。

1. 不锈因瓦合金

（1）不锈因瓦合金的成分和性能。化学成分（质量分数）约为 Co54%、Fe37%、Cr9% 的合金，具有很高的耐蚀性和极低的线胀系数（$\alpha_{20℃}=1.2\times10^{-6}/℃$），我国的牌号为 4J9。它的化学成分和膨胀系数见表 10-56，耐蚀性和膨胀曲线（与 4J36、4J32 对比）分别如表 10-57 和图 10-98 所示。

表 10-56 4J9 合金的化学成分和膨胀系数

化学成分 （质量分数）（%）	C	P	S	Si	Mn	Co	Cr	Fe
	0.024	0.005	0.08	0.08	0.20	53.35	9.10	余量
线胀系数 $\alpha/(10^{-6}/℃)$	21～-60℃	21～-20℃	21～0℃	21～100℃	21～200℃	21～300℃	21～400℃	21～500℃
	-0.61	-0.68	-0.67	0.42	5.54	8.86	11.04	12.94

表 10-57 4J9、4J32、4J36 合金的耐蚀性

牌　号　＼　炉　号　＼　时　间	腐蚀失重/(10^{-4}g/cm^2)		
	10d	22d	42d
4J9	0.46	0.70	0.99
4J32	2.00	2.80	3.70
4J36	4.40	6.20	8.30

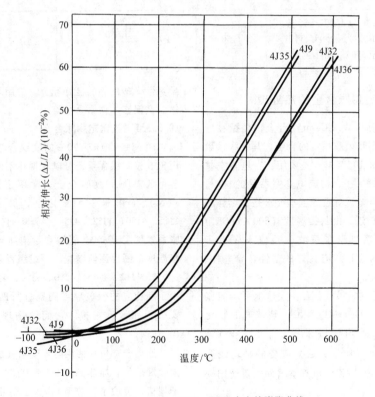

图 10-98 4J9、4J32、4J36、4J35 合金的膨胀曲线

（2）不锈因瓦合金的热处理。4J9 合金的成分处于 γ 同 γ+α 间的相界区，为了得到低膨胀的单一 γ 相状态，必须从高温淬火。这种合金的 Ms 点较高，铬低时约为 -10℃；随铬含量增加而降低，在 $w(Cr)$ 为 9.5% 时降到 -80℃ 左右。为了避免淬火应力或变形引起 γ→α 转变，应进行去应力退火。

4J9 的热处理是，加热到 1000℃，保温 1h，然后以 50℃/h 的冷速冷却。

2. 高强度因瓦合金

（1）高强度因瓦合金的成分和性能。含少量钛、接近超因瓦成分的铁镍钴合金，除膨胀系数小外，由于存在弥散硬化的作用，还具有较高的强度和硬度，

同时可获得较高的加工表面质量。我国生产的4J35合金，其化学成分和膨胀系数见表10-58。试样经规定的热处理（加热到950℃，保温30min后水淬，再加热到650℃回火，保温4h，空冷），其膨胀曲线如图10-98所示。在 -100 ~ 100℃温度范围内，合金具有较低的膨胀系数。

（2）高强度因瓦合金的热处理。常用工艺是：加热到950℃，保温30min后水淬，再加热到650℃回火，保温4h，空冷。还可以进行其他热处理。4J35合金经不同热处理后的力学性能见表10-59。

表10-58　4J35合金的化学成分及膨胀系数

化学成分（质量分数）(%)	C	Si	Mn	Ni	Co	Ti	Fe
	≤0.05	≤0.50	0.20 ~ 0.40	34.0 ~ 35.0	5.0 ~ 6.0	2.2 ~ 2.8	余量
线胀系数 $\alpha/(10^{-6}/℃)$	$-100 ~ 20℃$	$20 ~ 100℃$	$20 ~ 200℃$	$20 ~ 300℃$	$20 ~ 400℃$	$20 ~ 500℃$	
	3.0	3.6	6.2	9.2	11.2	12.5	

表10-59　4J35合金经不同热处理后的力学性能

热处理制度	R_m/MPa	$R_{p0.2}$/MPa	A(%)	Z(%)	硬度 HBW
950℃	620	380	40	—	163
950℃空冷	660	400	—	—	—
1100℃加热,2h保温,以100℃/h冷至750℃,再以50℃/h慢冷至650℃,再以20℃/h缓冷至550℃,再炉冷	1150	1100	8	10	320

10.3.3　铁磁性定膨胀合金的热处理

定膨胀合金通称可伐（Covar）合金，是指在一定温度范围内膨胀系数大致恒定的合金。其线胀系数 $\alpha_{20~400℃} = (4 ~ 11) \times 10^{-6}/℃$，主要用作在电真空技术中与玻璃、陶瓷等封接，构成电真空器件的材料，所以也常称为封接合金。对它的基本要求是，热膨胀系数与被封接材料相近，由封接温度（500 ~ 600℃）至室温，合金与玻璃热膨胀系数的差值不应大于10%。此外，封接合金还应有良好的塑性、导电性、导热性以及加工性能。

软玻璃的软化点为450℃左右，大体上平均线胀系数 $\alpha_{20~450℃} = (9 ~ 11) \times 10^{-6}/℃$。硬玻璃的软化点为 550 ~ 600℃，平均线胀系数 $\alpha_{20~500℃} = 5 \times 10^{-6}/℃$。95% Al_2O_3（质量分数）陶瓷的平均线胀系数 $\alpha_{20~500℃} \approx 7 \times 10^{-6}/℃$。电真空器件主要使用硬玻璃和陶瓷。

最重要的定膨胀合金有 Fe-Ni、Fe-Ni-Co、Fe-Ni-Cr、Fe-Ni-Cu、Fe-Cr、Fe-Mn、Ni-Cu、Ni-Mo合金，以及高熔点金属等。按照磁特性，定膨胀合金可分为铁磁性和非铁磁性（或无磁性）两大类。

铁磁性定膨胀合金在居里温度（300 ~ 580℃）以下，线胀系数 $[(4 ~ 12) \times 10^{-6}/℃]$ 接近于无机电介质（玻璃、陶瓷、云母等），并保持有导电性、导热性、塑性等的良好配合。常用合金为铁镍、铁镍钴、铁镍铬、铁铬合金等。

10.3.3.1　铁镍定膨胀合金

$w(Ni) = 30\% ~ 70\%$ 的铁镍合金都具有因瓦反常现象。控制镍含量，可以获得在不同温度范围内具有各种低膨胀系数的合金。常用定膨胀铁镍合金的 $w(Ni)$ 在42% ~ 58%之间，牌号有4J42、4J43、4J45、4J50、4J52、4J54、4J58。它们的镍含量和膨胀系数见表10-60。随镍含量增加居里点升高，定膨胀温度范围也逐渐增宽，但组织皆处于 γ 相状态。

1. 4J42、4J45、4J50、4J52、4J54合金　前四种用于和相应的软玻璃或陶瓷进行匹配封接；4J54主要用于和云母封接。它们的物理、力学性能见表10-61。

这类合金带材使用时要受引伸成形，须先进行退火。规范是：加热到 750 ~ 850℃，保温（时间决定于规格、装炉量和炉型）。为了防止晶界氧化，退火应在真空或保护气氛中进行。

2. 4J43合金　主要用于制造复铜丝的心材。复铜的铁镍合金丝一般称为杜美丝，广泛用作为软玻璃封接的灯泡、电子管等器件的引线。其成分、膨胀系数和应用见表10-60。物理、力学性能见表10-61、表10-62。

杜美丝的生产流程及热处理工艺如图10-99所示。

表 10-60　铁镍定膨胀合金的成分、膨胀系数和应用

合金	主要化学成分（质量分数）(%)		试样热处理工艺	线胀系数 $\alpha/(10^{-6}/℃)$			应　用
	Ni	Fe		室温~50℃	室温~300℃	室温~400℃	
4J42	41.5~42.5	余量	在保护气氛或真空中,加热至850~900℃,保温1h,以≤300℃/h 的速度冷至400℃以下出炉	—	4.4~5.6	5.4~6.6	与软玻璃或陶瓷封接
4J43	42.5~43.5	余量		—	5.0~6.2	5.6~6.8	杜美丝心材
4J45	44.5~45.5	余量		—	6.5~7.7	6.5~7.7	与软玻璃或陶瓷封接
4J50	49.5~50.5	余量		—	8.8~10.0	8.8~10.0	与软玻璃或陶瓷封接
4J52	51.5~52.5	余量		—	9.8~11.0	9.8~11.0	与软玻璃或陶瓷封接
4J54	53.5~54.5	余量		—	10.2~11.4	10.2~11.4	与云母封接
4J58	57.5~58.5	余量		10.0~11.5	—	—	作基线尺和线纹尺

表 10-61　几种铁镍定膨胀合金的物理、力学性能

合金牌号	剩磁 B_r[1] /T	矫顽力 H_c[1] /(A/m)	热导率 λ /[J/(cm·s·℃)]	电阻率 ρ (20℃) /(Ω·mm²/m)	弯曲点 /℃	弹性模量 E /GPa	棒　材				带　材			
							R_m /MPa	$R_{p0.2}$ /MPa	A (%)	Z (%)	R_m /MPa	A (%)	HV	杯突值 /mm
4J42	0.99	28.8	0.146	0.61	360	150	450~650	—	≥30	65	580	29	137	9.6
4J45	0.80	76.0	0.146	0.49	420	161	450~650	—	≥30	—	—	—	—	—
4J50	1.03	10.4	0.167	0.44	470	161	540	200	34	—	550	37	136	10.2
4J52	0.77	89.6	0.167	0.44	500	161	450~650	—	≥30	65	—	—	—	—
4J54	0.64	64.8	0.188	0.35	520	160	550	210	38	—	—	—	—	—

① 磁场强度为 4000A/m 时。

表 10-62　4J43 合金的物理性能和力学强度

剩磁 B_r[1] /T	矫顽力 H_c[1] /(A/m)	热导率 λ /[J/(cm·s·℃)]	电阻率 ρ(20℃) /(Ω·mm²/m)	弯曲点 /℃	弹性模量 E /GPa	冷拔变形后的强度 R_m/MPa			
						0%	30%	50%	70%
0.98	47.2	0.1463	0.56	370	150	500	750	800	850

① 磁场强度为 4000A/m 时。

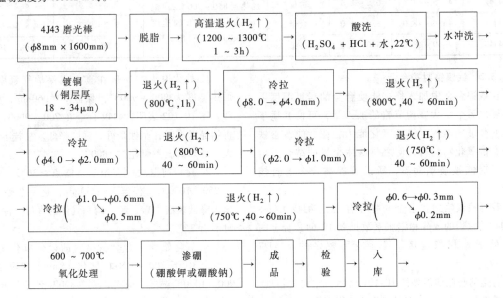

图 10-99　杜美丝的生产流程及热处理工艺

3. 4J58 合金　在 600℃ 以下线胀系数变化极小，在气温变化范围内与钢铁的线胀系数基本上相同，长期使用中有良好的尺寸稳定性，可制作基线尺和线纹尺。合金经表 10-60 中所给的热处理后，其物理、力学性能见表 10-63。

为了稳定尺寸，进行各种机械加工后，都要施行去应力回火或稳定化时效处理。4J58 合金线纹尺的生产流程及热处理工艺如图 10-100 所示。

表 10-63　4J58 合金的物理、力学性能

剩磁 B_r[①] /T	矫顽力 H_c[①] /(A/m)	热导率 λ /[J/(cm·s·℃)]	电阻率 ρ /(Ω·mm²/mm)	弯曲点 /℃	R_m /MPa	$R_{p0.2}$ /MPa	A(%)
0.49	50.4	0.209	0.30	~600	570	210	37

① 磁场强度为 4000A/m 时。

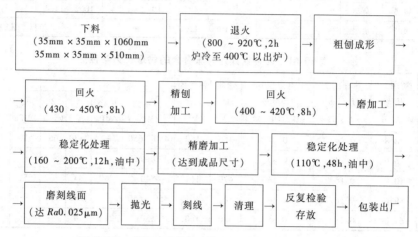

图 10-100　4J58 合金线纹尺的生产流程及热处理工艺

表 10-64　铁镍铬封接合金的成分和膨胀系数

合金牌号	主要化学成分(质量分数)(%)			试样热处理工艺	线胀系数 α(10⁻⁶/℃)	
	Ni	Cr	Fe		室温~300℃	室温~400℃
4J6	41.5~42.5	5.5~6.3	余量	在保护气氛或真空中，加热到 850~900℃，保温 1h，以 ≤300℃/h 的速度冷至 400℃ 以下，出炉	7.5~8.5	9.5~10.5
4J47	46.5~47.5	0.8~1.4	余量		7.8~8.8	8.2~8.7
4J48	46.0~48.0	3.0~4.0	余量		8.2~9.2	8.5~9.5
4J49	46.0~48.0	5.0~6.0	余量		8.4~9.4	9.2~10.2

10.3.3.2　铁镍铬封接合金

在铁镍合金中加入铬，能使合金的居里温度下降而膨胀系数增大。调节铬的加入量，可使其适于与某些软玻璃匹配。铬的氧化能力很强，能改善铁镍合金的氧化物结构，使之与基体金属的结合力增强，同时能被玻璃润湿，所以可提高合金的封接性能。

我国铁镍铬封接合金的牌号有 4J6、4J47、4J48 和 4J49。它们的成分和膨胀系数见表 10-64。合金的成分处于 γ 相稳定区。目前应用较多的是 4J47 和 4J49。

合金的膨胀曲线如图 10-101 所示。它们的物理、力学性能见表 10-65。热处理有以下几种。

1. 软化退火　一般在真空或保护气氛中进行，加热温度为 800~900℃，保温 30~60min，任意冷却。图 10-102 表明，4J49 合金在 700~900℃ 间进行再结晶退火时，塑性最好，强度降低，晶粒不明显长大。加热温度不可超过 1000℃。

2. 封接前退火　在湿氢（露点 ≥30℃）中加热至 950~1050℃，保温 15~30min，进一步使表面净化，降低表层中碳、硫、磷和气体的含量，保证封接时不出气泡。

3. 氧化处理　合金封接时的最佳氧化规范是，在空气中于 700~750℃ 氧化 15min。4J49 合金在 900~1000℃ 湿氢中退火，或在 800℃ 空气中加热 15~20min，均能获得良好的氧化效果。

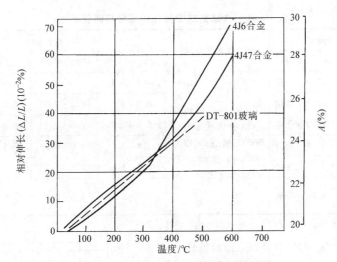

图 10-101 4J6、4J47 和 DT-801 玻璃的膨胀曲线

表 10-65 铁镍铬封接合金的物理、力学性能

物理性能\合金牌号	剩磁 B_r [1] /T	矫顽力 H_c [1] /(A/m)	电阻温度系数 $\alpha_R/(10^{-4}/℃)$		热导率 λ /[J/(cm·s·℃)]	电阻率 ρ/ (Ω·mm²/m)	弹性模量 E /GPa
			室温~300℃	室温~400℃			
4J6	0.64	22.4	—	—	0.032	0.92	150
4J47	0.97	29.6	28	26	0.048	0.55	145
4J48	0.76	18.4	11.5	10.0	0.040	0.80	178
4J49	0.69	25.6	8.0	7.0	0.043	0.90	163

物理性能\合金牌号	σ_b/MPa		$\sigma_{0.2}$/MPa	δ(%)		HV	杯突值/mm
	锻棒	带材	锻棒	锻棒	带材	带材	1mm 厚带材
4J6	500	510	180	33	35	128	9.5
4J47	530	560	190	33	34	148	10.3
4J48	520	570	190	32	34	134	9.6
4J49	530	560	210	33	33	136	9.6

① 磁场强度为 4000A/mm 时。

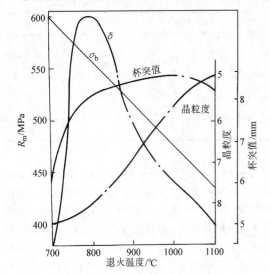

图 10-102 退火温度对 4J49 力学性能
和晶粒度的影响

4J6 合金是出现最早、应用最广的铁镍铬软玻璃封接合金。因为铬含量较高，氧化处理必须在湿氢中而不是在空气中进行，以便生成更致密、与基体结合更牢固、同玻璃有很好的润湿性能的氧化膜，以获得良好的封接性能。

10.3.3.3 铁镍钴封接合金

铁镍钴合金比铁镍合金有较高的居里点，在改变镍含量的情况下，可以获得一系列膨胀系数低而且在较宽的温度范围内保持恒定的合金，适于与高介电性的耐热玻璃 [线胀系数为 $(3.7\sim5.5)\times10^{-6}/℃$，软化温度为 550~800℃] 和一些陶瓷封接。这类铁磁性铁镍钴封接合金主要有玻璃封接合金 4J29，陶瓷封接合金 4J34、4J31、4J33，含铜封接合金 4J30，以及低钴封接合金 4J44、4J46 等。它们的成分和膨胀系数见表 10-66。

1. 4J29 玻璃封接合金

表 10-66　铁镍钴封接合金的成分和膨胀系数

合金牌号	主要化学成分(质量分数)(%)			试样热处理规范[①]	线胀系数 $\alpha/(\times 10^{-6}/℃)$			
	Ni	Co	Fe		室温~300℃	室温~400℃	室温~500℃	室温~600℃
4J29	28.5~29.5	16.8~17.8	余量	在保护气氛或真空中加热到 850~900℃,保温 1h,以 ≤300℃/h 速度冷至 400℃以下出炉	4.7~5.5	4.6~5.2	5.9~6.4	—
4J34	28.5~29.5	19.5~20.5	余量		6.3~7.5	6.2~7.6	6.5~7.6	7.8~8.4
4J31	31.5~32.5	15.2~16.2	余量		6.2~7.2	6.0~7.2	6.4~7.8	7.8~8.5
4J33	32.5~34.0	13.6~14.8	余量		6.0~7.0	6.0~6.8	6.5~7.5	7.5~8.5
4J44	34.2~35.2	8.5~9.5	余量		4.3~5.1	4.6~5.2	6.4~6.9	—
4J46	39.0~41.0 (Ni+Cu)	5.0~6.0	余量		5.5~6.5	5.6~6.6	7.0~8.0	≤9.5

① 热处理后, 在 -70℃冷冻 30min 以上, 组织为单相奥氏体。

（1）4J29 合金的性能。4J29 合金即常指的可伐合金, 在很宽的温度范围（-80~450℃）内膨胀曲线与许多高硅硼硬玻璃很吻合（见图 10-103）, 封接和加工性能良好, 各国广泛用来制作高真空玻璃-金属气密封接器件。合金的物理、力学性能见表 10-67。

（2）4J29 合金的加工和热处理。4J29 合金的生产流程大体是: 冶炼→浇注（1530~1550℃）→锻造（加热温度 1150~1180℃, 经锻温度 >900℃, 锻后空冷）→热轧（加热温度 1100~1180℃）→冷成形（冷轧、冷拨）→中间退火→冷加工→成品热处理（退火）。

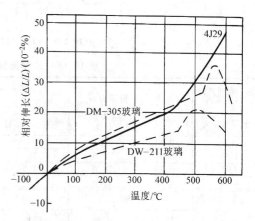

图 10-103　4J29 合金和两种玻璃的膨胀曲线

表 10-67　4J29 合金的物理、力学性能

剩磁 B_r[①] /T	矫顽力 H_c[①] /(A/m)	电阻温度系数 $\alpha_R/(10^{-4}℃)$		热导率 λ /[J/(cm·s·℃)]	电阻率 ρ/ (Ω·mm²/m)	弹性模量 E /GPa
		室温~300℃	室温~500℃			
0.98	68.8	37	30	0.192	0.46	134

状态 力学性能	R_m/MPa	$R_{p0.2}$/MPa	$A(\%)$	$Z(\%)$	硬度	
					HV	HBW
锻材(退火)	530	340	26	65	178	<82
带材(退火)	560	—	31			
带材(冷变形)	800	750	5	—		<100

① 磁场强度为 4000A/m 时。

4J29 合金的热处理有三种。

1）冷成形中间热处理。目的是消除加工硬化, 恢复塑性, 便于继续加工。工艺是: 加热至 750~900℃, 保温 1~2h（决定于坯件尺寸和重量）, 炉内介质为保护气氛、干氢（露点在 -40℃左右）、分解氨或真空, 可炉冷或炉冷后空冷, 但冷速一般不能大于 5℃/min。

2）成形后最终热处理。4J29 合金的室温平衡组织为 $\alpha+\gamma$, 成分接近于 γ 相区边界。在通常退火冷速下, 因热滞很大, 室温组织实际上为单相 γ, 但冷却到 Ms 点（约 -80℃）以下时也生成马氏体。最终热处理一般为退火。目的是得到均匀的 γ 相组织, 净化表面, 去除表面气体, 同时消除加工应力。热处理工艺是: 加热至 950~1050℃, 保温约 15min, 炉内气氛采用湿氢。

3）封接前预氧化处理。为了与玻璃封接, 必须生成良好的氧化膜。氧化工艺是：在空气中加热至800℃，保温 15min；或在 900℃保温 5min，不能采用还原气氛。

（3）4J29 合金应用举例。图 10-104 所示为用 4J29 合金制造 Fu-23Z 电子管的生产流程及其热处理工艺。

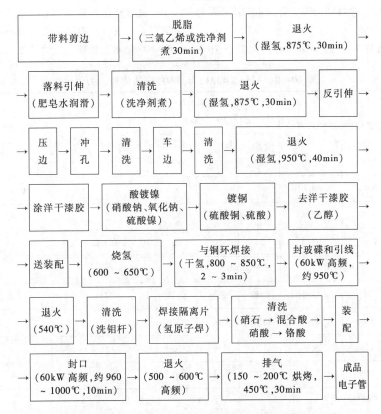

图 10-104　用 4J29 合金制造 Fu-23Z 电子管的生产流程和热处理工艺

2. 4J34、4J31、4J33 陶瓷封接合金　4J34、4J31、4J33 合金的成分和膨胀系数见表 10-66。它们的膨胀性能与 4J29 合金稍微不同，但其他性能大致一样。膨胀曲线在 -60~600℃ 范围内与高氧化铝陶瓷［即含 95%（质量分数）Al_2O_3 以上的陶瓷］很接近，如图 10-105 所示。陶瓷由于强度高，耐高温，介电性能好，介质损耗小，可获得精确尺寸，在超高频电真空工业中能取代玻璃，成为电子管电真空器件外壳的主要材料。

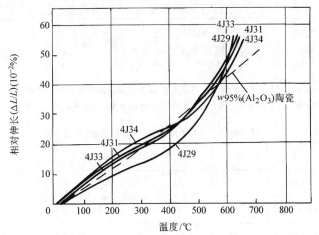

图 10-105　4J34、4J31、4J33 合金与高氧化铝陶瓷的膨胀曲线

4J34、4J31、4J33 合金的物理、力学性能见表 10-68。

这类合金的热处理与 4J29 合金类似。用这类合金采用高温镀金属法封接制造陶瓷管的生产流程和热处理工艺见图 10-106。

3. 4J30 玻璃封接合金　4J30 合金是在 -70 ~

400℃范围内膨胀系数与钼相近的含铜的铁镍钴合金，用于与钨组电真空玻璃封接，制造磁控管和调速管等。铜改善合金抗氧化能力和封接性能。但因含量很少，其合金的性能和生产工艺与前述铁镍钴合金相同。它的成分和膨胀系数见表 10-69，膨胀曲线如图 10-107 所示，物理、力学性能见表 10-70。

表 10-68　4J34、4J31、4J33 合金的物理、力学性能

物理性能 合　金	剩磁 B_r[①] /T	矫顽力 H_c[①] /(A/m)	电阻温度系数 $\alpha_R/(10^{-4}/℃)$ 室温~300℃	室温~400℃	室温~500℃	热导率 λ/ [(J/(cm·s·℃)]	电阻率 ρ /(Ω·mm²/m)	弹性模量 E /GPa
4J34	0.91	88.0	—	—	—	—	0.41	160
4J31	0.92	89.6	39	36	32	—	0.42	171
4J33	1.06	63.2	39	36	32	0.042	0.44	180

力学性能 合　金	R_m/MPa 锻材	带材	$R_{P0.2}$/MPa 锻棒	带材	A(%) 锻棒	带材	硬度 HV 锻棒	带材
4J34	550	550	350	—	27	32	—	168
4J31	530	550	330	—	30	31	—	175
4J33	530	570	310	—	30	31	—	160

① 磁场强度为 4000A/mm 时。

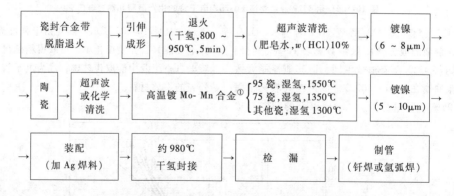

图 10-106　4J34、4J31、4J33 合金由高温镀金属法封接制造陶瓷管的生产流程与热处理工艺
① Mo-Mn 合金的主要成分（质量分数）含 65% Mo、17.5% Mn、7.5% Al_2O_3

表 10-69　4J30 合金的成分和膨胀系数

化学成分 （质量分数） (%)	C	P	S	Mn	Si	Ni	Co	Cu	Fe
	0.01	0.003	0.013	0.20	0.09	31.1	13.9	0.28	余量
线胀系数 $\alpha/(10^{-6}/℃)$	19~50℃	19~100℃	19~150℃	19~200℃	19~250℃	19~300℃	19~400℃	19~500℃	19~600℃
	4.19	4.52	4.29	4.08	3.78	3.68	4.06	6.11	7.86

表 10-70　4J30 合金的物理、力学性能

剩磁 B_r[1] /T	矫顽力 H_c[1] /A(/m)	电阻温度系数 α_R/(10^{-4}/℃)				热导率 λ/ [W/(m·K)]	电阻率 ρ/ (Ω·mm²/m)	弹性模量 E /MPa	弯曲点 /℃
		室温~ 200℃	室温~ 300℃	室温~ 400℃	室温~ 500℃				
0.92	85.6	33	30	26	22	5.815	0.52	137	370

R_m/MPa		$R_{P0.2}$/MPa		A(%)		硬度 HV		杯突值/mm	
锻棒	带材	锻棒	带材	锻棒	带材	锻棒	带材	锻棒	带材
520	570	360		25	28		162		9.4

① 磁场强度为 4000A/m 时。

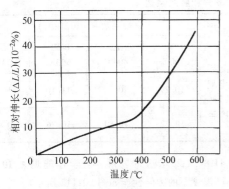

图 10-107　4J30 合金的膨胀曲线

4J30 合金的热处理工艺与 4J29 合金相同。

4. 4J44、4J46 封接合金　为了节约钴，我国创造了两种低钴封接合金。4J44 为硬玻璃封接合金，4J46 为陶瓷封接合金。它们的成分和膨胀系数见表 10-66。

4J44 合金经 900℃、1h 的退火后，物理、力学性能见表 10-71。经 70% 冷变形后，在不同温度下退火 30min（炉冷）后的晶粒度见表 10-72。

表 10-71　4J44 合金的物理、力学性能

热导率 λ/ [J/(cm·s·℃)]	电阻率 ρ /(Ω·mm²/m)	弹性模量 E /GPa	R_m /MPa
0.196	0.55	131.5	535

A (%)	Z (%)	杯突值 /mm	硬度 HV
31.3	87.6	9.27	151.5

表 10-72　4J44 合金退火后的晶粒度

退火温度/℃	800	850	900	1000	1050	1100
晶粒级别	≤8	≤8	≤8	7~8	5~6	3.5~4

4J46 合金的再结晶全图、再结晶温度与冷变形度的关系，见图 10-108 和图 10-109 所示。

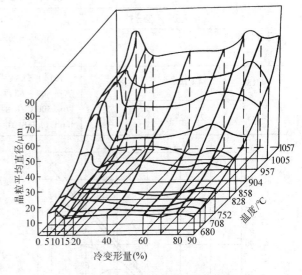

图 10-108　4J46 合金的再结晶全图

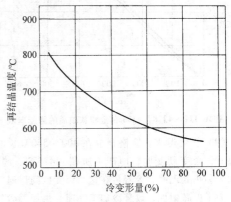

图 10-109　4J46 合金的再结晶温度 与变形度的关系

10.3.3.4　铁铬膨胀合金

1. 铁铬膨胀合金的成分与牌号　铁铬合金的热膨胀系数与软玻璃相近，是耐蚀的封接合金。目前应用的合金 w(Cr) 为 17% 和 28%，牌号为 4J18 和 4J28。它们的膨胀系数极小（见图 10-110）。组织为

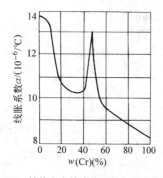

图 10-110　铁铬合金的膨胀系数与铬含量的关系

铁素体，含铬低时易出现奥氏体，所以 4J18 中加入少量 Ti、Al、Nb、Mo、V，以稳定组织（抑制奥氏体的出现）；同时细化晶粒，提高抗氧化和耐晶间腐蚀的能力。

4J18 和 4J28 合金的成分和膨胀系数见表 10-73，膨胀曲线如图 10-111 所示。

2. 铁铬膨胀合金的热加工和热处理

（1）热加工。铁铬合金的塑性不如铁镍合金。热加工加热温度为 1050～1150℃，应充分保温。终加工温度为约 800℃。

表 10-73　4J18、4J28 合金的成分和膨胀系数

合金牌号	化学成分（质量分数）（%）		试样热处理工艺	线胀系数 α/(10⁻⁶/℃)			
	Cr	Fe		室温～300℃	室温～400℃	室温～500℃	室温～600℃
4J18	18.08	余量	在保护气氛或真空中加热到 800～850℃，保温 1h，以 ≤300℃/h 的速度冷至 400℃ 以下出炉	10.29	10.70	11.10	11.35
4J28	27～29	余量		10.22	10.54	10.76	10.99

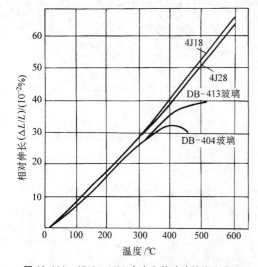

图 10-111　4J18、4J28 合金和软玻璃的膨胀曲线

（2）软化退火。铁铬合金在 400～540℃ 长时间保温时，会变硬变脆，即产生所谓"475℃"脆性。热加工和热处理时，要避免在这一温度区间保温或慢冷。为了提高塑性，改善冷加工性能，热加工后的坯料加热至 800℃，经适当的保温后，采取淬火处理。冷加工之间的软化退火，亦应采取加热至 800℃，保温约 0.5h，淬火或其他快冷处理。

（3）预氧化处理。封接前的预氧化处理，一般在湿氢中进行。加热温度为 950～1150℃，生成以 Cr_2O_3 为主体的氧化物薄层（暗绿色），以利于与玻璃封接。

4J18、4J28 合金的物理、力学性能见表 10-74，在不同温度下的力学性能如图 10-112 所示。

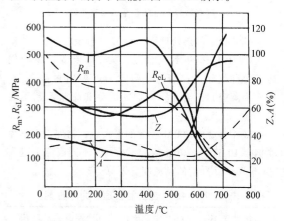

图 10-112　4J18、4J28 合金在不同温度下的力学性能
注：虚线为 4J18，实线为 4J28。

10.3.4　无磁性定膨胀合金的热处理

不少无线电元件，例如电子束聚焦和在强磁场下工作的电子器件，要求封接材料具有小膨胀系数的同时，还应有良好的抗磁、导电、导热及其他性能。为了适应这种需求，开发了一类无磁性的膨胀合金。这类合金在 -80～900℃ 范围内线胀系数为 (6～14)×10⁻⁶/℃；有时还要求耐热，弹性高，强度高，塑性好。最主要的非磁性合金有铬基、镍基、锆基、钛基、铜基、锰基合金和难熔金属等。

表 10-74 4J18、4J28 合金的物理、力学性能

物理性能 合 金	剩磁 B_r[①] /T	矫顽力 H_c[①] /(A/m)	电阻温度系数 α_R/(10^{-4}/℃)			热导率 λ [J/(cm·s·℃)]	电阻率 ρ/ (Ω·mm²/m)	弹性模量 E /GPa
			室温~ 300℃	室温~ 400℃	室温~ 500℃			
4J18	0.720	117.6	20	21	18	0.230	0.56	220
4J28	0.745	195.2	15	14	13	0.167	0.66	200

力学性能 合 金	R_m/MPa		$R_{p0.2}$/MPa		A(%)		硬度 HV (带材)	杯突值 /mm
	锻棒	带材	锻棒	带材	锻棒	带材		
4J18	470	480	310	340	24	—	172	
4J28	620	640	450	—	13	26	231	7.7

① 磁场强度为 4000A/m 时。

10.3.4.1 铬基合金

铬和铬基合金（加入少量 Co、Fe、Mn、Re、Ru、Rh、Os、Pd、Pt、Ta 或 La 等）具有很小甚至负值的热膨胀系数，如图 10-113 所示。合金元素的作用，在于扩大其磁性转变（由顺磁态过渡为铁磁态）体积效应的温度范围。

铬及铬基膨胀合金均为 α 单相组织，极易发生加工硬化。锻、轧和冷变形后进行 600~700℃ 温度的去应力退火。软化退火一般在氢气或氩气中进行，加热温度为 1100~1200℃。

10.3.4.2 镍基合金

以 Mo、W、Cr、Mn、Cu 等为合金元素的镍基合金具有中等膨胀系数 [线胀系数为 (10~15)×10^{-6}/℃]，磁导率 μ < 1.256×10^{-6}H/m，是目前较适于与陶瓷封接的无磁性膨胀合金。主要有 Ni75Mo、

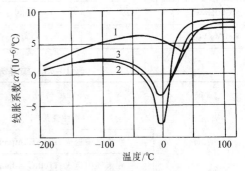

图 10-113 铬和铬基合金（成分为质量分数）
的热膨胀系数与温度的关系
1—Cr 2—Cr-6.6% Fe-0.5% Mn
3—Cr-5% Fe-0.5% Mn（无磁因瓦）

Ni80MoW、Ni80MoWCr3、Ni76CrWMn 等。它们的成分和膨胀系数见表 10-75。

表 10-75 镍基无磁性膨胀合金的成分和膨胀系数

合 金	化学成分(质量分数)(%)				线胀系数 α/(10^{-6}/℃)			
	Mo	W	Cr	Ni	20~300℃	20~500℃	20~700℃	20~800℃
Ni75Mo	24.5~26.0	—	—	余量	11.5	12.0	12.2	12.3
Ni80MoW	9.5~11.0	10.5~11.5	—	余量	12.0	12.6	13.4	13.8
Ni80MoWCr3	9.5~11.0	10.5~11.5	3.0~4.0	余量	11.7	12.3	13.3	13.5
Ni76CrWMn	—	4.0~5.0	13.6~14.6	余量	14.3	14.9	16.0	16.4

镍基合金可以冷热变形。热变形在真空或氢气中加热。冷变形之间的中间软化热处理制度是：在真空或氢气中加热至 1050~1100℃，保温 20~40min，水冷（小于 1mm 厚的带材或 φ0.7mm 的丝材）。对于尺寸更小的材料，中间热处理和最终热处理都在真空或氢气中进行，应尽量快冷，冷速不低于 20℃/min。

镍基合金的韧性较高，特别是在软化处理状态，

所以机械加工有一定困难。Ni75Mo、Ni80MoW、Ni80MoWCr3 合金器件最好采用冲压生产。为了改善切削加工性能，对于 Ni75Mo 合金可以采用双重热处理工艺：在 1050~1100℃ 退火或淬火，然后在 650~700℃ 回火 2h。

Ni80MoW、Ni80MoWCr3 合金的组织为单相 γ 固溶体。Ni75Mo 合金经 900~1200℃ 加热、水淬后的组

织亦为单相 γ 固溶体，但在 650 ~ 850℃间回火后，γ 固溶体发生部分有序化，形成 Ni₄Mo 相，硬度升高，电阻降低。

1. Ni75Mo、Ni80MoV、Ni80MoWCr3 合金 Ni75Mo 和 Ni80MoW 合金能与高氧化铝陶瓷真空密封，且封接牢固。Ni80MoW 和 Ni80MoWCr3 合金能与许多软玻璃封接。铬改善氧化膜的成分，有利于金属与玻璃间的结合。

Ni80MoW 的氧化膜的基本组成是 NiO。Ni80MoWCr3 在 700 ~ 750℃氧化后，表面生成 NiO、$NiCr_2O_4$ 和 Cr_2O_3 的混合物。在空气介质中形成的氧化物非常不均匀，为了封接牢靠，在与玻璃封接之前，器件直接在湿氢中退火并氧化。

镍基合金的磁化率很低，与顺磁性金属铬、钛相近。软化热处理后的物理性能、耐蚀性见表 10-76。冷变形和热处理后的力学性能见表 10-77。

表 10-76 镍基无磁性膨胀合金的物理性能和耐蚀性

合金	弹性模量 E /MPa	电阻率 ρ /($\Omega \cdot mm^2$/mm)	磁化率 χ /10^{11}	在 $w(NaCl)$3% 溶液中 2400h 的耐蚀性/[g/($m^2 \cdot h$)]
Ni75Mo	235	1.29	3.1	0.0016
Ni80MoW	229	0.89	7.9	0.0011
Ni80MoWCr3	—	1.14	4.7	—

表 10-77 镍基无磁性膨胀合金的力学性能

合金	热处理制度	R_m/MPa	$R_{p0.2}$/MPa	A(%)
Ni75Mo	塑性变形	2180	2120	1
	在氢气中退火,1050℃,40min	1070	530	40
	在氢气中退火,1100℃,40min	1020	460	42
Ni80MoW	塑性变形	1760	1660	2
	在氢气中退火,1450℃,40min	830	350	32
	在氢气中退火,1100℃,30min	740	400	35
	在真空中退火,1000℃,1h	900	420	40
Ni80MoWCr3	在氢气中退火,1050℃,40min	880	440	50

2. Ni76CrWMn 合金 Ni76CrWMn 合金是工作温度可达 1000℃的耐热膨胀合金。一次加热即能在表面生成致密的保护性氧化膜，随后即使多次加热，厚度不再明显增大，可用来制作测量热膨胀系数的标样。经过均匀化处理（加热到 1100℃，保温 48h）、中间热处理（在真空或氩气中加热到 1100℃ ±20℃，保温 2h，以 50℃/h 的冷速冷至 300℃）和最终热处理（在真空或氩气中加热至 1050℃ ±20℃，保温 30min，以小于 50℃/h 的冷速冷至 300℃）后，合金的线膨胀系数可保持稳定不变。

Ni76CrWMn 合金的成分见表 10-75，它退火后（退火工艺为：在真空中加热至 1050℃，保温 30min，以 50℃/h 的冷速冷至 200℃）经 1 次和 16 次加热后的膨胀系数详见表 10-78，其热膨胀系数的重复性较好。

表 10-78 Ni76CrWMn 合金经多次加热后的膨胀系数

加热次数	线胀系数 α/(10^{-6}/℃)							
	20 ~ 100℃	20 ~ 200℃	20 ~ 300℃	20 ~ 400℃	20 ~ 500℃	20 ~ 600℃	20 ~ 700℃	20 ~ 800℃
1	13.4	13.8	14.3	14.6	14.9	15.5	16.0	16.4
16	13.5	13.8	14.2	14.6	14.9	15.5	15.9	16.4

10.3.4.3 锆基合金

加钛的锆基合金是无磁性的耐蚀合金，具有中等膨胀系数（线胀系数为 6×10^{-6}/℃），其值在 -70 ~ (750 ~ 770℃)℃温度范围内基本不变，可用于与高氧化铝陶瓷的真空封接，以及抗磁、耐海水腐蚀的小型电子器件。最主要的合金有 Zr93Ti，它的成分和膨胀系数见表 10-79，膨胀曲线如图 10-114 所示。

表 10-79　Zr93Ti 合金的成分和膨胀系数

成分(质量分数)(%)		线胀系数 α/(10^{-6}/℃)						
Zr	Ti	20 ~ 100℃	20 ~ 200℃	20 ~ 300℃	20 ~ 500℃	20 ~ 700℃	20 ~ 800℃	20 ~ 900℃
92 ~ 94	6 ~ 8	5.6	6.4	6.8	7.0	7.1	6.3	6.6

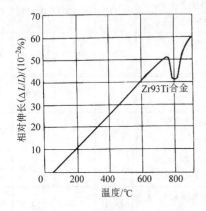

图 10-114　Zr93Ti 合金的膨胀曲线

表 10-80　Zr93Ti 合金的物理、力学性能

物理性能	密度 /(g/cm^3)	电阻率 ρ /(Ω·mm^2/m)	磁化率 χ /10^{11}	弹性模量 E/GPa
	6.5	0.63	2.2	96
力学性能	R_m /MPa	$R_{p0.2}$ /MPa	A (%)	硬度 HRB
	400	280	23	65 ~ 70

合金在 750 ~ 770℃ 以下为单相密排六方 α 固溶体，在 830 ~ 850℃ 以上为体心立方高温 β 固溶体。相变时体积发生明显的变化，但不降低金属陶瓷接点在真空或氩气中的封接质量。

合金在 α 相状态退火，即在真空中加热到 700℃，保温，以 10℃/min 的冷速冷却，所得物理、力学性能见表 10-80。

合金可以冷、热成形为线材、棒材和带材。冷成形前应退火。退火和热变形加热温度为 700℃ 以上，并应在氩气、氦气或真空中进行。合金与氧的反应能力很强，特别是在较高的温度（500 ~ 700℃）条件

下。氧的渗入会使合金的电阻增大，塑性降低，甚至导致脆性。

10.3.4.4　钛基合金

以钒和钼为合金元素的钛基合金，从室温直到熔点都是具有体心立方结构的单相 β 固溶体，没有磁性，导热性不好，密度不大，但在真空中有很好的密封性能。

Ti72V、Ti75Mo 合金的线胀系数为（8 ~ 10）× 10^{-6}/℃，同铂、铂族软玻璃和某些陶瓷相近，能与它们严密封接，封接强度很高。合金先在真空中加热至 700 ~ 800℃ 进行预退火，然后在氩气中加热至 950 ~ 1100℃ 进行封接。

Ti72V 和 Ti75Mo 合金的成分和膨胀系数见表 10-81，膨胀曲线如图 10-115 所示，物理、力学性能见表 10-82。

表 10-81　Ti72V、Ti75Mo 合金的化学成分和膨胀系数

合金	化学成分(质量分数)(%)			线胀系数 α/(10^{-5}/℃)						
	V	Mo	Ti	20 ~ 200℃	20 ~ 300℃	20 ~ 400℃	20 ~ 500℃	20 ~ 600℃	20 ~ 700℃	20 ~ 800℃
Ti72V	28	—	余量	9.2	9.4	9.6	9.7	9.7	9.9	10.2
Ti75Mo	—	25	余量	8.1	8.3	8.4	8.5	8.5	8.7	9.0

合金可冷、热变形，并可生产出棒材、板材、丝材和带材。

10.3.4.5　铜基合金

无磁性的铜基合金系高膨胀合金，膨胀系数为（17 ~ 20）× 10^{-6}/℃，强度较高，牌号有 Cu56MnNiCr 等，可用于与合适的高线膨胀轻合金匹配。

Cu56MnNiCr 合金的退火制度是：加热到 750℃，保温 30min，在空气中冷却。得的组织为 γ 固溶体。强化热处理制度是：加热到 425℃，保温。由于沿晶界析出强化相，合金的强度提高。强度与保温时间的关系如图 10-116 所示。经上述热处理后的力学性能见表 10-83，热物理性能见表 10-84。合金的耐蚀性能较好。

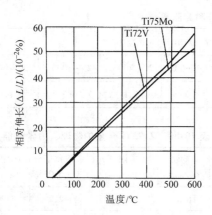

图 10-115　Ti72V 和 Ti75Mo 合金的膨胀曲线

表 10-82　Ti72V、Ti75Mo 合金的物理、力学性能

合金	密度 /(g/cm³)	热导率 λ/ [J/(cm·s·℃)]	电阻率 ρ/ (Ω·mm²/mm)
Ti72V	4.9	0.022	1.2
Ti75Mo	5.3	0.022	1.25

合金	磁化率 χ /10¹¹	弹性模量 E /GPa	R_m /MPa	A (%)
Ti72V	8.2	97	1070	10
Ti75Mo	5.6	92	880	17

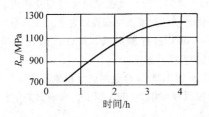

图 10-116　Cu56MnNiCr 合金的强度与退火后在 425℃ 下保温时间的关系

表 10-83　Cu56MnNiCr 合金的力学性能

热处理	R_m /MPa	$R_{p0.2}$ /MPa	A (%)	a_K/(J /cm²)	E /GPa
退火:750℃加热,30min 保温,空气中冷却	690	360	46		
强化退火:425℃加热,2h 保温,空气中冷却	1050	850	10	0.5	150

Cu56MnNiCr 合金经 750℃、30min 空冷退火后,在工作温度范围(20~200℃)内线胀系数为(17~20)×10⁻⁶/℃,基本上不受强化程度的影响。

表 10-84　Cu56MnNiCr 合金的热物理性能

性能 ＼ 温度/℃	25	100	200	300
热扩散系数 $\alpha/(10^5 m^2/s)$	0.337	0.373	0.426	0.489
热导率 λ/ [J/(cm·s·℃)]	0.117	0.130	0.155	0.180
比热容 c_p/ [J/(kg·℃)]	419.3	439.3	459.4	459.4

性能 ＼ 温度/℃	400	500	600	700
热扩散系数 $\alpha/(10^5 m^2/s)$	0.570	0.646	0.668	0.686
热导率 λ/ [J/(cm·s·℃)]	0.226	—	0.268	0.301
比热容 c_p/ [J/(kg·℃)]	489.1	—	519.2	549.3

锻造棒材要经 750℃ 空冷退火,成品应经强化处理:冷炉装料,加热至 425℃,保温 2h,空冷。保温时间过长会导致脆化。

合金的成形性能很好,可生产出带材和丝材;切削性能良好。

10.3.5　高膨胀合金的热处理

高膨胀合金是指在一定温度范围内具有较高热膨胀系数的合金,其线胀系数 $\alpha_{20~400℃} \geq 12 \times 10^{-6}/℃$。主要用作热双金属的主动层和控温敏感元件。

热双金属是由热膨胀系数不同的两层或多层金属全面焊接而成的复合材料。其中高膨胀合金为主动层,被动层为低膨胀合金。有时在主动层和被动层之间还配置一高导热、导电性的中间层。作为热敏感材料,热双金属应该热灵敏度高和使用温度范围广。灵敏度反映温度变化时热双金属弯曲或偏转的大小,用比弯曲 K（℃⁻¹）表示,主要决定于主动层和被动层间线膨胀系数的差值。通常希望主动层的热膨胀系数大。使用温度范围即为主动层和被动层膨胀系数差保持近似恒定的温度范围,一般要求被动层合金热膨胀系数弯曲点的温度高。

10.3.5.1　热双金属的组成和性能

热双金属主动层主要采用:①w(Ni) 为 18%~27% 的铁镍合金,其中还常补充加入 Cr、Mn、Mo 或 Cu 等合金元素,线胀系数为(18~22)×10⁻⁶/℃;②锰基合金,线胀系数为(25~30)×10⁻⁶/℃;③黄铜,线胀系数为 $(18\sim20)\times10^{-6}/℃$,但电阻率低。

被动层合金通常为因瓦合金 Ni36 和线胀系数为 $(4.5\sim9.5)\times10^{-6}/℃$、$w$(Ni) 为 42%~50% 的铁镍合金。要求低电阻率的热双金属的中间层为铜或镍。

热双金属的组合层合金的成分和性能见表 10-85。

常用热双金属及其性能见表 10-86。

表 10-85　热双金属的组合层合金的成分和性能

合金牌号	化学成分(质量分数)(%)						物理性能			
	Ni	Cr	Fe	Cu	Mn	其他元素	线胀系数 α(20~200℃)/(10^{-6}/℃)	电阻率 ρ(20℃)/(Ω·mm²/m)	热导率 λ(20~200℃)/[W/(m·K)]	弹性模量 E(20℃)/GPa
主 动 层										
Ni19Cr11(4J19)[①]	18~20	10~12	余量	—	0.3~0.6	—	17	0.80	4.391	195
Ni20Mn6(4J20)[①]	19~21	—	余量	—	5.5~6.5	—	19	0.78	4.510	175
3Ni24Cr2(4J24)[①]	22~25	2~3	余量	—	0.3~0.6	—	18.5	0.83	4.154	190
Ni29Cr8Ti2A	28~30	8~9	余量	—	0.3~0.6	2.2~2.6Ti 0.4~0.8AJ	16	0.93	3.916	195
Cu62Zn38(H62)[①]	—	—	<0.15	60.5~63.5	—	余量 Zn	20.5	0.07	30.86	110
Cu90Zn10(H90)[①]	—	—	<0.10	88.0~91.0	—	余量 Zn	18.5	0.04	47.47	105
Mn75Ni15Cu10(4J15)[①]	14~16	—	<0.8	9.5~11.0	余量	—	29	1.72	24.92	125
Mn70Ni25Cr5	24.3~25.7	4.5~5.2	<0.8	—	余量	—	25	1.60	—	135
中 间 层										
Cu	—	—	<0.005	≥99.9	—	≤0.005Zn	17.5	0.0178	109.42	115
Ni	≥99.3	—	<0.15	<0.15	—	—	13.5	0.085	16.85	210
被 动 层										
Ni34	33.5~35.0	—	余量	—	<0.6	—	2.6	0.86	4.629	—
Ni36(4J36)[①]	35~37	—	余量	—	<0.6	—	1.0	0.79	4.629	150
Ni42(4J42)[①]	41~43	—	余量	—	<0.6	—	4.8	0.60	4.747	155
Ni50(4J50)[①]	49~50.5	—	余量	—	<0.6	—	9.8	0.43	5.815	163
Ni46	45~47	—	余量	—	0.3~0.6	—	7.5	0.46	5.222	160
Ni45Cr6	44~46	5.0~6.5	余量	—	0.3~0.6	—	8	0.90	4.272	175
Ni45Ti2Al	44.4~46.5	—	余量	—	0.3~0.6	2.2~2.6Ti 0.4~0.8Al	5.2	0.93	4.510	165
Ni30Co17	29~30	—	余量	—	<0.4	16.5~17.5Co	5.5	0.50	4.747	150

① 括号内为我国牌号。

表 10-86　常用热双金属及其性能

牌号	组合层合金			比弯曲 K（室温~150℃）/(10⁻⁶/℃)	电阻率 ρ（20±5℃）/(Ω·mm²/m)	弹性模量 E/GPa ≥	线性温度范围/℃	允许使用温度范围/℃
	主动层	被动层	中间层					
5J11	Mn75Ni15Cu10	Ni36	—	18.0~22.0	1.08~1.18	130	-20~200	-70~250
5J14	Mn75Ni15Cu10	Ni45Cr6	—	14.0~16.5	1.19~1.30	140	-20~200	-70~250
5J16	Ni20Mn6	Ni36	—	13.8~16.0	0.77~0.82	160	-20~180	-70~450
5J17	Cu62Zn38	Ni36	—	13.4~15.2	0.14~0.19	110	-20~180	-70~250
5J18	3Ni24Cr2	Ni36	—	13.2~15.5	0.77~0.84	160	-20~180	-70~450
5J19	Ni20Mn7	Ni34	—	13.0~15.0	0.76~0.84	160	-50~100	-80~450
5J20	Cu90Zn10	Ni36	—	12.0~15.0	0.09~0.14	120	-20~180	-70~180
5J23	Ni19Cr11	Ni42	—	9.5~11.7	0.67~0.73	170	0~300	-70~450
5J24	Ni	Ni36	—	8.5~11.0	0.14~0.19	170	-20~180	-70~430
5J25	3Ni24Cr2	Ni50	—	6.6~8.4	0.54~0.59	170	0~400	-70~450
5J101	3Ni24Cr2	Ni36	Cu	12.0~15.0	0.14~0.18	160	-20~180	-70~250

10.3.5.2　热双金属的种类

按照性能特点，热双金属分为五类。

（1）高灵敏度热双金属。特点是比弯曲值高，电阻率高或较高。主动层皆由锰合金（Mn75Ni15Cu10 和 Mn70Ni25Cr5）构成。此种合金的线胀系数高，弹性模量低，耐蚀性低。此类热双金属主要用于热补偿器、测温器的敏感元件、温度调节器及电网保护自动装置等。

（2）较高热敏感度热双金属。特点是比弯曲值较高，电阻率较高，弹性模量高。主动层由 $w(\mathrm{Ni})$ 为 18%~27% 的多元铁镍合金（Ni20Mn6、3Ni24Cr2、Ni19Cr11、Ni27Mo6）构成。被动层为 Ni36 合金。这类热双金属广泛用于制造温度和电流继电器、自动开关的热敏感元件。

（3）中等和较低热敏感度热双金属。特点是比弯曲值中等或较低，电阻率中等，弹性模量高，耐蚀性中等。主动层由 $w(\mathrm{Ni})$ 为 18%~27% 的多元铁镍合金构成，被动层是 $w(\mathrm{Ni})$ 为 42%~50% 的铁镍合金。这类热双金属可用于电流继电器、电网自动保护装置及工作温度为 400~450℃ 的温度调节器。

（4）低电阻率热双金属。主动层由低电阻的黄铜（H62、H90）或铁镍合金（3Ni24Cr2）构成。为了保证低电阻率，还要加镍或中间层。被动层则皆为因瓦合金 Ni36。这类热双金属可制作电器保护装置的敏感元件。

（5）高电阻率热双金属。主动层由较厚的高电阻锰合金（Mn75Ni15Cu10）构成，被动层为 Ni36。这类热双金属的热敏感度较第一类低（低 20%~

30%），但弹性模量降低不明显，可制造小电流热敏感元件。

10.3.5.3　热双金属的热处理

热双金属以冷轧带材的形式供应，冷轧变形量一般为 30%~60%。由带材制成热敏感元件，然后进行装配。在生产过程中，元件中要产生内应力，为了保证和稳定元件的热敏感度和尺寸，热双金属元件（热敏感元件）一定要进行低温（280~450℃）稳定化热处理，使内应力松弛，发生回复过程，并使组织稳定化。

稳定化处理的温度一般规定在使用温度以上 50~100℃。弥散硬化型合金的热处理温度约为 630℃，升温速度不宜太快，保温时间为 1~3h。冷却速度不规定，但最好是在静止空气中冷却。加热均在真空或保护气氛中进行，元件间应保留足够的间隙，以免受热弯曲时相碰。进行多次（3次以上）的循环处理，可以得到较佳的稳定化效果。热双金属元件常用稳定化热处理规范见表 10-87，应注意以下问题。

（1）具体稳定化热处理温度，应根据热双金属的组合层合金成分、元件的热敏感度和使用特点，由试验确定。元件工作的最高温度低于表中推荐温度时，采用推荐温度；高于推荐温度时，处理温度应略高于最高工件温度。

（2）形状简单的、厚的板形元件，保温时间要长些，循环处理的次数不能多。螺旋形等易变形的薄小件，以及动作频繁、精度高的元件，处理温度不宜太高，保温时间不宜太长，循环次数多些可获得较好的效果。

表 10-87　热双金属元件常用稳定化热处理规范

牌号	热处理规范		
	加热温度/℃	保温时间/h	冷却方式
5J11	260～280	1～2	空冷
5J14	260～280	1～2	空冷
5J16	300～350	1～2	空冷
5J17	150～200	1～2	空冷
5J18	300～350	1～2	空冷
5J19	300～350	1～2	空冷
5J20	150～200	1～2	空冷
5J23	380～400	1～2	空冷
5J24	300～350	1～2	空冷
5J25	400～420	1～2	空冷
5J101	230～250	1～2	空冷

（3）稳定性要求高的元件，应在恰当的热处理温度下保持足够的时间并增加循环处理的次数。除了元件热处理外，元件装配后还应进行部件整体热处理。处理温度与使用温度相同。元件直接或间接加热，并循环多次。

（4）经常在低温下工作的元件，应增加冷处理工序，提高其在低温下工作的稳定性。

（5）在潮湿条件下工作的元件，应采用表面防护措施，包括涂层（温度低时）、电镀（温度高时）或化学热处理（效果较好）。

10.4　弹性合金的热处理

弹性合金为具有特殊弹性性能的合金，也往往具有良好的力学性能和某些特殊的物理、化学性能，用于制造仪表、自动化装置和精密机械中的各种弹性元件等。

10.4.1　金属的弹性性能

10.4.1.1　金属的弹性与弹性性能

金属受载时发生变形，卸载后变形立即消失，不残留永久变形的现象称为弹性。本质上，金属的弹性是其原子间距受外力作用时发生可逆变化的反映，并决定于其原子之间结合力的大小。表征金属弹性的性能指标主要是弹性变形 ε_e、弹性极限 σ_e、弹性模量 E 和 G 以及弹性比功 $\frac{\sigma_e^2}{2E}$ 等。

（1）弹性变形 ε_e。在弹性范围内，金属的变形 ε 与外力或应力 σ 呈直线的正比关系，变形是单值可逆的。由于原子间结合力较大，金属的弹性变形量很小（$\varepsilon_e < 1\%$）。ε_e 为受外力作用的金属在开始塑性变形前的最大变形量，表征金属产生纯弹性变形的能力。根据胡克定律，$\varepsilon_e = \frac{\sigma_e}{E}$。

（2）弹性极限 σ_e。弹性极限 σ_e 为金属不产生永久变形的最大应力，是金属开始塑性变形的抗力，$\sigma_e = E\varepsilon_e$。工程上，常采用条件弹性极限，设定其为残留变形量等于 10^{-3}～10^{-4} 的应力，例如 $\sigma_{0.002}$、$\sigma_{0.005}$ 等。条件弹性极限为微塑性变形抗力指标，对材料的组织十分敏感。采用屈服强度来表征材料的弹性性能，对于弹性合金是不合适的，因为屈服强度允许的残留变形量（0.05%～0.2%）大大超出了弹性元件所能允许的变形。

（3）弹性模量 E、G。弹性模量是金属受力时在弹性状态下应力与应变的比值，表征金属对弹性变形的抗力。由于受载方式不同，金属有两种弹性模量：单向拉伸时有正弹性模量 E，$E = \frac{\sigma}{\varepsilon}$（$\sigma$、$\varepsilon$ 分别为正应力和正应变）；剪切和扭转时有切弹性模量 G，$G = \frac{\tau}{\gamma}$（τ、γ 分别为切应力和切应变）。

E 与 G 之间存在一定关系：$E = 2G(1+\mu)$，式中，μ 为泊松比，表示金属纵向变形与横向变形的关系。大多数金属的 μ 值比较接近，$\mu = 0.25～0.35$。

弹性模量是建立应力应变关系的材料常数，其值等于金属产生单位应变所需应力的大小。因此，弹性模量越大则产生单位应变所需应力越大，或者，在应力一定的条件下产生的弹性变形越小。

弹性模量与元件截面积的乘积称为元件的刚度，弹性模量越高，元件的刚度就越大，则发生弹性变形越困难。

弹性模量反映原子间结合力的大小，主要决定于金属的本性即原子结构，所以金属元素的弹性模量随原子序数呈周期性的变化，而对组织结构不敏感，因而金属的一般合金化和热处理对弹性模量没有太大的影响。另外，由于晶体不同方向上原子间结合力大小不同，金属单晶体的弹性模量具有各向异性。

（4）弹性比功 $\frac{\sigma_e^2}{2E}$。弹性比功是金属吸收弹性变形功的能力，因此亦称弹性贮能，一般用塑性变形前的最大弹性比功表示，为应力应变曲线弹性段下的面积，如图 10-117 中的影线面所示。

$$弹性比功 = \frac{1}{2}\sigma_e\varepsilon_e = \frac{\sigma_e^2}{2E}$$

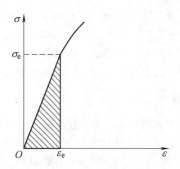

图 10-117　金属拉伸弹性应变曲线

可见，提高金属的弹性能力，主要在于提高其弹性极限，降低弹性模量是有限度的。但通常还是趋于采用高的弹性极限，同时要求较高的弹性模量。

10.4.1.2　金属的弹性反常

温度对弹性模量有重大影响，一般的规律是金属的弹性模量随温度的升高而降低，如图 10-118 所示。因为温度升高时，原子热振动振幅增大，原子间距增大，原子间结合力降低。用弹性模量温度系数 $\beta_E (1/℃)$、$\beta_G (1/℃)$ 表示温度 T 变化 1℃ 时弹性模量的相对变化值：

$$\beta_E = \frac{dE}{E dT}$$

$$\beta_G = \frac{dG}{G dT}$$

$$\beta_G = \beta_E - \frac{1}{1+\mu} \times \frac{d\mu}{dT}$$

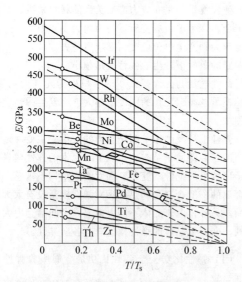

图 10-118　弹性模量和 T/T_s 之间的关系

注：T_s 表示熔点（K）。

弹性模量与物体的固有频率有关。弹性模量与共振频率 f_r 的关系为

$$E = k \frac{l_3}{d^4} f_r^2$$

式中　　l、d——试样的长度和直径；

　　　　　k——常数。

对于动态应用的弹性元件（例如频率元件，弹性模量温度系数可用频率温度系数 β_f（1/℃）表示为温度变化 1℃ 时共振频率的相对变化值：

$$\beta_f = \frac{df_r}{f_r dT}$$

金属的弹性模量温度系数（1/℃）与频率温度系数的关系为

$$\beta_E = 2\beta_f - \alpha$$

式中　　α——线胀系数。

这也说明弹性模量温度系数与线胀系数有直接的联系。

正常情况下，弹性模量随温度的升高而降低，即弹性模量温度系数 $\beta < 0$。但是，应用最广的 Ni、Fe-Ni、Co-Fe-Cr 等铁磁性金属和合金在室温附近的一定温度范围内，其弹性模量随温度变化很小（$\beta \approx 0$），甚至于增大（$\beta > 0$），见图 10-119。这是弹性模量的反常变化，称为弹性反常，往往是由于在金属内部发生了额外的尺寸或体积变化的结果。相变和有序化转变可以引起弹性反常，但由于反常的温度范围很窄，没有实际意义。

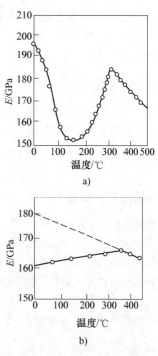

图 10-119　镍（a）和 Fe-Ni 合金（b）
的弹性模量与温度的关系

铁磁性金属和合金在居里温度以下有三种过程可以引起尺寸或体积的附加变化，产生三种弹性反常变化的效应：①在退磁状态下，弹性应力能引起磁畴磁矩的重新取向，导致铁磁体尺寸的附加增大，此为力致线伸缩效应，其所造成的弹性模量变化称为 ΔE_λ 效应；②弹性应力除了引起力致线伸缩效应外，还可改变原子间距，使磁矩 M_s 绝对值变化（磁畴内自旋进一步取向），生成 ΔE_s 效应（其作用在一般合金中较小，但在因瓦合金中很大），导致磁体体积的附加增大，此为力致体积伸缩，造成的弹性模量变化称为 ΔE_ω 效应；③温度低于居里温度时，铁磁体发生自发磁化过程，因而产生自发体积磁致伸缩效应，在因瓦合金中效应有很大的正值，使体积反常膨胀，导致弹性模量反常，此称为 ΔE_A 效应。ΔE_A 和 ΔE_ω 在因瓦合金中作用特别大，它们共同造成了合金的弹性反常，一般将它们的作用全称为弹性因瓦效应。

所以，铁磁性材料的实际弹性模量可表述如下：

$$E = E_s - \Delta E = E_s - (\Delta E_\lambda + \Delta E_\omega + \Delta E_A)$$

式中　E——实际弹性模量；

　　　E_s——正常弹性模量（与温度有关）；

　　　ΔE——弹性模量的反常变化或 ΔE 效应（与温度有关）；

　　　ΔE_λ——力致线伸缩引起的弹性模量变化或 ΔE_λ 效应；

　　　ΔE_ω——力致体积伸缩引起的弹性模量变化或 ΔE_ω 效应；

　　　ΔE_A——自发体积磁致伸缩引起的弹性模量变化或 ΔE_A 效应。

从三种效应的作用可以看到，铁磁性弹性合金的特点是：①由于 ΔE_λ 效应是畴壁移动和磁矩转动引起的，所以影响畴壁移动和磁矩转动的因素，除了磁晶各向异性常数 K、磁致伸缩系数 λ 等磁特性以外，合金的组织结构和晶体缺陷等亦有重大作用，所以铁磁合金的弹性模量对组织状态是敏感的；②一般铁磁合金的力致体积伸缩效应 ΔE_ω 很小，弹性模量的反常主要取决于 ΔE_A 效应和 ΔE_λ 效应，降低这两种效应的作用是保持合金高弹性模量的主要途径；③弹性模量的反常变化或 ΔE 效应是获得恒弹性的前提，采用合理的成分和适当的工艺，使温度升高时合金弹性模量的降低由合金弹性模量反常的变化所补偿，是制备恒弹性合金的基本原理。

铁磁材料的弹性模量反常与其热膨胀反常直接有关。相似地，在奈尔点附近反铁磁性材料的体积变化反常，也会引起弹性模量的反常。另外，有一些金属，特别是体心立方结构的 β 相合金，也具有弹性反常现象。由这些材料皆可能制备无磁性的恒弹性合金。

10.4.1.3　金属的非弹性与非弹性性能

非弹性或者滞弹性意指弹性的不完整性，是实际金属由于存在各种结构缺陷，在弹性范围内应力和应变之间出现非线性关系的现象。非弹性为弹性合金的重要弹性性能，决定着仪表和机械装置的精度等级。弹性敏感元件和频率元件要求非弹性尽量小，机械滤波器中的耦合子则希望非弹性比较大。

金属的非弹性主要有以下表现或性能。

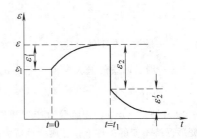

图 10-120　弹性后效示意图

（1）弹性后效（H_t 和 H_t'）。如图 10-120 所示，在时间 $t = 0$ 时，向实际金属试样快速施加一恒定的、低于弹性极限的应力 σ_0，产生瞬时应变 ε_1。到 $t = t_1$ 时，应变增至 $\varepsilon_1 + \varepsilon_1'$，$\varepsilon_1'$ 是在 σ_0 的作用下随时间而逐渐增大的，为应力和时间的函数，称为正弹性后效。应力 σ_0 去除时，应变瞬时回复至 ε_2，其余部分 ε_2' 随时间缓慢回复（回复量与时间有关），称为反弹性后效。具体表达如下：

$$正弹性后效\ H_t = \frac{\varepsilon_1'}{\varepsilon_1 + \varepsilon_1'} \times 10^3 \%$$

$$反弹性后效\ H_t' = \frac{\varepsilon_2'}{\varepsilon_2 + \varepsilon_2'} \times 10^3 \%$$

（2）弹性滞后（γ）。对于实际金属，如图 10-121 所示，在加载过程中，每一应力对应的应变（OmC 曲线）相对于瞬时加载（OA 线）都有一个正弹性后效（如 OA 线与 OmC 曲线间的箭头所示），且随应力的增加而增大；卸载时，应力应变曲线为 CnO，与每一应力对应的应变、相对于瞬时卸载的应变都有一个反弹性后效（如 CnO 曲线右边的箭头所示）。结果，加载和卸载全过程的应力应变曲线形成为一个封闭的回线。此回线称为弹性滞后回线。

由回线可见，对应于同一应力，存在有大小不同的加载应变 ε_1 和卸载应变 ε_2，$\varepsilon_2 - \varepsilon_1$ 即为该应力下的弹性滞后。不同应力下的弹性滞后是不同的，采用

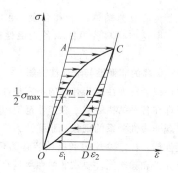

图 10-121　弹性滞后示意图

相对滞后系数 γ 来表征：

$$\gamma = \frac{B}{\varepsilon_{max}}$$

式中　ε_{max}——最大载荷下的总应变；

　　　　B——滞后回线的最大宽度，即 $\frac{1}{2}\delta_{max}$ 处的

　　　　　　回线宽度。

（3）应力松弛（σ_r）。金属受力产生弹性变形，在弹性变形保持不变的条件下，金属弹性应力随时间延续而逐渐降低的现象称为应力松弛。采用应力松弛率 σ_r 表征材料应力松弛稳定性。

$$\sigma_r = \frac{\sigma_0 - \sigma_t}{\sigma_0} \times 100\%$$

式中　σ_0——初始应力（MPa）；

　　　　σ_t——经 t 时间后的应力（MPa）。

弹性合金要求具有较高的应力松弛稳定性能，尤其是在高温下工作的弹性元件。

（4）内耗（Q^{-1}）。机器仪表器件作机械振动时，由于金属弹性的不完整性而使机械振动能不可逆地转变为热能的现象即为内耗 Q^{-1}。内耗的倒数 Q 称为机械品质因数。弹性合金要求具有高的机械品质

因数，对于机械滤波器是为了改进选择性，而对于延迟线则是为了减小音响信号的衰减。

振动衰减能小时，

$$Q^{-1} = \frac{\delta}{\pi}$$

δ 为对数衰减率，即两相继振幅之比的自然对数。

振动衰减能大时，

$$Q^{-1} = \frac{SDC}{2\pi}$$

SDC 为比阻尼，为振动一周时振动能之损失率。

按照弹性性能的特点，弹性合金主要分为高弹性合金和恒弹性合金两大类。

10.4.2　高弹性合金的热处理

高弹性合金要求具有较高的弹性模量、弹性极限和疲劳强度，较低的弹性后效和线胀系数，一般还希望有较好的非磁性和耐蚀性。它广泛用于制造航空和热工仪表中的膜片、膜盒、波纹管、继电装置中的接点弹簧片，钟表和仪表中的游丝、张丝、发条、螺旋弹簧等。

高弹性合金主要有铁基、镍基、钴基、铌基和铜基合金等。

10.4.2.1　铁基高弹性合金

1. 合金的特性　弹簧钢是制作弹簧等应用最广的铁基弹性合金，但其耐蚀性较差，性能不稳定。加入大量镍、铬的铁基合金或铁镍铬合金，具有良好的弹性、较小的弹性后效，同时也有较好的耐蚀性、弱磁性和良好的热稳定性。焊接性能也较好。使用温度一般为 150 ~ 200℃，有的可达 400 ~ 450℃。我国使用的铁基高弹性合金主要是 3J1、3J2、3J3。其主要成分、性能和用途见表 10-88。用于制作仪表中的波纹膜盒、波纹管、螺旋弹簧等。

表 10-88　铁镍铬高弹性合金的主要成分、性能和用途

合金[①]	主要化学成分（质量分数）(%)[②]					最高工作温度/℃	线胀系数 α /(10⁻⁶/℃)	密度/(g/cm³)	电阻率 ρ/(Ω·mm²/m)	性能特点和用途
	Ni	Cr	Ti	Al	Mo					
Ni36CrTiAl (3J1)	34.5 ~ 36.5	11.5 ~ 13.5	2.8 ~ 3.2	0.9 ~ 1.2		200	12 ~ 14	7.9	0.9 ~ 1.0	热处理后弹性良好,耐蚀性和工艺性能较好,用于膜片(盒)波纹管、弹簧管、螺旋弹簧以及压力传感器的传送杆、转子发动机刮片弹簧等
Ni36CrTiAlMo5 (3J2)	34.5 ~ 36.5	11.5 ~ 13.5	2.8 ~ 3.2	0.9 ~ 1.2	5.4 ~ 6.5	300	12 ~ 14	8.0	1.0 ~ 1.1	耐热性较好、从室温到300℃,强度下降不超过4%,其他同3J1

（续）

合金[1]	主要化学成分（质量分数）(%)[2]					最高工作温度 /℃	线胀系数 α /(10⁻⁶ /℃)	密度 /(g/ cm³)	电阻率 ρ/ (Ω·mm² /m)	性能特点和用途
	Ni	Cr	Ti	Al	Mo					
Ni36CrTiAlMo 8(3J3)	34.5 ~ 36.5	11.5 ~ 13.5	2.8 ~ 3.2	0.9 ~ 1.2	7.5 ~ 8.5	350	12 ~ 14	8.3	1.0 ~ 1.1	耐热性更好，从室温到 500℃，强度下降不超过 11%，其他同 3J1

① 括号内为我国牌号。
② 其余成分为 Fe。

合金在真空感应炉中冶炼，或进行电渣重熔。热加工的锻轧温度一般控制在 1150 ~ 1180℃，停锻温度不低于 900℃。冷变形前轧坯要进行固溶处理，各道冷变形之间须进行中间软化处理。变形量以 50% ~ 70% 为宜。软化处理的温度为 950 ~ 1250℃，成品元件在 650 ~ 800℃ 进行时效强化处理。

合金中镍的作用在于保证冷却至 -196℃ 时仍为 γ 相组织，以保持良好的塑性和韧性。铬的作用是为了提高强度和弹性模量，提高耐蚀性，保证无磁性（降低居里温度）。钛、铝的作用是形成强化相，提高弹性和强度。钼可提高合金的弹性和热稳定性，使用温度达到 400 ~ 450℃。碳是不利元素，其含量应控制在 0.05%（质量分数）左右。

2. 合金的热处理

（1）淬火、回火处理。铁镍铬合金的淬火和回火，特别是薄件的热处理，都在真空或保护气氛中进行。

3J1（Ni36CrTiAl）等合金在室温下的平衡组织为 γ 相基体和少量 Ni_3（Ti，Al）、Ni_3Ti 及 TiC、TiN 等第二相。为了提高塑性便于冷变形，或适于时效后获得较高的力学性能，将合金加热到 900℃ 以上，保温后水冷，得到单相 γ 固溶体。

图 10-122 所示为 3J1 合金淬火加热温度对性能及晶粒的影响。在 900 ~ 950℃ 之间淬火，可完成再结晶，其晶粒细小，强度和硬度缓慢降低，而塑性、晶格常数和电阻率继续显著增大。温度超过 1000℃ 后，晶粒过分长大，塑性加工性能降低。

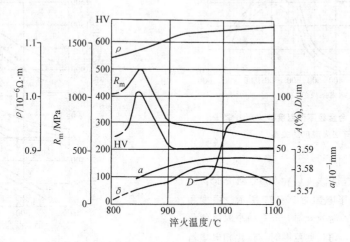

图 10-122 3J1 合金淬火加热温度对性能及晶粒的影响
a—晶格常数 D—晶粒尺寸
注：淬火保温 2min，水冷。

合金淬火和回火处理时，淬火加热温度对力学性能的影响如图 10-123 所示。在 700℃、4h 回火时，淬火加热温度约 950℃ 时强度最高；而在 950 ~ 975℃ 时塑性最好。

淬火后的组织为过饱和 γ 固溶体。回火的目的是使过剩相弥散析出，提高合金的强度和弹性。回火处理决定合金的最终性能。图 10-124 所示为 3J1 合金经不同温度淬火后力学性能与回火温度的关系。合金于不同温度淬火后，回火温度超过 550℃ 后硬度即迅速提高，塑性显著下降。在 650℃ 左右达到或接近极限值。700℃ 以后，强度开始快速降低。一般最佳回火温度为 600 ~ 700℃，这时析出相的尺寸和分布情况

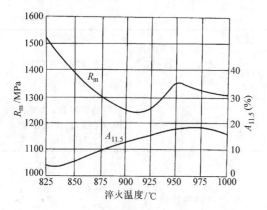

图 10-123　3J1 合金淬火和回火处理时淬火加热
温度对力学性能的影响

注：回火温度为 700℃，保温 4h。

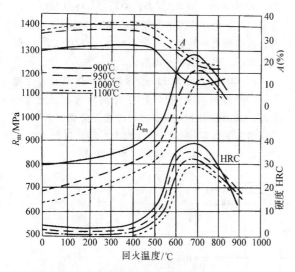

图 10-124　3J1 合金经不同温度淬火后力学
性能与回火温度的关系

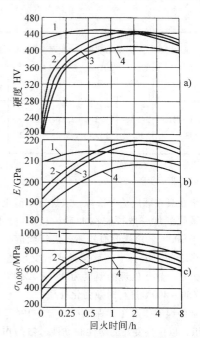

图 10-125　3J1 合金经不同温度淬火后在 700℃
时回火时间对力学性能的影响

淬火温度：1—850℃　2—900℃
3—950℃　4—1100℃

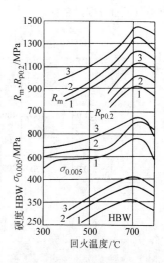

图 10-126　铁镍铬合金淬火后力学性能与
回火温度（保温 4h）的关系

1—Ni36CrTiAl（3J1）
2—Ni36CrTiAlMo5（3J2）
3—Ni36CrTiAlMo8（3J3）

最佳。

　　3J1 合金经不同温度淬火后在 700℃ 回火时，回火时间对力学性能的影响如图 10-125 所示。强度和弹性的变化符合一般的时效规律，并有一个时效硬化峰值的最佳时间范围。超过此范围时，强化相聚集粗化，合金强度降低。这个时间范围大约为 2 ~ 3h。

　　图 10-124 和图 10-125 还表明，3J1 合金进行淬火和回火处理时，在 900℃ 以上，淬火温度的变化不改变合金在随后回火时按时效过程发展的规律。但随淬火温度的提高，合金的强度和硬度降低。

　　在铁镍铬合金中加入钼，可提高弹性和热稳定性。铁镍铬合金淬火后力学性能与回火温度的关系如图 10-126 所示。含钼的合金的强度普遍较高，回火时的强度峰值温度往高温方向移动，同时屈强比也较高（见图 10-127）。钼还提高合金在较高温度下的强度与松弛抗力，如图 10-128 和图 10-129 所示。

　　几种不同钼含量的铁镍铬高弹性合金的热处理和力学性能见表 10-89。

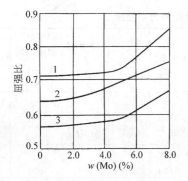

图 10-127　钼含量对铁镍铬合金在不同温度淬火
和 700℃回火后的屈强比的影响

1—900℃水淬 + 回火　2—950℃水淬 + 回火

3—1100℃水淬 + 回火

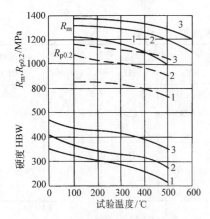

图 10-128　铁镍铬合金在不同试验温度
下的强度和硬度

1—Ni36CrTiAl　2—Ni36CrTiAlMo5

3—Ni36CrTiAlMo8

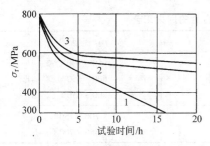

图 10-129　铁镍铬合金在 500℃
下的松弛抗力

1—Ni36CrTiAl　2—Ni36CrTiAlMo5

3—Ni36CrTiAlMo8

（2）形变热处理。淬火后进行冷变形，能促进
随后回火过程中强化相高度弥散析出，提高合金的强
度和弹性。三种合金经不同程度冷变形后的硬度与回
火温度的关系如图 10-130 所示。随变形度的增大，

合金回火后的硬度提高；硬度曲线的峰值向低温方向
移动。但变形度超过 70% 时，硬度不再提高，而塑
性有所下降。较合适的变形度为 50% ~ 60%。

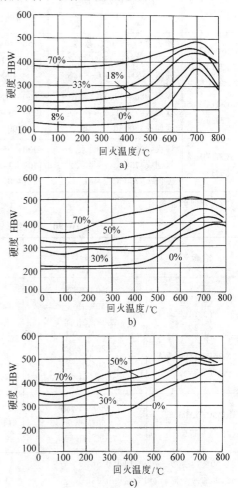

图 10-130　铁镍铬高弹性合金经不同程度
冷变形后的硬度与回火温度的关系

a）Ni36CrTiAl　b）Ni36CrTiAlMo5　c）Ni36CrTiAlMo8

冷变形的强化作用，对含钼的合金的影响更为强
烈。表 10-90 中给出了冷变形铁镍铬合金回火后的力
学性能。铁镍铬合金经冷变形后，较佳的回火工艺见
表 10-91。

淬火和冷变形后，再进行一次快速淬火而后回火
时，由于快速淬火的加热能使冷变形造成的缺陷重新
均匀分布（不是消失），其微塑性变形抗力和松弛性
能可以得到提高。表 10-92 中的结果说明，这种两次
淬火形变热处理，具有与一次淬火形变热处理相近的
弹性极限，但使伸长率成倍提高。在两次淬火形变热
处理中，快速淬火的加热时间对合金的性能影响极大，
也最敏感。加热时间增长时，强度降低而塑性提高。

表 10-89　铁镍铬高弹性合金的热处理和力学性能

合金	推荐的热处理工艺	抗拉强度 R_m /MPa	伸长率 A (%)	规定塑性延伸强度 $R_{p0.2}$/MPa	弹性极限 σ_e /MPa	弹性模量 E /GPa	弹性模量温度系数 β/(10^{-6}/℃)	硬度 HV
Ni36CrTiAl (3J1)	淬火:920~980℃,水冷 软回火:650~720℃,2~4h 硬回火:600~650℃,2~4h	750~800 >1200 >1400	35~40 >8 >5	250~400 850~1100 1300	800[①] 900[①]	175~215 180~220	100	150~180 340~360 360
Ni36CrTiAlMo5 (3J2)	淬火:980~1000℃,水冷 软回火:750℃,2~4h 硬回火:700℃,2~4h	850~900 1250~1400 1400	30~35 8~10 5	500~600 900~1100 1300	850	190	100	200~215 420~450 450
Ni36CrTiAlMo8 (3J3)	淬火:980~1050℃,水冷 软回火:750℃,2~4h 硬回火:700℃,2~4h	900~950 1400~1450 1400	20~25 6~7 5	600~650 1100~1150 1300	950	210	100	200~230 485~495 495

① 为弯曲弹性极限。

表 10-90　冷变形铁镍铬合金回火后的力学性能

合金	热处理规范	R_m /MPa	R_{eL} /MPa	$\sigma_{0.005}$ /MPa	A (%)	硬度 HBW
Ni36CrTiAl (3J1)	950℃,水淬 >50%冷变形 700℃,2h回火	1400~1650	1300~1450	1120[①]	8~12	330~350
Ni36CrTiAlMo5 (3J2)	980℃,水淬 >50%冷变形 750℃,4h回火	1400~1750	1300~1600		5~10	400~420
Ni36CrTiAlMo8 (3J3)	1000℃,水淬 >50%冷变形 750℃,4h回火	1400~1900	1300~1600	1300[②]	5~10	420~450

① 50%冷变形，700℃回火0.5h。

② 50%冷变形，750℃回火0.25h。

表 10-91　冷变形铁镍铬高弹性合金的回火工艺

合　金	合金状态	回火工艺
Ni36CrTiAl	淬火带材 淬火后冷轧带材 淬火后冷拔丝材	650~700℃,2~4h 600~650℃,2~4h 600~650℃,2~4h
Ni36CrTiAlMo5 和 Ni36CrTiAlMo8	淬火合金 淬火后冷变形合金	700~750℃,4h 650~700℃,4h

表 10-92　铁镍铬合金经各种热处理后的性能

Ni36CrTiAl 合金				Ni36CrTiAlMo8 合金			
热处理规范	$\sigma_{0.002}$ /MPa	A (%)	硬度 HV	热处理规范	$\sigma_{0.002}$ /MPa	A (%)	硬度 HV
常规热处理 950℃,2min 水淬 700℃,2h 回火	350 800	38 15	180 380	常规热处理 1000℃,2min 水淬 700℃,2h 回火	500 1000	22 6	220 430

（续）

Ni36CrTiAl 合金				Ni36CrTiAlMo8 合金			
热处理规范	$\sigma_{0.002}$ /MPa	A (%)	硬度 HV	热处理规范	$\sigma_{0.002}$ /MPa	A (%)	硬度 HV
形变热处理				形变热处理			
950℃,2min 水淬	350	38	180	1000℃,2min 水淬	500	22	220
50% 冷变形	580	8	330	50% 冷变形	820	4	380
700℃,0.25h 回火	1150	2	435	700℃,0.25h 回火	1300	3	540
二次淬火形变热处理				二次淬火形变热处理			
950℃,2min 水淬	350	38	180	1000℃,2min 水淬	500	22	220
50% 冷变形	580	8	330	50% 冷变形	820	4	380
950℃,3s 快速淬火	820	25	345	1000℃,3s 快速淬火	920	22	450
700℃,0.25h 回火	1120	8	430	700℃,0.25h 回火	1240	8	560

　　合金的表面状态对性能的影响很大。用电抛光除去有缺陷的表层，可提高表面强度和耐热性，并可降低其弹性滞后。所以，合金形变热处理后配合以电抛光，能明显地提高弹性极限，如图 10-131 所示。

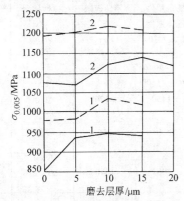

图 10-131　形变热处理和电抛光对铁镍铬合金弹性极限的影响
1—Ni36CrTiAl　实线：950℃水淬，700℃回火 2h；
虚线：950℃水淬，20%变形，700℃回火 2h
2—Ni36CrTiAlMo8　实线：1020℃水淬，
750℃回火 2h；虚线：1020℃水淬，
20%变形，750℃回火 2h

10.4.2.2　镍基高弹性合金

　　镍基高弹性合金的主要特点是耐热性和低温韧性好，工作温度可低于零度或高于 180℃；耐蚀性较好，但弹性性能较差。合金主要有高导电性镍铍高弹性合金和高温镍铬高弹性合金两类。

1. 镍铍高弹性合金
（1）合金的特性。合金有很高的导电性（所以也称为高导电弹性合金），同时还具有高的强度、弹性和疲劳极限，高的抗氧化性能和耐蚀性，但有磁

性。由于耐热性较好，一般可用作在较高温度下工作的导电弹性材料，并可取代铍青铜制造导电弹性元件，如航空仪表中的导电弹性敏感元件，仪表用膜盒、膜片和内燃机用的各种阀门弹簧等。

　　典型的合金为 NiBe2。铍含量超过 2%（质量分数）以后，合金的热加工性能变坏。加入 B、Co、Mo、W 可提高耐热性，且降低电阻温度系数。镍铍高弹性合金的成分、性能和用途见表 10-93。

　　（2）合金的热处理。镍铍高弹性合金在淬火状态下为单相固溶体，塑性很好，容易加工成元件。为了提高弹性和导电性，合金必须回火。图 10-132 为NiBe2 合金经不同温度淬火后在 550℃时的回火曲线。回火过程中 β 相（NiBe）沉淀析出造成硬化。表 10-94 中给出了镍铍高弹性合金的热处理工艺和力学性能。

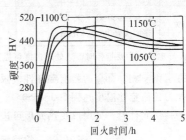

图 10-132　NiBe2 合金经不同温度淬火后在 550℃时的回火曲线

2. 镍铬高弹性合金
（1）合金的特性。镍铬高弹性合金主要是镍铬铌合金，有很高的热强性、热稳定性、耐蚀性（在浓硝酸溶液中）和高温松弛抗力，所以被称为耐热、耐蚀高弹性合金或高温高弹性合金。在淬火状态下，合金为单相过饱和 γ 固溶体，塑性很好，可用冷变形制造形状复杂的弹性元件。回火后，由于弥散析出

表 10-93　镍铍高弹性合金的成分、性能和用途

合金 （主要成分的质量分数）（%）	最高工作温度/℃	线胀系数 $\alpha/(10^{-6}/℃)$	密度 $/(g/cm^3)$	电阻率 ρ $/(\Omega \cdot mm^2$ $/m)$	主要特点和用途
NiBe2 （Be2,Ni 余量）	250	13.5 （硬回火）		0.35（软态） 0.10（硬回火）	室温和高温弹性优于 3J1。用于微动开关接触簧片和高温下工作的特殊弹簧等
NiBe2Ti （Be2,Ti0.5,Ni 余量）	250		8.84		合金中加入钛后，疲劳抗力和耐蚀性更好。用于微动开关接触簧片和高温下工作的特殊弹簧等
NiBe2Co3W6 （Be1.7,Co3,W6,Ni 余量）	400			0.35	耐热性优于 NiBe2,电阻温度系数较低。用于微动开关接触簧片和高温下工作的特殊弹簧等
NiBe2Co3W8 （Be1.7,Co3,W8,Ni 余量）	450			0.52	耐热性更高,用于微动开关接触簧片和高温下工作的特殊弹簧等

表 10-94　镍铍高弹性合金的热处理工艺和力学性能

合金	热处理工艺	抗拉强度 R_m /MPa	伸长率 A （%）	规定塑性延伸强度 $R_{p0.2}$/MPa	弹性极限 σ_e /MPa	弹性模量 E /GPa	硬度 HV
NiBe2	软化:1020~1050℃,水冷 软回火:500~520℃,2~3h 硬回火:480~500℃,2~3h①	<850 1700~1830 >1700	>2.5 3.5~7.5 >3	<450 1400~1500 >1450	>1200	200 210	<250 500 >470
NiBe2Ti	软化:1020~1050℃,水冷 硬回火:500℃,2~3h	1600		1400	850	200	225 500
NiBe2Co3W6	软化:1060℃,水冷 硬回火:600℃,45min	1750		1700	1640	200~210	165~185 430~560
NiBe2Co3W8	软化:1060℃,水冷 硬回火:600℃,45min	1750		1720	1650	200~210	190~220 540~590

　　① 以高导电性为主要指标时，热处理温度可提高至 530℃。

Ni$_3$Nb 型的 γ' 和 γ'' 相，合金的强度和弹性极限大大提高，松弛抗力的稳定性温度达到 500~550℃。制造形状不复杂的弹性元件时，采用形变热处理可进一步提高强度水平及在 550~650℃ 下的松弛抗力。这类合金有 Ni70CrNbMoAl、Ni70CrNbMoWAl、Ni60CrNbMoWAl 等，其成分见表 10-95。

表 10-95　镍铬铌高弹性合金的化学成分 （质量分数） 　　（%）

合金	C	Cr	Nb	Mo	W	Al	Ni
Ni70CrNbMoAl	≤0.06	14~16	9.5~10.5	4~6	—	1.0~1.5	余量
Ni70CrNbMoWAl	≤0.06	14~16	9~10	3~4	1.7~2.3	0.6~1.1	余量
Ni60CrNbMoWAl	≤0.06	24~26	8~9	3~4	1.7~2.3	0.6~1.1	余量

　　（2）合金的热处理。通常，Ni70CrNbMoAl 合金的最佳淬火温度为 1100~1150℃。含钨的 Ni70CrNbMoWAl 以及 Ni60CrNbMoWAl 合金的淬火温度约为 1150℃。图 10-133 是两种含钨合金的回火曲线。它们获得最高强度和弹性极限的最佳回火温度在 750℃ 左右。三种镍铬铌高弹性合金的热处理工艺和力学性能见表 10-96，应力松弛曲线如图 10-134 所示。它们的松弛抗力都很好，在较高温度（550~

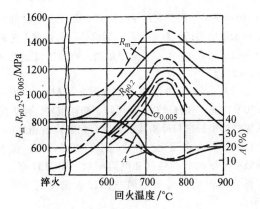

图 10-133 Ni70CrNbMoWAl（虚线）和
Ni60CrNbMoWAl（实线）合金 1150℃
淬火后的回火（保温 5h）曲线

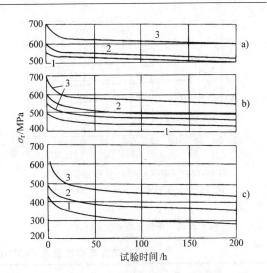

图 10-134 镍铬铌高弹性合金在 500℃（a）、
550℃（b）和 600℃（c）的
应力松弛曲线
1—Ni70CrNbMoWAl 2—Ni60CrNbMoWAl
3—Ni70CrNbMoAl

600℃）下，以 Ni70CrNbMoWAl 合金为最佳。

回火前的冷变形（20% ~ 30%）可提高合金的强度和松弛抗力（见图 10-135 和图 10-136），并使回火曲线的峰值温度提前到 650 ~ 700℃。

合金在氧化性浸蚀条件下的耐蚀性很高，其中以 Ni60CrNbMoWAl 最好。它在形变热处理（淬火 + 冷变形 + 回火）状态下的腐蚀速度（0.00005mm/a），比一般热处理（淬火 + 回火）状态下的腐蚀速度（0.00057mm/a）低很多。

Ni70CrNbMoWAl 和 Ni60CrNbMoWAl 合金，经 1150℃ 淬火、冲压和 750℃ 回火 5h 后，具有高的承受高温循环载荷的能力和高温蠕变抗力，适于制造工作温度达 550℃ 的膜片型弹性敏感元件。

表 10-96 镍铬铌高弹性合金的热处理工艺和力学性能

合金	热处理工艺	R_m/MPa	$R_{p0.2}$/MPa	$\sigma_{0.005}$/MPa	$\sigma_{0.002}$/MPa	A（%）	硬度 HRB
Ni70CrNbMoAl	1000 ~ 1150℃，水淬	580 ~ 840	420 ~ 620	—	—	32 ~ 40	93 ~ 99
	1000 ~ 1150℃ 淬火，750℃ 5h 回火	1350 ~ 1600	1200 ~ 1350	1100 ~ 1200		8 ~ 13	45 ~ 48HRC
Ni70CrNbMoWAl	1150 ~ 1175℃，水淬	770 ~ 1000	450 ~ 540	—	—	30 ~ 39	95
	1150 ~ 1175℃ 淬火，750℃ 5h 回火	1500 ~ 1700	1240 ~ 1460	1100 ~ 1200	950 ~ 1120	10 ~ 12	48HRC
Ni60CrNbMoWAl	1150℃，水淬	500 ~ 940	370 ~ 450	—	—	36 ~ 42	93
	1150℃ 淬火，750℃ 5h 回火	1350 ~ 1470	1150 ~ 1340	1100 ~ 1200	950 ~ 1070	7 ~ 12	45 ~ 46 HRC

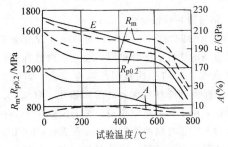

图 10-135 Ni70CrNbMoAl 合金的力学性能与温度的关系
实线—淬火 + 回火 虚线—淬火 + 冷变形 + 回火

10.4.2.3 钴基高弹性合金

钴基合金的特点为，无磁性，耐腐蚀，弹性好，抗疲劳，抗冲击，耐高温和热稳定性好，是主要的高弹性合金。钴基高弹性合金主要包括弥散硬化钴镍合金和形变强化钴铬镍合金两种类型。

1. 钴镍高弹性合金

（1）合金的特性。钴镍高弹性合金具有高的强度和弹性，在 400 ~ 450℃ 有高的松弛抗力，同时有着相当低的电阻率和电阻温度系数。常用合金主要是

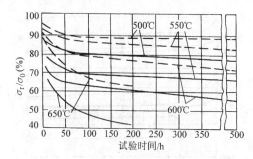

图 10-136　Ni70CrNbMoAl 合金在不同温
度下的应力松弛率（$R_m = 540 \sim 600$MPa）

实线—淬火 + 回火

虚线—淬火 + 冷变形 + 回火

Co67Ni28Nb5，用于制作导电的弹性元件、电磁继电器和汞继电器的接触弹簧等。其成分、热处理工艺和力学性能见表 10-97。合金很耐蚀，对汞的浸润性良好，磁性弱。

（2）合金的热处理。这类合金一般由 1000 ~ 1050℃淬火，获得单相 γ 固溶体，塑性很好。回火时从固溶体中析出与母相共格的面心立方弥散相（Co，Ni）₃Nb，使合金强化。合金经不同温度淬火，在不同温度下回火后的强度和电阻率如图 10-137 所示。获得最高强度和最低电阻率的回火温度为 600 ~ 650℃。

回火前进行冷变形能提高合金的弹性性能和强度。

表 10-97　钴镍高弹性合金 Co67Ni28Nb5 的成分、热处理工艺和力学性能

合金主要成分（质量分数）（%）	热处理工艺	R_m/MPa	$R_{p0.2}$/MPa	$\sigma_{0.005}$/MPa	E/GPa	A（%）	硬度 HRC
Ni27 ~ 29，Nb4.8 ~ 5.2，Ti0.03，Co 余量	1000℃水淬	735	—	—	—	≥40	18
	1000℃水淬，35% ~ 40%变形，650℃回火 1h（带材）	1450 ~ 1480	1350 ~ 1370	880	186 ~ 196	2.5 ~ 5	50
	1000℃水淬，40% 变形，650℃回火 1h（丝材）	1860 ~ 1960				2.5 ~ 3	

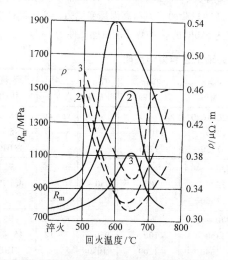

图 10-137　Co67Ni28Nb5 合金的强度和电
阻率与淬火和回火温度的关系

1—950℃淬火　2—1000℃淬火

3—1050℃淬火

图 10-138 和图 10-139 表示冷变形丝材和带材的强度和电阻率与回火温度的关系。变形度相同时，丝材的强度比带材高18% ~20%。合金同时获得低电阻率和在 400 ~ 450℃时的高松弛抗力（见图 10-140）的热处理制度是：1000℃淬火，35% ~40%冷变形，650℃回火 1h。

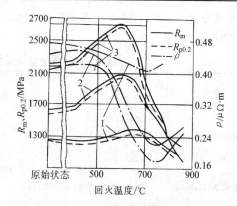

图 10-138　Co67Ni28Nb5 合金丝（φ0.3mm）
的力学性能和电阻率与回火温度的关系

原始状态的变形度为：

1—24%　2—43%　3—70%

2. 钴铬镍高弹性合金

（1）合金的特性。w（Co）为 40% 的钴铬镍钼合金，具有高的强度、疲劳极限、硬度、耐磨性和低的缺口敏感性，高的弹性极限、弹性模量、弹性储能（σ_e^2/E）和低的弹性后效，高的耐热性、耐蚀性，而且无磁性。用于制造航空仪表和钟表工业中的弹性元件和弹力元件；在腐蚀性介质中或在 300 ~ 400℃温度下工作的耐热耐蚀弹簧及其他弹性元件，如轴夹、平膜片、发条、游丝和特殊轴承等。

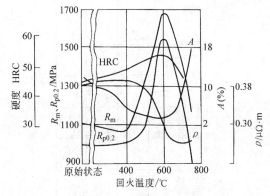

图 10-139 Co67Ni28Nb5 合金带（厚 0.3mm）
的力学性能和电阻率与回火温度的关系

注：原始状态的变形度为 40%。

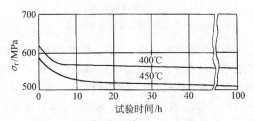

图 10-140 Co67Ni28Nb5 合金在 400℃和
450℃时的松弛抗力

重要的牌号有 3J21（Co40CrNiMo）、3J22（Co40CrNiMoW）、3J24（Co40CrNiMoWTiAl）和 YC-11（Co42NiCrWMoMn），它们的成分、性能和用途见表 10-98。基体中加入较多的钼、钨，是为了提高强度、弹性、热强性和耐蚀性；同时由于在回火时能形成复杂碳化物，可产生补充的强化作用。钛、铝在回火过程中以强化相的形式析出，亦能强化合金。

这类合金冶炼质量要求较高。采用真空冶炼于合金的寿命有利，采用电渣重熔可大大改善合金的工艺性能，提高拔丝时的冷变形量，并提高丝材和带材的强度和弹性水平。这类合金最有效的强化方法是冷变形。但变形度大的轧材，弹性性能有明显的各向异性。

（2）合金的热处理。弹性元件的热处理均在真空或惰性气氛（如氩气）中进行。

1）淬火。钴铬镍钼合金的退火组织由 γ 固溶体和多元合金碳化物（Cr，Fe，Mo）$_{23}$C$_6$ 组成。为了获得良好的塑性，便于变形加工，必须进行淬火，使组织完全转变成奥氏体。在这种软化状态下，合金能够承受变形量很大的冷拉、冷轧或冷压成形。

图 10-141 所示为 Co40CrNiMo 合金的淬火温度对力学性能的影响。淬火温度一般选在 1120～1180℃范围内。碳含量较高时，淬火温度应相应提高（多为

表 10-98 钴铬镍钼高弹性合金的成分、性能和用途

合金及主要成分（质量分数）（%）	最高工作温度/℃	线胀系数α/(10⁻⁶/℃)	密度/(g/cm³)	电阻率ρ/(Ω·mm²/m)	主要特点和用途
Co40CrNiMo(3J21)[1] Co40，Ni15，Cr20，Mo7，Mn2，C<0.12，Fe余量	400	13～16	8.3	0.9～1.0	弹性高，耐磨性和耐蚀性好，能耐硫化氢腐蚀，用于精密机械的轴尖、弹簧、平膜片、发条、游丝等
Co40CrNiMoW(3J22)[1] Co40，Ni15，Cr20，Mo3.5，W4，Mn2，C<0.12，Fe余量	450	14～16	8.5	0.9～1.0	冷热加工性能比 3J21 有所改善，有较高的加工时效强化效应。用于精密机械的轴尖、弹簧、平膜片、发条、游丝等
Co40CrNiMoWTiAl(3J24)[1] Co40，Ni19，Cr12，Mo3.5，Ti2，Mn2，Al0.5，C<0.12，Fe余量	400	14.0	8.5	1.0～1.1	具有很高的冷变形能力，时效后组织为 γ 固溶体、金属间化合物和少量碳化物，强化效果强；软态时效也有一定强化效果。用于形状复杂的弹性元件
Co42CrNiWMoMn(YC-11)[1] Co42，Cr17，W10，Mo4，Mn2，C<0.08，Ni余量	400				耐蚀、耐磨、抗冲击。丝材淬火和冷变形时，塑性优于 3J22，便于校直下料。时效温度范围宽，用于航空和电测仪表轴尖及其他弹性元件

① 括号内为我国牌号。

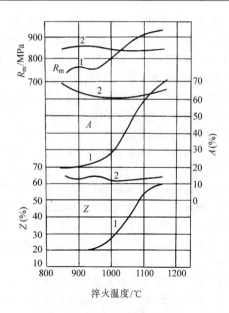

图 10-141　淬火温度对 Co40CrNiMo

合金力学性能的影响

1—合金含 w（C）0.15%

2—合金含 w（C）0.06%

1150 ~ 1180℃），以便提高塑性，进行元件生产所要求的大变形量（90%以上）加工。

2）冷变形。Co40CrNiMo 合金只有预先经过冷变形、回火后才能获得明显的强化效果。冷变形是这类合金强化的主要手段。变形度对 Co40CrNiMoW 合金丝强度和塑性的影响见图 10-142。图 10-143 表明，变形度增大（图中的百分数）使强度的温度稳定性降低。所以耐热弹性元件不能采用很大的冷变形。一般弹性元件的变形度为 30% ~ 50%，只有轴夹、丝材等才采用大的（90%以上）变形度。

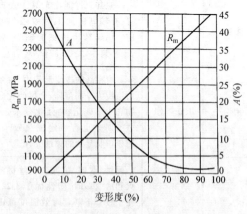

图 10-142　冷变形度对 Co40CrNiMoW 合金

[w（Ce）、w（La）各为 0.001%]

丝的强度和塑性的影响

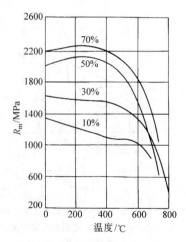

图 10-143　Co40CrNiMo 合金的强度

与温度的关系

注：图中百分数为变形度。

冷变形强化的机制有三种：位错滑移、孪生和强烈变形阶段产生的滑移相变 $\gamma \rightarrow \varepsilon$。它们还可为随后回火时的硬化过程打下有利基础。

3）回火。淬火和冷变形后的合金要经过回火才能进一步提高强度。Co40CrNiMoW 合金在不同变形度下回火时的硬度变化如图 10-144 所示。未变形者，回火对硬度没有影响；经过冷变形者，随着变形度的增大，回火产生的硬化作用增强。图 10-145 和图 10-146 所示为 Co40CrNiMo 和 Co40CrNiMoWTiAl 合金在不同冷变形下回火时力学性能的变化。变形度低（15%）时，回火的强化作用不大。含钨、钛、铝的合金，淬火后不经冷变形而回火时，虽有一定强化作用，但作用不大。

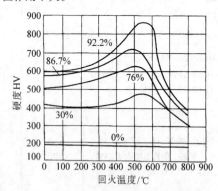

图 10-144　Co40CrNiMoW 合金在不同

变形度下回火时的硬度变化

注：图中百分数为变形度。

图 10-144、图 10-145 和图 10-146 都表明，所有合金的回火强化作用皆随变形度的增大而增强。

回火温度的作用大致可分为两个阶段，在 300 ~

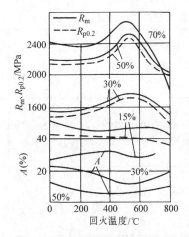

图 10-145 Co40CrNiMo 合金在不同变形
度下回火时力学性能的变化
注：图中百分数为变形度。

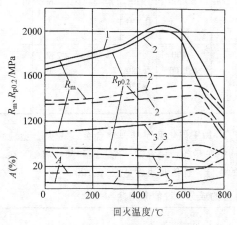

图 10-146 Co40CrNiMoWTiAl 合金在不同
变形度下回火时力学性能的变化
变形度：1—50%
2—30% 3—15%

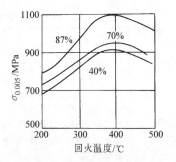

图 10-147 Co40CrNiMoWTiAl 合金丝
（ϕ0.3mm）的弹性极限与变形
度和回火温度的关系
注：图中百分数为变形度。

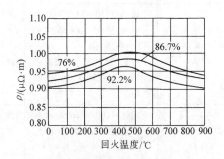

图 10-148 Co40CrNiMoW 合金丝的电阻率
与变形度和回火温度的关系
注：图中百分数为变形度。

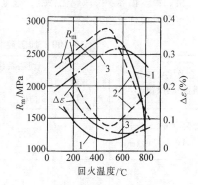

图 10-149 钴铬镍钼弹性合金的弹性后
效（$\Delta\varepsilon$）和强度与回火温度的关系
1—Co40CrNiMo 2—Co40CrNiMoW
3—Co40CrNiMoWTiAl

550℃之间，由于（Cr，Fe，Mo）$_{23}$C$_6$、（Cr，Fe，Mo，W）$_{23}$C$_6$ 以及（Co，Ni，Fe）$_3$（Ti，Al）相析出，并快速进行回复和再结晶过程，合金的强度和硬度降低。强度和硬度的最大值出现在 500～550℃范围内。

合金的弹性极限和电阻率与冷变形度和回火温度的关系，具有类似的变化规律，如图 10-147 和图 10-148 所示。最大值也出现在 500～550℃范围内，唯电阻率随变形度的增大而降低。

经过冷变形的合金回火时，其滞弹性效应的降低与强度的提高是同时发生的，图 10-149 所示为钴铬镍钼弹性合金的弹性后效（$\Delta\varepsilon$）和强度与回火温度的关系。

为了获得全面良好的性能，钴铬镍钼弹性合金在淬火和冷变形后，多在 500～600℃的温度范围内回火。几种主要钴铬镍钼高弹性合金的热处理工艺和力学性能见表 10-99。

10.4.2.4 铜基高弹性合金

这类合金的显著特点是，导电性和耐大气腐蚀性能很好。主要用于制造弹性敏感元件，也用于制作要求高导电性的弹性元件，例如电器中的刷片、簧片，仪表中的张丝、游丝等。

表10-99　钴铬镍钼高弹性合金的热处理工艺和力学性能

合金	热处理工艺与状态	抗拉强度 R_m /MPa	规定塑性延伸强度 $R_{p0.2}$ /MPa	弹性极限 σ_e /MPa	弹性模量 E /GPa	伸长率 A (%)	硬度 HV	弹性模量温度系数 β/(10^{-6}/℃)
Co40CrNiMo (3J21)	软化:1150~1180℃水淬 硬回火:淬火,≥70%~75%冷变形,500~550℃4h回火,空冷	700~800 2500~2700	2300~2500	1400~1600	200	40~50 3~5	180~200 600~700	200~250
Co40CrNiMoW (3J22)	软化:1150~1180℃水淬 硬回火:淬火,≥85%冷变形,500~550℃4h回火,空冷	700~750 3000~3200	2300~2800	1650~1700	210	40~50 4~6	180~200 ≥750	200~250
Co40CrNiMoWTiAl (3J24)	软化:1150~1180℃水淬 回火:淬火500~550℃4h回火,空冷 硬回火:淬火,≥85%冷变形,500~550℃4h回火,空冷	700~800 900~1100 2000~2200	350~400 400~500 1800~2000	≥1200	220	55~60 30~40 4~6	140~160 550~600	200~250
Co42CrNiWMoMn (YC-11)	软化:1100~1160℃水淬 硬态:淬火,90%冷变形 硬回火:淬火,冷变形,500~600℃4h回火	950~1100		≥400 ≥1100	≥180 ≥230	≥40	≥280 ≥560 ≥804	

　　铜基弹性合金的合金元素有锡、铍、钛、锰、硅、磷、铬、镉、铝等。按照硬化特点,合金可分为加工硬化型和时效硬化型两类。

　　1. 加工硬化型铜基弹性合金　这类合金应用最广的主要是各种锡青铜、硅青铜和某些白铜合金。它们的成分、性能和用途见表10-100。

表10-100　加工硬化型铜基弹性合金的成分、性能和用途

合金及主要成分 (质量分数)(%)	最高工作温度 /℃	线胀系数 α /(10^{-6}/℃)	密度 /(g/cm³)	电阻率 ρ /(Ω·mm²/m)	主要特点和用途
锡青铜 QSn6.5-0.1 Sn6.5,P0.1,Cu余量	100	17.2	8.8	0.128	良好的弹性、耐磨性、抗磁性和可焊性,耐大气和淡水腐蚀。用于膜片、波纹管、簧片等
锡青铜 QSn6.5-0.4 Sn6.5,P0.4,Cu余量	100	17.7	8.8	0.176	良好的弹性、耐磨性、抗磁性和可焊性,耐大气和淡水腐蚀。用于膜片、波纹管、簧片等,弹性略有提高,疲劳极限高,耐海水腐蚀,用于弹簧管、合金丝等
锡青铜 QSn4-3 Sn4,Zn3,Cu余量		18.0	8.8	0.09	弹性低于QSn6.5-0.1,但冷热加工性能优良,用于电表中游丝、张丝等
硅青铜 QSi3-1 Si3,Mn1,Cu余量		15.8	8.4	0.15	加工硬化后,有高的屈服极限和弹性极限,耐磨性优良,低温下塑性不降低,用于螺旋弹簧等
锌白铜 BZn15-20 Ni15,Zn20,Cu余量		16.6	8.6	0.26	化学稳定性高,冷热加工性能好,弹性优于QSn6.5-0.1等锡青铜,焊接性能略差,用于弹簧管、簧片等

锡青铜中加入 0.05% ~ 0.5%（质量分数）的磷，能显著提高强度、弹性极限、弹性模量和疲劳强度。锡磷青铜是最重要的仪表弹簧材料。锡青铜中溶入一定量的锌，可改善力学性能，为保证塑性，加入量不得超过 4%（质量分数）。锡锌青铜有很好的耐蚀性，主要用于制造电器、精密机械中的板簧和圆簧件。硅能较多地溶于铜中，$w(Si) < 4\%$ 的硅青铜塑性加工性能很好。为了改善性能，还加入少量锰、镍、锡等元素。硅锰青铜的加工性能和耐酸性能与不锈钢相近，在化工、海船、造纸和石油工业中用作弹簧材料，可制成板、棒、线材。含锌的铜镍合金（锌白铜）有高的强度、弹性和耐蚀性，在空气中不生锈，在各种盐溶液和有机酸中也极稳定，是仪器、精密机械、医疗器械中用途很广的弹性材料。

上述合金在 600 ~ 650℃ 或 700 ~ 750℃ 退火后，为 α 单相组织，硬度低，塑性好。它们不能由热处理强化，但可加工硬化。为了提高强度和获得高的弹性，一般只能采用冷变形加工。为了使弹性极限进一步提高和弹性后效降低，可在冷变形后进行短时间的低温回复退火。回复退火制度为：加热到 150 ~ 300℃，保温 0.5 ~ 1.0h。回复过程中发生溶质原子与缺陷的交互作用，产生硬化效果，而不发生软化现象。

加工硬化型铜基弹性合金的热处理工艺和力学性能见表 10-101。

表 10-101　加工硬化型铜基弹性合金的热处理工艺和力学性能

合金	热处理工艺和合金状态	抗拉强度 R_m /MPa	弹性极限 σ_e /MPa	弹性模量 E /GPa	伸长率 A (%)	硬度 HV
锡青铜 QSn6.5-0.1	软化:600 ~ 650℃,空冷	>300			>38	70 ~ 90
	硬态	>550	350[①]	95	>8	160 ~ 200
	特硬态	>680	400[①]	115	>2	
	60% 冷变形					
	60% 冷变形,260℃,1h 回复退火		550			
锡青铜 QSn6.5-0.4	软化:600 ~ 650℃,空冷	>300		112	>38	80
	硬态	>550			>8	180
	特硬态	>680			>2	
锡青铜 QSn4-3	软化:600℃,空冷	>300			>38	60
	硬态	>550		124	>3	160
	特硬态	>680			>2	
	60% 冷变形		440			
	60% 冷变形,150℃,30min 回复退火		530			
硅青铜 QSi3-1	软化:700 ~ 750℃,空冷	>380			>45	
	硬态	>680		120	>5	
	特硬态	>750			>2	
	60% 冷变形		380			
	60% 冷变形,275℃,1h 回复退火		540			
锌白铜 BZn15-20	软化:700 ~ 750℃,空冷	>350		126	>35	77
	硬态	>550		140	>1.5	183
	特硬态	>650			>1.0	
	60% 冷变形		500			
	60% 冷变形,300℃,4h 回复退火		620			

① 弯曲弹性极限。

2. 时效硬化型铜基弹性合金

（1）合金的特性。铍青铜和钛青铜具有高强度、高弹性、高弹性储能，良好的导电性和导热性，高的硬度和耐磨性；具有耐热、耐蚀、耐疲劳、耐低温，无磁性和冲击时不产生火花等特性；冷热加工性能良好，易钎焊和电镀，是综合性能最好的高导电弹性合金。它们广泛用于制造电器、仪表、精密机械中的重要弹性元件，特别是导电耐磨元件。时效硬化型铜基弹性合金的成分、性能和用途见表10-102。

表 10-102　时效硬化型铜基弹性合金的成分、性能和用途

合金及主要成分（质量分数）(%)	最高工作温度/℃	线胀系数 α/$(10^{-6}/℃)$	密度/(g/cm³)	电阻率 ρ/(Ω·mm²/m)	主要特点和用途
铍青铜 QBe2 Be2,Ni0.4, Cu 余量	150	16.6	8.2	0.06~0.10	弹性后效较小，对大气海水有良好的耐蚀性，用于制造膜片、波纹管、弹簧管、游丝、张丝、簧片、耐磨零件
铍青铜 QBe1.9 Be1.9,Ni0.3, Ti0.2Cu 余量	150		8.3		有优越的疲劳极限，弹性极限高于 QBe2。对热处理时效的敏感性小，弹性后效较小，对大气、海水有良好的耐蚀性，用于制造膜片、波纹管、弹簧管、游丝、张丝、簧片、耐磨零件
铍青铜 QBe1.7 Be1.7,Ni0.3, Ti0.2,Cu 余量	150				特性大体与 QBe1.9 相似，但力学性能略低。用于制造膜片、波纹管、弹簧管、游丝、张丝、簧片、耐磨零件
钛青铜 QTi3.5 Ti3.5~4.0,Cu 余量	150	16.6	8.6	0.12~0.57	力学性能与 QBe2 接近，成本较低，但耐蚀性和抗氧化性能较差。用于簧片、弹簧等
钛青铜 QTi6-1 Ti6,Al1,Cu 余量	150	15.0	8.4	0.97	力学性能高于 QTi3.5，成本比铍青铜低。在 $w(NaCl)$10% 中有较好的耐蚀性，耐疲劳性能好。用于簧片，弹簧等

铍青铜中加入微量 Ni、Co，能缓和过饱和固溶体的分解，抑制晶界反应和过时效的软化进程。钛青铜中加入少量 Al、Cr，能改善抗氧化性能和耐热性，提高时效硬化效果，提高硬度和强度。

（2）合金的热处理　由 Cu-Be、Cu-Ti 合金相图（见图 10-150 和图 10-151）可知，铍青铜和钛青铜都是可热处理强化的合金。铍青铜加热到 780~800℃，钛青铜加热到 850~900℃，快冷，均可获得过饱和 α 固溶体，使塑性提高，硬度降低，便于元件的加工，并为时效硬化作准备。

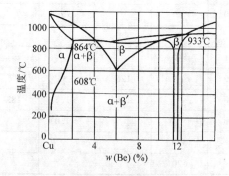

图 10-150　Cu-Be 合金相图（Cu 侧）

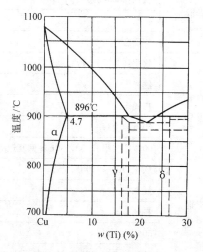

图 10-151　Cu-Ti 合金相图（Cu 侧）

固溶处理是影响元件质量和性能的关键。铍青铜固溶处理时须先用有机溶剂清洗表面；在保护气氛中加热，保温后迅速淬入 25~30℃ 以下的冷却水中，并立即烘干，避免锈蚀。

合金淬火后时效时，过饱和 α 固溶体分解，发生时效硬化。图 10-152 表明铍青铜在不同温度下时

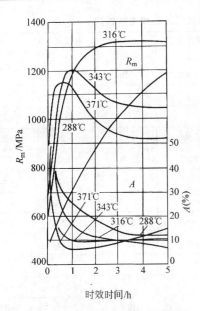

图 10-152　铍青铜 [w（Be）为 1.9%，
w（Co）为 0.2%] 淬火后在不同温度
下时效时性能的变化

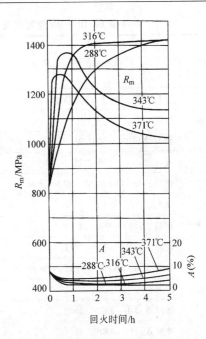

图 10-153　铍青铜 [w（Be）为 1.9%，w（Co）
为 0.2%] 淬火和冷变形后在不同温度下
时效时性能的变化

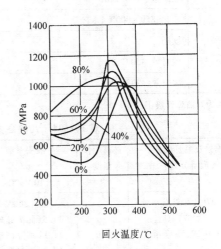

图 10-154　变形度对铍青铜
[w（Be）为 2%] 时效时弹
性极限的影响

注：图中百分数为变形度。

效时性能的变化。合金的时效硬化效果强烈，时效工艺一般为：300～330℃，1～3h。钛青铜时效工艺以 400～450℃，2～8h 为最好。时效时要防止氧化、畸变和表面污染。

铍青铜、钛青铜都是应变时效倾向较强烈的合金。时效前的冷变形能促进时效时的时效硬化过程，提高合金的强度和弹性。图 10-153 所示为铍青铜经淬火和冷变形后在不同温度下时效时性能的变化。同图 10-152 相比，强度显著提高，塑性和导电率降低。图 10-154 所示为变形度对时效时弹性极限的影响。在时效峰值（300～350℃）以前，弹性极限随变形度增大而提高。为了获得较好的综合性能，冷变形合金比未冷变形合金的时效温度略低。冷变形度一般为 20%～40%。

时效硬化型铜基弹性合金的热处理工艺和力学性能见表 10-103。

10.4.2.5　高弹性超高强度钢

高强钢和超高强度钢具有高的弹性，可以用作弹性和弹性敏感元件。具有高弹性的超高强度钢，主要是时效硬化型半奥氏体沉淀硬化不锈钢和马氏体时效钢两种。它们都极耐腐蚀，属于超高强度不锈钢。

1. 半奥氏体沉淀硬化不锈钢

（1）钢的特性。由于铬镍含量不高，奥氏体较易转变为马氏体。常在淬火奥氏体状态下成形加工，制造元件，而通过调整（或稳化）处理、深冷处理或冷变形，使奥氏体转变为马氏体；最后进行回火，使硬化相析出，提高钢的强度和弹性。这类钢的性能优于 3J1 合金。耐蚀性好，焊接性能好，淬透性高，可用于制作在较高温度下工作的元件，但有磁性。几种高弹性不锈钢的成分、性能和用途见表 10-104。

表 10-103　时效硬化型铜基弹性合金的热处理工艺和力学性能

合金	热处理工艺和合金状态	抗拉强度 R_m /MPa	弹性极限 σ_e /MPa	弹性模量 E /MPa	伸长率 A (%)	硬度 HV
铍青铜 QBe2	软化:780~800℃,氨气保护,水冷	400~600			>30	<130
	硬态	>650			>2.5	>170
	软时效:310~330℃,2h	>1150	750[①]	110	>2	>320
	硬时效:310~330℃,2h	>1200	820[①]	130	>1.5	>360
铍青铜 QBe1.9	软化:780~800℃,氨气保护,水冷	400~600			>30	<120
	硬态	>650			>2.5	>160
	软时效:310~330℃,2~2.5h	>1150	780[①]	115	>2	>350
	硬时效:310~330℃,2~2.5h	>1200	870[①]	135	>1.5	>370
铍青铜 QBe1.7	软化:780~800℃,氨气保护,水冷	440		107	50	<120
	硬态	>600			>2.5	>150
	软时效:310~330℃,2h	1150		124	3.5	>310
	硬时效:310~330℃,2h	>1100		130	>2	>340
钛青铜 QTi3.5	软化:850~900℃,水冷	<500		122	>30	120~130
	冷轧	700~900		125	2.5~4.5	230~260
	硬时效:400℃,2h	960~1160	800	139	5~11	310
钛青铜 QTi6-1	软化:850~900℃,水冷	400~600			3.0	140
	硬态	850		120	2.5	200
	软时效:450℃,2h	1100	610	126	2	320
	硬时效,420℃,2h	1200	790	128	1.5	350

① 为弯曲弹性极限。

表 10-104　几种高弹性不锈钢的成分、性能和用途

牌号及主要成分（质量分数）（%）	最高工作温度 /℃	线胀系数 α/ (10^{-6}/℃)	密度 /(g/cm³)	电阻率 ρ /(Ω·mm²/m)	主要特点和用途
07Cr17Ni7Al Cr17,Ni7,Al1, C≤0.09,Fe余量	400	(20~300℃) 17.5(固溶处理) 11.8(高温调整) 10.9(中温调整) 12.0(冷变形)	7.65~7.67	0.84~0.87	对氧化性腐蚀介质有良好的耐蚀性,可焊接,高温性能好。用于弹簧和结构
07Cr15Ni7Mo2Al Cr15,Ni7,Mo2, Al1,C≤0.09,Fe余量	430	(20~320℃) 15.3(固溶处理) 10.1(高温调整) 11.0(中温调整)	7.68~7.80	0.80~0.82	淬火后塑性优于3J1,易加工成深波纹膜片,回火后弹性很好,具有特别高的蠕变强度。冷处理后回火变形很小,用于膜片,弹簧等
04Cr13Ni8Mo2Al Cr13,Ni8,Mo2, Al1,C0.05,Fe余量	425		7.68~7.95		性能与用途07Cr15Ni7Mo2Al相似。由于碳含量较低,抗晶界腐蚀能力和韧性较高,在400℃左右有较好的高温稳定性

（续）

牌号及主要成分（质量分数）（%）	最高工作温度/℃	线胀系数 α/(10^{-6}/℃)	密度/(g/cm³)	电阻率 ρ/(Ω·mm²/m)	主要特点和用途
07Cr12Ni4Mn5Mo3Al Cr12，Mn5，Ni4， Mo3，Al1， C≤0.09，Fe余量		(20~100℃) 16.21（固溶处理） 13.74（回火）	7.71~7.80	0.797	固溶处理后不必进行中温调整，直接冷处理和回火，可获得良好综合力学性能。也可在固溶处理后经不同冷变形和回火获得很高的强度。用于弹簧等

（2）钢的热处理。这类钢的热处理包括淬火、调整处理和回火等三个步骤。

1）淬火。为了保证良好的成形工艺性能，一般从 1000~1060℃ 空冷，进行高温固溶处理。得到的组织为过饱和奥氏体（有少量残余 δ 铁素体），塑性比 3J1 合金还好，可进行形状复杂的元件的成形加工。

2）调整处理。淬火状态的合金，马氏体点（Ms 和 Mf）都在室温以下。要使合金得到马氏体，并调整到一定的数量，以满足强化的要求，必须进行调整性的加工处理。主要的处理方法是调整处理、深冷处理、冷变形等。

① 调整处理。这种处理是指经固溶处理和加工后的元件，重新进行加热淬火。07Cr17Ni7Al 钢的 Ms 点与调整处理温度的关系如图 10-155 所示。在加热温度下，从奥氏体中析出碳化物，Ms 点上升，奥氏体稳定性降低，空冷后生成的马氏体量增多。这时残留的 δ 铁素体不完全分解，仅在 δ/γ 相界面上析出碳化物（$Cr_{23}C_6$）；而残留的奥氏体只能在随后的回火过程中进行分解。

07Cr17Ni7Al 钢在 700~800℃ 范围内进行调整加热时，碳化物的析出速度和析出量最大，使 Ms 点升高的效果最好（可由 -100℃ 以下升高到 50℃ 以上）。在 950℃ 左右的调整称高温调整，750℃ 左右的调整为中温调整。

② 深冷处理。07Cr17Ni7Al 钢经 1065℃ 固溶处理后，Ms 点低于室温，Mf 点低于 -120℃。经 950℃ 高温调整处理后，Ms 点上升到约 60℃，Mf 点上升到约 -80℃。固溶处理后在 -130℃ 以下深冷处理，或固溶、调整处理后在 -73℃ 以下深冷处理（在酒精和干冰的饱和溶液中冷却），均可得到以马氏体为主的组织。深冷处理的效果列于表 10-105 中。

③ 冷变形。沉淀硬化不锈钢属于不稳定的马氏体钢。在固溶处理后的奥氏体状态下，冷变形能促进碳化物析出，使马氏体转变温度提高，并最后转变为马氏体。冷变形对 07Cr17Ni7Al 钢马氏体量和硬度的影响如图 10-156 所示。在冷变形量达 50%~60% 时，奥氏体基本上转变为马氏体。冷变形对 07Cr17Ni7Al 钢的弹性极限和对 Cr15Ni9Al 钢的马氏体量及力学性能的影响见图 10-157 和图 10-158。冷变形能显著地提高钢的强度和弹性，而且变形量越大，强度和弹性提高也越多，但塑性下降。

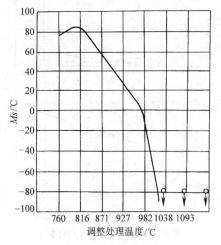

图 10-155　07Cr17Ni7Al 钢的 Ms 点
与调整处理温度的关系

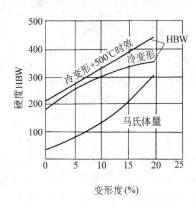

图 10-156　冷变形对 07Cr17Ni7Al
钢马氏体量和硬度的影响

表 10-105　Cr15Ni9Al[①] 钢在不同热处理工艺下的马氏体量和力学性能

热处理工艺			马氏体量（体积分数）（%）	R_m /MPa	R_{eL} /MPa	A （%）	Z （%）	a_K /（J/cm²）
淬火/℃	冷处理/℃	回火/℃						
975			0	930	240	24	63	340
975	−70		35～40	1100	900	24	60	120
975		500	0	950	300	34	62	350
975	−70	500	35～40	1380	1100	19	55	750

① 非 GB/T 20878—2007 中牌号，下同。

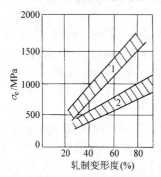

图 10-157　冷轧变形对 07Cr17Ni7Al

钢弹性极限的影响

1—冷轧（$E=170$GPa）　2—475℃

回火 1h（$E=180$GPa）

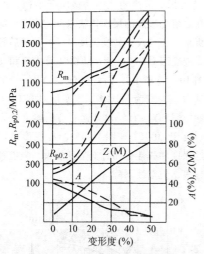

图 10-158　冷轧变形对 Cr15Ni9Al 钢中

马氏体量和力学性能的影响

———冷轧　————480℃回火 1h

3）回火。经调整处理、冷处理或冷变形后，为了进一步提高强度和弹性，须进行回火处理，使马氏体中析出金属间化合物，并使残留奥氏体分解。回火温度对淬火和冷处理之后的 Cr15Ni9Al 钢力学性能的影响见图 10-159。较佳的回火温度在 450～500℃ 范围内。弹性和硬度与回火时间之间的关系如图 10-160 所示。

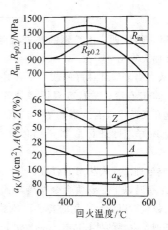

图 10-159　回火温度对 Cr15Ni9Al

钢力学性能的影响

注：钢经 975℃淬火，−70℃、3h 冷处理。

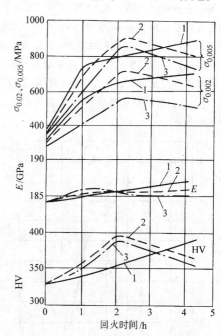

图 10-160　Cr15Ni9Al 钢在不同温度

下回火时弹性和硬度随时间的变化

1—425℃　2—450℃　3—475℃

注：钢经 1000℃淬火，−70℃、4h 冷处理。

几种高弹性不锈钢的热处理工艺和力学性能见表 10-106。

表 10-106　几种高弹性不锈钢的热处理工艺和力学性能

牌号	热处理工艺与合金状态	抗拉强度 R_m /MPa	规定塑性延伸强度 $R_{p0.2}$/MPa	弹性模量 E /GPa	伸长率 A (%)	硬度 HV
07Cr17Ni7Al	固溶处理:1030～1050℃,空冷	910	280		35	165
	高温调整:固溶处理 +950～960℃	930	290		19	165
	冷处理:固溶处理 + 高温调整 +(-73℃)8h	1230	880		9	348
	回火:固溶处理 + 高温调整 + 冷处理 +450～500℃,4h	1620	1520		7	470
	中温调整:固溶处理 +750～760℃,1.5h	1020	700		9	295
	回火:固溶处理 + 中温调整 +550～575℃,1.5h	1410	1360		6	460
	冷变形:固溶处理 +50% 冷变形	1510	1300		5	430
	回火:固溶处理 + 冷变形 +480℃,20～30min	1760	1690	206.5	2	528
07Cr15Ni7Mo2Al	固溶处理:1030～1050℃,空冷	910	380		30	183
	高温调整:固溶处理 +950～960℃	1050	280		12	165
	冷处理:固溶处理 + 高温调整 +(-73℃),8h	1260	880		7	392
	回火:固溶处理 + 高温调整 + 冷处理 +450～550℃,4h	1690	1510	204	6	510
	中温调整:固溶处理 +750～760℃,1.5h	1010	670		7	270
	回火:固溶处理 + 中温调整 +550～575℃,1.5h	1470	1400	204	7	460
	冷变形:固溶处理 +50% 冷变形	1540	1330		5	460
	回火:固溶处理 + 冷变形 +480℃,20～30min	1860	830		2	540
04Cr13Ni8Mo2Al	固溶处理:975～1000℃,空冷	880	390		25	176
	高温调整:固溶处理 +925,1h					
	冷处理:固溶处理 + 高温调整 +(-73℃),8h					
	回火:固溶处理 + 高温调整 + 冷处理 +500℃,1h	1650	1510		5	528
07Cr12Ni4Mn5Mo3Al	固溶处理:1040～1060℃,空冷	1160		189	24	185
	冷处理:固溶处理 +(-78℃)	1430	1050	193	16	440
	回火:固溶处理 + 冷处理 +(520±10℃),1～2h	1640	1440	203	16	516
	冷变形回火:固溶处理 + 冷变形 +(520±10℃),1～2h	1650～2400		213		

2. 马氏体时效钢

(1) 钢的特性。这类钢主要是 Fe-Ni、Fe-Ni-Co、Fe-Ni-Cr、Fe-Cr-Co 系中加入 Mo、Ti、Al 等元素的合金钢,牌号有 Ni18Co9Mo5Ti、Ni10Cr12Cu2TiNb、Ni20TiZrB 等。它们的成分和性能见表 10-107。其特点是弹性极限很高,弹性储能很高,而滞弹性效应很小,且弹性模量温度系数可以调节。用它们制造的气压膜盒敏感元件,比用铁镍铬合金(例如 Ni36CrTiAl 或 Ni36CrTiAlMo8)制造者具有更低的弹性滞后。

这类马氏体时效钢因碳、氮含量低而具有高的塑性和低的强化系数,塑性加工工艺性能极好,在固溶状态下能承受很大的冷变形或成形加工,无需中间软化退火。经时效处理析出大量中间相后,强度可大大提高,却仍保持很高的韧性。

(2) 钢的热处理。马氏体时效钢中存在固溶强化、马氏体强化、加工硬化和时效硬化等四种强化机制,所以热处理有四个层次。

1) 退火。马氏体时效钢的综合力学性能很高,工艺性能也很好,但杂质对性能的影响很大。强度级别高的钢须采用真空冶炼。成分不均特别是钛的偏析倾向性很大,存在碳氮化合物或金属间化合物沿晶间析出造成热脆病的危险。退火可使这些化合物溶入固溶体,既可消除上述疵病,又能充分发挥固溶强化的作用,退火温度为 1200～1260℃(不含铜的钢)。

表 10-107　高弹性马氏体时效钢的成分和性能

牌　号	化学成分(质量分数)(%)							回火温度①/℃	力学性能					
	C	Ni	Co	Mo	Ti	Al	Cr		R_m/MPa	$R_{p0.2}$/MPa	Z(%)	A(%)	硬度HRC	a_K/(MJ/m²)
Ni18Co9Mo5Ti	≤0.03	17.7~19.0	8.5~9.5	4.6~5.5	0.5~0.8	0.15	—	500	2200	1950	—	8	55	0.35
Ni18Co12Mo5Ti2	≤0.03	17.0~18.0	11.8~13.2	3.3~4.2	1.5~1.9	0.20	—	500	2450	2350	35	7	60	—
Ni16Co4Mo5Ti2Al	≤0.03	15.0~17.0	4.0~5.0	4.0~5.0	1.5~1.9	0.15~0.35	—	480	2050	1980	40	7.5	55	0.20
Ni17Co12Mo5Ti	≤0.01	17.0~18.0	11.5~12.5	4.5~5.0	1.3~1.9	—	—	500	2050	2000	45	8	54	0.30
Ni18Co14Mo5Ti	≤0.03	17.0~19.0	13.0~15.0	4.5~5.5	1.1~1.6	0.15	—	480	2400	—	35	9	57	—
Ni18Cr12Co5Mo3Ti	≤0.03	7.0~9.0	5.0~6.0	2.0~3.0	0.8~1.2	0.15~0.35	11.5~12.5	480	1700	1600	55	10	48	0.50
Ni10Cr11Mo2Ti	≤0.03	10.5~11.5	—	2.0~3.0	0.8~1.2	0.15~0.35	9.5~10.5	500	1550	1480	50	8	46	0.50

① 奥氏体化温度为 880~1000℃。

2）淬火。w（Ni）为 18% 的马氏体时效钢的热处理工艺曲线如图 10-161 所示。

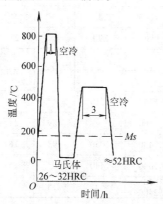

图 10-161　w（Ni）为 18% 的马氏体时效钢的热处理工艺曲线

马氏体时效钢的 Ac_3 为 730~760℃，加热到达 800℃ 以上即可完全奥氏体化。这种钢的淬透性很好，空气冷却能够转变为马氏体，且不发生变形与开裂，故适于制造大截面和形状复杂的弹簧和弹性元件。冷却时在 155~100℃ 的温度区间内奥氏体转变为马氏体，室温下残留奥氏体含量很少。

提高马氏体时效钢的淬火温度，会使晶粒长大，弹性极限降低（见图 10-162），所以淬火温度一般采用 810℃ 或稍高一些，或者在 A_3 以上 50~200℃。

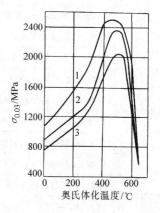

图 10-162　Ni16Co4Mo5Ti2Al 钢奥氏体化温度对弹性极限的影响

1—800℃　2—900℃　3—1200℃

注：变形度为 60%，回火时间为 1h。

3）回火。由图 10-162 可见，马氏体时效钢回火时，弹性极限因发生时效过程而继续提高，在 450~500℃ 范围内达到极大值。w（Ni）为 18% 的钢多在 480℃ 左右回火。

马氏体时效钢的回火过程具有明显的阶段性。图 10-163 所示的 Ni18Co8Mo5Ti 钢的 500℃ 回火曲线可分为三个阶段：第一阶段，强度和弹性急剧增大，此时合金元素原子发生迁移，形成气团，并同时发生位错分解；第二阶段，强度继续升高，但趋势减弱，此

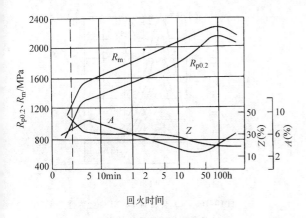

图 10-163　Ni18Co8Mo5Ti 钢在 500℃
回火时力学性能的变化

时新相形核并长大；第三阶段，强度下降，新相长大至一定临界大小，与母相的共格关系破坏，发生聚集，位错密度降低。回火时间的确定，应以保证第二阶段充分发展为原则。为了充分发挥时效强化的作用，可采用双重时效处理。例如，先在 560℃ 回火 1h，再在 400℃ 回火 2h。

4）变形。马氏体时效钢在淬火状态下塑性极好，且在大量变形（轧带、拔丝）时仍不降低。在略高于 Ms 点的温度下变形时，由于能生成晶体缺陷较多的形变马氏体，增大其随后回火时的分解趋势以及强化相的形核，而使强度特别是弹性极限明显提高（见表 10-108）。Ni18Co8Mo5Ti 钢弹簧带经不同量变形后，强度和弹性极限随回火温度的变化如图 10-164 所示。

表 10-108　Ni18Co8Mo5Ti 钢在不同回火温度时的弹性性能

热处理工艺	弹性极限 σ_e /MPa	平均热弹性系数/$(10^{-6}/℃)$	
		20 ~ 100℃	20 ~ 150℃
810℃,20min 水淬;480℃,3h 回火	2000	− 212	− 217
810℃,20min 水淬;570℃,3h 回火	1550	− 172	− 255
810℃,20min 水淬;600℃,3h 回火	1380	− 36	− 33
810℃,20min 水淬;620℃,3h 回火	1250	0	− 44
810℃,20min 水淬;650℃,3h 回火	1100	− 52	− 58
815℃油淬;84% 变形;520℃,3h 回火	2250	− 160	− 234
815℃油淬;84% 变形;550℃,3h 回火	2050	78	− 11
815℃油淬;84% 变形;580℃,3h 回火	1000	− 72	− 43

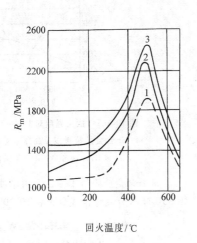

a)

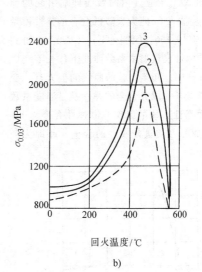

b)

图 10-164　Ni18Co8Mo5Ti 钢弹簧带经不同量变形后强度（a）
和弹性极限（b）与回火温度的关系
变形度：1—0%　2—60%　3—75%

10.4.3　恒弹性合金的热处理

恒弹性合金又称埃林瓦合金，特点是弹性模量不随温度变化或变化不大，在常温附近基本上保持恒定值。一般规定在 -60 ~ 100℃ 范围内 $\beta \le 120 \times 10^{-6}/℃$。同时要求这类合金有较高的强度和弹性模量、较低的弹性后效及较好的耐蚀性。

恒弹性合金广泛用于制造无需恒温和补偿的精确控制装置的弹性敏感元件，以及各种频率元件。可制造特殊钟表机构的游丝和弹簧、各式叠片弹簧、平卷簧和螺簧、电力滤波器的谐振器、气盒、膜盒、传声器、波登管、电动机速度调节器、压力传送器等。

目前主要使用的恒弹性合金为 Fe-Ni-Cr 和 Fe-Ni-Co 系的铁磁性合金。它们在居里温度以下都保持有很小的弹性模量温度系数，但对化学成分和热处理特别敏感。它们的弹性和强度较高。按照强化相的特性，恒弹性合金大致分为碳化物强化型和金属间化合物强化型两类。前者应用渐少，后者的综合性能较好，应用较广。为了克服磁性的影响，现已开发出反铁磁性 Mn-Cu 系恒弹性合金和顺磁性 Nb-Zr 系恒弹性合金。

10.4.3.1　碳化物强化型恒弹性合金

1. 合金的特性　图 10-165 为 Fe-Ni 合金的弹性模量温度系数曲线。$w(\text{Ni})$ 在 28% ~ 44% 范围内，合金弹性模量温度系数为正值，在 $w(\text{Ni}) \approx 36\%$ 时弹性温度系数达最大值，当 $w(\text{Ni})$ 为 28% 和 44% 时其弹性温度系数为零值。但此两合金对成分的偏离极敏感，具有极大的 ΔE_λ 效应（由磁致线伸缩引起的弹性模量的变化）。加入 Cr 能大大降低合金的弹性模量温度系数。由图 10-166 可见，当 $w(\text{Cr})$ 增加到 12% 时，合金的弹性模量温度系数曲线下移至零线以下，且对应于 $w(\text{Ni})$ 36% 合金的曲线的极大点，变得较为平坦，降低了该成分合金的弹性模量温度系数对成分偏离的敏感性。最早出现的恒弹性合金为 Fe-36% Ni-12% Cr 成分（质量分数）的合金，此即为经典的埃林瓦合金。

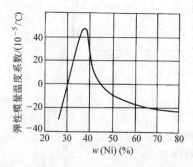

图 10-165　Fe-Ni 合金的弹性模量温度系数曲线

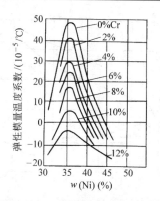

图 10-166　Cr 含量对 Fe-Ni 合金弹性
模量温度系数曲线的影响
注：图中百分数为 Cr 的质量分数。

Fe-36% Ni-12% Cr 合金为单相奥氏体合金，弹性模量和强度比较低，可加入碳 [$w(\text{C}) = 0.6\% ~ 1.2\%$] 和碳化物形成元素钨、钼等，形成稳定的复杂碳化物来进行强化。这同时降低了饱和磁致伸缩系数 λ_s，抑制了 ΔE_λ 效应。此类合金的优点是弹性模量温度系数比较稳定，且 $\beta = 0$ 的回火温度接近于游丝的定型温度（见图 10-167）。但其塑性较低，加工性能较差，内耗大，耐蚀性差，而且磁性较强。主要用于制造形状比较简单的弹性元件，如游丝等。

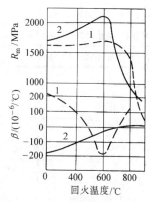

图 10-167　回火温度对 Fe-36% Ni-12%
Cr 合金抗拉强度及膨胀系数的影响
1—不含碳合金　2—含碳合金

这类合金的牌号不多，适用作钟表游丝的合金是 Ni35CrMoW，其化学成分见表 10-109。

表 10-109　Ni35CrMoW 合金的
化学成分（质量分数）　　（%）

Ni	Cr	W	Mo
34.3 ~ 35.7	8.5 ~ 9.5	0.55 ~ 0.85	1.8 ~ 2.2
C	Si	Mn	Fe
1.14 ~ 1.20	0.2 ~ 0.4	0.8 ~ 0.9	余量

2. 合金的热处理　Ni35CrMoW 为时效硬化型合金，其热处理基本上包括淬火和回火两步。

（1）淬火。Ni35CrMoW 合金游丝的走时温度误差主要与淬火温度有关。

淬火在真空中进行。加热时，合金中的碳化物溶解，γ 固溶体中铬、钼、钨的含量增大，因而镍含量相对降低，如图 10-168 所示。与此同时，合金淬火后强度、硬度及电阻率提高，固溶体晶格常数增大，如图 10-169 所示。淬火加热温度在 900~1050℃ 范围内增高时，合金中的碳化物急剧减少，基体中的 Ni 含量很快降低（见图 10-168）。镍含量对最佳成分的少许偏离［如 0.3%~0.7%（质量分数）］，皆导致合金走时温度误差的显著增大［0.5~1.0s/（℃·24h）］。

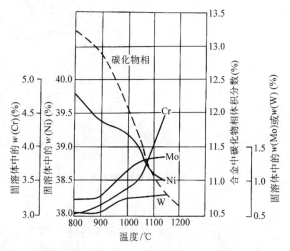

图 10-168　Ni35CrMoW 合金淬火加热时碳化物相含量和固溶体中 Ni、Cr、Mo、W 含量的变化

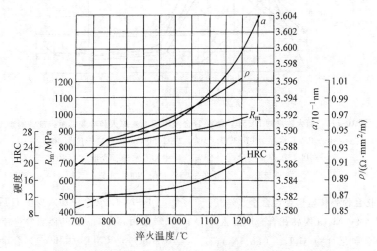

图 10-169　Ni35CrMoW 合金淬火加热时物理、力学性能的变化

淬火后的冷变形能进一步提高合金的强度。随淬火温度的提高，加工硬化的效果显著增大（见表 10-110），但游丝半成品（$\phi 0.3mm$）的变形度达 95%，并在成形时会产生脆性。为了避免脆性和获得成分适宜的固溶体，淬火温度一般采用 950~1000℃。

表 10-110　Ni35CrMoW 合金在不同温度下淬火及冷变形后的强度

在真空中淬火的温度 /℃	抗拉强度 R_m/MPa	
	在真空中淬火后	冷变形后
900	800	1150
1000	820	1270
1050	860	1320

（2）回火。回火应在真空炉或惰性气体保护炉中进行，炉温要均匀。

回火时，从淬火或淬火后冷变形的合金中析出 $(Fe, Cr, Mo, W)_7C_3$ 型复杂碳化物而使合金强化。由图 10-170 可见，淬火未变形的合金回火时，晶格常数 a 的变化不大；淬火后变形的合金回火时，a 显著减小，而且变形度越大，a 值的减小越多，合金出现最低 a 值的回火温度也越低。淬火后的冷变形可强烈促进合金的时效过程，增强碳化物弥散硬化的效果。

由图 10-171 可见，在 400~550℃ 间回火时合金的强度最高。淬火后不冷变形的合金强度变化不大；淬火后冷变形的合金的强化效果显著。变形度越大，强度提高越多。在相同变形度下回火时，淬火温度高的（1050℃）比淬火温度低的（900℃）强度高。

对于 Ni35CrMoW 合金丝半成品，在加工成游丝时，最后一次总变形度一般应大于 90%；为了便于游丝的定型，回火温度皆定为 500~550℃。

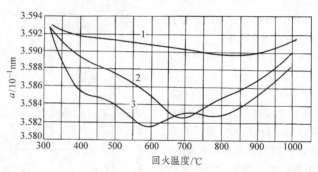

图 10-170　回火温度（回火时间 5h）对 Ni35CrMoW 合金基体晶格常数的影响

变形度：1—0%　2—40%　3—90%

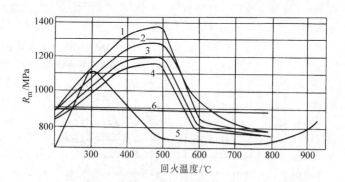

图 10-171　回火温度对 Ni35CrMoW 合金经不同温度淬火和冷变形时强度的影响

1—1050℃水淬，变形度为 63%　2—1050℃水淬，变形度为 40%

3—900℃水淬，变形度为 63%　4—900℃水淬，变形度为 40%

5—退火，变形度为 63%　6—900℃水淬

10.4.3.2　金属间化合物强化型恒弹性合金

1. 合金的特性　Fe-Ni-Cr 埃林瓦合金中加入 Ti，热处理后弥散析出金属间化合物 Ni$_3$Ti、（Fe，Ni）$_3$Ti，使弹性和强度大大提高。这类合金的弹性模量温度系数 β 和频率温度系数 β_f 小，弹性和强度较高，膨胀系数低，弹性后效较小，耐蚀性较好。合金的塑性良好，易于加工成各种形状复杂的弹性元件。缺点是对磁场比较敏感，使用温度范围较窄，对化学成分和热处理参数的变化也比较敏感。

这种合金的应用主要分三方面：①制造各种频率元件，如机械滤波器中的振子，频率谐振器中的音叉，谐振继电器中的簧片和延迟线等，要求合金具有小的频率温度系数；②制造各种弹性元件，如波纹膜盒、波登管、精密弹簧等，要求合金的弹性模量温度系数 β 与膨胀系数 α 的负值相同，即 $\beta = -\alpha$，以保证 $\beta_f = 0(\beta = 2\beta_f - \alpha)$；③制造仪器和钟表的游丝，要求合金的 β 为正值。总之，根据用途的特点，合金的弹性模量温度系数和频率温度系数皆有一定要求，而这些都是可以由合金的化学成分和热处理来调节控制的。

Fe-Ni-Cr 合金中加入少量 Ti 后，部分 Ti 与 Ni 形成强化相。为了保证基体成分符合于 β 较稳定的最佳 Ni 含量 [w（Ni）为 36%]，合金中的总 Ni 含量应比碳化物强化型合金高。加 Ti 可降低基体弹性模量温度系数。合金加钛后 Cr 含量可以减少 [w（Cr）≤ 12%]。Cr、Ti 亦可部分由 Mo、Cu 来代换，这还可以在一定温度范围内降低合金的弹性模量温度系数。金属间化合物弥散强化型恒弹性合金的成分、性能和用途见表 10-111。

2. 合金的热处理

（1）淬火。淬火的目的是软化组织，为随后的冷变形或冷成形创造条件，并为经回火后获得较高的强度作准备。两种合金的淬火温度对力学性能的影响如图 10-172 所示。在 900℃以上，剩余的金属间化合物可完全溶解，合金转变为单一的 γ 相，塑性提高，强度降低。当温度超过 950℃后，晶粒长大，塑性开始下降。这时合金基体含 Ni 过高，弹性模量温度系数变为负值。淬火温度都选在 900 ~ 950℃，一般不超过 1000℃。

表 10-111　金属间化合物弥散强化型恒弹性合金的成分、性能和用途

合金及主要成分（质量分数）(%)	工作温度范围/℃	线胀系数 α/(10^{-6}/℃)	密度/(g/cm³)	电阻率 ρ/($\Omega \cdot mm^2$/m)	居里温度 T_c/℃	主要特点和用途
Ni42CrTiAl(3J53)[1] Ni42, Cr5.5, Ti2.5, Al0.75, C0.05, Fe 余量	-40 ~ 80	8.3	8.4	1.0 ~ 1.1	115 ~ 120	低的弹性模量温度系数与频率温度系数。机械品质因素大于 9000，缺点是性能对成分变化较敏感。用于弹性敏感元件，如膜片、弹簧管等，以及频率元件，如机械滤波器中的振子、频率谐振器中的音叉、谐振电器中的簧片等
Ni42Cr6Ti Ni42, Cr6.5, Ti2.8, C0.05, Fe 余量	-50 ~ 60	8.7	8.1	1.0 ~ 1.2	80 ~ 90	切变模量温度系数较 3J53 低，对成分敏感性小。用于螺旋弹簧、延迟线等
Ni42CrMoTi(YC-12)[1] Ni42, Cr3.5, Ti2, Mo2.5, Cu0.3, C0.05, Fe 余量	20 ~ 150	7.0			180 ~ 185	频率温度系数 $\leqslant 1 \times 10^{-6}$/℃，对热处理敏感性比 3J53 小，机械品质因素大于 1000。用于频率元件及弹性元件
Ni43CrTiAl(3J58)[1] Ni43, Cr5.5, Ti2.5, C0.05, Fe 余量	-40 ~ 120	8.3		1.0	150 ~ 160	频率温度系数比 3J53 小，工作温度范围有所扩大。用途同 3J53
Ni45CrTi Ni45, Cr6, Ti2.5, C0.05, Fe 余量	-40 ~ 200	8.0		1.0		增加镍含量，工作温度范围进一步扩大。用途同 3J53
Ni39Mo8Ti Ni39, Mo8, Ti2, Fe 余量	20 ~ 40			1.0		弹性后效小，用作 0.2 级电磁系电表张丝，其力矩温度系数小于 0.05%/10℃，但与铜基合金相比则电阻大，较难焊接，有磁性
Ni39Mo5CrTi Ni39, Mo5, Cr3, Ti2, Fe 余量	20 ~ 40			1.1		利用适当的冷变形和热处理，可使张丝的力矩温度系数小于 0.03%/10℃，弹性后效小于 0.03%，弱磁性，用于 0.1 级电磁系电表张丝

① 括号内为我国牌号。

　　淬火时的冷却速度（水冷或空冷）对合金的性能影响不大。

　　(2) 回火。回火在保护气氛中进行，以保证元件表面光洁。合金经淬火或淬火＋冷变形后，在 500℃ 以上回火。由于弥散析出 γ' 相 [(Fe, Ni)₃(Ti, Al)]，并使基体中的镍含量降低，可提高合金的强度和弹性，使弹性模量温度系数由负向正变化，趋向于零值；同时改变合金基体的铁磁性能。

　　由图 10-173 可见，Ni42CrTiAl 合金淬火后在 600 ~ 700℃ 间回火时，弥散强化的效果显著，强度峰值出现在 680 ~ 700℃。淬火＋冷变形的合金回火时，弥散强化的水平更高，强度峰值温度下降至约 600℃。

　　图 10-174 所示为 Ni42CrTiAl 合金弹性模量温度系数随回火温度的变化。回火温度提高时，β 由负值往正值方向移动。在 550℃ 以下回火时，由于基体成分变化不大，β 值基本上不变；高于 550℃，特别是在 600 ~ 700℃ 之间回火时，强化相的弥散析出加剧，基体中 Ni、Ti、Al 含量降低，β 值升高；在 650℃ 左右回火时，基体中镍含量降至约 36%，合金的 β 值趋近于零。

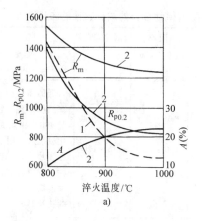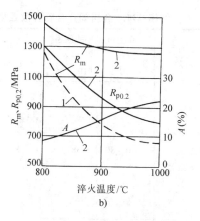

图 10-172　Ni42CrTiAl（a）和 Ni44CrTiAl（b）合金的淬火温度对力学性能的影响

1—淬火　2—淬火 +700℃，4h 回火

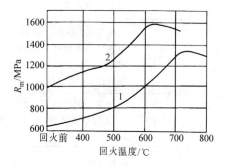

图 10-173　回火温度对 Ni42CrTiAl
合金强度的影响

1—淬火 + 回火　2—淬火 +75% 变形 + 回火

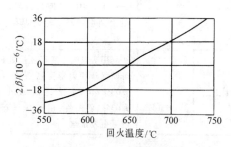

图 10-174　Ni42CrTiAl 合金的弹性模
量温度系数随回火温度的变化

图 10-175 所示为 Ni42CrTiAl 合金丝、带经不同程度变形后，在几种温度下回火时强度随时间的变化。为获得充分的强化效果，Ni42CrTiAl 合金在 550~650℃ 范围内回火，保温 2~4h。

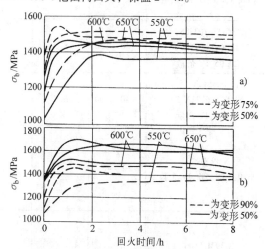

图 10-175　Ni42CrTiAl 合金带（厚 1.5mm）

（a）和丝（φ1.5mm）（b）经不同程度变形后在
几种温度下回火时强度随时间的变化

常用金属间化合物强化型恒弹性合金的热处理工艺和力学性能见表 10-112。

表 10-112　金属间化合物强化型恒弹性合金的热处理工艺和力学性能

合　金	热处理工艺及合金状态	抗拉强度 R_m /MPa	弹性模量 E /MPa	弹性模量温度系数 $\beta/(10^{-6}$ /℃)	伸长率 A (%)	硬度 HV
Ni42CrTiAl (3J53)[1]	软化:950~980℃,水冷	550			40	
	软回火:650~700℃,2~4h	>1100	>175	<20	>8	360
	硬回火:600~650℃,2~4h	>1250	>180	<20	>5	400

（续）

合　金	热处理工艺及合金状态	抗拉强度 R_m /MPa	弹性模量 E /MPa	弹性模量温度系数 β/(10^{-6}/℃)	伸长率 A (%)	硬度 HV
Ni42Cr6Ti	软化:950℃,水冷 硬回火:650℃,4h	1600	70(切变模量)	10	>5	440
Ni42CrMoTi (YC-12)[①]	软化:980~1000℃,水冷 硬回火:500~600℃,4h	>1400	200		>3	>400
Ni43CrTiAl (3J58)[①]	软化:950~980℃,水冷 硬回火:550~650℃,4h	550 1400	185		5	≥360
Ni45CrTi	软化:910~950℃,水冷 软回火:700℃,4h 硬回火:600℃,4h	650 1200 1500	180~190		45 20 10	130 300
Ni39Mo8Ti[②]	软化:950~1000℃,水冷 硬回火:650~700℃,2h	850 1450~1560		20	2~4	120 >400
Ni39Mo5CrTi[②]	硬回火:600~630℃,2h	>1500	190~200	-50		>500

① 括号中为中国牌号。

② 丝材。

（3）变形。合金淬火后的冷变形对随后回火时的析出强化过程有极强烈的影响，能提高整个合金的硬度和强度，并将硬度和强度峰值提早（即回火温度降低或回火时间缩短），如图 10-176 和图 10-177 所示。然而，当变形度足够大（例如 90%）时，进一步增大变形度将不会继续提高峰值强度的水平。峰值强度的获得，决定于回火温度和回火时间的配合，如图 10-178 所示。淬火后带材一般采用的变形度为 50%~70%，丝材可超过 75%。

图 10-179 所示为 Ni42CrTiAl 合金经过常规热处理和形变热处理后弹性极限的变化。淬火后回火前的冷变形，显然也大大有利于弹性极限的提高。

（4）二次淬火。淬火和冷变形之后，再进行一次快速加热淬火而后回火，即采用二次淬火形变热处理工艺，能使晶体缺陷分布均匀，显著提高合金的微塑性变形抗力和松弛抗力。表 10-113 中所示为 Ni42CrTiAl 合金经常规热处理、形变热处理和二次淬火形变热处理后的力学性能。可见，二次淬火形变热处理在保持形变热处理的高弹性极限和硬度水平的同时，能明显改善合金的塑性。

表 10-114 中给出了 Ni42CrTiAl 合金在 910℃ 二次快速淬火时，在变形度和淬火加热时间不同的条件下所得到的力学性能。表中数据说明，在各种变形度下，淬火加热时间（实际加热速度）对性能的影响极大，3s 加热的淬火工艺可获得最高的弹性极限和硬度。

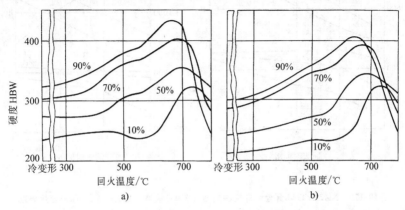

图 10-176　变形度和回火温度对 Ni42CrTiAl（a）和 Ni44CrTiAl（b）合金硬度的影响
注：图中百分数为变形度。

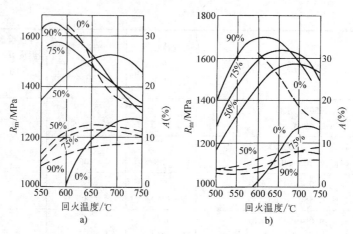

图 10-177　变形度和回火温度对 Ni42CrTiAl（a）和 Ni43CrTiAl（b）
合金强度（实线）和塑性（虚线）的影响

注：图中百分数为变形度。

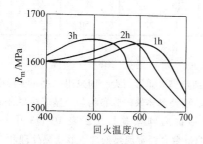

图 10-178　经 90% 变形的 Ni42CrTiAl 合金丝
（φ0.135mm）的强度与回火温度和时间的关系

表 10-115 中的数据表明，Ni42CrTiAl 合金二次淬火形变（变形度为 50%）热处理时，预淬火温度、快速淬火温度、回火温度和时间对弹性极限和硬度的影响。可以看出，预淬火温度在 910℃ 以后再提高，对弹性极限和硬度都是不利的。获得最高弹性极限的热处理工艺为：910℃ 预淬火 + 50% 冷变形 + 910℃ 快速淬火 + 700℃ 的 0.5h 回火。

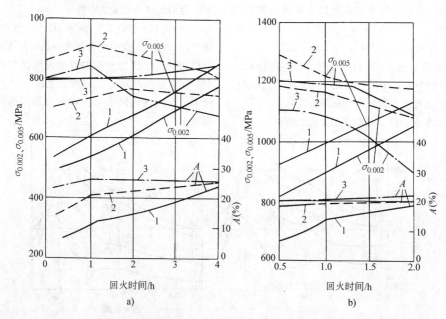

图 10-179　Ni42CrTiAl 合金经常规热处理（910℃水淬 + 回火）（a）和形变热处理
（910℃水淬 + 50%变形 + 回火）（b）后弹性极限及塑性（沿轧制方向）的变化
1—600℃　2—650℃　3—700℃

表 10-113　Ni42CrTiAl 合金经三种热处理后的力学性能

热处理方法	热处理工艺	$\sigma_{0.002}$/MPa	A(%)	硬度 HV
淬火 + 回火	920℃,40s,水淬	400	42	170
	上述处理后,再经600℃,4h回火	800	18	425
形变热处理	920℃,40s,水淬,再经20%冷变形	550	10	305
	上述处理后,再经690℃,2h回火	1100	8	430
二次淬火形变热处理	920℃,40s,水淬,20%冷变形,再经910℃,3s快速淬火	970	22	360
	上述处理后,再经600℃,2h回火	1120	14	430

表 10-114　Ni42CrTiAl 合金二次快速淬火（910℃）时变形度与加热时间对力学性能的影响

变形度 （%）	快速淬火加热时间 /s	$\sigma_{0.002}$ /MPa	$\sigma_{0.005}$ /MPa	A （%）	硬度 HV
	0	410	565	20	265
	3	689	750	28	255
10	5	633	689	32	235
	10	589	670	33	230
	40	410	499	37	174
	0	550	687	9	304
	3	975	1089	21	362
20	5	700	836	30	321
	10	480	565	38	183
	40	400	498	39	170
	0	664	792	5	325
	3	890	974	20	330
50	5	659	776	28	274
	10	513	620	39	176
	40	410	535	40	172

表 10-115　Ni42CrTiAl 合金二次淬火形变热处理工艺对弹性极限（带材轧向）的影响

预淬火温度 /℃	变形度 （%）	快速淬火温度 /℃	回火		弹性极限/MPa			硬度 HV
			温度/℃	时间/h	$\sigma_{0.002}$	$\sigma_{0.005}$	$\sigma_{0.01}$	
910				1	991	1150	1240	425
950	50	910	650	1	993	1120	1214	418
1000				1	907	1020	1093	412
910				1	990	1132	1328	427
950	50	910	700	1	960	1125	1240	414
1000				1	978	1110	1205	423
		85		1	1075	1180	1260	427
910	50	910	700	1	990	1132	1328	427
		950		1	960	1130	1220	435
				1	1136	1220	1310	418
910	50	910	700	1	990	1132	1328	427
				1	920	973	1024	300

图 10-180 所示为 Ni42CrTiAl 合金经不同热处理后的松弛曲线。结果表明，形变热处理和二次淬火形变热处理均可提高合金的松弛抗力。松弛抗力最高的是二次淬火形变热处理：910℃ 预淬火 + 50% 冷变形 + 910℃ 快速淬火 + 700℃ 的 0.5h 回火。二次淬火形变热处理主要适用于截面小的元件和半成品。在二次快速淬火之后，合金仍然可以进行冲压、弯曲和其他冷塑性加工。

10.4.3.3　非铁磁性恒弹性合金

铌具有很好的埃林瓦特性。铌基合金的弹性模量温度系数很低，甚至在 700℃ 时仍可保持为 $(1 \sim 2) \times 10^{-6}/℃$，弹性模量也低，为一般弹性合金的 50% ~ 60%。铌基合金无磁性，磁化率仅为 10^{-6} 数量级。此外，它的强度高，松弛抗力高，耐高温和耐腐蚀。所以铌基合金是性能最优良的高温无磁性恒弹性合金。它的缺点是价格昂贵，冶炼、加工、处理都比较

困难。已获得应用的两种铌基无磁性恒弹性合金的成分、热处理工艺、力学性能和用途见表 10-116。

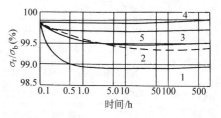

图 10-180　Ni42CrTiAl 合金经热处理后的松弛曲线
1—910℃ 预淬火 + 700℃，1h 回火　2—910℃ 预淬火 + 50% 变形 + 650℃，0.5h 回火　3—910℃ 预淬火 + 50% 变形 + 700℃，1h 回火　4—910℃ 预淬火 + 50% 变形 + 910℃ 快速淬火 + 700℃，0.5h 回火　5—910℃ 预淬火 + 50% 变形 + 910℃ 快速淬火 + 700℃，1h 回火

表 10-116　两种铌基无磁性恒弹性合金的成分、热处理、力学性能和用途

合金及成分（质量分数）(%)	热处理工艺和合金状态	抗拉强度 R_m /MPa	弹性模量 E /GPa	弹性模量温度系数 $\beta/(10^{-6}/℃)$	伸长率 A (%)	硬度 HV	工作温度范围 /℃	主要特点和用途
NbTi39Al5 Ti39.5，Al5.5， Nb 余量	软化：1000℃，真空炉冷	600 ~ 680			25 ~ 28		20 ~ 500	无磁性。高温及耐蚀性好。弹性模量及其温度系数较小。弹性极限高。在 150℃ 的 5%（质量分数）硫酸、盐酸和磷酸中，在 200℃ 的 35%（质量分数）硝酸和有机酸中均有良好的耐蚀性。用于无磁恒弹性张丝和特殊用途弹簧
	软回火：700 ~ 725℃ 5 ~ 10h	>950	113	-70 ~ -90 (20 ~ 500℃)	3	>300		
	硬回火：725℃，1h	1050 ~ 1200			2	330		
NbMo3Zr2.5Cr2Ti2 Mo3.5，Zr2.5， Cr2，Ti2， C0.03， Nb 余量	软化：1600℃，真空炉冷 软回火：950℃，2 ~ 3h	900 ~ 1000	105 ~ 115	1 ~ 2 (20 ~ 700℃)	3 ~ 6	350	20 ~ 600	无磁性。高温及耐蚀性好。弹性模量及其温度系数较小。弹性极限高。在 150℃ 的 5%（质量分数）硫酸、盐酸和磷酸中，在 200℃ 的 35%（质量分数）硝酸和有机酸中均有良好的耐蚀性。用于无磁恒弹性张丝和特殊用途弹簧。工作温度更高，抗松弛性能良好。在 700℃，200h 时，应力下降 5% ~ 6%

10.5　形状记忆合金及其定形热处理

通常，弹性是指金属卸载后恢复原来形状、不残

留永久变形的能力。它反映金属原子之间结合力的大小。由于原子间的结合力较大，金属的弹性变形都比较小，一般只有 0.1% ~ 1.0%，且与应力保持直线的、严格单值的和完全可逆的关系。但是，有许多合

金，在一定的状态下受载时，可以发生很大的弹性变形甚至塑性变形，当去除载荷或去除载荷再稍加热之后，也能够完全恢复到原来的形状。金属合金的这种非线性的大变形弹性性能，是金属合金的一种特殊的超弹性现象。例如，弹性储能最好的仪器仪表弹簧材料 Cu-Be 合金的弹性变形量最大达 0.5%，而 Cu-Al-Ni 合金弹簧材料，经过一定的变形和热处理后，可以获得 10% ~ 15% 以上的超弹性变形量，把金属合金的弹性变形能力提高了一个数量级以上。所以，具有超弹性的和形状回复（或记忆）效应的合金是一类新的功能材料，在工程上特别是高新技术领域将有很好的应用前景。

10.5.1 超弹性和形状记忆效应

研究表明，金属合金的异常超弹性和大变形的形状回复效应，基本上是金属合金中的马氏体相的逆转变所引起的。

10.5.1.1 马氏体的热弹性

图 10-181a 的左图表示，许多具有马氏体相变的合金以较快的速度从高温冷却时，在 Ms 点（马氏体形成开始温度）以下，高温相（母相）无扩散地以切变的方式转变为马氏体，且随温度下降，马氏体晶体逐渐长大，马氏体量（V_m/V 为体积分数，V_m 和 V 分别表示已转变为马氏体的和冷却合金的总体积）增多，合金储存的能量（见右图，σ_i 表示马氏体内的相变应力）也跟着增大；到 Mf 点（马氏体形成终了温度），合金全部转变为马氏体，储能达到最大。之后，再以较大的速度加热，合金温度上升到 As 点（高温相奥氏体形成开始温度）时，马氏体发生逆转变，马氏体晶体缩小，数量减少，储存的能量也跟着降低，到 Af 点（奥氏体形成终了温度）后完全转变为母相，储能消失。这种转变在晶体学上是完全可逆的。

热力学上，马氏体转变决定于化学驱动力与相变阻力（主要是储存能）之间的平衡。当驱动力超过相变阻力时（例如冷却时），则马氏体相变发生；否则马氏体相就逆转变。由温度的变化引起的马氏体可逆转变的特性，称为马氏体的热弹性。

热弹性马氏体相变有两种类型。第一种类型相变发生在 $Af > As > Ms > Mf$ 的条件下，其 $Ms—Mf$ 温区较小，合金有 AuCd、CuAlNi 等；第二种类型的条件是 $Af > Ms > As > Mf$，$Ms—Mf$ 温区较大，合金有 Fe_3Pt、InTa、CuZn、AgCd、AuZn、NiAl 等。

并非所有合金的马氏体都具有热弹性。碳钢中的碳在 α 铁中的扩散速度较大，加热时易发生分解，

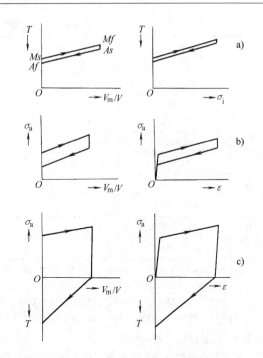

图 10-181 热弹性 (a)、超弹性 (b) 和
形状记忆效应 (c) 示意图

其马氏体难以发生逆转变，就不具有热弹性。只有那些 $As—Ms$ 差值很小（即相变滞热很小）的合金，它们的马氏体转变所需的驱动力不大，或阻力很小（界面能和塑性变形能小至可以不计时），才生成热弹性马氏体。因此，热弹性马氏体相变在结构上具有特点，即马氏体形成时结构和体积的变化很小（钢铁可达 4%），与母相保持高度的共格，且界面容易移动，所以母相基本上（少数例外）是有序化结构的体心立方晶体（见表 10-117）。这类结构主要有 B2 和 DO_3 两种，对称度较高，属于 β 相。马氏体的结构则较复杂，对称性低，原子面呈长周期的规则堆垛（可最多达 18 层），易形成层错和孪晶，绝大部分为单斜晶体。

马氏体转变（或晶体切变）时，相对于母相的一定位向形成许多晶体学等同、而惯习面指数不同的马氏体变体（多达 24 种）。由于相邻变体之间产生自动协调效应，各变体切变造成的变形可彼此抵消，使由变体组成的马氏体晶体和合金的总体形状不变，并随时保持着马氏体与母相界面的热弹性平衡。加热逆转变时，母相同样也形成许多变体，但因马氏体对称性低，存在的等同晶体方向少，有时只有一个即母相的原来位向（尤其是母相长程有序时），所以逆转变只能形成单一位向的母相，结果原来的母相晶体完全回复，合金的形状自然也就完全恢复了。

表 10-117　具有热弹性的各种马氏体转变

种类	马氏体转变与结构	等效对应晶格数	等效惯习面数	合　金
A	B2→9R DO₃→18R	12	24	Cu-Zn，Cu-Zn-X(X = Al、Sn、Ga、Si)，Cu-Au-Zn
	B2→2H DO₃→2H	6	24	Ag-Cd，Au-Cd，Cu-Al-Ni，Cu-Sn
	B2→B19	12	24	Ti-Ni
	B2→3R	3	24	Ni-Al
B	B2—R	3	3	Ti-Ni
C	FCC→FCT	4	4	In-T1，In-Cd，Fe-Pd，Mn-Cu，Mn-Ni
D	LI₂→BCT	12	24	Fe-Pt
E	FCC→BCT	12	24	Fe-Ni-Ti-Co

注：B2 表示 CsCl 或 β′Cu-Zn 型立方有序结构。DO₃ 表示 BiF₃ 或 BiLi₃ 型面心立方有序结构。B19 表示 β′AuCd 型正交晶格。FCT 表示面心正交晶格。LI₂ 表示 AuCu₃ I 型立方有序结构。BCT 表示体心四方晶格。H、R、M 相应表示六方、斜方、单斜结构的马氏体，其密排面的周期堆垛结构是：2H：ABABAB…；3R：ABCABC…；6R：AB′CA′BC′…；9R：ABCBCACAB…；18R：AB′CB′CA′CA′BA′BC′BC′AC′AB′…；或 AB′AB′CA′CA′CA′BC′BC′BC′AB′…

10.5.1.2　超弹性（或伪弹性）

应力和形变影响马氏体转变。具有马氏体相变的合金，在 Ms 点特别是 Af 点以上但低于 Md 点（即形变引起马氏体转变的最高温度）的温度范围内承受应力时，发生母相向马氏体转变，形成应力诱发马氏体。这种马氏体也是弹性马氏体，由应力控制，为应力弹性马氏体。与热弹性马氏体一样，如图 10-181b 所示，应力 σ_a 增大时，马氏体长大（见左图），宏观应变 ε 增大，直达很大的量（见右图）；反之，马氏体逆转变时缩小，应变减小（但存在一很小的迟滞效应），应力消除后马氏体完全消失。合金的这种受载产生马氏体可引起较大的变形，而去载后立即回复原形的特性，叫做伪弹性或超弹性，或者弹性的形状记忆效应。

实际上，应力可作为马氏体相变的驱动力，增大惯习面上的拉伸分应力，提高 Ms 点，促使马氏体形成，增加马氏体量；同时促进马氏体晶体顺应力方向的分布，将切变累积成较大的变形。另外，应力还能使马氏体中孪晶界移动，也造成变形。所以应力可以使母相发生很大的变形。但是，在 Af 点以上，这些变形是不稳定的。随应力的去除和马氏体逆转变而立即消失。一般，实际上表观塑性变形能恢复约达 7% 的非线性弹性都属于超弹性。

超弹性合金主要是那些马氏体转变为体心立方→正交结构和面心立方→正方结构的合金（见表 10-118），如 Cu-Al、Cu-Al-Ni、Cu-Al-Mn、Cu-Zn-Sn、Ag-Cd、In-Tl 等。它们在 Af ~ Md 温度范围内表现出很好的超弹性，合金在承受大大超过屈服强度的

表 10-118　一些超弹性合金的马氏体转变与结构

合金	母相及马氏体结构
Cu-Zn	体心立方→正交
Cu-Sn	体心立方→正交
Cu-Zn-Sn	体心立方→正交
Cu-Al-Ni	体心立方→正交
Cu-Al-Mn	体心立方→正交
Cu-Au-Zn	体心立方→正交
Ag-Cd	体心立方→正交
Au-Cd	体心立方→正交
Fe₃Be	面心立方→正方（有序体心立方）
Fe₃Pt	面心立方→正方
In-T1	面心立方→正方
Ni-Ti	体心立方→正方

应力之后，当去除应力时，原来的形状都能马上完全恢复。

10.5.1.3　形状记忆效应

具有马氏体相变的合金，在 Af 点特别是 As 点以下受载时，依照热弹性马氏体和应力弹性马氏体的特性，应力和温度对马氏体相变的影响如图 10-181c 所示。在图 10-181c 的上部所表示的温度不变的情况下，随外加应力 σ_a 的增大，马氏体不断形成（见左图），产生较大的宏观应变（见右图）；而当外加应力去除后，已产生的马氏体量和塑性应变不减小。但

是，如图的下半部所表达的温度的影响表明，从 As 点起，温度的升高使马氏体发生逆转变，宏观塑性应变逐渐减小，在 Af 点以上马氏体消失后，应变降低至零，合金完全恢复原来的形状。合金的这种受载产生塑性变形，而去载经加热回复原来形状的现象，叫做形状记忆效应，或塑性的形状记忆效应。

形状记忆效应的机制如图 10-182 所示。简化的

全过程是：①原始形状的单晶母相合金；②冷却至 Mf 点以下完全转变为马氏体，其变体产生自动协调效应，微观切变相互抵消，使宏观形状不变化；③受外应力作用时发生孪生变形，界面的移动使部分变体吞并其他变体而长大，形成宏观变形；④继续受外力作用，宏观变形增大；⑤加热到 Af 点以上，发生马氏体的逆转变，母相合金最后回复原始形状。

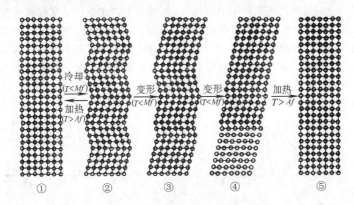

图 10-182　形状记忆效应的机制

形状记忆效应有三种（见图 10-183）：①单程形状记忆，即按前述使母相冷却或受应力转变成马氏体，然后对马氏体进行变形，改变其形状，再加热，使马氏体发生逆转变，而母相完全回复原形状（见图 10-183a）；②双程形状记忆，即让由上述过程完全回复原状的母相再次冷却，又使得原来的马氏体的形状也完全回复（见图 10-183b）；③全程形状记忆，即母相冷却与变形后的马氏体逆转变加热的循环，使母相回复为与原来完全相反的形状（见图 10-183c）。

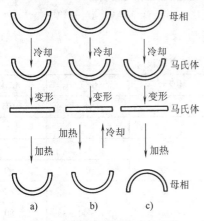

图 10-183　三种形状记忆效应示意图
a）单程　b）双程　c）全部

根据分析，具有形状记忆效应的合金，必须具备三个条件：①低温相为热弹性马氏体，保证由逆转变使形状完全回复；②母相为有序化结构，使马氏体发

生完全的晶体学可逆转变；③马氏体的亚结构是孪晶或层错，避免出现不可回复的滑移变形。一些形状记忆合金的马氏体转变与结构见表 10-119。

表 10-119　一些形状记忆合金的马氏体转变与结构

合金	母相及马氏体结构	马氏体的亚结构
Cu-Zn	体心立方→正交	层错、孪晶
Cu-Sn		层错
Cu-Al		层错
Cu-Zn-Al	立方 FeAl₃ 结构→单斜	层错
Cu-Al-Ni	体心立方→正交	孪晶
Ag-Cd	体心立方→正交	孪晶
Au-Cd	体心立方→正交	孪晶
Co-Ni		层错
Fe-Pt	面心立方→正方	孪晶
In-Tl	面心立方→正方	孪晶
Ti-Ni	体心立方→正方	孪晶
Ti-Nb	体心立方→正交	孪晶
含 Mn 不锈钢	部分形状记忆效应	
Fe-Mn-C	部分形状记忆效应	

10.5.1.4　超弹性和形状记忆效应的应力-温度图

实际上，同一种合金既具有超弹性也具有形状记

忆效应，例如 Cu-14.5Al-4.4Ni 合金。图 10-184 为该合金在不同温度下的应力-应变曲线。在 Ms 点以上拉伸时（见图 10-184c、d、e、f、g），曲线上出现反映屈服现象的线段，试样产生明显的塑性变形，它是由应力诱发马氏体转变引起的。如果是在 As 点以上，去除载荷后则发生马氏体逆转变，塑性变形完全消失，试样的形状恢复（见图 10-184e、f、g），产生超弹性现象。在 As 和 Ms 点之间拉伸时（见图 10-184c、d），去除载荷后马氏体仍能稳定存在，试样保留塑性变形后的外形。在 Ms 点以下拉伸时（见图 10-184a、b），马氏体产生塑性变形，载荷去除后变形也

残余不变。但是，若将（见图 10-184a、b、c、d）的试样加热到 Af 点以上，则发生马氏体逆转变，变形消失，形状复原，产生形状记忆效应。由此可见，超弹性和形状记忆效应的基础是一样的，都是马氏体的逆转变。合金究竟表现出超弹性或形状记忆效应，主要取决于形变温度与马氏体逆转变温度（As、Af 点）的相对位置关系。一些形状记忆合金的相变温度见表 10-120。合金在较高的温度范围内呈超弹性状态，而在低的温度范围内具有形状记忆效应。图 10-185 所示为具有热弹性马氏体相变的合金出现超弹性和形状记忆效应的应力-温度条件示意图。

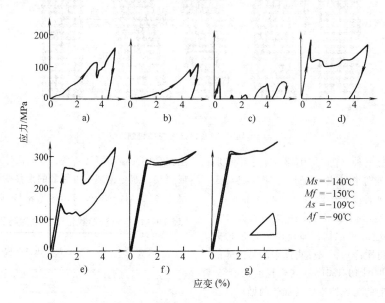

$Ms = -140℃$
$Mf = -150℃$
$As = -109℃$
$Af = -90℃$

图 10-184　Cu-14.5Al-4.4Ni 合金单晶体在不同温度下的应力-应变曲线

a) -160℃　b) -141℃　c) -129℃　d) -114℃　e) -81℃　f) -70℃　g) -61℃

注：应变速度为 2.5×10^{-3}/min。

表 10-120　一些形状记忆合金的相变温度

合金	成分(摩尔分数)(%)	Ms/℃	Mf/℃	As/℃	Af/℃
Ti-Ni	Ni50	65	40	95	105
Ti-Ni-Co	Ni45.5,Co4.5	-50			
Ti-Ni-Fe	Ni45.3,Fe4.7	-196			
Cu-Sn	Sn25	-10	-70	0	90
Cu-Zn①	Zn38.8	-22	-78	-62	-7
Cu-Zn-Sn	Zn33.1,Sn4.5	-30	-100	-40	80
Cu-Zn-Al	Zn12~21,Al6~18	-90~50			
Cu-Al	Al12~25	300~350			
Cu-Al-Ni①	Al14.5,Ni4.4	-140	-150	-109	-90
Cu-Mn-Al	Mn10~14,Al8~10	-150~-160	-196	-165~-185	-130~-155

（续）

合金	成分(摩尔分数)(%)	$Ms/℃$	$Mf/℃$	$As/℃$	$Af/℃$
Cu-Au-Zn	Au23~28,Zn45~47	-20			
Mn-Cu	Cu10~25	90~150	50~100		
Mn-Ni	Ni14~17	120~190			
Mn-Ge	Ge10~15	25~100		25~100	
Mn-Ga	Ga24	60~90			
Fe-Ni	Ni9.5	525	477	680	703
Fe-Ni-Ti	Ni30,Ti3	-95		580	730
Fe-Pt	Pt25.7	-60	-120	60	240
Co-Ni	Ni19~30			290	
Ni-Al	Al35~38	100~180		280	
Ag-Cd	Cd44.8	-63	-84	-69	-40
Ag-Zn	Zn38	-160	-180	-170	-150
Au-Cd	Cd47.5	60	50	68	78
In-Tl	Tl17~23	60~100	50~90	55~90	60~110

① 为质量分数。

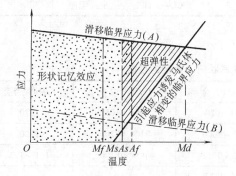

图 10-185 具有热弹性马氏体相变的
合金出现超弹性和形状记忆效应
的应力-温度条件示意图

图 10-185 中右侧斜直线表示，在 Ms 点以上发生的马氏体相变，是外加应力引起的。离 Ms 点越远，即离母相的稳定区域越近，所需应力越大，所以引起诱发马氏体相变的临界应力随温度的升高而呈直线增大，直至 Md 点所对应的应力。图 10-185 中正面的两条平行斜直线（A、B）表示合金两种水平的滑移变形临界应力与温度的关系。显然，合金处于较软的状态而滑移变形临界应力很低时（B），在任何温度下都不具有超弹性；但在强化状态下，因提高了滑移变形的临界应力（A），合金在广泛的温度范围内可以获得很好的超弹性以及形状记忆效应。

10.5.1.5　形状记忆合金的种类

超弹性和形状记忆效应自 20 世纪 50 年代初期在 AuCd 合金中被发现以来，至今已发现了几十种具有这些效应的合金。由于它们的生产和加工比较困难，加上许多问题不清楚，应用特别是成功的应用还很有限，但前景是十分诱人的。主要的形状记忆合金及其基本数据见表 10-121。而最实用化和引人注目的是 TiNi 合金和 CuZnAl 合金、CuAlNi 合金以及 MnCu 合金。FeMnSi 合金（奥氏体钢）由于成本低，刚性好和容易加工，受到了重视，但尚处于开发之中。这些形状记忆合金的性能见表 10-122。下面主要介绍 TiNi 合金和两种铜基合金。

10.5.2　钛镍形状记忆合金

目前，性能最好、最可靠和应用最成功的是钛镍合金。

10.5.2.1　钛镍合金的相图与结构

1. 钛镍合金相图　Ti-Ni 二元合金相图见图 10-186。它是目前最有参考价值的相图，从图中可见合金有三种重要的金属间化合物：Ti_2Ni、TiNi 和 $TiNi_3$。

Ti_2Ni 相是在 1025℃ 由包晶反应 $L + TiNi \rightleftharpoons Ti_2Ni$ 生成的，为面心立方晶体。$TiNi_3$ 相的熔点为 1378℃，具有六方晶格。最重要的 TiNi 相的熔点为 1240℃，在高温下为 B2 型体心立方结构的 β 相。

表 10-121　主要的形状记忆合金及其基本数据

合金	成分(摩尔分数)(%)	M_s 点/℃	相变温度滞后/℃	晶体结构变化	有无序结构	体积变化(%)
AgCd	Cd44 ~ 49	-190 ~ -50	≈15	B2→2H	有序	-0.15
AuCd	Cd46.5 ~ 50	30 ~ 100	≈15	B2→M2H	有序	-0.41
CuAlNi[1]	Al14 ~ 14.5 Ni3 ~ 4.5	-140 ~ 100	≈35	DO₃→M18R	有序	-0.30
CuAuZn	Au23 ~ 28 Zn45 ~ 47	-190 ~ 40	≈6	Heusler[2]→M18R	有序	-0.25
CuSn	Sn≈15	-120 ~ 30		DO₃→2H 或 18R	有序	
CuZn[1]	Zn38.5 ~ 41.5	-180 ~ -10	≈10	B2→9R 或 M9R	有序	-0.5
CuZnX (X = Si、Sn、Al、Ga)		-180 ~ 100	≈10	B2→9R 或 M9R DO₃→18R 或 M18R	有序	
InTl	Tl18 ~ 23	60 ~ 100	≈4	FCC→FCT	无序	-0.2
NiAl	Al36 ~ 38	-180 ~ 100	≈10	B2→M3R	有序	-0.42
TiNi	Ni49 ~ 51	-50 ~ 100	≈30	B2→B19	有序	-0.34
FePt	Pt≈25	~ -130	≈4	Ll₂→底心正方点阵	有序	0.8 ~ -0.5
FePd	Pd≈30	~ -100		FCC→FCT→BCT	无序	
MnCu	Cu5 ~ 35	-250 ~ 180	≈25	FCC→FCT	无序	

① 为质量分数。
② Heusler 锰铝铜磁性合金（惠斯勒磁性合金）。

表 10-122　TiNi、Cu 基、FeMnSi 形状记忆合金的性能

性　　能	TiNi 合金	CuZnAl 合金	CuAlNi 合金	FeMnSi 合金
熔点/℃	1240 ~ 1310	950 ~ 1020	1000 ~ 1050	1320
密度/(kg/m³)	6400 ~ 6500	7800 ~ 8000	7100 ~ 7200	7200
比电阻/$10^{-6}\Omega \cdot m$	0.5 ~ 1.10	0.07 ~ 0.12	0.1 ~ 0.14	1.1 ~ 1.2
热导率/[W/(m·℃)]	10 ~ 18	120(20℃)	75	—
线胀系数/(10^{-6}/℃)	10(奥氏体) 6.6(马氏体)	16 ~ 18(马氏体)	16 ~ 18(马氏体)	15 ~ 16.5
比热容/[J/(kg·℃)]	470 ~ 620	390	400 ~ 480	540
热电势/(10^{-6}V/℃)	9 ~ 13(马氏体) 5 ~ 8(奥氏体)	—	—	—
相变热/(J/kg)	3200	7000 ~ 9000	7000 ~ 9000	—
弹性模量/GPa	98	70 ~ 100	80 ~ 100	—
屈服强度/MPa	150 ~ 300(马氏体) 200 ~ 800(奥氏体)	150 ~ 300	150 ~ 300	35($\sigma_{0.2}$)
抗拉强度(马氏体)/MPa	800 ~ 1100	700 ~ 800	1000 ~ 1200	700
伸长率(马氏体)(%)	40 ~ 50	10 ~ 15	8 ~ 10	25
疲劳极限/MPa	350	270	350	—
晶粒大小/μm	1 ~ 10	50 ~ 100	25 ~ 60	—

（续）

性　　能		TiNi 合金	CuZnAl 合金	CuAlNi 合金	FeMnSi 合金
转变温度/℃		-50 ~ 100	-200 ~ 170	-200 ~ 170	-20 ~ 230
温度滞后（$As-Af$）/℃		30	10 ~ 20	20 ~ 30	80 ~ 100
最大单向形状记忆（%）		8	5	6	5
最大双向形状记忆（%）	$N = 10^2$	6	1	1.2	—
	$N = 10^5$	2	0.8	0.8	—
	$N = 10^7$	0.5	0.5	0.5	—
上限加热温度（1h）/℃		400	160 ~ 200	300	—
阻尼比（SDC·%）		15	30	10	—
最大超弹性应变（单晶）（%）		10	10	10	—
最大超弹性应变（多晶）（%）		4	2	2	—
回复应力/MPa		400	200		190

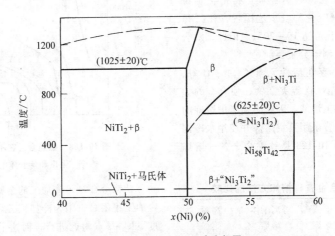

图 10-186　Ti-Ni 二元合金相图

图 10-186 中，β 相区范围上宽下窄，在 1000℃ 时 x（Ni）为 48% ~ 54%；在 800℃ 时 x（Ni）为 51% ~ 52.5%；在 500℃ 以下时约 x（Ni）为 51%。β 相在约 1090℃ 时发生有序转变，转变为有序的 B2 结构的 $β_2$ 相。

Ti-Ni 合金在 625℃ 有一个包析反应 β + TiNi$_3$ → Ti$_{42}$Ni$_{58}$，生成的 Ti$_{42}$Ni$_{58}$ 是亚稳定相，可分解生成 TiNi$_3$；同时，在温度由 625℃ 下降至约 400℃ 的过程中，合金中还析出 Ti$_{11}$Ni$_{14}$ 相，此相也为亚稳定相（但对合金的形状记忆效应很有影响）。所以，在高温有很大溶解度的 β 相冷却时，依次析出 TiNi$_3$、Ti$_{42}$Ni$_{58}$、Ti$_{11}$Ni$_{14}$。

2. 钛镍合金的结构　具有形状记忆效应的钛镍合金的 Ti、Ni 原子数很相近，为 1:1 左右，质量比为 Ti:Ni = 45:55。钛镍合金在低温下，以切变机制由 B2 结构的 β 母相转变为单斜结构的马氏体。试验证明，钛镍合金发生马氏体相变时，在母相和马氏体相之间存在有中间相变过程。图 10-187 为马氏体正逆转变时的电阻-温度曲线。B2 结构的母相冷却至电阻开始升高的温度时，首先生成 IC 相（无公度相），相变只有很少原子变位，晶格不发生变化。冷却约 10℃，在 T_R 温度形成菱形结构的 R 相，使相的形状变化但不大，只有马氏体相变变形量的 1/10。继续冷至 Ms 点形成马氏体，而到 Mf 点时马氏体转变结束。反过来，加热时从 As 点开始逆转变，Af 点后完全转变为 R 相，再经 IC 相回复到 B2 结构的母相。

R 相与母相是晶体学可逆的，它的最大特点是重复特性稳定，相变应变很小，逆转变温度滞后很小。R 相变也可以由应力诱发产生。所以 R 相变也具有形状记忆效应和超弹性。

10.5.2.2　钛镍合金的制备和加工

1. 钛镍合金的熔炼　合金的马氏体转变温度主

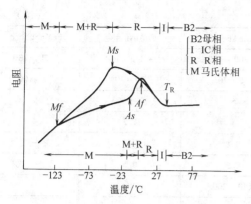

图 10-187　钛镍合金马氏体正逆转变时的
电阻-温度曲线与相结构

要决定于其成分。在钛镍合金的实用成分 [x（Ni）
为 49.5% ~ 51.5%] 范围内，x（Ni）变化 0.1%，
会造成 Ms 点 10℃ 的变化；而当合金进行记忆训练
时，在 x（Ni）为 54.6% ~ 55.1% 范围内，x（Ni）
变化 0.1%，Af 点的变化可达 10 ~ 20℃。因此，对合
金成分及其均匀性的控制十分重要。

　　另外，熔炼过程中存在活性元素 C、N、O 等，
可能与 Ti 形成 TiC、Ti_4Ni_2O 等夹杂物，使合金的力
学性能恶化，降低其加工性能，因此必须考虑熔炼的
气氛和坩埚材料。一般皆采用真空熔炼并使用水冷铜
结晶器或石墨坩埚。表 10-123 是钛镍合金各种熔炼
方法的比较。

表 10-123　钛镍合金各种熔炼方法的比较

项目	电子束熔炼	电弧熔炼	等离子体熔炼	高频熔炼
气氛	真空	真空	不活性气体、真空	不活性气体、真空
坩埚	水冷铜	水冷铜	水冷铜	石墨坩埚
成分的控制	差	合格	好	很好
成分的均匀性	合格	好	好	很好
夹杂物情况	合格	很好	很好	合格

　　工业规模的生产多采用高频感应和等离子体熔炼
法。高频感应在熔炼中有良好的电磁搅拌作用，铸锭
的成分特别均匀；使用石墨坩埚能减少氧的混入，可
使 x(O) 控制在 0.045% ~ 0.06% 以内。可能有微量
碳混入，但能控制在 x(C) < 0.05%。等离子体熔炼
也能生产出杂质少、成分比较均匀的铸锭。生产上也
可采用联合熔炼法，如高频感应-电弧熔炼法、等离
子体-电弧熔炼法等。电子束熔炼法成本高，目前只

用于实验室。无论采用何种熔炼方法，真空条件是必
须保证的。高频感应熔炼的真空度要求较低，但必须
充以惰性保护气体（Ar）。

　　2. 钛镍合金的加工　钛镍合金的热加工性能很
好。图 10-188 所示为 Ti-50Ni 合金在不同温度下抗拉
强度和伸长率的变化。由图可见，随温度的提高，合
金强度下降而塑性提高，因而热加工性能不断得到改
善。但温度超过 900℃ 后，合金表面甚至内部急剧氧
化，容易造成热裂，所以热成形温度一般以 700 ~
850℃ 为最合适。为使合金中非平衡相充分溶解，加
工前的加热应有足够长时间的保温。只要加热温度及
其均匀性控制恰当，热轧、热压、热锻等热塑性加工
是不难进行的。

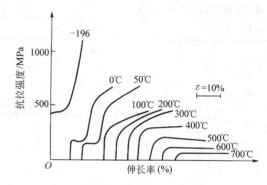

图 10-188　钛镍合金在不同温度下抗拉
强度和伸长率的变化

　　钛镍合金是可冷加工的金属间化合物，但实际上
冷加工很困难，因为冷加工必须在屈服强度最低的温
度下即 Ms 点附近进行，而这个温度为约 -50℃；并
且一旦加工产生的热量使合金温度升高，屈服强度就
会立即大幅度提高；加工时要迅速发生加工硬化，如
图 10-189 所示。所以，冷塑性加工必须依靠多次的
中间退火来反复地进行。退火温度要随变形率的不同
而变化。变形率为 10% ~ 20% 时，适宜的退火工艺
为：700 ~ 850℃、5 ~ 10min。还必须注意，每次退火
时都应考虑形状回复效应对尺寸的影响。

　　钛镍合金的切削加工非常困难，特别是管件，加
工热引起硬化，且形状回复效应造成管径收缩。钻孔
也很困难，高速钢钻头使用寿命很短，一般使用硬质
合金刀具，并采用合适的切削规范。

10.5.2.3　钛镍合金的形状记忆热处理

　　使合金记住成形后的形状的热处理叫做形状记忆
热处理或记忆训练。单程和双程形状记忆热处理的工
艺不一样。

　　1. 单程形状记忆热处理　一般有三种方法。

　　（1）中温处理。使经轧制、拉拔等冷加工并充

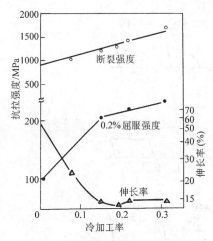

图 10-189 钛镍合金冷加工时拉
伸强度和伸长率的变化

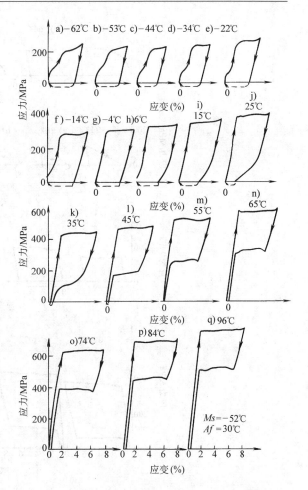

图 10-190 Ti-49.8Ni 合金经 400℃ 记忆热处理
后的系列应力-应变曲线
注：虚线表示加热可以回复的应变量。

分硬化的成形合金，在 400 ~ 500℃ 温度下保温若干分钟到数小时，将既成形状固定（或记忆）下来。图 10-190 和图 10-191 分别是 Ti-49.8Ni 合金在 400℃ 和 500℃ 经 1h 热处理后、在各种温度下的应力-应变曲线。由两图中曲线比较可见，①400℃ 和 500℃ 两种温度的热处理都得到了很好的形状记忆效应和超弹性；②高温阶段表现出超弹性的曲线的下侧部所反映的回复力，400℃ 处理的比 500℃ 的大得多，差值相当于给合金加热时的回复力；③500℃ 处理的合金在 Ms 点附近屈服应力很小。所以从使用性能和寿命考虑，合金的处理温度选定为 400 ~ 500℃ 最合理。

（2）低温处理。使经 800℃ 以上温度完全退火、在室温加工成形的合金，在 200 ~ 300℃ 温度区间保温数分钟至数十分钟，进行定形处理。经完全退火的合金十分柔软，非常易于加工成形状复杂、曲率半径很小的产品。低温处理的合金的形状记忆功能，特别是受反复作用时的疲劳寿命，皆比中温处理的低。

（3）时效处理。使经 800 ~ 1000℃ 均匀加热后急冷的固溶处理合金，在约 400℃ 温度下时效处理数小时，进行定形记忆处理。利用合金较高的 Ni 含量，析出金属间化合物造成硬化，不仅能提高滑移变形的临界应力，还可能引起 R 相变，减小逆转变的温度滞后。图 10-192 所示为 Ti-50.6Ni 合金经 1000℃ 加热、冰水淬火后，在 400℃ 时效处理 1h 后的一组应力-应变曲线，可见形状记忆特性与中温处理得很相近（与图 10-190、图 10-191 比较）。但时效记忆处理只适用于 $x(Ni)$ 为 50.5% 以上的钛镍合金。另外，工艺也比较复杂些。

2. 双程形状记忆热处理　双程形状记忆热处理的目的是使合金在反复多次的升温降温过程中可逆地发生形状变化：加热升温时合金回复高温时的形状；冷却降温时合金回复低温时的形状。双程记忆处理的训练方法有三种，如图 10-193 所示。

（1）进行形状记忆效应循环训练。将合金冷却至 Mf 点以下，对其变形，形成择优取向马氏体，然后加热到 Af 以上，如图 10-193 中 AEFGHIJA 回线所示。此过程重复多次（20 次），合金记忆趋于稳定。

图 10-194 所示为经 950℃、1h 真空退火的 Ti-49.85Ni 合金，受 15% 强制拉伸变形后的热膨胀曲线。第一次循环加热时，合金在 90℃ 附近即发生很大的收缩，第二次及以后的循环加热皆在 0℃ 时伸长、40℃ 时收缩，已形成很好的双程形状回复效应。

（2）进行应力诱发马氏体循环训练。在 Af 点以上，对合金变形，产生应力诱发马氏体，然后去除应力，应力诱发马氏体消失，如图 10-193 中 ABCDA 回线所示。过程重复多次，记忆位移趋于稳定。

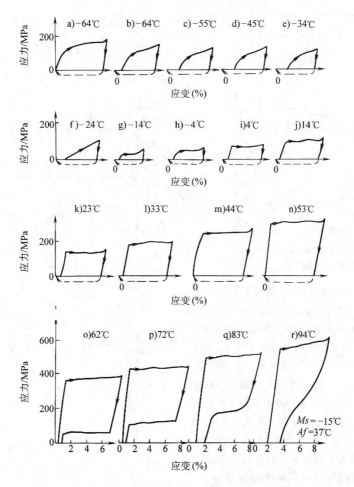

图 10-191　Ti-49.8Ni 合金经 500℃记忆热处理后的系列应力-应变曲线

（3）进行形状记忆和应力诱发马氏体的综合循环训练。在 Af 点以上，对合金变形，保持已变化了的形状不变的条件下将其冷却至 Mf 点以下，然后逐渐卸载，并加热到 Af 点以上，过程如图 10-193 中 ABCGHIJA 回线所示。

试验表明，Ni 含量较高的合金，例如 Ti-51Ni 合金，经 800℃均匀化加热，在冷水中固溶处理，然后约束成圆状在 400℃进行 100h 的时效处理时，由于有沉淀相析出，可以得到全方位形状记忆效应。

10.5.2.4　钛镍合金循环工作的稳定性

形状记忆元件在应用中，始终受到热和应变的循环作用。在这样的条件下，元件材料工作的稳定性必然成为被要求和考察的特性。

1. 热循环的稳定性　钛镍合金的特点是，马氏体相变比较复杂，却可采用任何的淬火速度使其发生；但是固溶处理后不论进行多快的冷却也难以保证获得单一的马氏体相组织。合金从高温母相冷却时，在发生马氏体转变之前，先发生菱形结构的 R 相变，

使电阻陡然升高，在马氏体相变发生后，电阻又急剧降低，形成一个特殊的电阻峰。反复地进行马氏体相变的热循环时，合金的相变温度将发生移动。图 10-195 所示为热循环对固溶处理的 Ti-49.8Ni 合金电阻率-温度曲线的影响。由图可见，随热循环次数的增加，电阻峰增高，同时（Ms—Mf）的相变温度区间也增大。但若在该状态下对合金进行变形量大于 20% 的深度加工，则热循环的上述影响可以消除。根据研究，这是因为固溶态合金的屈服强度很低，热循环造成位错增值使母相发生稳定化，而深度加工的作用，就是增大位错的密度，提高合金的屈服强度。采用时效处理使合金生成稳定的析出物，也可以阻止滑移变形的进行，达到稳定相变温区的目的。图 10-196 所示为热循环对固溶、时效处理的 Ti-50.6Ni 合金电阻率-温度曲线的影响。可见一组曲线几乎完全不变，热循环次数对电阻峰值和（Ms—Mf）温区范围都没有影响。因此，热循环的效应，是在其过程中引进了位错，而不是发生时效的结果。

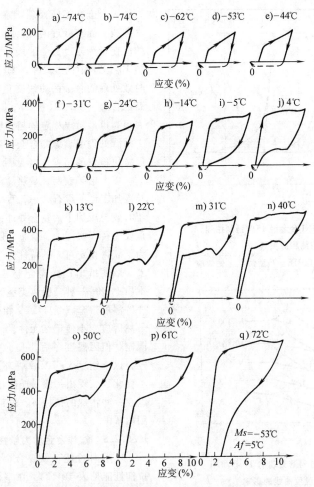

图 10-192　Ti-50.6Ni 合金经固溶处理再在 400℃时效处理后的应力-应变曲线

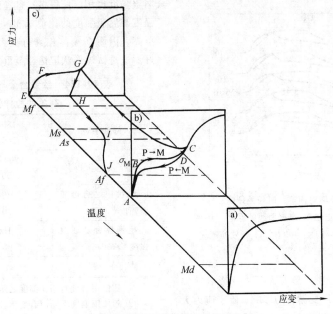

图 10-193　双程形状记忆训练示意图

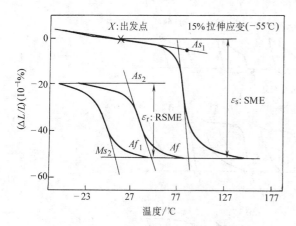

图 10-194　Ti-49.85Ni 合金经 15% 强制拉伸变形后的热膨胀曲线

SME—形状记忆效应　RSME—双程形状记忆效应

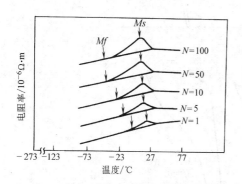

图 10-195　热循环对固溶处理的 Ti-49.8Ni 合金电阻率-温度曲线的影响

注：1000℃、1h 固溶处理。N 为热循环数。

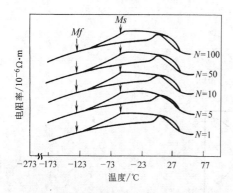

图 10-196　热循环对固溶、时效处理的 Ti-50.6Ni 合金电阻率-温度曲线的影响

注：1000℃、1h 固溶处理，400℃、1h 时效处理。
N 为热循环数。

2. 形变循环的稳定性　形变循环主要影响钛镍合金超弹性的稳定性。形变循环的影响，除了应力大小外，与变形方式还有很强的依赖关系。图 10-197

为钛镍合金在不同处理状态下反复变形时的应力-应变曲线。固溶处理的合金的屈服强度很低，若以 5% 的应变量为限度，一般经 1 次循环即产生滑移变形，图 10-197a 中曲线几乎不显示形状回复效应。经固溶时效处理的合金的曲线变化很大，特别是 Ni 含量较高的合金（见图 10-197b、c、d 曲线），即使形变应力很高也显示出稳定的超弹性。时效处理后进行冷加工综合处理或训练的合金，其曲线基本上不变，可以保持更稳定的超弹性（见图 10-197e、f 曲线）。

以上结果表明，从热循环、形变循环的稳定性以及冷加工性能综合考虑，Ti-(50.5～51.0) Ni 合金采用时效与冷加工的复合处理，是合金合理设计的一条重要途径。实际上，合金使用前常进行的训练，就是为了获得稳定可靠的特性。

顺便指出，钛镍合金马氏体相变前的 R 相变，本质上也是一种马氏体类型的相变。R 相变及其逆相变的温区很窄（约 2℃），相变应变很小（1% 以下），虽然因应变小使记忆元件设计的动作范围受到很大的限制，但因温度滞后小使元件的循环特性变得极稳定，以至经过 5×10^5 次循环后，应力-应变曲线几乎不变化，表现出一般马氏体相变所没有的高特性。所以在一些特殊的条件下，这种合金将还有更广阔的应用前景。

10.5.2.5　钛镍合金的力学性能

1. 拉伸性能　钛镍合金与形状记忆特性有关的拉伸性能见表 10-124。在室温下，马氏体相合金的硬度比母相奥氏体低得多，因而软得多，抗拉强度和屈服强度也相应低得多；且马氏体和奥氏体相的抗拉强度与屈服强度的比值都很高（超过 3），而前者的更高，因而马氏体相具有更大的塑性储备，塑性更好。这是钛镍形状记忆合金重要的力学性能特点。

表 10-124　钛镍合金与形状记忆特性有关的拉伸性能

硬度 HV	180～200（马氏体相）
	200～350（奥氏体相）
抗拉强度/MPa	700～1100（热处理后）
	1300～2000（未热处理）
形状记忆合金屈服强度[1]/MPa	50～200（马氏体相）
	100～600（奥氏体相）
超弹性合金屈服强度[2]/MPa	100～600（加载时）
	0～300（卸载时）
伸长率（%）	20～60[3]

[1] 随使用温度与相变温度之差的不同而有变化。
[2] 随使用温度不同而有变化。
[3] 随热处理条件不同而有变化。

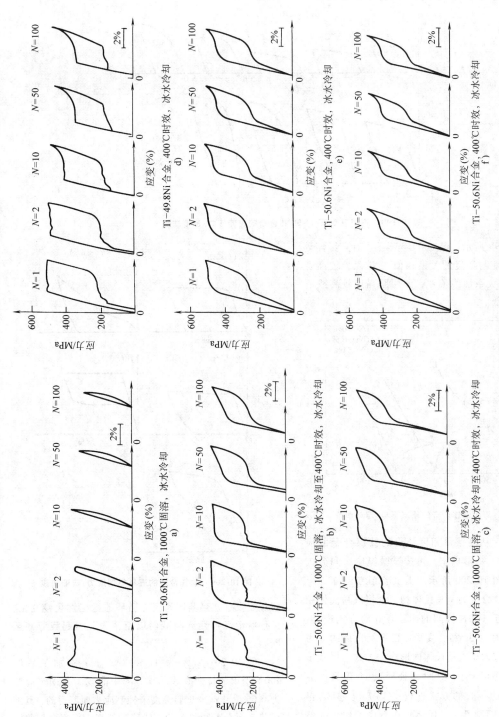

图 10-197　TiNi 合金在不同处理状态下反复变形时的应力 - 应变曲线

a）固溶处理　b）、c）固溶、时效处理　d）冷加工、时效、冷加工复合处理　e）时效　f）经训练后

　　大部分力学性能实际上与温度有关。图 10-198 所示为不同温度下 Ti-50Ni 合金的拉伸应力-应变曲线，其中应变量均为 5% 。由图可见，合金在 66℃ 附近屈服强度最低，在 66℃ 以上，随温度的升高屈服强度增长较快，而在 66℃ 以下随温度下降屈服强度增长缓慢。

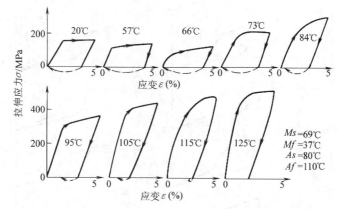

图 10-198　不同温度下 Ti-50Ni 合金的拉伸应力-应变曲线

　　如图 10-199 所示，经 800℃ 淬火的三种 Ni 含量合金的屈服强度与温度的关系相似，Ni 含量较高者强度强度-温度关系曲线偏左，即屈服强度较高或所对应的温度较低。

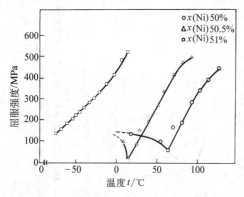

图 10-199　淬火钛镍合金的屈服强度-温度曲线

　　根据试验，从高温单相区淬火的钛镍合金的应力-应变曲线及其变形机制，可按试验温度区间分为五种类型，如图 10-200 所示。①试验形变温度 $t_d <$ Mf 时（Ⅰ型），合金为全马氏体相，变形以马氏体相内孪晶界面的迁移和晶体间的相互吞并的方式进行；②$Mf < t_d < Ms$ 时（Ⅱ型），变形以已有马氏体的应力诱发生长、新应力诱发马氏体的形成的方式，以及Ⅰ型机制进行；③$Ms < t_d < Af$ 时（Ⅲ型），变形只以应力诱发马氏体的生长的方式进行；④$Af < t_d$ 时（Ⅳ型），呈现形变超弹性，马氏体只在有应力作用的条件下存在；⑤$Af \ll t_d$ 时（Ⅴ型），应力诱发马氏体形成之前，首先是母相发生塑性变形。

　　2. 疲劳性能　合金在使用过程中，形状记忆效

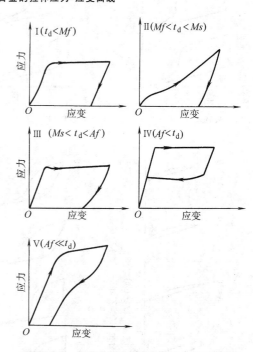

图 10-200　钛镍合金的五种类型应力-应变曲线

应反复发生，热循环和应力循环的稳定性缓慢变化，使形状记忆特性逐渐减弱以至消失，引起疲劳甚至断裂。

　　图 10-201 所示为 Ti-50.8Ni 合金冷加工后经 400℃ 退火的拉伸疲劳曲线。图中曲线 1 是固定应变为 6.0% ，由改变试验温度来控制应力而测得的，其曲线分为两个不同斜率的直线段。斜率小但寿命长的线段对应于合金在马氏体状态的弹性变形阶段，斜率大但寿命低的线段对应于超弹性状态。图中曲线 2、3、4 为固定温度、由改变应力测得的疲劳寿命曲线，也

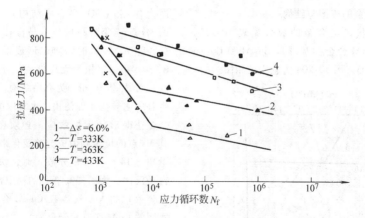

图 10-201　Ti-50.8Ni 合金冷加工后经 400℃退火的拉伸疲劳曲线

分为两段直线，长寿命段对应于弹性变形状态，而低寿命段与超弹性状态有关。根据研究，超弹性状态合金的寿命低，原因是在发生马氏体转变和逆转变的循环中可能产生位错，位错的堆积促进疲劳裂纹形成。

　　与铜基以及其他形状记忆合金相比，钛镍合金的塑性特好，拉伸断裂前有颈缩现象；韧性也好，受载破坏时形成韧性断口。另外，合金晶粒也非常细小。因此，①弹性各向异性小的钛镍合金不易在晶界上造成较大的应力集中；②应力诱发马氏体转变时在晶界两侧造成的相变应变不均匀性及其所引起的应力集中，因晶粒细小而大大缓解，保证晶界上应变分布的连续性，降低裂纹形成的几率；③优异的塑性则由于容易引进滑移而使应力集中发生松弛，所以钛镍合金是目前形状记忆特性最好、疲劳寿命很高的合金。它在马氏体状态受 490MPa 应力作用时，疲劳寿命可达 2.5×10^7 次。但是必须注意，即使是很小的一点腐蚀斑痕，都会引起合金的快速疲劳断裂。

　　3. 形状记忆特性　形状记忆效应显示在马氏体转变的过程之中。①形状记忆合金随温度的变化表现出很好的形状回复效应，同时产生回复应力；②马氏体转变与其逆转变之间存在有一定的温度滞后（即 $As - Ms \neq 0$）；③经过一定的热循环或应力循环之后，形状记忆效应开始逐渐衰减，消失，而最后疲劳失效。与形状记忆效应有关的各种性能皆为合金的形状记忆特性。

　　钛镍合金的形状记忆特性见表 10-125。具体数值与合金的成分、加工工艺以及热处理方法等有关。

　　比较好的能较全面提高形状记忆特性的方法是晶粒细化技术。晶粒细化能减轻合金晶界上的应力集中，增长反复循环时的寿命；能提高合金的屈服强度，提升形状回复应力；能改善超弹性性能。采取时效处理—冷成形加工—再结晶的基本工艺路线，可以

表 10-125　钛镍合金的形状记忆特性

相变温度 Af	$-10 \sim 100℃$
温度滞后	$2 \sim 30℃$
形状回复量（循环次数少时）	6% 以下
形状回复量（循环次数多时）	（$N = 10^5$ 时）2% 以下 （$N = 10^7$ 时）0.5% 以下
最大回复应力	600MPa
热循环寿命	$10^5 \sim 10^7$
耐热性	≈ 250

获得细晶粒合金。钛镍合金获得细晶结构的基本加工处理工艺过程见图 10-202。试验证明，经 677 ~ 727℃再结晶处理后，合金得到均匀的晶粒，直径可减至固溶处理后的约 1/8，且 Ms 点和 Mf 点升高，同时使抗拉强度和疲劳强度得到提高。

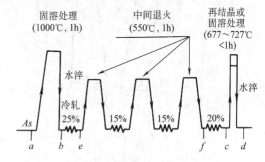

图 10-202　钛镍合金获得细晶结构的
基本加工处理工艺过程

10.5.3　铜基形状记忆合金

　　已发现的形状记忆合金中，铜基合金的数量最多，性能虽不如钛镍合金，但较便宜。目前，最有实用价值的主要是 CuZnAl 和 CuAlNi 合金两种。

10.5.3.1　Cu 基合金的相图与结构

典型 Cu 基形状记忆合金的成分见表 10-121。CuAlNi 合金和 CuZnAl 合金的基础是 Cu-Al 和 Cu-Zn 二元合金，图 10-203、图 10-204 为它们的相图。

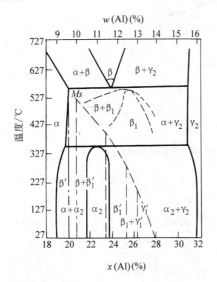

图 10-203　Cu-Al 二元合金相图

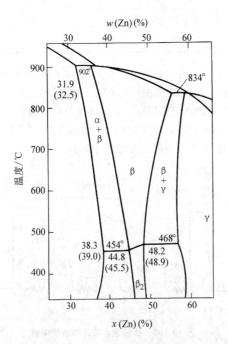

图 10-204　Cu-Zn 二元合金相图

1. CuAlNi 合金　图 10-203 表明，在高温下存在一个 β 单相区（体心立方结构）和 β 相的共析反应线。Al 含量为 9.4%～15.6%（质量分数）的合金缓冷时，838℃ 左右共析分解为 α 相（面心立方结构）和 γ_2 相（γ 黄铜结构）；急冷淬火时，β 相转变为有

序化 β_1 相（DO_3 型有序结构），并在图中下部所示的 Ms 点转变为马氏体。马氏体相的结构与成分有关，随 Al 含量的增加，形成的马氏体依次为 β'、β_1'、γ_1' 相。β' 相为无序结构，淬火时不发生有序转变；而 β_1' 和 γ_1' 相均为有序结构，冷却时在 t_c 温度发生有序化转变，即使快冷也难以抑制。因此，为了使合金获得形状记忆效应，必须在 β 相区进行淬火，其 Ms 点的位置则由成分的变化来调节。然而当 Al 含量超过 14%（质量分数）时，快冷也不易使合金获得马氏体。为了提高 β 相的稳定性，可加入 4%（质量分数）的 Ni。所以在 Cu-Al 合金的基础上提出了实用的 CuAlNi 三元合金。

2. CuZnAl 合金　由图 10-204 可见，x（Zn）为 40%～50% 的黄铜在高温固态下有一个较大的 β 相区。无序体心立方结构的 β 相淬火时，在约 447℃ 转变为有序结构的 β_2 相，冷却到低温时发生马氏体相变。Cu-Zn 二元合金的马氏体转变温度过低（0℃ 以下），且淬火的冷速要求较快。所以真正获得实用综合性能最好的合金，一般都加入效果特别好的第三元素 Al [w（Al）为 2%～8%]，作成 CuZnAl 三元合金。随 Al 含量的增加，β 相区向低 Zn 含量方面大幅移动，但其分解温度往高温方向扩大，因此提高了 β 相的稳定性和其马氏体转变温度。CuZnAl 三元合金冷却形成的母相 β_2，为 B2 型有序结构。根据成分的不同，它有时在较高温区发生 $B2 \rightleftharpoons DO_3$ 有序转变，而在常温下为 DO_3 结构。冷却时，$B2 \rightarrow 9R$ 马氏体；$DO_3 \rightarrow 18R$ 马氏体。调整成分，可使 CuZnAl 合金的 Ms 点处于（-70～150℃）温度范围。

10.5.3.2　Cu 基合金的制备、加工和热处理

1. Cu 基合金的熔炼　粉末冶金法可以制备出成分准确、晶粒细小、性能和功能很好的合金，但成本较高。现在最常用的还是熔炼法，以采用感应炉冶炼较为理想，并使用石墨坩埚。

为了便于操作和保证合金成分的均匀性，原料多采用中间合金。例如冶炼 CuZnAl 合金时，使用 Cu70Zn30 或 Cu69Al31 的二元中间合金，然后添加 Zn 或 Al 来调整和控制成分，以获得相变点满意的合金。要求细化晶粒时，可以加入少量 Ti、Zr 等元素。合金在大气或真空中冶炼，大气中冶炼时使用 C、CaC_2、Mg_3B_2 等脱氧（含锌的合金可不用脱氧剂），用 NaCl 助熔的覆盖剂。

2. Cu 基合金的加工　合金的成形加工性能决定于其组织和晶粒度。表 10-126 是几种 Cu 基合金的晶粒度与 Ms 点温度。

表 10-126　几种铜基合金的晶粒度和 *Ms* 点温度①

序号	合金成分（质量分数）（%）					*Ms* /℃	晶粒大小 /mm	制备方法
	Al	Zn	Ni	Ti	Cu			
1	5.96	20.6	—	—	余量	39	1.2	熔炼法
2	4.04	25.9	—	—	余量	40	2.0	熔炼法
3	4.32	27.7	—	—	余量	-129	1.3	熔炼法
4	13.66	—	3.44	—	余量	51	0.75	熔炼法
5	13.40	—	4.03	—	余量	40	0.60	熔炼法
6	13.66	—	3.37	—	余量	40	0.08	粉末冶金法
7	14.10	—	3.58	—	余量	-76	0.55	熔炼法
8	13.80	—	3.66	0.56	余量	26	0.15	熔炼法
9	14.86	—	3.26	0.45	余量	-92	0.15	熔炼法

① 合金均在 β 相区固溶加热 10~30min 后水冷。

CuAlNi 合金的 β 相晶粒比较粗大，其淬火组织很硬，并常常存在有很脆的 γ₂ 相，所以成形加工性能很差，冷成形几乎不可能。但加入 Ti 后晶粒细化，冷热成形加工性能得到改善，合金在 300℃ 下可压缩变形 20%；在 350℃ 以上可拉伸变形，650℃ 时的伸长率能达 300% 左右，显示出超塑性特性。合金本没有冷变形能力（伸长率为 0），加 Ti 后可进行变形度达 10% 的冷轧或冷拔成形，如果再加入 Mn 时，变形量可达 32%。

CuZnAl 合金处于 β 相状态时晶粒粗大，其性能较脆，不易成形；组织中有脆性 γ 相时更难加工。若采用少量 V 或 Nb 使晶粒细化，单相的 β 相合金塑性明显提高，可显著改善其冷成形性能。试验表明（见表 10-127），采取在 500~600℃ 退火，使合金获得 α+β 两相组织之后，其冷加工性能大大改善（这只有在 Al 和 Zn 的含量都相对较低时才可能）。一次退火后的冷加工变形度即可达 35%，经反复退火、加工，能将合金冷塑性加工成薄板或细丝。另外，两相状态下合金的热塑性加工性能更好，实际上可以产生超塑性效应，能够较容易地进行形状复杂的产品的成形加工。所以，CuZnAl 合金的冷、热成形性能都是很好的。

3. Cu 基合金的形状记忆热处理

（1）单程形状记忆热处理。Cu 基形状记忆合金的单程形状记忆热处理就是将成形后的合金（元件）进行 β 化处理和淬火处理（包括直接淬火和分级淬火）。

1）β 化处理。将合金加热到 β 相区并保温，获得均匀的 β 单相组织。在此状态下固定合金的形状，

表 10-127　Cu25.06Zn4.50Al 合金的退火温度对组织力学性能和冷塑性加工性能的影响

退火条件	组织	抗拉强度 /MPa	伸长率 （%）	冷塑性加工度① （%）
500℃,30min	α+β	726	13.8	35
600℃,30min	α+β	751	9.0	36
700℃,30min	β	595	4.8	12
800℃,30min	β	585	4.3	13

① 直至材料断裂为止的变形度。

然后在保持既得形状的条件下进行淬火处理。表 10-128 是 CuZnAl 合金的 β 化处理温度与相变温度。在 700℃ 以下，合金处于 α+β 两相状态，冷却后组织不发生变化，合金无热弹性马氏体转变。在 750℃ 以上，合金进入 β 单相区，淬火后能发生热弹性马氏体转变，且随 β 化处理温度的提高，合金相变点升高。CuZnAl 合金的 β 化加热温度以 800~850℃ 为适宜，保温时间一般约 10min。温度过高，加热和保温时间过长，易造成晶粒粗化，而使性能降低。

2）直接淬火。将 β 化加热的合金直接淬入水中或冰水中，元件尺寸较大时淬入冷却能力更大的介质（例如 KOH 淬火冷却介质）中。冷却速度不能慢，否则会析出 α 相，使合金中 β 相含量降低和 β 相中 Al、Zn 含量增大，导致 *Ms* 点下降，而形状记忆效应降低。一般情况下，淬火冷却介质温度较低时（低于 *Ms* 点），直接淬火都会形成稳定化的马氏体，这种马氏体加热时难以回复转变为母相，而使形状记忆特性变坏。因此必须将淬火得到的 β₁ 相立即投入 100℃ 左右的温度中，保持适当时间进行时效或稳定

表 10-128　CuZnAl 合金的 β 化处理温度与相变温度

β 化处理条件	Ms /℃	Mf /℃	As /℃	Af /℃
650℃ 保温 10min 后淬入室温水中	—	—	—	—
700℃ 保温 10min 后淬入室温水中	—	—	—	—
750℃ 保温 10min 后淬入室温水中	8	-32	-21	16
800℃ 保温 10min 后淬入室温水中	19	2	8	23
850℃ 保温 10min 后淬入室温水中	8	-11	8	22
900℃ 保温 10min 后淬入室温水中	15	-4	5	22
950℃ 保温 10min 后淬入室温水中	25	0	28	

表 10-129　Cu-26.77Zn-4.04Al 合金经 800℃ β 化、在不同温度油中分级淬火后的相变温度

分级温度/℃ 相变温度/℃	70	90	110	130	150	170	190	210	230	250
Ms	—	71	73	81	85	76	78	74	82	—
Mf	—	65	67	69	72	63	65	57	73	—
As	—	112	108	97	98	95	108	85	119	—
Af	—	124	115	107	112	108	126	102	142	—

表 10-130　Cu-26.77Zn-4.04Al 合金经 800℃ β 化、淬入 150℃油中、保温不同时间后的相变温度

保温时间/s 相变温度/℃	5	20	60	120	300	1200
Ms	—	66	86	88	88	90
Mf	—	55	79	72	73	71
As	—	116	104	105	106	106
Af	—	130	127	117	117	120
φ（马氏体量）（%）	—	25	75	90	100	100

化处理，以使热弹性马氏体形成。随 β_1 相时效时间的增长，马氏体转变温度和可逆转变量逐渐趋于固定。β_1 相经过充分时效的合金，在随后的加热循环中将具有较稳定的马氏体正逆转变特性。

直接淬火中，合金发生的相变是：无序 β→有序 B2→9R 马氏体。由于冷却很快，在 337℃ 附近 B2→ DO_3 的转变来不及进行，部分 B2 相直接转变为 9R 马氏体，剩余部分 B2 母相最终转变成有序的 DO_3 相。9R 马氏体与 DO_3 母相不共格，所以有时直接淬火后合金完全不具有热弹性；有时虽开始阶段表现出热弹性，但很容易发生马氏体的稳定化，并随时间的推移逐渐失去热弹性，而使形状记忆效应恶化。因此，淬火冷却介质的温度一定要控制在 Af 点以上。

3）分级淬火。将 β 化加热的合金淬入一定温度的油中，保温一定时间，然后再淬入室温水中。表 10-129 和表 10-130 是 Cu-26.77Zn-4.04Al 合金经 800℃ β 化后，分别淬入不同温度的油中，保温 5min 后再淬入水中和合金先淬入 150℃ 油中，保温不同时间后再淬入水中的试验结果。由此可见，只有在一定温度区间的油中分级淬火，合金才发生较完全的热弹性马氏体转变，而以 150℃ 分级淬火时的 Ms 点温度最高，在此温度保温 5min 后，可获得完全的形状记忆效应。相变温度则随保温时间的增长而升高。

CuZnAl 合金在分级淬火中的相变过程是：无序 β→有序 B2→有序 DO_3→18R 马氏体。由于 B2→ DO_3 的转变充分，18R 和 DO_3 母相共格，所以合金表现出很好的热弹性。

（2）双程形状记忆热处理。Cu 基合金的双程形状记忆处理方法与 TiNi 合金的相同，也可采用强制变形法、约束加热法或训练法。Cu 基合金比较容易获得双程记忆效应。目前，工业上 Cu 基形状记忆合金的制备主要采用训练法，如图 10-205 所示。将形状记忆合金弹簧与偏压弹簧组合起来。在低温的马氏体状态下，偏压弹簧的弹力大，使形状记忆合金弹簧处于压紧状态。加热后，形状记忆合金发生马氏体逆转变，回复到 β 相状态，由单程形状记忆效应产生的回复力克服偏压弹簧施给的压力而得以伸长。反复多次地加热、冷却，形状记忆合金弹簧受到多次的伸长、压缩训练。经过若干反复后，去掉偏压弹簧再加热、冷却，形状记忆合金弹簧即会自动地在热循环中作伸长和收缩的可逆动作。

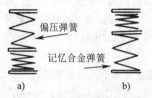

图 10-205　双程铜基形状记忆合金的加载热处理训练法示意图
a）低温（M 相）　b）高温（β 相）

10.5.3.3　Cu 基形状记忆合金的变形行为

1. 单晶合金的变形行为　单晶 CuAlNi 合金的应

力-应变曲线见前面的图 10-184。在 Ms 点以下，以等温马氏体形式存在的 γ₁′ 马氏体，在低的应力作用下，可以相界面或内孪晶界面迁移的方式进行变形，变形比较容易，图 10-184a、b 中曲线几乎没有弹性变形区。在 Ms-Af 温区（见图 10-184c、d 中曲线），应力先使母相发生弹性变形，一旦引起应力诱发马氏体 γ₁′，应力立即大幅度降低。γ₁′ 马氏体是在大范围内突然产生的，所以能够同时释放出很大的应变量。这些大应变在卸载后部分或全部保留，而在随后加热时完全消失，使合金恢复原来的形状。在 Af 点以上温度形变时，产生 β₁′ 应力诱发马氏体相变，不引起应力大的降落（见图 10-184e、f、g 中曲线），然而当接近 Af 点温度时，在 β₁′ 马氏体导致的变形过程产生 γ₁′ 应力诱发马氏体相变，结果造成应力的大大降低（见图 10-184e 中曲线）。温度高于 Af 点时，马氏体热力学上不稳定，卸载使其发生逆转变，而合金的形状完全恢复，呈现出超弹性。所以，CuAlNi 合金单晶的变形特点是，当 γ₁′ 马氏体导致变形时，出现大

的应变滞后现象（见图 10-184e 中曲线）；相反，当只有 β₁′ 马氏体导致变形时，则几乎不出现应变滞后现象（见图 10-184f 和 g 中曲线）。

CuZn 基三元合金单晶体变形行为与 CuAlNi 的上述相似。最大的差异只是，CuAlNi 合金较难产生滑移变形，完全显现形状记忆效应成超弹性的极限应力高达约 600MPa，而 CuZn 基三元合金的极限应力比较小，低于 200MPa。

2. 多晶合金的变形行为　图 10-206 所示为 Cu-14.5Al-4.4Ni 多晶合金的应力-应变曲线。在 Ms 点以下，由于晶粒之间的约束，马氏体相界面或内孪晶界面的迁移较（单晶）困难，合金具有马氏体状态的弹性变形区（见图 10-206a）。在 Ms-Af 温区，与单晶合金一样，马氏体诱发应力随温度的升高而增大（见图 10-206b、c）。在 Af 点以上，多晶合金不呈现超弹性，未达马氏体诱发应力即发生断裂，断裂前的变形是可逆的（见图 10-206d）。因为发生晶界断裂，合金的断裂应力约为 280MPa，比其单晶合金的 600MPa 小得多。

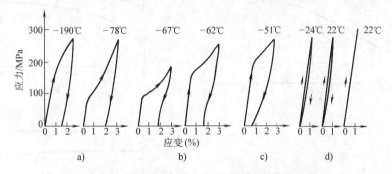

图 10-206　Cu-14.5Al-4.4Ni 多晶合金的应力-应变曲线
注：Mf = -82℃，Ms = -70℃，As = -60℃，Af = -48℃。

CuZn 基三元合金在多晶状态下有很好的塑性，是最有希望的 Cu 基合金，实际上已早有了 CuZnAl 合金制品。图 10-207 所示为 CuZnSi 多晶合金的应力-应变曲线。由图可见，合金不仅具有完全的形状记忆效应，而且在 200MPa 应力范围内有完全的超弹性。但是当形变应力超过 200MPa，即使在 Af 以上的温区，例如在 180℃ 或 220℃ 时，卸载皆不能使形状完全恢复，因为形变产生的滑移造成了永久变形。CuZn 基三元合金易于发生滑移，使形变过程中晶界上的应力集中得以松弛，在一定程度上阻碍了裂缝的形成。

总的说，多晶 Cu 合金的晶界是应力集中地区，应力集中使晶界或者畸变，或者形成裂纹。一次形变时合金表面可以完全恢复原形，反复形变时滑移的积累会改变应力-应变曲线的形状。大量的形变循环最终将导致裂纹的扩展，而引起晶间疲劳断裂。这是

Cu 基合金应用中的主要问题。

10.5.3.4　Cu 基形状记忆合金的形状记忆特性的稳定性

Cu 基形状记忆合金在应用中，普遍存在记忆能力逐渐衰退的现象。热循环、反复变形和工作温度下的时效过程，随时在影响形状记忆特性的稳定性。

1. 热循环的影响　图 10-208 所示为热循环次数对 CuZnAl 合金相变温度的影响。随热循环次数的增加，Ms、Af 升高（见图 10-208a），Mf 下降，As 基本不变（见图 10-208b），即马氏体转变和逆转变的温度区间扩大，马氏体的稳定性提高。研究表明，这是热循环引入位错所导致的结果。位错固定马氏体形核和消失的位置，位错的增殖使马氏体正逆转变的滑移变形变难，位错密度趋于定值使相变温度基本趋于稳定。

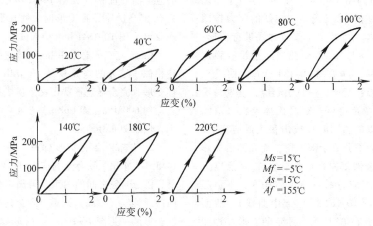

$Ms=15℃$
$Mf=-5℃$
$As=15℃$
$Af=155℃$

图 10-207　CuZnSi 多晶合金的应力-应变曲线

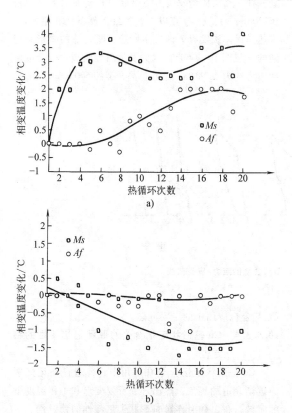

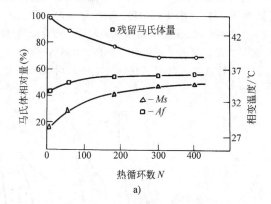

a)

图 10-208　热循环次数对 CuZnAl
合金相变温度的影响

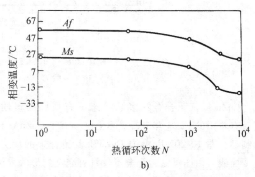

b)

图 10-209　两种铜基合金的相变温度与热循环次数的关系
a) CuZnAl 合金　　b) CuAlNi 合金

　　由图 10-209a 可见，CuZnAl 合金在循环约 300 次后，Ms、Af 分别升高并趋于定值。但是，由于合金中生成残留马氏体，经约 10^3 次热循环后，开始出现形状记忆效应的衰退。CuAlNi 合金的特性与 CuZnAl 大不一样，如图 10-209b 所示，随热循环次数的增加，Ms 和 Af 几乎平行地缓慢降低，直至 10^4 次仍未完全稳定下来，因而可望得到更稳定的特性。这种合金的滑移应力较高；热循环中形成的位错可使 DO_3 结构的母相的有序度下降，不形成残留马氏体，所以比较不易受热循环的影响。

　　2. 反复变形的影响　图 10-210 所示为 CuZnSn 多晶合金在 Af 点以上温度下反复变形时的应力-应变曲线。第一次变形时，弹性变形范围大，一旦应力诱发马氏体相变出现，变形则在大致固定的应力下发生。第二次以及以后的变形中，弹性区不断变窄，马氏体在低的外力下诱发产生。在马氏体形成的过程中，应力逐渐增大。实际上，第一次变形之后就产生了残余变形，这种残余滑移变形所导致的位错组织形态构成一定的应力场，有助于随后的变形，而与外力一起引起诱发马氏体的形成。同样，在等温马氏体相变中，这种应力场也有促进马氏体形成的作用，因此造成 Ms 点变化。CuZn 基三元合金的滑移应力较低，在超弹性反复变形中，滑移变形的逐渐积累，致使可逆应变量不断减小。容易滑移变形是曲线明显变化的原因，但它也阻碍裂纹的形成，所以该合金的实用断裂寿命比 CuAlNi 优越。考虑到稳定性问题，合金应尽量在低应力下使用，或者预先进行训练处理。

图 10-211 是 CuAlNi 多晶合金在 Ms-Af 区间反复变形时的应力-应变曲线。偏离弹性变形区的部分表示应力诱发马氏体相变伴生的变形。卸载后的残余变形，通过加热得到恢复，然后再进行下一次变形。与CuZnSn 合金（见图 10-210）相比，曲线变化不大，表现出稳定性好的特性。原因是滑移应力较高，难得发生滑移变形。但是，反复变形次数不多（仅 9 次）就断裂了，因为为保持晶界上应变的连续性所形成的弹性应力场，不易得到滑移变形来松弛，致使生成晶界裂纹而导致断裂。

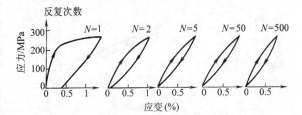

图 10-210　CuZnSn 多晶合金在 Af 点以上温度下反复变形时的应力-应变曲线

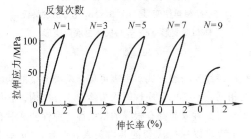

图 10-211　CuAlNi 多晶合金在 Ms-Af 区间反复变形时的应力-应变曲线

3. 时效的影响　在使用中，母相和马氏体都会发生时效，使合金的形状记忆特性变得不稳定。

（1）母相状态下的时效。Cu 基合金的 β 母相在高温（200℃以上）时发生时效，CuZnAl 合金分解析出 α 相和 γ 相；CuAlNi 合金分解析出 α 相和 γ₂ 相，使 Ms 点移动，马氏体形成受阻和马氏体量减少，因而导致合金形状回复率降低，如图 10-212 所示。γ₂相的析出还使 CuAlNi 合金的硬度增高。

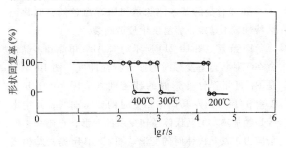

图 10-212　时效对 CuAlNi 合金形状回复率的影响

注：t 单位为 s。

图 10-213 所示为 Cu-25Zn-8.8Al 合金固溶处理后在 39℃ 时效时相变温度（M_*点和 A_*点是扫描示差热分析峰值所对应的温度，相应为 Ms 与 Mf 和 As 与 Af 的中点温度）与时效时间的关系。Ms、As 点随时效时间的增长而升高，在 20~30min 内可升高 20℃ 左右，然后趋于稳定不变。这种效应是合金固溶淬火时部分未来得及的 B2→DO₃ 有序化转变发生转变的结果，并无新相析出，但有高温快冷形成的过剩空位所引起的原子快速扩散。由于低温时效在短时间内即可达到饱和，所以它在生产上没有太大的影响。

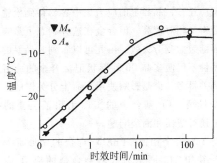

图 10-213　Cu-25Zn-8.8Al 合金固溶处理后在 39℃时效时相变温度与时效时间的关系

（2）马氏体状态下的时效。Cu 基合金在马氏体状态的时效对其逆转变温度有很大的影响。Cu-18.5Zn-6.2Al 合金淬火得到马氏体、在100℃时效 12天后，As 点升高约 60℃，表明低温时效对马氏体有显著的稳定化作用。原因是：淬火留下大量空位的马氏体时效时，扩散过程较快，原子可能发生新的重排，使马氏体的自由能降低而稳定性提高。由于在室温附近马氏体可以发生时效过程，导致 Af 点较大的升高（升高到 100℃以上），所以马氏体的时效也是 Cu 基合金使用中的一个重要问题。

10.5.3.5　Cu 基形状记忆合金的疲劳、断裂和晶粒细化

Cu 基合金的基本问题是使用寿命较低，形状记忆特性较不稳定，容易发生疲劳断裂。

1. 疲劳　图 10-214 所示为 CuAlNi 单晶和多晶合金在三种状态下变形时的疲劳特性曲线。图 10-214a 是 β_1 母相弹性变形时的疲劳曲线。图 10-214b 是 $\beta_1 \rightleftharpoons \beta_1'$ 应力诱发马氏体相变时的疲劳曲线，其中虚线是经加热发生马氏体逆转变后的变形；点画线是残余应力诱发马氏体时的变形。图 10-214c 是冷却生成的 γ_1' 马氏体再取向变形的疲劳曲线。由曲线的对比分析可见：①单晶合金在各种情况下的疲劳寿命都比多晶合金高，无论是单晶抑或多晶合金，疲劳特性都与变形的类型有关；②母相弹性变形时的疲劳特性最佳；③马氏体再取向变形者疲劳性能次之；④存在有应力诱发马氏体相变时的疲劳寿命最差。其他 Cu 基合金也具有类似的规律。

发生应力诱发马氏体相变变形时疲劳寿命低的原因是，在母相与马氏体间的相界面，或晶界面上，为保持相变应变的共格关系，产生较大的应力集中，导致裂纹形成，采用电子扫描分析，可观察到全面沿晶断裂的疲劳断口。马氏体再取向变形时，马氏体间界面或马氏体内孪晶界面的共格关系良好，不难在低应力下发生迁移，晶界上的应力集中容易得到松弛，所以疲劳寿命相对较高，但合金在这种状态下最终还是以晶界断裂面疲劳失效。由此可以看到，晶界的存在和其特性不仅使多晶 Cu 基形状记忆合金的疲劳性能比单晶差得多，也是影响使用寿命十分关键的因素。

2. 断裂　Cu 基合金的实用化除了主要的疲劳外，也还有塑性和断裂问题。

与 TiNi 合金相比，CuAlNi 合金的变形行为显然不同，图 10-215 所示为这两种合金的应力-应变曲线。TiNi 合金的塑性很好，发生典型的韧性断裂。CuAlNi 合金的断裂伸长率只有 2%～3%，是脆性的晶间断裂。引起晶间断裂的原因主要有：①合金的弹性各向异性很大；②晶粒粗大；③相变应变取向性大；④晶界有偏析等。试验表明，CuAlNi 多晶合金无论是弹性变形阶段还是相变以后，只要在晶界上产生应力集中，就会出现晶间断裂，而不在于晶界本身的脆性。因此，为了抑制 Cu 基合金的晶间断裂，应增大合金的塑性，避免在晶界上造成应力集中，或采用可使晶界应力集中容易松弛的变形方法。

表 10-131 中举出了 Cu 基合金和 TiNi 合金的各

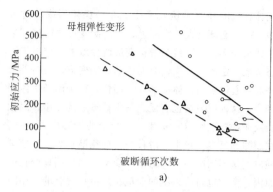

a)

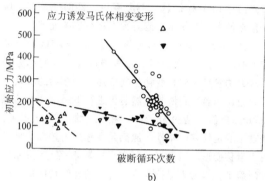

b)

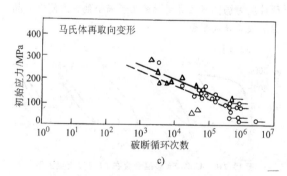

c)

图 10-214　CuAlNi 单晶和多晶合金在三种状态下变形时的疲劳特性曲线

a) β_1 母相弹性变形　b) $\beta_1 \rightleftharpoons \beta_1'$ 应力诱发马氏体相变变形　c) γ_1' 马氏体再取向变形

○—单晶　△、▼—多晶

种结构特性与断裂方式。由表可见，两类合金的基本结构相同，不考虑有序性时均为体心立方结构，它们的相变应变对取向都有很强的依赖性，弹性变形时在晶界上皆难以保持应变的共格关系。但是，Cu 基合金的弹性各向异性参数、晶粒度和滑移变形开始应力都比 TiNi 合金大得多，相应约为其 7 倍、2 个数量级和 2 倍以上。所以 TiNi 合金弹性变形时在晶界上很难产生应力集中，固溶处理状态下滑移导致的屈服应力很低，不会发生晶间断裂，是塑性很好的形状记忆合金；而 Cu 基合金则完全具备在晶界上形成应力集

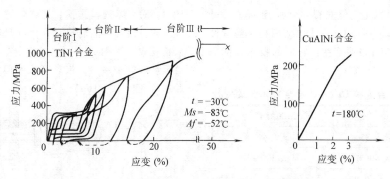

图 10-215　TiNi 合金和 CuAlNi 合金的应力-应变曲线

符号 × 表示试样断裂点

表 10-131　Cu 基合金和 TiNi 合金的各种结构特性与断裂方式

合金	弹性各向 异性因子	相变应变对取 向的依赖性	母相晶 体结构	滑移变形开始 应力/MPa	断裂方式
CuAlNi	13	大	DO$_3$	≈600	晶间断裂
CuZnAl	15	大	B2	≈200	穿晶断裂
CuZnAl	15	大	DO$_3$	高	晶间断裂
TiNi	2	大	B2	≈100	穿晶断裂

中的条件，常发生晶间断裂。其中，结构为 B2 的 CuZnAl 合金与 DO$_3$ 结构的 CuAlNi 合金相比，晶体内的位错运动容易得多，滑移变形开始应力低得多，而使晶界上的应力集中较易得到松弛，也会出现穿晶断裂。所以，防止 Cu 基合金的晶间断裂的方法，主要在于提高塑性。其方法有强化织构和细化晶粒两种。

3. 细化晶粒　细化晶粒是目前改善 Cu 基合金疲劳性能和防止晶间断裂的主要方法。

(1) 添加微量元素。主要是冶炼时加入 Ti、Zr、V、B、稀土元素等。

CuZnAl 合金中加入 V 时，Cu-21.7Zn-6Al-0.55V 合金经 600℃ 热轧、800℃ 退火 30min 后，晶粒度为 250μm，虽延长退火时间，晶粒也不长大，V 有抑制 β 相长大的作用。同时，合金在室温马氏体状态下可冷轧 20%、在母相状态可冷轧 10% 而不出现裂纹。冷轧后的合金加热到 700℃、保温 10 ~ 15min 进行再结晶后，晶粒细化为 100 ~ 150μm，所以 V 还有改善加工性能的作用。加 V 的细晶合金的可恢复形状记忆应变为 5%，超弹性应变为 5.5%，比一般粗晶合金提高约 1%，且发生穿晶断裂。另外，CuZnAl 合金在 β 相区热处理后的晶粒为 1.0mm，加入 B，w（B）为 0.01% 时，合金晶粒可细化到 1/10，而 w（B）为 0.025% 时能细化至 50μm 以下，并且改善形状记忆特性。

CuAlNi 合金中加入 Ti 可抑制铸造时柱状晶的生长，促进细等轴晶的形成，还能阻碍加热时晶粒的长大。合金加 Ti 使母相晶粒细化到 60μm 左右，对疲劳寿命的提高不明显，但当细化到 20μm 以下时，疲劳寿命大幅提高，而细化到 15μm 以下后，疲劳寿命即可与 TiNi 合金相当。

(2) 快速凝固。采用熔化、喷射、滚筒水冷法制备微晶薄带，CuAlNi 合金的晶粒度可达到微米级，塑性没有改善，但因室温时效可使其趋于稳定的恒定状态，可望获得常规合金不可能得到的稳定的形状记忆效应和超弹性。CuZnAl 合金的晶粒度可达 10 ~ 20μm，但因有 Zn 的蒸发，难以得到稳定的记忆特性。此法只适用于制作该种合金的薄带。

(3) 粉末冶金。用喷雾粉末压制、烧结的方法制备的 CuZnAl 合金，晶粒度约为 30μm，与一般冶炼法制取的晶粒度约 2mm 的合金比较，在 10^4 次循环下，前者的疲劳强度达 400 ~ 530MPa，后者为 100MPa 左右，疲劳性能大幅改善，但此法比较昂贵。

10.5.4　形状记忆合金的应用

形状记忆合金在 20 世纪 60 年代还只是限于申请专利或发表设想而已，真正的实际应用是 20 世纪 70 年代以后才开始的。

现在，形状记忆合金已远超过 100 种，基本的合金系也有 10 种以上，但获得实际应用的主要是 TiNi 合金和 Cu 基特别是 CuZnAl 合金两种。前者性能好得多，而后者价格便宜些。它们的技术性能对比见表 10-132。

表 10-132　TiNi 合金和 CuZnAl 合金技术性能对比

特性	TiNi 合金	CuZnAl 合金
恢复应变	最大 8%	最大 4%
恢复应力	最大 400MPa	最大 200MPa
循环寿命	$10^5(\varepsilon = 0.02)$ $10^7(\varepsilon = 0.005)$	$10^2(\varepsilon = 0.02)$ $10^5(\varepsilon = 0.005)$
耐蚀性	良好	不好，出现应力腐蚀断裂
加工性能	不好	不太好
记忆处理	较容易	相当难

合金应用的基本的技术设想就是：①利用合金马氏体转变时发生的形状变化；②马氏体逆转变时形状回复产生的应力；③马氏体正、逆转变时发生的形状变化和产生的形状回复应力。实际选用取决于用途、用法、环境和成本等因素的综合考虑。

形状记忆合金的实际应用和潜在应用面都非常广泛，下面仅以在工业、医学和日用三个方面的典型实例进行介绍。

10.5.4.1　工业应用

工业是形状记忆合金最基本和最大的应用领域，主要用作机械和电子器具。已显成效的机械器具有各种形式的紧固件和定位器、各种接头和连接件、压板、柱塞、密封器、防火墙启动器、热敏阀门、排气自动调节喷管、温室窗户自动调节弹簧、住宅暖房用温水送水管阀门、发动机防热风扇离合器、柴油机卡车散热器孔自动开关、深井液压泵驱动装置、工业内窥镜、太阳能电池帆板、喷气发动机内窥镜、F-14 战斗机和潜艇用油压管、机器人用微型调节器、智能机械和仿生机械等；电子器件有各种温度自动调节器、火灾报警器、双金属代用开关、集成电路软钎焊、光纤通信用纤维连接器、电路连接器、自动干燥库门开闭器、空调用风口自动调节器、笔尖记录器、人造卫星天线、卫星仪器舱窗门自动启闭装置等。现举几个实例讨论。

1. 紧固件　在原子能、宇航、海底、真空等工业装置中，一些密闭中空结构的严密紧固是很难进行操作的，但应用形状记忆合金的紧固销钉或螺栓很简单地就能可靠地完成任务。如图 10-216 所示，用 Af 点低于室温的合金（例如 TiNi）制造紧固销钉，将其尾部加工并形状记忆处理成开口（见图

10-216a）。紧固操作前，把销钉置于干冰或液态空气中充分冷却，然后拉直开口（见图 10-216b），插入销孔中（见图 10-216c），停留一定时间之后，销钉温度回升至室温，依靠形状的回复而将结构紧固起来（见图 10-216d）。

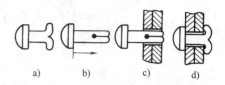

图 10-216　形状记忆合金紧固销钉的动作原理

2. 管接头　TiNi 合金的第一个工业应用就是作管接头。如图 10-217 所示，管接头的内径比被接管的外径约小 4%。连接时，将管接头先在液态空气中充分冷却，并在低温下把锥形心模压入其中，使内径扩大 7% ~ 8%（扩径用润滑剂为聚乙烯薄膜），然后抽出心模，从两端插入接管。当管接头的温度逐渐回升到室温时，经过马氏体逆转变，内径回复到扩径前的尺寸，而将被连接的管子紧紧地箍住，不用担心漏油漏水。这种管接头在 F-14 喷气战机的油压系统和石油制品输送管道上已成功应用；在核潜艇和水上快艇的管路上以及在大口径（150mm）海底输油管道的修补工程中都得到了应用。由于连接的高度可靠性和拆卸检修操作方便，类似原理的电路连接器在飞机、火箭、潜艇以及光导纤维等电、光系统的连接上获得了应用。

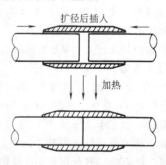

图 10-217　形状记忆合金管接头

3. 传感器　形状记忆合金传感器可用于与温度有关的传感与控制。根据使用要求选取适当的合金，控制其 Ms、Af 及变温范围，依靠形状记忆功能达到传感与控制的目的。这比一般只有传感功能的光电、压电、热电等传感器有很大的优越性，有利于实行小型化和轻量化。图 10-218 所示为一形状记忆合金电源开关。将一普通偏置弹簧与形状记忆合金弹簧串联起来，当温度升高超过 As 点时，马氏体发生逆

转变，切断电源；而当温度下降时，合金为较软的马氏体组织，偏置弹簧的弹力超过形状记忆合金，使电路接通。这种开关可用于制作温室天窗的自动控制器、室内空调器的阀门、汽车散热器的风扇离合器、防火安全装置的自动调节阀。马氏体相变存在温度滞后，选用具有 R 相变的 TiNi 合金，可以将温度滞后控制在 1.5℃ 以内。

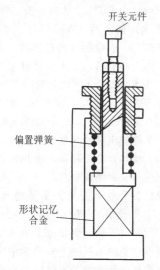

图 10-218　形状记忆合金电源开关

4. 热机　利用温差制成的形状记忆合金材质的热机，可将工业废热水、温泉、地热、太阳能等低热能大量地转变成有用的机械能，因而有很大的社会、经济意义。TiNi 合金产生的形状回复力高达 400MPa；其动作温度的特点是，在 30℃ 以下与 35℃ 以上的载荷-变位曲线差别很大。在 >35℃ 时受力变形后，一旦应力去除，合金即可回复原状，且温度越高回复能力越大。而在 ≤30℃ 时，合金受力变形后会残留塑性变形。所以在 30～35℃ 之间合金存在有相变温度，可以利用高于 35℃ 的高温源与低于 30℃ 的低热源之间的温差来生产机械能。这种热机的效率与热循环的路线有关，在最简单的等温相变的情况下热效率为 4%～5%（此时卡诺效率为 35%）。

形状记忆合金热机按照结构可分为偏心曲轴式、涡轮式、场式、旋转斜盘式和液压式等类型。图 10-219 所示为一种形状记忆合金偏心曲轴式热机的结构，是最早出现的一种热机。将 20 根 ϕ1.2mm × 150mm 的 TiNi 合金丝弯曲成 U 形，安装在以固定轴为中心而旋转的曲轴与以偏离固定轴的中心而旋转的驱动轮之间。U 形合金丝在温水槽中伸直时，推动驱动轮旋转，当合金丝转入冷水槽中时又弯曲成

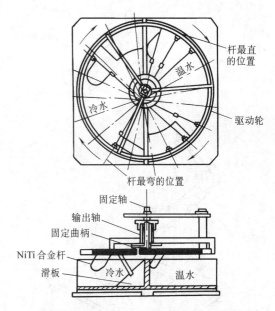

图 10-219　形状记忆合金偏心曲轴式热机的结构

U 形。如此反复循环生产出机械能。这种热机利用由太阳能加热的 48℃ 的温水和 24℃ 的冷水之间的温差，在转速为 60～80r/min 时，可实现 0.2W 功率的输出。经过 2 年达 10^8 次的运转，TiNi 合金丝的性能不衰减。据报道，现已研制出输出功率达到 650W 的形状记忆合金热机。

5. 机械手　制造机械手等智能机械是形状记忆合金最有前景的用途。图 10-220 所示为一种形状记忆合金机械手的结构。它是一只手臂，具有肩、肘、手腕、手指等机构和动作，有 5 个自由度。手指和手腕靠 TiNi 合金螺旋弹簧的伸缩实现收放和摆转动作，肘和肩则依靠直线状 TiNi 合金丝的伸缩来分别实现收放和摆转动作。全部形状记忆合金元件都由直接通入脉冲电流加热的方式来驱动，并由脉宽的调节来控制各部件的位置和动作速度。整个机械手的连续动作则按照微型计算机的安排进行操作。这种机械手的特点是可小型化，动作柔和。由于输入的是小的脉冲电流，输出的是不很大的力（形状回复力），有着近似于人体肌肉的作用。目前已制成与人手大小相当的五指机械手，中指和食指各有两个关节（其他手指均只有一个关节），第一关节可转动 54°，第二关节可转动 24°，很近似于人手的动作。因此可用于制造微型机器人以及在显微镜下操作的机械手。

6. 人造卫星天线　美国最先成功地用 TiNi 形状记忆合金制作人造卫星的天线网。卫星发射之前，在地面室温条件下，将经形状记忆处理的 TiNi 合金

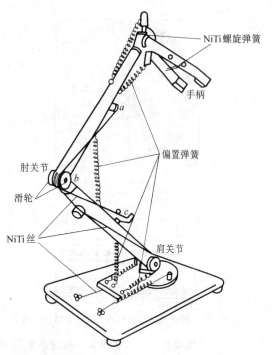

图 10-220　形状记忆合金机械手的结构

丝的网状天线卷折成直径小于 5cm 的小球,收缩安装在卫星内。卫星被发射进入轨道后,依靠加热器或太阳能使合金丝升温,当温度达到 77℃时丝网球即向空间张开,形成事先设定的抛物面网状天线。图 10-221 所示为 TiNi 形状记忆合金人造卫星天线的原理图。

7. 储能器　形状记忆合金的超弹性可回复应变量达 10% ~ 20%,比普通金属的弹性变形大 1 ~ 2 个数量级;其应力与应变的非线性关系使得虽受载荷相同,但变形不同。若采用应力诱发相变前的可利用的弹性变形阶段(约 2%),制成的弹簧可以有较大的弹性应变量,而具备有较高的储能密度。Ti-50.6Ni 合金经加工和时效硬化处理后,能获得很好的超弹性特性,其储能密度 E_{2max} 达到 42.2MJ/m^3,储能效率 η_{max} 达到 81%,而一般弹簧钢的储能密度大约为 1MJ/m^2。所以形状记忆合金在超弹性状态的储能能力约为弹簧钢的 40 倍。因此,用这种合金作成储能器(弹簧),安装在汽车上(见图 10-222),可以把制动时汽车失掉的动能储存起来(弹簧卷缩),供汽车起动时再利用(弹簧伸张),则将大幅降低燃料的消耗。

10.5.4.2　医学应用

医学是形状记忆合金最活跃和最有潜力的应用领域。

应用于医学领域的形状记忆合金,除了满足机械功能的要求外,还必须满足化学(生物机体的恶化、合金的分解、溶解、腐蚀等)和生物学(生物相容性、毒性、致癌性、抗血栓性、抗原性等)要求。到目前为止的研究表明,与广泛应用的人体金属不锈钢和 CoCr 合金比较,TiNi 合金是一种生物相容性大致相同或更好的医用材料,已成功地开始应用于牙科、整形外科、内科功能器件和医疗器具。在牙齿矫正丝、人工关节、人造骨头、脊椎矫正棒、脑动脉瘤手术用固定器、避孕器具、医用内窥镜、去除胆固醇用环、去除凝血的过滤器、人工心脏收缩用元件、人工心脏活门、人工肾脏泵等器具的研究上取得了实用化和近于实用化的结果。

1. 牙齿矫形丝　牙齿前后不齐、啮合不正的畸形,过去是在牙齿上安上一个托架,托架上预先设置好缝槽,从缝槽中穿过一根直接与牙齿接触的高弹性合金丝,依靠合金的强弹力使排列不齐的错位牙齿逐渐发生移动而得到矫正。

传统使用的弹性合金丝为不锈钢或 CoCr 合金丝。1978 年,国外根据 TiNi 合金加工硬化后具有超弹性特性,开发出了加工硬化型 TiNi 合金丝,并用于牙齿的矫形。我国也利用 TiNi 合金的应力诱发马氏体相变超弹性,开发出了超弹性 TiNi 合金丝,来取代传统的牙齿矫形丝。

几种牙齿矫形合金丝的负荷-变位曲线比较如图 10-223 所示。比较分析说明,不锈钢和 CoCr 合金的弹性模量高,弹性应变小,而相变超弹性和加工硬化的 TiNi 合金丝的弹性模量较小、弹性范围很大。因此前两者的微小变形都可产生很大的矫正力,而后两种 TiNi 合金在很大的变形范围内矫正力可基本上不变。前两者较易发生永久变形,而 TiNi 丝即使应变高达 10% 也不会发生塑性变形,且由于弹性模量呈非线性,应变的增大使矫正力增加不多,可始终保持适宜的大小。可见采用 TiNi 合金丝矫正牙齿的畸形,操作较简便,疗效好,还可减轻患者的不适感。

另外,表 10-133 中四种合金矫形丝的弯曲试验结果表明,超弹性 TiNi 合金丝的永久变形低且偏差小,至断裂的弯曲次数多而使用寿命长。所以超弹性 TiNi 合金丝是一种新的比较理想的牙齿矫形材料。

2. 人造关节　人在工作和劳动中,关节一般要承受体重 3 ~ 6 倍的负荷,有时可达到 10 倍以上,股关节一年至少反复承受 (1 ~ 3) × 10^6 次这样的负荷。所以人造关节不仅应具备良好的长期生物相容性,还要有很好的耐磨性和强度等性能。

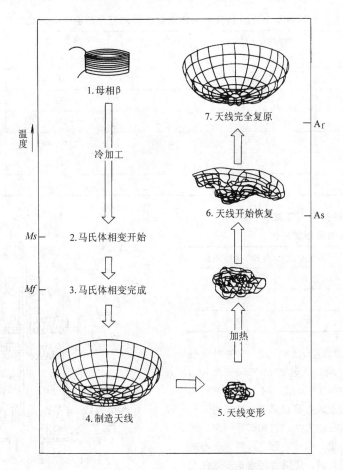

图 10-221 TiNi 形状记忆合金人造卫星天线原理图

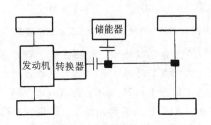

图 10-222 超弹性合金汽车
储能器作用示意图

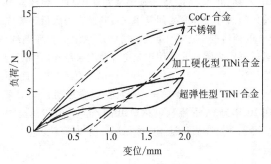

图 10-223 几种牙齿矫形合金丝的
负荷-变位曲线比较

传统的人造关节使用 CoCr 合金制造，它的生物相容性和力学性能都好，但是在经过 2×10^5 次的反复负荷后，关节表面产生线形的摩擦伤痕。因此试验采用生物相容性、耐磨性和强度皆佳的 TiNi 合金制作人造关节。

为了提高合金的屈服强度、断裂韧度以及耐磨性，在 TiNi 合金中加入一定量的 Mo 和 Fe，Fe 还可扩大合金中间相的稳定性温度范围。所以试验用 TiNi 合金的成分（质量分数）：Ti44.14%、Ni52.5%、Mo1.79%、Fe1.57%。两种材料制造的人造关节进行了对比试验。在 37℃ 林格氏溶液中承受 60kg 静负荷、75kg 循环负荷的条件下，经过 2×10^6 次的反复试验后，磨损量测试的结果（见表 10-134）表明，TiNi 合金关节中的骨头和节套的磨损量都比 CoCrMo 合金的小得多，且表面光亮无任何划痕，而 CoCrMo 合金不仅磨损量大，并在摩擦 2×10^5 次后即出现了伤痕线。可见含 Fe、Mo 的 TiNi 合金是一种比较理想的人造关节材料。

表 10-133　　TiNi 合金丝与传统合金丝的弯曲试验结果对比

合　　金	弯曲 90°后的永久变形/(°)	标准偏差/(°)	断裂前弯曲次数/次	标准偏差/次
超弹性 TiNi 合金丝	0	0	2013.8	297.38
加工硬化 TiNi 合金丝	1.34	0.20	435.8	59.38
CoCr 基合金 A 丝	25.4	0.66	56.4	4.08
CoCr 基合金 B 丝	38.8	1.80	63.8	10.43
不锈钢 A 丝	10.3	0.50	142.0	14.68
不锈钢 B 丝	34.0	0.55	46.0	6.89

表 10-134　　两种材料人造关节中骨头
和节套的磨损量对比

人造关节材料	磨损量/(mm^3/10^6 次循环)	
	骨头	节套
TiNi 合金	0.08	1.17
CoCrMo 合金	0.95	7.04

3. 人工心脏　正常成年人的心脏，安静时每分钟输出血液 5 ~ 6L，平均每天输送出 7200 ~ 8640L。换算成功率，安静时约为 1W，运动时为 3 ~ 5W。当心肌梗死或先天性疾病造成心脏起搏功能衰弱时，一般是可修复时就采用修复的方法，例如瓣膜疾患，可修复瓣膜或使用人工瓣膜。但是，大手术后或者心肌梗死造成一时起搏功能衰弱，用强力药物也不起作用时，只能使用辅助的人工起搏器、辅助人工心脏，更严重时就得考虑移植人工心脏了。

人工心脏由泵和瓣膜构成，采用气压隔膜泵和吸入泵驱动。1976 年试制形状记忆合金人工心脏，在一个由高分子材料制作的弹性质口袋状人工心室表面，装上经形状记忆处理成正弦形的 ϕ0.5mm 的 TiNi 合金丝，以仿制人工心脏的收缩性人造肌肉；由 6 根 TiNi 丝为一组构成一个驱动节，以平行或串并联的形式贴在心室壁上，用作为收缩驱动器。TiNi 合金丝采取脉冲通电方式加热和自然冷却，依靠收缩和伸张造成人工心室有规律搏动。初步得到每分钟 12 ~ 15 次的搏动和达到 15680Pa 的压力。

1983 年试制的形状记忆合金人工心脏的原理如图 10-224 所示。采取通电加热和送风冷却，使螺旋形记忆合金丝产生变位。TiNi 合金丝的直径为 1.0mm，螺旋弹簧的直径为 10mm，用 12A 电流加热，空冷，可得到每分钟 40 次的搏动。目前，形状记忆合金丝的响应速度不够理想，力学性能尚嫌不足。但是，小型化的、达到人体正常状态起搏频率的形状记忆合金质人工心脏，肯定是现实可行的。

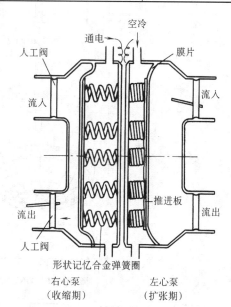

图 10-224　形状记忆合金人工心脏原理图

4. 人工肾脏用微型泵　便携式人工肾脏系统药剂输入用微型泵，要求工作可靠、流量极微、体积小，其结构如图 10-225 所示，由直径 0.2mm TiNi 丝（其 Af 点为 45℃）的驱动元件、可产生预应变的波纹管和单向阀组成。合金丝直接通电加热时，波纹管收缩，药剂输出；在大气中自然冷却，每一加热冷却循环的时间为 15s。为了使驱动元件 TiNi 合金丝具有较大的回复力和应变回复率，TiNi 丝在退火后，先在 6% 的预应变下进行 10 次左右的形状记忆循环训练，然后再作为驱动元件使用。这种微型泵结构不同于传统，非常简单，质量仅 4.4g，耗电只有 0.2W，且 TiNi 丝与人体相容性好，不腐蚀。试验表明，微型泵在 10^4 次循环下流量可达到 40μL/min。但实用化要求可靠性至少要保证 10^6 次循环，所以还需要进一步改进。

10.5.4.3　日常应用

日用品行业也是形状记忆合金应用的不可忽视的

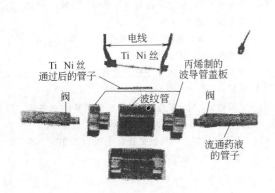

图 10-225　人工肾脏用形状记忆合金微型泵部件图

一个方面，多用来制作各种有趣味的动作玩具宠物、自动收进烟头的烟灰缸、可改变卷发管直径的卷发轴环、女性胸罩、眼镜框、咖啡牛奶壶、电子灶、自动干燥箱、自动调节百叶窗、太阳跟踪装置、热水控温阀、煤气安全阀、通风管道紧急起动闸等等。

1. 眼镜框　超弹性合金眼镜框是记忆合金应用最早的日用商品之一。TiNi 合金丝套过镜片的下侧槽，两端由铆钉或螺钉将镜片紧固在眼镜框架上（见图 10-226）。合金的 Af 点为 $-5℃$，在室温下处于超弹性状态，性能软如橡胶。将镜片吊装好后，不用改变温度，去除外力即可使形状回复，而把镜片弹性地、稳定可靠地固定在框架上。这就避免了热膨胀系数大的塑料框架在使用中常有的松动，也消除了传统 TiCr 合金丝因使用长久而伸长所引起的松动，以及因寒冷使镜片收缩而脱落的危险。所以形状记忆合金是非常理想的眼镜框材料。

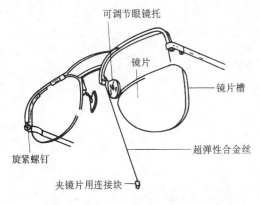

图 10-226　超弹性合金丝眼镜框结构简图

2. 咖啡壶　形状记忆合金咖啡壶的结构如图 10-227 所示。在开关控制元件中安装一 TiNi 合金螺旋弹簧，丝的直径为 1.0mm，弹簧的直径为 7.0mm，

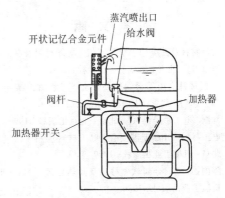

图 10-227　形状记忆合金咖啡壶结构简图

回复动作温度为 $95 \sim 100℃$。当咖啡煮沸后，壶中的蒸汽喷出，使形状记忆合金弹簧感受温度，发生形状回复，压缩偏压弹簧，推动阀杆，将给水阀顶开，同时切断电源，煮好了的咖啡就自动流入下面的容器。这种咖啡壶的结构，是形状记忆合金的一项成功应用。

3. 热水控制阀　淋浴用太阳能热水器的冷水加热和热水保温，可以利用形状记忆效应进行自动控制。利用具有双程形状记忆效应的 CuZnAl 合金制作的太阳能热水器热水控温阀的结构如图 10-228 所示。合金的螺旋弹簧元件与阀芯固定相连，按照用途要求设定动作温度。随水温的升高和降低，记忆弹簧在阀体内作往复运动。水温高时弹簧伸长，依据结构设计要求，可以实现水路的关闭，起阻止高温水流出的作用；也可以实现水路的开通，起将高温水送入储存箱的作用。当水温冷却到低温时，又完成将阀门打开或关闭的功能。

形状记忆合金热水控温阀的结构比较简单。由于形状记忆合金存在有温度滞后，且 CuZnAl 合金相变温度的精确设定有一定困难，所以在保证流量稳定的情况下，机械设计中应考虑给出一个调整的范围，因而只能用于温控精度不很高的场合。热水控温阀的精度为 $±2℃$。

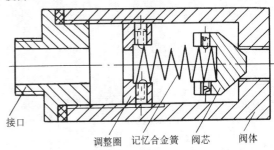

图 10-228　太阳能热水器热水
控温阀结构简图

参 考 文 献

[1]　功能材料及其应用手册编写组. 功能材料及其应用手册 [M]. 北京: 机械工业出版社, 1991.

[2]　工程材料实用手册编辑委员会. 工程材料实用手册 (4) [M]. 北京: 中国标准出版社, 1989.

[3]　常润. 电工手册 [M]. 北京: 北京出版社, 1996.

[4]　电工材料应用手册编委会. 电工材料应用手册 [M]. 北京: 机械工业出版社, 1999.

[5]　陈国钧, 等. 金属软磁材料及其热处理 [M]. 北京: 机械工业出版社, 1986.

[6]　周寿增, 等. 稀土永磁材料及其应用 [M]. 北京: 冶金工业出版社, 1990.

[7]　陈复民, 李国俊, 苏德达. 弹性合金 [M]. 上海: 上海科学技术出版社, 1986.

[8]　杨杰, 吴月华. 形状记忆合金及其应用 [M]. 合肥: 中国科学技术大学出版社, 1993.

[9]　近角聪信, 等. 磁性体手册: 上册 [M]. 黄锡成, 等译. 北京: 冶金工业出版社, 1984.

[10]　舟久保熙康. 形状记忆合金 [M]. 千东范, 译. 北京: 机械工业出版社, 1992.

第11章 其他热处理技术

西安交通大学 周敬恩
上海交通大学 蔡 珣

11.1 磁场热处理

在热处理过程中，通过施加外加磁场以改变材料的组织及性能的热处理技术，称为磁场热处理。磁场热处理于 1959 年由美国的 RDCA 公司的 Bassett 提出，故亦称为贝氏法。磁场作为一种冷物理场，其作用实质与温度场、应力场等传统的能量场类似，是一种能量传递过程，但其作用机制又与传统能量场不同，在热处理过程中，磁场通过影响物质中电子的运动状态使相变发生变化。

磁场热处理分为磁场退火、磁场淬火、磁场回火、磁场渗氮等。

11.1.1 磁场对材料固态相变的影响

相变过程取决于相变热力学和相变动力学。从热力学的角度，相的 Gibbs 自由能决定相的稳定性，Gibbs 自由能越小，该相越稳定。不同相具有不同的磁化率及介电常数，因而磁场对某一具体相的自由能及其稳定性具有不同的影响。从动力学的角度，磁场则通过影响位错和晶界而影响相变。

11.1.1.1 磁场对固态相变影响的热力学分析

图 11-1 是在施加和未施加磁场条件下，铁基合金马氏体相变自由能随温度变化的示意图。不加磁场时（$H=0$），母相（奥氏体）自由能（G_p）与马氏体自由能（G_m）相等的温度为 T_0，温度低于 T_0，$G_p > G_m$；温度高于 T_0，$G_m > G_p$，如图中实线所示。马氏体相变的开始温度为 Ms，相应的相变驱动力为两相自由能差 ΔG，在外加磁场作用下（$H \neq 0$），马氏体自由能的降低如图中虚线所示。由于奥氏体为顺磁相，磁场对其自由能影响很小，可以忽略不计，因而两相自由能相等的温度由 T_0 升高至 T_0'，Ms 也相应增加到 Ms'。上述磁场对相变影响的基本原理也适用于铁素体相变和珠光体相变等高温扩散型相变。

基于 Gibbs 自由能的计算，外加磁场对 Fe-C 相图的影响如图 11-2 所示。施加磁场使 Fe-C 相图向上移动，使 Ac_1 和 Ac_3 温度升高，对 Ac_m 温度影响很小。在 12T 磁场作用下，钢的共析点碳含量（质量分数）

由 0.76% 增加到 0.795%，共析温度由 1000K 升高到 1012K，纯铁的 γ→α 转变温度由 1184K 升高到 1194K。上述理论计算得到了实验证实，如图 11-3 所示。

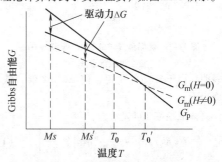

图 11-1 有磁场和无磁场作用下，
自由能随温度变化示意图

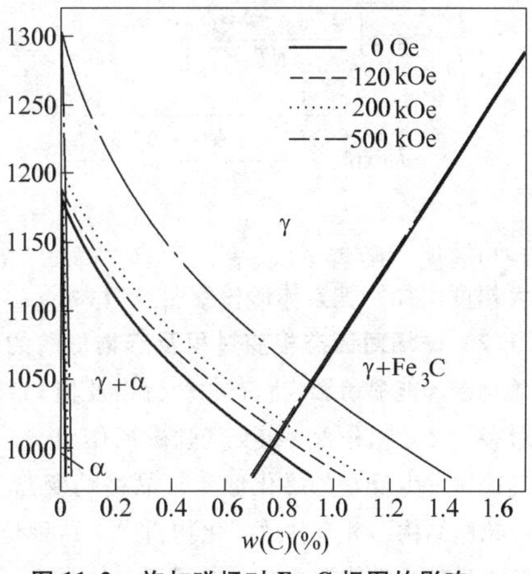

图 11-2 施加磁场对 Fe-C 相图的影响

注：Oe 为非法定计量单位，1Oe = 79.5775A/m。

磁场对低碳钢铁素体和珠光体相变的影响主要表现在：①提高相变温度；②增加形核率；③增大产物相的生长速率。与形变储存能的影响类似，磁场能的作用相当于增大了 γ→α 相变自由能。在磁场作用下，铁素体相变的临界形核功 ΔG^* 为

$$\Delta G^* = \frac{8}{3} \pi V_\alpha^2 \frac{\sigma^3}{(\Delta G + \Delta G_M)^2} \qquad (11-1)$$

式中 ΔG_M——磁场能；

     ΔG——形成新相 α-Fe 时摩尔自由能变化值；

     V_α——α-Fe 的摩尔体积；

σ——界面能。

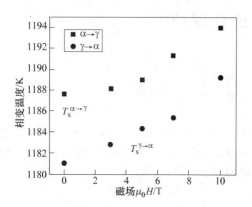

图 11-3　磁场强度对纯铁 $\alpha \rightarrow \gamma$ 和 $\gamma \rightarrow \alpha$
相变温度的影响

上式表明，由于磁场的作用，使 ΔG^* 降低，铁素体形核率增大。

铁素体形核率 I 可表示为

$$I = K_V \exp\left[-\frac{\Delta G^*}{KT} \right] \exp\left[-\frac{Q}{KT} \right] \qquad (11\text{-}2)$$

假设 I_0 和 I_1 分别为不加磁场和施加磁场时铁素体的形核率，则有：

$$\frac{I_1}{I_0} = \exp\left[\frac{\Delta G_0^* - \Delta G_1^*}{KT} \right]$$

$$= K \exp\left[\frac{\dfrac{1}{\Delta G^2} - \dfrac{1}{(\Delta G + \Delta G_M)^2}}{KT} \right] \qquad (11\text{-}3)$$

式(11-3)表明，随着 ΔG_M 增大，ΔG^* 降低，I_1/I_0 呈指数大幅度增加，铁素体形核率明显增大。

11.1.1.2　磁场对固态相变过程及产物形貌的影响

施加磁场能显著影响固态相变行为及相变产物的数量、形态、尺寸和分布。在交变强磁场作用下，高温顺磁相奥氏体发生反复的磁化形变（晶格畸变），形成高密度位错胞结构，并有弥散碳化物析出，这种位错胞结构在淬火后被马氏体继承并限制了马氏体长大，细化了组织。在外加磁场作用下，由于 Ms 点的升高，当工件

冷却到一定温度 T_q 时，磁场淬火比常规淬火具有更大的深冷程度 $\Delta T (\Delta T = Ms - T_q)$，导致马氏体转变量增加，残留奥氏体量减少，并有利于促进马氏体自回火。磁场性质、大小影响磁场淬火钢的微观组织。在直流磁场作用下，磁场淬火马氏体具有明显的方向性，而交流磁场淬火形成无方向性的马氏体组织。

在低碳锰铌钢奥氏体向铁素体与珠光体转变过程中施加稳恒磁场，使晶粒尺寸减小，在磁通密度为 1.5T 时，晶粒尺寸为不加磁场时的 60%。强磁场引起的钢高温辐射散热系数增大是导致晶粒细化的主要原因之一。由于在稳恒磁场中低碳钢磁导率大，磁场产生的晶粒细化作用使组织更加均匀。强磁场使 42CrMo 钢在铁素体珠光体相变中（$\gamma \rightarrow \alpha + P$），显著增加 α-Fe 的数量，加速了珠光体相变。42CrMo 钢加热至 880℃，以 46℃/min 冷速冷却，无磁场作用时，主要获得贝氏体，施加 14T 磁场时，组织为铁素体与珠光体，如图 11-4 所示。强磁场影响中碳钢珠光体相变中形成的铁素体的形态，铁素体沿磁场方向拉长，如图 11-5 所示。

外加磁场显著增加贝氏体相变的速度，但不影响贝氏体组织形态。Fe-0.52C-0.24Si-0.84Mn-1.76Ni-1.27Cr-0.35Mo-0.13V 钢 1000℃ 奥氏体化加热 10min，然后在 300℃ 等温 8min 后，采用氩冷却至室温，不加磁场与施加 10T 磁场条件下，获得的组织如图 11-6 所示。由该图可以看出，由于磁场的作用，贝氏体的转变量显著增大。

42CrMo 钢淬火获得马氏体后，然后在磁场中进行高温回火，发现磁场能有效地阻止渗碳体沿片状马氏体晶界和孪晶界有方向性地生长。磁场增加了渗碳体和铁素体的界面能。此外，由于渗碳体和铁素体的磁致伸缩不同，磁场导致界面应变能的增加，不利于渗碳体沿界面方向生长。图 11-7 为 42CrMo 钢淬火 650℃ 回火的碳化物形貌，不加磁场时，碳化物呈条片状和粒状，大多数条片状碳化物平行排列，施加磁场条件下，碳化物为短棒状和粒状；但磁场对渗碳体的形核位置和数量无明显影响。

a)

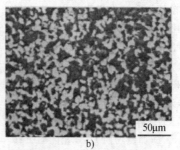

b)

图 11-4　42CrMo 钢的显微组织
a) 不加磁场　　b) 施加 14T 磁场
注：热处理工艺为加热至 880℃ 保温 33min，以 46℃/min 冷速冷却至室温。

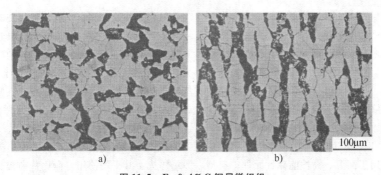

图 11-5　Fe-0.4％C 钢显微组织
a) 不加磁场　b) 施加 10T 磁场
注：热处理工艺为 950℃ 加热 15min，以 0.5℃/min 冷速冷却至室温。

图 11-6　磁场对钢的贝氏体相变的影响
a) 不加磁场　b) 施加 10T 磁场

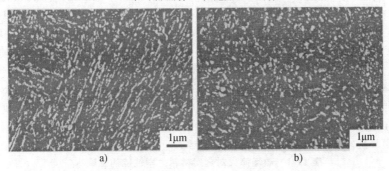

图 11-7　42CrMo 钢淬火 650℃ 回火的碳化物形貌
a) 不加磁场　b) 施加 14T 磁场

磁场能够延缓淬火 42CrMo 钢铁素体基体的回复和再结晶过程，这归因于磁有序化和磁畴壁影响了晶界的移动性。对冷轧的钛磁场退火研究表明，磁场的存在促进了晶粒生长。图 11-8 为不加磁场和施加 19T 的磁场条件下，变形量为 78% 的纯钛于 530℃ 退火不同时间的平均晶粒尺寸，磁场退火的晶粒明显大于普通退火的晶粒。这与钢中情况不同，施加磁场增加了晶界的移动性和晶界移动的驱动力。

11.1.2　磁场热处理对材料性能的影响及应用

在热处理过程中，施加磁场能改变材料的微观组织结构因而能有效地改善材料的性能。磁场热处理能加速

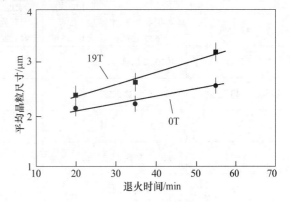

图 11-8　冷轧纯钛在 530℃ 磁场退火和普通退火的平均晶粒尺寸

相变过程，在实际生产中，具有降低生产成本和缩短生产周期，提高生产效率等优点。

磁场退火在软磁材料热处理中早已广泛应用。工业纯铁在螺旋管（通电磁化）内的马弗炉中进行 700°C 2h 的磁场退火（在纵向磁场中退火比在横向磁场中退火能获得较高的性能），弹性极限可提高 20%，抗拉强度提高 10%，可使铁素体细化成 10^{-4}mm 厚的薄片。Fe-50Co-2V 是一种高饱和磁感应软磁合金，广泛应用于高温、高性能磁性元件，典型材料牌号有 IJ22（中国）、49K2ΦA（俄罗斯）等。目前工程应用中，对这类软磁合金提出了苛刻的磁性能与力学性能要求，其中矫顽力要求降低 1/2 ~ 2/3，工件热处理后表面质量良好。对采用 49K2ΦA 合金制备的某零件在 VGQM-120 型真空磁场热处理炉中进行真空磁场退火后，其磁性能为：$B_4 = 2.05T$，$B_{10} = 2.16T$，$B_{25} = 2.23T$，$H_e = 23.87A/m$；其规定塑性延伸强度 $R_{p0.2}$（纵向）$= 343MPa$，$R_{p0.2}$（横向）$= 358MPa$，性能满足产品技术条件的要求。优化后的真空磁场热处理工艺为：真空度：≤0.133Pa，加热速度：300 ~ 400°C/h，温度：（760 ± 10）°C，保温时间：2.5 ~ 3h，冷却方式：随炉冷至 730°C，以 300 ~ 600°C/h 冷至 500°C 后，再以炉冷方式冷却至室温，充磁电流：330A，充磁过程控制：在保温终了前 15min，接通充磁电流，经过 20min 后，将充磁电流断开。

磁场淬火可以显著提高钢的强度，强化效果随钢中碳含量的提高而增大。直流磁场淬火时，磁化方向对强化效果有影响，CrWMn 钢在轴向磁场中淬火可以使其抗弯强度显著提高，而在径向磁场中淬火时强化效果不明显，甚至略有降低。交流磁场的强化效果大于直流磁场。磁场强度越大效果越好。磁场淬火可以在提高强度的同时，保持良好的塑性和韧性。

表 11-1 比较了部分金属材料经磁场淬火和普通淬火的力学性能。磁场淬火能使低铬耐磨铸铁的硬度提高 1 ~ 1.5HRC，冲击韧度提高 16%，强度提高 20% ~ 50%。对 LD、W18Cr4V1、9SiCr、60Si2A 等冷作模具钢制造的冲孔冲头、切边模和顶针等进行磁场淬火，其平均使用寿命比普通淬火模具提高 0.5 ~ 2 倍。经脉冲电场球化退火和稳恒磁场等温淬火处理的 9SiCr 模具钢，其退火组织为球化良好的均匀球状珠光体，淬火组织为下贝氏体 + 马氏体 + 残留奥氏体 + 碳化物；硬度为 58 ~ 60HRC，无缺口冲击韧度 $a_K = 51J/cm^2$；抗弯强度达 2860MPa。用该工艺处理的 9SiCr 钢制造的 M10 内六角凸模光冲，使用寿命比常规处理提高 3 倍以上。

磁场回火通常采用交流磁场和脉冲磁场。W6Mo5Cr4V2 高速钢经 1225°C 加热淬火后，分别进行常规回火和脉冲磁场回火处理，回火温度皆为 560°C，常规回火处理 3 次，每次 1.5h，磁场回火 2 次，每次 45min。力学性测试结果表明，高速钢经两种工艺回火，其硬度相近，均为 65HRC，但与常规回火相比，脉冲磁场回火的高速钢，其抗弯强度提高 40%，达 3500MPa；残余应力降低 64%，约为 100MPa，冲击韧度提高约 30%，达 60J/cm²。磁场回火不仅能够大幅度提高钢的力学性能，还具有减少回火次数和回火时间，降低生产成本和缩短生产周期，提高生产效率等优点。

表 11-1　磁场淬火对金属材料力学性能的影响

材　料	热　处　理	磁场	力 学 性 能					硬度
			$R_{p0.2}$ /MPa	R_m /MPa	Z (%)	A (%)	a_K /(MJ/m²)	HV
42CrMo	860°C 加热，水淬	0T	935.3	1033.7			0.974	
	600°C 回火	14T	945.3	1040.2			0.968	
20Cr	1050°C 加热，水淬	×						370
		✓						380
40	920°C 加热，水淬	×						546
		✓						500
45	950°C 加热，水淬	×		765				
		✓		600				
60	920°C 加热，水淬	×						768
		✓						778
T8	900°C 加热，水淬	×						810
		✓						825
T10	950°C 加热，水淬	×	755	1068	9.4	15.0		
		✓	873	1215	9.2	12.8		

（续）

| 材　　料 | 热　处　理 | 磁场 | 力 学 性 能 | | | | | 硬度 |
			$R_{p0.2}$ /MPa	R_m /MPa	Z （%）	A （%）	a_K /（MJ/m²）	HV
Al-4.0Cu-4.0Zn-	465℃加热，水淬	0T	348	384	8.0			
0.84Mg	130℃×13h	3.5T	362	417	10.0			

注：×—未加磁场，✓—加磁场。

磁场热处理能使钢的淬透性下降，改善钢的耐蚀性能。在1.2T的稳恒磁场中对32CrMnNbV钢进行热处理，结果发现，在连续冷却过程中加磁场，可以使铁素体转变的等温转变图左移，先共析铁素体量增多，淬透性下降；在奥氏体化加热过程中加磁场，会降低奥氏体的稳定性，造成冷却过程中等温转变图左移。磁场淬火获得的马氏体组织明显细化，随着磁场强度的增大，钢的耐蚀性增加，如图11-9所示。

11.1.3　磁场淬火设备及存在的问题

磁场热处理的效果取决于外加磁场的磁场强度和磁场性质。目前用于产生磁场的方法主要有以下几种：由直流电磁铁产生的恒磁场，通过调整磁极间距可产生不同的磁场强度。试验表明，适当调整磁极间的距离，磁场强度可达$1.6×10^6$A/m；由正弦交变电流产生的交变磁场，采用磁链的独特方案设计的磁路可在电流较低的条件下获得高达（5.57~6.37）×10^5A/m的磁场强度。目前要在一个比较大的空间范围内获得很强的磁场强度尚有一定困难，该技术的发展趋势是采用超导材料再加上液氮、液氦冷却来获得高强度磁场。限制磁场热处理应用的另一个问题是即使耗费了大量的电能和铜材，也难以获得实用的强磁场和大尺度的淬火槽。

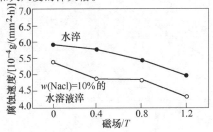

图11-9　磁场淬火的32CrMnNbV钢腐蚀速率曲线
注：腐蚀介质为10%（体积分数）
硝酸酒精溶液，腐蚀时间1h。

11.2　强烈淬火

钢自奥氏体化温度淬火时，必须以大于临界冷却速度的冷速冷却，以便获得马氏体组织。传统观点认

为，在马氏体转变的温度区间内快速冷却，由于产生过大的拉伸内应力，往往导致工件的变形或开裂。1992年乌克兰科学院工程热物理研究所的Kobasko通过长期研究，发现工件淬火开裂的概率并不随淬火冷却速度的增大而单调增加，当冷却速度超过临界冷却速度后，进一步增大冷却速度，反而使淬火开裂概率下降，使钢的力学性能得到改善，延长了工件的使用寿命。在此基础上，开发了强烈淬火技术，并申请了专利。与常规淬火通常用油、水或聚合物溶液冷却不同，强烈淬火用剧烈搅拌的水或盐水冷却，其冷却速度极快，但不必担心钢件过度畸变和开裂。与常规淬火相比，强烈淬火钢件的使用寿命可延长3~4倍；采用强烈淬火工艺可以用普通碳钢和便宜的低合金钢代替合金钢和高合金钢；可以用水和水溶液淬火代替油淬，从而减少环境污染；采用强烈淬火易实现自动化，能够缩短渗碳时间甚至去除渗碳工序，提高劳动生产率，节约能源和降低生产成本。由于强烈淬火具有上述优点，随着对强烈淬火技术研究的深入和完善，近年来强烈淬火日益受到重视。

11.2.1　强烈淬火原理

工件在淬火冷却过程中，由于冷却收缩和相变时母相和产物相的比体积不同而发生体积变化。由于工件表层和心部存在温度差和相变非同时发生以及相变量的不同，致使表层和心部的体积变化不能同步进行，因而产生内应力。按照内应力的成因可将其分为热内应力（热应力）和组织内应力（组织应力）。内应力存在于淬火的全过程，因而内应力又可分为瞬时内应力和残余内应力，相应的有瞬时热应力、残余热应力和瞬时组织应力、残余组织应力。内应力是由热应力和组织应力叠加产生的合成应力。按照常规淬火的理论与实践，随着马氏体转变温度区间冷却速度的增大，残余应力增大，工件淬火开裂的概率增大。但是有限元计算表明，在马氏体转变温度区间，随着冷却速度增大，裂纹形成概率先增大，然后又逐渐减少到零，即在马氏体转变温度区间用非常高的冷却速度冷却，可以有效地防止淬火开裂，如图11-10所示。

采用有限元方法分析圆柱试样表面残余应力与冷却速度的关系，结果见图 11-11。图中纵坐标为周向残余应力，横坐标为毕奥数值（Biot number），记为 Bi，$Bi = Rh/\lambda$，h 为试样表面与冷却介质间的换热系数，单位为 W/(m² · °C)，λ 为热导率，单位为 W/(m · °C)，R 为试样半径，单位为 m。Bi 表征了在淬火冷却过程中，工件心表温度的均匀程度。$Bi \to 0$，表明冷却速度极慢，心表温度趋于均匀；$Bi \to \infty$，表明冷却速度极快，心表温差最大。由图 11-11 可以看出，随着 Bi 值增大，残余拉应力先增大，$Bi = 4$ 时达最大值，然后降低，当 $Bi \geqslant 20$ 时，残余应力由拉伸应力转变为压缩应力。这个结果与淬火开裂概率的分析一致。在马氏体转变温度区间，工件的冷却速度可用下式计算：

$$v = \frac{aK_n(T - T_m)}{K} \tag{11-4}$$

式中　v——工件心部的冷却速度（°C/s）；

　　　a——平均导热系数（m²/s）；

　　　K_n——Kondratjev 值；

　　　K——Kondratjev 形状因子；

　　　T——工件心部温度（°C）；

　　　T_m——淬火冷却介质温度（°C）。

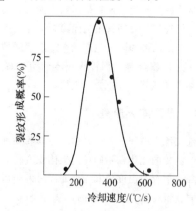

图 11-10　冷却速度对零件淬裂概率的影响

K_n 与 Bi 之间有如下关系：

$$K_n = \psi Bi = \frac{Bi}{\sqrt{Bi^2 + 1.437Bi + 1}} \tag{11-5}$$

式中，ψ 是温度场不均匀性的度量。$Bi \to 0$，$\psi = 1$；$Bi \to \infty$，$\psi = 0$。当 $0.8 \leqslant K_n \leqslant 1$ 时，工件表面将形成残余压应力。

上述计算结果可以用淬火内应力、相变塑性和相变前后比体积变化予以解释。对于圆柱形钢样，取决

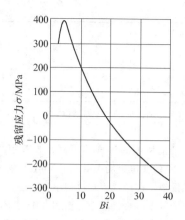

图 11-11　圆柱试样表面周向残余应力与 Bi 值的关系

于其化学成分和冷却速率，其奥氏体能够转变为珠光体、贝氏体或马氏体。所有这些相变都伴随着体积膨胀。体积膨胀的大小与奥氏体是否受外力作用有关。图 11-12 所示为奥氏体在有拉应力和没有拉应力作用下，缓慢与快速冷却时，试样相对伸长示意图。在接近平衡缓慢冷却时，在 Ar_3 和 Ar_1 温度区间，奥氏体转变为铁素体和珠光体；快速冷却时，扩散相变被抑制，当温度降低至 Ms 时，不受应力的奥氏体转变为马氏体并伴随比体积增大。如果奥氏体受到拉应力的作用，Ms 升高到 Ms'，试样的相对伸长增大。当奥氏体受到压应力作用时，情况则反之。这个现象称为相变塑性。

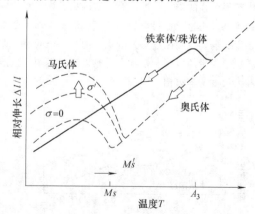

图 11-12　极快速冷却过程中拉应力对钢样相对长度变化的影响

在强烈淬火过程中，由相变塑性和奥氏体—马氏体转变的比体积变化导致残余应力增加。强烈淬火时，工件表面立即冷到槽液温度，心部温度几乎没有变化。快速冷却引起表面层收缩并形成高的拉应力，

该应力被心部的压应力所平衡。在马氏体开始转变时温度梯度的增大使拉应力增加,导致马氏体开始转变温度 Ms 升高,引起相变塑性而使表层膨胀。如果高的 Ms 点伴随着马氏体转变的显著体积膨胀,表面拉应力会明显减少,并转化为压应力。表面压应力的数值和生成的表面马氏体量成正比。这种表面压应力决定着心部是在压缩条件下发生马氏体转变还是在进一步冷却时表面重新形成拉应力。如果马氏体转变使心部体积膨胀足够大和表层马氏体很硬很脆,表层可能由于应力逆转而破裂。因此,心部马氏体转变应尽可能晚些发生,以使表层形成压应力。

上述分析表明,强烈淬火须满足两个判据:①强烈淬火设备应能提供足够快的冷却速度,使 $Bi \geqslant 20$ 或使 $0.8 \leqslant K_n \leqslant 1$;②强烈淬火过程应在工件表面达到最大压应力状态时中断,转而在 Ms 温度等温冷却。如此将会延迟心部的冷却,使其马氏体转变变慢,在表层形成高的压应力。当表面硬化层达到优化厚度并形成最大压应力时,就完成全部强烈淬火过程。另一个强烈淬火方法是使工件表面强烈冷却到某一温度,在该温度使过冷奥氏体转变到不超过30%(体积分数)的马氏体,然后强烈淬火中断,使工件在空气中冷却到截面温度平衡,使形成的新鲜马氏体得以自回火并避免淬火裂纹形成。最后强烈冷却到室温使其余的奥氏体转变为马氏体。

11.2.2　强烈淬火对钢组织性能的影响及其应用

采用油、50% $CaCl_2$ 水溶液和 $CaCl_2$ 水溶液+液氮作为冷却介质对 T7A 钢和 60Si2 钢进行淬火,然后经460°C回火2h,测试其力学性能,结果如表11-2所示。与油中淬火比较,采用 $CaCl_2$ 水溶液+液氮进行分级强烈淬火,在马氏体转变温度区间冷速达30°C/s,淬火后 T7A 钢的屈服强度提高25%,伸长率提高97%;60Si2 钢的屈服强度提高28%,但伸长率降低41%。

表 11-2　钢试样淬火回火后的力学性能

淬火方式	冷速 /(°C/s)	钢种	R_m /MPa	$R_{p0.2}$ /MPa	A (%)	Z (%)
油	6	T7A	1400	1250	4.0	—
		60Si2	1476	1355	8.5	—
50% $CaCl_2$ 水溶液	10	T7A	1460	1370	7.8	22
		60Si2	1420	1260	8.2	26
$CaCl_2$ 水溶液+液氮,分级淬火	30	T7A	1610	1570	7.9	31
		60Si2	1920	1740	5.0	22

渗碳+强烈淬火热处理能够大幅度缩短渗碳周期,改善热处理质量。图 11-13 是 AISI8617 钢〔化学成分(质量分数)为:C0.15%～0.20%,Si0.15%～0.35%,Mn0.70%～0.90%,Cr0.40%～0.60%,Mo0.15%～0.25%,Ni0.40%～0.70%〕轴承圈经不同工艺热处理后的硬度分布曲线。轴承圈壁厚为4mm。1 和 2 为渗碳+油淬火的硬度分布曲线,3 为缩短1/2渗碳时间+强烈淬火的硬度分布曲线。无论是表面最大硬度还是有效硬化层深度(硬度≥50HRC深度),后者都明显优于前者。

某汽车零件,如图 11-14 所示,采用 AISI 8620 钢〔化学成分(质量分数)为:C0.20%,Si0.20%,Mn0.80%,Ni0.55%,Cr0.50%,Mo0.20%〕,制造,经970°C渗碳不同时间(1～7h)后,进行常规油淬火和强烈淬火,再在150°C回火1h。对渗碳件

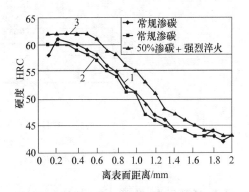

图 11-13　AISI 8617 钢轴承圈经不同工艺热处理后的硬度分布曲线
注:有效硬化层深度为1.2～1.5mm。

的渗层硬度分布、残留奥氏体量、晶粒尺寸和表面残

留应力进行了测量与分析，结果表明，热处理工艺对渗层残留奥氏体量的影响很小，所有渗层的残留奥氏体体积分数均为5%左右；强烈淬火渗层的晶粒尺寸略小于常规油淬的晶粒尺寸；在相同渗碳时间下（7h），强烈淬火工件的表面硬度和有效硬化层深度达848HV和1.70mm，而常规油淬的为755HV和1.60mm；采用950°C渗碳3h然后在930°C渗碳1.5h+强烈淬火，工件表面硬度达780HV，有效硬化层深度为1.70mm，与常规渗碳+油淬相比，达到相同或更好的渗碳效果，渗碳温度降低，渗碳周期缩短近1/2；渗碳+强烈淬火和渗碳+油淬的最大表面残余压应力值分别为 -415.5MPa和 -304.3MPa，前者比后者提高36.5%。

强烈淬火能够明显提高工件的使用寿命。M2高速钢（W6Mo5Cr4V2）制造的ϕ15.3mm × 120mm冲头经普通淬火和强烈淬火后，其使用寿命列于表11-3，强烈淬火可使冲头寿命提高1~3倍。强烈淬火可使GCr15钢制模具寿命提高1倍。

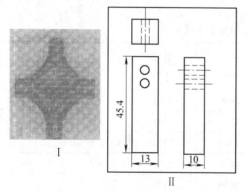

图 11-14　AISI 8620 钢制零件

表 11-3　自动成形机冲头寿命①

冲头编号	冲压次数②		提高寿命倍数③
	油淬	强烈淬火	
1	6460	15600	2.4
2	6670	16500	2.5
3	3200	5300	1.65
4	4000	12075	3.0
5	6620	8110	1.2
6	2890	10500	3.6
7	2340	7300	3.1

① 175 次/min。
② 冲头损坏时的冲压次数。
③ 强烈淬火冲头寿命提高倍数。

11.2.3　强烈淬火设备

强烈淬火要求合适的淬火设备和淬火冷却介质。淬火冷却介质包括加压的水流、含有添加剂的水溶液和液氮。图11-15所示为采用加压水流对汽车半轴进行强烈淬火的设备简图。整个淬火过程通过两个传感器控制。水流传感器5用来分析淬火冷却介质膜沸腾和泡沸腾的过程并控制水流量和水流速度，相变传感器6分析相变产物的比例控制工件的装卸，是基于奥氏体转变为马氏体导致铁磁性变化而实现的。在该设备上采用两种方法实现了强烈淬火。一种强烈淬火方法使工件表面获得了最大的残余压应力，此时相变传感器6指示了特定的磁性相变的发生，水流传感器5则通过调节水流速度的方法使膜沸腾期达到最短。第二种方法是用水流传感器指示泡沸腾期的开始和结束，而相变传感器则控制水流压力并确定强烈淬火何时结束，以便使形成的马氏体量少于30%。

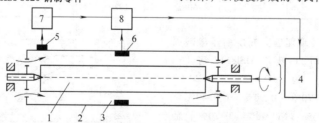

图 11-15　汽车半轴强烈淬火设备简图
1—半轴　2—淬火室　3—水流　4—半轴机械传动
5—水流传感器　6—相变传感器　7、8—放大器

图11-16所示为一个强烈淬火试验系统简图。该系统由装满淬火冷却介质的淬火槽和浸入的（immersed）U形钢管组成。由调速电动机驱动的搅拌杆通过U形管搅动淬火冷却介质。电动机的最高转速为500r/min，相应的淬火冷却介质流速为1m/s。钢件淬火在U形管的垂直部分进行。工件经奥氏体化加热后，置于料盘沿着导向棒快速进入U形管的装料区（淬火槽），并在该位置完成淬火。使用该设备对五齿链轮（见图11-17）进行了强烈淬火试验。链轮材料为 AISI 86B30 钢［化学成分（质量分数）为：

CO. 27% ~ 0. 33% ，SiO. 15% ~ 0. 35% ，MnO. 60% ~
0. 95% ，CrO. 35% ~ 0. 65% ，MoO. 15% ~ 0. 25% ，
NiO. 35% ~ 0. 75% ，BO. 0005% ~ 0. 003%]，其热处
理工艺为：在保护气氛下于 885°C 加热 30min，淬
油，232°C 回火 2h。技术要求表面硬度 46 ~ 50HRC，
淬硬层深 2 ~ 3mm。上述工艺热处理后工件表面的平
均硬度为 48HRC，但硬度不够均匀，最大硬度差值
为 4HRC；在相同温度加热保温后，淬入高速流动
（1m/s）的水和 5% （体积分数）聚合物水溶液（温
度 27 ~ 30°C）进行强烈淬火。水淬火工件的平均表
面硬度为 52HRC，最大硬度差值为 2.1HRC，聚合物
水溶液淬火工件的平均表面硬度为 50HRC，最大硬
度差值为 0.8HRC。强烈淬火工件均未开裂，并获得
了更高更均匀的表面硬度和更深的淬硬层。

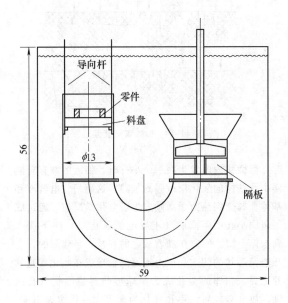

图 11-16　强烈淬火装置简图

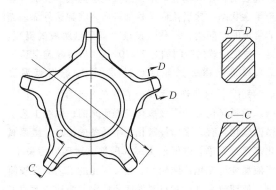

图 11-17　五齿链轮

11.3　微弧氧化

从 20 世纪 30 年代开始，在阳极氧化的基础上，
发展起一项新的非铁金属表面氧化的高新技术，称为
微弧氧化（Micro- Arc Oxidation）。它是在材料表面原
位生长陶瓷膜的一种方法。该技术突破了传统阳极氧
化的诸多不足之处，通过对工艺过程进行控制，可以
使生成的陶瓷薄膜具有优异的耐磨性和耐蚀性，较高
的硬度和绝缘电阻。与其他同类技术相比，膜层的综
合性能有了较大提高；而且该技术具有工艺简单，易
操作，处理效率高、环保等诸多优点，故有着广阔的
应用前景。

11.3.1　微弧氧化的发展过程

早在 20 世纪之前，Sluginov 就已经发现当金属浸
入电解液中通电后，会产生火花放电的现象。

20 世纪 30 年代初期，Günterschulze 和 Betz 第一
次报道了在高电场下，浸在液体里金属表面出现火花
放电现象，火花对氧化膜具有破坏作用。后来研究发
现利用此现象也可生成氧化膜。此技术最初采用直流
模式，应用于镁合金的防腐上，直到现在，镁合金火
花放电阳极氧化技术仍在研究开发之中。约从 20 世
纪 70 年代开始，美国伊利诺大学和德国卡尔马克思
城工业大学等单位用直流或单向脉冲电源开始研究
Al、Ti 等金属表面火花放电沉积膜，并分别命名为阳
极火花沉积和火花放电阳极氧化。俄罗斯科学院无机
化学研究所的研究人员 1977 年独立地发表了一篇论
文，开始此技术的研究。他们采用交流电压模式，使
用电压比火花放电阳极氧化高，并称之为微弧氧化。
从 20 世纪 90 年代以来，美、德、俄、日等国加快了
微弧氧化或火花放电阳极氧化技术的研究开发工作。
我国也从 20 世纪 90 年代初开始关注此技术，目前仍
处于起步阶段。在世界范围内，各种电源模式同时并
存，各研究单位工作也各具特色，但目前俄罗斯在研
究规模和水平上占据优势。使用交流电源在铝合金表
面生长的陶瓷氧化膜性能比直流电源高得多，交流模
式是微弧氧化技术的重要发展方向。

11.3.2　微弧氧化基本原理

微弧氧化（Micro- Arc Oxidation，MAO）亦称为等
离子体微弧氧化（Plasma Micro- Arc Oxidation，
PMAO）、微等离子体氧化（Micro- Plasma Oxidation，
MPO）、阳极火花沉积（Anodic Sparkle Deposition，
ASD）或火花放电阳极氧化（Anodic Oxidation unter
Funkenentladung，ANOF）。它是一种直接在非铁金属

表面原位生长陶瓷层的新技术。该技术是在阳极氧化的基础上发展而来的一种新方法。它的基本原理是利用电化学方法，将要微弧氧化的工件置于电解质溶液中，利用 400~500V 高压电源，从阳极氧化的法拉第区域进入高压放电区，使该工件表面微孔中产生火花放电斑点，使工件和电解液中的氧在瞬时高温下发生电、物理、化学反应生成三氧化二铝（Al_2O_3）的陶瓷薄层，牢固地生长附着在工件的表面，达到工件表面强化的目的。整个微弧氧化过程包含了以下基本过程：空间电荷在氧化物基体中形成；在氧化物孔中产生气体放电；膜层材料的局部熔化；热扩散；胶体微粒的沉积；带负电的胶体微粒迁移进入放电通道；等离子体化学和热化学反应。普通的阳极氧化在法拉第区进行，而微弧氧化则在弧光放电区进行（见图11-18）。

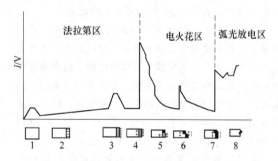

图 11-18　膜层结构和电压间的关系模型
1—酸侵蚀过的表面　2—钝化膜的形成　3—局部
氧化膜的形成　4—二次表面的形成　5—局部阳
极上 ANOF 的形成　6—富孔的 ANOF 膜　7—热
处理过的 ANOF 膜　8—被破坏的 ANOF

Vijh 和 Yahalon 在解释火花放电时认为，火花放电的同时伴随着剧烈的析氧，而析氧反应的完成主要是通过电子"雪崩"的途径来实现的。"雪崩"后产生的电子被注射到氧化膜/电解质的界面引起膜的击穿，产生等离子放电。Van 等精确测定了每次火花放电的电流密度的大小、放电持续时间以及放电时产生的能量。分析指出，放电现象总是在常规氧化膜的薄弱部分先出现，也就是说，电子的"雪崩"总是在氧化膜最容易被击穿的区域先进行，而放电时产生的巨大的热应力则是产生电子"雪崩"的主要动力。1977 年，Ikonopisov 以 Schottky 的电子隧道效应机理解释电子是如何被注入到氧化膜的导电带中，从而产生火花放电的，首次提出膜的击穿电位的概念。他指出，击穿电位主要取决于基体金属的性质、电解液的组成以及溶液的导电性，而电流密度、电极形状以及

升压方式的因素对击穿电位的影响较小。1984 年，Alebella 提出放电的高能电子来源于进入氧化膜的电解质的观点。电解质粒子进入氧化膜后，形成放电中心，产生等离子体放电，使氧离子、电解质离子与基体金属强烈结合，同时放出大量的热，使形成的氧化膜在基体表面熔融烧结，形成具有陶瓷结构的膜层。微弧氧化所得膜层均匀，空隙率较小，Krysmann 认为，膜表面气泡与电解液液相界面为阴极，而气泡的另一端为阳极，它们之间的高电场强度导致火花放电，同时气液界面的形成使得极化变得均匀。Apelfeld 和 Bespalova 等人利用离子背射技术对铝的微弧氧化涂层进行了研究，提出以下模型（见图11-19）。

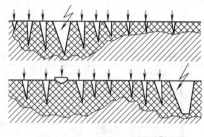

图 11-19　微弧氧化模型

当微弧放电发生在一个小孔时，临近区域有着同样小孔结构的氧化层被强烈加热。这期间，电解液和基体金属受到热力学激励发生了电化学反应，通过底层包围小孔的阻挡层（不导电的氧化层）向下深入到基体金属，同时伴随着放电的衰减。半球形的，有凸透镜形状的凹穴和放电通道的轴形成在氧化层基片的边界。相邻的微孔成为半球形凸透镜形状微孔的轴。放电衰减后，小孔转化为通道，形状像火山嘴。形成火山嘴形状是因为氧化层和电解液的界面被热阳极半周期放电所影响。Van 等认为，这种火山嘴形状的坑表明，在火花放电中，当氧化层向坑中沉积时处于熔融状态，然后流向了外部表面。在到达外部表面非常短的时间内，氧化层急剧冷却到电解液的温度。这一过程持续的时间约为 $2 \times 10^{-4}s$。从熔融迹象这一点可以推断微弧区温度超过了 Al_2O_3 的熔点温度（2045℃），这与观察到的火花颜色相符合。

微弧氧化是从阳极氧化发展而来的，但在工艺上微弧氧化具有许多阳极氧化所不具备的优点。微弧氧化装置较简单，电解液大多为碱性，对环境污染小。溶液温度可变化范围较大。微弧氧化的工艺流程较简单且处理效率高，对材料的适用性宽。两种技术的工艺特点比较见表11-4。

表 11-4 微弧氧化和阳极氧化工艺特点比较

工 艺	微弧氧化	阳极氧化
电压、电流	高电压、强电流	低电压、电流密度小
工艺流程	脱脂→微弧氧化	碱洗→酸洗→机械性清理→阳极氧化→封孔
溶液性质	碱性	酸性
工作温度	常温	低温
处理效率	高	低
对材料适应性	宽（适用于 Al、Mg、Ti 等多种金属及其合金）	窄

但是，微弧氧化工艺仍存在一些不足之处，如生产过程中能耗较大，电解液冷却困难，生产过程有一定的噪声以及在高压下的用电安全等，这些都需要进一步的改进和完善。

11.3.3 微弧氧化工艺及其装置

微弧氧化的一般工艺流程为：脱脂→清洗→微弧氧化→清洗→后处理→成品检验。

根据所采用的电解液不同，微弧氧化又可分为酸性电解液法和碱性电解液法两种。酸性电解液法是研究初期采用的方法，常用浓硫酸或磷酸及其盐作为电解液组分，有时还加入一定的添加剂（如砒啶盐、含 F^- 的盐等）来改善微弧的生成条件和膜层性能。而在碱性电解液中，阳极反应生成的金属离子很容易转变成带负电的胶体粒子而被重新利用，溶液中其他金属离子也容易转变成带负电的胶体粒子而进入膜层，调整和改变膜层的组成和微观结构而获得新的特性，所以微弧氧化电解液由初期的酸性发展到了现在的碱性，被研究者所广泛采用。

微弧氧化装置简图如图 11-20 所示，类似普通阳极氧化设备，主要由电源及调压控制系统、微弧氧化槽、搅拌器和冷却系统组成。

（1）电源及调压控制系统。微弧氧化电源设备是一种高压大电流输出的特殊电源设备，可提供微弧氧化所需的高电压，有直流、交流或脉冲三种模式。研究表明，交流电源能量高且生成陶瓷膜的性能比直流电源的好，所以许多研究都是以交流电源模式为主。脉冲电源由于具有"针尖"作用，使局部阳极

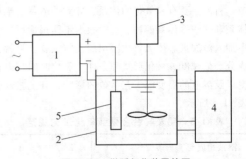

图 11-20 微弧氧化装置简图
1—电源及调压控制系统 2—电解槽 3—搅拌系统 4—循环冷却系统 5—工件

面积大幅下降，表面微孔相重叠而形成表面粗糙度小、厚度均匀的陶瓷膜，也是研究发展的方向；输出电压范围一般为 0～600V，输出电流的容量视加工工件的表面积而定，一般要求 6～10A/dm²。电源要设置恒电压和恒电流控制装置。

（2）微弧氧化电解槽。氧化槽用来盛装电解液，一般由不锈钢制成，具有一定的耐蚀性且可兼做阴极，工件微弧氧化处理过程就在此中进行。

（3）冷却系统。由于微弧氧化过程中工件表面具有较高的氧化电压并通过较大的电解电流，使产生的热量大部分集中于膜层界面处，而影响所形成膜层的质量，因此微弧氧化必须使用配套的热交换制冷设备，可带走氧化过程产生的高热量，使电解液及时冷却，保证微弧氧化在设置的温度范围内进行。可将电解液采用循环对流冷却的方式进行，既能控制溶液温度，又达到了搅拌电解液的目的。

（4）搅拌系统。搅拌器能提高电解液中组分的均匀性、也有一定的冷却作用。

11.3.4 微弧氧化的应用实例

微弧氧化突破了传统的法拉第区域进行阳极氧化的框架，将阳极氧化的电压由几十伏提高到几百伏，由小电流发展成大电流，由直流发展到交流，导致基体表面出现电晕、辉光、微弧放电、火花斑等现象，从而能对氧化层进行微等离子体的高温高压处理使非晶结构的氧化层发生相和结构上变化。微弧氧化工艺以其技术简单、效率高、无污染、处理工件能力强等特点，具有广阔应用前景。

11.3.4.1 铝及其合金的微弧氧化

铝及其合金微弧氧化陶瓷膜的制备方法比较简单，其工艺流程一般分为表面清洗、微弧氧化、自来水冲洗、自然干燥等几个阶段。铝及其合金的微弧氧化电解液由最初的酸性而发展成现在广泛采用的碱性

溶液。目前主要有氢氧化钠体系、硅酸盐体系、铝酸盐体系和磷酸盐体系四种。有时根据不同用途可向溶液中加入添加剂。微弧氧化膜层的性能主要受电解液的成分、酸碱度、极化形式和条件、氧化时间、电流密度以及溶液的温度等工艺参数的影响，其工艺规范如表11-5所示。

表11-5　铝及其合金微弧氧化工艺规范

溶液组成与工艺条件	1	2	3
氢氧化钠（NaOH）/(g/L)	5		
氢氧化钾（KOH）/(g/L)		2~3	
四硼酸钠（$Na_2B_4O_7 \cdot 10H_2O$）/(g/L)			13
磷酸钠（$Na_3PO_4 \cdot 12H_2O$）/(g/L)			25
钨酸钠（$Na_2WO_4 \cdot 2H_2O$）/(g/L)			2
硅酸钠（Na_2SiO_3）/(g/L)		2~20	
电压/V			500~600
电流密度/(A/dm^2)		12~25	正 20~200　负 10~60
脉冲频率/Hz			425~1000
氧化时间/min	~60	25~120	10~40
氧化膜厚度/μm	~30	85~120	15~100

总之，铝及其合金微弧氧化操作简单，处理效率高，一般硬质阳极氧化获得50μm左右的膜层需要1~2h，而微弧氧化只需10~30min。

对铝及其合金微弧氧化陶瓷膜来讲，其膜层理论结构如图11-21所示。最外层为表面疏松层，可能是由微电弧溅射和电化学沉积物组成，该层存在许多孔洞，孔隙较大，孔周围又有许多裂纹向内扩散直到致密层。第二层为致密层，晶粒较细小，含较多 α-Al_2O_3（刚玉），用X射线衍射（XRD）技术分析6063微弧氧化陶瓷膜可知，致密层中 α-Al_2O_3 和 γ-Al_2O_3 约各占一半。内层为过渡层，与第二层呈犬牙交错状，且与基体结合紧密，没有明显界限，这一点决定了微弧氧化陶瓷膜的高结合强度。

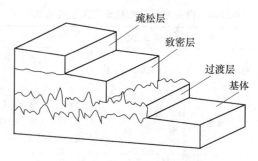

图11-21　微弧氧化膜层理论结构

图11-22所示为6063微弧氧化膜层的断面形貌的SEM照片。由图可见，铝微弧氧化膜层表面分布有许多火山口形状的微孔，它们是微弧氧化过程中的放电通道，这使得膜层具有一定的孔隙率，孔隙率大小可通过氧化过程的电参数来调节。从膜层断面形貌中可以看到致密层和表面疏松层，中间过渡层不是很明显，膜层具有很好的结合状况。图11-23所示为6063微弧氧化膜层的XRD图。由图可见，铝微弧氧化膜层主要由 α-Al_2O_3 和 γ-Al_2O_3 组成。

微弧氧化膜的优良结构及组成决定了它的优良性能。铝合金微弧氧化膜层性能与普通硬质阳极氧化膜相比较，可知铝合金表面微弧氧化膜层具有优良的综合性能（见表11-6）：①膜层在基体表面原位生成，与基体结合牢靠，结合强度可达2.04~3.06MPa，铝合金陶瓷膜与机体临界载荷大于40N。②膜层中因为含高温转变相 α-Al_2O_3（刚玉），使其硬度高、耐磨性好，文献报道其显微硬度可达到甚至超过3000HV，耐磨性相当于硬质合金。③膜层较厚，可达200~300μm，甚至可制得400μm的膜层。④膜层绝缘性能好，干燥空气中击穿电压为3000~5000V，最高可达6000V，绝缘电阻大于100MΩ，北京师范大学薛文斌等人用微弧氧化法制备的氧化膜层绝缘电阻高达600MΩ。⑤孔隙率低，可在2%~50%之间调节，耐蚀性高，承受5%盐雾试验的能力在1000h以上。⑥热导率小，有良好的隔热能力，且能承受2500℃热冲击。⑦外观装饰性能好，可按使用要求大面积地加工成各种不同颜色、不同花色的膜层，而且一次成形并保持原基体的表面粗糙度；经抛光处理后膜层的表面粗糙度 Ra 为0.4~0.1μm，远优于原基体。

11.3.4.2　镁及其合金的微弧氧化

镁及其合金的微弧氧化工艺与铝合金的相似，膜层也分疏松层、致密层和界面层，只不过致密层主要由立方结构的 MgO 相构成，疏松层则由立方结构 MgO 和尖晶石型 $MgAl_2O_4$ 及少量非晶相所组成。镁及其合金微弧氧化工艺规范如表11-7所示。

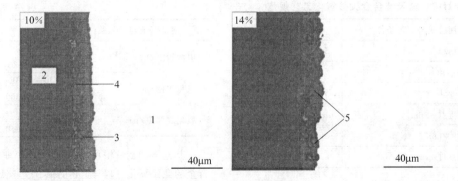

图 11-22　6063 微弧氧化膜层的断面形貌的 SEM 照片

1—基体　2—环氧树脂　3—致密层　4—疏松层　5—气孔

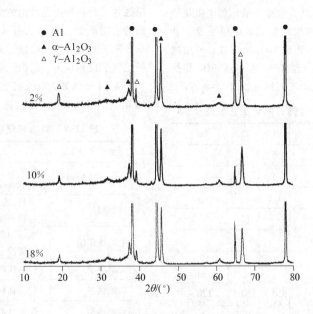

图 11-23　6063 微弧氧化膜层的 XRD 图

表 11-6　铝合金微弧氧化与硬质阳极氧化膜层的性能对比

项　　目	微弧氧化膜	硬质阳极氧化膜
最大厚度/μm	200 ~ 300	50 ~ 80
硬度 HV	1500 ~ 2500	300 ~ 500
孔隙率(%)	0 ~ 40	>40
5%盐雾试验/h	>1000	>300($K_2Cr_2O_3$ 封闭)
击穿电压/V	2000	低
耐磨性	磨损率 $10^{-7}mm^2/(N \cdot m)$ (摩擦副为 WC,干摩擦)	差
膜层均匀性	内外表面均匀	产生"尖边"缺陷
柔韧性	韧性好	膜层较脆
表面粗糙度 Ra	可加工至 0.037μm	一般
抗热震性	300°C→水淬,35 次无变化	好
抗热冲击能力	可承受 2500°C 以下热冲击	差
膜的微观结构	含 α-Al_2O_3　γ-Al_2O_3 等晶相组织	非晶组织

表 11-7　镁及其合金微弧氧化工艺规范

溶液组成与工艺条件	1	2
NaOH/(g/L)	5 ~ 20	
NaAlO$_2$/(g/L)	5 ~ 20	10
H$_2$O$_2$/(g/L)	5 ~ 20	
电流密度/(A/dm^2)	0.1 ~ 0.3	
氧化时间/min	10 ~ 120	120
氧化膜厚度/μm	8 ~ 16	100

11.3.4.3　钛及其合金微弧氧化

钛及其合金微弧氧化的电解液主要为磷酸盐、硅酸盐和铝酸盐体系。钛及其合金微弧氧化膜也由疏松层（外层）和致密层（内层）组成。内层主要由金红石型 TiO$_2$ 相和少量锐钛矿型 TiO$_2$ 所组成，外层则由 Al$_2$TiO$_5$、少量的金红石型 TiO$_2$ 及非晶 SiO$_2$ 相组成。钛及其合金微弧氧化的工艺规范如表 11-8 所示。

表 11-8　钛及其合金微弧氧化工艺规范

溶液组成与工艺条件	1	2	3
Na$_2$SO$_4$/(g/L)	5	3	
NaAlO$_2$/(g/L)	3	3	
H$_2$O$_2$/(g/L)	1.5		
Na$_2$B$_4$O$_7$/(g/L)		2	
2Al$_2$O$_3$·B$_2$O$_3$·5H$_2$O/(g/L)		0.25	
Na$_3$PO$_4$·12H$_2$O/(g/L)			10 ~ 60
阳极电压/V	350 ~ 450	350 ~ 450	120 ~ 450

（续）

溶液组成与工艺条件	1	2	3
电流密度/(A/dm^2)	45 ~ 80	50 ~ 80	
氧化时间/min	30 ~ 300	30 ~ 300	10 ~ 100
氧化膜厚度/μm	30 ~ 150	30 ~ 150	~ 50

其他钽（Ta）、锆（Zr）、铌（Nb）等非铁金属或其合金的微弧氧化过程与上述的铝、镁、钛及其合金的工艺过程类似，这里不作过多阐述。

微弧氧化技术所生成陶瓷膜具有良好的耐磨性、耐蚀性、耐热冲击性及电绝缘性等，这为它提供了广阔的应用前景。目前已进入航空、航天、船舶、汽车、军工兵器、轻工机械、化学工业、石油化工、电子工程、仪器仪表、纺织、医疗卫生、装饰等领域。

表 11-9 所列为微弧氧化膜及其适用范围，表 11-10 所列为微弧氧化技术已进入试用的领域。

表 11-9　微弧氧化膜及其适用范围

微弧氧化膜	适用范围
腐蚀防护膜层	化学化工设备、建筑材料、石油工业设备、机械设备、泵部件
耐磨膜层	机械、航空、航天、船舶、纺织等所用的传动部件、发动机部件、管道
电绝缘膜层	电子、仪器、化工、能源等工业的电气部件
光学膜层	精密仪器
功能膜层	化工材料、医疗材料、医疗设备
装饰膜层	建筑材料、仪器仪表

表 11-10　微弧氧化技术已进入试用的领域

应用领域	应用举例	选用材料	应用性能
航空、航天、机械	气动元件、密封件、叶片、轮箍	铝、镁合金	耐磨性、耐蚀性
石油、化工、船舶	管道、阀门、动态密封环	铝、钛合金	耐磨性、耐蚀性
医疗卫生	人工器官	钛合金	耐磨性、耐蚀性
轻工机械	压掌、滚筒、纺杯、传动元件	铝合金	耐磨性
仪器仪表	电气元件、探针、传感元件	铝、钛合金	电绝缘性
汽车、兵器	喷嘴、活塞、贮药仓	铝合金	耐磨性、耐热冲击性
日常用品	电熨斗、水龙头、铝锅	铝合金	耐磨性、耐蚀性
现代建筑材料	装饰材料	铝	装饰性

参 考 文 献

[1]　王西宁,陈铮,刘兵.磁场对材料固态相变影响的研究进展[J].材料导报,2002,16(2):25-27.

[2]　Kakeshita T, Fukuda T. Magnetic field-control of microstructure and function of materials exhibiting solid-solid phase transformation[J]. Science and Technology of Advanced Materials, 2006(7): 350-355.

[3]　王亚南,廖代强,武战军.稳恒磁场对铁素体转变的影响[J].材料热处理学报,2005,26(5):105-108.

[4]　Koch C C. Experimental evidence for magnetic or electric field effects on phase transformation[J]. Materials Science and Engineering, 2000, A287: 213-218.

[5]　Zhang Y, He C, Zhao X, Zuo L, Esling C. Thermodynamic and kinetic characteristics of the austenite-to-ferrite transformation under high magnetic field in medium carbon steel[J]. Journal of Magnetism and Magnetic Materials, 2005, 294: 267-272.

[6]　Ohtsuka H. Effects of strong magnetic fields on bainitic transformation[J]. Current Opinion in Solid State and Materials Science, 2004, 8: 279-284.

[7]　Zhang Y, Gey N, He C, Zhao X, Zuo L, Esling C. High temperature tempering behaviors in a structural steel under high magnetic field[J]. Acta Materialia, 2004, 52: 3467-3474.

[8]　Joo H D, Kim S U, Shin N S, Koo Y M. An effect of high magnetic field on phase transformation in Fe-C system[J]. Materials Letters, 2000, 43: 225-229.

[9]　Molodov D A, Bollmann C, Gottstein G. Impact of a magnetic field on the annealing behavior of cold rolled titanium[J]. Materials Science and Engineering, 2007.

[10]　区定容,朱静,唐国翌,等.静磁场对32CrMnNbV淬透性及耐蚀性能的影响[J].金属学报,2000,36(3):275-278.

[11]　杨钢,冯光宏.稳恒磁场对低碳锰铌钢γ→α相变的影响[J].钢铁研究学报,2000,12(5):31-35.

[12]　张善庆.软磁合金真空精密磁场热处理工艺研究(上)[J].机械工人(热加工),2006(4):27-30.

[13]　张善庆.软磁合金真空精密磁场热处理工艺研究[J].机械工人(热加工),2006(5):52-54.

[14]　孙忠继.磁场热处理及其应用和发展前景[J].热处理,2004,19(4):17-19.

[15]　热处理手册编委会.热处理手册:第1卷　工艺基础[M].2版.北京:机械工业出版社,1991:400-401.

[16]　包晓萍,吴良.外加磁场淬火工艺的研究现状和展望[J].热处理,2004,19(3):23-26.

[17]　Kobasko N I. Basics of Intensive Quenching[J]. Advanced Materials & Processes (PartI), 1995, 9: 41X-42Y.

[18]　Kobasko N I. Basics of Intensive Quenching[J]. Advanced Materials & Processes, 1996, 8: 40CC-40EE.

[19]　Tensi H M, Stich A, Totten G E. Quenching and quenching technology, in Steel Heat Treatment Handbook[M]. G. E. Totten and M. A. H. Howes Eds. New York: Marcel Dekker, Inc. , 1997: 157-250.

[20]　Wallis R A, Walton H W (Eds.). Proceedings of the 18th Heat Treating Conference[M]. USA. 1998: ASM International, 1999: 613-628.

[21]　樊乐黎,潘建生,徐跃明,等.材料热处理工程[M].北京:化学工业出版社,2006:154-155.

[22]　Liscis B, Tensi H M, Luty W(Eds.). Theory and Technology of Quenching[M]. New York: Springer-Verlag, 1992: 367-389.

[23]　Kobasko N I, Totten G E, Canale L C F. Intensive Quenching: Improved Hardness and Residual Stress[J]. 金属热处理,2007,32(5):84-89.

[24]　Canale L C F, Merheb E, Vendramim J C, Totten G E. Energy Savings Using a Combination of Carburizing Cycle Reduction and Intensive Quenching[J]. 热处理,2007,22(2):55-59.

[25]　侯亚丽,刘忠德.微弧氧化技术的研究现状[J].电镀与精饰,2005(3):26-30.

[26]　钟涛生,蒋百灵,李均明.微弧氧化技术的特点、应用前景及其研究方向[J].电镀与涂饰,2005(6):51-54.

[27]　刘耀辉,李颂.微弧氧化技术国内外研究进展[J].材料保护,2005(6):6,43-47.

[28]　王德云,东青,陈传忠,等.微弧氧化技术的研究进展[J].硅酸盐学报,2005(9):88-93.

[29]　辛铁柱,赵万生,刘晋春.铝合金表面微弧氧化陶瓷膜的摩擦学性能及微观结构研究[J].航天制造技术,2005(4):8-11.

[30]　Van TB, Brown SD, Wirtz GP. Mechanism of Anode Spark Deposition[J]. Am Ceram Soc Bull 1997, 56(6), 563-566.

[31]　Krysmann W, Kurze P, Dittrich HG. Process Characteristics and Parameters of Oxidation by Spark Discharge (ANOF)[J]. Cryst Res Technol, 1984, 19(7).

[32]　Dittrich K H, Leoard L G. Microarc oxidation of aluminum alloy compoents[J]. Crystal Res & Technol, 1984, 19(1), 93-96.

[33]　吴汉华,汪剑波,龙北玉,等.电流密度对铝合金微弧氧化膜物理化学特性的影响[J].物理学报,2005(12):233-239.

[34]　高引慧,李文芳,杜军,等.镁合金微弧氧化黄色陶瓷膜的制备和结构研究[J].材料科学与工程学报,2005(4):70-73.

[35] 吴敏,吕柏林,梁平. 镁及其合金表面处理研究现状 [J]. 表面技术, 2005(5):16-18,93.

[36] 王燕华,王佳,张际标. 电流密度对 AZ91D 镁合金微弧氧化膜性能的影响[J]. 中国腐蚀与防护学报, 2005(6):14-17.

[37] 姚美意,周邦新,王均安. 电压对镁合金微弧氧化膜组织及耐蚀性的影响[J]. 材料保护, 2005(6):4, 14-17.

[38] 蒋百灵,张先锋. 不同电导率溶液中镁合金微弧氧化陶瓷层的生长规律及耐蚀性[J]. 稀有金属材料与工程, 2005(3):60-63.

[39] 蒋百灵,张先锋. 镁合金微弧氧化陶瓷层的生长过程及其耐蚀性[J]. 中国腐蚀与防护学报, 2005(2): 34-38.

[40] Brown S D, Van T B. Analysis of phase distribution fro ceramic coating formed by microarc oxidation on aluminum alloy[J]. Am Ceram Soc, 1997, 53(3): 384-387.

[41] Wirtz G P, Brown S D, Kriven W M. Ceramics coatings by anodic spark deposition[J]. Mater Manuf Process, 1991, 6(1): 87-115.

[42] Nie X, Wilson A, Leyland A. Deposition of duplex Al$_2$O$_3$/DLC coatings on Al alloys for tri-biological applications using a combined microarc oxidation and plasma immersion ion implantation technique[J], Surface and Coatings Technology, 2000(121): 506-513.

[43] Li L H, Kong YM, Kim H W, etc. Improved biological performance of Ti implants due to surface modification by microarc oxidation [J]. Biomaterials, 2004, 25(1): 2867-2875.

[44] Tongbo Wei, Fengyuan Yan, Jun Tian. Characterization and wear- and corrosion-resistance of microarc oxidation ceramic coatings on aluminum alloy[J]. Journal of alloys and compounds, 2005(389): 169-176.

[45] Yaming Wang, Bailing Jiang, Tingquan Lei. Dependence of growth features of microarc oxidation coatings of titanium on control modes of alternate pulse[J]. Materials Letters, 2004(58): 1907-1911.

[46] Yaming Wang, Tingquan Lei, Bailing Jiang. Growth, microstructure and mechanical properties of microarc oxidation coatings on titanium alloy in phosphate-contaiing solution [J]. Applied surface science, 2004(233): 258-267.